高等数学高分必备
解题方法和技巧分析

主　编　殷锡鸣
副主编　江志松　李红英　孟雅琴
宋　洁　方　民

華東理工大學出版社
EAST CHINA UNIVERSITY OF SCIENCE AND TECHNOLOGY PRESS
·上海·

图书在版编目(CIP)数据

高等数学高分必备解题方法和技巧分析／殷锡鸣主编. —上海：华东理工大学出版社，2022.02

ISBN 978-7-5628-6063-1

Ⅰ.①高… Ⅱ.①殷… Ⅲ.①高等数学-高等学校-题解 Ⅳ.①O13-44

中国版本图书馆CIP数据核字(2021)第184500号

内容提要

本书按照教育部颁布的“高等数学”教学大纲要求进行编写，注重数学思想、方法和技巧三位一体，结合了作者在教学一线总结出的高等数学学习中所需的认知规律与解题方法。

本书的重点是各章典型例题分析中给出的解题指导与错误辨析。典型例题是为解决学生在学习过程中暴露出的普遍问题而精心安排的，力求具有代表性，由浅入深，通过对不同问题、不同解法的讨论以及对初学者易犯错误进行的剖析，使学生加深对高等数学中概念、定理的理解，并学会对解题方法与技巧进行归纳和总结，提高分析问题和解决问题的能力。

本书中题型典型、全面，且所给出的例题和习题难度系数不尽相同，因此本书适合高等院校各层次的学生使用，也可作为考研者的复习资料。

项目统筹／吴蒙蒙
责任编辑／吴蒙蒙
责任校对／石 曼 陈 涵
装帧设计／徐 蓉
出版发行／华东理工大学出版社有限公司
地址：上海市梅陇路130号，200237
电话：021-64250306
网址：www.ecustpress.cn
邮箱：zongbianban@ecustpress.cn
印 刷／常熟市华顺印刷有限公司
开 本／889 mm×1194 mm 1/16
印 张／48
字 数／1718千字
版 次／2022年2月第1版
印 次／2022年2月第1次
定 价／198.00元

前　言

长期以来，高等数学课程以学分高、概念抽象、内容多、习题量大、范围广、解题方法多、技巧性强等特点成为大学课程学习和研究生入学考试的一道“坎”.当前学生存在的普遍问题是拿到习题时无从下手，对问题不会分析，不知用什么方法和工具来求解.究其原因，是学生在平时的学习中缺乏对高等数学习题所涉及问题的归类和整理；缺乏对习题特点和解题方法特点的归纳总结；缺乏对概念、定理、公式等解题工具如何运用、为什么运用的理解；缺乏对问题进行思考、分析等能力的培养和训练.因此，如何让学生在课程学习和考研复习中能够全面了解高等数学中的主要问题；理解和掌握其中的主要解题方法和解题技巧；知晓方法运用的所以然；掌握分析问题的思考方法；能举一反三跨越考试这道“坎”，实现高分的目标，就成为我们要解决的问题.

本书正是在这一目标的指引下组织编写的，它是一本针对高等数学解题方法、解题技巧方面的学习指导书.希望本书的尝试和探索能为广大学生提供富有成效的指导和帮助，让高等数学这道“坎”变成他们走向成功的起跑点.

本书的编写主要具有以下特点.

1. 以问题为主线，将概念、定理、公式融入对问题的求解方法中，突出解题应用

高等数学的一大特点是“三多”，即“概念多、定理多、公式多”，许多初学者在遇到问题时，普遍感到的困难是无法确定这些概念、定理、公式应该在什么场合运用，如何运用以及为什么要运用.因此，本书在内容体系的安排上选择了更贴近学生的方式.以章为单元，以每章中的主要问题求解方法来串联该章的概念、定理、公式，从而把每章的主要概念、定理、公式融入问题的解决方法中.这样处理的好处是使学生更清晰地看到各章节中的主要问题是什么，章节中的各个数学概念、定理、公式等工具是怎么使用的，它们通常用来解决什么问题，从而使学生掌握每一章的核心内容与方法.

2. 围绕主要问题，归纳解题方法，重点突出对解题思想和解题方法的分析

高等数学的另一大特点是习题量大、涉及面广，所以归纳出每一章的主要问题对高等数学的学习是极其重要的.同时，我们认为对解题方法、解题思路、解题经验的分析和总结比解题过程更为重要.所以本书在每一章的内容安排上采用了以下形式：

首先，给出这一章要解决的主要问题.

然后，针对每一个要解决的主要问题，介绍这一问题求解的基本方法.

接着，在“方法运用注意点”中给出这些基本方法的特点、运用时的注意点以及对一些基本概

念的理解等内容.

紧接着,运用基本方法求解典型问题.我们对每一个例题都给出了详尽的解题方法分析,讲清楚本题为什么是这样解的,力求把所以然交代给学生.

最后,给出运用这一基本方法的小结.小结中包含运用这一基本方法求解这类问题的分析思考的步骤、这一方法的适用场合以及方法的运用经验等内容.我们认为把解题方法、解题思路进行归纳和总结,并把长期积累的解题经验归纳后传授给学生,这对他们解题能力的提高非常有效.

全书做到每章中的主要问题典型,基本方法清晰完整,解题方法分析透彻,归纳总结全面的编写目的.

3. 例题和习题典型、丰富,体现问题和解题方法的完整性

全书共列举了923个例题,它们来自一些经典教材中的例题和一些能够体现方法特点的习题,以及历年考研数学中的典型原题.

全书提供了513个书后练习题,这些练习题与书中例题及方法相配套,学生在理解了例题之后,通过举一反三,就可求解这些练习题.

本书中题型典型、全面,且题目的难度系数也不尽相同,因此本书适合各层次的学生使用,同时也可作为考研学生的参考资料.

4. 引入"千笔考研"网,提供网上个性化练习和测试,形成"学练"完整体系

学好高等数学的基本前提是多做习题.只有对各种题型、各种难度的习题进行充分的练习,才能在考试中"见多识广",应付自如.当前学生自我练习遇到的最大困难是,练习只能对答案,得不到批改,也不知出错的原因,使用错误的知识点也得不到纠正,不能准确了解自己的实际解题能力和水平.

由于看书学习和练习是一个不可分割的统一体,为了解决学生在练习中出现的以上困难,本书将书中每一目所表示的问题与"千笔考研"App的对应练习章节相关联.通过与网上练习平台的结合,我们希望为有进一步深入学习计划和准备考研的学生提供一个方便的、个性化的网上自我练习和自我测试平台.

"千笔考研"App有以下功能特点:

(1) 能够根据学生的知识水平、薄弱环节,智能化、循序渐进地为其量身定制练习卷.推出的每份练习卷都能够准确贴近学生的实际水平和薄弱知识点,使学生能做到有针对性的、循序渐进的练习.

(2) 不需要在线上输入解题结果,只需对线上分步显示的"选项",按照自己在该步的解题结果进行"选项"选择,选完即完成提交.

(3) 自动向学生反馈在练习中出现的问题,指出解题错在哪一步,反馈使用错误的知识点.

(4) 提供"错题和错误知识点收藏夹",供学生收藏自己做错的题和曾经出错的知识点,方便复习.

(5) 能够根据学生在每章节中的练习情况,给出学生对每章节的内容综合熟练度、综合计算能力、综合技巧水平等解题能力指标的评价,帮助学生掌握自己的学习水平.

本书引入高等数学线上练习平台，这是线下解题辅导书与线上练习的一次功能优势互补的实践和探索.需要的读者可以通过访问网址 http://www.qpenedu.com/或扫描二维码，安装“千笔考研”App，注册后即可进行学习(注：“千笔考研”App 提供的服务不属于本书的服务范畴).

本书由华东理工大学理学院组织编写.全书共分 14 章，其中第 2、3、5、12、13 章由殷锡鸣教授编写；第 6、7、10 章由李红英副教授编写；第 8、14 章由江志松副教授编写；第 4、11 章由孟雅琴副教授编写；第 9 章由宋洁副教授编写；第 1 章由方民副教授编写.全书由殷锡鸣统稿和定稿.在编写过程中，得到了华东理工大学理学院李建奎院长、数学系主任郭继民教授及出版社领导的大力关心和支持，在此表示衷心的感谢.同时，我们还要感谢长期从事高等数学教学的苏纯洁、杨勤民、邵方明、赵建丛、贺秀霞、吕雪芹、胡海燕、李继根、李义龙等老师，他们在本书的编写过程中提出了许多宝贵的建议.

由于编者水平有限，书中难免留存错漏和不妥之处，敬祈专家、读者予以指正.

编者　于华理园

2021 年 3 月

目　录

第1章 函数

函数是高等数学研究的主要对象，也是高等数学中最重要的基本概念之一.掌握函数的基本概念和基本运算，了解函数的基本性质，对高等数学的学习非常重要.

1.1 本章解决的主要问题

(1) 确定函数的定义域；

(2) 函数的运算及其表达式计算；

(3) 函数的几何性质及其应用.

1.2 典型问题解题方法与分析

1.2.1 函数定义域的确定

基本方法

利用基本初等函数、函数的运算性质，计算复合函数和反函数的定义域.

(1) 复合函数的定义域：

由函数 $y=f(u)$（定义域为 D_1）与 $u=\varphi(x)$（定义域为 D_2，值域为 Z）复合而成的函数 $y=f[\varphi(x)]$，当 $D_1\cap Z\neq\varnothing$ 才有意义，且复合函数 $y=f[\varphi(x)]$ 的定义域为 $D=\{x\mid x\in D_2,\varphi(x)\in D_1\cap Z\}$.

(2) 反函数的定义域：

若 $y=f(x)$ 的定义域为 D，值域为 Z，则其反函数的定义域为 Z，值域为 D.

重要结论

(1) $y=a_0+a_1x+a_2x^2+\cdots+a_nx^n$，$y=a^x\ (a>0,a\neq1)$，$y=\sin x$，$y=\cos x$ 的定义域是 $(-\infty,+\infty)$.

(2) $y=\arcsin x$，$y=\arccos x$ 的定义域是 $|x|\leqslant1$.

(3) $y=\log_a x\ (a>0,a\neq1)$ 的定义域是 $x>0$.

(4) 函数含分式,则使分母为零的实数不属于函数的定义域.

(5) 函数含偶次根式,则使根式中的表达式为负的实数不属于函数的定义域.

▶▶▶方法运用注意点

(1) 求函数的定义域是要寻找使得函数有意义的自变量的范围,特别要注意含分式、根式、对数和反三角函数.

(2) 对于由 $y=f(u)$, $u=\varphi(x)$ 复合而成的复合函数 $y=f[\varphi(x)]$,其定义域中的点一定要使 x 所确定的 $u=\varphi(x)$ 包含在 $y=f(u)$ 的定义域内.

▶▶▶典型例题解析

例 1-1 求函数 $y=\ln\left[\sqrt{x^2-1}+\arcsin\left(x-\frac{1}{2}\right)\right]$ 的定义域.

分析: 寻找使 $\sqrt{x^2-1}+\arcsin\left(x-\frac{1}{2}\right)>0$ 的 x 的范围.

解: 函数定义域中的点首先需满足 $x^2-1\geqslant 0$, $\left|x-\frac{1}{2}\right|\leqslant 1$. 解不等式组

$$x\leqslant -1,\ x\geqslant 1,\ 且 -\frac{1}{2}\leqslant x\leqslant \frac{3}{2},$$

得 $1\leqslant x\leqslant \frac{3}{2}$. 此时 $\frac{1}{2}\leqslant x-\frac{1}{2}\leqslant 1$, $\frac{\pi}{6}\leqslant \arcsin\left(x-\frac{1}{2}\right)\leqslant \frac{\pi}{2}$,从而$\sqrt{x^2-1}+\arcsin\left(x-\frac{1}{2}\right)>0$. 所以函数 $f(x)$ 的定义域为 $\left[1,\frac{3}{2}\right]$.

例 1-2 已知函数 $f(x)$ 的定义域为 $[0, 1]$,求下列函数的定义域:

(1) $y=f\left(1-\frac{4}{\pi}\arctan x\right)$; (2) $y=f\left(\frac{1}{2}+\frac{x}{4}\right)+f\left(\frac{3}{2}-\frac{x}{2}\right)$.

分析: (1) 寻找使 $0\leqslant 1-\frac{4}{\pi}\arctan x\leqslant 1$ 的 x 的范围.

(2) 寻找同时满足 $0\leqslant \frac{1}{2}+\frac{x}{4}\leqslant 1$, $0\leqslant \frac{3}{2}-\frac{x}{2}\leqslant 1$ 的 x 的范围.

解: (1) 解不等式 $1-\frac{4}{\pi}\arctan x\geqslant 0$,得 $x\leqslant 1$;解不等式 $1-\frac{4}{\pi}\arctan x\leqslant 1$,得 $x\geqslant 0$.

所以函数的定义域为$[0, 1]$.

(2) 解不等式 $0\leqslant \frac{1}{2}+\frac{x}{4}\leqslant 1$,得 $-2\leqslant x\leqslant 2$;解不等式 $0\leqslant \frac{3}{2}-\frac{x}{2}\leqslant 1$,得 $1\leqslant x\leqslant 3$.

所以函数的定义域为 $[1, 2]$.

例 1-3 设函数 $f(x)=\begin{cases}-x+1, & -1<x\leqslant 0\\ x-1, & 0<x\leqslant 2\end{cases}$,求函数 $f(x^2-1)$ 的定义域.

分析: 分段函数 $f(x)$ 的定义域是 $(-1, 2]$，故 $f(x^2-1)$ 定义域中的点应要求 $x^2-1\in(-1, 2]$.

解: 令 $u=x^2-1$，要使 $u\in(-1, 2]$，即 $-1<x^2-1\leqslant 2$，需满足 $0<x^2\leqslant 3$，即 $|x|\leqslant\sqrt{3}$，$x\neq 0$. 所以函数的定义域为 $[-\sqrt{3}, 0)\cup(0, \sqrt{3}]$.

例 1-4 求函数 $f(x)=\begin{cases}x^2+1, & x\leqslant 0\\ \dfrac{1-2x}{1+x}, & x>0\end{cases}$ 的反函数 $\varphi(x)$ 及 $\varphi(x)$ 的定义域.

分析: 由于 $f(x)$ 是分段函数，故应先确定每一区间段上 $f(x)$ 的值域，在每一值域段上求该段上的反函数，再合起来.

解: 当 $x\leqslant 0$ 时，$1\leqslant f(x)<+\infty$，且 $f(x)$ 单调减少. 从 $y=x^2+1$ 中解得 $x=-\sqrt{y-1}$，反函数 $y=-\sqrt{x-1}$，$x\geqslant 1$.

当 $x>0$ 时，$f(x)=1-\dfrac{3x}{1+x}<1$，又 $f(x)=-2+\dfrac{3}{1+x}>-2$，即 $-2<f(x)<1$，且 $f(x)$ 单调减少. 从 $y=\dfrac{1-2x}{1+x}$ 中解得 $x=\dfrac{1-y}{2+y}$，反函数 $y=\dfrac{1-x}{2+x}$，$-2<x<1$. 所以 $f(x)$ 的反函数

$$\varphi(x)=\begin{cases}\dfrac{1-x}{2+x}, & -2<x<1\\ -\sqrt{x-1}, & x\geqslant 1\end{cases},$$

其定义域为 $(-2, +\infty)$.

▶▶▶方法小结

(1) 对于初等函数的定义域，由于初等函数是由基本初等函数经过有限次的四则运算和有限次复合运算而成的函数，所以先要求出使函数各部分有意义的自变量范围，再取其公共部分就可得到初等函数的定义域.

(2) 分段函数的定义域是把不同表达式的自变量范围合并起来.

(3) 反函数的定义域就是函数的值域，对于分段函数，还需逐段确定其值域再进行合并.

1.2.2 函数的运算及其表达式的计算

▶▶▶基本方法

(1) 利用基本初等函数的性质求函数表达式；

(2) 利用复合函数的定义求复合函数表达式及其复合函数的分解；

(3) 利用函数关系求反函数表达式；

(4) 利用变量代换求函数表达式；

(5) 曲线的极坐标表示及常见的极坐标曲线.

1.2.2.1 利用基本初等函数的性质求函数表达式

▶▶▶重要结论

(1) 幂函数性质 $x^{\alpha}\cdot x^{\beta}=x^{\alpha+\beta}$，$\dfrac{x^{\alpha}}{x^{\beta}}=x^{\alpha-\beta}$

(2) 指数函数性质 $(a\cdot b)^{x}=a^{x}\cdot b^{x}$，$\left(\dfrac{a}{b}\right)^{x}=\dfrac{a^{x}}{b^{x}}$

(3) 对数函数性质 $\log_{a}x=\dfrac{\ln x}{\ln a}$，$\ln(xy)=\ln x+\ln y$

$\ln\dfrac{x}{y}=\ln x-\ln y$，$\ln x^{a}=a\ln x$

(4) 三角函数性质及基本三角公式

① 奇偶性质 $\sin(-x)=-\sin x$，$\cos(-x)=\cos x$

② 两角互余 $\sin\left(\dfrac{\pi}{2}-x\right)=\cos x$，$\cos\left(\dfrac{\pi}{2}-x\right)=\sin x$

③ 两角互补 $\sin(\pi-x)=\sin x$，$\cos(\pi-x)=-\cos x$

④ 倍角公式 $\sin 2x=2\sin x\cos x$，

$\cos 2x=2\cos^{2}x-1=1-2\sin^{2}x=\cos^{2}x-\sin^{2}x$

⑤ 半角公式 $\sin^{2}x=\dfrac{1-\cos 2x}{2}$，$\cos^{2}x=\dfrac{1+\cos 2x}{2}$

⑥ 和差正弦 $\sin(x+y)=\sin x\cos y+\cos x\sin y$，

$\sin(x-y)=\sin x\cos y-\cos x\sin y$

⑦ 和差余弦 $\cos(x+y)=\cos x\cos y-\sin x\sin y$，

$\cos(x-y)=\cos x\cos y+\sin x\sin y$

⑧ 恒等式 $\sin^{2}x+\cos^{2}x=1$

▶▶▶方法运用注意点

(1) 将根式写成幂，分母写成负指数常常可以方便运算.

(2) 根式 $\sqrt{f^{2}(x)}=|f(x)|$，即开偶次方根要取绝对值.

▶▶▶典型例题解析

例 1-5 已知 $y=\sqrt[3]{\dfrac{(3x-1)^{2}(2x+1)}{(x-2)^{3}}}$，求 $\ln|y|$.

分析： 利用对数性质，变乘除为加减.

解: $\ln|y|=\ln\left(\frac{|3x-1|^2|2x+1|}{|x-2|^3}\right)^{1/3}=\frac{1}{3}(\ln|3x-1|^2+\ln|2x+1|-\ln|x-2|^3)$

$$=\frac{2}{3}\ln|3x-1|+\frac{1}{3}\ln|2x+1|-\ln|x-2|.$$

例1-6　设对于任意实数恒有 $f\left(\sin\frac{x}{2}\right)=\cos(17x)$，求 $f\left(\cos\frac{x}{2}\right)$.

分析: 应考虑利用已知关系式将 $\sin\frac{x}{2}$ 转化为关于 $\cos\frac{t}{2}$ 的表达式.

解: 令 $x=\pi-t$，利用两角互余关系式及余弦函数的周期性，有

$$f\left(\sin\frac{x}{2}\right)=f\left(\sin\left(\frac{\pi}{2}-\frac{t}{2}\right)\right)=f\left(\cos\frac{t}{2}\right)=\cos 17(\pi-t)=\cos(\pi-17t)=-\cos 17t,$$

所以

$$f\left(\cos\frac{x}{2}\right)=-\cos 17x.$$

例1-7　试写出 $f(x)=\max\{x^2, x+2, 2\}$ 的分段表达式，并作出其图形.

分析: 比较 x^2, $x+2$, 2 的大小并划分分段区间，作一草图会提供方便.

解: 使得 $x^2=x+2$, $x^2=2$, $x+2=2$ 的点分别为 $x=-1$, $x=2$, $x=\pm\sqrt{2}$, $x=0$.

将这些点插入定义域 $(-\infty, +\infty)$，并在以这些点为端点的子区间上比较函数 x^2, $x+2$, 2 的大小，有

当 $x\leqslant-\sqrt{2}$ 时，$x+2\leqslant 2\leqslant x^2$, $f(x)=x^2$;

当 $-\sqrt{2}\leqslant x\leqslant-1$ 时，$x+2\leqslant x^2\leqslant 2$, $f(x)=2$;

当 $-1\leqslant x\leqslant 0$ 时，$x^2\leqslant x+2\leqslant 2$, $f(x)=2$;

当 $0\leqslant x\leqslant\sqrt{2}$ 时，$x^2\leqslant 2\leqslant x+2$, $f(x)=x+2$;

当 $\sqrt{2}\leqslant x\leqslant 2$ 时，$2\leqslant x^2\leqslant x+2$, $f(x)=x+2$;

当 $x\geqslant 2$ 时，$2\leqslant x+2\leqslant x^2$, $f(x)=x^2$.

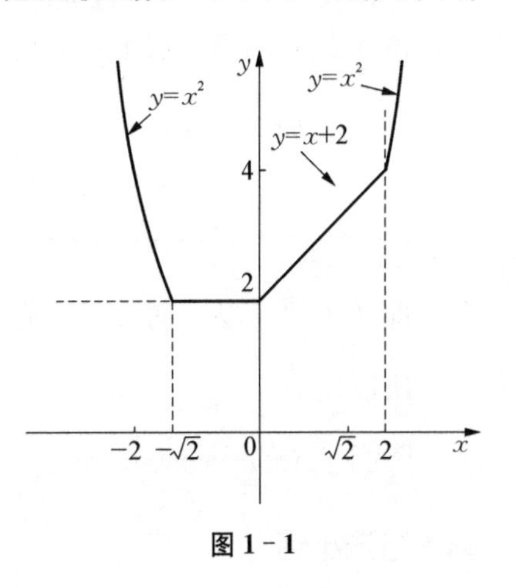

图1-1

归纳合并以上结果得

$$f(x)=\begin{cases}x^2, & x\leqslant-\sqrt{2}, x>2\\ 2, & -\sqrt{2}<x\leqslant 0\\ x+2, & 0<x\leqslant 2\end{cases}$$

其图形如图1-1所示.

例1-8　设 $f(x)=\begin{cases}x-\frac{1}{x}, & x<-1\\ x, & x\geqslant-1\end{cases}$, $g(x)=\begin{cases}-x, & x\leqslant 1\\ x+\frac{1}{x}, & x>1\end{cases}$,

求 $F(x)=f(x)g(x)$ 的表达式.

分析: 这里的问题是 $f(x)$ 和 $g(x)$ 都是分段函数，化解分段函数的方法可以考虑将 $f(x)$ 和 $g(x)$ 的分段区间合并在 x 轴上形成若干个子区间，使 $f(x)$ 和 $g(x)$ 在每一子区间上都为非分段的函数.

解: 将 $f(x)$ 和 $g(x)$ 的分段区间合并在 x 轴上，x 轴被划分成三个子区间

$$(-\infty, -1), [-1, 1], (1, +\infty).$$

当 $x<-1$ 时，$f(x)=x-\dfrac{1}{x}$，$g(x)=-x$，$F(x)=f(x)g(x)=1-x^2$；

当 $-1\leqslant x\leqslant 1$ 时，$f(x)=x$，$g(x)=-x$，$F(x)=f(x)g(x)=-x^2$；

当 $x>1$ 时，$f(x)=x$，$g(x)=x+\dfrac{1}{x}$，$F(x)=f(x)g(x)=1+x^2$.

因此，

$$F(x)=\begin{cases}1-x^2, & x<-1\\ -x^2, & -1\leqslant x\leqslant 1.\\ 1+x^2, & x>1\end{cases}$$

例 1-9 设在区间[-1,1]上，按如下关系式定义了函数序列 $f_n(x)$：

$$f_0(x)=1;\ f_1(x)=x;\text{当 } n>1 \text{ 时，} f_n(x)=2xf_{n-1}(x)-f_{n-2}(x).$$

证明：
$$f_n(x)=\cos(n\arccos x).$$

分析：运用数学归纳法证明.

解：显然 $f_n(x)$ 的表达式对 $n=0$，$n=1$ 成立.

下设表达式对 $n>1$ 成立.

设 $\theta=\arccos x$，对于 $n+1$，利用递推关系式，有

$$\begin{aligned}f_{n+1}(x)&=2xf_n(x)-f_{n-1}(x)=2x\cos(n\arccos x)-\cos[(n-1)\arccos x]\\&=2\cos\theta\cos n\theta-\cos(n\theta-\theta)=2\cos\theta\cos n\theta-\cos n\theta\cos\theta-\sin n\theta\sin\theta\\&=\cos n\theta\cos\theta-\sin n\theta\sin\theta=\cos(n+1)\theta=\cos[(n+1)\arccos x]\end{aligned}$$

即 $f_n(x)$ 表达式对 $n+1$ 成立，根据数学归纳法 $f_n(x)$ 的表达式对所有的 n 成立.

所以证得
$$f_n(x)=\cos(n\arccos x).$$

[注] $f_n(x)=\cos(n\arccos x)$，$x\in[-1, 1]$，称为 n 次的**切比雪夫(chebyshev)多项式**.

▶▶▶方法小结

(1) 运用基本初等函数性质求函数表达式的主要思路是通过函数的运算性质、恒等式公式等进行变形和转换，把函数化简或者转化为与已知条件有关的问题.

(2) 对于分段函数表达式的计算，其主要思路是消除分段性，方法是把分段区间合在一起逐段考虑.

1.2.2.2 利用复合函数的定义求复合函数的表达式及复合函数的分解

1) 复合函数 若函数 $y=f(u)$ 的定义域为 D_1，函数与 $u=\varphi(x)$ 的定义域为 D_2，$D\subseteq D_2$. 若对任意的 $x\in D$，有唯一确定的值 $u=\varphi(x)\in D_1$ 与之对应，并通过 $y=f(u)$ 也有唯一确定的值 $y=f(u)$ 与 $u=\varphi(x)$ 对应，则称此函数为由函数 $y=f(u)$ 与 $u=\varphi(x)$ 复合而成的复合函数，记为

$y=f[\varphi(x)]$，$x\in D$，其中$D=\{x\mid x\in D_2, \varphi(x)\in D_1\}$，$x$称为自变量，$y$称为因变量，$u$称为中间变量.

2）幂指函数　函数$y=[f(x)]^{g(x)}$称为幂指函数，它是由函数$y=e^u$与$u=g(x)\ln f(x)$复合而成的复合函数，即

$$y=[f(x)]^{g(x)}=e^{g(x)\ln f(x)}.$$

▶▶▶方法运用注意点

(1) 只有当$y=f(u)$的定义域与$u=\varphi(x)$的值域的交集非空时，才能形成复合函数$y=f[\varphi(x)]$.

(2) 复合函数的分解方法，是将复合函数分解成若干个简单函数，通常这里的简单函数是指基本初等函数或其四则运算得到的函数.

▶▶▶典型例题解析

例1-10　设$f(x)=\dfrac{1}{1-x}$，求$f[f(x)]$和$f\{f[f(x)]\}$.

分析：分别以$f(x)$，$f[f(x)]$代入$f(x)$中的x，注意复合的条件.

解：令$\dfrac{1}{1-x}=1$，得$x=0$，所以当$x\neq 0$，$x\neq 1$时，$f[f(x)]=\dfrac{1}{1-\dfrac{1}{1-x}}=1-\dfrac{1}{x}$；

又$f[f(x)]=1-\dfrac{1}{x}\neq 1$，所以有$f\{f[f(x)]\}=\dfrac{1}{1-\left(1-\dfrac{1}{x}\right)}=x$，$x\neq 0$，$x\neq 1$.

例1-11　设函数$f(x)=\begin{cases}2x, & x<1\\ x+1, & x\geqslant 1\end{cases}$，$g(x)=\begin{cases}1-x, & x<-1\\ -2x, & x\geqslant -1\end{cases}$，求$f[g(x)]$和$g[f(x)]$的表达式.

分析：分段函数的复合.这里要注意，将$f(x)$或$g(x)$代入x时需要考虑分段的条件.

解：

$$f[g(x)]=\begin{cases}2g(x), & g(x)<1\\ g(x)+1, & g(x)\geqslant 1\end{cases}. \tag{1-1}$$

为使$g(x)<1$，让$\begin{cases}x<-1\\ 1-x<1\end{cases}$或$\begin{cases}x\geqslant -1\\ -2x<1\end{cases}$，解得$x>-\dfrac{1}{2}$；

为使$g(x)\geqslant 1$，让$\begin{cases}x<-1\\ 1-x\geqslant 1\end{cases}$或$\begin{cases}x\geqslant -1\\ -2x\geqslant 1\end{cases}$，解得$x<-1$或$-1\leqslant x\leqslant -\dfrac{1}{2}$.

将$g(x)$的表达式代入式(1-1)中，有

$$f[g(x)]=\begin{cases}2-x, & x<-1\\ 1-2x, & -1\leqslant x\leqslant -\dfrac{1}{2}\\ -4x, & x>-\dfrac{1}{2}\end{cases}.$$

同理 $$g[f(x)]=\begin{cases}1-f(x), & f(x)<-1\\ -2f(x), & f(x)\geqslant -1\end{cases}. \tag{1-2}$$

为使 $f(x)<-1$，让 $\begin{cases}x<1\\ 2x<-1\end{cases}$ 或 $\begin{cases}x\geqslant 1\\ 1+x<-1\end{cases}$，解得 $x<-\dfrac{1}{2}$；

为使 $f(x)\geqslant -1$，让 $\begin{cases}x<1,\\ 2x\geqslant -1\end{cases}$ 或 $\begin{cases}x\geqslant 1\\ 1+x\geqslant -1\end{cases}$，解得 $-\dfrac{1}{2}\leqslant x<1$ 或 $x\geqslant 1$.

将 $f(x)$ 的表达式代入式(1-2)中，有

$$g[f(x)]=\begin{cases}1-2x, & x<-\dfrac{1}{2}\\ -4x, & -\dfrac{1}{2}\leqslant x<1\\ -2(x+1), & x\geqslant 1\end{cases}.$$

例 1-12 下列函数是由哪些函数复合而成的？

(1) $y=[\cos(x^{\frac{1}{3}})]^2$； (2) $y=\sec^2[\ln(\arccos x)]$.

分析：与函数的复合由内到外相反，复合函数的分解由外到内一层一层地拆开.

解：(1) 令 $u=\cos(x^{\frac{1}{3}})$，$t=x^{\frac{1}{3}}$，则函数由以下 3 个函数复合而成：

$$y=u^2,\ u=\cos t,\ t=x^{\frac{1}{3}}.$$

(2) 令 $u=\sec[\ln(\arccos x)]$，$v=\ln(\arccos x)$，$t=\arccos x$，则函数由以下 4 个函数复合而成：

$$y=u^2,\ u=\sec v,\ v=\ln t,\ t=\arccos x.$$

例 1-13 设函数 $f(x)=\dfrac{x}{\sqrt{1+x^2}}$，求复合函数 $f_n(x)=f\{f[\cdots f(x)]\}$ 的表达式.

分析：先计算 $f[f(x)]$，$f\{f[f(x)]\}$，发现规律后用数学归纳法求解.

解：设 $f_1(x)=f(x)$，$f_2(x)=f[f(x)]$，则 $f_n(x)=f\{f[\cdots f(x)]\}=f[f_{n-1}(x)]$.

由 $f_2(x)=f[f(x)]=\dfrac{f(x)}{\sqrt{1+f^2(x)}}=\dfrac{x}{\sqrt{1+2x^2}}$，对照 $f_1(x)=\dfrac{x}{\sqrt{1+x^2}}$，下面去证明

$$f_n(x)=\frac{x}{\sqrt{1+nx^2}} \tag{1-3}$$

当 $n=1$ 时，由定义知结论成立.设 $n=k$ 时结论成立，则

$$f_{k+1}(x)=\frac{f_k(x)}{\sqrt{1+f_k^2(x)}}=\frac{\dfrac{x}{\sqrt{1+kx^2}}}{\sqrt{1+\dfrac{x^2}{1+kx^2}}}=\frac{x}{\sqrt{1+(k+1)x^2}},$$

由数学归纳法知式(1-3)对所有自然数 n 成立，所以

$$f_n(x)=f\{f[\cdots f(x)]\}=\frac{x}{\sqrt{1+nx^2}},\ n=1,\ 2,\ \cdots$$

▶▶▶方法小结

(1) 函数的复合 $f[g(x)]$ 就是把内层的函数 $g(x)$ 代入外层函数 $f(u)$ 的变量 u 中，只是要注意复合的条件是否满足.

(2) n 个函数的复合通常采用找规律后运用数学归纳法求解.

(3) 复合函数的分解是把外层函数以外的内层函数设为新的变量，由外到内一层层分解.

1.2.2.3　利用函数关系求反函数表达式

反函数　设函数 $y=f(x)$ 的定义域为 D，值域为 Z. 若对于 Z 中任意的 y，都可以通过 $y=f(x)$ 确定 D 中的唯一 x 值与其对应，从而得到一个以 y 为自变量，x 为因变量的新函数，称此函数为 $y=f(x)$ 的反函数，记作 $x=\varphi(y)$, $y\in Z$，其值域为 D.

▶▶▶重要结论

(1) 若 $y=f(x)$ $(x\in D)$ 和 $x=\varphi(y)$ $(y\in Z)$ 互为反函数，则

$$f[\varphi(y)]=y,\ y\in Z;\ \varphi[f(x)]=x,\ x\in D.$$

(2) 若 $y=f(x)$ 和 $x=\varphi(y)$ 互为反函数，则 $y=f(x)$ 和 $y=\varphi(x)$ 的图形在同一直角坐标系中关于直线 $y=x$ 对称.

▶▶▶方法运用注意点

(1) 若 $y=f(x)$ 和 $x=\varphi(y)$ 互为反函数，则在同一直角坐标系中 $y=f(x)$ 和 $x=\varphi(y)$ 的图形相同.

(2) 一般用 x 表示自变量，y 表示因变量，因此由 $y=f(x)$ 得 $x=\varphi(y)$ 后，常常再对换 x 与 y，用 $y=\varphi(x)$ 表示 $y=f(x)$ 的反函数.

(3) $y=f(x)$ 的反函数的另一种常用记号是 $y=f^{-1}(x)$，这里的 f^{-1} 是一记号，它表示映射 f 的逆映射，不可当作"f 的负 1 次幂，即 $\frac{1}{f}$".

▶▶▶典型例题解析

例 1-14　求下列函数的反函数

(1) $y=\ln(\arctan \mathrm{e}^{2x})$;　　(2) $y=\sqrt[3]{\dfrac{1+2\ln x}{2-\ln x}}$.

分析：从函数的表达式中解出 x，再将 x 与 y 互换.

解: (1) 从 $y=\ln(\arctan e^{2x})$ 中解得

$$x=\frac{1}{2}\ln(\tan e^{y}).$$

由于函数的定义域为 $(-\infty, +\infty)$, 值域为 $(-\infty, +\infty)$, 因此反函数为

$$y=\frac{1}{2}\ln(\tan e^{x}),\ x\in(-\infty, +\infty).$$

(2) 函数的定义域为 $(0, e^2)\cup(e^2, +\infty)$, 值域为 $(-\infty, +\infty)$, $x\neq-\sqrt[3]{2}$.

从 $y=\sqrt[3]{\dfrac{1+2\ln x}{2-\ln x}}$ 中解得 $x=e^{\frac{2y^3-1}{2+y^3}}$. 所以反函数为

$$y=e^{\frac{2x^3-1}{2+x^3}},\ x\in(-\infty, -\sqrt[3]{2})\cup(-\sqrt[3]{2}, +\infty).$$

例 1-15 求函数 $f(x)=\begin{cases}e^{x}, & x\leqslant 0\\ x+1, & x>0\end{cases}$ 的反函数.

分析: 本题是分段函数求反函数问题,处理分段是本题求解的要点.可考虑逐段求反函数后再合起来.

解: 在 $(-\infty, 0]$ 上,函数的值域为 $(0, 1]$, 其反函数 $x=\ln y$; 在 $(0, +\infty)$ 上,函数的值域为 $(1, +\infty)$, 其反函数 $x=y-1$, 所以所求的反函数为

$$y=\begin{cases}\ln x, & x\in(0, 1]\\ x-1, & x\in(1, +\infty)\end{cases}$$

例 1-16 求函数 $\begin{cases}x=t+t^5\\ y=t+t^7\end{cases}$ 的反函数.

分析: 先来分析一下由参数方程 $\begin{cases}x=\varphi(t)\\ y=\psi(t)\end{cases}$ 给出函数的反函数的计算方法.因为在由参数方程确定的两个变量 x 与 y 的函数中,自变量和因变量的地位是同等的,曲线上的点 $(\varphi(t), \psi(t))$ 经过 x 与 y 互换后,点 $(\psi(t), \varphi(t))$ 是反函数曲线上的点,所以反函数的参数方程为

$$\begin{cases}x=\psi(t)\\ y=\varphi(t)\end{cases}$$

解: 在参数方程 $\begin{cases}x=t+t^5\\ y=t+t^7\end{cases}$ 中互换 x 与 y, 得其反函数的参数方程为 $\begin{cases}x=t+t^7\\ y=t+t^5\end{cases}$.

例 1-17 若 $f(x)$ 和 $g(x)$ 互为反函数,求函数 $g^3[2f(x)-1]$ 的反函数.

分析: 若令 $y=g^3[2f(x)-1]$, 则从此关系式中解出 x 即可.这里需注意 $f(x)$ 与 $g(x)$ 互为反函数,即 f 与 g 之间是互逆的映射.

解: 从 $y=g^3[2f(x)-1]$ 得, $g[2f(x)-1]=\sqrt[3]{y}$. 等式两边作用 f 得 $2f(x)-1=f(\sqrt[3]{y})$, 从

而有 $f(x)=\frac{1}{2}[1+f(\sqrt[3]{y})]$. 等式两边再作用 g 得 $x=g\left\{\frac{1}{2}[1+f(\sqrt[3]{y})]\right\}$，

所以所求的反函数为 $$y=g\left\{\frac{1}{2}[1+f(\sqrt[3]{x})]\right\}.$$

▶▶▶方法小结

(1) 显函数求反函数的基本步骤：① 从函数关系式 $y=f(x)$ 中解出 $x=\varphi(y)$；② 对换 x 与 y.

(2) 由参数方程 $\begin{cases}x=\varphi(t)\\y=\psi(t)\end{cases}$ 确定的函数 $y=f(x)$ 的反函数为 $\begin{cases}x=\psi(t)\\y=\varphi(t)\end{cases}$.

(3) 分段函数的反函数需在每一分段区间上逐段计算，然后合并成整个值域区间上的反函数.

1.2.2.4 利用变量代换求函数表达式

▶▶▶方法运用注意点

(1) 由 $f[\varphi(x)]$ 的表达式求 $f(x)$，相当于求复合函数的外层函数，可以令 $u=\varphi(x)$，先求出 $f(u)$ 的表达式，再以 x 代替 u 即可.

(2) 若已知条件中出现多个复合函数，通常要找到中间变量间的关系，通过解方程求解.

▶▶▶典型例题解析

例 1-18 设 $f\left(x+\frac{1}{x}\right)=x^2+\frac{1}{x^2}$，求 $f\left(x-\frac{1}{x}\right)$.

分析： 令 $t=x+\frac{1}{x}$，先求 $f(t)$，再求 $f\left(x-\frac{1}{x}\right)$.

解： 因为 $f\left(x+\frac{1}{x}\right)=x^2+\frac{1}{x^2}=\left(x+\frac{1}{x}\right)^2-2$，故令 $t=x+\frac{1}{x}$，则有

$$f(t)=t^2-2.$$

当 $t=x-\frac{1}{x}$ 时，有

$$f\left(x-\frac{1}{x}\right)=\left(x-\frac{1}{x}\right)^2-2=x^2+\frac{1}{x^2}-4.$$

例 1-19 求函数 $f(x)$，使对任一 x 总有 $f(1+x)+2f(1-x)=3x^2$ 成立.

分析： 需考虑作一变换将 $1+x$ 变成 $1-u$，$1-x$ 变成 $1+u$. 当两个中间变量之和为常数时，即含 $f(a+x)$ 和 $f(b-x)$ 时，可作变换 $a+x=b-u$，此时 $b-x=a+u$，从而获得所求函数满足的方程组.

解： 令 $1+x=1-u$，则 $1-x=1+u$，代入原方程有 $f(1-u)+2f(1+u)=3u^2$.

以 x 代替 u 得

$$f(1-x)+2f(1+x)=3x^2$$

故有方程组
$$\begin{cases}f(1+x)+2f(1-x)=3x^2\\2f(1+x)+f(1-x)=3x^2\end{cases}$$

从方程组中消去 $f(1+x)$ 得 $f(1-x)=x^2$. 再令 $1-x=t$ 得 $f(t)=1-2t+t^2$，所以所求函数为

$$f(x)=x^2-2x+1.$$

例 1-20 设对任一非零实数 x 总有 $\frac{1}{2}f\left(\frac{2}{x}\right)+3f\left(\frac{x}{3}\right)=\frac{x}{2}-\frac{17}{x}$ 成立，求 $f(x)$.

分析： 需考虑作一变换将 $\frac{2}{x}$ 变成 $\frac{u}{3}$，$\frac{x}{3}$ 变成 $\frac{2}{u}$. 当两个中间变量之积为常数时，即含 $f\left(\frac{x}{a}\right)$ 和 $f\left(\frac{b}{x}\right)$ 时，可作变换 $\frac{x}{a}=\frac{b}{u}$，此时 $\frac{b}{x}=\frac{u}{a}$，从而获得 f 满足的方程组.

解： 令 $\frac{2}{x}=\frac{u}{3}$，即 $x=\frac{6}{u}$，则所给方程变换为

$$\frac{1}{2}f\left(\frac{u}{3}\right)+3f\left(\frac{2}{u}\right)=\frac{u}{3}-\frac{17}{6}u,\quad 即\quad \frac{1}{2}f\left(\frac{x}{3}\right)+3f\left(\frac{2}{x}\right)=\frac{x}{3}-\frac{17}{6}x.$$

与原方程联立消去 $f\left(\frac{2}{x}\right)$，解得 $f\left(\frac{x}{3}\right)=\frac{x}{3}-\frac{6}{x}$.

故所求函数为
$$f(x)=x-\frac{2}{x}.$$

▶▶▶方法小结

变量代换方法在计算函数表达式的问题中主要处理以下问题：

(1) 满足某一涉及复合函数的函数方程求函数，即求解函数方程问题.

(2) 计算或化简函数的表达式.

处理这些问题的关键是根据所给方程或函数能够找到恰当的变换，这里具有较强的技巧性.

1.2.2.5 曲线的极坐标表示及常见的极坐标曲线

1) 极坐标 对于平面上的点 $P(x, y)$，记 $\rho=|OP|$，OP 与 x 轴正向的夹角为 θ，如图 1-2 所示，则

$$\begin{cases}x=\rho\cos\theta\\y=\rho\sin\theta\end{cases},$$

其中 $0\leqslant\theta\leqslant2\pi$，$0\leqslant\rho<+\infty$，称二元数组 (ρ,θ) 为点 P 的**极坐标**，ρ 称为点 P 的**极径**，θ 称为点 P 的**极角**，O 称为**极点**，射线 Ox 称为**极轴**.

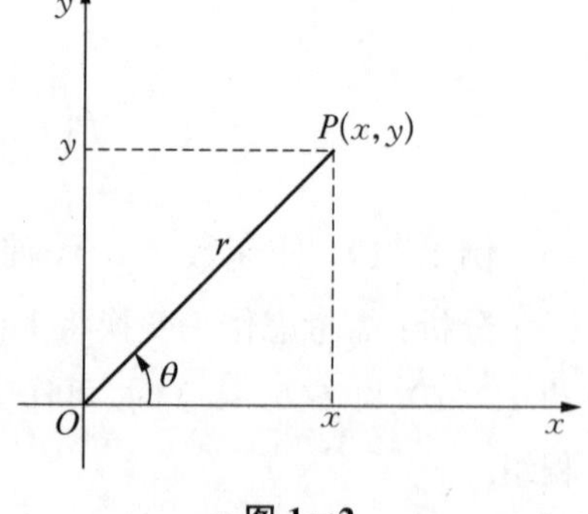

图 1-2

2) 常见的极坐标曲线

(1) 心脏线：$\rho=a(1+\cos\theta)$，其图形如图 1-3 所示.

（2）双纽线：$\rho^2=a^2\cos 2\theta$，其图形如图1－4所示.

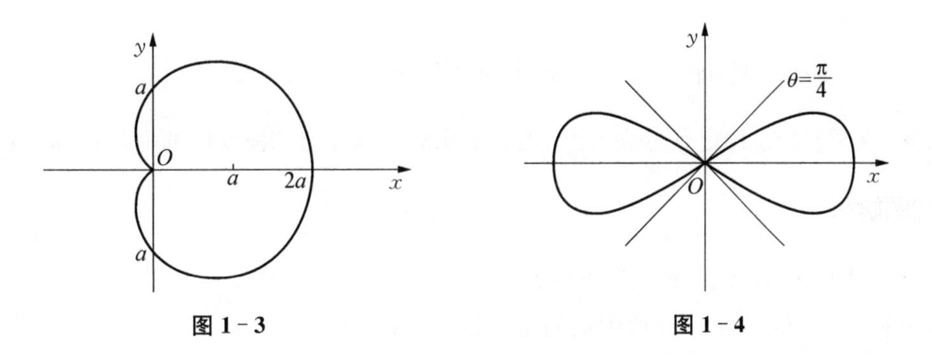

图1－3　　图1－4

（3）阿基米德螺旋线：$\rho=a\theta$，其图形如图1－5所示.

（4）三叶玫瑰线：$\rho=a\cos 3\theta$，其图形如图1－6所示.

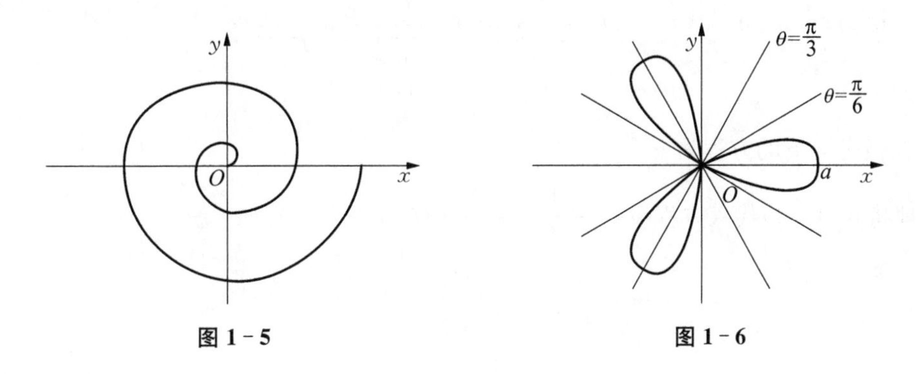

图1－5　　图1－6

▶▶▶重要结论

（1）直角坐标与极坐标的恒等式

$$x^2+y^2=\rho^2,\ \tan\theta=\frac{y}{x}$$

（2）直角坐标与极坐标的对应关系式

$$\begin{cases}x=\rho\cos\theta\\y=\rho\sin\theta\end{cases}\tag{1-4}$$

▶▶▶方法运用注意点

（1）已知直角坐标(x,y)求极坐标的θ时要考虑x,y的符号，原因在于$\arctan\frac{y}{x}$的取值范围是$\left(-\frac{\pi}{2},\frac{\pi}{2}\right)$．正确的表达式如下：

① 当$x>0$，$y>0$时，即点(x,y)在第一象限，$\theta=\arctan\frac{y}{x}$；

② 当 $x<0$ 时,即点 (x,y) 在第二、三象限,$\theta=\pi+\arctan\dfrac{y}{x}$;

③ 当 $x>0$,$y<0$ 时,即点 (x,y) 在第四象限,$\theta=2\pi+\arctan\dfrac{y}{x}$.

(2) 若 $\rho=\rho(\theta)<0$,约定点 $(\rho(\theta),\theta)$ 表示在射线 $\theta+\pi$ 上且与极点 O 的距离为 $|\rho(\theta)|$ 的那一点.

▶▶▶典型例题解析

例 1-21 写出下列曲线在极坐标下的方程:

(1) 由方程 $x^2-2x+y^2=0$ 所确定的隐函数 $y=y(x)$;

(2) 直线 $y=-\dfrac{1}{2}x+\dfrac{3}{2}$.

分析: 将直角坐标与极坐标的对应关系式(1-4)代入方程.

解: (1) 将 $x=\rho\cos\theta$, $y=\rho\sin\theta$ 代入方程 $x^2-2x+y^2=0$,有

$$(\rho\cos\theta)^2-2\rho\cos\theta+(\rho\sin\theta)^2=0.$$

整理得曲线在极坐标下的方程为 $\rho=2\cos\theta$.

(2) 同理将式(1-4)代入方程 $y=-\dfrac{1}{2}x+\dfrac{3}{2}$,有

$$\rho\sin\theta=-\frac{1}{2}\rho\cos\theta+\frac{3}{2},$$

整理得直线在极坐标下的方程为 $\rho=\dfrac{3}{\cos\theta+2\sin\theta}$.

例 1-22 写出下列曲线在直角坐标系下的方程:

(1) $\rho=2\sin\theta$;　　　　(2) $\rho=\dfrac{1}{2\cos\theta}$.

分析: 运用式(1-4)及恒等式 $x^2+y^2=\rho^2$ 进行转换.

解: (1) 在方程 $\rho=2\sin\theta$ 两边同乘 ρ,并注意 $x^2+y^2=\rho^2$,有

$$\rho^2=2\rho\sin\theta$$

所求方程为

$$x^2+y^2=2y.$$

(2) 方程可写成 $\rho\cos\theta=\dfrac{1}{2}$,所以所求的直角坐标方程为 $x=\dfrac{1}{2}$.

▶▶▶方法小结

极坐标系是非常重要和常用的坐标系,有些曲线在直角坐标系下表示是非常复杂的,但用极坐标表示却非常方便.极坐标的两条坐标曲线 $\rho=c$, $\theta=c$ 分别是以原点为圆心的圆和从原点引出的射线,所以用极坐标表示圆和射线是简便的.

直角坐标下曲线和极坐标下曲线的相互转化,它们之间的对应关系式(1-4)和恒等式 $x^2+y^2=$

ρ^2 是转化工具.

1.2.3　函数的几何性质及其应用

▶▶▶基本方法

利用函数的奇偶性、周期性、单调性、有界性等几何特性的定义和性质讨论函数的几何特征.

1.2.3.1　函数奇偶性的判别

函数的奇偶性　设函数 $f(x)$ 在关于原点对称的区间 $(-l, l)$（或 $[-l, l]$，或 $(-\infty, \infty)$）上有定义：

(1) 若 $f(-x)=-f(x)$，则称 $f(x)$ 为奇函数；

(2) 若 $f(-x)=f(x)$，则称 $f(x)$ 为偶函数.

▶▶▶重要结论

(1) 奇偶函数乘积的性质

两个奇函数的乘积是偶函数，两个偶函数的乘积是偶函数，一个奇函数和一个偶函数的乘积是奇函数.

(2) 奇偶函数和的性质

两个奇函数的和是奇函数，两个偶函数的和是偶函数，一个非零奇函数和一个非零偶函数的和是非奇非偶函数.

(3) 复合函数 $F(x)=f[g(x)]$ 的奇偶性质

① 若 $g(x)$ 是偶函数，则 $F(x)$ 是偶函数；

② 若 $g(x)$ 是奇函数，$f(x)$ 是奇函数，则 $F(x)$ 是奇函数；

③ 若 $g(x)$ 是奇函数，$f(x)$ 是偶函数，则 $F(x)$ 是偶函数.

(4) 函数奇偶性的几何意义

① 若 $y=f(x)$ 是奇函数，则其图形关于原点对称；

② 若 $y=f(x)$ 是偶函数，则其图形关于 y 轴对称.

▶▶▶方法运用注意点

(1) 只有函数的定义域关于原点对称时才可以讨论它的奇偶性.也就是说，定义域不是关于原点对称的函数一定不是奇偶函数.

(2) 奇函数的图形必过原点，即 $f(0)=0$.

(3) 函数奇偶性的本质是将研究范围缩小到半个定义域上，另外一半只需在 $f(x)$ 前加上"+"号或"−"号.

▶▶▶典型例题解析

例 1-23　判断下列函数的奇偶性：

(1) $f(x)=\frac{1}{2}(10^x+10^{-x})$；　(2) $f(x)=\log_2(x+\sqrt{1+x^2})$；　(3) $f(x)=\sin\left(x+\frac{\pi}{3}\right)$.

分析：考察 $f(-x)=f(x)$ 或 $f(-x)=-f(x)$ 是否在原点对称的区间上成立，或者通过重要结论判断.

解：(1) $f(x)$ 的定义域为 $(-\infty, +\infty)$，关于原点对称.因为

$$f(-x)=\frac{1}{2}(10^{-x}+10^x)=f(x),$$

所以 $f(x)$ 是偶函数.

(2) $f(x)$ 的定义域为 $(-\infty, +\infty)$，因为

$$f(-x)=\log_2(-x+\sqrt{1+(-x)^2})=\log_2\frac{1+x^2-x^2}{x+\sqrt{1+x^2}}=-f(x),$$

所以 $f(x)$ 是奇函数.

(3) $f(x)$ 的定义域为 $(-\infty, +\infty)$，因为

$$\sin\left(x+\frac{\pi}{3}\right)=\sin x\cos\frac{\pi}{3}+\cos x\sin\frac{\pi}{3}=\frac{1}{2}\sin x+\frac{\sqrt{3}}{2}\cos x,$$

$\sin x$ 是奇函数，$\cos x$ 是偶函数，且都是非零函数，所以 $f(x)$ 既不是奇函数，也不是偶函数.

例 1-24　若 $x\geqslant 0$ 时，$f(x)=2^x+x-1$，求解下列各题：

(1) 若 $f(x)$ 是 $(-\infty, +\infty)$ 上的奇函数，试写出 $x<0$ 时 $f(x)$ 的表达式；

(2) 若 $f(x)$ 是 $(-\infty, +\infty)$ 上的偶函数，试写出 $x<0$ 时 $f(x)$ 的表达式.

分析：利用奇偶函数的关系式 $f(-x)=\pm f(x)$ 计算.

解：(1) 对任意的 $x<0$，由 $f(x)$ 是奇函数及 $f(x)$ 在 $x\geqslant 0$ 上的表达式有

$$f(x)=-f(-x)=-(2^{-x}-x-1)=x+1-\frac{1}{2^x}.$$

(2) 对任意的 $x<0$，由 $f(x)$ 是偶函数及 $f(x)$ 在 $x\geqslant 0$ 上的表达式有

$$f(x)=f(-x)=2^{-x}-x-1=\frac{1}{2^x}-x-1.$$

▶▶▶方法小结

(1) 判别函数奇偶性的主要方法有：

① 运用奇偶函数的定义，考察等式 $f(-x)=f(x)$ 或 $f(-x)=-f(x)$ 是否成立.

② 运用奇偶函数的四则运算、复合函数性质判别.

③ 考察定义域是否为关于原点对称的区间.

(2) 奇偶函数的主要特点在于，可以从它的半个定义域上的函数表达式及其性质去知晓另外一半定义域上的表达式及其性质.

1.2.3.2　函数周期性的判别

周期函数　若存在数 T 使 $f(x+T)=f(x)$，则称 $f(x)$ 是以 T 为周期的**周期函数**，数 T 称为函数的**周期**.

▶▶▶重要结论

(1) 周期函数的周期不唯一，一般约定求周期函数的周期是指求其最小正周期.

(2) 若函数 $f(x)$ 是多个周期函数的和，且各周期的比值是有理数，则 $f(x)$ 也是周期函数，周期是各个函数周期的最小公倍数.

▶▶▶方法运用注意点

(1) 周期函数的定义域一定是无穷区间.有限区间上的函数一定不是周期函数.

(2) 对于抽象函数，对其周期性的考察和周期计算一般利用周期函数的定义.

(3) 最小公倍数的求法：若 $\dfrac{T_1}{T_2}=\dfrac{m}{n}$ (m，n 为非零，互质的正整数)，则 $nT_1=mT_2$ 为 T_1 和 T_2 的最小公倍数.

▶▶▶典型例题解析

例 1-25　判断下列函数是否为周期函数，若是，请求出其周期，若不是，请说明理由：

(1) $f(x)=\cos\dfrac{x}{18}+\sin\dfrac{x}{12}$；　(2) $f(x)=\cos\sqrt{2}x+\sin\pi x$；　(3) $f(x)=x\cos x$.

分析：(1)(2)题中的函数 $f(x)$ 都是两周期函数的和，可运用周期函数和的性质处理，(3)题中的函数 $f(x)$ 是一非周期函数与周期函数的乘积，可运用周期函数的定义处理.

解：(1) 函数 $\cos\dfrac{x}{18}$ 的周期 $T_1=\dfrac{2\pi}{\frac{1}{18}}=36\pi$，$\sin\dfrac{x}{12}$ 的周期 $T_2=\dfrac{2\pi}{\frac{1}{12}}=24\pi$. 由于 $\dfrac{T_1}{T_2}=\dfrac{3}{2}$ 为有理数，故 $f(x)$ 为周期函数.其周期为 T_1 与 T_2 的最小公倍数 $T=2T_1=3T_2=72\pi$.

(2) 函数 $\cos\sqrt{2}x$ 的周期 $T_1=\dfrac{2\pi}{\sqrt{2}}=\sqrt{2}\pi$，$\sin\pi x$ 的周期 $T_2=\dfrac{2\pi}{\pi}=2$. 由于 $\dfrac{T_1}{T_2}=\dfrac{\sqrt{2}\pi}{2}$ 为无理数，T_1 与 T_2 无最小公倍数，即两函数无公共周期，所以 $f(x)$ 不是周期函数.

(3) x 为非周期函数，$\cos x$ 为周期函数，下面证明 $x\cos x$ 为非周期函数.采用反证法.

假设 $f(x)=x\cos x$ 是周期 $T>0$ 的周期函数，则由

$$f(T)=f(0)$$

得 $T\cos T=0$，即 $T=\dfrac{\pi}{2}$. 而由

$$f(\pi+T)-f(\pi)=\left(\pi+\frac{\pi}{2}\right)\cos\left(\pi+\frac{\pi}{2}\right)-\pi\cos\pi=\pi\neq 0$$

知 $T=\frac{\pi}{2}$ 不是 $f(x)$ 的周期，故知 $f(x)$ 不是周期函数.

说明： 以上例(3)的证明方法可以得到以下一般的结论：

(1) 周期函数与非周期函数的和是非周期函数.

(2) 非零的周期函数与非周期函数的乘积是非周期函数.

例 1－26 试说明**狄利克雷**(Dirichlet，1805—1859)函数

$$D(x)=\begin{cases}1, & x \text{ 为有理数} \\ 0, & x \text{ 为无理数}\end{cases}$$

是一个周期函数，任一非零有理数都是其周期，故没有最小正周期.

分析： 利用周期函数的定义进行分析.

解： 对于任意的有理数 T，由于有理数与有理数的和是有理数，有理数与无理数的和是无理数，故当 x 为有理数时，$D(x+T)=1=D(x)$；当 x 为无理数时，$D(x+T)=0=D(x)$.

因此任意有理数 T 都为 $D(x)$ 的周期.可知所有正有理数都为 $D(x)$ 的周期，所以 $D(x)$ 没有最小正周期.

例 1－27 求解下列各题：

(1) 若曲线 $y=f(x)$ 关于直线 $x=a$ 对称，证明对一切 x 都有

$$f(a+x)=f(a-x),\ f(x)=f(2a-x);$$

(2) 若 $a\neq b$，求曲线 $y=\frac{1}{x-a}-\frac{1}{x-b}$ 的竖直对称轴 $x=x_0$；

(3) 若曲线 $y=f(x)$ 有两条竖直对称轴 $x=a$ 和 $x=b$ $(a<b)$，试证明曲线必有无穷多条竖直对称轴，且函数 $f(x)$ 是以 $2(b-a)$ 为周期的周期函数.

分析： 所谓曲线 $y=f(x)$ 关于直线对称是指在关于直线的对称点上函数值相等，本题依据这一定义即可求解.

解： (1) 设点 $A(x,\ y)$ 是曲线 $y=f(x)$ 上的任一点，点 A 关于直线 $x=a$ 的对称点为 $B(x',\ y')$. 由于曲线 $y=f(x)$ 关于 $x=a$ 对称，故有

$$\frac{x+x'}{2}=a,\ y=y'.$$

解得
$$x'=2a-x,\ f(x)=y=f(x')=f(2a-x).$$

再令 $x=a+t$，则有 $f(a+t)=f(a-t)$，即

$$f(a+x)=f(a-x).$$

(2) 由(1)可知，对任意的 x 有 $f(x)=f(2x_0-x)$. 令 $x=0$，得

$$f(2x_0)=\frac{1}{2x_0-a}-\frac{1}{2x_0-b}=f(0)=\frac{a-b}{ab}.$$

解得 $x_0=\frac{a+b}{2}$ 或 $x_0=0$. 由

$$f\left(\frac{a+b}{2}+x\right)=\frac{1}{\frac{a+b}{2}+x-a}-\frac{1}{\frac{a+b}{2}+x-b}=\frac{1}{\frac{b-a}{2}-x}-\frac{1}{\frac{a-b}{2}-x}$$

$$=\frac{1}{\frac{a+b}{2}-x-a}-\frac{1}{\frac{a+b}{2}-x-b}=f\left(\frac{a+b}{2}-x\right)$$

可知，$x-\frac{a+b}{2}$ 为 $f(x)$ 的竖直对称轴.

对于 $x_0=0$，由于 $f(-x)\neq f(x)$，故 $x=0$ 不是 $f(x)$ 的竖直对称轴.

(3) 先证 $f(x)$ 是以 $2(b-a)$ 为周期的周期函数.

因为 $f(x)$ 有对称轴 $x=a$ 和 $x=b$，所以由(1)有

$$f(x)=f(2a-x),\ f(x)=f(2b-x).$$

于是对于任意的 x，由

$$f[x+2(b-a)]=f[2b-(2a-x)]=f(2a-x)=f(x)$$

可知 $f(x)$ 是以 $2(b-a)$ 为周期的周期函数.这也证明了 $f(x)$ 有无穷多个对称轴.

例 1-28　设存在正数 T 和 R $(R\neq1)$，使对一切实数 x 都有 $f(x+T)=Rf(x)$，试证明：函数 $f(x)$一定可以分解为一个指数函数与一个以 T 为周期的周期函数之积.

分析：运用待定系数法，可设 $f(x)=a^x g(x)$，$g(x+T)=g(x)$，再按题目条件确定 a 和 $g(x)$.

解：按题意设 $f(x)=a^x g(x)$，其中 $g(x+T)=g(x)$. 利用条件 $f(x+T)=Rf(x)$ 有，

$$a^{x+T}g(x+T)=Ra^x g(x),$$

解得 $a=R^{\frac{1}{T}}$. 取 $g(x)=R^{-\frac{x}{T}}f(x)$，此时

$$g(x+T)=R^{-\frac{x+T}{T}}f(x+T)=R^{-\frac{x+T}{T}}Rf(x)=R^{-\frac{x}{T}}f(x)=g(x),$$

即 $g(x)$ 是以 T 为周期的周期函数，于是有 $f(x)=(R^{\frac{1}{T}})^x g(x)$，结论成立.

例 1-29　求函数 $y=\sin^4x+\cos^4x$ 的周期.

分析：应考虑先将函数化简，把它化为已知周期的函数.本题主要是考虑如何降低幂次.

解：利用三角恒等式得

$$y=\sin^4x+\cos^4x=(\sin^2x+\cos^2x)^2-2\sin^2x\cos^2x$$

$$=1-\frac{1}{2}\sin^2 2x=1-\frac{1-\cos 4x}{4}=\frac{3+\cos 4x}{4}$$

因为 $\cos 4x$ 的周期 $T=\frac{2\pi}{4}=\frac{\pi}{2}$，所以函数 y 的周期为 $\frac{\pi}{2}$.

▶▶▶方法小结

(1) 函数的周期性主要用周期函数的定义来判定.

(2) 常见的周期函数是三角函数,这里要掌握 $\sin wx$, $\cos wx$ 的周期为 $\frac{2\pi}{w}$, $\tan wx$, $\cot wx$ 的周期为 $\frac{\pi}{w}$.

(3) 对于三角函数求周期问题,通常应采用恒等变形化简函数,或者把它化为已知周期的函数.

常见的问题有:含有高次幂的三角函数,三角函数的乘积,含有绝对值的三角函数求周期.

处理的方法有:通过三角恒等式降幂次,把乘积转化为和差.

(4) 证明函数为非周期函数,也经常运用反证法证明.

1.2.3.3 函数单调性的判别

函数的单调性 对区间 I 上的任意两点 x_1, x_2, 且 $x_1 < x_2$,

(1) 若 $f(x_1) < f(x_2)$, 则称函数 $f(x)$ 在区间 I 上是单调增加(也称单调增)的,区间 I 称为函数的单调增区间;

(2) 若 $f(x_1) > f(x_2)$, 则称函数 $f(x)$ 在区间 I 上是单调减少(也称单调减)的,区间 I 称为函数的单调减区间.

▶▶▶重要结论

(1) 函数单调性的等价性质

① 函数 $f(x)$ 在区间 I 上单调增加⇔对任意的 x_1, $x_2 \in I$, $x_1 \neq x_2$ 恒有

$$[f(x_1) - f(x_2)](x_1 - x_2) > 0.$$

② 函数 $f(x)$ 在区间 I 上单调减少⇔对任意的 x_1, $x_2 \in I$, $x_1 \neq x_2$ 恒有

$$[f(x_1) - f(x_2)](x_1 - x_2) < 0.$$

(2) 单调函数和的运算性质

① 在区间 I 上,若函数 $f(x)$, $g(x)$ 单调增加,则 $f(x)+g(x)$ 也是单调增加的.

② 在区间 I 上,若函数 $f(x)$, $g(x)$ 单调减少,则 $f(x)+g(x)$ 也是单调减少的.

(3) 单调函数乘积的运算性质

① 在区间 I 上,若正值函数 $f(x)$ 和 $g(x)$ 单调增加,则 $f(x)g(x)$ 也是单调增加的.

② 在区间 I 上,若正值函数 $f(x)$ 和 $g(x)$ 单调减少,则 $f(x)g(x)$ 也是单调减少的.

③ 在区间 I 上,若负值函数 $f(x)$ 和 $g(x)$ 单调增加,则 $f(x)g(x)$ 是单调减少的.

④ 在区间 I 上,若负值函数 $f(x)$ 和 $g(x)$ 单调减少,则 $f(x)g(x)$ 是单调增加的.

(4) 单调函数复合的同增异减性质

① 若函数 $y=f(u)$, $u=g(x)$ 都是单调增加(减少)的,则复合函数 $y=f[g(x)]$ 是单调增加的.

② 若函数 $y=f(u)$, $u=g(x)$ 中,一个单调增加,另一个单调减少,则复合函数 $y=f[g(x)]$ 是

单调减少的.

(5) 反函数的单调性质

函数与其反函数具有相同的单调性.

▶▶▶方法运用注意点

(1) 若函数单调性定义中的不等号“$<$”或“$>$”改成非严格的不等号“$\leqslant$”或“$\geqslant$”，则称函数 $f(x)$ 在区间 I 上是非严格的单调增加或单调减少函数.

(2) 函数在定义域的不同区间上单调性可能不同，如 $y=x^2$ 在 $(-\infty, 0]$ 上单调减少，在 $[0, +\infty)$ 上单调增加.

▶▶▶典型例题解析

例 1-30 设 $f(x)$ 在 $[0, c]$ 上单调增加，试证明：

(1) 当 $f(x)$ 是 $[-c, c]$ 上的奇函数时，$f(x)$ 在 $[-c, 0]$ 上单调增加；

(2) 当 $f(x)$ 是 $[-c, c]$ 上的偶函数时，$f(x)$ 在 $[-c, 0]$ 上单调减少.

分析：抽象函数的单调性问题一般应考虑运用定义分析.

解：任取 $x_1, x_2 \in [-c, 0]$，且 $x_1 < x_2$，则 $-x_1, -x_2 \in [0, c]$，$-x_1 > -x_2$.

(1) 由 $f(x)$ 在 $[0, c]$ 上单调增加且是奇函数知

$$-f(x_1)=f(-x_1)>f(-x_2)=-f(x_2)\text{，即 } f(x_1)<f(x_2).$$

所以 $f(x)$ 在 $[-c, 0]$ 上单调增加.

(2) 由 $f(x)$ 在 $[0, c]$ 上单调增加且是偶函数知

$$f(x_1)=f(-x_1)>f(-x_2)=f(x_2),$$

所以 $f(x)$ 在 $[-c, 0]$ 上单调减少.

例 1-31 证明：单调减函数的反函数也一定是单调减函数.

分析：利用函数单调减少的定义证明.

解：设 $y=f(x)$ 单调减少，则其存在反函数 $x=f^{-1}(y)$.

任取 $y_1<y_2$，记 $x_1=f^{-1}(y_1)$，$x_2=f^{-1}(y_2)$，则有

$$f(x_1)=y_1<f(x_2)=y_2.$$

由于 $f(x)$ 单调减少，从上式可得 $x_1>x_2$，故

$$f^{-1}(y_1)>f^{-1}(y_2).$$

所以函数 $x=f^{-1}(y)$ 单调减少.

例 1-32 讨论下列函数在指定区间上的单调性：

(1) $y=x^3-3x+1$，$(-1, 1)$；　　(2) $y=2^{\arctan x}$，$(-\infty, +\infty)$.

分析：对于(1)，可按单调性的定义考察 $f(x_1)-f(x_2)$ 的正负性.对于(2)，由于函数为复合函

数,可运用单调函数的复合函数性质判别.

解: (1) 任取 $x_1, x_2 \in (-1, 1)$,且 $x_1 < x_2$,则

$$\begin{aligned} f(x_1)-f(x_2) &= (x_1^3-3x_1+1)-(x_2^3-3x_2+1) \\ &= (x_1^3-x_2^3)-3(x_1-x_2)=(x_1-x_2)(x_1^2+x_2^2+x_1x_2-3) \end{aligned}$$

因为 $x_1^2+x_2^2+x_1x_2-3=(x_1^2-1)+(x_2^2-1)+(x_1x_2-1)<0$,所以

$$f(x_1)-f(x_2)>0,$$

即 $f(x)$ 在 $(-1, 1)$ 上单调增加.

(2) 因为函数 $y=2^{\arctan x}$ 是函数 $y=2^u$, $u=\arctan x$ 的复合函数,而 $y=2^u$ 和 $u=\arctan x$ 在 $(-\infty, +\infty)$ 上单调增加,根据单调函数复合的"同增异减"性质,函数 $y=2^{\arctan x}$ 在 $(-\infty, +\infty)$ 上单调增加.

▶▶▶方法小结

(1) 用初等数学方法判断单调性时,常考虑运用定义作"差" $f(x_1)-f(x_2)$,通过"差"的正负性来判别;或者作"商",通过 $\dfrac{f(x_1)}{f(x_2)}$ 与 1 比较大小来判别.

(2) 对于初等函数,常常也可以运用单调函数的运算性质来判别其单调性.同时注意数形结合,可以参考已知函数的图形.

1.2.3.4 函数有界性的判别

函数的有界性 若存在正数 $M>0$,使得函数 $f(x)$ 在所给区间 I 上满足 $|f(x)| \leqslant M$,则称 $f(x)$ 在区间 I 上**有界**.

▶▶▶方法运用注意点

(1) 有界函数的界 M 不是唯一的,若正数 M 为函数的界,则所有大于 M 的数都是函数的界.

(2) 有界的逆否命题往往用来说明无界,即若对任意的正数 M,总能在所给区间内找到一点 x_0,使得 $|f(x_0)|>M$,则函数 $f(x)$ 在此区间内无界.

(3) 若点 x_0 使分式的分母为零,分子不为零,则函数在点 x_0 附近无界.

▶▶▶典型例题解析

例 1-33 证明下列函数在定义域上有界:

(1) $f(x)=\dfrac{1}{x+\dfrac{1}{x}}$; (2) $f(x)=\dfrac{1+2x|x|}{2+x^2}$.

分析: 首先应考虑将函数变形和化简,再对 $|f(x)|$ 进行放大,确定函数的一个界.

解: (1) 由于 $x+\dfrac{1}{x}\neq 0$,故知 $f(x)$ 的定义域为 $(-\infty, 0)\cup(0, +\infty)$.

对于任意的 $x \neq 0$，由

$$|f(x)| = \frac{|x|}{x^2+1} \leqslant \frac{\frac{1}{2}(x^2+1)}{x^2+1} = \frac{1}{2}$$

可知 $f(x)$ 在定义域上有界.

(2) 函数 $f(x)$ 的定义域为 $(-\infty, +\infty)$. 对于任意的 $x \in (-\infty, +\infty)$，由

$$|f(x)| \leqslant \frac{1+|2x|x||}{2+x^2} = \frac{1+2x^2}{2+x^2} = \frac{2(2+x^2)-3}{2+x^2} \leqslant 2 - \frac{3}{2+x^2} < 2$$

可知 $f(x)$ 在定义域上有界.

例 1-34　证明函数 $f(x) = x^2 \sin x$ 在定义域上无界.

分析：对于任意的正数 $M > 0$，要考虑找一点 x_0 使 $|f(x_0)| > M$. 这可以从找使 $x_0^2 > M$ 且 $|\sin x_0| = 1$ 的点入手分析.

解：任取一正数 $M > 0$，记 $N = [M] + 1$. 取点 $x_0 = \frac{\pi}{2} + N\pi$，则

$$|f(x_0)| = \left(\frac{\pi}{2} + N\pi\right)^2 \left|\sin\left(\frac{\pi}{2} + N\pi\right)\right| = \left(\frac{\pi}{2} + N\pi\right)^2 > (N\pi)^2 > N^2 > [M] + 1 > M,$$

由此证得函数 $f(x)$ 在定义域 $(-\infty, +\infty)$ 上无界.

例 1-35　证明：$f(x)$ 在集合 I 上有界的充要条件是 $f(x)$ 在 I 上既有上界又有下界.

分析：考虑 $|f(x)| \leqslant M$ 与 $m \leqslant f(x) \leqslant G$ 之间的关系.

解：必要性：设 $f(x)$ 在 I 上有界，则存在 $M > 0$ 使

$$|f(x)| \leqslant M, \ x \in I,$$

即

$$-M \leqslant f(x) \leqslant M, \ x \in I,$$

所以 $f(x)$ 在 I 上既有上界又有下界，必要性得证.

充分性：设 $f(x)$ 在 I 上既有下界 m，又有上界 G，则有

$$m \leqslant f(x) \leqslant G, \ x \in I.$$

取 $M = \max\{|m|, |G|\}$，则有 $|f(x)| \leqslant M$, $x \in I$.

所以 $f(x)$ 在 I 上有界，充分性得证.

例 1-36　讨论下列函数在定义域上的有界性：

(1) $f(x) = \frac{-1}{x^2 - 4x + 5}$；　(2) $f(x) = \cos^2 x + \sec^2 x$；　(3) $f(x) = \sqrt[3]{6x - x^2 - 10}$.

分析：当直接对 $|f(x)|$ 放大不方便时，可考虑 $f(x)$ 有无上下界.

解：(1) 由 $|f(x)| = \frac{1}{(x-2)^2 + 1} \leqslant 1$, $x \in (-\infty, +\infty)$ 可知，$f(x)$ 在定义域 $(-\infty, +\infty)$ 上有界.

(2) 因为 $f(x) = \cos^2 x + \frac{1}{\cos^2 x} \geqslant 2$，即函数 $f(x)$ 有下界 2 但无上界，所以根据函数有界的等

价条件，$f(x)$ 在定义域上无界.

(3) 将 $f(x)$ 恒等变形，有 $f(x)=\sqrt[3]{-(x-3)^2-1}=-\sqrt[3]{(x-3)^2+1}<-1$，由此可知 $f(x)$ 有上界 -1 但无下界，所以 $f(x)$ 在定义域上无界.

▶▶▶方法小结

判别函数有界性的方法可以归纳为以下几点：

(1) 直接对 $|f(x)|$ 进行放大，确定 $|f(x)|$ 的上界 M.

(2) 对 $f(x)$ 求上界 M 和下界 m，通过等价性质来判别.

(3) 当函数单调或者可以求出最小值和最大值时，通过求最值来确定上下界.

(4) 利用已知的有界函数，特别是三角函数和反三角函数找函数的上下界.

1.3 习题一

1-1 对于任意实数 x，y，试证明：

(1) $\max\{x, y\}=\frac{1}{2}(x+y+|x-y|)$；(2) $\min\{x, y\}=\frac{1}{2}(x+y-|x-y|)$.

1-2 写出下列函数的定义域，并求给定点处的函数值：

(1) $f(x)=\dfrac{1}{x-\dfrac{1}{x}}$，求 $f(-3)$，$f\left(-\dfrac{1}{3}\right)$；

(2) $f(\theta)=\log_2(\cos\theta)$，求 $f\left(\dfrac{\pi}{4}\right)$，$f\left(\dfrac{\pi}{3}\right)$，$f\left[\arccos\dfrac{1}{2\sqrt{2}}\right]$.

1-3 设函数 $f(x)=\begin{cases}4+x, & x<-1\\ 2-x, & |x|\leqslant 1\\ x, & x>1\end{cases}$，试解不等式 $f(x+1)<2$.

1-4 设函数 $f(x)=\begin{cases}\dfrac{b}{a}\sqrt{a^2-x^2}, & |x|\leqslant a\\ \dfrac{b}{a}\sqrt{x^2-a^2}, & |x|>a\end{cases}$ $(a>b>0)$. 试解不等式 $f(x)<\dfrac{b}{2}$.

1-5 设函数 $f(x)$ 的定义域为 $(-3, 1]$，求函数 $f(2x-1)+f(1-x)$ 的定义域.

1-6 判别下列函数的奇偶性：

(1) $f(x)=(\sqrt{a+1}+\sqrt{a})^x+(\sqrt{a+1}-\sqrt{a})^x$；(2) $f(x)=x\left(\dfrac{1}{2^x-1}+\dfrac{1}{2}\right)$；

(3) $f(x)=\log_2(x+\sqrt{1+x^2})$.

1-7 设 $f(x)$ 是以 2 为周期的偶函数，且当 $x\in(2, 3)$ 时 $f(x)=x^2$. 求当 $x\in(-2, 0)$ 时 $f(x)$ 的表达式.

1-8 设 $f(x)$ 是 $(-\infty, +\infty)$ 上以4为周期的奇函数，在 $[0, 2]$ 上有 $f(x)=1-|x-1|$，试写出在区间 $[98, 100]$ 上 $f(x)$ 的表达式.

1-9 求下列周期函数的周期：

(1) $f(x)=\cos^6 x+\sin^6 x$；(2) $f(x)=|\sin x|+|\cos x|$.

1-10 若对任一实数 x 都有

$$f(x)=f(x+1)+f(x-1),$$

试证明函数 $f(x)$ 是以6为周期的周期函数.

1-11 设 $f(x)$ 是 $(-\infty, +\infty)$ 上的奇函数，曲线 $y=f(x)$ 有对称轴 $x=1$，试证明函数 $f(x)$ 必是周期函数.

1-12 设对一切实数 x，$f\left(x+\dfrac{1}{2}\right)=\dfrac{1}{2}+\sqrt{f(x)-f^2(x)}$. 证明 $f(x)$ 是周期函数.

1-13 设 $f(x)$ 和 $g(x)$ 互为反函数，且 $f(x)\neq 0$，求 $y=g\left[\dfrac{3}{f(2x-1)}\right]$ 的反函数.

1-14 已知 $y=f(x)$ 和 $y=g(x)$ 互为反函数，求 $y=f\left[\dfrac{1+g(x)}{1-g(x)}\right]$ 的反函数.

1-15 求函数 $f(x)=\begin{cases}(x-1)^2, & x\leqslant 1\\ \dfrac{1}{1-x}, & x>1\end{cases}$ 的反函数.

1-16 求函数 $y=\sqrt{x^2+x+1}-\sqrt{x^2-x+1}$ 的反函数及其定义域.

1-17 设 $f(x)=\begin{cases}x^2, & x\leqslant 0\\ \lg x, & x>0\end{cases}$，$g(x)=\begin{cases}2-\cos x, & x\leqslant 0\\ 1-\sqrt{x}, & x>0\end{cases}$，求 $f[g(x)]$ 和 $g[f(x)]$.

1-18 设 $f(x)$，$g(x)$，$h(x)$ 均为单调增函数，且 $f(x)\leqslant g(x)\leqslant h(x)$. 证明：

$$f[f(x)]\leqslant g[g(x)]\leqslant h[h(x)].$$

1-19 当 $x>0$ 时，若恒有 $2f\left(\dfrac{1}{x}\right)-3f(x)=\dfrac{2x-\sqrt{x}-3}{x+\sqrt{x}+1}$，求 $f(x)$.

1-20 若 $f(x)$ 满足 $2f(x)+f(1-x)=x^2$，求 $f(x)$.

1-21 若当 $x\neq 0$，$x\neq 1$ 时，$f(x)$ 满足 $f(x)+f\left(\dfrac{x-1}{x}\right)=x+1$，求 $f(x)$.

1-22 设 $f(x)$ 是 $(-\infty, +\infty)$ 上的偶函数，$f(x)$ 在 $(0, +\infty)$ 上单调增加，解方程 $f(x)=f\left(\dfrac{24}{x+10}\right)$.

1-23 若 $f(x)$ 单调增加，且 $f[f(x)]=x$，试证明 $f(x)=x$.

1-24 若 $f(x)$ 在 $(0, +\infty)$ 内单调增加，$a>0$，$b>0$，试证明：

$$af(a)+bf(b)<(a+b)f(a+b)$$

第2章 导数与极限

高等数学的主要任务是研究函数，即研究客观世界中出现的变量之间的关系.极限是高等数学中的一个重要概念，它是贯穿于高等数学始终的一种研究工具和思想方法，所以理解极限的概念并熟练掌握其计算方法是非常重要的.微分学是高等数学的重要组成部分，微分学的主要任务是研究因变量关于自变量改变量的变化关系.导数作为反映因变量关于自变量变化的变化率（或增加率），它是一元函数微分学中最基础的概念，因此理解导数的概念并熟练掌握其各种计算方法对学习高等数学是极其重要的.

2.1 本章解决的主要问题

(1) 函数极限的计算；

(2) 分段函数在分段点处极限的计算；

(3) 数列极限的计算；

(4) 无穷小数比较及其阶数和主部的计算；

(5) 函数连续性的判别；

(6) 函数间断点类型的判别；

(7) 闭区间上连续函数的性质及其应用；

(8) 显函数的导数计算；

(9) 分段函数的导数计算及其在分段点处的可导性问题；

(10) 隐函数的导数计算；

(11) 由参数方程、极坐标方程确定的函数的导数计算；

(12) 高阶导数的计算.

2.2 典型问题解题方法与分析

2.2.1 函数极限的计算

▶▶▶基本方法

(1) 利用极限的四则运算法则求极限；

(2) 利用两个重要极限求极限；
(3) 利用等阶无穷小代换求极限；
(4) 利用变量代换求极限；
(5) 利用“有界量与无穷小的乘积仍是无穷小”的结论求极限；
(6) 利用“极限基本定理”求极限；
(7) 利用函数的连续性求极限；
(8) 利用“夹逼准则”求极限.

2.2.1.1 利用极限的四则运算法则求极限

极限的四则运算法则 设 $\lim f(x)=A$, $\lim g(x)=B$，则

(1) $$\lim[f(x)\pm g(x)]=\lim f(x)\pm\lim g(x)=A\pm B; \tag{2-1}$$

(2) $$\lim[f(x)g(x)]=\lim f(x)\cdot\lim g(x)=AB; \tag{2-2}$$

(3) 当 $B\neq 0$ 时，$$\lim\frac{f(x)}{g(x)}=\frac{\lim f(x)}{\lim g(x)}=\frac{A}{B} \tag{2-3}$$

▶▶▶方法运用注意点

(1) 在极限的四则运算法则中参与运算的极限 $\lim f(x)$, $\lim g(x)$ 必须存在.

(2) 当分子分母同为无穷小 $\left(\frac{0}{0}\right)$ 或者无穷大 $\left(\frac{\infty}{\infty}\right)$ 时，公式不可使用，需通过恒等变形等方法使之满足定理的条件后再使用.

(3) 极限的四则运算法则对数列极限同样成立.

▶▶▶典型例题解析

例 2-1 计算 $\lim\limits_{x\to 5}\dfrac{\sqrt{x-4}-1}{\sqrt{2x-1}-\sqrt{x+4}}$.

分析：这是 $\frac{0}{0}$ 型，不可直接运用公式(2-3)，为此先考虑消去分母中趋于零的因子 $x-5$.

解：分子、分母有理化得，

$$原式=\lim_{x\to 5}\frac{(x-5)(\sqrt{2x-1}+\sqrt{x+4})}{(x-5)(\sqrt{x-4}+1)}=\frac{\lim\limits_{x\to 5}(\sqrt{2x-1}+\sqrt{x+4})}{\lim\limits_{x\to 5}(\sqrt{x-4}+1)}=3$$

方法小结一 通过恒等变形消去分母中趋于零的因子是处理 $\frac{0}{0}$ 型极限的常用方法.

例 2-2 计算 $\lim\limits_{x\to\infty}\dfrac{x-\arctan(\sin x)}{x+\arctan(\sin x)}$.

分析：这是 $\frac{\infty}{\infty}$ 型，不满足公式(2-3)的条件，考虑通过变形消除分子分母趋于 ∞ 的因素.

解: 分子、分母同时除以 x,得

$$原式=\lim_{x\to\infty}\frac{1-\dfrac{\arctan(\sin x)}{x}}{1+\dfrac{\arctan(\sin x)}{x}}$$

由于当 $x\to\infty$ 时,$\dfrac{1}{x}$ 是无穷小量,$\arctan(\sin x)$ 是有界量,所以 $\dfrac{\arctan(\sin x)}{x}\to 0$,利用式(2-3)有

$$原式=\frac{1-0}{1+0}=1$$

例 2-3 计算 $\lim\limits_{x\to\infty}\dfrac{(2x+3)^{49}(8x+9)^{51}}{(4x+5)^{100}}$.

分析: 这是 $\dfrac{\infty}{\infty}$ 型,由于分子分母同为 100 次多项式,故可考虑消去分子分母中的无穷大因子 x^{100}.

解: 分子、分母同时除以 x^{100},得

$$原式=\lim_{x\to\infty}\frac{\left(2+\dfrac{3}{x}\right)^{49}\left(8+\dfrac{9}{x}\right)^{51}}{\left(4+\dfrac{5}{x}\right)^{100}}=\frac{2^{49}\cdot 8^{51}}{4^{100}}=4$$

方法小结二 通过恒等变形消除分子分母中的无穷大因子,是在处理 $\dfrac{\infty}{\infty}$ 型的极限问题中常用的典型方法.通常是将分子分母同时除以趋于无穷大最快的那个因子.

例 2-4 计算 $\lim\limits_{x\to+\infty}\dfrac{4^x-3^x-2^{x+1}}{4^{x-1}+3^x+2^{x+1}}$.

分析: 这是 $\dfrac{\infty}{\infty}$ 型,可见当 $x\to+\infty$ 时,分子分母中趋于无穷大最快的因子是 4^x,故可首先考虑消除这一因子.

解: 分子、分母同时除以 4^x,得

$$原式=\lim_{x\to+\infty}\frac{1-\left(\dfrac{3}{4}\right)^x-2\left(\dfrac{1}{2}\right)^x}{\dfrac{1}{4}+\left(\dfrac{3}{4}\right)^x+2\left(\dfrac{1}{2}\right)^x}=\frac{1-0-2\cdot 0}{\dfrac{1}{4}+0+2\cdot 0}=4$$

例 2-5 求 $\lim\limits_{x\to 1}\left(\dfrac{1}{1-x}-\dfrac{3}{1-x^3}\right)$.

分析: 这是 $\infty-\infty$ 型,不满足公式(2-1)的使用条件,可考虑通过通分将问题化为 $\dfrac{0}{0}$ 型.

解: 将两式通分,得

$$\text{原式}=\lim_{x\to1}\frac{1-x^3-3(1-x)}{(1-x)(1-x^3)}\quad\left(\frac{0}{0}\text{型}\right)$$

$$=\lim_{x\to1}\frac{(1-x)(1+x+x^2)-3(1-x)}{(1-x)(1-x^3)}=\lim_{x\to1}\frac{x^2+x-2}{1-x^3}\quad\left(\frac{0}{0}\text{型}\right)$$

$$=\lim_{x\to1}\frac{(x+2)(x-1)}{(1-x)(1+x+x^2)}=-\lim_{x\to1}\frac{x+2}{1+x+x^2}=-\frac{1+2}{1+1+1}=-1$$

典型错误：直接利用公式(2-1)

$$\lim_{x\to1}\left(\frac{1}{1-x}-\frac{3}{1-x^3}\right)=\lim_{x\to1}\frac{1}{1-x}-\lim_{x\to1}\frac{3}{1-x^3}$$

例 2-6 求 $\lim\limits_{x\to+\infty}(\sqrt{x^2+4x}-\sqrt{x^2-2x})$.

分析：这是 $\infty-\infty$ 型，不满足公式(2-1)的使用条件，为消除 $\infty-\infty$ 型，可考虑先将式子有理化.

解：将式子有理化，得

$$\text{原式}=\lim_{x\to+\infty}\frac{(x^2+4x)-(x^2-2x)}{\sqrt{x^2+4x}+\sqrt{x^2-2x}}=\lim_{x\to+\infty}\frac{6x}{\sqrt{x^2+4x}+\sqrt{x^2-2x}}\quad\left(\frac{\infty}{\infty}\text{型}\right)$$

$$=\lim_{x\to+\infty}\frac{6}{\sqrt{1+\frac{4}{x}}+\sqrt{1-\frac{2}{x}}}=\frac{6}{2}=3$$

方法小结三 当 $\infty-\infty$ 型的极限问题中有分式时，通常可通过通分的方法将其化为 $\frac{0}{0}$ 型或者 $\frac{\infty}{\infty}$ 型处理；当式子中没有分式时，通常可考虑通过恒等变形、变量代换等方法把它化为 $\frac{0}{0}$ 型或者 $\frac{\infty}{\infty}$ 型处理.

2.2.1.2 利用两个重要极限求极限

1) **重要极限**

$$\lim_{x\to0}\frac{\sin x}{x}=1 \tag{2-4}$$

$$\lim_{x\to\infty}\left(1+\frac{1}{x}\right)^x=\mathrm{e} \tag{2-5}$$

或

$$\lim_{x\to0}(1+x)^{\frac{1}{x}}=\mathrm{e} \tag{2-5$'$}$$

2) **幂指函数的极限性质** 如果 $\lim f(x)=A(>0)$，$\lim g(x)=B$，则

$$\lim[f(x)]^{g(x)}=[\lim f(x)]^{\lim g(x)}=A^B \tag{2-6}$$

▶▶▶方法运用注意点

(1) 重要极限式(2-4)是$\frac{0}{0}$型，而重要极限式(2-5)或(2-5)′是幂指函数中的1^{∞}型，这里应特别注意式(2-5)中的$\frac{1}{x}$，当$x\to\infty$时，$\frac{1}{x}\to 0$，并且指数x与它成倒数关系，式(2-5)′也是如此.

(2) 利用两个重要极限计算极限的基本思路是通过恒等变形、变量代换等方法将问题化为式(2-4)或式(2-5)的形式，在运用公式(2-5)或(2-5)′计算时，常常需与公式(2-6)一起使用.

(3) 这里特别需注意公式(2-6)不能写成

$$\lim[f(x)]^{g(x)}=\lim A^{g(x)}=A^{\lim g(x)}=A^{B}$$

这是一个常见的书写典型错误.

▶▶▶典型例题解析

例 2-7 求$\lim\limits_{x\to 0}\frac{x}{2x^2-3\sin 3x}$.

分析：这是$\frac{0}{0}$型，问题的关键是要消除分母趋于零的因素，这可借助重要极限(2-4).

解：分子分母同时除以x，并利用公式(2-4)，有

$$\text{原式}=\lim_{x\to 0}\frac{1}{2x-3\dfrac{\sin 3x}{x}}=\frac{1}{\lim\limits_{x\to 0}\left(2x-9\dfrac{\sin 3x}{3x}\right)}=\frac{1}{0-9}=-\frac{1}{9}$$

例 2-8 计算$\lim\limits_{x\to 0}\frac{-x\sin x}{x^2\cos x+2x\sin x}$.

分析：这是$\frac{0}{0}$型，为消除分母趋于零的因素，分子分母可以同时除以x^2或$x\sin x$

解一：分子分母同时除以x^2，再利用公式(2-4)得

$$\text{原式}=-\lim_{x\to 0}\frac{\dfrac{\sin x}{x}}{\cos x+2\dfrac{\sin x}{x}}=-\frac{1}{1+2}=-\frac{1}{3}$$

解二：分子分母同时除以$x\sin x$，再利用公式(2-4)得

$$\text{原式}=\lim_{x\to 0}\frac{-1}{\dfrac{x}{\sin x}\cos x+2}=-\frac{1}{1+2}=-\frac{1}{3}$$

方法小结一 当所求极限是 $\frac{0}{0}$ 型，且分子或分母中包含三角函数(特别是 $\sin x$ 函数)时，可考虑使用重要极限式(2-4)处理，计算的方法是通过适当的恒等变形或变量代换将式子化成式(2-4)的形式.

例2-9 计算 $\lim\limits_{x\to\infty}\left(\frac{x^2-x+1}{x^2+x+1}\right)^{\frac{x}{3}}$.

分析: 这是 1^∞ 型，可考虑利用重要极限式(2-5)计算，为此首先需将底数函数写成 $\frac{x^2-x+1}{x^2+x+1}=1+\alpha(x)\left(其中\lim\limits_{x\to\infty}\alpha(x)=0\right)$ 的形式.

解: 原式 $=\lim\limits_{x\to\infty}\left(1+\frac{x^2-x+1}{x^2+x+1}-1\right)^{\frac{x}{3}}=\lim\limits_{x\to\infty}\left(1-\frac{2x}{x^2+x+1}\right)^{\frac{x}{3}}$

$$=\lim_{x\to\infty}\left\{\left[1+\left(-\frac{2x}{x^2+x+1}\right)\right]^{-\frac{x^2+x+1}{2x}}\right\}^{-\frac{2x^2}{3(x^2+x+1)}}=e^{\lim\limits_{x\to\infty}\left[-\frac{2x^2}{3(x^2+x+1)}\right]}=e^{-\frac{2}{3}}$$

例2-10 计算 $\lim\limits_{x\to 1}\left(\tan\frac{\pi}{4}x\right)^{\tan\frac{\pi}{2}x}$.

分析: 这是 1^∞ 型，可考虑利用重要极限式(2-5)′计算

解: 原式 $=\lim\limits_{x\to 1}\left[1+\left(\tan\frac{\pi}{4}x-1\right)\right]^{\tan\frac{\pi}{2}x}=\lim\limits_{x\to 1}\left\{\left[1+\left(\tan\frac{\pi}{4}x-1\right)\right]^{\frac{1}{\tan\frac{\pi}{4}x-1}}\right\}^{\tan\frac{\pi}{2}x\left(\tan\frac{\pi}{4}x-1\right)}$

由于 $\lim\limits_{x\to 1}\left[\tan\frac{\pi}{2}x\left(\tan\frac{\pi}{4}x-1\right)\right]=\lim\limits_{x\to 1}\left[\left(\tan\frac{\pi}{4}x-\tan\frac{\pi}{4}\right)\tan\frac{\pi}{2}x\right]$

$$=\lim_{x\to 1}\frac{\cos\frac{\pi}{4}\sin\frac{\pi}{4}x-\sin\frac{\pi}{4}\cos\frac{\pi}{4}x}{\cos\frac{\pi}{4}\cos\frac{\pi}{4}x}\tan\frac{\pi}{2}x=2\lim_{x\to 1}\frac{\sin\frac{\pi}{4}(x-1)\sin\frac{\pi}{2}x}{\cos\frac{\pi}{2}x}$$

$$\xlongequal{t=x-1}2\lim_{t\to 0}\frac{\sin\frac{\pi}{4}t}{-\sin\frac{\pi}{2}t}=-\lim_{t\to 0}\frac{\sin\frac{\pi}{4}t}{\frac{\pi}{4}t}\cdot\frac{\frac{\pi}{2}t}{\sin\frac{\pi}{2}t}=-1,$$

所以根据公式(2-6)得 $$\lim_{x\to 1}\left(\tan\frac{\pi}{4}x\right)^{\tan\frac{\pi}{2}x}=e^{-1}$$

典型错误: 原式 $=\lim\limits_{x\to 1}\left\{\left[1+\left(\tan\frac{\pi}{4}x-1\right)\right]^{\frac{1}{\tan\frac{\pi}{4}x-1}}\right\}^{\tan\frac{\pi}{2}x\left(\tan\frac{\pi}{4}x-1\right)}$

$$=\lim_{x\to 1}e^{\tan\frac{\pi}{2}x\left(\tan\frac{\pi}{4}x-1\right)}=e^{\lim\limits_{x\to 1}\tan\frac{\pi}{2}x\left(\tan\frac{\pi}{4}x-1\right)}=e^{-1}$$

方法小结二

利用重要极限式(2-5)或(2-5)′计算极限，首先需将问题化成 $\lim\left\{[1+\alpha(x)]^{\frac{1}{\alpha(x)}}\right\}^{\beta(x)}$ 的形式，其中 $\alpha(x)\to 0$. 在算得 $\lim\beta(x)=B$ 之后，利用公式(2-6)求得极限值

$$\lim\left\{[1+\alpha(x)]^{\frac{1}{\alpha(x)}}\right\}^{\beta(x)}=\mathrm{e}^{B}$$

2.2.1.3 利用等价无穷小代换求极限

等价无穷小代换定理 设 α, α', β, β' 都是 x 的某趋限过程中的无穷小(其中 α, α', β' 不取零值)，$\alpha\sim\alpha'$, $\beta\sim\beta'$, $\lim\frac{\beta'}{\alpha'}$ 存在，则

$$\lim\frac{\beta}{\alpha}=\lim\frac{\beta'}{\alpha'} \tag{2-7}$$

▶▶▶方法运用注意点

(1) 等价无穷小代换公式(2-7)的意义在于通过对无穷小 α, β 的等价代换，把问题转化为对新的极限 $\lim\frac{\beta'}{\alpha'}$ 的计算，当极限 $\lim\frac{\beta'}{\alpha'}$ 比原式简单时，这一方法就可以采用.

(2) 在运用公式(2-7)时，通常只可对分子、分母(或其中之一)以及分子、分母中的某些因子作等价无穷小代换，对和、差式子中的某些项不可作代换(这需要条件).

(3) 采用等价无穷小代换公式(2-7)计算极限，事先需要掌握一些无穷小的等价关系，常用的等价无穷小关系式有：当 $x\to 0$ 时，

① $\sin x\sim x$；② $1-\cos x\sim\frac{x^2}{2}$；③ $\tan x\sim x$；④ $\ln(1+x)\sim x$，

⑤ $\mathrm{e}^x-1\sim x$；⑥ $\arcsin x\sim x$；⑦ $\arctan x\sim x$；⑧ $(1+x)^{\mu}-1\sim\mu x$ $(\mu\neq 0)$

▶▶▶典型例题解析

例 2-11 计算极限 $\lim\limits_{x\to 0}\frac{\sin(5x^2\sin x)}{(\arctan x)^3}$.

分析： 注意到当 $x\to 0$ 时，$\arctan x\sim x$，$\sin x\sim x$，从而可得 $\sin(5x^2\sin x)\sim 5x^2\sin x$，$(\arctan x)^3\sim x^3$，若用等价无穷小代换计算可将问题简化.

解： 因为当 $x\to 0$ 时，$\sin(5x^2\sin x)\sim 5x^2\sin x$，$(\arctan x)^3\sim x^3$，所以利用等价无穷小代换式(2-7)

$$\text{原式}=\lim_{x\to 0}\frac{5x^2\sin x}{x^3}=5\lim_{x\to 0}\frac{\sin x}{x}=5$$

例 2-12 计算 $\lim\limits_{x\to 0}\frac{\tan x-\sin x}{x(\arcsin x)^2}$.

分析：可先用等价无穷小关系 $(\arcsin x)^2 \sim x^2$，代换掉分母中的因子 $(\arcsin x)^2$ 化简问题.

解：$$原式=\lim_{x\to 0}\frac{\tan x-\sin x}{x\cdot x^2}\xlongequal{恒等变形}\lim_{x\to 0}\frac{\sin x(1-\cos x)}{\cos x\cdot x^3}$$

$$\xlongequal{四则运算法则}\lim_{x\to 0}\frac{\sin x(1-\cos x)}{x^3}\xlongequal{等价代换}\lim_{x\to 0}\frac{x\cdot\frac{1}{2}x^2}{x^3}=\frac{1}{2}$$

典型错误：当 $x\to 0$ 时，$\tan x\sim x$，$\sin x\sim x$，利用等价无穷小代换，有

$$原式=\lim_{x\to 0}\frac{x-x}{x\cdot x^2}=0$$

错误在于对分子 $\tan x-\sin x$ 中的 $\tan x$，$\sin x$ 项作了等价无穷小代换.一般对于两式相加减的情形，不可对其中的项进行等价代换，上例就是一反例.

例 2-13 计算 $\lim\limits_{x\to\infty}x^2\left(1-\cos\frac{1}{x}\right)$.

分析：因为当 $x\to\infty$ 时，$\frac{1}{x}\to 0$，于是 $1-\cos\frac{1}{x}\sim\frac{1}{2}\left(\frac{1}{x}\right)^2$，所以可考虑先用等价代换化简问题.

解：利用等价无穷小代换式(2-7)，得

$$原式=\lim_{x\to\infty}x^2\cdot\frac{1}{2}\left(\frac{1}{x}\right)^2=\lim_{x\to\infty}\frac{1}{2}=\frac{1}{2}$$

例 2-14 计算 $\lim\limits_{x\to e}\frac{x-e}{\ln x-1}$.

分析：本题的难点在于如何去除分母中的对数 $\ln x$，可考虑利用等价无穷小关系式当 $x\to 0$ 时，$\ln(1+x)\sim x$ 处理.

解一：$$原式=\lim_{x\to e}\frac{x-e}{\ln[e+(x-e)]-1}\xlongequal{恒等变形}\lim_{x\to e}\frac{x-e}{\ln\left(1+\frac{x-e}{e}\right)}\xlongequal{等价代换}\lim_{x\to e}\frac{x-e}{\frac{x-e}{e}}$$

$$=\lim_{x\to e}e=e$$

［注］ 这里要注意上面给出的 8 个常用的等价无穷小关系式都是在 $x\to 0$ 的趋限过程中成立的，对于 $x\to x_0\neq 0$ 的趋限过程，不可直接使用这些等价关系式.若需要使用，通常可通过变形(如上例)，也可先作一个变换 $t=x-x_0$，把问题转化到 $t\to 0$ 的趋限过程中去处理，例如对于上例.

解二：令 $t=x-e$，则有

$$原式=\lim_{t\to 0}\frac{t}{\ln(e+t)-1}=\lim_{t\to 0}\frac{t}{\ln\left(1+\frac{t}{e}\right)}=\lim_{t\to 0}\frac{t}{\frac{t}{e}}=e$$

例 2-15 计算 $\lim\limits_{x\to 0}\frac{\sqrt{1+\tan x}-\sqrt{1+\sin x}}{x\sqrt{1+\sin^2 x}-x}$.

分析：本题的式子较复杂，此时应该先考虑通过恒等变形或等价无穷小代换化简式子.

解：将分子有理化，整理得

$$原式=\lim_{x\to0}\frac{\tan x-\sin x}{x(\sqrt{1+\sin^2x}-1)(\sqrt{1+\tan x}+\sqrt{1+\sin x})}=\frac{1}{2}\lim_{x\to0}\frac{\tan x-\sin x}{x(\sqrt{1+\sin^2x}-1)}$$

$$=\frac{1}{2}\lim_{x\to0}\frac{\tan x-\sin x}{x\cdot\frac{1}{2}x^2}=\lim_{x\to0}\frac{\tan x-\sin x}{x^3}=\lim_{x\to0}\frac{\sin x(1-\cos x)}{x^3\cos x}$$

$$=\lim_{x\to0}\frac{\sin x(1-\cos x)}{x^3}=\lim_{x\to0}\frac{x\cdot\frac{1}{2}x^2}{x^3}=\frac{1}{2}.$$

▶▶▶方法小结

利用等价无穷小代换公式(2-7)计算极限是最常用的方法之一，其核心是通过等价代换化简问题.一般来说，能够等价代换的就应先进行等价代换，只是要注意只能对式子中的因子进行代换，而对加减运算中的项不能进行代换，同时还要强调在计算时应注意与其他方法的结合(例2-15)，使计算过程简明、准确.

2.2.1.4 利用变量代换求极限

极限的变量代换 设 $\lim\limits_{x\to x_0}\varphi(x)=u_0$，且在 x_0 的某去心邻域内 $\varphi(x)\neq u_0$，$\lim\limits_{u\to u_0}f(u)=A$，则

$$\lim_{x\to x_0}f[\varphi(x)]\xlongequal{u=\varphi(x)}\lim_{u\to u_0}f(u)=A \tag{2-8}$$

▶▶▶方法运用注意点

(1) 运用极限的变量代换公式(2-8)计算极限的核心思想：通过引进新的变量 $u=\varphi(x)$ 来简化问题或者把问题转化到我们熟悉的问题上去.

(2) 运用极限的变量代换方法计算极限的关键在于 $u=\varphi(x)$ 的选取，一般应针对问题的难点进行思考.

▶▶▶典型例题解析

例 2-16 计算 $\lim\limits_{x\to\frac{\pi}{2}}\dfrac{\sin\left(x-\frac{\pi}{2}\right)}{\tan 2x}$.

分析：此问题的关键在于分母 $\tan 2x$ 的处理，可考虑通过等价无穷小代换化解，由于当 $x\to\frac{\pi}{2}$ 时，$2x\to\pi\neq0$，不为无穷小，故先考虑作变量代换.

解：令 $t=x-\frac{\pi}{2}$，则当 $x\to\frac{\pi}{2}$ 时，$t\to0$，利用极限的变量代换公式(2-8)，得

$$\text{原式}=\lim_{t\to 0}\frac{\sin t}{\tan(\pi+2t)}=\lim_{t\to 0}\frac{\sin t}{\tan 2t}=\lim_{t\to 0}\frac{t}{2t}=\frac{1}{2}$$

典型错误：利用等价无穷小代换，$\sin\left(x-\frac{\pi}{2}\right)\sim x-\frac{\pi}{2}$，$\tan 2x\sim 2x$，得

$$\text{原式}=\lim_{x\to\frac{\pi}{2}}\frac{x-\frac{\pi}{2}}{2x}=0$$

错误在于当 $x\to\frac{\pi}{2}$ 时，$2x\to\pi\neq 0$，不为无穷小量，故式子 $\tan 2x\sim 2x$ 是不对的.

例 2-17 计算 $\lim\limits_{x\to 64}\frac{\sqrt[3]{x}-4}{\sqrt{x}-8}$.

分析：此问题的关键在于处理分子、分母中的根式，可考虑通过等价无穷小关系式，当 $x\to 0$ 时，$(1+x)^{\mu}-1\sim\mu x$ 来化解.为此，先考虑作变量代换 $t=x-64$，把 $x\to 64$ 的趋限过程转化为 $t\to 0$ 的过程.

解：$$\text{原式}\xlongequal{t=x-64}\lim_{t\to 0}\frac{\sqrt[3]{64+t}-4}{\sqrt{64+t}-8}\xlongequal{\text{恒等变形}}\lim_{t\to 0}\frac{4\left(\sqrt[3]{1+\frac{t}{64}}-1\right)}{8\left(\sqrt{1+\frac{t}{64}}-1\right)}=\frac{1}{2}\lim_{t\to 0}\frac{\frac{1}{3}\left(\frac{t}{64}\right)}{\frac{1}{2}\left(\frac{t}{64}\right)}=\frac{1}{3}$$

例 2-18 计算 $\lim\limits_{x\to 0}\frac{\pi-2\arccos x}{\sqrt{1+x}-1}$.

分析：式子中分母的根式可通过等价无穷小关系式 $\sqrt{1+x}-1\sim\frac{1}{2}x$ 化简，于是本题的关键在于如何去除分子中的反三角函数 $\arccos x$，可考虑作变换.

解：令 $t=\pi-2\arccos x$，则当 $x\to 0$ 时，$t\to 0$，且 $x=\sin\frac{t}{2}$，利用公式(2-8)得

$$\text{原式}=\lim_{x\to 0}\frac{\pi-2\arccos x}{\frac{1}{2}x}=2\lim_{t\to 0}\frac{t}{\sin\frac{t}{2}}=4$$

▶▶▶方法小结

极限的变量代换方法常被用来转化和化简问题.由于极限计算中的一些公式，例如重要极限式(2-4)以及常用的几个无穷小等价关系都是对 $x\to 0$ 的过程叙述的，所以当在其他的趋限过程中使用这些公式时，可通过变换的方法将问题转化到趋于零的过程中去处理.

2.2.1.5 利用"有界量与无穷小的乘积仍为无穷小"的结论求极限

▶▶▶典型例题解析

例 2-19 计算 $\lim\limits_{x\to\infty}\frac{\sin x}{x}$.

分析：由于 $\lim\limits_{x\to\infty}\sin x$ 不存在，故不能利用极限的四则运算法则.

解：因为 $\lim\limits_{x\to\infty}\dfrac{1}{x}=0$，$|\sin x|\leqslant 1$ 为有界函数，所以利用有界函数与无穷小的乘积仍为无穷小的结论，得

$$\lim_{x\to\infty}\frac{\sin x}{x}=0$$

典型错误：利用重要极限式(2-4)得 $\lim\limits_{x\to\infty}\dfrac{\sin x}{x}=1$，错误在于将原式当作重要极限 $\lim\limits_{x\to 0}\dfrac{\sin x}{x}=1$.

例 2-20 计算 $\lim\limits_{x\to\infty}\dfrac{x-3}{x^2+9x}(1+2\sin 5x)$.

分析：由于 $\lim\limits_{x\to\infty}(1+2\sin 5x)$ 不存在，故不能利用极限的四则运算法则.

解：因为 $\lim\limits_{x\to\infty}\dfrac{x-3}{x^2+9x}=\lim\limits_{x\to\infty}\dfrac{1-\dfrac{3}{x}}{1+\dfrac{9}{x}}\cdot\dfrac{1}{x}=0$，而 $|1+2\sin 5x|\leqslant 3$ 为有界函数，由有界函数与无穷小的乘积仍为无穷小，所以

$$\lim_{x\to\infty}\frac{x-3}{x^2+9x}(1+2\sin 5x)=0$$

典型错误：

$$原式=\lim_{x\to\infty}\frac{x-3}{x^2+9x}\cdot\lim_{x\to\infty}(1+2\sin 5x)=0.$$

错误在于上式使用了极限的四则运算法则，由于极限 $\lim\limits_{x\to\infty}(1+2\sin 5x)$ 不存在，故上式的使用是错误的.

▶▶▶方法小结

这一方法常被用在计算两式相乘的极限问题中，当两式中的一式为无穷小时，可检查另一式是否为有界量或极限存在.若是有界量，则可利用此结论知其极限值为零；若是极限存在，则也可利用极限的四则运算法则式(2-2)知其极限值也为零.若另一式的极限为无穷大，则原式属于 $0\cdot\infty$ 的未定型.

2.2.1.6 利用"极限基本定理"求极限

极限基本定理

$$\lim f(x)=A\Leftrightarrow f(x)=A+\alpha(x),\tag{2-9}$$

$$其中，\lim\alpha(x)=0.$$

▶▶▶方法运用注意点

(1) 极限基本定理式(2-9)给出了从极限式子里去极限号"lim"表达求极限函数 $f(x)$ 的方法.

当遇到带着极限号运算不方便或者需要直接表示 $f(x)$ 时,可用这一性质处理.

(2) 极限基本定理式(2-9)对数列极限也成立.

▶▶▶典型例题解析

例 2-21　若 $\lim\limits_{x\to 0}\dfrac{\sin 6x+xf(x)}{x^2}=0$,计算 $\lim\limits_{x\to 0}f(x)$.

分析:很明显问题的关键是要确定求极限的函数 $f(x)$ 的表达式,根据条件这需从极限式 $\lim\limits_{x\to 0}\dfrac{\sin 6x+xf(x)}{x^2}=0$ 中获得,可见运用式(2-9)去掉极限号是必然的选择.

解:由 $\lim\limits_{x\to 0}\dfrac{\sin 6x+xf(x)}{x^2}=0$,运用极限基本定理式(2-9),得

$$\frac{\sin 6x+xf(x)}{x^2}=0+\alpha(x),\text{其中}\lim_{x\to 0}\alpha(x)=0$$

从而有　$\sin 6x+xf(x)=x^2\alpha(x)$,即有　$f(x)=x\alpha(x)-\dfrac{\sin 6x}{x}$.

两边取极限得

$$\lim_{x\to 0}f(x)=\lim_{x\to 0}\left[x\alpha(x)-\frac{\sin 6x}{x}\right]=-6$$

例 2-22　已知 $\lim\limits_{x\to -\infty}[\sqrt{x^2+x+1}-(ax+b)]=0$,求常数 a 和 b.

分析:这里需考虑从条件给出的极限式中获得 a、b 的表达式,这也可运用式(2-9)处理.

解:由所给条件 $\lim\limits_{x\to -\infty}[\sqrt{x^2+x+1}-(ax+b)]=0$ 及式(2-9),得

$$\sqrt{x^2+x+1}-(ax+b)=\alpha(x),\text{其中}\lim_{x\to -\infty}\alpha(x)=0$$

即

$$a=\frac{\sqrt{x^2+x+1}}{x}-\frac{b}{x}-\frac{\alpha(x)}{x}$$

两边取极限,有

$$a=\lim_{x\to -\infty}\left[\frac{\sqrt{x^2+x+1}}{x}-\frac{b}{x}-\frac{\alpha(x)}{x}\right]=\lim_{x\to -\infty}\frac{\sqrt{x^2+x+1}}{x}$$

$$=\lim_{x\to -\infty}\frac{-x\sqrt{1+\dfrac{1}{x}+\dfrac{1}{x^2}}}{x}=-1.$$

于是

$$b=\sqrt{x^2+x+1}+x-\alpha(x)$$

所以有
$$b=\lim_{x\to-\infty}[\sqrt{x^2+x+1}+x-\alpha(x)]=\lim_{x\to-\infty}(\sqrt{x^2+x+1}+x)$$
$$=\lim_{x\to-\infty}\frac{x+1}{\sqrt{x^2+x+1}-x}=\lim_{x\to-\infty}\frac{1+\frac{1}{x}}{-\left(\sqrt{1+\frac{1}{x}+\frac{1}{x^2}}+1\right)}=-\frac{1}{2}$$

▶▶▶方法小结

利用极限基本定理式(2-9)求极限的方法常被用来处理已知某些极限值去求另一些极限或一些参数值的问题.其要点在于通过式(2-9)去掉极限号"lim"之后形成函数关系式,经函数运算获得所求极限函数(或所求量)的具体表达式,从而对其求极限.

2.2.1.7 利用函数的连续性求极限

函数 $f(x)$ 在点 x_0 处连续
$$\lim_{x\to x_0}f(x)=f(x_0),\tag{2-10}$$

即
$$\lim_{x\to x_0}f(x)=f\left(\lim_{x\to x_0}x_0\right)\tag{2-11}$$

▶▶▶重要结论

(1) 一切初等函数在其定义区间内都是连续的.

(2) 当 $f(x)$ 在 x_0 处连续时,极限号"lim"可与函数符号"f"进行交换,即式(2-11)成立.

(3) **幂指函数的极限性质** 如果 $\lim g(x)\ln f(x)$ 存在,则有
$$\lim f(x)^{g(x)}=\lim \mathrm{e}^{g(x)\ln f(x)}=\mathrm{e}^{\lim g(x)\ln f(x)}\tag{2-12}$$

▶▶▶方法运用注意点

(1) 运用连续性式(2-10)计算初等函数的极限需同时满足两个条件:① $f(x)$ 是初等函数;② $x\to x_0$ 中的 x_0 是初等函数 $f(x)$ 的定义区间内的点.

(2) 幂指函数的极限性质式(2-12)是前述公式(2-6)的推广,式(2-12)给出了计算一般幂指函数极限的方法(即消除幂指性的方法).

▶▶▶典型例题解析

例 2-23 计算 $\lim\limits_{x\to\frac{\pi}{6}}\ln(2\cos 2x)$.

分析: $f(x)=\ln(2\cos 2x)$ 是初等函数,且 $x_0=\dfrac{\pi}{6}$ 是其定义区间内的点,故可直接利用式(2-10)计算此极限值.

解: 利用式(2-10)得

$$\lim_{x\to\frac{\pi}{6}}\ln(2\cos 2x)=f\left(\frac{\pi}{6}\right)=\ln\left(2\cos\left(2\cdot\frac{\pi}{6}\right)\right)=\ln 1=0.$$

例 2-24 计算 $\lim\limits_{x\to 0}\left(\dfrac{a_1^x+a_2^x+\cdots+a_n^x}{n}\right)^{\frac{1}{x}}$，其中 $a_k>0$，$k=1, 2, \cdots, n$.

分析： 这是幂指函数极限，可用式(2-12)计算

解：

$$\text{原式}=\lim_{x\to 0}\mathrm{e}^{\frac{1}{x}\ln\left(\frac{a_1^x+a_2^x+\cdots+a_n^x}{n}\right)}=\mathrm{e}^{\lim\limits_{x\to 0}\frac{1}{x}\ln\left(\frac{a_1^x+a_2^x+\cdots+a_n^x}{n}\right)}$$

又

$$\lim_{x\to 0}\frac{\ln\left(\frac{a_1^x+a_2^x+\cdots+a_n^x}{n}\right)}{x}=\lim_{x\to 0}\frac{\ln\left(1+\left(\frac{a_1^x+a_2^x+\cdots+a_n^x}{n}-1\right)\right)}{x}$$

$$\xlongequal{\text{等价代换}}\lim_{x\to 0}\left(\frac{a_1^x+a_2^x+\cdots+a_n^x}{n}-1\right)\cdot\frac{1}{x}$$

$$=\lim_{x\to 0}\frac{a_1^x+a_2^x+\cdots+a_n^x-n}{nx}$$

$$=\frac{1}{n}\lim_{x\to 0}\left(\frac{a_1^x-1}{x}+\frac{a_2^x-1}{x}+\cdots+\frac{a_n^x-1}{x}\right)$$

$$\xlongequal{\text{四则运算性质}}\frac{1}{n}\left(\lim_{x\to 0}\frac{\mathrm{e}^{x\ln a_1}-1}{x}+\lim_{x\to 0}\frac{\mathrm{e}^{x\ln a_2}-1}{x}+\cdots+\lim_{x\to 0}\frac{\mathrm{e}^{x\ln a_n}-1}{x}\right)$$

$$\xlongequal{\text{等价代换}}\frac{1}{n}(\ln a_1+\ln a_2+\cdots+\ln a_n)=\frac{1}{n}\ln(a_1a_2\cdots a_n)$$

所以

$$\text{原式}=\mathrm{e}^{\frac{1}{n}\ln(a_1a_2\cdots a_n)}=\sqrt[n]{a_1a_2\cdots a_n}$$

▶▶▶方法小结

利用函数的连续性式(2-10)计算极限的方法常被用在计算初等函数的极限问题.当 $x\to x_0$ 中的 x_0 是初等函数 $f(x)$ 的定义区间内的点时，可直接算得其极限值为函数 $f(x_0)$.

2.2.1.8 利用“夹逼准则”求极限

函数极限的夹逼准则 设函数 $f(x)$，$g(x)$ 和 $h(x)$ 在点 x_0 的某去心邻域内有定义，且满足：① $g(x)\leqslant f(x)\leqslant h(x)$；② $\lim\limits_{x\to x_0}g(x)=\lim\limits_{x\to x_0}h(x)=A$ (或 $\pm\infty$)，则必有

$$\lim_{x\to x_0}f(x)=A(\text{或}\pm\infty)$$

▶▶▶方法运用注意点

(1) 利用“夹逼准则”求极限 $\lim\limits_{x\to x_0}f(x)$，关键是满足条件①②的函数 $g(x)$，$h(x)$ 的获取.一般可通过适当地放大、缩小 $f(x)$ 来获得 $g(x)$ 和 $h(x)$. 由于所得的 $g(x)$，$h(x)$ 还需满足条件②，所以

获得 $g(x)$，$h(x)$ 的过程技巧性比较强.

(2) 上面的“夹逼准则”是对 $x\to x_0$ 的趋限过程的叙述,对于其他的趋限过程,只需将“准则”中的条件进行适当修改,结论同样成立.例如对于 $x\to+\infty$ 的过程,“夹逼准则”可叙述为：设函数 $f(x)$，$g(x)$ 和 $h(x)$ 在 $x>M>0$ 上有定义,且满足：① $g(x)\leqslant f(x)\leqslant h(x)$；② $\lim\limits_{x\to+\infty}g(x)=\lim\limits_{x\to+\infty}h(x)=A$ (或 $\pm\infty$)，则必有

$$\lim_{x\to+\infty}f(x)=A\ (\text{或}\pm\infty)$$

▶▶▶典型例题解析

例 2-25 若对一切实数 x，都有 $|f(x)|\leqslant\sin^2x$，试证明 $\lim\limits_{x\to\pi}\dfrac{f(x)}{x-\pi}=0$.

分析： 本题的难点在于 $f(x)$ 的表达式未知,但条件给出了关于 $|f(x)|$ 的不等式,于是可采用“夹逼准则”来处理.

解： 当 $x\neq\pi$ 时,在不等式 $|f(x)|\leqslant\sin^2x$ 两边除以 $|x-\pi|$，得

$$0\leqslant\left|\frac{f(x)}{x-\pi}\right|\leqslant\frac{\sin^2x}{|x-\pi|}$$

因为
$$\lim_{x\to\pi}\frac{\sin^2x}{|x-\pi|}\overset{t=x-\pi}{=\!=\!=}\lim_{t\to0}\frac{\sin^2(\pi+t)}{|t|}=\lim_{t\to0}\frac{\sin^2t}{|t|}=0$$

所以根据“夹逼准则” $\lim\limits_{x\to\pi}\left|\dfrac{f(x)}{x-\pi}\right|=0$，从而有

$$\lim_{x\to\pi}\frac{f(x)}{x-\pi}=0$$

例 2-26 计算 $\lim\limits_{x\to+\infty}\left(\dfrac{a_1^x+a_2^x+\cdots+a_n^x}{n}\right)^{\frac{1}{x}}$，其中 $a_k>0$，$k=1,2,\cdots,n$.

分析： 问题的难点在于如何处理底数函数 $\dfrac{a_1^x+a_2^x+\cdots+a_n^x}{n}$，若记 $a=\max\limits_{1\leqslant k\leqslant n}\{a_k\}$，则从 $\dfrac{a^x}{n}<\dfrac{a_1^x+a_2^x+\cdots+a_n^x}{n}<\dfrac{na^x}{n}=a^x$ 可知,本题可考虑运用“夹逼准则”计算.

解一： 记 $a=\max\limits_{1\leqslant k\leqslant n}\{a_k\}$，则有

$$\frac{a}{n^{1/x}}=\left(\frac{a^x}{n}\right)^{\frac{1}{x}}\leqslant\left(\frac{a_1^x+a_2^x+\cdots+a_n^x}{n}\right)^{\frac{1}{x}}\leqslant(a^x)^{\frac{1}{x}}=a$$

由于 $\lim\limits_{x\to+\infty}n^{\frac{1}{x}}=1$，所以 $\lim\limits_{x\to+\infty}\dfrac{a}{n^{\frac{1}{x}}}=a$，根据“夹逼准则”

$$\lim_{x\to+\infty}\left(\frac{a_1^x+a_2^x+\cdots+a_n^x}{n}\right)^{\frac{1}{x}}=a=\max_{1\leqslant k\leqslant n}\{a_k\}$$

解二: 利用公式(2-12)

$$原式=\lim_{x\to+\infty}\mathrm{e}^{\frac{1}{x}\ln\left(\frac{a_1^x+a_2^x+\cdots+a_n^x}{n}\right)}=\mathrm{e}^{\lim\limits_{x\to+\infty}\frac{\ln(a_1^x+a_2^x+\cdots+a_n^x)-\ln n}{x}}$$

若记 $a_l=\max\limits_{1\leqslant k\leqslant n}\{a_k\}$,则有

$$\begin{aligned}&\lim_{x\to+\infty}\frac{\ln(a_1^x+a_2^x+\cdots+a_n^x)-\ln n}{x}\\&=\lim_{x\to+\infty}\frac{x\ln a_l+\ln\left(1+\left(\frac{a_1}{a_l}\right)^x+\cdots+\left(\frac{a_{l-1}}{a_l}\right)^x+\left(\frac{a_{l+1}}{a_l}\right)^x+\cdots+\left(\frac{a_n}{a_l}\right)^x\right)-\ln n}{x}\\&=\lim_{x\to+\infty}\ln a_l+\lim_{x\to+\infty}\frac{\ln\left(1+\left(\frac{a_1}{a_l}\right)^x+\cdots+\left(\frac{a_{l-1}}{a_l}\right)^x+\left(\frac{a_{l+1}}{a_l}\right)^x+\cdots+\left(\frac{a_n}{a_l}\right)^x\right)-\ln n}{x}\\&=\ln a_l+0=\ln a_l\end{aligned}$$

所以
$$原式=\mathrm{e}^{\ln a_l}=a_l=\max_{1\leqslant k\leqslant n}\{a_k\}$$

▶▶▶方法小结

在计算极限时,当遇到的函数 $f(x)$ 比较复杂或使用一些常用的方法处理有困难时,可考虑“夹逼准则”,通过对 $f(x)$ 的放大和缩小可以简化函数和消除难点(如上例),但要特别注意“夹逼准则”中条件②的满足.

2.2.2 分段函数在分段点处极限的计算

▶▶▶基本方法

利用极限存在与单侧极限存在之间的等价关系

$$\lim_{x\to x_0}f(x)=A\Leftrightarrow\lim_{x\to x_0^+}f(x)=\lim_{x\to x_0^-}f(x)=A \tag{2-13}$$

$$\lim_{x\to\infty}f(x)=A\Leftrightarrow\lim_{x\to+\infty}f(x)=\lim_{x\to-\infty}f(x)=A \tag{2-14}$$

▶▶▶典型例题解析

例 2-27 讨论下列极限的存在性:

(1) $\lim\limits_{x\to0}f(x)$,其中 $f(x)=\begin{cases}\dfrac{\sin 2x}{\sqrt{1-\cos x}}, & x<0\\ \dfrac{1}{x}[\ln x-\ln(x^2+x)], & x>0\end{cases}$;

(2) $\lim\limits_{x\to 1}f(x)$ 及 $\lim\limits_{x\to 2}f(x)$，其中 $f(x)=\begin{cases}\dfrac{1}{2x}, & 0<x\leqslant 1\\ x^2, & 1<x\leqslant 2\\ 2x, & 2<x<3\end{cases}$.

分析：这是分段函数在分段点处的极限问题.对于问题(1)，$x=0$ 是分段函数 $f(x)$ 的分段点，由于在 $x=0$ 的两旁 $f(x)$ 的表达式不同，故无法直接计算 $\lim\limits_{x\to 0}f(x)$. 对于问题(2)，由于 $x=1$，$x=2$ 也是函数 $f(x)$ 的分段点，且在分段点的两旁，$f(x)$ 的表达式也不相同，故也不能直接计算 $\lim\limits_{x\to 1}f(x)$，$\lim\limits_{x\to 2}f(x)$. 对于此类问题的难点应采用极限存在的等价条件式(2-3)来化解.

解：(1) $f(x)$ 在 $x=0$ 处的右极限

$$f(0+0)=\lim_{x\to 0^+}f(x)=\lim_{x\to 0^+}\frac{\ln x-\ln(x^2+x)}{x}=\lim_{x\to 0^+}\frac{-\ln(1+x)}{x}=-1$$

左极限

$$f(0-0)=\lim_{x\to 0^-}f(x)=\lim_{x\to 0^-}\frac{\sin 2x}{\sqrt{1-\cos x}}\xlongequal{\text{等价代换}}\lim_{x\to 0^-}\frac{2x}{\sqrt{\frac{1}{2}x^2}}$$

$$=\lim_{x\to 0^-}\frac{2x}{\frac{1}{\sqrt{2}}\mid x\mid}=2\sqrt{2}\lim_{x\to 0^-}\frac{x}{-x}=-2\sqrt{2}$$

由于 $f(0+0)=-1\neq f(0-0)=-2\sqrt{2}$，根据极限存在的等价条件式(2-13)知极限 $\lim\limits_{x\to 0}f(x)$ 不存在.

(2) 先考虑 $\lim\limits_{x\to 1}f(x)$ 在 $x=1$ 处的左右极限

$$f(1-0)=\lim_{x\to 1^-}f(x)=\lim_{x\to 1^-}\frac{1}{2x}=\frac{1}{2},\ f(1+0)=\lim_{x\to 1^+}f(x)=\lim_{x\to 1^+}x^2=1$$

由于 $f(1-0)=\dfrac{1}{2}\neq f(1+0)=1$，根据极限存在的等价条件式(2-13)知极限 $\lim\limits_{x\to 1}f(x)$ 不存在.

$\lim\limits_{x\to 2}f(x)$ 在 $x=2$ 处的左右极限

$$f(2-0)=\lim_{x\to 2^-}f(x)=\lim_{x\to 2^-}x^2=4,\quad f(2+0)=\lim_{x\to 2^+}f(x)=\lim_{x\to 2^+}2x=4$$

由于 $f(2-0)=f(2+0)=4$，根据极限存在的等价条件式(2-13)知极限 $\lim\limits_{x\to 2}f(x)$ 存在，且

$$\lim_{x\to 2}f(x)=4.$$

例 2-28 设函数 $f(x)=\begin{cases}\dfrac{1}{1+e^{\frac{1}{x}}}, & x\neq 0\\ 0, & x=0\end{cases}$，问 $\lim\limits_{x\to 0}f(x)$ 是否存在?

分析：这是分段函数在分段点 $x=0$ 处的极限问题.尽管在分段点 $x=0$ 的两旁 $f(x)$ 的表达式相同，但由于当 $x\to 0^+$ 时，$\dfrac{1}{x}\to+\infty$，$e^{\frac{1}{x}}\to+\infty$；当 $x\to 0^-$ 时，$\dfrac{1}{x}\to-\infty$，$e^{\frac{1}{x}}\to 0$，所以无法直接计

算 $\lim\limits_{x\to 0}f(x)$. 此时也应利用等价关系(2-13)处理.

解: $f(0+0)=\lim\limits_{x\to 0^+}f(x)=\lim\limits_{x\to 0^+}\dfrac{1}{1+e^{\frac{1}{x}}}=0$, $f(0-0)=\lim\limits_{x\to 0^-}f(x)=\lim\limits_{x\to 0^-}\dfrac{1}{1+e^{\frac{1}{x}}}=1$.

由于 $f(0+0)=0\neq f(0-0)=1$，根据等价关系式(2-13)知极限 $\lim\limits_{x\to 0}f(x)$ 不存在.

典型错误: $\lim\limits_{x\to 0}f(x)=\lim\limits_{x\to 0}\dfrac{1}{1+e^{\frac{1}{x}}}=1$，错误在于认为 $\lim\limits_{x\to 0}e^{\frac{1}{x}}=0$.

例 2-29　研究极限 $\lim\limits_{x\to 0}\dfrac{\sqrt{2-2\cos ax}}{x}(a>0)$ 的存在性.

分析: 尽管这是一个非分段函数的极限问题，然而从

$$\lim_{x\to 0}\frac{\sqrt{2-2\cos ax}}{x}=\lim_{x\to 0}\frac{2\left|\sin\dfrac{ax}{2}\right|}{x}$$

可见，在趋限点 $x=0$ 的两旁，求极限的式子不同，故仍需利用等价关系(2-13)处理.

解:

$$\lim_{x\to 0}\frac{\sqrt{2-2\cos ax}}{x}=\lim_{x\to 0}\frac{2\left|\sin\dfrac{ax}{2}\right|}{x}\xlongequal{\text{等价代换}}\lim_{x\to 0}\frac{2\left|\dfrac{ax}{2}\right|}{x}=a\lim_{x\to 0}\frac{|x|}{x}$$

于是有

$$f(0+0)=a\lim_{x\to 0^+}\frac{x}{x}=a,\ f(0-0)=a\lim_{x\to 0^-}\frac{-x}{x}=-a$$

由 $a>0$ 知 $f(0+0)=a\neq f(0-0)=-a$，所以根据等价关系式(2-13)可知极限 $\lim\limits_{x\to 0}\dfrac{\sqrt{2-2\cos ax}}{x}$ 不存在.

例 2-30　$[x]$ 表示不超过 x 的最大整数，试确定常数 a 的值，使极限

$$\lim_{x\to\infty}\left[\frac{\ln(1+e^{2x})}{\ln(1+e^{x})}+a\left[\frac{1}{x}\right]\right]$$

存在并求此极限值.

分析: 由于当 $x\to+\infty$ 时，$e^{2x}\to+\infty$，$e^{x}\to+\infty$，$\dfrac{1}{x}\to 0^+$，$\left[\dfrac{1}{x}\right]\to 0$；当 $x\to-\infty$ 时，$e^{2x}\to 0$，$e^{x}\to 0$，$\dfrac{1}{x}\to 0^-$，$\left[\dfrac{1}{x}\right]\to -1$，即极限不同，所以无法直接计算 $\lim\limits_{x\to\infty}f(x)$. 此时应采用等价条件(2-14)处理.

解:

$$\lim_{x\to+\infty}f(x)=\lim_{x\to+\infty}\left[\frac{\ln(1+e^{2x})}{\ln(1+e^{x})}+a\left[\frac{1}{x}\right]\right]=\lim_{x\to+\infty}\frac{\ln(1+e^{2x})}{\ln(1+e^{x})}+0$$

$$=\lim_{x\to+\infty}\frac{2x+\ln(1+e^{-2x})}{x+\ln(1+e^{-x})}=\lim_{x\to+\infty}\frac{2+\dfrac{1}{x}\ln(1+e^{-2x})}{1+\dfrac{1}{x}\ln(1+e^{-x})}=2$$

$$\lim_{x\to-\infty} f(x)=\lim_{x\to-\infty}\left[\frac{\ln(1+e^{2x})}{\ln(1+e^{x})}+a\left[\frac{1}{x}\right]\right]=\lim_{x\to-\infty}\frac{\ln(1+e^{2x})}{\ln(1+e^{x})}-a$$

$$=\lim_{x\to-\infty}\frac{e^{2x}}{e^{x}}-a=\lim_{x\to-\infty}e^{x}-a=-a,$$

所以根据等价关系式(2-14)知当且仅当 $-a=2$，即 $a=-2$ 时，所给极限存在，且此时极限值为 2.

▶▶▶方法小结

(1) 分段函数在分段点 x_0 处极限 $\lim\limits_{x\to x_0} f(x)$ 的计算可分化为以下三种情况处理：

① 当 x_0 两旁 $f(x)$ 的表达式不同时，可利用等价关系式(2-13)计算；

② 若 x_0 两旁 $f(x)$ 的表达式相同，然而当 $x\to x_0^+$ 和 $x\to x_0^-$ 时，$f(x)$ 中的某些项有不同的极限，也可利用等价关系式(2-13)计算；

③ 在①②以外的情形，直接计算 $\lim\limits_{x\to x_0} f(x)$，无须利用式(2-13)计算.

(2) 对于非分段函数，当 $x\to x_0^+$(或 $+\infty$)和 $x\to x_0^-$(或 $-\infty$)时，$f(x)$ 中的某些项有不同的极限，此时也需运用等价关系式(2-13)或式(2-14)计算，否则可直接计算 $\lim\limits_{x\to x_0} f(x)$ 和 $\lim\limits_{x\to\infty} f(x)$ 而无需利用式(2-13)和式(2-14).

2.2.3 数列极限的计算[①]

▶▶▶基本方法

(1) 利用数列极限的性质以及计算函数极限的一些方法计算；

(2) 利用“夹逼准则”计算数列极限；

(3) 利用“单调有界收敛准则”计算数列极限；

(4) 利用数列极限的定义计算极限.

2.2.3.1 利用数列极限的性质以及计算函数极限的一些方法计算

前述 2.2.1 节中所讨论的计算函数极限的方法：“极限的四则运算法则”“重要极限”“极限的等价无穷小代换”“极限的变量代换性质”“有界量与无穷小的乘积仍是无穷小”“极限基本定理”“连续函数的极限性质”“夹逼准则”，对数列极限继续成立.

▶▶▶方法运用注意点

由于数列极限 $\lim\limits_{n\to\infty} a_n=\lim\limits_{n\to\infty} f(n)$ 是函数极限 $\lim\limits_{x\to+\infty} f(x)$ 的特殊情形，所以在运用 2.2.1 节中关于函数极限的方法计算时，用法与函数极限类似.

---

① 数列极限还有其他的计算方法，例如化为“积分和”利用定积分计算等，这些方法我们将随着内容的展开在后面陆续介绍.

▶▶▶典型例题解析

例 2-31 计算 $\lim\limits_{n\to\infty}(\sqrt[n]{3}-1)\ln(1+2^n)$.

分析: 这是 $0\cdot\infty$ 型,不可直接使用极限的四则运算法则,由于 $\sqrt[n]{3}-1=e^{\frac{\ln 3}{n}}-1\sim\dfrac{\ln 3}{n}$,故本题的关键是如何处理因子 $\ln(1+2^n)$.

解: 原式 $=\lim\limits_{n\to\infty}(e^{\frac{\ln 3}{n}}-1)\ln\left(2^n\left(1+\dfrac{1}{2^n}\right)\right)\xlongequal{\text{等价代换,变形}}\lim\limits_{n\to\infty}\dfrac{\ln 3}{n}\left[n\ln 2+\ln\left(1+\dfrac{1}{2^n}\right)\right]$

$$=\lim_{n\to\infty}\left[\ln 2\cdot\ln 3+\frac{\ln 3\cdot\ln\left(1+\frac{1}{2^n}\right)}{n}\right]=\ln 2\cdot\ln 3+0=\ln 2\cdot\ln 3$$

典型错误:

$$\text{原式}=\lim_{n\to\infty}(\sqrt[n]{3}-1)\lim_{n\to\infty}\ln(1+3^n).$$

错误在于上式使用了极限的四则运算法则,因为 $\lim\limits_{n\to\infty}\ln(1+3^n)=+\infty$ 极限不存在,所以上式是错误的.

例 2-32 计算 $\lim\limits_{n\to\infty}\left(\cos\dfrac{\theta}{n}\right)^{n^2}(\theta\neq 0)$.

分析: 这是幂指函数的极限,可利用公式(2-12)处理.

解:

$$\text{原式}=\lim_{n\to\infty}e^{n^2\ln\left(\cos\frac{\theta}{n}\right)}=e^{\lim\limits_{n\to\infty}n^2\ln\left(\cos\frac{\theta}{n}\right)}$$

又

$$\lim_{n\to\infty}n^2\ln\left(\cos\frac{\theta}{n}\right)=\lim_{n\to\infty}n^2\ln\left(1+\left(\cos\frac{\theta}{n}-1\right)\right)\xlongequal{\text{等价代换}}\lim_{n\to\infty}n^2\left(\cos\frac{\theta}{n}-1\right)$$

$$\xlongequal{\text{等价代换}}\lim_{n\to\infty}n^2\left[-\frac{1}{2}\left(\frac{\theta}{n}\right)^2\right]=-\frac{\theta^2}{2}$$

所以有

$$\text{原式}=e^{-\frac{\theta^2}{2}}$$

例 2-33 计算 $\lim\limits_{n\to\infty}\sum\limits_{k=1}^{n}\dfrac{1}{1+2+\cdots+k}$.

分析: 这是 n 项和的极限问题,这类问题是数列极限特有的问题.计算这类问题的关键是如何化解"n 项和",处理的方法有多种,其中最基本的方法是直接求出"n 项和"的表达式.

解: 原式 $=\lim\limits_{n\to\infty}\sum\limits_{k=1}^{n}\dfrac{2}{k(k+1)}=2\lim\limits_{n\to\infty}\sum\limits_{k=1}^{n}\left(\dfrac{1}{k}-\dfrac{1}{k+1}\right)=2\lim\limits_{n\to\infty}\left(1-\dfrac{1}{n+1}\right)=2$

典型错误: 原式 $=\lim\limits_{n\to\infty}\left(\dfrac{1}{1}+\dfrac{1}{1+2}+\cdots+\dfrac{1}{1+2+\cdots+n}\right)$

$$=\lim_{n\to\infty}\frac{1}{1}+\lim_{n\to\infty}\frac{1}{1+2}+\cdots+\lim_{n\to\infty}\frac{1}{1+2+\cdots+n}$$

错误在于上式运用了极限的四则运算法则，由于式 $\frac{1}{1}+\frac{1}{1+2}+\cdots+\frac{1}{1+2+\cdots+n}$ 的项数随 n 变化，故不满足四则运算法则的条件.

例 2-34 计算 $\lim\limits_{n\to\infty}\left(\frac{3}{n^2}+\frac{5}{n^2}+\cdots+\frac{2n+1}{n^2}\right)^n$.

分析：本题中数列的底数是一 n 项和的数列，故可先考虑对它求和.

解：因为 $\frac{3}{n^2}+\frac{5}{n^2}+\cdots+\frac{2n+1}{n^2}=\frac{n(n+2)}{n^2}=\frac{n+2}{n}$，所以

$$\text{原式}=\lim_{n\to\infty}\left(\frac{n+2}{n}\right)^n=\lim_{n\to\infty}\left[\left(1+\frac{2}{n}\right)^{\frac{n}{2}}\right]^2=\mathrm{e}^2$$

例 2-35 计算 $\lim\limits_{n\to\infty}\left(1+\frac{1}{3}\right)\left(1+\frac{1}{3^2}\right)\left(1+\frac{1}{3^4}\right)\cdots\left(1+\frac{1}{3^{2^n}}\right)$.

分析：这是 n 个因子乘积的极限问题，它也是数列极限特有的问题.计算这类问题的关键是如何化解“n 个因子乘积”的表达式.

解：原式 $=\lim\limits_{n\to\infty}\dfrac{\left(1-\frac{1}{3}\right)\left(1+\frac{1}{3}\right)\left(1+\frac{1}{3^2}\right)\left(1+\frac{1}{3^4}\right)\cdots\left(1+\frac{1}{3^{2^n}}\right)}{\left(1-\frac{1}{3}\right)}$

$$=\lim_{n\to\infty}\frac{\left(1-\frac{1}{3^2}\right)\left(1+\frac{1}{3^2}\right)\left(1+\frac{1}{3^4}\right)\cdots\left(1+\frac{1}{3^{2^n}}\right)}{\frac{2}{3}}=\frac{3}{2}\lim_{n\to\infty}\left(1-\frac{1}{3^{2^{n+1}}}\right)=\frac{3}{2}$$

典型错误：原式 $=\lim\limits_{n\to\infty}\left(1+\frac{1}{3}\right)\lim\limits_{n\to\infty}\left(1+\frac{1}{3^2}\right)\lim\limits_{n\to\infty}\left(1+\frac{1}{3^4}\right)\cdots\lim\limits_{n\to\infty}\left(1+\frac{1}{3^{2^n}}\right)$

错误在于上式运用了极限的四则运算法则，由于式 $\left(1+\frac{1}{3}\right)\left(1+\frac{1}{3^2}\right)\left(1+\frac{1}{3^4}\right)\cdots\left(1+\frac{1}{3^{2^n}}\right)$ 中因子的个数随极限变量 n 变化而变化，不符合四则运算法则的条件.

▶▶▶方法小结

(1) 在运用 2.2.1 节中一些计算函数极限的方法计算数列极限时，方法的使用技巧以及处理问题的类型与函数极限类似，只是将 $x\to\infty$ 换成 $n\to\infty$ 而已.

(2) 例 2-33、例 2-35 告诉我们数列极限有很强的特殊性，它有一批与函数极限不同的特有问题，而“n 项和的极限”“n 个因子乘积的极限”就是其中两个重要的问题.例中所介绍的求出式子表达式的方法仅是一种基本的方法，一些其他方法我们将在后面陆续介绍.

2.2.3.2 利用“夹逼准则”求数列极限

数列极限的夹逼准则 若存在正整数 N，使当 $n>N$ 时，有 $b_n\leqslant a_n\leqslant c_n$，且 $\lim\limits_{n\to\infty}b_n=\lim\limits_{n\to\infty}c_n=A$

(或 $\pm\infty$)，则 $\lim\limits_{n\to\infty}a_n=A$ (或 $\pm\infty$).

▶▶▶方法运用注意点

数列极限的“夹逼准则”与函数极限中 $x\to\infty$ 过程的“夹逼准则”类似，所以使用的方法和技巧相同，关键点仍是如何通过对 a_n 进行放大和缩小获得满足条件的数列 $\{b_n\}$ 和 $\{c_n\}$.

▶▶▶典型例题解析

例 2-36 计算 $\lim\limits_{n\to\infty}\left[\dfrac{1}{n^2}+\dfrac{1}{(n+1)^2}+\cdots+\dfrac{1}{(2n)^2}\right]$.

分析： 通项 $a_n=\dfrac{1}{n^2}+\dfrac{1}{(n+1)^2}+\cdots+\dfrac{1}{(2n)^2}$ 无法求和，现考虑将 a_n 放大、缩小后求和，然后利用“夹逼准则”计算.

解： 因为 $a_n>\underbrace{\dfrac{1}{(2n)^2}+\dfrac{1}{(2n)^2}+\cdots+\dfrac{1}{(2n)^2}}_{n\text{项}}=\dfrac{n}{(2n)^2}=\dfrac{1}{4n}$，$a_n<\underbrace{\dfrac{1}{n^2}+\dfrac{1}{n^2}+\cdots+\dfrac{1}{n^2}}_{n\text{项}}=\dfrac{n}{n^2}=\dfrac{1}{n}$，

所以有 $\dfrac{1}{4n}<a_n<\dfrac{1}{n}$，由于 $\lim\limits_{n\to\infty}\dfrac{1}{4n}=\lim\limits_{n\to\infty}\dfrac{1}{n}=0$，利用“夹逼准则”有

$$\lim_{n\to\infty}a_n=\lim_{n\to\infty}\left[\frac{1}{n^2}+\frac{1}{(n+1)^2}+\cdots+\frac{1}{(2n)^2}\right]=0$$

说明： 此例表明，对于 n 项和的极限问题，若不能直接对通项求和，有时可考虑对通项进行放大、缩小后求和，此时若能满足“夹逼准则”的条件，则也可求得其极限值.所以此例给出了结合“夹逼准则”计算 n 项和极限问题的另一种方法.

例 2-37 利用“夹逼准则”计算

$$\lim_{n\to\infty}n\left(\arctan(n^2+1)+\arctan(n^2+2)+\cdots+\arctan(n^2+n)-\frac{n\pi}{2}\right).$$

分析： 问题是要考虑对通项 a_n 进行放大、缩小，可见这里的关键是要去掉通项 a_n 中的 n 项和 $\arctan(n^2+1)+\arctan(n^2+2)+\cdots+\arctan(n^2+n)$.

解： 因为函数 $\arctan x$ 在 $(-\infty,+\infty)$ 上单调增加，所以有

$$n\left(n\arctan n^2-\frac{n\pi}{2}\right)\leqslant a_n\leqslant n\left(n\arctan(n^2+n)-\frac{n\pi}{2}\right),$$

即
$$n^2\left(\arctan n^2-\frac{\pi}{2}\right)\leqslant a_n\leqslant n^2\left(\arctan(n^2+n)-\frac{\pi}{2}\right)$$

注意到 $\arctan x+\arctan\dfrac{1}{x}=\dfrac{\pi}{2}$，得

$$-n^2\arctan\frac{1}{n^2}\leqslant a_n\leqslant -n^2\arctan\frac{1}{n^2+n}$$

由于

$$\lim_{n\to\infty}\left(-n^2\arctan\frac{1}{n^2}\right)=\lim_{n\to\infty}\left(-n^2\cdot\frac{1}{n^2}\right)=-1,$$

$$\lim_{n\to\infty}\left(-n^2\arctan\frac{1}{n^2+n}\right)=\lim_{n\to\infty}\left(-n^2\cdot\frac{1}{n^2+n}\right)=-1$$

根据“夹逼准则”，得

$$原式=-1$$

例 2-38 设 $x_n>0\ (n=1,2,\cdots)$，且 $\lim\limits_{n\to\infty}\dfrac{x_{n+1}}{x_n}=\lambda<1$，证明 $\lim\limits_{n\to\infty}x_n=0$.

分析： 这里思考的目标是如何从条件 $\lim\limits_{n\to\infty}\dfrac{x_{n+1}}{x_n}=\lambda<1$ 导出有关 x_n 的一些等式或不等式，根据极限的定义，我们先来建立关于 x_n 的不等式.

解： 由 $\lim\limits_{n\to\infty}\dfrac{x_{n+1}}{x_n}=\lambda$，根据极限的定义，对于 $\varepsilon=\dfrac{1-\lambda}{2}>0$，存在 $N>0$，当 $N>n$ 时，有

$$\left|\frac{x_{n+1}}{x_n}-\lambda\right|<\frac{1-\lambda}{2},\quad 即\quad \frac{x_{n+1}}{x_n}<\frac{1+\lambda}{2}$$

于是有 $0<x_{n+1}<\left(\dfrac{1+\lambda}{2}\right)x_n<\left(\dfrac{1+\lambda}{2}\right)^2x_{n-1}<\cdots<\left(\dfrac{1+\lambda}{2}\right)^{n-N+1}x_N,\ n>N$

由 $0\leqslant\lambda<1$ 知，$0<\dfrac{1+\lambda}{2}<1$，从而 $\lim\limits_{n\to\infty}\left(\dfrac{1+\lambda}{2}\right)^{n-N+1}x_N=0$，根据“夹逼准则”证得

$$\lim_{n\to\infty}x_n=0$$

典型错误： 由 $\lim\limits_{n\to\infty}\dfrac{x_{n+1}}{x_n}=\lambda$，利用极限基本定理式(2-9)，有

$$\frac{x_{n+1}}{x_n}=\lambda+o(1)\ (这里\ o(1)\ 表示当\ n\to\infty\ 时的无穷小量)$$

即有 $x_{n+1}=\lambda x_n+o(1)x_n$. 设 $\lim\limits_{n\to\infty}x_n=a$，在上式两边取极限，得

$$a=\lambda a+0=\lambda a,\ 即\ (1-\lambda)a=0,$$

由 $1-\lambda\neq0$ 知 $a=0$，所以证得 $\lim\limits_{n\to\infty}x_n=0$.

错误在于上面的证明是在极限 $\lim\limits_{n\to\infty}x_n$ 存在的条件下成立的，而极限 $\lim\limits_{n\to\infty}x_n$ 的存在性是需要证明的，不可假设.

▶▶▶方法小结

(1) 数列极限的“夹逼准则”与函数极限的“夹逼准则”用法相似.

(2) “夹逼准则”的运用难点在于如何确定夹住 a_n 的数列 $\{b_n\}$ 和 $\{c_n\}$，思考的方向应抓住问题中的难点，通过适当地放大、缩小化解难点，同时要求 $\lim\limits_{n\to\infty}b_n$，$\lim\limits_{n\to\infty}c_n$ 容易计算，并且 $\lim\limits_{n\to\infty}b_n=\lim\limits_{n\to\infty}c_n$.

2.2.3.3 利用“单调有界收敛准则”计算数列极限

单调有界收敛准则 单调有界数列必有极限.

▶▶▶方法运用注意点

(1) 这一收敛准则仅是一个判别极限存在性的准则，极限值的确定还需用其他方法.

(2) 准则中的单调性条件，通常可用 $x_{n+1}-x_n$ 的符号或者比值 $\dfrac{x_{n+1}}{x_n}>1\ (<1)$ 来判别，有时还需和有界性一起考虑，并采用数学归纳法.

(3) 准则中的有界性条件的验证，当数列单调增加时，只需证明它有上界，当数列单调减少时，只需证明它有下界.

▶▶▶典型例题解析

例 2-39 设 $x_0=3$，当 $n\geqslant 0$ 时，$x_{n+1}=\dfrac{x_n^2-2}{2x_n-3}$，试证明数列 $\{x_n\}$ 收敛，并求出 $\lim\limits_{n\to\infty}x_n$.

分析： 这是由递推式给出的数列极限问题，它又是一类数列极限特有的问题.难点在于通项 x_n 的具体表达式一般无法求出.然而人们发现，假如可以知道数列 $\{x_n\}$ 收敛，比如 $\lim\limits_{n\to\infty}x_n=\lambda$，则在递推式两边取极限，就有 $\lambda=\dfrac{\lambda^2-2}{2\lambda-3}$，解此方程就可求出 x_n 的极限值 λ，所以此类问题求解的关键是要证明数列 $\{x_n\}$ 收敛，而单调有界收敛准则是处理这类问题的主要工具之一.

解： 先判别数列 $\{x_n\}$ 的单调性.考虑

$$x_{n+1}-x_n=\frac{x_n^2-2}{2x_n-3}-x_n=\frac{-x_n^2+3x_n-2}{2x_n-3}=\frac{(1-x_n)(x_n-2)}{2x_n-3}.$$

由 $x_1=\dfrac{x_0^2-2}{2x_0-3}=\dfrac{7}{3}>2$，下面考虑用数学归纳法证明 $x_n>2$.

假设 $x_n>2$，则有

$$x_{n+1}-2=\frac{x_n^2-2}{2x_n-3}-2=\frac{(x_n-2)^2}{2x_n-3}>0，即\ x_{n+1}>2，$$

由数学归纳法，对所有的 n，有 $x_n>2$.

于是可知 $$x_{n+1}-x_n<0，即\ x_{n+1}<x_n，$$

即数列 $\{x_n\}$ 单调减少且有下界 2.根据单调有界收敛准则，数列 $\{x_n\}$ 收敛.设 $\lim\limits_{n\to\infty}x_n=\lambda$，在数列的递推式 $x_{n+1}=\dfrac{x_n^2-2}{2x_n-3}$ 两边取极限，得

$$\lambda=\frac{\lambda^2-2}{2\lambda-3}，即 \lambda^2-3\lambda+2=0，$$

解得 $\lambda=2$ 或 $\lambda=1$. 由于 $x_n>2$，知 $\lambda\geqslant 2$，故 $\lambda=1$ 不合题意，舍去，所以

$$\lim_{n\to\infty}x_n=2$$

例 2-40 设 $x_0=2$，$x_n=\dfrac{1}{2}\left(x_{n-1}+\dfrac{1}{x_{n-1}}\right)$ $(n=1, 2, \cdots)$，试证明数列 $\{x_n\}$ 收敛，并求出极限.

分析：这是由递推式给出的数列极限问题，首先考虑用单调有界收敛准则证明.

解：由 $x_0=2$，知 $x_n>0$，又由

$$x_n=\frac{1}{2}\left(x_{n-1}+\frac{1}{x_{n-1}}\right)\geqslant\frac{1}{2}\cdot 2\sqrt{x_{n-1}}\cdot\frac{1}{\sqrt{x_{n-1}}}=1，$$

$$\frac{x_n}{x_{n-1}}=\frac{1}{2}\left(1+\frac{1}{x_{n-1}^2}\right)\leqslant\frac{1}{2}\cdot(1+1)=1$$

知数列 $\{x_n\}$ 单调减少且有下界 1，根据单调有界收敛准则，数列 $\{x_n\}$ 收敛、设 $\lim\limits_{n\to\infty}x_n=\lambda$，在递推式两边取极限，得

$$\lambda=\frac{1}{2}\left(\lambda+\frac{1}{\lambda}\right)$$

解得 $\lambda=1$ ($\lambda=-1$ 不合题意舍去)，所以有

$$\lim_{n\to\infty}x_n=1.$$

解二：用“夹逼准则”证明

由上可知 $x_n\geqslant 1$，且如果 $\lim\limits_{n\to\infty}x_n=\lambda$，则 $\lambda=1$. 下面证明 $\lim\limits_{n\to\infty}x_n=1$.

由 $x_n-1=\dfrac{1}{2}\left(x_n+\dfrac{1}{x_{n-1}}\right)-1=\dfrac{1}{2}\left(x_n+\dfrac{1}{x_{n-1}}-2\right)=\dfrac{(x_{n-1}-1)^2}{2x_{n-1}}$，及 $x_n\geqslant 1$，有

$$0\leqslant x_n-1\leqslant\frac{1}{2}(x_{n-1}-1)^2\leqslant\frac{1}{2}\left(\frac{1}{2}\right)^2(x_{n-2}-1)^{2^2}$$

$$\leqslant\cdots\leqslant\frac{1}{2}\left(\frac{1}{2}\right)^2\cdots\left(\frac{1}{2}\right)^{2^{n-1}}(x_0-1)^{2^n}=\frac{1}{2^{2^n-1}}$$

又 $\lim\limits_{n\to\infty}\dfrac{1}{2^{2^n-1}}=0$，所以由“夹逼准则”证得

$$\lim_{n\to\infty} x_n = 1.$$

▶▶▶方法小结

(1) 单调有界收敛准则常被运用于计算通项由递推式给出的数列极限问题,其过程可分为两个步骤:

① 证明数列 $\{x_n\}$ 是单调有界数列;

② 在递推式两边取极限得极限值满足的方程,通过解方程确定极限值.

(2) 对于递推式 $x_{n+1}=f(x_n)$ $(n=1, 2, \cdots)$ 给出的数列极限,"夹逼准则"也是常用的计算方法.对于这类问题,如果 $\lim\limits_{n\to\infty} x_n = a$,且迭代函数 $f(x)$ 连续,则必有 $a=f(a)$,即 $\{x_n\}$ 的极限值 a 是迭代函数 $f(x)$ 的不动点,可见上例中的极限值 $x=1$ 就是迭代函数 $f(x)=\dfrac{1}{2}\left(x+\dfrac{1}{x}\right)$ 的不动点.上例解二又表明,对于 $x_{n+1}=f(x_n)$ $(n=1, 2, \cdots)$ 的极限问题有时也可直接考虑 x_n 与不动点 a 的差 $|x_n-a|$,如果进一步有条件 $|f'(x)|\leqslant L\leqslant 1$,则利用拉格朗日中值定理(见第3章),有

$$\begin{aligned}|x_n-a| &= |f(x_{n-1})-f(a)| = |f'(\xi)(x_{n-1}-a)| \leqslant L|x_{n-1}-a|\\ &\leqslant L^2|x_{n-1}-a| \leqslant \cdots \leqslant L^{n-1}|x_1-a|\end{aligned}$$

从而可用"夹逼准则"证得

$$\lim_{n\to\infty} x_n = a.$$

2.2.3.4 利用数列极限的定义计算极限

数列极限的定义 $\lim\limits_{n\to\infty} a_n = a \Leftrightarrow$ 对任给的 $\varepsilon>0$,存在 $N>0$,使当 $n>N$ 时有

$$|a_n-a|<\varepsilon$$

▶▶▶方法运用注意点

运用定义计算数列极限首先需知道其极限值 a,而在实际计算时 a 是不知道的,所以这一方法通常运用在数列极限的证明题中.

▶▶▶典型例题解析

例 2-41 设 $x_n>0$ $(n=1, 2, \cdots)$,$\lim\limits_{n\to\infty} x_n = a$,试证明:

(1) $\lim\limits_{n\to\infty} \dfrac{x_1+x_2+\cdots+x_n}{n}=a$;　　(2) $\lim\limits_{n\to\infty} \sqrt[n]{x_1x_2\cdots x_n}=a$.

分析: 本题是抽象数列中已知极限值得证明题,故可首先考虑用极限定义证明.

解: (1) 因为 $\lim\limits_{n\to\infty} x_n = a$,则由极限的定义对任给的 $\varepsilon>0$,存在 $N>0$,使当 $n>N$ 时有

$$|x_n-a|<\frac{\varepsilon}{2}$$

由于

$$\left|\frac{x_1+x_2+\cdots+x_n}{n}-a\right|=\left|\frac{x_1+x_2+\cdots+x_N-Na}{n}+\frac{(x_{N+1}-a)+(x_{N+2}-a)+\cdots+(x_n-a)}{n}\right|$$

$$\leqslant\frac{\sum_{k=1}^{N}|x_k|+N|a|}{n}+\frac{\sum_{k=N+1}^{n}|x_k-a|}{n}$$

$$<\frac{\sum_{k=1}^{N}|x_k|+N|a|}{n}+\frac{(n-N)\varepsilon}{2n},$$

所以为使 $\left|\dfrac{x_1+x_2+\cdots+x_n}{n}-a\right|<\varepsilon$，只要使

$$\frac{1}{n}\left(\sum_{k=1}^{N}|x_k|+N|a|\right)<\frac{\varepsilon}{2},\quad\frac{(n-N)\varepsilon}{2n}<\frac{\varepsilon}{2},$$

即 $n>\dfrac{2}{\varepsilon}\left(\sum_{k=1}^{N}|x_k|+N|a|\right)$ 且 $n>N$ 即可.取 $\bar{N}=\max\left\{\dfrac{2}{\varepsilon}\left(\sum_{k=1}^{N}|x_k|+N|a|\right),N\right\}$，则当 $n>\bar{N}$ 时，就有

$$\left|\frac{x_1+x_2+\cdots+x_n}{n}-a\right|<\varepsilon$$

由此证得

$$\lim_{n\to\infty}\frac{x_1+x_2+\cdots+x_n}{n}=a.$$

(2) 由条件 $x_n>0\ (n=1,2,\cdots)$ 知 x_n 的极限值 $a\geqslant 0$.

如果 $a>0$，设 $y_n=\ln\sqrt[n]{x_1x_2\cdots x_n}=\dfrac{\ln x_1+\ln x_2+\cdots+\ln x_n}{n}$，则由条件知 $\lim\limits_{n\to\infty}\ln x_n=\ln a$，利用(1)的结论，有 $\lim\limits_{n\to\infty}y_n=\ln a$，所以

$$\lim_{n\to\infty}x_n=\lim_{n\to\infty}e^{\ln x_n}=e^{\lim\limits_{n\to\infty}\ln x_n}=e^{\ln a}=a.$$

如果 $a=0$，即 $\lim\limits_{n\to\infty}x_n=0$，此时利用不等式有

$$0<\sqrt[n]{x_1x_2\cdots x_n}<\frac{x_1+x_2+\cdots+x_n}{n}$$

根据(1)的结论得 $\lim\limits_{n\to\infty}\dfrac{x_1+x_2+\cdots+x_n}{n}=0$，再利用“夹逼准则”有

$$\lim_{n\to\infty}\sqrt[n]{x_1x_2\cdots x_n}=0$$

综上所述证得

$$\lim_{n\to\infty}\sqrt[n]{x_1x_2\cdots x_n}=a.$$

说明： 上例说明当 $\lim\limits_{n\to\infty}x_n=a$ 时，x_n 的算术平均值和几何平均值都趋向于 a. 作为这一结论的应用，下面介绍一个在无穷级数中有用的极限关系式.

例 2-42　若 $a_n>0$，且 $\lim\limits_{n\to\infty}\dfrac{a_{n+1}}{a_n}=a>0$，证明：$\lim\limits_{n\to\infty}\sqrt[n]{a_n}=a$.

解：记 $x_n=\ln\dfrac{a_{n+1}}{a_n}$，则 $\lim\limits_{n\to\infty}x_n=\ln a$. 由例 2-41 的结论(1)知

$$\lim_{n\to\infty}\frac{x_1+x_2+\cdots+x_n}{n}=\ln a,$$

又因 $\dfrac{x_1+x_2+\cdots+x_n}{n}=\dfrac{1}{n}\ln\left(\dfrac{a_2}{a_1}\cdot\dfrac{a_3}{a_2}\cdot\cdots\dfrac{a_{n+1}}{a_n}\right)=\dfrac{1}{n}\ln\dfrac{a_{n+1}}{a_1}$，所以

$$\lim_{n\to\infty}\frac{1}{n}\ln\frac{a_{n+1}}{a_1}=\lim_{n\to\infty}\left(\frac{\ln a_{n+1}}{n}-\frac{\ln a_1}{n}\right)=\ln a,$$

从而有 $\lim\limits_{n\to\infty}\dfrac{1}{n}\ln a_{n+1}=\ln a$，也就是 $\lim\limits_{n\to\infty}\sqrt[n]{a_{n+1}}=a$. 于是得

$$\lim_{n\to\infty}\sqrt[n+1]{a_{n+1}}=\lim_{n\to\infty}\left(a_{n+1}^{\frac{1}{n}}\right)^{\frac{n}{n+1}}=a，即\quad\lim_{n\to\infty}\sqrt[n]{a_n}=a.$$

▶▶▶方法小结

利用数列极限的定义计算极限的方法通常是应用在抽象数列的极限问题中.这一方法运用的前提是极限值已知或者通过子列等方法可以确定如果收敛则它的极限值是什么，所以这一方法通常是处理极限的证明问题.这里的重要基础是对数列极限定义的理解和正确的运用.

2.2.4　无穷小的比较及其阶数和主部的计算①

▶▶▶基本方法

(1) 利用无穷小的阶的定义比较或确定无穷小的阶；

(2) 利用等价无穷小代换求无穷小的阶数和主部；

(3) 利用"无穷小等价的充要条件"求无穷小的阶数和主部.

2.2.4.1　利用无穷小的阶的定义比较或确定无穷小的阶

无穷小的阶的定义　设 $\alpha=\alpha(x)$，$\beta=\beta(x)$ 是 x 的某趋限过程中的无穷小，且 $\alpha(x)\neq 0$.

(1) 如果 $\lim\dfrac{\beta}{\alpha}=C\neq 0$，则称 β 与 α 是同阶无穷小，记作 $\beta=o(\alpha)$；

(2) 如果 $\lim\dfrac{\beta}{\alpha}=1$，则称 β 与 α 是等价无穷小，记作 $\beta\sim\alpha$；

(3) 如果 $\lim\dfrac{\beta}{\alpha}=0$，则称 β 是比 α 高阶的无穷小，或称 α 是比 β 低阶的无穷小，记作 $\beta=o(\alpha)$；

---

① 利用泰勒公式进行无穷小阶数的估计和主部的计算是处理这类问题的重要方法，这一方法我们将在后面的"泰勒公式及其应用"中介绍.

(4) 如果 $\lim \dfrac{\beta}{\alpha^k}=C\neq 0$ ($k>0$ 为常数)，则称 β 是关于 α 的 k 阶无穷小. 特别地，当 $\lim\limits_{x\to x_0}\dfrac{\alpha}{(x-x_0)^k}=C\neq 0$ 时，称 α 为 $x\to x_0$ 时关于基本无穷小 $x-x_0$ 是 k 阶无穷小.

▶▶▶典型例题解析

例 2-43 设 $\alpha(x)=\dfrac{1-x}{1+x}$，$\beta(x)=3-3\sqrt[3]{x}$，则当 $x\to 1$ 时，有(　　)

A. $\alpha(x)$ 与 $\beta(x)$ 是同阶无穷小，但不是等价无穷小；

B. $\alpha(x)$ 与 $\beta(x)$ 是等价无穷小；

C. $\alpha(x)$ 是比 $\beta(x)$ 高阶的无穷小；

D. $\beta(x)$ 是比 $\alpha(x)$ 高阶的无穷小.

分析：两个无穷小进行的比较，可直接用定义的方法.

解：因为
$$\lim_{x\to 1}\frac{\beta(x)}{\alpha(x)}=\lim_{x\to 1}\frac{(3-3\sqrt[3]{x})(1+x)}{1-x}=6\lim_{x\to 1}\frac{\sqrt[3]{x}-1}{x-1}$$
$$=6\lim_{x\to 1}\frac{\sqrt[3]{1+(x-1)}-1}{x-1}=6\lim_{x\to 1}\frac{\frac{1}{3}(x-1)}{(x-1)}=2,$$
所以 $\beta(x)$ 与 $\alpha(x)$ 是同阶但不等价的无穷小，因此选 A.

例 2-44 当 $x\to 0$ 时，下列函数中哪些是 x 的高阶无穷小，哪些是 x 的同阶无穷小或等价无穷小？

(1) $\sqrt{1+x^3}-\sqrt{1-x^3}$；　(2) $2x^3-3x^{\frac{5}{2}}+3x$；　(3) $\dfrac{e^{x^2}-1}{x}$

分析：三个无穷小与同一个无穷小 x 进行比较，可直接采用定义的方法.

解：(1) 因为 $\lim\limits_{x\to 0}\dfrac{\sqrt{1+x^3}-\sqrt{1-x^3}}{x}=\lim\limits_{x\to 0}\dfrac{2x^2}{\sqrt{1+x^3}+\sqrt{1-x^3}}=0$，所以当 $x\to 0$ 时，$\sqrt{1+x^3}-\sqrt{1-x^3}$ 是 x 的高阶无穷小.

(2) 因为 $\lim\limits_{x\to 0}\dfrac{2x^3-3x^{\frac{5}{2}}+3x}{x}=\lim\limits_{x\to 0}\left(2x^2-3x^{\frac{3}{2}}+3\right)=3$，所以当 $x\to 0$ 时，$2x^3-3x^{\frac{5}{2}}+3x$ 是 x 的同阶无穷小.

(3) 因为 $\lim\limits_{x\to 0}\dfrac{\frac{e^{x^2}-1}{x}}{x}=\lim\limits_{x\to 0}\dfrac{e^{x^2}-1}{x^2}=\lim\limits_{x\to 0}\dfrac{x^2}{x^2}=1$，所以当 $x\to 0$ 时，$\dfrac{e^{x^2}-1}{x}$ 是 x 的等价无穷小.

▶▶▶方法小结

当两个无穷小之间进行比较，或者多个无穷小与同一无穷小进行比较时，可直接采用定义的方法，通过计算无穷小间比值的极限来进行.

2.2.4.2 利用等价无穷小代换求无穷小的阶数和主部

▶▶▶方法运用注意点

这一方法利用一些等价无穷小关系，通过恒等变形、等价代换的方法计算它关于基本无穷小 x（$x\to 0$ 的过程）或 $x-x_0$（$x\to x_0$ 的过程）的主部，从而求得它的阶数，并根据阶数的大小确定这些无穷小之间阶的关系.

▶▶▶典型例题解析

例 2-45 当 $x\to 0$ 时，下列四个无穷小中哪一个是比其他三个更高阶的无穷小(　　).

A. $x^2-\sin x$；　　B. $1-\cos x$；　　C. $\sqrt{1-x^2}-1$；　　D. $\tan x-\sin x$

分析：显然运用定义的方法相互之间进行比较是不方便的.此时可考虑将四个无穷小与一共同的无穷小 x 比较，即估计它们关于 x 的阶数，从阶数的大小来确定它们之间哪个是更高阶的无穷小.这里可采用等价无穷小代换的方法估计阶数.

解：(1) 当 $x\to 0$ 时，$x^2-\sin x=\left(\dfrac{x^2}{\sin x}-1\right)\sin x\sim-\sin x\sim-x$，可知无穷小 $x^2-\sin x$ 关于 x 是1阶的.

(2) 当 $x\to 0$ 时，$1-\cos x\sim\dfrac{1}{2}x^2$，可知 $1-\cos x$ 关于 x 是2阶的.

(3) 当 $x\to 0$ 时，$\sqrt{1-x^2}-1\sim\dfrac{1}{2}(-x^2)=-\dfrac{1}{2}x^2$，可知无穷小 $\sqrt{1-x^2}-1$ 关于 x 是2阶的.

(4) 当 $x\to 0$ 时，$\tan x-\sin x=\dfrac{\sin x(1-\cos x)}{\cos x}\sim x\cdot\dfrac{1}{2}x^2=\dfrac{1}{3}x^3$，可知无穷小 $\tan x-\sin x$ 关于 x 是3阶的.所以这四个无穷小中 $\tan x-\sin x$ 最高阶，选 D.

例 2-46 当 $x\to\pi$ 时，$\tan x\cdot\sin x$ 是关于基本无穷小 $x-\pi$ 的(　　).

A. 一阶无穷小；　　B. 二阶无穷小；

C. 三阶无穷小；　　D. 四阶无穷小

分析：问题是要确定 k 使 $\lim\limits_{x\to\pi}\dfrac{\tan x\cdot\sin x}{(x-\pi)^k}=C\neq 0$，这类问题可先考虑用等价无穷小代换的方法.由于是 $x\to\pi$ 的过程，为此应先作 $t=x-\pi$ 的变量代换，把问题转化到 $t\to 0$ 的过程.

解：令 $t=x-\pi$，则有

$$\tan x\cdot\sin x=\tan(\pi+t)\cdot\sin(\pi+t)=-\tan t\sin t$$

又当 $t\to 0$ 时，$-\tan t\sin t\sim-t\cdot t=-t^2$，因此，当 $x\to\pi$ 时，$\tan x\cdot\sin x\sim-(x-\pi)^2$，所以 $\tan x\cdot\sin x$ 关于 $x-\pi$ 是二阶无穷小，选 B.

例 2-47 求常数 A 及 k,使 $x\to 0$ 时,$\ln(\cos x)\sim Ax^k$.

分析: 这是一求无穷小 $\ln(\cos x)$ 关于 x 的主部问题.问题是要求一 $A\neq 0$,k 使 $\lim\limits_{x\to 0}\dfrac{\ln(\cos x)}{Ax^k}=1$,即 $\lim\limits_{x\to 0}\dfrac{\ln(\cos x)}{x^k}=A\neq 0$,所以可先求阶数 k.

解一: 因为 $\lim\limits_{x\to 0}\dfrac{\ln(\cos x)}{x^k}=\lim\limits_{x\to 0}\dfrac{\ln[1+(\cos x-1)]}{x^k}=\lim\limits_{x\to 0}\dfrac{\cos x-1}{x^k}=\lim\limits_{x\to 0}\dfrac{-\frac{1}{2}x^2}{x^k}=-\dfrac{1}{2}\lim\limits_{x\to 0}x^{2-k}$,所以要使上式极限存在且极限值不为零的充要条件是 $k=2$,此时

$$\lim_{x\to 0}\frac{\ln(\cos x)}{x^2}=-\frac{1}{2}.$$

于是,当 $x\to 0$ 时,$\ln(\cos x)\sim -\dfrac{1}{2}x^2$,所以 $A=-\dfrac{1}{2}$,$k=2$.

解二: 利用等价无穷小代换计算.因为当 $x\to 0$ 时,

$$\ln(\cos x)=\ln[1+(\cos x-1)]\sim\cos x-1\sim -\frac{1}{2}x^2,$$

所以
$$A=-\frac{1}{2},\ k=2.$$

例 2-48 求常数 A 及 k,使 $x\to 0$ 时,$\sqrt{1+\tan x}-\sqrt{1+\sin x}\sim Ax^k$

分析: 问题与上例相同,采用等价无穷小代换计算.

解: 因为 $\sqrt{1+\tan x}-\sqrt{1+\sin x}=\dfrac{\tan x-\sin x}{\sqrt{1+\tan x}+\sqrt{1+\sin x}}\sim\dfrac{1}{2}(\tan x-\sin x)$

$$=\frac{\sin x(1-\cos x)}{2\cos x}\sim\frac{1}{2}x\cdot\frac{1}{2}x^2=\frac{1}{4}x^3,$$

所以
$$A=\frac{1}{4},\ k=3.$$

例 2-49 求常数 A、B 和正数 k,使 $x\to 2$ 时,$\dfrac{12x-B}{6x^2-x^3}-1\sim A(x-2)^k$.

分析: 问题是求无穷小 $\dfrac{12x-B}{6x^2-x^3}-1$ 关于 $x-2$ 的主部.可以看到,这一问题首先需选择 B 使 $\lim\limits_{x\to 2}\left(\dfrac{12x-B}{6x^2-x^3}-1\right)=0$,然后再计算它关于 $x-2$ 的主部,求出 A 和 k.

解: 首先选取 B 使 $\lim\limits_{x\to 2}\left(\dfrac{12x-B}{6x^2-x^3}-1\right)=\lim\limits_{x\to 2}\dfrac{x^3-6x^2+12x-B}{6x^2-x^3}=\dfrac{8-B}{16}=0$,得 $B=8$.

此时 $\dfrac{12x-8}{6x^2-x^3}-1=\dfrac{x^3-6x^2+12x-8}{6x^2-x^3}=\dfrac{(x-2)^3}{6x^2-x^3}\sim\dfrac{1}{16}(x-2)^3$（当 $x\to 2$ 时），

所以
$$A=\frac{1}{16},\ k=3.$$

▶▶▶方法小结

(1) 当两个以上无穷小之间进行比较时，通常可采用等价无穷小代换的方法计算这些无穷小关于基本无穷小 x ($x\to 0$ 的过程)或者 $x-x_0$($x\to x_0$ 的过程)的阶数 k，从 k 的数值大小来确定哪个是最高阶的无穷小，哪个是最低阶的无穷小.

(2) 用等价无穷小代换计算主部和阶数的方法，通常适用于无穷小由若干个因子乘积或者通过恒等变形可化为若干个因子乘积的问题.

(3) 对于若干个无穷小线性组合所成的无穷小的主部计算问题，若每项的阶数不完全相同，则可将阶数最低的那一项提出来后利用等价无穷小代换处理(例 2-45A).

2.2.4.3 利用“无穷小等价的充要条件”求无穷小的阶数和主部

无穷小等价的充要条件 设 $\alpha=\alpha(x)$，$\beta=\beta(x)$ 是自变量 x 的某趋限过程中的无穷小，则

$$\alpha\sim\beta\Leftrightarrow\alpha-\beta=o(\beta)\text{ 或 }\alpha-\beta=o(\alpha)\tag{2-15}$$

▶▶▶方法运用注意点

(1) 当 $\alpha\sim\beta$ 时，同时可获得 $\alpha-\beta=o(\beta)$ 及 $\alpha-\beta=o(\alpha)$，反之式(2-15)右边有一式成立就可得 $\alpha\sim\beta$.

(2) 充要条件式(2-15)给出了两个等价无穷小 α，β 之间的一个等式关系，从而使 α 和 β 之间可相互表示，方便运算.

▶▶▶典型例题解析

例 2-50 当 $x\to 0$ 时，下列函数 $f(x)$ 是无穷小量，试求下列函数 $f(x)$ 关于 x 的主部

(1) $\tan x-\sin 3x$； (2) 2^x+3^x-2.

分析： 这是函数相减的无穷小主部计算问题，不能直接用等价无穷小替换其中的项.此时可用等价无穷小间的关系式(2-15)将这些项用它关于 x 的等价无穷小表示，代入处理.

解： (1) 因为当 $x\to 0$ 时，$\tan x\sim x$，$\sin 3x\sim 3x$，所以由式(2-15)得

$$\tan x=x+o(x),\quad \sin 3x=3x+o(3x)=3x+o(x),$$

于是有
$$\tan x-\sin 3x=x+o(x)-3x-o(x)=-2x+o(x)\sim-2x,$$

即 $\tan x-\sin 3x$ 关于 x 的主部为 $-2x$.

(2) 因为 $f(x)=2^x+3^x-2=(2^x-1)+(3^x-1)$，$2^x-1\sim x\ln 2$，$3^x-1\sim x\ln 3$

所以由式(2-15)得

$$2^x-1=x\ln 2+o(x),\ 3^x-1=x\ln 3+o(x),$$

于是有

$$f(x)=2^x+3^x-2=x\ln 2+o(x)+x\ln 3+o(x)=(\ln 2+\ln 3)x+o(x)\sim x\ln 6,$$

即 $f(x)=2^x+3^x-2$ 关于 x 的主部为 $x\ln 6$.

典型错误：对于题(1)因为 $\tan x\sim x$，$\sin 3x\sim 3x$，所以

$$\tan x-\sin 3x\sim x-3x=-2x$$

错误在于将 $\tan x\sim x$，$\sin 3x\sim 3x$ 误认 $\tan x=x$，$\sin 3x=3x$ 而直接代入函数 $\tan x-\sin 3x$ 中计算.这里必须强调当无穷小 $\beta\sim\alpha$ 时,不能写 $\beta=\alpha$，只能得到 $\beta=\alpha+o(\alpha)$ 或 $\alpha=\beta+o(\beta)$.

同样地,对于题(2),下列写法尽管答案正确但也是错误的：

$$f(x)=(2^x-1)+(3^x-1)\sim x\ln 2+x\ln 3=x\ln 6$$

例 2-51 设 $x\to 0$ 时，$f(x)=\sqrt{1+x}+\sqrt{1-x}-2$ 是 x^n 的同阶无穷小量,则 $n=$(　　).

A. 1;　　B. 2;　　C. 3;　　D. 4

分析：本题若用上例的方法,利用 $\sqrt{1+x}-1\sim\frac{1}{2}x$，$\sqrt{1-x}-1\sim-\frac{1}{2}x$，得

$$\begin{aligned}f(x)&=\sqrt{1+x}+\sqrt{1-x}-2=(\sqrt{1+x}-1)+(\sqrt{1-x}-1)\\&=\frac{1}{2}x+o(x)+\left(-\frac{1}{2}x+o(x)\right)=o(x)\end{aligned}$$

因为从 $o(x)$ 无法确定它与 x 的多少次幂同阶,所以本题用这一方法无法求解.

解：因为

$$\begin{aligned}f(x)&=(\sqrt{1+x}-1)+(\sqrt{1-x}-1)=\frac{x}{1+\sqrt{1+x}}+\frac{(-x)}{1+\sqrt{1-x}}\\&=x\left[\frac{1}{1+\sqrt{1+x}}-\frac{1}{1+\sqrt{1-x}}\right]=x\,\frac{\sqrt{1-x}-\sqrt{1+x}}{(1+\sqrt{1+x})(1+\sqrt{1-x})}\\&=\frac{-2x^2}{(1+\sqrt{1+x})(1+\sqrt{1-x})(\sqrt{1-x}+\sqrt{1+x})}\sim-\frac{1}{4}x^2\end{aligned}$$

所以 $n=2$，选 B.

▶▶▶方法小结

(1) 如果无穷小 $f(x)$ 是由若干无穷小的线性组合而成,即

$$f(x)=k_1\alpha_1(x)+k_2\alpha_2(x)+\cdots+k_n\alpha_n(x),$$

其中 $\lim\limits_{x\to x_0}\alpha_i(x)=0$，$i=1,2,\cdots,n$. 若 $\alpha_i(x)\sim\lambda_i(x-x_0)^{n_i}$，其中 n_i 为自然数,则有

$$\begin{aligned}f(x)&=\sum_{i=1}^{n}k_i\alpha_i(x)=\sum_{i=1}^{n}[k_i\lambda_i(x-x_0)^{n_i}+o((x-x_0)^{n_i})]\\&=\sum_{i=1}^{n}k_i\lambda_i(x-x_0)^{n_i}+o((x-x_0)^m)\left(\text{其中 }m=\min_{1\leqslant i\leqslant n}\{n_i\}\right)\end{aligned}$$

① 如果 $\sum_{i=1}^{n} k_i \lambda_i (x-x_0)^{n_i} \neq 0$，则

$$f(x) \sim k_m \lambda_m (x-x_0)^m \text{（当 } x \to x_0 \text{ 时）}$$

② 如果 $\sum_{i=1}^{n} k_i \lambda_i (x-x_0)^{n_i} = 0$，则用此方法无法确定其主部(见例2-51)，需用其他方法计算，后面我们将看到利用泰勒公式可以很好地解决这一问题.

(2) 等价无穷小代换的方法可总结如下：

① 无穷小中的无穷小因子可直接用等价无穷小替换；

② 无穷小中的无穷小项可用等价无穷小加高阶无穷小(式(2-15))替换.

2.2.5 函数连续性的判别

▶▶▶基本方法

(1) 利用函数连续的定义讨论；

(2) 利用初等函数的连续性性质讨论；

(3) 利用函数连续与左、右连续间的等价关系讨论.

2.2.5.1 利用函数连续的定义讨论函数连续性

函数 $f(x)$ 在点 x_0 处连续的定义 $\lim_{x \to x_0} f(x) = f(x_0)$ (2-16)

▶▶▶典型例题解析

例2-52 求 a 使 $f(x)=\begin{cases} \dfrac{\sin 2x + e^{2ax} - 1}{x}, & x \neq 0 \\ a, & x = 0 \end{cases}$ 在 $x=0$ 处连续.

分析： 根据 $f(x)$ 在 $x=0$ 处连续的定义式(2-16)，a 需满足 $\lim_{x\to 0} f(x) = f(0) = a$.

解： 为使 $f(x)$ 在 $x=0$ 处连续，从式(2-16)知 a 应满足

$$a = f(x) = \lim_{x\to 0} \frac{\sin 2x + e^{2ax} - 1}{x} = \lim_{x\to 0} \frac{\sin 2x}{x} + \lim_{x\to 0} \frac{e^{2ax} - 1}{x} = 2 + 2a$$

即 $a=-2$，所以当 $a=-2$ 时，$f(x)$ 在 $x=0$ 处连续.

例2-53 设函数 $f(x)$ 在点 x_0 处连续，试证明函数 $|f(x)|$ 也在 x_0 处连续，并举例说明当 $|f(x)|$ 在点 x_0 处连续时，$f(x)$ 在点 x_0 处未必连续.

分析： 问题是从 $\lim_{x\to x_0} f(x) = f(x_0)$ 去证明 $\lim_{x\to x_0} |f(x)| = |f(x_0)|$，可从连续的定义入手.

解： 由 $f(x)$ 在点 x_0 处连续，则有 $\lim_{x\to x_0} f(x) = f(x_0)$，即 $\lim_{x\to x_0} [f(x) - f(x_0)] = 0$，

又
$$0 \leqslant \big| |f(x)| - |f(x_0)| \big| \leqslant |f(x) - f(x_0)|$$

两边取极限 $x \to x_0$，利用“夹逼准则”得

$$\lim_{x\to x_0}||f(x)|-|f(x_0)||=0, \quad 即 \quad \lim_{x\to x_0}|f(x)|=|f(x_0)|$$

所以 $|f(x)|$ 在点 x_0 处连续.反之,当 $|f(x)|$ 在点 x_0 连续时,$f(x)$ 在点 x_0 处未必连续.

反例有 $f(x)=\begin{cases}-1, & x\leqslant 0\\ 1, & x>0\end{cases}$,可见 $f(x)$ 在 $x=0$ 处不连续,然而 $|f(x)|=1$ 在 $x=0$ 处连续.

例 2-54 设函数 $f(x)$ 与 $g(x)$ 在点 x_0 处连续,试证明函数

$$\varphi(x)=\max\{f(x), g(x)\}, \Psi(x)=\min\{f(x), g(x)\}$$

在点 x_0 处也连续.

分析: 这里的难点在于 max, min 使 $\varphi(x)$, $\Psi(x)$ 与 $f(x)$, $g(x)$ 之间的关系不明确,从而使 $f(x)$, $g(x)$ 在点 x_0 处连续的条件无法运用.所以本题应先考虑去掉 max, min,建立 $\varphi(x)$, $\Psi(x)$ 与 $f(x)$, $g(x)$ 之间的明确关系式,再利用连续的定义式(2-16)证明.

解: 因为 $\varphi(x)=\dfrac{f(x)+g(x)}{2}+\dfrac{|f(x)-g(x)|}{2}$, $\Psi(x)=\dfrac{f(x)+g(x)}{2}-\dfrac{|f(x)-g(x)|}{2}$,

则由 $f(x)$, $g(x)$ 在点 x_0 处连续及极限的四则运算法则有

$$\begin{aligned}\lim_{x\to x_0}\varphi(x)&=\lim_{x\to x_0}\left[\frac{f(x)+g(x)}{2}+\frac{|f(x)-g(x)|}{2}\right]\\&=\lim_{x\to x_0}\frac{f(x)+g(x)}{2}+\lim_{x\to x_0}\frac{|f(x)-g(x)|}{2},\\&=\frac{1}{2}(f(x_0)+g(x_0))+\frac{|f(x_0)-g(x_0)|}{2}\\&=\max\{f(x_0), g(x_0)\}=\varphi(x_0)\end{aligned}$$

$$\begin{aligned}\lim_{x\to x_0}\Psi(x)&=\lim_{x\to x_0}\left[\frac{f(x)+g(x)}{2}-\frac{|f(x)-g(x)|}{2}\right]\\&=\lim_{x\to x_0}\frac{f(x)+g(x)}{2}-\lim_{x\to x_0}\frac{|f(x)-g(x)|}{2}\\&=\frac{1}{2}(f(x_0)+g(x_0))-\frac{|f(x_0)-g(x_0)|}{2}\\&=\min\{f(x_0), g(x_0)\}=\Psi(x_0)\end{aligned}$$

所以 $\varphi(x)$, $\Psi(x)$ 在点 x_0 处连续.

例 2-55 设 $f(x)$ 满足 $f(x+y)=f(x)f(y)$,且 $f(x)$ 在 $x=0$ 处连续,试证明 $f(x)$ 处处连续.

分析: 本题是讨论由函数方程确定的函数的连续性问题,其难点在于 $f(x)$ 的表达式未知,处理这类问题的基本方法是从定义去证明.

解: 令 $x=y=0$,则从函数方程得 $f(0)=f^2(0)$,可知 $f(0)=0$ 或 $f(0)=1$.

若 $f(0)=0$,则对任意的 x,有 $f(x)=f(x+0)=f(x)f(0)=0$,即 $f(x)\equiv 0$,从而可知 $f(x)$

处处连续.

若 $f(0)=1$，则对任意的 x，由条件 $\lim\limits_{x\to 0}f(x)=f(0)=1$，可得

$$\lim_{y\to 0}f(x+y)=\lim_{y\to 0}f(x)f(y)=f(x)\lim_{y\to 0}f(y)=f(x)f(0)=f(x)$$

从而可知 $f(x)$ 也处处连续.

综上所述 $f(x)$ 处处连续.

▶▶▶方法小结

运用函数连续的定义式(2-16)讨论函数连续性的方法通常用在分段函数、抽象函数的连续性问题中，且以证明题为主.

2.2.5.2 利用初等函数的连续性性质讨论函数连续性

▶▶▶重要结论

一切初等函数在其定义区间内连续.

▶▶▶方法运用注意点

初等函数仅在其定义区域内连续，而不是定义域上连续.例如，初等函数 $f(x)=\sqrt{x(1-\cos x)}$ 在其定义域中的一些孤立点 $x=-2\pi,\ -4\pi,\ \cdots$ 处是不连续的.

▶▶▶典型例题解析

例 2-56 研究函数 $f(x)=\begin{cases}\dfrac{1-e^{\frac{1}{x}}}{1+e^{\frac{1}{x}}}, & x\neq 0\\ 1, & x=0\end{cases}$ 的连续性.

分析： 函数 $f(x)$ 的定义域为$(-\infty,+\infty)$，当 $x\neq 0$ 时，$f(x)=\dfrac{1-e^{\frac{1}{x}}}{1+e^{\frac{1}{x}}}$ 是初等函数，故可用初等函数的连续性讨论，在 $x=0$ 处需用定义讨论.

解： 因为当 $x\neq 0$ 时，$f(x)=\dfrac{1-e^{\frac{1}{x}}}{1+e^{\frac{1}{x}}}$ 是初等函数，且 $x\neq 0$ 都是它的定义区域内的点，所以 $f(x)$ 在 $x\neq 0$ 的点处连续.

在 $x=0$ 处，$f(0+0)=\lim\limits_{x\to 0^+}\dfrac{1-e^{\frac{1}{x}}}{1+e^{\frac{1}{x}}}=\lim\limits_{x\to 0^+}\dfrac{e^{-\frac{1}{x}}-1}{e^{-\frac{1}{x}}+1}=-1$，$f(0-0)=\lim\limits_{x\to 0^-}\dfrac{1-e^{\frac{1}{x}}}{1+e^{\frac{1}{x}}}=1.$

由于 $f(0+0)\neq f(0-0)$，可知 $\lim\limits_{x\to 0}f(x)$ 不存在，故 $f(x)$ 在 $x=0$ 处不连续，因此 $f(x)$ 在

$(-\infty, 0) \cup (0, +\infty)$ 上连续.

▶▶▶方法小结

对于初等函数的连续性问题可利用初等函数连续性的结论进行讨论.

2.2.5.3 利用连续与左右连续间的等价关系讨论函数连续性

连续与左右连续的等价关系 函数 $f(x)$ 在 x_0 处连续⇔ $f(x)$ 在 x_0 处左连续和右连续,即

$$\lim_{x \to x_0} f(x) = f(x_0) \Leftrightarrow f(x_0+0) = f(x_0-0) = f(x_0) \tag{2-17}$$

▶▶▶典型例题解析

例 2-57 讨论函数 $f(x)=\begin{cases} \dfrac{\tan 2x}{x}, & x>0 \\ 2, & x=0 \\ 2(1-x^2), & x<0 \end{cases}$,在 $x=0$ 处的连续性.

分析: $x=0$ 是分段函数 $f(x)$ 的分段点,由于在 $x=0$ 的两旁 $f(x)$ 的表达式不同,故无法计算 $\lim\limits_{x \to 0} f(x)$,此时可利用连续的等价关系式(2-17)左右连续性讨论.

解: 因为 $f(0+0)=\lim\limits_{x \to 0^+} f(x)=\lim\limits_{x \to 0^+} \dfrac{\tan 2x}{x}=2$, $f(0-0)=\lim\limits_{x \to 0^-} f(x)=\lim\limits_{x \to 0^-} 2(1-x^2)=2$,且 $f(0)=2$,所以有 $f(0+0)=f(0-0)=f(0)=2$,根据连续的等价关系式(2-17)知 $f(x)$ 在 $x=0$ 处连续.

例 2-58 适当选取常数 a 使函数 $f(x)=\begin{cases} x\sin \dfrac{1}{x}, & x>0 \\ a+x^2, & x \leqslant 0 \end{cases}$ 在 $(-\infty, +\infty)$ 上连续.

分析: 由于当 $x>0$ 时, $f(x)=x\sin \dfrac{1}{x}$;当 $x<0$ 时, $f(x)=a+x^2$,它们都为初等函数,故在这些区间上可用初等函数连续性进行讨论,在分段点 $x=0$ 处,由于 $f(x)$ 在其两旁的表达式不同,此时需用等价关系式(2-17)讨论.

解: 由当 $x>0$ 时, $f(x)=x\sin \dfrac{1}{x}$ 为初等函数可知, $f(x)$ 在 $x>0$ 的区间上连续;又当 $x<0$ 时, $f(x)=a+x^2$ 也为初等函数,故 $f(x)$在 $x<0$ 的区间上也连续.在 $x=0$ 处,由于

$$f(0+0)=\lim_{x \to 0^+} f(x)=\lim_{x \to 0^+} x\sin \frac{1}{x}=0, \ f(0-0)=\lim_{x \to 0^-} f(x)=\lim_{x \to 0^-}(a+x^2)=a,$$

且 $f(0)=a$,为使 $f(x)$ 在 $x=0$ 处连续,其充要条件为 $f(0+0)=f(0-0)=f(0)$,即 $a=0$,所以当 $a=0$ 时, $f(x)$ 在 $(-\infty, +\infty)$ 上处处连续.

例 2-59 求常数 a, b 使函数 $f(x)=\lim\limits_{n\to\infty}\dfrac{ax+bx^2+x^{2n-1}}{x^{2n}+1}$ 在 $(-\infty, +\infty)$ 上连续.

分析: 问题中的 $f(x)$ 是由极限形式表示的函数,故应先考虑对不同的 x 求出极限值,求出 $f(x)$ 的表达式之后再考虑连续性.

解: 由于式中有项 x^{2n-1}, x^{2n},故应就 $|x|<1$, $|x|>1$ 和 $|x|=1$ 分别讨论极限.

当 $|x|>1$ 时, $f(x)=\lim\limits_{n\to\infty}\dfrac{a\left(\dfrac{1}{x}\right)^{2n-2}+b\left(\dfrac{1}{x}\right)^{2n-3}+1}{x+\left(\dfrac{1}{x}\right)^{2n-1}}=\dfrac{1}{x}$;

当 $|x|<1$ 时, $f(x)=\lim\limits_{n\to\infty}\dfrac{ax+bx^2+x^{2n-1}}{x^{2n}+1}=ax+bx^2$;

当 $x=1$ 时, $f(1)=\lim\limits_{n\to\infty}\dfrac{a+b+1}{1+1}=\dfrac{a+b+1}{2}$;

当 $x=-1$ 时, $f(-1)=\lim\limits_{n\to\infty}\dfrac{-a+b-1}{2}=\dfrac{-a+b-1}{2}$.

所以

$$f(x)=\begin{cases}\dfrac{1}{x}, & x<-1\\ \dfrac{-a+b-1}{2}, & x=-1\\ ax+bx^2, & -1<x<1\\ \dfrac{a+b+1}{2}, & x=1\\ \dfrac{1}{x}, & x>1\end{cases}$$

可见在区间 $(-\infty, -1)$, $(-1, 1)$, $(1, +\infty)$ 上 $f(x)$ 都是初等函数,且这些区间都为其定义区间,所以连续.在分段点 $x=-1$, $x=1$ 处,由于

$$f(-1+0)=-a+b,\ f(-1-0)=-1,\ f(1+0)=1,\ f(1-0)=a+b,$$

故为使 $f(x)$ 在 $x=\pm1$ 处连续,从式(2-17)知充要条件为

$$f(-1+0)=f(-1-0)=f(-1),\ f(1+0)=f(1-0)=f(1),$$

即 $\begin{cases}-a+b=-1\\ a+b=1\end{cases}$,解得 $a=1$, $b=0$,所以当 $a=1$, $b=0$ 时, $f(x)$ 在 $(-\infty, +\infty)$ 上连续.

▶▶▶方法小结

连续的等价条件式(2-17)通常被用在处理分段函数在分段点处或者在该点的两旁具有不同表达式的函数的连续性问题中.具体方法是,如果在分段点以外的区间内 $f(x)$ 为初等函数,则可按照初等函数的连续性讨论,在分段点处,可利用连续的等价条件式(2-17)讨论.

2.2.6 函数间断点类型的判别

▶▶▶基本方法

根据函数间断点分类的定义判别间断点的类型.

▶▶▶重要结论

1) **函数的间断点** 函数 $f(x)$ 的不连续点称为函数 $f(x)$ 的**间断点**.

2) **函数间断点的分类** 设点 x_0 是函数 $f(x)$ 的间断点.

(1) 第一类间断点：$f(x_0+0)$，$f(x_0-0)$ 存在.

第一类间断点又分为两类：

① 若 $f(x_0+0)=f(x_0-0)$，x_0 称为 $f(x)$ 的**可去间断点**；

② 若 $f(x_0+0)\neq f(x_0-0)$，x_0 称为 $f(x)$ 的**跳跃间断点**；

(2) 第二类间断点：$f(x_0+0)$，$f(x_0-0)$ 中至少有一个不存在.

▶▶▶方法运用注意点

(1) 函数 $f(x)$ 的间断点通常是以下几种：

① 使得函数 $f(x)$ 没有定义的点(间断点)；

② 函数虽然有定义,但连续性条件 $\lim\limits_{x\to x_0} f(x)=f(x_0)$ 不成立的点(间断点)；

③ 分段函数的分段点(可能的间断点).

(2) 在第二类间断点中,如果 $f(x_0+0)$，$f(x_0-0)$ 中至少有一为 ∞，则 x_0 也称为**无穷间断点**.如果在 x_0 的两旁 $f(x)$ 出现振荡使 $f(x_0+0)$ 或 $f(x_0-0)$ 不存在,则 x_0 也称为**振荡间断点**.

▶▶▶典型例题解析

例 2-60 讨论函数 $f(x)=\dfrac{x^2-x}{|x|(x^2-1)}$ 的连续性,如有间断点,指出其类型,若是可去间断点,则补充定义,使其在该点连续.

分析： $f(x)$ 是初等函数,故不在 $f(x)$ 定义区域中的点即为 $f(x)$ 的间断点.

解： 因为 $f(x)=\dfrac{x^2-x}{|x|(x^2-1)}$ 在 $x=0$，$x=\pm1$ 处没有定义,所以 $x=0$，$x=\pm1$ 是 $f(x)$ 的间断点,并且在区域 $(-\infty,-1)$，$(-1,0)$，$(0,1)$，$(1,+\infty)$ 上 $f(x)$连续.

对于间断点 $x=-1$，因为

$$\lim_{x\to-1} f(x)=\lim_{x\to-1}\frac{x^2-x}{|x|(x-1)(x+1)}=\lim_{x\to-1}\frac{x}{|x|(x+1)}=\infty$$

所以 $x=-1$ 是 $f(x)$ 的第二类间断点,且为无穷间断点.

对于间断点 $x=0$，由于在 $x=0$ 两旁 $f(x)$ 的表达式不同，故考虑计算 $f(0+0)$，$f(0-0)$.

$$f(0+0)=\lim_{x\to 0^+}f(x)=\lim_{x\to 0^+}\frac{x(x-1)}{x(x-1)(x+1)}=\lim_{x\to 0^+}\frac{1}{x+1}=1,$$

$$f(0-0)=\lim_{x\to 0^-}f(x)=\lim_{x\to 0^-}\frac{x(x-1)}{(-x)(x-1)(x+1)}=\lim_{x\to 0^-}\left(-\frac{1}{x+1}\right)=-1$$

从 $f(0+0)\neq f(0-0)$ 知，$x=0$ 是 $f(x)$ 的跳跃间断点.

对于间断点 $x=1$，因为

$$\lim_{x\to 1}f(x)=\lim_{x\to 1}\frac{x(x-1)}{|x|(x-1)(x+1)}=\lim_{x\to -1}\frac{x}{|x|(x+1)}=\frac{1}{2}$$

所以 $x=1$ 是 $f(x)$ 的可去间断点，此时补充定义 $F(1)=\frac{1}{2}$，即

$$F(x)=\begin{cases}f(x), & x\neq 1\\ \frac{1}{2}, & x=1\end{cases}$$

则 $F(x)$ 在 $x=1$ 处连续.

例 2-61 指出下列函数的所有间断点，并判断它们的类型：

(1) $f(x)=\dfrac{1-\cos x}{x\sin x}$；　　(2) $f(x)=\dfrac{1}{\mathrm{e}^{-\frac{x}{(x-1)^2}}-1}$

分析：$f(x)$ 都是初等函数，故只需找出不在定义区间中的点，再利用定义判别这些间断点的类型.

解：(1) 因为初等函数 $f(x)=\dfrac{1-\cos x}{x\sin x}$ 在点 $x=0$，$x=k\pi$ $(k=\pm 1,\pm 2,\cdots)$ 处没有定义，所以这些点皆为 $f(x)$ 的间断点，除此之外没有其他间断点.

对于间断点 $x=0$，由于

$$\lim_{x\to 0}f(x)=\lim_{x\to 0}\frac{1-\cos x}{x\sin x}=\lim_{x\to 0}\frac{\frac{1}{2}x^2}{x^2}=\frac{1}{2},$$

故 $x=0$ 是 $f(x)$ 的可去间断点.

又因 $\lim\limits_{x\to 2k\pi}(1-\cos x)=0$，$\lim\limits_{x\to (2k-1)\pi}(1-\cos x)=2\neq 0$，故对间断点 $x=k\pi$ 应分情况考虑.

对于间断点 $x=2k\pi$ $(k=\pm 1,\pm 2,\cdots)$，由于

$$\lim_{x\to 2k\pi}f(x)=\lim_{x\to 2k\pi}\frac{1-\cos x}{x\sin x}\xlongequal{t=x-2k\pi}\lim_{t\to 0}\frac{1-\cos t}{(t+2k\pi)\sin t}=0,$$

故 $x=2k\pi$ $(k=\pm 1,\pm 2,\cdots)$ 也是 $f(x)$ 的可去间断点.

对于间断点 $x=(2k-1)\pi(k=0,\pm1,\pm2,\cdots)$，由于

$$\lim_{x\to(2k-1)\pi} f(x)=\lim_{x\to(2k-1)\pi}\frac{1-\cos x}{x\sin x}=\infty,$$

故 $x=(2k-1)\pi\ (k=0,\pm1,\pm2,\cdots)$ 是 $f(x)$ 的无穷间断点.

(2) 因为 $f(x)$ 为初等函数,并在 $x=0$，$x=1$ 处没有定义,所以 $f(x)$ 有间断点 $x=0$ 和 $x=1$，除此之外没有其他的间断点.

对于间断点 $x=0$，因为 $\lim\limits_{x\to0} f(x)=\lim\limits_{x\to0}\dfrac{1}{e^{-\frac{x}{(x-1)^2}}-1}=\infty,$

所以 $x=0$ 是 $f(x)$ 的无穷间断点.

对于间断点 $x=1$，因为 $\lim\limits_{x\to1} f(x)=\lim\limits_{x\to1}\dfrac{1}{e^{-\frac{x}{(x-1)^2}}-1}=-1,$

所以 $x=1$ 是 $f(x)$ 的可去间断点.

例 2-62 设 $f(x)=\begin{cases}e^{\frac{1}{x-1}}, & x>0\\ \ln(1+x), & -1<x\leqslant0\end{cases}$，求 $f(x)$ 的间断点,并判别间断点的类型.

分析: $f(x)$ 是一分段函数,且在分段点以外的定义区间上是初等函数,故 $f(x)$ 的间断点应从使得 $f(x)$ 没定义的点以及分段点 $x=0$ 中去找.

解: 在 $x>0$ 区间上，$f(x)=e^{\frac{1}{x-1}}$ 是初等函数,且在 $x=1$ 处无定义,故在 $x>0$ 区间上 $f(x)$ 有一间断点 $x=1$，又因 $f(1+0)=\lim\limits_{x\to1^+} f(x)=\lim\limits_{x\to1^+} e^{\frac{1}{x-1}}=+\infty$，故知 $x=1$ 是无穷间断点.

在 $-1<x<0$ 区间上，$f(x)=\ln(1+x)$ 连续,故 $f(x)$ 在 $-1<x<0$ 上无间断点.
在分段点 $x=0$ 处,由于

$$f(0+0)=\lim_{x\to0^+} e^{\frac{1}{x-1}}=\frac{1}{e},\ f(0-0)=\lim_{x\to0^-}\ln(1+x)=0,$$

可知 $f(0+0)$，$f(0-0)$ 存在,且 $f(0+0)\neq f(0-0)$，因此 $x=0$ 是 $f(x)$ 的跳跃间断点.

▶▶▶方法小结

确定函数间断点及其类型的方法：

(1) 首先寻找函数 $f(x)$ 的可能的间断点,通常寻找使得 $f(x)$ 没有定义的点,分段函数的分段点等.

(2) 判别这些点是否为间断点,若是,再判别其间断类型.

① 若 $f(x)$ 在间断点 x_0 的两旁表达式相同,且 $x\to x_0^+$ 及 $x\to x_0^-$ 不影响其极限值,则可直接计算 $\lim\limits_{x\to x_0} f(x)$ 讨论.

② 若 $f(x)$ 在间断点 x_0 的两旁表达式不同,或 $x\to x_0^+$ 及 $x\to x_0^-$ 影响其极限值,则可计算 $f(0+0)$，$f(0-0)$ 讨论.

2.2.7　闭区间上连续函数的性质及其应用

闭区间上连续函数性质主要归纳为以下三个定理：

最值定理　如果函数 $f(x)$ 在闭区间 $[a, b]$ 上连续，则 $f(x)$ 必能取得其在 $[a, b]$ 上的最大值和最小值.

介值定理　如果函数 $f(x)$ 在闭区间 $[a, b]$ 上连续，且 $f(x)$ 在 $[a, b]$ 上的最大值为 M，最小值为 m，则对任何实数 $\mu \in (m, M)$，至少存在一点 $\xi \in [a, b]$，使得 $f(\xi)=\mu$.

零值定理　如果函数 $f(x)$ 在闭区间 $[a, b]$ 上连续，$f(a)$ 与 $f(b)$ 异号，则至少存在一点 $\xi \in (a, b)$，使得 $f(\xi)=0$.

典型问题：(1) 方程根的存在性证明；(2) 等式的证明.

2.2.7.1　闭区间上连续函数性质在方程根的存在性问题中的应用

▶▶▶基本方法

对于方程 $f(x)=0$ 中的函数 $f(x)$ 验证零值定理条件，运用零值定理判定根的存在性.

▶▶▶典型例题解析

例 2-63　设 $a, b>0$，试证方程 $x=a\sin x+b$ 至少有一个不超过 $a+b$ 的正根.

分析：原方程 $\Leftrightarrow x-a\sin x-b=0$，可考虑对函数 $f(x)=x-a\sin x-b$ 在闭区间 $[0, a+b]$ 上利用零值定理证明.

解：设 $f(x)=x-a\sin x-b$，则 $f(x)$ 在闭区间 $[0, a+b]$ 上连续，且

$$f(0)=-b<0,\ f(a+b)=a-a\sin(a+b)=a[1-\sin(a+b)]\geqslant 0,$$

若　$f(a+b)=0$，则 $x=a+b$ 即为原方程的正根，结论成立.

若　$f(a+b)>0$，则根据零值定理，存在一 $\xi \in (0, a+b)$ 使

$$f(\xi)=0,\quad 即\quad \xi=a\sin\xi+b.$$

综上所述，结论成立.

例 2-64　若 $k>0$，$0<a<1$，证明直线 $y=kx$ 与曲线 $y=a^x$ 至少有一交点.

分析：如果点 (x_0, y_0) 是直线与曲线的交点，则 $kx_0=a^{x_0}$，即 $kx_0-a^{x_0}=0$，所以问题转化为证明方程 $kx-a^x=0$ 至少有一根，利用零值定理证明.

解：设 $f(x)=kx-a^x$，则 $f(x)$ 在 $(-\infty, +\infty)$ 上连续，为运用零值定理，下面考虑寻找两点 x_1，x_2，使 $f(x_1)f(x_2)<0$. 由 $k>0$，$0<a<1$，则有

$$\lim_{x\to+\infty} f(x)=\lim_{x\to+\infty}(kx-a^x)=+\infty,\ \lim_{x\to-\infty} f(x)=\lim_{x\to-\infty}(kx-a^x)=-\infty,$$

根据极限的定义，对正数 $M>0$，存在 $G_1>0$，$G_2>0$，使当 $x>G_1$ 时，有

$$f(x) > M > 0,$$

当 $x < -G_2$ 时，有 $$f(x) < -M < 0.$$

于是取 $x_1 < -G_2$，$x_2 > G_1$，此时即有 $f(x_1) < 0$，$f(x_2) > 0$. 在区间 $[x_1, x_2]$ 上利用零值定理，存在 $x_0 \in (x_1, x_2)$，使 $f(x_0) = 0$，即直线 $y = kx$ 与曲线 $y = a^x$ 至少有一交点.

例 2-65 证明实系数奇数次方程 $x^n + a_{n-1}x^{n-1} + \cdots + a_1 x + a_0 = 0$（$n$ 为奇数）至少有一实根.

分析： 考虑寻找两点 x_1，x_2 使 $f(x_1)f(x_2) < 0$，利用零值定理证明.

解： 设 $f(x) = x^n + a_{n-1}x^{n-1} + \cdots + a_1 x + a_0$，则 $f(x)$ 在 $(-\infty, +\infty)$ 上连续. 由于

$$\lim_{x \to -\infty} f(x) = \lim_{x \to -\infty} x^n \left(1 + \frac{a_{n-1}}{x} + \cdots + \frac{a_0}{x^n}\right) = -\infty,$$

$$\lim_{x \to +\infty} f(x) = \lim_{x \to +\infty} x^n \left(1 + \frac{a_{n-1}}{x} + \cdots + \frac{a_0}{x^n}\right) = +\infty,$$

根据极限的定义，对于正数 $M > 0$，存在 $x_1 < 0$ 及 $x_2 > 0$ 使

$$f(x_1) < -M < 0,\ f(x_2) > M > 0,$$

在闭区间 $[x_1, x_2]$ 上利用零值定理，存在 $\xi \in (x_1, x_2)$ 使 $f(\xi) = 0$，即方程至少有一个实根.

▶▶▶方法小结

利用零值定理证明方程根的方法，可归纳为以下步骤：

(1) 通过把方程变形，将问题转化为某一连续函数的零值问题，从而确定运用零值定理的函数 $f(x)$.

(2) 确定使得 $f(a)$ 与 $f(b)$ 异号的区间 $[a, b]$.

① 如果所证问题明确给出了根的所在区间 $[a, b]$，则 $[a, b]$ 区间应作为运用零值定理的首选区间. 此时，如果 $f(a)f(b) < 0$ 的条件不满足，则应在 (a, b) 内另外寻找取异号函数值的点.

② 如果所证问题给出的根的所在区间为 $(-\infty, +\infty)$，（例 2-64，例 2-65）或为其他无穷区间，此时可通过考虑 $x \to +\infty$ 或 $x \to -\infty$ 时 $f(x)$ 极限值的正负号，利用极限的局部保号性来确定使 $f(x)$ 取异号值得点.

③ 如果方程是带任意常数的方程或者是抽象函数形成的方程，并且在各点处的函数值符号无法确定，此时也可通过考虑 $x \to +\infty$，$x \to -\infty$ 时 $f(x)$ 的极限来确定 $f(x)$ 取异号值的点.

(3) 验证条件，利用零值定理证明结论.

2.2.7.2 闭区间上连续函数性质在等式证明问题中的应用

▶▶▶基本方法

(1) 通过将所证等式进行等价变形，把问题转化为某一函数零点（或方程根）的存在性问题，利用零值定理证明.

(2) 通过等式变形,把所证问题转化为某一连续函数 $f(x)$ 在某一点的取值问题,利用介值定理证明.

▶▶▶方法运用注意点

把所证等式转化为方程根的存在性问题还是转化为某一连续函数在某一点处的取值问题是需要特别思考的.因为转化为前者需利用零值定理,转化为后者需利用介值定理,而两定理的条件是不同的,特别是零值定理有 $f(a)$ 与 $f(b)$ 异号的要求,所以应根据所证等式和所给条件进行具体分析.

▶▶▶典型例题解析

例 2-66 设 $f(x)$ 在 $[a, b]$ 上连续,且 $a<x_1<x_2<\cdots<x_n<b$,证明在 $[x_1, x_n]$ 上必有一点 ξ 使

$$f(\xi)=\frac{f(x_1)+f(x_1)+\cdots+f(x_n)}{n}.$$

分析: 若将原问题等价变形为零点问题 $\left(f(x)-\frac{f(x_1)+f(x_1)+\cdots+f(x_n)}{n}\right)_{x=\xi}=0$,则显然无法确定使函数 $F(x)=f(x)-\frac{f(x_1)+f(x_1)+\cdots+f(x_n)}{n}$ 取异号值的点,故不能将问题转化为零点问题处理.然而可以看到,所证等式的右边式子 $\frac{f(x_1)+f(x_1)+\cdots+f(x_n)}{n}$ 是 $f(x)$ 在 n 个点 $x_1, \cdots, x_n$ 处函数值的算术平均值,它一定是介于 $f(x)$ 在 $[x_1, x_n]$ 上的最大值 M 与最小值 m 之间的数,故可以考虑运用介值定理证明.

解: 因为 $f(x)$ 在 $[a, b]$ 上连续,所以 $f(x)$ 也在区间 $[x_1, x_n]$ 上连续,根据最值定理,$f(x)$ 必能取得其在 $[x_1, x_n]$ 上的最大值 M 与最小值 m.于是有

$$m=\frac{nm}{n}\leqslant\frac{f(x_1)+f(x_1)+\cdots+f(x_n)}{n}\leqslant\frac{nM}{n}=M.$$

根据介值定理,存在 $\xi\in[x_1, x_n]$ 使得

$$f(\xi)=\frac{f(x_1)+f(x_1)+\cdots+f(x_n)}{n}.$$

例 2-67 设函数 $f(x)$ 在 $[0, 1]$ 上连续,且 $f(1)>1$,证明存在 $\xi\in(0, 1)$,使

$$f(\xi)=\frac{1}{\xi^2}.$$

分析: 原问题$\Leftrightarrow(x^2f(x)-1)_{x=\xi}=0$,可考虑对函数 $F(x)=x^2f(x)-1$ 在 $[0, 1]$ 上运用零值定理证明.

解一: 设 $F(x)=x^2f(x)-1$,则 $F(x)$ 在 $[0, 1]$ 上连续,且 $F(1)=f(1)-1>0$,$F(0)=-1<0$,

根据零值定理，存在 $\xi \in (0,\ 1)$，使

$$\xi^2 f(\xi) - 1 = 0,\ 即\quad f(\xi) = \frac{1}{\xi^2}.$$

解二：原问题 $\Leftrightarrow [x^2 f(x)]_{x=\xi} = 1$. 设 $g(x) = x^2 f(x)$，则 $g(x)$ 在 $[0,\ 1]$ 上连续.由 $g(1) = f(1) > 1$，$g(0) = 0 < 1$，根据介值定理，存在 $\xi \in [0,\ 1]$ 使 $g(\xi) = 1$. 由 $g(1) > 1$，$g(0) < 1$ 知 $\xi \in (0,\ 1)$ 使

$$f(\xi) = \frac{1}{\xi^2}.$$

例 2-68 函数 $f(x)$ 在闭区间 $[a,\ b]$ 上连续，且 $f(a) = f(b)$，试证明：

(1) 存在 $\xi \in \left[a,\ \frac{a+b}{2}\right]$，使 $f(\xi) = f\left(\xi + \frac{b-a}{2}\right)$；

(2) 记 $\alpha_0 = a$，$\beta_0 = b$，则对任一正整数 n，存在 $[\alpha_n,\ \beta_n] \subset [\alpha_{n-1},\ \beta_{n-1}]$ 使

$$f(\alpha_n) = f(\beta_n),\ 且\ \beta_n - \alpha_n = \frac{1}{2}(\beta_{n-1} - \alpha_{n-1}) = \frac{1}{2^n}(b-a).$$

分析：问题(1)即证函数 $F(x) = f(x) - f\left(x + \frac{b-a}{2}\right)$ 在区间 $\left[a,\ \frac{a+b}{2}\right]$ 上至少有一零点，可考虑运用零值定理证明.对于问题(2)，若记问题(1)中的点 $\xi = \alpha_1$，$\xi + \frac{b-a}{2} = \beta_1$，则 $[\alpha_1,\ \beta_1] \subset [\alpha_0,\ \beta_0]$，$f(\alpha_1) = f(\beta_1)$，且 $\beta_1 - \alpha_1 = \frac{1}{2}(b-a)$，即在 $f(\alpha_0) = f(\beta_0)$ 的条件下，结论(2)对 $n = 1$ 成立.于是可知，只需借助数学归纳法及问题(1)的结论即可完成对问题(2)的证明.

解：(1) 设 $F(x) = f(x) - f\left(x + \frac{b-a}{2}\right)$，则 $F(x)$ 在区间 $\left[a,\ \frac{a+b}{2}\right]$ 上连续，由

$$F(a) = f(a) - f\left(\frac{a+b}{2}\right),\ F\left(\frac{a+b}{2}\right) = f\left(\frac{a+b}{2}\right) - f(b) = -\left[f(a) - f\left(\frac{a+b}{2}\right)\right]$$

可知，$F(a)F(b) = -\left[f(a) - f\left(\frac{a+b}{2}\right)\right]^2 \leqslant 0$.

若 $f(a) - f\left(\frac{a+b}{2}\right) = 0$，则取 $\xi = a$，即有 $f(a) = f\left(a + \frac{b-a}{2}\right)$，结论成立.

若 $f(a) - f\left(\frac{a+b}{2}\right) \neq 0$，则 $F(a)F(b) < 0$，根据零值定理，存在 $\xi \in \left(a,\ \frac{a+b}{2}\right)$，使

$$F(\xi) = 0,\ 即\ f(\xi) = f\left(\xi + \frac{b-a}{2}\right).$$

综上所述结论得证.

(2) 若记问题(1)中的 $\xi=\xi_0$，$\xi_0=\alpha_1$，$\xi_0+\dfrac{b-a}{2}=\beta_1$，则有 $[\alpha_1,\beta_1]\subset[\alpha_0,\beta_0]$，$f(\alpha_1)=f(\beta_1)$，且 $\beta_1-\alpha_1=\dfrac{1}{2}(b-a)=\dfrac{1}{2}(\beta_0-\alpha_0)$，即在 $f(a)=f(b)$ 的条件下，结论对 $n=1$ 成立.假设结论对 n 成立，即存在 $[\alpha_n,\beta_n]\subset[\alpha_{n-1},\beta_{n-1}]$ 使

$$f(\alpha_n)=f(\beta_n)，且\ \beta_n-\alpha_n=\frac{1}{2}(\beta_{n-1}-\alpha_{n-1})=\frac{1}{2^n}(b-a),$$

则由 $f(\alpha_n)=f(\beta_n)$ 及(1)的结论可知，存在 $\xi_n\in\left[\alpha_n,\dfrac{\alpha_n+\beta_n}{2}\right]$，使

$$f(\xi_n)=f\left(\xi_n+\frac{\beta_n-\alpha_n}{2}\right)$$

记 $\alpha_{n+1}=\xi_n$，$\beta_{n+1}=\xi_n+\dfrac{\beta_n-\alpha_n}{2}$，则有 $[\alpha_{n+1},\beta_{n+1}]\subset[\alpha_n,\beta_n]$，$f(\alpha_{n+1})=f(\beta_{n+1})$，且 $\beta_{n+1}-\alpha_{n+1}=\dfrac{1}{2}(\beta_n-\alpha_n)=\dfrac{1}{2^{n+1}}(b-a)$，即结论对 $n+1$ 成立，根据数学归纳法，所证结论对所有正整数 n 成立，从而问题(2)得证.

例 2-69　设函数 $f(x)$ 在闭区间 $[0,1]$ 上连续，且 $f(0)=f(1)$，试证明存在 $\xi\in\left[0,\dfrac{n-1}{n}\right]$，使

$$f(\xi)=f\left(\xi+\frac{1}{n}\right)，其中\ n\geqslant 2\ 为自然数.$$

分析： 本题最常规的思路是对函数 $F(x)=f(x)-f\left(x+\dfrac{1}{n}\right)$ 利用零值定理.因为 $F(0)=f(0)-f\left(\dfrac{1}{n}\right)$，$F\left(\dfrac{n-1}{n}\right)=f\left(1-\dfrac{1}{n}\right)-f(1)$ 无法确认 $F(0)$ 和 $F\left(\dfrac{n-1}{n}\right)$ 是否异号，所以问题的关键是要在区间 $\left[0,\dfrac{n-1}{n}\right]$ 的内部找到两点，使函数值 $F(x)$ 异号，为此需要思考 $F(x)$ 的值与条件 $f(0)=f(1)$，即 $f(0)-f(1)=0$ 之间的联系.

解： 设 $F(x)=f(x)-f\left(x+\dfrac{1}{n}\right)$，则 $F(x)$ 在区间 $\left[0,\dfrac{n-1}{n}\right]$ 上连续，由条件 $f(0)=f(1)$，即 $f(0)-f(1)=0$，得

$$\begin{aligned}f(0)-f(1)=&\left[f(0)-f\left(\frac{1}{n}\right)\right]+\left[f\left(\frac{1}{n}\right)-f\left(\frac{2}{n}\right)\right]+\cdots\\&+\left[f\left(\frac{n-2}{n}\right)-f\left(\frac{n-1}{n}\right)\right]+\left[f\left(\frac{n-1}{n}\right)-f(1)\right]=0\end{aligned}$$

即有
$$F(0)+F\left(\frac{1}{n}\right)+\cdots+F\left(\frac{n-1}{n}\right)=0 \tag{2-18}$$

如果式(2-18)中有一项 $F\left(\frac{j}{n}\right)=0$，则有 $f\left(\frac{j}{n}\right)=f\left(\frac{j}{n}+\frac{1}{n}\right)$，结论成立.

假设式(2-18)中的所有项 $F\left(\frac{j}{n}\right)\neq 0$ $(j=0,1,2,\cdots,n-1)$，此时从式(2-18)可知，至少存在某相邻的两项 $F\left(\frac{k}{n}\right)$，$F\left(\frac{k+1}{n}\right)$ 异号，否则式(2-18)不成立.不妨设 $F\left(\frac{k}{n}\right)$ 与 $F\left(\frac{k+1}{n}\right)$ 异号，则在区间 $\left[\frac{k}{n},\frac{k+1}{n}\right]$ 上利用零值定理，存在 $\xi\in\left[\frac{k}{n},\frac{k+1}{n}\right]\subset\left(0,\frac{n-1}{n}\right)$ 使 $F(\xi)=0$，

即有
$$f(\xi)=f\left(\xi+\frac{1}{n}\right).$$

▶▶▶方法小结

运用零值定理、介值定理证明的等式问题一般具有以下特征："在某个条件下，证明存在 ξ 属于某个区间使得某个等式成立"，其证明过程可按以下步骤进行：

(1) 把等式通过恒等变形转化为函数零点(即方程根)问题或者某个连续函数的取值问题；

(2) 如果转化为方程根问题，确定方程中的函数 $f(x)$，并从所证问题根的范围确定运用零值定理的区间 $[a,b]$，验证 $f(a)$ 与 $f(b)$ 异号，运用零值定理证明；

(3) 如果转化为某一连续函数 $f(x)$ 的取值问题，可通过运用不等式方法证明该值是介于 $f(x)$ 的最大值 M 和最小值 m 之间的数，运用介值定理证明.

2.2.8 显函数的导数计算

▶▶▶基本方法

(1) 利用导数的定义求导数；

(2) 利用导数的四则运算法则、复合函数求导法则、反函数求导法则求导数；

(3) 利用对数求导法则求导数.

2.2.8.1 利用导数的定义求导数

导数的定义 函数 $y=f(x)$ 在点 x_0 处的导数

$$f'(x_0)=\lim_{\Delta x\to 0}\frac{f(x_0+\Delta x)-f(x_0)}{\Delta x} \tag{2-19}$$

或
$$f'(x_0)=\lim_{x\to x_0}\frac{f(x)-f(x_0)}{x-x_0} \tag{2-20}$$

▶▶▶重要结论

(1) 函数可导与连续的关系：如果函数 $f(x)$ 在点 x_0 处可导，则 $f(x)$ 在 x_0 处连续；反之不然.

(2) 导数的几何意义：导数 $f'(x_0)$ 在几何上表示曲线 $y=f(x)$ 在点 $(x_0, f(x_0))$ 处的切线斜率.

▶▶▶方法运用注意点

导数 $f'(x_0)$ 是函数 $f(x)$ 在点 x_0 处的增量 $\Delta y=f(x_0+\Delta x)-f(x_0)$ 关于自变量 x 的增量 Δx 比值的极限，它表示了函数 $f(x)$ 在 x_0 处的增加率(或变化率).

▶▶▶典型例题解析

例 2-70　设 $f'(x_0)$ 存在，试指出下列表达式中的 A 表示什么？

(1) $\lim\limits_{x\to 0}\dfrac{f(x)}{x}=A$，并且 $x_0=0$；　　(2) $\lim\limits_{x\to 0}\dfrac{f(x_0+x)-f(x_0-2x)}{x}=A$.

分析：问题是要从 $f'(x_0)=\lim\limits_{x\to 0}\dfrac{f(x_0+x)-f(x_0)}{x}$ 去推算 A 的值.

解：(1) 由 $\lim\limits_{x\to 0}\dfrac{f(x)}{x}=A$，可知极限 $\lim\limits_{x\to 0}f(x)=0$，又 $f'(0)$ 存在，由可导和连续的关系，$f(x)$ 在 $x=0$ 处连续，从而有 $\lim\limits_{x\to 0}f(x)=f(0)=0$. 于是

$$A=\lim_{x\to 0}\frac{f(x)}{x}=\lim_{x\to 0}\frac{f(x)-f(0)}{x}=f'(0),$$

所以
$$A=f'(0)$$

(2)
$$\begin{aligned}A&=\lim_{x\to 0}\frac{f(x_0+x)-f(x_0)-[f(x_0-2x)-f(x_0)]}{x}\\&=\lim_{x\to 0}\frac{f(x_0+x)-f(x_0)}{x}+2\lim_{x\to 0}\frac{f(x_0-2x)-f(x_0)}{(-2x)}\\&=f'(x_0)+2f'(x_0)=3f'(x_0)\end{aligned}$$

所以
$$A=3f'(x_0)$$

例 2-71　设 $f(x)=x(x-1)(x-2)\cdots(x-2\,013)$，求 $f'(0)$.

分析：对具体的初等函数一般用求导法则求导，但此例中的函数 $f(x)$ 是 2014 个因子的乘积，用求导法则不方便.这类问题一般可用后面的对数求导法求解.由于此例计算 $f'(0)$，可考虑用导数定义求解.

解：
$$\begin{aligned}f'(0)&=\lim_{x\to 0}\frac{f(x)-f(0)}{x}=\lim_{x\to 0}\frac{x(x-1)(x-2)\cdots(x-2\,013)}{x}\\&=\lim_{x\to 0}(x-1)(x-2)\cdots(x-2\,013)=-2\,013!\end{aligned}$$

例 2-72 设 $f(x)=(2^x-1)\varphi(x)$，其中 $\varphi(x)$ 在 $x=0$ 处连续，求 $f'(0)$.

分析： 题中的 $\varphi(x)$ 仅在 $x=0$ 处连续，所以不能用乘积的求导公式求导，这类问题一般可考虑用导数定义计算.

解：
$$f'(0)=\lim_{x\to 0}\frac{f(x)-f(0)}{x}=\lim_{x\to 0}\frac{(2^x-1)\varphi(x)}{x}$$

由于 $\varphi(x)$ 在 $x=0$ 处连续，则有 $\lim\limits_{x\to 0}\varphi(x)=\varphi(0)$，于是

$$f'(0)=\lim_{x\to 0}\frac{2^x-1}{x}\cdot\lim_{x\to 0}\varphi(x)=\varphi(0)\lim_{x\to 0}\frac{x\ln 2}{x}=\varphi(0)\ln 2$$

典型错误： 利用两式相乘的求导公式 $f'(x)=\varphi(x)\cdot 2^x\ln 2+(2^x-1)\varphi'(x)$，令 $x=0$ 得 $f'(0)=\varphi(0)\cdot\ln 2$. 这种解法的错误在于增加了 $\varphi(x)$ 可导条件，题中的 $\varphi(x)$ 仅在 $x=0$ 处连续.

例 2-73 设 $f(x)=\begin{cases}\alpha(x)\cos\dfrac{1}{x}, & x\neq 0\\ 0, & x=0\end{cases}$，其中 $\alpha(x)$ 是 $x\to 0$ 时比 x 高阶的无穷小，试证 $f(x)$ 在 $x=0$ 处可导.

分析： 题中的 $f(x)$ 在 $x=0$ 处是分段的，注意 $f'(0)\neq\left(\alpha(x)\cos\dfrac{1}{x}\right)'\Bigg|_{x=0}$，这类问题一般可考虑用导数的定义计算.

解：
$$f'(0)=\lim_{x\to 0}\frac{f(x)-f(0)}{x}=\lim_{x\to 0}\frac{\alpha(x)\cos\dfrac{1}{x}}{x}$$

由 $\lim\limits_{x\to 0}\dfrac{\alpha(x)}{x}=0$，$\cos\dfrac{1}{x}$ 为有界量，得

$$f'(0)=\lim_{x\to 0}\left[\frac{\alpha(x)}{x}\right]\cos\frac{1}{x}=0$$

所以 $f(x)$ 在 $x=0$ 处可导且 $f'(0)=0$.

典型错误： 由 $f'(x)=\alpha'(x)\cos\dfrac{1}{x}+\alpha(x)\sin\dfrac{1}{x}\cdot\dfrac{1}{x^2}$，令 $x=0$ 得 $f'(0)$. 错误在于把 $x\neq 0$ 处的导数 $f'(x)$ 认为在分段点 $x=0$ 处也成立，即认为 $f'(0)=\left(\alpha(x)\cos\dfrac{1}{x}\right)'_{x=0}$. 这里需要指出，即使在 $x\neq 0$ 处 $f'(x)$ 存在，也不能保证 $f'(0)=\lim\limits_{x\to 0}f'(x)$ 成立.

例 2-74 设 $\lim\limits_{x\to 0}\dfrac{(1-\cos 3x)f(x)}{x^2\sin 2x}=1$，且 $f(0)=0$，求 $f'(0)$.

分析： 求 $f'(0)$ 就是求极限 $\lim\limits_{x\to 0}\dfrac{f(x)-f(0)}{x}$，所以原问题就是从已知极限 $\lim\limits_{x\to 0}\dfrac{(1-\cos 3x)f(x)}{x^2\sin 2x}=1$ 去推算另一极限 $\lim\limits_{x\to 0}\dfrac{f(x)-f(0)}{x}$，这可运用极限的一些性质处理.

解：利用等价无穷小代换及 $f(0)=0$，有

$$1=\lim_{x\to 0}\frac{(1-\cos 3x)f(x)}{x^2\sin 2x}=\lim_{x\to 0}\frac{\frac{1}{2}(3x)^2 f(x)}{x^2\cdot 2x}=\frac{9}{4}\lim_{x\to 0}\frac{f(x)}{x}=\frac{9}{4}\lim_{x\to 0}\frac{f(x)-f(0)}{x}$$

从上式可知 $f(x)$ 在 $x=0$ 处可导，且

$$f'(0)=\lim_{x\to 0}\frac{f(x)-f(0)}{x}=\frac{4}{9}.$$

例 2-75　设 $f(x)$，$g(x)$ 在 $(-\infty,+\infty)$ 上满足：

(1) $f(x+y)=f(x)g(y)+f(y)g(x)$；　(2) $f(0)=0$，$g(0)=1$，$f'(0)=1$，$g'(0)=0$.

证明：$f(x)$ 在 $(-\infty,+\infty)$ 上可导，且 $f'(x)=g(x)$.

分析：本题属于由函数方程确定的函数 $f(x)$ 的求导问题，难点在于 $f(x)$ 的表达式未知，这类问题首选的方法是利用导数的定义计算.

解：对于任意的 $x\in(-\infty,+\infty)$，由导数的定义有

$$\begin{aligned}f'(x)&=\lim_{\Delta x\to 0}\frac{f(x+\Delta x)-f(x)}{\Delta x}=\lim_{\Delta x\to 0}\frac{f(x)g(\Delta x)+f(\Delta x)g(x)-f(x)}{\Delta x}\\&=\lim_{\Delta x\to 0}\frac{f(x)[g(\Delta x)-1]+g(x)f(\Delta x)}{\Delta x}\\&=\lim_{\Delta x\to 0}\left[f(x)\frac{g(\Delta x)-g(0)}{\Delta x}+g(x)\frac{f(\Delta x)-f(0)}{\Delta x}\right]\\&=f(x)g'(0)+g(x)f'(0)=g(x)\end{aligned}$$

结论成立.

典型错误：对任意取定的 $x\in(-\infty,+\infty)$，将方程两边对 y 求导，得

$$f'(x+y)=f(x)g'(y)+f'(y)g(x)$$

令 $y=0$ 得

$$f'(x)=f(x)g'(0)+f'(0)g(x)=g(x)$$

错误在于上面的解法假定了 $f(x)$，$g(x)$ 在 $x\neq 0$ 处的可导性，而条件仅给出 $f'(0)$，$g'(0)$ 存在.

例 2-76　若 $g(x)$ 在 $x=0$ 处可导，且对一切 x 有 $|f(x)-g(x)|\leqslant\dfrac{x^2}{1+x^2}$，证明：$f(x)$ 在 $x=0$ 处也一定可导，且 $f'(0)=g'(0)$.

分析：本题没有给出 $f(x)$ 的关系式，而是给出了它满足的不等式，这类问题首选的方法是通过建立不等式来计算极限 $f'(0)=\lim\limits_{x\to 0}\dfrac{f(x)-f(0)}{x}$.

解：由不等式条件知 $f(0)=g(0)$. 又不等式可写成

$$\left|\frac{f(x)-f(0)}{x}-\frac{g(x)-g(0)}{x}\right|\leqslant\frac{|x|}{1+x^2}$$

利用“夹逼准则”得

$$\lim_{x\to0}\left(\frac{f(x)-f(0)}{x}-\frac{g(x)-g(0)}{x}\right)=0$$

由 $g(x)$ 在 $x=0$ 可导,有

$$f'(0)=\lim_{x\to0}\frac{f(x)-f(0)}{x}=\lim_{x\to0}\left(\frac{f(x)-f(0)}{x}-\frac{g(x)-g(0)}{x}+\frac{g(x)-g(0)}{x}\right)$$

$$=0+\lim_{x\to0}\frac{g(x)-g(0)}{x}=g'(0)$$

结论成立.

▶▶▶方法小结

用导数的定义式(2-19)或(2-20)计算导数的方法通常被运用于以下类型的问题:

(1) 从已知 $f(x)$ 满足的极限关系式计算 $f(x)$ 的导数(例 2-74);

(2) 带有抽象函数并且不满足求导法则条件的求导问题(例 2-72);

(3) 分段函数在分段点处的求导问题(例 2-73);

(4) 由函数方程确定的函数的求导问题(例 2-75);

(5) 由不等式关系给出的函数 $f(x)$ 的求导问题(例 2-76);

(6) 用导数定义可以简化计算的问题(例 2-71).

2.2.8.2 利用导数的四则运算法则、复合函数求导法则、反函数求导法则求导数

1) 导数的四则运算法则 设函数 $u=u(x)$, $v=v(x)$ 在点 x 处可导,则有

$$(k_1u(x)+k_2v(x))'=k_1u'(x)+k_2v'(x),\ k_1,\ k_2\ 为常数 \tag{2-21}$$

$$(u(x)v(x))'=u'(x)v(x)+u(x)v'(x) \tag{2-22}$$

$$\left(\frac{u(x)}{v(x)}\right)'=\frac{u'(x)v(x)-u(x)v'(x)}{v^2(x)},\ v(x)\neq0 \tag{2-23}$$

2) 复合函数求导法则 设函数 $u=g(x)$ 在点 x 处可导,而 $y=f(u)$ 在对应点 $u=g(x)$ 处可导,则复合函数 $y=f(g(x))$ 在点 x 处可导,且有

$$\frac{\mathrm{d}y}{\mathrm{d}x}=\frac{\mathrm{d}y}{\mathrm{d}u}\cdot\frac{\mathrm{d}u}{\mathrm{d}x}=f'(u)g'(x)=f'(g(x))g'(x) \tag{2-24}$$

3) 反函数求导法则 设函数 $y=f(u)$ 在某区间 I_x 内严格单调、可导,并且 $f'(x)\neq0$,则其反函数 $x=\varphi(y)$ 在对应区间 $I_y=\{y\mid y=f(x),\ x\in I_x\}$ 内也单调、可导,且有

$$\frac{\mathrm{d}x}{\mathrm{d}y}=\frac{1}{\frac{\mathrm{d}y}{\mathrm{d}x}},\quad 即\ \varphi'(y)=\frac{1}{f'(x)} \tag{2-25}$$

▶▶▶方法运用注意点

(1) 复合函数求导法则(2-24)是求导公式中最难掌握的公式,运用时可按以下步骤进行:

① 复合函数的分解:

对于函数 $y=f(g(x))\xrightarrow{令 u=g(x)}$ 函数分解成 $y=f(u)$, $u=g(x)$.

② 运用公式(2-24)计算 $\dfrac{dy}{dx}$,可理解为

函数的复合过程┈┈┈→

$$x\underset{\frac{du}{dx}}{\overset{u=g(x)}{\rightleftarrows}}u\underset{\frac{dy}{du}}{\overset{y=f(u)}{\rightleftarrows}}y=f(g(x)) \tag{2-26}$$

←┈┈┈函数的求导过程

即式(2-24)表示,复合函数 $y=f(g(x))$ 对 x 的导数可按式(2-26)的方式分解为 y 对中间变量 u 的导数与中间变量 u 对 x 的导数的乘积.

(2) 对于三个或三个以上函数的复合,其求导规则也可按式(2-26)所指的方法进行,即若 $y=f(g(\varphi(x)))$,则令 $t=\varphi(x)$, $u=g(t)$,函数可分解为

$$x\underset{\frac{dt}{dx}}{\overset{t=\varphi(x)}{\rightleftarrows}}t\underset{\frac{du}{dt}}{\overset{u=g(t)}{\rightleftarrows}}u\underset{\frac{dy}{du}}{\overset{y=f(u)}{\rightleftarrows}}y \tag{2-27}$$

复合函数 $y=f(g(\varphi(x)))$ 对 x 的求导公式为

$$\frac{dy}{dx}=\frac{dy}{du}\cdot\frac{du}{dt}\cdot\frac{dt}{dx}=f'(g(\varphi(x)))g'(\varphi(x))\varphi'(x) \tag{2-28}$$

(3) 这里要指出在式(2-24)与式(2-28)中,式(2-28)是反复运用式(2-24)的结果,即运用式(2-24)可得

$$\frac{dy}{dx}=f'(g(\varphi(x)))(g(\varphi(x)))'=f'(g(\varphi(x)))g'(\varphi(x))\varphi'(x)$$

所以,对于由多个函数复合而成的函数,只需反复运用式(2-24)从最外层逐次求导到最内层的函数即可,而无需引入中间变量.

(4) 注意区分符号 $f(g(x))'$ 与 $f'(g(x))$ 的不同含义:

$f(g(x))'$ 表示函数 $y=f(g(x))$ 对变量 x 的导数, $f'(g(x))$ 表示函数 $y=f(g(x))$ 对变量 $u=g(x)$ 的导数.

(5) 在反函数求导法则的条件中,由于当 $f'(x)\neq 0$, $x\in I_x$ 时,运用微分中值定理可以证明 $y=f(x)$ 的反函数存在,故函数 $y=f(x)$ 在区间 I_y 内严格单调的条件可以省略.

▶▶▶典型例题解析

例 2-77 计算下列函数的导数 $y'(x)$:

(1) $y=\dfrac{\sec x}{x^2}$；　　(2) $y=x(e^x-\ln x)$；　　(3) $y=(x^2\ln x)\cos x$

分析: 本题求导函数皆为基本初等函数经四则运算所得，且没有函数的复合，故可直接运用导数的四则运算法则计算.

解: (1) 运用式(2-23)，有

$$y'(x)=\frac{(\sec x)'x^2-\sec x(x^2)'}{x^4}=\frac{\sec x\ \tan x\cdot x^2-2x\sec x}{x^4}$$
$$=\frac{\sec x(x\tan x-2)}{x^3}$$

(2) 运用式(2-22)及式(2-21)，得

$$y'(x)=x'(e^x-\ln x)+x(e^x-\ln x)'$$
$$=e^x-\ln x+x\left(e^x-\frac{1}{x}\right)=(1+x)e^x-\ln x-1$$

(3) 运用式(2-22)，有

$$y'(x)=[(x^2\ln x)\cos x]'=(x^2\ln x)'\cos x+x^2\ln x(\cos x)'$$
$$=[(x^2)'\ln x+x^2(\ln x)']\cos x+x^2\ln x(\cos x)'$$
$$=2x\ln x\ \cos x+x\cos x-x^2\ln x\ \sin x$$

对于三个因子乘积函数的求导，一般可得以下公式

$$(uvw)'=u'vw+uv'w+uvw'$$

例 2-78　求下列函数的导数 $\dfrac{dy}{dx}$：

(1) $y=\arcsin\dfrac{1-x}{1+x}$；　　(2) $y=3^{\operatorname{arccot}\frac{1}{x}}$；　　(3) $y=\sec\sqrt{2x^3-5x}$

分析: 求导函数皆为复合函数，故需运用复合函数求导法则计算.

解: (1) 运用式(2-24)，得

$$\frac{dy}{dx}=\frac{1}{\sqrt{1-\left(\dfrac{1-x}{1+x}\right)^2}}\left(\frac{1-x}{1+x}\right)'$$
$$=\frac{1+x}{\sqrt{(1+x)^2-(1-x)^2}}\cdot\frac{(-1)(1+x)-(1-x)}{(1+x)^2}=-\frac{1}{(1+x)\sqrt{x}}$$

(2) 运用式(2-24)，得

$$\frac{dy}{dx}=3^{\operatorname{arccot}\frac{1}{x}}\ln 3\cdot\left(\operatorname{arccot}\frac{1}{x}\right)'=3^{\operatorname{arccot}\frac{1}{x}}\ln 3\cdot\left[-\frac{1}{1+\left(\dfrac{1}{x}\right)^2}\right]\left(\frac{1}{x}\right)'$$

$$=3^{\operatorname{arccot}\frac{1}{x}}\ln 3\cdot\left(-\frac{x^2}{1+x^2}\right)\left(-\frac{1}{x^2}\right)=\frac{\ln 3}{1+x^2}3^{\operatorname{arccot}\frac{1}{x}}$$

(3) 运用式(2-24),得

$$\begin{aligned}\frac{\mathrm{d}y}{\mathrm{d}x}&=\sec\sqrt{2x^3-5x}\tan\sqrt{2x^3-5x}\cdot(\sqrt{2x^3-5x})'\\&=\sec\sqrt{2x^3-5x}\tan\sqrt{2x^3-5x}\cdot\frac{1}{2\sqrt{2x^3-5x}}(2x^3-5x)'\\&=\sec\sqrt{2x^3-5x}\tan\sqrt{2x^3-5x}\cdot\frac{1}{2\sqrt{2x^3-5x}}(6x^2-5)\\&=\frac{6x^2-5}{2\sqrt{2x^3-5x}}\sec\sqrt{2x^3-5x}\tan\sqrt{2x^3-5x}\end{aligned}$$

例 2-79　求下列函数的导数 $\frac{\mathrm{d}y}{\mathrm{d}x}$：

(1) $y=\frac{x}{2}\sqrt{a^2-x^2}+\frac{a^2}{2}\arcsin\frac{x}{a}\ (a>0)$；　　　(2) $y=\sin^2 x\cdot\sin(x^2)$.

分析：求导函数既有函数的四则运算,又有函数的复合,所以需运用导数的四则运算法则和复合函数求导法则计算.

解：(1) 运用求导法则,有

$$\begin{aligned}\frac{\mathrm{d}y}{\mathrm{d}x}&=\frac{1}{2}(x\sqrt{a^2-x^2})'+\frac{a^2}{2}\left(\arcsin\frac{x}{a}\right)'\\&=\frac{1}{2}\left(\sqrt{a^2-x^2}+x\cdot\frac{-x}{\sqrt{a^2-x^2}}\right)'+\frac{a^2}{2}\frac{1}{\sqrt{1-\left(\frac{x}{a}\right)^2}}\cdot\frac{1}{a}\\&=\frac{a^2-2x^2}{2\sqrt{a^2-x^2}}+\frac{a^2}{2\sqrt{a^2-x^2}}=\sqrt{a^2-x^2}\end{aligned}$$

(2) 运用求导法则,有

$$\begin{aligned}\frac{\mathrm{d}y}{\mathrm{d}x}&=(\sin^2 x)'\cdot\sin(x^2)+\sin^2 x\cdot(\sin(x^2))'\\&=\sin 2x\cdot\sin(x^2)+2x\ \sin^2 x\cdot\cos(x^2)\end{aligned}$$

例 2-80　计算下列幂指函数的导数 $\frac{\mathrm{d}y}{\mathrm{d}x}$：

(1) $y=x^{\frac{1}{x}}$；　　　(2) $y=x^{\sin x}+(\sin x)^x$.

分析：对于幂指函数 $y=u(x)^{v(x)}$，由于 $y=\mathrm{e}^{v(x)\ln u(x)}$，从而总可将幂指函数化为指数函数处理，这一过程也称为去幂指性.

解：(1) $\dfrac{\mathrm{d}y}{\mathrm{d}x}=\left(\mathrm{e}^{\frac{\ln x}{x}}\right)'=\mathrm{e}^{\frac{\ln x}{x}}\left(\dfrac{\ln x}{x}\right)'=x^{\frac{1}{x}}\ \dfrac{1-\ln x}{x^2}=x^{\frac{1}{x}-2}(1-\ln x)$

(2) $\dfrac{\mathrm{d}y}{\mathrm{d}x}=(\mathrm{e}^{\sin x\ln x})'+(\mathrm{e}^{x\ln\sin x})'=\mathrm{e}^{\sin x\ln x}(\sin x\ \ln x)'+\mathrm{e}^{x\ln\sin x}(x\ln\sin x)'$

$$=x^{\sin x}\left(\cos x\ \ln x+\frac{\sin x}{x}\right)+(\sin x)^x\left(\ln\sin x+\frac{x\cos x}{\sin x}\right)$$

例 2-81 求下列函数的导数 $y'(x)$：

(1) $y=f(\ln x)+f(\mathrm{e}^x)$，其中 $f(x)$ 可导；

(2) $y=f(\sec x)\sec(\varphi(\tan x))$，其中 $f(u)$，$\varphi(u)$ 均可导.

分析：求导函数是抽象函数形成的复合函数，与例 2-72 不同的是，此例中的 $f(u)$ 和 $\varphi(u)$ 均为可导函数，从而满足四则运算和复合函数求导法则的条件，故可考虑运用求导法则计算.

解：(1) $y'(x)=(f(\ln x))'+(f(\mathrm{e}^x))'=f'(\ln x)\cdot\dfrac{1}{x}+f'(\mathrm{e}^x)\mathrm{e}^x$

$$=\frac{1}{x}f'(\ln x)+\mathrm{e}^x f'(\mathrm{e}^x)$$

(2)
$$\begin{aligned}y'(x)&=(f(\sec x))'\sec(\varphi(\tan x))+f(\sec x)(\sec(\varphi(\tan x)))'\\&=f'(\sec x)\sec x\ \tan x\cdot\sec(\varphi(\tan x))+\\&\quad f(\sec x)\sec(\varphi(\tan x))\tan(\varphi(\tan x))\varphi'(\tan x)\sec^2 x\\&=\sec x\ \tan x f'(\sec x)\sec(\varphi(\tan x))+\\&\quad \sec^2 x\cdot\sec(\varphi(\tan x))\tan(\varphi(\tan x))\varphi'(\tan x)f(\sec x)\end{aligned}$$

例 2-82 设函数 $y=x^{\cos x}+\ln(\cos^2 x+\sqrt{1+\cos^4 x})$，求导数 $\dfrac{\mathrm{d}y}{\mathrm{d}x}$.

分析：这是幂指函数和复合函数的求导问题，利用复合函数求导法则计算.

解：$\dfrac{\mathrm{d}y}{\mathrm{d}x}=(\mathrm{e}^{\cos x})'+(\ln(\cos^2 x+\sqrt{1+\cos^4 x}))'$

$$=\mathrm{e}^{\cos x\ln x}(\cos x\ln x)'+\frac{1}{\cos^2 x+\sqrt{1+\cos^4 x}}(\cos^2 x+\sqrt{1+\cos^4 x})'$$

$$=x^{\cos x}\left(-\sin x\ln x+\frac{\cos x}{x}\right)+\frac{1}{\cos^2 x+\sqrt{1+\cos^4 x}}\cdot$$

$$\left[2\cos x(-\sin x)+\frac{4\cos^3 x(-\sin x)}{2\sqrt{1+\cos^4 x}}\right]$$

$$=x^{\cos x-1}(\cos x-x\sin x\ln x)-\frac{\sin 2x}{\cos^2 x+\sqrt{1+\cos^4 x}}\left(1+\frac{\cos^2 x}{\sqrt{1+\cos^4 x}}\right)$$

$$=x^{\cos x-1}(\cos x-x\sin x\ln x)-\frac{\sin 2x}{\sqrt{1+\cos^4 x}}$$

例 2-83　设函数 $y=f(x)$ 与 $x=\varphi(y)$ 互为反函数，$f(x)$ 可导，$f'(x)\neq 0$，且已知 $f(2)=3$，$f'(2)=\frac{1}{4}$，并设 $F(x)=f^2(4x-\varphi(2x+1))$，求 $F'(1)$.

分析：这是抽象复合函数的求导问题，由于函数中复合了 $y=f(x)$ 的反函数，故在运用复合函数求导式(2-24)时，首先应检查 $\varphi(x)$ 的可导性，这就需要运用反函数求导法则及计算式(2-25).

解：由条件及反函数求导法则知 $y=f(x)$ 的反函数 $x=\varphi(y)$ 可导且 $\varphi'(y)=\frac{1}{f'(x)}$，从而有 $\varphi'(3)=\frac{1}{f'(2)}=4$. 运用复合函数求导法则，有

$$F'(x)=2f(4x-\varphi(2x+1))\cdot f'(4x-\varphi(2x+1))\cdot(4-2\varphi'(2x+1))$$

令 $x=1$，得

$$\begin{aligned}F'(1)&=2f(4-\varphi(3))\cdot f'(4-\varphi(3))\cdot(4-2\varphi'(3))\\&=2f(2)\cdot f'(2)\cdot(-4)=2\cdot 3\cdot\frac{1}{4}\cdot(-4)=-6\end{aligned}$$

▶▶▶方法小结

导数的四则运算法则、复合函数求导法则、反函数求导法则统称为求导的三大法则. 可以看出，只要求导的函数涉及函数的四则运算、函数的复合以及反函数，那么这些法则都是要使用的，因此熟练运用这些法则对掌握导数的计算是极其重要的. 这里要特别指出对复合函数求导法则的理解和掌握的要点：

(1) 理解式(2-26)、式(2-27)中复合函数的分解与形成复合函数求导公式(2-24)、式(2-28)之间的关系.

(2) 掌握复合函数求导公式(2-24)的使用方法.

2.2.8.3　利用对数求导法则求导数

在计算导数时，当函数是多个因子的乘除或者乘除的因子中含有较复杂的指数时，利用导数的四则运算法则计算往往是烦琐的. 对数求导法是利用对数的性质，通过对求导函数取对数，将函数乘除的求导转化为加减的求导，将指数转化为乘积，从而简化计算的一种方法，这里需要注意下面的求导公式

$$(\ln|x|)'=\frac{1}{x},\ x\neq 0.$$

▶▶▶典型例题解析

例 2-84　求下列函数的导数 $y'(x)$：

(1) $y=(1+x)(1+2x)\cdots(1+nx)$； (2) $y=\dfrac{\sqrt{x+2}\,(3-x)^4}{(x+1)^5}$； (3) $y=\sqrt{x\sin x\sqrt{1-\mathrm{e}^x}}$.

分析：求导函数皆为多个因子的乘除及指数的运算，可考虑运用对数求导法计算.

解：(1) 将函数两边取绝对值后取对数，得

$$\ln|y|=\ln|1+x|+\ln|1+2x|+\cdots+\ln|1+nx|$$

将等式两边同时对 x 求导，有

$$\begin{aligned}\frac{1}{y}y'&=\frac{1}{1+x}(1+x)'+\frac{1}{1+2x}(1+2x)'+\cdots+\frac{1}{1+nx}(1+nx)'\\&=\frac{1}{1+x}+\frac{2}{1+2x}+\cdots+\frac{n}{1+nx}\end{aligned}$$

所以有 $$y'(x)=(1+x)(1+2x)\cdots(1+nx)\left(\frac{1}{1+x}+\frac{2}{1+2x}+\cdots+\frac{n}{1+nx}\right)$$

(2) 将函数两边同时取绝对值后取对数，有

$$\ln|y|=\frac{1}{2}\ln|x+2|+4\ln|3-x|-5\ln|x+1|$$

将等式两边同时对 x 求导，有

$$\frac{1}{y}y'=\frac{1}{2(x+2)}-\frac{4}{3-x}-\frac{5}{x+1}$$

所以有 $$y'(x)=\frac{\sqrt{x+2}\,(3-x)^4}{(x+1)^5}\left[\frac{1}{2(x+2)}-\frac{4}{3-x}-\frac{5}{x+1}\right]$$

(3) 将函数两边同时取对数，得

$$\ln y=\frac{1}{2}\left(\ln|x|+\ln|\sin x|+\frac{1}{2}\ln|1-\mathrm{e}^x|\right)$$

将等式两边同时对 x 求导，有

$$\frac{1}{y}y'=\frac{1}{2}\left[\frac{1}{x}+\frac{\cos x}{\sin x}+\frac{1}{2}\frac{(-\mathrm{e}^x)}{1-\mathrm{e}^x}\right]$$

所以有 $$y'(x)=\frac{\sqrt{x\sin x\sqrt{1-\mathrm{e}^x}}}{2}\left[\frac{1}{x}+\cot x-\frac{\mathrm{e}^x}{2(1-\mathrm{e}^x)}\right]$$

例 2-85 求下列函数的导数 $y'(x)$：

(1) $y=x^{x^x}$； (2) $y=\sqrt[5]{\dfrac{x+2}{x^2+4}}\,x^{\ln x}$.

分析：本例的求导函数涉及幂指函数.对于幂指函数，在例 2-80 中已经指出可通过去幂指性的方法将其化为指数函数的复合函数来求导.本例说明对于幂指函数也可运用对数求导法求导.

解：(1)

解一：将函数两边取对数，有

$$\ln y = x^x \ln x$$

再将上式两边同时取绝对值后取对数，有

$$\ln|\ln y| = x\ln x + \ln|\ln x|$$

将等式两边同时对 x 求导，得

$$\frac{1}{\ln y}\cdot\frac{1}{y}\cdot y' = \ln x + 1 + \frac{1}{\ln x}\cdot\frac{1}{x}$$

即有

$$y'(x) = x^{x^x} x^x \ln x\left(1 + \ln x + \frac{1}{x\ln x}\right) = x^{x^x} x^x\left(\ln^2 x + \ln x + \frac{1}{x}\right)$$

解二：

$$\begin{aligned} y'(x) &= (e^{x^x \ln x})' = e^{x^x \ln x}(x^x \ln x)' = x^{x^x}[x^{x-1} + (x^x)'\ln x] \\ &= x^{x^x}[x^{x-1} + x^x(x\ln x)'\ln x] = x^{x^x}[x^{x-1} + x^x(\ln x + 1)\ln x] \\ &= x^{x^x} x^x\left(\ln^2 x + \ln x + \frac{1}{x}\right) \end{aligned}$$

(2) 将函数两边同时取绝对值后再取对数，有

$$\ln|y| = \frac{1}{5}(\ln|x+2| - \ln|x^2+4|) + \ln^2 x$$

将等式两边同时对 x 求导，有

$$\frac{1}{y}y' = \frac{1}{5}\left(\frac{1}{x+2} - \frac{2x}{x^2+4}\right) + 2\ln x\cdot\frac{1}{x}$$

所以有

$$y'(x) = \sqrt[5]{\frac{x+2}{x^2+4}}\,x^{\ln x}\left[\frac{1}{5}\left(\frac{1}{x+2} - \frac{2x}{x^2+4}\right) + \frac{2\ln x}{x}\right]$$

▶▶▶方法小结

对数求导法的核心思想是通过对数性质将求导问题简化，常运用于以下问题：

(1) 求导函数是多个因子的乘除；

(2) 求导函数含有较复杂的指数因子或者是幂指函数.

2.2.9　分段函数的导数计算及其在分段点处的可导性问题

▶▶▶基本方法

分段函数 $f(x)$ 在分段点处的导数，利用导数定义或导数与左右导数之间的等价关系计算，在 $f(x)$ 的非分段点处的导数，利用求导的三大法则计算.

▶▶▶重要结论

导数与左、右导数的等价关系 函数 $f(x)$ 在点 x_0 处可导⇔ $f(x)$ 在 x_0 处的左右导数存在且相等,即

$$f'_+(x_0)=f'_-(x_0) \tag{2-29}$$

▶▶▶方法运用注意点

$f(x)$ 在点 x_0 处的左右导数:

$$f'_-(x_0)=\lim_{\Delta x\to 0^-}\frac{f(x_0+\Delta x)-f(x_0)}{\Delta x},$$
$$f'_+(x_0)=\lim_{\Delta x\to 0^+}\frac{f(x_0+\Delta x)-f(x_0)}{\Delta x} \tag{2-30}$$

对照 $f(x)$ 在点 x_0 处导数的定义式(2-19)可见,式(2-30)中的极限是式(2-19)中极限的左右极限,所以导数的等价关系式(2-29)通常被运用于处理以下问题:

(1) 分段函数在分段点处的导数计算问题;

(2) 当 $\Delta x\to 0^+$ 及 $\Delta x\to 0^-$ 时,导数定义式(2-19)中,函数表达式的趋限发生变化的问题.

▶▶▶典型例题解析

例 2-86 设函数 $f(x)=\begin{cases}\ln\sqrt{2x^2-1}, & x<-1\\ x^2-1, & |x|\leqslant 1\\ 2x+\cos x, & x>1\end{cases}$,求导函数 $f'(x)$,并讨论 $f'(x)$ 在 $x=\pm 1$ 处的连续性.

分析: $f(x)$ 为分段函数,$x=\pm 1$ 为其分段点,由于在 $x=\pm 1$ 的两旁 $f(x)$ 的表达式不同,故应通过计算左右导数的方法计算 $f'(-1)$ 和 $f'(1)$.

解: 在 $x=-1$ 处,由 $f(-1-0)=f(-1+0)=f(-1)=0$ 知,$f(x)$ 在 $x=-1$ 处连续.

由
$$f'_-(-1)=\lim_{x\to -1^-}\frac{f(x)-f(-1)}{x+1}=\lim_{x\to -1^-}\frac{\ln\sqrt{2x^2-1}}{x+1}$$
$$=\frac{1}{2}\lim_{x\to -1^-}\frac{\ln(1+2(x^2-1))}{x+1}=\frac{1}{2}\lim_{x\to -1^-}\frac{2(x^2-1)}{x+1}=-2$$

$$f'_+(-1)=\lim_{x\to -1^+}\frac{f(x)-f(-1)}{x+1}=\lim_{x\to -1^+}\frac{x^2-1}{x+1}=\lim_{x\to -1^+}(x-1)=-2$$

可知,$f(x)$ 在 $x=-1$ 处可导,且 $f'(-1)=-2$.

在 $x=1$ 处,由 $f(1-0)=0$, $f(1+0)=2+\cos 1$ 知,$f(x)$ 在 $x=1$ 处不连续,所以 $f(x)$ 在 $x=1$ 处不可导.

又当 $x<-1$ 时，$f'(x)=(\ln\sqrt{2x^2-1})'=\dfrac{2x}{2x^2-1}$；当 $-1<x<1$ 时，$f'(x)=(x^2-1)'=2x$；当 $x>1$ 时，$f'(x)=(2x+\cos x)'=2-\sin x$，所以 $f'(x)$ 为

$$f'(x)=\begin{cases}\dfrac{2x}{2x^2-1}, & x<-1\\ 2x, & -1\leqslant x<1\\ 2+\sin x, & x>1\end{cases}$$

在 $x=\pm1$ 处,因为 $f'(-1+0)=f'(-1-0)=f'(-1)=-2$，而 $f'(1)$ 不存在,所以 $f'(x)$ 在 $x=-1$ 连续,在 $x=1$ 处不连续.

例 2-87 设函数 $f(x)=(2+|x|)\sin x$，求 $f'(0)$.

分析：由于在 $x=0$ 的两旁 $f(x)$ 的表达式不同,故需利用等价关系式(2-29)计算 $f'(0)$.

解：
$$f'_+(0)=\lim_{\Delta x\to0^+}\frac{f(\Delta x)-f(0)}{\Delta x}=\lim_{\Delta x\to0^+}\frac{(2+|\Delta x|)\sin\Delta x}{\Delta x}$$
$$=\lim_{\Delta x\to0^+}(2+\Delta x)\frac{\sin\Delta x}{\Delta x}=2$$
$$f'_-(0)=\lim_{\Delta x\to0^-}\frac{f(\Delta x)-f(0)}{\Delta x}=\lim_{\Delta x\to0^-}\frac{(2+|\Delta x|)\sin\Delta x}{\Delta x}$$
$$=\lim_{\Delta x\to0^+}(2-\Delta x)\frac{\sin\Delta x}{\Delta x}=2$$

由 $f'_-(0)=f'_+(0)=2$，根据等价关系式(2-29)，$f(x)$ 在 $x=0$ 处可导,并且 $f'(0)=2$.

典型错误：
$$f'(x)=(2+|x|)'\sin x+(2+|x|)(\sin x)'$$
$$=(2+|x|)'\sin x+(2+|x|)\cos x$$

令 $x=0$ 得 $f'(0)=2$. 错误在于,在 $x=0$ 处,由于 $|x|$ 不可导,从而 $2+|x|$ 不可导,所以 $f(x)$ 不满足两式相乘求导公式(2-22)的条件.

例 2-88 设函数 $f(x)$ 在 $(-\infty,+\infty)$ 上有定义,且恒有 $f(x+1)=2f(x)$，又在 $[0,1]$ 上 $f(x)=x(1-x)$，讨论 $f(x)$ 在 $x=0$ 处的可导性.

分析：由于是讨论 $f(x)$ 在 $x=0$ 处的可导性,故只需在 $x=0$ 的某邻域内考虑问题,为此首先应写出 $f(x)$ 在区间 $[-1,0)$ 内的表达式,然后考虑求导.

解：对于 $x\in[-1,0)$，由于 $x+1\in[0,1)$，于是有

$$f(x)=\frac{1}{2}f(x+1)=\frac{1}{2}(x+1)(-x)=-\frac{1}{2}x(x+1)$$

从而得到 $f(x)$ 在 $[-1,1]$ 上的表达式为

$$f(x)=\begin{cases}-\dfrac{1}{2}x(x+1), & -1\leqslant x<0\\ x(1-x), & 0\leqslant x\leqslant1\end{cases}$$

下面利用左右导数讨论 $f(x)$ 在分段点 $x=0$ 处的可导性.

$$f'_+(0)=\lim_{\Delta x\to 0^+}\frac{f(x)-f(0)}{x}=\lim_{\Delta x\to 0^+}\frac{x(1-x)}{x}=\lim_{\Delta x\to 0^+}(1-x)=1$$

$$f'_-(0)=\lim_{\Delta x\to 0^-}\frac{f(x)-f(0)}{x}=\lim_{\Delta x\to 0^-}\frac{-\frac{1}{2}x(x+1)}{x}=-\frac{1}{2}\lim_{\Delta x\to 0^-}(x+1)=-\frac{1}{2}$$

由于 $f'_+(0)\neq f'_-(0)$，根据可导的等价关系(2-29)可知，$f(x)$ 在 $x=0$ 处不可导.

例 2-89 设 $f(x)=\begin{cases}\ln(x^2+a^2), & x>1\\ \sin b(x-1), & x\leqslant 1\end{cases}$，试确定常数 a，b 使 $f(x)$ 在 $x=1$ 处可导.

分析：由于点 $x=1$ 是分段函数 $f(x)$ 的分段点，故需运用左右导数与导数的等价关系式(2-29)讨论.这里注意，为使 $f(x)$ 在 $x=1$ 处可导，首先需保证 $f(x)$ 在 $x=1$ 处连续.

解：首先选取于 a，b 使 $f(x)$ 在 $x=1$ 处连续，

$$f(1+0)=\lim_{x\to 1^+}f(x)=\lim_{x\to 1^+}\ln(x^2+a^2)=\ln(1+a^2);$$

$$f(1-0)=\lim_{x\to 1^-}f(x)=\lim_{x\to 1^-}\sin b(x-1)=0,\ f(1)=0.$$

所以，为使 $f(x)$ 在 $x=1$ 处连续，a，b 需满足 $f(1+0)=f(1-0)=f(1)=0$，即

$$\ln(1+a^2)=0，即\ a=0$$

此时，$f'_+(1)=\lim\limits_{\Delta x\to 0^+}\dfrac{f(1+\Delta x)-f(1)}{\Delta x}=\lim\limits_{\Delta x\to 0^+}\dfrac{2\ln(1+\Delta x)}{\Delta x}=2$

$$f'_-(1)=\lim_{\Delta x\to 0^-}\frac{f(1+\Delta x)-f(1)}{\Delta x}=\lim_{\Delta x\to 0^-}\frac{\sin(b\Delta x)}{\Delta x}=b$$

于是，为使 $f(x)$ 在 $x=1$ 处可导，需满足 $f'_+(1)=f'_-(1)$，即 $b=2$. 所以，当 $a=0$，$b=2$ 时，$f(x)$ 在 $x=1$ 处可导，且 $f'(1)=2$.

典型错误：当 $x>1$ 时，$f'(x)=(\ln(x^2+a^2))'=\dfrac{2x}{x^2+a^2}$，从而有

$$f'_+(1)=\lim_{x\to 1^+}f'(x)=\frac{2}{1+a^2};$$

当 $x<1$ 时，$f'(x)=(\sin b(x-1))'=b\cos b(x-1)$，也有 $f'_-(1)=\lim\limits_{x\to 1^-}f'(x)=b$. 为使 $f(x)$ 在 $x=1$ 处可导，a，b 需满足 $f'_+(1)=f'_-(1)$，即满足

$$b=\frac{2}{1+a^2}.$$

错误在于：(1) 上述解法忽略了 $f(x)$ 在 $x=1$ 处连续的要求.事实上，当 $f(x)$ 在 $x=1$ 处的左右导数

$$f'_+(1)=\lim_{x\to1^+}\frac{f(x)-f(1)}{x-1},\ f'_-(1)=\lim_{x\to1^-}\frac{f(x)-f(1)}{x-1} \tag{2-31}$$

都存在时,从式(2-31)可知应同时成立

$$\lim_{x\to1^+}(f(x)-f(1))=0,\ \lim_{x\to1^-}(f(x)-f(1))=0,$$

即 $f(x)$ 在 $x=1$ 处既左连续又右连续,也就是 $f(x)$ 在 $x=1$ 处连续.这也同时说明,如果 $f(x)$ 在 $x=1$ 处不连续时,左右导数式(2-31)中至少有一不存在.

(2) 上述解法误认为在点 $x=1$ 处的左右导数与其两旁导函数 $f'(x)$ 的左右极限之间成立关系式

$$f'_+(1)=\lim_{x\to1^+}f'(x),\ f'_-(1)=\lim_{x\to1^-}f'(x) \tag{2-32}$$

事实上,式(2-32)成立是有条件的,一般是不成立的.上面的错误解法即是反例.这里我们指出,运用拉格朗日中值定理可以获得以下结论.

$f'_+(x_0)=f'(x_0+0)$,$f'_-(x_0)=f'(x_0-0)$ 成立的充分条件:

(1) 如果 $f(x)$ 在区间 $[x_0,\ x_0+\delta]$ 上连续,$(x_0,\ x_0+\delta)$ 内可导,且 $\lim\limits_{x\to x_0^+}f'(x)=A$,则有 $f(x)$ 在 x_0 处的右导数存在,且

$$f'_+(x_0)=f'(x_0+0)=A.$$

(2) 如果 $f(x)$ 在区间 $[x_0-\delta,\ x_0]$ $(\delta>0)$ 上连续,$(x_0-\delta,\ x_0)$ 内可导,且 $\lim\limits_{x\to x_0^-}f'(x)=B$,则有 $f(x)$ 在 x_0 处的左导数存在,且 $f'_-(x_0)=f'(x_0-0)=B$.

▶▶▶方法小结

由于导数与左右导数的等价关系式(2-29)本质上是极限与左右极限之间的关系,因此当求导函数在求导点两旁的函数表达式不同时,其求导问题一般需运用这一等价关系处理.用这一方法处理的典型问题有:

(1) 分段函数在分段点处的可导性讨论(例2-88、2-89)及其导数的计算(例2-86);

(2) 含有绝对值的函数在使绝对值为零的点处的可导性讨论及导数计算(例2-87).

2.2.10 隐函数的导数计算

隐函数求导法 隐函数求导法是不通过解方程求出隐函数 $y=y(x)$ 的解析表达式而求出导数 $y'(x)$ 的方法.其方法是将方程两边对 x 求导,获得导数 $y'(x)$ 满足的方程(关于 $y'(x)$ 的线性方程),解方程求得 $y'(x)$.

▶▶▶方法运用注意点

将方程两边对自变量 x 求导数时,方程中出现因变量 $y(x)$ 应注意它是 x 的函数,即 $y=y(x)$.

▶▶▶典型例题解析

例 2-90 求下列方程所确定的函数的导数:

(1) $y^5=x\sin y+3y^2-1$，求 $y'(x)$； (2) $(x+y)^{x+1}=3x+2y-2$，求 $\left.\dfrac{\mathrm{d}y}{\mathrm{d}x}\right|_{(0,2)}$.

分析: 这是隐函数求导问题,用隐函数求导法计算.

解: (1) 将方程两边对 x 求导

$$5y^4\cdot y'=\sin y+x\cos y\cdot y'+6y\cdot y'$$

从上式解得

$$y'(x)=\frac{\sin y}{5y^4-x\cos x-6y}$$

(2) 将方程两边对 x 求导

$$(x+y)^{x+1}((x+1)\ln(x+y))'=3+2y'$$

即有

$$(x+y)^{x+1}\left[\ln(x+y)+(x+1)\frac{1+y'}{x+y}\right]=3+2y'$$

在上式中含 $x=0$，$y=2$，得 $2\left[\ln 2+\dfrac{1}{2}(1+y'(0))\right]=3+2y'(0)$

解得

$$y'(0)=\left.\frac{\mathrm{d}y}{\mathrm{d}x}\right|_{(0,2)}=2\ln 2-2$$

例 2-91 证明星形线 $x^{\frac{2}{3}}+y^{\frac{2}{3}}=a^{\frac{2}{3}}$ $(a>0)$ 上任意点处的切线在两坐标轴之间的线段为定长.

分析: 计算曲线上任一点 (x_0,y_0) 处的切线方程,验证结论.

解: 在曲线上任取一点 (x_0,y_0)，先计算曲线在该点处的切线斜率.

将方程两边对 x 求导,得 $\dfrac{2}{3}x^{-\frac{1}{3}}+\dfrac{2}{3}y^{-\frac{1}{3}}\cdot y'=0$,

解得 $y'(x)=-\sqrt[3]{\dfrac{y}{x}}$，从而得曲线在点 (x_0,y_0) 处的曲线切线斜率

$$k=-\sqrt[3]{\frac{y_0}{x_0}}.$$

于是过点 (x_0,y_0) 处曲线的切线方程为

$$y-y_0=-\sqrt[3]{\frac{y_0}{x_0}}(x-x_0).$$

令 $y=0$，$x=0$，得切线在 x 轴和 y 轴上的截距分别为 α,β

$$\alpha = x_0 + x_0^{\frac{1}{3}} y_0^{\frac{2}{3}} = x_0^{\frac{1}{3}}(x_0^{\frac{2}{3}} + y_0^{\frac{2}{3}}) = a^{\frac{2}{3}} x_0^{\frac{1}{3}},$$

$$\beta = y_0 + y_0^{\frac{1}{3}} x_0^{\frac{2}{3}} = y_0^{\frac{1}{3}}(y_0^{\frac{2}{3}} + x_0^{\frac{2}{3}}) = a^{\frac{2}{3}} y_0^{\frac{1}{3}},$$

所以切线在两坐标轴之间的线段长

$$s = \sqrt{\alpha^2 + \beta^2} = \sqrt{a^{\frac{4}{3}} x_0^{\frac{2}{3}} + a^{\frac{4}{3}} y_0^{\frac{2}{3}}} = a,$$

即为定长 a.

例 2-92　试确定正数 λ,使曲线 $xy=\lambda$ 与 $\frac{x^2}{a^2}+\frac{y^2}{b^2}=1$ 相切,并求出切线方程.

分析: 问题的关键是要求出两曲线的切点 $M(x, y)$ 的坐标,这可利用两曲线在切点处相切的条件:都经过点 M 以及在点 M 处的切线斜率相等.

解: 设对某 $\lambda>0$ 使曲线 $xy=\lambda$ 与 $\frac{x^2}{a^2}+\frac{y^2}{b^2}=1$ 在点 $M(x, y)$ 处相切,则 (x, y) 满足

$$xy=\lambda, \ \frac{x^2}{a^2}+\frac{y^2}{b^2}=1.$$

将方程 $xy=\lambda$, $\frac{x^2}{a^2}+\frac{y^2}{b^2}=1$ 两边分别对 x 求导

$$y + x \cdot y' = 0, \ \frac{2}{a^2}x + \frac{2y}{b^2}y' = 0$$

可得两曲线在点 M 处的切线斜率分别为

$$k_1 = -\frac{y}{x}, \ k_2 = -\frac{b^2}{a^2}\cdot\frac{x}{y},$$

由相切的条件,在点 M 处 $k_1=k_2$ 成立,即 $\frac{y}{x}=\frac{b^2}{a^2}\cdot\frac{x}{y}$,也就是 $y^2=\frac{b^2}{a^2}x^2$. 将其代入方程 $\frac{x^2}{a^2}+\frac{y^2}{b^2}=1$,解得 $x^2=\frac{a^2}{2}$,即 $x=\pm\frac{a}{\sqrt{2}}$,从而解得 $y=\pm\frac{b}{\sqrt{2}}$. 由此求得两曲线相切的切点坐标为 $\left(\frac{a}{\sqrt{2}}, \frac{b}{\sqrt{2}}\right)$, $\left(\frac{a}{\sqrt{2}}, -\frac{b}{\sqrt{2}}\right)$, $\left(-\frac{a}{\sqrt{2}}, \frac{b}{\sqrt{2}}\right)$, $\left(-\frac{a}{\sqrt{2}}, -\frac{b}{\sqrt{2}}\right)$.

由题意知 $\lambda>0$,所以所求的切点为 $M_1\left(\frac{a}{\sqrt{2}}, \frac{b}{\sqrt{2}}\right)$, $M_2\left(-\frac{a}{\sqrt{2}}, -\frac{b}{\sqrt{2}}\right)$. 此时 $\lambda=\frac{ab}{2}$,且切线的斜率 $k=-\frac{b}{a}$,所以所求的切线方程为

$$y-\frac{b}{\sqrt{2}}=-\frac{b}{a}\left(x-\frac{a}{\sqrt{2}}\right) \text{ 及 } y+\frac{b}{\sqrt{2}}=-\frac{b}{a}\left(x+\frac{a}{\sqrt{2}}\right),$$

即
$$y=-\frac{b}{a}x+\sqrt{2}b \text{ 及 } y=-\frac{b}{a}x-\sqrt{2}b.$$

▶▶▶方法小结

隐函数求导法的步骤：

(1) 将方程两边对 x 求导，获得导数 $y'(x)$ 满足的方程.这一过程通常需应用复合函数的求导法则，并且要注意 y 是 x 的函数；

(2) 从 $y'(x)$ 满足的方程中解出 $y'(x)$.

2.2.11 由参数方程、极坐标方程确定的函数的导数计算

1) 参数方程求导法 设函数 $y=f(x)$ 由参数方程 $\begin{cases}x=x(t)\\y=y(t)\end{cases}$ 确定，$x=x(t)$，$y=y(t)$ 可导，$x'(t)\neq 0$，则 $y=f(x)$ 可导，且在 $t=t_0$ 所对应的点 (x_0, y_0) 处的导数为

$$\left.\frac{\mathrm{d}y}{\mathrm{d}x}\right|_{t=t_0}=\left.\frac{y'(t)}{x'(t)}\right|_{t=t_0} \tag{2-33}$$

2) 极坐标方程求导法 设函数 $y=y(x)$ 由极坐标方程 $\rho=\rho(\theta)$ 确定，$\rho(\theta)$ 可导，把极坐标系下的曲线方程通过下式化为参数方程

$$\begin{cases}x=\rho(\theta)\cos\theta\\y=\rho(\theta)\sin\theta\end{cases}$$

从而将极坐标函数的求导问题转化为参数方程的求导问题，运用式(2-33)有

$$\frac{\mathrm{d}y}{\mathrm{d}x}=\frac{(\rho(\theta)\cos\theta)'_\theta}{(\rho(\theta)\sin\theta)'_\theta} \tag{2-34}$$

这就是极坐标确定的函数的求导方法.

▶▶▶方法运用注意点

(1) 参数方程求导公式(2-33)和极坐标函数求导公式(2-34)计算的是 y 关于 x 的导数 $\frac{\mathrm{d}y}{\mathrm{d}x}$，不是 $y'(t)$ 和 $\rho'(\theta)$.

(2) $\frac{\mathrm{d}y}{\mathrm{d}x}$ 作为 x 的函数，它的完整表达式应为参数方程

$$\begin{cases}x=x(t)\\\frac{\mathrm{d}y}{\mathrm{d}x}=\frac{y'(t)}{x'(t)}\end{cases} \tag{2-35}$$

即参数方程的导数 $\frac{\mathrm{d}y}{\mathrm{d}x}$ 仍为参数方程，由于是计算导数值，为了方便起见，通常把 $x=x(t)$ 省去而写成式(2-33).

▶▶▶典型例题解析

例 2-93 求下列参数方程确定的函数的导数：

(1) $\begin{cases} x=\ln(1+t^2) \\ y=t-\arctan t \end{cases}$，求 t 时的导数 $\frac{\mathrm{d}y}{\mathrm{d}x}$；　(2) $\begin{cases} x=\mathrm{e}^t\sin t, \\ y=\mathrm{e}^t\cos t, \end{cases}$ 求 $t=\frac{\pi}{3}$ 时的导数 $\frac{\mathrm{d}y}{\mathrm{d}x}$.

分析： 这是由参数方程确定的函数的导数计算问题，利用式(2-33)计算.

解： (1) 利用参数方程求导公式(2-33)

$$\frac{\mathrm{d}y}{\mathrm{d}x}=\frac{y'(t)}{x'(t)}=\frac{1-\frac{1}{1+t^2}}{\frac{2t}{1+t^2}}=\frac{t}{2}$$

(2) 利用参数方程求导法，有

$$\frac{\mathrm{d}y}{\mathrm{d}x}=\frac{y'(t)}{x'(t)}=\frac{\mathrm{e}^t\cos t-\mathrm{e}^t\sin t}{\mathrm{e}^t\sin t+\mathrm{e}^t\cos t}=\frac{\cos t-\sin t}{\sin t+\cos t}$$

令 $t=\frac{\pi}{3}$，得所求导数 $\left.\frac{\mathrm{d}y}{\mathrm{d}x}\right|_{t=\frac{\pi}{3}}=\sqrt{3}-2$

典型错误： 对于问题(1)，$\frac{\mathrm{d}y}{\mathrm{d}x}=y'(t)=1-\frac{1}{1+t^2}=\frac{t^2}{1+t^2}$. 错误在于对式(2-33)的运用不正确，分母少除了 $x'=x'(t)$，从而所计算的是 y 对 t 的导数而不是 y 对 x 的导数.

例 2-94 求曲线 $\begin{cases} t\cos(tx)+x=2 \\ y=t^3-3t \end{cases}$ 在 $x=0$ 所对应点处的切线方程.

分析： 曲线由参数方程给出，可运用参数方程求导公式(2-33)计算切线斜率 $k=\left.\frac{\mathrm{d}y}{\mathrm{d}x}\right|_{x=0}$. 由于 $x=x(t)$ 由隐函数方程给出，所以在计算 $x'(t)$ 时需运用隐函数求导法.

解： 在方程 $t\cos(tx)+x=2$ 中令 $x=0$，得 $t=2$，于是 $x=0$ 所对应的曲线上的点为 $M(0, 2)$. 将方程 $t\cos(tx)+x=2$ 两边对 t 求导，得

$$\cos(tx)-t\sin(tx)(x+tx'(t))+x'(t)=0,$$

令 $x=0$，$t=2$，得 $\left.x'(t)\right|_{t=2}=-1$. 又 $y'(t)=3t^2-3$，从而有 $\left.y'(t)\right|_{t=2}=9$. 所以曲线在点 M 处的切线斜率

$$k=\left.\frac{\mathrm{d}y}{\mathrm{d}x}\right|_{t=2}=\left.\frac{y'(t)}{x'(t)}\right|_{t=2}=-9$$

曲线在点 M 处的切线方程

$$y-2=-9x\text{，即}\quad 9x+y=2.$$

例 2－95 求三叶玫瑰线 $\rho=a\sin 3\theta\ (a>0)$ 在 $\theta=\dfrac{\pi}{4}$ 所对应点处的切线方程.

分析： 曲线由极坐标方程给出，可运用极坐标方程求导公式(2－34)计算曲线在 $\theta=\dfrac{\pi}{4}$ 所对应点处的导数 $\dfrac{\mathrm{d}y}{\mathrm{d}x}$，从而求得切线斜率.

解： 将极坐标方程化为参数方程，得

$$\begin{cases}x=a\sin 3\theta\cos\theta\\ y=a\sin 3\theta\sin\theta\end{cases}$$

$\theta=\dfrac{\pi}{4}$ 所对应的曲线上的点为 $M\left(-\dfrac{a}{2},-\dfrac{a}{2}\right)$，曲线在点 M 处的切线斜率

$$k=\frac{\mathrm{d}y}{\mathrm{d}x}\bigg|_{\theta=\frac{\pi}{4}}=\frac{(a\sin 3\theta\sin\theta)'_\theta}{(a\sin 3\theta\cos\theta)'_\theta}\bigg|_{\theta=\frac{\pi}{4}}=\frac{3\sin\theta\cos 3\theta+\cos\theta\sin 3\theta}{3\cos\theta\cos 3\theta-\sin\theta\sin 3\theta}\bigg|_{\theta=\frac{\pi}{4}}=2,$$

所以曲线在点 M 处的切线方程

$$y+\frac{a}{2}=2\left(x+\frac{a}{2}\right),\quad \text{即}\quad 4x-2y+a=0$$

例 2－96 点 P 是极坐标系下曲线 $\rho=\rho(\theta)$ 上的一点，PT 是曲线在点 P 处的切线(指向 θ 增加的方向)，试证明 PT 与 OP 的夹角 β 必满足

$$\tan\beta=\frac{\rho(\theta)}{\rho'(\theta)}$$

分析： 如图 2－1 所示，$\beta=\theta'-\alpha$，$\tan\beta=\tan(\theta'-\alpha)=\dfrac{\tan\theta'-\tan\alpha}{1+\tan\theta'\tan\alpha}$. 由于 $\tan\theta'=\dfrac{\mathrm{d}y}{\mathrm{d}x}\bigg|_\theta$，$\tan\alpha=\dfrac{y(\theta)}{x(\theta)}$，故只需运用极坐标方程求导公式计算 $\dfrac{\mathrm{d}y}{\mathrm{d}x}\bigg|_\theta$ 即可.

解： 曲线 $\rho=\rho(\theta)$ 的参数方程为 $\begin{cases}x=\rho(\theta)\cos\theta\\ y=\rho(\theta)\sin\theta\end{cases}$. 设点 P 所对应的参数为 θ，则有

$$\tan\alpha=\frac{\rho(\theta)\sin\theta}{\rho(\theta)\cos\theta}=\frac{\sin\theta}{\cos\theta},$$

$$\tan\theta'=\frac{\mathrm{d}y}{\mathrm{d}x}\bigg|_\theta=\frac{(\rho(\theta)\sin\theta)'_\theta}{(\rho(\theta)\cos\theta)'_\theta}=\frac{\rho'(\theta)\sin\theta+\rho(\theta)\cos\theta}{\rho'(\theta)\cos\theta-\rho(\theta)\sin\theta}$$

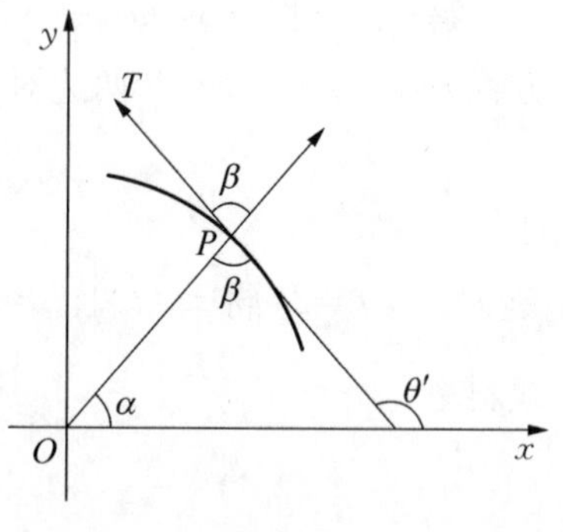

图 2－1

于是有

$$\tan\beta=\tan(\theta'-\alpha)=\frac{\tan\theta'-\tan\alpha}{1+\tan\theta'\tan\alpha}=\frac{\dfrac{\rho'(\theta)\sin\theta+\rho(\theta)\cos\theta}{\rho'(\theta)\cos\theta-\rho(\theta)\sin\theta}-\dfrac{\sin\theta}{\cos\theta}}{1+\dfrac{\rho'(\theta)\sin\theta+\rho(\theta)\cos\theta}{\rho'(\theta)\cos\theta-\rho(\theta)\sin\theta}\cdot\dfrac{\sin\theta}{\cos\theta}}$$

$$=\frac{\rho'(\theta)\sin\theta\cos\theta+\rho(\theta)\cos^2\theta-\rho'(\theta)\sin\theta\cos\theta+\rho(\theta)\sin^2\theta}{\rho'(\theta)\cos^2\theta-\rho(\theta)\sin\theta\cos\theta+\rho'(\theta)\sin^2\theta+\rho(\theta)\sin\theta\cos\theta}=\frac{\rho(\theta)}{\rho'(\theta)}.$$

▶▶▶方法小结

(1) 参数方程确定的函数的求导问题,其核心方法就是求导公式(2-33)的运用,这里需注意导数 $\dfrac{\mathrm{d}y}{\mathrm{d}x}$ 仍是参数 t 的参数方程以及参数 t 与曲线上点的对应关系.

(2) 对于极坐标方程确定的函数的求导问题,其核心方法就是将其化为参数 θ 的参数方程,利用参数方程求导法计算.

2.2.12　高阶导数的计算

函数的高阶导数计算可分成以下三个问题:

(1) 显函数的高阶导数计算;

(2) 隐函数的高阶导数计算;

(3) 由参数方程、极坐标确定的函数的高阶导数计算.

2.2.12.1　显函数的高阶导数计算

显函数的高阶导数计算方法有:

(1) 利用高阶导数的定义计算高阶导数;

(2) 利用 y', y'' 等的表达式,通过找规律计算 n 阶导数;

(3) 利用莱布尼茨公式计算 n 阶导数.

1. 利用高阶导数的定义计算高阶导数

***f*(*x*) 的 *n* 阶导数**　设函数 $y=f(x)$,则 $f(x)$ 在点 x 处的 n 阶导数为

$$\frac{\mathrm{d}^n y}{\mathrm{d}x^n}=(f^{(n-1)}(x))',\tag{2-35}$$

亦即

$$f^n(x)=\lim_{\Delta x\to 0}\frac{f^{(n-1)}(x+\Delta x)-f^{(n-1)}(x)}{\Delta x}\tag{2-36}$$

▶▶▶方法运用注意点

从 n 阶导数的定义式(2-35)可见，$f(x)$ 的 $n-1$ 阶导数的导数即为 n 阶导数，也就是只需对 $f^{(n-1)}(x)$ 再求一次导数就可得到 n 阶导数 $f^{(n)}(x)$. 所以在对 $f^{(n-1)}(x)$ 求导时，前述2.2.8节和2.2.9节中涉及的一系列计算一阶导数的方法，例如求导的三大法则等，在对 $f^{(n-1)}(x)$ 求导时仍然适用.

▶▶▶典型例题解析

例 2-97 求下列函数的二阶导数 $y''(x)$：

(1) $y=(1+x^2)\arctan x$； (2) $y=\ln(1-x^2)$.

分析：利用二阶导数的定义式(2-35)计算，先求 $y'(x)$，再求 $y''(x)$.

解：(1) $y'=2x\arctan x+1$，$y''=2\left(\arctan x+\dfrac{x}{1+x^2}\right)$

(2) $y'=\dfrac{1}{1-x^2}(-2x)=-\dfrac{2x}{1-x^2}$，$y''=2\times\dfrac{1-x^2-x(-2x)}{(1-x^2)^2}=-\dfrac{2(1+x^2)}{(1-x^2)^2}$

例 2-98 设 $y=f(x^3)$，$f''(x)$ 存在，计算 $\dfrac{d^2y}{dx^2}$.

分析：利用二阶导数的定义式(2-35)计算，但需注意求导函数是抽象函数的复合函数.

解：

$$\frac{dy}{dx}=f'(x^3)\cdot 3x^2=3x^2f'(x^3)$$

$$\begin{aligned}\frac{d^2y}{dx^2}&=3(x^2f'(x^3))'=3[2xf'(x^3)+x^2(f'(x^3))']\\&=6xf'(x^3)+3x^2f''(x^3)\cdot 3x^2=6xf'(x^3)+9x^4f''(x^3)\end{aligned}$$

典型错误：$\dfrac{dy}{dx}=f'(x^3)\cdot 3x^2=3x^2f'(x^3)$

$$\frac{d^2y}{dx^2}=3[2xf'(x^3)+x^2f''(x^3)]=6xf'(x^3)+3x^2f''(x^3)$$

错误在于，认为 $(f'(x^3))'=f''(x^3)$. 这里要注意，$(f'(x^3))'$ 表示函数 $f'(x^3)$ 对 x 的导数，它是一个复合函数求导问题，需用复合函数求导公式计算

$$(f'(x^3))'=f''(x^3)(3x^3)'=3x^2f''(x^3)$$

而 $f''(x^3)$ 表示函数 $f'(x^3)$ 对变量 $u=x^3$ 的导数，两者是不同的.

例 2-99 若 $x=\varphi(y)$ 是函数 $y=f(x)$ 的反函数，$f(x)$ 可导且 $f'(x)\neq 0$，$f''(x)$ 存在，试证明：

(1) $\dfrac{d^2x}{dy^2}=-\dfrac{f''(x)}{(f'(x))^3}$； (2) $\dfrac{d^3x}{dy^3}=\dfrac{3(f''(x))^2-f'(x)f'''(x)}{(f'(x))^5}$

分析：这是反函数求高阶导数问题，应利用反函数求导法则 $\dfrac{dx}{dy}=\dfrac{1}{f'(x)}$ 及高阶导数的定义式

(2-35)计算,此时的问题在于如何计算 $\dfrac{d^2x}{dy^2}=\dfrac{d}{dy}\left(\dfrac{1}{f'(x)}\right)$.

解: 由反函数求导法则 $\dfrac{dx}{dy}=\dfrac{1}{f'(x)}$ 及复合函数求导法则

$$\frac{d^2x}{dy^2}=\frac{d}{dy}\left(\frac{1}{f'(x)}\right)=\frac{d}{dx}\left(\frac{1}{f'(x)}\right)\frac{dx}{dy}=-\frac{f''(x)}{(f'(x))^2}\cdot\frac{1}{f'(x)}=-\frac{f''(x)}{(f'(x))^3},$$

$$\frac{d^3x}{dy^3}=\frac{d}{dx}\left(-\frac{f''(x)}{(f'(x))^3}\right)\frac{dx}{dy}=-\frac{f'''(x)(f'(x))^3-f''(x)3(f'(x))^2f''(x)}{(f'(x))^6}\cdot\frac{1}{f'(x)}$$
$$=\frac{3(f''(x))^2-f'(x)f'''(x)}{(f'(x))^5}$$

例 2-100　设 $f(x)=\begin{cases}x+4\ln(1+x), & x\geqslant 1\\ ax^2+bx+c, & x<1\end{cases}$,试确定 a, b, c 的值,使 $f(x)$ 在 $x=1$ 处二阶可导,并求出 $f''(x)$.

分析: 这是分段函数在分段点处的可导性问题,应采用左右导数的方法讨论.与一阶导数问题(例 2-89)不同的是,保证 $f(x)$ 在 $x=1$ 处二阶可导还应保证分段函数 $f'(x)$ 在 $x=1$ 处连续.

解: 首先选取 a, b, c 使 $f(x)$ 在 $x=1$ 处连续.

$$f(1+0)=\lim_{x\to1^+}f(x)=\lim_{x\to1^+}(x+4\ln(1+x))=1+4\ln 2$$

$$f(1-0)=\lim_{x\to1^-}f(x)=\lim_{x\to1^-}(ax^2+bx+c)=a+b+c$$

$$f(1)=1+4\ln 2$$

所以为使 $f(x)$ 在 $x=1$ 处连续, a, b, c 需满足 $f(1+0)=f(1-0)=f(1)$,即

$$a+b+c=1+4\ln 2 \tag{2-37}$$

此时, $f'_+(1)=\lim\limits_{\Delta x\to0^+}\dfrac{f(1+\Delta x)-f(1)}{\Delta x}=\lim\limits_{\Delta x\to0^+}\dfrac{1+\Delta x+4\ln(2+\Delta x)-(1+4\ln 2)}{\Delta x}$

$$=\lim_{\Delta x\to0^+}\left(1+4\frac{\ln(2+\Delta x)-\ln 2}{\Delta x}\right)=1+4\lim_{\Delta x\to0^+}\frac{\ln\left(1+\frac{\Delta x}{2}\right)}{\Delta x}=3$$

$$f'_-(1)=\lim_{\Delta x\to0^-}\frac{f(1+\Delta x)-f(1)}{\Delta x}=\lim_{\Delta x\to0^-}\frac{a(1+\Delta x)^2+b(1+\Delta x)+c-(1+4\ln 2)}{\Delta x}$$
$$=\lim_{\Delta x\to0^-}\frac{a(1+2\Delta x+(\Delta x)^2)+b(1+\Delta x)+c-(1+4\ln 2)}{\Delta x}$$
$$=\lim_{\Delta x\to0^-}(2a+b+a\Delta x)=2a+b$$

因此,为使 $f(x)$ 在 $x=1$ 处可导,需满足 $f'_+(1)=f'_-(1)$,即 $2a+b=3$,此时, $f'(1)=3$.又当 $x>1$ 时, $f'(x)=(x+4\ln(1+x))'=1+\dfrac{4}{1+x}$,当 $x<1$ 时, $f'(x)=(ax^2+bx+c)'=2ax+b$,

所以
$$f'(x)=\begin{cases}1+\dfrac{4}{1+x}, & x\geqslant 1\\ 2ax+b, & x<1\end{cases}$$

又由 $f'(1+0)=\lim\limits_{x\to 1^+}f'(x)=\lim\limits_{x\to 1^+}\left(1+\dfrac{4}{1+x}\right)=3$，$f'(1-0)=\lim\limits_{x\to 1^-}f'(x)=\lim\limits_{x\to 1^-}(2ax+b)=2a+b$，$f'(1)=3$ 及 $2a+b=3$ 知，$f'(x)$ 满足 $f'(1+0)=f'(1-0)=f'(1)$，所以 $f'(x)$ 在 $x=1$ 连续，此时

$$f''_+(1)=\lim_{\Delta x\to 0^+}\frac{f'(1+\Delta x)-f'(1)}{\Delta x}=\lim_{\Delta x\to 0^+}\frac{1+\dfrac{4}{2+\Delta x}-3}{\Delta x}$$
$$=\lim_{\Delta x\to 0^+}\frac{2+\Delta x+4-3(2+\Delta x)}{\Delta x(2+\Delta x)}=\lim_{\Delta x\to 0^+}\frac{-2\Delta x}{\Delta x(2+\Delta x)}=-1$$
$$f''_-(1)=\lim_{\Delta x\to 0^-}\frac{f'(1+\Delta x)-f'(1)}{\Delta x}=\lim_{\Delta x\to 0^-}\frac{2a(1+\Delta x)+b-3}{\Delta x}$$
$$=\lim_{\Delta x\to 0^-}\frac{2a\Delta x+2a+b-3}{\Delta x}=\lim_{\Delta x\to 0^-}\frac{2a\Delta x}{\Delta x}=2a$$

因此，为使 $f'(x)$ 在 $x=1$ 处可导，需满足 $f''_+(1)=f''(1)$，即 $2a=-1$，$a=-\dfrac{1}{2}$. 此时 $f''(1)=-1$，将 $a=-\dfrac{1}{2}$ 代入方程组 $\begin{cases}2a+b=3\\ a+b+c=1+4\ln 2\end{cases}$，解得 $b=4$，$c=4\ln 2-\dfrac{5}{2}$. 所以当 $a=-\dfrac{1}{2}$，$b=4$，$c=4\ln 2-\dfrac{5}{2}$ 时，$f(x)$ 在 $x=1$ 处二阶可导，且 $f''(1)=-1$. 又当 $x>1$ 时，$f''(x)=\left(1+\dfrac{4}{1+x}\right)'=-\dfrac{4}{(1+x)^2}$，当 $x<1$ 时，$f''(x)=(4-x)'=-1$，所以

$$f''(x)=\begin{cases}-\dfrac{4}{(1+x)^2}, & x\geqslant 1\\ -1, & x<1\end{cases}$$

▶▶▶方法小结

从上面的例题可见，按照定义式(2-35)计算 $y=f(x)$ 的二阶、三阶导数就是在算得 $f'(x)$ 之后再利用计算函数一阶导数的方法分别计算 $f'(x)$ 和 $f''(x)$ 的导数.所以从解题方法角度来看，计算 $f''(x)$、$f'''(x)$ 的方法没有新的变化，仍然是计算一阶导数的各种方法.例如，复合函数求导法则、四则运算求导法则、反函数求导法则、分段函数求导法等.

2. 通过找规律计算 n 阶导数

▶▶▶基本方法

分别计算 y'，y''，y''' 等，从 y'，y''，y''' 的表达式发现规律、证明规律，从而获得 $y^{(n)}$ 的一般表达式.

▶▶▶方法运用注意点

从 y', y'', y''' 的表达式中发现规律对大多数问题常常是困难的，技巧性强.在计算时有时要对 y', y'', y''' 的表达式进行适当的变形，以利于发现规律，有时又不能轻易的对它们进行合并和简化破坏规律，所以对 y', y'', y''' 的表达式作化简等运算要慎重.

▶▶▶典型例题解析

例 2-101　计算下列函数的 n 阶导数 $y^{(n)}$，其中 $a(\neq 0)$, b 为常数：

(1) $y=\mathrm{e}^{ax+b}$；(2) $y=\sin(ax+b)$；(3) $y=\dfrac{1}{ax+b}$；(4) $y=\ln(ax+b)$；(5) $y=\sin^2 x$.

分析：计算 y', y'', y''' … 通过找规律的方法计算.

解：(1) $y'=a\mathrm{e}^{ax+b}$, $y''=a\mathrm{e}^{ax+b}\cdot a=a^2\mathrm{e}^{ax+b}$, $y'''=a^2\mathrm{e}^{ax+b}\cdot a=a^3\mathrm{e}^{ax+b}$,

一般地，用数学归纳法可证
$$y^{(n)}=(\mathrm{e}^{ax+b})^{n}=a^n\mathrm{e}^{ax+b} \tag{2-37}$$

(2) $y'=a\cos(ax+b)=a\sin\left(ax+b+\dfrac{\pi}{2}\right)$

$$y''=a\cos\left(ax+b+\frac{\pi}{2}\right)\cdot a=a^2\sin\left(ax+b+2\cdot\frac{\pi}{2}\right)$$

$$y'''=a^2\cos\left(ax+b+2\cdot\frac{\pi}{2}\right)\cdot a=a^3\sin\left(ax+b+3\cdot\frac{\pi}{2}\right)$$

一般地，用数学归纳法可证

$$y^{(n)}=(\sin(ax+b))^{(n)}=a^n\sin\left(ax+b+n\cdot\frac{\pi}{2}\right) \tag{2-38}$$

(3) $y'=\dfrac{(-1)\cdot a}{(ax+b)^2}$, $y''=\dfrac{[(-1)\cdot a][(-2)\cdot a]}{(ax+b)^3}=\dfrac{(-1)^2 2!\ a^2}{(ax+b)^3}$（不要化简$(-1)^2=1$）

$y'''=\dfrac{(-1)^2 2!\ a^2(-3)a}{(ax+b)^4}=\dfrac{(-1)^3 3!\ a^3}{(ax+b)^4}$（不要化简$(-1)^3=-1$）

一般地，用数学归纳法可证
$$y^{(n)}=\left(\frac{1}{ax+b}\right)^{(n)}=\frac{(-1)^n n!\ a^n}{(ax+b)^{n+1}} \tag{2-39}$$

(4) $y'=\dfrac{a}{ax+b}$, $y''=\dfrac{a\cdot(-1)\cdot a}{(ax+b)^2}=\dfrac{(-1)a^2}{(ax+b)^2}$, $y'''=\dfrac{(-1)a^2(-2)a}{(ax+b)^3}=\dfrac{(-1)^2 2!\ a^3}{(ax+b)^3}$

一般地，用数学归纳法可证
$$y^{(n)}=(\ln(ax+b))^{(n)}=\frac{(-1)^{n-1}(n-1)!\ a^n}{(ax+b)^n} \tag{2-40}$$

(5) $y'=2\sin x\cos x=\sin 2x$, $y''=2\cos 2x=2\sin\left(2x+\dfrac{\pi}{2}\right)$, $y'''=2^2\sin\left(2x+2\cdot\dfrac{\pi}{2}\right)$

一般地，用数学归纳法可证
$$y^{(n)}=2^{(n-1)}\sin\left(2x+(n-1)\frac{\pi}{2}\right)$$

例 2－102 计算下列函数的 n 阶导数 $y^{(n)}$：

(1) $y=\cos ax\cos bx$； (2) $y=\cos^3 x$； (3) $y=\sin^4 x+\cos^4 x$；

(4) $y=\dfrac{5}{1+x-6x^2}$； (5) $y=\dfrac{x^3}{x^2-3x+2}$.

分析： 直接计算 y', y'', y''' 可以发现无法找到规律，此时可考虑将函数进行分解，将问题转化.

解： (1) 利用积化和差公式 $\cos ax\cos bx=\frac{1}{2}[\cos(a+b)x+\cos(a-b)x]$，于是有

$$y^{(n)}=\frac{1}{2}[(\cos(a+b)x)^n+(\cos(a-b)x)^n]$$

由于 $$(\cos(a+b)x)'=-(a+b)\sin(a+b)x=(a+b)\cos\left((a+b)x+\frac{\pi}{2}\right)$$

$$(\cos(a+b)x)''=(a+b)\left[-\sin\left((a+b)x+\frac{\pi}{2}\right)\right]\cdot(a+b)$$

$$=(a+b)^2\cos\left((a+b)x+2\frac{\pi}{2}\right)$$

一般有 $$(\cos(a+b)x)^{(n)}=(a+b)^n\cos\left((a+b)x+n\frac{\pi}{2}\right)$$

同理可得 $$(\cos(a-b)x)^{(n)}=(a-b)^n\cos\left((a-b)x+n\frac{\pi}{2}\right)$$

所以 $$y^{(n)}=\frac{1}{2}\left[(a+b)^n\cos\left((a+b)x+n\frac{\pi}{2}\right)+(a-b)^n\cos\left((a-b)x+n\frac{\pi}{2}\right)\right]$$

(2) 因为 $$y=\cos^3 x=\cos x\ \cos^2 x=\frac{1}{2}\cos x(1+\cos 2x)=\frac{1}{2}(\cos x+\cos x\ \cos 2x)$$

$$=\frac{1}{2}\left(\cos x+\frac{1}{2}(\cos 3x+\cos x)\right)=\frac{1}{4}(3\cos x+\cos 3x)$$

所以 $$y^{(n)}=\frac{1}{4}(3(\cos x)^{(n)}+(\cos 3x)^{(n)})=\frac{1}{4}\left(3\cos\left(x+n\frac{\pi}{2}\right)+3^n\cos\left(3x+n\frac{\pi}{2}\right)\right)$$

(3) 因为 $$y=\sin^4 x+\cos^4 x=\sin^4 x+\cos^4 x+2\sin^2 x\ \cos^2 x-2\sin^2 x\ \cos^2 x$$

$$=1-\frac{1}{2}\sin^2 2x=1-\frac{1}{4}(1-\cos 4x)=\frac{3}{4}+\frac{1}{4}\cos 4x$$

所以 $$y^{(n)}=\left(\frac{3}{4}\right)^{(n)}+\frac{1}{4}(\cos 4x)^{(n)}=\frac{1}{4}\cdot 4^n\cos\left(4x+n\frac{\pi}{2}\right)=4^{n-1}\cos\left(4x+n\frac{\pi}{2}\right)$$

(4) 由 $y=\dfrac{5}{1+x-6x^2}=\dfrac{5}{(1-2x)(1+3x)}=\dfrac{2}{1-2x}+\dfrac{3}{1+3x}$，得

$$y^{(n)}=2\left(\frac{1}{1-2x}\right)^{(n)}+3\left(\frac{1}{1+3x}\right)^{(n)}$$

利用式(2-39),得

$$\left(\frac{1}{1-2x}\right)^{(n)}=\frac{(-1)^n n!\,(-2)^n}{(1-2x)^{n+1}}=\frac{2^n n!}{(1-2x)^{n+1}},\ \left(\frac{1}{1+3x}\right)^{(n)}=\frac{(-1)^n n!\,3^n}{(1+3x)^{n+1}}$$

所以
$$y^{(n)}=2\left(\frac{1}{1-2x}\right)^{(n)}+3\left(\frac{1}{1+3x}\right)^{(n)}=\frac{2^{n+1}n!}{(1-2x)^{n+1}}+\frac{(-1)^n n!\,3^{n+1}}{(1+3x)^{n+1}}$$

(5) 利用多项式的辗转相除法，$x^3=(x^2-3x+2)(x+3)+7x-6$，于是有

$$y=x+3+\frac{7x-6}{x^2-3x+2}=x+3+\frac{7x-6}{(x-1)(x-2)}=x+3+\frac{8}{x-2}-\frac{1}{x-1}$$

所以
$$y^{(n)}=(x+3)^{(n)}+8\left(\frac{1}{x-2}\right)^{(n)}-\left(\frac{1}{x-1}\right)^{(n)}=8\cdot\frac{(-1)^n n!}{(x-2)^{n+1}}-\frac{(-1)^n n!}{(x-1)^{n+1}}$$

$$=(-1)^n n!\left[\frac{8}{(x-2)^{n+1}}-\frac{1}{(x-1)^{n+1}}\right]$$

▶▶▶方法小结

(1) 通过求 y'，y''，y'''，并从这些表达式中找规律获得 $y^{(n)}$ 的方法是计算 n 阶导数的基本方法，它的用法有二：其一是直接从 y'，y''，y''' 的表达式中发现规律，证明规律(例 2-101)；其二是如果从 y'，y''，y''' 的表达式中无法找到规律，此时可考虑先将 $y=f(x)$ 的表达式进行分解或变形，把问题转化为若干个有规律可循的函数的求导问题处理(例 2-102).

(2) 例 2-101 中关于函数 $y=e^{ax+b}$，$y=\sin(ax+b)$，$y=\dfrac{1}{ax+b}$，$y=\ln(ax+b)$ 的 n 阶导数的表达式(2-37)～式(2-40)可作为公式使用.这里需指出，同样可得公式

$$(\cos(ax+b))^{(n)}=a^n\cos\left(ax+b+n\frac{\pi}{2}\right) \tag{2-41}$$

3. 利用莱布尼茨公式计算 n 阶导数

如果 $u=u(x)$，$v=v(x)$ 在点 x 处有 n 阶导数，则

$$(uv)^{(n)}=\sum_{k=0}^{n}C_n^k u^{(n-k)}v^{(k)} \tag{2-42}$$

▶▶▶方法运用注意点

莱布尼茨公式(2-42)的运用通常需满足两个要求：

(1) 函数 u，v 的各阶导数 $u^{(k)}$，$v^{(k)}$，$k=1,2,\cdots,n$ 能够求出；

(2) n 项求和能够计算.

▶▶▶典型例题解析

例 2-103　求下列函数的 n 阶导数 $y^{(n)}(x)$ $(n\geqslant 3)$：

(1) $y=x^3\ln x$；　　　　　　　　(2) $y=(x\sin x)^2$.

分析：问题都是求两个函数乘积的 n 阶导数，可见运用找规律的方法计算是麻烦的，此时可考虑采用莱布尼茨公式(2-42)计算.

解：(1) 利用莱布尼茨公式(2-42)及式(2-40)

$$\begin{aligned}y^{(n)}(x)&=\sum_{k=0}^{n}C_n^k(\ln x)^{(n-k)}(x^3)^{(k)}\\&=(\ln x)^{(n)}x^3+n(\ln x)^{(n-1)}(x^3)'+\frac{n(n-1)}{2!}(\ln x)^{(n-2)}(x^3)''+\\&\quad\frac{n(n-1)(n-2)}{3!}(\ln x)^{(n-3)}(x^3)'''\\&=\frac{(-1)^{n-1}(n-1)!}{x^n}x^3+n\frac{(-1)^{n-2}(n-2)!}{x^{n-1}}3x^2+\frac{n(n-1)}{2}\frac{(-1)^{n-3}(n-3)!}{x^{n-2}}6x+\\&\quad\frac{n(n-1)(n-2)}{6}\frac{(-1)^{n-4}(n-4)!}{x^{n-3}}\cdot 6\\&=\frac{(-1)^{n-4}}{x^{n-3}}[-(n-1)!+3n(n-2)!-3n(n-1)(n-3)!+n(n-1)(n-2)(n-4)!]\\&=(-1)^{n-4}\frac{6(n-4)!}{x^{n-3}}\end{aligned}$$

(2) 因为 $y=(x\sin x)^2=x^2\dfrac{1}{2}(1-\cos 2x)=\dfrac{1}{2}x^2-\dfrac{1}{2}x^2\cos 2x$，所以利用莱布尼茨公式(2-42)及式(2-41)，得

$$\begin{aligned}y^{(n)}(x)&=\left(\frac{1}{2}x^2\right)^{(n)}-\frac{1}{2}(x^2\cos 2x)^{(n)}=-\frac{1}{2}\sum_{k=0}^{n}C_n^k(\cos 2x)^{(n-k)}(x^2)^{(k)}\\&=-\frac{1}{2}\left[(\cos 2x)^{(n)}x^2+n(\cos 2x)^{(n-1)}(x^2)'+\frac{n(n-1)}{2!}(\cos 2x)^{(n-2)}(x^2)''\right]\\&=-\frac{1}{2}\left[2^n\cos\left(2x+\frac{n\pi}{2}\right)x^2+n2^{n-1}\cos\left(2x+\frac{(n-1)\pi}{2}\right)\cdot 2x+\right.\\&\quad\left.\frac{n(n-1)}{2!}2^{n-2}\cos\left(2x+\frac{(n-2)\pi}{2}\right)\cdot 2\right]\\&=-2^{n-3}\left[4x^2\cos\left(2x+\frac{n\pi}{2}\right)+4nx\cos\left(2x+\frac{(n-1)\pi}{2}\right)+n(n-1)\cos\left(2x+\frac{(n-2)\pi}{2}\right)\right]\end{aligned}$$

例 2-104　设 $y=\arctan x$，求 $y^{(n)}(0)$ $(n\geqslant 3)$.

分析：$y'=\dfrac{1}{1+x^2}$，$y''=-\dfrac{2x}{(1+x^2)^2}$，可见 y''' 的表达式更复杂且无规律可循，注意到 y' 满足 $(1+x^2)y'=1$，可考虑运用莱布尼茨公式(2-42)对方程 $(1+x^2)y'=1$ 求 $n-1$ 阶导数，获得 $y^{(n)}$ 满足的方程来求解.

解：由 $y'=\dfrac{1}{1+x^2}$ 知 $(1+x^2)y'=1$. 运用莱布尼茨公式，将方程两边对 x 求 $n-1$ 阶导数，有

$$(y')^{(n-1)}(1+x^2)+(n-1)(y')^{(n-2)}(1+x^2)'+\frac{(n-1)(n-2)}{2!}(y')^{(n-3)}(1+x^2)''=0$$

即
$$y^{(n)}(1+x^2)+2(n-1)xy^{(n-1)}+(n-1)(n-2)y^{(n-2)}=0$$

在上式中令 $x=0$，得
$$y^{(n)}(0)+(n-1)(n-2)y^{(n-2)}(0)=0,$$

即
$$y^{(n)}(0)=-(n-1)(n-2)y^{(n-2)}(0),\ n\geqslant 3$$

从上式及 $y'(0)=1$，$y''(0)=0$，得

当 $n=2k+1$ 时，
$$\begin{aligned}y^{(2k+1)}(0)&=-[(2k+1)-1][(2k+1)-2]y^{(2k-1)}(0)\\&=(-1)^2(2k)(2k-1)(2k-2)(2k-3)y^{(2k-3)}(0)\\&=\cdots=(-1)^k(2k)!\ y'(0)=(-1)^k(2k)!\end{aligned}$$

当 $n=2k$ 时，
$$\begin{aligned}y^{(2k)}(0)&=-(2k-1)(2k-2)y^{(2k-2)}(0)\\&=(-1)^2(2k-1)(2k-2)(2k-3)(2k-4)y^{(2k-4)}(0)\\&=\cdots=(-1)^{k-1}(2k-1)!\ y''(0)=0\end{aligned}$$

所以
$$y^{(n)}(0)=\begin{cases}0, & n=2k\\(-1)^k(2k)!, & n=2k+1\end{cases}$$

▶▶▶方法小结

(1) 莱布尼茨公式(2-42)的运用将面临高阶导数 $u^{(k)}$，$v^{(k)}(k=1,2,\cdots n)$ 及 n 项和的计算，一般来讲，n 项求和通常是非常困难的.因此，莱布尼茨公式常被运用于处理那些能够回避 n 项求和并且 $u^{(k)}$，$v^{(k)}$ 可以计算的 n 阶导数问题，常见的有

① u，v 中有一项是低次的多项式(例2-103)；

② 当 $x=x_0$ 时，从某阶导数起 $u^{(k)}(x_0)=0$ 或 $v^{(k)}(x_0)=0$.

(2) 有时尽管 $y=f(x)$ 本身不是两函数乘积的形式，但若能获得导函数 y'，y'' 等与某些 x 函数乘积形式的方程(例如，例2-104中的 $(1+x^2)y'=1$)，则仍然可以运用莱布尼茨公式(2-42)计算.

2.2.12.2 隐函数的高阶导数计算

▶▶▶基本方法

按照高阶导数的定义式(2-35)计算，即先通过隐函数求导法计算 y'，再按定义式 $y''=(y')'$ 或者隐函数求导法求 y'' 等.

▶▶▶方法运用注意点

在求得 y' 之后，再对 y' 或对 y' 满足的方程求导时，应注意导数表达式方程中的 y 是 x 的函数，即 $y=y(x)$.

▶▶▶典型例题解析

例 2-105 设函数 $y=y(x)$ 由方程 $e^{x+y}-xy=0$ 确定,求 $\frac{d^2y}{dx^2}$.

分析: 通过隐函数求导法先求出 $y'(x)$,再按定义 $y''(x)=(y'(x))'$ 求出二阶导数.

解: 将方程两边对 x 求导

$$e^{x+y}(1+y')-(y+xy')=0 \tag{2-43}$$

解得

$$y'(x)=\frac{y-e^{x+y}}{e^{x+y}-x} \tag{2-44}$$

再将式(2-43)两边对 x 求导(此时也可直接将 $y'(x)$ 的表达式(2-44)对 x 求导)

$$e^{x+y}(1+y')^2+e^{x+y}y''-(y'+y'+xy'')=0$$

把 $y'(x)$ 的表达式(2-44)代入上式得

$$e^{x+y}\frac{(y-x)^2}{(e^{x+y}-x)^2}+(e^{x+y}-x)y''=2\frac{y-e^{x+y}}{e^{x+y}-x}$$

解得

$$y''(x)=\frac{2(e^{x+y}-x)(y-e^{x+y})-e^{x+y}(y-x)^2}{(e^{x+y}-x)^3}=\frac{y[(x-1)^2+(y-1)^2]}{x^2(1-y)^3}$$

例 2-106 设函数 $y=y(x)$ 由方程 $(x-1)^y+x-y+1=0$ 确定,求 $y''(2)$.

分析: 先运用隐函数求导法求出 $y'(x)$, $y''(x)$,或者它们满足的方程,然后将 $x=2$, $y=3(y(2)=3)$ 代入表达式或方程求 $y''(2)$.

解: 将方程两边对 x 求导 $(x-1)^y(y\ln(x-1))'+1-y'=0$,

即

$$(x-1)^y\left(\frac{y}{x-1}+y'\ln(x-1)\right)+1-y'=0 \tag{2-45}$$

注意到 $y(2)=3$,在上式中令 $x=2$, $y=3$ 得 $y'(2)=4$.

再将式(2-45)两边对 x 求导

$$(x-1)^y\left(\frac{y}{x-1}+y'\ln(x-1)\right)^2+(x-1)^y\left[\frac{y'(x-1)-y}{(x-1)^2}+\frac{y'}{x-1}+y''\ln(x-1)\right]-y''=0$$

在上式中令 $x=2$, $y=3$, $y'=4$ 得

$$y''=14.$$

例 2-107 设方程 $x^3+y^3-3x+6y=2$,

(1) 求由此方程所确定的函数 $y=y(x)$ 的二阶导数 $\left.\frac{d^2y}{dx^2}\right|_{x=2}$;

(2) 求由此方程所确定的函数 $x=x(y)$ 的二阶导数 $\left.\frac{d^2x}{dy^2}\right|_{x=2}$.

分析：对于问题(1)可运用上例的方法计算，对于问题(2)仍可利用隐函数求导法将方程两边对 y 求导，只是要注意 x 是 y 的函数.

解：(1) 将方程两边对 x 求导

$$3x^2+3y^2y'-3+6y'=0 \tag{2-46}$$

由于 $y(2)=0$，在上式中令 $x=2$，$y=0$，得 $y'(2)=-\dfrac{3}{2}$. 再将方程(2-46)两边对 x 求导

$$6x+3(2y(y')^2+y^2y'')+6y''=0$$

将 $x=2$，$y=0$，$y'(2)=-\dfrac{3}{2}$ 代入上式，得 $y''(2)=-2$.

(2) 将方程两边对 y 求导

$$3x^2x'+3y^2-3x'+6=0 \tag{2-47}$$

由 $y(2)=0$ 知 $x(0)=2$，在上式中令 $x=2$，$y=0$ 得，$x'(0)=-\dfrac{2}{3}$.

再将方程(2-47)两边对 y 求导

$$3(2x(x')^2+x^2x'')+6y-3x''=0$$

将 $x=2$，$y=0$，$x'(0)=-\dfrac{2}{3}$ 代入上式，得 $\left.\dfrac{\mathrm{d}^2x}{\mathrm{d}y^2}\right|_{x=2}=x''(0)=-\dfrac{16}{27}$.

▶▶▶方法小结

(1) 隐函数求二阶导数 $y''(x)$ 的步骤如下：

① 将方程两边对 x 求导(注意 $y=y(x)$)得 $y'(x)$ 满足的方程，从方程中解出 $y'(x)$ 的表达式；

② 将 $y'(x)$ 的表达式(或 $y'(x)$ 满足的方程)再对 x 求导，获得二阶导数 $y''(x)$ 满足的关系式(或方程)；

③ 将 $y'(x)$ 的表达式代入 $y''(x)$ 的关系式(或方程)，解得 $y''(x)$ 的表达式.

(2) 若求隐函数在点 (x_0, y_0) 处的二阶导数 $\left.\dfrac{\mathrm{d}^2y}{\mathrm{d}x^2}\right|_{(x_0, y_0)}$，则计算过程还可简化.在将所给方程对 x 求二次导数之后不必解出 $y'(x)$，$y''(x)$ 的表达式，可直接把 $x=x_0$，$y=y_0$ 代入所得方程，即可求得 $y'(x_0)$ 及 $y''(x_0)$ (例 2-106，例 2-107).

2.2.12.3 由参数方程、极坐标方程确定的函数的高阶导数计算

▶▶▶基本方法

(1) 对于由参数方程 $\begin{cases}x=x(t)\\y=y(t)\end{cases}$ 确定的函数 $y=f(x)$，先根据参数方程求导法计算其一阶导数

$$\frac{\mathrm{d}y}{\mathrm{d}x}=\frac{\frac{\mathrm{d}y}{\mathrm{d}t}}{\frac{\mathrm{d}x}{\mathrm{d}t}}=\frac{y'(t)}{x'(t)}. \tag{2-48}$$

再根据二阶导数的定义,将一阶导数 $\frac{\mathrm{d}y}{\mathrm{d}x}$ (参数方程)再对 x 求导(参数方程求导法),求得

$$\frac{\mathrm{d}^2y}{\mathrm{d}x^2}=\frac{\frac{\mathrm{d}}{\mathrm{d}t}\left(\frac{\mathrm{d}y}{\mathrm{d}x}\right)}{\frac{\mathrm{d}x}{\mathrm{d}t}}=\frac{\left(\frac{y(t)}{x(t)}\right)'_t}{x'(t)} \tag{2-49}$$

(2) 对于由极坐标方程 $\rho=\rho(\theta)$ 确定的函数 $y=f(x)$,可先将极坐标方程化为参数方程 $\begin{cases}x=\rho(\theta)\cos\theta\\ y=\rho(\theta)\sin\theta\end{cases}$,再运用参数方程求导法的式(2-48)和式(2-49)计算 $\frac{\mathrm{d}y}{\mathrm{d}x}$ 及 $\frac{\mathrm{d}^2y}{\mathrm{d}x^2}$.

▶▶▶方法运用注意点

一阶导函数 $\frac{\mathrm{d}y}{\mathrm{d}x}$ (式(2-48))仍然是参数 t 的参数方程,即

$$\begin{cases}\frac{\mathrm{d}y}{\mathrm{d}x}=\frac{y'(t)}{x'(t)}\\ x=x(t)\end{cases} \tag{2-50}$$

于是二阶导数公式(2-49)就是将一阶导数 $\frac{\mathrm{d}y}{\mathrm{d}x}$ 的参数方程(2-50)再运用一次参数方程求导法求导的结果.类似地,二阶导函数 $\frac{\mathrm{d}^2y}{\mathrm{d}x^2}$ (式(2-49))也是参数 t 的参数方程 ($x=x(t)$ 没有具体列出),若要计算其关于 x 导数 $\frac{\mathrm{d}}{\mathrm{d}x}\left[\frac{\mathrm{d}^2y}{\mathrm{d}x^2}\right]=\frac{\mathrm{d}^3y}{\mathrm{d}^3x}$,同样只需对其运用参数方程求导法.以此类推,可求出参数方程更高阶的导数.综上可见,参数方程求高阶导数方法的核心就是求一阶导数的参数方程求导法,即公式(2-48).

▶▶▶典型例题解析

例 2-108 设函数 $y=y(x)$ 由参数方程 $\begin{cases}x=(1+\theta^2)^{\frac{1}{2}}\\ y=(1-\theta^2)^{\frac{1}{2}}\end{cases}$ 确定,计算 $\frac{\mathrm{d}^2y}{\mathrm{d}x^2}$.

分析: 参数方程求二阶导数问题,运用参数方程求导法计算.

解: $\frac{\mathrm{d}y}{\mathrm{d}x}=\frac{y'(\theta)}{x'(\theta)}=\frac{-\frac{1}{2}(1-\theta^2)^{-\frac{1}{2}}2\theta}{\frac{1}{2}(1+\theta^2)^{-\frac{1}{2}}2\theta}=-\sqrt{\frac{1+\theta^2}{1-\theta^2}}$,

$$\frac{\mathrm{d}^2 y}{\mathrm{d}x^2}=\frac{\left(\frac{\mathrm{d}y}{\mathrm{d}x}\right)'_\theta}{x'(\theta)}=\frac{-\frac{1}{2}\left(\frac{1+\theta^2}{1-\theta^2}\right)^{-\frac{1}{2}}\frac{2\theta(1-\theta^2)+2\theta(1+\theta^2)}{(1-\theta^2)^2}}{\frac{1}{2}(1+\theta^2)^{-\frac{1}{2}}2\theta}=-\frac{2}{(1-\theta)^{\frac{3}{2}}}$$

例 2-109 设函数 $y=y(x)$ 由参数方程 $\begin{cases}x=a(\cos t+t\sin t)\\ y=a(\sin t-t\cos t)\end{cases}$ 所确定，其中 $0\leqslant t\leqslant 2\pi$，求 $\left.\frac{\mathrm{d}^2 y}{\mathrm{d}x^2}\right|_{x=-a}$.

分析：参数方程求一个点处的二阶导数问题，首先需确定 $x=-a$ 所对应的参数 t，再运用式(2-48)、式(2-49)计算.

解：由 $x=-a$，得 $-a=a(\cos t+t\sin t)$，即 $\cos t+t\sin t=-1$，

可知 $t=\pi$，所以 $x=-a$ 所对应的参数 $t=\pi$，运用参数方程求导法.

$$\frac{\mathrm{d}y}{\mathrm{d}x}=\frac{a[\cos t-(\cos t-t\sin t)]}{a(-\sin t+\sin t+t\cos t)}=\tan t$$

$$\frac{\mathrm{d}^2 y}{\mathrm{d}x^2}=\frac{\left(\frac{\mathrm{d}y}{\mathrm{d}x}\right)'_t}{x'(t)}=\frac{\sec^2 t}{at\cos t}=\frac{1}{at\cos^3 t}$$

所以
$$\left.\frac{\mathrm{d}^2 y}{\mathrm{d}x^2}\right|_{x=-a}=\left.\frac{1}{at\cos^3 t}\right|_{t=\pi}=-\frac{1}{a\pi}$$

例 2-110 设函数 $y=y(x)$ 由方程 $\begin{cases}x=4t^2+5t-7\\ \mathrm{e}^{y+1}-\cos t+ty=0\end{cases}$ 确定，计算 $\left.\frac{\mathrm{d}^2 y}{\mathrm{d}x^2}\right|_{t=0}$.

分析：从方程可见，x 是 t 的函数，y 是由方程 $\mathrm{e}^{y+1}-\cos t+ty=0$ 所确定的 t 的隐函数，所以本题是参数方程求二阶导数问题.

解：将方程 $\mathrm{e}^{y+1}-\cos t+ty=0$ 两边对 t 求导

$$\mathrm{e}^{y+1}y'(t)+\sin t+y(t)+ty'(t)=0.$$

解得
$$y'(t)=-\frac{\sin t+y}{\mathrm{e}^{y+1}+t}$$

由 $x(t)\big|_{t=0}=-7, y(t)\big|_{t=0}=-1$ 得 $y'(t)\big|_{t=0}=1$，所以

$$\left.\frac{\mathrm{d}y}{\mathrm{d}x}\right|_{t=0}=\left.\frac{y'(t)}{x'(t)}\right|_{t=0}=\frac{1}{(8t+5)_{t=0}}=\frac{1}{5}$$

又
$$\frac{\mathrm{d}^2 y}{\mathrm{d}x^2}=\frac{\left(-\frac{\sin t+y}{\mathrm{e}^{y+1}+t}\right)'_t}{x'(t)}=-\frac{1}{8t+5}\cdot\frac{(\cos t+y'(t))(\mathrm{e}^{y+1}+t)-(\sin t+y)(\mathrm{e}^{y+1}y'(t)+1)}{(\mathrm{e}^{y+1}+t)^2}$$

将 $t=0$ 代入上式，得 $$\left.\frac{\mathrm{d}^2 y}{\mathrm{d}x^2}\right|_{t=0}=-\frac{4}{5}$$

例 2-111 设曲线 $y=y(x)$ 的极坐标方程为 $\rho=\rho(\theta)$，$\rho(\theta)$ 对 θ 二阶可导，试用极坐标 ρ，θ 表示 $\frac{\mathrm{d}y}{\mathrm{d}x}$ 和 $\frac{\mathrm{d}^2 y}{\mathrm{d}x^2}$.

分析： 这是极坐标方程确定的函数求二阶导数问题，化为参数方程求导问题处理.

解： 将曲线化为参数方程 $\begin{cases}x=\rho(\theta)\cos\theta\\ y=\rho(\theta)\sin\theta\end{cases}$，运用参数方程求导公式(2-48)、式(2-49)得

$$\frac{\mathrm{d}y}{\mathrm{d}x}=\frac{y'(\theta)}{x'(\theta)}=\frac{\rho'\sin\theta+\rho\cos\theta}{\rho'\cos\theta-\rho\sin\theta},$$

$$\frac{\mathrm{d}^2 y}{\mathrm{d}x^2}=\frac{\frac{\mathrm{d}}{\mathrm{d}\theta}\left(\frac{\mathrm{d}y}{\mathrm{d}x}\right)}{x'(\theta)}=\frac{\left(\frac{\rho'\sin\theta+\rho\cos\theta}{\rho'\cos\theta-\rho\sin\theta}\right)'_\theta}{\rho'\cos\theta-\rho\sin\theta}$$

$$=\frac{(\rho''\sin\theta+2\rho'\cos\theta-\rho\sin\theta)(\rho'\cos\theta-\rho\sin\theta)-(\rho''\cos\theta-2\rho'\sin\theta-\rho\cos\theta)(\rho'\sin\theta+\rho\cos\theta)}{(\rho'\cos\theta-\rho\sin\theta)^3}$$

$$=\frac{\rho^2+2(\rho')^2-\rho\rho''}{(\rho'\cos\theta-\rho\sin\theta)^3}$$

▶▶▶方法小结

(1) 参数方程求高阶导数方法的要点是求得的各阶导数 $\frac{\mathrm{d}y}{\mathrm{d}x}$，$\frac{\mathrm{d}^2 y}{\mathrm{d}x^2}$ 等仍是参数方程，核心是参数方程求导法，即公式(2-48).

(2) 极坐标方程求高阶导数的方法是通过将其化为参数方程，利用参数方程求高阶导数方法计算.

2.3 习 题 二

2-1 计算下列数列极限：

(1) $\lim\limits_{n\to\infty}\frac{1+5+9+\cdots+(4n-3)}{1+3+5+\cdots+(2n-1)}$

(2) $\lim\limits_{n\to\infty}(\sqrt{1+2+\cdots+n}-\sqrt{1+2+\cdots+(n-1)})$

(3) $\lim\limits_{n\to\infty}(\sqrt{2}\cdot\sqrt[4]{2}\cdot\sqrt[8]{2}\cdots\sqrt[2^n]{2})$

(4) $\lim\limits_{n\to\infty}\left(1-\frac{1}{4}\right)\left(1-\frac{1}{9}\right)\left(1-\frac{1}{16}\right)\cdots\left(1-\frac{1}{n^2}\right)$

(5) $\lim\limits_{n\to\infty}n(a^{\frac{1}{n}}-b^{\frac{1}{n}})\ (a>b>0)$

(6) $\lim\limits_{n\to\infty}\frac{(2\sqrt{n}+1)^2}{\sqrt[3]{8n^3+1}}$

(7) $\lim\limits_{n\to\infty}\mathrm{e}^{-n}\sin(n!)$

(8) $\lim\limits_{n\to\infty}\left[\cos\frac{x}{\sqrt{n}}\right]^n\ (x\neq0)$

2-2　计算下列函数极限：

(1) $\lim\limits_{x\to 0}\dfrac{x^2\sin 7x}{\tan^3 x}$　　(2) $\lim\limits_{x\to 1}\left(\dfrac{3x+1}{3+x}\right)^{\frac{1}{x-1}}$

(3) $\lim\limits_{x\to 0^+}\dfrac{2x(\sin x^2)^{\frac{3}{2}}}{(x+\sin x)^4}$　　(4) $\lim\limits_{\theta\to 1}(1-\theta)\tan\dfrac{\pi}{2}\theta$

(5) $\lim\limits_{x\to -\infty}\mathrm{e}^{-x}\arctan x^2$　　(6) $\lim\limits_{x\to +\infty}(\sin\sqrt{x^2+1}-\sin x)$

2-3　计算下列函数极限：

(1) $\lim\limits_{x\to\infty}(\sqrt[3]{x^3+2x^2+1}-x)$　　(2) $\lim\limits_{x\to 0}\dfrac{1-\cos x}{(\mathrm{e}^{2x}-1)\ln(1-x)}$

(3) $\lim\limits_{x\to\pi}\left(\sin\dfrac{x}{2}\right)^{\frac{1}{1+\cos x}}$　　(4) $\lim\limits_{x\to 0}\arctan\left(\dfrac{2\sin x+\cos x}{2\mathrm{e}^x-\cos x}\right)$

(5) $\lim\limits_{x\to 0}\dfrac{\ln(\sin^2 x+\mathrm{e}^{2x})-x}{\ln(x+\mathrm{e}^{3x})-x}$　　(6) $\lim\limits_{x\to 0}\dfrac{\mathrm{e}^{2x}-\sqrt[3]{1+x}}{x+\sin^2 x}$

(7) $\lim\limits_{x\to 1}\dfrac{\ln x\ln(2x-1)}{1+\cos\pi x}$　　(8) $\lim\limits_{x\to 0}\dfrac{x\arcsin(3x)}{3^x+2^x-6^x-1}$

2-4　讨论下列极限的存在性，若存在求出极限值：

(1) $f(x)=\begin{cases}\dfrac{1-\cos x}{x^2}, & x<0\\ 3, & x=0\\ \dfrac{1}{2(x-1)}, & x>0\end{cases}$，求$\lim\limits_{x\to 0}f(x)$；(2) $f(x)=\arctan\dfrac{1}{x}+\dfrac{1}{1+2^{\frac{1}{x}}}$，求$\lim\limits_{x\to 0}f(x)$.

2-5　设 $a_n=\dfrac{10}{1}\cdot\dfrac{11}{3}\cdots\dfrac{n+9}{2n-1}$，试证数列 $\{a_n\}$ 有极限，并求出 $\lim\limits_{n\to\infty}a_n$.

2-6　设 $x_0=0$，$x_n=\sin x_{n-1}$，试证明数列 $\{a_n\}$ 收敛且极限值为 0.

2-7　设 $a_1=\sqrt{6}$，$a_n=\sqrt{6+a_{n-1}}$，试证明 $\lim\limits_{n\to\infty}a_n$ 存在，并求其极限值.

2-8　设 $a_0=1$，$a_n=\dfrac{1+2a_{n-1}}{1+a_{n-1}}$，试证明 $\lim\limits_{n\to\infty}a_n$ 存在，并求其极限值.

2-9　在“充分”“必要”和“充分必要”三者中选择一个正确的填空：

(1) $f(x)$ 在 x_0 的某一去心邻域内有界是 $\lim\limits_{x\to x_0}f(x)$ 存在的________条件，$\lim\limits_{x\to x_0}f(x)$ 存在是 $f(x)$ 在 x_0 的某一去心领域内有界的________条件.

(2) $f(x)$ 在 x_0 的某一去心邻域内无界是 $\lim\limits_{x\to x_0}f(x)=\infty$ 的________条件，$\lim\limits_{x\to x_0}f(x)=\infty$ 是 $f(x)$ 在 x_0 的某一去心邻域内无界的________条件.

2-10　(1) 以 $f(x)=\dfrac{1}{x}\cos\dfrac{1}{x}$ 为例说明 $x\to 0$ 时的无界量并不都是无穷大；

(2) 以 $f(x)=x\sin\dfrac{1}{x}$ 为例说明 $x\to\infty$ 时，有界量与无穷大的乘积不一定是无穷大.

2-11 求下列各式中的常数 A 和 k：

(1) $\sin(x+2\sqrt{x}) \sim Ax^k (x \to 0^+)$　　(2) $\sqrt{1+x}-1-\frac{1}{2}x \sim Ax^k (x \to 0)$

(3) $\dfrac{x}{\sqrt{1+\dfrac{4}{x^2}}} \sim Ax^k\ (x \to 0^+)$　　(4) $x^2+\sin(3\sqrt[3]{x}) \sim Ax^k (x \to 0)$

(5) $\ln(2^{3x}-x^2) \sim Ax^k (x \to 0)$

2-12 讨论下列函数的连续性，若有间断点，指出其类型，若是可去间断点，则补充定义使其在该点处连续：

(1) $f(x)=\dfrac{x}{\tan x}$　　(2) $f(x)=\dfrac{\sin(x-1)}{1-\dfrac{1}{x}}$

(3) $f(x)=\begin{cases} e^{-\frac{1}{x}}, & x \neq 0 \\ 0, & x=0 \end{cases}$　　(4) $f(x)=\begin{cases} \dfrac{(1-\cos x)\sin x}{x^3}, & x \neq 0 \\ 0, & x=0 \end{cases}$

(5) $f(x)=\begin{cases} \sin\dfrac{1}{x^2-1}, & x<0 \\ \dfrac{x^2-1}{\cos\left(\dfrac{\pi}{2}x\right)}, & x \geqslant 0 \end{cases}$　　(6) $f(x)=\begin{cases} \dfrac{2}{\pi}\arctan\dfrac{1}{x}, & x<0 \\ 1, & x=0 \\ \dfrac{3^{\frac{1}{x}}-1}{2+3^{\frac{1}{x}}}, & x>0 \end{cases}$

2-13 设 $f(x)=\begin{cases} \dfrac{1}{\pi}\arctan\dfrac{1}{x}+\dfrac{a+be^{\frac{1}{x}}}{1+e^{\frac{1}{x}}}, & x \neq 0 \\ 1, & x=0 \end{cases}$，试确定 a 与 b 的值，使 $f(x)$ 在 $(-\infty,+\infty)$ 内处处连续.

2-14 设函数 $f(x)$ 在 $(-\infty,+\infty)$ 内连续，$\lim\limits_{x\to\infty}f(x)=A$，试证明：$f(x)$ 在 $(-\infty,+\infty)$ 内有界.

2-15 设函数 $f(x)$ 对闭区间 $[a,b]$ 上的任意两点 x，y 恒有

$$|f(x)-f(y)| \leqslant L|x-y|,$$

其中 L 为正常数，又 $f(a)f(b)<0$，证明：至少存在一点 $\xi \in (a,b)$ 使 $f(\xi)=0$.

2-16 设 $f(x)$在$[0,+\infty)$内可导，$f(0)<0$，$f'(x) \geqslant k>0$，k 为常数.证明：在$(0,+\infty)$存在唯一的 z 使得 $f(z)=0$.

2-17 设 $\lim\limits_{x\to0}\dfrac{\ln\left(1+\dfrac{f(x)}{\sin 2x}\right)}{3^x-1}=5$，计算 $\lim\limits_{x\to0}\dfrac{f(x)}{x^2}$.

2-18 确定 a，b，c 的值，使下式成立

$$\lim_{x\to 1}\frac{a(x-1)^2+b(x-1)+c-\sqrt{x^2+3}}{(x-1)^2}=0$$

2-19 讨论 $f(x)=\left(x-\frac{\pi}{2}\right)|\cos x|$ 在 $x=\frac{\pi}{2}$ 处的可导性.

2-20 设 $f(x)=\begin{cases}\dfrac{2-3e^{\frac{1}{x}}}{1+2e^{\frac{1}{x}}}\sin x, & x\neq 0\\ 0, & x=0\end{cases}$，试确定 $f(x)$ 在 $x=0$ 处的可导性.

2-21 设 $f(x)=\begin{cases}\ln(1-x^3), & x\leqslant 0\\ x^2\sin\dfrac{1}{x}, & x>0\end{cases}$，求 $f'(x)$.

2-22 确定常数 a，b，c，d 的值，使函数 $f(x)=\begin{cases}\arctan 2x+2, & x\leqslant 0\\ ax^3+bx^2+cx+d, & 0<x<1\\ 3-\ln x, & x\geqslant 1\end{cases}$ 在 $x=0$ 及 $x=1$ 处可导.

2-23 求下列函数的导数 $\frac{dy}{dx}$：

(1) $\arctan(3-2x^2)$； (2) $y=\sin(3e^{2x}+1)$；

(3) $y=\sqrt{x+\sqrt{x+\sqrt{x}}}$ (4) $y=\dfrac{\sqrt{1+x}-\sqrt{1-x}}{\sqrt{1+x}+\sqrt{1-x}}$；

(5) $y=\sqrt{f^2(x)+g^2(x)}$，其中 $f(x)$，$g(x)$ 可导且 $f^2(x)+g^2(x)\neq 0$；

(6) $y=(1+x^2)^{\sin x}$；(7) $y=(\ln\arctan(1+x^2))^2$；(8) $y=\sqrt{e^{\frac{1}{x}}\sqrt{\cos 2x}}+\sqrt{x+\sqrt{x}}$.

2-24 求下列方程所确定的函数的导数 $\frac{dy}{dx}$：

(1) $\sin(x+y)=\sin 2x+\sin y$； (2) $(x-2)^y+x^2-\sin y=0$.

2-25 求曲线 $x\sin\pi y+\sqrt{3}y\cos x=\frac{\sqrt{3}}{2}$ 与 y 轴的交角.

2-26 证明曲线 $xy=a^2$ $(a>0)$ 上任一点处的切线与两坐标轴所围三角形面积为定值.

2-27 试求与椭圆 $4x^2+y^2=5$ 切与两点 $(1,-1)$ 和 $(-1,-1)$，并以 y 轴为对称轴的抛物线方程.

2-28 求下列参数方程确定的导数 $\frac{dy}{dx}$：

(1) $\begin{cases}x=\theta(1-\sin\theta)\\ y=\theta\cos\theta\end{cases}$；(2) $\begin{cases}x=f'(t)\\ y=tf'(t)-f(t)\end{cases}$，其中 $f(t)$ 有不为零的二阶导数.

2-29 求对数螺旋线 $\rho=ae^{\theta}$ $(a>0)$ 在 $\theta=\frac{\pi}{2}$ 所对应点处的切线方程.

2-30 设函数 $y=f(x)$ 由方程组 $\begin{cases} y\mathrm{e}^x+t\cos t=0 \\ x=t+\sin t \end{cases}$ 确定，试求 $\left.\dfrac{\mathrm{d}y}{\mathrm{d}x}\right|_{t=0}$.

2-31 求下列函数的二阶导数 $\dfrac{\mathrm{d}^2y}{\mathrm{d}x^2}$：

(1) $y=x\mathrm{e}^{x^2}$；(2) $y=\sin \mathrm{e}^{3x}-3^{\cos x}$；(3) $y=\ln(f(x))$，其中 $f(x)$ 二阶可导，且 $f(x)\neq 0$；

(4) $y=f(x)$ 由方程 $x^3-y^3-6x-3y=0$ 确定；(5) $\begin{cases} x=\dfrac{at}{1+t^3} \\ y=\dfrac{3at^2}{1+t^3} \end{cases}$.

2-32 求下列函数的 n 阶导数 $y^{(n)}(x)$ $(n\geqslant 3)$：

(1) $y=\dfrac{x^3}{1-x}$；　　(2) $y=x\,\mathrm{sh}\,x$；　　(3) $y=\cos^3 x$

2-33 设 $f(x)=\ln\sqrt[3]{\dfrac{1+x}{1-x}}$，求 $f^{(20)}(0)$ 及 $f^{(21)}(0)$.

2-34 设函数 $f(x)=(x-a)^n g(x)$，$g(x)$ 在 $x=a$ 处有直至 n 阶导数，试证：

$$f(a)=f'(a)=\cdots=f^{(n-1)}(a)=0,\ f^{(n)}(a)=n!\ g(a).$$

第3章 微分学的基本定理

微分学的主要任务是研究函数中量与量之间的变化关系，第 2 章中所讨论的导数概念，它反映了一个函数在某一点处的变化率.本章在导数的基础上进一步研究函数增量 Δy 关于自变量增量 Δx 之间更深入的关系.从 Δy 关于 Δx 线性近似的角度引入了微分 dy 的概念，从 Δy 与 Δx 之间等式关系的角度获得了更深刻的拉格朗日中值定理、泰勒公式等微分学基本公式.

3.1 本章解决的主要问题

(1) 微分的计算；

(2) 微分在近似计算中的应用；

(3) 罗尔定理、费马定理在证明函数零点问题中的应用；

(4) 微分中值定理在等式证明问题中的应用；

(5) 拉格朗日、柯西中值定理在不等式证明问题中的应用；

(6) 洛必达法则计算极限的应用；

(7) 函数的泰勒公式展开及其泰勒公式在极限问题中的应用；

(8) 泰勒公式在等式与不等式证明问题中的应用.

3.2 典型问题解题方法与分析

3.2.1 微分的计算

基本方法

(1) 利用在 x_0 点处的微分的定义

$$dy = f'(x_0)dx \tag{3-1}$$

(2) 利用微分的四则运算法则

$$d(u \pm v) = du \pm dv \tag{3-2}$$

$$\mathrm{d}(uv)=v\mathrm{d}u+u\mathrm{d}v \tag{3-3}$$

$$\mathrm{d}\left(\frac{u}{v}\right)=\frac{v\mathrm{d}u-u\mathrm{d}v}{v^2} \tag{3-4}$$

(3) 利用微分形式的不变性(复合函数的微分法则)：不论 u 是自变量还是中间变量，总有

$$\mathrm{d}y=f'(u)\mathrm{d}u \tag{3-5}$$

▶▶▶方法运用注意点

微分形式的不变性式(3-5)表明，有函数关系的两个变量之间的微分之比表示分子变量关于分母变量的导数，而和这两个变量哪个是自变量，哪个是因变量无关.

▶▶▶典型例题解析

例 3-1 计算下列函数的微分 dy：

(1) $y=\dfrac{x}{\sqrt{x^2+1}}$，在 $x=1$ 处； (2) $y=\arctan\dfrac{1-x^2}{1+x^2}$； (3) $y=(\arcsin\sqrt{1-x^2})^3$.

分析：所给函数皆由可微函数的四则运算及其复合所成，故可运用微分定义[式(3-1)]或者微分的运算性质[式(3-2)～(3-5)]计算.

解：(1)

解一：$f'(x)=\dfrac{\sqrt{x^2+1}-x\cdot\dfrac{x}{\sqrt{x^2+1}}}{x^2+1}=\dfrac{1}{(1+x^2)^{\frac{3}{2}}}$，

令 $x=1$ 得 $f'(1)=\dfrac{\sqrt{2}}{4}$，所以 $\mathrm{d}y\,|_{x=1}=\dfrac{\sqrt{2}}{4}\mathrm{d}x$.

解二：利用微分的运算性质

$$\mathrm{d}y=\frac{\sqrt{x^2+1}\,\mathrm{d}x-x\,\mathrm{d}(\sqrt{x^2+1})}{x^2+1}=\frac{\sqrt{x^2+1}\,\mathrm{d}x-x\cdot\dfrac{1}{2\sqrt{x^2+1}}\mathrm{d}(1+x^2)}{x^2+1}$$

$$=\frac{\sqrt{x^2+1}\,\mathrm{d}x-\dfrac{x^2}{\sqrt{x^2+1}}\mathrm{d}x}{x^2+1}=\frac{1}{(x^2+1)^{\frac{3}{2}}}\mathrm{d}x$$

将 $x=1$ 代入上式得 $\mathrm{d}y\,|_{x=1}=\left[\dfrac{1}{(1+x^2)^{\frac{3}{2}}}\right]_{x=1}\mathrm{d}x=\dfrac{\sqrt{2}}{4}\mathrm{d}x$.

典型错误：运用式(3-4)和式(3-5)算得 $\mathrm{d}y=\dfrac{1}{(x^2+1)^{\frac{3}{2}}}\mathrm{d}x$，将 $x=1$ 代入上式得

$$\mathrm{d}y\mid_{x=1}=\left[\frac{1}{(1+x^2)^{\frac{3}{2}}}\right]_{x=1}\mathrm{d}(1)=0.$$

错误在于将 $x=1$ 代入 $\mathrm{d}x$ 中的 x，而应代入导函数中的 x.

(2) $$f'(x)=\frac{1}{1+\left(\frac{1-x^2}{1+x^2}\right)^2}\left(\frac{1-x^2}{1+x^2}\right)'=\frac{(1+x^2)^2}{(1+x^2)^2+(1-x^2)^2}\cdot\frac{-2x(1+x^2)-(1-x^2)\cdot 2x}{(1+x^2)^2}$$

$$=-\frac{2x}{1+x^4}$$

所以 $$\mathrm{d}y=-\frac{2x}{1+x^4}\mathrm{d}x.$$

(3) 运用微分形式不变性[式(3-5)]，得

$$\mathrm{d}y=3\left(\arcsin\sqrt{1-x^2}\right)^2\mathrm{d}\left(\arcsin\sqrt{1-x^2}\right)=3\left(\arcsin\sqrt{1-x^2}\right)^2$$

$$\cdot\frac{1}{\sqrt{1-\left(\sqrt{1-x^2}\right)^2}}\mathrm{d}\left(\sqrt{1-x^2}\right)$$

$$=3\left(\arcsin\sqrt{1-x^2}\right)^2\cdot\frac{1}{|x|}\cdot\frac{1}{2\sqrt{1-x^2}}\mathrm{d}(1-x^2)$$

$$=3\left(\arcsin\sqrt{1-x^2}\right)^2\cdot\frac{1}{|x|}\cdot\frac{-2x}{2\sqrt{1-x^2}}\mathrm{d}x$$

$$=-\frac{3x}{|x|\sqrt{1-x^2}}\left(\arcsin\sqrt{1-x^2}\right)^2\mathrm{d}x.$$

说明：上例通过计算 $f'(x)$ 求出微分 $\mathrm{d}y$，反过来我们也可通过计算微分 $\mathrm{d}y$ 来求得导数 $f'(x)$.

例 3-2 设函数 $\varphi(x)$ 处处可导且 $\varphi(x)>0$，求 $\mathrm{d}\left(\varphi\left(\frac{\ln\varphi(x)}{\varphi(x)}\right)\right)$.

分析：所给函数 $y=\varphi\left(\frac{\ln\varphi(x)}{\varphi(x)}\right)$ 为抽象复合函数，可运用复合函数的微分法则[式(3-5)]计算.

解：记 $y=\varphi\left(\frac{\ln\varphi(x)}{\varphi(x)}\right)$，运用式(3-5)及式(3-4)得

$$\mathrm{d}y=\varphi'\left(\frac{\ln\varphi(x)}{\varphi(x)}\right)\mathrm{d}\left(\frac{\ln\varphi(x)}{\varphi(x)}\right)=\varphi'\left(\frac{\ln\varphi(x)}{\varphi(x)}\right)\frac{\varphi(x)\cdot\frac{1}{\varphi(x)}\mathrm{d}(\varphi(x))-\ln\varphi(x)\cdot\mathrm{d}(\varphi(x))}{\varphi^2(x)}$$

$$=\varphi'\left(\frac{\ln\varphi(x)}{\varphi(x)}\right)\frac{\varphi'(x)\mathrm{d}x-(\ln\varphi(x))\varphi'(x)\mathrm{d}x}{\varphi^2(x)}=\varphi'(x)\varphi'\left(\frac{\ln\varphi(x)}{\varphi(x)}\right)\frac{1-\ln\varphi(x)}{\varphi^2(x)}\mathrm{d}x.$$

例 3-3 设函数 $y=y(x)$ 由下列方程确定，计算 $\mathrm{d}y$：

(1) $e^{xy}+y^2-x=0$；　　　　　　(2) $x+y=\arctan(x-y)$.

分析：这是隐函数求微分问题，可通过求出 $y'(x)$ 后运用微分的定义，也可运用微分的运算性质计算.

解：(1)

解一：将方程 $e^{xy}+y^2-x=0$ 两边对 x 求导，有

$$e^{xy}(y+xy')+2yy'-1=0.$$

解得
$$y'(x)=\frac{1-ye^{xy}}{2y+xe^{xy}},$$

所以
$$dy=\frac{1-ye^{xy}}{2y+xe^{xy}}dx.$$

解二：将方程 $e^{xy}+y^2-x=0$ 两边取微分，并运用微分运算公式，有

$$e^{xy}d(xy)+2ydy-dx=0,\ 即\quad e^{xy}(ydx+xdy)+2ydy-dx=0,$$

解得
$$dy=\frac{1-ye^{xy}}{2y+xe^{xy}}dx.$$

(2) 将方程两边取微分，有

$$dx+dy=\frac{1}{1+(x-y)^2}d(x-y)=\frac{dx-dy}{1+(x-y)^2}$$

解得
$$dy=-\frac{(x-y)^2}{2+(x-y)^2}dx.$$

例 3-4 用微分求参数方程 $\begin{cases}x=2e^{\frac{t}{2}}\\ y=e^{-t}\end{cases}$ 确定的函数 $y=y(x)$ 的一阶导数 $\frac{dy}{dx}$ 和二阶导数 $\frac{d^2y}{dx^2}$.

分析：根据微分形式的不变性，无论 u 是自变量还是中间变量，两微分之比 $\frac{dy}{du}$ 表示 y 对变量 u 的导数.对于参数方程 $\begin{cases}x=\varphi(t)\\ y=\psi(t)\end{cases}$，可计算 $dx=\varphi'(t)dt$，$dy=\psi'(t)dt$，则

$$\frac{dy}{dx}=\frac{\varphi'(t)dt}{\psi'(t)dt}=\frac{\varphi'(t)}{\psi'(t)},\ \frac{d^2y}{dx^2}=\frac{d\left(\frac{dy}{dx}\right)}{dx}.$$

解：$dx=2e^{\frac{t}{2}}d\left(\frac{t}{2}\right)=e^{\frac{t}{2}}dt$，$dy=e^{-t}d(-t)=-e^{-t}dt$，所以

$$\frac{\mathrm{d}y}{\mathrm{d}x}=\frac{-\mathrm{e}^{-t}\mathrm{d}t}{\mathrm{e}^{\frac{t}{2}}\mathrm{d}t}=-\mathrm{e}^{-\frac{3}{2}t}.$$

又
$$\mathrm{d}\left(\frac{\mathrm{d}y}{\mathrm{d}x}\right)=\mathrm{d}(-\mathrm{e}^{-\frac{3}{2}t})=-\mathrm{e}^{-\frac{3t}{2}}\mathrm{d}\left(-\frac{3t}{2}\right)=\frac{3}{2}\mathrm{e}^{-\frac{3t}{2}}\mathrm{d}t,$$

所以
$$\frac{\mathrm{d}^2y}{\mathrm{d}x^2}=\frac{\mathrm{d}\left(\frac{\mathrm{d}y}{\mathrm{d}x}\right)}{\mathrm{d}x}=\frac{\frac{3}{2}\mathrm{e}^{-\frac{3}{2}t}\mathrm{d}t}{\mathrm{e}^{\frac{t}{2}}\mathrm{d}t}=\frac{3}{2}\mathrm{e}^{-2t}.$$

▶▶▶方法小结

微分 $\mathrm{d}y$ 可按以下两种方法计算：

(1) 先求导数 $f'(x)$，再利用微分的定义计算；

(2) 利用微分的四则运算法则和微分形式的不变性计算.

3.2.2 微分在近似计算中的应用

▶▶▶基本方法

(1) 利用函数 $f(x)$ 在点 x_0 处的线性近似逼近函数值.

(2) 利用函数 $f(x)$ 在点 x_0 处的微分近似函数的增量.

3.2.2.1 利用函数的线性近似计算函数近似值

函数的局部线性近似 如果函数 $y=f(x)$ 在点 x_0 处可导,则有

$$f(x)\approx f(x_0)+f'(x_0)(x-x_0) \tag{3-6}$$

▶▶▶方法运用注意点

用局部线性近似公式进行近似计算时,为提高精度,式(3-6)中 x_0 的选取应满足以下两点要求：(1) $f(x_0)$，$f'(x_0)$ 的值容易计算;(2) x_0 应尽量靠近 x.

▶▶▶典型例题解析

例 3-5 计算 arcsin(0.500 2) 的近似值(保留四位小数).

分析: 此时 $x=0.500\,2$，可取 $x_0=0.5$，运用式(3-6)计算.

解: 设 $f(x)=\arcsin x$，$x=0.500\,2$，$x_0=0.5$，则

$$f(0.5)=\arcsin(0.5)=\frac{\pi}{6},\ f'(0.5)=\frac{1}{\sqrt{1-x^2}}\bigg|_{x=0.5}=\frac{2}{\sqrt{3}}.$$

运用线性近似公式(3-6)

$$f(0.500\,2)=\arcsin(0.500\,2)\approx f(0.5)+f'(0.5)(0.500\,2-0.5)$$
$$=\frac{\pi}{6}+\frac{2}{\sqrt{3}}(0.000\,2)\approx 0.523\,8.$$

例 3-6 已知 $y=y(x)$ 是由方程 $e^{xy}=x+y^2$ 确定的函数,求 $x=1.03$ 时 y 的近似值.

分析: 尽管函数 $y=y(x)$ 由隐函数形式给出,通过计算 $y(x)$, $y'(x)$ 后仍可利用式(3-6)求得 $y(1.03)$ 的近似值.

解: 取 $x_0=1$,则当 $x_0=1$ 时,$y(1)=0$. 将方程 $e^{xy}=x+y^2$ 两边对 x 求导,得

$$e^{xy}(y+xy')=1+2yy'.$$

令 $x=1$, $y=0$ 得 $y'(1)=1$,运用线性近似公式(3-6),得

$$y(1.03)\approx y(1)+y'(1)(1.03-1)=0.03.$$

例 3-7 试证明:如果函数 $f(x)$ 在点 x_0 处可导,则过点 $(x_0, f(x_0))$ 的切线是最佳的线性近似,即若过点 $(x_0, f(x_0))$ 的任意一条直线方程是 $y=A(x)=f(x_0)+k(x-x_0)$ $(k\neq f'(x_0))$,切线方程是 $y=l(x)=f(x_0)+f'(x_0)(x-x_0)$,则存在 $\delta>0$,使对任意的 $x\in \hat{N}(x_0, \delta)$,有

$$|f(x)-l(x)|<|f(x)-A(x)|.$$

分析: 问题即证 $|f(x)-f(x_0)-f'(x_0)(x-x_0)|<|f(x)-f(x_0)-k(x-x_0)|$,也就是证

$$\left|\frac{f(x)-f(x_0)}{x-x_0}-f'(x_0)\right|<\left|\frac{f(x)-f(x_0)}{x-x_0}-k\right|.$$

因为 $\lim\limits_{x\to x_0}\left|\frac{f(x)-f(x_0)}{x-x_0}-f'(x_0)\right|=0$, $\lim\limits_{x\to x_0}\left|\frac{f(x)-f(x_0)}{x-x_0}-k\right|=|f'(x_0)-k|>0$,所以可利用极限的局部保号性完成证明.

解: 因为 $f(x)$ 在点 x_0 处可导,$f'(x_0)\neq k$,则有

$$\lim_{x\to x_0}\left|\frac{f(x)-f(x_0)}{x-x_0}-f'(x_0)\right|=\left|\lim_{x\to x_0}\frac{f(x)-f(x_0)}{x-x_0}-f'(x_0)\right|=0,$$

$$\lim_{x\to x_0}\left|\frac{f(x)-f(x_0)}{x-x_0}-k\right|=\left|\lim_{x\to x_0}\frac{f(x)-f(x_0)}{x-x_0}-k\right|=|f'(x_0)-k|>0.$$

对 $\varepsilon=\frac{|f'(x_0)-k|}{2}$,存在 $\delta>0$,当 $x\in\hat{N}(x_0, \delta)$,有

$$\left|\frac{f(x)-f(x_0)}{x-x_0}-f'(x_0)\right|<\frac{|f'(x_0)-k|}{2},$$

$$\left|\left|\frac{f(x)-f(x_0)}{x-x_0}-k\right|-|f'(x_0)-k|\right|<\frac{|f'(x_0)-k|}{2},$$

即有 $$\left|\frac{f(x)-f(x_0)}{x-x_0}-f'(x_0)\right|<\frac{|f'(x_0)-k|}{2}<\left|\frac{f(x)-f(x_0)}{x-x_0}-k\right|.$$

两边同乘 $|x-x_0|$ 得

$$|f(x)-f(x_0)-f'(x_0)(x-x_0)|<|f(x)-f(x_0)-k(x-x_0)|$$

即
$$|f(x)-l(x)|<|f(x)-A(x)|,\ x\in \hat{N}(x_0,\delta).$$

说明：上例表明，对于可导的函数，在点 x_0 的附近用切线所做的线性近似比用其他直线近似误差小.

▶▶▶方法小结

计算函数 $f(x)$ 的值是常见的计算问题，方法有多种，而线性近似是其中最简单的一种方法.方法使用的要点在于点 x_0 的选取要满足前述的要求(1)和(2).

3.2.2.2 微分在函数增量估计中的应用

1) 绝对误差估计式
$$|\Delta y|=|f(x)-f(x_0)|\approx|\mathrm{d}y|=|f'(x_0)||x-x_0| \tag{3-7}$$

2) 相对误差估计式
$$\frac{|\Delta y|}{|f(x_0)|}\approx\frac{|\mathrm{d}y|}{|f(x_0)|}=\frac{|f'(x_0)|}{|f(x_0)|}|x-x_0| \tag{3-8}$$

▶▶▶典型例题解析

例 3-8 在一个内半径 5 cm，外半径 5.2 cm 的空心铁球的外表面上镀一层厚 0.005 cm 的金，已知铁与金的密度分别为 7.86 g/cm³ 与 18.9 g/cm³.试用微分法求该球中含铁和金的质量近似值.

分析：若设球的体积为 $V=V(r)$，则铁球的体积 $\Delta V_1=|V(5.2)-V(5)|$，镀金层的体积 $\Delta V_2=|V(5.205)-V(5.2)|$，故这是一函数增量的计算问题，可用微分做近似估计.

解：设球的半径为 r，则球的体积 $V=\frac{4}{3}\pi r^3$. 铁球体积的近似值

$$\Delta V_1=|V(5.2)-V(5)|\approx|\mathrm{d}V|_{r=5}|=|(4\pi r^2)|_{r=5}||5.2-5|=4\pi\times25\times0.2=62.83$$

镀金层体积的近似值

$$\begin{aligned}\Delta V_2&=|V(5.205)-V(5.2)|\approx|\mathrm{d}V|_{r=5.2}|=|(4\pi r^2)|_{r=5.2}||5.2-5.205|\\&=4\pi\times(5.2)^2\times0.005=1.699\end{aligned}$$

所以球中含铁质量的近似值 $m_1=62.83\times7.86=493.9$ g，

含金质量的近似值 $m_2=1.699\times18.9=32.1$ g.

例 3-9 计算一个底面半径与高相等的圆锥体的体积时，要求相对误差小于 0.9%，问测量其高(或底半径)时最多允许有多大的相对误差?

分析：本题先要建立体积的相对误差与高的相对误差之间的关系，这可运用式(3-8).

解：设圆锥体的高为 h，则圆锥体的体积 $V=\frac{1}{3}\pi r^2h=\frac{1}{3}\pi h^3(r=h)$. 体积的相对误差

$$\frac{|\Delta V|}{V}\approx\frac{|\mathrm{d}V|}{V}=\frac{\pi h^2|\mathrm{d}h|}{\frac{1}{3}\pi h^3}=3\frac{|\mathrm{d}h|}{h}.$$

所以要使 $\frac{|\Delta V|}{V}<0.9\%$，可近似的要求 $3\frac{|\mathrm{d}h|}{h}<0.9\%$，即当测量高的相对误差

$$\frac{|\mathrm{d}h|}{h}<\frac{0.9\%}{3}=0.3\%$$

时，即可使体积的相对误差小于0.9%.

例 3-10 求重力加速度的经典的物理实验是这样的：测出摆长为 l 的单摆的周期 T，则重力加速度 g 为

$$g=\frac{4\pi^2 l}{T^2}.$$

(1) 如果 l 是准确的，而测量周期 T 时有1%的相对误差，问由此计算 g 所产生的相对误差是多少？

(2) 如果已知 T 是准确的，而测量摆长 l 时有1%的相对误差，问由此计算 g 所产生的相对误差是多少？

(3) 如果已知 $g=980\ \mathrm{cm/s^2}$，l 为 20 cm，为了使单摆的周期 T 增加 0.05 s，试问摆长 l 约需增加多少？

分析：本题仍需利用相对误差估计式(3-8)以及式(3-7).

解：(1) 因为周期 T 的相对误差 $\frac{|\mathrm{d}T|}{T}=1\%$，$\mathrm{d}g=-\frac{8\pi^2 l}{T^3}\mathrm{d}T$，所以计算 g 所产生的相对误差

$$\frac{|\Delta g|}{g}\approx\frac{|\mathrm{d}g|}{g}=2\frac{|\mathrm{d}T|}{T}=2\%.$$

(2) 由摆长 l 的相对误差 $\frac{|\mathrm{d}l|}{l}=1\%$，$\mathrm{d}g=\frac{4\pi^2}{T^2}\mathrm{d}l$，所以计算 g 所产生的相对误差

$$\frac{|\Delta g|}{g}\approx\frac{|\mathrm{d}g|}{g}=\frac{|\mathrm{d}l|}{l}=1\%.$$

(3) 从 $g=\frac{4\pi^2 l}{T^2}$ 中解得 $T=2\pi\sqrt{\frac{l}{g}}$，则有 $\mathrm{d}T=\frac{\pi}{\sqrt{gl}}\mathrm{d}l$. 利用式(3-7)得

$$0.05=|\Delta T|\approx|\mathrm{d}T|=\left(\frac{\pi}{\sqrt{gl}}\right)\Big|_{l=20}|\mathrm{d}l|=\frac{\pi}{\sqrt{980\times 20}}|\mathrm{d}l|,$$

解得
$$|\mathrm{d}l|\approx\frac{\sqrt{980\times 20}}{\pi}\times 0.05=2.228,$$

即摆长 l 约需增加 2.228 cm.

方法小结

式(3-7)和式(3-8)常被用来估计绝对误差和相对误差的近似值.它的基本思想：当自变量 Δx 较小时可用微分 $\mathrm{d}y$ 来近似代替函数增量 Δy，即 $\Delta y \approx \mathrm{d}y$. 这里需指出，式(3-7)和式(3-8)只是给出了绝对误差和相对误差的近似值，不是绝对误差和相对误差限.

3.2.3　罗尔定理、费马定理在证明函数零点问题中的应用

基本方法

(1) 利用罗尔定理证明导函数零点的存在性；

(2) 利用极值点的必要条件(即费马定理)证明导函数零点的存在性.

重要定理

1) 罗尔定理　设函数 $y=f(x)$，并满足条件：

(1) 在闭区间 $[a, b]$ 上连续；(2) 在开区间 (a, b) 内可导；(3) $f(a)=f(b)$，则至少存在一点 $\xi \in (a, b)$，使 $f'(\xi)=0$.

2) 费马定理　设函数 $y=f(x)$ 在点 x_0 处可导，且 x_0 是 $f(x)$ 的极值点，则必有

$$f'(x_0)=0. \tag{3-9}$$

方法运用注意点

(1) 罗尔定理中的三个条件一般不可松动，在运用时需严格验证这三个条件是否成立.

(2) 罗尔定理的结论是关于导函数 $f'(x)$ 的零点，不是函数 $f(x)$ 的零点，要注意和零值定理的区别.

(3) 对高阶导函数的零点问题，可对导函数运用罗尔定理.

(4) 费马定理的结论[式(3-9)]也涉及了导函数的零点，尽管罗尔定理与费马定理都涉及了同样的问题，但它们的条件是不同的.当问题中的条件涉及函数的极值或最值时，通常可运用费马定理处理.

典型例题解析

例 3-11　设函数 $f(x)$ 在 $[a, b)$ 上连续，在 (a, b) 内可导，且 $\lim\limits_{x \to b^-} f(x)=f(a)$，试证：存在 $\xi \in (a, b)$ 使

$$f'(\xi)=0.$$

分析：本题的关键在于 $f(x)$ 在 $x=b$ 处没有定义从而不连续，故首先应考虑构造一个辅助函数 $F(x)$ 使之在 $[a, b]$ 上连续，$F(a)=F(b)$，且当 $x \in (a, b)$ 时，$F'(x)=f'(x)$.

解：由 $\lim\limits_{x \to b^-} f(x)=f(a)$，构造辅助函数

$$F(x)=\begin{cases} f(x), & x \in [a, b), \\ f(a), & x=b. \end{cases}$$

此时 $F(x)$ 在 $[a, b]$ 上连续,在 (a, b) 内可导,且 $F(a)=F(b)=f(a)$,根据罗尔定理存在 $\xi \in (a, b)$ 使

$$F'(\xi)=f'(\xi)=0,$$

结论得证.

例 3-12 设常数 $a_1, a_2, \cdots, a_n$ 满足条件 $a_1-\frac{a_2}{3}+\cdots+(-1)^{n-1}\frac{a_n}{2n-1}=0$,试证明方程

$$a_1\cos x+a_2\cos 3x+\cdots+a_n\cos(2n-1)x=0$$

在 $\left(0, \frac{\pi}{2}\right)$ 内必有实根.

分析:求解本题首选的方法是考虑对函数 $g(x)=a_1\cos x+a_2\cos 3x+\cdots+a_n\cos(2n-1)x$ 在区间 $\left[0, \frac{\pi}{2}\right]$ 上运用零值定理,但由于很难找到 $x_1, x_2 \in \left[0, \frac{\pi}{2}\right]$ 使 $f(x_1)f(x_2)<0$ 而无法使用,因此考虑运用罗尔定理.证明的关键是选取一个在 $\left[0, \frac{\pi}{2}\right]$ 上满足罗尔定理条件,且有

$$f'(x)=a_1\cos x+a_2\cos 3x+\cdots+a_n\cos(2n-1)x$$

的函数 $f(x)$.

解:因为

$$\begin{aligned}&a_1\cos x+a_2\cos 3x+\cdots+a_n\cos(2n-1)x\\=&a_1(\sin x)'+a_2\left(\frac{\sin 3x}{3}\right)'+\cdots+a_n\left(\frac{\sin(2n-1)x}{2n-1}\right)'\\=&\left(a_1\sin x+a_2\frac{\sin 3x}{3}+\cdots+a_n\frac{\sin(2n-1)x}{2n-1}\right)',\end{aligned}$$

所以取 $f(x)=a_1\sin x+a_2\frac{\sin 3x}{3}+\cdots+a_n\frac{\sin(2n-1)x}{2n-1}$,则 $f(x)$ 在 $\left[0, \frac{\pi}{2}\right]$ 上连续,在 $\left(0, \frac{\pi}{2}\right)$ 内可导,且从条件可知满足 $f(0)=0$, $f\left(\frac{\pi}{2}\right)=a_1-\frac{a_2}{3}+\cdots+(-1)^{n-1}\frac{a_n}{2n-1}=0.$

根据罗尔定理,存在 $\xi \in \left(0, \frac{\pi}{2}\right)$ 使 $f'(\xi)=0$,即

$$f'(\xi)=a_1\cos\xi+a_2\cos 3\xi+\cdots+a_n\cos(2n-1)\xi=0,$$

从而证得方程在 $\left(0, \frac{\pi}{2}\right)$ 内必有实根.

例 3-13 证明方程 $x=\sin x+2$ 有且仅有一个小于 3 的正根.

分析:方程 $x=\sin x+2$ 的根⇔函数 $f(x)=x-\sin x-2$ 的零点.故正根的存在性可考虑对 $f(x)$ 在 $[0, 3]$ 上运用零值定理证明.注意到 $f'(x)=1-\cos x>0$, $x\in(0, 3)$,故正根的唯一性可考虑用反证法,利用罗尔定理证明.

解:设 $f(x)=x-\sin x-2$,则 $f(x)$ 在 $[0, 3]$ 上连续,且 $f(0)=-2<0$, $f(3)=1-\sin 3>$

0，根据零值定理，存在 $\xi \in (0, 3)$ 使

$$f(\xi)=0,$$

即方程 $f(x)=0$ 在 $(0, 3)$ 内至少有一个根.

用反证法证明根的唯一性.假设方程 $f(x)=0$ 在 $(0, 3)$ 内有两个不同的根 x_1, x_2，不妨设 $x_1<x_2$，则由于 $f(x)$ 在 $[x_1, x_2]$ 上连续、(x_1, x_2) 内可导，且 $f(x_1)=f(x_2)=0$，根据罗尔定理，存在 $\eta \in (x_1, x_2) \subset (0, 3)$ 使 $f'(\eta)=1-\cos\eta=0$，这与 $f'(x)=1-\cos x>0, x \in (0, 3)$ 矛盾.所以方程 $x=\sin x+2$ 有且仅有一个小于 3 的正根.

例 3-14　设 $f(x)$ 在 $[a, b]$ 上连续，在 (a, b) 内可导，且 $f(x)\neq 0$. 如果 $f(a)=f(b)=0$，证明对于任意的实数 k，必有 $\xi \in (a, b)$ 使得

$$f'(\xi)=kf(\xi).$$

分析：原问题 $\Leftrightarrow f'(\xi)-kf(\xi)=0$. 由于方程中出现导数，可先考虑运用罗尔定理证明.可以看到，无法直接将 $f'(x)-kf(x)$ 表达成某一函数的导数.由于将方程两边同乘非零因子后所得的方程与原方程同解，所以下面考虑寻找一个使 $F'(x)$ 与 $f'(x)-kf(x)$ 仅差一个非零因子的函数 $F(x)$. 从 $f'(x)-kf(x)$ 的形式可知，$F(x)$ 应是 $f(x)$ 与某一函数 $g(x)$ 的乘积，且 $g(x)$ 与 $g'(x)$ 只相差一个常数 $-k$. 可见该函数就是 $g(x)=e^{-kx}$，此时 $F(x)=f(x)e^{-kx}$，且 $F'(x)$ 与 $f'(x)-kf(x)$ 仅差一个非零因子 e^{-kx}.

解：将等式两边同乘 $e^{-k\xi}$，并移项得

$$f'(\xi)-kf(\xi)=0 \Leftrightarrow f'(\xi)e^{-k\xi}-kf(\xi)e^{-k\xi}=0 \Leftrightarrow (f(x)e^{-kx})'_{x=\xi}=0.$$

设 $F(x)=f(x)e^{-kx}$，则 $F(x)$ 在 $[a, b]$ 上连续，在 (a, b) 内可导，且 $F(a)=F(b)=0$，根据罗尔定理，存在 $\xi \in (a, b)$ 使

$$F'(\xi)=e^{-k\xi}f'(\xi)-ke^{-k\xi}f(\xi)=0, \text{即}\quad f'(\xi)=kf(\xi).$$

例 3-15　设函数 $f(x)$ 在 $(0, +\infty)$ 内可导，对任意正整数 n 总有 $f(n)=nf(1)$，证明方程

$$xf'(x)=f(x)$$

有无穷多个正根.

分析：因为当 $x>0$ 时，

$$xf'(x)=f(x) \Leftrightarrow xf'(x)-f(x)=0 \Leftrightarrow \frac{xf'(x)-f(x)}{x^2}=0 \Leftrightarrow \left(\frac{f(x)}{x}\right)'=0,$$

所以可考虑用罗尔定理证明.

解：设 $F(x)=\dfrac{f(x)}{x}$，则 $F(x)$ 在 $x>0$ 上连续且可导.从条件 $f(n)=nf(1)$ 得 $\dfrac{f(n)}{n}=f(1)$，从而有 $F(n+1)=F(n)=f(1), n=1, 2, \cdots$. 对任意正整数 n，在区间 $[n, n+1]$ 上对 $F(x)$ 利用罗尔定理，存在 $\xi_n \in (n, n+1)$ 使

$$F'(\xi_n)=0, \quad \text{即}\ \xi_n f'(\xi_n)-f(\xi_n)=0, n=1, 2, \cdots,$$

所以方程有无穷多个正根.

例 3-16 设函数 $f(x)$, $g(x)$ 在 $[0, 1]$ 上连续,在 $(0, 1)$ 内可导, $f(0)=g(1)=0$, 证明在 $(0, 1)$ 内至少存在一点 ξ, 使得

(1) $f'(\xi)g(\xi)+f(\xi)g'(\xi)=0$;　　(2) $\xi f'(\xi)+kf(\xi)=f'(\xi)$, 式中 k 是正整数.

分析: 对于(1),由于 $f'(\xi)g(\xi)+f(\xi)g'(\xi)=(f(x)g(x))'_{x=\xi}=0$, 因此可用罗尔定理证明.

对于(2),有
$$\xi f'(\xi)+kf(\xi)=f'(\xi)\Leftrightarrow(\xi-1)f'(\xi)+kf(\xi)=0$$
$$\Leftrightarrow(\xi-1)^k f'(\xi)+k(\xi-1)^{k-1}f(\xi)=0\Leftrightarrow[(x-1)^k f(x)]'_{x=\xi}=0$$
故也可考虑用罗尔定理证明.

解: (1) 设 $F(x)=f(x)g(x)$, 则 $F(x)$ 在 $[0, 1]$ 上连续,在 $(0, 1)$ 内可导,且 $F(0)=f(0)g(0)=0$, $F(1)=f(1)g(1)=0$. 根据罗尔定理,存在 $\xi\in(0, 1)$ 使得
$$F'(\xi)=0,\quad 即\ f'(\xi)g(\xi)+f(\xi)g'(\xi)=0.$$

(2) 由上分析,设 $G(x)=(x-1)^k f(x)$, 则 $G(x)$ 在 $[0, 1]$ 上连续,在 $(0, 1)$ 内可导,且 $G(0)=(-1)^k f(0)=0$, $G(1)=0\cdot f(1)=0$. 根据罗尔定理,存在 $\xi\in(0, 1)$ 使得
$$G'(\xi)=0,\quad 即\ (\xi-1)^k f'(\xi)+k(\xi-1)^{k-1}f(\xi)=0,$$
亦即
$$\xi f'(\xi)+kf(\xi)=f'(\xi).$$

例 3-17 设函数 $f(x)$ 在 (a, b) 内具有二阶导数, $a<x_1<x_2<x_3<b$, 且 $f(x_1)=f(x_2)=f(x_3)$, 证明:在 (x_1, x_3) 内至少有一点 ξ, 使得 $f''(\xi)=0$.

分析: 证二阶导函数的零点,可考虑对 $f'(x)$ 利用罗尔定理.由条件知 $f'(x)$ 在 (a, b) 内连续且可导,故问题的关键是在 $[x_1, x_3]$ 内找两点 η_1, η_2 使得 $f'(\eta_1)=f'(\eta_2)$.

解: 由于 $f(x)$ 在 (a, b) 内连续可导,且 $f(x_1)=f(x_2)=f(x_3)$, 将 $f(x)$ 分别在 $[x_1, x_2]$, $[x_2, x_3]$ 区间上运用罗尔定理,存在 $\eta_1\in(x_1, x_2)$, $\eta_2\in(x_2, x_3)$ 使得
$$f'(\eta_1)=0,\ f'(\eta_2)=0.$$
又 $f'(x)$ 在 $[\eta_1, \eta_2]\subset(x_1, x_3)$ 上连续、可导,且 $f'(\eta_1)=f'(\eta_2)$, 根据罗尔定理,存在 $\xi\in(\eta_1, \eta_2)\subset(x_1, x_2)$ 使得
$$f''(\xi)=0.$$
结论得证.

说明: 本例说明,对于二阶可导函数,若能找到三个等值的点,则它的二阶导函数至少有一零点,这一结论经常被用来证明二阶导函数的零点问题.

例 3-18 两辆汽车沿着笔直的公路进行比赛,出发不久,A 车即领先于 B 车,虽然一度 B 车超过 A 车,最后还是 A 车先到达终点.试证明:在比赛途中两车的加速度曾相等过(这里假设 A, B 车的运动方程二阶可导).

分析: 设 A 车的运动方程为 $s=f(t)$, B 车的运动方程 $s=g(t)$. 由于是两次超车,故存在 $t_1<t_2$

使 $f(t_1)=g(t_1)$, $f(t_2)=g(t_2)$. 故问题就转变为要证：当 $f(0)=g(0)$, $f(t_1)=g(t_1)$, $f(t_2)=g(t_2)$ 时,存在 $\xi \in (0, t_2)$ 使得 $f''(\xi)=g''(\xi)$, 这可考虑运用罗尔定理证明.

解: 设A, B车的运动方程分别为 $s=f(t)$, $s=g(t)$, 则A, B车的加速度分别为 $a_A(t)=f''(t)$, $a_B(t)=g''(t)$. 依题意,存在 $t_1<t_2$ 使得

$$f(t_1)=g(t_1),\ f(t_2)=g(t_2),\ 且\ f(0)=g(0).$$

设 $F(t)=f(t)-g(t)$, 则有 $F(0)=F(t_1)=F(t_2)=0$, 在 $[0, t_1]$, $[t_1, t_2]$ 上分别利用罗尔定理,存在 $\xi_1 \in (0, t_1)$, $\xi_2 \in (t_1, t_2)$ 使得

$$F'(\xi_1)=0,\ F'(\xi_2)=0.$$

在 $[\xi_1, \xi_2]$ 上对 $F'(t)$ 再利用罗尔定理,存在 $\xi \in (\xi_1, \xi_2) \subset (0, t_2)$ 使得

$$F''(\xi)=f''(\xi)-g''(\xi)=0,\ 即\ a_A(\xi)=a_B(\xi).$$

例3-19 设 $f(x)$ 在 $[1, 2]$ 上有二阶导数且 $f(2)=0$, 又 $F(x)=(x-1)^2 f(x)$, 证明：至少存在一点 $\xi \in (1, 2)$, 使 $F''(\xi)=0$.

分析: 与上例不同,本例无法找出 $F(x)$ 的三个等值的点,此时仍应考虑去找 $F'(x)$ 的两个等值点来利用罗尔定理证明.

解: 从 $F'(x)=2(x-1)f(x)+(x-1)^2 f'(x)$ 可得 $F'(1)=0$. 因为 $F(x)$ 在 $[1, 2]$ 上连续,在 $(1, 2)$ 内可导,且 $F(1)=0$, $F(2)=f(2)=0$, 所以根据罗尔定理,存在 $\eta \in (1, 2)$ 使得 $F'(\eta)=0$.

又因 $F'(x)$ 在 $[1, \eta]$ 连续,在 $(1, \eta)$ 内可导, $F'(1)=F'(\eta)=0$, 再对 $F'(x)$ 利用罗尔定理,存在 $\xi \in (1, \eta) \subset (1, 2)$ 使

$$F''(\xi)=0.$$

例3-20 设 a, b, c 为实数,求证方程 $e^x=ax^2+bx+c$ 的根不超过3个.

分析: 本题直接从判断根的个数来证明是不方便的,此时可考虑采用反证法证明.

解: 假设方程有4个根且有 $x_1<x_2<x_3<x_4$. 若设 $f(x)=e^x-ax^2-bx-c$, 则有

$$f(x_1)=f(x_2)=f(x_3)=f(x_4)=0.$$

分别在 $[x_1, x_2]$, $[x_2, x_3]$, $[x_3, x_4]$ 上对 $f(x)$ 使用罗尔定理,存在 $\xi_1 \in (x_1, x_2)$, $\xi_2 \in (x_2, x_3)$, $\xi_3 \in (x_3, x_4)$ 使

$$f'(\xi_1)=f'(\xi_2)=f'(\xi_3)=0.$$

对 $f'(x)$ 在 $[\xi_1, \xi_2]$, $[\xi_2, \xi_3]$ 上再使用罗尔定理,存在 $\eta_1 \in (\xi_1, \xi_2)$, $\eta_2 \in (\xi_2, \xi_3)$ 使

$$f''(\eta_1)=f''(\eta_2)=0.$$

再对 $f''(x)$ 在 $[\eta_1, \eta_2]$ 上使用罗尔定理,存在 $\xi \in (\eta_1, \eta_2)$ 使 $f'''(\xi)=0$, 然而 $f'''(\xi)=e^{\xi} \neq 0$, 矛盾,所以假设不成立,命题得证.

例3-21 设 $f(x)$ 在区间 $[a, b]$ 上具有二阶导数,且 $f(a)=f(b)=0$, $f'(a)f'(b)>0$, 证明:

存在 $\xi \in (a, b)$ 和 $\eta \in (a, b)$ 使 $f(\xi)=0$ 及 $f''(\eta)=0$.

分析: 本题的关键是证明存在 $\xi \in (a, b)$ 使 $f(\xi)=0$. 若该结论得证,则有 $f(a)=f(\xi)=f(b)=0$,从而运用例 3-17 的证法可证存在 $\eta \in (a, b)$ 使 $f''(\eta)=0$. 为证明存在 $\xi \in (a, b)$ 使 $f(\xi)=0$,应从条件 $f'(a)f'(b)>0$ 入手去寻找 (a, b) 中使 $f(x)$ 异号的两个点来运用零值定理.

解: 由 $f'(a)f'(b)>0$,不妨设 $f'(a)>0$, $f'(b)>0$,则从导数的定义得

$$f'(a)=\lim_{x\to a^+}\frac{f(x)-f(a)}{x-a}>0,\ f'(b)=\lim_{x\to b^-}\frac{f(x)-f(b)}{x-b}>0.$$

利用极限的局部保号性,存在 $\delta_1>0$, $\delta_2>0$,当 $x\in(a, a+\delta_1)$ 时, $\dfrac{f(x)-f(a)}{x-a}>0$;当 $x\in(b-\delta_2, b)$ 时, $\dfrac{f(x)-f(b)}{x-b}>0$. 从而当 $x\in(a, a+\delta_1)$ 时, $f(x)-f(a)>0$,即

$$f(x)>f(a)=0;$$

当 $x\in(b-\delta_2, b)$ 时, $f(x)-f(b)<0$,即

$$f(x)<f(b)=0.$$

取 $x_1\in(a, a+\delta_1)$, $x_2\in(b-\delta_2, b)$,则 $f(x_1)>0$, $f(x_2)<0$. 在 $[x_1, x_2]$ 上对 $f(x)$ 运用零值定理,存在 $\xi\in(x_1, x_2)\subset(a, b)$,使 $f(\xi)=0$.

再由等式 $f(a)=f(\xi)=f(b)=0$,在 $[a, \xi]$, $[\xi, b]$ 上分别对 $f(x)$ 利用罗尔定理,存在 $\xi_1\in(a, \xi)$, $\xi_2\in(\xi, b)$,使 $f'(\xi_1)=f'(\xi_2)=0$. 在 $[\xi_1, \xi_2]$ 上对 $f'(x)$ 再利用罗尔定理,存在 $\eta\in(\xi_1, \xi_2)\subset(a, b)$ 使 $f''(\eta)=0$.

例 3-22 设函数 $f(x)$ 在 $[a, b]$ 上可导,且 $f'(a)f'(b)<0$,证明: 在 (a, b) 内存在一点 ξ,使得

$$f'(\xi)=0.$$

分析: 若对 $f(x)$ 在 $[a, b]$ 上运用罗尔定理,可见 $f(x)$ 的两个等值点无法取得,故本题需考虑运用费马定理证明.证明的关键是去证明 $f(x)$ 在 $[a, b]$ 上的最大值和最小值点中至少有一个落在 (a, b) 内,这可从条件 $f'(a)f'(b)<0$ 进行分析.

解: 由 $f'(a)f'(b)<0$,不妨设 $f'(a)>0$, $f'(b)<0$. 根据导数的定义,有

$$f'(a)=\lim_{x\to a^+}\frac{f(x)-f(a)}{x-a}>0,\ f'(b)=\lim_{x\to b^-}\frac{f(x)-f(b)}{x-b}<0.$$

利用极限的局部保号性,存在 $\delta_1>0$, $\delta_2>0$,使得

当 $x\in(a, a+\delta_1)$ 时, $\dfrac{f(x)-f(a)}{x-a}>0$,当 $x\in(b-\delta_2, b)$ 时, $\dfrac{f(x)-f(b)}{x-b}<0$,

即当 $x\in(a, a+\delta_1)$ 时, $f(x)>f(a)$,当 $x\in(b-\delta_2, b)$ 时, $f(x)>f(b)$. 所以 $f(x)$ 在 $[a, b]$ 上的最大值点 $\xi\in(a, b)$,从而 ξ 也是极大值点,根据费马定理得, $f'(\xi)=0$.

▶▶▶方法小结

罗尔定理和费马定理常被运用于证明方程根的存在性问题.

(1) 罗尔定理的使用可分为两步进行:

① 构造运用罗尔定理的辅助函数.常用的方法有(当然还有其他的方法[①]):

a. 根据所证明方程 $f(x)=0$ 的形式,通过适当的变形、移项等方法把方程 $f(x)=0$ 等价的表达成方程 $F'(x)=0$,从而获得辅助函数 $F(x)$[例3-12,例3-16(1)];

b. 通过分析方程 $f(x)=0$ 后,将方程乘以某非零的因子,再把新方程等价的表达成 $F'(x)=0$,从而获得辅助函数 $F(x)$[例3-14,例3-15,例3-16(2)].

② 选取运用罗尔定理的区间.通常结论要证明的根所在的区间 (a, b) 应作为首选的运用区间.如果等值条件 $f(a)=f(b)$ 不成立,此时还需要运用其他方法在 (a, b) 内寻找另外两个等值点来作为运用定理的区间.

(2) 费马定理的使用也可分为两步进行:

① 构造运用费马定理的辅助函数.与运用罗尔定理构造辅助函数的方法相同.

② 证明最值点中至少有一个在开区间内(例3-22).

(3) 证明二阶导数 $f''(x)$ 的零点存在性的基本方法是对 $f'(x)$ 运用罗尔定理.常见的方法有:

① 找 $f(x)$ 的三个等值点使 $f(x_1)=f(x_2)=f(x_3)$[例3-17,例3-18,例3-21];

② 找 $f'(x)$ 的两个等值点(例3-19).

3.2.4 微分中值定理在等式证明问题中的应用

▶▶▶基本方法

(1) 运用函数恒等于常数的条件证明恒等式;

(2) 运用函数零点问题的证明方法证明等式;

(3) 运用拉格朗日、柯西中值定理证明等式.

3.2.4.1 运用函数恒等于常数的条件证明恒等式

函数恒等于常数的条件 设函数 $y=f(x)$ 在 $[a, b]$ 上连续,如果在 (a, b) 内 $f'(x)\equiv 0$,则 $f(x)$ 在 $[a, b]$ 上

$$f(x)\equiv C\ (\text{常数}).$$

▶▶▶典型例题解析

例3-23 利用导数证明恒等式: $2\arctan\sqrt{\dfrac{1-x}{1+x}}+\arcsin x=\dfrac{\pi}{2}$, $0\leqslant x\leqslant 1$.

① 常见的还有解微分方程或用 K 值法来构造辅助函数.

分析：对 $f(x)=2\arctan\sqrt{\dfrac{1-x}{1+x}}+\arcsin x$ 在区间 $(0,1)$ 上验证 $f'(x)=0$，利用函数恒等于常数的条件证明.

解：设 $f(x)=2\arctan\sqrt{\dfrac{1-x}{1+x}}+\arcsin x$，则 $f(x)$ 在 $[0,1]$ 上连续.对 $x\in(0,1)$，

$$f'(x)=2\cdot\frac{1}{1+\left(\sqrt{\dfrac{1-x}{1+x}}\right)^2}\cdot\frac{1}{2\sqrt{\dfrac{1-x}{1+x}}}\cdot\frac{-2}{(1+x)^2}+\frac{1}{\sqrt{1-x^2}}$$

$$=-\frac{1}{1+\dfrac{1-x}{1+x}}\cdot\sqrt{\frac{1+x}{1-x}}\cdot\frac{2}{(1+x)^2}+\frac{1}{\sqrt{1-x^2}}=-\frac{1}{\sqrt{1-x^2}}+\frac{1}{\sqrt{1-x^2}}=0,$$

所以 $f(x)$ 在 $[0,1]$ 上恒为常数,即存在常数 C,使

$$f(x)=2\arctan\sqrt{\frac{1-x}{1+x}}+\arcsin x\equiv C,\ x\in[0,1].$$

在上式中令 $x=0$ 得 $C=2\arctan(1)+0=\dfrac{\pi}{2}$，所以

$$2\arctan\sqrt{\frac{1-x}{1+x}}+\arcsin x\equiv\frac{\pi}{2},\ x\in[0,1].$$

▶▶▶方法小结

通过验证在一区间上导数 $f'(x)\equiv 0$ 来证明 $f(x)\equiv C$，是证明函数恒等式的常用方法.

3.2.4.2 运用函数的零点问题证明等式

微分中值定理中的罗尔定理、费马定理常被用来证明导函数的零点和方程根的存在性问题.因为等式问题通过移项后总可以化为方程根问题,所以罗尔定理、费马定理也可被用来证明等式问题.

▶▶▶典型例题解析

例 3-24 设 $f(x)$ 在 $[a,b]$ 上连续,在 (a,b) 内可导,试证明：存在 $\xi\in(a,b)$ 使

$$\frac{f(b)-f(\xi)}{\xi-a}=f'(\xi).$$

分析：所证问题是等式证明问题,若将等式进行变形和移项,则有

$$\frac{f(b)-f(\xi)}{\xi-a}=f'(\xi)\Leftrightarrow f(b)-f(\xi)-f'(\xi)(\xi-a)=0$$

$$\Leftrightarrow[(x-a)(f(b)-f(x))]'_{x=\xi}=0,$$

所以可考虑用罗尔定理证明.

解: 设 $F(x)=(x-a)[f(b)-f(x)]$, 则由题设 $F(x)$ 在 $[a, b]$ 上连续, 在 (a, b) 内可导, 且 $F(a)=F(b)=0$. 根据罗尔定理, 存在 $\xi \in (a, b)$ 使

$$F'(\xi)=f(b)-f(\xi)-f'(\xi)(\xi-a)=0,$$

即
$$\frac{f(b)-f(\xi)}{\xi-a}=f'(\xi).$$

例 3-25 设 $f(x)$, $g(x)$ 在 $[a, b]$ 上连续, 在 (a, b) 内可导, 且 $g'(x)\neq 0$, 证明: 存在 $\xi \in (a, b)$ 使

$$\frac{f(a)-f(\xi)}{g(\xi)-g(b)}=\frac{f'(\xi)}{g'(\xi)}.$$

分析: 由 $g'(x)\neq 0$ 可知 $g(\xi)-g(b)\neq 0$. 将等式进行变形、移项

$$\frac{f(a)-f(\xi)}{g(\xi)-g(b)}=\frac{f'(\xi)}{g'(\xi)} \Leftrightarrow [f(a)-f(\xi)]g'(\xi)-f'(\xi)[g(\xi)-g(b)]=0$$

$$\Leftrightarrow [(f(a)-f(x))(g(x)-g(b))]'_{x=\xi}=0,$$

所以可利用罗尔定理证明.

解: 设 $F(x)=(f(a)-f(x))(g(x)-g(b))$, 则由题设 $F(x)$ 在 $[a, b]$ 上连续, 在 (a, b) 内可导, 且 $F(a)=F(b)=0$. 根据罗尔定理, 存在 $\xi \in (a, b)$ 使

$$F'(\xi)=(f(a)-f(\xi))g'(\xi)-f'(\xi)(g(\xi)-g(b))=0$$

又由 $g'(x)\neq 0$ 知 $g(\xi)-g(b)\neq 0$, 所以有

$$\frac{f(a)-f(\xi)}{g(\xi)-g(b)}=\frac{f'(\xi)}{g'(\xi)}.$$

例 3-26 设 $f(x)$ 在区间 $[0, 1]$ 上连续, 在 $(0, 1)$ 内可导, 且 $f(0)=f(1)=0$, $f\left(\frac{1}{2}\right)=\frac{1}{2}$, 证明: 在 $(0, 1)$ 内至少存在一点 ξ, 使得 $f'(\xi)=\beta$, 其中 $0<\beta<1$.

分析: 将等式移项, 有

$$f'(\xi)=\beta \Leftrightarrow f'(\xi)-\beta=0 \Leftrightarrow (f(x)-\beta x)'_{x=\xi}=0,$$

所以可考虑用罗尔定理证明. 可以看到, 此时问题的关键是对函数 $F(x)=f(x)-\beta x$ 在 $[0, 1]$ 上寻找等值点, 这可从条件 $f(0)=f(1)=0$, $f\left(\frac{1}{2}\right)=\frac{1}{2}$ 去思考.

解: 设 $F(x)=f(x)-\beta x$, 则由题设 $F(x)$ 在 $[0, 1]$ 上连续, 在 $(0, 1)$ 内可导. 又因

$$F(0)=f(0)=0,\ F\left(\frac{1}{2}\right)=f\left(\frac{1}{2}\right)-\frac{\beta}{2}=\frac{1}{2}(1-\beta)>0,\ F(1)=f(1)-\frac{\beta}{2}=-\frac{1}{2}\beta<0,$$

在 $\left[\frac{1}{2}, 1\right]$ 上对 $F(x)$ 利用零值定理,存在 $\eta \in \left(\frac{1}{2}, 1\right)$,使得 $F(\eta)=0$. 在 $[0, \eta]$ 上对 $F(x)$ 利用罗尔定理,存在 $\xi \in (0, \eta) \subset (0, 1)$,使得

$$F'(\xi)=0, \quad 即\ f'(\xi)=\beta.$$

例 3-27 试证达布定理:设 $f(x)$ 在 $[a, b]$ 上可导,则函数 $f'(x)$ (不必连续!)在 $[a, b]$ 上取遍 $f'(a)$ 与 $f'(b)$ 之间的一切值.

分析:不妨设 $f'(a)<f'(b)$,则问题就是要证明:对任意满足 $f'(a)<c<f'(b)$ 的 c,存在一点 $\xi \in (a, b)$ 使得 $f'(\xi)=c$,即 $f'(\xi)-c=0$,亦即

$$(f(x)-cx)'_{x=\xi}=0.$$

若令 $F(x)=f(x)-cx$,可见 $F(x)$ 的两个等值点无法取得,故本题可考虑运用费马定理证明.这里的关键是要证明 $F(x)$ 在 $[a, b]$ 上的最大值点和最小值点中至少有一落在 (a, b) 中.

解:当 $f'(a)=f'(b)$ 时,结论显然成立.当 $f'(a)\neq f'(b)$ 时,不妨设 $f'(a)<f'(b)$. 任取一 c 使 $f'(a)<c<f'(b)$,所证问题即为证明存在 $\xi \in (a, b)$,使得

$$f'(\xi)=c \Leftrightarrow f'(\xi)-c=0 \Leftrightarrow (f(x)-cx)'_{x=\xi}=0.$$

设 $F(x)=f(x)-cx$,则 $F(x)$ 在 $[a, b]$ 上连续且可导.由 $F'(a)=f'(a)-c<0$, $F'(b)=f'(b)-c>0$,根据导数的定义有

$$F'(a)=\lim_{x\to a^+}\frac{F(x)-F(a)}{x-a}<0,\ F'(b)=\lim_{x\to b^-}\frac{F(x)-F(b)}{x-b}>0.$$

利用极限的局部保号性,存在 $\delta_1>0$, $\delta_2>0$,使得

当 $x\in(a, a+\delta_1)$ 时,$\dfrac{F(x)-F(a)}{x-a}<0$,当 $x\in(b-\delta_2, b)$ 时,$\dfrac{F(x)-F(b)}{x-b}>0$,即当 $x\in(a, a+\delta_1)$ 时,$F(x)<F(a)$,当 $x\in(b-\delta_2, b)$ 时,$F(x)<F(b)$. 所以 $F(x)$ 在 $[a, b]$ 上的最小值点 $x_0\in(a, b)$,从而 x_0 也是极小值点,根据费马定理,$F'(x_0)=0$,即 $f'(x_0)=c$,证毕.

例 3-28 设 $f(x)$ 在 $(-\infty, +\infty)$ 上可导,且 $1<f(x)<\mathrm{e}$,试证明:存在 $\xi\in(-\infty, +\infty)$ 使

$$f'(\xi)=2\xi f(\xi).$$

分析:将等式移项,得 $f'(\xi)=2\xi f(\xi) \Leftrightarrow f'(\xi)-2\xi f(\xi)=0$. 可以看到,要把问题转化为某一函数导函数的零点问题,关键是能否找到一个非零函数 $g(x)$,使 $g(x)$ 与 $g'(x)$ 仅相差一个因子 $-2x$,显然 $g(x)=\mathrm{e}^{-x^2}$ 满足条件.从而有

$$f'(\xi)-2\xi f(\xi)=0 \Leftrightarrow f'(\xi)\mathrm{e}^{-\xi^2}-2\xi \mathrm{e}^{-\xi^2}f(\xi)=0 \Leftrightarrow (f(x)\mathrm{e}^{-x^2})'_{x=\xi}=0.$$

若记 $F(x)=f(x)\mathrm{e}^{-x^2}$,很明显在 $(-\infty, +\infty)$ 上对 $F(x)$ 找两个等值点是困难的,为此考虑对 $F(x)$ 利用费马定理来证明.

解：记 $F(x)=f(x)e^{-x^2}$，则由题设可知 $F(x)$ 在 $(-\infty,+\infty)$ 上可导，$F(x)>0$，$F(0)=f(0)>1$.

又由 $1<f(x)<e$，有 $\lim\limits_{x\to\infty}F(x)=\lim\limits_{x\to\infty}f(x)e^{-x^2}=0$. 利用极限的定义，对于 $\varepsilon=\frac{1}{2}$，存在 $M>0$，当 $|x|>M$ 时，有

$$|F(x)|=F(x)<\frac{1}{2}.$$

取 $x_1<-M$，$x_2>M$，则有 $F(x_1)<\frac{1}{2}<F(0)$，$F(x_2)<\frac{1}{2}<F(0)$. 所以 $F(x)$ 在 $[x_1,x_2]$ 上的最大值点 $\xi\in(x_1,x_2)$，从而 ξ 也是极大值.根据费马定理，

$$F'(\xi)=f'(\xi)e^{-\xi^2}-2\xi e^{-\xi^2}f(\xi)=0,\ \text{即}\ f'(\xi)=2\xi f(\xi).$$

▶▶▶方法小结

等式问题的证明有许多方法，把等式通过变形、移项后化为零点问题处理是其中最常用的方法.证明过程中构造辅助函数和运用罗尔定理或费马定理的方法与零点问题中的做法相同，这里不赘述.

3.2.4.3 运用拉格朗日、柯西中值定理证明等式

1) 拉格朗日中值定理 设函数 $y=f(x)$ 在闭区间 $[a,b]$ 上连续，在 (a,b) 内可导，则至少存在 $\xi\in(a,b)$ 使得

$$\frac{f(b)-f(a)}{b-a}=f'(\xi),\tag{3-10}$$

即

$$f(b)-f(a)=f'(\xi)(b-a).\tag{3-11}$$

说明：拉格朗日中值定理公式(3-11)建立了函数增量与自变量增量之间的等式关系式.

2) 柯西中值定理 设函数 $f(x)$，$g(x)$ 满足：

(1) 在闭区间 $[a,b]$ 上连续；(2) 在 (a,b) 内可导，且 $g'(x)\neq 0$，则存在 $\xi\in(a,b)$ 使得

$$\frac{f(b)-f(a)}{g(b)-g(a)}=\frac{f'(\xi)}{g'(\xi)}.\tag{3-12}$$

▶▶▶方法运用注意点

拉格朗日中值定理的公式(3-11)和柯西中值定理的公式(3-12)分别建立了函数增量 $f(b)-f(a)$ 以及函数增量之比 $\frac{f(b)-f(a)}{g(b)-g(a)}$ 与导数之间的关系式，所以运用这些公式证明等式，首先要求所证等式中含有函数的增量.

▶▶▶典型例题解析

例 3-29 若 $f(x)$ 是 $[a,b]$ 上的正值可微函数,证明:存在 $\xi\in(a,b)$ 使得

$$\ln\frac{f(b)}{f(a)}=\frac{f'(\xi)}{f(\xi)}(b-a).$$

分析: 等式可变形为 $\ln f(b)-\ln f(a)=\dfrac{f'(\xi)}{f(\xi)}(b-a)$. 可见只需对函数 $F(x)=\ln f(x)$ 在 $[a,b]$ 上利用拉格朗日中值定理即可.

解: 设 $F(x)=\ln f(x)$,则由题设 $F(x)$ 在 $[a,b]$ 连续,在 (a,b) 内可导.对函数 $F(x)$ 在 $[a,b]$ 上利用拉格朗日中值定理,存在 $\xi\in(a,b)$,使得

$$F(b)-F(a)=F'(\xi)(b-a),\quad \text{即}\ \ln f(b)-\ln f(a)=\frac{f'(\xi)}{f(\xi)}(b-a),$$

即

$$\ln\frac{f(b)}{f(a)}=\frac{f'(\xi)}{f(\xi)}(b-a).$$

例 3-30 设 $0<a<b$,证明:存在 $\xi\in(a,b)$,使 $ae^b-be^a=(1-\xi)(a-b)e^\xi$.

分析: 按照两个中值公式(3-10)与(3-12)的形式,先把关于 a, b 的表达式与 ξ 的表达式分离,分别写在等式的两边,变形得

$$ae^b-be^a=(1-\xi)(a-b)e^\xi \Leftrightarrow \frac{ae^b-be^a}{a-b}=(1-\xi)e^\xi \xLeftrightarrow{\text{分子、分母同除}ab} \frac{\dfrac{e^b}{b}-\dfrac{e^a}{a}}{\dfrac{1}{b}-\dfrac{1}{a}}=(1-\xi)e^\xi.$$

可见,可考虑用柯西中值定理证明.

解: 设 $f(x)=\dfrac{e^x}{x}$, $g(x)=\dfrac{1}{x}$,则由题设条件知 $f(x)$, $g(x)$ 在 $[a,b]$ 上连续,在 (a,b) 内可导,且 $g'(x)=-\dfrac{1}{x^2}\neq 0$. 利用柯西中值定理,存在 $\xi\in(a,b)$ 使得

$$\frac{\dfrac{e^b}{b}-\dfrac{e^a}{a}}{\dfrac{1}{b}-\dfrac{1}{a}}=\frac{f(b)-f(a)}{g(b)-g(a)}=\frac{f'(\xi)}{g'(\xi)}=\frac{\dfrac{\xi e^\xi-e^\xi}{\xi^2}}{-\dfrac{1}{\xi^2}}=(1-\xi)e^\xi,$$

即

$$ae^b-be^a=(1-\xi)(a-b)e^\xi.$$

例 3-31 设 $0<a<b$, $f(x)$ 在 $[a,b]$ 连续,在 (a,b) 内可导,证明:存在 $\xi\in(a,b)$ 使得

$$bf(b)-af(a)=(\xi f(\xi)+\xi^2 f'(\xi))\ln\frac{b}{a}.$$

分析：先分离关于 a，b 与 ξ 的表达式，得

$$bf(b)-af(a)=(\xi f(\xi)+\xi^2 f'(\xi))\ln\frac{b}{a}\Leftrightarrow\frac{bf(b)-af(a)}{\ln b-\ln a}=\xi f(\xi)+\xi^2 f'(\xi),$$

可考虑用柯西中值定理证明.

解：设 $h(x)=xf(x)$，$g(x)=\ln x$，则由题设条件知，$h(x)$，$g(x)$ 在 $[a, b]$ 上连续，在 (a, b) 内可导，且 $g'(x)=\frac{1}{x}\neq 0$. 利用柯西中值定理，存在 $\xi\in(a, b)$，使得

$$\frac{bf(b)-af(a)}{\ln b-\ln a}=\frac{h(b)-h(a)}{g(b)-g(a)}=\frac{h'(\xi)}{g'(\xi)}=\frac{f(\xi)+\xi f'(\xi)}{\frac{1}{\xi}}=\xi f(\xi)+\xi^2 f'(\xi),$$

等式得证.

例 3-32 设函数 $f(x)$ 在 $x=0$ 的某邻域 $N(0)$ 内具有 n 阶导数，且 $f(0)=f'(0)=\cdots=f^{(n-1)}(0)=0$，试证明：

$$\frac{f(x)}{x^n}=\frac{f^{(n)}(\theta x)}{n!}\ (0<\theta<1).$$

分析：注意介于 0 与 x 之间的数 ξ 可以表示为 $\xi=\theta x$ $(0<\theta<1)$，若记 $g(x)=x^n$，则所证等式可以表示成

$$\frac{f(x)}{x^n}=\frac{f(x)-f(0)}{g(x)-g(0)}=\frac{f^{(n)}(\xi)}{g^{(n)}(\xi)},$$

可考虑用柯西中值定理证明.

解：设 $g(x)=x^n$，则由题设条件，对任意的 $x\in N(0)$，$x\neq 0$，$f(x)$，$g(x)$ 在闭区间 $[0, x]$ 上连续，在 $(0, x)$ 内 n 阶可导. 根据条件 $f(0)=f'(0)=\cdots=f^{(n-1)}(0)=0$，反复利用柯西中值定理，有

$$\begin{aligned}
\frac{f(x)}{x^n}&=\frac{f(x)-f(0)}{g(x)-g(0)}=\frac{f'(\xi_1)}{n\xi_1^{n-1}}=\frac{1}{n}\cdot\frac{f'(\xi_1)}{\xi_1^{n-1}}(\xi_1\in(0, x))\\
&=\frac{1}{n}\cdot\frac{f'(\xi_1)-f'(0)}{\xi_1^{n-1}-0^{n-1}}=\frac{1}{n}\cdot\frac{f''(\xi_2)}{(n-1)\xi_2^{n-2}}(\xi_2\in(0, \xi_1))\\
&=\frac{1}{n(n-1)}\cdot\frac{f''(\xi_2)-f''(0)}{\xi_2^{n-2}-0^{n-2}}=\frac{1}{n(n-1)(n-2)}\cdot\frac{f'''(\xi_3)}{\xi_3^{n-3}}(\xi_3\in(0, \xi_2))\\
&\ \ \vdots\qquad\qquad\qquad\qquad\vdots\\
&=\frac{1}{n(n-1)\cdots 2}\cdot\frac{f^{(n-1)}(\xi_{n-1})}{\xi_{n-1}}(\xi_{n-1}\in(0, \xi_{n-2}))\\
&=\frac{1}{n!}\cdot\frac{f^{(n-1)}(\xi_{n-1})-f^{(n-1)}(0)}{\xi_{n-1}-0}=\frac{1}{n!}\cdot\frac{f^{(n)}(\xi_n)}{1}(\xi_n\in(0, \xi_{n-1})\subset(0, x))\\
&=\frac{f^{(n)}(\xi_n)}{n!}.
\end{aligned}$$

由 $\xi_n \in (0, x)$，存在 $\theta \in (0, 1)$ 使 $\xi_n = 0 + \theta(x - 0) = \theta x$，所以

$$\frac{f(x)}{x^n} = \frac{f^{(n)}(\theta x)}{n!}.$$

说明：上例若运用后面的泰勒公式证明更方便.

例 3-33 设 $f(x)$ 在 $[0, 1]$ 上可导，且 $f(0)=0$，$f(1)=1$. 证明：对于任意满足 $\alpha+\beta=1$ 的正数 α，β，在 $(0, 1)$ 内存在相异的两点 ξ，η 使

$$\alpha f'(\xi) + \beta f'(\eta) = 1.$$

分析：本例要证明存在两个点 ξ，η 使等式成立，这需要对 $f(x)$ 分别使用两次微分中值定理，为此首先要建立包含两项 $f(x)$ 的函数增量的等式. 从项 $\alpha f'(\xi)$，根据式(3-11)，自然可想到增量 $f(\alpha)-f(0)$，而项 $\beta f'(\eta)=(1-\alpha)f'(\eta)$ 也自然联系到增量 $f(1)-f(\alpha)$，而增量 $f(\alpha)-f(0)$ 与 $f(1)-f(\alpha)$ 之间根据条件正好成立等式

$$[f(\alpha)-f(0)]+[f(1)-f(\alpha)]=1,$$

因此本题可采用拉格朗日中值定理证明.

解：由 $\alpha+\beta=1$，α，$\beta>0$ 知 $0<\alpha<1$，$0<\beta<1$. 根据题设有

$$[f(\alpha)-f(0)]+[f(1)-f(\alpha)]=1.$$

又 $f(x)$ 在 $[0, 1]$ 上可导，对 $f(x)$ 在区间 $[0, \alpha]$，$[\alpha, 1]$ 上分别利用拉格朗日中值定理，存在 $\xi \in (0, \alpha)$，$\eta \in (\alpha, 1)$ 使得

$$f(\alpha)-f(0)=f'(\xi)\alpha, \quad f(1)-f(\alpha)=f'(\eta)(1-\alpha)=\beta f'(\eta).$$

代入上式即得

$$\alpha f'(\xi)+\beta f'(\eta)=1.$$

例 3-34 设 $f(x)$ 在 $[a, b]$ 上连续，在 (a, b) 内可导，且 $f'(x)\neq 0$. 试证：存在 ξ，$\eta \in (a, b)$，使得

$$\frac{f'(\xi)}{f'(\eta)} = \frac{\mathrm{e}^b-\mathrm{e}^a}{b-a}\mathrm{e}^{-\eta}.$$

分析：本例也需要运用两次微分中值定理，为此先要建立两个函数增量之间的等式. 由 $f'(x)\neq 0$，先分离式中有关 ξ 与 η 的表达式

$$f'(\xi)(b-a)=(\mathrm{e}^b-\mathrm{e}^a)\frac{f'(\eta)}{\mathrm{e}^\eta}.$$

左边式 $f'(\xi)(b-a)$ 根据式(3-11)可联想到增量 $f(b)-f(a)$，而右边式 $\dfrac{f'(\eta)}{\mathrm{e}^\eta}$ 根据式(3-12)可联想到增量之比 $\dfrac{f(b)-f(a)}{\mathrm{e}^b-\mathrm{e}^a}$. 而增量 $f(b)-f(a)$ 与增量之比 $\dfrac{f(b)-f(a)}{\mathrm{e}^b-\mathrm{e}^a}$ 正好成立等式

$$f(b)-f(a)=(\mathrm{e}^b-\mathrm{e}^a)\frac{f(b)-f(a)}{\mathrm{e}^b-\mathrm{e}^a},$$

所以本例可利用拉格朗日中值定理和柯西中值定理证明.

解: 因为当 $a \neq b$ 时有

$$f(b)-f(a)=(e^b-e^a)\frac{f(b)-f(a)}{e^b-e^a}.$$

由所设条件,对 $f(x)$ 在区间 $[a, b]$ 上运用拉格朗日中值定理,存在 $\xi \in (a, b)$ 使得

$$f(b)-f(a)=f'(\xi)(b-a).$$

再将 $f(x)$ 和 e^x 在区间 $[a, b]$ 上运用柯西中值定理,存在 $\eta \in (a, b)$ 使得

$$\frac{f(b)-f(a)}{e^b-e^a}=\frac{f'(\eta)}{e^\eta}.$$

将上面关于增量及增量之比的表达式代入第一个恒等式中,有

$$f'(\xi)(b-a)=(e^b-e^a)\frac{f'(\eta)}{e^\eta}.$$

由于 $f'(x) \neq 0$, 所以有

$$\frac{f'(\xi)}{f'(\eta)}=\frac{e^b-e^a}{b-a}e^{-\eta}.$$

▶▶▶方法小结

运用拉格朗日中值定理、柯西中值定理证明等式是等式证明问题中的常用方法.与前述转化为零点问题处理的等式不同,用拉格朗日中值定理、柯西中值定理证明的等式通常含有函数的增量或变形后包含函数的增量,其问题又可细分为两类:

(1) 证明存在 ξ 使等式成立的问题

其关键步骤如下:

① 通过恒等变形将等式的一边化为某一函数的增量或两函数增量之比的形式,并将带 ξ 的项移至等式的另一边.

② 根据增量的形式确定运用中值定理的函数 $f(x)$ 或 $f(x)$ 和 $g(x)$.

③ 验证条件,运用中值定理证明结论.

(2) 证明存在 ξ, η (或更多个点)使等式成立的问题

其关键步骤如下:

① 通过恒等变形将等式中含有 ξ 的表达式与含有 η 的表达式分离,并将它们分别移至等式的两边.

② 把包含 ξ, η 的项或因子,根据拉格朗日中值定理、柯西中值定理,分别与函数增量或函数增量的比值联系起来,再结合这些函数增量的形式建立它们之间成立的恒等式,而这一步常常是处理这类问题的关键(例 3-33,例 3-34).

③ 根据所建立的函数增量恒等式分别对其中的函数增量或增量之比运用拉格朗日或柯西中值定理证明等式.

3.2.5 拉格朗日、柯西中值定理在不等式证明问题中的应用

▶▶▶基本方法

利用拉格朗日中值定理或柯西中值定理将不等式中的项(函数的增量)转化为与其导数或导数之比的关系式,通过对导数(或导数之比)放大、缩小证明不等式.

▶▶▶典型例题解析

例 3-35 证明:当 $x \geqslant 0$ 时, $\arctan x \leqslant x$.

分析:对任意的 $x>0$, $\arctan x=\arctan x-\arctan 0=\dfrac{1}{1+\xi^2}x\ (0<\xi<x)$,可见本题可利用拉格朗日中值定理证明.

解:当 $x=0$ 时不等式显然成立.设 $x>0$,若记 $f(x)=\arctan x$,则对任意的 $x>0$,利用拉格朗日中值定理,存在 $\xi \in (0, x)$,使得

$$\arctan x=f(x)-f(0)=\frac{x}{1+\xi^2}.$$

由于 $\xi>0$,可知 $\arctan x=\dfrac{x}{1+\xi^2}<x$,所以当 $x \geqslant 0$ 时, $\arctan x \leqslant x$.

例 3-36 证明: $\dfrac{a^{\frac{1}{n+1}}}{(n+1)^2}<\dfrac{a^{\frac{1}{n}}-a^{\frac{1}{n+1}}}{\ln a}<\dfrac{a^{\frac{1}{n}}}{n^2}\ (a>1,\ n \geqslant 1)$.

分析:若记 $f(x)=a^x$,则不等式的中间项可表示为 $f(x)$ 的增量,即

$$\frac{a^{\frac{1}{n}}-a^{\frac{1}{n+1}}}{\ln a}=\frac{f\left(\frac{1}{n}\right)-f\left(\frac{1}{n+1}\right)}{\ln a}.$$

可考虑利用拉格朗日中值定理证明.

解:设 $f(x)=a^x$,在区间 $\left[\dfrac{1}{n+1}, \dfrac{1}{n}\right]$ 上对 $f(x)$ 利用拉格朗日中值定理,存在 $\xi \in \left(\dfrac{1}{n+1}, \dfrac{1}{n}\right)$ 使得

$$a^{\frac{1}{n}}-a^{\frac{1}{n+1}}=f\left(\frac{1}{n}\right)-f\left(\frac{1}{n+1}\right)=f'(\xi)\left(\frac{1}{n}-\frac{1}{n+1}\right)=a^{\xi}\ln a \cdot \frac{1}{n(n+1)},$$

即

$$\frac{a^{\frac{1}{n}}-a^{\frac{1}{n+1}}}{\ln a}=\frac{a^{\xi}}{n(n+1)}.$$

注意到 $\frac{1}{n+1}<\xi<\frac{1}{n}$，且 $a>1$，从而 $f(x)=a^x$ 单调增，所以有

$$\frac{a^{\frac{1}{n+1}}}{(n+1)^2}<\frac{a^{\frac{1}{n}}-a^{\frac{1}{n+1}}}{\ln a}=\frac{a^{\xi}}{n(n+1)}<\frac{a^{\frac{1}{n}}}{n^2}.$$

例 3-37　设 $f(x)=a_1\sin x+a_2\sin 2x+\cdots+a_n\sin nx$，且 $|f(x)|\leqslant|\sin x|$，试证明：

$$|a_1+2a_2+\cdots+na_n|\leqslant 1.$$

分析：首先注意到 $f(x)$ 与 $a_1+2a_2+\cdots+na_n$ 之间存在以下关系

$$|a_1+2a_2+\cdots+na_n|=|f'(0)|,$$

故可借助拉格朗日中值定理建立 $f(x)$ 与其导数 $f'(x)$ 之间的关系.

解一：对 $f(x)$ 在区间 $[0,x]$ 上利用拉格朗日中值定理，存在介于 0 与 x 之间的数 ξ，使得

$$|f(x)|=|f(x)-f(0)|=|f'(\xi)x|=|a_1\cos\xi+2a_2\cos 2\xi+\cdots+na_n\cos n\xi||x|\leqslant|\sin x|,$$

从而有
$$|a_1\cos\xi+2a_2\cos 2\xi+\cdots+na_n\cos n\xi|\leqslant\left|\frac{\sin x}{x}\right|.$$

在不等式两边让 $x\to 0$，此时也有 $\xi\to 0$，取极限得

$$|a_1+2a_2+\cdots+na_n|\leqslant 1.$$

解二：因为 $|f(x)|\leqslant|\sin x|$，且 $f(0)=0$，所以有

$$\left|\frac{f(x)-f(0)}{x}\right|\leqslant\left|\frac{\sin x}{x}\right|.$$

让 $x\to 0$，取极限得 $|f'(0)|\leqslant 1$，也就是 $|a_1+2a_2+\cdots+na_n|\leqslant 1$.

解三：因为 $|f(x)|=|a_1\sin x+a_2\sin 2x+\cdots+a_n\sin nx|\leqslant|\sin x|$，在不等式两边同除 $|x|$，得

$$\left|a_1\frac{\sin x}{x}+a_2\frac{\sin 2x}{x}+\cdots+a_n\frac{\sin nx}{x}\right|\leqslant\left|\frac{\sin x}{x}\right|.$$

两边取极限，得

$$\lim_{x\to 0}\left|a_1\frac{\sin x}{x}+a_2\frac{\sin 2x}{x}+\cdots+a_n\frac{\sin nx}{x}\right|\leqslant 1,$$

即
$$\left|a_1\lim_{x\to 0}\frac{\sin x}{x}+a_2\lim_{x\to 0}\frac{\sin 2x}{x}+\cdots+a_n\lim_{x\to 0}\frac{\sin nx}{x}\right|\leqslant 1,$$

亦即
$$|a_1+2a_2+\cdots+na_n|\leqslant 1.$$

例 3-38　证明当 $x\geqslant 1$ 时，$\mathrm{e}^x\geqslant\frac{\mathrm{e}}{2}(1+x^2)$.

分析：首先考虑将不等式变形.当 $x>1$ 时,有

$$e^x \geqslant \frac{e}{2}(1+x^2) \Leftrightarrow e^x - e \geqslant \frac{e}{2}(1+x^2) - e = \frac{e}{2}(x^2-1) \Leftrightarrow \frac{e^x - e}{x^2-1} \geqslant \frac{e}{2}.$$

于是可考虑用柯西中值定理证明.

解：当 $x=1$ 时,不等式显然成立.此时原不等式等价于证明：当 $x>1$ 时,

$$\frac{e^x - e}{x^2-1} \geqslant \frac{e}{2}.$$

设 $f(x)=e^x$, $g(x)=x^2$,则 $f(x)$, $g(x)$ 在 $[1, x]$ 上连续,在 $(1, x)$ 内可导,且 $g'(x)=2x \neq 0$.利用柯西中值定理,存在 $\xi \in (1, x)$,使

$$\frac{e^x - e}{x^2-1} = \frac{f(x)-f(1)}{g(x)-g(1)} = \frac{f'(\xi)}{g'(\xi)} = \frac{e^{\xi}}{2\xi}$$

又因 $1<\xi<x$,所以对函数 $\varphi(x)=\dfrac{e^x}{2x}$ 在区间 $[1, \xi]$ 上利用拉格朗日中值定理,存在 $\eta \in (1, \xi)$,使得

$$\frac{e^{\xi}}{2\xi} = \varphi(\xi) = \varphi(1) + \varphi'(\eta)(\xi-1) = \frac{e}{2} + \frac{2e^{\eta}(\eta-1)}{4\eta^2}(\xi-1) > \frac{e}{2},$$

于是证得 $$\frac{e^x - e}{x^2-1} = \frac{e^{\xi}}{2\xi} > \frac{e}{2},\text{即有 } e^x \geqslant \frac{e}{2}(1+x^2).$$

例 3-39 设 $f(x)$ 与 $g(x)$ 都是可微函数.当 $x \geqslant a$ 时,$|f'(x)| < g'(x)$,证明：当 $x \geqslant a$ 时,

$$|f(x)-f(a)| \leqslant g(x)-g(a).$$

分析：所给条件涉及 $f(x)$, $g(x)$ 的导数 $f'(x)$, $g'(x)$,所证结论涉及函数的增量 $f(x)-f(a)$ 和 $g(x)-g(a)$,两者联系的桥梁是柯西中值定理,为此首先应将问题转化为函数增量之比的形式.

解：当 $x=a$ 时,不等式显然成立.当 $x>a$ 时,由条件 $g'(x)>0$ 及拉格朗日中值定理可知,$g(x)-g(a)>0$. 于是本题等价于证明,当 $x>a$ 时,

$$\left|\frac{f(x)-f(a)}{g(x)-g(a)}\right| \leqslant 1.$$

对于 $x>a$,由题设可知 $f(x)$, $g(x)$ 在区间 $[a, x]$ 上满足柯西中值定理的条件,运用柯西中值定理,存在 $\xi \in (a, x)$ 使得

$$\frac{f(x)-f(a)}{g(x)-g(a)} = \frac{f'(\xi)}{g'(\xi)}.$$

再利用条件 $|f'(\xi)| < g'(\xi)$ 得

$$\left|\frac{f(x)-f(a)}{g(x)-g(a)}\right|=\left|\frac{f'(\xi)}{g'(\xi)}\right|=\frac{|f'(\xi)|}{g'(\xi)}<1,$$

即
$$|f(x)-f(a)|<|g(x)-g(a)|=g(x)-g(a).$$

典型错误： 当 $x=a$ 时，不等式显然成立．当 $x>a$ 时在区间 $[a,x]$ 上分别对 $f(x)$，$g(x)$ 利用拉格朗日中值定理，存在 $\xi\in(a,x)$，使得

$$f(x)-f(a)=f'(\xi)(x-a),\ g(x)-g(a)=g'(\xi)(x-a) \tag{3-13}$$

利用条件 $|f'(x)|<g'(x)$ 得

$$|f(x)-f(a)|=|f'(\xi)|(x-a)<g'(\xi)(x-a)=g(x)-g(a).$$

错误在于式(3-13)中对 $f(x)$ 和 $g(x)$ 分别运用拉格朗日中值定理时，两个 ξ 被认为是相同的．正确的用法为，存在 ξ_1，$\xi_2\in(a,x)$，使得

$$f(x)-f(a)=f'(\xi_1)(x-a),\ g(x)-g(a)=g'(\xi_2)(x-a),$$

可见无法证得结论．

例 3-40　设 $f(x)$ 在 $[0,1]$ 上连续，在 $(0,1)$ 内可导，且 $f(0)=f(1)=0$，证明在 $(0,1)$ 内至少存在 ξ 和 η，使

$$|f'(\xi)|\geqslant 2M,\ |f'(\eta)|\leqslant 2M,$$

其中 $M=\max\limits_{0\leqslant x\leqslant 1}\{|f(x)|\}$．

分析： 由条件 $f(0)=f(1)=0$ 及罗尔定理可知，存在 $\eta\in(0,1)$ 使 $f'(\eta)=0$，从而 $|f'(\eta)|\leqslant 2M$ 是显然的．所以本题的难点是如何证明存在 $\xi\in(0,1)$ 使 $|f'(\xi)|\geqslant 2M$．为此首先要考虑如何将所证结论中的 $f'(\xi)$ 与 M 联系起来．显然联系的工具是拉格朗日中值定理，而运用拉格朗日中值定理的关键是如何将导数 $f'(\xi)$ 与 M 之间有关的增量联系起来．

解： 由题设条件可知，$f(x)$ 在区间 $[0,1]$ 上满足罗尔定理的条件，根据罗尔定理，存在 $\eta\in(0,1)$ 使 $f'(\eta)=0$，也就是 $|f'(\eta)|\leqslant 2M$ 成立，从而本例的第二个不等式成立．

下面证明本例的第一个不等式，即证明存在 $\xi\in(0,1)$，使 $|f'(\xi)|\geqslant 2M$．

由 $f(x)$ 在 $[0,1]$ 上连续可知，$|f(x)|$ 在 $[0,1]$ 上也连续．根据最值定理，存在 $c\in[0,1]$，使 $|f(c)|=M=\max\limits_{0\leqslant x\leqslant 1}\{|f(x)|\}$．如果 $M=0$，则 $f(x)\equiv 0$，$x\in[0,1]$，结论显然成立．

下设 $M>0$，则 $c\in(0,1)$．将 $f(x)$ 在区间 $[0,c]$，$[c,1]$ 上分别运用拉格朗日中值定理，则分别存在 $\xi_1\in(0,c)$，$\xi_2\in(c,1)$，使得

$$f(c)-f(0)=f'(\xi_1)c,\ f(1)-f(c)=f'(\xi_2)(1-c).$$

即有
$$|f'(\xi_1)|=\frac{|f(c)|}{c}=\frac{M}{c},\quad |f'(\xi_2)|=\frac{|f(c)|}{1-c}=\frac{M}{1-c}.$$

若 $0<c\leqslant\dfrac{1}{2}$，则有 $|f'(\xi_1)|=\dfrac{M}{c}\geqslant 2M$，此时取 $\xi=\xi_1$ 即可证得结论成立．

若 $\dfrac{1}{2}<c<1$，则有 $|f'(\xi_2)|=\dfrac{M}{1-c}\geqslant\dfrac{M}{1-\dfrac{1}{2}}=2M$，此时取 $\xi=\xi_2$ 即可使结论成立．

综上所述,结论得证.

▶▶▶方法小结

运用拉格朗日中值定理、柯西中值定理证明不等式是不等式证明问题中的常用方法之一.它通常用于处理那些通过变形可化为函数增量或增量之比的不等式问题,主要步骤如下:

(1) 通过等价变形将不等式中的一边化为某一函数的增量或增量之比的形式;

(2) 根据增量的形式确定运用中值定理的函数 $f(x)$ 或 $f(x)$、$g(x)$ 及其区间;

(3) 验证条件,运用中值定理将增量(或增量之比)表示为带有 ξ 的表达式;

(4) 根据 ξ 的范围,将表达式进行放大或缩小.

3.2.6 洛必达法则计算极限的应用

1) 洛必达法则 设函数 $f(x)$, $g(x)$ 满足条件:

(1) $\lim\limits_{x\to a} f(x)=0$, $\lim\limits_{x\to a} g(x)=0$(或 $\lim\limits_{x\to a} f(x)=\infty$, $\lim\limits_{x\to a} g(x)=\infty$);

(2) 在点 a 的某去心邻域内 $f'(x)$, $g'(x)$ 存在,且 $g'(x)\neq 0$;

(3) $\lim\limits_{x\to a}\dfrac{f'(x)}{g'(x)}$ 存在(或为无穷大),则有

$$\lim_{x\to a}\frac{f(x)}{g(x)}=\lim_{x\to a}\frac{f'(x)}{g'(x)}. \tag{3-14}$$

2) 极限计算中的未定型 极限计算中的未定型分为三类七种:

(1) $\dfrac{0}{0}$ 型,$\dfrac{\infty}{\infty}$ 型; (2) $0\times\infty$ 型,$\infty-\infty$ 型; (3) 1^{∞} 型,∞^{0} 型,0^{0} 型.

其中 $\dfrac{0}{0}$ 型,$\dfrac{\infty}{\infty}$ 型最为基本,其余的五种可以分别化为 $\dfrac{0}{0}$ 型或 $\dfrac{\infty}{\infty}$ 型,洛必达法则是处理这两类基本型的重要方法.

▶▶▶方法运用注意点

(1) 洛必达法则[式(3-14)]是对 $x\to a$ 的趋限过程叙述的,对于其他的趋限过程,在适当修改条件后,式(3-14)仍然成立.

(2) 洛必达法则中的条件(3)是重要的.如果 $\lim\limits_{x\to a}\dfrac{f'(x)}{g'(x)}$ 不存在(不为无穷大),则不能由此得出原极限 $\lim\limits_{x\to a}\dfrac{f(x)}{g(x)}$ 不存在的结论.

(3) 洛必达法则[式(3-14)]是极限之间的转换法则.当式(3-14)中的右式比原式更容易计算时,这种转换才有意义.

3.2.6.1　$\frac{0}{0}$，$\frac{\infty}{\infty}$未定型极限的计算

▶▶▶典型例题解析

例 3-41　计算 $\lim\limits_{x\to\frac{\pi}{2}}\dfrac{\ln\sin x}{(\pi-2x)^2}$.

分析：这是 $\frac{0}{0}$ 未定型，可运用洛必达法则计算.

解：原式

$$\xlongequal{\text{洛必达法则}}\lim_{x\to\frac{\pi}{2}}\frac{\frac{1}{\sin x}\cos x}{2(\pi-2x)(-2)}\xlongequal{\text{极限性质、化简}}-\frac{1}{4}\lim_{x\to\frac{\pi}{2}}\frac{\cos x}{\pi-2x}$$

$$\xlongequal{\text{洛必达法则}}-\frac{1}{4}\lim_{x\to\frac{\pi}{2}}\frac{-\sin x}{-2}=-\frac{1}{8}$$

说明：此例说明，在运用洛必达法则之后要及时地运用极限性质等方法进行整理和化简，为后继再运用洛必达法则提供方便.

例 3-42　计算 $\lim\limits_{x\to0}\dfrac{\ln(1+x^2)}{\sec x-\cos x}$.

分析：这是 $\frac{0}{0}$ 未定型，可运用洛必达法则计算.

解：原式

$$\xlongequal{\text{等价代换、变形}}\lim_{x\to0}\frac{x^2\cos x}{1-\cos^2 x}\xlongequal{\text{极限性质}}\lim_{x\to0}\frac{x^2}{1-\cos^2 x}$$

$$\xlongequal{\text{洛必达法则}}\lim_{x\to0}\frac{2x}{2\sin x\cos x}\xlongequal{\text{极限性质、化简}}\lim_{x\to0}\frac{x}{\sin x}=1$$

说明：此例说明，在运用洛必达法则前应尽可能地通过等价代换，结合极限性质等简化问题，使运用洛必达法则后的新极限尽可能简单.

例 3-43　计算 $\lim\limits_{x\to0^+}\dfrac{1-e^{-x^3}}{1-\cos\sqrt{x-\sin x}}$.

分析：这是 $\frac{0}{0}$ 未定型.可见本题直接利用洛必达法则计算是烦琐的，故应首先考虑用其他方法化简问题.

解：原式

$$\xlongequal{\text{等价代换}}\lim_{x\to0^+}\frac{-(-x^3)}{\frac{1}{2}(\sqrt{x-\sin x})^2}\xlongequal{\text{整理}}2\lim_{x\to0^+}\frac{x^3}{x-\sin x}\xlongequal{\text{洛必达法则}}2\lim_{x\to0^+}\frac{3x^2}{1-\cos x}$$

$$\xlongequal{\text{等价代换}}6\lim_{x\to0^+}\frac{x^2}{\frac{1}{2}x^2}=12$$

例 3-44　计算 $\lim\limits_{x\to+\infty}\dfrac{\ln(1+e^x)}{\sqrt{1+x^2}}$.

分析：这是 $\frac{\infty}{\infty}$ 未定型，运用洛必达法则计算.

解一：原式 $\xlongequal{\text{洛必达法则}} \lim\limits_{x\to+\infty}\dfrac{\dfrac{e^x}{1+e^x}}{\dfrac{x}{\sqrt{1+x^2}}} \xlongequal{\text{整理}} \lim\limits_{x\to+\infty}\dfrac{e^x}{1+e^x}\cdot\dfrac{\sqrt{1+x^2}}{x} \xlongequal{\text{变形}} \lim\limits_{x\to+\infty}\dfrac{1}{1+e^{-x}}\sqrt{1+\dfrac{1}{x^2}}=1$

说明：上例说明，在用一次洛必达法则后对极限 $\lim\limits_{x\to+\infty}\dfrac{e^x\sqrt{1+x^2}}{(1+e^x)x}$ 再用洛必达法则是烦琐的，应结合极限的运用性质等其他方法处理.

解二：原式 $\xlongequal{\text{变形}} \lim\limits_{x\to+\infty}\dfrac{\ln[e^x(1+e^{-x})]}{x\sqrt{1+\dfrac{1}{x^2}}} \xlongequal{\text{变形、极限性质}} \lim\limits_{x\to+\infty}\dfrac{x+\ln(1+e^{-x})}{x}$

$$\xlongequal{\text{极限性质}} \lim_{x\to+\infty}\left(1+\frac{\ln(1+e^{-x})}{x}\right)=1$$

例 3－45 计算 $\lim\limits_{x\to0^+}\dfrac{\ln\tan 7x}{\ln\tan 2x}$.

分析：这是 $\frac{\infty}{\infty}$ 未定型，运用洛必达法则计算.

解：原式 $\xlongequal{\text{洛必达法则}} \lim\limits_{x\to0^+}\dfrac{\dfrac{1}{\tan 7x}\cdot\sec^2 7x\cdot 7}{\dfrac{1}{\tan 2x}\cdot\sec^2 2x\cdot 2} \xlongequal{\text{整理}} \dfrac{7}{2}\lim\limits_{x\to0^+}\dfrac{\tan 2x}{\tan 7x}\cdot\dfrac{\cos^2 2x}{\cos^2 7x}$

$$\xlongequal{\text{极限性质}} \frac{7}{2}\lim_{x\to0^+}\frac{\tan 2x}{\tan 7x} \xlongequal{\text{等价代换}} \frac{7}{2}\lim_{x\to0^+}\frac{2x}{7x}=1$$

例 3－46 计算 $\lim\limits_{x\to\infty}\dfrac{\left(\dfrac{1}{x}\cos\dfrac{1}{x}-\sin\dfrac{1}{x}\right)\cos\dfrac{1}{x}}{(e^{\frac{1}{x}+a}-e^a)^2\sin\dfrac{1}{x}}$.

分析：这是 $\frac{0}{0}$ 未定型.很明显直接利用洛必达法则计算是烦琐的，应结合其他方法简化后计算.

解：原式 $\xlongequal{\text{令 }t=\frac{1}{x}} \lim\limits_{t\to0}\dfrac{(t\cos t-\sin t)\cos t}{(e^{t+a}-e^a)^2\sin t} \xlongequal{\text{变形、极限性质}} \lim\limits_{t\to0}\dfrac{t\cos t-\sin t}{e^{2a}\ (e^t-1)^2\sin t}$

$$\xlongequal{\text{等价代换}} \frac{1}{e^{2a}}\lim_{t\to0}\frac{t\cos t-\sin t}{t^3} \xlongequal{\text{洛必达法则}} \frac{1}{e^{2a}}\lim_{t\to0}\frac{\cos t-t\sin t-\cos t}{3t^2}$$

$$\xlongequal{\text{整理}} -\frac{1}{3e^{2a}}\lim_{t\to0}\frac{\sin t}{t}=-\frac{1}{3}e^{-2a}$$

说明: 上例说明,在简化问题时,也可采用极限的变量代换方法.

例 3-47　计算 $\lim\limits_{x\to\infty}\dfrac{x\mathrm{e}^{\cos x^2}}{1+x^2\mathrm{e}^{\sin x}}$.

分析: 这是 $\dfrac{\infty}{\infty}$ 未定型.若运用洛必达法则,则有

$$原式=\lim_{x\to\infty}\frac{\mathrm{e}^{\cos x^2}+x\mathrm{e}^{\cos x^2}(-\sin x)\cdot 2x}{2x\mathrm{e}^{\sin x}+x^2\mathrm{e}^{\sin x}\cos x}.$$

很明显新的极限比原极限更复杂,洛必达法则无法计算,需考虑运用其他的方法.

解:
$$原式\xlongequal{变形}\lim_{x\to\infty}\frac{1}{x}\cdot\frac{\mathrm{e}^{\cos x^2}}{\dfrac{1}{x^2}+\mathrm{e}^{\sin x}}\xlongequal{有界量乘无穷小}0.$$

说明: 此例说明,洛必达法则并不一定能达到简化极限的目的,有时它是失败的,所以要结合其他的极限计算方法综合考虑.

例 3-48　设 $f(x)$ 具有二阶连续导数,且 $f(0)=0$, 试证: $g(x)$ 有一阶连续导数,其中

$$g(x)=\begin{cases}\dfrac{f(x)}{x}, & x\neq 0\\ f'(0), & x=0\end{cases}.$$

分析: 先计算 $g'(x)$, 并证明 $g'(x)$ 连续.

解: 当 $x\neq 0$ 时,
$$g'(x)=\left(\frac{f(x)}{x}\right)'=\frac{xf'(x)-f(x)}{x^2},$$

当 $x=0$ 时, $g'(0)=\lim\limits_{x\to 0}\dfrac{g(x)-g(0)}{x}=\lim\limits_{x\to 0}\dfrac{\dfrac{f(x)}{x}-f'(0)}{x}=\lim\limits_{x\to 0}\dfrac{f(x)-f'(0)x}{x^2}$

$$\xlongequal{洛必达法则}\lim_{x\to 0}\frac{f'(x)-f'(0)}{2x}=\frac{1}{2}f''(0).$$

所以有
$$g'(x)=\begin{cases}\dfrac{xf'(x)-f(x)}{x^2}, & x\neq 0\\ \dfrac{1}{2}f''(0), & x=0\end{cases}.$$

又因 $f(x)$ 具有二阶连续导数,故知 $g'(x)$ 在 $x\neq 0$ 处连续.在 $x=0$ 处,由

$$\lim_{x\to 0}g'(x)=\lim_{x\to 0}\frac{xf'(x)-f(x)}{x^2}\xlongequal{洛必达法则}\lim_{x\to 0}\frac{f'(x)+xf''(x)-f'(x)}{2x}$$
$$=\frac{1}{2}\lim_{x\to 0}f''(x)=\frac{1}{2}f''(0)=g'(0)$$

可知, $g'(x)$ 在 $x=0$ 处连续.所以 $g'(x)$ 在 $(-\infty,+\infty)$ 上连续,即 $g(x)$ 具有一阶连续导数.

▶▶▶方法小结

洛必达法则是处理 $\frac{0}{0}$，$\frac{\infty}{\infty}$ 未定型的最主要的方法之一.在运用时，除了注意其条件之外，还需注意以下几点：

(1) 在运用前应首先采用恒等变形、变量代换等方法化简极限表达式；

(2) 能进行等价代换的则应首先采用等价代换简化问题；

(3) 每次运用洛必达法则之后，都应对新的极限表达式进行整理、化简；

(4) 在计算时要注意与其他极限计算方法结合使用.

3.2.6.2 $0\cdot\infty$，$\infty-\infty$未定型极限的计算

▶▶▶基本方法

通过恒等变形等方法化为 $\frac{0}{0}$ 型或 $\frac{\infty}{\infty}$ 型问题处理.

(1) $0\cdot\infty$未定型的处理方法

设 $\lim f(x)=0$，$\lim g(x)=\infty$，则极限 $\lim f(x)g(x)$ 可分别化为

$$\lim f(x)g(x)=\lim\frac{f(x)}{\frac{1}{g(x)}}\left(\frac{0}{0}\text{型}\right) \tag{3-15}$$

$$\lim f(x)g(x)=\lim\frac{g(x)}{\frac{1}{f(x)}}\left(\frac{\infty}{\infty}\text{型}\right) \tag{3-16}$$

(2) $\infty-\infty$未定型的处理方法

设 $\lim f(x)=\infty$，$\lim g(x)=\infty$，则极限 $\lim(f(x)-g(x))$ 可通过恒等变形、通分、变量代换等方法化为 $\frac{0}{0}$ 型或 $\frac{\infty}{\infty}$ 型.

▶▶▶典型例题解析

例 3-49 计算 $\lim\limits_{x\to 0}x^2\mathrm{e}^{\frac{1}{x^2}}$.

分析： 这是 $0\cdot\infty$ 未定型.可按式(3-16)化为 $\frac{\infty}{\infty}$ 型计算.

解： 原式 $=\lim\limits_{x\to 0}\frac{\mathrm{e}^{\frac{1}{x^2}}}{\frac{1}{x^2}}\xlongequal{令t=\frac{1}{x^2}}\lim\limits_{t\to+\infty}\frac{\mathrm{e}^t}{t}\xlongequal{洛必达法则}\lim\limits_{t\to+\infty}\mathrm{e}^t=+\infty$.

例 3-50 计算 $\lim\limits_{x\to\infty}x^2(\arctan x-\arctan(x+a))$，$a>0$.

分析： 这是 $0\cdot\infty$ 未定型.可按式(3-15)化为 $\frac{0}{0}$ 型计算.

解一： 原式

$$=\lim_{x\to\infty}\frac{\arctan x-\arctan(x+a)}{\frac{1}{x^2}}\xlongequal{\text{洛必达法则}}\lim_{x\to\infty}\frac{\frac{1}{1+x^2}-\frac{1}{1+(x+a)^2}}{-\frac{2}{x^3}}$$

$$=-\frac{1}{2}\lim_{x\to\infty}\frac{[(x+a)^2-x^2]x^3}{(1+x^2)(1+(x+a)^2)}=-\frac{1}{2}\lim_{x\to\infty}\frac{(2ax+a^2)x^3}{(1+x^2)(1+(x+a)^2)}$$

$$=-\frac{1}{2}\lim_{x\to\infty}\frac{2a+\frac{a^2}{x}}{\left(1+\frac{1}{x^2}\right)\left[\frac{1}{x^2}+\left(1+\frac{a}{x}\right)^2\right]}=-a$$

解二： 利用拉格朗日中值定理，存在 $\xi\in(x,x+a)$ 使得

$$\arctan(x+a)-\arctan x=\frac{a}{1+\xi^2}.$$

从而当 $x<x+a<0$ 时，有

$$-\frac{ax^2}{1+(x+a)^2}<x^2(\arctan x-\arctan(x+a))=-\frac{ax^2}{1+\xi^2}<-\frac{ax^2}{1+x^2}.$$

利用夹逼准则得 $$\lim_{x\to-\infty}x^2(\arctan x-\arctan(x+a))=-a.$$

当 $0<x<x+a$ 时，有

$$-\frac{ax^2}{1+x^2}<x^2(\arctan x-\arctan(x+a))=-\frac{ax^2}{1+\xi^2}<-\frac{ax^2}{1+(x+a)^2}$$

利用夹逼准则得 $$\lim_{x\to+\infty}x^2(\arctan x-\arctan(x+a))=-a.$$

所以有 $$\lim_{x\to\infty}x^2(\arctan x-\arctan(x+a))=-a.$$

说明： 本例的解二表明，当极限表达式中含有函数增量时，也可以尝试运用微分中值定理计算.这一方法的难点在于 ξ 与 x 的关系未知.本例是通过对 ξ 的表达式进行放大、缩小，利用夹逼准则来处理这一难点的.

例 3-51 计算 $\lim\limits_{x\to0}\dfrac{\arctan(\sin 2x)-\arctan(3\sin x)}{\sqrt{4+\sin 3x}-\sqrt{4+3\sin x}}$.

分析： 这是 $\frac{0}{0}$ 未定型.很明显通过将分母有理化后利用洛必达法则计算仍然是烦琐的.注意到极限表达式是函数 $f(x)=\arctan x$，$g(x)=\sqrt{4+x}$ 在点 $\sin 3x$ 与 $3\sin x$ 处的增量之比，故可考虑利用柯西中值定理计算.

解：设 $f(x)=\arctan x$，$g(x)=\sqrt{4+x}$，则 $f(x)$，$g(x)$ 在由点 $\sin 3x$ 与 $3\sin x$ 形成的区间上满足柯西中值定理的条件，于是有

$$\frac{\arctan(\sin 2x)-\arctan(3\sin x)}{\sqrt{4+\sin 3x}-\sqrt{4+3\sin x}}=\frac{f(\sin 3x)-f(3\sin x)}{g(\sin 3x)-g(3\sin x)}=\frac{f'(\xi)}{g'(\xi)}$$

$$=\frac{\dfrac{1}{1+\xi^2}}{\dfrac{1}{2\sqrt{1+\xi}}}=\frac{2\sqrt{4+\xi}}{1+\xi^2},$$

其中 ξ 介于 $\sin 3x$ 与 $3\sin x$ 之间.又当 $x\to 0$ 时，$\xi\to 0$，所以有

$$\lim_{x\to 0}\frac{\arctan(\sin 2x)-\arctan(3\sin x)}{\sqrt{4+\sin 3x}-\sqrt{4+3\sin x}}=\lim_{x\to 0}\frac{2\sqrt{4+\xi}}{1+\xi^2}=\lim_{\xi\to 0}\frac{2\sqrt{4+\xi}}{1+\xi^2}=4.$$

例 3-52 计算 $\lim\limits_{x\to 1}(1-x)\tan\dfrac{\pi x}{2}$.

分析：这是 $0\cdot\infty$ 未定型.若按式(3-16)将其化为 $\dfrac{\infty}{\infty}$ 型 $\lim\limits_{x\to 1}\dfrac{\tan\dfrac{\pi x}{2}}{\dfrac{1}{1-x}}$，再利用洛必达法则，可见计算烦琐.本例可采用恒等变形的方法化为 $\dfrac{0}{0}$ 型.

解：原式 $\xlongequal{\text{变形}}\lim\limits_{x\to 1}(1-x)\dfrac{\sin\dfrac{\pi x}{2}}{\cos\dfrac{\pi x}{2}}\xlongequal{\text{极限性质}}\lim\limits_{x\to 1}\dfrac{1-x}{\cos\dfrac{\pi x}{2}}\xlongequal{\text{洛必达法则}}\lim\limits_{x\to 1}\dfrac{-1}{-\dfrac{\pi}{2}\sin\dfrac{\pi x}{2}}=\dfrac{2}{\pi}$.

说明：对于 $0\cdot\infty$ 未定型一般总可按式(3-15)或式(3-16)化为 $\dfrac{0}{0}$ 型或 $\dfrac{\infty}{\infty}$ 型.上例说明，这一方法对有些问题未必是方便的，应结合问题，灵活地采用其他的方法，例如恒等变形、等价代换等.

例 3-53 计算 $\lim\limits_{x\to\frac{1}{2}^+}\ln\left(x+\dfrac{1}{2}\right)\ln\left(x-\dfrac{1}{2}\right)$.

分析：这是 $0\cdot\infty$ 未定型.若按式(3-15)或式(3-16)直接将其化为 $\dfrac{0}{0}$ 型或 $\dfrac{\infty}{\infty}$ 型显然是不妥的，为此考虑用其他的方法.

解：原式 $\xlongequal{\text{变形}}\lim\limits_{x\to\frac{1}{2}^+}\ln\left(1+\left(x-\dfrac{1}{2}\right)\right)\ln\left(x-\dfrac{1}{2}\right)\xlongequal{\text{等价代换}}\lim\limits_{x\to\frac{1}{2}^+}\left(x-\dfrac{1}{2}\right)\ln\left(x-\dfrac{1}{2}\right)$

$$=\lim_{x\to\frac{1}{2}^+}\frac{\ln\left(x-\dfrac{1}{2}\right)}{\dfrac{1}{x-\dfrac{1}{2}}}$$

$$\xlongequal{\text{洛必达法则}} \lim_{x \to \frac{1}{2}^+} \frac{\dfrac{1}{x-\dfrac{1}{2}}}{-\dfrac{1}{\left(x-\dfrac{1}{2}\right)^2}} = -\lim_{x \to \frac{1}{2}^+}\left(x-\frac{1}{2}\right)=0.$$

例 3-54　计算 $\lim\limits_{x \to 0}\left(\dfrac{1}{x}-\dfrac{1}{e^x-1}\right)$.

分析: 这是 $\infty-\infty$ 未定型,将两式通分化为 $\dfrac{0}{0}$ 型处理.

解: 原式 $\xlongequal{\text{通分}} \lim\limits_{x \to 0}\dfrac{e^x-1-x}{x(e^x-1)} \xlongequal{\text{等价代换}} \lim\limits_{x \to 0}\dfrac{e^x-1-x}{x^2} \xlongequal{\text{洛必达法则}} \lim\limits_{x \to 0}\dfrac{e^x-1}{2x}=\dfrac{1}{2}$.

例 3-55　计算 $\lim\limits_{x \to 0}\left(\dfrac{1}{\sin^2 x}-\dfrac{1}{x^2}\right)$.

分析: 这是 $\infty-\infty$ 未定型,将两式通分化为 $\dfrac{0}{0}$ 型处理.

解: 原式 $\xlongequal{\text{通分}} \lim\limits_{x \to 0}\dfrac{x^2-\sin^2 x}{x^2\sin^2 x} \xlongequal{\text{等价代换}} \lim\limits_{x \to 0}\dfrac{x^2-\sin^2 x}{x^4} \xlongequal{\text{洛必达法则}} \lim\limits_{x \to 0}\dfrac{2x-2\sin x\cos x}{4x^3}$

$$=\frac{1}{4}\lim_{x \to 0}\frac{2x-\sin 2x}{x^3} \xlongequal{\text{洛必达法则}} \frac{1}{4}\lim_{x \to 0}\frac{2-2\cos 2x}{3x^2}=\frac{1}{6}\lim_{x \to 0}\frac{1-\cos 2x}{x^2}$$

$$\xlongequal{\text{等价代换}} \frac{1}{6}\lim_{x \to 0}\frac{\dfrac{1}{2}(2x)^2}{x^2}=\frac{1}{3}.$$

说明: 对于 $\infty-\infty$ 型极限 $\lim(f(x)-g(x))$，理论上总可通过

$$\lim(f(x)-g(x))=\lim\left(\frac{1}{\dfrac{1}{f(x)}}-\frac{1}{\dfrac{1}{g(x)}}\right)=\lim\frac{\dfrac{1}{g(x)}-\dfrac{1}{f(x)}}{\dfrac{1}{f(x)}\cdot\dfrac{1}{g(x)}} \tag{3-17}$$

化为 $\dfrac{0}{0}$ 型.但在实际计算中式(3-17)是不常用的.例 3-54,例 3-55 表明,对于由分式形成的 $\infty-\infty$ 型未定型,可采用通分的方法将其化为 $\dfrac{0}{0}$ 型.

例 3-56　计算 $\lim\limits_{x \to \infty}\left(x-x^2\ln\left(1+\dfrac{1}{x}\right)\right)$.

分析: 这是 $\infty-\infty$ 未定型.由于不是分式相减而无法通分.此时可考虑作变换 $x=\dfrac{1}{t}$ 形成分式,再通分化为 $\dfrac{0}{0}$ 型.

解： 令 $x=\dfrac{1}{t}$，则 $t=\dfrac{1}{x}$，且当 $x\to\infty$ 时，$t\to 0$，于是

$$\text{原式}\xlongequal{\text{作变换 } x=\frac{1}{t}}\lim_{t\to 0}\left(\frac{1}{t}-\frac{\ln(1+t)}{t^2}\right)=\lim_{t\to 0}\frac{t-\ln(1+t)}{t^2}\left(\frac{0}{0}\text{ 型}\right)$$

$$\xlongequal{\text{洛必达法则}}\lim_{t\to 0}\frac{1-\dfrac{1}{1+t}}{2t}=\frac{1}{2}\lim_{t\to 0}\frac{1}{1+t}=\frac{1}{2}.$$

例 3-57 计算 $\lim\limits_{n\to\infty}\left[\dfrac{1}{\ln\left(1+\dfrac{1}{n}\right)}-n\right]$.

分析： 这是 $\infty-\infty$ 未定型.为了运用洛必达法则，应先将其转化为函数极限 $\lim\limits_{x\to\infty}\left[\dfrac{1}{\ln\left(1+\dfrac{1}{x}\right)}-x\right]$ 考虑.

解：
$$\lim_{x\to+\infty}\left[\frac{1}{\ln\left(1+\dfrac{1}{x}\right)}-x\right]\xlongequal{\text{作变换 } x=\frac{1}{t}}\lim_{t\to 0^+}\left(\frac{1}{\ln(1+t)}-\frac{1}{t}\right)$$

$$=\lim_{t\to 0^+}\frac{t-\ln(1+t)}{t\ln(1+t)}\xlongequal{\text{等价代换}}\lim_{t\to 0^+}\frac{t-\ln(1+t)}{t^2}$$

$$\xlongequal{\text{洛必达法则}}\lim_{t\to 0^+}\frac{1-\dfrac{1}{1+t}}{2t}=\frac{1}{2}\lim_{t\to 0^+}\frac{1}{1+t}=\frac{1}{2}$$

所以
$$\text{原式}=\lim_{n\to\infty}\left[\frac{1}{\ln\left(1+\dfrac{1}{n}\right)}-n\right]=\frac{1}{2}.$$

说明： 对于数列极限 $\lim\limits_{n\to\infty}a_n$，如果需要运用洛必达法则，则应先将其转化为函数极限 $\lim\limits_{x\to+\infty}f(x)$，其中 $a_n=f(n)$，不能直接对 $\lim\limits_{n\to\infty}a_n$ 利用洛必达法则.

例 3-58 设 $f''(x)$ 在点 $x=a$ 处连续，$f'(a)\neq 0$，当 $x\neq a$ 时 $f(x)\neq f(a)$，求极限

$$\lim_{x\to a}\left[\frac{1}{f'(a)(x-a)}-\frac{1}{f(x)-f(a)}\right].$$

分析： 这是 $\infty-\infty$ 未定型，且为分式相减，可通分后化为 $\dfrac{0}{0}$ 型处理.

解： 原式 $\xlongequal{\text{通分}}\lim\limits_{x\to a}\dfrac{f(x)-f(a)-f'(a)(x-a)}{f'(a)(f(x)-f(a))(x-a)}$

$$\xlongequal{\text{洛必达法则}} \frac{1}{f'(a)} \lim_{x\to a} \frac{f'(x)-f'(a)}{f(x)-f(a)+f'(x)(x-a)}$$

$$\xlongequal{\text{洛必达法则}} \frac{1}{f'(a)} \lim_{x\to a} \frac{f''(x)}{2f'(x)+f''(x)(x-a)} = \frac{f''(a)}{2(f'(a))^2}.$$

▶▶▶方法小结

如何将 $0\cdot\infty$ 与 $\infty-\infty$ 未定型通过适当的方法化为 $\frac{0}{0}$ 或 $\frac{\infty}{\infty}$ 未定型是处理这一问题的主要思路.

(1) 对于 $0\cdot\infty$ 型,通常可通过式(3-15)或式(3-16)化为 $\frac{0}{0}$ 型或 $\frac{\infty}{\infty}$ 型,但有时这一方法并不一定妥当(例 3-52,例 3-53),所以在计算时还需考虑结合其他的方法.另外,计算时还需考虑是将问题按式(3-15)化为 $\frac{0}{0}$ 型,还是按式(3-16)化为 $\frac{\infty}{\infty}$ 型的问题.可以看到,将例 3-49 中的极限化为 $\frac{0}{0}$ 型 $\lim\limits_{x\to 0}\frac{x^2}{\frac{1}{e^{x^2}}}$,例 3-50 中的极限化为 $\frac{\infty}{\infty}$ 型 $\lim\limits_{x\to\infty}\frac{x^2}{\frac{1}{\arctan x-\arctan(x+a)}}$ 处理是不可取的.

(2) 对于 $\infty-\infty$ 型,通常可通过式(3-17)化为 $\frac{0}{0}$ 型,但因为这一方法涉及函数 $\frac{1}{f(x)}$, $\frac{1}{g(x)}$,在运用洛必达法则时常常不能简化问题或计算烦琐,所以在处理 $\infty-\infty$ 型时,应首选恒等变形、通分(处理分式,如例 3-54,例 3-55,例 3-58)、变量代换(形成分式,如例 3-56,例 3-57)等方法.

(3) 对数列极限 $\lim\limits_{n\to\infty}a_n$ 若需运用洛必达法则,则应首先将其化为函数极限 $\lim\limits_{x\to+\infty}f(x)(a_n=f(n))$,不能直接对 $\lim\limits_{n\to\infty}a_n$ 应用洛必达法则.

3.2.6.3 1^∞, ∞^0, 0^0 未定型极限的计算

▶▶▶基本方法

运用幂指函数的极限性质式(2-12),即通过恒等变形及极限性质

$$\lim f(x)^{g(x)}=\lim e^{g(x)\ln f(x)}=e^{\lim g(x)\ln f(x)}, \tag{3-18}$$

将问题化为 $0\cdot\infty$ 型极限 $\lim g(x)\ln f(x)$ 计算.

▶▶▶典型例题解析

例 3-59 计算 $\lim\limits_{x\to 1^-}\left(\frac{2}{\pi}\arcsin x\right)^{\frac{1}{\arccos x}}$.

分析：这是 1^{∞} 未定型，利用式(3-18)计算.

解：原式 $=\lim\limits_{x\to1^-}\mathrm{e}^{\frac{1}{\arccos x}\ln\left(\frac{2}{\pi}\arcsin x\right)}=\mathrm{e}^{\lim\limits_{x\to1^-}\frac{\ln\left(\frac{2}{\pi}\arcsin x\right)}{\arccos x}}$，

$$\lim_{x\to1^-}\frac{\ln\left(\frac{2}{\pi}\arcsin x\right)}{\arccos x}=\lim_{x\to1^-}\frac{\ln\left(1+\left(\frac{2}{\pi}\arcsin x-1\right)\right)}{\arccos x}=\lim_{x\to1^-}\frac{\frac{2}{\pi}\arcsin x-1}{\arccos x}$$

$$\xlongequal{\text{洛必达法则}}\frac{2}{\pi}\lim_{x\to1^-}\frac{\frac{1}{\sqrt{1-x^2}}}{-\frac{1}{\sqrt{1-x^2}}}=-\frac{2}{\pi},$$

所以
$$\lim_{x\to1^-}\left(\frac{2}{\pi}\arcsin x\right)^{\frac{1}{\arccos x}}=\mathrm{e}^{-\frac{2}{\pi}}.$$

例 3-60 计算 $\lim\limits_{x\to0^+}\left(\frac{1}{x}\right)^{\tan x}$.

分析：这是 ∞^0 未定型，利用式(3-18)计算.

解：原式 $=\lim\limits_{x\to0^+}\mathrm{e}^{\tan x\cdot\ln\frac{1}{x}}=\mathrm{e}^{\lim\limits_{x\to0^+}\tan x\cdot\ln\frac{1}{x}}$，

$$\lim_{x\to0^+}\tan x\ln\frac{1}{x}=-\lim_{x\to0^+}\frac{\sin x}{\cos x}\ln x\xlongequal{\text{极限运算性质}}-\lim_{x\to0^+}\sin x\ln x\xlongequal{0\cdot\infty\text{型}}-\lim_{x\to0^+}\frac{\ln x}{\frac{1}{\sin x}}$$

$$\xlongequal{\text{洛必达法则}}-\lim_{x\to0^+}\frac{\frac{1}{x}}{-\frac{\cos x}{\sin^2 x}}\xlongequal{\text{整理}}\lim_{x\to0^+}\frac{\sin^2 x}{x\cos x}\xlongequal{\text{等价代换}}\lim_{x\to0^+}\frac{x}{\cos x}=0,$$

所以
$$\lim_{x\to0^+}\left(\frac{1}{x}\right)^{\tan x}=\mathrm{e}^0=1.$$

例 3-61 计算 $\lim\limits_{x\to0^+}x^{\frac{1}{1+\ln\sqrt{x}}}$.

分析：这是 0^0 未定型，利用式(3-18)计算.

解：原式 $=\lim\limits_{x\to0^+}\mathrm{e}^{\frac{\ln x}{1+\ln\sqrt{x}}}=\mathrm{e}^{\lim\limits_{x\to0^+}\frac{\ln x}{1+\ln\sqrt{x}}}$，

$$\lim_{x\to0^+}\frac{\ln x}{1+\ln\sqrt{x}}\xlongequal{\text{恒等变形}}\lim_{x\to0^+}\frac{\ln x}{1+\frac{1}{2}\ln x}\xlongequal{\text{恒等变形}}\lim_{x\to0^+}\frac{1}{\frac{1}{\ln x}+\frac{1}{2}}=2,$$

所以
$$\lim_{x\to0^+}x^{\frac{1}{1+\ln\sqrt{x}}}=\mathrm{e}^2.$$

例 3-62 计算 $\lim\limits_{n\to\infty}\left(n\sin\dfrac{1}{n}\right)^{n^2}$.

分析：这是 1^{∞} 未定型，可考虑转化为函数极限 $\lim\limits_{x\to+\infty}\left(x\sin\dfrac{1}{x}\right)^{x^2}$ 计算.

解：因为
$$\lim_{x\to+\infty}\left(x\sin\frac{1}{x}\right)^{x^2}=\lim_{x\to+\infty}e^{x^2\ln\left(x\sin\frac{1}{x}\right)}=e^{\lim\limits_{x\to+\infty}x^2\ln\left(x\sin\frac{1}{x}\right)},$$

$$\lim_{x\to+\infty}x^2\ln\left(x\sin\frac{1}{x}\right)=\lim_{x\to+\infty}x^2\ln\left[1+\left(x\sin\frac{1}{x}-1\right)\right]\xlongequal{\text{等价代换}}\lim_{x\to+\infty}x^2\left(x\sin\frac{1}{x}-1\right)$$

$$\xlongequal{\text{作变换 }x=\frac{1}{t}}\lim_{t\to0^+}\frac{\frac{1}{t}\sin t-1}{t^2}=\lim_{t\to0^+}\frac{\sin t-t}{t^3}\xlongequal{\text{洛必达法则}}\lim_{t\to0^+}\frac{\cos t-1}{3t^2}$$

$$\xlongequal{\text{等价代换}}\lim_{t\to0^+}\frac{-\frac{1}{2}t^2}{3t^2}=-\frac{1}{6},$$

所以
$$\lim_{n\to\infty}\left(n\sin\frac{1}{n}\right)^{n^2}=\lim_{x\to+\infty}\left(x\sin\frac{1}{x}\right)^{x^2}=e^{-\frac{1}{6}}.$$

例 3-63 讨论函数 $f(x)=\begin{cases}\left[\dfrac{(1+x)^{\frac{1}{x}}}{e}\right]^{\frac{1}{x}}, & x>0\\ e^{-\frac{1}{2}}, & x\leqslant0\end{cases}$ 在 $x=0$ 处的连续性.

分析：根据分段函数在分段点处连续性的讨论方法，考虑等式 $f(0+0)=f(0-0)=f(0)$ 是否成立.

解：
$$f(0-0)=\lim_{x\to0^-}f(x)=\lim_{x\to0^-}e^{-\frac{1}{2}}=e^{-\frac{1}{2}}=f(0),$$

$$f(0+0)=\lim_{x\to0^+}f(x)=\lim_{x\to0^+}\left[\frac{(1+x)^{\frac{1}{x}}}{e}\right]^{\frac{1}{x}}=\lim_{x\to0^+}e^{\frac{1}{x}\ln\left[\frac{(1+x)^{\frac{1}{x}}}{e}\right]}$$

$$=e^{\lim\limits_{x\to0^+}\frac{1}{x}\ln\left[\frac{(1+x)^{\frac{1}{x}}}{e}\right]}=e^{\lim\limits_{x\to0^+}\frac{\ln(1+x)-x}{x^2}},$$

而
$$\lim_{x\to0^+}\frac{\ln(1+x)-x}{x^2}=\lim_{x\to0^+}\frac{\frac{1}{1+x}-1}{2x}=\frac{1}{2}\lim_{x\to0^+}\frac{-x}{x(1+x)}=-\frac{1}{2},$$

于是得 $f(0+0)=e^{-\frac{1}{2}}=f(0)$. 从而有 $f(0+0)=f(0-0)=f(0)=e^{-\frac{1}{2}}$，故 $f(x)$ 在 $x=0$ 处连续.

▶▶▶方法小结

1^{∞}，∞^0，0^0 三种未定型极限的计算方法是相同的，都可以通过式(3-18)把问题转化为指数上 $0\cdot\infty$ 型极限 $\lim g(x)\ln f(x)$ 的计算. 因此，掌握好 $0\cdot\infty$ 型极限的计算方法是处理这三种极限的关键.

3.2.7 函数的泰勒公式展开及其泰勒公式在极限问题中的应用

泰勒公式反映了一个 $n+1$ 阶可导的函数与其 n 阶泰勒多项式之间的关系，通过这一关系我们能够运用 n 阶泰勒多项式及其余项更深入地研究函数.

(1) 带拉格朗日型余项的 n 阶泰勒公式

设 $x_0 \in (a, b)$，函数 $f(x)$ 在 (a, b) 内有直到 $n+1$ 阶的导数，则对 $x \in (a, b)$ 有

$$\begin{aligned} f(x) = f(x_0) + f'(x_0)(x-x_0) + \cdots + \frac{f^{(n)}(x_0)}{n!}(x-x_0)^n \\ + \frac{f^{(n+1)}(\xi)}{(n+1)!}(x-x_0)^{n+1} \end{aligned} \tag{3-19}$$

其中 ξ 介于 x_0 与 x 之间.

(2) 带皮亚诺型余项的 n 阶泰勒公式

设函数 $f(x)$ 在点 x_0 处有 n 阶导数，则存在点 x_0 的邻域 (a, b)，使对 $x \in (a, b)$ 有

$$\begin{aligned} f(x) = f(x_0) + f'(x_0)(x-x_0) + \cdots \\ + \frac{f^{(n)}(x_0)}{n!}(x-x_0)^n + o((x-x_0)^n). \end{aligned} \tag{3-20}$$

当 $x_0 = 0$ 时，式(3-19)、式(3-20)分别称为带拉格朗日型余项和皮亚诺型余项的 **n 阶麦克劳林公式**.

3.2.7.1 函数的泰勒公式展开

▶▶▶基本方法

(1) 直接展开法：通过计算 $f^{(n)}(x_0)$，运用式(3-19)或式(3-20)，写出 $f(x)$ 在点 x_0 处的泰勒公式.

(2) 间接展开法：不计算 $f^{(n)}(x_0)$，运用已知的泰勒公式展开式，写出 $f(x)$ 在点 x_0 处的泰勒公式.

▶▶▶重要结论

常用的麦克劳林公式(带皮亚诺余项)：

(1) $\sin x = x - \frac{x^3}{3!} + \frac{x^5}{5!} + \cdots + (-1)^{m-1}\frac{x^{2m-1}}{(2m-1)!} + o(x^{2m})$ (3-21)

(2) $\cos x = 1 - \frac{x^2}{2!} + \frac{x^4}{4!} + \cdots + (-1)^m \frac{x^{2m}}{(2m)!} + o(x^{2m+1})$ (3-22)

$$(3)\ \ln(1+x)=x-\frac{x^2}{2}+\frac{x^3}{3}+\cdots+(-1)^{n-1}\frac{x^n}{n}+o(x^n) \tag{3-23}$$

$$(4)\ e^x=1+x+\frac{x^2}{2!}+\frac{x^3}{3}+\cdots+\frac{x^n}{n!}+o(x^n) \tag{3-24}$$

$$(5)\ (1+x)^\alpha=1+\alpha x+\frac{\alpha(\alpha-1)}{2!}x^2+\cdots+\frac{\alpha(\alpha-1)\cdots(\alpha-n+1)}{n!}x^n+o(x^n) \tag{3-25}$$

把上式中的各皮亚诺型余项改写为拉格朗日型余项，即可得到相应函数的带拉格朗日型余项的麦克劳林公式.

▶▶▶方法运用注意点

(1) 由拉格朗日型余项 $R_n(x)=\frac{f^{(n+1)}(\xi)}{(n+1)!}(x-x_0)^{n+1}$ 的形式可知，写函数在点 x_0 处的带拉格朗日型余项的泰勒公式必须通过计算 $f^{(n)}(x)$，采用直接展开法展开.

(2) 由于皮亚诺型余项 $R_n(x)=o((x-x_0)^n)$ 的表达形式比较宽松，且具有展开式形式的唯一性，所以求函数在点 x_0 处的带皮亚诺型余项的泰勒公式常常会借助上面 5 个常用展开式，采用间接展开法展开.

▶▶▶典型例题解析

例 3-64 求函数 $f(x)=xe^x$ 的带拉格朗日型余项的 n 阶麦克劳林公式.

分析： 通过计算 $f^{(n)}(x)$，采用直接展开法.

解： $f'(x)=e^x+xe^x=(x+1)e^x$，$f''(x)=e^x+(x+1)e^x=(x+2)e^x$，

一般的有
$$f^{(k)}(x)=(x+k)e^x,\ k=1,\ 2,\ \cdots,\ n+1.$$

因此 $f^{(k)}(0)=k\ (k=1,\ 2,\ \cdots,\ n)$，运用式(3-19)求得 n 阶麦克劳林公式

$$\begin{aligned}xe^x&=f(0)+f'(0)x+\cdots+\frac{f^{(n)}(0)}{n!}x^n+\frac{f^{(n+1)}(\xi)}{(n+1)!}x^{n+1}\\&=x+x^2+\frac{1}{2!}x^3+\cdots+\frac{1}{(n-1)!}x^n+\frac{(\xi+(n+1))e^\xi}{(n+1)!}x^{n+1},\end{aligned}$$

其中 ξ 介于 0 与 x 之间.

例 3-65 将函数 $f(x)=\sqrt{x}$ 在点 $x_0=4$ 处展开为带拉格朗日型余项的 3 阶泰勒公式.

分析： 通过计算 $f^{(n)}(x)$，采用直接展开法.

解： 因为 $f(4)=2$，$f'(4)=\left(\frac{1}{2}x^{-\frac{1}{2}}\right)\Big|_{x=4}=\frac{1}{4}$，$f''(4)=\left[\frac{1}{2}\left(-\frac{1}{2}\right)x^{-\frac{3}{2}}\right]\Big|_{x=4}=-\frac{1}{32}$，

$$f'''(4)=\left[\frac{1}{2}\left(-\frac{1}{2}\right)\left(-\frac{3}{2}\right)x^{-\frac{5}{2}}\right]\Big|_{x=4}=\frac{3}{256},\ f^{(4)}(x)=-\frac{15}{16}x^{-\frac{7}{2}},$$

所以运用式(3-19)得

$$\sqrt{x}=2+\frac{1}{4}(x-4)+\frac{\left(-\frac{1}{32}\right)}{2!}(x-4)^2+\frac{\left(\frac{3}{256}\right)}{3!}(x-4)^3+\frac{\left(-\frac{15}{16}\xi^{-\frac{7}{2}}\right)}{4!}(x-4)^4$$

$$=2+\frac{1}{4}(x-4)-\frac{1}{64}(x-4)^2+\frac{1}{512}(x-4)^3-\frac{5}{128\xi^{\frac{7}{2}}}(x-4)^4,$$

其中ξ介于0与x之间.

例 3-66 应用三阶泰勒公式求$\sqrt[3]{30}$的近似值,并估计误差.

分析: 因为$\sqrt[3]{30}=\sqrt[3]{3+27}=3\sqrt[3]{1+\frac{1}{9}}$,故考虑对函数$f(x)=\sqrt[3]{1+x}$在$x=0$处三阶泰勒展开.

解: 设$f(x)=\sqrt[3]{1+x}$,先写出$f(x)$的带拉格朗日型余项的3阶麦克劳林公式.

因为$f(0)=1$,$f'(0)=\left[\frac{1}{3}(1+x)^{-\frac{2}{3}}\right]\Big|_{x=0}=\frac{1}{3}$,$f''(0)=\left[-\frac{2}{9}(1+x)^{-\frac{5}{3}}\right]\Big|_{x=0}=-\frac{2}{9}$,

$$f'''(0)=\left[\frac{10}{27}(1+x)^{-\frac{8}{3}}\right]\Big|_{x=0}=\frac{10}{27},\ f^{(4)}(x)=-\frac{80}{81}(1+x)^{-\frac{11}{3}},$$

所以根据式(3-19),$f(x)$的带拉格朗日型余项的3阶麦克劳林公式为

$$\sqrt[3]{1+x}=1+\frac{1}{3}x+\frac{-\frac{2}{9}}{2!}x^2+\frac{\frac{10}{27}}{3!}x^3+\frac{\left(-\frac{80}{81}\right)(1+\xi)^{-\frac{11}{3}}}{4!}x^4$$

$$=1+\frac{1}{3}x-\frac{1}{9}x^2+\frac{5}{81}x^3-\frac{10}{243(1+\xi)^{-\frac{11}{3}}}x^4\text{(其中}\xi\text{介于0与}x\text{之间)}$$

令$x=\frac{1}{9}$,则有

$$\sqrt[3]{30}\approx 3\left[1+\frac{1}{3}\cdot\frac{1}{9}-\frac{1}{9}\cdot\left(\frac{1}{9}\right)^2+\frac{5}{81}\left(\frac{1}{9}\right)^3\right]=3.107\,25.$$

绝对误差 $$\delta=3|r_3|=\frac{3\cdot 10}{243(1+\xi)^{-\frac{11}{3}}}\left(\frac{1}{9}\right)^4\leqslant\frac{30}{243}\left(\frac{1}{9}\right)^4=1.88\times 10^{-5}.$$

例 3-67 求函数$f(x)=\ln\frac{1+x}{1-x}$的带皮亚诺余项的$2n$阶麦克劳林公式.

分析: $f(x)=\ln(1+x)-\ln(1-x)$,可用展开式(3-23)进行间接展开.

解: $f(x)=\ln(1+x)-\ln(1-x)$,利用展开式(3-23)得

$$\ln(1+x)=x-\frac{x^2}{2}+\frac{x^3}{3}+\cdots+\frac{x^{2n-1}}{2n-1}-\frac{x^{2n}}{2n}+o(x^{2n}),$$

$$\ln(1-x)=(-x)-\frac{(-x)^2}{2}+\frac{(-x)^3}{3}+\cdots+\frac{(-x)^{2n-1}}{2n-1}-\frac{(-x)^{2n}}{2n}+o((-x)^{2n})$$
$$=-x-\frac{x^2}{2}-\frac{x^3}{3}-\cdots-\frac{x^{2n-1}}{2n-1}-\frac{x^{2n}}{2n}+o(x^{2n}).$$

代入 $f(x)$ 的表达式得到所求麦克劳林展开式

$$f(x)=\left(x-\frac{x^2}{2}+\frac{x^3}{3}+\cdots+\frac{x^{2n-1}}{2n-1}-\frac{x^{2n}}{2n}+o(x^{2n})\right)$$
$$-\left(-x-\frac{x^2}{2}-\frac{x^3}{3}-\cdots-\frac{x^{2n-1}}{2n-1}-\frac{x^{2n}}{2n}+o(x^{2n})\right)$$
$$=2x+\frac{2}{3}x^3+\cdots+\frac{2}{2n-1}x^{2n-1}+o(x^{2n}).$$

注意：在上面的运算中，$o(x^{2n})-o(x^{2n})\neq 0$，而是 $o(x^{2n})-o(x^{2n})=o(x^{2n})$.

例 3-68　求函数 $f(x)=\arcsin x$ 的带皮亚诺型余项的 4 阶麦克劳林公式.

分析：由于 $f(x)=\arcsin x$ 无现成的展开式可用，故采用直接展开法展开.

解：$f'(x)=\dfrac{1}{\sqrt{1-x^2}}=(1-x^2)^{-\frac{1}{2}}$，$f''(x)=-\dfrac{1}{2}(1-x^2)^{-\frac{3}{2}}\cdot(-2x)=x(1-x^2)^{-\frac{3}{2}}$，

$$f'''(x)=(1-x^2)^{-\frac{3}{2}}+3x^2(1-x^2)^{-\frac{5}{2}},\ f^{(4)}(x)=3x(1-x^2)^{-\frac{5}{2}}$$
$$+6x(1-x^2)^{-\frac{5}{2}}+15x^3(1-x^2)^{-\frac{7}{2}},$$

于是得 $f(0)=0$，$f'(0)=1$，$f''(0)=0$，$f'''(0)=1$，$f^{(4)}(0)=0$.

$f(x)$ 的带皮亚诺余项的 4 阶麦克劳林公式为

$$\arcsin x=x+\frac{1}{6}x^3+o(x^4).$$

▶▶▶方法小结

求函数 $f(x)$ 的泰勒公式展开式，其基本方法是直接法：

(1) 计算 $f^{(k)}(x)$，$k=1,2,\cdots,n$，算出 $f^{(k)}(x_0)$；

(2) 运用式(3-19)或式(3-20)写出带相应余项的 $f(x)$ 的泰勒公式展开式.

这里需要指出两点：

① 对于一般的函数，由于计算高阶导数 $f^{(k)}(x)$ 常常是困难的，这就使得那些只能用直接法计算的带拉格朗日型余项的泰勒公式问题变得非常困难.

② 对于求带皮亚诺型余项的泰勒公式问题，由于其具有展开形式的唯一性，即如果 $f(x)$ 可表示为

$$f(x)=a_0+a_1(x-x_0)+\cdots+a_n(x-x_0)^n+o((x-x_0)^n)\tag{3-26}$$

则必有 $a_k=\dfrac{f^{(k)}(x_0)}{k!}$ $(k=1,2,\cdots,n)$，即式(3-26)就是 $f(x)$ 的带皮亚诺型余项的 n 阶泰勒公

式.这一性质提供了求带皮亚诺型余项泰勒公式的间接展开法(例 3 - 67),从而回避了计算 $f^{(k)}(x_0)$ 的难点.一般来讲,对于求带皮亚诺型余项的泰勒公式问题,首选的方法是间接展开法.

3.2.7.2 泰勒公式在极限问题中的应用

泰勒公式有广泛的应用,这里我们先介绍泰勒公式在极限问题中的应用.

▶▶▶典型例题解析

例 3 - 69 计算 $\lim\limits_{x\to 0}\dfrac{1+\frac{1}{2}x^2-\sqrt{1+x^2}}{(\cos x-\mathrm{e}^{x^2})\sin x^2}$

分析: 这是 $\frac{0}{0}$ 未定型,可见直接运用洛必达法则计算是烦琐的.可以设想,如果将分子函数 $f(x)=1+\frac{1}{2}x^2-\sqrt{1+x^2}$,分母函数 $g(x)=(\cos x-\mathrm{e}^{x^2})\sin x^2$ 在 $x_0=0$ 处泰勒展开,即有展开式

$$f(x)=a_mx^m+o(x^m),\ g(x)=b_nx^n+o(x^n),\ a_m,\ b_n\neq 0,$$

则问题就变为计算 $\lim\limits_{x\to 0}\dfrac{a_mx^m+o(x^m)}{b_nx^n+o(x^n)}$,显然根据 m, n 的大小计算这一极限是方便的.

解: 为了方便先用等价代换简化分母函数

$$\text{原式}=\lim_{x\to 0}\frac{1+\frac{1}{2}x^2-\sqrt{1+x^2}}{x^2(\cos x-\mathrm{e}^{x^2})}.$$

利用式(3 - 22)、式(3 - 24)、式(3 - 25)得

$$\cos x=1-\frac{x^2}{2}+o(x^2),\ \mathrm{e}^x=1+x+o(x),\ \sqrt{1+x}=1+\frac{x}{2}-\frac{1}{8}x^2+o(x^2).$$

在后两式中令 $x=x^2$,得

$$\mathrm{e}^{x^2}=1+x^2+o(x^2),\ \sqrt{1+x^2}=1+\frac{x^2}{2}-\frac{1}{8}x^4+o(x^4).$$

将 $\cos x$, e^{x^2}, $\sqrt{1+x^2}$ 的泰勒展开式代入极限表达式,得

$$\text{原式}=\lim_{x\to 0}\frac{1+\frac{1}{2}x^2-\left(1+\frac{1}{2}x^2-\frac{1}{8}x^4+o(x^4)\right)}{x^2\left[1-\frac{x^2}{2}+o(x^2)-(1+x^2+o(x^2))\right]}=\lim_{x\to 0}\frac{\frac{1}{8}x^4+o(x^4)}{x^2\left(-\frac{3}{2}x^2+o(x^2)\right)}$$

$$=\lim_{x\to 0}\frac{\frac{1}{8}x^4+o(x^4)}{-\frac{3}{2}x^4+o(x^4)}=\lim_{x\to 0}\frac{\frac{1}{8}+\frac{o(x^4)}{x^4}}{-\frac{3}{2}+\frac{o(x^4)}{x^4}}=-\frac{1}{12}.$$

例 3-70 计算 $\lim\limits_{x\to 0}\dfrac{4x^2\cos x-\sin^2 2x}{e^x+e^{-x}-x^2-2}$.

分析: 这是 $\dfrac{0}{0}$ 未定型,可考虑运用泰勒公式计算.

解: 因为 $e^x=1+x+\dfrac{x^2}{2}+\dfrac{x^3}{6}+\dfrac{x^4}{24}+o(x^4)$, $e^{-x}=1-x+\dfrac{x^2}{2}-\dfrac{x^3}{6}+\dfrac{x^4}{24}+o(x^4)$,

$\cos x=1-\dfrac{x^2}{2}+o(x^2)$, $\sin 2x=2x-\dfrac{(2x)^3}{3!}+o(x^3)$.

把它们代入极限表达式,得

$$\text{原式}=\lim_{x\to 0}\frac{4x^2\left(1-\frac{1}{2}x^2+o(x^2)\right)-\left(2x-\frac{4}{3}x^3+o(x^3)\right)^2}{2+x^2+\frac{1}{12}x^4+o(x^4)-x^2-2}$$

$$=\lim_{x\to 0}\frac{4x^2-2x^4+o(x^4)-(4x^2-\frac{16}{3}x^4+o(x^4))}{\frac{1}{12}x^4+o(x^4)}=\lim_{x\to 0}\frac{\frac{10}{3}x^4+o(x^4)}{\frac{1}{12}x^4+o(x^4)}$$

$$=\lim_{x\to 0}\frac{\frac{10}{3}+\frac{o(x^4)}{x^4}}{\frac{1}{12}+\frac{o(x^4)}{x^4}}=40.$$

例 3-71 计算 $\lim\limits_{n\to\infty}n^4\left(\cos\dfrac{1}{n}-e^{-\frac{1}{2n^2}}\right)$.

分析: 这是 $0\cdot\infty$ 型的数列极限.若按常规方法,可先将极限化为函数极限 $\lim\limits_{x\to+\infty}x^4\left(\cos\dfrac{1}{x}-e^{-\frac{1}{2x^2}}\right)$,再作变换 $x=\dfrac{1}{t}$ 化为 $\dfrac{0}{0}$ 型极限 $\lim\limits_{t\to 0^+}\dfrac{\cos t-e^{-\frac{t^2}{2}}}{t^4}$,再利用洛必达法则计算,很明显计算烦琐.此时可尝试用泰勒公式计算.

解: 因为 $\cos x=1-\dfrac{x^2}{2}+\dfrac{x^4}{24}+o(x^4)$, $e^x=1+x+\dfrac{x^2}{2}+o(x^2)$,

在上式中分别令 $x=\dfrac{1}{n}$ 和 $x=-\dfrac{1}{2n^2}$,得

$$\cos\frac{1}{n}=1-\frac{1}{2n^2}+\frac{1}{24n^4}+o\left(\frac{1}{n^4}\right),\ e^{-\frac{1}{2n^2}}=1-\frac{1}{2n^2}+\frac{1}{8n^4}+o\left(\frac{1}{n^4}\right).$$

代入极限表达式,得

$$原式=\lim_{n\to\infty}n^4\left[1-\frac{1}{2n^2}+\frac{1}{24n^4}+o\left(\frac{1}{n^4}\right)-\left(1-\frac{1}{2n^2}+\frac{1}{8n^4}+o\left(\frac{1}{n^4}\right)\right)\right]$$

$$=\lim_{n\to\infty}n^4\left(-\frac{1}{12n^4}+o\left(\frac{1}{n^4}\right)\right)=\lim_{n\to\infty}\left(-\frac{1}{12}+n^4o\left(\frac{1}{n^4}\right)\right)=-\frac{1}{12}.$$

例 3-72 计算 $\lim\limits_{x\to+\infty}(\sqrt[3]{x^3+3x^2}-\sqrt[4]{x^4-2x^3})$.

分析：这是 $\infty-\infty$ 未定型.可先作一个变换，将 $x=\dfrac{1}{t}$ 化为分式后处理.

解：$原式=\lim\limits_{x\to+\infty}(\sqrt[3]{x^3+3x^2}-\sqrt[4]{x^4-2x^3})\xlongequal{作变换\ x=\frac{1}{t}}\lim\limits_{t\to0^+}\left(\sqrt[3]{\dfrac{1}{t^3}+\dfrac{3}{t^2}}-\sqrt[4]{\dfrac{1}{t^4}-\dfrac{3}{t^3}}\right)$

$$=\lim_{t\to0^+}\frac{\sqrt[3]{1+3t}-\sqrt[4]{1-2t}}{t}\xlongequal{泰勒公式}\lim_{t\to0^+}\frac{1+\frac{1}{3}(3t)+o(t)-\left(1+\frac{1}{4}(-2t)+o(t)\right)}{t}$$

$$=\lim_{t\to0^+}\frac{\frac{2}{3}t+o(t)}{t}=\lim_{t\to0^+}\left(\frac{2}{3}+\frac{o(t)}{t}\right)=\frac{3}{2}.$$

例 3-73 已知 $\lim\limits_{x\to0}\dfrac{1}{x}\left(\dfrac{a}{x}-\dfrac{b}{\sin x}\right)=-\dfrac{1}{6}$，试确定常数 a 与 b 的值.

分析：本例是"已知极限确定参数"的问题，这类问题我们曾在例 2-22 中讨论过，是利用极限的运算性质和等价性质处理的.这类问题利用泰勒公式和洛必达法则处理也是很好的方法.

解一：$原式=\lim\limits_{x\to0}\dfrac{a\sin x-bx}{x^2\sin x}\xlongequal{等价代换}\lim\limits_{x\to0}\dfrac{a\sin x-bx}{x^3}=-\dfrac{1}{6}$

又 $\sin x=x-\dfrac{1}{6}x^3+o(x^3)$，代入极限式，得

$$\lim_{x\to0}\frac{a\sin x-bx}{x^3}=\lim_{x\to0}\frac{a\left(x-\frac{1}{6}x^3+o(x^3)\right)-bx}{x^3}=\lim_{x\to0}\frac{(a-b)x-\frac{a}{6}x^3+o(x^3)}{x^3}=-\frac{1}{6},$$

可知 $a-b=0$. 此时从

$$-\frac{1}{6}=\lim_{x\to0}\frac{-\frac{a}{6}x^3+o(x^3)}{x^3}=\lim_{x\to0}\left(-\frac{a}{6}+\frac{o(x^3)}{x^3}\right)=-\frac{a}{6}$$

得 $a=1$. 所以所求的 a，b 值为 $a=1$，$b=1$.

解二：$原式=\lim\limits_{x\to0}\dfrac{a\sin x-bx}{x^3}\xlongequal{洛必达法则}\lim\limits_{x\to0}\dfrac{a\cos x-b}{3x^2}=-\dfrac{1}{6}$，

可知 $\lim\limits_{x\to0}(a\cos x-b)=a-b=0$，即 $a=b$. 又从

$$-\frac{1}{6}=\lim_{x\to 0}\frac{a\cos x-b}{3x^2}\xlongequal{\text{洛必达法则}}\lim_{x\to 0}\frac{-a\sin x}{6x}=-\frac{a}{6},$$

得 $a=1$. 所以 a, b 值为 $a=1$, $b=1$.

例3-74　确定常数 a 与 b 的值,使当 $x\to 0$ 时,函数 $f(x)=x-(a+b\cos x)\sin x$ 是 x 的 5 阶无穷小.

分析:本题是“无穷小的阶数估计”问题.这类问题我们也曾在第 2 章中讨论过,那里所采用的方法是利用定义、等价代换等.对于这类问题,泰勒公式和洛必达法则也是有效的方法.

解一:因为 $\sin x=x-\frac{1}{6}x^3+\frac{1}{120}x^5+o(x^5)$, $\cos x=1-\frac{1}{2}x^2+\frac{1}{24}x^4+o(x^4)$, 所以

$$\begin{aligned}f(x)&=x-\left(a+b-\frac{b}{2}x^2+\frac{b}{24}x^4+o(x^4)\right)\left(x-\frac{x^3}{6}+\frac{x^5}{120}+o(x^5)\right)\\&=x-\left[(a+b)x-\frac{(a+b)}{6}x^3+\frac{(a+b)}{120}x^5-\frac{b}{2}x^3+\frac{b}{12}x^5+\frac{b}{24}x^5+o(x^5)\right]\\&=(1-a-b)x+\frac{a+4b}{6}x^3-\frac{a+16b}{120}x^5+o(x^5)\end{aligned}$$

为使 $f(x)$ 关于 x 是 5 阶无穷小充要条件是 $1-a-b=0$, $\frac{a+4b}{6}=0$, $\frac{a+16b}{120}\neq 0$. 解得 $a=\frac{4}{3}$, $b=-1$, 且此时 $\frac{a+16b}{120}=-\frac{11}{30}\neq 0$. 所以当 $a=\frac{4}{3}$, $b=-1$ 时, $f(x)$ 为 x 的 5 阶无穷小.

解二:考虑选取常数 a, b 使

$$\lim_{x\to 0}\frac{x-(a+b\cos x)\sin x}{x^5}=\lim_{x\to 0}\frac{x-a\sin x-\frac{b}{2}\sin 2x}{x^5}=A\neq 0.$$

从
$$\lim_{x\to 0}\frac{x-a\sin x-\frac{b}{2}\sin 2x}{x^5}\xlongequal{\text{洛必达法则}}\lim_{x\to 0}\frac{1-a\cos x-b\cos 2x}{5x^4}=A$$

可知, $\lim\limits_{x\to 0}(1-a\cos x-b\cos 2x)=0$, 即 $1-a-b=0$. 再从

$$\begin{aligned}\lim_{x\to 0}\frac{1-a\cos x-b\cos 2x}{5x^4}&\xlongequal{\text{洛必达法则}}\lim_{x\to 0}\frac{a\sin x+2b\sin 2x}{20x^3}\\&\xlongequal{\text{洛必达法则}}\lim_{x\to 0}\frac{a\cos x+4b\cos 2x}{60x^2}=A\end{aligned}$$

可知, $\lim\limits_{x\to 0}(a\cos x+4b\cos 2x)=0$, 即 $a+4b=0$. 解 $\begin{cases}1-a-b=0,\\a+4b=0\end{cases}$, 得 $a=\frac{4}{3}$, $b=-1$.

此时 $\lim\limits_{x\to 0}\dfrac{a\cos x+4b\cos 2x}{60x^2}=\lim\limits_{x\to 0}\dfrac{\frac{4}{3}\cos x-4\cos 2x}{60x^2}\xlongequal{\text{洛必达法则}}\lim\limits_{x\to 0}\dfrac{-\frac{4}{3}\sin x+8\sin 2x}{120x}$

$$=\frac{1}{12}\left(-\frac{4}{3}+16\right)=\frac{11}{30}\neq 0.$$

故当 $a=\dfrac{4}{3}$，$b=-1$ 时，$f(x)$ 为 x 的 5 阶无穷小.

例 3-75 设 $f(x)$ 在 $x=0$ 处二阶可导，$f''(0)=4$，且 $\lim\limits_{x\to 0}\dfrac{f(x)}{x}=0$，求 $\lim\limits_{x\to 0}\left(1+\dfrac{f(x)}{x}\right)^{\frac{1}{x}}$.

分析：本题是“极限之间的推算”问题.这类问题我们曾在第二章中讨论过(例 2-21)，所用方法是运用极限的等价性质.对于这类问题，泰勒公式也是一种有效的处理方法.

解：由条件及 $\lim\limits_{x\to 0}\dfrac{f(x)}{x}=0$ 知 $\lim\limits_{x\to 0}f(x)=f(0)=0$，从而也有

$$f'(0)=\lim_{x\to 0}\frac{f(x)-f(0)}{x}=\lim_{x\to 0}\frac{f(x)}{x}=0.$$

于是 $$f(x)=f(0)+f'(0)x+\frac{f''(0)}{2}x^2+o(x^2)=2x^2+o(x^2).$$

所以 原式 $=\lim\limits_{x\to 0}\left(1+\dfrac{2x^2+o(x^2)}{x}\right)^{\frac{1}{x}}=\lim\limits_{x\to 0}(1+2x+o(x))^{\frac{1}{x}}=\lim\limits_{x\to 0}\mathrm{e}^{\frac{\ln(1+2x+o(x))}{x}}=\mathrm{e}^{\lim\limits_{x\to 0}\frac{\ln(1+2x+o(x))}{x}}$

现 $$\lim_{x\to 0}\frac{\ln(1+2x+o(x))}{x}\xlongequal{\text{等价代换}}\lim_{x\to 0}\frac{2x+o(x)}{x}=2$$

所以 $$\lim_{x\to 0}\left(1+\frac{f(x)}{x}\right)^{\frac{1}{x}}=\mathrm{e}^2.$$

▶▶▶方法小结

利用泰勒公式计算极限是极限问题处理中常用的方法.泰勒公式通常被应用于以下情况：

(1) 利用极限的其他方法(例如等价代换、洛必达法则等)计算不方便或烦琐的问题(例 3-69，例 3-70，例 3-71)；

(2) 极限中参数的确定(例 3-73)；

(3) 无穷小的阶数或无穷小的主部计算(例 3-74)；

(4) 高阶可导函数极限之间的推算(例 3-75).

利用泰勒公式处理极限问题的核心思想是将极限式(或函数)中的某些项表达成 x 的幂 ($x\to 0$ 的过程) 加高阶无穷小的形式.这种形式是一种便于比较和运算的形式，通过运算消去低阶项，从而利用极限性质算得极限.

3.2.8　泰勒公式在等式与不等式证明问题中的应用

在 3.2.4 节和 3.2.5 节中我们介绍了运用微分中值定理证明等式与不等式的方法.然而当某些问题中的条件或者结论涉及函数的高阶导数(高于二阶)时,由于拉格朗日和柯西中值定理不直接反映函数值 $f(x)$ 与其高阶导数之间的关系,因此使得微分中值定理在处理这类问题时面临困难或无法使用.泰勒公式(3－19)建立了函数值 $f(x)$(或函数增量 $\Delta y=f(x)-f(x_0)$)与其各阶导数 $f^{(k)}(x_0)$ $(k=1, 2, \cdots, n+1)$ 之间的关系,这使得泰勒公式在处理这些问题时可能更方便和有效.

3.2.8.1　泰勒公式在等式证明问题中的应用

▶▶▶基本方法

根据所给条件和所证等式,选取合适的点 x_0 和 x,利用泰勒公式(3－19)建立一个或两个关于函数 $f(x)$ 与其各阶导数之间的关系式,从关系式和它们的组合中获得所证的等式.

▶▶▶典型例题解析

例 3－76　设 $f(x)$ 在 $[a, b]$ 上连续,在 (a, b) 内二阶连续可导,试证明存在 $\xi\in(a, b)$ 使

$$f(b)-2f\left(\frac{a+b}{2}\right)+f(a)=\frac{(b-a)^2}{4}f''(\xi).$$

分析: 所证等式涉及函数值和二阶导数值,$f(x)$ 的一阶泰勒公式

$$f(x)=f(x_0)+f'(x_0)(x-x_0)+\frac{f''(\xi)}{2}(x-x_0)^2 \tag{3-27}$$

能够把两者联系起来,于是可考虑运用泰勒公式证明.比较所证等式可见,项 $f'(x_0)(x-x_0)$ 应消除,为此应建立两个等式并通过两式相加减来消除这一项.对照所证等式,式(3－27)中的 x_0 应取为 $x_0=\frac{a+b}{2}$,x 应分别取关于 x_0 的对称点 a 或 b.

解一: 分别将 $f(b)$ 和 $f(a)$ 在点 $x_0=\frac{a+b}{2}$ 处泰勒展开,有

$$\begin{aligned}f(b)&=f\left(\frac{a+b}{2}\right)+f'\left(\frac{a+b}{2}\right)\left(b-\frac{a+b}{2}\right)+\frac{f''(\xi_1)}{2}\left(b-\frac{a+b}{2}\right)^2\\&=f\left(\frac{a+b}{2}\right)+\frac{1}{2}f'\left(\frac{a+b}{2}\right)(b-a)+\frac{f''(\xi_1)}{8}(b-a)^2,\quad \frac{a+b}{2}<\xi_1<b,\end{aligned}$$

$$\begin{aligned}f(a)&=f\left(\frac{a+b}{2}\right)+f'\left(\frac{a+b}{2}\right)\left(a-\frac{a+b}{2}\right)+\frac{f''(\xi_2)}{2}\left(a-\frac{a+b}{2}\right)^2\\&=f\left(\frac{a+b}{2}\right)-\frac{1}{2}f'\left(\frac{a+b}{2}\right)(b-a)+\frac{f''(\xi_2)}{8}(b-a)^2,\quad a<\xi_1<\frac{a+b}{2}.\end{aligned}$$

将上两式相加，得

$$f(a)+f(b)=2f\left(\frac{a+b}{2}\right)+\frac{(b-a)^2}{8}(f''(\xi_1)+f''(\xi_2))$$
$$=2f\left(\frac{a+b}{2}\right)+\frac{(b-a)^2}{4}\cdot\frac{f''(\xi_1)+f''(\xi_2)}{2}.$$

又因 $f''(x)$ 连续，根据介值定理，存在 $\xi\in[\xi_1,\xi_2]\subset(a,b)$ 使

$$f''(\xi)=\frac{f''(\xi_1)+f''(\xi_2)}{2}.$$

于是有
$$f(b)-2f\left(\frac{a+b}{2}\right)+f(a)=\frac{(b-a)^2}{4}f''(\xi).$$

解二：所证等式可写成

$$\left(f(b)-f\left(\frac{a+b}{2}\right)\right)-\left(f\left(\frac{a+b}{2}\right)-f(a)\right)=\frac{(b-a)^2}{4}f''(\xi).$$

设 $\varphi(x)=f(x)-f\left(x-\frac{b-a}{2}\right)$，则 $\varphi(x)$ 在 $\left[\frac{a+b}{2},b\right]$ 上连续，在 $\left(\frac{a+b}{2},b\right)$ 内可导，运用拉格朗日中值定理，存在 $\eta\in\left(\frac{a+b}{2},b\right)$ 使

$$\left(f(b)-f\left(\frac{a+b}{2}\right)\right)-\left(f\left(\frac{a+b}{2}\right)-f(a)\right)=\varphi(b)-\varphi\left(\frac{a+b}{2}\right)=\varphi'(\eta)\cdot\frac{b-a}{2}$$
$$=\left(f'(\eta)-f'\left(\eta-\frac{b-a}{2}\right)\right)\cdot\frac{b-a}{2}.$$

对 $f'(x)$ 在区间 $\left[\eta-\frac{a+b}{2},\eta\right]$ 上再利用拉格朗日中值定理，存在 $\xi\in\left(\eta-\frac{a+b}{2},\eta\right)\subset(a,b)$ 使得

$$f'(\eta)-f'\left(\eta-\frac{b-a}{2}\right)=f''(\xi)\frac{b-a}{2}.$$

代入上式即有

$$f(b)-2f\left(\frac{a+b}{2}\right)+f(a)=f''(\xi)\frac{(b-a)^2}{4}.$$

例 3-77 设 $f(x)$ 在 $[-1,1]$ 上三阶连续可导，且 $f'(0)=0$，证明存在 $\xi\in(-1,1)$ 使

$$f'''(\xi)=3(f(1)-f(-1)).$$

分析：由题设条件和所证结论，应选择利用二阶泰勒公式

$$f(x)=f(x_0)+f'(x_0)(x-x_0)+\frac{f''(x_0)}{2}(x-x_0)^2+\frac{f'''(\xi)}{3!}(x-x_0)^3 \quad (3-28)$$

来证明.由 $f'(0)=0$，应取 $x_0=0$. 由于 $f(0)$，$\frac{f''(0)}{2}$ 未知，应考虑在点 $x_0=0$ 的两个对称点处建立两个展开式，通过两式相加减来予以消除，由此可见 x 应选 -1 和 1.

解： 分别将 $f(-1)$ 和 $f(1)$ 在点 $x_0=0$ 处泰勒展开，得

$$f(-1)=f(0)+f'(0)(-1)+\frac{f''(0)}{2}(-1)^2+\frac{f'''(\xi_1)}{3!}(-1)^3,\ -1<\xi_1<0,$$

$$f(1)=f(0)+f'(0)+\frac{f''(0)}{2}+\frac{f'''(\xi_2)^3}{3!},\ 0<\xi_2<1.$$

由 $f'(0)=0$ 得

$$f(-1)=f(0)+\frac{f''(0)}{2}-\frac{f'''(\xi_1)}{6},\ f(1)=f(0)+\frac{f''(0)}{2}+\frac{f'''(\xi_2)}{3!}.$$

由后式减前式有
$$f(1)-f(0)=\frac{1}{6}(f'''(\xi_1)+f'''(\xi_2)).$$

又 $f'''(x)$ 连续，利用介值定理，存在 $\xi\in(\xi_1,\xi_2)\subset(-1,1)$ 使

$$f'''(\xi)=\frac{1}{2}(f'''(\xi_1)+f'''(\xi_2)).$$

从而有 $f(1)-f(0)=\frac{1}{3}f'''(\xi)$，即 $f'''(\xi)=3(f(1)-f(-1))$.

例 3-78 设 $f(x)$ 在 $(0,+\infty)$ 内具有三阶导数，且 $\lim\limits_{x\to+\infty}f(x)=100$，$\lim\limits_{x\to+\infty}f'''(x)=0$，证明：

$$\lim_{x\to+\infty}f'(x)=\lim_{x\to+\infty}f''(x)=0.$$

分析： 由题设条件和所证结论，应考虑利用二阶泰勒公式(3-28)将求极限的函数 $f'(x)$，$f''(x)$ 用已知极限的函数 $f(x)$，$f'''(x)$ 表示，为此式(3-28)中的点 x_0 应取 $x_0=x$. 又因要消除式(3-28)中一阶和二阶导数项，故需建立两个等式，并且式(3-28)中的点 x 应取为关于点 x_0 对称的点，比如取 $x-1$ 和 $x+1$.

解： 对于 $x>1$，分别将 $f(x-1)$，$f(x+1)$ 在点 x 处泰勒展开，有

$$f(x+1)=f(x)+f'(x)+\frac{f''(x)}{2}+\frac{f'''(\xi_1)}{6},\ x<\xi_1<x+1,$$

$$f(x-1)=f(x)-f'(x)+\frac{f''(x)}{2}-\frac{f'''(\xi_2)}{6},\ x-1<\xi_2<x.$$

两式相减，得

$$f(x+1)-f(x-1)=2f'(x)+\frac{1}{6}(f'''(\xi_1)+f'''(\xi_2)),$$

即有
$$f'(x)=\frac{1}{2}[f(x+1)-f(x-1)-\frac{1}{6}(f'''(\xi_1)+f'''(\xi_2))].$$

又当 $x\to+\infty$ 时，$\xi_1\to+\infty$，$\xi_2\to+\infty$，根据题设条件，得

$$\lim_{x\to+\infty}f'(x)=\lim_{x\to+\infty}\frac{1}{2}[f(x+1)-f(x-1)-\frac{1}{6}(f'''(\xi_1)+f'''(\xi_2))]=0.$$

再将 $f(x+1)$，$f(x-1)$ 的展开式两式相加，得

$$f(x+1)+f(x-1)=2f(x)+f''(x)+\frac{1}{6}(f'''(\xi_1)-f'''(\xi_2)),$$

即有
$$f''(x)=f(x+1)+f(x-1)-2f(x)-\frac{1}{6}(f'''(\xi_1)-f'''(\xi_2))$$

取极限，得

$$\lim_{x\to+\infty}f''(x)=\lim_{x\to+\infty}\left[f(x+1)+f(x-1)-2f(x)-\frac{1}{6}(f'''(\xi_1)-f'''(\xi_2))\right]=0.$$

▶▶▶方法小结

(1) 利用泰勒公式证明等式是等式证明问题处理的重要方法.根据泰勒公式的形式，它常常应用于具有以下特征的问题：

① 所证问题中的条件和所证等式涉及函数值和高阶导数 $f^{(n)}(x)(n\geqslant 2)$ 的信息，泰勒公式可以在条件与结论之间建立联系(例 3-76，例 3-77).

② 所证问题中的某些式子需要用与它有关的函数及其导数表示，而泰勒公式可以建立这些量之间的关系式，从中可得到这些量之间的表示式(例 3-78).

(2) 利用泰勒公式证明等式需要考虑的一个关键问题是选取合适的点 x_0 与 x. 点 x_0 与 x 的选取无一般规律，常见的有

① 点 x_0 常被取为：a. 驻点或极值点，此时 $f'(x_0)=0$，从而展开式中不含一阶导数项(例 3-77)；b. 区间 $[a,b]$ 的中点(例 3-76，例 3-77)；c. 区间 $[a,b]$ 的端点 a 或 b.

② 点 x 常被取为：a. 区间中与点 x_0 对称的点.这通常是为了建立两个展开式，通过两式相加减而消除其中的某些项(例 3-78，例 3-76，例 3-77)；b. 区间 $[a,b]$ 的中点；c. 区间 $[a,b]$ 的端点 a 或 b (例3-76，例 3-77).

3.2.8.2 泰勒公式在不等式证明问题中的应用

▶▶▶基本方法

根据所给条件和所证不等式中的表达式，选取合适的点 x_0 和 x，利用泰勒公式建立一个或两个关于函数 $f(x)$ 与其各阶导数之间的关系式，通过对这些关系式移项、组合、放大或缩小，证明所证不等式.

▶▶▶典型例题解析

例 3-79　设 $f(x)$ 在 $[a, b]$ 上具有一阶连续导数，$f''(x)$ 在 (a, b) 内存在，且 $f(a)=f(b)=0$. 又存在常数 $c \in (a, b)$ 使 $f(c)>0$，试证：至少存在一点 $\xi \in (a, b)$，使 $f''(\xi)<0$.

分析：所给条件是关于 $f(x)$ 的函数值的，所证结论是关于二阶导数 $f''(x)$ 的，两者通过泰勒公式可以联系起来，可考虑利用泰勒公式证明.由于所证不等式不含一阶导数，故首先应考虑 $f(x)$ 在 (a, b) 内有无驻点，若有，则 x_0 应先考虑取为驻点.又所证不等式不含未知的函数值，故 x 应取有函数值信息的点 a 或 b.

解：设 $f(x_0)=\max\limits_{a\leqslant x\leqslant b} f(x)$，则由题设条件可得 $x_0 \in (a, b)$，且 $f(x_0)\geqslant f(c)>0$. 于是点 x_0 是可导函数 $f(x)$ 的极大值点，从而也是驻点，即有 $f'(x_0)=0$. 将 $f(b)$ 在点 x_0 处一阶泰勒展开

$$f(b)=f(x_0)+f'(x_0)(b-x_0)+\frac{f''(\xi)}{2}(b-x_0)^2,\ x_0<\xi<b,$$

即
$$0=f(x_0)+\frac{f''(\xi)}{2}(b-x_0)^2,$$

解得
$$f''(\xi)=-\frac{2f(x_0)}{(b-x_0)^2}<0.$$

例 3-80　设函数 $f(x)$ 在 $[0, 1]$ 上有二阶导数，且 $f(0)=f(1)=1$，$\min\limits_{0\leqslant x\leqslant 1} f(x)=0$，证明：存在 $\xi \in (0, 1)$ 使

$$f''(\xi)\geqslant 8.$$

分析：从题设条件和所证结论可知，本题应运用泰勒公式证明.又根据题设条件，$f(x)$ 在 $[0, 1]$ 上的最小值点 $x_0 \in (0, 1)$，故 $f(x)$ 在 $(0, 1)$ 内有驻点 x_0. 又从所证不等式，x 应使 $f(x)$ 为明确值，故 x 应取 $x=0$ 或者 $x=1$. 若取 $x=1$，将 $f(1)$ 在 x_0 处泰勒展开

$$1=f(1)=f(x_0)+f'(x_0)(1-x_0)+\frac{f''(\xi)}{2}(1-x_0)^2,\ x_0<\xi<1.$$

即有
$$f''(\xi)=\frac{2}{(1-x_0)^2}.$$

由于 $x_0 \in (0, 1)$，从上式无法确认 $f''(\xi)\geqslant 8$. 这说明仅靠一个展开式无法证明结论，还需再建立一个展开式来证明.

解：设 $f(x_0)=\min\limits_{0\leqslant x\leqslant 1} f(x)$，则由 $f(0)=f(1)=1$ 知 $x_0 \in (0, 1)$，于是 x_0 是 $f(x)$ 的驻点，即 $f'(x_0)=0$.

将 $f(1)$，$f(0)$ 分别在 x_0 处泰勒展开

$$1=f(1)=f(x_0)+f'(x_0)(1-x_0)+\frac{f''(\xi_1)}{2}(1-x_0)^2=\frac{f''(\xi_1)}{2}(1-x_0)^2,\ x_0<\xi_1<1,$$

$$1=f(0)=f(x_0)-f'(x_0)x_0+\frac{f''(\xi_2)}{2}x_0^2=\frac{f''(\xi_2)}{2}x_0^2,\ 0<\xi_2<x_0,$$

即有 $$f''(\xi_1)=\frac{2}{(1-x_0)^2},\quad f''(\xi_1)=\frac{2}{x_0^2}.$$

若 $0<x_0\leqslant\frac{1}{2}$，则从 $f''(\xi_2)=\frac{2}{x_0^2}\geqslant\frac{2}{\left(\frac{1}{2}\right)^2}=8$ 知结论成立；

若 $\frac{1}{2}<x_0<1$，则从 $f''(\xi_1)=\frac{2}{(1-x_0)^2}\geqslant\frac{2}{\left(\frac{1}{2}\right)^2}=8$ 知结论成立.

故结论得证.

例 3-81 若 $f''(x)$ 存在，且 $f'(a)=f'(b)=0\ (a<b)$，证明：至少存在一点 $\xi\in(a,b)$，使

$$|f''(\xi)|\geqslant\frac{4}{(b-a)^2}|f(b)-f(a)|.$$

分析： 原不等式可变形为

$$|f(b)-f(a)|\leqslant\frac{(b-a)^2}{4}|f''(\xi)|,$$

从题设条件和所证结论，本题应利用泰勒公式证明.由于不需要展开式(3-27)中的一阶导数项，故应取 $x_0=a$ 或者 $x_0=b$.若取 $x_0=a$，则有

$$\begin{aligned}f(x)&=f(a)+f'(a)(x-a)+\frac{f''(\xi_1)}{2}(x-a)^2\\&=f(a)+\frac{f''(\xi_1)}{2}(x-a)^2,\ a<\xi_1<x.\end{aligned}$$

若在上式中令 $x=b$，可见没有证得结论.为此需再建立一个展开式

$$\begin{aligned}f(x)&=f(b)+f'(b)(x-b)+\frac{f''(\xi_2)}{2}(x-b)^2\\&=f(b)+\frac{f''(\xi_1)}{2}(x-b)^2,\ x<\xi_2<b.\end{aligned}$$

两式相减有 $$f(b)-f(a)=\frac{1}{2}[f''(\xi_1)(x-a)^2-f''(\xi_2)(x-b)^2].$$

为提出二阶导数旁的因子，应取 x 使得 $(x-a)^2=(x-b)^2$，即取 $x=\frac{a+b}{2}$.

解： 根据题设，将 $f\left(\frac{a+b}{2}\right)$ 分别在 $x_0=a$ 和 $x_0=b$ 处泰勒展开，有

$$f\left(\frac{a+b}{2}\right)=f(a)+f'(a)\left(\frac{a+b}{2}-a\right)+\frac{f''(\xi_1)}{2}\left(\frac{a+b}{2}-a\right)^2$$
$$=f(a)+\frac{f''(\xi_1)}{8}(b-a)^2,\ a<\xi_1<\frac{a+b}{2},$$

$$f\left(\frac{a+b}{2}\right)=f(b)+f'(b)\left(\frac{a+b}{2}-b\right)+\frac{f''(\xi_2)}{2}\left(\frac{a+b}{2}-b\right)^2$$
$$=f(b)+\frac{f''(\xi_2)}{8}(b-a)^2,\ \frac{a+b}{2}<\xi_2<b.$$

两式相减得
$$f(b)-f(a)=\frac{(b-a)^2}{8}(f''(\xi_1)-f''(\xi_2)).$$

两边取绝对值,有

$$|f(b)-f(a)|\leqslant\frac{(b-a)^2}{8}(|f''(\xi_1)|+|f''(\xi_2)|)\leqslant\frac{(b-a)^2}{8}|f''(\xi)|,$$

其中 $|f''(\xi)|=\max\{|f''(\xi_1)|,|f''(\xi_2)|\}$,原不等式得证.

▶▶▶方法小结

运用泰勒公式证明不等式是不等式证明问题中的重要方法,它经常被运用于以下类型的问题:

(1) 问题的所给条件和所证不等式中的项涉及 $f(x)$ 的函数值(例如 $f(a)$, $f(b)$),导数值(例如 $f'(a)$, $f'(b)$)以及高阶导数值 $f''(\xi)$, $f'''(\xi)$ 等(例 3-78,例 3-79,例 3-80).由于泰勒公式可把条件和结论联系起来,所以此类不等式是利用泰勒公式证明的典型问题.

(2) 需要将所给条件和所证不等式中的函数值与有关的导数值相互转换表示的问题(例 3-79).泰勒展开式中的点 x_0 与 x 的选取仍然是这类证明问题中的重点,选取的方法与泰勒公式在等式证明问题中 x_0 与 x 的取法相同,这里不再赘述.

3.3 习题三

3-1 求下列函数的微分 $\mathrm{d}y$:

(1) $y=\frac{1}{2}\mathrm{e}^{-x}\cos(4-x)$; (2) $y=\arcsin\sqrt{1-x^2}$; (3) $y=\tan^2(1+2x^2)$;

(4) $y=\ln^2(2-x^2)$; (5) $y=(1+x)^{2x}-\sin\pi x$,求 $\mathrm{d}y\Big|_{x=1}$;

(6) 函数 $y=y(x)$ 由方程 $\sin(xy)-y=2x$ 确定,求 $\mathrm{d}y$;

(7) 函数 $y=y(x)$ 由方程 $x^3+y^3-\sin 3x+3y=4$ 确定,求 $\mathrm{d}y\Big|_{x=0}$;

(8) $y=\mathrm{e}^{f(x)}f(\ln x)$,其中 f 可导.

3-2 利用线性近似方法计算 $\arccos 0.4995$ 的近似值(保留四位小数).

3-3 计算球体体积时,要求精确度在 2%以内,问这时测量直径 l 的相对误差不能超过多少?

3-4 测量一角度得 $\alpha=45°$,已知其具有相对误差 $p\%$,证明由此计算 $\tan\alpha$ 的相对误差约为 $0.5p\%$.

3-5 设 $a_0+\frac{a_1}{2}+\cdots+\frac{a_n}{n+1}=0$,证明:在 $(0,1)$ 内至少存在一个 x 满足

$$a_0+a_1x+\cdots+a_nx^n=0.$$

3-6 设 $f(x)$ 在 $[0,+\infty)$ 上可导,且有 n 个不同的零点 $0<x_1<x_2<\cdots<x_n<+\infty$,证明:对任意的实数 a,方程 $af(x)+f'(x)=0$ 在 $(0,+\infty)$ 内至少有 $n-1$ 个不同的根.

3-7 设 $f(x)$ 在 $[0,1]$ 上连续,在 $(0,1)$ 内可导,且 $f(1)=0$,证明:存在 $\xi\in(0,1)$,使

$$nf(\xi)+\xi f'(\xi)=0\ (n\text{ 为自然数})$$

3-8 设 $f(x)$ 在 $[1,e]$ 上连续,在 $(1,e)$ 内可导,且 $f(e)=1$,证明:存在 $\xi\in(1,e)$,使

$$\xi f'(\xi)\ln\xi+f(\xi)=1$$

3-9 **广义罗尔定理** 设函数 $f(x)$ 在 (a,b) 内可导,且 $\lim\limits_{x\to a^+}f(x)=\lim\limits_{x\to b^-}f(x)$,证明:在 (a,b) 内至少存在一点 ξ 使 $f'(\xi)=0$.

3-10 设函数 $f(x)$ 在 $[-1,1]$ 上连续,在 $(-1,1)$ 内可导,且 $f(-1)=0$, $f(0)=f(1)=\frac{1}{2}$,证明:至少存在一点 $\xi\in(0,1)$,使 $f'(\xi)=\xi$.

3-11 设 $f(x)$ 在 $[a,b]$ 上连续,在 (a,b) 内二阶可导,连接 $A(a,f(a))$ 和 $B(b,f(b))$ 的线段 AB 与曲线 $y=f(x)$ 交于点 $D(c,f(c))(a<c<b)$. 证明:在 (a,b) 内存在点 ξ,使 $f''(\xi)=0$.

3-12 $f(x)$, $g(x)$ 在 $[a,b]$ 上有二阶导数, $f(a)=f(b)=g(a)=g(b)=0$, $f(x)$, $g(x)$ 在 (a,b) 内不等于零,证明:存在 $\xi\in(a,b)$,使

$$\frac{f''(\xi)}{f(\xi)}=\frac{g''(\xi)}{g(\xi)}.$$

3-13 设 $f(x)$ 在 $[0,1]$ 上连续,在 $(0,1)$ 内有三阶导数, $f(0)=f(1)=0$. 设 $F(x)=x^3f(x)$,试证明:至少存在一点 $\xi\in(0,1)$ 使 $F'''(\xi)=0$.

3-14 设 $f(x)$ 在 $[-1,1]$ 上二阶可导,且 $f(0)=0$. 证明:必有点 $\xi\in(-1,1)$,使

$$f''(\xi)(\xi^2-1)+4\xi f'(\xi)+2f(\xi)=0.$$

3-15 设 $f(x)$ 在 $[a,b]$ 上可导,且 $|f'(x)|<1$. 又对任意的 $x\in[a,b]$,有 $a<f(x)<b$,证明函数 $g(x)=\frac{1}{2}(x+|f(x)|)$ 在区间 (a,b) 内存在唯一的不动点 x^*,即存在 $x^*\in(a,b)$ 满足

$$g(x^*)=x^*.$$

3-16 广义拉格朗日中值定理 设函数 $f(x)$ 在 (a, b) 内可导，且 $\lim\limits_{x \to a^+} f(x)$ 与 $\lim\limits_{x \to b^-} f(x)$ 存在，则在 (a, b) 内至少存在一点 ξ，使

$$\lim_{x \to b^-} f(x) - \lim_{x \to a^+} f(x) = f'(\xi)(b-a).$$

3-17 设函数 $f(x)$ 在区间 $[a, b](0 < a < b)$ 上可导，证明：存在 $\xi \in (a, b)$，使

$$\frac{1}{b-a}\begin{vmatrix} a & b \\ f(a) & f(b) \end{vmatrix} = f(\xi) - \xi f'(\xi).$$

3-18 证明：存在 $\xi \in (a, b)\ (0 < a < b)$，使

$$e^{b^2} - e^{a^2} = 2\xi^2 e^{-\xi^2} \ln \frac{a}{b}.$$

3-19 设 $0 \leqslant a < b$，$f(x)$ 在 $[a, b]$ 上连续，在 (a, b) 内可导，试证：在 (a, b) 内存在三点 x_1, x_2, x_3，使得

$$f'(x_1) = (b+a)\frac{f'(x_2)}{2x_2} = (b^2 + ab + a^2)\frac{f'(x_3)}{3x_3^2}.$$

3-20 设函数 $f(x)$ 在 $\left[0, \frac{\pi}{2}\right]$ 上连续，在 $\left(0, \frac{\pi}{2}\right)$ 内可导，试证：存在 $\xi, \eta \in \left(0, \frac{\pi}{2}\right)$，使

$$f'(\xi) = \frac{2f'(\eta)}{\pi \cos \eta}.$$

3-21 设 $f(x)$ 在 $[0, 1]$ 上可导，且 $f(0)f(1) < 0$，$|f'(x)| < M$，试证明：在 $[0, 1]$ 上 $|f(x)| < M$ 恒成立(其中 $M > 0$ 是常数).

3-22 函数 $f'(x)$ 在 $[-1, 1]$ 上连续，且 $f(0) = 0$. 证明：$\max\limits_{-1 \leqslant x \leqslant 1} |f(x)| \leqslant \max\limits_{-1 \leqslant x \leqslant 1} |f'(x)|$.

3-23 设 $f(x)$ 在 $[0, c]$ 上可导，且导函数 $f'(x)$ 单调减少，$f(0) = 0$，证明：

$$f(a+b) \leqslant f(a) + f(b).$$

其中 a, b 满足条件 $0 \leqslant a \leqslant b \leqslant a + b < c$.

3-24 证明：$0 < \dfrac{\arctan e^x - \frac{\pi}{4}}{x} < \dfrac{1}{2}$.

3-25 设常数 a, b, m 和 n 满足 $b > a > 0$，$n > m > 1$，证明：成立不等式

$$\left(1 - \frac{m}{n}\right)a^m(b^n - a^n) < a^m b^n - b^m a^n < \left(1 - \frac{m}{n}\right)b^m(b^n - a^n).$$

3-26 计算下列极限：

(1) $\lim\limits_{x \to \frac{\pi}{2}} \dfrac{\tan x}{\tan 3x}$；　(2) $\lim\limits_{x \to 0^+} x^{\sin x}$；　(3) $\lim\limits_{x \to +\infty} (2 + e^x)^{-\frac{1}{x}}$；　(4) $\lim\limits_{x \to 1}\left(\dfrac{1}{x-1} - \dfrac{1}{\ln x}\right)$；

(5) $\lim\limits_{x\to 0}\dfrac{x\sin(x-\sin x)}{1-\cos(1-\cos x)}$； (6) $\lim\limits_{x\to+\infty}\dfrac{\ln\left(1+\dfrac{1}{x}\right)}{\operatorname{arccot} x}$； (7) $\lim\limits_{x\to a}\left(\dfrac{2}{x^2-a^2}-\dfrac{3a}{x^3-a^3}\right)$ $(a\neq 0)$；

(8) $\lim\limits_{x\to\infty}\left(\sin\dfrac{1}{x}+\cos\dfrac{1}{x}\right)^x$； (9) $\lim\limits_{x\to 0}\dfrac{e^x\sin x-x(1+x)}{x^3}$； (10) $\lim\limits_{x\to\infty}\dfrac{\ln(10+x^6)}{\ln(1+x^2+x^4)}$；

(11) $\lim\limits_{x\to 0}\left(\dfrac{1+e^x}{2}\right)^{\cot x}$； (12) $\lim\limits_{x\to 0}\left(\dfrac{a^{x+1}+b^{x+1}+c^{x+1}}{a+b+c}\right)^{\frac{1}{x}}$ $(a>0,\ b>0,\ c>0)$.

3-27 设函数 $f(x)$ 在点 a 处可导,且 $f(a)\neq 0$,求极限 $\lim\limits_{x\to a}\left(\dfrac{f(x)}{f(a)}\right)^{\frac{1}{x-a}}$.

3-28 设 $f''(x)$ 在 $x=0$ 处连续,且 $f(0)=f'(0)=0$,求极限 $\lim\limits_{x\to 0}\left(1+\dfrac{f(x)}{x}\right)^{\frac{2}{x}}$.

3-29 计算下列极限:

(1) $\lim\limits_{x\to 0}\dfrac{\sin x-x\cos x}{\sin x-x}$； (2) $\lim\limits_{x\to 0}\dfrac{\sin x-x\cos\dfrac{x}{\sqrt{3}}}{xe^{-\frac{x^2}{6}}-\sin x}$； (3) $\lim\limits_{n\to\infty}n^{\frac{3}{2}}(\sqrt{n+1}+\sqrt{n-1}-2\sqrt{n})$；

(4) $\lim\limits_{n\to\infty}e^n\left(1+\dfrac{1}{n}\right)^{-n^2}$； (5) $\lim\limits_{x\to 0}\dfrac{\sin x^6-x\sin x^5}{\sqrt{1+x^{16}}-1}$.

3-30 求函数 $f(x)=\tan x$ 在基点 $x_0=\dfrac{\pi}{4}$ 处的 3 阶泰勒公式(带拉格朗日型余项).

3-31 试导出泰勒公式: $\dfrac{2x}{e^x+1}=x-\dfrac{1}{2}x^2+o(x^2)$.

3-32 设 $f(x)$ 在 $x=0$ 处二阶可导,且 $\lim\limits_{x\to 0}\dfrac{\sin x+xf(x)}{x^3}=0$,试写出 $f(x)$ 的带皮亚诺型余项的 2 阶麦克劳林公式.

3-33 求 a, b, c 的值,使得 $x\to 0$ 时,有 $\left(\dfrac{1}{1+ax^2}-b\cos x\right)\sim cx^4$.

3-34 设函数 $f(x)$ 在 $[-1,\ 1]$ 上连续,在 $(-1,\ 1)$ 内二阶连续可导,且 $f(-1)=f(1)=1$, $f(0)=0$,试证明:至少存在一点 $\xi\in(-1,\ 1)$,使得 $f''(\xi)=2$.

3-35 已知函数 $f(x)$ 在 $[0,\ 1]$ 上连续,在 $(0,\ 1)$ 内二阶可导, $f(0)=f(1)=0$,且曲线 $y=f(x)$ 与直线 $y=x$ 在 $(0,\ 1)$ 内有交点,试证:在 $(0,\ 1)$ 内至少有一点 ξ 使

$$f''(\xi)<0.$$

3-36 设函数在区间 $[a,\ b]$ 上有 5 阶有界导数,即 $|f^{(5)}(x)|\leqslant M$,证明:

$$\left|f(b)-f(a)-\frac{b-a}{6}\left(f'(a)+4f'\left(\frac{a+b}{2}\right)+f'(b)\right)\right|\leqslant\frac{M}{720}(b-a)^5.$$

第4章 导数的应用

导数反映了函数的变化率,微分 $\mathrm{d}y$ 是函数增量 Δy 关于自变量增量 Δx 的线性近似.前一章讨论的微分中值定理和泰勒公式进一步反映了 Δy 与 Δx 之间更深刻的等式关系.在前两章中我们已经常看到了诸如:求曲线的切线和法线方程;用线性近似公式、微分计算函数和函数增量近似值;利用中值定理、泰勒公式证明等式和不等式;利用洛必达法则求未定型极限等微分学的一些应用.本章我们将介绍利用一阶和二阶导数进一步研究函数的单调性、凹凸性等几何形态的方法以及它们在解决实际问题中的应用.

4.1 本章解决的主要问题

(1) 函数单调性的判别及其单调性在不等式证明问题中的应用;

(2) 函数极值、最值的计算及其最值问题的应用;

(3) 函数凹凸性的判别、拐点的计算以及运用凹凸性证明不等式;

(4) 方程根个数的判断;

(5) 曲率的计算;

(6) 渐近线的计算;

(7) 函数图形的描绘;

(8) 相关变化率的计算.

4.2 典型问题解题方法与分析

4.2.1 函数单调性的判别及其单调性在不等式证明问题中的应用

4.2.1.1 函数单调性的判别

▶▶▶基本方法

利用导函数 $f'(x)$ 在区间上的正负号判别 $f(x)$ 在区间上的单调性.

▶▶▶重要结论

设函数 $y=f(x)$ 在闭区间$[a, b]$上连续，在开区间(a, b)内可导，则

(1) 若在(a, b)内恒有 $f'(x)>0$，则 $f(x)$ 在$[a, b]$上严格单调增加；

(2) 若在(a, b)内恒有 $f'(x)<0$，则 $f(x)$ 在$[a, b]$上严格单调减少.

▶▶▶方法运用注意点

(1) 运用导数符号判别函数单调性的方法仅适用于区间上可导或者在个别点处不可导但连续的函数，而对于其他函数的判别一般要用单调性定义来判别；

(2) 在区间(a, b)内导数 $f'(x)>0$ 或 $f'(x)<0$ 是确保函数 $f(x)$ 在$[a, b]$内严格单调增加或减少的一个充分性条件.这一条件可以放宽为

$$f'(x)\geqslant 0 \text{ 或 } f'(x)\leqslant 0\text{，且使得 } f'(x)=0 \text{ 的点不形成区间.}$$

▶▶▶典型例题解析

例 4-1 确定函数 $f(x)=\dfrac{1}{4x^3-9x^2+6x}$ 的单调区间.

分析： 在函数的定义域内求导，求出驻点和不可导的点，再根据导数符号划分单调区间.

解： 函数 $f(x)$ 的定义域为 $(-\infty, 0)\cup(0, +\infty)$，并且在定义域上可导，

$$f'(x)=-\frac{12x^2-18x+6}{(4x^3-9x^2+6x)^2}=-6\cdot\frac{(x-1)(2x-1)}{(4x^3-9x^2+6x)^2}$$

令 $f'(x)=0$，得驻点 $x=1$, $x=\dfrac{1}{2}$. 将驻点插入定义域，则定义域被划分成 4 个子区间，讨论 $f'(x)$ 在其上的符号，得

当 $x\in(-\infty, 0)$ 时，$f'(x)<0$, $f(x)$ 在 $(-\infty, 0)$ 上严格单调减少；

当 $x\in\left(0, \dfrac{1}{2}\right)$ 时，$f'(x)<0$, $f(x)$ 在 $\left(0, \dfrac{1}{2}\right]$ 上严格单调减少；

当 $x\in\left(\dfrac{1}{2}, 1\right)$ 时，$f'(x)>0$, $f(x)$ 在 $\left[\dfrac{1}{2}, 1\right]$ 上严格单调增加；

当 $x\in(1, +\infty)$ 时，$f'(x)<0$, $f(x)$ 在 $[1, +\infty)$ 上严格单调减少.

例 4-2 讨论函数 $f(x)=2x+3\sqrt[3]{x^2}$ 的单调性.

分析： 通过 $f'(x)$ 的符号确定 $f(x)$ 的单调区间，这里要注意 $f(x)$ 在 $x=0$ 处不可导，但连续.

解： 函数 $f(x)$ 的定义域为 $(-\infty, +\infty)$，并且在定义域上连续.当 $x\neq 0$ 时，

$$f'(x)=2+\frac{2}{\sqrt[3]{x}}=\frac{2}{\sqrt[3]{x}}(\sqrt[3]{x}+1)$$

令 $f'(x)=0$ 得驻点 $x=-1$. $x=0$ 是 $f(x)$ 的不可导点.将 $x=-1$, $x=0$ 点插入定义域，将其划分为

三个子区间，讨论 $f'(x)$ 在这些子区间上的符号，得

当 $x \in (-\infty, -1)$ 时，$f'(x) > 0$，$f(x)$ 在 $(-\infty, -1]$ 上严格单调增加；

当 $x \in (-1, 0)$ 时，$f'(x) < 0$，$f(x)$ 在 $[-1, 0]$ 上严格单调减少；

当 $x \in (0, +\infty)$ 时，$f'(x) > 0$，$f(x)$ 在 $[0, +\infty)$ 上严格单调增加.

所以 $f(x)$ 在区间 $(-\infty, -1]$，$[0, +\infty)$ 上严格单调增加，在区间 $[-1, 0]$ 上严格单调减少.

例 4-3　证明数列 $\{(n+3)^{\frac{1}{n+3}}\}$ 是单调减数列.

分析： 对于离散变量函数不得求导数，此时可将 n 换成连续变量 x，通过讨论函数 $f(x) = (x+3)^{\frac{1}{x+3}}$ 的单调性来判定数列的单调性.

解： 设 $f(x) = (x+3)^{\frac{1}{x+3}}$，则对于 $x \in (0, +\infty)$，有

$$f'(x) = (e^{\frac{\ln(x+3)}{x+3}})' = (x+3)^{\frac{1}{x+3}} \cdot \frac{1-\ln(x+3)}{(x+3)^2} < 0$$

因此 $f(x)$ 在 $x > 0$ 上严格单调减，从而证得数列 $\{(n+3)^{\frac{1}{n+3}}\}$ 是单调减数列.

例 4-4　设 $f(x)$ 在 $(-\infty, +\infty)$ 内有正的二阶导数，且 $f(0) = 0$，证明函数

$$g(x) = \begin{cases} \dfrac{f(x)}{x}, & x \neq 0, \\ f'(0), & x = 0 \end{cases}$$

在 $(-\infty, +\infty)$ 内单调增加.

分析： 考虑计算分段函数 $g(x)$ 的导数，以导数的符号来证明结论.

解： 因为 $\lim\limits_{x\to 0} g(x) = \lim\limits_{x\to 0} \dfrac{f(x)}{x} = \lim\limits_{x\to 0} \dfrac{f(x)-f(0)}{x} = f'(0) = g(0)$，所以 $g(x)$ 在 $x=0$ 处连续.

对于 $x \neq 0$，$g'(x) = \dfrac{xf'(x)-f(x)}{x^2}$. 为了确定 $g'(x)$ 的符号，令 $h(x) = xf'(x) - f(x)$，则 $h'(x) = xf''(x)$，$h(0) = 0$. 因为 $f''(x) > 0$，所以

在区间 $(-\infty, 0)$ 上，$h'(x) < 0$，函数 $h(x)$ 单调减少，从而有

$$h(x) \geqslant h(0) = 0,\ x \in (-\infty, 0]$$

在区间 $(0, +\infty)$ 上，$h'(x) > 0$，函数 $h(x)$ 单调增加，从而有

$$h(x) \geqslant h(0) = 0,\ x \in [0, +\infty)$$

所以在 $(-\infty, 0)$ 及 $(0, +\infty)$ 上 $h(x) \geqslant 0$，因此 $g'(x) \geqslant 0$.

由此证得 $g(x)$ 在 $(-\infty, +\infty)$ 上单调增加.

▶▶▶方法小结

判别函数单调性的步骤：

(1) 确定函数 $f(x)$ 的定义域；

(2) 计算 $f'(x)$，并确定 $f(x)$ 的驻点及不可导点；

(3) 把 $f(x)$ 的驻点、不可导点插入定义域并将定义域划分为若干个子区间；

(4) 在每一个子区间上判别 $f'(x)$ 的符号，从而确定函数 $f(x)$ 在此区间上的单调性.

4.2.1.2 单调性在不等式证明问题中的应用

拉格朗日、柯西中值定理和泰勒公式可以用来证明不等式.上面讨论的函数单调性也可被应用于不等式的证明.

▶▶▶基本方法

将所证不等式等价地转化为某一函数的函数值比较问题，通过对函数单调性的判别，确定函数值的大小关系，从而证明不等式.

▶▶▶典型例题解析

例 4-5 证明：当 $x>0$ 时，$\sqrt{1+x^2}<1+x\ln(x+\sqrt{1+x^2})$.

分析： 原不等式 $\Leftrightarrow 1+x\ln(x+\sqrt{1+x^2})-\sqrt{1+x^2}>0,\ x>0$.

设 $f(x)=1+x\ln(x+\sqrt{1+x^2})-\sqrt{1+x^2}$，则问题转化为证明当 $x>0$ 时，$f(x)>f(0)=0$. 于是可考虑证明 $f(x)$ 在 $x>0$ 上严格单调增加.

解： 设 $f(x)=1+x\ln(x+\sqrt{1+x^2})-\sqrt{1+x^2}$，则 $f(0)=0$，且当 $x>0$ 时，

$$f'(x)=\ln(x+\sqrt{1+x^2})+x\cdot\frac{1+\dfrac{x}{\sqrt{1+x^2}}}{x+\sqrt{1+x^2}}-\frac{x}{\sqrt{1+x^2}}=\ln(x+\sqrt{1+x^2})>0$$

所以 $f(x)$ 在 $x>0$ 上严格单调增加，从而有 $f(x)>f(0)=0,\ x>0$，即有

$$\sqrt{1+x^2}<1+x\ln(x+\sqrt{1+x^2}),\ x>0.$$

例 4-6 证明不等式 $\tan x+\sin x>2x,\ 0<x<\dfrac{\pi}{2}$.

分析： 所证不等式为函数不等式，可考虑将其转化为函数值的比较问题，用单调性证明.

解： 原不等式等价于证明 $\quad \tan x+\sin x-2x>0,\quad x\in\left(0,\dfrac{\pi}{2}\right)$.

设 $f(x)=\tan x+\sin x-2x$，则 $f(0)=0$，且 $f(x)$ 在 $\left[0,\dfrac{\pi}{2}\right)$ 上连续.又当 $x\in\left(0,\dfrac{\pi}{2}\right)$ 时，

$$f'(x)=\sec^2x+\cos x-2,\quad f'(0)=0.$$

为确定 $f'(x)$ 在 $\left(0,\dfrac{\pi}{2}\right)$ 内的符号，考虑二阶导数 $f''(x)$ 在 $\left(0,\dfrac{\pi}{2}\right)$ 内的符号.从

$$f''(x)=2\sec x\cdot\sec x\cdot\tan x-\sin x=\sin x(2\sec^3 x-1)>0$$

知，$f'(x)$ 在 $\left[0,\dfrac{\pi}{2}\right)$ 上严格单调增，即有 $f'(x)>f'(0)=0,\ x\in\left(0,\dfrac{\pi}{2}\right)$，从而有

$$f(x)=\tan x+\sin x-2x>0,\ x\in\left(0,\frac{\pi}{2}\right)$$

不等式成立.

例 4-7　证明当 $x>0$ 时，$\dfrac{1}{x}-\dfrac{1}{e^x-1}<\dfrac{1}{2}$.

分析：直接令 $g(x)=\dfrac{1}{x}-\dfrac{1}{e^x-1}-\dfrac{1}{2}$，则导数 $g'(x)=-\dfrac{1}{x^2}+\dfrac{e^x}{(e^x-1)^2}$ 的符号不易判断，为此应先将所证不等式进行等价变形，化简后证明.

解：原不等式 $\Leftrightarrow\dfrac{e^x-1-x}{x(e^x-1)}<\dfrac{1}{2},\ x>0\Leftrightarrow xe^x+x+2-2e^x>0,\ x>0$.

设 $f(x)=xe^x+x+2-2e^x$，则 $f(0)=0$，$f(x)$ 在 $[0,+\infty)$ 上连续、可导，且有

$$f'(x)=xe^x+1-e^x,\ f'(0)=0$$

又由 $f''(x)=xe^x>0(x>0)$ 知，$f'(x)$ 在 $[0,+\infty)$ 上严格单调增，于是有

$$f'(x)>f'(0)=0$$

从而可知 $f(x)$ 在 $[0,+\infty)$ 上严格单调增，即有 $f(x)=xe^x+x+2-2e^x>0,\ x>0$，故所证不等式成立.

例 4-8　证明当 $x>0$ 时，$(1+x)^{1+\frac{1}{x}}<e^{1+\frac{x}{2}}$.

分析：本题的难点在于幂指函数，直接移项后求导来判别导数符号是麻烦的.此时应先考虑将不等式变形和化简，再进行证明.

解：将不等式两边取对数，所证不等式等价的变形为

$$\left(1+\frac{1}{x}\right)\ln(1+x)<1+\frac{x}{2},\ x>0,$$

即

$$2(1+x)\ln(1+x)<2x+x^2,\ x>0.$$

设 $f(x)=2x+x^2-2(1+x)\ln(1+x)$，则 $f(x)$ 在 $[0,+\infty)$ 上连续、可导且 $f(0)=0$，从

$$f'(x)=2x-2\ln(1+x),\ f''(x)=\frac{2x}{1+x}$$

可知，当 $x\in(0,+\infty)$ 时，$f''(x)>0$，即 $f'(x)$ 在 $[0,+\infty)$ 上严格单调增加，于是有

$$f'(x)>f'(0)=0,\ x>0$$

由此证得 $f(x)$ 在 $[0,+\infty)$ 上严格单调增加，所以有 $f(x)>f(0)=0,\ x>0$，即所证不等式成立.

例 4-9　证明下列不等式：

(1) 当 $e<a<b$ 时，有 $a^b>b^a$；(2)当 $0<a<b<e$ 时，有 $a^b<b^a$.

分析：在不等式两边取对数有

$$b\ln a > a\ln b\ (\mathrm{e} < a < b) \text{ 和 } b\ln a < a\ln b\ (0 < a < b < \mathrm{e}),$$

即
$$\frac{\ln a}{a} > \frac{\ln b}{b}\ (\mathrm{e} < a < b) \text{ 和 } \frac{\ln a}{a} < \frac{\ln b}{b}\ (0 < a < b < \mathrm{e}).$$

可见，只需证明函数 $f(x)=\dfrac{\ln x}{x}$ 在 $[\mathrm{e}, b]$ 上严格单调减，在 $(0, \mathrm{e}]$ 上严格单调增即可.

解：设 $f(x)=\dfrac{\ln x}{x}$，则 $f(x)$ 在 $x>0$ 上可导，且导数为

$$f'(x)=\frac{1-\ln x}{x^2},\ x>0$$

从 $f'(x)$ 的表达式可知，当 $x\in(0, \mathrm{e})$ 时，$f'(x)>0$，从而 $f(x)$ 在 $(0, \mathrm{e}]$ 上严格单调增，于是对于 $0<a<b<\mathrm{e}$，有 $\dfrac{\ln a}{a}<\dfrac{\ln b}{b}$，即 $a^b<b^a$，不等式(2)得证.

而当 $x\in[\mathrm{e}, b]$ 时，$f'(x)<0$，从而 $f(x)$ 在 $[\mathrm{e}, b]$ 上严格单调减，于是对于 $\mathrm{e}<a<b$，有 $\dfrac{\ln a}{a}>\dfrac{\ln b}{b}$，即 $a^b>b^a$，不等式(1)得证.

说明：上例(1)在取对数之后，也可将不等式 $b\ln a>a\ln b$ 中的 b 换成 x，构造辅助函数 $f(x)=x\ln a-a\ln x$，证明 $f(x)$ 的单调性.对于上例(2)，同样也可将不等式中的 a 换成 x，构造辅助函数 $g(x)=b\ln x-x\ln b$.

▶▶▶方法小结

运用单调性证明不等式方法的核心思想是将不等式证明问题转化为函数值的比较问题.对于许多问题，说明一个函数值的大小比说明两个函数式之间的大小要方便得多.所以它是证明不等式的一个重要的方法.其步骤如下：

(1) 通过移项(例 4-5，例 4-6)或恒等变形(例 4-7，例 4-8，例 4-9)将所证不等式等价地转换为某一函数的函数值比较问题(通常转化为 $f(x)>0$ 或 $f(x)<0$).

(2) 构造辅助函数 $f(x)$，计算 $f'(x)$，确定 $f'(x)$ 在所证区间上是否具有相同的符号.

(3) 若 $f'(x)$ 在所证区间上不变号(为正或为负)，则 $f(x)$ 在该区间上为严格单调函数，从而确定函数值(或极限值)之间的大小，证明不等式.

(4) 当 $f'(x)$ 的符号无法确定时，有时可借助 $f''(x)$ 或更高阶导数的符号来判定 $f'(x)$ 的符号，从而确定 $f(x)$ 的单调性(例 4-6，例 4-7，例 4-8).

4.2.2 函数极值、最值的计算及其最值问题的应用

函数的极值和最值的计算是研究函数性态问题中的一个重要问题，借助导数可以方便地解决这类问题.

4.2.2.1　函数极值的计算

▶▶▶基本方法

利用导数 $f'(x)$ 研究 $f(x)$ 在驻点和不可导点邻近的升降性，或者利用二阶导数 $f''(x)$ 研究 $f(x)-f(x_0)$（x_0 满足 $f''(x_0)=0$ 或为二阶不可导点）在点 x_0 附近的局部保号性.

▶▶▶重要结论

（1）极值点的必要条件

函数 $f(x)$ 的极值点必定是它的驻点或导数不存在的点.

（2）判别极值点的一阶充分条件

设函数 $f(x)$ 在 x_0 的某邻域 $N(x_0)$ 内可导（$f(x)$ 在 x_0 处可以不可导，但应连续），又在该邻域内

① $x<x_0$ 时 $f'(x)>0$，$x>x_0$ 时 $f'(x)<0$，则 x_0 为 $f(x)$ 的极大值点；

② $x<x_0$ 时 $f'(x)<0$，$x>x_0$ 时 $f'(x)>0$，则 x_0 为 $f(x)$ 的极小值点；

③ 若 $f'(x)$ 在 x_0 的两侧有相同的符号，则 x_0 不是 $f(x)$ 的极值点.

（3）判别极值点的二阶充分条件

设函数 $f(x)$ 在驻点 x_0 处有二阶导数，则

① 当 $f''(x_0)<0$ 时，x_0 为 $f(x)$ 的极大值点；

② 当 $f''(x_0)>0$ 时，x_0 为 $f(x)$ 的极小值点；

③ 当 $f''(x_0)=0$ 时，x_0 是否为 $f(x)$ 的极值点无明确结论.

▶▶▶方法运用注意点

（1）判别极值点的二阶充分条件仅适用于在驻点处二阶可导的函数，对于在驻点处二阶不可导的函数，则需运用一阶充分条件或极值点的定义对其进行判别.

（2）如果在驻点 x_0 处 $f''(x_0)=0$，此时可通过计算 $f'''(x_0)$，$f^{(4)}(x_0)$ 等，利用后面例 4-17 的结论判别.

▶▶▶典型例题解析

例 4-10　求函数 $f(x)=\dfrac{(1-x)^3}{(3x-2)^2}$ 的极值.

分析：因为 $f(x)$ 在 $x\neq\dfrac{2}{3}$ 处有定义且可导，所以 $f(x)$ 只可能在驻点处取得极值.为此先求出驻点，再利用一阶或二阶充分条件判别.

解：函数 $f(x)$ 的定义域为 $\left(-\infty,\dfrac{2}{3}\right)\cup\left(\dfrac{2}{3},+\infty\right)$，当 $x\neq\dfrac{2}{3}$ 时，

$$f'(x)=\frac{-3(1-x)^2(3x-2)^2-(1-x)^3(3x-2)\cdot 6}{(3x-2)^4}=-\frac{3x(1-x)^2}{(3x-2)^3}.$$

令 $f'(x)=0$，得驻点 $x=0$，$x=1$. 运用一阶充分条件，由于在 $(-\infty, 0)$ 上，$f'(x)<0$，在 $\left(0, \frac{2}{3}\right)$ 上，$f'(x)>0$，故 $x=0$ 是极小值点，极小值 $f(0)=\frac{1}{4}$. 而在 $\left(\frac{2}{3}, 1\right)$ 上，$f'(x)<0$，在 $(1, +\infty)$ 上，$f'(x)<0$，故 $x=1$ 不是极值点. 所以 $f(x)$ 在 $x=0$ 处取得极小值 $f(0)=\frac{1}{4}$.

例 4-11 求函数 $f(x)=(x+4)^{\frac{4}{5}}(x-17)^3$ 的极值.

分析： $f(x)$ 在 $(-\infty, +\infty)$ 上处处连续，但在 $x=-4$ 处不可导，所以 $f(x)$ 的极值点只可能是不可导点 $x=-4$ 和驻点.

解： 当 $x\neq -4$ 时，

$$f'(x)=\frac{4}{5}(x+4)^{-\frac{1}{5}}(x-17)^3+3(x+4)^{\frac{4}{5}}(x-17)^2=\frac{(x-17)^2(19x-8)}{5(x+4)^{\frac{1}{5}}}$$

令 $f'(x)=0$，得驻点 $x=17$，$x=\frac{8}{19}$. 因此 $f(x)$ 的可能的极值点为 $x=-4$，$x=17$，$x=\frac{8}{19}$. 将这三个点插入定义域将定义域划分为 4 个子区间，列表判明 $f'(x)$ 在这些点两侧的符号以及 $f(x)$ 的升降情况：

x	$(-\infty, -4)$	-4	$\left(-4, \frac{8}{19}\right)$	$\frac{8}{19}$	$\left(\frac{8}{19}, 17\right)$	17	$(17, +\infty)$
$f'(x)$	+	不可导	−	0	+	0	+
$f(x)$	增	极大值	减	极小值	增	不是极值	增

从表中可见，$x=-4$ 是 $f(x)$ 的极大值点，极大值 $f(-4)=0$；$x=\frac{8}{19}$ 是 $f(x)$ 的极小值点，极小值 $f\left(\frac{8}{19}\right)=-\left(\frac{84}{19}\right)^{\frac{4}{5}}\left(\frac{315}{19}\right)^3$.

例 4-12 求函数 $f(x)=|x|\mathrm{e}^{-|x-1|}$ 的极值.

分析： 函数中含有绝对值，为计算导数，首先应考虑去掉绝对值把它转化为分段函数. 对于分段函数的极值点，除了驻点和不可导点之外，分段点也是可能的极值点. 在连续的情况下，不需要判断分段点处的可导性，只要判断其在两侧 $f'(x)$ 的符号即可.

解： 去掉函数中的绝对值，$f(x)$ 可表示成分段函数

$$f(x)=\begin{cases}-x\mathrm{e}^{x-1}, & x\leqslant 0\\ x\mathrm{e}^{x-1}, & 0<x\leqslant 1,\\ x\mathrm{e}^{1-x}, & x>1\end{cases}$$

当 $x<0$ 时，$f'(x)=-(1+x)\mathrm{e}^{x-1}$，令 $f'(x)=0$，得驻点 $x=-1$；当 $0<x<1$ 时，$f'(x)=(1+x)\mathrm{e}^{x-1}>0$，没有驻点；当 $x>1$ 时，$f'(x)=(1-x)\mathrm{e}^{1-x}<0$，没有驻点.

于是 $f(x)$ 可能的极值点为 $x_1=-1$，$x_2=0$，$x_3=1$. 由当 $x<-1$ 时，$f'(x)>0$，当 $-1<x<0$ 时，$f'(x)<0$，以及 $f'(x)$ 在 $(0,1)$ 和 $(1,+\infty)$ 上的符号，可知 $f(x)$ 在 $x=-1$ 处取得极大值 $f(-1)=\mathrm{e}^{-2}$，在 $x=0$ 处取得极小值 $f(0)=0$，在 $x=1$ 处取得极大值 $f(1)=1$.

例 4-13　求函数 $f(x)=\sqrt{2}\cos 2x+4\cos x$ 的极值.

分析：$f'(x)=-2\sqrt{2}\sin 2x-4\sin x$，很明显 $f'(x)$ 在驻点两侧的符号不易确定，由于二阶导数 $f''(x)$ 容易计算，此时应考虑采用二阶充分条件来判定极值点.

解：$f(x)$ 在 $(-\infty,+\infty)$ 上可导，且

$$f'(x)=-2\sqrt{2}\sin 2x-4\sin x=-4\sin x(\sqrt{2}\cos x+1)$$

令 $f'(x)=0$ 得 $f(x)$ 的驻点　$x=k\pi,\ x=2k\pi\pm\dfrac{3\pi}{4}\ (k=0,\pm 1,\cdots)$.

又因 $f''(x)=-4(\sqrt{2}\cos 2x+\cos x)$，且

$$f''(k\pi)=-4(\sqrt{2}+(-1)^k)<0,\ f''\left(2k\pi\pm\frac{3\pi}{4}\right)=2\sqrt{2}>0$$

根据二阶充分条件，$f(x)$ 在点 $x=2k\pi\pm\dfrac{3\pi}{4}$ 处取得极小值 $f\left(2k\pi\pm\dfrac{3\pi}{4}\right)=-2\sqrt{2}$；

在点 $x=k\pi$ 处取得极大值 $f(k\pi)=\sqrt{2}+(-1)^k 4=\begin{cases}\sqrt{2}+4, & k=2n\\ \sqrt{2}-4, & k=2n+1\end{cases}$.

例 4-14　当 a 取何值时，函数 $f(x)=a\sin x+\dfrac{1}{3}\sin 3x$ 在 $x=\dfrac{\pi}{3}$ 点处有极值？此极值是极大值还是极小值？并求出此极值.

分析：函数 $f(x)$ 在 $(-\infty,+\infty)$ 上可导，所以极值点 $x=\dfrac{\pi}{3}$ 必为 $f(x)$ 的驻点，从而可确定 a 的值.对于所确定的 a 的值，利用二阶充分条件判别该极值是极大值还是极小值.

解：$f(x)$ 在 $(-\infty,+\infty)$ 上可导，且 $f'(x)=a\cos x+\cos 3x$. 由于 $x=\dfrac{\pi}{3}$ 是极值点，所以 $x=\dfrac{\pi}{3}$ 为驻点，即有 $f'\left(\dfrac{\pi}{3}\right)=\dfrac{a}{2}-1=0$，解得 $a=2$. 此时

$$f'(x)=2\cos x+\cos 3x,\ f''(x)=-2\sin x-3\sin 3x,\ f''\left(\frac{\pi}{3}\right)=-\sqrt{3}<0,$$

所以根据二阶充分条件，当 $a=2$ 时，点 $x=\dfrac{\pi}{3}$ 是 $f(x)$ 的极大值点，极大值 $f\left(\dfrac{\pi}{3}\right)=\sqrt{3}$.

例 4-15　求由方程 $5x^2-6xy+5y^2=80$ 所确定的隐函数 $y=y(x)$ 的驻点，讨论这些驻点是不是极值点，并求出极值点处的极值.

分析：函数由隐函数形式给出，利用隐函数求导法可求出 $y'(x)$，$y''(x)$，解 $\begin{cases}y(x)=0\\ y'(x)=0\end{cases}$，即求得

函数 $y(x)$ 的驻点,再利用二阶充分条件判别这些驻点是否为极值点.

解: 将方程 $5x^2-6xy+5y^2=80$ 两边对 x 求导,得

$$10x-6y-6xy'+10yy'=0 \tag{4-1}$$

为求函数的驻点,在上式中令 $y'(x)=0$,则有 $y=\frac{5}{3}x$,代入原方程解得 $x=\pm 3$,即函数 $y=y(x)$ 有两个驻点 $x_1=-3$,$x_2=3$,其对应的函数值 $y(-3)=-5$,$y(3)=5$. 为判别这些驻点是否为极值点,可利用二阶充分条件判别.将方程(4-1)两边对 x 求导,有

$$10-6y'-6y'-6xy''+10(y')^2+10yy''=0$$

将 $y'(x)=0$ 代入上式得驻点处的二阶导数

$$y''(x)=\frac{5}{3x-5y}$$

于是有 $y''(-3)=\left(\frac{5}{3x-5y}\right)\Bigg|_{(-3,-5)}=\frac{5}{16}>0$,$y''(3)=\left(\frac{5}{3x-5y}\right)\Bigg|_{(3,5)}=-\frac{5}{16}<0$

所以根据二阶充分条件,点 $x_1=-3$ 是极小值点,极小值 $y(-3)=-5$,点 $x_2=3$ 是极大值点,极大值 $y(3)=5$.

例 4-16 设函数 $f(x)$ 在 $(-\infty,+\infty)$ 上均满足微分方程

$$xf''(x)+3x[f'(x)]^2=1-\mathrm{e}^{-x}$$

证明:函数 $f(x)$ 在 $(-\infty,+\infty)$ 上无极大值.

分析: 可利用反证法,若 x_0 是 $f(x)$ 的极大值点,设法从微分方程获取 $f''(x_0)$ 的符号.

解: 假设 x_0 是 $f(x)$ 的极大值点,则由 $f(x)$ 可导,知 $f'(x_0)=0$.

若 $x_0\neq 0$,则在微分方程中令 $x=x_0$,得

$$f''(x_0)=\frac{1-\mathrm{e}^{-x_0}}{x_0}>0,$$

即 x_0 为极小值点,这与假设矛盾.

若 $x_0=0$,则利用导数定义及拉格朗日中值定理

$$f''(0)=\lim_{x\to 0}\frac{f'(x)-f'(0)}{x}=\lim_{x\to 0}f''(\xi)\ (\xi \text{ 介于 } 0 \text{ 与 } x \text{ 之间})$$

$$=\lim_{x\to 0}\left(\frac{1-\mathrm{e}^{-\xi}}{\xi}-3[f'(\xi)]^2\right)=1>0.$$

即 $x=0$ 是极小值点,这也与假设矛盾,故假设不成立,命题得证.

例 4-17 设函数 $f(x)$ 在 x_0 的某邻域内具有直到 n 阶连续导数,且

$$f'(x_0)=f''(x_0)=\cdots=f^{(n-1)}(x_0)=0,\ f^{(n)}(x_0)\neq 0,$$

证明:(1) 当 n 为奇数时,$f(x_0)$ 不是极值;

(2) 当 n 为偶数时,若 $f^{(n)}(x_0)>0$,则 $f(x_0)$ 是极小值;若 $f^{(n)}(x_0)<0$,则 $f(x_0)$ 是极大值.

分析: $n=2$ 时,本例即为二阶充分条件.当 $n>2$ 时,由于

$$f'(x_0)=f''(x_0)=\cdots=f^{(n-1)}(x_0)=0,$$

故可借助泰勒公式研究 $f(x)-f(x_0)$ 在 x_0 附近的局部保号性.

解：将函数 $f(x)$ 在 x_0 处泰勒展开，得

$$\begin{aligned}f(x)&=f(x_0)+f'(x_0)(x-x_0)+\frac{f''(x_0)}{2!}(x-x_0)^2+\cdots+\\&\quad\frac{f^{(n-1)}(x_0)}{(n-1)!}(x-x_0)^{n-1}+\frac{f^{(n)}(\xi)}{n!}(x-x_0)^n\\&=f(x_0)+\frac{f^{(n)}(\xi)}{n!}(x-x_0)^n(\xi\text{ 介于 }x\text{ 和 }x_0\text{ 之间}),\end{aligned}$$

于是
$$f(x)-f(x_0)=\frac{f^{(n)}(\xi)}{n!}(x-x_0)^n. \tag{4-2}$$

因为 $f^{(n)}(x_0)\neq 0$，且 $f^{(n)}(x)$ 在 x_0 处连续，根据极限的局部保号性，存在邻域 $N(x_0)$，使得在 $N(x_0)$ 内，$f^{(n)}(x)$ 与 $f^{(n)}(x_0)$ 具有相同的符号.于是当 $x\in N(x_0)$ 时，$f^{(n)}(\xi)$ 与 $f^{(n)}(x_0)$ 同号.

(1) 若 n 为奇数，则由(4-2)可知，$f(x)-f(x_0)$ 在点 x_0 的两侧异号，因此点 x_0 不是极值点，$f(x_0)$ 不为极值；

(2) 若 n 为偶数，则由(4-2)可知，当 $f^{(n)}(x_0)<0$ 时，$f(x)-f(x_0)\leqslant 0$，$x\in N(x_0)$，于是 $f(x_0)$ 是极大值；当 $f^{(n)}(x_0)>0$ 时，$f(x)-f(x_0)\geqslant 0$，$x\in N(x_0)$，于是 $f(x_0)$ 是极小值，结论成立.

例 4-18　设 $f(x)=x\sin x+(1+\lambda)\cos x$，就常数 λ 的取值范围讨论驻点 $x=0$ 处是否取得极值？是取得极大值还是极小值？

分析：$f'(x)=x\cos x-\lambda\sin x$，$f'(0)=0$，$f''(x)=(1-\lambda)\cos x-x\sin x$，$f''(0)=1-\lambda$. 可见当 $\lambda\neq 1$ 时，可用二阶充分条件判别极值；当 $\lambda=1$ 时，由于 $f''(0)=0$，此时可利用例 4-17 的结论进行判别.

解：$f(x)$ 在 $(-\infty,+\infty)$ 上可导，且

$$f'(x)=x\cos x-\lambda\sin x,\ f''(x)=(1-\lambda)\cos x-x\sin x,\ f'(0)=0,\ f''(0)=1-\lambda.$$

利用二阶充分条件，当 $1-\lambda>0$，即 $\lambda<1$ 时，$f(x)$ 在 $x=0$ 处取得极小值；当 $1-\lambda<0$，即 $\lambda>1$ 时，$f(x)$ 在 $x=0$ 处取得极大值；当 $1-\lambda=0$，即 $\lambda=1$ 时，由于 $f'''(x)=-\sin x-x\cos x$，$f'''(0)=0$，$f^{(4)}(x)=x\sin x-2\cos x$，$f^{(4)}(0)=-2<0$，根据例 4-17 的结论，$f(x)$ 在 $x=0$ 处取得极大值.

综上所述，当 $\lambda<1$ 时，$f(x)$ 在 $x=0$ 处取得极小值；当 $\lambda\geqslant 1$ 时，$f(x)$ 在 $x=0$ 处取得极大值.

▶▶▶方法小结

函数极值的计算方法可归纳为以下步骤：

(1) 确定函数的定义域；

(2) 在定义域内确定 $f(x)$ 的驻点和不可导点；

(3) 用一阶充分条件或二阶充分条件判别这些驻点和不可导点是否为极值点，若是则求出极值；

(4) 若 $f'(x_0)=f''(x_0)=0$，此时可计算 $f'''(x_0)$，$f^{(4)}(x_0)$ 等高阶导数，利用例 4-17 的结论判别(例 4-18).

4.2.2.2 函数最值的计算及最值应用问题

对于闭区间 $[a, b]$ 上的连续函数 $f(x)$，根据最值定理，$f(x)$ 在 $[a, b]$ 上必能取得最值.如果最值点 $x_0 \in (a, b)$，则 x_0 必为极值点，从而 x_0 是驻点或不可导点.如果 $x_0=a$ 或 $x_0=b$，则区间 $[a, b]$ 的端点也是可能的最值点.因此，$f(x)$ 在 $[a, b]$ 上的最值只能在 $[a, b]$ 中的驻点、不可导点和区间端点处取得.

▶▶▶基本方法

计算 $f(x)$ 在 (a, b) 内的驻点、不可导点，比较 $f(x)$ 在这些点以及区间端点处的函数值大小，函数值最大的即为最大值，函数值最小的即为最小值.

▶▶▶典型例题解析

例 4-19 求函数 $f(x)=\sin^3 x+\cos^3 x$ 在区间 $\left[\frac{\pi}{6}, \frac{5\pi}{6}\right]$ 上的最大值和最小值.

分析: $f(x)$ 是可导函数，故 $f(x)$ 的最值点是区间 $\left(\frac{\pi}{6}, \frac{5\pi}{6}\right)$ 内的驻点或区间端点.

解: $f'(x)=3\sin x\cos x(\sin x-\cos x)$，令 $f'(x)=0$，解得 $f(x)$ 在 $\left(\frac{\pi}{6}, \frac{5\pi}{6}\right)$ 内的驻点 $x_1=\frac{\pi}{4}$，$x_2=\frac{\pi}{2}$. 所以 $f(x)$ 在 $\left[\frac{\pi}{6}, \frac{5\pi}{6}\right]$ 上的可能的最值点为

$$a=\frac{\pi}{6}, x_1=\frac{\pi}{4}, x_2=\frac{\pi}{2}, b=\frac{5\pi}{6}.$$

计算函数值 $f\left(\frac{\pi}{6}\right)=\frac{1+3\sqrt{3}}{8}$，$f\left(\frac{\pi}{4}\right)=\frac{\sqrt{2}}{2}$，$f\left(\frac{\pi}{2}\right)=1$，$f\left(\frac{5\pi}{6}\right)=\frac{1-3\sqrt{3}}{8}$，所以 $f(x)$ 在 $\left[\frac{\pi}{6}, \frac{5\pi}{6}\right]$ 上的最大值为 $f\left(\frac{\pi}{2}\right)=1$，最小值为 $f\left(\frac{5\pi}{6}\right)=\frac{1-3\sqrt{3}}{8}$.

例 4-20 求函数 $f(x)=(x^2-2x)^{\frac{2}{3}}$ 在区间 $[0, 3]$ 上的最大值和最小值.

分析: $f(x)=x^{\frac{2}{3}}(x-2)^{\frac{2}{3}}$，可见 $x=2 \in (0, 3)$ 是不可导点，除此之外还需计算 $f(x)$ 在 $(0, 3)$ 内的驻点.

解: 当 $x \neq 0, 2$ 时，$f'(x)=\frac{4(x-1)}{3\sqrt[3]{x^2-2x}}$. 令 $f'(x)=0$，得 $f(x)$ 在 $(0, 3)$ 内的一个驻点 $x=1$. 所以 $f(x)$ 在 $[0, 3]$ 上可能的最值点为

$$a=0, x_1=1, x_2=2, b=3.$$

计算各点对应的函数值，$f(0)=0$，$f(1)=1$，$f(2)=0$，$f(3)=\sqrt[3]{9}$，所以 $f(x)$ 在 $[0,3]$ 上的最小值为 $f(0)=f(2)=0$，最大值为 $f(3)=\sqrt[3]{9}$.

例 4-21 求函数 $f(x)=\max\{x^2,(1-x)^2\}$ 在区间 $[0,2]$ 上的最值.

分析： 本题首先应去除"max"函数，这可将 $f(x)$ 表达成分段函数，此时就转化为分段函数求最值的问题，只是要注意分段点也是可能的最值点.

解： 将函数表示成分段函数 $f(x)=\begin{cases}(1-x)^2, & 0\leqslant x\leqslant \dfrac{1}{2}\\ x^2, & \dfrac{1}{2}<x\leqslant 2\end{cases}$,

计算其导数，有 $f'(x)=\begin{cases}-2(1-x), & 0<x<\dfrac{1}{2}\\ 2x, & \dfrac{1}{2}<x<2\end{cases}$. 可见分段点 $x=\dfrac{1}{2}$ 同时也是不可导点.

所以 $f(x)$ 在 $[0,2]$ 上可能的最值点为 $a=0$，$x=\dfrac{1}{2}$，$b=2$. 计算函数值 $f(0)=1$，$f\left(\dfrac{1}{2}\right)=\dfrac{1}{4}$，$f(2)=4$，所以 $f(x)$ 在 $[0,2]$ 上的最小值为 $f\left(\dfrac{1}{2}\right)=\dfrac{1}{4}$，最大值为 $f(2)=4$.

例 4-22 求出数列 $\dfrac{1}{10}$，$\sqrt{\dfrac{2}{10}}$，$\sqrt[3]{\dfrac{3}{10}}$，…，$\sqrt[n]{\dfrac{n}{10}}$ 中值最大的项.

分析： 直接对数列 $\left\{\sqrt[n]{\dfrac{n}{10}}\right\}$ 求最大值是困难的，因为没有工具.但若将数列中的 n 替换成连续变量 x，则可运用微分学工具对函数 $f(x)=\sqrt[x]{\dfrac{x}{10}}$ 求最大值，以 $f(x)$ 的最大值来获得数列 $\left\{\sqrt[n]{\dfrac{n}{10}}\right\}$ 的最大值.

解： 设 $f(x)=\sqrt[x]{\dfrac{x}{10}}$，则 $f(x)$ 在 $x>0$ 上可导，且

$$f'(x)=\sqrt[x]{\frac{x}{10}}\cdot\frac{1+\ln 10-\ln x}{x^2}.$$

令 $f'(x)=0$，得驻点 $x=10\mathrm{e}$. 因为当 $0<x<10\mathrm{e}$ 时，$f'(x)>0$；当 $x>10\mathrm{e}$ 时，$f'(x)<0$，所以 $x=10\mathrm{e}$ 是 $f(x)$ 的极大值点.又因 $x=10\mathrm{e}$ 是 $f(x)$ 在 $x>0$ 上的唯一极值点且为极大值点，所以 $x=10\mathrm{e}$ 是 $f(x)$ 在 $x>0$ 上的最大值点.从 $x=10\mathrm{e}$ 两侧 $f(x)$ 的单调性可见，数列 $\left\{\sqrt[n]{\dfrac{n}{10}}\right\}$ 的最大值点一定在最接近 $x=10\mathrm{e}$ 的两个正整数 $n=27$ 和 $n=28$ 处取得.由于 $f(27)>f(28)$，所以数列 $\left\{\sqrt[n]{\dfrac{n}{10}}\right\}$ 中值最大的项为 $\sqrt[27]{\dfrac{27}{10}}$.

例 4-23 某铁路隧道的截面拟建成矩形上加一个半圆的形状(图 4-1),要求截面积为 $S(\mathrm{m}^2)$. 为使建造所用材料费用(材料费用与隧道长和截面周长之积成正比)最少,底长 x 和高 y 之比应取多大为宜?

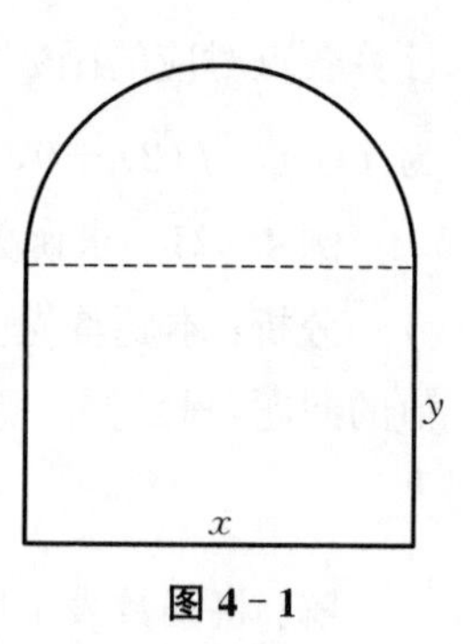

图 4-1

分析: 先建立材料费用与底边 x 和高 y 的函数关系,即建立问题的目标函数,再求出费用最小值时 x 与 y 之比.

解: 设隧道的长为 l,建造费用为 W,比例系数为 k_1,则按题意

$$W=k_1\cdot l\cdot\left(\frac{\pi}{2}x+x+2y\right)=k\left[\left(\frac{\pi}{2}+1\right)x+2y\right]\ (k=k_1 l)$$

由于截面积 $S=xy+\frac{1}{2}\cdot\pi\cdot\left(\frac{x}{2}\right)^2=xy+\frac{\pi}{8}x^2$,因此 $y=\frac{1}{x}\left(S-\frac{\pi}{8}x^2\right)$,代入上式得问题的目标函数

$$W=k\left[\left(\frac{\pi}{2}+1\right)x+\frac{2}{x}\left(S-\frac{\pi}{8}x^2\right)\right]=k\left[\left(\frac{\pi}{4}+1\right)x+\frac{2}{x}S\right],\ 0<x<2\sqrt{\frac{2S}{\pi}}.$$

又 $W'(x)=k\left[\left(\frac{\pi}{4}+1\right)-\frac{2}{x^2}S\right]$,令 $W'(x)=0$,得驻点 $x_0=2\sqrt{\frac{2S}{\pi+4}}$. 由于该驻点 x_0 是 W 在区间 $\left(0,\ 2\sqrt{\frac{2S}{\pi}}\right)$ 内的唯一可能的最值点,并且问题本身说明最小值可以取到,所以当 $x=2\sqrt{\frac{2S}{\pi+4}}$ 时,材料费用 W 最小.此时 $y=\sqrt{\frac{2S}{\pi+4}}$,即应取 x 与 y 之比为 $x=2y$ 为宜.

例 4-24 宽 $AB=6$ cm 的长方形纸片 $ABCD\left(\text{其中 } BC>\frac{9}{2}\sqrt{2}\,\text{cm}\right)$,将其左下角 B 折叠到 AD 边上某点 B' 处(图 4-2),试问 AB' 为多大时,折痕 PQ 最短.

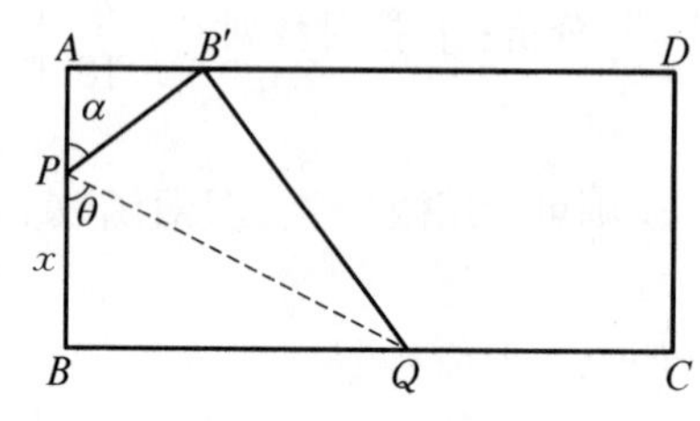

图 4-2

分析: 本题的难点在于引入什么样的自变量,将折痕 PQ 的长表达为该自变量的函数.由于 AB 的长度已知,P 随 B' 的变化而变化,故可考虑以 BP 的长度 x 作为自变量来建立目标函数.

解: 设 $\angle BPQ=\theta$,$\angle APB'=\alpha$,$BP=x$,则折痕 PQ 的长

$$y=\frac{BP}{\cos\theta}=\frac{x}{\cos\theta}$$

下面考虑将 $\cos\theta$ 表达成 x 的函数.从图 4-2 可见,$\alpha=\pi-2\theta$,

$$x=BP=B'P=\frac{AP}{\cos\alpha}=\frac{6-x}{\cos(\pi-2\theta)}=-\frac{6-x}{\cos 2\theta}=\frac{6-x}{1-2\cos^2\theta}$$

解得 $\cos^2\theta=1-\frac{3}{x}$. 所以目标函数为

$$f(x)=y^2=\frac{x^2}{\cos^2\theta}=\frac{x^3}{x-3},\ 3<x<6.$$

此时 $f'(x)=\dfrac{x^2(2x-9)}{(x-3)^2}$，令 $f'(x)=0$ 得 $f(x)$ 在区间 $(3, 6)$ 中的驻点 $x=\dfrac{9}{2}$. 由于 $x=\dfrac{9}{2}$ 是 $f(x)$ 在区间 $(3, 6)$ 内唯一可能的最值点，且问题本身说明 $f(x)$ 在区间 $(3, 6)$ 内的最小值存在，所以当 $x=\dfrac{9}{2}$ 时，折痕 y 达到最小值.此时 AB' 的长

$$AB'=AP\tan\alpha=\frac{3}{2}\tan(\pi-2\theta)=-\frac{3}{2}\tan 2\theta=-\frac{3}{2}\cdot\frac{\sin 2\theta}{\cos 2\theta}=-\frac{3}{2}\cdot\frac{\frac{2\sqrt{2}}{3}}{-\frac{1}{3}}=3\sqrt{2}$$

所以当 $AB'=3\sqrt{2}$ 时，折痕 PQ 最短.

例 4-25 两条宽度分别为 16 m 和 6.75 m 的河道垂直相交(图 4-3)，试问一根长为 32 m 的圆木(可忽略其直径)能否顺利地由大河拐进小河？为什么？

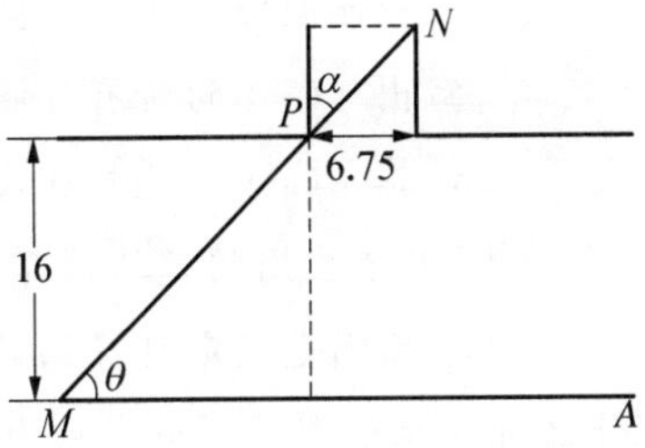

分析： 如图 4-3 所示，在引入变量 θ 之后，问题就成为考察线段 MN 的长关于 θ 的最小值是否大于 32 m 的问题.

图 4-3

解： 设 $\angle AMN=\theta$，则线段 MN 的长

$$s=MP+PN=\frac{16}{\sin\theta}+\frac{6.75}{\sin\alpha}=\frac{16}{\sin\theta}+\frac{6.75}{\cos\theta},\ 0<\theta<\frac{\pi}{2}$$

由 $s'(\theta)=-\dfrac{16\cos\theta}{\sin^2\theta}+\dfrac{6.75\sin\theta}{\cos^2\theta}$，令 $s'(\theta)=0$，从 $\dfrac{16\cos\theta}{\sin^2\theta}=\dfrac{6.75\sin\theta}{\cos^2\theta}$ 得 $\tan\theta=\dfrac{4}{3}$，知 $s(\theta)$ 在 $\left(0, \dfrac{\pi}{2}\right)$ 内有唯一驻点 $\theta_0=\arctan\dfrac{4}{3}$. 由于 θ_0 是 $s(\theta)$ 在 $\left(0, \dfrac{\pi}{2}\right)$ 内的唯一可能的最值点，且 $s(\theta)$ 在 $\left(0, \dfrac{\pi}{2}\right)$ 内的最小值存在，所以 $s(\theta)$ 在驻点 $\theta_0=\arctan\dfrac{4}{3}$ 处取得最小值

$$s(\theta_0)=\frac{16}{\sin\theta_0}+\frac{6.75}{\cos\theta_0}=16\cdot\frac{5}{4}+6.75\cdot\frac{5}{3}=31.25$$

由于最小值 $s(\theta_0)=31.25<32$，所以圆木不能从大河拐进小河.

例 4-26 试求在半径为 R 的球体内能截出最大体积的正圆锥体的底半径及高.

分析： 如图 4-4 所示，建立目标函数圆锥体体积 V 与圆锥体高 h 之间的函数关系.

解： 设圆锥体的底半径为 r，高为 h，则圆锥体的体积 $V=\dfrac{1}{3}\pi r^2 h$.

因为 $\triangle AOB$ 相似于 $\triangle BOE$，所以 $\dfrac{r}{h}=\dfrac{2R-h}{r}$，即 $r^2=h(2R-h)$，从而体积

$$V=\frac{1}{3}\pi h^2(2R-h),\ 0<h<2R$$

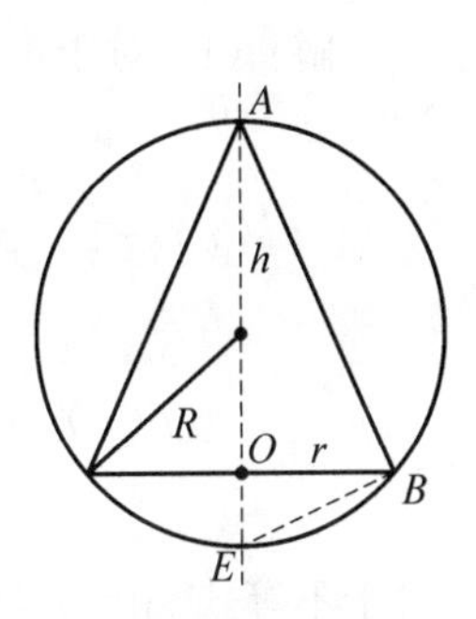

图 4-4

由 $V'(h)=\dfrac{1}{3}\pi h(4R-3h)$，令 $V'(h)=0$，求得区间 $(0, 2R)$ 内的驻点 $h=\dfrac{4}{3}R$.

由于$h=\frac{4}{3}R$是$V(h)$在区间$(0,2R)$内唯一可能的最值点，且$V(h)$在区间$(0,2R)$内最大值存在，因此$V(h)$在点$h=\frac{4}{3}R$处取得最大值$V_{\max}=V\left(\frac{4}{3}R\right)=\frac{32}{81}\pi R^3$，此时圆锥体的高$h=\frac{4}{3}R$，底半径$r=\frac{2\sqrt{2}}{3}R$.

▶▶▶方法小结

(1) 函数在区间上最值的计算方法可归纳为以下步骤：

① 求出函数$f(x)$在开区间内的驻点和不可导点；

② 写出$f(x)$的所有可能的最值点，包括区间端点、驻点和不可导点；

③ 计算$f(x)$在这些点处的函数值，比较大小，得到最值.

(2) 最值应用问题的计算步骤：

① 根据问题确定目标函数变量与自变量，一般问题所要求最值的那个变量首选为目标函数变量，什么时候取最值的那个变量为自变量；

② 建立目标函数变量与自变量之间的函数表达式以及求最值的区间；

③ 求目标函数在该区间内的最值.

4.2.2.3 运用函数最值证明不等式

▶▶▶基本方法

将所证不等式问题等价地转化为某一函数的最值问题，通过计算函数的最值证明不等式.

▶▶▶典型例题解析

例 4-27 证明下列不等式：

(1) $\frac{2}{\pi}x<\sin x<x,\ x\in\left(0,\frac{\pi}{2}\right)$； (2) $\frac{1}{\pi}x^2\leqslant 1-\cos x\leqslant\frac{1}{2}x^2,\ x\in\left(-\frac{\pi}{2},\frac{\pi}{2}\right)$.

分析： 所证不等式都为函数不等式，移项后都可转化为函数值大小的比较问题，可考虑用单调性或最值的方法证明.

解： (1) 对于不等式$x>\sin x,\ x\in\left(0,\frac{\pi}{2}\right)$，构造辅助函数$f(x)=x-\sin x$. 由

$f'(x)=1-\cos x>0,\quad x\in\left(0,\frac{\pi}{2}\right)$，可知$f(x)$在$\left(0,\frac{\pi}{2}\right)$内严格单调增，于是有

$$f(x)>f(0)=0,\ x\in\left(0,\frac{\pi}{2}\right)，即成立不等式\ x>\sin x,\ x\in\left(0,\frac{\pi}{2}\right).$$

对于不等式$\sin x>\frac{2}{\pi}x$，构造辅助函数$g(x)=\sin x-\frac{2}{\pi}x$，由$g'(x)=\cos x-\frac{2}{\pi}$，

令 $g'(x)=0$ 得驻点 $x_0=\arccos\dfrac{2}{\pi}$. 又因当 $0<x<x_0$ 时，$g'(x)>0$；当 $x_0<x<\dfrac{\pi}{2}$ 时，$g'(x)<0$ 及 $g(0)=g\left(\dfrac{\pi}{2}\right)=0$，知 $g(x)$ 在 $x=0$，$x=\dfrac{\pi}{2}$ 处取得最小值 0，且有

$$g(x)=\sin x-\frac{2}{\pi}x>0,\ x\in\left(0,\ \frac{\pi}{2}\right)$$

所证不等式成立.

(2) 当 $x=0$ 时，不等式显然成立，又因不等式中的函数均为偶函数，因此只要证明在区间 $\left[0,\ \dfrac{\pi}{2}\right]$ 上不等式成立即可.

对于不等式 $\dfrac{1}{2}x^2\geqslant 1-\cos x$，构造辅助函数 $f(x)=\dfrac{1}{2}x^2-1+\cos x$，由

$$f'(x)=x-\sin x>0,\ x\in\left(0,\ \frac{\pi}{2}\right],\text{知 } f(x) \text{ 在 } \left[0,\ \frac{\pi}{2}\right] \text{ 上严格单调增，从而有}$$

$$f(x)>f(0)=0,\ x\in\left(0,\ \frac{\pi}{2}\right]$$

即成立

$$\frac{1}{2}x^2\geqslant 1-\cos x,\ x\in\left[-\frac{\pi}{2},\ \frac{\pi}{2}\right].$$

对于不等式 $1-\cos x\geqslant\dfrac{1}{\pi}x^2$，构造辅助函数 $g(x)=1-\cos x-\dfrac{1}{\pi}x^2$. 由

$$g'(x)=\sin x-\frac{2}{\pi}x>0,\ x\in\left(0,\ \frac{\pi}{2}\right) \text{ 知，} g(x) \text{ 在 } \left[0,\ \frac{\pi}{2}\right] \text{ 上严格单调增，于是有}$$

$$g(x)>g(0)=0,\ x\in\left(0,\ \frac{\pi}{2}\right]$$

即成立

$$1-\cos x\geqslant\frac{1}{\pi}x^2,\ x\in\left[-\frac{\pi}{2},\ \frac{\pi}{2}\right].$$

例 4-28 设正数 p, q 之和为 1，$0<x<\dfrac{\pi}{2}$，证明：$\sin^{2p}x\cos^{2q}x\leqslant p^pq^q$.

分析：不等式右边为一常数，可考虑证明 $f(x)=\sin^{2p}x\cos^{2q}x$ 在 $\left(0,\ \dfrac{\pi}{2}\right)$ 上的最大值不超过 p^pq^q.

解：设 $f(x)=\sin^{2p}x\cos^{2q}x$，则对于 $x\in\left(0,\ \dfrac{\pi}{2}\right)$，有

$$\begin{aligned}f'(x)&=2p\sin^{2p-1}x\cdot\cos x\cdot\cos^{2q}x-\sin^{2p}x\cdot 2q\cdot\cos^{2q-1}x\cdot\sin x\\&=2\sin^{2p-1}x\cdot\cos^{2q-1}x(p-\sin^2x)\end{aligned}$$

令 $f'(x)=0$，得 $f(x)$ 在 $\left(0,\ \dfrac{\pi}{2}\right)$ 内的驻点 $x_0=\arcsin\sqrt{p}\,(\sin^2x_0=p)$. 又当 $0<x<x_0$ 时，

$f'(x)>0$；当 $x_0<x<\frac{\pi}{2}$ 时，$f'(x)<0$，可知 x_0 是 $f(x)$ 的极大值点，唯一的极值点为极大值点，所以 x_0 为 $f(x)$ 在 $\left(0,\frac{\pi}{2}\right)$ 上的最大值点，最大值

$$f_{\max}=f(x_0)=(\sin^2 x_0)^p(\cos^2 x_0)^q=p^p(1-p)^q=p^pq^q,$$

所以
$$\sin^{2p}x\cos^{2q}x\leqslant p^pq^q,\ 0<x<\frac{\pi}{2}.$$

▶▶▶方法小结

运用函数的最值证明不等式的方法与运用函数单调性证明不等式的方法相似，都是将问题转化为函数值大小的比较问题.在运用单调性证明时，由于 $f(x)$ 的单调性，其导数 $f'(x)$ 在所证区间上是不变号的，从而最值在区间的端点处取得.而对于 $f'(x)$ 在所证区间上变号的函数，由于 $f(x)$ 不是单调函数，此时就应考虑求最值来证明.

4.2.3 函数凹凸性的判别、拐点的计算以及运用凹凸性证明不等式

曲线的凹凸性反映了曲线的弯曲方向，它是描述曲线特征的一个重要指标.

4.2.3.1 函数凹凸性的判别

▶▶▶基本方法

利用二阶导数 $f''(x)$ 在区间上的正负号判别 $f(x)$ 在区间上的凹凸性.

▶▶▶重要结论

(1) 凹凸函数的定义①

设函数 $f(x)$在区间$[a,b]$上有定义，对于$[a,b]$上的任意两个不同的点 x_1和 x_2，

① 如果总有不等式 $f\left(\frac{x_1+x_2}{2}\right)<\frac{1}{2}f(x_1)+\frac{1}{2}f(x_2)$ 成立，则称函数 $f(x)$是$[a,b]$上的**凸函数**(或称 $f(x)$在$[a,b]$上的**图形是(向上)凹的**)；

② 如果总有不等式 $f\left(\frac{x_1+x_2}{2}\right)>\frac{1}{2}f(x_1)+\frac{1}{2}f(x_2)$ 成立，则称函数 $f(x)$是$[a,b]$上的**凹函数**(或称 $f(x)$在$[a,b]$上的**图形是(向上)凸的**).

---

① 这里给出的关于凹凸函数的定义是国际通用的概念. 由于国内的许多教材特别是考研大纲采用了图形是(向上)凹的或凸的名称，因此我们在凹凸函数的概念旁加注了相应的名称，这一点提醒读者学习时注意. 全书关于 $f(x)$ 的凹凸性都使用凹凸函数的名称.

(2) 函数凹凸性判别的一阶充分条件

设函数 $f(x)$ 在 $[a, b]$ 上连续,在 (a, b) 内可导,若 $f'(x)$ 在 (a, b) 内单调增加(或减少),则函数 $f(x)$ 是 $[a, b]$ 上的凸(或凹)函数.

(3) 函数凹凸性判别的二阶充分条件

设函数 $f(x)$ 在 $[a, b]$ 上连续,在 (a, b) 内可导,则

① 若在 (a, b) 内 $f''(x)>0$,则 $f(x)$ 是 $[a, b]$ 上的凸函数;

② 若在 (a, b) 内 $f''(x)<0$,则 $f(x)$ 是 $[a, b]$ 上的凹函数.

(4) 凹凸函数的必要条件

设 $f(x)$ 在 $[a, b]$ 上连续,在 (a, b) 内二阶可导,若 $f(x)$ 是 $[a, b]$ 上的凸(或凹)函数,则在 (a, b) 内恒有

$$f''(x) \geqslant 0 \text{ (或 } f''(x) \leqslant 0)$$

▶▶▶方法运用注意点

(1) 运用二阶导数符号判别函数凹凸性的方法仅适用于二阶可导或者在个别点处二阶不可导但连续的函数.对于不满足这一条件的函数,一般要用一阶充分条件或凹凸性的定义来判别.

(2) 在区间 (a, b) 内 $f''(x)>0$ 或 $f''(x)<0$ 是确保函数 $f(x)$ 在 (a, b) 内凸或凹的充分条件,这一条件可以放宽为

$$f''(x) \geqslant 0 \text{ 或 } f''(x) \leqslant 0, \text{且使 } f''(x)=0 \text{ 的点不形成区间.}$$

▶▶▶典型例题解析

例 4-29　求函数 $f(x)=x^3(1-x)$ 的凹凸区间.

分析: $f(x)$ 是二阶可导的函数,可通过计算 $f''(x)$,研究 $f''(x)$ 在区间上的符号来判断凹凸性.

解: $f(x)$ 的定义域为 $(-\infty, +\infty)$,且在定义域上二阶可导,其导数

$$f'(x)=3x^2(1-x)-x^3=3x^2-4x^3,\ f''(x)=6x-12x^2=6x(1-2x).$$

令 $f''(x)=0$,解得 $x_1=0$, $x_2=\dfrac{1}{2}$.将 x_1, x_2 插入$(-\infty, +\infty)$,将定义域划分成三个子区间,分别确定各子区间上 $f''(x)$ 的符号,得

当 $x \in (-\infty, 0)$ 时,$f''(x)<0$,函数 $f(x)$ 在 $(-\infty, 0)$ 上是凹函数(向上凸的);

当 $x \in \left(0, \dfrac{1}{2}\right)$ 时,$f''(x)>0$,函数 $f(x)$ 在 $\left(0, \dfrac{1}{2}\right)$ 上是凸函数(向上凹的);

当 $x \in \left(\dfrac{1}{2}, +\infty\right)$ 时,$f''(x)<0$,函数 $f(x)$ 在 $\left(\dfrac{1}{2}, +\infty\right)$ 上是凹函数(向上凸的).

例 4-30　求函数 $f(x)=(x-1)^{\frac{1}{3}}(x+3)$ 的凹凸区间.

分析: $f(x)$ 在 $(-\infty, +\infty)$ 上连续,$x=1$ 是 $f(x)$ 的不可导点,在 $x \neq 1$ 处 $f(x)$ 二阶可导,故可研究 $f''(x)$ 的符号来划分凹凸区间.

解: 当 $x \neq 1$ 时,$f'(x)=\dfrac{1}{3}(x-1)^{-\frac{2}{3}}(x+3)+(x-1)^{\frac{1}{3}}=\dfrac{4x}{3(x-1)^{2/3}}$,

$$f''(x)=\frac{4}{3}\left[\frac{1}{(x-1)^{2/3}}-\frac{2}{3}\cdot\frac{x}{(x-1)^{5/3}}\right]=\frac{4(x-3)}{9(x-1)^{5/3}}$$

令 $f''(x)=0$，解得 $x=3$. 将 $x=1$，$x=3$ 插入 $(-\infty,+\infty)$，得到3个子区间，分别判别子区间上 $f''(x)$ 的符号，有

当 $x\in(-\infty,1)$ 时，$f''(x)>0$，函数 $f(x)$ 在 $(-\infty,1)$ 上是凸函数(向上凹的)；

当 $x\in(1,3)$ 时，$f''(x)<0$，函数 $f(x)$ 在 $(1,3)$ 上是凹函数(向上凸的)；

当 $x\in(3,+\infty)$ 时，$f''(x)>0$，函数 $f(x)$ 在 $(3,+\infty)$ 上是凸函数(向上凹的).

▶▶▶方法小结

求函数 $f(x)$ 凹凸区间的步骤：

(1) 确定 $f(x)$ 的定义域，计算 $f''(x)$；

(2) 求出使 $f''(x)=0$ 以及 $f''(x)$ 不存在的点；

(3) 以这些点为端点将 $f(x)$ 的定义域划分为若干个子区间，在每一子区间上确定 $f''(x)$ 的符号，判断凹凸性.

4.2.3.2 曲线拐点的计算

▶▶▶基本方法

对连续曲线 $y=f(x)$ 上的点 $(x_0,f(x_0))$，判别 $f(x)$ 在该点两旁的凹凸性是否发生改变.

▶▶▶重要结论

(1) 拐点的必要条件

如果点 $(x_0,f(x_0))$ 是曲线 $y=f(x)$ 的拐点，则在 $x=x_0$ 处 $f''(x_0)=0$ 或者 $f''(x_0)$ 不存在.

(2) 拐点的充分条件

设函数 $y=f(x)$ 在点 x_0 处连续，在点 x_0 的某个去心邻域 $\hat{N}(x_0,r)$ 内二阶可导，如果 $f''(x)$ 在点 x_0 的两旁(在 $\hat{N}(x_0,r)$ 内)异号，则点 $(x_0,f(x_0))$ 是曲线 $y=f(x)$ 的拐点.

▶▶▶方法运用注意点

(1) 拐点 $(x_0,f(x_0))$ 是曲线 $y=f(x)$ 上的点，x_0 不能称为拐点.

(2) 在拐点的两旁曲线的凹凸性应发生改变，但是两旁凹凸性发生改变的点不一定是拐点，因为拐点是连续曲线上的点.

▶▶▶典型例题解析

例 4-31 求曲线 $y=x+\dfrac{x}{x^2+3}$ 的拐点.

分析： 函数在 $(-\infty,+\infty)$ 上二阶可导，因此求出使 $f''(x)=0$ 的点，再进行两旁的凹凸性讨论.

解：因为 $f'(x)=1+\dfrac{3-x^2}{(x^2+3)^2}$，$f''(x)=\dfrac{2x(x^2-9)}{(x^2+3)^3}$，令 $f''(x)=0$ 得二阶导数为零的点 $x=0$，$x=\pm3$. 将这些点插入定义域，将 $(-\infty, +\infty)$ 划分为4个子区间，列表确定 $f''(x)$ 在这些点两侧的符号，判断 $f(x)$ 的凹凸情况.

x	$(-\infty, -3)$	-3	$(-3, 0)$	0	$(0, 3)$	3	$(3, +\infty)$
$f''(x)$	$-$	0	$+$	0	$-$	0	$+$
$f(x)$	凹（向上凸的）	$-\dfrac{13}{4}$	凸（向上凹的）	0	凹（向上凸的）	$\dfrac{13}{4}$	凸（向上凹的）

从表中可见，曲线的拐点为 $\left(-3, -\dfrac{13}{4}\right)$，$(0, 0)$，$\left(3, \dfrac{13}{4}\right)$.

例 4-32　求曲线 $y=\sqrt[3]{1-x^2}$ 的拐点.

分析：$x=\pm1$ 是函数 $f(x)$ 的不可导点，为求拐点还需计算使 $f''(x)=0$ 的点.

解：$f(x)=\sqrt[3]{1-x^2}$ 在定义域 $(-\infty, +\infty)$ 上连续，在 $x=\pm1$ 处不可导，当 $x\neq\pm1$ 时

$$f'(x)=\frac{-2x}{3\sqrt[3]{(1-x^2)^2}},\ f''(x)=-\frac{2(3+x^2)}{9\sqrt[3]{(1-x^2)^5}}\neq0$$

所以 $f(x)$ 在 $x=\pm1$ 处可能取得拐点. 列表判别 $f''(x)$ 的符号，有

x	$(-\infty, -1)$	-1	$(-1, 1)$	1	$(1, +\infty)$
$f''(x)$	$+$	不可导	$-$	不可导	$+$
$f(x)$	凸（向上凹的）	0	凹（向上凸的）	0	凸（向上凹的）

从表中可见，曲线的拐点为 $(-1, 0)$，$(1, 0)$.

例 4-33　证明：曲线 $y=x\sin x$ 的所有拐点都在曲线 $y^2(4+x^2)=4x^2$ 上.

分析：$f(x)$ 为二阶可导函数，$f''(x)=2\cos x-x\sin x$. 可以看到，为求拐点，本题的难点在于使 $f''(x)=0$ 的点无法求出. 注意到本题是验证拐点在曲线 $y^2(4+x^2)=4x^2$ 上，并且拐点满足方程 $f''(x)=0$，所以只需证明满足 $f''(x)=0$ 的点必满足 $y^2(4+x^2)=4x^2$ 即可.

解：函数 $f(x)=x\sin x$ 在 $(-\infty, +\infty)$ 上二阶可导，且 $f''(x)=2\cos x-x\sin x$. 设点 $(x_0, f(x_0))$ 是曲线 $y=x\sin x$ 的拐点，则 $f''(x_0)=2\cos x_0-x_0\sin x_0=0$，$f''(0)=2\neq0$，即 x_0 满足

$$\tan x_0=\frac{2}{x_0},\ x_0\neq0$$

将点 $(x_0, f(x_0))=(x_0, x_0\sin x_0)$ 代入曲线 $y^2(4+x^2)=4x^2$ 的左边，有

$$x_0^2\sin^2 x_0(4+x_0^2)=x_0^2(4+x_0^2)\tan^2 x_0\cos^2 x_0=4(4+x_0^2)\cdot\frac{1}{1+\tan^2 x_0}$$

$$=4(4+x_0^2)\cdot\frac{x_0^2}{4+x_0^2}=4x_0^2$$

所以曲线 $y=x\sin x$ 的拐点都在曲线 $y^2(4+x^2)=4x^2$ 上.

例 4-34 设函数 $f(x)$ 满足关系式

$$f''(x)+[f'(x)]^2=x, \qquad 且\ f'(0)=0$$

试证明点 $(0, f(0))$ 是曲线 $y=f(x)$ 的拐点.

分析: 从方程可得 $f''(0)=0$. 本题的难点在于如何从关系式证明 $f''(x)$ 在 $x=0$ 的两侧是异号的,注意到 $\frac{f''(x)}{x}=1-\frac{[f'(x)]^2}{x}$,这可考虑从极限 $\lim\limits_{x\to 0}\frac{f''(x)}{x}$ 入手.

解: 在 $f''(x)+[f'(x)]^2=x$ 中令 $x=0$,得 $f''(0)=0$. 当 $x\neq 0$ 时,从所给关系式有

$$\frac{f''(x)}{x}=1-\frac{[f'(x)]^2}{x}$$

两边取 $x\to 0$ 时的极限,得

$$\lim_{x\to 0}\frac{f''(x)}{x}=\lim_{x\to 0}\left(1-\frac{f'(x)-f'(0)}{x}\cdot f'(x)\right)=1-f''(0)f'(0)=1>0$$

根据极限的局部保号性,存在 $\delta>0$,当 $x\in(-\delta, \delta)$, $x\neq 0$ 时,

$$\frac{f''(x)}{x}>0$$

即当 $-\delta<x<0$ 时, $f''(x)<0$; 当 $0<x<\delta$ 时, $f''(x)>0$. 所以点 $(0, f(0))$ 是曲线 $y=f(x)$ 的拐点.

例 4-35 若函数 $y=f(x)$ 在点 x_0 的某邻域内具有 n 阶连续导数 $(n\geqslant 3)$,且

$$f''(x_0)=f'''(x_0)=\cdots=f^{(n-1)}(x_0)=0,\ f^{(n)}(x_0)\neq 0$$

证明:当 n 为奇数时,点 $(x_0, f(x_0))$ 必是曲线 $y=f(x)$ 的拐点;当 n 为偶数时,点 $(x_0, f(x_0))$ 不是曲线 $y=f(x)$ 的拐点.

分析: 本题的证明思路应围绕确定 $f''(x)$ 在点 x_0 两侧的符号展开.从所给条件,这里应考虑利用泰勒公式将 $f''(x)$ 在点 x_0 处泰勒展开来分析.

解: 由所给条件,将 $f''(x)$ 在 x_0 处泰勒展开,有

$$\begin{aligned} f''(x)&=f''(x_0)+f'''(x_0)(x-x_0)+\cdots+\frac{f^{(n-1)}(x_0)}{(n-3)!}(x-x_0)^{n-3}+\frac{f^{(n)}(\xi)}{(n-2)!}(x-x_0)^{n-2}\\ &=\frac{f^{(n)}(\xi)}{(n-2)!}(x-x_0)^{n-2}\ (其中\ \xi\ 介于\ x\ 与\ x_0\ 之间) \qquad (4-3)\end{aligned}$$

由 $f^{(n)}(x_0)\neq 0$ 及 $f^{(n)}(x)$ 连续,根据极限的局部保号性,存在 $\delta>0$,当 $x\in\hat{N}(x_0, \delta)$ 时, $f^{(n)}(x)$ 与 $f^{(n)}(x_0)$ 同号,即 $f^{(n)}(x)$ 在 $N(x_0, \delta)$ 内不变号.于是让 $x\in N(x_0, \delta)$,此时式(4-3)中的 $\xi\in N(x_0, \delta)$,从而 $f^{(n)}(\xi)$ 在 $N(x_0, \delta)$ 内也不变号.

因此根据式(4-3),当 n 为奇数时,由于 $(x-x_0)^{n-2}$ 在点 x_0 的两侧异号,所以 $f''(x)$ 在 x_0 的两侧也异号,点 $(x_0, f(x_0))$ 是曲线 $y=f(x)$ 的拐点;当 n 为偶数时,由于 $(x-x_0)^{n-2}$ 在点 x_0 的两侧

同号,所以 $f''(x)$ 在点 x_0 两侧同号,点 $(x_0, f(x_0))$ 不是曲线 $y=f(x)$ 的拐点.

方法小结

求曲线 $y=f(x)$ 的拐点的步骤:

(1) 计算 $f''(x)$, 并求出使 $f''(x)=0$ 或 $f''(x)$ 不存在的点($f(x)$ 在该点处要连续).

(2) 判断上述点的两侧 $f''(x)$ 是否异号,若异号,则其对应曲线上的点为拐点,同号则不为拐点.

(3) 对于 $f''(x)$ 在满足拐点必要条件的点两侧的符号判别,也可采用求极限(例 4-34)、泰勒展开(例 4-35)等方法.

(4) 例 4-35 的结论给出了利用二阶以上高阶导数判别拐点的一个充分条件.

4.2.3.3 运用函数的凹凸性证明不等式

基本方法

利用凹凸函数的两个基本不等式证明不等式.

(1) 杰生不等式: 设函数 $f(x)$ 是 $[a, b]$ 上二阶可导的凸函数(向上凹的),则对任意的 x_1, $x_2 \in [a, b]$, 以及任意的非负数 $\lambda_1 \geqslant 0$, $\lambda_2 \geqslant 0$, $\lambda_1+\lambda_2=1$, 有

$$f(\lambda_1 x_1+\lambda_2 x_2) \leqslant \lambda_1 f(x_1)+\lambda_2 f(x_2) \tag{4-4}$$

(2) 设函数 $f(x)$ 是 $[a, b]$ 上二阶可导的凸函数(向上凹的), x_0 是 $[a, b]$ 上的任意一点,则对任意的 $x \in [a, b]$, 有

$$f(x) \geqslant f(x_0)+f'(x_0)(x-x_0) \tag{4-5}$$

方法运用注意点

(1) 当 $f(x)$ 是 $[a, b]$ 上二阶可导的凹函数(向上凸的)时,上面不等式(4-4),(4-5)中的不等式反号.

(2) 式(4-4)是关于两个点 x_1, x_2 的杰生不等式,下面的例 4-36 证明,对于 $[a, b]$ 中的任意 n 个点 $x_1, x_2, \cdots, x_n$, 在 $[a, b]$ 上一阶可导的凸函数 $f(x)$ (向上凹的)成立以下更一般的杰生不等式

$$f(\lambda_1 x_1+\lambda_2 x_2+\cdots+\lambda_n x_n) \leqslant \lambda_1 f(x_1)+\lambda_2 f(x_2)+\cdots+\lambda_n f(x_n) \tag{4-6}$$

其中 $\lambda_i \geqslant 0$, $i=1, 2, \cdots, n$, 且 $\lambda_1+\lambda_2+\cdots+\lambda_n=1$.

典型例题解析

例 4-36 若函数 $f(x)$ 是 $[a, b]$ 上二阶可导的凸函数(向上凹的),非负数 $\lambda_1, \lambda_2, \cdots, \lambda_n$ 满足 $\lambda_1+\lambda_2+\cdots+\lambda_n=1$, 证明: 对于 $[a, b]$ 上任意的 n 个点 $x_1, x_2, \cdots, x_n$, 有

$$f(\lambda_1 x_1+\lambda_2 x_2+\cdots+\lambda_n x_n) \leqslant \lambda_1 f(x_1)+\lambda_2 f(x_2)+\cdots+\lambda_n f(x_n)$$

分析：若记 $x_0=\lambda_1x_1+\lambda_2x_2+\cdots+\lambda_nx_n$，本题应考虑建立 $f(x_i)$ 与 $f(x_0)$ 的不等式关系，由于 $f(x)$ 可导，故可运用不等式(4-5)证明.

解：记 $x_0=\lambda_1x_1+\lambda_2x_2+\cdots+\lambda_nx_n$，由于 $\lambda_i\geqslant 0$，$i=1,2,\cdots,n$，且 $\lambda_1+\lambda_2+\cdots+\lambda_n=1$，可知 $x_0\in[a,b]$. 又由 $f(x)$ 是 $[a,b]$ 上的凸函数，且可导，运用式(4-5)，得

$$f(x_i)\geqslant f(x_0)+f'(x_0)(x_i-x_0),\ i=1,2,\cdots,n$$

在不等式两边同乘 λ_i，并求和，有

$$\begin{aligned}\sum_{i=1}^{n}\lambda_if(x_i)&\geqslant\sum_{i=1}^{n}\lambda_if(x_0)+\sum_{i=1}^{n}f'(x_0)(\lambda_ix_i-\lambda_ix_0)\\&=f(x_0)+f'(x_0)\left(\sum_{i=1}^{n}\lambda_ix_i-\sum_{i=1}^{n}\lambda_ix_0\right)\\&=f(x_0)+f'(x_0)(x_0-x_0)=f(x_0)\end{aligned}$$

所以
$$f(\lambda_1x_1+\lambda_2x_2+\cdots+\lambda_nx_n)\leqslant\lambda_1f(x_1)+\lambda_2f(x_2)+\cdots+\lambda_nf(x_n)$$

不等式得证.

说明：若 $f(x)$ 是 $[a,b]$ 上二阶可导的凹函数(向上凸的)，则成立

$$f(\lambda_1x_1+\lambda_2x_2+\cdots+\lambda_nx_n)\geqslant\lambda_1f(x_1)+\lambda_2f(x_2)+\cdots+\lambda_nf(x_n)\tag{4-7}$$

其中 $\lambda_i\geqslant 0$，$i=1,2,\cdots,n$，且 $\lambda_1+\lambda_2+\cdots+\lambda_n=1$.

例 4-37 设 $a_1,a_2,\cdots,a_n$ 均为正数，$k>1$，证明：

$$\frac{1}{n}(a_1+a_2+\cdots+a_n)\leqslant\sqrt[k]{\frac{1}{n}(a_1^k+a_2^k+\cdots+a_n^k)}$$

分析：原问题 $\Leftrightarrow\left(\dfrac{a_1+a_2+\cdots+a_n}{n}\right)^k\leqslant\dfrac{a_1^k+a_2^k+\cdots+a_n^k}{n}$. 可见若设 $f(x)=x^k$，则只需证明 $f(x)$ 在 $x>0$ 上是凸函数(向上凹的)，并利用杰生不等式(4-6)即可.

解：设 $f(x)=x^k$，则 $f(x)$ 在 $x>0$ 上二阶可导，且 $f''(x)=k(k-1)x^{k-2}>0$，所以 $f(x)$ 在 $x>0$ 上是凸函数.对于任取的正数 $a_1,a_2,\cdots,a_n$，取 $\lambda_1=\lambda_2=\cdots=\lambda_n=\dfrac{1}{n}$，根据杰生不等式(4-6)，有

$$f\left(\frac{a_1+a_2+\cdots+a_n}{n}\right)\leqslant\frac{f(a_1)+f(a_2)+\cdots+f(a_n)}{n},$$

即成立
$$\left(\frac{a_1+a_2+\cdots+a_n}{n}\right)^k\leqslant\frac{a_1^k+a_2^k+\cdots+a_n^k}{n}$$

不等式得证.

例 4-38 证明：n 个正数 $x_1,x_2,\cdots,x_n$ 的调和平均值、几何平均值与算数平均值之间的大小关系为

$$\left[\frac{1}{n}(x_1^{-1}+x_2^{-1}+\cdots+x_n^{-1})\right]^{-1}\leqslant(x_1x_2\cdots x_n)^{\frac{1}{n}}\leqslant\frac{1}{n}(x_1+x_2+\cdots+x_n)$$

分析：本题证明的思路应从如何将问题等价的转换、化简入手.将不等式两边取对数，问题等价地转换为证明下面的不等式

$$-\ln\left(\frac{x_1^{-1}+x_2^{-1}+\cdots+x_n^{-1}}{n}\right)\leqslant\frac{\ln x_1+\ln x_2+\cdots+\ln x_n}{n}\leqslant\ln\left(\frac{x_1+x_2+\cdots+x_n}{n}\right),$$

即证明
$$\ln\left(\frac{x_1^{-1}+x_2^{-1}+\cdots+x_n^{-1}}{n}\right)\geqslant\frac{\ln x_1^{-1}+\ln x_2^{-1}+\cdots+\ln x_n^{-1}}{n}$$

及
$$\ln\left(\frac{x_1+x_2+\cdots+x_n}{n}\right)\geqslant\frac{\ln x_1+\ln x_2+\cdots+\ln x_n}{n}$$

这只需证明 $f(x)=\ln x$ 在 $x>0$ 上是凹函数(向上凸的)，利用杰生不等式(4-7)即可.

解：设 $f(x)=\ln x$，则 $f(x)$ 在 $x>0$ 上二阶可导，且 $f''(x)=-\frac{1}{x^2}<0$，$f(x)$ 是 $x>0$ 上的凹函数.对于任取的 n 个正数 $x_1, x_2, \cdots, x_n$，取 $\lambda_1=\lambda_2=\cdots=\lambda_n=\frac{1}{n}$，利用凹函数的杰生不等式(4-7)，有

$$\ln\left(\frac{x_1+x_2+\cdots+x_n}{n}\right)\geqslant\frac{\ln x_1+\ln x_2+\cdots+\ln x_n}{n},$$

$$\ln\left(\frac{x_1^{-1}+x_2^{-1}+\cdots+x_n^{-1}}{n}\right)\geqslant\frac{\ln x_1^{-1}+\ln x_2^{-1}+\cdots+\ln x_n^{-1}}{n},$$

即 $(x_1x_2\cdots x_n)^{\frac{1}{n}}\leqslant\frac{1}{n}(x_1+x_2+\cdots+x_n)$ 和 $(x_1x_2\cdots x_n)^{\frac{1}{n}}\geqslant\left[\frac{1}{n}(x_1^{-1}+x_2^{-1}+\cdots+x_n^{-1})\right]^{-1}$，不等式得证.

▶▶▶方法小结

利用函数的单调性、最值证明不等式的方法通常被运用于函数不等式或可化为函数不等式的证明问题.与此不同的是，利用函数的凹凸性证明不等式的方法，通常被运用于涉及多个点处函数值的不等式问题，而这类问题化为函数不等式证明常常是不方便的.方法运用的关键是能否找到与问题有关的凹凸函数，把问题转化为运用凹凸函数证明不等式问题.

4.2.4 方程根个数的判别

▶▶▶基本方法

对于方程 $f(x)=0$，通过研究 $f(x)$ 的单调性、极值、极限等，确定函数 $f(x)$ 的变化性态，判定曲线 $y=f(x)$ 与 x 轴交点的个数，从而确定方程根的个数.

▶▶▶典型例题解析

例 4-39 根据实数 a 的取值范围，讨论方程 $x\mathrm{e}^{x+1}=a$ 实数根的个数.

分析：若令 $f(x)=x\mathrm{e}^{x+1}-a$，则问题就转化为讨论 $f(x)$ 的零点问题，这可以分析 $f(x)$ 的变化性态，确定曲线 $y=f(x)$ 与 x 轴的交点入手.

解：设 $f(x)=x\mathrm{e}^{x+1}-a$，则 $f(x)$ 在 $(-\infty,+\infty)$ 上可导，且 $f'(x)=(x+1)\mathrm{e}^{x+1}$.

令 $f'(x)=0$，函数 $f(x)$ 有唯一的驻点 $x=-1$. 从 $f'(x)=(x+1)\mathrm{e}^{x+1}$ 可得，

当 $x<-1$ 时，$f'(x)<0$，函数 $f(x)$ 在 $(-\infty,-1)$ 上单调减；当 $x>-1$ 时，$f'(x)>0$，函数 $f(x)$ 在 $(-1,+\infty)$ 上单调增.

所以 $x=-1$ 是 $f(x)$ 的极小值点，唯一的极值点为极小值点，因此 $x=-1$ 是 $f(x)$ 的最小值点，最小值 $f(-1)=-1-a$. 下面根据最小值的大小分情况讨论：

(1) 若 $f(-1)=-1-a>0$，即 $a<-1$，此时 $f(x)>0$，因此方程没有实根；

(2) 若 $f(-1)=-1-a=0$，即 $a=-1$，此时方程有唯一的实根 $x=-1$；

(3) 若 $f(-1)=-1-a<0$，即 $a>-1$，此时由于 $f(x)$ 连续，且

$$\lim_{x\to-\infty}f(x)=\lim_{x\to-\infty}(x\mathrm{e}^{x+1}-a)=-a,\quad \lim_{x\to+\infty}f(x)=\lim_{x\to+\infty}(x\mathrm{e}^{x+1}-a)=+\infty,$$

根据零点定理以及 $f(x)$ 的单调性，方程在 $(-1,+\infty)$ 内有唯一的实根.而在区间 $(-\infty,-1)$ 内，当 $-a\leqslant 0$，即 $a\geqslant 0$ 时，方程没有实根；当 $-a>0$，即 $-1<a<0$ 时，方程有唯一的实根.因此可知：

当 $-1<a<0$ 时，方程有两个实根，分别位于 $(-\infty,-1)$ 和 $(-1,+\infty)$ 内；

当 $a\geqslant 0$ 时，方程有一个实根，位于 $(-1,+\infty)$ 内.

▶▶▶方法小结

方程根的存在性以及根的个数的确定是常见而基本的问题.我们在 2.2.7 节中利用零值定理，在 3.2.3 节中利用罗尔定理和费马定理分别讨论过这一问题.比较可以发现，这里所讨论的问题与之前讨论的问题还是有区别的.在 2.2.7 节和 3.2.3 节中主要讨论方程根的存在性以及证明方程有几个实根，而在这里是要确定方程所有实根的个数.在讨论问题所采用的方法上，它们也是有区别的.在 2.2.7 节和 3.2.3 节中主要是利用零值定理、罗尔定理和费马定理，而在这里主要是利用函数的单调性、极值、最值和极限来确定曲线 $y=f(x)$ 的“走势”，通过“走势”确定 $y=f(x)$ 与 x 轴的交点，确定方程根的个数.

4.2.5 曲率的计算

▶▶▶基本方法

通过曲率和曲率半径的计算公式计算.

1) 曲率的计算公式 设 $y=f(x)$ 二阶可导，则曲线在点 (x,y) 处的曲率

$$k=\frac{|y''|}{[1+(y')^2]^{\frac{3}{2}}} \tag{4-8}$$

2) 曲率半径的计算公式 设 $y=f(x)$ 二阶可导，则曲线在点 (x,y) 处的曲率半径

$$R=\frac{1}{k}=\frac{[1+(y')^2]^{\frac{3}{2}}}{|y''|} \tag{4-9}$$

▶▶▶方法运用注意点

曲率与曲率半径计算公式(4-8),(4-9)是对直角坐标系下的显函数 $y=f(x)$ 给出的,当曲线由隐函数,参数方程或极坐标形式给出时,通过隐函数求导法、参数方程求导法计算 y', y'',同样可运用式(4-8)、式(4-9)计算曲线的曲率和曲率半径.

▶▶▶典型例题解析

例 4-40　求曲线 $y=x^2e^{x^2}$ 在 P 点处的曲率,其中 P 是曲线上水平切线的切点.

分析:先求出切点 P 的坐标,再运用公式(4-8)计算.

解:计算一阶、二阶导数,有

$$y'=2xe^{x^2}+x^2\cdot 2xe^{x^2}=(2x+2x^3)e^{x^2},\ y''=(2+10x^2+4x^4)e^{x^2}$$

令 $y'=0$,得驻点 $x=0$,因此水平切线的切点 $P=(0,0)$,此时 $y'(0)=0$, $y''(0)=2$. 运用式(4-8)求得曲率

$$k=\frac{|y''(0)|}{[1+(y'(0))^2]^{\frac{3}{2}}}=2.$$

例 4-41　设曲线 $y=a\ \mathrm{ch}\dfrac{x}{a}\ (a>0)$ 上任一点 (x,y) 处的曲率半径为 R,证明:$aR=y^2$.

分析:运用式(4-9)计算.

解:因为 $y'=\mathrm{sh}\dfrac{x}{a}$, $y''=\dfrac{1}{a}\mathrm{ch}\dfrac{x}{a}$,运用式(4-9),曲线在点 (x,y) 处的曲率半径

$$R=\frac{[1+(y')^2]^{\frac{3}{2}}}{|y''|}=\frac{\left(1+\mathrm{sh}^2\dfrac{x}{a}\right)^{3/2}}{\dfrac{1}{a}\mathrm{ch}\dfrac{x}{a}}=a\frac{\mathrm{ch}^3\dfrac{x}{a}}{\mathrm{ch}\dfrac{x}{a}}=a\ \mathrm{ch}^2\frac{x}{a},$$

从而满足

$$aR=a^2\ \mathrm{ch}^2\frac{x}{a}=y^2.$$

例 4-42　求曲线 $\begin{cases}x=a\cos^3 t\\ y=a\sin^3 t\end{cases}\ (a>0)$ 在 $t=\dfrac{\pi}{4}$ 的对应点 P 处的曲率.

分析:利用参数方程求导法则计算 $\left.\dfrac{dy}{dx}\right|_{t=\frac{\pi}{4}}$, $\left.\dfrac{d^2y}{dx^2}\right|_{t=\frac{\pi}{4}}$,运用公式(4-8)计算.

解:因为

$$\frac{dy}{dx}=\frac{y'(t)}{x'(t)}=\frac{3a\sin^2 t\cos t}{-3a\cos^2 t\sin t}=-\tan t,$$

$$\frac{d^2y}{dx^2}=\frac{\frac{d}{dt}\left(\frac{dy}{dx}\right)}{\frac{dx}{dt}}=\frac{-\sec^2 t}{-3a\cos^2 t\sin t}=\frac{1}{3a\cos^4 t\sin t}$$

所以 $\left.\frac{dy}{dx}\right|_{t=\frac{\pi}{4}}=-1$，$\left.\frac{d^2y}{dx^2}\right|_{t=\frac{\pi}{4}}=\frac{4\sqrt{2}}{3a}$. 因此曲线在 $t=\frac{\pi}{4}$ 所对应的点 P 处的曲率

$$k=\left.\frac{|y''|}{[1+(y')^2]^{3/2}}\right|_{t=\frac{\pi}{4}}=\frac{\frac{4\sqrt{2}}{3a}}{2\sqrt{2}}=\frac{2}{3a}$$

例 4-43 求阿基米德螺旋线 $\rho=\theta$ 上对应于 $\theta=\frac{\pi}{2}$ 的点 P 处的曲率.

分析: 将极坐标曲线 $\rho=\theta$ 化为参数方程，计算 $y'(x)$，$y''(x)$，运用式(4-8)计算.

解: 曲线化为参数方程，有 $\begin{cases}x=\theta\cos\theta\\y=\theta\sin\theta\end{cases}$. 计算一阶、二阶导数，得

$$\frac{dy}{dx}=\frac{y'(\theta)}{x'(\theta)}=\frac{\sin\theta+\theta\cos\theta}{\cos\theta-\theta\sin\theta},$$

$$\frac{d^2y}{dx^2}=\frac{\frac{d}{d\theta}\left(\frac{dy}{dx}\right)}{\frac{dx}{d\theta}}=\frac{\left(\frac{\sin\theta+\theta\cos\theta}{\cos\theta-\theta\sin\theta}\right)'_\theta}{(\theta\cos\theta)'_\theta}=\frac{2+\theta^2}{(\cos\theta-\theta\sin\theta)^3}$$

可知 $\left.\frac{dy}{dx}\right|_{\theta=\frac{\pi}{2}}=-\frac{2}{\pi}$，$\left.\frac{d^2y}{dx^2}\right|_{\theta=\frac{\pi}{2}}=-\frac{16+2\pi^2}{\pi^3}$. 所以曲线在点 P 处的曲率

$$k=\left.\frac{|y''|}{[1+(y')^2]^{3/2}}\right|_{\theta=\frac{\pi}{2}}=\frac{16+2\pi^2}{(4+\pi^2)^{3/2}}.$$

例 4-44 求曲线 $\frac{x^2}{25}+\frac{y^2}{9}=1$ 在点 $P(0, 3)$ 处的曲率半径.

分析: 利用隐函数求导法求 $y'(x)$，$y''(x)$，然后利用曲率半径公式(4-9)计算.

解: 将方程 $\frac{x^2}{25}+\frac{y^2}{9}=1$ 两边对 x 求导，有

$$\frac{2x}{25}+\frac{2y\cdot y'}{9}=0 \tag{4-10}$$

令 $x=0$，$y=3$，得 $y'(0)=0$. 将式(4-10)再对 x 求导

$$\frac{2}{25}+2\frac{y'\cdot y'+y\cdot y''}{9}=0$$

再由 $x=0$, $y=3$, $y'(0)=0$,得 $y''(0)=-\frac{3}{25}$. 运用公式(4-9),曲线在点 $P(0, 3)$ 处的曲率半径为

$$R=\frac{[1+(y')^2]^{3/2}}{|y''|}\bigg|_{(0,3)}=\frac{25}{3}.$$

方法小结

计算曲线的曲率和曲率半径的基本方法是运用式(4-8)、式(4-9)计算.公式运用的主要步骤在于导数 $y'(x)$, $y''(x)$ 的计算,就是要根据所给曲线的各种形式(参数方程、隐函数、极坐标等),运用各种求导方法计算出导数,再代入公式计算即可.

4.2.6 渐近线的计算

基本方法

通过水平和铅直渐近线的定义、斜渐近线的计算公式计算.

1) 水平渐近线 如果 $\lim\limits_{x\to+\infty}f(x)=a$ 或 $\lim\limits_{x\to-\infty}f(x)=a$ (a 为常数),则直线 $y=a$ 是曲线 $y=f(x)$ 的一条水平渐近线.

2) 铅直渐近线 如果 $\lim\limits_{x\to x_0^+}f(x)=\infty$ 或 $\lim\limits_{x\to x_0^-}f(x)=\infty$,则直线 $x=x_0$ 是曲线 $y=f(x)$ 的一条铅直渐近线.

3) 斜渐近线

① 当 $x\to\infty$ 时,直线 $y=ax+b$ 是曲线 $y=f(x)$ 的斜渐近线的充要条件是

$$a=\lim_{x\to\infty}\frac{f(x)}{x},\quad b=\lim_{x\to\infty}[f(x)-ax] \tag{4-11}$$

② 当 $x\to+\infty$ 时,直线 $y=ax+b$ 是曲线 $y=f(x)$ 的斜渐近线的充要条件是

$$a=\lim_{x\to+\infty}\frac{f(x)}{x},\quad b=\lim_{x\to+\infty}[f(x)-ax] \tag{4-12}$$

③ 当 $x\to-\infty$ 时,直线 $y=ax+b$ 是曲线 $y=f(x)$ 的斜渐近线的充要条件是

$$a=\lim_{x\to-\infty}\frac{f(x)}{x},\quad b=\lim_{x\to-\infty}[f(x)-ax] \tag{4-13}$$

方法运用注意点

(1) 直线 $y=ax+b$ 是曲线 $x\to\infty$ 时的渐近线充要条件是直线 $y=ax+b$ 既是 $x\to+\infty$ 时,也是 $x\to-\infty$ 时的渐近线,即在正无穷方向和负无穷方向上的渐近线存在并且重合.

(2) 如果曲线 $x\to\infty$ 时无渐近线,不能断定曲线无渐近线,它可能在 $x\to+\infty$ 或 $x\to-\infty$ 时有渐近线.

▶▶▶典型例题解析

例 4-45 求曲线 $y=\dfrac{x^3}{2(1+x)^2}$ 的渐近线.

分析：对于水平和铅垂渐近线可直接利用定义计算.对于斜渐近线，根据本题的函数形式，a，b 计算式中的极限是否存在以及数值大小仅需考虑 $x\to\infty$ 情形，即采用式(4-11)计算.

解：因为 $\lim\limits_{x\to-1}f(x)=\lim\limits_{x\to-1}\dfrac{x^3}{2(1+x)^2}=\infty$，所以曲线有铅垂渐近线 $x=-1$.

又 $\lim\limits_{x\to+\infty}f(x)=\lim\limits_{x\to+\infty}\dfrac{x^3}{2(1+x)^2}=\infty$，$\lim\limits_{x\to-\infty}f(x)=\lim\limits_{x\to-\infty}\dfrac{x^3}{2(1+x)^2}=\infty$

所以曲线没有水平渐近线.对于无穷方向上，由式(4-11)，得

$$a=\lim_{x\to\infty}\frac{f(x)}{x}=\lim_{x\to\infty}\frac{x^2}{2(1+x)^2}=\frac{1}{2},$$

$$b=\lim_{x\to\infty}\left[f(x)-\frac{1}{2}x\right]=\lim_{x\to\infty}\left[\frac{x^3}{2(1+x)^2}-\frac{x}{2}\right]=\frac{1}{2}\lim_{x\to\infty}\frac{-2x^2-x}{(1+x)^2}=-1$$

所以当 $x\to\infty$ 时曲线有斜渐近线 $y=\dfrac{1}{2}x-1$.

例 4-46 求曲线 $y=\sqrt{\dfrac{x^3}{x-1}}$ 的渐近线.

分析：由于 $y=\dfrac{|x|}{\sqrt{1-\dfrac{1}{x}}}$，从式(4-11)知，当 $x\to\infty$ 时曲线无斜渐近线.然而此时仍需考虑曲线在负无穷和正无穷方向上有无斜渐近线.

解：因为 $\lim\limits_{x\to1^+}f(x)=\lim\limits_{x\to1^+}\sqrt{\dfrac{x^3}{x-1}}=+\infty$，所以曲线有铅垂渐近线 $x=1$.

又 $\lim\limits_{x\to+\infty}f(x)=\lim\limits_{x\to+\infty}\sqrt{\dfrac{x^3}{x-1}}=+\infty$，$\lim\limits_{x\to-\infty}f(x)=\lim\limits_{x\to-\infty}\sqrt{\dfrac{x^3}{x-1}}=+\infty$，所以曲线没有水平渐近线.对于正无穷方向上，由式(4-12)，得

$$a=\lim_{x\to+\infty}\frac{f(x)}{x}=\lim_{x\to+\infty}\frac{\sqrt{\dfrac{x^3}{x-1}}}{x}=\lim_{x\to+\infty}\frac{1}{\sqrt{1-\dfrac{1}{x}}}=1,$$

$$b=\lim_{x\to+\infty}[f(x)-x]=\lim_{x\to+\infty}\left(\sqrt{\frac{x^3}{x-1}}-x\right)=\lim_{x\to+\infty}x\left(\frac{\sqrt{x}}{\sqrt{x-1}}-1\right)$$

$$=\lim_{x\to+\infty}x\frac{\sqrt{x}-\sqrt{x-1}}{\sqrt{x-1}}=\lim_{x\to+\infty}\frac{x}{\sqrt{x-1}(\sqrt{x}+\sqrt{x-1})}=\frac{1}{2},$$

可知当 $x\to+\infty$ 时曲线有斜渐近线 $y=x+\dfrac{1}{2}$.

对于负无穷方向上，由式(4-13)，得

$$a=\lim_{x\to-\infty}\frac{f(x)}{x}=\lim_{x\to-\infty}\frac{\sqrt{\dfrac{x^3}{x-1}}}{x}=-\lim_{x\to-\infty}\frac{1}{\sqrt{1-\dfrac{1}{x}}}=-1,$$

$$b=\lim_{x\to-\infty}[f(x)+x]=\lim_{x\to-\infty}\left(\sqrt{\frac{x^3}{x-1}}+x\right)=\lim_{x\to-\infty}-x\left(\frac{\sqrt{-x}}{\sqrt{1-x}}-1\right)$$

$$=-\lim_{x\to-\infty}x\frac{\sqrt{-x}-\sqrt{1-x}}{\sqrt{1-x}}=\lim_{x\to-\infty}\frac{x}{\sqrt{1-x}(\sqrt{-x}+\sqrt{1-x})}=-\frac{1}{2}$$

所以当 $x\to-\infty$ 时曲线有另外一条斜渐近线　$y=-x-\dfrac{1}{2}$.

例 4-47　求曲线 $x=\dfrac{3t}{1+t^3}$，$y=\dfrac{3t^2}{1+t^3}$ 的斜渐近线.

分析：曲线由参数方程 $\begin{cases}x=x(t)\\y=y(t)\end{cases}$ 给出，为运用公式计算 a 和 b，首先应确定 t 趋于何值时 x 趋向于 ∞（或 $\pm\infty$）. 这类问题面临的第二个难点是计算 a，b 时公式中的函数 $y=f(x)$ 一般无法写出，这一难点一般可通过对极限做变量代换 $x=x(t)$，把 $y=f(x)$ 转化为 $y=y(t)$ 来化解.

解：从式 $x=\dfrac{3t}{1+t^3}$ 可知，当 $t\to-1$ 时，$x\to\infty$. 于是运用式(4-11)，有

$$a=\lim_{x\to\infty}\frac{f(x)}{x}\xlongequal{x=\frac{3t}{1+t^3}}\lim_{t\to-1}\frac{\dfrac{3t^2}{1+t^3}}{\dfrac{3t}{1+t^3}}=\lim_{t\to-1}t=-1,$$

$$b=\lim_{x\to\infty}[f(x)+x]\xlongequal{x=\frac{3t}{1+t^3}}\lim_{t\to-1}\left(\frac{3t^2}{1+t^3}+\frac{3t}{1+t^3}\right)$$

$$=3\lim_{t\to-1}\frac{t^2+t}{1+t^3}=3\lim_{t\to-1}\frac{2t+1}{3t^2}=-1$$

所以当 $x\to\infty$ 时曲线有斜渐近线　$y=-x-1$，即 $x+y+1=0$.

例 4-48　求极坐标系下曲线 $\rho=\dfrac{\theta}{9\theta^2-\pi^2}$ 在直角坐标系下的斜渐近线方程.

分析：由于极坐标曲线 $\rho=\rho(\theta)$ 总可化为参数方程 $x=\rho(\theta)\cos\theta$，$y=\rho(\theta)\sin\theta$，于是总可将问

题转化为参数方程表示的曲线的斜渐近线问题处理.

解：将极坐标曲线写成参数方程，得

$$\begin{cases} x=\dfrac{\theta}{9\theta^2-\pi^2}\cos\theta \\ y=\dfrac{\theta}{9\theta^2-\pi^2}\sin\theta \end{cases}$$

从式 $x=\dfrac{\theta}{9\theta^2-\pi^2}\cos\theta$ 可知，当 $\theta\to\pm\dfrac{\pi}{3}$ 时，$x\to\infty$. 当 $\theta\to\dfrac{\pi}{3}$ 时，运用式(4-11)，得

$$a_1=\lim_{x\to\infty}\frac{f(x)}{x}\xlongequal{x=\frac{\theta}{9\theta^2-\pi^2}\cos\theta}\lim_{\theta\to\frac{\pi}{3}}\frac{\dfrac{\theta}{9\theta^2-\pi^2}\sin\theta}{\dfrac{\theta}{9\theta^2-\pi^2}\cos\theta}=\lim_{\theta\to\frac{\pi}{3}}\tan\theta=\sqrt{3}$$

$$b_1=\lim_{x\to\infty}[f(x)-\sqrt{3}x]\xlongequal{x=\frac{\theta}{9\theta^2-\pi^2}\cos\theta}\lim_{\theta\to\frac{\pi}{3}}\left(\frac{\theta}{9\theta^2-\pi^2}\sin\theta-\sqrt{3}\,\frac{\theta}{9\theta^2-\pi^2}\cos\theta\right)$$

$$=\lim_{\theta\to\frac{\pi}{3}}\frac{\theta(\sin\theta-\sqrt{3}\cos\theta)}{9\theta^2-\pi^2}=\lim_{\theta\to\frac{\pi}{3}}\frac{2\theta\sin\left(\theta-\dfrac{\pi}{3}\right)}{9\theta^2-\pi^2}=\lim_{\theta\to\frac{\pi}{3}}\frac{2\theta\left(\theta-\dfrac{\pi}{3}\right)}{9\left(\theta-\dfrac{\pi}{3}\right)\left(\theta+\dfrac{\pi}{3}\right)}=\frac{1}{9}$$

所以当 $x\to\infty$ 时曲线有一条斜渐近线　$y=\sqrt{3}x+\dfrac{1}{9}$.

当 $\theta\to-\dfrac{\pi}{3}$ 时，运用式(4-11)，得

$$a_2=\lim_{x\to\infty}\frac{f(x)}{x}\xlongequal{x=\frac{\theta}{9\theta^2-\pi^2}\cos\theta}\lim_{\theta\to-\frac{\pi}{3}}\frac{\dfrac{\theta}{9\theta^2-\pi^2}\sin\theta}{\dfrac{\theta}{9\theta^2-\pi^2}\cos\theta}=\lim_{\theta\to-\frac{\pi}{3}}\tan\theta=-\sqrt{3}$$

$$b_2=\lim_{x\to\infty}[f(x)+\sqrt{3}x]\xlongequal{x=\frac{\theta}{9\theta^2-\pi^2}\cos\theta}\lim_{\theta\to-\frac{\pi}{3}}\left(\frac{\theta\sin\theta}{9\theta^2-\pi^2}+\sqrt{3}\,\frac{\theta\cos\theta}{9\theta^2-\pi^2}\right)$$

$$=\lim_{\theta\to-\frac{\pi}{3}}\frac{2\theta\sin\left(\theta+\dfrac{\pi}{3}\right)}{9\theta^2-\pi^2}=\lim_{\theta\to-\frac{\pi}{3}}\frac{2\theta\left(\theta+\dfrac{\pi}{3}\right)}{9\left(\theta-\dfrac{\pi}{3}\right)\left(\theta+\dfrac{\pi}{3}\right)}=\frac{1}{9}$$

所以当 $x\to\infty$ 时曲线还有另一条斜渐近线　$y=-\sqrt{3}x+\dfrac{1}{9}$.

▶▶▶方法小结

(1) 水平和铅垂渐近线按照定义完全归纳为以下4个极限的计算

$$\lim_{x\to+\infty} f(x),\ \lim_{x\to-\infty} f(x),\ \lim_{x\to x_0^-} f(x),\ \lim_{x\to x_0^+} f(x).$$

(2) 对于斜渐近线，首先应考虑 $x\to\infty$ 时，即无穷方向上的渐近线.当式(4-11)中的极限不存在时(即曲线无 $x\to\infty$ 时的渐近线)，再分别考虑 $x\to+\infty$ 时(即正无穷方向)或 $x\to-\infty$ 时(即负无穷方向)有无渐近线，即分别计算式(4-12)和式(4-13)中的极限是否存在.

(3) 当曲线由参数方程 $x=x(t)$，$y=y(t)$ 给出时，首先应确定使 $x\to\infty$ 的参数值 t_0，通过对 a，b 中的极限做变量代换 $x=x(t)$，把 a，b 的极限转化为

$$a=\lim_{t\to t_0}\frac{y(t)}{x(t)},\quad b=\lim_{t\to t_0}(y(t)-ax(t)).$$

(4) 当曲线由极坐标方程 $\rho=\rho(\theta)$ 给出时，一般应将极坐标方程转化为参数方程，把问题转化为参数方程曲线求斜渐近线的问题处理(例4-48).

(5) 当曲线由隐函数方程给出时，一般应考虑将曲线表达为参数方程或极坐标方程来处理.

4.2.7　函数图形的描绘

在掌握了函数的单调性、凹凸性、极值、拐点以及曲线的渐近线的判别与计算方法之后，利用这些信息可以比较准确地作出函数的图形.

▶▶▶基本方法

利用导数工具确定函数的单调和凹凸区间，计算出函数的极值、拐点和渐近线，描点作图.

▶▶▶典型例题解析

例4-49　作函数 $y=\dfrac{x}{x^2-1}$ 的图形.

分析： 确定函数的定义域、奇偶性、周期性、单调性、凹凸性.计算出函数的极值、拐点、渐近线，描点作图.

解： (1) 函数的定义域为 $x\neq\pm1$ 的一切实数，函数为奇函数、非周期函数.

(2) 计算导数 $y'=-\dfrac{x^2+1}{(x^2-1)^2}$，$x\neq\pm1$，函数没有驻点.

$$y''=-\frac{2x\ (x^2-1)^2-2(x^2-1)\cdot 2x\cdot(1+x^2)}{(x^2-1)^4}=\frac{2x(x^2+3)}{(x^2-1)^3},\ x\neq\pm1,$$

令 $y''=0$ 得，二阶导数为零的点 $x=0$.

(3) 列表并确定函数的单调、凹凸区间、极值和拐点：

x	$(-\infty,-1)$	-1	$(-1,0)$	0	$(0,1)$	1	$(1,+\infty)$
$f'(x)$	$-$	不存在	$-$		$-$	不存在	$-$
$f''(x)$	$-$	不存在	$+$	0	$-$	不存在	$+$
$f(x)$	凹(向上凸的) ↘	间断点	凸(向上凹的) ↘	拐点	凹(向上凸的) ↘	间断点	凸(向上凹的) ↘

函数无极值，有一拐点为 $(0,0)$.

(4) 计算渐近线.由于 $\lim\limits_{x\to\infty}f(x)=\lim\limits_{x\to\infty}\dfrac{x}{x^2-1}=0$，函数有水平渐近线 $y=0$.

又 $\lim\limits_{x\to-1^-}f(x)=\lim\limits_{x\to-1^-}\dfrac{x}{x^2-1}=-\infty$，$\lim\limits_{x\to-1^+}f(x)=\lim\limits_{x\to-1^+}\dfrac{x}{x^2-1}=+\infty$

$$\lim_{x\to1^-}f(x)=\lim_{x\to1^-}\frac{x}{x^2-1}=-\infty,\ \lim_{x\to1^+}f(x)=\lim_{x\to1^+}\frac{x}{x^2-1}=+\infty,$$

所以函数有铅垂渐近线 $x=1$，$x=-1$.

(5) 描点作图，如图 4-5 所示.

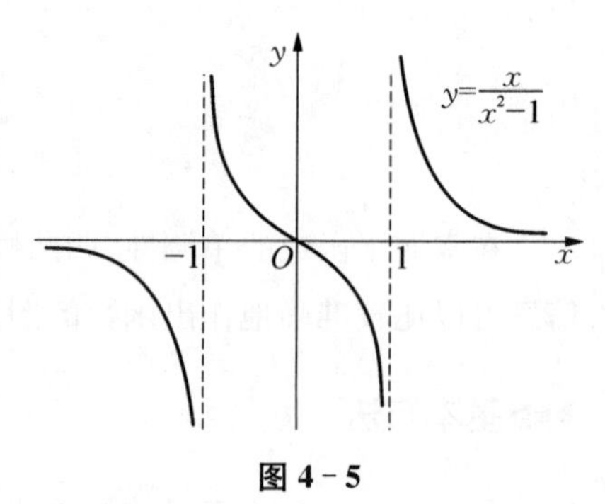

图 4-5

例 4-50 作由方程 $(x-3)^2+4y-4xy=0$ 所确定的函数 $y=y(x)$ 的图形.

分析：本例函数虽由隐函数形式给出，但它可以显式化，从而转化为显函数的作图问题.

解：(1) 所给函数可表示为 $y=\dfrac{(x-3)^2}{4(x-1)}$，可知其定义域为 $(-\infty,1)\cup(1,+\infty)$.

(2) 计算导数 $y'=\dfrac{(x-3)(x+1)}{4(x-1)^2}$ $(x\neq1)$，函数有驻点 $x=-1$，$x=3$.

计算二阶导数，得 $y''=\dfrac{2}{(x-1)^3}$ $(x\neq1)$，可知函数没有二阶导数为零的点，从而函数没有拐点.

(3) 列表并确定函数的单调区间、凹凸区间、极值：

x	$(-\infty,-1)$	-1	$(-1,1)$	1	$(1,3)$	3	$(3,+\infty)$
$f'(x)$	$+$	0	$-$	不存在	$-$	0	$+$
$f''(x)$	$-$	$-$	$-$	不存在	$+$	$+$	$+$
$f(x)$	↗ 凹(向上凸的)	极大值点	↘ 凹(向上凸的)	不存在	↘ 凸(向上凹的)	极小值点	↗ 凸(向上凹的)

(4) 计算渐近线.由于

$$\lim_{x\to+\infty} f(x)=\lim_{x\to+\infty}\frac{(x-3)^2}{4(x-1)}=+\infty,\ \lim_{x\to-\infty} f(x)=\lim_{x\to-\infty}\frac{(x-3)^2}{4(x-1)}=-\infty,$$

$$\lim_{x\to1^+} f(x)=\lim_{x\to1^+}\frac{(x-3)^2}{4(x-1)}=+\infty,\ \lim_{x\to1^-} f(x)=\lim_{x\to1^-}\frac{(x-3)^2}{4(x-1)}=-\infty,$$

故函数无水平渐近线,但有铅垂渐近线 $x=1$.

因为

$$a=\lim_{x\to\infty}\frac{f(x)}{x}=\lim_{x\to\infty}\frac{(x-3)^2}{4x(x-1)}=\frac{1}{4},$$

$$b=\lim_{x\to\infty}\left(f(x)-\frac{1}{4}x\right)=\lim_{x\to\infty}\left[\frac{(x-3)^2}{4(x-1)}-\frac{1}{4}x\right]$$

$$=\lim_{x\to\infty}\frac{-5x+9}{4(x-1)}=-\frac{5}{4},$$

所以函数有斜渐近线 $y=\frac{1}{4}x-\frac{5}{4}$.

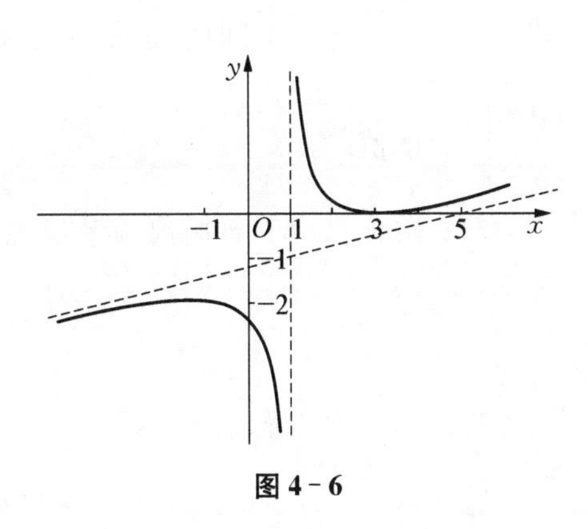

图 4-6

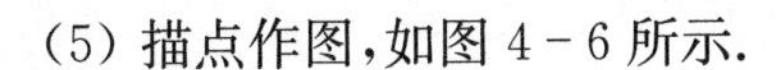

(5) 描点作图,如图 4-6 所示.

▶▶▶方法小结

函数作图的步骤:

(1) 确定函数 $f(x)$ 的定义域、奇偶性、周期性.

(2) 计算 $f'(x)$,求出函数的驻点和不可导点;计算 $f''(x)$,求出使 $f''(x)=0$ 的点以及 $f''(x)$ 不存在的点.

(3) 以上面(2)中求得的这些特殊点为界,将定义域分割成若干个子区间,列表讨论每一子区间内 $f'(x)$,$f''(x)$ 的符号,确定函数在每一子区间内的单调性、凹凸性、极值点和拐点.

(4) 考察 $\lim\limits_{x\to\pm\infty} f(x)$ 是否存在以及是否存在使 $\lim\limits_{x\to x_0^{\pm}} f(x)=\infty$ 的点 x_0,从而确定曲线是否存在水平或铅垂渐近线.按照式(4-11)或式(4-12)或式(4-13)确定 a,b 的极限是否存在,若存在,则曲线在该方向上有斜渐近线.

(5) 根据以上讨论所了解到的函数性态,标明关键点,描点作图画出函数的图形.

4.2.8　相关变化率的计算

▶▶▶基本方法

(1) 根据问题建立变量与变量之间的关系式.通过对关系式求导获得变量导数满足的等式,利用等式关系从一个变量的导数去推算另一变量的导数.

(2) 根据问题,利用微元法直接建立变量导数之间满足的关系式,根据关系式从一个变量的导数去推算另一变量的导数.

▶▶▶典型例题解析

例 4-51 如图 4-7 所示，一梯子长 5 m，上端靠在铅直的墙面上，下端放在水平的地面上，现梯子下端沿地面滑离墙根，已知当梯脚离墙 3 m 时，梯脚滑离墙根的瞬时速度为 0.5 m/s，求梯子顶端沿墙面的下滑速度.

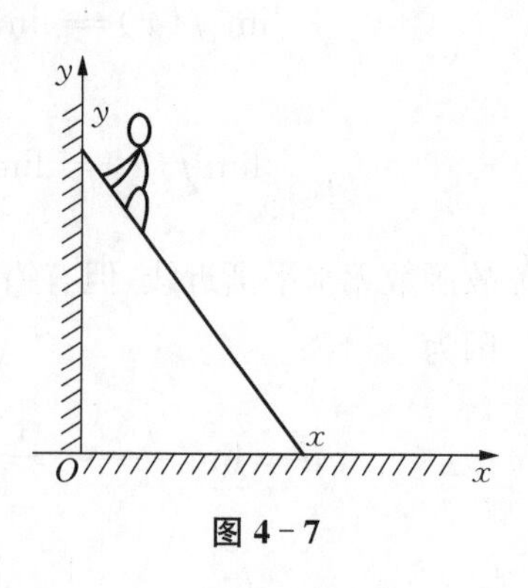

图 4-7

分析： 如图建立时刻 t 时，$x=x(t)$ 与 $y=y(t)$ 之间的关系，从而建立 $x'(t)$ 与 $y'(t)$ 间的关系，从已知 $x=3$，$\left.\dfrac{\mathrm{d}x}{\mathrm{d}t}\right|_{x=3}$ 的值去推算 $\left.\dfrac{\mathrm{d}y}{\mathrm{d}t}\right|_{x=3}$ 的值.

解： 设时刻 t 时，梯脚离墙根 O 点的距离为 $x=x(t)$，梯顶离 O 点的距离为与 $y=y(t)$，则由条件知，$x=x(t)$ 与 $y=y(t)$ 满足方程

$$x^2(t)+y^2(t)=5^2$$

将方程两边对 t 求导，有

$$2x(t)\cdot x'(t)+2y(t)\cdot y'(t)=0.$$

设 $t=t_0$ 时，$x(t_0)=3$，则由条件知 $y(t_0)=4$，$x'(t_0)=0.5$，在上式中令 $t=t_0$，所求梯子顶端沿墙面的下滑速度 $y'(t_0)$ 满足

$$3\times 0.5+4y'(t_0)=0$$

解得 $y'(t_0)=-\dfrac{3}{8}(\mathrm{m/s})$，即当 $x=3$ 时，梯子顶端沿墙面的下滑速度为 $\dfrac{3}{8}(\mathrm{m/s})$.

例 4-52 底部位于同一水平面上的两个连通容器，左边一个是底半径为 9 cm 的圆柱形，右边一个是半顶角为 $\dfrac{\pi}{6}$ 的正圆锥形(图 4-8).现以 30 cm^3/min 的均匀速率向圆锥形容器内注入盐水，假定两容器的液面始终保持同一水平，求当液面高 $h=3$ cm 时，液面高度 h 的上升速率.

分析： 若设时刻 t 时，液面的高度为 $h=h(t)$，则在任一时刻成立以下平衡关系式：

圆柱形容器内的液量+圆锥形容器内的液量=注入液量.

于是可以从上式建立 h 与时间 t 的关系式.

解一： 如图 4-8 所示，在时刻 t，圆柱形容器内的液量 $V_1=81\pi h$，圆锥形容器内的液量 $V_2=\dfrac{\pi}{9}h^3$，注入的液量 $V_3=30t$. 于是有

$$81\pi h+\frac{\pi}{9}h^3=30t$$

将方程两边对 t 求导，有

$$81\pi h'(t)+\frac{\pi}{3}h^2h'(t)=30.$$

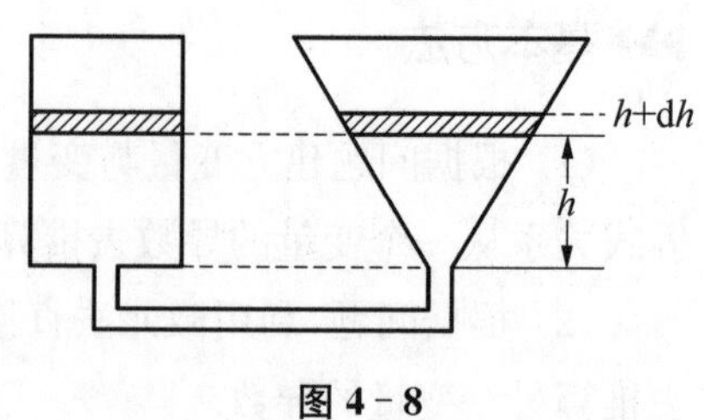

图 4-8

若设 $t=t_0$ 时，$h(t_0)=3$，则在上式中令 $t=t_0$，有

$$81\pi h'(t_0)+3\pi h'(t_0)=30$$

解得 $h'(t_0)=\frac{30}{84\pi}=\frac{5}{14\pi}$，即当 $h=3$ 时，液面高度的上升速率为 $\frac{5}{14\pi}$(cm/min).

解二： 利用微元法建立 h 关于 t 的导数的关系式.

设时间段 $[t, t+\mathrm{d}t]$ 内，液面高度从 h 变化到 $h+\mathrm{d}h$（图 4-8）. 由于在此时间段内，容器内液量的改变量等于此时注入的液量，于是有

$$\pi\cdot 9^2\cdot \mathrm{d}h+\pi\cdot\left(\frac{h}{\sqrt{3}}\right)^2\cdot \mathrm{d}h=30\mathrm{d}t,\quad 即\quad 81\pi\frac{\mathrm{d}h}{\mathrm{d}t}+\frac{\pi}{3}h^2\frac{\mathrm{d}h}{\mathrm{d}t}=30,$$

解得

$$\frac{\mathrm{d}h}{\mathrm{d}t}=\frac{30}{81\pi+\frac{\pi}{3}h^2}$$

令 $h=3$，所求液面高度 h 的上升速率 $\left.\frac{\mathrm{d}h}{\mathrm{d}t}\right|_{h=3}=\frac{15}{14\pi}$ (cm/min).

例 4-53　一艘游轮破裂后渗漏出的油在海面上扩散，形成厚度均匀的圆形油层.假定扩散过程中油的体积 $V(\mathrm{m}^3)$ 始终不变，根据实验结果知道当黏滞力和浮力占优势时，油层扩散过程中其厚度 h(cm) 的减少率为 kh^3(cm/s)，其中 k 为正的常数，证明圆形油层半径 r 的增长率与 r^3 成反比.

分析： 根据题意首先应建立油层厚度 $h=h(t)$ 与油层半径 r 之间的关系式，从 $\frac{\mathrm{d}h}{\mathrm{d}t}$ 的值去推算 $\frac{\mathrm{d}r}{\mathrm{d}t}$ 的值.

解： 设时刻 t 时油层的半径为 $r=r(t)$，厚度为 $h=h(t)$，则根据题意，有

$$\pi r^2h=V$$

将方程两边对 t 求导，有

$$\pi\left(2rh\frac{\mathrm{d}r}{\mathrm{d}t}+r^2\frac{\mathrm{d}h}{\mathrm{d}t}\right)=0,\ 即\ \frac{\mathrm{d}r}{\mathrm{d}t}=-\frac{r}{2h}\frac{\mathrm{d}h}{\mathrm{d}t}.$$

又 $h=\frac{V}{\pi r^2}$，$\frac{\mathrm{d}h}{\mathrm{d}t}=-kh^3$，代入上式得

$$\frac{\mathrm{d}r}{\mathrm{d}t}=\frac{kr}{2}h^2=\frac{kr}{2}\cdot\frac{V^2}{\pi^2r^4}=\frac{kV^2}{2\pi^2r^3},$$

即油层半径的增长率与 r^3 成反比.

▶▶▶方法小结

相关变化率问题是要从一个给定变量的变化率去计算另一变量的变化率，所以问题的关键是要

建立两变量间导数的关系式,方法如下:

(1) 先建立两变量间的关系式,通过对变量求导获得两变量导数间的关系式;

(2) 运用微元法直接建立两变量导数之间的关系式(例 4-52).

4.3 习 题 四

4-1 确定下列函数的单调区间:

(1) $f(x)=x^{100}e^{-4x}$; (2) $f(x)=(x-2)^2(2x+1)^4$;

(3) $f(x)=2x^2-\ln x$; (4) $f(x)=x+|\sin 2x|$.

4-2 求下列函数的极值:

(1) $f(x)=x^{\frac{5}{3}}+5x^{\frac{2}{3}}$; (2) $f(x)=x\sqrt{1-x^2}$;

(3) $f(x)=\sqrt{3}\arctan x-2\arctan\dfrac{x}{\sqrt{3}}$; (4) $f(x)=\left(1+x+\dfrac{x^2}{2!}+\cdots+\dfrac{x^n}{n!}\right)e^{-x}$;

(5) $f(x)=\max\{x^2,1-x^2\}$; (6) $f(x)=|x|e^{-|x-1|}$.

4-3 求常数 a,b,c 和 d 使函数 $f(x)=ax^3+bx^2+cx+d$ 有极大值 $f(1)=1$,极小值 $f(2)=0$.

4-4 设函数 $f(x)=x+a\cos x\ (a>1)$ 在区间 $(0,2\pi)$ 内取得极小值 0,求 $f(x)$ 在该区间内的极大值.

4-5 求函数 $f(x)=|2x^3-3x^2+5|$ 的单调区间和极值.

4-6 设 $y=y(x)$ 是由 $2y^3-2y^2+2xy-x^2=1$ 所确定的函数,求 $y=y(x)$ 的驻点,并判别它是否为极值点,若是求出极值.

4-7 设函数 $f(x)$ 在 x_0 处连续,且 $f(x_0)>0$. 证明:

(1) 当 n 为奇数时,x_0 不是函数 $F(x)=(x-x_0)^n f(x)$ 的极值点;

(2) 当 n 为偶数时,x_0 是函数 $F(x)=(x-x_0)^n f(x)$ 的极小值点.

4-8 已知 $f(x)$ 在 $x=0$ 的某邻域内连续,且 $f(0)=0$,$\lim\limits_{x\to 0}\dfrac{f(x)}{1-\cos x}=2$,试证:$f(x)$ 在 $x=0$ 处取得极小值.

4-9 设 $f(x)$ 有二阶连续导数,且 $f'(0)=0$,$\lim\limits_{x\to 0}\dfrac{f''(x)}{|x|}=1$,试证:$f(0)$ 是 $f(x)$ 的极小值.

4-10 请判断下列命题是否正确?为什么?

(1) 单调可微函数 $f(x)$ 的导数 $f'(x)$ 必仍是单调函数;

(2) 若 $f(x)$ 在点 x_0 的某邻域内可微,且 $f'(x_0)>0$,则必存在点 x_0 的一个 δ 邻域 $N(x_0,\delta)$,使函数 $f(x)$ 在 $N(x_0,\delta)$ 内单调增加.

4-11 设 $f(x)$ 在 $[a,b]$ 上可微,若存在 $x_0\in(a,b)$ 使 $f(x_0)>0$,$(x-x_0)f'(x)\geqslant 0$,证明在 $[a,b]$ 上恒有 $f(x)>0$.

4-12 求下列函数在给定区间上的最大值和最小值:

(1) $f(x)=\arctan\dfrac{1-x}{1+x}$, $[0, 1]$;　　(2) $f(x)=x^2-\dfrac{54}{x}$, $[-4, -2]$;

(3) $f(x)=\dfrac{1-x+x^2}{1+x-x^2}$, $[0, 1]$.

4-13　正数 α, β 之和为 $\dfrac{\pi}{2}$，求 $\sin^3\alpha\sin\beta$ 之最大值.

4-14　求函数 $f(x)=|x^2-3x+2|$ 在区间 $[-10, 10]$ 之间的最大值和最小值.

4-15　证明下列不等式：

(1) $0<x-\arctan x<\dfrac{1}{3}x^3$, $x>0$;　　(2) $\dfrac{x}{1+x}<\ln(1+x)<x$, $-1<x<0$;

(3) $e^x\leqslant\dfrac{1}{1-x}$, $x\in(-\infty, 1)$;　　(4) $\ln(1+x)>\dfrac{\arctan x}{1+x}$, $x>0$.

4-16　证明当 $x>0$ 时，成立如下不等式：

(1) $1-x+\dfrac{1}{2!}x^2-\dfrac{1}{3!}x^3+\cdots-\dfrac{1}{(2n+1)!}x^{2n+1}<e^{-x}<1-x+\dfrac{1}{2!}x^2-\dfrac{1}{3!}x^3+\cdots+\dfrac{1}{(2n)!}x^{2n}$;

(2) $x-\dfrac{1}{2}x^2+\dfrac{1}{3}x^3-\dfrac{1}{4}x^4+\cdots-\dfrac{1}{2n}x^{2n}<\ln(1+x)<x-\dfrac{1}{2}x^2+\dfrac{1}{3}x^3-\dfrac{1}{4}x^4+\cdots+\dfrac{1}{2n+1}x^{2n+1}$.

4-17　以半圆直径为底在半圆形纸片上剪出一个面积最大的梯形，求上底及两腰与半径 R 之比.

4-18　$\triangle ABC$ 中 $AB=AC$，$\angle BAC<\dfrac{2}{3}\pi$，$D$ 为 BC 的中点，P 为 AD 上一点，证明：当 $PA+PB+PC$ 之值最小时，必有 $\angle APB=\angle BPC=\angle CPA=\dfrac{2}{3}\pi$.

4-19　在椭圆 $x^2+2y^2=6$ 上求一点，使它到直线 $x+y=11$ 的距离最近.

4-20　在椭圆 $\dfrac{x^2}{a^2}+\dfrac{y^2}{b^2}=1$ 的第一象限部分上求一点 P，使过点 P 的切线与两坐标轴及椭圆围成的图形面积最小.

4-21　长度为 $2l$ 的直杆，其两端 P，Q 分别在半直线 $y=x\tan\alpha$ 和 $y=-x\tan\beta$ 上滑动 $\left(\alpha>0, \beta<\dfrac{\pi}{2}, y>0\right.$，题4-21图$\left.\right)$，当 PQ 的倾角 $\theta(-\beta\leqslant\theta\leqslant\alpha)$ 为多大时，杆之中点 C 的纵坐标最小？

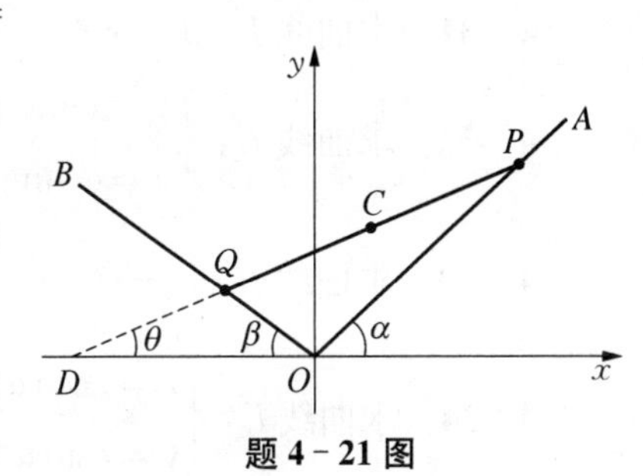

题4-21图

4-22　设汽车在只能通过一辆车的单行道上行驶，按规定前后两辆汽车之间的距离 L(m)与汽车行驶的平均速度 v(m/s) 有

如下关系

$$L = 18 + v + \frac{1}{32}v^2,$$

在汽车以匀速 v 行驶时，试问为使车流量最大，v 应取多大？又问此时每小时的车流量为多大？（说明：这里车距 L 是指相邻两车车头至车头之间的距离，已含车身长度在内）.

4-23 确定下列函数的凹凸性：

(1) $f(x) = x\arccos x$； (2) $f(x) = x\arctan x$；

(3) $f(x) = e^{-x^2}$； (4) $f(x) = 3 + (x+2)^{5/3}$.

4-24 求下列曲线的拐点：

(1) $f(x) = e^{-x}\cos\sqrt{3}x$； (2) $f(x) = xe^{-x}$；

(3) $f(x) = (x-1)^{8/3} + 4(x-1)^{5/3}$.

4-25 求常数 k，使曲线 $y = k(x^2-3)^2$ 在拐点处的法线通过坐标原点.

4-26 证明：曲线 $y = \dfrac{x-1}{x^2+1}$ 上有位于同一条直线上的三个不同的拐点.

4-27 试求一个六次多项式 $f(x) = a_0x^6 + a_1x^5 + a_2x^4 + a_3x^3 + a_4x^2 + a_5x + a_6$，使曲线 $y = f(x)$ 与 x 轴切于坐标原点，且在拐点 $(-1, 1)$，$(1, 1)$ 处有水平切线，并求该曲线的另两个拐点的坐标.

4-28 (1) 若 a，b 为正数，在区间 $[0, a+b]$ 上有 $f''(x) > 0$，利用凸函数（向上凹的）性质证明：

$$f(0) + f(a+b) > f(a) + f(b);$$

(2) 若 a，b 为任意实数，证明不等式

$$\frac{|a+b|}{\pi + |a+b|} \leqslant \frac{|a|}{\pi + |a|} + \frac{|b|}{\pi + |b|}.$$

4-29 设 $0 \leqslant x_1 < x_2 < \cdots < x_n \leqslant \pi$，证明：

$$n^2 \sin\left\{\frac{1}{n^2}[x_1 + 3x_2 + 5x_3 + \cdots + (2n-1)x_n]\right\}$$
$$\geqslant \sin x_1 + 3\sin x_2 + 5\sin x_3 + \cdots + (2n-1)\sin x_n.$$

4-30 求曲线 $y = \left(x - \dfrac{\pi}{2}\right)\cos x$ 在点 $P\left(\dfrac{\pi}{2}, 0\right)$ 处的曲率.

4-31 求曲线 L：$x = e^{xy} + y$ 在点 P 处的曲率，其中 P 是曲线 L 与 y 轴的交点.

4-32 求曲线 L：$\begin{cases} x = e^t\cos t \\ y = e^t\sin t \end{cases}$ 在参数 $t = \dfrac{\pi}{2}$ 所对应的点 P 处的曲率.

4-33 求曲线 L：$\rho = a(1+\cos\theta)$ $(a > 0)$ 在对应于参数 $\theta = \dfrac{\pi}{2}$ 的点 $P(x, y)$ 处的曲率半径.

4-34 求曲线 L：$\begin{cases} x = t\cos\alpha - f(t)\sin\alpha \\ y = t\sin\alpha + f(t)\cos\alpha \end{cases}$ 在对应于参数 t 的点 $P(x, y)$ 处的曲率，其中 α 为常

量，$f(t)$ 有二阶导数，并解释其结论的几何意义.

4-35　设函数 $f(x)$ 在 $[a, b]$ 上二阶可导，s 是曲线 $y=f(x)$ 上自点 $A(a, f(a))$ 到点 $P(x, y)$ 之间一段弧的长度，k 为曲线在点 P 处的曲率，证明：

(1) $k\left|\dfrac{\mathrm{d}x}{\mathrm{d}s}\right|=\left|\dfrac{\mathrm{d}^2y}{\mathrm{d}s^2}\right|$；　　(2) $k\left|\dfrac{\mathrm{d}y}{\mathrm{d}s}\right|=\left|\dfrac{\mathrm{d}^2x}{\mathrm{d}s^2}\right|$

4-36　求曲线 $y=\ln x$ 上曲率的最大值.

4-37　研究方程 $x^4-H=4\ln x$ 实根的个数，并指出实根所在的区间.

4-38　就实数 c 的取值范围讨论方程 $x^3+3x^2=c$ 实根的个数，并指出实根所在的区间.

4-39　求下列曲线的渐近线方程：

(1) $y=\sqrt[3]{x^3-6x^2+1}$；　　(2) $y=\dfrac{\sqrt{x^6+1}}{x^2-3x+2}$.

4-40　求曲线 $x=t+\dfrac{1}{t}+\dfrac{1}{t+1}$，$y=t+\dfrac{2}{t}+\dfrac{3}{t+1}+4$ 的斜渐近线.

4-41　求曲线 $3x^2+8x=y^2-2xy$ 的斜渐近线方程.

4-42　一火箭以 $v_0=3.3$ km/s 的速度按垂直地面方向升空，在数秒之内其速度可以认为是常量，现有一高速跟踪摄像机在距发射架 1 000 m 远处跟踪拍摄升空运行情况，求火箭在高度达 3 000 m时，摄像机仰角的增加率为每秒几弧度？

4-43　旋臂起重机的吊臂长 $OA=10$ m，臂端(A)的钢丝绳穿过高为 12 m 的立柱 OB 顶端的滑轮(B)(题 4-43 图)，若钢丝绳以 0.6 m/s 的速率吊起重物，问当吊臂与立柱的夹角 $\theta=\dfrac{\pi}{15}$ 时，夹角 θ 的变化速率多大？在此时刻重物 P 上升的速率又是多少(注意本题中 AP 的长度保持不变).

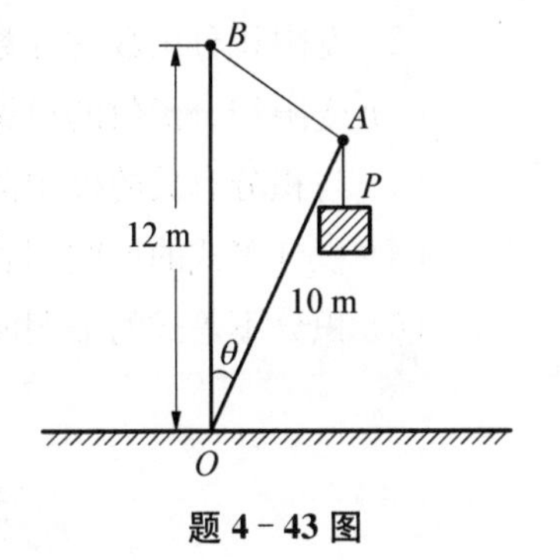

题 4-43 图

4-44　画出函数 $y=\dfrac{x^3}{1+x^2}$ 的图形.

4-45　画出函数 $y=x\arctan x$ 的图形.

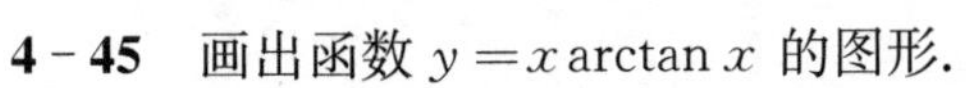

第5章 积　分

前面几章主要讨论了一元函数微积分的一个分支——一元函数微分学.可以看到,微分学主要研究了函数的“变化率”及其自变量增量与因变量改变量之间的关系问题.在这一章,讨论一元函数微积分的另一重要分支——一元函数积分学.与微分学不同的是,积分学研究变量的“累积”问题,而这一类问题在工程与生活实践中有着极其广泛的应用.

5.1　本章解决的主要问题

(1) 运用定积分性质、牛顿-莱布尼茨公式计算定积分;

(2) 变限积分函数的导数计算;

(3) 变限积分函数的单调性、极值、最值、凹凸性问题;

(4) 与积分有关的极限问题;

(5) 积分等式的证明问题(一)——运用积分性质和微分学的方法;

(6) 积分不等式的证明问题(一)——运用积分性质和微分学的方法.

5.2　典型问题解题方法与分析

5.2.1　运用定积分性质、牛顿-莱布尼茨公式计算定积分

1) 定积分的线性运算性质

设 $f(x)$, $g(x)$ 在 $[a, b]$ 上可积, k, l 为任意常数,则有

$$\int_a^b [kf(x)+\lg(x)]\mathrm{d}x = k\int_a^b f(x)\mathrm{d}x + l\int_a^b g(x)\mathrm{d}x \tag{5-1}$$

2) 定积分的分域性质

若 $f(x)$ 在某区间上可积,则 $f(x)$ 在其任一子区间上也可积,且对该区间中的任意三个常数 a, b, c 有

$$\int_a^b f(x)\mathrm{d}x = \int_a^c f(x)\mathrm{d}x + \int_c^b f(x)\mathrm{d}x \tag{5-2}$$

3) 牛顿-莱布尼茨公式

设 $f(x)$ 在区间 $[a, b]$ 上连续，$F(x)$ 是 $f(x)$ 在 $[a, b]$ 上的任意一个原函数，则

$$\int_a^b f(x)\mathrm{d}x = F(x)\Big|_a^b = F(b) - F(a) \tag{5-3}$$

方法运用注意点

牛顿-莱布尼茨公式(5-3)把定积分的计算归结为对被积函数 $f(x)$ 在 $[a, b]$ 上的一个原函数 $F(x)$ 的计算，而原函数 $F(x)$ 的计算可通过对不定积分 $\int f(x)\mathrm{d}x$ 的计算来完成.因此，熟练掌握基本不定积分公式表中的积分公式是非常重要的.

典型例题解析

例 5-1 计算 $\int_{-1}^0 \frac{3x^4+3x^2+1}{x^2+1}\mathrm{d}x$.

分析: $f(x)=\frac{3x^4+3x^2+1}{x^2+1}=3x^2+\frac{1}{x^2+1}$，运用式(5-1)及式(5-3)计算.

解: 原式 $=\int_{-1}^0\left(3x^2+\frac{1}{x^2+1}\right)\mathrm{d}x=3\int_{-1}^0 x^2\mathrm{d}x+\int_{-1}^0\frac{1}{x^2+1}\mathrm{d}x=x^3\Big|_{-1}^0+\arctan x\Big|_{-1}^0=1+\frac{\pi}{4}$.

例 5-2 计算 $\int_{\frac{\pi}{6}}^{\frac{\pi}{3}} \sec x(\sec x+\tan x)\mathrm{d}x$.

分析: $f(x)=\sec^2 x+\sec x\tan x$，运用式(5-1)及式(5-3)计算.

解: 原式 $=\int_{\frac{\pi}{6}}^{\frac{\pi}{3}}\sec^2 x\mathrm{d}x+\int_{\frac{\pi}{6}}^{\frac{\pi}{3}}\sec x\tan x\mathrm{d}x=\tan x\Big|_{\frac{\pi}{6}}^{\frac{\pi}{3}}+\sec x\Big|_{\frac{\pi}{6}}^{\frac{\pi}{3}}=\sqrt{3}-\frac{1}{\sqrt{3}}+2-\frac{2}{\sqrt{3}}=2$.

例 5-3 设 $f(x)=\begin{cases}x^4, & 0\leqslant x\leqslant 1\\ x^5, & 1\leqslant x\leqslant 2\end{cases}$，计算 $\int_0^2 f(x)\mathrm{d}x$.

分析: 分段函数积分，运用分域性质式(5-2)计算.

解: 原式 $=\int_0^1 f(x)\mathrm{d}x+\int_1^2 f(x)\mathrm{d}x=\int_0^1 x^4\mathrm{d}x+\int_1^2 x^5\mathrm{d}x=\frac{1}{5}x^5\Big|_0^1+\frac{1}{6}x^6\Big|_1^2=\frac{107}{10}$.

例 5-4 计算 $\int_0^{2\pi}|\sin x|\mathrm{d}x$.

分析: 被积函数带有绝对值，运用分域性质先去绝对值后计算.

解: 原式 $=\int_0^{\pi}|\sin x|\mathrm{d}x+\int_{\pi}^{2\pi}|\sin x|\mathrm{d}x=\int_0^{\pi}\sin x\mathrm{d}x-\int_{\pi}^{2\pi}\sin x\mathrm{d}x=(-\cos x)\Big|_0^{\pi}+\cos x\Big|_{\pi}^{2\pi}=4$.

例 5-5 设 $f(x)=\begin{cases}\sin x, & |x|<\frac{\pi}{2}\\ 0, & |x|\geqslant\frac{\pi}{2}\end{cases}$，求 $I(x)=\int_0^x f(t)\mathrm{d}t$.

分析：$f(x)$ 为分段函数，根据 x 的取值利用分域性质式(5-2)计算.

解：当 $x<-\frac{\pi}{2}$ 时，$I(x)=\int_0^x f(t)\mathrm{d}t=\int_0^{-\frac{\pi}{2}}\sin t\mathrm{d}t+\int_{-\frac{\pi}{2}}^x 0\mathrm{d}t=-\cos t\Big|_0^{-\frac{\pi}{2}}=1$；

当 $-\frac{\pi}{2}\leqslant x\leqslant\frac{\pi}{2}$ 时，$I(x)=\int_0^x f(t)\mathrm{d}t=\int_0^x\sin t\mathrm{d}t=-\cos t\Big|_0^x=1-\cos x$；

当 $x>\frac{\pi}{2}$ 时，$I(x)=\int_0^x f(t)\mathrm{d}t=\int_0^{\frac{\pi}{2}}\sin t\mathrm{d}t+\int_{\frac{\pi}{2}}^x 0\mathrm{d}t=-\cos t\Big|_0^{-\frac{\pi}{2}}=1$.

所以
$$I(x)=\begin{cases}1-\cos x, & |x|\leqslant\frac{\pi}{2}\\ 1, & |x|>\frac{\pi}{2}\end{cases}.$$

例 5-6 已知 $f'(x)\int_0^2 f(t)\mathrm{d}t=50$，$f(0)=0$，求 $\int_0^2 f(x)\mathrm{d}x$ 和 $f(x)$.

分析：本题需注意定积分 $\int_0^2 f(x)\mathrm{d}x$ 是一常数，若记 $a=\int_0^2 f(x)\mathrm{d}x$，则 $f'(x)=\frac{50}{a}$.

解：记 $a=\int_0^2 f(x)\mathrm{d}x$，则 $f'(x)=\frac{50}{a}$. 两边从 0 到 x 积分得

$$f(x)-f(0)=\int_0^x\frac{50}{a}\mathrm{d}t=\frac{50}{a}x\text{，即 }f(x)=\frac{50}{a}x.$$

将 $f(x)$ 的表达式代入 $a=\int_0^2 f(x)\mathrm{d}x$ 得

$$a=\int_0^2\frac{50}{a}\mathrm{d}x=\frac{50}{a}\cdot\frac{1}{2}x^2\Big|_0^2=\frac{100}{a}\text{，解得 }a=\pm 10.$$

所以
$$\int_0^2 f(x)\mathrm{d}x=\pm 10,\ f(x)=\pm 5x.$$

▶▶▶方法小结

运用定积分性质、牛顿-莱布尼茨公式计算定积分是定积分计算中的最基本的方法，其基本思想是通过恒等变形及定积分性质将所求积分分解为能用基本不定积分公式计算其原函数的定积分问题.

5.2.2 变限积分函数的导数计算

变限积分函数的求导公式 设 $f(x)$ 为连续函数，$\alpha(x)$，$\beta(x)$ 为可导函数，则有

$$\left(\int_{\alpha(x)}^{\beta(x)} f(x)\mathrm{d}x\right)'=f(\beta(x))\beta'(x)-f(\alpha(x))\alpha'(x). \tag{5-4}$$

▶▶▶典型例题解析

例 5－7　设 $f(x)=\int_{\sin x}^{\cos x}\sin t^2\mathrm{d}t$，求 $f'(x)$.

分析： 运用式(5－4)计算.

解： 运用式(5－4)，对任意的 $x\in(-\infty,+\infty)$，有

$$\begin{aligned}f'(x)&=\sin(\cos x)^2\cdot(\cos x)'-\sin(\sin x)^2\cdot(\sin x)'\\&=-\sin x\,\sin(\cos^2 x)-\cos x\,\sin(\sin^2 x).\end{aligned}$$

例 5－8　设 $f(x)=\frac{1}{2}\int_0^x(x-t)^2g(t)\mathrm{d}t$，其中 $g(t)$ 是连续函数，试求 $f'(x)$，$f''(x)$.

分析： $f(x)$ 的被积函数中含有函数变量 x，故不能直接运用求导公式(5－4).此时应考虑将被积函数中的函数变量 x 移至积分号外面，再运用求导公式计算.

解： 因为

$$f(x)=\frac{1}{2}\int_0^x(x^2-2xt+t^2)g(t)\mathrm{d}t=\frac{1}{2}x^2\int_0^x g(t)\mathrm{d}t-x\int_0^x tg(t)\mathrm{d}t+\frac{1}{2}\int_0^x t^2g(t)\mathrm{d}t,$$

所以

$$\begin{aligned}f'(x)&=x\int_0^x g(t)\mathrm{d}t+\frac{1}{2}x^2g(x)-\int_0^x tg(t)\mathrm{d}t-x^2g(x)+\frac{1}{2}x^2g(x)\\&=x\int_0^x g(t)\mathrm{d}t-\int_0^x tg(t)\mathrm{d}t,\end{aligned}$$

$$f''(x)=\int_0^x g(t)\mathrm{d}t+xg(x)-xg(x)=\int_0^x g(t)\mathrm{d}t.$$

典型错误： $f'(x)=(x-x)^2g(x)=0$，$f''(x)=0$.

例 5－9　如果 $F(x)=\int_1^x f(t)\mathrm{d}t$，$f(t)=\int_1^{t^2}\frac{\sqrt{1+u^4}}{u}\mathrm{d}u$，求 $F''(2)$.

分析： 这里的问题是被积函数 $f(t)$ 为变限积分函数，仍应考虑运用公式(5－4)计算.

解： 运用式(5－4)得，$F'(x)=f(x)=\int_1^{x^2}\frac{\sqrt{1+u^4}}{u}\mathrm{d}u$，再运用式(5－4)，有

$$F''(x)=\frac{\sqrt{1+(x^2)^4}}{x^2}\cdot 2x=\frac{2}{x}\sqrt{1+x^8}\text{，所以 }F''(2)=\sqrt{257}.$$

例 5－10　设函数由参数方程 $x=\int_0^t\cos u^2\mathrm{d}u$，$y=\int_0^t \mathrm{e}^{1-u^2}\mathrm{d}u$ 给出，试求 $\left.\frac{\mathrm{d}y}{\mathrm{d}x}\right|_{t=0}$.

分析： 尽管 x，y 与 t 的函数关系由变限积分函数形式给出，但它依然是由参数方程给出的函数，其求导仍需用参数方程求导法.

解：因为 $\dfrac{dy}{dx}=\dfrac{y'(t)}{x'(t)}=\dfrac{e^{1-t^2}}{\cos t^2}$，所以 $\left.\dfrac{dy}{dx}\right|_{t=0}=\left.\dfrac{e^{1-t^2}}{\cos t^2}\right|_{t=0}=e$.

例 5－11 设 $\begin{cases}x=\int_0^t f(u^2)du\\ y=(f(t^2))^2\end{cases}$，其中 $f(u)\neq 0$ 且 $f(u)$ 二阶可导，求 $\dfrac{d^2y}{dx^2}$.

分析：这是参数方程求二阶导数问题，采用参数方程求导法，只是在求 $x'(t)$ 时需运用求导公式(5－4).

解：运用参数方程求导法得 $\quad\dfrac{dy}{dx}=\dfrac{y'(t)}{x'(t)}=\dfrac{2f(t^2)\cdot f'(t^2)\cdot 2t}{f(t^2)}=4tf'(t^2)$，

$$\frac{d^2y}{dx^2}=\frac{(4tf'(t^2))'}{x'(t)}=4\cdot\frac{f'(t^2)+tf''(t^2)\cdot 2t}{f(t^2)}=\frac{4[f'(t^2)+2t^2f''(t^2)]}{f(t^2)}.$$

例 5－12 设函数 $y=y(x)$ 由方程 $\int_1^y e^{t^2}dt+\int_0^x\cos t^2dt=x^2$ 确定，试求 $y'(x)$.

分析：函数由隐函数形式给出，运用隐函数求导法及式(5－4)计算.

解：将方程两边对 x 求导，得 $\qquad e^{y^2}y'+\cos x^2=2x$，

解得
$$y'=(2x-\cos x^2)e^{-y^2}.$$

例 5－13 设函数 $y=y(x)$ 由方程 $\int_x^y e^{\frac{1}{2}t^2}dt=1$ 确定，试求 $y'(x)$ 和 $y''(x)$.

分析：运用隐函数求导法及式(5－4)计算.

解：将方程两边对 x 求导，得 $e^{\frac{1}{2}y^2}y'(x)-e^{\frac{1}{2}x^2}=0$，解得

$$y'(x)=e^{\frac{1}{2}(x^2-y^2)}.$$

将上式再对 x 求导

$$y''(x)=e^{\frac{1}{2}(x^2-y^2)}\cdot\frac{1}{2}(2x-2yy')=e^{\frac{1}{2}(x^2-y^2)}(x-ye^{\frac{1}{2}(x^2-y^2)})=xe^{\frac{1}{2}(x^2-y^2)}-ye^{x^2-y^2}.$$

例 5－14 设函数 $f(x)$ 有二阶连续导数，$f(0)=0$，$f'(0)=a$，$f''(0)=b$，试求 A 使函数

$$\varphi(x)=\begin{cases}\dfrac{1}{x^3}\int_0^x tf(t)dt, & x\neq 0\\ A, & x=0\end{cases}$$

在 $x=0$ 处连续，并证此时 $\varphi(x)$ 在 $x=0$ 处可导.又问 $\varphi'(x)$ 在 $x=0$ 处是否连续?

分析：本例为分段函数在分段点处的连续性、可导性问题，根据第 2 章的讨论需运用连续、可导的定义计算.

解：为使 $\varphi(x)$ 在 $x=0$ 处连续，则 A 应满足

$$A=\varphi(0)=\lim_{x\to0}\frac{\int_0^x tf(t)\mathrm{d}t}{x^3}\xlongequal{\text{洛必达法则}}\lim_{x\to0}\frac{xf(x)}{3x^2}=\frac{1}{3}\lim_{x\to0}\frac{f(x)}{x}$$
$$=\frac{1}{3}\lim_{x\to0}\frac{f(x)-f(0)}{x}=\frac{1}{3}f'(0)=\frac{a}{3}.$$

即当 $A=\frac{a}{3}$ 时，$\varphi(x)$ 在 $x=0$ 处连续，此时

$$\varphi(x)=\begin{cases}\frac{1}{x^3}\int_0^x tf(t)\mathrm{d}t, & x\neq0\\ \frac{a}{3}, & x=0\end{cases}.$$

又 $$\varphi'(0)=\lim_{x\to0}\frac{\varphi(x)-\varphi(0)}{x}=\lim_{x\to0}\frac{\frac{1}{x^3}\int_0^x tf(t)\mathrm{d}t-\frac{1}{3}f'(0)}{x}=\frac{1}{3}\lim_{x\to0}\frac{3\int_0^x tf(t)\mathrm{d}t-f'(0)x^3}{x^4}$$
$$\xlongequal{\text{洛必达法则}}\frac{1}{3}\lim_{x\to0}\frac{3xf(x)-3f'(0)x^2}{4x^3}=\frac{1}{4}\lim_{x\to0}\frac{f(x)-f'(0)x}{x^2}$$
$$\xlongequal{\text{洛必达法则}}\frac{1}{4}\lim_{x\to0}\frac{f'(x)-f'(0)}{2x}=\frac{1}{8}f''(0),$$

所以 $\varphi(x)$ 在 $x=0$ 处可导，且 $\varphi'(0)=\frac{b}{8}$. 又当 $x\neq0$ 时，

$$\varphi'(x)=\left(\frac{\int_0^x tf(t)\mathrm{d}t}{x^3}\right)'=\frac{x^3\cdot xf(x)-3x^2\int_0^x tf(t)\mathrm{d}t}{x^6}=\frac{x^2f(x)-3\int_0^x tf(t)\mathrm{d}t}{x^4},$$

$$\lim_{x\to0}\varphi'(x)=\lim_{x\to0}\frac{x^2f(x)-3\int_0^x tf(t)\mathrm{d}t}{x^4}\xlongequal{\text{洛必达法则}}\lim_{x\to0}\frac{2xf(x)+x^2f'(x)-3xf(x)}{4x^3}$$
$$=\frac{1}{4}\lim_{x\to0}\frac{xf'(x)-f(x)}{x^2}\xlongequal{\text{洛必达法则}}\frac{1}{4}\lim_{x\to0}\frac{f'(x)+xf''(x)-f'(x)}{2x}$$
$$=\frac{1}{8}\lim_{x\to0}f''(x)=\frac{1}{8}f''(0)=\varphi'(0),$$

所以 $\varphi'(x)$ 在 $x=0$ 处连续.

▶▶▶方法小结

变限积分函数 $F(x)=\int_{\alpha(x)}^{\beta(x)}f(t)\mathrm{d}t$ 是用积分形式表示的一种函数，这里需强调它是一种函数，只是对它的求导需要运用专门的求导公式(5-4)计算. 当所给的分段函数、参数方程、隐函数方程中出现变限积分函数时，对它们的求导，其方法仍然是第 2 章中所讨论的分段函数求导法，参数方程求导法和隐函数求导法，只是对变限积分函数求导时需要运用求导公式(5-4)计算.

5.2.3 变限积分函数的单调性、极值、最值、凹凸性问题

既然变限积分函数 $F(x)=\int_{\alpha(x)}^{\beta(x)} f(t)\mathrm{d}t$ 表示一个函数,自然地我们可以进一步对它讨论单调性、极值、最值和凹凸性问题.

▶▶▶典型例题解析

例 5-15 若 $f(x)$ 是 $[a, b]$ 上单调增加的连续函数,试证明

$$F(x)=\frac{1}{x-a}\int_a^x f(t)\mathrm{d}t$$

在 $(a, b]$ 上单调增加.

分析:运用微分学的方法,证明当 $a<x\leqslant b$ 时,$F'(x)>0$.

解一:由题设条件可知,$F(x)$ 在 $(a, b]$ 上可导.对任意的 $x\in(a, b]$,利用公式(5-4)得

$$F'(x)=\frac{f(x)(x-a)-\int_a^x f(t)\mathrm{d}t}{(x-a)^2}.$$

由于 $f(x)$ 在 $[a, b]$ 上连续,利用积分中值定理得,存在 $a<\xi<x$ 使得

$$\int_a^x f(t)\mathrm{d}t=f(\xi)(x-a).$$

从而有

$$F'(x)=\frac{1}{(x-a)^2}[f(x)(x-a)-f(\xi)(x-a)]=\frac{f(x)-f(\xi)}{x-a}.$$

注意到 $f(x)$ 是 $(a, b]$ 上单调增加,$a<\xi<x$,于是有 $f(x)-f(\xi)>0$,所以当 $x\in(a, b]$ 时,

$$F'(x)>0,$$

由此证得 $F(x)$ 在 $(a, b]$ 上单调增加.

解二:对 $x\in(a, b]$,利用公式(5-4)得

$$F'(x)=\frac{f(x)(x-a)-\int_a^x f(t)\mathrm{d}t}{(x-a)^2}=\frac{1}{(x-a)^2}\left(f(x)\int_a^x \mathrm{d}t-\int_a^x f(t)\mathrm{d}t\right)$$

$$=\frac{1}{(x-a)^2}\int_a^x (f(x)-f(t))\mathrm{d}t.$$

由于 $f(x)$ 在 $(a, b]$ 上单调增,从而 $\int_a^x (f(x)-f(t))\mathrm{d}t>0$,所以 $F'(x)>0$,即 $F(x)$ 在 $(a, b]$ 上单调增加.

说明：解法一与解法二的差别在于证明 $F'(x)$ 的分子 $f(x)(x-a)-\int_a^x f(t)\mathrm{d}t>0$ 的方法不同.为了便于比较，解法一将积分 $\int_a^x f(t)\mathrm{d}t$ 通过积分中值定理表达成 $f(\xi)(x-a)$，使之与前一项的形式统一.解法二通过将项 $f(x)(x-a)$ 表达成积分 $\int_a^x f(x)\mathrm{d}t$，使之与后一项的形式统一.这里要注意 x 是函数变量，t 是积分变量，在对 t 积分时，x 为常量，从而有 $f(x)(x-a)=\int_a^x f(x)\mathrm{d}t$ 成立，这种表达方式是常用的.

例 5-16 设 $f(x)$ 是区间 $[a, b]$ 上单调增加的连续函数，$g(x)$ 是正值的连续函数，试证明函数

$$F(x)=\frac{\int_a^x g(t)f(t)\mathrm{d}t}{\int_a^x g(t)\mathrm{d}t}$$

在 $(a, b]$ 上单调增加.

分析：可考虑证明当 $a<x\leqslant b$ 时，$F'(x)>0$.

解：由题设条件可知，$F(x)$ 在 $(a, b]$ 上可导.对任意的 $x\in(a, b]$，利用求导公式(5-4)得

$$\begin{aligned}F'(x)&=\frac{g(x)f(x)\int_a^x g(t)\mathrm{d}t-g(x)\int_a^x g(t)f(t)\mathrm{d}t}{\left(\int_a^x g(t)\mathrm{d}t\right)^2}\\&=\frac{g(x)}{\left(\int_a^x g(t)\mathrm{d}t\right)^2}\left(f(x)\int_a^x g(t)\mathrm{d}t-\int_a^x g(t)f(t)\mathrm{d}t\right)\\&=\frac{g(x)}{\left(\int_a^x g(t)\mathrm{d}t\right)^2}\int_a^x g(t)(f(x)-f(t))\mathrm{d}t.\end{aligned}$$

由于 $g(x)>0$，$f(x)$ 单调增，可知 $g(t)(f(x)-f(t))\geqslant 0$，$t\in(a, x]$，利用定积分的保序性性质得

$$\int_a^x g(t)(f(x)-f(t))\mathrm{d}t>0.$$

所以有 $F'(x)>0$，$x\in(a, b]$，从而证得 $F(x)$ 在 $(a, b]$ 上单调增加.

例 5-17 求函数 $I(x)=2-\int_1^{x^3}(t-1)\mathrm{e}^{-t^4}\mathrm{d}t$ 的极值.

分析：运用微分学中求极值的方法计算，只是注意对 $I(x)$ 求导需利用公式(5-4).

解：$I(x)$ 在定义域 $(-\infty, +\infty)$ 上可导，且

$$I'(x)=-(x^3-1)\mathrm{e}^{-(x^3)^4}\cdot 3x^2=-3x^2(x^3-1)\mathrm{e}^{-x^{12}}.$$

令 $I'(x)=0$ 得驻点 $x=0$，$x=1$. 根据 $I'(x)$ 的表达式，当 $x<0$ 时，$I'(x)>0$；当 $0<x<1$ 时，

$I'(x)>0$；当 $x>1$ 时，$I'(x)<0$，所以驻点 $x=0$ 不是 $I(x)$ 的极值点，而 $x=1$ 是 $I(x)$ 的极大值点，极大值 $I(1)=2$.

例 5－18 证明：函数 $f(x)=\int_0^x (t-t^2)\sin^{2n}t\,dt$ 在区间 $[0,+\infty)$ 上的最大值不超过 $\dfrac{1}{(2n+2)(2n+3)}$，其中 n 为正整数.

分析：本例应先用微分学方法求出 $f(x)$ 在 $[0,+\infty)$ 上的最大值 $M=f(x_0)$，再证明

$$M=f(x_0)=\int_0^{x_0}(t-t^2)\sin^{2n}t\,dt\leqslant\frac{1}{(2n+2)(2n+3)}.$$

这里最大值 $f(x_0)$ 的积分计算是问题的难点，此时可采用估计上界的方法处理.

解：由 $f'(x)=(x-x^2)\sin^{2n}x$ 得，函数 $f(x)$ 在 $x>0$ 上的驻点为 $x=1$，$x=n\pi$，$n=1,2,\cdots$. 由于 $f'(x)$ 在驻点 $x=n\pi$ 的两旁不变号，故只需考虑 $x=1$ 是否为最值点.

由于当 $0<x<1$ 时，$f'(x)>0$，$f(x)$ 单调增；当 $x>1$，$x\neq n\pi$ 时，$f'(x)<0$，$f(x)$ 单调减，所以 $x=1$ 是 $f(x)$ 在 $[0,+\infty)$ 上的最大值点，最大值

$$M=f(1)=\int_0^1(t-t^2)\sin^{2n}t\,dt.$$

又因当 $0<t<1$ 时，$t-t^2>0$；当 $0<t<1<\dfrac{\pi}{2}$ 时，$0<\sin t<t$，故有 $\sin^{2n}t<t^{2n}$. 于是

$$M=f(1)<\int_0^1(t-t^2)t^{2n}\,dt=\int_0^1 t^{2n+1}\,dt-\int_0^1 t^{2n+2}\,dt=\frac{1}{2n+2}-\frac{1}{2n+3}=\frac{1}{(2n+2)(2n+3)}.$$

例 5－19 求函数 $y=1+3x+\int_1^x e^{(t-1)^2}\,dt$ 在拐点处的切线方程.

分析：应先计算曲线的拐点坐标，再写切线方程.

解：因为 $f'(x)=3+e^{(x-1)^2}$，$f''(x)=2(x-1)e^{(x-1)^2}$，所以使 $f''(x)=0$ 的点为 $x=1$. 又当 $x<1$ 时，$f''(x)<0$；当 $x>1$ 时，$f''(x)>0$，且曲线为连续曲线，所以点 $P(1,4)$ 是曲线的拐点. 此时 $f'(1)=4$，可知曲线在拐点 $P(1,4)$ 处的切线方程为

$$y-4=4(x-1)，即\ y=4x.$$

例 5－20 若 $f(x)$ 是区间 $[a,b]$ 上取正值的连续函数，试证明

$$y=\int_a^b |x-t|f(t)\,dt$$

是区间 $[a,b]$ 上的凸函数.

分析：本例应考虑应用微分学方法证明在 $[a,b]$ 上 $y''(x)>0$ 成立. 所面临的问题是函数 y 不是变限积分函数，于是应先考虑如何将 $y=\int_a^b |x-t|f(t)\,dt$ 化为变限积分函数.

解：先去掉被积函数中的绝对值. 对任意的 $x\in[a,b]$，有

$$y=\int_a^x (x-t)f(t)\mathrm{d}t+\int_x^b (t-x)f(t)\mathrm{d}t=x\int_a^x f(t)\mathrm{d}t$$
$$-\int_a^x tf(t)\mathrm{d}t+\int_x^b tf(t)\mathrm{d}t-x\int_x^b f(t)\mathrm{d}t.$$

于是

$$y'(x)=\int_a^x f(t)\mathrm{d}t+xf(x)-xf(x)-xf(x)-\left(\int_x^b f(t)\mathrm{d}t-xf(x)\right)$$
$$=\int_a^x f(t)\mathrm{d}t-\int_x^b f(t)\mathrm{d}t,$$
$$y''(x)=f(x)+f(x)=2f(x).$$

因为在 $[a,b]$ 上 $f(x)>0$，所以 $y''(x)>0$，由此证得函数 y 在 $[a,b]$ 上是凸函数.

例 5-21 求曲线 $1+2y=x+\int_1^{x+y}\sqrt{\cos 2\pi t}\,\mathrm{d}t$ 在点 $P(1,0)$ 处的曲率.

分析: 运用曲率公式计算.为此应先计算 $y'(1)$，$y''(1)$.

解: 将方程 $1+2y=x+\int_1^{x+y}\sqrt{\cos 2\pi t}\,\mathrm{d}t$ 两边对 x 求导,有

$$2y'=1+\sqrt{\cos 2\pi(x+y)}\,(1+y').$$

在上式中令 $x=1$，$y=0$ 得 $y'(1)=2$. 将上式两边再对 x 求导,得

$$2y''=\frac{-\sin 2\pi(x+y)}{2\sqrt{\cos 2\pi(x+y)}}\cdot 2\pi\,(1+y')^2+\sqrt{\cos 2\pi(x+y)}\cdot y''.$$

再令 $x=1$，$y=0$ 得 $y''(1)=0$. 所以曲线在点 $P(1,0)$ 处的曲率

$$K=\left.\frac{|y''|}{[1+(y')^2]^{3/2}}\right|_{x=1}=0.$$

▶▶▶方法小结

讨论变限积分函数 $F(x)=\int_{\alpha(x)}^{\beta(x)}f(t)\mathrm{d}t$ 的单调性、极值、最值、凹凸性以及曲率问题的方法仍然是在第 4 章中介绍的那些微分学的方法.所不同的是,这里所面对的函数是变限积分函数,对它的求导需要运用求导公式(5-4)计算.

5.2.4 与积分有关的极限问题

当求极限的函数(或数列)涉及变限积分函数时,这类问题就是这里所要讨论的“与积分有关的极限问题”.处理这类问题的方法有很多,本节我们仅讨论能够运用定积分性质(例如积分中值定理、保序性等)以及微分学方法(在第 2,3 章中介绍的那些求极限方法)处理的与积分有关的极限问题,而那些涉及积分计算以及其他性质的积分极限问题我们将在第 6 章中讨论.

▶▶▶基本方法

运用洛必达法则、定积分保序性、夹逼准则、定积分中值定理、泰勒公式等方法去除极限式中的积分式.

定积分中值定理 如果 $f(x)$ 在区间 $[a, b]$ 上连续,则存在 $\xi \in (a, b)$,使得

$$\int_a^b f(x)\mathrm{d}x = f(\xi)(b-a). \tag{5-5}$$

▶▶▶方法运用注意点

如何消除极限式中的积分式是计算含有积分式的极限问题所面临的主要问题,常用的去除积分号的方法有:

(1) 计算出积分; (2) 运用洛必达法则求导去积分号;
(3) 对积分式放大或缩小,简化积分式; (4) 利用积分中值定理式(5-5);
(5) 利用泰勒公式表达积分式.

▶▶▶典型例题解析

例 5-22 计算 $\lim\limits_{n\to\infty}\sqrt{n}\int_{\frac{1}{n}}^{\frac{2}{n}}\dfrac{\mathrm{e}^x}{\sqrt{x}}\mathrm{d}x$.

分析: 这是 $0\cdot\infty$ 型,利用洛必达法则去积分号.

解: 为对积分式求导去积分号,把极限式子中的 n 换成 x,考虑计算极限

$$\lim_{x\to+\infty}\sqrt{x}\int_{\frac{1}{x}}^{\frac{2}{x}}\frac{\mathrm{e}^u}{\sqrt{u}}\mathrm{d}u \xlongequal{令 x=\frac{1}{t}} \lim_{t\to0^+}\frac{\int_t^{2t}\frac{\mathrm{e}^u}{\sqrt{u}}\mathrm{d}u}{\sqrt{t}} \xlongequal{洛必达法则} \lim_{t\to0^+}\frac{\frac{\mathrm{e}^{2t}}{\sqrt{2t}}\cdot2-\frac{\mathrm{e}^t}{\sqrt{t}}}{\frac{1}{2\sqrt{t}}}$$

$$=\lim_{t\to0^+}(2\sqrt{2}\,\mathrm{e}^{2t}-2\mathrm{e}^t)=2(\sqrt{2}-1),$$

所以
$$\lim_{n\to\infty}\sqrt{n}\int_{\frac{1}{n}}^{\frac{2}{n}}\frac{\mathrm{e}^x}{\sqrt{x}}\mathrm{d}x=2(\sqrt{2}-1).$$

例 5-23 计算 $\lim\limits_{x\to+\infty}\dfrac{\left(\int_0^x \mathrm{e}^{t^2}\mathrm{d}t\right)^2}{\int_0^x \mathrm{e}^{2t^2}\mathrm{d}t}$.

分析: 这是 $\dfrac{\infty}{\infty}$ 型,利用洛必达法则去积分号.

解: 原式 $\xlongequal{洛必达法则}\lim\limits_{x\to+\infty}\dfrac{2\int_0^x \mathrm{e}^{t^2}\mathrm{d}t\cdot\mathrm{e}^{x^2}}{\mathrm{e}^{2x^2}}=2\lim\limits_{x\to+\infty}\dfrac{\int_0^x \mathrm{e}^{t^2}\mathrm{d}t}{\mathrm{e}^{x^2}}\xlongequal{洛必达法则}2\lim\limits_{x\to+\infty}\dfrac{\mathrm{e}^{x^2}}{2x\mathrm{e}^{x^2}}=\lim\limits_{x\to+\infty}\dfrac{1}{x}=0.$

例 5-24 计算 $\lim\limits_{x\to0}\dfrac{x^2-\int_0^{x^2}\cos t^2\,dt}{x^3\sin^7 x}$.

分析: 这是 $\dfrac{0}{0}$ 型,利用洛必达法则去积分号.

解: 原式 $\xlongequal{\text{等价代换}}\lim\limits_{x\to0}\dfrac{x^2-\int_0^{x^2}\cos t^2\,dt}{x^{10}}\xlongequal{\text{洛必达法则}}\lim\limits_{x\to0}\dfrac{2x-\cos(x^2)^2\cdot 2x}{10x^9}$

$$=\frac{1}{5}\lim_{x\to0}\frac{1-\cos x^4}{x^8}\xlongequal{\text{等价代换}}\frac{1}{5}\lim_{x\to0}\frac{\frac{1}{2}(x^4)^2}{x^8}=\frac{1}{10}.$$

例 5-25 计算 $\lim\limits_{x\to0}\dfrac{\int_0^x\left[te^t\int_{t^2}^0 f(u)\,du\right]dt}{x^4e^x}$,其中 $f(x)$ 是连续函数.

分析: 这是 $\dfrac{0}{0}$ 型,利用洛必达法则去积分号.

解: 原式 $\xlongequal{\text{极限性质}}\lim\limits_{x\to0}\dfrac{\int_0^x\left[te^t\int_{t^2}^0 f(u)\,du\right]dt}{x^4}\xlongequal{\text{洛必达法则}}\lim\limits_{x\to0}\dfrac{xe^x\int_{x^2}^0 f(u)\,du}{4x^3}$

$$=\frac{1}{4}\lim_{x\to0}\frac{\int_{x^2}^0 f(u)\,du}{x^2}\xlongequal{\text{洛必达法则}}\frac{1}{4}\lim_{x\to0}\frac{-f(x^2)\cdot 2x}{2x}=-\frac{1}{4}\lim_{x\to0}f(x^2)=-\frac{f(0)}{4}.$$

例 5-26 求常数 a, b 使得 $\lim\limits_{x\to0}\dfrac{1}{bx-\sin x}\int_0^x\dfrac{t^2}{\sqrt{a+t^2}}dt=1$.

分析: 这是极限中的参数确定问题,且为 $\dfrac{0}{0}$ 型,利用洛必达法则处理.

解: 利用洛必达法则

$$\text{左式}=\lim_{x\to0}\frac{\frac{x^2}{\sqrt{a+x^2}}}{b-\cos x}=\lim_{x\to0}\frac{x^2}{\sqrt{a+x^2}\,(b-\cos x)}=1.$$

由上式分子极限 $\lim\limits_{x\to0}x^2=0$ 及比值等于 1,可知分母极限 $\lim\limits_{x\to0}\sqrt{a+x^2}\,(b-\cos x)=(b-1)\sqrt{a}=0$.
若 $a=0$, $b\neq1$,则

$$\text{左式}=\lim_{x\to0}\frac{x^2}{(b-\cos x)\,|x|}=0,\text{不合题意.}$$

若 $a=0$, $b=1$,则

$$\text{左式}=\lim_{x\to0}\frac{x^2}{(1-\cos x)\,|x|}=\infty,\text{不合题意.}$$

若 $a>0$，则 $b=1$，此时

$$\text{左式}=\frac{1}{\sqrt{a}}\lim_{x\to 0}\frac{x^2}{(1-\cos x)}=\frac{1}{\sqrt{a}}\lim_{x\to 0}\frac{x^2}{\frac{1}{2}x^2}=\frac{2}{\sqrt{a}}=1,$$

解得 $a=4$. 所以当 $a=4$，$b=1$ 时，

$$\lim_{x\to 0}\frac{1}{bx-\sin x}\int_0^x\frac{t^2}{\sqrt{a+t^2}}\mathrm{d}t=1.$$

例 5－27 计算 $\lim\limits_{n\to\infty}\int_0^1\frac{x^n\mathrm{e}^x}{1+\mathrm{e}^x}\mathrm{d}x$.

分析：本例的积分无法计算，也不能使用洛必达法则和积分中值定理，此时可考虑对积分放大或缩小，以简化积分利用夹逼准则计算.

解：因为当计算 $0\leqslant x\leqslant 1$ 时，$0\leqslant\frac{x^n\mathrm{e}^x}{1+\mathrm{e}^x}\leqslant x^n$，利用定积分的保序性，得

$$0\leqslant\int_0^1\frac{x^n\mathrm{e}^x}{1+\mathrm{e}^x}\mathrm{d}x\leqslant\int_0^1 x^n\mathrm{d}x=\frac{1}{n+1}.$$

又由 $\lim\limits_{n\to\infty}\frac{1}{n+1}=0$，根据夹逼准则得

$$\lim_{n\to\infty}\int_0^1\frac{x^n\mathrm{e}^x}{1+\mathrm{e}^x}\mathrm{d}x=0.$$

典型错误：利用积分中值定理式(5－5)，存在 $\xi\in(0,1)$，使得

$$\int_0^1\frac{x^n\mathrm{e}^x}{1+\mathrm{e}^x}\mathrm{d}x=\frac{\xi^n\mathrm{e}^\xi}{1+\mathrm{e}^\xi}. \tag{5-6}$$

因为 $\frac{\mathrm{e}^\xi}{1+\mathrm{e}^\xi}$ 是有界量，$\lim\limits_{n\to\infty}\xi^n=0$，所以有

$$\lim_{n\to\infty}\int_0^1\frac{x^n\mathrm{e}^x}{1+\mathrm{e}^x}\mathrm{d}x=\lim_{n\to\infty}\frac{\xi^n\mathrm{e}^\xi}{1+\mathrm{e}^\xi}=0.$$

错误在于利用积分中值定理时，将式(5－6)中的 $\xi\in(0,1)$ 认为是与 n 无关的量. 由于被积函数 $f(x)=\frac{x^n\mathrm{e}^x}{1+\mathrm{e}^x}$ 与 n 有关，所以式(5－6)中的 ξ 也与 n 有关，所以式(5－6)应为

$$\int_0^1\frac{x^n\mathrm{e}^x}{1+\mathrm{e}^x}\mathrm{d}x=\frac{\xi_n^n\mathrm{e}^{\xi_n}}{1+\mathrm{e}^{\xi_n}},\ \xi_n\in(0,1).$$

例 5－28 设函数 $f(x)$ 在 $[a,b]$ 上可积，试证明：$F(x)=\int_a^x f(t)\mathrm{d}t$ 在 $[a,b]$ 上连续.

分析：问题是要证明，对于任意的 $x_0 \in [a, b]$，$\lim\limits_{x \to x_0} F(x) = F(x_0)$，即 $\lim\limits_{x \to x_0}(F(x) - F(x_0)) = 0$.

由于 $F(x) - F(x_0) = \int_a^x f(t)\mathrm{d}t - \int_a^{x_0} f(t)\mathrm{d}t = \int_{x_0}^x f(t)\mathrm{d}t$，当 $|f(x)| \leqslant M$ 时，则有

$$|F(x) - F(x_0)| = \left|\int_{x_0}^x f(t)\mathrm{d}t\right| \leqslant \left|\int_{x_0}^x |f(t)|\mathrm{d}t\right| \leqslant M|x - x_0|,$$

可考虑用夹逼准则证明.

解：因为 $f(x)$ 在 $[a, b]$ 上可积，根据可积的必要条件，$f(x)$ 在 $[a, b]$ 上有界，即存在 $M > 0$，使当 $x \in [a, b]$ 时，有 $|f(x)| \leqslant M$. 对于任取的 $x_0 \in [a, b]$，当 $x \in [a, b]$ 时，有

$$|F(x) - F(x_0)| = \left|\int_{x_0}^x f(t)\mathrm{d}t\right| \leqslant \left|\int_{x_0}^x |f(t)|\mathrm{d}t\right| \leqslant M|x - x_0|,$$

利用夹逼准则可知 $\lim\limits_{x \to x_0} |F(x) - F(x_0)| = 0$，即 $\lim\limits_{x \to x_0} F(x) = F(x_0)$，所以 $F(x)$ 在 $[a, b]$ 上连续.

例 5-29 计算 $\lim\limits_{n \to \infty} \int_n^{n+1} \dfrac{x^n - 1}{x^n + 1}\mathrm{d}x$.

分析：本例的积分区间为 $[n, n+1]$，若 $n \leqslant x \leqslant n+1$，则当 $n \to \infty$ 时，$x \to +\infty$. 可见若对积分 $\int_n^{n+1} \dfrac{x^n - 1}{x^n + 1}\mathrm{d}x$ 运用积分中值定理，则问题就转化为计算极限 $\lim\limits_{t \to +\infty} \dfrac{t^n - 1}{t^n + 1}$.

解：由 $f(x) = \dfrac{x^n - 1}{x^n + 1}$ 在区间 $[n, n+1]$ 上连续，根据积分中值定理式(5-5)，存在 $\xi_n \in (n, n+1)$，使得

$$\int_n^{n+1} \frac{x^n - 1}{x^n + 1}\mathrm{d}x = \frac{\xi_n^n - 1}{\xi_n^n + 1}.$$

又因 $n < \xi_n < n + 1$，则当 $n \to \infty$ 时，$\xi_n \to +\infty$，于是有

$$\lim_{n \to \infty} \int_n^{n+1} \frac{x^n - 1}{x^n + 1}\mathrm{d}x = \lim_{n \to \infty} \frac{\xi_n^n - 1}{\xi_n^n + 1} = \lim_{\xi_n \to \infty} \frac{\xi_n^n - 1}{\xi_n^n + 1} = \lim_{\xi_n \to \infty} \frac{1 - \dfrac{1}{\xi_n^n}}{1 + \dfrac{1}{\xi_n^n}} = 1.$$

例 5-30 设 $f(x)$ 在 $(-\infty, +\infty)$ 上有连续导数，计算

$$\lim_{a \to 0^+} \frac{1}{4a^2} \int_{-a}^a [f(t + a) - f(t - a)]\mathrm{d}t.$$

分析：由于当 $-a \leqslant x \leqslant a$ 时，若 $a \to 0^+$，则 $x \to 0$，即 x 有明确的趋向.此时若对积分运用积分中值定理去积分号，则有

$$\int_{-a}^a [f(t + a) - f(t - a)]\mathrm{d}t = [f(\xi + a) - f(\xi - a)] \cdot 2a.$$

再对 $f(\xi + a) - f(\xi - a)$ 利用拉格朗日中值定理就可将极限式子中的分母 a^2 消除.

解：由题设条件，运用积分中值定理式(5-5)，存在 $\xi \in (-a, a)$ 使得

$$\int_{-a}^{a}[f(t+a)-f(t-a)]\mathrm{d}t=[f(\xi+a)-f(\xi-a)]2a.$$

对 $f(x)$ 在 $[\xi-a, \xi+a]$ 上利用拉格朗日中值定理，存在 $\xi_1 \in (\xi-a, \xi+a)$ 使得

$$f(\xi+a)-f(\xi-a)=2af'(\xi_1).$$

于是

$$\lim_{a\to 0^+}\frac{1}{4a^2}\int_{-a}^{a}[f(t+a)-f(t-a)]\mathrm{d}t=\lim_{a\to 0^+}\frac{1}{4a^2}[f(\xi+a)-f(\xi-a)]\cdot 2a=\lim_{a\to 0^+}f'(\xi_1).$$

又因 $-a<\xi<a$，$\xi-a<\xi_1<\xi+a$，所以当 $a\to 0^+$ 时，$\xi\to 0$，$\xi_1\to 0$，利用 $f'(x)$ 的连续性就有

$$\lim_{a\to 0^+}\frac{1}{4a^2}\int_{-a}^{a}[f(t+a)-f(t-a)]\mathrm{d}t=\lim_{a\to 0^+}f'(\xi_1)=f'(0).$$

说明：利用积分中值定理去除极限式子中的积分式计算极限一般有两点要求：

(1) 在极限变量的趋限过程中，积分中值定理中的 ξ 要有明确的趋向，例如，例 5-29 中的 $\xi_n\to+\infty$，例 5-30 中的 $\xi\to 0$.

(2) 由于 ξ 与极限变量有关，但它们之间的具体关系一般未知，所以当积分式以外还有其他的式子时(例 5-30)，就应要求运用积分中值定理后的整个式子(带 ξ 及其极限变量的式子)，在极限变量的趋限过程中能将极限求出.例如在例 5-22 中，若运用积分中值定理，则有

$$\lim_{n\to\infty}\sqrt{n}\int_{\frac{1}{n}}^{\frac{2}{n}}\frac{\mathrm{e}^x}{\sqrt{x}}\mathrm{d}x=\lim_{n\to\infty}\sqrt{n}\,\frac{\mathrm{e}^{\xi_n}}{\sqrt{\xi_n}}\cdot\frac{1}{n}=\lim_{n\to\infty}\frac{\mathrm{e}^{\xi_n}}{\sqrt{\xi_n}}\cdot\frac{1}{\sqrt{n}},$$

尽管从 $\frac{1}{n}<\xi_n<\frac{2}{n}$ 可知当 $n\to\infty$ 时，$\xi_n\to 0$，但因为不知道 ξ_n 与 n 的具体关系，所以无法求出极限 $\lim\limits_{n\to\infty}\frac{\mathrm{e}^{\xi_n}}{\sqrt{\xi_n}}\cdot\frac{1}{\sqrt{n}}$.

例 5-31 计算 $\lim\limits_{n\to\infty}\left(\int_0^1\mathrm{e}^{-\frac{x^2}{n}}\mathrm{d}x\right)^n$.

分析：本题的难点在于消除积分号.这里考虑能否用其他简便的式子来表达积分 $\int_0^1\mathrm{e}^{-\frac{x^2}{n}}\mathrm{d}x$ 是一个重要的思路.当然这首先需要表达被积函数 $f(x)=\mathrm{e}^{-\frac{x^2}{n}}$，将 $f(x)$ 展开成泰勒公式是常用的方法.

解：因为 $\mathrm{e}^x=1+x+\frac{\mathrm{e}^{\xi}}{2}x^2$，其中 ξ 介于 0 与 x 之间.在式中令 $x=-\frac{x^2}{n}$，则有

$$\mathrm{e}^{-\frac{x^2}{n}}=1-\frac{x^2}{n}+\frac{\mathrm{e}^{\xi_n}}{2}\cdot\frac{x^4}{n^2},\ -\frac{x^2}{n}<\xi_n<0.$$

对展开式两边从 0 到 1 积分，得

$$\int_0^1 e^{-\frac{x^2}{n}} dx = 1 - \frac{1}{3n} + \frac{1}{2n^2}\int_0^1 e^{\xi_n} x^4 dx.$$

因为积分 $\int_0^1 e^{\xi_n} x^4 dx$ 有界，所以 $\frac{1}{2n^2}\int_0^1 e^{\xi_n} x^4 dx = o\left(\frac{1}{n}\right)$，于是

$$\int_0^1 e^{-\frac{x^2}{n}} dx = 1 - \frac{1}{3n} + o\left(\frac{1}{n}\right).$$

将上积分表达式代入极限式，得

$$\text{原式} = \lim_{n\to\infty}\left[1 - \frac{1}{3n} + o\left(\frac{1}{n}\right)\right]^n = \lim_{n\to\infty} e^{n\ln\left[1-\frac{1}{3n}+o\left(\frac{1}{n}\right)\right]} = e^{\lim\limits_{n\to\infty} n\ln\left[1-\frac{1}{3n}+o\left(\frac{1}{n}\right)\right]}.$$

因为

$$\lim_{n\to\infty} n\ln\left[1 - \frac{1}{3n} + o\left(\frac{1}{n}\right)\right] \xlongequal{\text{等价代换}} \lim_{n\to\infty} n\left[-\frac{1}{3n} + o\left(\frac{1}{n}\right)\right]$$

$$= \lim_{n\to\infty}\left[-\frac{1}{3} + no\left(\frac{1}{n}\right)\right] = -\frac{1}{3},$$

所以

$$\lim_{n\to\infty}\left(\int_0^1 e^{-\frac{x^2}{n}} dx\right)^n = e^{-\frac{1}{3}}.$$

▶▶▶方法小结

计算含有积分式子的极限问题其主要方法是如何化简或者消除积分式.常用的方法有：

(1) 通过计算出积分消除积分式.

(2) 如果是未定型，通过利用洛必达法则，对积分式求导去积分号(例 5-22，例 5-23，例 5-24，例 5-25，例 5-26).

(3) 通过对积分式放大、缩小以简化或者消除积分式，运用夹逼准则求解(例 5-27，例 5-28).

(4) 利用积分中值定理去积分号(例 5-29，例 5-30)，但需注意这一方法运用的两点要求(见例 5-30 后说明)及其面临的问题.

(5) 利用泰勒公式展开被积函数 $f(x)$，简化积分式的表达形式(例 5-31).

对于“与积分有关的极限问题”还有其他的方法，例如运用定积分定义处理“n 项和”的极限问题，利用定积分变量代换，分部积分法等.这些方法我们将在第 6 章中介绍.

5.2.5 积分等式的证明(一)——运用积分性质和微分学的方法

当等式中出现积分时，我们称此等式为积分等式.对积分等式的证明有许多方法，可分为微分学方法和积分学方法两类.本节我们仅限于介绍运用定积分性质和微分学方法证明的积分等式问题.

▶▶▶基本方法

运用定积分性质、零值定理、介值定理、微分中值定理、泰勒公式、积分中值定理等方法证明.

▶▶▶典型例题解析

例 5-32 求连续函数 $f(x)$，使等式 $f(x)=1+x\int_0^1 f(1+x)\mathrm{d}x$ 成立.

分析：本题若能求出积分 $a=\int_0^1 f(1+x)\mathrm{d}x$ 就可求得 $f(x)=1+ax$. 为求 a 的值，注意到 a 为常数，如果将 $f(x)=1+ax$ 代入 $a=\int_0^1 f(1+x)\mathrm{d}x$ 即可获得 a 满足的方程.

解：设 $a=\int_0^1 f(1+x)\mathrm{d}x$，则 $f(x)=1+ax$. 将 $f(x)=1+ax$ 代入等式 $a=\int_0^1 f(1+x)\mathrm{d}x$ 得

$$a=\int_0^1[1+a(x+1)]\mathrm{d}x=\int_0^1(1+a+ax)\mathrm{d}x=1+a+\frac{a}{2}=1+\frac{3a}{2}$$

解得 $a=-2$. 所以所求函数 $f(x)=1-2x$.

例 5-33 求使等式 $\int_a^x f(t)\mathrm{d}t=2\int_x^1 tf(t)\mathrm{d}t+x+x^2$ 恒成立的常数 a 和连续函数 $f(x)$.

分析：$f(x)$ 在积分号下，可考虑先利用求导方法去掉积分号.

解：将等式两边对 x 求导，得 $f(x)=-2xf(x)+1+2x$，解得 $f(x)=1$. 将 $f(x)=1$ 代入等式，有

$$\int_a^x \mathrm{d}t=2\int_x^1 t\mathrm{d}t+x+x^2,\ 即\ x-a=t^2\Big|_x^1+x+x^2,$$

解得 $a=-1$. 所以求得 $a=-1$，$f(x)=1$.

例 5-34 若 $f(x)$ 在 $[a,b]$ 上连续，且 $f(x)\geqslant 0$. 试证明：若 $\int_a^b f(x)\mathrm{d}x=0$，则必有

$$f(x)\equiv 0,\ x\in[a,b].$$

分析：本题直接证明很难说清楚，此时可考虑用反证法证明.

解：假设 $f(x)$ 在 $[a,b]$ 上不恒等于零，则至少存在一点 $x_0\in[a,b]$ 使 $f(x_0)\neq 0$，不妨设 $f(x_0)>0$，$a<x_0<b$. 由于 $f(x)$ 在 x_0 处连续，即成立 $\lim\limits_{x\to x_0}f(x)=f(x_0)>0$，根据极限的局部保号性，存在 $\delta>0$，当 $x\in N(x_0,\delta)=(c_1,c_2)$ 时，$f(x)>0$，从而 $\int_{c_1}^{c_2}f(x)\mathrm{d}x>0$.

又因 $f(x)\geqslant 0$，$x\in[a,b]$，于是有

$$\int_a^b f(x)\mathrm{d}x\geqslant\int_{c_1}^{c_2}f(x)\mathrm{d}x>0,$$

这与条件 $\int_a^b f(x)\mathrm{d}x=0$ 矛盾，所以假设不成立，由此证得 $f(x)\equiv 0$，$x\in[a,b]$.

例 5-35 设 $f(x)$ 在 $[a,b]$ 上连续，且对于任意区间 $[\alpha,\beta]\subseteq[a,b]$，均有

$$\left|\int_\alpha^\beta f(x)\mathrm{d}x\right|\leqslant(\beta-\alpha)^2$$

成立，试证：在区间 $[a, b]$ 上 $f(x) \equiv 0$.

分析：本例所给条件可写成

$$\left|\frac{\int_a^\beta f(x)\mathrm{d}x}{\beta-\alpha}\right| = \left|\frac{\int_a^\beta f(x)\mathrm{d}x - \int_a^\alpha f(x)\mathrm{d}x}{\beta-\alpha}\right| \leqslant |\beta-\alpha|.$$

若取 $\alpha = x \in [a, b]$，$\beta = x+\Delta x \in [a, b]$，$F(x) = \int_a^x f(t)\mathrm{d}t$，则上式即为 $\left|\frac{F(x+\Delta x)-F(x)}{\Delta x}\right| \leqslant |\Delta x|$，从而可得 $F'(x) = f(x) = 0$.

解：设 $F(x) = \int_a^x f(t)\mathrm{d}t$，下面证明在 $[a, b]$ 上 $F'(x) = f(x) = 0$.

任取 $x \in [a, b]$，$\Delta x \neq 0$ 使 $x+\Delta x \in [a, b]$，则由题设条件有

$$\left|\frac{F(x+\Delta x)-F(x)}{\Delta x}\right| = \left|\frac{1}{\Delta x}\int_x^{x+\Delta x} f(t)\mathrm{d}t\right| \leqslant |\Delta x|.$$

让 $\Delta x \to 0$，由夹逼准则得

$$\lim_{\Delta x\to 0}\left|\frac{F(x+\Delta x)-F(x)}{\Delta x}\right| = \left|\lim_{\Delta x\to 0}\frac{F(x+\Delta x)-F(x)}{\Delta x}\right| = |F'(x)| = 0,$$

即 $F'(x) = 0$. 又 $F'(x) = f(x)$，所以 $f(x) = 0$. 由于点 x 是 $[a, b]$ 上的任意一点，所以

$$f(x) \equiv 0,\ x \in [a, b].$$

例 5-36 设函数 $f(x)$ 在 $[a, b]$ 上连续，$g(x)$ 在 $[a, b]$ 上可积且不变号，试证明：存在 $\xi \in [a, b]$ 使得

$$\int_a^b f(x)g(x)\mathrm{d}x = f(\xi)\int_a^b g(x)\mathrm{d}x. \qquad \text{（广义积分中值定理）}$$

分析：原式即证 $f(\xi) = \dfrac{\int_a^b f(x)g(x)\mathrm{d}x}{\int_a^b g(x)\mathrm{d}x}$，所以若能证明数 $\dfrac{\int_a^b f(x)g(x)\mathrm{d}x}{\int_a^b g(x)\mathrm{d}x}$ 为介于 $f(x)$ 在 $[a, b]$ 上的最小值与最大值之间的数，运用介值定理即可证得结论.

解：因为 $f(x)$ 在 $[a, b]$ 上连续，根据最值定理，$f(x)$ 在 $[a, b]$ 上能取得最大值 M 和最小值 m，从而有

$$m \leqslant f(x) \leqslant M,\ x \in [a, b].$$

又因 $g(x)$ 在 $[a, b]$ 上不变号且可积，不妨假设 $g(x) \geqslant 0$，则有

$$mg(x) \leqslant f(x)g(x) \leqslant Mg(x),$$

两边积分有

$$m\int_a^b g(x)\mathrm{d}x \leqslant \int_a^b f(x)g(x)\mathrm{d}x \leqslant M\int_a^b g(x)\mathrm{d}x.$$

若$\int_a^b g(x)\mathrm{d}x=0$，则也有$\int_a^b f(x)g(x)\mathrm{d}x=0$，此时取$\xi$为$[a,b]$中的任意一点都可使结论成立.

若$\int_a^b g(x)\mathrm{d}x>0$，则从以上不等式可得$m\leqslant\dfrac{\int_a^b f(x)g(x)\mathrm{d}x}{\int_a^b g(x)\mathrm{d}x}\leqslant M$，利用介值定理，存在$\xi\in[a,b]$使

$$f(\xi)=\frac{\int_a^b f(x)g(x)\mathrm{d}x}{\int_a^b g(x)\mathrm{d}x},$$

即有
$$\int_a^b f(x)g(x)\mathrm{d}x=f(\xi)\int_a^b g(x)\mathrm{d}x.$$

例 5-37 设函数$f(x)$在$[a,b]$上可积，试证明：存在$\xi\in[a,b]$使得

$$\int_a^\xi f(x)\mathrm{d}x=\frac{1}{2}\int_a^b f(x)\mathrm{d}x.$$

分析： 原式即证$\left(\int_a^x f(x)\mathrm{d}x-\frac{1}{2}\int_a^b f(x)\mathrm{d}x\right)\Big|_{x=\xi}=0$，故可考虑对$F(x)=\int_a^x f(x)\mathrm{d}x-\frac{1}{2}\int_a^b f(x)\mathrm{d}x$利用零值定理证明.

解： 设$F(x)=\int_a^x f(x)\mathrm{d}x-\frac{1}{2}\int_a^b f(x)\mathrm{d}x$，则由$f(x)$在$[a,b]$上可积知，$F(x)$在$[a,b]$上连续.又因

$$F(b)=\int_a^b f(x)\mathrm{d}x-\frac{1}{2}\int_a^b f(x)\mathrm{d}x=\frac{1}{2}\int_a^b f(x)\mathrm{d}x,\ F(a)=-\frac{1}{2}\int_a^b f(x)\mathrm{d}x,$$

若$\int_a^b f(x)\mathrm{d}x=0$，则把等式中的$\xi$取为$a$或$b$即可使结论成立.

若$\int_a^b f(x)\mathrm{d}x\neq 0$，则$F(a)F(b)=-\frac{1}{4}\left(\int_a^b f(x)\mathrm{d}x\right)^2<0$，根据零值定理，存在$\xi\in(a,b)$使$F(\xi)=0$，即有

$$\int_a^\xi f(x)\mathrm{d}x=\frac{1}{2}\int_a^b f(x)\mathrm{d}x.$$

综上所述结论得证.

例 5-38 设函数$f(x)$在区间$[0,2]$上连续，在区间$(0,2)$内可导，且$f(0)=\int_1^2 \mathrm{e}^{-x}f(x)\mathrm{d}x$，试证明：存在$\xi\in(0,2)$，使得$f'(\xi)=f(\xi)$.

分析： 原式可表示为$[f'(x)-f(x)]_{x=\xi}=0\Leftrightarrow[\mathrm{e}^{-x}f'(x)-\mathrm{e}^{-x}f(x)]_{x=\xi}=0\Leftrightarrow[\mathrm{e}^{-x}f(x)]'_{x=\xi}=0$，故可考虑利用罗尔定理证明.

解: 设 $F(x)=\mathrm{e}^{-x}f(x)$，则由题设，$F(x)$ 在 $[0, 2]$ 上连续，在 $(0, 2)$ 内可导.又 $F(0)=f(0)=\int_1^2 \mathrm{e}^{-x}f(x)\mathrm{d}x$，利用积分中值定理，存在 $\eta \in (1, 2)$ 使得

$$\int_1^2 \mathrm{e}^{-x}f(x)\mathrm{d}x=\mathrm{e}^{-\eta}f(\eta)=F(\eta),$$

于是有 $F(0)=F(\eta)$. 在区间 $[0, \eta]\subset[0, 2]$ 上对 $F(x)$ 运用罗尔定理，存在 $\xi \in (0, \eta)\subset(0, 2)$ 使得 $F'(\xi)=\mathrm{e}^{-\xi}f'(\xi)-\mathrm{e}^{-\xi}f(\xi)=0$，即 $f'(\xi)=f(\xi)$.

例 5-39 设 $f(x)$，$g(x)$ 在 $[a, b]$ 上连续，证明至少存在一 $\xi \in (a, b)$，使得

$$f(\xi)\int_\xi^b g(x)\mathrm{d}x-g(\xi)\int_a^\xi f(x)\mathrm{d}x.$$

分析: 原式可表示为 $\left(f(x)\int_x^b g(t)\mathrm{d}t-g(x)\int_a^x f(t)\mathrm{d}t\right)_{x=\xi}=0\Leftrightarrow\left(\int_a^x f(t)\mathrm{d}t\cdot\int_x^b g(t)\mathrm{d}t\right)'\Big|_{x=\xi}=0$，可考虑应用罗尔定理证明.

解: 设 $F(x)=\int_a^x f(t)\mathrm{d}t\cdot\int_x^b g(t)\mathrm{d}t$，则由题设可知，$F(x)$ 在 $[a, b]$ 上连续，在 (a, b) 内可导，并且有 $F(a)=F(b)=0$，利用罗尔定理，存在 $\xi \in (a, b)$ 使得

$$F'(\xi)=f(\xi)\int_\xi^b g(t)\mathrm{d}t-g(\xi)\int_a^\xi f(t)\mathrm{d}t=0, \text{即} \quad f(\xi)\int_\xi^b g(t)\mathrm{d}t=g(\xi)\int_a^\xi f(t)\mathrm{d}t.$$

例 5-40 设 $f(x)$ 是在区间 $[a, b]$ 上取正值的连续函数，试证明方程

$$(x-a)\int_a^x f(t)\mathrm{d}t=(b-x)\int_x^b f(t)\mathrm{d}t$$

在区间 (a, b) 内有且仅有一个实根.

分析: 原方程可表示为 $(x-a)\int_a^x f(t)\mathrm{d}t-(b-x)\int_x^b f(t)\mathrm{d}t=0$，考虑应用零值定理证明方程根的存在性.

解: 设 $F(x)=(x-a)\int_a^x f(t)\mathrm{d}t-(b-x)\int_x^b f(t)\mathrm{d}t$，则由题设可知，$F(x)$ 在 $[a, b]$ 上连续，在(a, b) 内可导.又因 $f(x)>0$，可得

$$F(a)=-(b-a)\int_a^b f(t)\mathrm{d}t<0,\ F(b)=(b-a)\int_a^b f(t)\mathrm{d}t>0.$$

根据零值定理，存在 $\xi \in (a, b)$，使得

$$F(\xi)=(\xi-a)\int_a^\xi f(t)\mathrm{d}t-(b-\xi)\int_\xi^b f(t)\mathrm{d}t=0,$$

即所证方程在 (a, b) 内至少有一实根.又因

$$\begin{aligned}F'(x)&=\int_a^x f(t)\mathrm{d}t+(x-a)f(x)+\int_x^b f(t)\mathrm{d}t+(b-x)f(x)\\&=\int_a^b f(t)\mathrm{d}t+(b-a)f(x)>0,\end{aligned}$$

故 $F(x)$ 在 $[a, b]$ 上单调增,所以所证方程的根在 (a, b) 内存在且唯一.

例 5-41 若 $f(x)$ 是在 $[0, 1]$ 上连续,证明对任意给定的正数 m 和 n,方程

$$mx^m f(x^m)=nx^n f(x^n)$$

在区间 $(0, 1)$ 内总有解.

分析: 原式可表示为 $mx^m f(x^m)-nx^n f(x^n)=0$. 若对函数 $g(x)=mx^m f(x^m)-nx^n f(x^n)$ 在 $[0, 1]$ 上利用零值定理,显然 $g(x)$ 存在两个取异号值点的条件无法满足.注意到当 $x\in(0, 1)$ 时,

$$mx^m f(x^m)-nx^n f(x^n)=0\Leftrightarrow mx^{m-1} f(x^m)-nx^{n-1} f(x^n)=0\Leftrightarrow\left(\int_{x^n}^{x^m} f(t)\mathrm{d}t\right)'=0,$$

故可考虑应用罗尔定理证明.

解: 设 $F(x)=\int_{x^n}^{x^m} f(t)\mathrm{d}t$,则由题设条件可知,$F(x)$ 在 $[0, 1]$ 上连续,在 $(0, 1)$ 内可导,并且 $F(0)=F(1)=0$,根据罗尔定理,存在 $\xi\in(0, 1)$,使得

$$F'(\xi)=m\xi^{m-1} f(\xi^m)-n\xi^{n-1} f(\xi^n)=0,\text{即}\quad m\xi^m f(\xi^m)=n\xi^n f(\xi^n),$$

也就是所证方程在 $(0, 1)$ 内总有根.

例 5-42 若函数 $f(x)$ 在 $[a, b]$ 上具有连续的二阶导数,证明:在 (a, b) 内存在一点 ξ,使得

$$\int_a^b f(x)\mathrm{d}x=f\left(\frac{a+b}{2}\right)(b-a)+\frac{f''(\xi)}{24}(b-a)^3.$$

分析: 所证等式涉及函数 $f(x)$、函数值 $f\left(\frac{a+b}{2}\right)$ 及二阶导数,它们之间的联系工具是泰勒公式,问题在于对什么函数在什么点处进行泰勒展开.根据所证等式形式,容易想到将 $f(x)$ 在点 $x_0=\frac{a+b}{2}$ 处泰勒展开

$$f(x)=f\left(\frac{a+b}{2}\right)+f'\left(\frac{a+b}{2}\right)\left(x-\frac{a+b}{2}\right)+\frac{f''(\xi)}{2}\left(x-\frac{a+b}{2}\right)^2,$$

两边积分得

$$\int_a^b f(x)\mathrm{d}x=f\left(\frac{a+b}{2}\right)(b-a)+\frac{1}{2}\int_a^b f''(\xi)\left(x-\frac{a+b}{2}\right)^2\mathrm{d}x,$$

可见遇到了带 ξ 变量的积分,要回避这一问题,不能对 $f(x)$ 的泰勒展开式两边积分,也就是要选取其他的与积分 $\int_a^b f(x)\mathrm{d}x$ 有关的函数进行泰勒展开,这一函数自然就是 $\int_a^x f(t)\mathrm{d}t$.

解: 设 $F(x)=\int_a^x f(t)\mathrm{d}t$,此时 $F(b)=\int_a^b f(t)\mathrm{d}t$, $F(a)=0$. 将 $F(b)$ 在 $x_0=\frac{a+b}{2}$ 处泰勒展开

$$F(b)=F\left(\frac{a+b}{2}\right)+F'\left(\frac{a+b}{2}\right)\left(b-\frac{a+b}{2}\right)+\frac{F''\left(\frac{a+b}{2}\right)}{2!}\left(b-\frac{a+b}{2}\right)^2+\frac{F'''(\xi_1)}{3!}\left(b-\frac{a+b}{2}\right)^3$$

$$=F\left(\frac{a+b}{2}\right)+f\left(\frac{a+b}{2}\right)\cdot\frac{b-a}{2}+\frac{f'\left(\frac{a+b}{2}\right)}{2}\left(\frac{b-a}{2}\right)^2+\frac{f''(\xi_1)}{6}\left(\frac{b-a}{2}\right)^3,\ \frac{a+b}{2}<\xi_1<b.$$

为了去除项 $F\left(\frac{a+b}{2}\right)$ 和 $\frac{f'\left(\frac{a+b}{2}\right)}{2}\left(\frac{b-a}{2}\right)^2$，再将 $F(a)$ 在 $x_0=\frac{a+b}{2}$ 处泰勒展开

$$F(a)=F\left(\frac{a+b}{2}\right)+F'\left(\frac{a+b}{2}\right)\left(a-\frac{a+b}{2}\right)+\frac{F''\left(\frac{a+b}{2}\right)}{2!}\left(a-\frac{a+b}{2}\right)^2+\frac{F'''(\xi_2)}{3!}\left(a-\frac{a+b}{2}\right)^3$$

$$=F\left(\frac{a+b}{2}\right)-f\left(\frac{a+b}{2}\right)\cdot\frac{b-a}{2}+\frac{f'\left(\frac{a+b}{2}\right)}{2}\left(\frac{b-a}{2}\right)^2-\frac{f''(\xi_2)}{6}\left(\frac{b-a}{2}\right)^3,\ a<\xi_2<\frac{a+b}{2}.$$

两式相减得 $$F(b)-F(a)=f\left(\frac{a+b}{2}\right)(b-a)+\frac{(b-a)^3}{48}(f''(\xi_1)+f''(\xi_2)),$$

即 $$\int_a^b f(x)\mathrm{d}x=f\left(\frac{a+b}{2}\right)(b-a)+\frac{(b-a)^3}{24}\cdot\frac{f''(\xi_1)+f''(\xi_2)}{2}.$$

又因 $F''(x)$ 在 $[a, b]$ 上连续，根据介值定理，存在 $\xi\in[\xi_2, \xi_1]\subset(a, b)$，使得

$$f''(\xi)=\frac{f''(\xi_1)+f''(\xi_2)}{2}.$$

代入上式得 $$\int_a^b f(x)\mathrm{d}x=f\left(\frac{a+b}{2}\right)(b-a)+\frac{f''(\xi)}{24}(b-a)^3.$$

▶▶▶方法小结

积分等式的证明是一类题型丰富、证明方法众多的问题.这里主要介绍了运用微分学方法以及定积分的一些基本性质证明的问题.这些方法主要运用于处理以下几种类型的积分等式问题：

(1) 求解含有积分但不含某一点 ξ 处函数值的函数方程问题(例 5-32,例 5-33).这类问题又可根据方程中所出现的积分情况分为两种方法处理.

① 若函数方程中出现的定积分是定值(例 5-32),则可直接令定积分为常数 a 或 b,将函数 $f(x)$ 的表达式(含有 a 或 b)回代定积分,解方程确定 a 或 b,从而求出函数 $f(x)$.

② 若函数方程中出现的定积分为变限积分函数(例 5-33),此时可通过将函数方程两边对 x 求导去积分号的方法处理.求导后的方程可能是所求函数 $f(x)$ 的代数方程(例 5-33),也可能是 $f(x)$ 的微分方程(这种情况我们将在第 9 章中讨论),解方程求出 $f(x)$.

(2) 含有某一点 ξ 处函数值或导数值的积分等式或微分等式证明问题(例 5-36,例 5-37,例 5-38,例 5-39,例 5-42).这类问题的变化比较多,常用零值定理和介值定理(例 5-37,例 5-36)、罗尔定理(例 5-38,例 5-39)、拉格朗日或柯西中值定理、泰勒公式(例 5-42)等微分学方法证明,有些也可用积分中值定理或广义积分中值定理(例 5-36)证明.运用这些微分学定理的方法与第 3 章中用它们证明其他等式的方法相同.

(3) 含有积分的方程以及可运用积分处理的方程根问题(例 5-39,例 5-40,例 5-41).这类问题常用罗尔定理(例 5-39,例 5-41)和零值定理(例 5-40)处理.辅助函数 $F(x)$ 的构造也与第 3 章中证方程根的方法相同,只是这里考虑辅助函数时又增加了变限积分函数.

(4) 证明被积函数 $f(x)\equiv 0$ 问题(例 5-34,例 5-35).这类问题常用变限积分函数 $\int_a^x f(t)\mathrm{d}t$ 与 $f(x)$ 之间的关系式 $\left(\int_a^x f(t)\mathrm{d}t\right)'=f(x)$ 以及定积分性质证明.

对于积分等式的证明问题还有另外一类方法,即积分学的方法,例如通过定积分计算、换元法、分部积分法等方法证明,将在第 6 章中详细介绍.

5.2.6 积分不等式的证明(一)——运用积分性质和微分学的方法

当不等式中出现积分时,我们称此不等式为积分不等式.对积分不等式的证明有许多方法,可分为微分学方法和积分学方法两类.本节我们仅限于介绍运用定积分性质和微分学的方法证明的积分不等式问题.

▶▶▶基本方法

运用定积分的不等式性质、积分中值定理、微分中值定理、泰勒公式、函数的单调性、最值以及凹凸函数的不等式性质等方法证明.

定积分的不等式性质:

(1) 定积分对被积函数的保序性

设 $f(x)$, $g(x)$ 在 $[a, b]$ 上可积,且在 $[a, b]$ 上成立 $f(x)\leqslant g(x)$,则有

$$\int_a^b f(x)\mathrm{d}x\leqslant\int_a^b g(x)\mathrm{d}x. \tag{5-7}$$

(2) 定积分的估值定理

设 $f(x)$ 在 $[a, b]$ 上可积,并且在 $[a, b]$ 上成立 $m \leqslant f(x) \leqslant M$,则有

$$m(b-a)\int_a^b f(x)\mathrm{d}x \leqslant M(b-a). \tag{5-8}$$

(3) 柯西-施瓦茨不等式

设 $f(x)$ 在 $[a, b]$ 上可积,则有

$$\left(\int_a^b f(x)g(x)\mathrm{d}x\right)^2 \leqslant \int_a^b f^2(x)\mathrm{d}x \cdot \int_a^b g^2(x)\mathrm{d}x. \tag{5-9}$$

(4) 关于定积分绝对值的不等式

设 $f(x)$ 在 $[a, b]$ 上可积,则有

$$\left|\int_a^b f(x)\mathrm{d}x\right| \leqslant \int_a^b |f(x)|\mathrm{d}x. \tag{5-10}$$

▶▶▶方法运用注意点

(1) 在以上定积分的不等式性质式(5-7)至式(5-10)中,积分下限 a 小于积分上限 b,即要求 $a \leqslant b$.

(2) 对于保序性式(5-7),如果 $f(x)$, $g(x)$ 在 $[a, b]$ 上连续,且至少存在一点 $x_0 \in [a, b]$ 使 $f(x_0) < g(x_0)$,则式(5-7)成立严格不等式,即

$$\int_a^b f(x)\mathrm{d}x < \int_a^b g(x)\mathrm{d}x.$$

▶▶▶典型例题解析

例 5-43 证明:$\int_0^{\frac{\pi}{2}} x\sin x\mathrm{d}x \leqslant \frac{\pi^2}{8}$.

分析: 为估计积分值的一个上界,可对被积函数进行放大,利用保序性证明.

解: 因为当 $0 \leqslant x \leqslant \frac{\pi}{2}$ 时,$x\sin x \leqslant x$,利用保序性两边积分,有

$$\int_0^{\frac{\pi}{2}} x\sin x\mathrm{d}x \leqslant \int_0^{\frac{\pi}{2}} x\mathrm{d}x = \frac{1}{2}x^2\Big|_0^{\frac{\pi}{2}} = \frac{\pi^2}{8}.$$

例 5-44 证明不等式:$\frac{2}{\pi}\left(\frac{\pi}{2}-\frac{\pi}{4}\right) \leqslant \int_{\frac{\pi}{4}}^{\frac{\pi}{2}} \frac{\sin x}{x}\mathrm{d}x \leqslant \frac{2\sqrt{2}}{\pi}\left(\frac{\pi}{2}-\frac{\pi}{4}\right)$.

分析: 证明定积分的值介于两数之间,此类问题首选的方法是运用估值定理式(5-8)证明.为此先要计算被积函数在积分区间上的最大值 M 和最小值 m.

解: 设 $f(x)=\frac{\sin x}{x}$,则 $f(x)$ 在积分区间 $\left[\frac{\pi}{4}, \frac{\pi}{2}\right]$ 上连续、可导且

$$f'(x)=\frac{x\cos x-\sin x}{x^2}.$$

为确定 $f'(x)$ 的符号,再设 $g(x)=x\cos x-\sin x$,则 $g'(x)=-x\sin x<0,\ x\in\left[\frac{\pi}{4},\frac{\pi}{2}\right]$.于是 $g(x)$ 在 $\left[\frac{\pi}{4},\frac{\pi}{2}\right]$ 上单调减,从而有

$$g(x)\leqslant g\left(\frac{\pi}{4}\right)=\frac{\sqrt{2}}{2}\left(\frac{\pi}{4}-1\right)<0,\ x\in\left[\frac{\pi}{4},\frac{\pi}{2}\right].$$

从而也有 $f'(x)<0,\ x\in\left[\frac{\pi}{4},\frac{\pi}{2}\right]$,所以 $f(x)$ 在 $\left[\frac{\pi}{4},\frac{\pi}{2}\right]$ 上单调减.因此在 $\left[\frac{\pi}{4},\frac{\pi}{2}\right]$ 上成立

$$\frac{2}{\pi}=f\left(\frac{\pi}{2}\right)\leqslant\frac{\sin x}{x}\leqslant f\left(\frac{\pi}{4}\right)=\frac{2\sqrt{2}}{\pi}$$

利用估值定理式(5-8)证得

$$\frac{2}{\pi}\left(\frac{\pi}{2}-\frac{\pi}{4}\right)\leqslant\int_{\frac{\pi}{4}}^{\frac{\pi}{2}}\frac{\sin x}{x}\mathrm{d}x\leqslant\frac{2\sqrt{2}}{\pi}\left(\frac{\pi}{2}-\frac{\pi}{4}\right).$$

例 5-45 证明不等式:$0<\frac{\pi}{2}-\int_0^{\frac{\pi}{2}}\frac{\sin x}{x}\mathrm{d}x<\frac{\pi^3}{144}$.

分析:原不等式即证 $\frac{\pi}{2}-\frac{\pi^3}{144}<\int_0^{\frac{\pi}{2}}\frac{\sin x}{x}\mathrm{d}x<\frac{\pi}{2}$.若用估值定理,由于被积函数 $f(x)=\frac{\sin x}{x}$ 在 $\left[0,\frac{\pi}{2}\right]$ 上的最小上界 $M=1$,最大下界 $m=\frac{2}{\pi}$,因此证不出结果.此时可进一步考虑对 $f(x)$ 建立不等式,利用保序性证明.从变形后所证不等式可见,与 $f(x)$ 相近的不等式是:当 $x>0$ 时,$x-\frac{x^3}{6}<\sin x<x$.

解:因为当 $0<x<\frac{\pi}{2}$ 时,成立不等式 $x-\frac{x^3}{6}<\sin x<x$,于是有

$$1-\frac{x^2}{6}<\frac{\sin x}{x}<1.$$

将上式两边从 0 到 $\frac{\pi}{2}$ 积分得,$\frac{\pi}{2}-\frac{1}{18}\left(\frac{\pi}{2}\right)^3<\int_0^{\frac{\pi}{2}}\frac{\sin x}{x}\mathrm{d}x<\frac{\pi}{2}$,即有

$$0<\frac{\pi}{2}-\int_0^{\frac{\pi}{2}}\frac{\sin x}{x}\mathrm{d}x<\frac{\pi^3}{144}.$$

说明:对被积函数 $f(x)$ 进行恰当的放大、缩小或通过其他途径建立关于 $f(x)$ 的不等式是利用定积分保序性证明积分不等式的关键所在,同时也是难点,方法多种多样,且技巧性强.对于一边或两边为

常数、被积函数为具体函数或抽象函数的积分不等式，通常应根据具体函数的形式或抽象函数所具有的性质，将与其形式相近的已知不等式，或性质所具有的不等式作为对 $f(x)$ 建立不等式的首选对象.

例 5-46 若在区间 $[a,b]$ 上有 $f''(x)\geqslant 0$，试证明：

$$f\left(\frac{a+b}{2}\right)(b-a)\leqslant\int_a^b f(x)\mathrm{d}x\leqslant\frac{f(a)+f(b)}{2}(b-a).$$

分析：从 $f''(x)\geqslant 0$ 知 $f(x)$ 在 $[a,b]$ 上是凸函数(图形是向上凹的).凸函数有两个重要的不等式：

$$f(x)\geqslant f(x_0)+f'(x_0)(x-x_0),\quad x_0,x\in[a,b],\tag{5-11}$$

和
$$f(x)\leqslant f(x_1)+\frac{f(x_2)-f(x_1)}{x_2-x_1}(x-x_1),x_1,x_2\in[a,b],x\in[a,b],\tag{5-12}$$

因此可考虑从上面的两个不等式入手证明结论.

解：对于左边的不等式 $f\left(\frac{a+b}{2}\right)(b-a)\leqslant\int_a^b f(x)\mathrm{d}x$，根据其形式，在式(5-11)中取 $x_0=\frac{a+b}{2}$，则有

$$f(x)\geqslant f\left(\frac{a+b}{2}\right)+f'\left(\frac{a+b}{2}\right)\left(x-\frac{a+b}{2}\right),\quad x\in[a,b].$$

两边积分，得

$$\begin{aligned}\int_a^b f(x)\mathrm{d}x&\geqslant f\left(\frac{a+b}{2}\right)(b-a)+f'\left(\frac{a+b}{2}\right)\int_a^b\left(x-\frac{a+b}{2}\right)\mathrm{d}x\\&=f\left(\frac{a+b}{2}\right)(b-a)+f'\left(\frac{a+b}{2}\right)\cdot\frac{1}{2}\left(x-\frac{a+b}{2}\right)\Bigg|_a^b=f\left(\frac{a+b}{2}\right)(b-a),\end{aligned}$$

左边不等式得证.

对于右边的不等式，在式(5-12)中取 $x_1=a$，$x_2=b$，则有

$$f(x)\leqslant f(a)+\frac{f(b)-f(a)}{b-a}(x-a),\quad x\in[a,b].$$

两边积分，得

$$\begin{aligned}\int_a^b f(x)\mathrm{d}x&\leqslant f(a)(b-a)+\frac{f(b)-f(a)}{b-a}\int_a^b(x-a)\mathrm{d}x\\&=f(a)(b-a)+\frac{f(b)-f(a)}{b-a}\cdot\frac{1}{2}(x-a)^2\Bigg|_a^b\\&=f(a)(b-a)+\frac{1}{2}(f(b)-f(a))(b-a)\\&=\frac{f(b)+f(a)}{2}(b-a),\end{aligned}$$

右边的不等式得证.综上所述所证不等式成立.

例 5-47 设函数 $f(x)$ 在 $[a,b]$ 上连续且单调增加,证明:

$$\int_a^b xf(x)\mathrm{d}x \geqslant \frac{a+b}{2}\int_a^b f(x)\mathrm{d}x.$$

分析: 不等式中左右两边积分的被积函数在 $[a,b]$ 上没有统一的大小关系,所以不能直接运用保序性证明.若将不等式移项,所证不等式即证明

$$\int_a^b\left(x-\frac{a+b}{2}\right)f(x)\mathrm{d}x \geqslant 0.$$

但是上式的被积函数 $\left(x-\frac{a+b}{2}\right)f(x)$ 仍然在 $[a,b]$ 上不能保证大于或等于零.此时就应考虑能否根据 $f(x)$ 单调增加的条件,对函数 $\left(x-\frac{a+b}{2}\right)f(x)$ 建立一个不等式,这需要从表示 $f(x)$ 单调增加的等价条件

$$(x-y)(f(x)-f(y))\geqslant 0,\ x,\ y\in[a,b]$$

入手.

解一: 因为 $f(x)$ 在 $[a,b]$ 上单调增加,则对任意的 $x\in[a,b]$,有

$$\left(x-\frac{a+b}{2}\right)\left(f(x)-f\left(\frac{a+b}{2}\right)\right)\geqslant 0,$$

即
$$\left(x-\frac{a+b}{2}\right)f(x)\geqslant f\left(\frac{a+b}{2}\right)\left(x-\frac{a+b}{2}\right).$$

利用保序性,对上式两边积分得

$$\begin{aligned}\int_a^b\left(x-\frac{a+b}{2}\right)f(x)\mathrm{d}x &\geqslant f\left(\frac{a+b}{2}\right)\int_a^b\left(x-\frac{a+b}{2}\right)\mathrm{d}x\\ &=f\left(\frac{a+b}{2}\right)\cdot\frac{1}{2}\left(x-\frac{a+b}{2}\right)^2\Bigg|_a^b=0,\end{aligned}$$

所以证得
$$\int_a^b xf(x)\mathrm{d}x \geqslant \frac{a+b}{2}\int_a^b f(x)\mathrm{d}x.$$

解二: 利用函数的单调性证明.

将所证不等式中的常数 b 换成 x,下面证明 $\int_a^x tf(t)\mathrm{d}t-\frac{a+x}{2}\int_a^x f(t)\mathrm{d}t\geqslant 0,\ x\geqslant a$. 令 $F(x)=\int_a^x tf(t)\mathrm{d}t-\frac{a+x}{2}\int_a^x f(t)\mathrm{d}t$,则由题设条件可知 $F(x)$ 在 $[a,b]$ 上可导,且

$$\begin{aligned}F'(x)&=xf(x)-\frac{1}{2}\int_a^x f(t)\mathrm{d}t-\frac{a+x}{2}f(x)\\ &=\frac{f(x)}{2}(x-a)-\frac{1}{2}\int_a^x f(t)\mathrm{d}t=\frac{1}{2}\int_a^x(f(x)-f(t))\mathrm{d}t.\end{aligned}$$

由于 $f(x)$ 在 $[a,b]$ 上单调增，于是当 $t\in[a,x]$ 时，$f(x)-f(t)\geqslant 0$，从而有

$$F'(x)=\frac{1}{2}\int_a^x (f(x)-f(t))\mathrm{d}t\geqslant 0,$$

所以 $F(x)$ 在 $[a,b]$ 上单调增.因此当 $x\in[a,b]$ 时，有

$$F(x)=\int_a^x tf(t)\mathrm{d}t-\frac{a+x}{2}\int_a^x f(t)\mathrm{d}t\geqslant F(a)=0.$$

令 $x=b$，上式即为所证不等式

$$\int_a^b xf(x)\mathrm{d}x\geqslant\frac{a+b}{2}\int_a^b f(x)\mathrm{d}x.$$

说明：解二的方法把积分不等式中的某一常数替换成 x，将问题转化为函数不等式问题，从而运用单调性、最值方法证明，这一方法是利用函数单调性、最值证明积分不等式的常用方法.

例 5-48 设 $f(x)$，$g(x)$ 在 $[a,b]$ 上连续，证明**柯西-施瓦茨不等式**

$$\left(\int_a^b f(x)g(x)\mathrm{d}x\right)^2\leqslant\int_a^b f^2(x)\mathrm{d}x\cdot\int_a^b g^2(x)\mathrm{d}x.$$

分析：原不等式可转化为证明 $\left(\int_a^x f(t)g(t)\mathrm{d}t\right)^2\leqslant\int_a^x f^2(t)\mathrm{d}t\cdot\int_a^x g^2(t)\mathrm{d}t$，$x\in[a,b]\Leftrightarrow$ $\left(\int_a^x f(t)g(t)\mathrm{d}t\right)^2-\int_a^x f^2(t)\mathrm{d}t\cdot\int_a^x g^2(t)\mathrm{d}t\leqslant 0$，$x\in[a,b]$.

若记 $F(x)=\left(\int_a^x f(t)g(t)\mathrm{d}t\right)^2-\int_a^x f^2(t)\mathrm{d}t\cdot\int_a^x g^2(t)\mathrm{d}t$，则由上式即证 $F(x)\leqslant F(a)$，$x\in[a,b]$，故可考虑用单调性证明.

解一：设 $F(x)=\left(\int_a^x f(t)g(t)\mathrm{d}t\right)^2-\int_a^x f^2(t)\mathrm{d}t\cdot\int_a^x g^2(t)\mathrm{d}t$，则 $F(a)=0$. 由题设条件可知设 $F(x)$ 在 $[a,b]$ 上可导.求导有

$$\begin{aligned}F'(x)&=2\int_a^x f(t)g(t)\mathrm{d}t\cdot f(x)g(x)-f^2(x)\int_a^x g^2(t)\mathrm{d}t-g^2(x)\int_a^x f^2(t)\mathrm{d}t\\&=-\int_a^x[f^2(x)g^2(t)-2f(x)f(t)g(x)g(t)+f^2(t)g^2(x)]\mathrm{d}t\\&=-\int_a^x(f(x)g(t)-f(t)g(x))^2\mathrm{d}t\leqslant 0.\end{aligned}$$

于是可知 $F(x)$ 在 $[a,b]$ 上单调减，从而有 $F(x)\leqslant F(a)$，$x\in[a,b]$. 令 $x=b$，即得所证的不等式成立.

解二：利用初等数学的方法证明.对任意实数 u，有

$$(uf(x)-g(x))^2=u^2f^2(x)-2uf(x)g(x)+g^2(x)\geqslant 0.$$

利用积分的保序性，在不等式两边关于 x 从 a 到 b 积分，得

$$u^2\int_a^b f^2(x)\mathrm{d}x-2u\int_a^b f(x)g(x)\mathrm{d}x+\int_a^b g^2(x)\mathrm{d}x\geqslant 0.$$

因为对任何实数 u，上式总成立，所以其左边的判别式中

$$\left(2\int_a^b f(x)g(x)\mathrm{d}x\right)^2-4\int_a^b f^2(x)\mathrm{d}x\cdot\int_a^b g^2(x)\mathrm{d}x\leqslant 0,$$

即
$$\left(\int_a^b f(x)g(x)\mathrm{d}x\right)^2\leqslant\int_a^b f^2(x)\mathrm{d}x\cdot\int_a^b g^2(x)\mathrm{d}x.$$

说明：从上例的证明过程及例 3 - 34 的结论可见，柯西-施瓦茨不等式(5 - 9)等号成立的充要条件是在 $[a,b]$ 上，$\dfrac{f(x)}{g(x)}\equiv C$（常数）.

例 5 - 49 设 $f(x)$ 是区间 $[0,1]$ 上连续可微函数，且当 $x\in(0,1)$ 时，$0<f'(x)<1$，$f(0)=0$，证明：

$$\int_0^1 f^3(x)\mathrm{d}x<\left(\int_0^1 f(x)\mathrm{d}x\right)^2<\int_0^1 f^2(x)\mathrm{d}x.$$

分析：对于右边的不等式，比较两边被积函数的关系可知，可直接利用柯西-施瓦茨不等式证明. 对于左边的不等式，因两边被积函数之间无明确大小关系，故尝试应用单调性证明.

解一：因 $0<f'(x)<1$，$f(0)=0$，所以 $f(x)$ 在 $[0,1]$ 上单调增且 $f(x)>0$. 由于 $f(x)$ 在 $[0,1]$ 上不恒为常数 1，利用柯西-施瓦茨不等式(5 - 9)得

$$\left(\int_0^1 f(x)\mathrm{d}x\right)^2=\left[\int_0^1(f(x)\cdot 1)\mathrm{d}x\right]^2<\int_0^1 f^2(x)\mathrm{d}x\cdot\int_0^1 1^2\mathrm{d}x=\int_0^1 f^2(x)\mathrm{d}x,$$

从而右边不等式得证.

对于左边的不等式，考虑应用单调性证明. 将不等式中的常数 1 替换成变量 x，下证：当 $x>0$ 时，$\left(\int_0^x f(t)\mathrm{d}t\right)^2-\int_0^x f^3(t)\mathrm{d}t>0$. 设 $F(x)=\left(\int_0^x f(t)\mathrm{d}t\right)^2-\int_0^x f^3(t)\mathrm{d}t$，则

$$F'(x)=2f(x)\int_0^x f(t)\mathrm{d}t-f^3(x)=f(x)\left(2\int_0^x f(t)\mathrm{d}t-f^2(x)\right).$$

为确定 $F'(x)$ 的符号，再设 $g(x)=2\int_0^x f(t)\mathrm{d}t-f^2(x)$，则有 $g(0)=0$，且

$$g'(x)=2f(x)-2f(x)f'(x)=2f(x)(1-f'(x))>0,$$

所以 $g(x)>0$，由此可知 $F'(x)>0$，即 $F(x)$ 在 $x>0$ 上单调增加. 于是有

$$\left(\int_0^x f(t)\mathrm{d}t\right)^2>\int_0^x f^3(t)\mathrm{d}t,\ x>0.$$

在上式中令 $x=1$，即得

$$\int_0^1 f^3(x)\mathrm{d}x<\left(\int_0^1 f(x)\mathrm{d}x\right)^2.$$

综上所述,所证不等式成立.

解二: 对于左边的不等式也可利用柯西中值定理证明.

设 $F(x)=\left(\int_0^x f(t)\mathrm{d}t\right)^2$, $G(x)=\int_0^x f^3(t)\mathrm{d}t$, 则原式即证 $\dfrac{F(1)}{G(1)}>1$. 由题设条件可知, $F(x)$, $G(x)$ 在 $[0, 1]$ 上满足柯西中值定理的条件,利用柯西中值定理,存在 $\xi\in(0, 1)$, 使得

$$\frac{F(1)}{G(1)}=\frac{F(1)-F(0)}{G(1)-G(0)}=\frac{F'(\xi)}{G'(\xi)}=\frac{2f(\xi)\int_0^{\xi}f(t)\mathrm{d}t}{f^3(\xi)}=\frac{2\int_0^{\xi}f(t)\mathrm{d}t}{f^2(\xi)}.$$

又函数 $\int_0^x f(t)\mathrm{d}t$, $f^2(x)$ 在 $[0, \xi]$ 上也满足柯西中值定理的条件,于是存在 $\eta\in(0, \xi)$ 使得

$$\frac{2\int_0^{\xi}f(t)\mathrm{d}t}{f^2(\xi)}=\frac{2\int_0^{\xi}f(t)\mathrm{d}t-2\int_0^{0}f(t)\mathrm{d}t}{f^2(\xi)-f^2(0)}=\frac{2f(\eta)}{2f(\eta)f'(\eta)}=\frac{1}{f'(\eta)}>1,$$

所以有 $\dfrac{F(1)}{G(1)}>1$, 即所证的不等式成立.

例 5-50 设 $f'(x)$ 在 $[a, b]$ 上存在且 $f\left(\dfrac{a+b}{2}\right)=0$, $|f'(x)|\leqslant M$, 试证明:

$$\int_a^b |f(x)|\mathrm{d}x\leqslant\frac{(b-a)^2}{4}M.$$

分析: 根据所给条件和所证结论,应考虑应用拉格朗日中值定理对 $|f(x)|$ 建立不等式.

解: 由题设条件知, $f(x)$ 在 $[a, b]$ 上满足拉格朗日中值定理的条件.对于 $x\in[a, b]$, 在由点 $\dfrac{a+b}{2}$ 与 x 形成的区间上对 $f(x)$ 运用拉格朗日中值定理,存在 $\xi\in\left(x, \dfrac{a+b}{2}\right)$ 或 $\xi\in\left(\dfrac{a+b}{2}, x\right)$, 使得

$$f(x)=f(x)-f\left(\frac{a+b}{2}\right)=f'(\xi)\left(x-\frac{a+b}{2}\right).$$

取绝对值有

$$|f(x)|=|f'(\xi)|\left|x-\frac{a+b}{2}\right|\leqslant M\left|x-\frac{a+b}{2}\right|.$$

两边积分得

$$\begin{aligned}\int_a^b|f(x)|\mathrm{d}x&\leqslant M\int_a^b\left|x-\frac{a+b}{2}\right|\mathrm{d}x\\&=M\left[\int_a^{\frac{a+b}{2}}\left(\frac{a+b}{2}-x\right)\mathrm{d}x+\int_{\frac{a+b}{2}}^b\left(x-\frac{a+b}{2}\right)\mathrm{d}x\right]\\&=\frac{(b-a)^2}{4}M,\end{aligned}$$

所证不等式成立.

例 5-51 设 $f'(x)$ 在 $[a, b]$ 上二阶可导，且 $f\left(\frac{a+b}{2}\right)=0$，$|f''(x)|\leqslant M$，试给出积分 $\left|\int_a^b f(x)\mathrm{d}x\right|$ 的估值.

分析：从二阶导数 $f''(x)$ 的上界去估计 $f(x)$ 的积分值，应考虑运用泰勒公式把两者联系起来. 为避免对带 ξ 的表达式积分，应考虑对函数 $F(x)=\int_a^x f(t)\mathrm{d}t$ 泰勒展开.

解：设 $F(x)=\int_a^x f(t)\mathrm{d}t$，则 $F(b)=\int_a^b f(t)\mathrm{d}t$，$F(a)=0$. 由题设条件可知，$F(x)$ 在 $[a, b]$ 上三阶可导.将 $F(b)$，$F(a)$ 分别在点 $x_0=\frac{a+b}{2}$ 处泰勒展开，有

$$\begin{aligned}F(b)&=F(x_0)+F'(x_0)(b-x_0)+\frac{F''(x_0)}{2}(b-x_0)^2+\frac{F'''(\xi_1)}{6}(b-x_0)^3\\&=F\left(\frac{a+b}{2}\right)+f\left(\frac{a+b}{2}\right)\cdot\frac{b-a}{2}+\frac{f'\left(\frac{a+b}{2}\right)}{2}\left(\frac{b-a}{2}\right)^2+\frac{f''(\xi_1)}{6}\left(\frac{b-a}{2}\right)^3\\&=F\left(\frac{a+b}{2}\right)+\frac{1}{8}f'\left(\frac{a+b}{2}\right)(b-a)^2+\frac{f''(\xi_1)}{48}(b-a)^3,\ \frac{a+b}{2}<\xi_1<b;\end{aligned}$$

$$\begin{aligned}F(a)&=F(x_0)+F'(x_0)(a-x_0)+\frac{F''(x_0)}{2}(a-x_0)^2+\frac{F'''(\xi_2)}{6}(a-x_0)^3\\&=F\left(\frac{a+b}{2}\right)+f\left(\frac{a+b}{2}\right)\left(-\frac{b-a}{2}\right)+\frac{f'\left(\frac{a+b}{2}\right)}{2}\left(-\frac{b-a}{2}\right)^2+\frac{f''(\xi_2)}{6}\left(-\frac{b-a}{2}\right)^3\\&=F\left(\frac{a+b}{2}\right)+\frac{1}{8}f'\left(\frac{a+b}{2}\right)(b-a)^2-\frac{f''(\xi_2)}{48}(b-a)^3,\ a<\xi_2<\frac{a+b}{2}.\end{aligned}$$

两式相减，有

$$\int_a^b f(x)\mathrm{d}x=F(b)-F(a)=\frac{(b-a)^3}{48}(f''(\xi_1)+f''(\xi_1)).$$

取绝对值，得

$$\left|\int_a^b f(x)\mathrm{d}x\right|\leqslant\frac{(b-a)^3}{48}(|f''(\xi_1)|+|f''(\xi_1)|)\leqslant\frac{(b-a)^3}{24}M.$$

例 5-52 若 $f(x)$ 在 $[a, b]$ 上有连续导数且 $f(a)=0$，证明：

$$\int_a^b (f(x))^2\mathrm{d}x\leqslant\frac{(b-a)^2}{2}\int_a^b (f'(x))^2\mathrm{d}x.$$

分析：本题首先要考虑如何在 $f(x)$ 与 $f'(x)$ 之间建立联系，进而再考虑 $(f(x))^2$ 与 $(f'(x))^2$

的积分之间的不等式关系. $f(x)$ 与 $f'(x)$ 之间的关系式可从下式得到

$$f(x)-f(a)=\int_a^x f'(t)\mathrm{d}t. \tag{5-13}$$

解: 由 $f(a)=0$ 及(5-13)得

$$f(x)=f(x)-f(a)=\int_a^x f'(t)\mathrm{d}t$$

两边平方,利用柯西-施瓦茨不等式有

$$f^2(x)=\left(\int_a^x f'(t)\mathrm{d}t\right)^2\leqslant\int_a^x (f'(t))^2\mathrm{d}t\cdot\int_a^x\mathrm{d}t=(x-a)\int_a^x (f'(t))^2\mathrm{d}t.$$

显然此时对上式两边从 a 到 b 积分得不到结果.为此注意到 $(f'(t))^2\geqslant 0$, 于是有

$$\int_a^x (f'(t))^2\mathrm{d}t\leqslant\int_a^b (f'(t))^2\mathrm{d}t,$$

从而进一步得到 $f^2(x)\leqslant(x-a)\int_a^b (f'(t))^2\mathrm{d}t$. 两边积分有

$$\int_a^b (f(x))^2\mathrm{d}x\leqslant\int_a^b (f'(t))^2\mathrm{d}t\cdot\int_a^b (x-a)\mathrm{d}x=\frac{(b-a)^2}{2}\int_a^b (f'(x))^2\mathrm{d}x$$

不等式得证.

说明: 公式(5-13)是函数 $f(x)$ 与其导数 $f'(x)$ 之间常用的转换公式.

▶▶▶方法小结

(1) 定积分的保序性式(5-7)是证明积分不等式的最重要且最常用的方法.方法运用的关键是在两积分的被积函数之间建立一个不等式关系,常用的方法有:

① 直接考虑两积分的被积函数的差 $f(x)-g(x)$ 在积分区间上是否保持统一的符号;

② 对被积函数直接放大、缩小(例5-43)或者运用已知的不等式进行放大、缩小(例5-45);

③ 利用被积函数 $f(x)$ 的性质(如单调性、凹凸性等)及其所具有的不等式关系式(例5-46,例5-47);

④ 利用拉格朗日中值定理(例5-50)、泰勒公式(例5-51).

(2) 利用函数的单调性和最值也是证明积分不等式的重要方法.对于被积函数之间无法建立不等式或者放大、缩小也无从下手的问题,这一方法常常具有良好的应用(例5-47,例5-48).应用的方法通常是将积分不等式中的某一常数(常常是积分上下限)换成变量 x,把问题转化成函数(一般是变限积分函数)的单调性或者最值问题.这一方法在积分不等式证明问题中是常用的.

(3) 定积分的估值定理式(5-8)常常被运用于证明定积分介于某两数之间的问题,其关键步骤是 $f(x)$ 在积分区间上的最值计算(例5-44).

(4) 当以上所列方法都无法处理时,柯西-施瓦茨不等式[式(5-9)]常常是一个值得考虑的思路(例5-52).

5.3 习题五

5-1 计算下列定积分：

(1) $\int_0^{\frac{\pi}{2}} \frac{\cos 2x}{\cos x-\sin x}\mathrm{d}x$；　　(2) $\int_1^4 \frac{1}{\sqrt{x}}\left(\sqrt[4]{x}-\frac{1}{\sqrt[4]{x}}\right)^2\mathrm{d}x$；

(3) $\int_{\frac{1}{2}}^{\frac{\sqrt{3}}{2}} \left(\frac{\sqrt{1+x}}{\sqrt{1-x}}+\frac{\sqrt{1-x}}{\sqrt{1+x}}\right)\mathrm{d}x$；　　(4) $\int_0^1 \left[\left(\frac{2}{3}\right)^x+\left(\frac{3}{2}\right)^x\right]\mathrm{d}x$；

(5) $\int_{-\frac{\pi}{4}}^{\frac{\pi}{4}} \frac{1}{1+\cos 2x}\mathrm{d}x$；　　(6) $\int_0^{\frac{\pi}{2}} \sqrt{1-\sin 2x}\,\mathrm{d}x$.

5-2 设 $f(x)=\begin{cases} x^2, & 0\leqslant x<1 \\ 2-x, & 1\leqslant x\leqslant 2 \end{cases}$，求 $\int_0^2 f(x)\mathrm{d}x$.

5-3 求下列函数的导数：

(1) $y=\int_{\frac{1}{x}}^{\sqrt{x}} \cos t^2\mathrm{d}t\ (x>0)$，求 $y'(x)$；　　(2) $y=\int_0^{2x} x\sin(1+t^2)\mathrm{d}t$，求 $y''(x)$；

(3) $y=\int_{\sin x}^{\cos x} \frac{\cos t}{1+t^2}\mathrm{d}t$，求 $y'(0)$；　　(4) $y=\int_{\mathrm{e}^x}^2 \tan(\ln(t^2+1))\mathrm{d}t$，求 $y'(x)$.

5-4 设函数由参数方程 $x=\int_1^{t^2} u\ln u\mathrm{d}u$，$y=\int_{t^2}^1 u^2\ln u\mathrm{d}u$ 所确定，求 $\frac{\mathrm{d}y}{\mathrm{d}x}$.

5-5 设 $x=\cos t^2$，$y=t\cos t^2-\int_1^{t^2}\frac{\cos u}{2\sqrt{u}}\mathrm{d}u$，确定函数 $y=y(x)$，求 $\left.\frac{\mathrm{d}^2y}{\mathrm{d}x^2}\right|_{t=\sqrt{\frac{\pi}{2}}}$.

5-6 设 $f(x)=\int_3^x\left[\int_2^t\left(\int_0^u \cos \pi\theta\mathrm{d}\theta\right)\mathrm{d}u\right]\mathrm{d}t$，求 $f'(3)$，$f''(2)$，$f'''(1)$.

5-7 设 $\int_0^y \mathrm{e}^t\mathrm{d}t-\int_0^{\mathrm{e}^x-1}|\cos t^2|\mathrm{d}t=0$，求 $\left.\frac{\mathrm{d}y}{\mathrm{d}x}\right|_{x=0}$.

5-8 设函数 $f(x)$ 在 $(0,+\infty)$ 内可微，其单值反函数为 $g(x)$，且满足 $\int_1^{f(x)} g(t)\mathrm{d}t=\frac{1}{3}(x^{\frac{3}{2}}-8)$，求 $f(x)$.

5-9 设函数 $x=x(y)$ 由方程 $x=\int_1^{y+x}\mathrm{e}^{-u^2}\mathrm{d}u$ 所确定，求 $\left.\frac{\mathrm{d}^2x}{\mathrm{d}y^2}\right|_{y=1}$.

5-10 计算下列极限：

(1) $\lim\limits_{x\to+\infty}\sqrt{x^2+1}\int_0^{\frac{1}{x}}(\arccos t)^2\mathrm{d}t$；　　(2) $\lim\limits_{x\to 0^+}\frac{\int_0^{\sin x}\sqrt{\tan t}\,\mathrm{d}t}{\int_{\tan x}^0\sqrt{\sin t}\,\mathrm{d}t}$；

(3) $\lim\limits_{x\to+\infty}\int_x^{x+a} t\sin\frac{1}{t}\mathrm{d}t$；　　(4) $\lim\limits_{n\to\infty}\int_0^1\frac{x^n}{1+\cos^{10}x}\mathrm{d}x$；

(5) $\lim\limits_{x\to 0}\dfrac{x^2-\int_0^{x^2}\cos(t^2)\mathrm{d}t}{\sin^{10}x}$；　　(6) $\lim\limits_{x\to 1}\dfrac{1}{(x-1)^2}\int_{3x-1}^{x^3+1}\arccos\dfrac{1}{t}\mathrm{d}t$.

5-11 求 a 的值,使得 $\lim\limits_{x\to 0}\dfrac{1}{x^4}\int_0^{x^2}\dfrac{t}{\sqrt{a+t}}\mathrm{d}t=1$.

5-12 设 $f''(x)$ 连续,当 $x\to 0$ 时,$F(x)=\int_0^x(x^2-t^2)f''(t)\mathrm{d}t$ 的导函数与 x^2 为等价无穷小,求 $f''(0)$.

5-13 设 $f(x)=\int_0^{1-\cos x}\sin t^2\mathrm{d}t$,且当 $x\to 0$ 时,$f(x)\sim cx^k$,求 c 和 k 的值.

5-14 设函数 $f(x)=\begin{cases}\dfrac{x^2}{1-\cos x}, & x<0\\ 2, & x=0\\ \dfrac{16}{x^2}\int_0^{\frac{x}{2}}\ln(1+t)\mathrm{d}t, & x>0\end{cases}$.

(1) 求 $\lim\limits_{x\to 0}f(x)$；(2) 讨论 $f(x)$ 的连续性,如果 $f(x)$ 有间断点,则指出其类型；

(3) $f(x)$ 在 $x=0$ 处是否可导,若可导,求其导数值 $f'(0)$.

5-15 设 $f(x)$ 为奇函数,在 $(-\infty,+\infty)$ 内连续且单调增加,证明:$F(x)=\int_0^x(x-t)f(t)\mathrm{d}t$ 在 $[0,+\infty)$ 上单调减少.

5-16 设 $f(x)=\int_0^x\dfrac{\sin t}{t}\mathrm{d}t$,求:

(1) $f(x)$ 在 $(0,+\infty)$ 内的极大值点和极小值点;(2) $\lim\limits_{x\to 0^+}\dfrac{f(x)}{x}$.

5-17 求曲线 $y=1+\int_0^x \mathrm{e}^{-t^2}\mathrm{d}t$ 的拐点.

5-18 设函数 $f(x)$ 在 $[1,+\infty)$ 上连续且恒大于 0, 求函数 $F(x)=\int_1^x\left[\left(\dfrac{2}{x}+\ln x\right)-\left(\dfrac{2}{t}+\ln t\right)\right]f(t)\mathrm{d}t$ 的最小值点.

5-19 证明方程 $\ln x=\dfrac{x}{\mathrm{e}}-\int_0^{\pi}\sqrt{1-\cos 2x}\,\mathrm{d}x$ 在区间 $(0,+\infty)$ 内有且仅有两个不同的实根.

5-20 设 $f(x)=\int_0^{\sin^2 x}\arcsin\sqrt{t}\,\mathrm{d}t+\int_0^{\cos^2 x}\arccos\sqrt{t}\,\mathrm{d}t$, $x\in\left[0,\dfrac{\pi}{2}\right]$,证明:$f(x)\equiv\dfrac{\pi}{4}$.

5-21 求函数 $f(x)$,使 $f(x)$ 对任意正数 a,在 $[0,a]$ 上可积,且当 $x>0$ 时,$f(x)>0$,又满足 $f(x)=\sqrt{\int_0^x f(t)\mathrm{d}t}$.

5-22 设函数 $f(x)$ 是区间上的连续函数,$f(a)$, $f(b)$ 分别是 $f(x)$ 在 $[a,b]$ 上的最大值和最小值,证明:至少存在一点 $\xi\in[a,b]$ 使

$$\int_a^b f(x)\mathrm{d}x = f(a)(\xi - a) + f(b)(b - \xi).$$

5-23 设 $f(x)$ 在 $[a, b]$ 上连续且 $f(x) > 0$，证明方程

$$\int_a^x f(t)\mathrm{d}t + \int_b^x \frac{1}{f(t)}\mathrm{d}t = a + b - 2x.$$

在 (a, b) 内有且仅有一个实根.

5-24 设 $f(x)$ 在 $[a, b]$ 上连续,试证明：存在 $\xi \in (a, b)$，使得

$$\int_a^b f(x)\mathrm{d}x = f(\xi)(b - a).$$

5-25 设函数 $f(x)$ 在 $[0, 1]$ 上连续,在 $(0, 1)$ 内可导,且 $3\int_{\frac{2}{3}}^1 f(x)\mathrm{d}x = f(0)$，试证明：在 $(0, 1)$ 内存在一点 ξ，使得 $f'(\xi) = 0$.

5-26 设函数 $f(x)$ 在 $[0, 1]$ 上连续且 $\int_0^1 f(x)\mathrm{d}x = 0$，试证：在 $(0, 1)$ 内至少存在一点 ξ，使

$$f(\xi) + \int_0^\xi f(x)\mathrm{d}x = 0.$$

5-27 设 $f(x)$ 在 $[-a, a]$ $(a > 0)$ 上具有二阶连续导数，$f(0) = 0$，证明：在 $(-a, a)$ 上至少存在一点 η，使 $a^3 f''(\eta) = 3\int_{-a}^a f(x)\mathrm{d}x$.

5-28 设 $f(x)$，$g(x)$ 在 $[a, b]$ 上连续，$f(x) > 0$，且 $g(x)$ 非负,计算 $\lim\limits_{n\to\infty}\int_a^b g(x)\sqrt[n]{f(x)}\mathrm{d}x$.

5-29 证明不等式：$\dfrac{\pi}{21} \leqslant \displaystyle\int_{\frac{\pi}{4}}^{\frac{\pi}{3}} \frac{\mathrm{d}x}{1 + \sin^2 x} \leqslant \frac{\pi}{18}$.

5-30 设 $f(x)$ 为 $[0, 1]$ 上单调减少且非负的连续函数,证明当 $0 < a < b < 1$ 时,有

$$\int_0^a f(x)\mathrm{d}x \geqslant \frac{a}{b}\int_a^b f(x)\mathrm{d}x.$$

5-31 设 $f(x)$，$g(x)$ 为 $[0, 1]$ 上同为单调函数,且具有相同的单调性,证明：

$$\int_0^1 f(x)g(x)\mathrm{d}x \geqslant \int_0^1 f(x)\mathrm{d}x \int_0^1 g(x)\mathrm{d}x.$$

5-32 试证明：$\int_0^x (t^3 - 2t^2)\mathrm{e}^{-t^2}\mathrm{d}t \geqslant \int_0^2 (t^3 - 2t^2)\mathrm{e}^{-t^2}\mathrm{d}t$.

5-33 设 $f'(x)$ 在 $[-1, 1]$ 上连续,且 $f(0) = 0$，$|f'(x)| \leqslant M$，试证明：$\int_{-1}^1 |f(x)|\mathrm{d}x \leqslant M$.

第6章 积分法

第5章获得的重要结果牛顿-莱布尼茨公式为计算定积分提供了有效的方法.这一方法将定积分的计算问题归结为计算被积函数的原函数问题,也就是归结为不定积分问题.然而人们发现仅仅依赖于上一章所讨论的利用不定积分基本公式、基本性质计算不定积分是远远不够的.本章将以不定积分与微分的逆运算关系为基础,进一步探讨如何计算不定积分的问题,从而获得计算定积分的一些更有效的方法.作为定积分计算方法的应用,本章还将进一步讨论积分等式与积分不等式的证明问题.

6.1 本章解决的主要问题

(1) 不定积分的计算方法;

(2) 定积分的计算方法;

(3) 积分等式与积分不等式的证明问题(二)——运用定积分计算的方法;

(4) 定积分在数列极限计算中的应用.

6.2 典型问题解题方法与分析

6.2.1 不定积分的计算

▶▶▶基本方法

(1) 运用不定积分的运算性质与基本积分公式;

(2) 运用不定积分的第一换元法(凑微分法);

(3) 运用不定积分的第二换元法;

(4) 运用不定积分的分部积分法;

(5) 运用有理式、三角有理式和简单无理函数的积分法.

6.2.1.1 运用不定积分的运算性质、基本积分公式计算不定积分

不定积分的线性运算性质 对于任意实数 k_1,k_2,有

$$\int[k_1f(x)+k_2g(x)]\mathrm{d}x=k_1\int f(x)\mathrm{d}x+k_2\int g(x)\mathrm{d}x. \tag{6-1}$$

▶▶▶典型例题解析

例 6-1 计算 $\int \mathrm{e}^x\left(2-\dfrac{\mathrm{e}^{-x}}{\sqrt{x}}\right)\mathrm{d}x$.

分析： 被积函数可变形为 $f(x)=2\mathrm{e}^x-x^{-\frac{1}{2}}$，运用式(6-1)及基本积分公式计算.

解： $\int \mathrm{e}^x\left(2-\dfrac{\mathrm{e}^{-x}}{\sqrt{x}}\right)\mathrm{d}x=\int(2\mathrm{e}^x-x^{-\frac{1}{2}})\,\mathrm{d}x=2\mathrm{e}^x-2\sqrt{x}+C$.

例 6-2 计算 $\int\dfrac{\cos 2x}{\cos^2 x\,\sin^2 x}\mathrm{d}x$.

分析： 将被积函数恒等变形 $\dfrac{\cos 2x}{\cos^2 x\,\sin^2 x}=\dfrac{\cos^2 x-\sin^2 x}{\cos^2 x\,\sin^2 x}=\dfrac{1}{\sin^2 x}-\dfrac{1}{\cos^2 x}$，运用式(6-1)及基本积分公式计算.

解： $\int\dfrac{\cos 2x}{\cos^2 x\,\sin^2 x}\mathrm{d}x=\int\dfrac{\cos^2 x-\sin^2 x}{\cos^2 x\,\sin^2 x}\mathrm{d}x=\int\left(\dfrac{1}{\sin^2 x}-\dfrac{1}{\cos^2 x}\right)\mathrm{d}x=-\cot x-\tan x+C$.

▶▶▶方法小结

运用不定积分的线性运算性质式(6-1)及基本不定积分公式计算不定积分是求解不定积分的常用方法，其思考的基本思路是通过恒等变形及性质式(6-1)将所求积分分解为能用基本不定积分公式计算的形式.

6.2.1.2 运用不定积分的第一换元法(凑微分法)计算不定积分

不定积分的第一换元法(凑微分法)

$$\int f[g(x)]g'(x)\mathrm{d}x=\int f[g(x)]\mathrm{d}[g(x)]\xlongequal{u=g(x)}\left[\int f(u)\mathrm{d}u\right]_{u=g(x)}. \tag{6-2}$$

▶▶▶方法运用注意点

不定积分凑微分法式(6-2)是两个积分之间的转换公式，通过变换 $u=g(x)$，将积分 $\int f[g(x)]g'(x)\mathrm{d}x$ 转化为新变量 u 的积分 $\int f(u)\mathrm{d}u$ 计算. 方法运用的关键步骤是凑微分过程：

$$\int f[g(x)]g'(x)\mathrm{d}x=\int f[g(x)]\mathrm{d}[g(x)],$$

也就是要根据所求积分，考虑将被积函数中的某个因子凑微分到微分号里面去，然后引入新变量 $u=g(x)$ 将问题转化为新变量的积分计算问题.

▶▶▶典型例题解析

例 6-3 计算 $\int x^2 e^{2x^3+2} dx$.

分析: 问题的难点在于因子 e^{2x^3+2} 中的函数 $2x^3+2$ 的处理，其导数为 $(2x^3+2)'=6x^2$. 可见，若将 x^2 凑微分到微分号中，则有 $x^2 dx = \frac{1}{6} d(2x^3+2)$，因此可用凑微分法计算.

解: $\int x^2 e^{2x^3+2} dx = \frac{1}{6}\int e^{2x^3+2} d(2x^3+2) \xlongequal{u=2x^3+2} \frac{1}{6}\int e^u du = \frac{1}{6}e^u + C = \frac{1}{6}e^{2x^3+2}+C$.

例 6-4 计算 $\int \frac{x}{(1+x^2)^{3/2}} dx$.

分析: 由于 $(1+x^2)'=2x$，若将因子 x 变换到微分号内，则有 $x dx = \frac{1}{2} d(x^2+1)$，运用式(6-2)可将问题转化为幂函数的积分.

解: 原式 $=\frac{1}{2}\int \frac{1}{(1+x^2)^{3/2}} d(1+x^2) \xlongequal{u=1+x^2} \frac{1}{2}\int u^{-\frac{3}{2}} du = -u^{-\frac{1}{2}} + C = -\frac{1}{\sqrt{1+x^2}}+C$.

例 6-5 计算 $\int \frac{\ln^2(2x-1)}{2x-1} dx$.

分析: 难点在于对数函数 $\ln^2(2x-1)$ 的处理，由于 $[\ln(2x-1)]' = \frac{2}{2x-1}$，可利用凑微分法计算.

解: 原式 $=\frac{1}{2}\int \ln^2(2x-1) d[\ln(2x-1)] = \frac{1}{6}\ln^3(2x-1)+C$.

例 6-6 计算 $\int \cos(2x+3)\cos(3x-2) dx$.

分析: 利用积化和差公式化解乘积的难点. $\cos(2x+3)\cos(3x-2) = \frac{1}{2}[\cos(5x+1)+\cos(x-5)]$.

解: 原式 $=\frac{1}{2}\int [\cos(5x+1)+\cos(x-5)] dx = \frac{1}{10}\sin(5x+1)+\frac{1}{2}\sin(x-5)+C$.

说明: 用同样的方法可计算以下积分:

$$\int \sin(\alpha x)\sin(\beta x) dx, \int \sin(\alpha x)\cos(\beta x) dx, \int \cos(\alpha x)\cos(\beta x) dx.$$

例 6-7 计算 $\int (\sec x \tan x)^4 dx$.

分析: 难点在于式中三角函数 $\sec x$，$\tan x$ 的处理.由于

$$(\sec x \tan x)^4 = (1+\tan^2 x)\tan^4 x \sec^2 x,$$

而 $(\tan x)' = \sec^2 x$，若令 $u=\tan x$，运用凑微分法可消去三角函数，化为多项式积分.

解: 原式$=\int(1+\tan^2 x)\tan^4 x\sec^2 x\,\mathrm{d}x=\int(1+\tan^2 x)\tan^4 x\,\mathrm{d}(\tan x)$

$$\overset{u=\tan x}{=\!=\!=}\int(1+u^2)u^4\,\mathrm{d}u=\frac{1}{5}u^5+\frac{1}{7}u^7+C=\frac{1}{5}\tan^5 x+\frac{1}{7}\tan^7 x+C.$$

说明: 用同样的方法可计算以下积分:

$$\int\sec^{2m}x\tan^n x\,\mathrm{d}x,\int\csc^{2m}x\cot^n x\,\mathrm{d}x,\quad n,m=1,2,\cdots$$

例 6-8 计算$\int\frac{\sqrt{\tan x}}{\cos x\sin x}\mathrm{d}x$.

分析: 本题首先应考虑处理式中含有的 3 个不同的三角函数,统一形式.

解: 原式$=\int\frac{\sqrt{\tan x}}{\tan x\cos^2 x}\mathrm{d}x=\int\frac{1}{\sqrt{\tan x}}\mathrm{d}(\tan x)=2\sqrt{\tan x}+C$.

例 6-9 计算$\int\sin^6 x\,\mathrm{d}x$.

分析: 本题的难点在于三角函数 $\sin x$ 的幂次较高,故应首先考虑运用三角函数诱导公式降幂次.

解: 原式$=\int\left(\frac{1-\cos 2x}{2}\right)^3\mathrm{d}x=\frac{1}{8}\int(1-3\cos 2x+3\cos^2 2x-\cos^3 2x)\mathrm{d}x$

$$=\frac{1}{8}\left[\int\mathrm{d}x-3\int\cos 2x\,\mathrm{d}x+3\int\cos^2 2x\,\mathrm{d}x-\int\cos^3 2x\,\mathrm{d}x\right]$$

$$=\frac{1}{8}x-\frac{3}{16}\int\cos 2x\,\mathrm{d}(2x)+\frac{3}{8}\int\frac{1+\cos 4x}{2}\mathrm{d}x-\frac{1}{16}\int[1-\sin^2 2x]\mathrm{d}(\sin 2x)$$

$$=\frac{5}{16}x-\frac{1}{4}\sin 2x+\frac{3}{64}\sin 4x+\frac{1}{48}\sin^3 2x+C.$$

说明: 同样用半角公式降幂次的方法可计算更一般的积分:

$$\int\sin^{2n}x\,\mathrm{d}x,\int\cos^{2n}x\,\mathrm{d}x.$$

例 6-10 计算$\int\frac{3^x\ln(\arcsin 3^x)}{\sqrt{1-9^x}\arcsin 3^x}\mathrm{d}x$.

分析: 首先要考虑消除对数中的函数 $\arcsin 3^x$,对它求导 $(\arcsin 3^x)'=\frac{3^x\ln 3}{\sqrt{1-9^x}}$,可知本题可运用凑微分法计算.

解: 原式$=\frac{1}{\ln 3}\int\frac{\ln(\arcsin 3^x)}{\arcsin 3^x}\mathrm{d}(\arcsin 3^x)=\frac{1}{\ln 3}\int\ln\arcsin 3^x\,\mathrm{d}(\ln\arcsin 3^x)$

$$=\frac{1}{2\ln 3}(\ln\arcsin 3^x)^2+C.$$

例 6-11 计算$\int\frac{\arctan(\tan^2 x)\sin 2x}{\cos^4 x+\sin^4 x}\mathrm{d}x$.

分析: 首先应考虑消除反三角函数中的 $\tan^2 x$，对它求导 $(\tan^2 x)' = 2\tan x \sec^2 x = \dfrac{2\sin x}{\cos^3 x}$，下面应考虑被积函数中有无这一因子.

解: 原式 $=\displaystyle\int \frac{\arctan(\tan^2 x) 2\sin x \cos x}{\cos^4 x(1+\tan^4 x)} dx = \int \frac{\arctan(\tan^2 x)}{1+\tan^4 x} d(\tan^2 x)$

$$= \int \arctan(\tan^2 x) d(\arctan(\tan^2 x)) = \frac{1}{2}(\arctan(\tan^2 x))^2 + C.$$

例 6-12 计算 $\displaystyle\int \frac{1-\ln x}{(x-\ln x)^2} dx$.

分析: 本题首先要考虑消去对数 $\ln x$，其导数 $(\ln x)' = \dfrac{1}{x}$，可见被积函数中没有因子 $\dfrac{1}{x}$. 但若将积分变形，$\displaystyle\int \frac{1-\ln x}{(x-\ln x)^2} dx = \int \frac{1-\ln x}{x^2\left(1-\frac{\ln x}{x}\right)^2} dx$，而 $\dfrac{1-\ln x}{x^2} dx = d\left(\dfrac{\ln x}{x}\right)$，则本题仍可运用凑微分法计算.

解: 原式 $=\displaystyle\int \frac{1-\ln x}{x^2\left(1-\frac{\ln x}{x}\right)^2} dx = \int \frac{1}{\left(1-\frac{\ln x}{x}\right)^2} d\left(\frac{\ln x}{x}\right) = -\int \frac{1}{\left(1-\frac{\ln x}{x}\right)^2} d\left(1-\frac{\ln x}{x}\right)$

$$= \frac{1}{1-\frac{\ln x}{x}} + C = \frac{x}{x-\ln x} + C.$$

例 6-13 计算 $\displaystyle\int \frac{f(x)f'(x)g(x) - f^2(x)g'(x)}{g^3(x)} dx$.

分析: 本例的难点在于积分中含有未知的抽象函数 $f(x)$，$g(x)$. 对于这类问题的处理，一个重要的方法是凑微分法，即通过凑微分换元消去 $f(x)$ 和 $g(x)$.

解: 原式 $=\displaystyle\int \frac{f(x)}{g(x)} \cdot \frac{f'(x)g(x) - f(x)g'(x)}{g^2(x)} dx = \int \frac{f(x)}{g(x)} d\left(\frac{f(x)}{g(x)}\right) = \frac{1}{2}\left(\frac{f(x)}{g(x)}\right)^2 + C.$

例 6-14 计算 $\displaystyle\int \max\{1, x^2\} dx$.

分析: 本题的问题在于被积函数 $f(x) = \max\{1, x^2\}$ 的表达式随 x 的取值范围的不同而变化. 为此，首先应确定 $f(x)$ 的具体表达式，然后再考虑计算积分.

解: 根据 x 的取值，$f(x) = \max\{1, x^2\} = \begin{cases} 1, & |x| \leqslant 1 \\ x^2, & |x| > 1 \end{cases}$，所以问题转化为计算分段函数的不定积分. 在 $|x| \leqslant 1$ 及 $|x| > 1$ 上分别对 $f(x)$ 的表达式 $f(x) = 1$ 和 $f(x) = x^2$ 积分得

$$F(x) = \int \max\{1, x^2\} dx = \begin{cases} \int 1 dx, & |x| \leqslant 1 \\ \int x^2 dx, & |x| > 1 \end{cases} = \begin{cases} \frac{1}{3}x^3 + C_1, & x < -1 \\ x + C_2, & |x| \leqslant 1, \\ \frac{1}{3}x^3 + C_3, & x > 1 \end{cases}$$

由于原函数 $F(x)$ 在分段点 $x=-1$，$x=1$ 处连续，有

$$F(-1-0)=F(-1+0)=F(-1),\ F(1-0)=F(1+0)=F(1),$$

即 $-\frac{1}{3}+C_1=-1+C_2$，$1+C_2=\frac{1}{3}+C_3$，即 $C_1=-\frac{2}{3}+C_2$，$C_3=\frac{2}{3}+C_2$，

所以所求不定积分(令 $C_2=C$)

$$\int \max\{1,x^2\}\mathrm{d}x=\begin{cases}\frac{1}{3}x^3-\frac{2}{3}+C, & x<-1\\ x+C, & |x|\leqslant 1.\\ \frac{1}{3}x^3+\frac{2}{3}+C, & x>1\end{cases}$$

说明：例 6-14 实际指出了分段函数不定积分的计算方法：在各个不同的区间段上对各段上的函数分别计算不定积分，然后确定各段上的任意常数使之在各个分段点处连续.

典型错误：在 $|x|\leqslant 1$ 及 $|x|>1$ 上分别计算不定积分，得

$$\int \max\{1,x^2\}\mathrm{d}x=\begin{cases}\frac{1}{3}x^3+C_1, & x<-1\\ x+C_2, & |x|\leqslant 1.\\ \frac{1}{3}x^3+C_3, & x>1\end{cases}$$

错误分析：(1) 不定积分表示被积函数的一个原函数族，其表达式中仅含一个任意常数，而上式包含三个独立的任意常数 C_1，C_2，C_3，这与定义不符.

(2) 当 C_1，C_2，C_3 为独立的任意常数时，上式表示的函数在分段点 $x=\pm 1$ 处不一定连续，从而也不一定可导，于是上式也不一定是 $f(x)$ 在 $x=\pm 1$ 处的原函数.所以，为使上式在 $x=\pm 1$ 处可导，应首先使上式在 $x=\pm 1$ 处连续，从而 C_1，C_2，C_3 不是相互独立的任意常数.

▶▶▶方法小结

凑微分法的计算步骤：

(1) 将被积函数中的某一因子通过凑微分“缩进”微分号中

$$\int f(g(x))g'(x)\mathrm{d}x=\int f(g(x))\mathrm{d}g(x),$$

这一步是方法的关键步骤.在具体计算时，选择把式中的哪个因子“缩进”微分号中的技巧性很强，通常应根据问题的难点，也就是希望利用凑微分法换元去除的函数，通过观察积分式中有无该函数的导数因子来进行思考.若没有，还应进一步考虑能否通过变形来获得这一因子(例 6-10，例 6-11).常用的凑微分式有

$$\int f(ax+b)\mathrm{d}x=\frac{1}{a}\int f(ax+b)\mathrm{d}(ax+b);\ \int f(x^2+a)x\,\mathrm{d}x=\frac{1}{2}\int f(x^2+a)\mathrm{d}(x^2+a);$$

$\int f(e^x)e^x dx=\int f(e^x)d(e^x)$； $\int \frac{f(\ln x)}{x}dx=\int f(\ln x)d(\ln x)$；

$\int f(x^n)x^{n-1}dx=\frac{1}{n}\int f(x^n)d(x^n)$； $\int f(\sin x)\cos x dx=\int f(\sin x)d(\sin x)$；

$\int f(\cos x)\sin x dx=-\int f(\cos x)d(\cos x)$； $\int f(\tan x)\sec^2 x dx=\int f(\tan x)d(\tan x)$；

$\int f(\cot x)\csc^2 x dx=-\int f(\cot x)d(\cot x)$； $\int f(\arcsin x)\frac{1}{\sqrt{1-x^2}}dx=\int f(\arcsin x)d(\arcsin x)$；

$\int f(\arctan x)\frac{1}{1+x^2}dx=\int f(\arctan x)d(\arctan x)$.

(2) 令 $u=g(x)$ 变换积分：$\int f(g(x))d(g(x))=\int f(u)du$.

(3) 计算 $\int f(u)du$，并回代 $u=g(x)$：$\int f(u)du=F(u)+C=F(g(x))+C$.

6.2.1.3 运用不定积分的第二换元法计算不定积分

不定积分的第二换元法(换元法)

$$\int f(x)dx \xlongequal{x=g(t)} \int f(g(t))d(g(t))=\int f(g(t))g'(t)dt. \tag{6-3}$$

▶▶▶方法运用注意点

不定积分的换元法公式(6-3)是两个积分之间的转换公式，通过变换 $x=g(t)$ 将积分 $\int f(x)dx$ 的计算转换成关于新变量 t 的积分 $\int f(g(t))g'(t)dt$ 的计算.方法运用的关键在于能否根据所求积分的计算难点，选取合适的变量代换 $x=g(t)$ 消除难点，简化积分.

▶▶▶典型例题解析

例 6-15 计算 $\int \frac{x^2}{\sqrt{9-x^2}}dx$.

分析：本例的难点在于式中的根式，所以去除根式是这里首先考虑的问题，去根式的最常用的方法是采用变量代换的方法，即

(1) 借助一些已知的恒等式，通过变量代换将根号下的式子表达成平方式(如果是二次根式)；

(2) 直接将根式设为一新的变量.

解：本例可令 $x=3\sin t$，借助恒等式 $\sin^2 t+\cos^2 t=1$ 去根号.

令：$x=3\sin t$，则 $dx=3\cos t dt$，运用换元公式(6-3)，有

$$原式=\int \frac{9\sin^2 t}{\sqrt{9-9\sin^2 t}}3\cos t dt=\int 9\sin^2 t dt=\frac{9}{2}\int(1-\cos 2t)dt$$

$$=\frac{9}{2}\left(t-\frac{1}{2}\sin 2t\right)+C=\frac{9}{2}t-\frac{9}{2}\sin t\cos t+C,$$

由 $x=3\sin t$ 及图 6-1 得，$t=\arcsin\frac{x}{3}$，$\sin t=\frac{x}{3}$，$\cos t=\frac{\sqrt{9-x^2}}{3}$，将其代入上式得

$$\text{原式}=\frac{9}{2}\arcsin\frac{x}{3}-\frac{x\sqrt{9-x^2}}{2}+C.$$

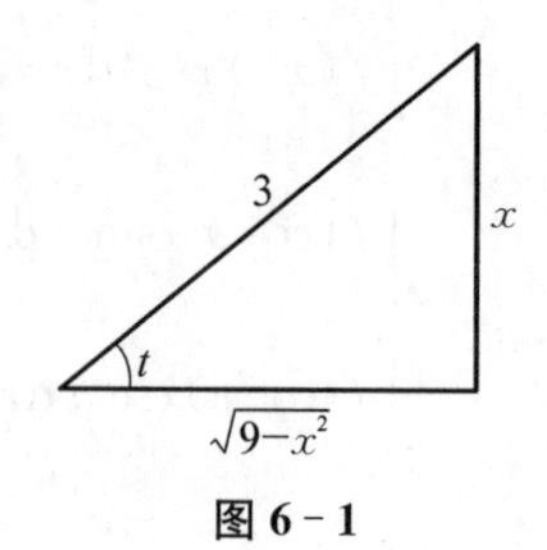

图 6-1

例 6-16 计算 $\int\frac{\sqrt{x^2+6x+5}}{x+3}\mathrm{d}x$.

分析： 计算难点在于根式，经配方后根号下的二次式 $x^2+6x+5=(x+3)^2-4$，若做变换 $x+3=2\sec t$，可借助恒等式 $\sec^2 t-1=\tan^2 t$ 去根号.

解： 原式 $=\int\frac{\sqrt{(x+3)^2-4}}{x+3}\mathrm{d}x\overset{x+3=2\sec t}{=\!=\!=}\int\frac{\sqrt{4\sec^2 t-4}}{2\sec t}2\sec t\tan t\mathrm{d}t$

$$=2\int\tan^2 t\mathrm{d}t$$

$$=2\int(\sec^2 t-1)\mathrm{d}t=2(\tan t-t)+C$$

$$\overset{\text{图 6-2}}{=\!=\!=}\sqrt{x^2+6x+5}-2\arccos\frac{2}{x+3}+C.$$

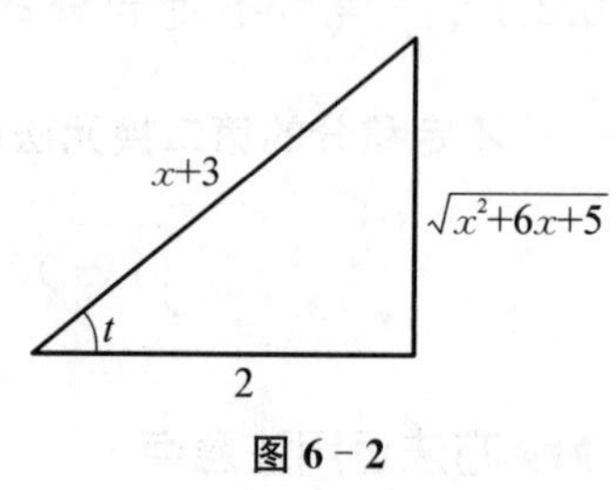

图 6-2

例 6-17 计算 $\int\frac{\mathrm{d}x}{x^4\sqrt{1+x^2}}$.

分析： 首先要考虑的问题是去除根式 $\sqrt{1+x^2}$，若作变换 $x=\tan t$，则可借助恒等式 $1+\tan^2 t=\sec^2 t$ 去根号.

解一： 原式 $\overset{x=\tan t}{=\!=\!=}\int\frac{\sec^2 t}{\tan^4 t\sec t}\mathrm{d}t=\int\frac{\cos^3 t}{\sin^4 t}\mathrm{d}t=\int\frac{1-\sin^2 t}{\sin^4 t}\mathrm{d}(\sin t)$

$$=-\frac{1}{3\sin^3 t}+\frac{1}{\sin t}+C\overset{\text{图 6-3}}{=\!=\!=}-\frac{\sqrt{(1+x^2)^3}}{3x^3}+\frac{\sqrt{1+x^2}}{x}+C.$$

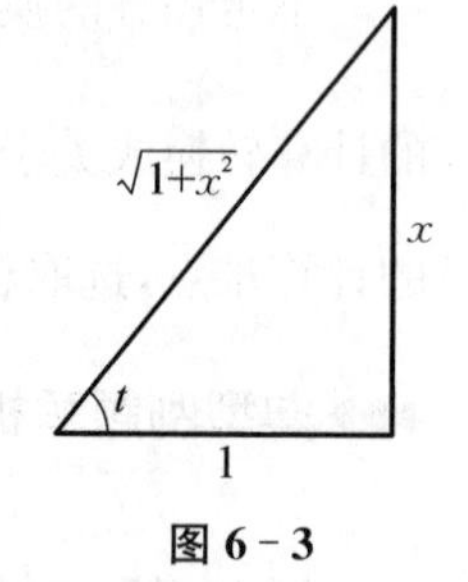

图 6-3

解二： 本题也可运用倒数代换来计算.令 $x=\frac{1}{t}$，

$$\text{原式}\overset{x=\frac{1}{t}}{=\!=\!=}\int\frac{1}{\frac{1}{t^4}\sqrt{1+\frac{1}{t^2}}}\left(-\frac{1}{t^2}\right)\mathrm{d}t=-\int\frac{t^3}{\sqrt{t^2+1}}\mathrm{d}t=-\frac{1}{2}\int\frac{t^2}{\sqrt{t^2+1}}\mathrm{d}t^2$$

$$=-\frac{1}{2}\int\frac{(t^2+1)-1}{\sqrt{t^2+1}}\mathrm{d}(t^2+1)=-\frac{1}{3}(t^2+1)^{3/2}+\sqrt{t^2+1}+C$$

$$=-\frac{\sqrt{(1+x^2)^3}}{3x^3}+\frac{\sqrt{1+x^2}}{x}+C.$$

例 6-18　计算 $\int \frac{\mathrm{d}x}{x\sqrt{1+x^4}}$.

分析：首先考虑去根式，本题的问题在于根号下是 4 次多项式，次数较高，所以应先考虑降次，再做变换.

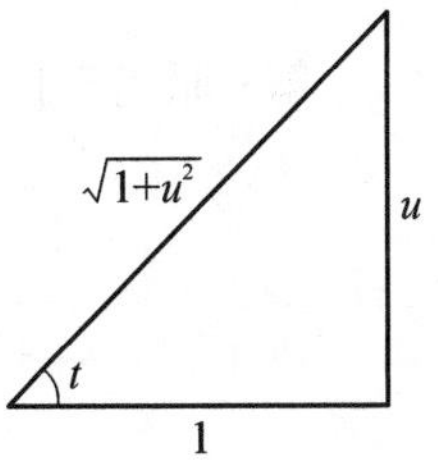

图 6-4

解：原式 $=\int \frac{x\,\mathrm{d}x}{x^2\sqrt{1+x^4}}=\frac{1}{2}\int \frac{\mathrm{d}(x^2)}{x^2\sqrt{1+x^4}} \xlongequal{u=x^2} \frac{1}{2}\int \frac{\mathrm{d}u}{u\sqrt{1+u^2}}$

$$\xlongequal{u=\tan t} \frac{1}{2}\int \frac{\sec^2 t\,\mathrm{d}t}{\tan t\sec t}=\frac{1}{2}\int \frac{\mathrm{d}t}{\sin t}=\frac{1}{2}\ln|\csc t-\cot t|+C$$

$$=\frac{1}{2}\ln\frac{\sqrt{1+u^2}-1}{u}+C=\frac{1}{2}\ln\frac{\sqrt{1+x^4}-1}{x^2}+C.$$

例 6-19　计算 $\int \frac{\mathrm{d}x}{(1+x^2)^3}$.

分析：本题是有理函数积分问题，一般可以采用部分分式分解的方法计算.然而由于分母的多项式次数较高，所以计算烦琐.这里也可以采用变换 $x=\tan t$ 来消除因子 $1+x^2$ 的方法计算.

解：原式 $\xlongequal{x=\tan t} \int \frac{\sec^2 t\,\mathrm{d}t}{\sec^6 t}=\int \cos^4 t\,\mathrm{d}t=\int \left(\frac{1+\cos 2t}{2}\right)^2\mathrm{d}t$

$$=\frac{1}{4}\int(1+2\cos 2t+\cos^2 2t)\mathrm{d}t=\frac{1}{4}t+\frac{1}{4}\sin 2t+\frac{1}{4}\int\left(\frac{1+\cos 4t}{2}\right)\mathrm{d}t$$

$$=\frac{1}{4}t+\frac{1}{4}\sin 2t+\frac{1}{8}t+\frac{1}{32}\sin 4t+C$$

$$=\frac{3}{8}t+\frac{1}{2}\sin t\cos t+\frac{1}{8}\sin t\cos t(\cos^2 t-\sin^2 t)+C$$

$$\xlongequal{\text{图 6-5}} \frac{3}{8}\arctan x+\frac{1}{2}\frac{x}{1+x^2}+\frac{1}{8}\frac{x}{1+x^2}\left[\frac{1}{1+x^2}-\frac{x^2}{1+x^2}\right]+C$$

$$=\frac{3}{8}\arctan x+\frac{1}{2}\frac{x}{1+x^2}+\frac{x(1-x^2)}{8(1+x^2)^2}+C.$$

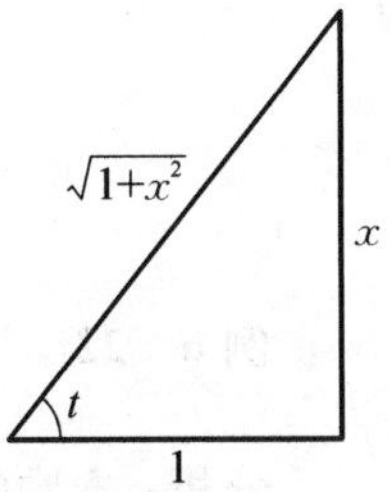

图 6-5

说明：用同样的方法可计算更一般的积分 $\int \frac{\mathrm{d}x}{(a^2+x^2)^n}$.

例 6-20　计算 $\int \frac{\mathrm{d}x}{(1+x+x^2)^{3/2}}$.

分析：分母为根号下的二次式，首先进行配方 $1+x+x^2=\left(x+\frac{1}{2}\right)^2+\frac{3}{4}$，可见，若作变换 $x+\frac{1}{2}=\frac{\sqrt{3}}{2}\tan t$ 可以去根号后计算，但本题采用倒数变换 $\left(\text{令 } x+\frac{1}{2}=\frac{1}{t}\right)$ 计算也很方便.

解：原式$=\int\frac{\mathrm{d}x}{\left[\left(x+\frac{1}{2}\right)^2+\frac{3}{4}\right]^{3/2}}\xlongequal{x+\frac{1}{2}=\frac{1}{t}}\int\frac{1}{\left(\frac{1}{t^2}+\frac{3}{4}\right)^{3/2}}\left(-\frac{1}{t^2}\right)\mathrm{d}t$

$$=-\int\frac{t}{\left(1+\frac{3}{4}t^2\right)^{3/2}}\mathrm{d}t=-\frac{2}{3}\int\frac{1}{\left(1+\frac{3}{4}t^2\right)^{3/2}}\mathrm{d}\left(1+\frac{3}{4}t^2\right)$$

$$=\frac{4}{3}\left(1+\frac{3}{4}t^2\right)^{-1/2}+C=\frac{2}{3}\cdot\frac{2x+1}{\sqrt{1+x+x^2}}+C.$$

例 6-21 计算$\int\frac{\mathrm{d}x}{(\mathrm{e}^x-1)^{3/2}}$.

分析：本题的问题在于如何消除带指数函数的根式$\sqrt{\mathrm{e}^x-1}$. 这里有两种方法：

(1) 借助三角恒等式去根号，令 $\mathrm{e}^x=\sec^2 t$，即 $x=-2\ln\cos t$；

(2) 直接令 $t=\sqrt{\mathrm{e}^x-1}$，即 $x=\ln(1+t^2)$.

解一：原式$\xlongequal{\mathrm{e}^x=\sec^2 t}\int\frac{1}{\tan^3 t}2\tan t\,\mathrm{d}t=2\int\cot^2 t\,\mathrm{d}t$

$$=2\int(\csc^2 t-1)\mathrm{d}t=-2\cot t-2t+C$$

$$\xlongequal{图 6-6}-\frac{2}{\sqrt{\mathrm{e}^x-1}}-2\arctan\sqrt{\mathrm{e}^x-1}+C.$$

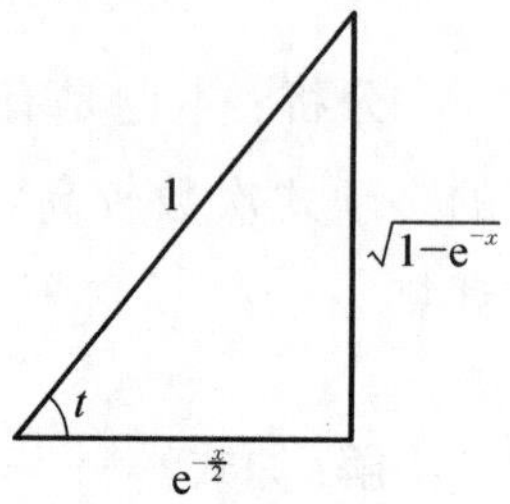

图 6-6

解二：原式$\xlongequal{t=\sqrt{\mathrm{e}^x-1}}\int\frac{1}{t^3}\cdot\frac{2t}{1+t^2}\mathrm{d}t=\int\frac{2}{t^2(1+t^2)}\mathrm{d}t=2\int\left(\frac{1}{t^2}-\frac{1}{1+t^2}\right)\mathrm{d}t$

$$=-\frac{2}{t}-2\arctan t+C=-\frac{2}{\sqrt{\mathrm{e}^x-1}}-2\arctan\sqrt{\mathrm{e}^x-1}+C.$$

例 6-22 计算$\int\frac{\mathrm{e}^{2x}}{\mathrm{e}^{2x}+3\mathrm{e}^x+2}\mathrm{d}x$.

分析：本题的问题是如何消除指数函数 e^x. 注意到 $\mathrm{e}^{2x}\mathrm{d}x=(\mathrm{e}^x\cdot\mathrm{e}^x)\mathrm{d}x=\mathrm{e}^x\mathrm{d}\mathrm{e}^x$，故可通过凑微分法换元 $t=\mathrm{e}^x$ 消除指数函数 e^x.

解：原式$=\int\frac{\mathrm{e}^x\mathrm{d}\mathrm{e}^x}{\mathrm{e}^{2x}+3\mathrm{e}^x+2}\xlongequal{t=\mathrm{e}^x}\int\frac{t\mathrm{d}t}{t^2+3t+2}=\int\frac{t\mathrm{d}t}{(t+1)(t+2)}$

$$=\int\left(-\frac{1}{t+1}+\frac{2}{t+2}\right)\mathrm{d}t=-\ln(t+1)+2\ln(t+2)+C$$

$$=2\ln(\mathrm{e}^x+2)-\ln(\mathrm{e}^x+1)+C.$$

例 6-23 计算$\int\frac{\mathrm{d}x}{x\ln x\sqrt{\ln x-1}}$.

分析：本题面临的问题是对数 $\ln x$ 和根式$\sqrt{\ln x-1}$ 的处理. 由于被积函数含有因子 $\frac{1}{x}$，故首先应采用凑微分法换元去除 $\ln x$，然后再考虑去除根式.

解：原式 $=\int\frac{\mathrm{d}(\ln x)}{\ln x\sqrt{\ln x-1}}\xlongequal{t=\ln x}\int\frac{\mathrm{d}t}{t\sqrt{t-1}}\xlongequal{u=\sqrt{t-1}}\int\frac{2u\mathrm{d}u}{(1+u^2)u}$

$$=\int\frac{2\mathrm{d}u}{1+u^2}=2\arctan u+C$$

$$=2\arctan\sqrt{\ln x-1}+C.$$

▶▶▶方法小结

运用不定积分换元法的目的是通过引入新的变量消除积分中的计算难点，将问题转化为能够方便计算的积分.如上面例题所看到的，计算中如何去除根式是常见的问题，常用的去根式的方法有以下几种.

(1) 通过变换，借助于一些恒等式去根号，例如当被积函数中

含有 $\sqrt{a^2-x^2}$ 时，可令 $x=a\sin t$ (或 $x=a\cos t$) (例 6-15)；

含有 $\sqrt{a^2+x^2}$ 时，可令 $x=a\tan t$ (或 $x=a\cot t$) (例 6-17，例 6-18)；

含有 $\sqrt{x^2-a^2}$ 时，可令 $x=a\sec t$ (例 6-16，例 6-21).

同时借助于二次式的配方，上述所列的变换可以同样地处理更一般的根式 $\sqrt{ax^2+bx+c}$ 的去根号问题(例 6-16).

(2) 直接令根式为新的变量(例 6-21，例 6-23).

同时需要指出，除了上面所列的一些常用变换之外，倒数变换 $x=\frac{1}{t}$ 也是积分计算中的常用变换，它对有些问题的处理也是非常有效的(例 6-17，例 6-20).

总之，变量代换方法的核心是要抓住问题的难点所在，选取合适的变量代换，运用公式(6-3)达到消除难点的目的，而要做到这一步，需要广泛的积累和丰富的计算经验.

6.2.1.4　运用不定积分的分部积分法计算不定积分

不定积分的分部积分法

$$\int f(x)\mathrm{d}(g(x))=f(x)g(x)-\int g(x)\mathrm{d}(f(x)) \tag{6-4}$$

▶▶▶方法运用注意点

不定积分的分部积分法(6-4)是两个积分之间的转换公式，通过公式将积分 $\int f(x)\mathrm{d}(g(x))$ 转换为积分 $\int g(x)\mathrm{d}(f(x))$ 计算.两者之间的区别在于函数 $f(x)$ 与 $g(x)$ 在微分号内外的交换，这种交换所要达到的基本目的是希望对 $f(x)$ 求微分(求导)，能够消除原积分中的计算难点，使得新积分 $\int g(x)\mathrm{d}(f(x))$ 比原积分更容易计算.在应用公式计算时，首先要将所求积分表示为形如 $\int f(x)\mathrm{d}(g(x))$ 的积分，而

这个过程通常是将被积函数中的某一因子通过凑微分法"缩进"微分号中来完成.

▶▶▶典型例题解析

例 6-24 计算 $\int (\ln x)^2 \mathrm{d}x$.

分析：本题的难点在于对数函数 $\ln^2 x$，若能将其求导就可予以消除，为此考虑运用分部积分法式(6-4)计算.

解：原式 $=x(\ln x)^2-\int x\cdot 2\ln x\cdot\frac{1}{x}\mathrm{d}x=x(\ln x)^2-2\int \ln x\,\mathrm{d}x$

$$=x\ln^2 x-2\left(x\ln x-\int x\cdot\frac{1}{x}\mathrm{d}x\right)=x\ln^2 x-2x\ln x+2x+C.$$

说明：从上面的计算过程可见，反复运用分部积分法，可计算更一般的积分

$$\int (\ln x)^k \mathrm{d}x\ (k=1,\ 2,\ \cdots).$$

例 6-25 计算 $\int x^2\ln x\,\mathrm{d}x$.

分析：本例的难点仍在对数函数 $\ln x$，为此把 x^2 缩进微分号内，运用分部积分法式(6-4)可以把它消去.

解：原式 $=\frac{1}{3}\int \ln x\,\mathrm{d}(x^3)=\frac{1}{3}\left(x^3\ln x-\int x^3\cdot\frac{1}{x}\mathrm{d}x\right)=\frac{1}{3}x^3\ln x-\frac{1}{9}x^3+C.$

说明：从上例的计算过程可见，反复运用分部积分法，可计算更一般的积分：

$$\int P_n(x)\ln x\,\mathrm{d}x \text{ 和 } \int P_n(x)(\ln x)^k\mathrm{d}x\ (k=1,\ 2,\ \cdots),$$

其中 $P_n(x)$ 为 n 次多项式.

例 6-26 计算 $\int \frac{(\ln x)^3}{x^2}\mathrm{d}x$.

分析：本题首先要消除的难点是对数函数 $\ln^3 x$，为此把 $\frac{1}{x^2}$ 缩进微分号内，考虑运用分部积分法式(6-4)计算.

解：原式 $=-\int (\ln x)^3\mathrm{d}\left(\frac{1}{x}\right)=-\left(\frac{\ln^3 x}{x}-\int \frac{1}{x}\cdot 3\ln^2 x\cdot\frac{1}{x}\mathrm{d}x\right)=-\frac{\ln^3 x}{x}+3\int \frac{1}{x^2}\ln^2 x\,\mathrm{d}x$

$$=-\frac{\ln^3 x}{x}-3\int \ln^2 x\,\mathrm{d}\left(\frac{1}{x}\right)=-\frac{\ln^3 x}{x}-3\left(\frac{\ln^2 x}{x}-\int\frac{1}{x}\cdot 2\ln x\cdot\frac{1}{x}\mathrm{d}x\right)$$

$$=-\frac{\ln^3 x}{x}-\frac{3\ln^2 x}{x}+6\int\frac{1}{x^2}\ln x\,\mathrm{d}x=-\frac{\ln^3 x}{x}-\frac{3\ln^2 x}{x}-6\int \ln x\,\mathrm{d}\left(\frac{1}{x}\right)$$

$$=-\frac{\ln^3 x}{x}-\frac{3\ln^2 x}{x}-6\left(\frac{\ln x}{x}-\int\frac{1}{x^2}\mathrm{d}x\right)=-\frac{\ln^3 x}{x}-\frac{3\ln^2 x}{x}-\frac{6\ln x}{x}-\frac{6}{x}+C$$

$$=-\frac{1}{x}(\ln^3 x+3\ln^2 x+6\ln x+6)+C.$$

例 6－27　计算 $\int x\sin x\cos x\,dx$.

分析：本例的问题是要考虑消除因子 x，为此把 $\sin x\cos x$ 缩进微分号中，运用分部积分法对其求导来消除.

解：原式 $=\frac{1}{2}\int x\sin 2x\,dx=-\frac{1}{4}\int x\,d(\cos 2x)=-\frac{1}{4}\left(x\cos 2x-\int\cos 2x\,dx\right)$

$$=-\frac{1}{4}x\cos 2x+\frac{1}{8}\sin 2x+C.$$

说明：从上面的计算过程可见，反复运用分部积分法可计算更一般的积分

$$\int P_n(x)\sin\alpha x\,dx\ 和\ \int P_n(x)\cos\alpha x\,dx,$$

其中 $P_n(x)$ 为 n 次多项式.

例 6－28　计算 $\int\frac{x\sin x}{\cos^3 x}dx$.

分析：问题在于被积函数中的因子 x，考虑通过将其求导消除.为此将 $\frac{\sin x}{\cos^3 x}$ 缩进微分号中，运用分部积分法计算.

解：原式 $=\int x\tan x\,d(\tan x)=\frac{1}{2}\int x\ d(\tan^2 x)=\frac{1}{2}\left(x\ \tan^2 x-\int\tan^2 x\,dx\right)$

$$=\frac{1}{2}x\ \tan^2 x-\frac{1}{2}\int(\sec^2 x-1)dx=\frac{1}{2}x\ \tan^2 x-\frac{1}{2}(\tan x-x)+C.$$

例 6－29　计算 $\int x^2\arcsin x\,dx$.

分析：本题的难点在于如何处理反三角函数 $\arcsin x$. 对于被积函数中的反三角函数，一般可通过分部积分法对其求导或者通过变量代换消除.

解：利用分部积分法

$$原式=\frac{1}{3}\int\arcsin x\,d(x^3)=\frac{1}{3}\left(x^3\arcsin x-\int\frac{x^3}{\sqrt{1-x^2}}dx\right)$$

$$=\frac{1}{3}x^3\arcsin x+\frac{1}{6}\int\frac{(x^2-1)+1}{\sqrt{1-x^2}}d(1-x^2)$$

$$=\frac{1}{3}x^3\arcsin x+\frac{1}{6}\int\frac{1}{\sqrt{1-x^2}}d(1-x^2)-\frac{1}{6}\int\sqrt{1-x^2}\,d(1-x^2)$$

$$=\frac{1}{3}x^3\arcsin x+\frac{1}{3}\sqrt{1-x^2}-\frac{1}{9}(1-x^2)^{3/2}+C.$$

例 6－30　计算 $\int\frac{\arctan x}{x^2(1+x^2)}dx$.

分析：本例应考虑运用分部积分法对计算难点 $\arctan x$ 求导，为此应先对因子 $\frac{1}{x^2(1+x^2)}$ 进行

分解,简化问题.

解一: 原式$=\int\left(\frac{1}{x^2}-\frac{1}{1+x^2}\right)\arctan x\,\mathrm{d}x=\int\frac{\arctan x}{x^2}\mathrm{d}x-\int\frac{\arctan x}{1+x^2}\mathrm{d}x$

$$=-\int\arctan x\,\mathrm{d}\left(\frac{1}{x}\right)-\int\arctan x\,\mathrm{d}(\arctan x)$$

$$=-\left[\frac{1}{x}\arctan x-\int\frac{\mathrm{d}x}{x(1+x^2)}\right]-\frac{1}{2}(\arctan x)^2$$

$$=-\frac{1}{x}\arctan x+\int\left(\frac{1}{x}-\frac{x}{1+x^2}\right)\mathrm{d}x-\frac{1}{2}(\arctan x)^2$$

$$=-\frac{1}{x}\arctan x+\ln\frac{x}{\sqrt{1+x^2}}-\frac{1}{2}(\arctan x)^2+C.$$

解二: 原式$\xlongequal{x=\tan t}\int\frac{t\sec^2 t}{\tan^2 t\sec^2 t}\mathrm{d}t=\int t\cot^2 t\,\mathrm{d}t$

$$=\int t(\csc^2 t-1)\mathrm{d}t=\int t\csc^2 t\,\mathrm{d}t-\int t\mathrm{d}t$$

$$=-\int t\mathrm{d}(\cot t)-\frac{1}{2}t^2=-\left(t\cot t-\int\cot t\,\mathrm{d}t\right)-\frac{1}{2}t^2$$

$$=-t\cot t+\ln\sin t-\frac{1}{2}t^2+C$$

$$\xlongequal{\text{图 }6-7}-\frac{1}{x}\arctan x+\ln\frac{x}{\sqrt{1+x^2}}-\frac{1}{2}(\arctan x)^2+C.$$

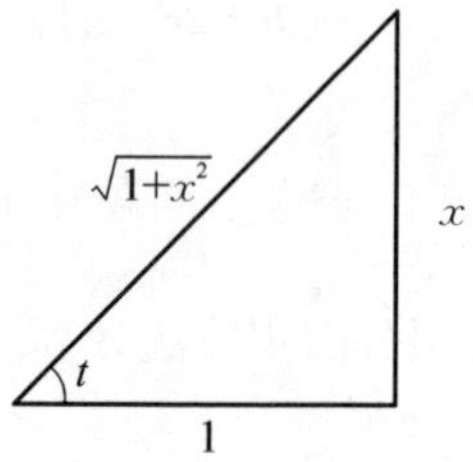

图 6-7

例 6-31 计算$\int x^2\mathrm{ch}\,3x\,\mathrm{d}x$.

分析: 本例计算的关键点在于设法消除因子x^2,为此将$\mathrm{ch}\,3x$缩进微分号内,利用分部积分法通过求导予以消除.

解: 原式$=\frac{1}{3}\int x^2\mathrm{d}(\mathrm{sh}\,3x)=\frac{1}{3}\left(x^2\mathrm{sh}\,3x-2\int x\,\mathrm{sh}\,3x\,\mathrm{d}x\right)=\frac{1}{3}x^2\mathrm{sh}\,3x-\frac{2}{9}\int x\,\mathrm{d}(\mathrm{ch}\,3x)$

$$=\frac{1}{3}x^2\mathrm{sh}\,3x-\frac{2}{9}\left(x\,\mathrm{ch}\,3x-\int\mathrm{ch}\,3x\,\mathrm{d}x\right)=\frac{1}{3}x^2\mathrm{sh}\,3x-\frac{2}{9}x\,\mathrm{ch}\,3x+\frac{2}{27}\mathrm{sh}\,3x+C.$$

说明: 与上题类似,反复运用分部积分法,可计算更一般的积分:

$$\int P_n(x)\mathrm{sh}(\alpha x)\mathrm{d}x\ \text{和}\ \int P_n(x)\mathrm{ch}(\beta x)\mathrm{d}x,$$

其中$P_n(x)$为n次多项式.

例 6-32 计算$\int x^2\mathrm{e}^{-x}\mathrm{d}x$.

分析: 本例应考虑消除因子,为此将e^{-x}缩进微分号中,运用分部积分法对x^2求导.

解: 原式$=-\int x^2\mathrm{d}e^{-x}=-\left(x^2e^{-x}-2\int xe^{-x}\mathrm{d}x\right)=-x^2e^{-x}-2\int x\mathrm{d}e^{-x}$

$$=-x^2e^{-x}-\left(2xe^{-x}-2\int e^{-x}\mathrm{d}x\right)=-x^2e^{-x}-2xe^{-x}+2\int e^{-x}\mathrm{d}x$$

$$=-x^2e^{-x}-2xe^{-x}-2e^{-x}+C=-(x^2+2x+2)e^{-x}+C.$$

说明: 按照上例同样的思路,反复运用分部积分法,可以计算更一般的积分,

$$\int P_n(x)e^{\alpha x}\mathrm{d}x \text{ 和 } \int P_n(x)a^{\beta x}\mathrm{d}x,$$

其中 $P_n(x)$ 为 n 次多项式.

例 6-33 计算 $\int \frac{\sin x}{\cos^3 x}e^{\tan x}\mathrm{d}x$.

分析: 本例首先应考虑消除指数函数中的 $\tan x$, 注意到 $(\tan x)'=\sec^2 x$, 可先凑微分 $\int \frac{\sin x}{\cos^3 x}e^{\tan x}\mathrm{d}x=\int \tan x\, e^{\tan x}\mathrm{d}(\tan x)$, 再利用分部积分法计算.

解: 原式$=\int \tan x\, e^{\tan x}\mathrm{d}(\tan x)\xlongequal{t=\tan x}\int te^t\mathrm{d}t=\int t\mathrm{d}e^t=te^t-\int e^t\mathrm{d}t=te^t-e^t+C$

$$=(\tan x-1)e^{\tan x}+C.$$

例 6-34 计算 $\int \frac{xe^{-x}}{(x-1)^2}\mathrm{d}x$.

分析: 本例无法像例 6-32 那样将 e^{-x} 缩进微分号中来利用分部积分法,也不能像例 6-33 那样通过换元法处理.本例应消除的计算难点在哪里? 此时应分析式中各函数间有无联系,注意到 $(xe^{-x})'=(1-x)e^{-x}$, 可见本题可将因子 $\frac{1}{(x-1)^2}$ 缩进微分号中,利用分部积分法计算.

解: 原式$=-\int xe^{-x}\mathrm{d}\left(\frac{1}{x-1}\right)=-\left[\frac{xe^{-x}}{x-1}-\int\frac{(1-x)e^{-x}}{x-1}\mathrm{d}x\right]=-\frac{xe^{-x}}{x-1}-\int e^{-x}\mathrm{d}x$

$$=-\frac{xe^{-x}}{x-1}+e^{-x}+C=-\frac{e^{-x}}{x-1}+C.$$

例 6-35 计算 $\int \frac{xe^x}{\sqrt{e^x-2}}\mathrm{d}x$.

分析: 计算难点在于指数函数 e^x, 根式以及 x 的处理.若希望消去 x,则可凑微分 $\int \frac{xe^x}{\sqrt{e^x-2}}\mathrm{d}x=2\int x\mathrm{d}(\sqrt{e^x-2})$ 后利用分部积分法处理.若希望消去根式 $\sqrt{e^x-2}$, 则可作变量代换 $t=\sqrt{e^x-2}$.

解一: 原式$=2\int x\mathrm{d}(\sqrt{e^x-2})=2x\sqrt{e^x-2}-2\int\sqrt{e^x-2}\,\mathrm{d}x$,

$$\int\sqrt{e^x-2}\,\mathrm{d}x\xlongequal{t=\sqrt{e^x-2}}\int t\cdot\frac{2t}{t^2+2}\mathrm{d}t=2\int\left(1-\frac{2}{t^2+2}\right)\mathrm{d}t=2t-2\sqrt{2}\arctan\frac{t}{\sqrt{2}}+C$$

$$=2\sqrt{e^x-2}-2\sqrt{2}\arctan\frac{\sqrt{e^x-2}}{\sqrt{2}}+C,$$

所以 $$原式=2x\sqrt{e^x-2}-4\sqrt{e^x-2}+4\sqrt{2}\arctan\frac{\sqrt{e^x-2}}{\sqrt{2}}+C.$$

解二: 原式 $\xlongequal{t=\sqrt{e^x-2}}\int\frac{(t^2+2)\ln(t^2+2)}{t}\frac{2t}{t^2+2}dt=2\int\ln(t^2+2)dt$

$$=2t\ln(t^2+2)-4\int\frac{t^2}{t^2+2}dt=2t\ln(t^2+2)-4\int\left(1-\frac{2}{t^2+2}\right)dt$$

$$=2t\ln(t^2+2)-4\left(t-\sqrt{2}\arctan\frac{t}{\sqrt{2}}\right)+C$$

$$=2x\sqrt{e^x-2}-4\sqrt{e^x-2}+4\sqrt{2}\arctan\frac{\sqrt{e^x-2}}{\sqrt{2}}+C.$$

例 6-36 计算 $\int\cos(\ln x)dx$.

分析: 经过一次分部积分法 $$\int\cos(\ln x)dx=x\cos(\ln x)+\int\sin(\ln x)dx,$$

可见新的积分没有比原积分简化,只是将 $\int\cos(\ln x)dx$ 换成了 $\int\sin(\ln x)dx$. 但若对新的积分再用一次分部积分法,又可将被积函数 $\sin(\ln x)$ 转换成 $\cos(\ln x)$,从而获得所求积分满足的方程.

解: $\int\cos(\ln x)dx=x\cos(\ln x)-\int x[-\sin(\ln x)]\cdot\frac{1}{x}dx=x\cos(\ln x)+\int\sin(\ln x)dx$

$$=x\cos(\ln x)+x\sin(\ln x)-\int x\cos(\ln x)\cdot\frac{1}{x}dx$$

$$=x\cos(\ln x)+x\sin(\ln x)-\int\cos(\ln x)dx,$$

从而有

$$2\int\cos(\ln x)dx=x\cos(\ln x)+x\sin(\ln x)+C_1 \tag{6-5}$$

即 $$原式=\frac{1}{2}[x\cos(\ln x)+x\sin(\ln x)]+C.$$

典型错误: 移项后式(6-5)写成

$$2\int\cos(\ln x)dx=x\cos(\ln x)+x\sin(\ln x).$$

错误分析:认为 $\int\cos(\ln x)dx+\int\cos(\ln x)dx=2\int\cos(\ln x)dx$. 这里应注意任意两原函数之间可以相差一个常数,即若记 $F'(x)=f(x)$,则对任意常数 C_1, C_2,

$$\int f(x)dx=F(x)+C_1,\ \int f(x)dx=F(x)+C_2,$$

从而有 $\int f(x)dx+\int f(x)dx=2F(x)+C_1+C_2=2F(x)+C$,($C=C_1+C_2$ 为任意常数),

$$\int f(x)\mathrm{d}x-\int f(x)\mathrm{d}x=C_1-C_2=C,\ (C=C_1-C_2\text{ 为任意常数}).$$

下面介绍一些综合运用不定积分的计算方法(凑微分法、换元法、分部积分法)计算不定积分的问题.

例 6-37 计算 $\int \sin\sqrt[3]{x+1}\,\mathrm{d}x$.

分析: 本题首先应消去根式 $\sqrt[3]{x+1}$，为此先做变量代换 $t=\sqrt[3]{x+1}$.

解: 原式 $\xlongequal{t=\sqrt[3]{x+1}}\int 3t^2\sin t\,\mathrm{d}t=-3\int t^2\mathrm{d}(\cos t)=-3\left(t^2\cos t-\int 2t\cos t\,\mathrm{d}t\right)$

$$=-3t^2\cos t+6\int t\,\mathrm{d}(\sin t)=-3t^2\cos t+6\left(t\sin t-\int\sin t\,\mathrm{d}t\right)$$

$$=-3t^2\cos t+6t\sin t+6\cos t+C$$

$$=-3\left(\sqrt[3]{x+1}\right)^2\cos\sqrt[3]{x+1}+6\sqrt[3]{x+1}\sin\sqrt[3]{x+1}+6\cos\sqrt[3]{x+1}+C.$$

例 6-38 计算 $\int\dfrac{(1+x^2)\arccos x}{x^2\sqrt{1-x^2}}\mathrm{d}x$.

分析: 计算难点是要消除因子 $\sqrt{1-x^2}$ 和 $\arccos x$，这可通过做变换 $x=\cos t$ 实现.

解: 原式 $\xlongequal{x=\cos t}\int\dfrac{(1+\cos^2 t)t}{\cos^2 t\,\sin t}(-\sin t)\mathrm{d}t$

$$=-\int t(\sec^2 t+1)\mathrm{d}t=-\int t\,\mathrm{d}(\tan t+t)$$

$$=-\left(t(\tan t+t)-\int(\tan t+t)\mathrm{d}t\right)$$

$$=-t\tan t-t^2-\ln\cos t+\frac{1}{2}t^2+C$$

$$\xlongequal{\text{图 6-8}}-\frac{\sqrt{1-x^2}}{x}\arccos x-\ln x-\frac{1}{2}(\arccos x)^2+C.$$

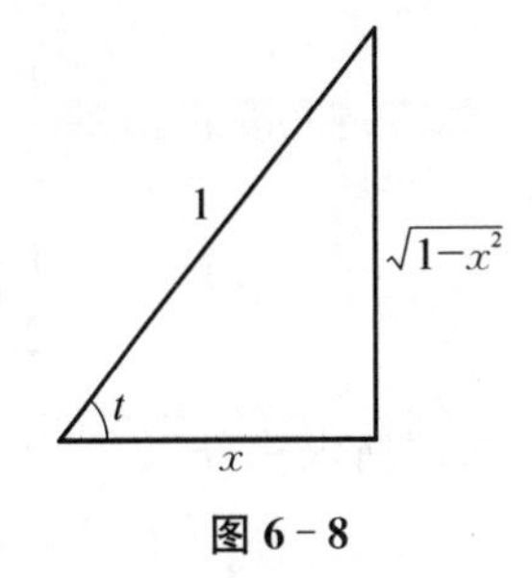

图 6-8

例 6-39 计算 $\int\dfrac{\arctan \mathrm{e}^x}{\mathrm{e}^{2x}}\mathrm{d}x$.

分析: 可先将 e^{-2x} 缩进微分号中运用分部积分法去除反三角函数 $\arctan\mathrm{e}^x$，这里应注意

$$(\arctan\mathrm{e}^x)'=\frac{\mathrm{e}^x}{1+\mathrm{e}^{2x}}=\frac{\mathrm{e}^{-x}}{1+\mathrm{e}^{-2x}}.$$

解: 原式 $=-\dfrac{1}{2}\int\arctan\mathrm{e}^x\,\mathrm{d}(1+\mathrm{e}^{-2x})$

$$=-\frac{1}{2}\left[(1+\mathrm{e}^{-2x})\arctan\mathrm{e}^x-\int(1+\mathrm{e}^{-2x})\frac{\mathrm{e}^{-x}}{1+\mathrm{e}^{-2x}}\mathrm{d}x\right]$$

$$=-\frac{1}{2}(1+\mathrm{e}^{-2x})\arctan\mathrm{e}^x+\frac{1}{2}\int\mathrm{e}^{-x}\mathrm{d}x$$

$$=-\frac{1}{2}(1+\mathrm{e}^{-2x})\arctan\mathrm{e}^x-\frac{1}{2}\mathrm{e}^{-x}+C.$$

例 6-40 计算$\int x\arctan x\ln(1+x^2)\mathrm{d}x$.

分析: 计算难点在于因子 $\arctan x\ln(1+x^2)$ 的处理.通过分部积分法对其求导,可消去反三角函数和对数函数,这里应注意其导数的分母都含有 $1+x^2$,

$$(\arctan x\ln(1+x^2))'=\frac{\ln(1+x^2)}{1+x^2}+\frac{2x\arctan x}{1+x^2}.$$

解: 原式$=\frac{1}{2}\int\arctan x\ln(1+x^2)\mathrm{d}(1+x^2)$

$$=\frac{1}{2}(1+x^2)\arctan x\ln(1+x^2)-\frac{1}{2}\int(\ln(1+x^2)+2x\arctan x)\mathrm{d}x$$

$$=\frac{1}{2}(1+x^2)\arctan x\ln(1+x^2)-\frac{1}{2}\int\ln(1+x^2)\mathrm{d}x-\int x\arctan x\mathrm{d}x,$$

而$\int\ln(1+x^2)\mathrm{d}x=x\ln(1+x^2)-\int\frac{2x^2}{1+x^2}\mathrm{d}x=x\ln(1+x^2)-2\int\left(1-\frac{1}{1+x^2}\right)\mathrm{d}x$

$$=x\ln(1+x^2)-2(x-\arctan x)+C,$$

$$\int x\arctan x\mathrm{d}x=\frac{1}{2}\int\arctan x\mathrm{d}(1+x^2)=\frac{1}{2}(1+x^2)\arctan x-\frac{1}{2}\int\mathrm{d}x$$

$$=\frac{1}{2}(1+x^2)\arctan x-\frac{1}{2}x+C,$$

所以所求积分

$$\text{原式}=\frac{1}{2}(1+x^2)\arctan x\ln(1+x^2)-\frac{1}{2}x\ln(1+x^2)$$

$$+\frac{3}{2}(x-\arctan x)-\frac{x^2}{2}\arctan x+C.$$

例 6-41 计算$\int\frac{\ln(x+\sqrt{1+x^2})}{(1+x^2)^{3/2}}\mathrm{d}x$.

分析: 本题首先要考虑的问题是如何消去对数因子 $\ln(x+\sqrt{1+x^2})$,由于

$$(\ln(x+\sqrt{1+x^2}))'=\frac{1}{\sqrt{1+x^2}},$$

因此考虑运用分部积分法对其求导,此时应将因子 $\frac{1}{(1+x^2)^{3/2}}$ 缩进微分号内,所以要先计算积分 $\int\frac{\mathrm{d}x}{(1+x^2)^{3/2}}$.

解: 由 $\int\frac{\mathrm{d}x}{(1+x^2)^{3/2}}\xlongequal{x=\tan t}\int\frac{\sec^2 t}{\sec^3 t}\mathrm{d}t=\int\cos t\mathrm{d}t=\sin t+C=\frac{x}{\sqrt{1+x^2}}+C,$

所以
$$原式=\int \ln(x+\sqrt{1+x^2})\,d\left(\frac{x}{\sqrt{1+x^2}}\right)$$
$$=\frac{x}{\sqrt{1+x^2}}\ln(x+\sqrt{1+x^2})-\int\frac{x}{\sqrt{1+x^2}}\frac{1}{\sqrt{1+x^2}}dx$$
$$=\frac{x\ln(x+\sqrt{1+x^2})}{\sqrt{1+x^2}}-\int\frac{x}{1+x^2}dx$$
$$=\frac{x\ln(x+\sqrt{1+x^2})}{\sqrt{1+x^2}}-\frac{1}{2}\ln(1+x^2)+C.$$

例 6-42 试证明公式
$$\int\cos^n x\,dx=\frac{1}{n}\cos^{n-1}x\sin x+\frac{n-1}{n}\int\cos^{n-2}x\,dx,$$
并计算积分$\int\cos^4 x\,dx$.

分析：根据所证公式的形式，考虑运用分部积分法证明.

解：$原式=\int\cos^{n-1}x\,d(\sin x)=\sin x\cos^{n-1}x-(n-1)\int\sin x\cos^{n-2}x(-\sin x)dx$
$$=\sin x\cos^{n-1}x+(n-1)\int\sin^2 x\cos^{n-2}x\,dx$$
$$=\sin x\cos^{n-1}x+(n-1)\int(1-\cos^2 x)\cos^{n-2}x\,dx$$
$$=\sin x\cos^{n-1}x+(n-1)\int\cos^{n-2}x\,dx-(n-1)\int\cos^n x\,dx,$$
移项后解得
$$\int\cos^n x\,dx=\frac{1}{n}\cos^{n-1}x\sin x+\frac{n-1}{n}\int\cos^{n-2}x\,dx.$$
运用公式得
$$\int\cos^4 x\,dx=\frac{1}{4}\cos^3 x\sin x+\frac{3}{4}\int\cos^2 x\,dx$$
$$=\frac{1}{4}\cos^3 x\sin x+\frac{3}{4}\left(\frac{1}{2}\cos x\sin x+\frac{1}{2}\int dx\right)$$
$$=\frac{1}{4}\cos^3 x\sin x+\frac{3}{8}\cos x\sin x+\frac{3}{8}x+C.$$

▶▶▶方法小结

运用不定积分的分部积分法，由式(6-4)计算积分的基本思路是通过该公式对被积函数中的某一因子(通常是计算难点)求导来消除难点或降低难度.所以在运用时能否正确地确定计算难点，并将计算难点(即希望对其求导的因子)留在微分号外,其余的因子缩进微分号中,对计算是非常关键的.一般来讲,分部积分法经常被用来计算以下类型函数的积分:

$\int P_n(x)\sin\ \alpha x\,\mathrm{d}x$, $\int P_n(x)\cos\ \alpha x\,\mathrm{d}x$, $\int P_n(x)\mathrm{e}^{\alpha x}\,\mathrm{d}x$, $\int P_n(x)a^{\beta x}\,\mathrm{d}x$, $\int P_n(x)\mathrm{sh}(\alpha x)\,\mathrm{d}x$, $\int P_n(x)\mathrm{ch}(\beta x)\,\mathrm{d}x$, $\int(\ln x)^k\,\mathrm{d}x$, $\int P_n(x)\ln x\,\mathrm{d}x$, $\int P_n(x)(\ln x)^k\,\mathrm{d}x$, $\int x^m\arctan x\,\mathrm{d}x$, $\int x^m\arcsin x\,\mathrm{d}x$ 等.

对于积分 $\int P_n(x)\sin\alpha x\,\mathrm{d}x$, $\int P_n(x)\cos\alpha x\,\mathrm{d}x$, $\int P_n(x)\mathrm{e}^{\alpha x}\,\mathrm{d}x$, $\int P_n(x)a^{\beta x}\,\mathrm{d}x$, $\int P_n(x)\mathrm{sh}(\alpha x)\,\mathrm{d}x$, $\int P_n(x)\mathrm{ch}(\beta x)\,\mathrm{d}x$, 可分别将 $\sin\alpha x$, $\cos\alpha x$, $\mathrm{e}^{\alpha x}$, $a^{\beta x}$, $\mathrm{sh}(\alpha x)$, $\mathrm{ch}(\beta x)$ 缩进微分号内,反复利用分部积分法对 $P_n(x)$ 求导降低其次数,从而降低计算的难度.而对于积分 $\int(\ln x)^k\,\mathrm{d}x$, $\int P_n(x)\ln x\,\mathrm{d}x$, $\int P_n(x)(\ln x)^k\,\mathrm{d}x$, $\int x^m\arctan x\,\mathrm{d}x$, $\int x^m\arcsin x\,\mathrm{d}x$ 可分别将 1, $P_n(x)$, x^m 缩进微分号内,利用(或反复利用)分部积分公式(6-4)对 $(\ln x)^k$, $\ln x$, $\arctan x$, $\arcsin x$ 求导来消除这些计算难点.

6.2.1.5 有理式、三角有理式和简单无理函数的不定积分计算

▶▶▶基本方法

1) 有理式的积分法 对于有理函数的积分 $\int\dfrac{P_n(x)}{Q_m(x)}\mathrm{d}x$,

(1) 若 $n\geqslant m$ $\left(\text{此时 }\dfrac{P_n(x)}{Q_m(x)}\text{ 称为有理假分式}\right)$,通过多项式的辗转相除法 $P_n(x)=Q_m(x)r(x)+P_l(x)$ $(l<m)$,将积分分解为

$$\int\frac{P_n(x)}{Q_m(x)}\mathrm{d}x=\int r(x)\mathrm{d}x+\int\frac{P_l(x)}{Q_m(x)}\mathrm{d}x.$$

(2) 对有理真分式 $\dfrac{P_l(x)}{Q_m(x)}$ 进行部分分式分解:将分母多项式 $Q_m(x)$ 在实数范围内因式分解

$$Q_m(x)=a_0(x-a)^\alpha\cdots(x-b)^\beta(x^2+px+q)^\lambda\cdots(x^2+rx+s)^\mu,$$

再对 $\dfrac{P_l(x)}{Q_m(x)}$ 进行部分分式分解

$$\frac{P_l(x)}{Q_m(x)}=\frac{1}{a_0}\left[\frac{A_1}{x-a}+\cdots+\frac{A_\alpha}{(x-a)^\alpha}+\cdots+\frac{B_1}{x-b}+\cdots+\frac{B_\beta}{(x-b)^\beta}+\frac{M_1x+N_1}{x^2+px+q}+\cdots+\frac{M_\lambda x+N_\lambda}{(x^2+px+q)^\lambda}+\cdots+\frac{R_1x+S_1}{x^2+rx+s}+\cdots+\frac{R_\mu x+S_\mu}{(x^2+rx+s)^\mu}\right].\tag{6-6}$$

(3) 分别计算以下四种类型的积分

$$\int\frac{A}{x-a}\mathrm{d}x,\ \int\frac{A}{(x-a)^k}\mathrm{d}x,\ \int\frac{Bx+D}{x^2+px+q}\mathrm{d}x,\ \int\frac{Bx+D}{(x^2+px+q)^k}\mathrm{d}x.$$

这里前三种积分可利用凑微分法计算,第四种可将分母中的二项式配方后利用凑微分法及三角代换计算(见例 6-19 及其说明).

2) 三角有理式的积分法 对于三角有理式的积分 $\int R(\sin x, \cos x)\mathrm{d}x$.

可作万能变换 $t=\tan\frac{x}{2}$,由 $\sin x=\frac{2t}{1+t^2}$,$\cos x=\frac{1-t^2}{1+t^2}$,$\mathrm{d}x=\frac{2}{1+t^2}\mathrm{d}t$,积分化为关于变量 t 的有理函数积分

$$\int R(\sin x, \cos x)\mathrm{d}x=\int R\left(\frac{2t}{1+t^2}, \frac{1-t^2}{1+t^2}\right)\frac{2}{1+t^2}\mathrm{d}t. \tag{6-7}$$

3) 一些无理函数的积分法

(1) 对于积分 $\int R\left(x, \sqrt[n]{\frac{ax+b}{cx+d}}\right)\mathrm{d}x$ (其中 $ad-cb\neq 0$),

可令 $t=\sqrt[n]{\frac{ax+b}{cx+d}}$,由 $x=\frac{b-dt^n}{ct^n-a}$,积分化为有理函数积分

$$\int R\left(x, \sqrt[n]{\frac{ax+b}{cx+d}}\right)\mathrm{d}x=\int R\left(\frac{b-dt^n}{ct^n-a}, t\right)\left(\frac{b-dt^n}{ct^n-a}\right)'\mathrm{d}t. \tag{6-8}$$

(2) 对于积分 $\int R(x, \sqrt{a^2-x^2})\mathrm{d}x$,

可令 $x=a\sin t$ 或 $x=a\cos t$,将积分化为三角有理式的积分

$$\int R(x, \sqrt{a^2-x^2})\mathrm{d}x=\int R(a\sin t, a\cos t)(a\cos t)\mathrm{d}t, \tag{6-9}$$

或者

$$\int R(x, \sqrt{a^2-x^2})\mathrm{d}x=\int R(a\cos t, a\sin t)(-a\sin t)\mathrm{d}t. \tag{6-10}$$

(3) 对于积分 $\int R(x, \sqrt{x^2-a^2})\mathrm{d}x$,

可令 $x=a\sec t$ 或 $x=a\,\mathrm{ch}t$,将积分化为三角有理式或双曲函数的积分

$$\int R(x, \sqrt{x^2-a^2})\mathrm{d}x=\int R(a\sec t, a\tan t)(a\sec t\tan t)\mathrm{d}t, \tag{6-11}$$

或者

$$\int R(x, \sqrt{x^2-a^2})\mathrm{d}x=\int R(a\,\mathrm{ch}\,t, a\,\mathrm{sh}\,t)(a\,\mathrm{sh}\,t)\mathrm{d}t. \tag{6-12}$$

(4) 对于积分 $\int R(x, \sqrt{a^2+x^2})\mathrm{d}x$,

可令 $x=a\tan t$ 或 $x=a\,\mathrm{sh}\,t$,将积分化为三角有理式或双曲函数的积分

$$\int R(x, \sqrt{a^2+x^2})\mathrm{d}x=\int R(a\tan t, a\sec t)(a\sec^2 t)\mathrm{d}t, \tag{6-13}$$

或者
$$\int R(x,\sqrt{a^2+x^2})\mathrm{d}x=\int R(a\operatorname{sh}t,\ a\operatorname{ch}t)(a\operatorname{ch}t)\mathrm{d}t. \tag{6-14}$$

▶▶▶方法运用注意点

(1) 由于三角有理式和上面提及的一些无理函数,积分都可以通过变量代换化为有理函数的积分,因此掌握有理函数的积分法是这里学习的要点.

(2) 按照有理函数积分法,总可以计算有理函数的积分,但在实际计算中,这一方法有时过于烦琐,所以在计算时应注意与其他方法的结合,简化计算.

(3) 三角有理式的积分 $\int R(\sin x,\ \cos x)\mathrm{d}x$ 总可通过万能代换 $t=\tan\dfrac{x}{2}$ 化为有理函数的积分.但对于含有高次幂的三角有理式,这一方法的运用应慎重,因为它常常使计算过于复杂.此时应先考虑运用其他方法,例如凑微分法等方法简化后计算.

▶▶▶典型例题解析

例 6-43 计算 $\int\dfrac{2x+5}{x^2+4x+5}\mathrm{d}x$.

分析: 分母 x^2+4x+5 在实数域中不可分解,直接利用凑微分法计算.

解: 原式 $=\int\dfrac{2x+4+1}{x^2+4x+5}\mathrm{d}x=\int\dfrac{2x+4}{x^2+4x+5}\mathrm{d}x+\int\dfrac{1}{x^2+4x+5}\mathrm{d}x$

$$=\int\frac{\mathrm{d}(x^2+4x+5)}{x^2+4x+5}+\int\frac{\mathrm{d}x}{1+(x+2)^2}=\ln(x^2+4x+5)+\arctan(x+2)+C.$$

例 6-44 计算 $\int\dfrac{4x-3}{x^2-6x+8}\mathrm{d}x$.

分析: 分母 $x^2-6x+8=(x-2)(x-4)$,运用式(6-6)先进行部分分式分解.

解: 运用式(6-6),设

$$\frac{4x-3}{x^2-6x+8}=\frac{4x-3}{(x-2)(x-4)}=\frac{A}{x-2}+\frac{B}{x-4},$$

通分后解方程组 $\begin{cases}A+B=4,\\ 4A+2B=3\end{cases}$ 得 $A=-\dfrac{5}{2}$, $B=\dfrac{13}{2}$,所以

$$\text{原式}=\int\left(-\frac{5}{2(x-2)}+\frac{13}{2(x-4)}\right)\mathrm{d}x=-\frac{5}{2}\ln|x-2|+\frac{13}{2}\ln|x-4|+C.$$

例 6-45 计算 $\int\dfrac{\mathrm{d}x}{(x-1)^2(x+4)}$.

分析: 首先运用部分分式分解公式(6-6)对被积函数进行分解.

解: 运用式(6-6),设

$$\frac{1}{(x-1)^2(x+4)}=\frac{A}{x-1}+\frac{B}{(x-1)^2}+\frac{C}{x+4}=\frac{(A+C)x^2+(3A+B-2C)x+C-4A+4B}{(x-1)^2(x+4)},$$

令 $A+C=0$，$3A+B-2C=0$，$C-4A+4B=1$，解得 $A=-\frac{1}{25}$，$B=\frac{1}{5}$，$C=\frac{1}{25}$. 于是

$$\begin{aligned}原式&=-\frac{1}{25}\int\frac{\mathrm{d}x}{x-1}+\frac{1}{5}\int\frac{\mathrm{d}x}{(x-1)^2}+\frac{1}{25}\int\frac{\mathrm{d}x}{x+4}\\&=-\frac{1}{25}\ln|x-1|-\frac{1}{5(x-1)}+\frac{1}{25}\ln|x+4|+C.\end{aligned}$$

例 6-46 计算 $\int\frac{x^4}{x^2+4x+3}\mathrm{d}x$.

分析：被积函数为有理假分式，先进行辗转相除，再进行部分分式分解.

解：用辗转相除法可得 $x^4=(x^2+4x+3)(x^2-4x+13)-40x-39$，所以

$$\begin{aligned}原式&=\int(x^2-4x+13)\mathrm{d}x-\int\frac{40x+39}{x^2+4x+3}\mathrm{d}x=\frac{1}{3}x^3-2x^2+13x-\int\frac{40(x+1)-1}{(x+1)(x+3)}\mathrm{d}x\\&=\frac{1}{3}x^3-2x^2+13x-\int\frac{40}{x+3}\mathrm{d}x+\int\frac{1}{(x+1)(x+3)}\mathrm{d}x\\&=\frac{1}{3}x^3-2x^2+13x-40\ln|x+3|+\frac{1}{2}\int\left(\frac{1}{x+1}-\frac{1}{x+3}\right)\mathrm{d}x\\&=\frac{1}{3}x^3-2x^2+13x+\frac{1}{2}\ln|x+1|-\frac{81}{2}\ln|x+3|+C.\end{aligned}$$

例 6-47 计算 $\int\frac{x-3}{(x^2+2x+4)^2}\mathrm{d}x$.

分析：运用部分分式分解式(6-6)计算烦琐，因为 $(x^2+2x+4)'=2(x+1)$，所以先将分子凑成 x^2+2x+4 的导数与某常数之和，再进行分解.

解：

$$\begin{aligned}原式&=\frac{1}{2}\int\frac{(2x+2)-8}{(x^2+2x+4)^2}\mathrm{d}x=\frac{1}{2}\int\frac{\mathrm{d}(x^2+2x+4)}{(x^2+2x+4)^2}-4\int\frac{\mathrm{d}x}{(x^2+2x+4)^2}\\&=-\frac{1}{2(x^2+2x+4)}-4\int\frac{\mathrm{d}x}{[3+(x+1)^2]^2},\end{aligned}$$

$$\begin{aligned}\int\frac{\mathrm{d}x}{[3+(x+1)^2]^2}&\xlongequal{x+1=\sqrt{3}\tan t}\int\frac{\sqrt{3}\sec^2 t}{9\sec^4 t}\mathrm{d}t=\frac{\sqrt{3}}{9}\int\cos^2 t\,\mathrm{d}t=\frac{\sqrt{3}}{18}\int(1+\cos 2t)\mathrm{d}t\\&=\frac{\sqrt{3}}{18}\left(t+\frac{1}{2}\sin 2t\right)+C=\frac{\sqrt{3}}{18}\left[\arctan\frac{x+1}{\sqrt{3}}+\frac{\sqrt{3}(x+1)}{x^2+2x+4}\right]+C,\end{aligned}$$

所以

$$原式=-\frac{1}{2(x^2+2x+4)}-\frac{2\sqrt{3}}{9}\arctan\frac{x+1}{\sqrt{3}}-\frac{2(x+1)}{3(x^2+2x+4)}+C.$$

例 6-48 如果 $f(x)$ 是使得 $f(0)=1$ 以及 $\int \frac{f(x)}{x^2(x+1)^3}\mathrm{d}x$ 为有理函数的二次多项式，计算 $f'(0)$.

分析：由题设知被积函数 $\frac{f(x)}{x^2(x+1)^3}$ 是有理真分式，根据式(6-6)，它有以下部分分式分解

$$\frac{f(x)}{x^2(x+1)^3}=\frac{A}{x}+\frac{B}{x^2}+\frac{C}{x+1}+\frac{D}{(x+1)^2}+\frac{E}{(x+1)^3}.$$

为使积分 $\int \frac{f(x)}{x^2(x+1)^3}\mathrm{d}x$ 为有理函数，上分解式中的 A，C 为零.

解：由题设条件知，被积函数有以下部分分式分解

$$\frac{f(x)}{x^2(x+1)^3}=\frac{B}{x^2}+\frac{D}{(x+1)^2}+\frac{E}{(x+1)^3},$$

从而有
$$f(x)=B(x+1)^3+Dx^2(x+1)+Ex^2.$$

由 $f(0)=1$ 得，$B=1$，于是 $f(x)=(x+1)^3+Dx^2(x+1)+Ex^2$，

$$f'(x)=3(x+1)^2+D(3x^2+2x)+2Ex,$$

所以
$$f'(0)=3.$$

例 6-49 计算 $\int \frac{\mathrm{d}x}{2\sin x-\cos x+5}$.

分析：这是三角有理式的积分问题. 本题可考虑用万能变换 $t=\tan\frac{x}{2}$ 来计算.

解：令 $t=\tan\frac{x}{2}$，则 $x=2\arctan t$，$\sin x=\frac{2t}{1+t^2}$，$\cos x=\frac{1-t^2}{1+t^2}$，$\mathrm{d}x=\frac{2}{1+t^2}\mathrm{d}t$. 作积分变换有

$$\text{原式}=\int \frac{1}{2\,\frac{2t}{1+t^2}-\frac{1-t^2}{1+t^2}+5}\cdot\frac{2}{1+t^2}\mathrm{d}t=\int\frac{\mathrm{d}t}{3t^2+2t+2}=\int\frac{\mathrm{d}t}{3\left(t+\frac{1}{3}\right)^2+\frac{5}{3}}$$

$$=\frac{1}{\sqrt{5}}\arctan\left(\frac{3t+1}{\sqrt{5}}\right)+C=\frac{1}{\sqrt{5}}\arctan\left(\frac{1}{\sqrt{5}}\left(3\tan\frac{x}{2}+1\right)\right)+C.$$

例 6-50 计算 $\int \frac{\sin x\cos^2 x}{5+\cos^2 x}\mathrm{d}x$.

分析：本题直接运用万能变换计算烦琐，此时应考虑先用其他方法简化问题.

解：原式 $\xlongequal{\text{凑微分}}\int \frac{-\cos^2 x}{5+\cos^2 x}\mathrm{d}(\cos x)\xlongequal{t=\cos x}-\int\frac{t^2}{5+t^2}\mathrm{d}t=\int\left(\frac{5}{5+t^2}-1\right)\mathrm{d}t$

$$=\sqrt{5}\arctan\frac{t}{\sqrt{5}}-t+C=\sqrt{5}\arctan\left(\frac{\cos x}{\sqrt{5}}\right)-\cos x+C.$$

例 6-51 计算 $\int \frac{\sin x}{\sin x+\cos x}\mathrm{d}x$.

分析：本题可采用万能变换计算，但计算较烦琐，若将被积函数的分子配成分母与分母导数的线性组合的形式

$$\frac{\sin x}{\sin x+\cos x}=\frac{1}{2}\frac{(\sin x+\cos x)-(\cos x-\sin x)}{\sin x+\cos x}=\frac{1}{2}\left(1-\frac{\cos x-\sin x}{\sin x+\cos x}\right),$$

本题可用凑微分方法计算.

解：原式 $=\frac{1}{2}\int\left(1-\frac{\cos x-\sin x}{\sin x+\cos x}\right)\mathrm{d}x=\frac{1}{2}\int\mathrm{d}x-\frac{1}{2}\int\frac{1}{\sin x+\cos x}\mathrm{d}(\sin x+\cos x)$

$$=\frac{1}{2}x-\frac{1}{2}\ln|\sin x+\cos x|+C.$$

例 6-52 计算 $\int \frac{\sin x-\cos x}{2\sin x+\cos x}\mathrm{d}x$.

分析：本题面临的问题与例 6-51 相同，并且其被积函数的分子也可表示为分母及其导数的线性组合

$$\frac{\sin x-\cos x}{2\sin x+\cos x}=\frac{\frac{1}{5}(2\sin x+\cos x)-\frac{3}{5}(2\cos x-\sin x)}{2\sin x+\cos x}.$$

解：原式 $=\int\left(\frac{1}{5}-\frac{3}{5}\frac{2\cos x-\sin x}{2\sin x+\cos x}\right)\mathrm{d}x=\int\frac{1}{5}\mathrm{d}x-\frac{3}{5}\int\frac{2\cos x-\sin x}{2\sin x+\cos x}\mathrm{d}x$

$$=\frac{1}{5}x-\frac{3}{5}\int\frac{\mathrm{d}(2\sin x+\cos x)}{2\sin x+\cos x}=\frac{1}{5}x-\frac{3}{5}\ln|2\sin x+\cos x|+C.$$

例 6-53 计算 $\int \frac{\mathrm{d}x}{\sin(x+a)\sin(x+b)}$ $(\sin(a-b)\neq 0)$.

分析：本题采用万能变换方法计算是不妥的.此时仍应考虑对被积函数进行分解.这里首先应设法消去分母中因子 $\sin(x+a)$ 与 $\sin(x+b)$ 乘积的形式.

解：原式 $=\frac{1}{\sin(a-b)}\int\frac{\sin(a-b)}{\sin(x+a)\sin(x+b)}\mathrm{d}x=\frac{1}{\sin(a-b)}\int\frac{\sin[(x+a)-(x+b)]}{\sin(x+a)\sin(x+b)}\mathrm{d}x$

$$=\frac{1}{\sin(a-b)}\int\frac{\sin(x+a)\cos(x+b)-\cos(x+a)\sin(x+b)}{\sin(x+a)\sin(x+b)}\mathrm{d}x$$

$$=\frac{1}{\sin(a-b)}\int\left(\frac{\cos(x+b)}{\sin(x+b)}-\frac{\cos(x+a)}{\sin(x+a)}\right)\mathrm{d}x$$

$$=\frac{1}{\sin(a-b)}[\ln|\sin(x+b)|-\ln|\sin(x+a)|]+C=\frac{1}{\sin(a-b)}\ln\left|\frac{\sin(x+b)}{\sin(x+a)}\right|+C.$$

例 6-54 计算 $\int \frac{\cos 2x}{\sin^4 x+\cos^4 x}\mathrm{d}x$.

分析：本题分母中三角函数的幂次较高，直接运用万能变换计算是烦琐的.为此这里应考虑将被

积函数变形和分解.

解: 原式$=\int\frac{\cos^2x-\sin^2x}{\sin^4x+\cos^4x}dx=\int\frac{1-\tan^2x}{\tan^4x+1}d(\tan x)\xlongequal{t=\tan x}\int\frac{1-t^2}{t^4+1}dt$

$$=\int\frac{\frac{1}{t^2}-1}{t^2+\frac{1}{t^2}}dt=-\int\frac{1}{\left(t+\frac{1}{t}\right)^2-2}d\left(t+\frac{1}{t}\right)\xlongequal{u=t+\frac{1}{t}}-\int\frac{du}{u^2-2}$$

$$=\frac{1}{2\sqrt{2}}\int\left(\frac{1}{u+\sqrt{2}}-\frac{1}{u-\sqrt{2}}\right)du=\frac{1}{2\sqrt{2}}\ln\left|\frac{u+\sqrt{2}}{u-\sqrt{2}}\right|+C$$

$$=\frac{1}{2\sqrt{2}}\ln\left|\frac{t^2+\sqrt{2}t+1}{t^2-\sqrt{2}t+1}\right|+C=\frac{1}{2\sqrt{2}}\ln\left|\frac{\sqrt{2}+\sin 2x}{\sqrt{2}-\sin 2x}\right|+C.$$

例 6-55 计算$\int\frac{dx}{\sqrt{x}-2\sqrt[3]{x}-3\sqrt[6]{x}}$.

分析: 本例被积函数中三个根式 $\sqrt{x}$, $\sqrt[3]{x}$, $\sqrt[6]{x}$ 的根次的最小公倍数为 6,且 $\sqrt{x}=(\sqrt[6]{x})^3$, $\sqrt[3]{x}=(\sqrt[6]{x})^2$,所以问题属于式(6-8)类型的积分问题.

解: 取式中根次 2,3,6 的最小公倍数,令 $t=\sqrt[6]{x}$,则 $x=t^6$, $dx=6t^5dt$,作变量代换得

$$原式=\int\frac{6t^5dt}{t^3-2t^2-3t}=\int\frac{6t^4dt}{t^2-2t-3}=\int\left(6t^2+12t+42+\frac{120t+126}{t^2-2t-3}\right)dt$$

$$=2t^3+6t^2+42t+\int\left[\frac{120}{t-3}+\frac{6}{(t+1)(t-3)}\right]dt$$

$$=2t^3+6t^2+42t+120\ln|t-3|+\frac{3}{2}\int\left(\frac{1}{t-3}-\frac{1}{t+1}\right)dt$$

$$=2t^3+6t^2+42t+120\ln|t-3|+\frac{3}{2}\ln|t-3|-\frac{3}{2}\ln|t+1|+C$$

$$=2\sqrt{x}+6\sqrt[3]{x}+42\sqrt[6]{x}+\frac{243}{2}\ln|\sqrt[6]{x}-3|-\frac{3}{2}\ln|\sqrt[6]{x}+1|+C.$$

例 6-56 计算$\int\frac{dx}{\sqrt[4]{x(x+1)^7}}$.

分析: 被积函数可变形为$\frac{1}{\sqrt[4]{x(x+1)^7}}=\frac{1}{(x+1)^2}\sqrt[4]{\frac{x+1}{x}}$,所以本题可作变换 $t=\sqrt[4]{\frac{x+1}{x}}$ 计算.

解: 令 $t=\sqrt[4]{\frac{x+1}{x}}$,则 $x=\frac{1}{t^4-1}$, $dx=\frac{-4t^3}{(t^4-1)^2}dt$,作变换得

$$原式=\int\frac{(t^4-1)^2}{t^8}\cdot t\cdot\frac{-4t^3}{(t^4-1)^2}dt=-4\int\frac{dt}{t^4}=\frac{4}{3}t^{-3}+C=\frac{4}{3}\left(\frac{x}{x+1}\right)^{\frac{3}{4}}+C.$$

例 6-57 计算$\int \frac{x+1}{x^2\sqrt{x^2-1}}dx$.

分析: 所求积分属于式(6-11)类型的积分，可作变换 $x=\sec t$ 来计算.

解: 令 $x=\sec t$，运用换元法,有

$$原式=\int \frac{\sec t+1}{\sec^2 t\ \tan t}\sec t\ \tan t\ dt=\int(1+\cos t)dt=t+\sin t+C$$

$$=\arccos\frac{1}{x}+\frac{\sqrt{x^2-1}}{x}+C.$$

例 6-58 计算$\int\sqrt{\frac{1-\sqrt{x}}{x(1+\sqrt{x})}}dx$.

分析: 本例首先应设法消去根号内的根式 $\sqrt{x}$，注意到分母中的因子 $\sqrt{x}$，于是可先采用凑微分方法处理.

解: $原式=2\int\sqrt{\frac{1-\sqrt{x}}{1+\sqrt{x}}}d(\sqrt{x})\xlongequal{t=\sqrt{x}}2\int\sqrt{\frac{1-t}{1+t}}dt=2\int\frac{1-t}{\sqrt{1-t^2}}dt$

$$=2\left(\int\frac{1}{\sqrt{1-t^2}}dt-\int\frac{t}{\sqrt{1-t^2}}dt\right)=2(\arcsin t+\sqrt{1-t^2})+C$$

$$=2(\arcsin\sqrt{x}+\sqrt{1-x})+C.$$

例 6-59 计算$\int\sqrt{x}\arctan\sqrt{x}\,dx$.

分析: 本例应首先消除 $\arctan\sqrt{x}$ 中的 $\sqrt{x}$，这可作变换 $t=\sqrt{x}$ 处理.

解: 令 $t=\sqrt{x}$，则有

$$原式=\int t\arctan t\cdot 2t\,dt=\frac{2}{3}\int\arctan t\,d(t^3)$$

$$=\frac{2}{3}\left(t^3\arctan t-\int\frac{t^3}{1+t^2}dt\right)$$

$$=\frac{2}{3}t^3\arctan t-\frac{1}{3}\int\frac{t^2}{1+t^2}d(t^2)=\frac{2}{3}t^3\arctan t-\frac{1}{3}\int\left(1-\frac{1}{1+t^2}\right)d(t^2)$$

$$=\frac{2}{3}t^3\arctan t-\frac{1}{3}t^2+\frac{1}{3}\int\frac{1}{1+t^2}d(1+t^2)=\frac{2}{3}t^3\arctan t-\frac{1}{3}t^2+\frac{1}{3}\ln(1+t^2)+C$$

$$=\frac{2}{3}x^{\frac{3}{2}}\arctan\sqrt{x}-\frac{1}{3}x+\frac{1}{3}\ln(1+x)+C.$$

▶▶▶方法小结

(1) 对于有理函数的积分,要掌握的核心知识点如下:

① 对有理真分式,能准确地按照式(6-6)写出其部分分式分解式;

② 能计算式(6-6)中出现的四种类型的积分.

(2) 对于三角有理式的积分,其思考的思路如下:

① 先利用恒等变形、三角公式、凑微分等方法简化问题(例 6-50～6-53).特别当遇到高次幂的三角函数时,更应采用这一方法,而不是简单地采用万能变换计算(例 6-54).

② 对于仅含低次幂的三角函数,或者采用其他方法无法处理的问题,可考虑运用万能变换计算.

(3) 对于无理函数的积分,其常用的思路是通过合适的变量代换,把它化为有理函数积分.

6.2.2 定积分的计算

▶▶▶基本方法

(1) 运用定积分的凑微分法;

(2) 运用定积分的换元法;

(3) 运用定积分的分部积分法;

(4) 运用奇、偶函数,周期函数的定积分性质.

6.2.2.1 运用定积分的凑微分法计算定积分

定积分的凑微分法(或第一换元法)

$$\int_a^b f(g(x))g'(x)\mathrm{d}x = \int_a^b f(g(x))\mathrm{d}(g(x)) \xlongequal{u=g(x)} \int_{g(a)}^{g(b)} f(u)\mathrm{d}u \tag{6-15}$$

▶▶▶方法运用注意点

定积分的凑微分公式(6-15)是两个定积分之间的转换公式,通过变换 $u=g(x)$ 将积分 $\int_a^b f(g(x))g'(x)\mathrm{d}x$ 转化为新变量 u 的积分 $\int_{g(a)}^{g(b)} f(u)\mathrm{d}u$. 因为式(6-15)与不定积分的凑微分公式(6-2)形式相似,所以它们处理问题的方法以及所处理问题的类型基本相同.方法运用的关键步骤仍然是凑微分过程

$$\int_a^b f(g(x))g'(x)\mathrm{d}x = \int_a^b f(g(x))\mathrm{d}(g(x)).$$

也就是在运用时,要根据问题考虑将被积函数中的哪一个合适的因子移入微分号中,引入新变量 $u=g(x)$ 将积分转换为关于新变量 u 的定积分.与不定积分的凑微分法不同的是经过换元之后式(6-15)中关于 u 的定积分的上下限需要同时替换,从而省略了 $u=g(x)$ 的回代过程,简化了计算.

▶▶▶典型例题解析

例 6-60 计算 $\int_{\frac{\pi}{4}}^{\frac{\pi}{2}} \frac{\sin x\cos x}{\sqrt{1-\cos^4 x}}\mathrm{d}x$.

分析：本题先要考虑如何处理根号中的项 $\cos^4 x$，从 $\cos^4 x=(\cos^2 x)^2$，$(\cos^2 x)'=2\cos x\,(-\sin x)$ 及式中的分子可知本题可采用凑微分法计算.

解：原式 $=-\dfrac{1}{2}\displaystyle\int_{\frac{\pi}{4}}^{\frac{\pi}{2}}\dfrac{\mathrm{d}(\cos^2 x)}{\sqrt{1-(\cos^2 x)^2}}\xlongequal{t=\cos^2 x}-\dfrac{1}{2}\int_{\frac{1}{2}}^{0}\dfrac{\mathrm{d}t}{\sqrt{1-t^2}}=\dfrac{1}{2}\arcsin t\Big|_0^{\frac{1}{2}}=\dfrac{\pi}{12}$.

例 6-61　计算 $\displaystyle\int_{\frac{\pi}{4}}^{\frac{\pi}{3}}\dfrac{\sec^2 x}{1-\sqrt{3}\tan x}\mathrm{d}x$.

分析：从 $(\tan x)'=\sec^2 x$ 可知，本题应利用凑微分法计算.

解：原式 $=\displaystyle\int_{\frac{\pi}{4}}^{\frac{\pi}{3}}\dfrac{\mathrm{d}(\tan x)}{1-\sqrt{3}\tan x}\xlongequal{t=\tan x}\int_1^{\sqrt{3}}\dfrac{\mathrm{d}t}{1-\sqrt{3}t}=-\dfrac{1}{\sqrt{3}}\int_1^{\sqrt{3}}\dfrac{\mathrm{d}(1-\sqrt{3}t)}{1-\sqrt{3}t}$

$$=-\frac{1}{\sqrt{3}}\ln|1-\sqrt{3}t|\Big|_1^{\sqrt{3}}=-\frac{1}{\sqrt{3}}\ln(1+\sqrt{3}).$$

例 6-62　计算 $\displaystyle\int_0^1\dfrac{\arcsin\sqrt{x}}{\sqrt{x(1-x)}}\mathrm{d}x$.

分析：本例先要考虑去除 $\arcsin\sqrt{x}$ 中的根式 $\sqrt{x}$，由 $(\sqrt{x})'=\dfrac{1}{2\sqrt{x}}$ 及分母中含有的因子 $\sqrt{x}$，采用凑微分法处理.

解：原式 $=2\displaystyle\int_0^1\dfrac{\arcsin\sqrt{x}}{\sqrt{1-x}}\mathrm{d}(\sqrt{x})\xlongequal{t=\sqrt{x}}2\int_0^1\dfrac{\arcsin t}{\sqrt{1-t^2}}\mathrm{d}t=2\int_0^1\arcsin t\,\mathrm{d}(\arcsin t)$

$$=(\arcsin t)^2\Big|_0^1=\frac{\pi^2}{4}.$$

例 6-63　计算 $\displaystyle\int_{\frac{\pi}{4}}^{\frac{\pi}{3}}\dfrac{\ln(\tan x)}{\sin x\cos x}\mathrm{d}x$.

分析：本例首先要考虑去除对数中的 $\tan x$，从 $(\tan x)'=\sec^2 x$ 及分母可知，本例可采用凑微分法计算.

解一：原式 $=\displaystyle\int_{\frac{\pi}{4}}^{\frac{\pi}{3}}\dfrac{\ln(\tan x)}{\tan x\cos^2 x}\mathrm{d}x=\int_{\frac{\pi}{4}}^{\frac{\pi}{3}}\dfrac{\ln(\tan x)}{\tan x}\mathrm{d}(\tan x)=\int_{\frac{\pi}{4}}^{\frac{\pi}{3}}\ln(\tan x)\mathrm{d}(\ln(\tan x))$

$$=\frac{1}{2}\ln^2(\tan x)\Big|_{\frac{\pi}{4}}^{\frac{\pi}{3}}=\frac{1}{8}\ln^2 3.$$

解二：注意到 $(\ln(\tan x))'=\dfrac{1}{\sin x\cos x}$，故可直接凑微分，得

原式 $=\displaystyle\int_{\frac{\pi}{4}}^{\frac{\pi}{3}}\ln(\tan x)\mathrm{d}(\ln(\tan x))=\dfrac{1}{2}\ln^2(\tan x)\Big|_{\frac{\pi}{4}}^{\frac{\pi}{3}}=\dfrac{1}{8}\ln^2 3$.

例 6-64　计算 $\displaystyle\int_1^2\dfrac{1}{x(1+x^4)}\mathrm{d}x$.

分析：本例的难点在于分母中的 x^4 次数太高，利用有理函数积分法计算烦琐.这里可以考虑对其凑微分，降低分母的幂次.

解一：原式 $=\int_1^2 \frac{x^3}{x^4(1+x^4)}\mathrm{d}x=\frac{1}{4}\int_1^2 \frac{1}{x^4(1+x^4)}\mathrm{d}(x^4)=\frac{1}{4}\int_1^2\left(\frac{1}{x^4}-\frac{1}{1+x^4}\right)\mathrm{d}(x^4)$

$$=\frac{1}{4}\ln(x^4)\Big|_1^2-\frac{1}{4}\ln(1+x^4)\Big|_1^2=\frac{1}{4}\ln\frac{32}{17}.$$

解二：原式 $=\int_1^2 \frac{1}{x^5(1+x^{-4})}\mathrm{d}x=-\frac{1}{4}\int_1^2 \frac{\mathrm{d}(1+x^{-4})}{1+x^{-4}}=-\frac{1}{4}\ln\left(1+\frac{1}{x^4}\right)\Big|_1^2=\frac{1}{4}\ln\frac{32}{17}.$

例 6-65 计算 $\int_0^1 \frac{1}{1+\mathrm{e}^x}\mathrm{d}x$.

分析：本题应考虑如何处理指数函数 e^x. 常规的处理可按下法通过凑微分法去除指数函数.

解一：原式 $=\int_0^1 \frac{\mathrm{e}^x}{\mathrm{e}^x(1+\mathrm{e}^x)}\mathrm{d}x=\int_0^1 \frac{\mathrm{d}(\mathrm{e}^x)}{\mathrm{e}^x(1+\mathrm{e}^x)}\xlongequal{t=\mathrm{e}^x}\int_1^{\mathrm{e}} \frac{\mathrm{d}t}{t(1+t)}=\int_1^{\mathrm{e}}\left(\frac{1}{t}-\frac{1}{1+t}\right)\mathrm{d}t$

$$=\ln\frac{t}{t+1}\Big|_1^{\mathrm{e}}=\ln\frac{2\mathrm{e}}{1+\mathrm{e}}.$$

解二：原式 $=\int_0^1 \frac{\mathrm{d}x}{\mathrm{e}^x(1+\mathrm{e}^{-x})}=-\int_0^1 \frac{\mathrm{d}(1+\mathrm{e}^{-x})}{1+\mathrm{e}^{-x}}=-\ln(1+\mathrm{e}^{-x})\Big|_0^1=\ln\frac{2\mathrm{e}}{1+\mathrm{e}}.$

例 6-66 计算 $\int_0^{\frac{\pi}{4}} \tan^3 x\,\mathrm{d}x$.

分析：本例直接对正切 $\tan x$ 积分是不便的，由于 $\tan x=\frac{\sin x}{\cos x}$，可考虑借助三角恒等式对其变形和分解.

解：原式 $=\int_0^{\frac{\pi}{4}} \frac{\sin^3 x}{\cos^3 x}\mathrm{d}x=-\int_0^{\frac{\pi}{4}} \frac{1-\cos^2 x}{\cos^3 x}\mathrm{d}(\cos x)\xlongequal{t=\cos x}-\int_1^{\frac{\sqrt{2}}{2}} \frac{1-t^2}{t^3}\mathrm{d}t$

$$=\int_1^{\frac{\sqrt{2}}{2}}\left(\frac{1}{t}-\frac{1}{t^3}\right)\mathrm{d}t=\left(\ln t+\frac{1}{2t^2}\right)\Big|_1^{\frac{\sqrt{2}}{2}}=\frac{1}{2}(1-\ln 2).$$

例 6-67 计算 $\int_0^{\frac{\pi}{2}} \sin x\sin 2x\sin 3x\,\mathrm{d}x$.

分析：本题首先需考虑将三个因子的乘积分拆开来，这可借助三角函数的积化和差公式.

解：原式 $=-\frac{1}{2}\int_0^{\frac{\pi}{2}}(\cos 3x-\cos x)\sin 3x\,\mathrm{d}x=-\frac{1}{2}\int_0^{\frac{\pi}{2}}(\sin 3x\cos 3x-\sin 3x\cos x)\mathrm{d}x$

$$=-\frac{1}{2}\int_0^{\frac{\pi}{2}}\left(\frac{1}{2}\sin 6x-\frac{1}{2}\sin 4x-\frac{1}{2}\sin 2x\right)\mathrm{d}x$$

$$=-\frac{1}{2}\left(-\frac{1}{12}\cos 6x+\frac{1}{8}\cos 4x+\frac{1}{4}\cos 2x\right)\Big|_0^{\frac{\pi}{2}}=\frac{1}{6}.$$

例 6-68 计算 $\int_2^3 \frac{6x^2+5x-3}{x^3+2x^2-3x}\mathrm{d}x$.

分析: 有理函数的积分问题采用部分分式分解的方法计算.

解: 由 $x^3+2x^2-3x=x(x-1)(x+3)$，运用部分分式分解式(6-6)，设

$$\frac{6x^2+5x-3}{x^3+2x^2-3x}=\frac{6x^2+5x-3}{x(x-1)(x+3)}=\frac{A}{x}+\frac{B}{x-1}+\frac{C}{x+3},$$

将右式通分，解方程组可得 $A=1$, $B=2$, $C=3$，所以

$$\text{原式}=\int_2^3\left(\frac{1}{x}+\frac{2}{x-1}+\frac{3}{x+3}\right)\mathrm{d}x=[\ln x+2\ln(x-1)+3\ln(x+3)]\Big|_2^3=4\ln 6-3\ln 5.$$

例 6-69 计算 $\int_1^2 \frac{x^2+1}{x^4+1}\mathrm{d}x$.

分析: 本题利用部分分式分解方法计算是烦琐的，这里可考虑对其变形.

解: $$\text{原式}=\int_1^2\frac{x^2+1}{x^2(x^2+x^{-2})}\mathrm{d}x=\int_1^2\frac{1+\frac{1}{x^2}}{\left(x-\frac{1}{x}\right)^2+2}\mathrm{d}x=\int_1^2\frac{\mathrm{d}\left(x-\frac{1}{x}\right)}{2+\left(x-\frac{1}{x}\right)^2}$$

$$\xlongequal{t=x-\frac{1}{x}}\int_0^{\frac{3}{2}}\frac{\mathrm{d}t}{2+t^2}=\frac{1}{\sqrt{2}}\arctan\frac{t}{\sqrt{2}}\Big|_0^{\frac{3}{2}}=\frac{1}{\sqrt{2}}\arctan\frac{3}{2\sqrt{2}}.$$

例 6-70 计算 $\int_0^{\frac{\pi}{2}}\sqrt{1-\sin 4x}\,\mathrm{d}x$.

分析: 首先应考虑去根号，为此设法将根号下的表达式 $1-\sin 4x$ 表示成平方式.

解: $$\text{原式}=\int_0^{\frac{\pi}{2}}\sqrt{\sin^2(2x)+\cos^2(2x)-2\sin 2x\cos 2x}\,\mathrm{d}x$$

$$=\int_0^{\frac{\pi}{2}}\sqrt{(\sin 2x-\cos 2x)^2}\,\mathrm{d}x=\int_0^{\frac{\pi}{2}}|\sin 2x-\cos 2x|\,\mathrm{d}x$$

$$=\int_0^{\frac{\pi}{8}}(\cos 2x-\sin 2x)\mathrm{d}x+\int_{\frac{\pi}{8}}^{\frac{\pi}{2}}(\sin 2x-\cos 2x)\mathrm{d}x$$

$$=\frac{1}{2}(\sin 2x+\cos 2x)\Big|_0^{\frac{\pi}{8}}-\frac{1}{2}(\sin 2x+\cos 2x)\Big|_{\frac{\pi}{8}}^{\frac{\pi}{2}}=\sqrt{2}.$$

典型错误: $$\text{原式}=\int_0^{\frac{\pi}{2}}\sqrt{(\sin 2x-\cos 2x)^2}\,\mathrm{d}x$$

$$\xlongequal{(1)}\int_0^{\frac{\pi}{2}}(\sin 2x-\cos 2x)\mathrm{d}x=\frac{1}{2}(-\sin 2x-\cos 2x)\Big|_0^{\frac{\pi}{2}}=1.$$

错误在于等式(1)，原因是在积分区间 $\left[0,\frac{\pi}{2}\right]$ 上，$\sin 2x-\cos 2x$ 有正有负，所以开偶数方根时需要带绝对值.

▶▶▶方法小结

由于定积分的凑微分法式(6-15)与不定积分的凑微分法式(6-2)形式相同，从而它们的用法和作用也相同，因此它们能够计算的积分类型也基本相同(详见本章关于不定积分凑微分法的小结，这里不再赘述).

6.2.2.2 运用定积分的换元法计算定积分

定积分的换元法

$$\int_a^b f(x)\mathrm{d}x \xlongequal{x=g(t)} \int_\alpha^\beta f(g(t))\mathrm{d}(g(t)) = \int_\alpha^\beta f(g(t))g'(t)\mathrm{d}t, \tag{6-16}$$

其中 $g(\alpha)=a,\ g(\beta)=b$.

▶▶▶方法运用注意点

定积分的换元法公式(6-16)和不定积分的换元法公式(6-3)形式相似，它们都给出了两个积分之间的转换公式.通过变换 $x=g(t)$，公式(6-16)将积分 $\int_a^b f(x)\mathrm{d}x$ 转化为新变量 t 的积分 $\int_\alpha^\beta f(g(t))g'(t)\mathrm{d}t$ 的计算.这种转换所要达到的基本目的：针对计算中出现的难点，选取合适的变量代换，通过换元消除难点，其运用的方法和思路与不定积分的换元法相似，只是在式(6-16)中，由于及时替换了积分上下限，从而免去了回代过程.

▶▶▶典型例题解析

例 6-71 计算 $\int_{\frac{1}{2}}^{\frac{3}{4}} \frac{x+1}{\sqrt{x-x^2}}\mathrm{d}x$.

分析：本例应先考虑去根号，为此将根号下的二次式配方 $x-x^2=\frac{1}{4}-\left(x-\frac{1}{2}\right)^2$，可作变换 $x-\frac{1}{2}=\frac{1}{2}\sin t$，运用换元法式(6-16)计算.

解：原式 $=\int_{\frac{1}{2}}^{\frac{3}{4}} \frac{x+1}{\sqrt{\frac{1}{4}-\left(x-\frac{1}{2}\right)^2}}\mathrm{d}x \xlongequal{x-\frac{1}{2}=\frac{1}{2}\sin t} \int_0^{\frac{\pi}{6}} \frac{\frac{1}{2}\sin t+\frac{3}{2}}{\frac{1}{2}\cos t}\cdot\frac{1}{2}\cos t\,\mathrm{d}t$

$$=\int_0^{\frac{\pi}{6}}\left(\frac{1}{2}\sin t+\frac{3}{2}\right)\mathrm{d}t=\left(-\frac{1}{2}\cos t+\frac{3}{2}t\right)\Big|_0^{\frac{\pi}{6}}=\frac{\pi}{4}+\frac{1}{2}-\frac{\sqrt{3}}{4}.$$

例 6-72 计算 $\int_{\frac{2\sqrt{3}}{3}}^{\sqrt{2}} \frac{\mathrm{d}x}{x^4\sqrt{x^2-1}}$.

分析：所求积分属于式(6-11)类型的积分，与不定积分相同，本题应作变换 $x=\sec t$，运用换元法式(6－16)去根号后计算.

解：原式$\xlongequal{x=\sec t}\int_{\frac{\pi}{6}}^{\frac{\pi}{4}}\frac{\sec t\tan t}{\sec^4 t\tan t}\mathrm{d}t=\int_{\frac{\pi}{6}}^{\frac{\pi}{4}}\cos^3 t\,\mathrm{d}t=\int_{\frac{\pi}{6}}^{\frac{\pi}{4}}(1-\sin^2 t)\mathrm{d}(\sin t)$

$$=\left(\sin t-\frac{1}{3}\sin^3 t\right)\Big|_{\frac{\pi}{6}}^{\frac{\pi}{4}}=\frac{10\sqrt{2}-11}{24}.$$

例 6－73 计算$\int_0^{\frac{\pi}{2}}\frac{\mathrm{d}x}{\sin x+\cos x}$.

分析：低次幂的三角有理式函数积分，与不定积分式(6－7)相同，可考虑采用万能变换计算.

解：原式$\xlongequal{t=\tan\frac{x}{2}}\int_0^1\frac{1}{\frac{2t}{1+t^2}+\frac{1-t^2}{1+t^2}}\cdot\frac{2}{1+t^2}\mathrm{d}t=2\int_0^1\frac{1}{1+2t-t^2}\mathrm{d}t$

$$=-2\int_0^1\frac{\mathrm{d}t}{[t-(1+\sqrt{2})][t-(1-\sqrt{2})]}=\frac{1}{\sqrt{2}}\int_0^1\left[\frac{1}{t-(1-\sqrt{2})}-\frac{1}{t-(1+\sqrt{2})}\right]\mathrm{d}t$$

$$=\frac{1}{\sqrt{2}}\ln\left|\frac{t-(1-\sqrt{2})}{t-(1+\sqrt{2})}\right|\Bigg|_0^1=\sqrt{2}\ln(\sqrt{2}+1).$$

例 6－74 计算$\int_0^{\frac{\pi}{2}}\frac{\sin x}{\sin x+\cos x}\mathrm{d}x$.

分析：本题与例 6－73 类似可以采用万能变换计算，但计算较烦琐.当然本题也可仿照例 6－51 的方法用凑微分法计算，这里考虑另外的思路计算.从积分可见，难点在于分母，为了消去分母，考虑等式

$$\int_0^{\frac{\pi}{2}}\frac{\sin x}{\sin x+\cos x}\mathrm{d}x=\int_0^{\frac{\pi}{2}}\frac{\cos x}{\sin x+\cos x}\mathrm{d}x$$

是否成立，这可用变量代换的方法判别.

解：由 $I=\int_0^{\frac{\pi}{2}}\frac{\sin x}{\sin x+\cos x}\mathrm{d}x\xlongequal{x=\frac{\pi}{2}-t}\int_{\frac{\pi}{2}}^0\frac{\sin\left(\frac{\pi}{2}-t\right)}{\sin\left(\frac{\pi}{2}-t\right)+\cos\left(\frac{\pi}{2}-t\right)}(-\mathrm{d}t)$

$$=\int_0^{\frac{\pi}{2}}\frac{\cos t}{\sin t+\cos t}\mathrm{d}t=\int_0^{\frac{\pi}{2}}\frac{\cos x}{\sin x+\cos x}\mathrm{d}x=I,$$

得
$$2I=\int_0^{\frac{\pi}{2}}\frac{\sin x}{\sin x+\cos x}\mathrm{d}x+\int_0^{\frac{\pi}{2}}\frac{\cos x}{\sin x+\cos x}\mathrm{d}x=\int_0^{\frac{\pi}{2}}\mathrm{d}x=\frac{\pi}{2},$$

所以
$$I=\int_0^{\frac{\pi}{2}}\frac{\sin x}{\sin x+\cos x}\mathrm{d}x=\frac{\pi}{4}.$$

说明：这里$\int_0^{\frac{\pi}{2}}\frac{\cos t}{\sin t+\cos t}\mathrm{d}t=\int_0^{\frac{\pi}{2}}\frac{\sin x}{\sin x+\cos x}\mathrm{d}x$用到了定积分的值与积分变量名称无关的性质，而不定积分无此性质.

例6-75 计算$\int_{-\frac{\pi}{4}}^{\frac{\pi}{4}}\frac{\sin^2 x}{1+\mathrm{e}^{-x}}\mathrm{d}x$.

分析：本题无法通过求原函数的方法计算，故需考虑其他方法.可以看到难点在于分母，为了消去分母，从$\int_{-\frac{\pi}{4}}^{\frac{\pi}{4}}\frac{\sin^2 x}{1+\mathrm{e}^{-x}}\mathrm{d}x=\int_{-\frac{\pi}{4}}^{\frac{\pi}{4}}\frac{\mathrm{e}^x\sin^2 x}{1+\mathrm{e}^x}\mathrm{d}x$ 考虑等式$\int_{-\frac{\pi}{4}}^{\frac{\pi}{4}}\frac{\mathrm{e}^x\sin^2 x}{1+\mathrm{e}^x}\mathrm{d}x=\int_{-\frac{\pi}{4}}^{\frac{\pi}{4}}\frac{\sin^2 x}{1+\mathrm{e}^x}\mathrm{d}x$是否成立.

解：$I=\int_{-\frac{\pi}{4}}^{\frac{\pi}{4}}\frac{\sin^2 x}{1+\mathrm{e}^{-x}}\mathrm{d}x=\int_{-\frac{\pi}{4}}^{\frac{\pi}{4}}\frac{\mathrm{e}^x\sin^2 x}{1+\mathrm{e}^x}\mathrm{d}x\xlongequal{t=-x}\int_{\frac{\pi}{4}}^{-\frac{\pi}{4}}\frac{\mathrm{e}^{-t}\sin^2 t}{1+\mathrm{e}^{-t}}(-\mathrm{d}t)=\int_{-\frac{\pi}{4}}^{\frac{\pi}{4}}\frac{\sin^2 t}{1+\mathrm{e}^t}\mathrm{d}t=I$，

从而
$$2I=\int_{-\frac{\pi}{4}}^{\frac{\pi}{4}}\frac{\mathrm{e}^x\sin^2 x}{1+\mathrm{e}^x}\mathrm{d}x+\int_{-\frac{\pi}{4}}^{\frac{\pi}{4}}\frac{\sin^2 x}{1+\mathrm{e}^x}\mathrm{d}x=\int_{-\frac{\pi}{4}}^{\frac{\pi}{4}}\sin^2 x\,\mathrm{d}x$$
$$=\frac{1}{2}\int_{-\frac{\pi}{4}}^{\frac{\pi}{4}}(1-\cos 2x)\mathrm{d}x=\frac{\pi}{4}-\frac{1}{2},$$

所以
$$I=\int_{-\frac{\pi}{4}}^{\frac{\pi}{4}}\frac{\sin^2 x}{1+\mathrm{e}^{-x}}\mathrm{d}x=\frac{\pi}{8}-\frac{1}{4}.$$

例6-76 计算$\int_0^{\ln 5}\frac{\mathrm{e}^x\sqrt{\mathrm{e}^x-1}}{\mathrm{e}^x+3}\mathrm{d}x$.

分析：本例的求解思路应考虑去除因子$\sqrt{\mathrm{e}^x-1}$，这可采用换元法.

解：令$t=\sqrt{\mathrm{e}^x-1}$，则$\mathrm{e}^x=t^2+1$，$x=\ln(t^2+1)$，$\mathrm{d}x=\frac{2t}{1+t^2}\mathrm{d}t$，运用换元法公式(6-16)

$$原式=\int_0^2\frac{(1+t^2)t}{t^2+4}\cdot\frac{2t}{1+t^2}\mathrm{d}t=2\int_0^2\frac{t^2}{t^2+4}\mathrm{d}t=2\int_0^2\left(1-\frac{4}{t^2+4}\right)\mathrm{d}t$$
$$=2\left(t-2\arctan\frac{t}{2}\right)\Big|_0^2=4-\pi.$$

▶▶▶方法小结

运用换元法公式(6-16)计算定积分的基本思想是：通过换元消去计算难点，其关键在于根据问题选取合适的变换.

变换$x=g(t)$选取的常用方法有：

(1) 借助一些恒等式(常用三角恒等式)去根号.因为定积分的换元法公式(6-16)与不定积分的换元法公式(6-3)形式相似，所以在该一目小结中的一些去根号的变换以及处理一些无理函数积分的变换方法(式(6-8)～式(6-14))对定积分问题同样有效，只是需注意对$g(\alpha)=a$，$g(\beta)=b$条件的满足(例 6-71,例 6-72).

(2) 直接将计算难点设为新的变量(例 6-76).

(3) 对于有些问题可以采用倒数变换.

(4) 三角有理式的定积分与不定积分的处理方法相同,仍然可以采用万能变换计算(通常运用于低次幂的三角有理函数)(例 6-73).

(5) 对有些计算烦琐甚至无法计算原函数的定积分问题(此时不定积分无法计算),有时可借助定积分值与积分变量名称无关的性质,利用变量代换建立积分等式后计算(例 6-74,例 6-75).

6.2.2.3 运用定积分的分部积分法计算定积分

定积分的分部积分法

$$\int_a^b f(x)\mathrm{d}(g(x)) = f(x)g(x)\Big|_a^b - \int_a^b g(x)\mathrm{d}(f(x)) \tag{6-17}$$

▶▶▶方法运用注意点

定积分的分部积分法公式(6-17)与不定积分的分部积分法公式(6-4)形式相似,给出了两个积分之间的转换公式,即将积分 $\int_a^b f(x)\mathrm{d}(g(x))$ 转化为积分 $\int_a^b g(x)\mathrm{d}(f(x))$ 的计算.这种转换所要达到的基本目的:希望运用公式将函数 $f(x)$ 与 $g(x)$ 在微分号内外进行交换,通过对 $f(x)$ 求微分(求导)消除积分中的计算难点,其运用方法和思路与不定积分的分部积分法相同.

▶▶▶典型例题解析

例 6-77 计算 $\int_0^{\frac{1}{2}} x\ln\frac{1+x}{1-x}\mathrm{d}x$.

分析: 本例应考虑对 $\ln\frac{1+x}{1-x}$ 求导消去对数,为此应选择用分部积分法计算.

解: 原式 $=\int_0^{\frac{1}{2}} x[\ln(1+x)-\ln(1-x)]\mathrm{d}x = \frac{1}{2}\int_0^{\frac{1}{2}}[\ln(1+x)-\ln(1-x)]\mathrm{d}(x^2-1)$

$$=\frac{1}{2}(x^2-1)\ln\frac{1+x}{1-x}\Big|_0^{\frac{1}{2}} - \frac{1}{2}\int_0^{\frac{1}{2}}(x^2-1)\left(\frac{1}{1+x}+\frac{1}{1-x}\right)\mathrm{d}x$$

$$=\frac{1}{2}\left(-\frac{3}{4}\ln 3\right)+\int_0^{\frac{1}{2}}\mathrm{d}x = \frac{1}{2}-\frac{3}{8}\ln 3.$$

例 6-78 计算 $\int_1^{\sqrt{3}} \frac{\arctan x}{x^3}\mathrm{d}x$.

分析: 问题在于如何消去 $\arctan x$. 可以看到,若能对其求导即可予以去除,为此考虑运用分部积分法.

解：原式$=-\dfrac{1}{2}\int_1^{\sqrt{3}}\arctan x\,\mathrm{d}\left(\dfrac{1}{x^2}\right)=-\dfrac{1}{2}\left[\dfrac{\arctan x}{x^2}\Bigg|_1^{\sqrt{3}}-\int_1^{\sqrt{3}}\dfrac{\mathrm{d}x}{x^2(1+x^2)}\right]$

$$=\frac{5\pi}{72}+\frac{1}{2}\int_1^{\sqrt{3}}\left(\frac{1}{x^2}-\frac{1}{1+x^2}\right)\mathrm{d}x=\frac{5\pi}{72}+\frac{1}{2}\left(-\frac{1}{x}-\arctan x\right)\Bigg|_1^{\sqrt{3}}=\frac{\pi}{36}+\frac{1}{2}-\frac{\sqrt{3}}{6}.$$

例 6-79 计算$\int_{\sqrt{2}}^{2}x\arccos\dfrac{1}{x}\mathrm{d}x$.

分析：本例似应考虑运用分部积分法对 $\arccos\dfrac{1}{x}$ 求导，消去反三角函数.

解：原式$=\dfrac{1}{2}\int_{\sqrt{2}}^{2}\arccos\dfrac{1}{x}\mathrm{d}(x^2)=\dfrac{1}{2}x^2\arccos\dfrac{1}{x}\Bigg|_{\sqrt{2}}^{2}-\dfrac{1}{2}\int_{\sqrt{2}}^{2}x^2\cdot\dfrac{-1}{\sqrt{1-\dfrac{1}{x^2}}}\left(-\dfrac{1}{x^2}\right)\mathrm{d}x$

$$=\frac{5\pi}{12}-\frac{1}{2}\int_{\sqrt{2}}^{2}\frac{x}{\sqrt{x^2-1}}\mathrm{d}x=\frac{5\pi}{12}-\frac{1}{2}\sqrt{x^2-1}\Bigg|_{\sqrt{2}}^{2}=\frac{5\pi}{12}-\frac{1}{2}(\sqrt{3}-1).$$

例 6-80 计算$\int_{\frac{\sqrt{2}}{2}}^{\frac{\sqrt{3}}{2}}\arcsin x\arccos x\,\mathrm{d}x$.

分析：本题应设法消去反三角函数，为此考虑运用分部积分法计算，由于本题有两个反三角函数，故应先借助恒等式 $\arcsin x+\arccos x=\dfrac{\pi}{2}$ 消去一个反三角函数后计算.

解：原式$=\int_{\frac{\sqrt{2}}{2}}^{\frac{\sqrt{3}}{2}}\arcsin x\left(\dfrac{\pi}{2}-\arcsin x\right)\mathrm{d}x=\dfrac{\pi}{2}\int_{\frac{\sqrt{2}}{2}}^{\frac{\sqrt{3}}{2}}\arcsin x\,\mathrm{d}x-\int_{\frac{\sqrt{2}}{2}}^{\frac{\sqrt{3}}{2}}(\arcsin x)^2\mathrm{d}x$

又
$$\int_{\frac{\sqrt{2}}{2}}^{\frac{\sqrt{3}}{2}}\arcsin x\,\mathrm{d}x=x\arcsin x\Bigg|_{\frac{\sqrt{2}}{2}}^{\frac{\sqrt{3}}{2}}-\int_{\frac{\sqrt{2}}{2}}^{\frac{\sqrt{3}}{2}}\frac{x}{\sqrt{1-x^2}}\mathrm{d}x=\frac{\sqrt{3}}{6}\pi-\frac{\sqrt{2}}{8}\pi+\sqrt{1-x^2}\Bigg|_{\frac{\sqrt{2}}{2}}^{\frac{\sqrt{3}}{2}}$$
$$=\frac{\sqrt{3}}{6}\pi-\frac{\sqrt{2}}{8}\pi+\frac{1}{2}-\frac{\sqrt{2}}{2},$$

$$\int_{\frac{\sqrt{2}}{2}}^{\frac{\sqrt{3}}{2}}(\arcsin x)^2\mathrm{d}x=x(\arcsin x)^2\Bigg|_{\frac{\sqrt{2}}{2}}^{\frac{\sqrt{3}}{2}}-\int_{\frac{\sqrt{2}}{2}}^{\frac{\sqrt{3}}{2}}\frac{2x\arcsin x}{\sqrt{1-x^2}}\mathrm{d}x$$
$$=\frac{\sqrt{3}}{18}\pi^2-\frac{\sqrt{2}}{32}\pi^2+2\int_{\frac{\sqrt{2}}{2}}^{\frac{\sqrt{3}}{2}}\arcsin x\,\mathrm{d}(\sqrt{1-x^2})$$
$$=\frac{\sqrt{3}}{18}\pi^2-\frac{\sqrt{2}}{32}\pi^2+2\left(\sqrt{1-x^2}\arcsin x\Bigg|_{\frac{\sqrt{2}}{2}}^{\frac{\sqrt{3}}{2}}-\int_{\frac{\sqrt{2}}{2}}^{\frac{\sqrt{3}}{2}}\mathrm{d}x\right)$$
$$=\frac{\sqrt{3}}{18}\pi^2-\frac{\sqrt{2}}{32}\pi^2+\frac{\pi}{3}-\frac{\sqrt{2}}{4}\pi-\sqrt{3}+\sqrt{2},$$

代入第一式得

$$\int_{\frac{\sqrt{2}}{2}}^{\frac{\sqrt{3}}{2}}\arcsin x\arccos x\,\mathrm{d}x=\frac{\pi^2}{4}\left(\frac{\sqrt{3}}{9}-\frac{\sqrt{2}}{8}\right)-\frac{\pi}{12}+\sqrt{3}-\sqrt{2}.$$

例 6-81 计算$\int_1^{16}\arctan\sqrt{\sqrt{x}-1}\,\mathrm{d}x$.

分析：本题首先应去除反正切函数中的$\sqrt{\sqrt{x}-1}$，这可采用换元法.和前几例相同，对于换元后积分中的 $\arctan t$，可利用分部积分法求导处理.

解：原式$\xlongequal{t=\sqrt{\sqrt{x}-1}}\int_0^{\sqrt{3}}\arctan t\,\mathrm{d}((1+t^2)^2)=(1+t^2)^2\arctan t\Big|_0^{\sqrt{3}}-\int_0^{\sqrt{3}}(1+t^2)^2\dfrac{1}{1+t^2}\mathrm{d}t$

$$=\frac{16}{3}\pi-\int_0^{\sqrt{3}}(1+t^2)\mathrm{d}t=\frac{16}{3}\pi-2\sqrt{3}.$$

例 6-82 计算$\int_1^{e^{\pi}}\sin(\ln x)\mathrm{d}x$.

分析：本例的问题在于正弦函数中 $\ln x$ 的处理，和前题一样，可作变换 $t=\ln x$ 予以消去.本题另一解法是，对积分直接运用分部积分法获得所求积分满足的方程，通过解方程求积分的值.

解一：$\int_1^{e^{\pi}}\sin(\ln x)\mathrm{d}x\xlongequal{t=\ln x}\int_0^{\pi}\sin t\cdot e^t\mathrm{d}t=\int_0^{\pi}\sin t\,\mathrm{d}e^t=e^t\sin t\Big|_0^{\pi}-\int_0^{\pi}e^t\cos t\,\mathrm{d}t=-\int_0^{\pi}\cos t\,\mathrm{d}e^t$

$$=-\left[e^t\cos t\Big|_0^{\pi}-\int_0^{\pi}(-\sin t)\cdot e^t\mathrm{d}t\right]=e^{\pi}+1-\int_0^{\pi}\sin t\cdot e^t\mathrm{d}t,$$

解得
$$\int_1^{e^{\pi}}\sin(\ln x)\mathrm{d}x=\int_0^{\pi}\sin t\cdot e^t\mathrm{d}t=\frac{e^{\pi}+1}{2}.$$

解二：$\int_1^{e^{\pi}}\sin(\ln x)\mathrm{d}x=x\sin(\ln x)\Big|_1^{e^{\pi}}-\int_1^{e^{\pi}}x\cos(\ln x)\cdot\dfrac{1}{x}\mathrm{d}x=-\int_1^{e^{\pi}}\cos(\ln x)\mathrm{d}x$

$$=-\left[x\cos(\ln x)\Big|_1^{e^{\pi}}-\int_1^{e^{\pi}}x(-\sin(\ln x))\frac{1}{x}\mathrm{d}x\right]$$

$$=e^{\pi}+1-\int_1^{e^{\pi}}\sin(\ln x)\mathrm{d}x,$$

解得
$$\int_1^{e^{\pi}}\sin(\ln x)\mathrm{d}x=\frac{e^{\pi}+1}{2}.$$

例 6-83 计算$\int_{\frac{1}{2}}^{2}\left(1+x-\dfrac{1}{x}\right)e^{x+\frac{1}{x}}\mathrm{d}x$.

分析：本例首先应考虑如何处理指数上的函数 $x+\dfrac{1}{x}$. 从其导数 $\left(x+\dfrac{1}{x}\right)'=1-\dfrac{1}{x^2}$ 及 $x\left(x+\dfrac{1}{x}\right)'=x-\dfrac{1}{x}$ 可见，若将积分拆成两项

$$\text{原式}=\int_{\frac{1}{2}}^{2}e^{x+\frac{1}{x}}\mathrm{d}x+\int_{\frac{1}{2}}^{2}\left(x-\frac{1}{x}\right)e^{x+\frac{1}{x}}\mathrm{d}x,$$

对第一项积分$\int_{\frac{1}{2}}^{2}e^{x+\frac{1}{x}}\mathrm{d}x$ 利用分部积分法，转换后新的积分为$-\int_{\frac{1}{2}}^{2}\left(x-\dfrac{1}{x}\right)e^{x+\frac{1}{x}}\mathrm{d}x$，正好和上式中

的积分 $\int_{\frac{1}{2}}^{2}\left(x-\frac{1}{x}\right)\mathrm{e}^{x+\frac{1}{x}}\mathrm{d}x$ 相消.

解：原式 $=\int_{\frac{1}{2}}^{2}\mathrm{e}^{x+\frac{1}{x}}\mathrm{d}x+\int_{\frac{1}{2}}^{2}\left(x-\frac{1}{x}\right)\mathrm{e}^{x+\frac{1}{x}}\mathrm{d}x$

$$=x\mathrm{e}^{x+\frac{1}{x}}\Big|_{\frac{1}{2}}^{2}-\int_{\frac{1}{2}}^{2}x\mathrm{e}^{x+\frac{1}{x}}\left(1-\frac{1}{x^2}\right)\mathrm{d}x+\int_{\frac{1}{2}}^{2}\left(x-\frac{1}{x}\right)\mathrm{e}^{x+\frac{1}{x}}\mathrm{d}x$$

$$=\frac{3}{2}\mathrm{e}^{\frac{5}{2}}-\int_{\frac{1}{2}}^{2}\left(x-\frac{1}{x}\right)\mathrm{e}^{x+\frac{1}{x}}\mathrm{d}x+\int_{\frac{1}{2}}^{2}\left(x-\frac{1}{x}\right)\mathrm{e}^{x+\frac{1}{x}}\mathrm{d}x=\frac{3}{2}\mathrm{e}^{\frac{5}{2}}.$$

例 6-84 设 $f(x)=\int_0^x \mathrm{e}^{\sin t}\mathrm{d}t$，计算 $\int_0^{\frac{\pi}{2}}f(x)\sin x\mathrm{d}x$.

分析：本题面临的问题在于变限积分函数 $f(x)$ 的表达式无法求出，但若能对其求导，即可将积分号去除，故这里可考虑应用分部积分法计算.

解：原式 $=-\int_0^{\frac{\pi}{2}}f(x)\mathrm{d}(\cos x)=-\left(f(x)\cos x\Big|_0^{\frac{\pi}{2}}-\int_0^{\frac{\pi}{2}}\cos x f'(x)\mathrm{d}x\right)$

$$=\int_0^{\frac{\pi}{2}}\cos x\,\mathrm{e}^{\sin x}\mathrm{d}x=\int_0^{\frac{\pi}{2}}\mathrm{e}^{\sin x}\mathrm{d}\sin x=\mathrm{e}^{\sin x}\Big|_0^{\frac{\pi}{2}}=\mathrm{e}-1.$$

例 6-85 计算 $\int_{-1}^{1}(x^2-1)^n\mathrm{d}x$，$n$ 为正整数.

分析：计算难点在于积分与不确定的正整数 n 有关，这类问题常常可借助分部积分法建立递推式来求解.

解一：$I_n=\int_{-1}^{1}(x^2-1)^n\mathrm{d}x=x(x^2-1)^n\Big|_{-1}^{1}-\int_{-1}^{1}x\cdot n(x^2-1)^{n-1}\cdot 2x\,\mathrm{d}x$

$$=-2n\int_{-1}^{1}x^2(x^2-1)^{n-1}\mathrm{d}x=-2n\int_{-1}^{1}[(x^2-1)+1](x^2-1)^{n-1}\mathrm{d}x$$

$$=-2nI_n-2nI_{n-1},$$

解得 $I_n=-\frac{2n}{2n+1}I_{n-1}$，且 $I_1=\int_{-1}^{1}(x^2-1)\mathrm{d}x=-\frac{4}{3}$，所以

$$I_n=-\frac{2n}{2n+1}I_{n-1}=(-1)^2\frac{2n(2n-2)}{(2n+1)(2n-1)}I_{n-2}=\cdots$$

$$=(-1)^{n-1}\frac{2n(2n-2)\cdots4}{(2n+1)(2n-1)\cdots5}I_1=(-1)^n\frac{2(2n)!!}{(2n+1)!!}.$$

解二：利用奇偶函数的定积分性质得

$$I_n=2\int_0^1(x^2-1)^n\mathrm{d}x=2(-1)^n\int_0^1(1-x^2)^n\mathrm{d}x$$

$$\xlongequal{x=\cos t}2(-1)^n\int_{\frac{\pi}{2}}^{0}\sin^{2n}t(-\sin t)\mathrm{d}t=2(-1)^n\int_0^{\frac{\pi}{2}}\sin^{2n+1}t\,\mathrm{d}t$$

$$\xlongequal{\text{华里士公式}}2(-1)^n\frac{(2n)!!}{(2n+1)!!}.$$

例 6-86　试证递推公式 $I_n=\int_0^{\pi} x\sin^n x\,\mathrm{d}x=\frac{n-1}{n}I_{n-2}$.

分析：利用分部积分法建立递推公式.

解：$I_n=-\int_0^{\pi} x\sin^{n-1}x\,\mathrm{d}(\cos x)$

$$=-x\sin^{n-1}x\cos x\Big|_0^{\pi}+\int_0^{\pi}\cos x[\sin^{n-1}x+(n-1)x\sin^{n-2}x\cos x]\mathrm{d}x$$

$$=\int_0^{\pi}\cos x\sin^{n-1}x\,\mathrm{d}x+(n-1)\int_0^{\pi}x\sin^{n-2}x\cos^2 x\,\mathrm{d}x$$

$$=\frac{1}{n}\sin^n x\Big|_0^{\pi}+(n-1)\int_0^{\pi}x\sin^{n-2}x(1-\sin^2 x)\mathrm{d}x$$

$$=(n-1)\int_0^{\pi}x\sin^{n-2}x\,\mathrm{d}x-(n-1)\int_0^{\pi}x\sin^n x\,\mathrm{d}x=(n-1)I_{n-2}-(n-1)I_n,$$

解得
$$I_n=\frac{n-1}{n}I_{n-2}.$$

▶▶▶方法小结

定积分的分部积分法通常用于以下情形的问题：

(1) 经过运用分部积分公式(6-17)转换之后能够消去计算难点，并且新的积分 $\int_a^b g(x)\mathrm{d}(f(x))$ 比原积分简化，从而更易计算.在 6.2.1 节的第 4 目及其小节中所涉及的那些运用不定积分分部积分法计算的问题，若对它们计算定积分同样应首先采用定积分的分部积分法计算.

(2) 被积函数中含有变限积分函数，并且该变限积分函数无法求出，这类问题通常要运用分部积分法计算(例 6-84).

(3) 经过运用分部积分法之后，尽管新的积分没有简化，但能够获得所求积分满足的方程，这类问题也可运用分部积分法计算(例 6-82).

(4) 经过运用分部积分法之后能够抵消无法计算的积分，从而消去难点，这类问题在运用分部积分法时，一般先要对积分进行分解(例 6-83).

(5) 经过运用分部积分法之后，能够获得积分之间的递推式，此时可通过递推的方法求得积分的值(例 6-85).

6.2.2.4　运用奇偶函数、周期函数的定积分性质计算定积分

1) 奇偶函数的定积分性质

(1) 如果 $f(x)$ 在 $[-l,l]$ 上连续，且 $f(-x)=-f(x)$（即奇函数)，则

$$\int_{-l}^{l}f(x)\mathrm{d}x=0. \tag{6-18}$$

(2) 如果 $f(x)$ 在 $[-l, l]$ 上连续，且 $f(-x)=f(x)$（即偶函数），则

$$\int_{-l}^{l} f(x)\mathrm{d}x = 2\int_{0}^{l} f(x)\mathrm{d}x. \tag{6-19}$$

2）周期函数的定积分性质

设 $f(x)$ 连续且是以 T 为周期的周期函数，则对任意的实数 a，有

$$\int_{a}^{a+T} f(x)\mathrm{d}x = \int_{0}^{T} f(x)\mathrm{d}x. \tag{6-20}$$

3）华里士公式

$$\int_{0}^{\frac{\pi}{2}} \sin^n x\,\mathrm{d}x = \int_{0}^{\frac{\pi}{2}} \cos^n x\,\mathrm{d}x = \begin{cases} \dfrac{(n-1)!!}{n!!}\dfrac{\pi}{2}, & n\text{ 为偶数} \\ \dfrac{(n-1)!!}{n!!}, & n\text{ 为奇数} \end{cases} \tag{6-21}$$

▶▶▶方法运用注意点

(1) 奇偶函数的定积分性质式(6-18)、式(6-19)需满足被积函数具有奇偶性以及积分区间关于原点对称这两个条件，两者缺一不可.

(2) 周期函数的定积分性质式(6-20)说明：对于以 T 为周期的连续函数，其在任意周期长的区间上的定积分都相等，即是一常量，同样成立

$$\int_{a}^{a+nT} f(x)\mathrm{d}x = n\int_{0}^{T} f(x)\mathrm{d}x = n\int_{-\frac{T}{2}}^{\frac{T}{2}} f(x)\mathrm{d}x. \tag{6-22}$$

▶▶▶典型例题解析

例 6-87 计算 $\int_{-2}^{2} (x+|x|)\mathrm{e}^{-|x|}\mathrm{d}x$.

分析： 积分区间 $[-2, 2]$ 为原点对称的区间，此时应考虑被积函数有无奇偶性.对于本题被积函数本身无奇偶性，然而 $f(x)=x\mathrm{e}^{-|x|}+|x|\mathrm{e}^{-|x|}$，其中 $x\mathrm{e}^{-|x|}$ 是奇函数，$|x|\mathrm{e}^{-|x|}$ 是偶函数.于是本题可将积分分解后，利用奇偶函数的定积分性质计算.

解： 原式 $=\int_{-2}^{2} x\mathrm{e}^{-|x|}\mathrm{d}x + \int_{-2}^{2} |x|\mathrm{e}^{-|x|}\mathrm{d}x = 0 + 2\int_{0}^{2} x\mathrm{e}^{-x}\mathrm{d}x = -2\int_{0}^{2} x\,\mathrm{d}(\mathrm{e}^{-x})$

$$= -2\left(x\mathrm{e}^{-x}\Big|_{0}^{2} - \int_{0}^{2}\mathrm{e}^{-x}\mathrm{d}x\right) = 2\left(1-\frac{3}{\mathrm{e}^2}\right).$$

例 6-88 计算 $\int_{-1}^{1} \left[2\arctan x + \sqrt{\pi^2 - 4(\arctan x)^2}\right]^2 \mathrm{d}x$.

分析： 本例被积函数复杂，仍需考虑被积函数有无奇偶性，若被积函数本身没有奇偶性，还需考虑其中的项有无奇偶性.

解： 将被积函数中的完全平方打开并分解得

$$\text{原式}=\int_{-1}^{1}[4(\arctan x)^2+4\arctan x\sqrt{\pi^2-4(\arctan x)^2}+\pi^2-4(\arctan x)^2]\mathrm{d}x$$
$$=\int_{-1}^{1}\pi^2\mathrm{d}x+4\int_{-1}^{1}\arctan x\sqrt{\pi^2-4(\arctan x)^2}\,\mathrm{d}x,$$

由于 $\arctan x\sqrt{\pi^2-4(\arctan x)^2}$ 是奇函数,对其积分为零,所以

$$\text{原式}=\int_{-1}^{1}\pi^2\mathrm{d}x=2\pi^2.$$

例 6-89 计算 $\displaystyle\int_{-1}^{1}\frac{x\mathrm{e}^{-x^2}}{x^2+x\ln(x+\sqrt{x^2+1})+1}\mathrm{d}x$.

分析: 本例被积函数的原函数无法求出,前述定积分的三种计算方法都无法求解本题.然而注意到积分区间关于原点对称,此时自然应考虑被积函数是否为奇函数.

解: 由于函数 $\ln(x+\sqrt{x^2+1})$ 是奇函数,于是被积函数 $f(x)$ 满足

$$f(-x)=\frac{-x\mathrm{e}^{-x^2}}{x^2-x\ln(-x+\sqrt{x^2+1})+1}=\frac{-x\mathrm{e}^{-x^2}}{x^2+x\ln(x+\sqrt{x^2+1})+1}=-f(x),$$

即 $f(x)$ 是奇函数,根据奇偶函数的定积分性质式(6-18),得

$$\text{原式}=0.$$

例 6-90 计算 $\displaystyle\int_{0}^{100\pi}\left|\sin\frac{x}{2}\right|^7\mathrm{d}x$.

分析: 由于被积函数既是周期函数又是偶函数,考虑利用周期函数和偶函数的积分性质计算.

解: $$\text{原式}\xlongequal{t=\frac{x}{2}}2\int_{0}^{50\pi}|\sin t|^7\mathrm{d}t=2\times50\int_{0}^{\pi}|\sin t|^7\mathrm{d}t=2\times50\int_{-\frac{\pi}{2}}^{\frac{\pi}{2}}|\sin t|^7\mathrm{d}t$$
$$=200\int_{0}^{\frac{\pi}{2}}\sin^7t\,\mathrm{d}t=200\times\frac{6}{7}\times\frac{4}{5}\times\frac{2}{3}=\frac{640}{7}.$$

例 6-91 计算 $\displaystyle\int_{0}^{n\pi}x|\sin x|\mathrm{d}x$.

分析: 如果把去绝对值作为问题处理的重点,则可将积分化为

$$\text{原式}=\sum_{k=0}^{n-1}\int_{k\pi}^{(k+1)\pi}x|\sin x|\mathrm{d}x=\sum_{k=0}^{n-1}\int_{k\pi}^{(k+1)\pi}(-1)^kx\sin x\,\mathrm{d}x,$$

在计算积分后再求和.若把去因子 x 作为问题处理的重点,则可利用奇偶函数的定积分性质,为此首先要将积分区间变换成关于原点对称的区间.

解: $$\text{原式}\xlongequal{x=\frac{n\pi}{2}-t}\int_{\frac{n\pi}{2}}^{-\frac{n\pi}{2}}\left(\frac{n\pi}{2}-t\right)\left|\sin\left(\frac{n\pi}{2}-t\right)\right|(-\mathrm{d}t)$$
$$=\frac{n\pi}{2}\int_{-\frac{n\pi}{2}}^{\frac{n\pi}{2}}\left|\sin\left(\frac{n\pi}{2}-t\right)\right|\mathrm{d}t-\int_{-\frac{n\pi}{2}}^{\frac{n\pi}{2}}t\left|\sin\left(\frac{n\pi}{2}-t\right)\right|\mathrm{d}t.$$

如果 $n=2k$ $(k=1,2,\cdots)$，则

$$\begin{aligned}原式&=k\pi\int_{-k\pi}^{k\pi}|\sin(k\pi-t)|\mathrm{d}t-\int_{-k\pi}^{k\pi}t|\sin(k\pi-t)|\mathrm{d}t\\&=k\pi\int_{-k\pi}^{k\pi}|\sin t|\mathrm{d}t-\int_{-k\pi}^{k\pi}t|\sin t|\mathrm{d}t=2k\pi\int_0^{k\pi}|\sin t|\mathrm{d}t-0\\&=2k\pi\cdot k\int_0^{\pi}\sin t\mathrm{d}t=(2k)^2\pi=n^2\pi.\end{aligned}$$

如果 $n=2k+1$ $(k=0,1,2,\cdots)$，则

$$\begin{aligned}原式&=\frac{(2k+1)\pi}{2}\int_{-\frac{(2k+1)\pi}{2}}^{\frac{(2k+1)\pi}{2}}\left|\sin\left(k\pi+\frac{\pi}{2}-t\right)\right|\mathrm{d}t-\int_{-\frac{(2k+1)\pi}{2}}^{\frac{(2k+1)\pi}{2}}t\left|\sin\left(k\pi+\frac{\pi}{2}-t\right)\right|\mathrm{d}t\\&=\frac{(2k+1)\pi}{2}\cdot2\int_0^{k\pi+\frac{\pi}{2}}|\cos t|\mathrm{d}t-\int_{-\left(k\pi+\frac{\pi}{2}\right)}^{k\pi+\frac{\pi}{2}}t|\cos t|\mathrm{d}t\\&=(2k+1)\pi\left(\int_0^{k\pi}|\cos t|\mathrm{d}t+\int_{k\pi}^{k\pi+\frac{\pi}{2}}|\cos t|\mathrm{d}t\right)\\&=(2k+1)\pi\left(k\int_0^{\pi}|\cos t|\mathrm{d}t+1\right)=(2k+1)^2\pi=n^2\pi,\end{aligned}$$

所以
$$\int_0^{n\pi}x|\sin x|\mathrm{d}x=n^2\pi.$$

解二：原式 $=\sum\limits_{k=0}^{n-1}\int_{k\pi}^{(k+1)\pi}x|\sin x|\mathrm{d}x=\sum\limits_{k=0}^{n-1}\int_{k\pi}^{(k+1)\pi}(-1)^kx\sin x\mathrm{d}x.$

又
$$\begin{aligned}\int_{k\pi}^{(k+1)\pi}x\sin x\mathrm{d}x&=-\int_{k\pi}^{(k+1)\pi}x\mathrm{d}(\cos x)=-\left(x\cos x\Big|_{k\pi}^{(k+1)\pi}-\int_{k\pi}^{(k+1)\pi}\cos x\mathrm{d}x\right)\\&=-((k+1)\pi(-1)^{k+1}-k\pi(-1)^k)=(-1)^k(2k+1)\pi,\end{aligned}$$

代入第一式，得

$$原式=\sum_{k=0}^{n-1}(2k+1)\pi=n^2\pi.$$

例 6-92 计算 $\int_0^{\pi}\arctan(\cos x)\mathrm{d}x.$

分析：本题首先要考虑去除反正切函数，这可以采用分部积分法处理.

解一：原式 $=x\arctan(\cos x)\Big|_0^{\pi}-\int_0^{\pi}x\cdot\frac{-\sin x}{1+\cos^2x}\mathrm{d}x=-\frac{\pi^2}{4}+\int_0^{\pi}\frac{x\sin x}{1+\cos^2x}\mathrm{d}x,$

又
$$\begin{aligned}\int_0^{\pi}\frac{x\sin x}{1+\cos^2x}\mathrm{d}x&\xlongequal{x=\frac{\pi}{2}-t}\int_{-\frac{\pi}{2}}^{\frac{\pi}{2}}\left(\frac{\pi}{2}-t\right)\frac{\cos t}{1+\sin^2t}\mathrm{d}t=\int_{-\frac{\pi}{2}}^{\frac{\pi}{2}}\frac{\pi}{2}\frac{\cos t}{1+\sin^2t}\mathrm{d}t-\int_{-\frac{\pi}{2}}^{\frac{\pi}{2}}\frac{t\cos t}{1+\sin^2t}\mathrm{d}t\\&=\pi\int_0^{\frac{\pi}{2}}\frac{1}{1+\sin^2t}\mathrm{d}(\sin t)=\pi\arctan(\sin t)\Big|_0^{\frac{\pi}{2}}=\frac{\pi^2}{4},\end{aligned}$$

所以有
$$\int_0^{\pi}\arctan(\cos x)\mathrm{d}x=-\frac{\pi^2}{4}+\frac{\pi^2}{4}=0.$$

解二： 将积分区间变换到关于原点对称的区间.

$$原式\xlongequal{x=\frac{\pi}{2}-t}\int_{\frac{\pi}{2}}^{-\frac{\pi}{2}}\arctan\left(\cos\left(\frac{\pi}{2}-t\right)\right)(-\mathrm{d}t)=\int_{-\frac{\pi}{2}}^{\frac{\pi}{2}}\arctan(\sin t)\mathrm{d}t,$$

由于 $\arctan(\sin t)$ 是奇函数，根据奇偶函数的定积分性质
$$\int_0^{\pi}\arctan(\cos x)\mathrm{d}x=0.$$

例 6-93　设 $f(x)$ 是以 l 为周期的连续的奇函数，试证明：$f(x)$ 的任一原函数都是以 l 为周期的周期函数.

分析： 连续函数的任一原函数都表示为 $F(x)=\int_0^x f(t)\mathrm{d}t+C$，于是本题要证明
$$F(x+l)=F(x).$$

解： 任取 $f(x)$ 的一个原函数 $F(x)=\int_0^x f(t)\mathrm{d}t+C$，则
$$F(x+l)=\int_0^{x+l}f(t)\mathrm{d}t+C=\int_0^x f(t)\mathrm{d}t+\int_x^{x+l}f(t)\mathrm{d}t+C,$$

由 $f(x)$ 是以 l 为周期的周期函数，得 $\int_x^{x+l}f(t)\mathrm{d}t=\int_{-\frac{l}{2}}^{\frac{l}{2}}f(t)\mathrm{d}t=0$，所以有
$$F(x+l)=\int_0^x f(t)\mathrm{d}t+C=F(x),$$

即 $f(x)$ 的任一原函数都是以 l 为周期的周期函数.

▶▶▶方法小结

奇偶函数、周期函数的定积分性质：式(6-18)、式(6-19)、式(6-20)是常用的积分公式.一般来说，当所求积分的积分区间为关于原点对称的区间时，首先需考虑被积函数是否为奇偶函数，或者可否分离为奇偶函数的和差.若是，则可运用相应的性质简化计算(例 6-87，例 6-88).特别当被积函数复杂甚至原函数无法计算时，更应考虑这一性质的运用(例 6-89).

同样地，当被积函数为周期函数时，我们也应考虑积分区间是否为周期长的区间或为周期长的整数倍的区间.若是，也可以用周期函数的定积分性质简化计算.有时周期函数和奇偶函数的定积分性质还需和定积分的其他计算方法，例如换元法、分部积分法等结合在一起使用(例 6-91，例 6-92).

6.2.3　积分等式与积分不等式的证明问题(二)
——运用定积分计算的方法

在上一章的 5.2.5 和 5.2.6 中我们介绍了运用定积分性质、微分学的方法证明积分等式与积分不

等式，解决了一批这类问题的证明.在这里，我们进一步介绍运用定积分计算的方法证明积分等式与积分不等式，这一方法对一批问题的证明是非常有效的.

6.2.3.1 运用定积分计算法证明积分等式

▶▶▶基本方法

(1) 运用定积分的变量代换方法证明；

(2) 运用定积分的其他计算方法证明.

▶▶▶典型例题解析

例 6-94 设 $f(x)$ 是 $[0, 1]$ 上的连续函数，试证

$$\int_0^{\pi} f(\sin x)\mathrm{d}x = 2\int_0^{\frac{\pi}{2}} f(\sin x)\mathrm{d}x.$$

分析：等式两边的被积函数相同，积分区间不同，首先要考虑将右边的积分区间与左边的积分区间建立联系.方法一是通过变换 $t=\dfrac{x}{2}$，直接将 $[0, \pi]$ 变换到 $\left[0, \dfrac{\pi}{2}\right]$，由于在此变换下被积函数发生改变，无法证得结论.方法二是将左边的积分拆成

$$\int_0^{\pi} f(\sin x)\mathrm{d}x = \int_0^{\frac{\pi}{2}} f(\sin x)\mathrm{d}x + \int_{\frac{\pi}{2}}^{\pi} f(\sin x)\mathrm{d}x,$$

然后考虑 $\int_0^{\frac{\pi}{2}} f(\sin x)\mathrm{d}x = \int_{\frac{\pi}{2}}^{\pi} f(\sin x)\mathrm{d}x$ 是否成立，这可采用变量代换的方法.

解：运用分域性质

$$\int_0^{\pi} f(\sin x)\mathrm{d}x = \int_0^{\frac{\pi}{2}} f(\sin x)\mathrm{d}x + \int_{\frac{\pi}{2}}^{\pi} f(\sin x)\mathrm{d}x.$$

又

$$\int_{\frac{\pi}{2}}^{\pi} f(\sin x)\mathrm{d}x \xlongequal{x=\pi-t} \int_{\frac{\pi}{2}}^{0} f(\sin(\pi-t))(-\mathrm{d}t) = \int_0^{\frac{\pi}{2}} f(\sin t)\mathrm{d}t,$$

代入前式得

$$\int_0^{\pi} f(\sin x)\mathrm{d}x = \int_0^{\frac{\pi}{2}} f(\sin x)\mathrm{d}x + \int_0^{\frac{\pi}{2}} f(\sin t)\mathrm{d}t = 2\int_0^{\frac{\pi}{2}} f(\sin x)\mathrm{d}x.$$

例 6-95 设 $f(x)$ 是区间 $[-1, 1]$ 上的连续的偶函数，试证明：

$$\int_0^{2\pi} f(\cos x)\mathrm{d}x = 4\int_0^{\frac{\pi}{2}} f(\cos x)\mathrm{d}x.$$

分析：本例的问题与上例相同，仍应采用分拆、变量代换的方法，在不改变被积函数的条件下，将右边 $[0, 2\pi]$ 上的积分表达成 $\left[0, \dfrac{\pi}{2}\right]$ 上的积分，注意这里的被积函数 $f(\cos x)$ 还是 2π 为周期的

偶函数.

解: $$\int_0^{2\pi} f(\cos x)\mathrm{d}x \xlongequal{\text{利用周期性}} \int_{-\pi}^{\pi} f(\cos x)\mathrm{d}x \xlongequal{\text{利用偶函数性质}} 2\int_0^{\pi} f(\cos x)\mathrm{d}x$$

$$=2\left(\int_0^{\frac{\pi}{2}} f(\cos x)\mathrm{d}x+\int_{\frac{\pi}{2}}^{\pi} f(\cos x)\mathrm{d}x\right)\text{（对第二个积分作换元 } t=\pi-x\text{）}$$

$$=2\left(\int_0^{\frac{\pi}{2}} f(\cos x)\mathrm{d}x+\int_{\frac{\pi}{2}}^{0} f(\cos(\pi-t))(-\mathrm{d}t)\right)$$

$$=2\int_0^{\frac{\pi}{2}} f(\cos x)\mathrm{d}x+2\int_0^{\frac{\pi}{2}} f(-\cos t)\mathrm{d}t$$

$$=2\int_0^{\frac{\pi}{2}} f(\cos x)\mathrm{d}x+2\int_0^{\frac{\pi}{2}} f(\cos t)\mathrm{d}t=4\int_0^{\frac{\pi}{2}} f(\cos x)\mathrm{d}x.$$

例 6-96　设 $f(x)$ 是区间 $[0,\ 1]$ 上的连续函数,试证明

$$\int_0^{\pi} xf(\sin x)\mathrm{d}x=\pi\int_0^{\frac{\pi}{2}} f(\sin x)\mathrm{d}x,$$

并计算定积分 $\int_0^{\pi}\frac{x\sin x}{2-\sin^2 x}\mathrm{d}x$.

分析: 本题面临的问题是左右两边积分的积分区间、被积函数都不同,此时应先考虑处理被积函数的问题,即考虑 $xf(\sin x)$ 与 $f(\sin x)$ 的积分间有无联系,可采用变量代换的方法.

解: $$\int_0^{\pi} xf(\sin x)\mathrm{d}x \xlongequal{t=\pi-x} \int_{\pi}^{0}(\pi-t)f(\sin(\pi-t))(-\mathrm{d}t)=\int_0^{\pi}(\pi-t)f(\sin t)\mathrm{d}t$$

$$=\pi\int_0^{\pi} f(\sin t)\mathrm{d}t-\int_0^{\pi} tf(\sin t)\mathrm{d}t,$$

从而有
$$\int_0^{\pi} xf(\sin x)\mathrm{d}x=\frac{\pi}{2}\int_0^{\pi} f(\sin x)\mathrm{d}x.$$

再利用例 6-94 的结果 $\int_0^{\pi} f(\sin x)\mathrm{d}x=2\int_0^{\frac{\pi}{2}} f(\sin x)\mathrm{d}x$,代入上式得

$$\int_0^{\pi} xf(\sin x)\mathrm{d}x=\pi\int_0^{\frac{\pi}{2}} f(\sin x)\mathrm{d}x.$$

$$\int_0^{\pi}\frac{x\sin x}{2-\sin^2 x}\mathrm{d}x=\pi\int_0^{\frac{\pi}{2}}\frac{\sin x}{2-\sin^2 x}\mathrm{d}x=-\pi\int_0^{\frac{\pi}{2}}\frac{\mathrm{d}(\cos x)}{1+\cos^2 x}\mathrm{d}x$$

$$=-\pi\arctan(\cos x)\Big|_0^{\frac{\pi}{2}}=\frac{\pi^2}{4}.$$

例 6-97　证明 $\int_0^{\frac{\pi}{2}}\sin^m x\cos^m x\,\mathrm{d}x=2^{-m}\int_0^{\frac{\pi}{2}}\cos^m x\,\mathrm{d}x$.

分析: 对照等式的左右两边,本题应先考虑借助三角公式去除左边积分中 $\sin^m x$ 与 $\cos^m x$ 的乘积,统一形式后再考虑采用变量代换等方法证明.

解: $\int_0^{\frac{\pi}{2}} \sin^m x \cos^m x \mathrm{d}x = \frac{1}{2^m}\int_0^{\frac{\pi}{2}} \sin^m 2x \mathrm{d}x \xlongequal{t=2x} \frac{1}{2^{m+1}}\int_0^{\pi} \sin^m t \mathrm{d}t$

$$=\frac{1}{2^{m+1}}\left(\int_0^{\frac{\pi}{2}} \sin^m t \mathrm{d}t + \int_{\frac{\pi}{2}}^{\pi} \sin^m t \mathrm{d}t\right)（对第二个积分作变换 t=\pi-u）$$

$$=\frac{1}{2^{m+1}}\left(\int_0^{\frac{\pi}{2}} \sin^m t \mathrm{d}t + \int_0^{\frac{\pi}{2}} \sin^m u \mathrm{d}u\right) = \frac{1}{2^m}\int_0^{\frac{\pi}{2}} \sin^m t \mathrm{d}t$$

$$\xlongequal{t=\frac{\pi}{2}-x} \frac{1}{2^m}\int_{\frac{\pi}{2}}^{0} \sin^m\left(\frac{\pi}{2}-x\right)(-\mathrm{d}x) = 2^{-m}\int_0^{\frac{\pi}{2}} \cos^m x \mathrm{d}x.$$

例 6-98 设函数 $f(x)$ 在 $(0,+\infty)$ 上连续,试证明:

$$\int_1^a f\left(x^2+\frac{a^2}{x^2}\right)\frac{\mathrm{d}x}{x} = \int_1^a f\left(x+\frac{a^2}{x}\right)\frac{\mathrm{d}x}{x} \quad (a>0).$$

分析: 对照所证等式的左右两边,首先要做变换使两边被积函数的形式相同,从 $f\left(x^2+\frac{a^2}{x^2}\right)$ 与 $f\left(x+\frac{a^2}{x}\right)$ 可见,所作的变换是 $t=x^2$.

解: 令 $t=x^2$,则 $\mathrm{d}t=2x\mathrm{d}x$,$\frac{\mathrm{d}t}{t}=\frac{2}{x}\mathrm{d}x$,于是有

$$\int_1^a f\left(x^2+\frac{a^2}{x^2}\right)\frac{\mathrm{d}x}{x} = \int_1^{a^2} f\left(t+\frac{a^2}{t}\right)\frac{\mathrm{d}t}{2t} = \frac{1}{2}\int_1^{a^2} f\left(t+\frac{a^2}{t}\right)\frac{\mathrm{d}t}{t}.$$

为处理积分区间,使之与所证等式右边的积分区间建立联系,分拆积分得

$$\int_1^{a^2} f\left(t+\frac{a^2}{t}\right)\frac{\mathrm{d}t}{t} = \int_1^{a} f\left(t+\frac{a^2}{t}\right)\frac{\mathrm{d}t}{t} + \int_a^{a^2} f\left(t+\frac{a^2}{t}\right)\frac{\mathrm{d}t}{t}.$$

下面考虑作变换使积分区间 $[a,a^2]$ 变换为 $[1,a]$,且被积函数保持不变.令 $u=\frac{a^2}{t}$,则 $\mathrm{d}t=-\frac{a^2}{u^2}\mathrm{d}u$,且有

$$\int_a^{a^2} f\left(t+\frac{a^2}{t}\right)\frac{\mathrm{d}t}{t} = \int_a^1 f\left(\frac{a^2}{u}+u\right)\frac{u}{a^2}\left(-\frac{a^2}{u^2}\right)\mathrm{d}u = \int_1^a f\left(u+\frac{a^2}{u}\right)\frac{\mathrm{d}u}{u},$$

所以有

$$\int_1^{a^2} f\left(t+\frac{a^2}{t}\right)\frac{\mathrm{d}t}{t} = \int_1^{a} f\left(t+\frac{a^2}{t}\right)\frac{\mathrm{d}t}{t} + \int_1^{a} f\left(u+\frac{a^2}{u}\right)\frac{\mathrm{d}u}{u} = 2\int_1^{a} f\left(t+\frac{a^2}{t}\right)\frac{\mathrm{d}t}{t},$$

代入第一式得

$$\int_1^a f\left(x^2+\frac{a^2}{x^2}\right)\frac{\mathrm{d}x}{x} = \int_1^a f\left(x+\frac{a^2}{x}\right)\frac{\mathrm{d}x}{x}.$$

例 6-99　设 $F(a)=\int_0^\pi \ln(1-2a\cos\theta+a^2)\mathrm{d}\theta$，试证明：

(1) $F(-a)=F(a)$；　　(2) $F(a^2)=2F(a)$.

分析：(1) 由 $F(-a)=\int_0^\pi \ln(1+2a\cos\theta+a^2)\mathrm{d}\theta$ 及 $F(a)$ 可见，作变换 $\theta=\pi-t$ 证明；

(2) 利用(1)的结果去证明：$2F(a)=F(a)+F(-a)=F(a^2)$.

解：(1) $F(-a)=\int_0^\pi \ln(1+2a\cos\theta+a^2)\mathrm{d}\theta \xlongequal{\theta=\pi-t} \int_\pi^0 \ln(1+2a\cos(\pi-t)+a^2)(-\mathrm{d}t)$

$$=\int_0^\pi \ln(1-2a\cos t+a^2)\mathrm{d}t=F(a).$$

(2) 利用(1)的结果

$$2F(a)=F(a)+F(-a)=\int_0^\pi \ln(1-2a\cos\theta+a^2)\mathrm{d}\theta+\int_0^\pi \ln(1+2a\cos\theta+a^2)\mathrm{d}\theta$$

$$=\int_0^\pi \ln[(1-2a\cos\theta+a^2)(1+2a\cos\theta+a^2)]\mathrm{d}\theta$$

$$=\int_0^\pi \ln(1-2a^2\cos 2\theta+a^4)\mathrm{d}\theta \xlongequal{t=2\theta} \frac{1}{2}\int_0^{2\pi} \ln(1-2a^2\cos t+a^4)\mathrm{d}t$$

$$=\frac{1}{2}\left[\int_0^\pi \ln(1-2a^2\cos t+a^4)\mathrm{d}t+\int_\pi^{2\pi} \ln(1-2a^2\cos t+a^4)\mathrm{d}t\right]$$

$$\xlongequal{u=2\pi-t} \frac{1}{2}\left[F(a^2)+\int_\pi^0 \ln(1-2a^2\cos u+a^4)(-\mathrm{d}u)\right]=F(a^2).$$

例 6-100　设 $f(x)$ 是连续函数，且 $F(x)=\int_0^x f(t)f'(2a-t)\mathrm{d}t$，试证明：

$$F(2a)-2F(a)=f^2(a)-f(0)f(2a).$$

分析：等式的左边是定积分，右边是函数值，所以本题的证明可通过计算左边的定积分来验证等式.由于 $F(x)$ 中含有因子 $f'(2a-t)$，计算时应采用分部积分法.

解：$F(2a)-2F(a)=\int_0^{2a} f(t)f'(2a-t)\mathrm{d}t-2\int_0^a f(t)f'(2a-t)\mathrm{d}t$

$$=\int_0^a f(t)f'(2a-t)\mathrm{d}t+\int_a^{2a} f(t)f'(2a-t)\mathrm{d}t-2\int_0^a f(t)f'(2a-t)\mathrm{d}t$$

$$=\int_a^{2a} f(t)f'(2a-t)\mathrm{d}t-\int_0^a f(t)f'(2a-t)\mathrm{d}t,$$

又　$\int_a^{2a} f(t)f'(2a-t)\mathrm{d}t \xlongequal{t=2a-u} \int_a^0 f(2a-u)f'(u)(-\mathrm{d}u)=\int_0^a f(2a-u)\mathrm{d}(f(u))$

$$=f(u)f(2a-u)\Big|_0^a-\int_0^a f(u)f'(2a-u)(-\mathrm{d}u)$$

$$=f^2(a)-f(0)f(2a)+\int_0^a f(u)f'(2a-u)\mathrm{d}u,$$

代入前式得　　$F(2a)-2F(a)=f^2(a)-f(0)f(2a).$

例 6-101　设 $f(x)$ 在 $[0,1]$ 上有二阶连续导数，证明

$$\int_0^1 f(x)\mathrm{d}x=\frac{1}{2}(f(0)+f(1))-\frac{1}{2}\int_0^1 x(1-x)f''(x)\mathrm{d}x.$$

分析：比较等式左右两边定积分的被积函数，本题应考虑对积分 $\int_0^1 x(1-x)f''(x)\mathrm{d}x$ 运用分部积分法，将 $f''(x)$ 转化成 $f(x)$，对 $x(1-x)$ 求导化为常数，从而建立与积分 $\int_0^1 f(x)\mathrm{d}x$ 间的关系式.

解：
$$\begin{aligned}\int_0^1 x(1-x)f''(x)\mathrm{d}x&=\int_0^1 x(1-x)\mathrm{d}(f'(x))=x(1-x)f'(x)\Big|_0^1-\int_0^1 f'(x)(1-2x)\mathrm{d}x\\&=-\int_0^1(1-2x)\mathrm{d}(f(x))=-f(x)(1-2x)\Big|_0^1+\int_0^1(-2)f(x)\mathrm{d}x\\&=f(1)+f(0)-2\int_0^1 f(x)\mathrm{d}x,\end{aligned}$$

解得
$$\int_0^1 f(x)\mathrm{d}x=\frac{1}{2}(f(0)+f(1))-\frac{1}{2}\int_0^1 x(1-x)f''(x)\mathrm{d}x.$$

例 6-102 设 $f(x)$ 连续，$f_1(x)=\int_0^x f(t)\mathrm{d}t$，$f_{k+1}(x)=\int_0^x f_k(t)\mathrm{d}t$，$k=1,2,\cdots$，试证明：

$$f_{k+1}(x)=\frac{1}{k!}\int_0^x f(t)(x-t)^k\mathrm{d}t.$$

分析：从 $f_1'(x)=f(x)$，$f_{k+1}'(x)=f_k(x)$ 及所证等式左右两边的被积函数 $f_k(t)$ 和 $f(t)(x-t)^k$，可见本题应采用分部积分法对 $f_k(t)$ 反复地求导去积分号，直至 $f(t)$.

解：
$$\begin{aligned}f_{k+1}(x)&=\int_0^x f_k(t)\mathrm{d}t=-\int_0^x f_k(t)\mathrm{d}(x-t)=-\left[(x-t)f_k(t)\Big|_0^x-\int_0^x(x-t)f_{k-1}(t)\mathrm{d}t\right]\\&=\int_0^x(x-t)f_{k-1}(t)\mathrm{d}t=-\frac{1}{2}\int_0^x f_{k-1}(t)\mathrm{d}[(x-t)^2]\\&=-\frac{1}{2}\left[(x-t)^2f_{k-1}(t)\Big|_0^x-\int_0^x(x-t)^2f_{k-2}(t)\mathrm{d}t\right]\\&=\frac{1}{2}\int_0^x(x-t)^2f_{k-2}(t)\mathrm{d}t=-\frac{1}{2\cdot 3}\int_0^x f_{k-2}(t)\mathrm{d}(x-t)^3\\&=-\frac{1}{3!}\left[(x-t)^3f_{k-2}(t)\Big|_0^x-\int_0^x(x-t)^3f_{k-3}(t)\mathrm{d}t\right]\\&=\frac{1}{3!}\int_0^x(x-t)^3f_{k-3}(t)\mathrm{d}t=\cdots=\frac{1}{(k-1)!}\int_0^x(x-t)^{k-1}f_1(t)\mathrm{d}t\\&=-\frac{1}{k!}\int_0^x f_1(t)\mathrm{d}(x-t)^k=-\frac{1}{k!}\left[(x-t)^kf_1(t)\Big|_0^x-\int_0^x(x-t)^kf(t)\mathrm{d}t\right]\\&=\frac{1}{k!}\int_0^x(x-t)^kf(t)\mathrm{d}t.\end{aligned}$$

例 6-103 设 $f(x)$ 是以 T 为周期的连续函数，证明：

$$\lim_{x\to+\infty}\frac{1}{x}\int_0^x f(t)\mathrm{d}t=\frac{1}{T}\int_0^T f(t)\mathrm{d}t.$$

分析：本题所面临的难点在于，在一个不是周期长 T 的整数倍的积分区间 $[0, x]$ 上如何运用周期函数的定积分性质. 由于对任意的 $x>0$，总存在自然数 n，使 $nT\leqslant x<(n+1)T$，从而 $x=nT+l$，$0\leqslant l<T$. 于是

$$\int_0^x f(t)\mathrm{d}t=\int_0^{nT}f(t)\mathrm{d}t+\int_{nT}^{nT+l}f(t)\mathrm{d}t,$$

对积分 $\int_0^{nT}f(t)\mathrm{d}t$ 可利用周期函数的定积分性质.

解：对任意的 $x>0$，存在自然数 n，使 $nT\leqslant x<(n+1)T$，从而 $x=nT+l$，$0\leqslant l<T$. 于是有

$$\frac{1}{x}\int_0^x f(t)\mathrm{d}t=\frac{1}{nT+l}\int_0^{nT+l}f(t)\mathrm{d}t=\frac{1}{nT+l}\left(\int_0^{nT}f(t)\mathrm{d}t+\int_{nT}^{nT+l}f(t)\mathrm{d}t\right).$$

对第一个积分用周期函数的积分性质，对第二个积分作变换 $t=nT+u$，得

$$\begin{aligned}\frac{1}{x}\int_0^x f(t)\mathrm{d}t&=\frac{1}{nT+l}\left(n\int_0^T f(t)\mathrm{d}t+\int_0^l f(nT+u)\mathrm{d}u\right)\\&=\frac{n}{nT+l}\int_0^T f(t)\mathrm{d}t+\frac{1}{nT+l}\int_0^l f(u)\mathrm{d}u\\&=\frac{x-l}{x}\cdot\frac{1}{T}\int_0^T f(t)\mathrm{d}t+\frac{1}{x}\int_0^l f(u)\mathrm{d}u.\end{aligned}$$

由于积分 $\int_0^l f(u)\mathrm{d}u$ 是有界量，两边取极限，得

$$\lim_{x\to+\infty}\frac{1}{x}\int_0^x f(t)\mathrm{d}t=\lim_{x\to+\infty}\left(1-\frac{l}{x}\right)\frac{1}{T}\int_0^T f(t)\mathrm{d}t+\lim_{x\to+\infty}\frac{1}{x}\int_0^l f(u)\mathrm{d}u=\frac{1}{T}\int_0^T f(t)\mathrm{d}t.$$

▶▶▶方法小结

本节讨论的运用定积分计算的方法证明积分等式的问题与5.2.5节中运用微分学方法证明积分等式的问题，从问题的提法上来看是有很大差异的. 微分学的方法通常处理积分方程的求解，积分方程根的存在性，以及存在某一点 ξ 使某一含有积分的等式成立等问题. 而这里所用的定积分计算的方法通常是处理积分与积分之间相等的问题，所以两类证明积分等式的方法，它们所处理的对象是不同的. 在运用定积分计算方法证明积分等式的问题中，最常用的方法是变量代换和分部积分法.

(1) 运用变量代换方法证明积分等式的关键步骤在于选取合适的变换，一般思路如下：

① 如果左右两边的被积函数相同，但积分区间不同，此时首先应考虑选取一个变换，将积分区间变成相同，或将积分拆分后把积分区间变成相同，同时还应保持被积函数不变(例6-94，例6-95).

② 如果左右两边的积分区间相同，但被积函数不同，此时应考虑选取一个变换，将被积函数变成相同且最好保持积分区间不变. 若积分区间改变时，问题就转化为用① 的方法处理(例6-97，例6-

98,例 6-99).

③ 如果左右两边的被积函数和积分区间都不同,则首先应考虑选取一个变换使被积函数相同,然后再按照①的方法处理区间的问题(例 6-96).

(2) 在通过定积分计算的方法证明积分等式时,分部积分法也是常用的方法(例 6-101,例 6-102),有时还需要结合定积分的其他性质,例如周期函数积分性质、变量代换等方法(例 6-100,例 6-95,例 6-103).

6.2.3.2 运用定积分计算法证明积分不等式

▶▶▶基本方法

运用定积分的变量代换、分部积分法、运算性质以及保序性证明.

▶▶▶典型例题解析

例 6-104 证明:$\int_0^{\sqrt{2\pi}}\sin(x^2)\mathrm{d}x>0$.

分析: 被积函数 $f(x)=\sin(x^2)$ 在积分区间 $[0,\sqrt{2\pi}]$ 上有正、有负,无法比较它在取正值与取负值区间上的积分值大小,为此先作变换,化简问题后再做比较.

解:

$$\int_0^{\sqrt{2\pi}}\sin(x^2)\mathrm{d}x\xlongequal{t=x^2}\int_0^{2\pi}\frac{\sin t}{2\sqrt{t}}\mathrm{d}t.$$

由于被积函数 $\frac{\sin t}{2\sqrt{t}}$ 在 $[0,\pi]$ 上取正,在 $[\pi,2\pi]$ 上取负,为确定积分值符号,将积分拆分成两个积分

$$\int_0^{\sqrt{2\pi}}\sin(x^2)\mathrm{d}x=\frac{1}{2}\int_0^{\pi}\frac{\sin t}{\sqrt{t}}\mathrm{d}t+\frac{1}{2}\int_{\pi}^{2\pi}\frac{\sin t}{\sqrt{t}}\mathrm{d}t\ (\text{对第二个积分作变换 } t=\pi+u)$$

$$=\frac{1}{2}\int_0^{\pi}\frac{\sin t}{\sqrt{t}}\mathrm{d}t-\frac{1}{2}\int_0^{\pi}\frac{\sin u}{\sqrt{\pi+u}}\mathrm{d}u=\frac{1}{2}\int_0^{\pi}\sin t\left(\frac{1}{\sqrt{t}}-\frac{1}{\sqrt{\pi+t}}\right)\mathrm{d}t,$$

由于在 $(0,\pi)$ 上 $\frac{1}{\sqrt{t}}-\frac{1}{\sqrt{\pi+t}}>0$, $\sin t>0$,利用定积分的保序性,得

$$\int_0^{\sqrt{2\pi}}\sin(x^2)\mathrm{d}x=\frac{1}{2}\int_0^{\pi}\sin t\left(\frac{1}{\sqrt{t}}-\frac{1}{\sqrt{\pi+t}}\right)\mathrm{d}t>0.$$

例 6-105 设 $f(x)$ 在 $[0,+\infty)$ 上连续可导且严格单调增加,$f(0)=0$,$f(x)$ 与 $g(y)$ 互为反函数,证明:

$$\int_0^a f(x)\mathrm{d}x+\int_0^b g(y)\mathrm{d}y\geqslant ab,\ \text{其中 } a,b>0.$$

分析：为将积分$\int_0^a f(x)\mathrm{d}x$与$\int_0^b g(y)\mathrm{d}y$比较，首先应统一被积函数，即在$f(x)$与$g(y)$之间消去一个，便于化简问题.这可利用$y=f(x)$与$x=g(y)$互为反函数的关系，通过做变换处理.

解：$\int_0^b g(y)\mathrm{d}y \xlongequal{y=f(x)} \int_0^{g(b)} g(f(x))\mathrm{d}(f(x))=\int_0^{g(b)} x\mathrm{d}(f(x))$

$$=xf(x)\Big|_0^{g(b)}-\int_0^{g(b)} f(x)\mathrm{d}x=bg(b)-\int_0^{g(b)} f(x)\mathrm{d}x.$$

于是

$$\int_0^a f(x)\mathrm{d}x+\int_0^b g(y)\mathrm{d}y=\int_0^a f(x)\mathrm{d}x+bg(b)-\int_0^{g(b)} f(x)\mathrm{d}x$$
$$-bg(b)+\int_{g(b)}^a f(x)\mathrm{d}x. \quad (6-23)$$

若$g(b)\leqslant a$，则由$f(x)$单调增加，从式(6-23)，利用保序性有

$$\int_0^a f(x)\mathrm{d}x+\int_0^b g(y)\mathrm{d}y\geqslant bg(b)+\int_{g(b)}^a f(g(b))\mathrm{d}x=bg(b)+b(a-g(b))$$
$$=bg(b)+ba-bg(b)=ab.$$

若$g(b)>a$，则当$x\in[a,g(b)]$时，$f(x)\leqslant f(g(b))=b$，利用保序性有

$$\int_0^a f(x)\mathrm{d}x+\int_0^b g(y)\mathrm{d}y=bg(b)-\int_a^{g(b)} f(x)\mathrm{d}x\geqslant bg(b)-\int_a^{g(b)} f(g(b))\mathrm{d}x$$
$$=bg(b)-b(g(b)-a)=ab.$$

综上所述，不等式得证.

例6-106 设$f(x)$，$g(x)$在$[a,b]$上连续，且满足当$x\in[a,b]$时，$\int_a^x f(t)\mathrm{d}t\geqslant\int_a^x g(t)\mathrm{d}t$，$\int_a^b f(x)\mathrm{d}x=\int_a^b g(x)\mathrm{d}x$，证明：$\int_a^b xf(x)\mathrm{d}x\leqslant\int_a^b xg(x)\mathrm{d}x$.

分析：所证不等式即证明：$\int_a^b x[g(x)-f(x)]\mathrm{d}x\geqslant 0$.由于$x[g(x)-f(x)]$在区间$[a,b]$上无明确符号，为运用保序性，应考虑构造一个在区间$[a,b]$上具有明确符号且能用它表达积分$\int_a^b x[g(x)-f(x)]\mathrm{d}x$的函数$\varphi(x)$，从所给条件可知，这一函数应选$\varphi(x)=\int_a^x g(t)\mathrm{d}t-\int_a^x f(t)\mathrm{d}t$.

解：设$\varphi(x)=\int_a^x g(t)\mathrm{d}t-\int_a^x f(t)\mathrm{d}t$，则在区间$[a,b]$上，$\varphi(x)\leqslant 0$，且$\varphi(b)=0$.又由

$$\int_a^b x[g(x)-f(x)]\mathrm{d}x=\int_a^b x\mathrm{d}\varphi(x)=x\varphi(x)\Big|_a^b-\int_a^b \varphi(x)\mathrm{d}x$$
$$=b\varphi(b)-a\varphi(a)-\int_a^b \varphi(x)\mathrm{d}x=-\int_a^b \varphi(x)\mathrm{d}x,$$

及$\int_a^b \varphi(x)\mathrm{d}x\leqslant 0$知$\int_a^b x[g(x)-f(x)]\mathrm{d}x\geqslant 0$，所以有

$$\int_a^b xf(x)\mathrm{d}x\leqslant\int_a^b xg(x)\mathrm{d}x.$$

▶▶▶方法小结

通过定积分计算方法证明积分不等式的思路如下：

(1) 运用定积分计算方法，计算出左、右两边的积分值进行比较；

(2) 当左、右两边的积分无法算出积分值时，通常运用定积分性质、变量代换和分部积分法将问题分解后，运用定积分的保序性证明.

6.2.4 定积分在数列极限计算中的应用

定积分与 n 项和极限间的关系 如果 $f(x)$ 在区间 $[a, b]$ 上连续，则

$$\lim_{n\to\infty}\sum_{k=1}^{n} f\left(a+k\frac{b-a}{n}\right)\frac{b-a}{n}=\int_a^b f(x)\mathrm{d}x. \tag{6-24}$$

▶▶▶方法运用注意点

(1) 和式 $\sum_{k=1}^{n} f\left(a+k\frac{b-a}{n}\right)\frac{b-a}{n}$ 称为函数 $f(x)$ 在区间 $[a, b]$ 上的积分和.式(6-24)说明，当所求极限的 n 项和是某一函数在某一区间上的积分和时，所求极限就归结为计算定积分，而计算定积分有许多有效的方法.

(2) 式(6-24)中取函数值的点 $x_k=a+k\frac{b-a}{n}$ 也可以改为区间 $[x_{k-1}, x_k]$ 的左端点 $x_{k-1}=a+(k-1)\frac{b-a}{n}$，也可以是区间 $[x_{k-1}, x_k]$ 中的任意其他的点.

▶▶▶典型例题解析

例 6-107 计算 $\lim_{n\to\infty}\frac{1}{n}\left(\sin\frac{\pi}{n}+\sin\frac{2\pi}{n}+\cdots+\sin\frac{n\pi}{n}\right)$.

分析： n 项和的极限问题，并且无法求和，此时应考虑它是否为积分和.

解： 原式 $=\lim_{n\to\infty}\sum_{k=1}^{n}\sin\frac{k\pi}{n}\cdot\frac{1}{n}$ （$\sin\pi x$ 在 $[0, 1]$ 上的积分和）

$$=\int_0^1\sin(\pi x)\mathrm{d}x=\frac{2}{\pi}.$$

例 6-108 计算 $\lim_{n\to\infty}\sum_{k=1}^{n}\frac{\mathrm{e}^{\frac{k}{n}}}{n+n\mathrm{e}^{\frac{2k}{n}}}$.

分析： 本题的 n 项和无法求和，注意到 $\sum_{k=1}^{n}\frac{\mathrm{e}^{\frac{k}{n}}}{n+n\mathrm{e}^{\frac{2k}{n}}}=\sum_{k=1}^{n}\frac{\mathrm{e}^{\frac{k}{n}}}{1+(\mathrm{e}^{\frac{k}{n}})^2}\cdot\frac{1}{n}$，可见它是函数

$f(x)=\dfrac{e^x}{1+e^{2x}}$ 在区间 $[0,\ 1]$ 上的积分和,运用式(6-24)计算.

解: 原式 $=\lim\limits_{n\to\infty}\sum\limits_{k=1}^{n}\dfrac{e^{\frac{k}{n}}}{1+(e^{\frac{k}{n}})^2}\cdot\dfrac{1}{n}=\int_0^1\dfrac{e^x}{1+e^{2x}}dx=\int_0^1\dfrac{d(e^x)}{1+e^{2x}}=\arctan(e^x)\Big|_0^1=\arctan e-\dfrac{\pi}{4}$.

例 6-109　计算 $\lim\limits_{n\to\infty}\left[\dfrac{1^p}{(n+1)^{p+1}}+\dfrac{2^p}{(n+\sqrt{2})^{p+1}}+\cdots+\dfrac{n^p}{(n+\sqrt{n})^{p+1}}\right]$ $(p\neq-1)$.

分析: 所给数列 $a_n=\sum\limits_{k=1}^{n}\dfrac{k^p}{(n+\sqrt{k})^{p+1}}$ 无法求和,并且也不是积分和,此时的思路应考虑将 a_n 放大、缩小后能否化为积分和,同时满足夹逼准则的条件.

解: 记 $a_n=\sum\limits_{k=1}^{n}\dfrac{k^p}{(n+\sqrt{k})^{p+1}}$,由于 $\dfrac{k^p}{(n+\sqrt{n})^{p+1}}<\dfrac{k^p}{(n+\sqrt{k})^{p+1}}<\dfrac{k^p}{n^{p+1}}$,所以有

$$\sum_{k=1}^{n}\frac{k^p}{(n+\sqrt{n})^{p+1}}<a_n<\sum_{k=1}^{n}\frac{k^p}{n^{p+1}},$$

又因
$$\lim_{n\to\infty}\sum_{k=1}^{n}\frac{k^p}{n^{p+1}}=\lim_{n\to\infty}\sum_{k=1}^{n}\left(\frac{k}{n}\right)^p\cdot\frac{1}{n}=\int_0^1 x^p dx=\frac{1}{p+1},$$

$$\lim_{n\to\infty}\sum_{k=1}^{n}\frac{k^p}{(n+\sqrt{n})^{p+1}}=\lim_{n\to\infty}\frac{n^{p+1}}{(n+\sqrt{n})^{p+1}}\sum_{k=1}^{n}\frac{k^p}{n^{p+1}}=\lim_{n\to\infty}\frac{1}{\left(1+\frac{1}{\sqrt{n}}\right)^{p+1}}\sum_{k=1}^{n}\left(\frac{k}{n}\right)^p\cdot\frac{1}{n}$$
$$=\int_0^1 x^p dx=\frac{1}{p+1},$$

根据夹逼准则,所求极限
$$\lim_{n\to\infty}a_n=\frac{1}{p+1}.$$

例 6-110　计算 $\lim\limits_{n\to\infty}\dfrac{\sqrt[n]{(n+1)(n+2)\cdots(n+n)}}{n}$.

分析: 这里面临的问题是 n 个因子的乘积 $(n+1)(n+2)\cdots(n+n)$ 以及 n 次根式.对于 n 个因子乘积的数列极限,除了能够直接算得 n 个因子乘积具体表达式的情形以外,一般利用对数把它化为 n 项和的极限问题处理.

解: 原式 $=\lim\limits_{n\to\infty}\sqrt[n]{\dfrac{(n+1)(n+2)\cdots(n+n)}{n^n}}=\lim\limits_{n\to\infty}\sqrt[n]{\left(1+\dfrac{1}{n}\right)\left(1+\dfrac{2}{n}\right)\cdots\left(1+\dfrac{n}{n}\right)}$

$$=\lim_{n\to\infty}e^{\frac{1}{n}\sum\limits_{k=1}^{n}\ln\left(1+\frac{k}{n}\right)}=e^{\lim\limits_{n\to\infty}\sum\limits_{k=1}^{n}\ln\left(1+\frac{k}{n}\right)\cdot\frac{1}{n}}.$$

由于 $\lim\limits_{n\to\infty}\sum\limits_{k=1}^{n}\ln\left(1+\dfrac{k}{n}\right)\cdot\dfrac{1}{n}=\int_0^1\ln(1+x)dx=x\ln(1+x)\Big|_0^1-\int_0^1\dfrac{x}{1+x}dx=2\ln 2-1$,

所以所求极限
$$原式=e^{2\ln 2-1}=\frac{4}{e}.$$

方法小结

n 项和以及 n 项乘积的数列极限计算是一个非常困难的问题，难点在于没有一般的方法计算数列的 n 项和以及 n 项乘积.这里以及 2.2.3 节中所介绍的有关这一问题的例子仅仅是这类问题中的特殊问题，其处理方法可以归纳如下：

(1) 对于 n 项和极限问题的处理方法

① 直接计算 n 项和的表达式，再算极限(例 2-33，例 2-34)；

② 对数列放大、缩小后计算 n 项和，利用夹逼准则(例 2-36，例 2-37)；

③ 化为函数在某区间上的积分和，利用定积分计算(例 2-107，例 2-108)；

④ 对数列放大、缩小后，化为积分和，利用夹逼准则和定积分计算(例 6-109).

(2) 对于 n 项乘积极限问题的处理方法

① 直接计算 n 项乘积的表达式，再算极限(例 2-35)；

② 通过对数(或取对数)，把问题转化为 n 项和的极限问题(例 6-110).

6.3 习题六

6-1 计算下列不定积分：

(1) $\int \csc x(\csc x-\cot x)\mathrm{d}x$； (2) $\int \dfrac{\cos 2x}{\sin x+\cos x}\mathrm{d}x$； (3) $\int \dfrac{\mathrm{d}x}{\sqrt[5]{2x-1}}$；

(4) $\int \left(\dfrac{x}{1+x^8}\right)^7\mathrm{d}x$； (5) $\int \dfrac{1}{x^3}\mathrm{e}^{-\frac{1}{x^2}}\mathrm{d}x$； (6) $\int (x-3)\sqrt[3]{2x^2-12x+1}\,\mathrm{d}x$；

(7) $\int \dfrac{\mathrm{d}x}{\sqrt{6x-9x^2}}$； (8) $\int \dfrac{\mathrm{e}^x}{1+\mathrm{e}^{2x}}\mathrm{d}x$； (9) $\int \sqrt{\dfrac{\arccos x}{1-x^2}}\,\mathrm{d}x$；

(10) $\int \dfrac{\sin^3 x}{\cos^4 x}\mathrm{d}x$； (11) $\int \tan x\ \sec^n x\,\mathrm{d}x$； (12) $\int \sin(2x+1)\cos(3x-2)\mathrm{d}x$；

(13) $\int \tan^4 x\,\mathrm{d}x$； (14) $\int \dfrac{\cos x\ \sin x}{\cos^2 x+2\sin^2 x}\mathrm{d}x$； (15) $\int \dfrac{\ln\tan x}{\cos x\ \sin x}\mathrm{d}x$；

(16) $\int \dfrac{6x+5}{x^2+4}\mathrm{d}x$； (17) $\int \dfrac{2x+3}{x^2+8x+16}\mathrm{d}x$； (18) $\int \dfrac{x-1}{x^2+4x}\mathrm{d}x$.

6-2 计算下列不定积分：

(1) $\int \dfrac{x^2}{(a^2-x^2)^{3/2}}\mathrm{d}x\,(a>0)$； (2) $\int \dfrac{\mathrm{d}x}{x^2\sqrt{x^2-1}}$； (3) $\int \dfrac{\mathrm{d}x}{\sqrt{(4x^2+9)^3}}$；

(4) $\int \dfrac{\sqrt{(9-x^2)^3}}{x^6}\mathrm{d}x$； (5) $\int \dfrac{x^3}{(4+x^2)^{3/2}}\mathrm{d}x$； (6) $\int \dfrac{\mathrm{d}x}{(\mathrm{e}^x-1)^{3/2}}$；

(7) $\int \dfrac{\mathrm{e}^{2x}}{\sqrt[4]{\mathrm{e}^x+1}}\mathrm{d}x$； (8) $\int \dfrac{\mathrm{d}x}{x^2\sqrt{1-x^2}}$.

6-3　计算下列不定积分：

(1) $\int \csc^3 x\,\mathrm{d}x$；　(2) $\int x\,\mathrm{sh}\,x\,\mathrm{d}x$；　(3) $\int x\tan^2 x\,\mathrm{d}x$；

(4) $\int \sqrt[n]{x}\ln^2 x\,\mathrm{d}x$；　(5) $\int (x^2+5x+6)\cos 2x\,\mathrm{d}x$；　(6) $\int \mathrm{e}^x\cos^2 x\,\mathrm{d}x$；

(7) $\int \frac{x\arctan x}{\sqrt{1+x^2}}\mathrm{d}x$；　(8) $\int x\ln\frac{1+x}{1-x}\mathrm{d}x$.

6-4　计算下列不定积分：

(1) $\int \frac{x^2+2x-1}{(x-1)^2}\mathrm{d}x$；　(2) $\int \frac{\mathrm{d}x}{x^3-x}$；　(3) $\int \frac{x^2+2x}{x^3+3x^2+4}\mathrm{d}x$；

(4) $\int \frac{x^4+1}{(x-1)(x^2+1)}\mathrm{d}x$；　(5) $\int \frac{(2\sin x-3)\cos x}{\sin^2 x-3\sin x+2}\mathrm{d}x$；　(6) $\int \frac{\mathrm{d}x}{3+5\cos x}$；

(7) $\int \frac{\mathrm{d}x}{\sin^4 x+\cos^4 x}$；　(8) $\int \frac{\sin^2 x}{(\sin x-\cos x-1)^3}\mathrm{d}x$；　(9) $\int \frac{\mathrm{d}x}{\sqrt{(x+1)(x+3)}}$；

(10) $\int \frac{\mathrm{d}x}{\sqrt{x}+\sqrt[4]{x}}$；　(11) $\int \frac{\mathrm{d}x}{x\sqrt{2x-25}}$；　(12) $\int \frac{x^3}{\sqrt[3]{x^2+1}}\mathrm{d}x$.

6-5　计算下列不定积分：

(1) $\int \sqrt{\frac{x}{1-x\sqrt{x}}}\,\mathrm{d}x$；　(2) $\int \frac{\ln^2(x+\sqrt{1+x^2})}{\sqrt{1+x^2}}\mathrm{d}x$；　(3) $\int \cos^4\left(\frac{x+1}{4}\right)\mathrm{d}x$；

(4) $\int \frac{\mathrm{d}x}{\sqrt[5]{\sin^3 x\cos^7 x}}$；　(5) $\int \frac{x\cos(\ln(x^2+1))}{x^2+1}\mathrm{d}x$；

(6) $\int \sqrt{(x^2+x)\mathrm{e}^x}\,(x^2+3x+1)\mathrm{e}^x\,\mathrm{d}x$；　(7) $\int (x\ln x)^{3/2}(\ln x+1)\mathrm{d}x$；

(8) $\int \frac{\arctan\frac{1}{x}}{1+x^2}\mathrm{d}x$；　(9) $\int \frac{\sin 2x}{\sqrt{a^2\cos^2 x+b^2\sin^2 x}}\mathrm{d}x\ (b\neq a)$；

(10) $\int x\tan x\sec^4 x\,\mathrm{d}x$；　(11) $\int \ln(\cos x)\cos 2x\,\mathrm{d}x$；　(12) $\int \frac{x\mathrm{e}^x}{\sqrt{(\mathrm{e}^x+1)^3}}\mathrm{d}x$；

(13) $\int \frac{x^2\mathrm{e}^x}{(x+2)^2}\mathrm{d}x$；　(14) $\int x\arctan\sqrt{x}\,\mathrm{d}x$；　(15) $\int \mathrm{e}^{\arcsin x}\mathrm{d}x$；

(16) $\int \frac{\mathrm{e}^{\arctan x}}{(1+x^2)^{3/2}}\mathrm{d}x$；　(17) $\int \frac{x(\arccos x)^2}{\sqrt{1-x^2}}\mathrm{d}x$；　(18) $\int \frac{\mathrm{d}x}{1+\mathrm{e}^{\frac{x}{2}}+\mathrm{e}^{\frac{x}{3}}+\mathrm{e}^{\frac{x}{6}}}$；

(19) $\int \frac{x^3}{(1+x^3)^2}\mathrm{d}x$；　(20) $\int \frac{\mathrm{d}x}{\sin x\sqrt{1+\cos x}}$；　(21) $\int \mathrm{e}^{-|x|}\mathrm{d}x$.

6-6　已知 $\ln^2 x$ 为 $f(x)$ 的一个原函数，计算 $\int xf'(x)\mathrm{d}x$.

6-7　设 $f(\ln x)=\frac{\ln(1+x)}{x}$，计算 $\int f(x)\mathrm{d}x$.

6-8 计算下列定积分

(1) $\int_0^{\sqrt{2}-1}\frac{\sqrt{x^2+2x}}{x+1}dx$； (2) $\int_0^{\frac{\pi}{2}}\cos^2 x\sin^3 x\,dx$； (3) $\int_0^a x\sqrt{a^2-x^2}\,dx$；

(4) $\int_0^{\ln 2}e^x(1+e^x)^3dx$； (5) $\int_9^{64}\sqrt{\frac{1+\sqrt{x}}{x}}dx$； (6) $\int_1^{\sqrt{2}}\frac{2x\,e^{\arctan(x^2-1)}}{x^4-2x^2+2}dx$；

(7) $\int_0^{\frac{\pi}{2}}\frac{\sin 2x}{1+e^{\sin^2 x}}dx$； (8) $\int_0^2 x^2\sqrt{4-x^2}\,dx$； (9) $\int_{\frac{\sqrt{2}}{2}}^1\frac{\sqrt{1-x^2}}{x^2}dx$；

(10) $\int_1^{\sqrt{3}}\frac{dx}{x^2\sqrt{1+x^2}}$； (11) $\int_{\sqrt{2}}^2\frac{dx}{x\sqrt{x^2-1}}$； (12) $\int_0^{2a}x^3\sqrt{2ax-x^2}\,dx$；

(13) $\int_{-\pi}^{\pi}e^{-x^2}\sin\frac{x}{3}dx$； (14) $\int_0^{n\pi}\sin^6\left(\frac{x}{2n}\right)dx$； (15) $\int_{-1}^1(x^2+1)\arctan(x^3)dx$；

(16) $\int_0^{\pi}\sqrt{1-\sin x}\,dx$； (17) $\int_0^{\pi}x\sin^{10}x\,dx$； (18) $\int_2^4\frac{4x-1}{(x-1)(x+2)}dx$；

(19) $\int_2^{e+1}x\ln(x-1)dx$； (20) $\int_0^{\frac{\pi}{4}}\frac{x}{(\cos x+\sin x)^2}dx$； (21) $\int_{-1}^0 x^4\sqrt{\frac{1+x}{1-x}}dx$；

(22) $\int_0^1 e^{-\sqrt[3]{x}}dx$； (23) $\int_e^{e^2}\frac{\ln x}{(1-x)^2}dx$； (24) $\int_0^1\arcsin\sqrt{\frac{x}{x+1}}dx$.

6-9 设 $f(x)=\begin{cases}0, & |x|>2\\ 4-x^2, & |x|\leqslant 2\end{cases}$，计算 $\int_{-2}^2 xf(x-1)dx$.

6-10 设 $f(x)=\int_{x^2}^1 e^{-t^2}dt$，计算 $\int_0^1 xf(x)dx$.

6-11 已知 $f''(x)$ 连续，$f(\pi)=2$，且 $\int_0^{\pi}[f(x)+f''(x)]\sin x\,dx=5$，求 $f(0)$.

6-12 设 $f(x)=\int_1^x\frac{\ln t}{1+t}dt$，其中 $x>0$，计算 $\int_{\frac{1}{2}}^2\left[f(x)+f\left(\frac{1}{x}\right)\right]dx$.

6-13 若 $f(x)$ 是连续的奇函数，试证明：$\int_{n\pi}^{n\pi+\pi}f(\cos t)dt=0$.

6-14 设函数 $f(x)$ 是 $[0,1]$ 上的连续函数，试证明：

$$\int_0^1\left[\int_x^1 f(u)du\right]dx=\int_0^1 uf(u)du.$$

6-15 若 $f(x)$ 在 $[-a,a]$ 上连续 $(a>0)$，试证明：

$$\int_{-a}^a f(x)dx=\int_0^a[f(x)+f(-x)]dx,$$

并计算积分 $\int_{-\frac{\pi}{4}}^{\frac{\pi}{4}}\frac{1}{1+\sin x}dx$.

6-16 设 $f(u)$，$g(u)$ 都是连续函数，试证明：$\int_0^x f(t)g(x-t)dt=\int_0^x g(t)f(x-t)dt$.

6-17 设 $f(x)$ 是正的连续函数,试证明:

$$\int_0^a \ln\frac{f(x+b)}{f(x)}\mathrm{d}x=\int_0^b \ln\frac{f(x+a)}{f(x)}\mathrm{d}x.$$

6-18 如果 $x=g(y)$ 是 $y=f(x)$ 的反函数,并且 $f'(x)$ 连续,证明:

$$\int_a^b f(x)\mathrm{d}x=bf(b)-af(a)-\int_{f(a)}^{f(b)}g(y)\mathrm{d}y.$$

6-19 设 $f(x)$ 在 $(-\infty,+\infty)$ 上连续,且 $F(x)=\int_0^x (x-2t)f(t)\mathrm{d}t$,试证明:

(1) 若 $f(x)$ 为偶函数,则 $F(x)$ 也是偶函数;(2) 若 $f(x)$ 单调减少,则 $F(x)$ 单调增加.

6-20 设 $f(x)$ 在 $[a,b]$ 上连续,且 $f(x)>0$,试证方程

$$\int_a^x f(t)\mathrm{d}t+\int_b^x \frac{\mathrm{d}t}{f(t)}=a+b-2x$$

在 (a,b) 内有且仅有一个实根.

6-21 设 $f'(x)$ 在 $[a,b]$ 上连续,试证明:$\lim\limits_{x\to\infty}\int_a^b f(t)\sin(xt)\mathrm{d}t=0$.

6-22 若 $f(x)=3x-\sqrt{1-x^2}\int_0^1 f^2(x)\mathrm{d}x$,求 $f(x)$.

6-23 计算下列极限:

(1) $\lim\limits_{n\to\infty}\left(\dfrac{2}{\sqrt{4n^2-1^2}}+\dfrac{2}{\sqrt{4n^2-2^2}}+\cdots+\dfrac{2}{\sqrt{4n^2-n^2}}\right)$; (2) $\lim\limits_{n\to\infty}\dfrac{\sqrt[n]{n!}}{n}$.

第 7 章 定积分的应用与广义积分

在深入研究了定积分的计算方法之后，本章进一步讨论定积分的应用问题.定积分的概念来自人类的实践，在自然科学、工程学、经济学中有着非常广泛的应用，这里我们主要讨论定积分在几何、物理上的应用，以及作为定积分的一种推广——广义积分的计算.

7.1 本章解决的主要问题

(1) 平面图形面积的计算；

(2) 平面曲线弧长的计算；

(3) 立体体积的计算；

(4) 旋转体侧面积的计算；

(5) 变力沿直线做功的计算；

(6) 液体对侧面区域压力的计算；

(7) 广义积分的计算.

7.2 典型问题解题方法与分析

7.2.1 平面图形面积的计算

▶▶▶基本方法

(1) 在直角坐标系下计算平面图形的面积；

(2) 在极坐标系下计算平面图形的面积.

7.2.1.1 在直角坐标系下计算平面图形的面积

基本的面积计算公式：

(1) 设平面图形 $D=\{(x, y) \mid a \leqslant x \leqslant b, g(x) \leqslant y \leqslant f(x)\}$ (图 7 - 1)，则其面积

$$A=\int_a^b [f(x)-g(x)]\mathrm{d}x \tag{7-1}$$

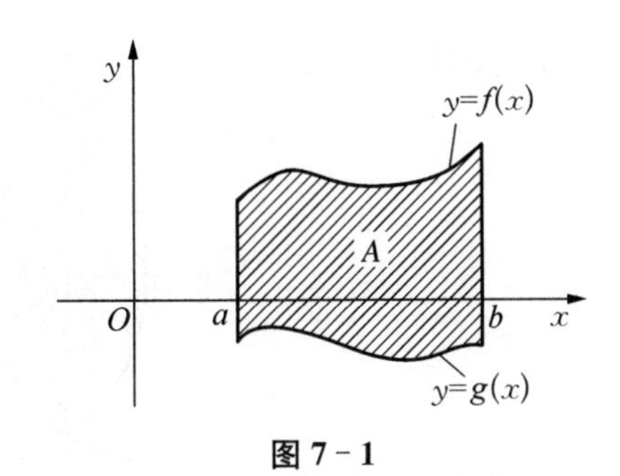

图 7-1

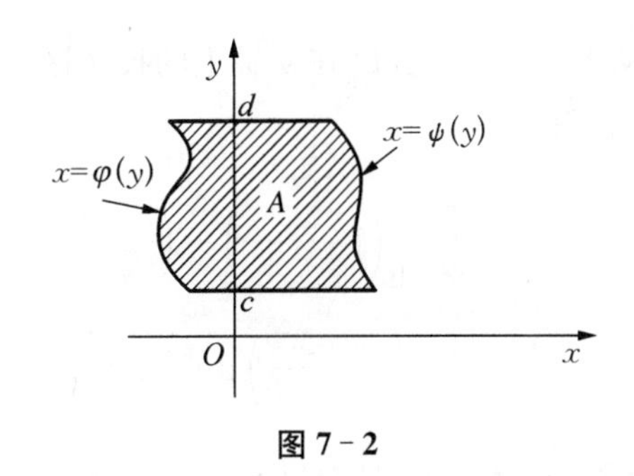

图 7-2

(2) 设平面图形 $D=\{(x, y) \mid c \leqslant y \leqslant d, \varphi(y) \leqslant x \leqslant \psi(y)\}$ (图 7-2),则其面积

$$A=\int_c^d [\psi(y)-\varphi(y)]\mathrm{d}y \tag{7-2}$$

▶▶▶方法运用注意点

(1) 图 7-1 所表示的图形是由左、右两根直线 $x=a$ 和 $x=b$,上、下两条曲线 $y=f(x)$ 和 $y=g(x)$ 所界的图形,称为 X-型区域. 而图 7-2 所表示的图形是由上、下两根直线 $y=d$ 和 $y=c$,左、右两条曲线 $x=\varphi(y)$ 和 $x=\psi(y)$ 所界的图形,称为 Y-型区域,两者是不同类型的图形.

(2) 两类图形面积的计算式(7-1)、式(7-2)是不同的公式,式(7-1)是以 x 为积分变量,D 在 x 轴上的投影区间 $[a, b]$ 为积分区间,而式(7-2)是以 y 为积分变量,D 在 y 轴上的投影区间 $[c, d]$ 为积分区间.

(3) 当 $y=f(x)$ 与 $y=g(x)$ 或 $x=\psi(y)$ 与 $x=\varphi(y)$ 在投影区间上的大小关系不一致时,其面积计算公式,只需在式(7-1)和式(7-2)中将被积函数取绝对值即可,即

$$A=\int_a^b |f(x)-g(x)|\mathrm{d}x, \tag{7-3}$$

$$A=\int_c^d |\psi(y)-\varphi(y)|\mathrm{d}y \tag{7-4}$$

(4) 若曲边梯形 D 由直线 $x=a$, $x=b$, $y=0$, $y=f(x)$ 所界(图 7-3),而曲边 $y=f(x)$ 由参数方程 $x=x(t)$, $y=y(t)$ $(\alpha \leqslant t \leqslant \beta)$ 给出时,此时只需对式(7-3) $(y=g(x)=0)$ 中的积分作变量代换 $x=x(t)$,即可得到其面积公式

$$A=\int_a^b |f(x)|\mathrm{d}x=\int_\alpha^\beta |y(t)|x'(t)\mathrm{d}t \tag{7-5}$$

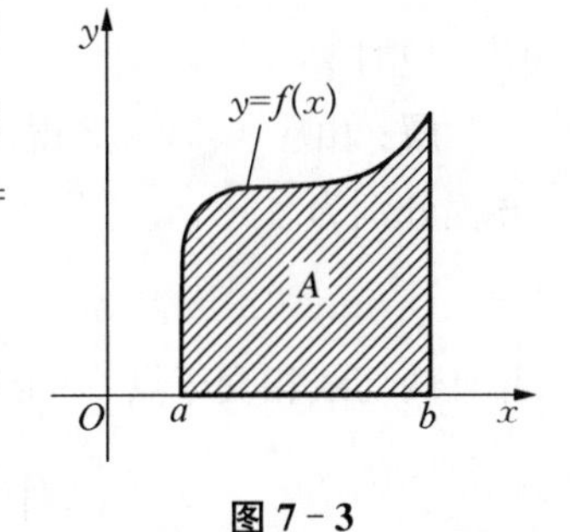

图 7-3

其中 $x(\alpha)=a$, $x(\beta)=b$.

▶▶▶典型例题解析

例 7-1 计算由曲线 $y^2=4(x+1)$ 与 $y^2=4(1-x)$ 所围成图形 D 的面积.

分析: D 的图形如图 7-4 所示,从图形可见,它是 Y-型区域,可运用式(7-2)计算.

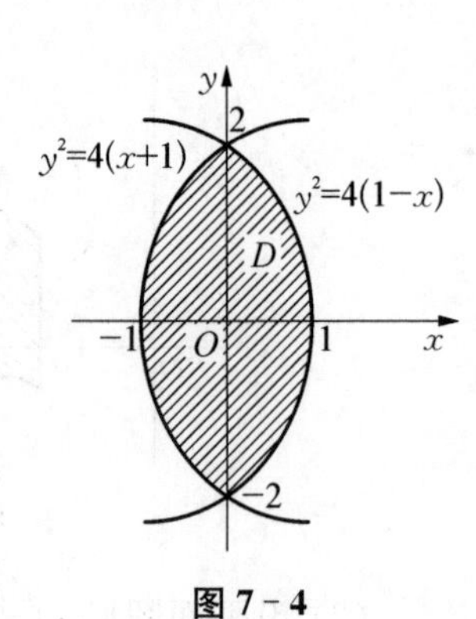

图 7-4

解: 从图 7-4 可见,D 在 y 轴上的投影区间为 $[-2, 2]$,运用式(7-2)计算 D 的面积

$$A=\int_{-2}^{2}\left[\left(1-\frac{y^2}{4}\right)-\left(\frac{y^2}{4}-1\right)\right]\mathrm{d}y$$

$$=\int_{-2}^{2}\left(2-\frac{y^2}{2}\right)\mathrm{d}y=2\int_{0}^{2}\left(2-\frac{y^2}{2}\right)\mathrm{d}y=\frac{16}{3}.$$

例 7-2 设 x_1, x_2 是函数 $y=x^3-3x+2$ 的极值点,曲边梯形 D 由曲线 $y=x^3-3x+2$, x 轴以及直线 $x=x_1$, $x=x_2$ 所围成,计算 D 的面积.

分析: 首先应确定函数 $y=x^3-3x+2$ 的两个极值点 x_1, x_2,再根据图形确定选用式(7-1)和式(7-3)中的哪一个公式计算.

解: 先求函数的极值点.由 $y'=3x^2-3$ 得函数的驻点 $x=\pm 1$. 又由 $y''=6x$, $y''(-1)=-6<0$, $y''(1)=6>0$ 知, $x=-1$ 是极大值点, $x=1$ 是极小值点,于是 D 的图形如图 7-5 所示.运用式(7-1),D 的面积

$$A=\int_{-1}^{1}(x^3-3x+2)\mathrm{d}x=4.$$

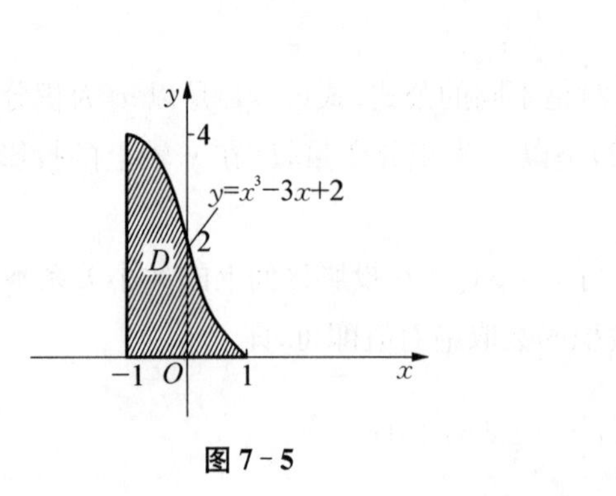

图 7-5

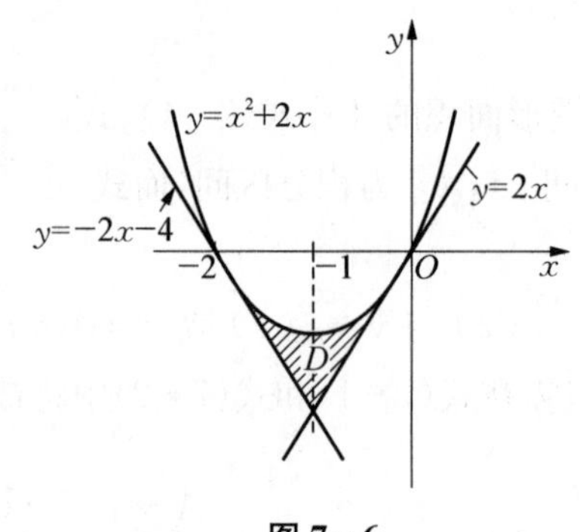

图 7-6

例 7-3 求由抛物线 $y=x^2+2x$ 及其在点 $(0, 0)$ 和点 $(-2, 0)$ 处的切线所围图形 D 的面积.

分析: D 的图形如图 7-6 所示,在写出抛物线过点 $(0, 0)$ 与 $(-2, 0)$ 的切线方程后,运用式(7-1)计算.

解: 由 $y'=2x+2$ 得 $y'(0)=2$, $y'(-2)=-2$, 于是抛物线在点 $(0, 0)$ 和点 $(-2, 0)$ 处的切线方程分别为

$$y=2x \quad 和 \quad y=-2x-4,$$

并且两切线相交于点 $(-1, -2)$, 如图 7-6 所示.运用式(7-1)计算 D 的面积

$$A=\int_{-2}^{-1}[(x^2+2x)-(-2x-4)]\mathrm{d}x+\int_{-1}^{0}(x^2+2x-2x)\mathrm{d}x$$

$$=\int_{-2}^{-1}(x^2+4x+4)\mathrm{d}x+\int_{-1}^{0}x^2\mathrm{d}x=\frac{2}{3}.$$

例 7-4 求闭曲线 $y^2=(1-x^2)^3$ 所围成的图形 D 的面积.

分析: 本例的难点在于曲线 $y^2=(1-x^2)^3$ 的图形不方便绘出.然而从方程 $y^2=(1-x^2)^3$ 可见,

该曲线关于 x 轴和 y 轴对称，从而 D 也关于 x 轴和 y 轴对称，于是只需计算在第一象限部分的面积，然后乘以 4 即可求得.

解： D 的边界曲线在第一象限部分的曲线方程为

$$y=\sqrt{(1-x^2)^3},\quad 0\leqslant x\leqslant 1.$$

利用 D 的对称性及式(7-1)，D 的面积为

$$A=4\int_0^1\sqrt{(1-x^2)^3}\,dx \xlongequal{x=\sin t} 4\int_0^{\frac{\pi}{2}}\cos^4 t\,dt=4\cdot\frac{3}{4}\cdot\frac{1}{2}\cdot\frac{\pi}{2}=\frac{3}{4}\pi.$$

例 7-5　直线 $y=x$ 把椭圆 $x^2+3y^2=6y$ 的面积分成 A，B 两部分($A<B$)，求 $\dfrac{A}{B}$.

分析： 所给椭圆即为 $\dfrac{x^2}{3}+(y-1)^2=1$，如图 7-7 所示.由于椭圆的面积 $S=\pi\cdot\sqrt{3}\cdot 1=\sqrt{3}\pi$，所以只需计算面积 A. 在算得交点 M 的坐标后，可利用式(7-2)计算.

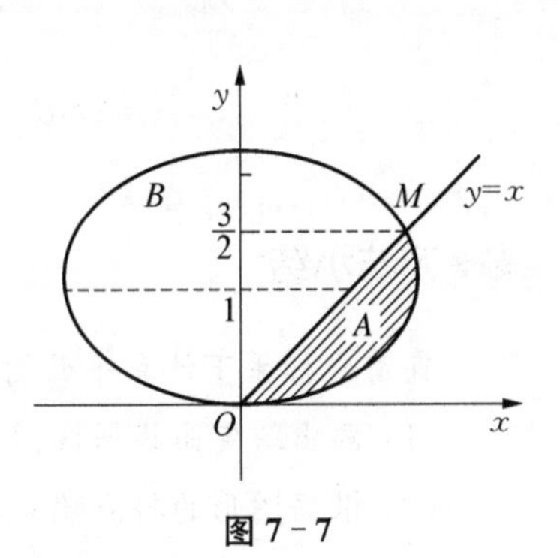

图 7-7

解： 解方程组 $\begin{cases}x^2+3y^2=6y\\ y=x\end{cases}$，得直线与椭圆的交点 $O(0,0)$，$M\left(\dfrac{3}{2},\dfrac{3}{2}\right)$，运用式(7-2)得面积 A 为

$$\begin{aligned}A&=\int_0^{\frac{3}{2}}(\sqrt{6y-3y^2}-y)\,dy=\int_0^{\frac{3}{2}}\sqrt{3-3(y-1)^2}\,dy-\int_0^{\frac{3}{2}}y\,dy\\&\xlongequal{y-1=\sin t}\int_{-\frac{\pi}{2}}^{\frac{\pi}{6}}\sqrt{3}\cos^2 t\,dt-\frac{1}{2}y^2\Big|_0^{\frac{3}{2}}=\frac{\sqrt{3}}{2}\int_{-\frac{\pi}{2}}^{\frac{\pi}{6}}(1+\cos 2t)\,dt-\frac{9}{8}\\&=\frac{\sqrt{3}}{3}\pi-\frac{3}{4},\end{aligned}$$

又由面积 $B=S-A=\sqrt{3}\pi-\left(\dfrac{\sqrt{3}}{3}\pi-\dfrac{3}{4}\right)=\dfrac{2\sqrt{3}}{3}\pi+\dfrac{3}{4}$，所以

$$\frac{A}{B}=\frac{\dfrac{\sqrt{3}}{3}\pi-\dfrac{3}{4}}{\dfrac{2\sqrt{3}}{3}\pi+\dfrac{3}{4}}=\frac{4\sqrt{3}\pi-9}{8\sqrt{3}\pi+9}.$$

例 7-6　求摆线 $x=a(t-\sin t)$，$y=a(1-\cos t)$ 第一拱 $0\leqslant t\leqslant 2\pi$，夹在如图 7-8 所示两条平行线 $y=\dfrac{a}{2}$，$y=\dfrac{3}{2}a$ 中的那块图形的面积.

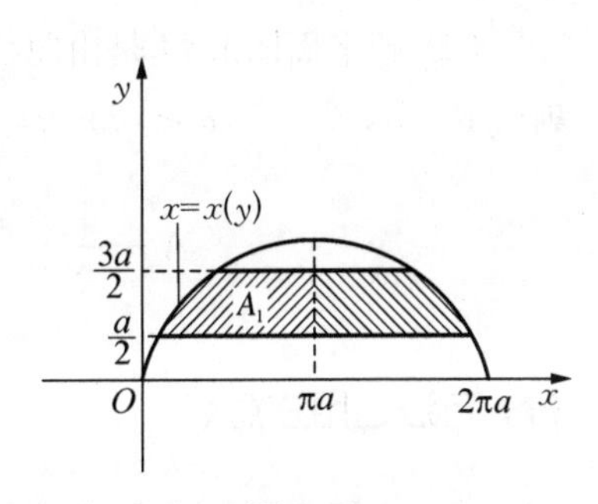

图 7-8

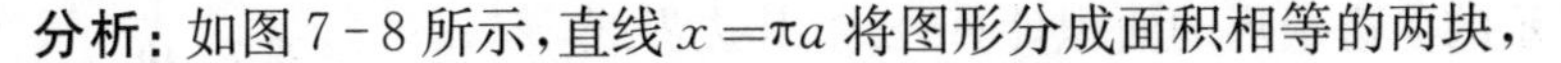

分析： 如图 7-8 所示，直线 $x=\pi a$ 将图形分成面积相等的两块，

若记对应 $0\leqslant x\leqslant \pi a$ 的那一块面积为 A_1，则所求面积

$$A=2A_1=2\int_{\frac{a}{2}}^{\frac{3a}{2}}(\pi a-x(y))\mathrm{d}y.$$

由于曲线由参数方程给出，为消去 $x(y)$，可在积分中做变量代换，令 $y=a(1-\cos t)$，将 $x(y)$ 化为 $x(t)=a(t-\sin t)$.

解：由对称性及式(7-2)，所求面积

$$A=2A_1=2\int_{\frac{a}{2}}^{\frac{3a}{2}}(\pi a-x(y))\mathrm{d}y=2\pi a^2-2\int_{\frac{a}{2}}^{\frac{3a}{2}}x\,\mathrm{d}y$$

$$\xlongequal{y=a(1-\cos t)}2\pi a^2-2\int_{\frac{\pi}{3}}^{\frac{2\pi}{3}}a(t-\sin t)\cdot a\sin t\mathrm{d}t$$

$$=2\pi a^2-2a^2\int_{\frac{\pi}{3}}^{\frac{2\pi}{3}}t\sin t\mathrm{d}t+2a^2\int_{\frac{\pi}{3}}^{\frac{2\pi}{3}}\sin^2 t\mathrm{d}t=\left(\frac{4}{3}\pi+\frac{\sqrt{3}}{2}\right)a^2.$$

▶▶▶方法小结

直角坐标系下计算平面图形面积的步骤：

(1) 画出给定曲线所围图形的草图；

(2) 根据图形的特点确定其适合用公式(7-1)还是公式(7-2)计算，从而选定积分变量；

(3) 如果图形是由几条曲线围成的，则应解方程组求出有关的交点坐标，确定积分区间(注意：有时需将图形分割成几部分来分别计算)；

(4) 如果图形具有对称性，则应运用对称性简化问题(例 7-4，例 7-6)；

(5) 计算定积分.

7.2.1.2 在极坐标系下计算平面图形的面积

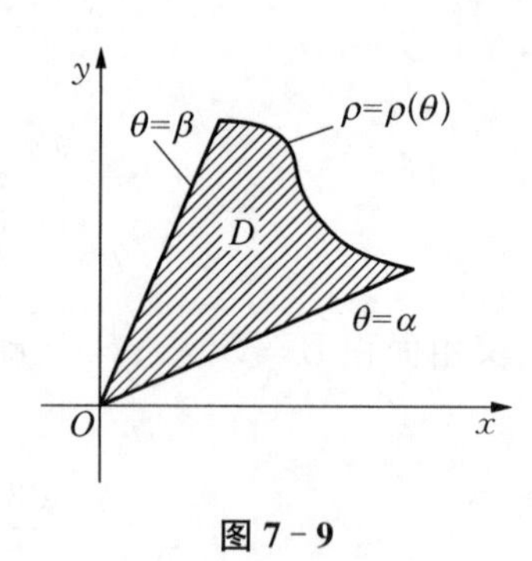

图 7-9

基本的面积公式：

(1) 若平面图形 D 是由曲线 $\rho=\rho(\theta)$，射线 $\theta=\alpha$，$\theta=\beta$ $(\alpha<\beta)$ 所界的曲边扇形(图 7-9)，则其面积

$$A=\frac{1}{2}\int_{\alpha}^{\beta}\rho^2(\theta)\mathrm{d}\theta \tag{7-6}$$

(2) 若平面图形 D 是由曲线 $\rho=\rho_1(\theta)$，$\rho=\rho_2(\theta)(\rho_1(\theta)<\rho_2(\theta))$，射线 $\theta=\alpha$，$\theta=\beta$ $(\alpha<\beta)$ 所界的曲边扇形(图 7-10)，则其面积

$$A=\frac{1}{2}\int_{\alpha}^{\beta}[\rho_2^2(\theta)-\rho_1^2(\theta)]\mathrm{d}\theta \tag{7-7}$$

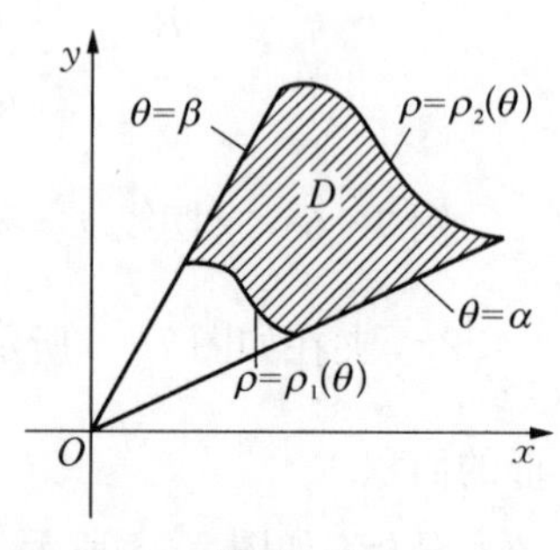

图 7-10

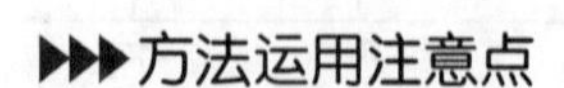

▶▶▶方法运用注意点

(1) 式(7-6)是图 7-9 所示的曲边扇形的面积计算公式，其边界线

是由极坐标形式给出的，D 的图形特征也与直角坐标系下的面积公式(7-1)和公式(7-2)所对应的图形不同.

(2) 式(7-7)可通过两曲边扇形的面积相减得到.

▶▶▶典型例题解析

例 7-7　求由心形线 $\rho=3(1-\sin\theta)$ 所围成的图形 D 的面积.

分析：D 的图形如图 7-11 所示，由对称性可知 D 的面积为 D_1 面积的两倍，而 D_1 是由曲线 $\rho=3(1-\sin\theta)$ 与射线 $\theta=-\frac{\pi}{2}$，$\theta=\frac{\pi}{2}$ 所界的曲边扇形，于是可运用式(7-6)计算.

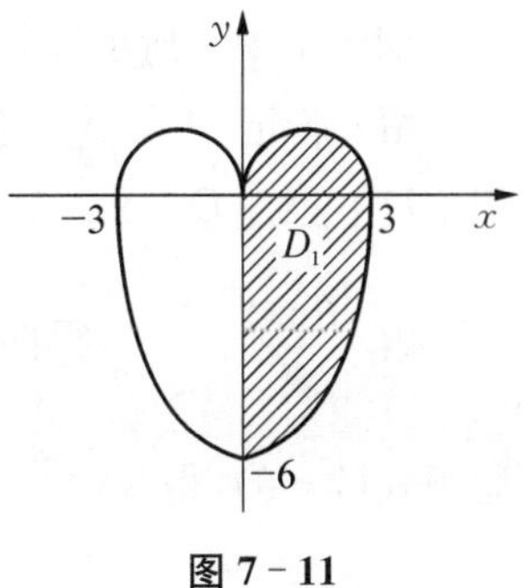

图 7-11

解：设图形 D 的面积为 A，图形 D_1 的面积为 A_1(图 7-11)，则由对称性及式(7-6)，得

$$A=2A_1=2\int_{-\frac{\pi}{2}}^{\frac{\pi}{2}}\frac{1}{2}\rho^2(\theta)\mathrm{d}\theta=9\int_{-\frac{\pi}{2}}^{\frac{\pi}{2}}(1-\sin\theta)^2\mathrm{d}\theta$$

$$=9\int_{-\frac{\pi}{2}}^{\frac{\pi}{2}}(1-2\sin\theta+\sin^2\theta)\mathrm{d}\theta=18\int_0^{\frac{\pi}{2}}(1+\sin^2\theta)\mathrm{d}\theta=\frac{27}{2}\pi.$$

例 7-8　求由四叶草曲线 $\rho=a\cos 2\theta$ $(a>0)$ 所围成的图形 D 的面积.

分析：本题的难点在于极坐标曲线 $\rho=a\cos 2\theta$ 的作图，这里可把它化为直角坐标曲线来分析.由 $\rho=a\cos 2\theta$ 得

$$\rho^3=a\rho^2\cos 2\theta=a(\rho^2\cos^2\theta-\rho^2\sin^2\theta).$$

若 $\rho=\sqrt{x^2+y^2}$，则曲线可化为

$$C_1:(x^2+y^2)^{\frac{3}{2}}=a(x^2-y^2);$$

若 $\rho=-\sqrt{x^2+y^2}$，则曲线可化为

$$C_2:(x^2+y^2)^{\frac{3}{2}}=a(y^2-x^2).$$

可见 C_1，C_2 关于两坐标轴对称，且 C_1，C_2 关于分角线 $y=x$ 也对称.于是画出 C_1 在第一象限 $\rho=a\cos 2\theta$，$0\leqslant\theta\leqslant\frac{\pi}{4}$ 的图形后，利用对称性即得四叶草曲线 $\rho=a\cos 2\theta$ 的图形(图 7-12).

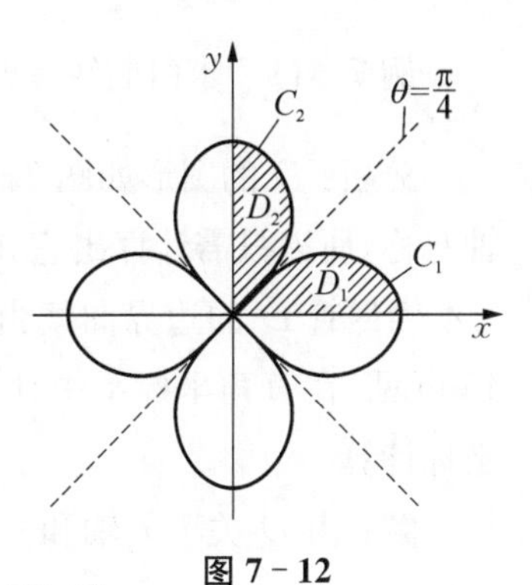

图 7-12

解：曲线 $\rho=a\cos 2\theta$ 关于 x 轴和 y 轴对称，D 的面积 $|D|$ 为第一象限部分面积 $|D_1|+|D_2|$ 的 4 倍(图 7-12)，又 D_1 与 D_2 关于分角线 $y=x$ 对称，则有 $|D_1|=|D_2|$，所以所求面积

$$|D|=4(|D_1|+|D_2|)=8|D_1|=8\int_0^{\frac{\pi}{4}}\frac{1}{2}\rho^2(\theta)\mathrm{d}\theta$$

$$=4\int_0^{\frac{\pi}{4}}a^2\cos^2 2\theta\mathrm{d}\theta=4a^2\int_0^{\frac{\pi}{4}}\frac{1+\cos 4\theta}{2}\mathrm{d}\theta=\frac{\pi}{2}a^2.$$

例 7-9 求极坐标系中区域 $D=\{(\rho,\theta)\mid\rho\leqslant\sqrt{2}\sin\theta,\ \rho^2\leqslant\cos 2\theta\}$ 的面积.

分析：区域 D 的边界曲线是 $\rho=\sqrt{2}\sin\theta$ 是圆 $x^2+\left(y-\dfrac{\sqrt{2}}{2}\right)^2=\dfrac{1}{2}$，$\rho^2=\cos 2\theta$ 是双纽线 $(x^2+y^2)^2=x^2-y^2$，它们所界图形的公共部分如图 7-13 所示，图形关于 y 轴对称.

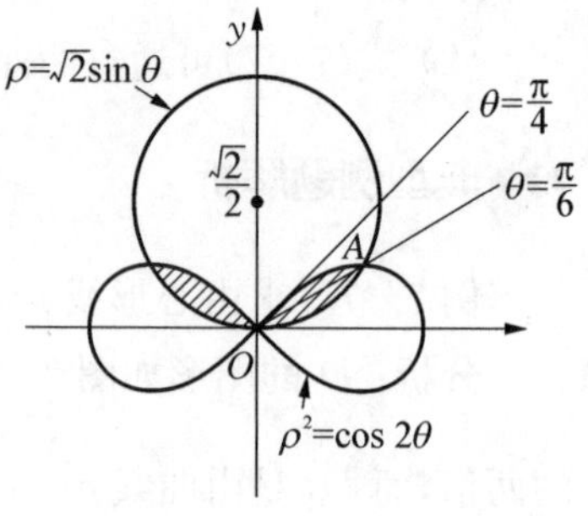

图 7-13

解：若记 D 在第一象限部分的区域为 D_1，则利用对称性 D 的面积 $|D|=2|D_1|$.

解 $\begin{cases}\rho=\sqrt{2}\sin\theta\\ \rho^2=\cos 2\theta\end{cases}$ 得两曲线交点 A 的极坐标 $\rho=\dfrac{\sqrt{2}}{2}$，$\theta=\dfrac{\pi}{6}$，

运用式(7-6)，得

$$|D|=2|D_1|=2\left(\int_0^{\frac{\pi}{6}}\frac{1}{2}(\sqrt{2}\sin\theta)^2\mathrm{d}\theta+\int_{\frac{\pi}{6}}^{\frac{\pi}{4}}\frac{1}{2}\cos 2\theta\mathrm{d}\theta\right)$$

$$=\int_0^{\frac{\pi}{6}}(1-\cos 2\theta)\mathrm{d}\theta+\int_{\frac{\pi}{6}}^{\frac{\pi}{4}}\cos 2\theta\mathrm{d}\theta=\frac{\pi}{6}+\frac{1}{2}-\frac{\sqrt{3}}{2}.$$

例 7-10 求曲线 $\rho(\cos\theta+\sin\theta)=3$ 和 $\rho^2\sin 2\theta=4$ 所围成图形的面积.

分析：曲线 $\rho(\cos\theta+\sin\theta)=3$ 即为直线 $x+y=3$，而曲线 $\rho^2\sin 2\theta=4$ 即为双曲线 $xy=2$，它们所围成的图形如图 7-14 所示.从图形可见，本题在直角坐标系中计算更方便.

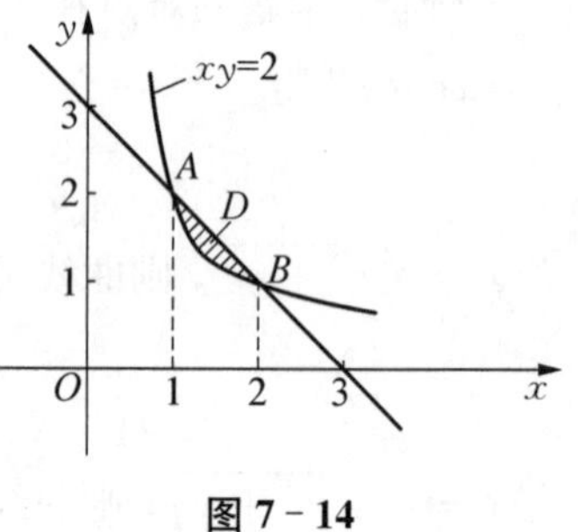

图 7-14

解：解 $\begin{cases}x+y=3\\ xy=2\end{cases}$ 得两曲线的交点 $A(1,2)$，$B(2,1)$，如图7-14 所示，运用式(7-1)求得

$$D=\int_1^2\left(3-x-\frac{2}{x}\right)\mathrm{d}x=\frac{3}{2}-2\ln 2.$$

例 7-11 求由曲线 $xy=\pm\dfrac{1}{2}$，$x^2-y^2=\pm1$ 所围成的一块有界区域 D 的面积.

分析：D 的图形如图 7-15 所示，可见 D 关于两坐标轴对称，所以只需计算出它在第一象限部分的面积后乘以 4.本例尽管 D 的边界曲线由直角坐标方程给出，从图 7-15 可见，在直角坐标系中计算是不方便的，可考虑采用极坐标计算.

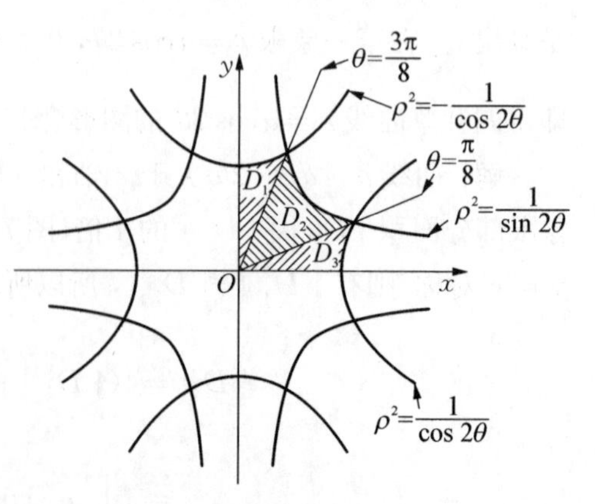

图 7-15

解：由 D 关于 x 轴和 y 轴对称(图 7-15)，利用对称性所求面积

$$|D|=4(|D_1|+|D_2|+|D_3|).$$

又区域 D_1 与 D_3 关于分角线 $y=x$ 对称，所以也有 $|D_1|=$

$|D_3|$，从而有

$$|D|=4(2|D_3|+|D_2|).$$

从曲线 $xy=\frac{1}{2}$ 的极坐标方程 $\rho^2=\frac{1}{\sin 2\theta}$，$x^2-y^2=1$ 的极坐标方程 $\rho^2=\frac{1}{\cos 2\theta}$，$x^2-y^2=-1$ 的极坐标方程 $\rho^2=-\frac{1}{\cos 2\theta}$ 得

$$\begin{cases}\rho^2=\dfrac{1}{\sin 2\theta}\\ \rho^2=\dfrac{1}{\cos 2\theta}\end{cases},\quad \begin{cases}\rho^2=\dfrac{1}{\sin 2\theta}\\ \rho^2=-\dfrac{1}{\cos 2\theta}\end{cases},$$

解得它们之间两个交点的 θ 角分别为 $\theta=\frac{\pi}{8}$，$\theta=\frac{3\pi}{8}$（图 7-15），运用面积公式(7-6)得

$$|D_3|=\int_0^{\frac{\pi}{8}}\frac{1}{2}\rho^2(\theta)\mathrm{d}\theta=\frac{1}{2}\int_0^{\frac{\pi}{8}}\frac{1}{\cos 2\theta}\mathrm{d}\theta=\frac{1}{4}\int_0^{\frac{\pi}{8}}\frac{1}{1-\sin^2 2\theta}\mathrm{d}(\sin 2\theta)$$

$$\overset{t=\sin 2\theta}{=\!=\!=}\frac{1}{4}\int_0^{\frac{\sqrt{2}}{2}}\frac{1}{1-t^2}\mathrm{d}t=\frac{1}{8}\ln\frac{1+t}{1-t}\Big|_0^{\frac{\sqrt{2}}{2}}=\frac{1}{4}\ln(1+\sqrt{2}).$$

$$|D_2|=\int_{\frac{\pi}{8}}^{\frac{3\pi}{8}}\frac{1}{2}\rho^2(\theta)\mathrm{d}\theta=\frac{1}{2}\int_{\frac{\pi}{8}}^{\frac{3\pi}{8}}\frac{1}{\sin 2\theta}\mathrm{d}\theta=-\frac{1}{4}\int_{\frac{\pi}{8}}^{\frac{3\pi}{8}}\frac{1}{1-\cos^2 2\theta}\mathrm{d}(\cos 2\theta)$$

$$\overset{t=\cos 2\theta}{=\!=\!=}\frac{1}{4}\int_{-\frac{\sqrt{2}}{2}}^{\frac{\sqrt{2}}{2}}\frac{1}{1-t^2}\mathrm{d}t=\frac{1}{2}\int_0^{\frac{\sqrt{2}}{2}}\frac{1}{1-t^2}\mathrm{d}t=\frac{1}{4}\ln\frac{1+t}{1-t}\Big|_0^{\frac{\sqrt{2}}{2}}=\frac{1}{2}\ln(1+\sqrt{2}),$$

所以区域 D 的面积

$$|D|=4\left(2\times\frac{1}{4}\ln(1+\sqrt{2})+\frac{1}{2}\ln(1+\sqrt{2})\right)=4\ln(1+\sqrt{2}).$$

例 7-12 计算由闭曲线 $(x^2+y^2)^3=a^2(x^4+y^4)$ 所围平面图形 D 的面积.

分析：本例的难点在于 D 的边界曲线由隐函数形式给出，其图形不易画出.此时应从边界曲线方程 $(x^2+y^2)^3=a^2(x^4+y^4)$ 的分析入手确定 D 的特点，找到计算方法.从曲线方程 $(x^2+y^2)^3=a^2(x^4+y^4)$ 可知，曲线关于 x 轴、y 轴对称，从而 D 关于 x 轴、y 轴对称，于是只需计算 D 在第一象限部分的面积乘以 4 即可.由于从方程中无法确定 y 与 x（或 x 与 y）的函数关系，本例无法在直角坐标系中计算.注意到曲线方程中含有 x^2+y^2，本例可考虑运用极坐标计算，由于曲线与 x 轴、y 轴都有交点，所以在第一象限中 θ 的变化范围是 $\left[0,\frac{\pi}{2}\right]$.

解：若记 D 在第一象限部分的区域为 D_1，则利用 D 关于 x 轴，y 轴的对称性，所求面积

$$|D|=4|D_1|.$$

将 D 的边界曲线 $(x^2+y^2)^3=a^2(x^4+y^4)$ 化为极坐标方程，有

$$\rho^2=a^2(\cos^4\theta+\sin^4\theta),\ 0\leqslant\theta\leqslant 2\pi.$$

于是 D 的面积

$$\begin{aligned}|D|&=4\int_0^{\frac{\pi}{2}}\frac{1}{2}\rho^2(\theta)\mathrm{d}\theta=2\int_0^{\frac{\pi}{2}}a^2(\cos^4\theta+\sin^4\theta)\mathrm{d}\theta\\&=2a^2\int_0^{\frac{\pi}{2}}\cos^4\theta\mathrm{d}\theta+2a^2\int_0^{\frac{\pi}{2}}\sin^4\theta\mathrm{d}\theta=4a^2\int_0^{\frac{\pi}{2}}\sin^4\theta\mathrm{d}\theta\\&=4a^2\times\frac{3}{4}\times\frac{1}{2}\times\frac{\pi}{2}=\frac{3}{4}\pi a^2.\end{aligned}$$

例 7-13 利用行星运动角动量守恒定律，即 $\rho^2(\theta)\dfrac{\mathrm{d}\theta}{\mathrm{d}t}=c$（$c$ 为常数，假定质量 m 不变），证明开普勒第二定律：在相等的时间内向径扫过的面积相等（图 7-16）.

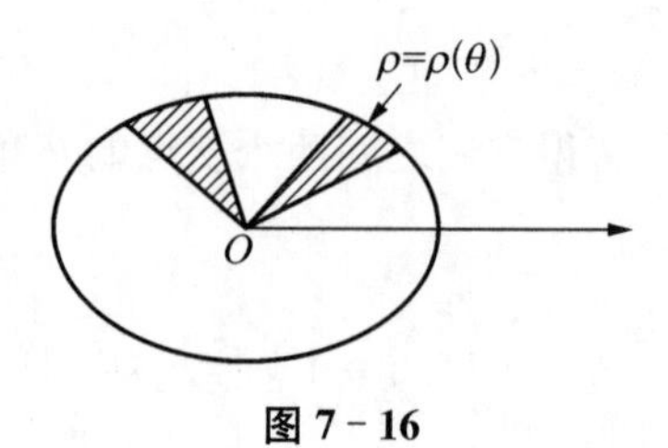

图 7-16

分析： 若记时间段 $[a,a+h]$ 内向径扫过的面积为 S，本例只需证明 S 仅与时间段长 h 有关，而与时间段的起点 a 无关.

解： 设 $\theta=\theta(t)$，当 $t=a$ 时对应的角度 $\theta(a)=\alpha$，当 $t=a+h$ 时对应的角度 $\theta(a+h)=\beta$，则时间段 $[a,a+h]$ 内向径扫过的面积

$$\begin{aligned}S&=\int_\alpha^\beta\frac{1}{2}\rho^2(\theta)\mathrm{d}\theta\xlongequal{\theta=\theta(t)}\frac{1}{2}\int_a^{a+h}c\,\mathrm{d}t\quad(\rho^2(\theta)\mathrm{d}\theta=c\,\mathrm{d}t)\\&=\frac{1}{2}ch,\end{aligned}$$

即 S 仅与时间段长 h 有关，而与时间段的起点 a 无关，即在相等的时间内向径扫过的面积相等.

▶▶▶方法小结

运用极坐标计算平面图形的面积是平面图形面积计算问题中的常用方法，它通常运用于以下情形：

(1) 平面图形是曲边扇形（或它的组合）（例 7-7，例 7-8，例 7-9）；

(2) 该图形面积在直角坐标系下计算烦琐或者无法计算（例 7-11，例 7-12）.

其计算步骤如下：

(1) 画出给定区域所界图形的草图；

(2) 如果图形具有对称性，则应尽量运用对称性简化问题；

(3) 将图形的边界曲线化为极坐标系下的形式，确定 θ 的变化范围.如果图形是由几条曲线围成的，则应解方程组求出有关交点的极坐标，确定积分区间.有时可能还需将图形划分成几块分别计算（例 7-11）；

(4) 运用式(7-6)或式(7-7)计算定积分.

7.2.2　平面曲线弧长的计算

▶▶▶基本方法

根据曲线 L 的表示形式，结合对称性，分别按照各自的弧长公式计算.

(1) 曲线 L 由参数方程表示的情形：

如果曲线 L：$\begin{cases} x=x(t) \\ y=y(t) \end{cases}$ $(\alpha\leqslant t\leqslant\beta)$，则介于点 $(x(\alpha),\ y(\alpha))$ 和点 $(x(\beta),\ y(\beta))$ 之间的弧段长度为

$$s=\int_{\alpha}^{\beta}\sqrt{(x'(t))^2+(y'(t))^2}\,dt \tag{7-8}$$

(2) 曲线 L 由直角坐标表示的情形：

如果曲线 L：$y=f(x)$ $(a\leqslant t\leqslant b)$，则介于点 $(a,\ f(a))$ 和点 $(b,\ f(b))$ 之间的弧段长度为

$$s=\int_{a}^{b}\sqrt{1+(f'(x))^2}\,dx \tag{7-9}$$

(3) 曲线 L 由极坐标表示的情形：

如果曲线 L：$\rho=\rho(\theta)$ $(\alpha\leqslant\theta\leqslant\beta)$，则介于点 $(\alpha,\ \rho(\alpha))$ 和点 $(\beta,\ \rho(\beta))$ 之间的弧段长度为

$$s=\int_{\alpha}^{\beta}\sqrt{\rho^2(\theta)+(\rho'(\theta))^2}\,d\theta \tag{7-10}$$

(4) 曲线 L 由隐函数方程表示的情形：

如果曲线 L 由隐函数方程的形式给出，此时一般应考虑将其化为极坐标方程或参数方程处理.

▶▶▶方法运用注意点

以上三个弧长计算公式(7-8)、(7-9)和(7-10)中的积分下限应小于积分上限，即 $\alpha<\beta$，$a<b$.

▶▶▶典型例题解析

例 7-14　求曲线 $y=\frac{1}{4}x^2-\frac{1}{2}\ln x$ 在 $1\leqslant x\leqslant e$ 内的弧长.

分析：曲线由直角坐标形式给出，可运用式(7-9)计算.

解：$y'=\frac{1}{2}x-\frac{1}{2x}=\frac{1}{2}\left(x-\frac{1}{x}\right)$，运用式(7-9)，得曲线段的弧长

$$s=\int_{1}^{e}\sqrt{1+(y')^2}\,dx=\int_{1}^{e}\sqrt{1+\frac{1}{4}\left(x-\frac{1}{x}\right)^2}\,dx=\frac{1}{2}\int_{1}^{e}\left(x+\frac{1}{x}\right)dx=\frac{e^2+1}{4}.$$

例 7-15　求曲线 $y=\arcsin(2e^x)$ 夹在直线 $y=\frac{\pi}{3}$ 和直线 $y=\frac{\pi}{6}$ 之间的弧长.

分析：本题若直接运用式(7-9)计算，积分较烦琐.此时可考虑将曲线表示为以 y 为参数的参数方程 $\begin{cases} x=\ln\sin y-\ln 2 \\ y=y \end{cases}$，再运用式(7-8)计算.

解：曲线可表示为 $\begin{cases} x=\ln\sin y-\ln 2 \\ y=y \end{cases}$，$\dfrac{\pi}{6}\leqslant y\leqslant\dfrac{\pi}{3}$. 则由式(7-8)求得曲线的弧长

$$s=\int_{\frac{\pi}{6}}^{\frac{\pi}{3}}\sqrt{1+(x'(y))^2}\,\mathrm{d}y=\int_{\frac{\pi}{6}}^{\frac{\pi}{3}}\sqrt{1+\left(\frac{\cos y}{\sin y}\right)^2}\,\mathrm{d}y=\int_{\frac{\pi}{6}}^{\frac{\pi}{3}}\frac{1}{\sin y}\mathrm{d}y=-\int_{\frac{\pi}{6}}^{\frac{\pi}{3}}\frac{\mathrm{d}(\cos y)}{1-\cos^2 y}$$

$$\xlongequal{t=\cos y}-\int_{\frac{\sqrt{3}}{2}}^{\frac{1}{2}}\frac{\mathrm{d}t}{1-t^2}=\ln\left(1+\frac{2}{3}\sqrt{3}\right).$$

例 7-16 求曲线 $y=\int_{-\frac{\pi}{2}}^{x}\sqrt{\cos u}\,\mathrm{d}u$ 的全长.

分析：本题首先要确定 x 的变化范围.为使曲线有定义，在区间 $\left[-\dfrac{\pi}{2},\ x\right]$ 上应保证 $\cos u\geqslant 0$，可知 x 的变化范围是 $\left[-\dfrac{\pi}{2},\ \dfrac{\pi}{2}\right]$.

解：由 $y'=\sqrt{\cos x}$，运用式(7-9)求得曲线的全长

$$s=\int_{-\frac{\pi}{2}}^{\frac{\pi}{2}}\sqrt{1+(y'(x))^2}\,\mathrm{d}x=\int_{-\frac{\pi}{2}}^{\frac{\pi}{2}}\sqrt{1+\cos x}\,\mathrm{d}x=2\int_{0}^{\frac{\pi}{2}}\sqrt{2}\cos\frac{x}{2}\mathrm{d}x=4.$$

例 7-17 求曲线 $x=\int_1^t\dfrac{\cos u}{u}\mathrm{d}u$，$y=\int_1^t\dfrac{\sin u}{u}\mathrm{d}u$ 在 $1\leqslant t\leqslant \mathrm{e}$ 内的弧长.

分析：曲线由参数方程形式给出，运用式(7-8)计算.只是需注意 $x'(t)$，$y'(t)$ 的计算要运用变限积分函数的求导公式.

解：运用变限积分函数的求导公式，$x'(t)=\dfrac{\cos t}{t}$，$y'(t)=\dfrac{\sin t}{t}$. 运用式(7-8)求得曲线的弧长

$$s=\int_1^{\mathrm{e}}\sqrt{(x'(t))^2+(y'(t))^2}\,\mathrm{d}t=\int_1^{\mathrm{e}}\sqrt{\left(\frac{\cos t}{t}\right)^2+\left(\frac{\sin t}{t}\right)^2}\,\mathrm{d}t=\int_1^{\mathrm{e}}\frac{\mathrm{d}t}{t}=1.$$

例 7-18 求极坐标中的指数螺线 $\rho=a\mathrm{e}^{-\theta}(a>0)$ 在 $\dfrac{a}{\mathrm{e}}<\rho<a\mathrm{e}$ 之间的一段弧长.

分析：曲线由极坐标形式给出，运用式(7-10)计算.

解：由 $\rho=a\mathrm{e}^{-\theta}$ 满足 $\dfrac{a}{\mathrm{e}}<\rho<a\mathrm{e}$ 得，$-1<\theta<1$. 运用式(7-10)求得弧长

$$s=\int_{-1}^{1}\sqrt{\rho^2(\theta)+(\rho'(\theta))^2}\,\mathrm{d}\theta=\int_{-1}^{1}\sqrt{a^2\mathrm{e}^{-2\theta}+(-a\mathrm{e}^{-\theta})^2}\,\mathrm{d}\theta$$

$$=\sqrt{2}a\int_{-1}^{1}\mathrm{e}^{-\theta}\mathrm{d}\theta=\sqrt{2}a\left(\mathrm{e}-\frac{1}{\mathrm{e}}\right).$$

例 7-19　证明正弦曲线 $y=b\sin\dfrac{x}{a}$ $(0\leqslant x\leqslant \pi a)$ 的弧长与长轴为 $2\sqrt{a^2+b^2}$，短轴为 $2a$ 的椭圆的半周长相等.

分析：所给椭圆的方程为 $\dfrac{x^2}{a^2+b^2}+\dfrac{y^2}{a^2}=1$. 可见在直角坐标系中表示该椭圆的弧长是不方便的，为此应考虑将椭圆用参数方程形式表示，并表示其弧长，再和正弦曲线的弧长进行比较，证明它们相等.

解：运用式(7-9)，正弦曲线弧段的弧长为

$$s_1=\int_0^{\pi a}\sqrt{1+(y'(x))^2}\,\mathrm{d}x=\int_0^{\pi a}\sqrt{1+\frac{b^2}{a^2}\cos^2\frac{x}{a}}\,\mathrm{d}x$$

$$\xlongequal{x=at}\int_0^{\pi}\sqrt{1+\frac{b^2}{a^2}\cos^2 t}\cdot a\,\mathrm{d}t=\int_0^{\pi}\sqrt{a^2+b^2\cos^2 t}\,\mathrm{d}t$$

$$\xlongequal{\text{周期性}}\int_{-\frac{\pi}{2}}^{\frac{\pi}{2}}\sqrt{a^2+b^2\cos^2 t}\,\mathrm{d}t\xlongequal{\text{奇偶性}}2\int_0^{\frac{\pi}{2}}\sqrt{a^2+b^2\cos^2 t}\,\mathrm{d}t.$$

又所给椭圆 $\dfrac{x^2}{a^2+b^2}+\dfrac{y^2}{a^2}=1$ 可表示为参数方程 $\begin{cases}x=\sqrt{a^2+b^2}\cos\theta\\ y=a\sin\theta\end{cases}$ $(0\leqslant\theta\leqslant 2\pi)$，运用式(7-8)得椭圆的半周长

$$s_2=\int_0^{\pi}\sqrt{(x'(\theta))^2+(y'(\theta))^2}\,\mathrm{d}\theta=\int_0^{\pi}\sqrt{(a^2+b^2)\sin^2\theta+a^2\cos^2\theta}\,\mathrm{d}\theta$$

$$=\int_0^{\pi}\sqrt{a^2+b^2\sin^2\theta}\,\mathrm{d}\theta\xlongequal{\theta=\frac{\pi}{2}-t}-\int_{\frac{\pi}{2}}^{-\frac{\pi}{2}}\sqrt{a^2+b^2\cos^2 t}\,\mathrm{d}t$$

$$=2\int_0^{\frac{\pi}{2}}\sqrt{a^2+b^2\cos^2 t}\,\mathrm{d}t=s_1,$$

结论成立.

▶▶▶方法小结

计算平面曲线弧长的步骤：

(1) 根据曲线的表示形式——直角坐标、参数方程或极坐标，从弧长计算式(7-8)、式(7-9)和式(7-10)中确定计算公式；

(2) 根据问题确定积分区间；

(3) 如果曲线具有对称性，则应运用对称性简化计算；

(4) 计算定积分.

7.2.3　立体体积的计算

立体体积的计算是定积分应用中的一个基本问题，这里所讨论的问题有：

(1) 平行截面面积为已知的立体体积计算;

(2) 旋转体的体积计算.

7.2.3.1 平行截面面积为已知的立体体积计算

设立体 Ω 如图 7-17 所示,若以经过 x 轴上的点 $x\ (a\leqslant x\leqslant b)$,垂直于 x 轴的平面截立体 Ω,所得截痕面的面积为 $A(x)$(图 7-17),则立体的体积

$$V=\int_a^b A(x)\mathrm{d}x \tag{7-11}$$

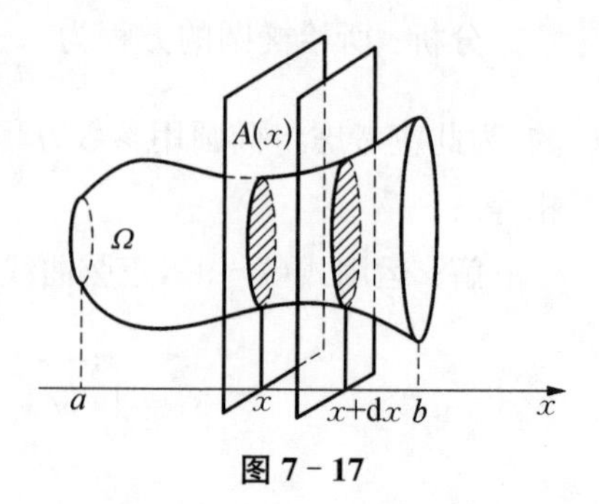

图 7-17

▶▶▶方法运用注意点

(1) 公式(7-11)是用定积分的微元法建立的.当 $A(x)$ 在 $[a,b]$ 上连续时,式(7-11)的被积表达式 $A(x)\mathrm{d}x$ 就是区间 $[x,x+\mathrm{d}x]$ 所对应的"薄扁柱体"(图 7-17)的体积微元,即

$$\mathrm{d}V=A(x)\mathrm{d}x.$$

将体积微元在 $[a,b]$ 上作定积分,就得该立体 Ω 的体积

$$V=\int_a^b \mathrm{d}V=\int_a^b A(x)\mathrm{d}x.$$

(2) 式(7-11)运用的关键是截面面积的计算,通常它适用于截面形状相同的立体体积计算问题.

▶▶▶典型例题解析

例 7-20 一立体以半径为 R 的圆为底,而垂直于底面上一条固定直径的所有截面都是以 h 为高的等腰三角形(图 7-18),试求此立体的体积.

分析: 若取底圆上的这条固定直径为 x 轴建立直角坐标系(图 7-18).按题意,在 x 点用垂直于 x 轴的平面所截得的截痕面是等腰三角形,所以若能算得其面积 $A(x)$,则可用式(7-11)求解.

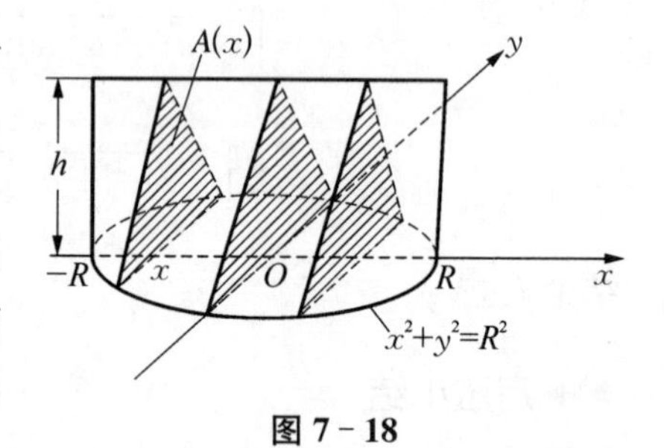

图 7-18

解: 由在点 $x\ (x\in[-R,R])$ 所截得的横截面是等腰三角形,且底面圆的方程为 $x^2+y^2=R^2$,所以横截面的面积

$$A(x)=\frac{1}{2}\cdot 2y\cdot h=h\sqrt{R^2-x^2}.$$

运用式(7-11)求立体的体积

$$V=\int_{-R}^{R}A(x)\mathrm{d}x=\int_{-R}^{R}h\sqrt{R^2-x^2}\,\mathrm{d}x=h\cdot\frac{\pi}{2}R^2=\frac{\pi}{2}hR^2.$$

例 7-21 证明半径为 R、高为 H 的球缺的体积为 $\pi H^2\left(R-\dfrac{H}{3}\right)$.

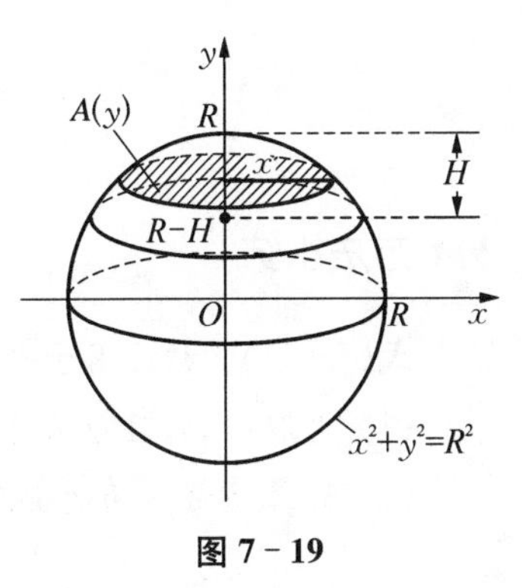

图 7-19

分析：以球体的两个相互垂直的直径作为 x 轴和 y 轴建立直角坐标系，如图 7-19 所示.可见用垂直于 y 轴的平面截球缺，其截痕都为圆面，故可运用式(7-11)计算体积.

解：由在 y 点 ($y\in[R-H,\ R]$) 所得的截平面是圆面，且其半径 x 满足方程 $x^2+y^2=R^2$，所以截平面的面积

$$A(y)=\pi x^2=\pi(R^2-y^2).$$

运用式(7-11)求得球缺的体积

$$V=\int_{R-H}^{R}A(y)\mathrm{d}y=\int_{R-H}^{R}\pi(R^2-y^2)\mathrm{d}y$$
$$=\pi\left(R^2y-\frac{1}{3}y^3\right)\Big|_{R-H}^{R}=\pi H^2\left(R-\frac{H}{3}\right).$$

例 7-22　有一底半径为 r，高为 h 的无盖圆柱形容器，现发现底面上距中心 $\frac{r}{2}$ 处有一漏洞，这时只能倾斜摆放才能盛放液体，求此时的最大容积.

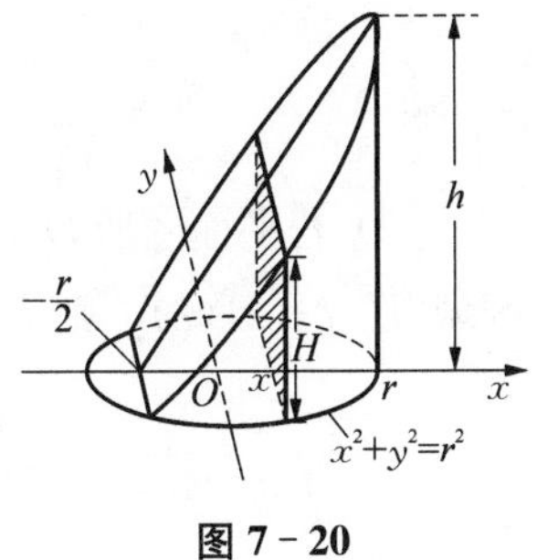

图 7-20

分析：以底圆上过漏洞的直径为 x 轴，过圆心且与 x 轴垂直的直径为 y 轴建立直角坐标系.显然当容器中的水在底面的水线为 $x=-\frac{r}{2}$，高为 h 时，所盛的水量最大(图 7-20).由于立体的边界面为平面和圆柱面，如图 7-20 所示，用垂直于 x 轴的平面相截，其截痕都为矩形，故可考虑运用式(7-11)计算体积.

解：过点 x $\left(x\in\left[-\frac{r}{2},\ r\right]\right)$ 用垂直于 x 轴的平面截立体(图7-20)，其截平面为矩形.若记此矩形的高为 H，则矩形的长为 $2y$，且 y 满足底圆的方程 $x^2+y^2=r^2$，于是矩形的面积

$$A(x)=2y\cdot H=2H\sqrt{r^2-x^2}.$$

又根据相似三角形有

$$\frac{H}{h}=\frac{x-\left(-\frac{r}{2}\right)}{r-\left(-\frac{r}{2}\right)},\ 即\ H=\frac{2h}{3r}\left(x+\frac{r}{2}\right),$$

所以　$A(x)=\frac{4h}{3r}\left(x+\frac{r}{2}\right)\sqrt{r^2-x^2}$，$-\frac{r}{2}\leqslant x\leqslant r$. 所求体积

$$V=\int_{-\frac{r}{2}}^{r}A(x)\mathrm{d}x=\frac{4h}{3r}\int_{-\frac{r}{2}}^{r}\left(x+\frac{r}{2}\right)\sqrt{r^2-x^2}\,\mathrm{d}x$$
$$\xlongequal{x=r\sin\theta}\frac{4h}{3r}\int_{-\frac{\pi}{6}}^{\frac{\pi}{2}}\left(r\sin\theta+\frac{r}{2}\right)\cdot r^2\cos^2\theta\,\mathrm{d}\theta$$

$$=\frac{4hr^2}{3}\int_{-\frac{\pi}{6}}^{\frac{\pi}{2}}\sin\theta\cos^2\theta\mathrm{d}\theta+\frac{2hr^2}{3}\int_{-\frac{\pi}{6}}^{\frac{\pi}{2}}\cos^2\theta\mathrm{d}\theta=\left(\frac{\sqrt{3}}{4}+\frac{2\pi}{9}\right)hr^2.$$

▶▶▶方法小结

式(7-11)常被应用于平行截面形状相同,且截面面积便于计算的体积计算问题,其计算步骤如下:

(1) 选取一轴,且垂直于该轴在点 x ($a\leqslant x\leqslant b$) 处的平行截面形状相同;

(2) 计算该截痕面的面积 $A(x)$, $x\in[a,b]$;

(3) 计算定积分 $V=\int_a^b A(x)\mathrm{d}x$.

7.2.3.2 旋转体体积的计算

基本的旋转体体积公式:

(1) 若平面图形 D 是由连续曲线 $y=f(x)$, 直线 $x=a$, $x=b$ ($a<b$) 与 x 轴所界的 X-型区域[图 7-21(1)],则 D 绕 x 轴旋转一周所成旋转体的体积

$$V=\int_a^b \pi y^2\mathrm{d}x=\int_a^b \pi f^2(x)\mathrm{d}x \tag{7-12}$$

(2) 若平面图形 D 是由连续曲线 $y=f(x)$, 直线 $x=a$, $x=b$ ($0\leqslant a<b$) 与 x 轴所界的 X-型区域[图 7-21(2)],则 D 绕 y 轴旋转一周所成旋转体的体积

$$V=\int_a^b 2\pi x\mid y\mid\mathrm{d}x=\int_a^b 2\pi x\mid f(x)\mid\mathrm{d}x \tag{7-13}$$

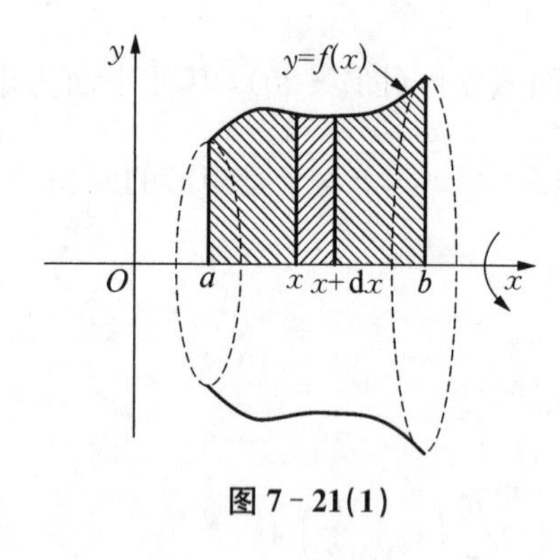

图 7-21(1)

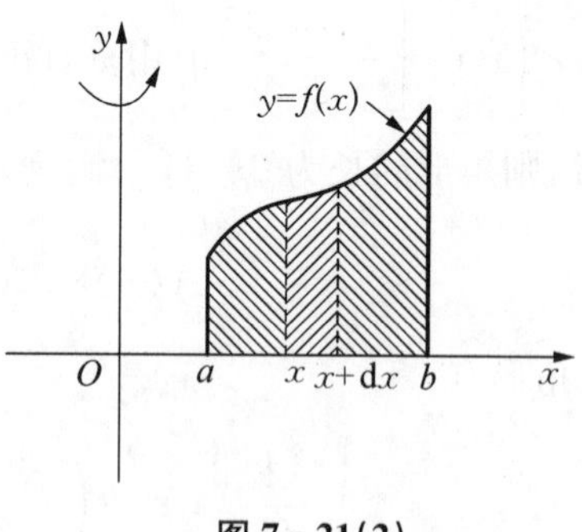

图 7-21(2)

(3) 若平面图形 D 是由连续曲线 $x=\varphi(y)$, 直线 $y=c$, $y=d$ ($c<d$) 与 y 轴所界的 Y-型区域[图 7-22(1)],则 D 绕 y 轴旋转一周所成旋转体的体积

$$V=\int_c^d \pi x^2\mathrm{d}y=\int_c^d \pi\varphi^2(y)\mathrm{d}y \tag{7-14}$$

(4) 若平面图形 D 是由连续曲线 $x=\varphi(y)$, 直线 $y=c$, $y=d$ ($0\leqslant c<d$) 与 y 轴所界的 Y-型区域[图 7-22(2)],则 D 绕 x 轴旋转一周所成旋转体的体积

$$V=\int_c^d 2\pi y\mid x\mid\mathrm{d}y=\int_c^d 2\pi y\mid\varphi(y)\mid\mathrm{d}y \tag{7-15}$$

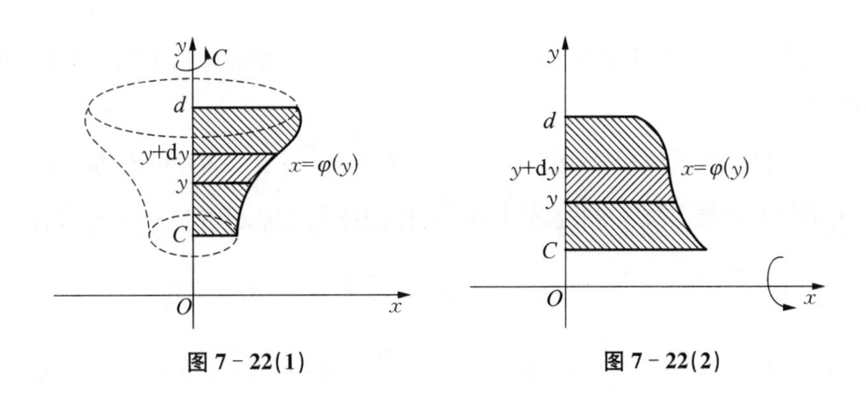

图 7 - 22(1)　　图 7 - 22(2)

▶▶▶方法运用注意点

(1) 注意式(7 - 12)、式(7 - 13)与式(7 - 14)、式(7 - 15)的区别：

① 式(7 - 12)、式(7 - 13)是 X -型区域 D 分别绕 x 轴与 y 轴旋转所成立体的体积，而式(7 - 14)、式(7 - 15)是 Y -型区域 D 分别绕 y 轴与 x 轴旋转所成立体的体积，两者的旋转区域 D 是不同类型的区域.

② X -型区域的体积公式(7 - 12)、式(7 - 13)沿区域 D 在 x 轴上的投影区间 $[a, b]$ 上积分，积分变量为 x，而 Y -型区域的体积公式(7 - 14)、式(7 - 15)沿区域 D 在 y 轴上的投影区间 $[c, d]$ 上积分，积分变量为 y.

(2) 体积公式(7 - 12)～式(7 - 15)都是用定积分的微元法建立.式(7 - 12)中的被积表达式就是图 7 - 21(1)中子区间 $[x, x+\mathrm{d}x]$ 所对应的“曲边小条”绕 x 轴旋转所成“扁柱体”的体积微元

$$\mathrm{d}V=\pi y^2\mathrm{d}x=\pi f^2(x)\mathrm{d}x.$$

将上述体积微元 $\mathrm{d}V$ 在 $[a, b]$ 上作定积分就得该立体的体积公式(7 - 12)，这一方法也称为“扁柱体法”或“平面薄片法”.

而式(7 - 13)中的被积表达式就是图 7 - 21(2)中子区间 $[x, x+\mathrm{d}x]$ 所对应的“曲边小条”绕 y 轴旋转所成的“薄壳圆柱体”的体积微元

$$\mathrm{d}V=2\pi x\,|\,y\,|\,\mathrm{d}x=2\pi x\,|\,f(x)\,|\,\mathrm{d}x.$$

将上述体积微元 $\mathrm{d}V$ 在 $[a, b]$ 上作定积分就得该立体的体积公式(7 - 13)，这一方法也称为“圆柱薄壳法”.式(7 - 14)与式(7 - 15)同样可按“扁柱体法”和“圆柱薄壳法”推导获得.

▶▶▶典型例题解析

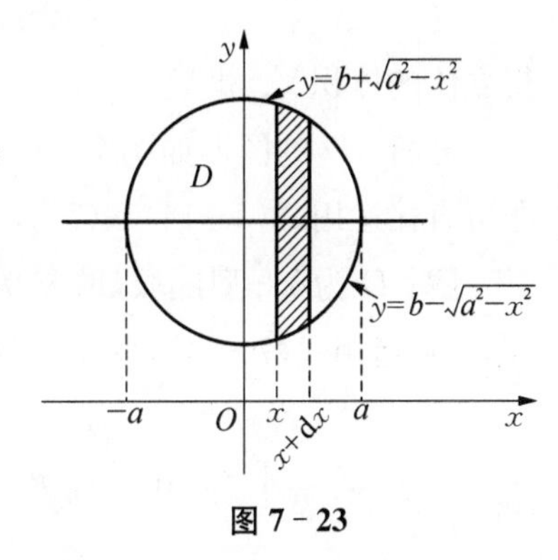

图 7 - 23

例 7 - 23　求圆域 $x^2+(y-b)^2\leqslant a^2(0<a<b)$ 绕 x 轴旋转所产生的旋转体的体积.

分析：圆域 D 的图形如图 7 - 23 所示，D 为 X -型区域.本题可运用微元法建立计算公式

$$V=\int_{-a}^{a}[\pi(b+\sqrt{a^2-x^2})^2-\pi(b-\sqrt{a^2-x^2})^2]\mathrm{d}x,$$

也可运用式(7－12)分别计算上、下半圆 $y=b\pm\sqrt{a^2-x^2}$ 与 x 轴所成的曲边梯形绕 x 轴旋转的旋转体体积相减来求解.

解：从图 7－23 可见，所求体积等于以上半圆 $y=b+\sqrt{a^2-x^2}$ 为顶的曲边梯形与以下半圆 $y=b-\sqrt{a^2-x^2}$ 为顶的曲边梯形绕 x 轴旋转所得旋转体的体积之差.运用式(7－12)，有

$$V=\int_{-a}^{a}\pi\left(b+\sqrt{a^2-x^2}\right)^2\mathrm{d}x-\int_{-a}^{a}\pi\left(b-\sqrt{a^2-x^2}\right)^2\mathrm{d}x$$

$$=\pi\int_{-a}^{a}\left[\left(b+\sqrt{a^2-x^2}\right)^2-\left(b-\sqrt{a^2-x^2}\right)^2\right]\mathrm{d}x=\pi\int_{-a}^{a}2b\cdot 2\sqrt{a^2-x^2}\,\mathrm{d}x$$

$$=4\pi b\int_{-a}^{a}\sqrt{a^2-x^2}\,\mathrm{d}x=4\pi b\cdot\frac{1}{2}\pi a^2=2\pi^2 ba^2.$$

例 7－24 求由曲线 $y=x^2-6x+10$ 和 $y=-x^2+6x-6$ 所围图形绕 y 轴旋转所产生的旋转体体积.

分析：两曲线所围的图形 D 如图 7－24 所示，D 为 X－型区域.本例可取 x 为积分变量，利用"圆柱薄壳法"建立所求体积 V 的计算公式，也可通过计算以 $y=-x^2+6x-6$ 为顶的曲边梯形与以 $y=x^2-6x+10$ 为顶的曲边梯形绕 y 轴旋转所得旋转体体积的差来求解.

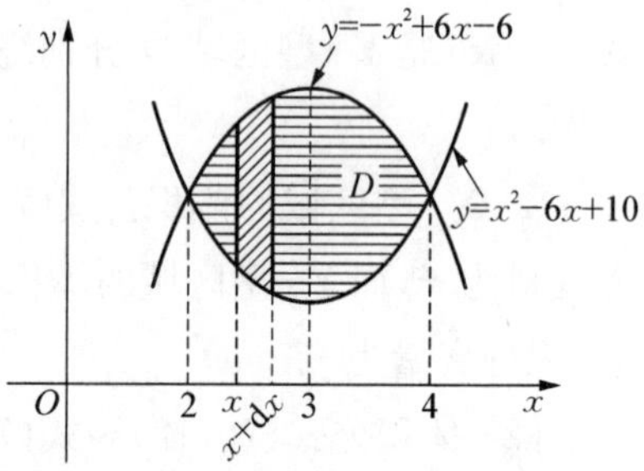

图 7－24

解：解方程组 $\begin{cases}y=x^2-6x+10\\ y=-x^2+6x-6\end{cases}$，得两曲线交点的横坐标 $x=2$，$x=4$. 于是 D 在 x 轴上的投影区间为 $[2,\ 4]$. 下面采用"圆柱薄壳法"建立 V 的计算公式.任取 $[x,\ x+\mathrm{d}x]\subset[2,\ 4]$，则 $[x,\ x+\mathrm{d}x]$ 上对应的"小细条"(图 7－24)绕 y 轴旋转所成旋转体的体积微元

$$\mathrm{d}V=2\pi x\left[(-x^2+6x-6)-(x^2-6x+10)\right]\mathrm{d}x=-4\pi(x^3-6x^2+8x)\mathrm{d}x,$$

所以所求旋转体的体积

$$V=\int_2^4\mathrm{d}V=\int_2^4\left[-4\pi(x^3-6x^2+8x)\right]\mathrm{d}x=16\pi.$$

例 7－25 求区域 $D=\left\{(x,\ y)\,\middle|\,0\leqslant x\leqslant\frac{a}{b}\sqrt{y^2+b^2},\ 0\leqslant y\leqslant b\right\}$ 分别绕 x 轴和 y 轴旋转所得立体的体积 V_x 和 V_y.

分析：D 的图形如图 7－25 所示，D 为 Y－型区域.从图中可见，本题可直接运用式(7－14)和(7－15)计算.

解：D 为 Y－型区域，取 y 为积分变量.D 在 y 轴上的投影区间为 $[0,\ b]$. 运用式(7－14)，D 绕 y 轴旋转所得旋转体的体积

$$V_y=\int_0^b\pi x^2\mathrm{d}y=\int_0^b\pi\cdot\frac{a^2}{b^2}(y^2+b^2)\mathrm{d}y=\frac{4}{3}\pi ba^2.$$

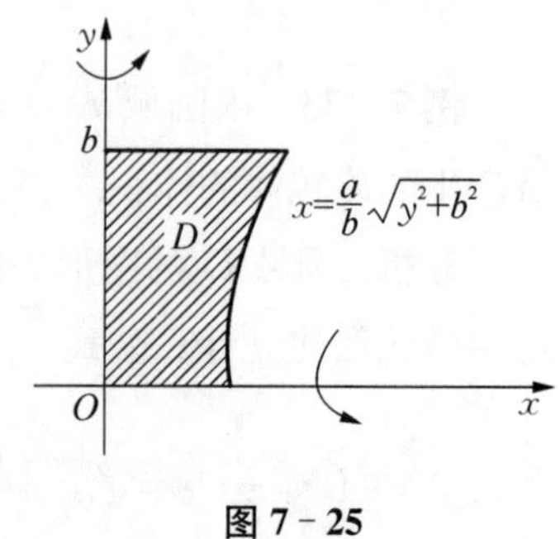

图 7－25

运用式(7-15),D 绕 x 轴旋转所得旋转体的体积

$$V_x=\int_0^b 2\pi y\mid x\mid \mathrm{d}y=\int_0^b 2\pi y\cdot\frac{a}{b}\sqrt{y^2+b^2}\,\mathrm{d}y$$

$$=\frac{2\pi a}{b}\int_0^b y\sqrt{y^2+b^2}\,\mathrm{d}y=\frac{2\pi a}{b}\cdot\frac{1}{3}(y^2+b^2)^{\frac{3}{2}}\Big|_0^b=\frac{4\sqrt{2}-2}{3}\pi ab^2.$$

例 7-26 求圆域 $x^2+y^2\leqslant a^2$ 绕直线 $x=-b\ (b>a>0)$ 旋转所成的旋转体的体积.

分析: 本题首先要运用微元法建立所求体积的计算公式,可采用"圆柱薄壳法"或"扁柱体法".

解法一: 如图 7-26 所示,$[-a, a]$ 中的区间 $[x, x+\mathrm{d}x]$ 所对应的"曲边小条"绕 $x=-b$ 旋转所成的立体是一圆柱薄壳体,其体积元素

$$\mathrm{d}V=2\pi(x+b)\cdot 2y\mathrm{d}x=4\pi(x+b)\sqrt{a^2-x^2}\,\mathrm{d}x.$$

所以所求体积

$$V=\int_{-a}^a \mathrm{d}V=\int_{-a}^a 4\pi(x+b)\sqrt{a^2-x^2}\,\mathrm{d}x$$

$$=4\pi\int_{-a}^a x\sqrt{a^2-x^2}\,\mathrm{d}x+4\pi b\int_{-a}^a\sqrt{a^2-x^2}\,\mathrm{d}x$$

$$=0+4\pi b\cdot\frac{1}{2}\pi a^2=2\pi^2a^2b.$$

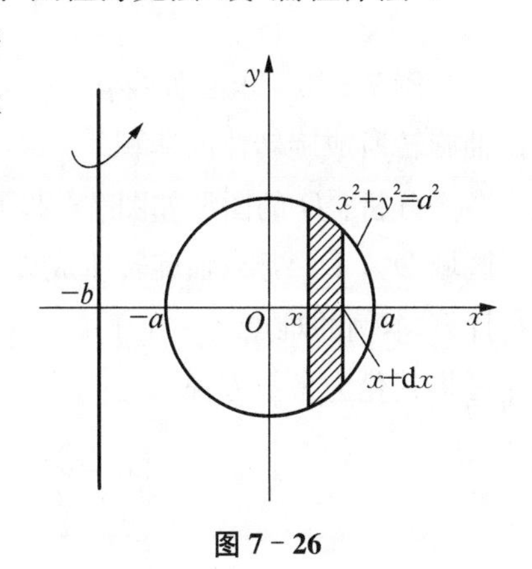

图 7-26

解法二: 采用"扁柱体法"建立体积公式.如图 7-27 所示,$[-a, a]$ 中的区间 $[y, y+\mathrm{d}y]$ 所对应的"曲边小条"绕 $x=-b$ 旋转所成的立体是一扁圆柱体,其体积元素

$$\mathrm{d}V=[\pi(\sqrt{a^2-y^2}+b)^2-\pi(-\sqrt{a^2-y^2}+b)^2]\mathrm{d}y$$

$$=4\pi b\sqrt{a^2-y^2}\,\mathrm{d}y,$$

所以所求体积

$$V=\int_{-a}^a \mathrm{d}V=\int_{-a}^a 4\pi b\sqrt{a^2-y^2}\,\mathrm{d}y=4\pi b\cdot\frac{1}{2}\pi a^2=2\pi^2a^2b.$$

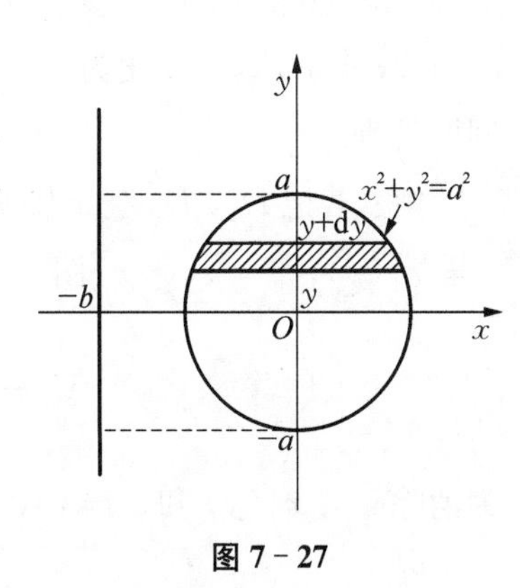

图 7-27

例 7-27 求由摆线 $x=a(t-\sin t)$, $y=a(1-\cos t)$ 的第一拱与 $y=0$ 所围成的图形 D 绕 x 轴旋转所产生的旋转体体积.

分析: D 的图形如图 7-28 所示,为 X-型区域,可运用式(7-12)计算.本题所面临的难点在于 D 的上顶曲线由参数方程给出,与例 7-6 中处理参数方程的方法相同,这可作变换 $x=a(t-\sin t)$ 将式(7-12)积分中的函数 $y(x)$ 化为参数 t 的函数 $y=a(1-\cos t)$ 处理.

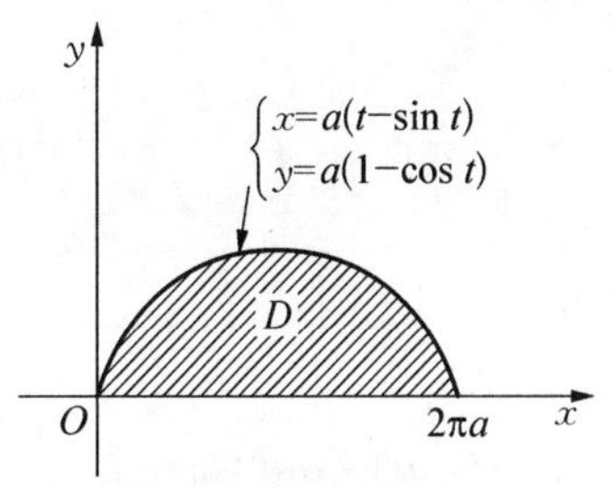

图 7-28

解: 如图 7-28 所示,D 绕 x 轴旋转所成旋转体的体积

$$V=\int_0^{2\pi a}\pi y^2\mathrm{d}x \xlongequal{x=a(t-\sin t)} \int_0^{2\pi}\pi[a(1-\cos t)]^2\cdot a(1-\cos t)\mathrm{d}t$$

$$=\pi a^3\int_0^{2\pi}(1-\cos t)^3\mathrm{d}t=8\pi a^3\int_0^{2\pi}\sin^6\frac{t}{2}\mathrm{d}t \xlongequal{u=\frac{t}{2}} 16\pi a^3\int_0^{\pi}\sin^6 u\mathrm{d}u$$

$$\xlongequal{\text{利用周期性}} 16\pi a^3\int_{-\frac{\pi}{2}}^{\frac{\pi}{2}}\sin^6 u\mathrm{d}u \xlongequal{\text{奇偶性}} 32\pi a^3\int_0^{\frac{\pi}{2}}\sin^6 u\mathrm{d}u$$

$$\xlongequal{\text{华里士公式}} 32\pi a^3\cdot\frac{5}{6}\cdot\frac{3}{4}\cdot\frac{1}{2}\cdot\frac{\pi}{2}=5\pi^2a^3.$$

例 7-28 求心脏线 $\rho=a(1-\cos\theta)$ $(a>0)$ 所界区域 D 绕极轴旋转所成旋转体的体积.

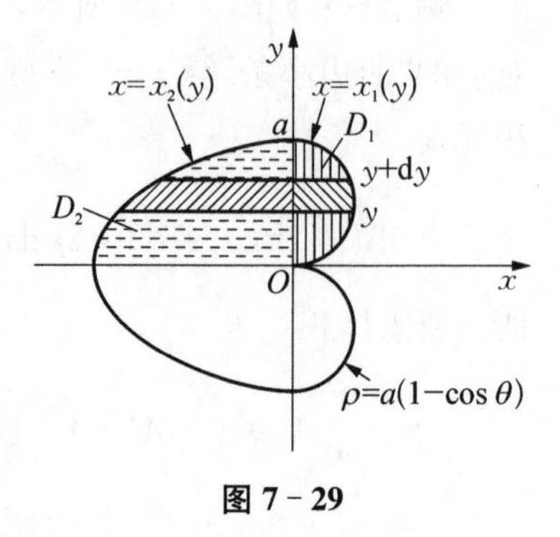

图 7-29

分析: D 的图形如图 7-29 所示.可见所求体积即为两块 Y-型区域 D_1, D_2 绕 x 轴旋转所成旋转体的体积,可通过运用式(7-15)计算.本例的难点之一在于 D 的边界曲线由极坐标方程给出,这通常可将其化为参数方程

$$\begin{cases}x=a(1-\cos\theta)\cos\theta\\ y=a(1-\cos\theta)\sin\theta\end{cases}$$

处理.本题的难点之二在于边界曲线无法用直角坐标形式给出,面临如何回避写公式(7-15)中 $x=\varphi(y)$ 表达式的问题.与上例相同,此类问题通常可通过定积分换元法解决,做变换,令 $y=a(1-\cos\theta)\sin\theta$,将 $x=\varphi(y)$ 化为 $x=a(1-\cos\theta)\cos\theta$,把直角坐标中的积分问题转化为关于参数 θ 的积分问题处理.

解: 若记 D_1, D_2 绕 x 轴旋转所成旋转体的体积为 V_1, V_2,心脏线在第一、二象限部分的曲线为 $x=x_1(y)$, $x=x_2(y)$ (图 7-29),则运用式(7-15)得

$$V_1=\int_0^a 2\pi yx_1(y)\mathrm{d}y,\ V_2=\int_0^a 2\pi y\ |x_2(y)|\ \mathrm{d}y.$$

为消除 $x=x_1(y)$ 和 $x=x_2(y)$,采用定积分换元法,有

$$V_1=\int_0^a 2\pi yx_1(y)\mathrm{d}y$$

$$\xlongequal{y=a(1-\cos\theta)\sin\theta} \int_0^{\frac{\pi}{2}}2\pi\cdot a(1-\cos\theta)\sin\theta\cdot a(1-\cos\theta)\cos\theta\cdot a(\sin^2\theta+(1-\cos\theta)\cos\theta)\mathrm{d}\theta$$

$$=2\pi a^3\int_0^{\frac{\pi}{2}}(1-\cos\theta)^2(1+\cos\theta-2\cos^2\theta)\sin\theta\cos\theta\mathrm{d}\theta,$$

$$V_2=\int_0^a 2\pi y\ |x_2(y)|\ \mathrm{d}y$$

$$\xlongequal{y=a(1-\cos\theta)\sin\theta} \int_{\pi}^{\frac{\pi}{2}}2\pi\cdot a(1-\cos\theta)\sin\theta\cdot|a(1-\cos\theta)\cos\theta|\cdot a(\sin^2\theta+(1-\cos\theta)\cos\theta)\mathrm{d}\theta$$

$$=2\pi a^3\int_{\frac{\pi}{2}}^{\pi}(1-\cos\theta)^2(1+\cos\theta-2\cos^2\theta)\sin\theta\cos\theta\mathrm{d}\theta$$

$$\xlongequal{t=\pi-\theta}2\pi a^3\int_{\frac{\pi}{2}}^{0}(1+\cos t)^2(1-\cos t-2\cos^2 t)(-\cos t)\sin t(-\mathrm{d}t)$$

$$=-2\pi a^3\int_0^{\frac{\pi}{2}}(1+\cos\theta)^2(1-\cos\theta-2\cos^2\theta)\cos\theta\sin\theta\mathrm{d}\theta,$$

所以所求体积

$$V=V_1+V_2=2\pi a^3\int_0^{\frac{\pi}{2}}(1-\cos\theta)^2(1+\cos\theta-2\cos^2\theta)\sin\theta\cos\theta\mathrm{d}\theta-$$

$$2\pi a^3\int_0^{\frac{\pi}{2}}(1+\cos\theta)^2(1-\cos\theta-2\cos^2\theta)\cos\theta\sin\theta\mathrm{d}\theta$$

$$=2\pi a^3\int_0^{\frac{\pi}{2}}(-2\cos^2\theta+10\cos^4\theta)\sin\theta\mathrm{d}\theta=-2\pi a^3\left(-\frac{2}{3}\cos^3\theta+2\cos^5\theta\right)\Bigg|_0^{\frac{\pi}{2}}=\frac{8}{3}\pi a^3.$$

▶▶▶方法小结

旋转体体积的计算步骤：

(1) 画出给定曲线所界图形的草图；

(2) 根据图形的特点确定使用公式(7－12)、式(7－13)还是使用公式(7－14)、式(7－15)，从而选定积分变量；

(3) 如果图形是由几条曲线所围成的，则应解方程组，求出有关交点的坐标，确定积分区间，并运用相应公式进行计算.对于复杂的问题，有时还需运用微元法建立体积公式；

(4) 如果图形具有对称性，则应运用对称性简化体积表达式；

(5) 如果边界曲线由参数方程给出，则应运用定积分的变量代换方法，将公式中直角坐标下的积分问题化为参数区间上的积分问题(例7－27)；

(6) 如果边界曲线由极坐标方程给出，则应将曲线化为参数方程，把问题转化为边界曲线由参数方程给出的体积问题处理(例7－28)；

(7) 计算定积分.

7.2.4　旋转体侧面积的计算

▶▶▶基本方法

运用定积分的微元法和旋转体侧面积公式计算.

旋转体侧面积公式　若平面图形 D 由连续曲线 $y=f(x)$，直线 $x=a$，$x=b$ 与 x 轴所界(图7－30)，则 D 绕 x 轴旋转所成旋转体的侧面积

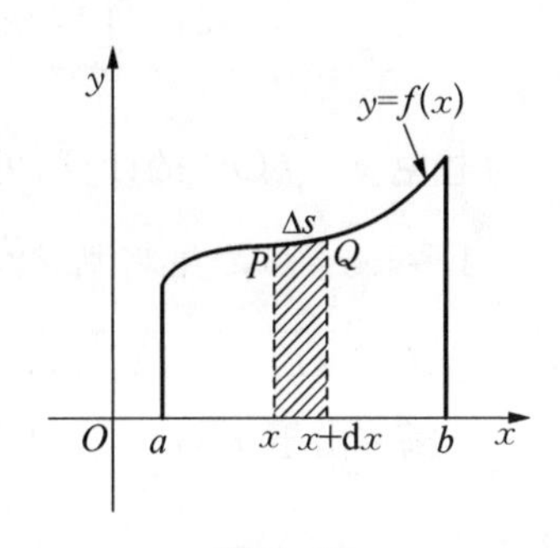

图7－30

$$A=\int_a^b 2\pi\,|y|\,\sqrt{1+(y')^2}\,\mathrm{d}x=\int_a^b 2\pi\,|f(x)|\,\sqrt{1+(f'(x))^2}\,\mathrm{d}x \tag{7-16}$$

▶▶▶方法运用注意点

侧面积公式(7－16)是运用定积分的微元法建立的,公式中的被积表达式就是图 7－30 中子区间 $[x, x+\mathrm{d}x]$ 所对应的曲线弧 $\overset{\frown}{PQ}$ 绕 x 轴旋转所成的,半径为 $|y|$,宽为 $\mathrm{d}s$ 的"圆带子"的面积

$$\mathrm{d}A=2\pi\,|y|\,\mathrm{d}s=2\pi\,|f(x)|\,\sqrt{1+(f'(x))^2}\,\mathrm{d}x,$$

对上述面积微元两边从 a 到 b 积分即得面积 A. 这里要注意该"圆带子"的宽是 $\mathrm{d}s$,不是 $\mathrm{d}x$.

▶▶▶典型例题解析

例 7－29 求圆域 $x^2+(y-b)^2\leqslant a^2\,(0<a<b)$ 绕 x 轴旋转所产生的旋转体的表面积.

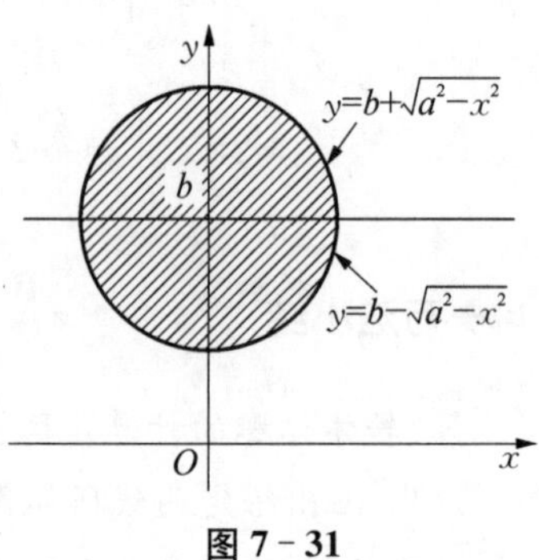

图 7－31

分析: 所给圆域如图 7－31 所示.由于上、下半圆的解析表达式不同,故需分别运用式(7－16)计算.

解: 若记上、下半圆周绕 x 轴旋转所成的侧面积分别为 A_1, A_2, 则表面积

$$\begin{aligned}A&=A_1+A_2\\&=\int_{-a}^{a}2\pi\left(b+\sqrt{a^2-x^2}\right)\sqrt{1+\left(\frac{-x}{\sqrt{a^2-x^2}}\right)^2}\,\mathrm{d}x\\&\quad+\int_{-a}^{a}2\pi\left(b-\sqrt{a^2-x^2}\right)\sqrt{1+\left(\frac{x}{\sqrt{a^2-x^2}}\right)^2}\,\mathrm{d}x\\&=4\pi ab\int_{-a}^{a}\frac{\mathrm{d}x}{\sqrt{a^2-x^2}}=4\pi^2ab.\end{aligned}$$

例 7－30 求摆线 $x=a(t-\sin t)$, $y=a(1-\cos t)$ $(0\leqslant t\leqslant 2\pi,\ a>0)$ 绕 x 轴旋转所得的旋转曲面的面积.

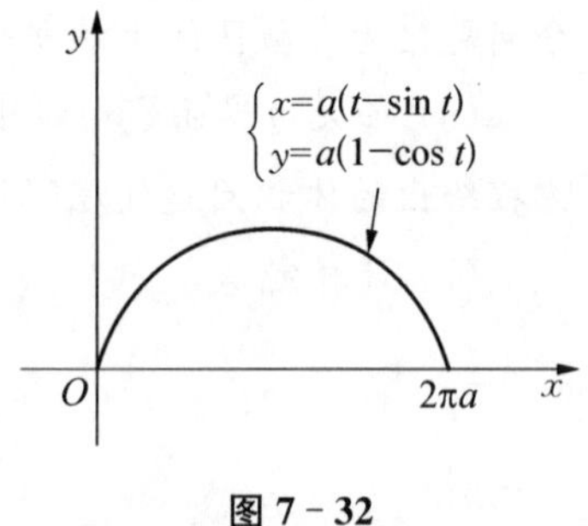

图 7－32

分析: 从图 7－32 可见,所求面积

$$A=\int_0^{2\pi a}2\pi f(x)\sqrt{1+(f'(x))^2}\,\mathrm{d}x.$$

为避免 $y=f(x)$ 的计算,可作变换 $x=a(t-\sin t)$,将积分中的 $f(x)$ 转化为关于参数 t 的函数 $y=a(1-\cos t)$,并将弧微分式 $\mathrm{d}s=\sqrt{1+(f'(x))^2}\,\mathrm{d}x$ 转化为参数方程情形的弧微分式 $\mathrm{d}s=\sqrt{(x'(t))^2+(y'(t))^2}\,\mathrm{d}t$.

解: 由于 $x'(t)=a(1-\cos t)$, $y'(t)=a\sin t$, 所以

$$\mathrm{d}s=\sqrt{(x'(t))^2+(y'(t))^2}\,\mathrm{d}t=a\sqrt{2(1-\cos t)}\,\mathrm{d}t.$$

于是所求面积

$$A=\int_0^{2\pi a}2\pi f(x)\sqrt{1+(f'(x))^2}\,dx \xlongequal{x=a(t-\sin t)} 2\pi\int_0^{2\pi}a(1-\cos t)\cdot a\sqrt{2(1-\cos t)}\,dt$$

$$=2\pi a^2\int_0^{2\pi}2\sin^2\frac{t}{2}\cdot 2\left|\sin\frac{t}{2}\right|dt=8\pi a^2\int_0^{2\pi}\sin^3\frac{t}{2}dt$$

$$\xlongequal{u=\frac{t}{2}} 16\pi a^2\int_0^{\pi}\sin^3 u\,du=\frac{64}{3}\pi a^2.$$

例 7-31　求伯努利双纽线 $\rho^2=a^2\cos 2\theta$ 绕极轴旋转所得旋转曲面的表面积.

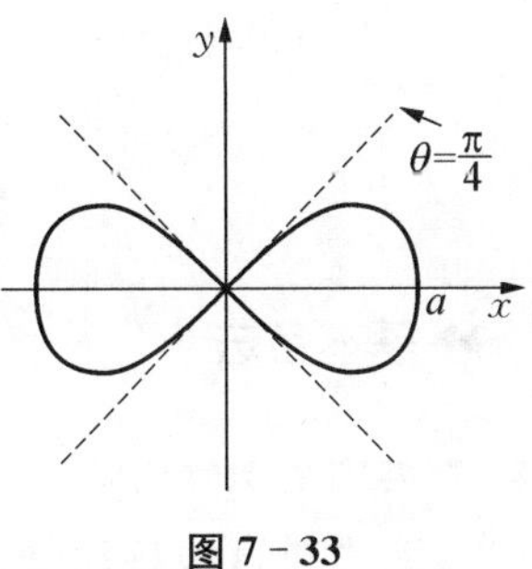

图 7-33

分析：所给双纽线 $\rho^2=a^2\cos 2\theta$ 的图形如图 7-33 所示.本题的难点在于旋转曲线由极坐标方程给出，这类问题一般可将曲线化为参数方程处理.

解：将曲线 $\rho^2=a^2\cos 2\theta$ 化为参数方程，得

$$\begin{cases}x=x(\theta)=a\sqrt{\cos 2\theta}\cos\theta,\\ y=y(\theta)=a\sqrt{\cos 2\theta}\sin\theta.\end{cases}$$

由于曲线关于 y 轴对称，若记曲线在第一象限部分绕极轴旋转所成的面积为 A_1，则所求旋转曲面的面积

$$A=2A_1=2\int_0^a 2\pi f(x)\sqrt{1+(f'(x))^2}\,dx$$

$$\xlongequal{x=a\sqrt{\cos 2\theta}\cos\theta} 2\int_{\frac{\pi}{4}}^{0}2\pi\cdot y(\theta)\sqrt{1+\left(\frac{y'(\theta)}{x'(\theta)}\right)^2}\cdot x'(\theta)d\theta,$$

又 $x'(\theta)=-\dfrac{a\sin 3\theta}{\sqrt{\cos 2\theta}}$，$y'(\theta)=\dfrac{a\cos 3\theta}{\sqrt{\cos 2\theta}}$，所以

$$A=4\pi\int_{\frac{\pi}{4}}^{0}y(\theta)\sqrt{(x'(\theta))^2+(y'(\theta))^2}\cdot\frac{x'(\theta)}{|x'(\theta)|}d\theta$$

$$=4\pi\int_{\frac{\pi}{4}}^{0}a\sqrt{\cos 2\theta}\sin\theta\cdot\frac{a}{\sqrt{\cos 2\theta}}\cdot(-1)d\theta$$

$$=4\pi a^2\int_0^{\frac{\pi}{4}}\sin\theta\,d\theta=2\pi a^2(2-\sqrt{2}).$$

▶▶▶方法小结

旋转体侧面积的计算步骤：

(1) 画出给定曲线所界定图形的草图；

(2) 根据图形的特点确定公式(7-16)中的积分区间，如果图形是由几条曲线所围成，则应解方程组求出有关交点的坐标，并运用相应的公式计算.对于复杂的问题，例如图形(或曲线)不是绕坐标轴，

而是绕其他直线旋转,此时还需运用微元法建立计算公式;

(3) 如果图形(或曲线)具有对称性,则应运用对称性简化侧面积的计算表达式(例 7-31);

(4) 如果旋转曲线由参数方程给出,则应运用定积分的变量代换方法,将公式中 y 与 x 间的函数关系 $y=f(x)$ 转化为 y 与参数 t 的函数关系 $y=y(t)$,从而将问题转化为参数区间上的积分问题(例 7-30);

(5) 如果旋转曲线由极坐标方程给出,则应将曲线化为参数方程,把问题转化为旋转曲线由参数方程给出的侧面积问题处理;

(6) 计算定积分.

7.2.5 变力对直线移动物体做功的计算

▶▶▶基本方法

运用定积分的微元法计算.

变力对直线移动做功问题的基本计算公式 设力 $F(x)$ 在区间 $[a, b]$ 上随点连续变化,在 $[a, b]$ 内任取一小区间 $[x, x+dx]$,则力在此区间上所做功的功微元

$$dW=F(x)dx,$$

$F(x)$ 在区间 $[a, b]$ 上所做的功

$$W=\int_a^b dW=\int_a^b F(x)dx \tag{7-17}$$

▶▶▶方法运用注意点

(1) 变力做功问题的计算难点在于力 $F(x)$ 随点 x 的变化而变化.人们注意到,如果 $F(x)$ 是连续变化的,则在小区间 $[x, x+dx]$ 上是近似不变的,于是可把区间 $[x, x+dx]$ 上的做功问题当作一个常力做功问题来处理,这就是微元法在小区间 $[x, x+dx]$ 上的功微元 $dW=F(x)dx$ 的依据.

(2) 问题要具有可加性.将功微元 $dW=F(x)dx$ 从 a 到 b 进行定积分,得到所求的功 W 的表达式(7-17),其含义是:将力在区间 $[a, b]$ 中所有子区间 $[x, x+dx]$ 上所做的功都累积起来,这就要求所求的功 W 关于变量 x 具有可加性,即大区间上的所求量等于各小区间上所求量的和.

▶▶▶典型例题解析

例 7-32 若已知 100 cm 长的弹簧在外力作用下伸长到 120 cm,这时外力做功 W_0.试证明,如继续拉长弹簧到 140 cm,需做功 $3W_0$.

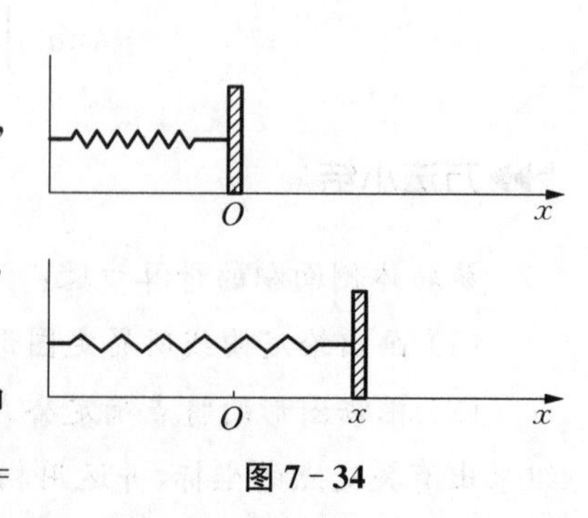

图 7-34

分析:这是克服弹簧的弹性恢复力做功问题,依照式(7-17),关键是写出弹性恢复力 $F(x)$ 的表达式.

解:建立坐标系如图 7-34 所示.根据胡克定律,若将弹簧拉伸超过自然长度 x 单位,则弹簧的弹性恢复力 $F(x)=kx$.由条件 $x=$

0.2 m时，做功为W_0，运用式(7-17)，得

$$W_0=\int_0^{0.2}kx\,\mathrm{d}x=0.02k.$$

可知弹簧系数$k=50W_0$，从而求得弹簧的弹性恢复力$F(x)$的表达式$F(x)=50W_0x$. 运用公式(7-17)，将弹簧从120 cm拉长到140 cm，需要做功

$$W=\int_{0.2}^{0.4}50W_0x\,\mathrm{d}x=25W_0x^2\Big|_{0.2}^{0.4}=3W_0.$$

例7-33 用铁锤将一铁钉钉入木板，设木板对铁钉的阻力与铁钉钉入木板的深度成正比，在击第一锤时，将铁钉钉入木板1 cm，如果铁锤每次击打铁钉所做的功相等，问击第二锤时铁钉又钉入多深？

分析：写出第一击、第二击铁锤所做的功W_1、W_2，由$W_1=W_2$确定第二击深度x.

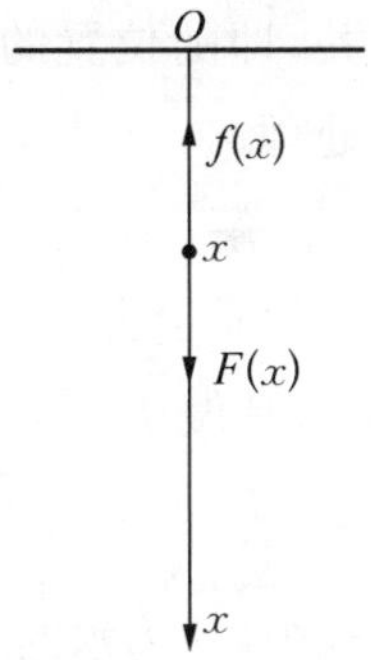

解：建立坐标系如图7-35所示.根据题设，将铁钉钉入木板x时，木板对铁钉的阻力

$$f(x)=-kx\quad(k>0).$$

克服木板阻力所需的力为 $F(x)=-f(x)=kx.$

击第一锤时，铁锤所做的功

$$W_1=\int_0^1kx\,\mathrm{d}x=\frac{k}{2}.$$

击第二锤时，设铁钉钉入木板深x，则铁锤所做的功

$$W_2=\int_1^xkx\,\mathrm{d}x=\frac{k}{2}(x^2-1).$$

由$W_1=W_2$得，$\frac{k}{2}=\frac{k}{2}(x^2-1)$，解得$x=\sqrt{2}$，所以击第二锤时，铁钉又钉入木板$\sqrt{2}-1$ cm.

图7-35

例7-34 某800 kg重的电梯由一根100 m长的缆绳把它悬吊.缆绳的线密度为15 kg/m，问需做多少功才能使电梯从地下室上升到三楼(距离10 m)？

分析：建立坐标系如图7-36所示.由于拉起电梯做功是常力做功问题，而拉起缆绳做功是变力做功问题，所以需对拉起电梯和缆绳分别计算其所做的功.

解：设拉起电梯所做的功为W_1，则

$$W_1=800\times10g=8\,000g.$$

再设拉起缆绳所做的功为W_2. 由于拉起[10, 100]区间内的缆绳是常力做功，其所做的功$W_1'=15\times90g\times10=13\,500g$，而拉起[0, 10]区间内的缆绳是变力做功，运用微元法知，其所做的功

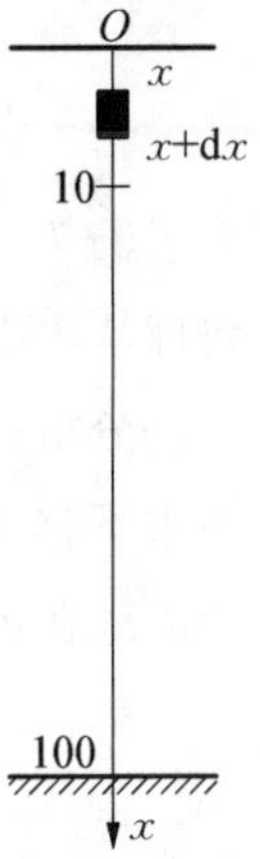

$$W_2'=\int_0^{10}15xg\,\mathrm{d}x=15g\times\frac{1}{2}x^2\Big|_0^{10}=750g.$$

图7-36

于是得

$$W_2 = W_1' + W_2' = 13\,500g + 750g = 14\,250g.$$

所以将电梯从地下室上升到三楼所做的功

$$W = W_1 + W_2 = 8\,000g + 14\,250g = 22\,250g \approx 218\,050 \text{ J}.$$

例 7-35 有一上口直径为 20 m，深为 15 m 的圆锥形水池，其中盛满了水，若要将水全部抽尽，需做功多少？

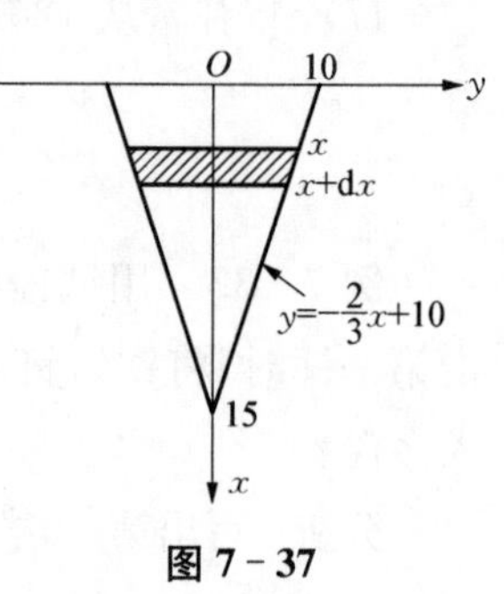

图 7-37

分析： 这是克服重力做功问题.将水抽尽的过程就是将图 7-37 中的每层水(阴影部分)抽尽.从图 7-37 中看到，由于抽出 $[x, x+\mathrm{d}x]$ 区间上这层水所移动的距离以及这层水的质量都与这层水所处的位置有关，即随位置的变化而变化.为消除这些“变”的难点，可考虑运用微元法处理.

解： 建立坐标系如图 7-37 所示.在 $[0, 15]$ 内任取一小区间 $[x, x+\mathrm{d}x]$，记这一区间上的这层水的质量为 $\mathrm{d}m$，则抽掉这层水所做的功可近似看作将质量为 $\mathrm{d}m$ 的物体克服重力移动 x 距离所做的功，其做功微元为

$$\mathrm{d}W = xg\,\mathrm{d}m = xg\rho\,\mathrm{d}V,$$

式中，ρ 为水的密度，$\mathrm{d}V$ 为这层水的体积微元.

又在 x $(0 \leqslant x \leqslant 15)$ 处的液面是一半径为 $y = -\dfrac{2}{3}x + 10$ 的圆面，其面积

$$A(x) = \pi y^2 = \pi\left(-\frac{2}{3}x + 10\right)^2,$$

故有

$$\mathrm{d}V = A(x)\mathrm{d}x = \pi\left(-\frac{2}{3}x + 10\right)^2 \mathrm{d}x,$$

$$\mathrm{d}W = \rho g \pi x\left(-\frac{2}{3}x + 10\right)^2 \mathrm{d}x.$$

所以将容器内的水抽尽所做的功

$$W = \int_0^{15} \mathrm{d}W = \int_0^{15} \pi\rho g x\left(-\frac{2}{3}x + 10\right)^2 \mathrm{d}x = 1\,875\,\rho g\pi \approx 5.772\,7 \times 10^7 \text{ J}.$$

例 7-36 半径为 r 的球沉入水中，它与水面相切，球的密度为 1，现将球从水中取出，需做多少功？

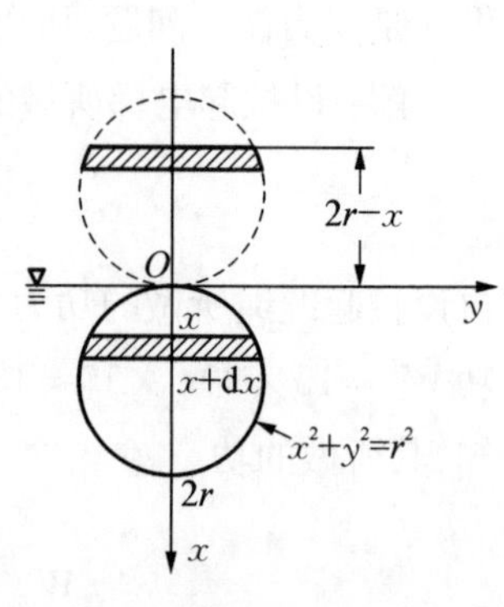

图 7-38

分析： 这是克服重力做功问题.由于球的密度和水的密度相同，所以球在水下移动时，重力与浮力大小相等，方向相反，所做的功为零.于是只需考虑球在提出水面时，克服重力所做的功.

解： 如图 7-38 所示建立坐标系，采用微元法分析问题.在区间 $[0, 2r]$ 中任取一小区间 $[x, x+\mathrm{d}x]$，考虑提出该小区间所对应的扁圆柱薄片所做的功.由于薄片在水下移动了距离 x，脱离水面后移动了距离

$2r-x$，于是功微元

$$\begin{aligned}dW&=dm\cdot g\cdot(2r-x)=\rho\cdot\pi y^2dx\cdot g\cdot(2r-x)\\&=\rho g\pi(2r-x)(r^2-x^2)dx,\end{aligned}$$

所以所做的功

$$\begin{aligned}W&=\int_0^{2r}dW=\int_0^{2r}\rho g\pi(2r-x)(r^2-x^2)dx\\&=\rho g\pi\int_0^{2r}(2r^3-2rx^2-r^2x+x^3)dx=\frac{2}{3}\rho g\pi r^4=\frac{2}{3}g\pi r^4.\end{aligned}$$

例 7－37　一质量为m，长度为l的均匀质线在数轴x的区间$[0,l]$上，另一质量为m_0的质点在此质线引力的作用下，自点$x=3l$运动到点$x=2l$，求引力所做的功.

分析：如图 7－39 所示，质点在移动过程中所受到的引力随质点的位置x而变化，所以这是一变力做功问题.问题的关键是写出当质点m_0在x处时质线对它的引力表达式$F(x)$，这里应运用微元法分析问题.

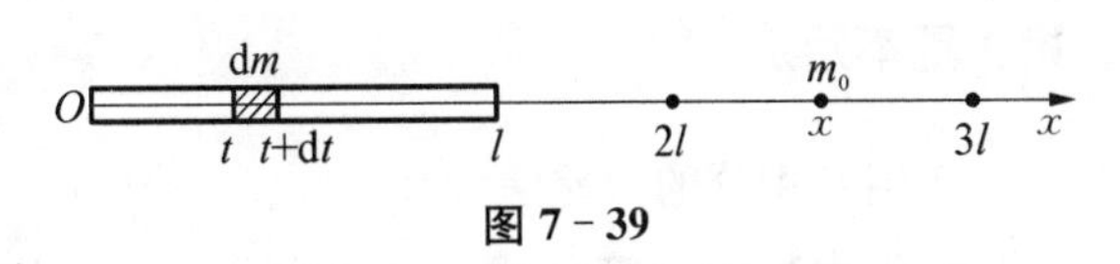

图 7－39

解：在区间$[0,l]$中任取一小区间$[t,t+dt]$，设其所对应的质点为dm，则根据万有引力定律，dm对质点m_0的引力微元

$$dF=-k\frac{dm\cdot m_0}{(x-t)^2}.$$

由于质线均匀，且质量为m，所以质线的线密度$\rho=\frac{m}{l}$，于是$dm=\frac{m}{l}dt$，所以

$$dF=-km_0\times\frac{m}{l}dt\times\frac{1}{(x-t)^2}=-\frac{km_0m}{l}\times\frac{dt}{(x-t)^2}.$$

则质线对质点m_0的引力

$$F(x)=\int_0^l dF=\int_0^l-\frac{km_0m}{l}\times\frac{dt}{(x-t)^2}=-\frac{km_0m}{x(x-l)}.$$

运用式(7－17)，质线的引力将质点m_0从$x=3l$移动到$x=2l$所做的功

$$\begin{aligned}W&=\int_{3l}^{2l}F(x)dx=\int_{3l}^{2l}-\frac{km_0m}{x(x-l)}dx=\frac{km_0m}{l}\int_{3l}^{2l}\left(\frac{1}{x}-\frac{1}{x-l}\right)dx\\&=\frac{km_0m}{l}\ln\frac{x}{x-l}\bigg|_{3l}^{2l}=\frac{km_0m}{l}\ln\frac{4}{3}.\end{aligned}$$

▶▶▶方法小结

计算变力对直线移动做功问题的步骤：

(1) 根据问题写出变力$F=F(x)$的表达式.这里要注意，运用定积分计算的变力做功问题，都要

求问题中所遇到的力平行于同一方向,且物体沿直线移动;

(2) 从物体的移动范围确定积分区间 $[a, b]$;

(3) 运用微元法确定功微元 $dW = F(x)dx$;

(4) 计算定积分 $W = \int_a^b dW = \int_a^b F(x)dx$.

7.2.6 液体对平板侧面压力的计算

设平面薄板所成的区域 D 由曲线 $y = f(x)$, $y = g(x)$ $(g(x) \leqslant f(x))$ 及直线 $x = a$, $x = b$ $(a < b)$ 所界,若将其垂直于液面置于液体中,如图 7-40 所示,计算液体对侧面的压力.

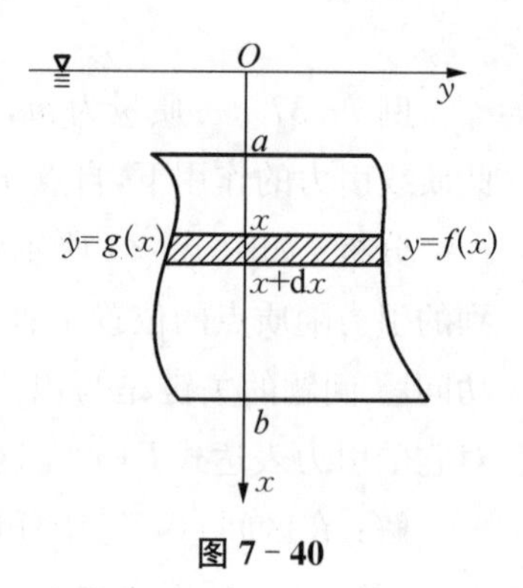

图 7-40

▶▶▶基本方法

运用定积分的微元法计算.

侧压力基本计算公式 在区间 $[a, b]$ 内任取一小区间 $[x, x + dx]$,液体作用于此小区间所对应的小细条(图 7-39 阴影部分)上的侧压力微元

$$dF = p\,dA = \rho g x \cdot (f(x) - g(x))dx,$$

其中 p 为压强,dA 为小细条的面积微元,则液体对薄板侧面的压力

$$F = \int_a^b dF = \int_a^b \rho g x \cdot (f(x) - g(x))dx \tag{7-18}$$

▶▶▶方法运用注意点

液体对侧面压力的计算问题,难点在于压强 p 随接触面的深度变化而变化,以及 D 为曲边形.处理这一难点的基本思想是:由于 p 随 x 连续变化,$f(x)$,$g(x)$ 为连续函数,所以在小区间 $[x, x + dx]$ 所对应的小细条上,p 近似于不变,小细条近似于矩形条,于是可将其作为一个常量压强作用在一个矩形条上的压力计算问题处理,从而化解"变"的计算难点.

▶▶▶典型例题解析

例 7-38 底长为 a,高为 h 的等腰三角形木板铅直置于水中,底与水面相齐,两腰中点连线将此三角形分成上、下两部分,试证明在一个侧面上,上、下两部分所受的水压力相等.

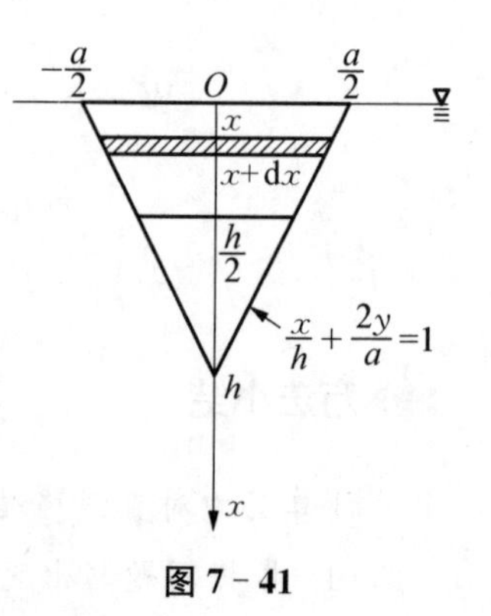

图 7-41

分析: 运用微元法或式(7-18)分别计算上、下两部分的水压力.

解: 如图 7-41 所示建立直角坐标系.木板一腰所成的直线方程为 $\frac{x}{h} + \frac{2y}{a} = 1$,即 $y = \frac{a}{2} - \frac{a}{2h}x$.运用式(7-18),木板上、下两部分所承受的水压力为

$$F_{上}=\int_{0}^{\frac{h}{2}}\rho gx\times 2\left(\frac{a}{2}-\frac{a}{2h}x\right)\mathrm{d}x=\frac{h^{2}}{12}\rho ga,$$

$$F_{下}=\int_{\frac{h}{2}}^{h}\rho gx\times 2\left(\frac{a}{2}-\frac{a}{2h}x\right)\mathrm{d}x=\frac{h^{2}}{12}\rho ga,$$

其中 ρ 为水的密度.所以证得 $F_{上}=F_{下}$，即上、下两部分所受的水压力相等.

例 7-39 设一半径为 1 m 的圆柱形油桶，横向沉没在水深 5 m 的湖底，求其中一个底面承受的水压力.

分析：运用微元法计算.

解：选取油桶的一底面建立直角坐标系，如图 7-42 所示，此时圆的方程为 $x^2+y^2=1$. 在区间 $[-1,1]$ 内任取一小区间 $[x,x+\mathrm{d}x]$，则此小区间所对应的小细条上所受的水压力微元

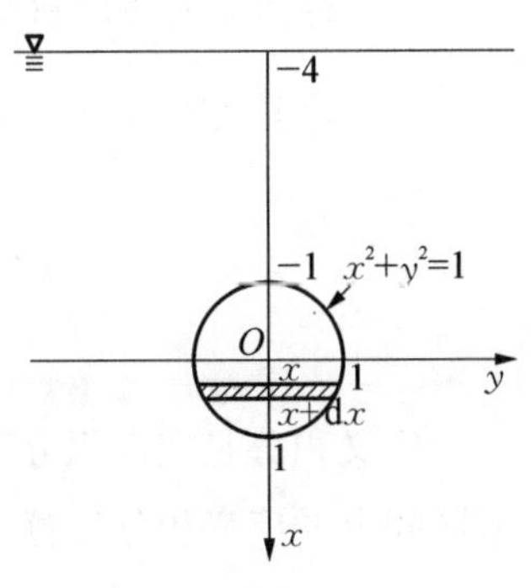

图 7-42

$$\mathrm{d}F=\rho g(x+4)\cdot 2y\mathrm{d}x=2\rho g(x+4)\sqrt{1-x^2}\,\mathrm{d}x.$$

所以油桶一底面所受的水压力

$$\begin{aligned}F&=\int_{-1}^{1}\mathrm{d}F=2\rho g\int_{-1}^{1}(x+4)\sqrt{1-x^2}\,\mathrm{d}x\\&=2\rho g\left[\int_{-1}^{1}x\sqrt{1-x^2}\,\mathrm{d}x+4\int_{-1}^{1}\sqrt{1-x^2}\,\mathrm{d}x\right]\\&=8\rho g\int_{-1}^{1}\sqrt{1-x^2}\,\mathrm{d}x=8\rho g\cdot\frac{1}{2}\pi=4\rho g\pi(\mathrm{N}),\end{aligned}$$

其中 ρ 为水的密度.

例 7-40 半径为 R 的圆形薄板与液面成 α 角斜沉于水中，上缘离水面最近处距离为 h，求薄板一侧所受的水压力.

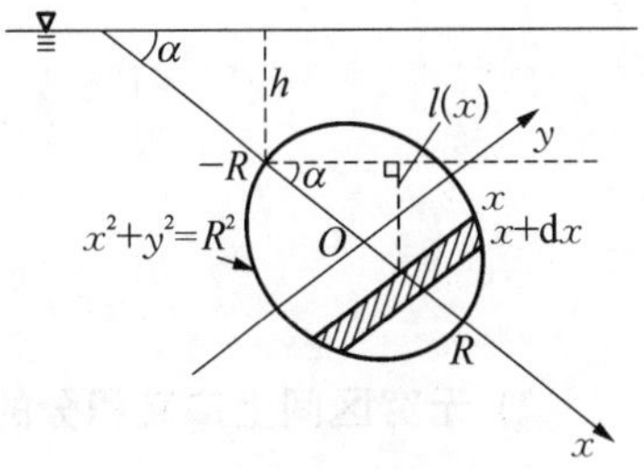

分析：运用微元法计算.

解：如图 7-43 所示建立直角坐标系，此时圆的方程为 $x^2+y^2=R^2$. 在区间 $[-R,R]$ 内任取一小区间 $[x,x+\mathrm{d}x]$，则此小区间所对应的小细条上所受的水压力微元

$$\mathrm{d}F=\rho g(h+l(x))\cdot 2y\mathrm{d}x,$$

图 7-43

由于 $l(x)=(x+R)\sin\alpha$，$y=\sqrt{R^2-x^2}$，代入上式得

$$\mathrm{d}F=\rho g(h+(x+R)\sin\alpha)\cdot 2\sqrt{R^2-x^2}\,\mathrm{d}x.$$

所以薄板一侧所受的水压力

$$\begin{aligned}F&=\int_{-R}^{R}\mathrm{d}F=2\rho g\int_{-R}^{R}(h+(x+R)\sin\alpha)\sqrt{R^2-x^2}\,\mathrm{d}x\\&=2\rho g\left[\int_{-R}^{R}(h+R\sin\alpha)\sqrt{R^2-x^2}\,\mathrm{d}x+\sin\alpha\int_{-R}^{R}x\sqrt{R^2-x^2}\,\mathrm{d}x\right]\\&=2\rho g(h+R\sin\alpha)\int_{-R}^{R}\sqrt{R^2-x^2}\,\mathrm{d}x=2\rho g(h+R\sin\alpha)\cdot\frac{\pi R^2}{2}\\&=\rho g\pi R^2(h+R\sin\alpha).\end{aligned}$$

▶▶▶方法小结

液体对平面薄板的侧压力计算步骤：

(1) 根据问题建立坐标系，写出平面薄板边界曲线的方程(图 7-40)；

(2) 根据平面薄板在水中的位置情况确定积分区间 $[a, b]$；

(3) 运用微元法写出侧压力微元 $\mathrm{d}F = p\mathrm{d}A = \rho g x \cdot (f(x) - g(x))\mathrm{d}x$ (图 7-40)；

(4) 计算定积分 $F = \int_a^b \mathrm{d}F = \int_a^b \rho g x \cdot (f(x) - g(x))\mathrm{d}x$.

7.2.7 广义积分的计算

广义积分是在定积分基础上的一种推广，是积分计算中的重要问题.这里的主要问题有：(1) 无穷区间上的广义积分计算；(2) 无界函数的广义积分计算.

7.2.7.1 无穷区间上的广义积分计算

▶▶▶基本方法

利用无穷区间上广义积分的定义、广义积分的牛顿-莱布尼茨公式、广义积分的分部积分法、广义积分的换元法计算.

1) 无穷区间上的广义积分的定义

$$\int_a^{+\infty} f(x)\mathrm{d}x = \lim_{b\to+\infty}\int_a^b f(x)\mathrm{d}x; \tag{7-19}$$

$$\int_{-\infty}^b f(x)\mathrm{d}x = \lim_{a\to-\infty}\int_a^b f(x)\mathrm{d}x; \tag{7-20}$$

$$\int_{-\infty}^{+\infty} f(x)\mathrm{d}x = \int_{-\infty}^c f(x)\mathrm{d}x + \int_c^{+\infty} f(x)\mathrm{d}x; \tag{7-21}$$

2) 无穷区间上广义积分的牛顿-莱布尼茨公式

如果 $F(x)$ 是 $f(x)$ 的一个原函数，若记 $F(-\infty) = \lim\limits_{x\to-\infty} F(x)$，$F(+\infty) = \lim\limits_{x\to+\infty} F(x)$，则有以下无穷区间上广义积分的牛顿-莱布尼茨公式成立：

$$\int_a^{+\infty} f(x)\mathrm{d}x = \lim_{x\to+\infty}(F(x) - F(a)) = F(+\infty) - F(a) = F(x)\Big|_a^{+\infty}; \tag{7-22}$$

$$\int_{-\infty}^b f(x)\mathrm{d}x = \lim_{x\to-\infty}(F(b) - F(x)) = F(b) - F(-\infty) = F(x)\Big|_{-\infty}^b; \tag{7-23}$$

$$\begin{aligned}\int_{-\infty}^{+\infty} f(x)\mathrm{d}x &= \int_{-\infty}^a f(x)\mathrm{d}x + \int_a^{+\infty} f(x)\mathrm{d}x = F(a) - F(-\infty) + F(+\infty) - F(a)\\ &= F(+\infty) - F(-\infty) = F(x)\Big|_{-\infty}^{+\infty}\end{aligned} \tag{7-24}$$

3) 无穷区间上广义积分的分部积分公式

如果以下所涉及的极限 $\lim\limits_{x\to+\infty} f(x)g(x)$，$\lim\limits_{x\to-\infty} f(x)g(x)$ 都存在，所涉及的广义积分都收敛，则以下无穷区间上广义积分的分部积分公式成立：

$$\int_a^{+\infty} f(x)\mathrm{d}(g(x)) = f(x)g(x)\Big|_a^{+\infty} - \int_a^{+\infty} g(x)\mathrm{d}(f(x)); \tag{7-25}$$

$$\int_{-\infty}^b f(x)\mathrm{d}(g(x)) = f(x)g(x)\Big|_{-\infty}^{b} - \int_{-\infty}^b g(x)\mathrm{d}(f(x)); \tag{7-26}$$

$$\int_{-\infty}^{+\infty} f(x)\mathrm{d}(g(x)) = f(x)g(x)\Big|_{-\infty}^{+\infty} - \int_{-\infty}^{+\infty} g(x)\mathrm{d}(f(x)); \tag{7-27}$$

4) 无穷区间上广义积分的变量代换公式

设 $f(x)$ 在 $[a, +\infty)$ 上连续，若变换 $x=\varphi(t)$ 满足

① $x=\varphi(t)$ 在 $[\alpha, \beta)$ 上严格单调；② $\varphi'(t)$ 在 $[\alpha, \beta)$ 上连续；③ $\varphi(\alpha)=a$，$\varphi(\beta-0)=\lim\limits_{t\to\beta^-}\varphi(t)=+\infty$. 则有

$$\int_a^{+\infty} f(x)\mathrm{d}x = \int_\alpha^\beta f(\varphi(t))\varphi'(t)\mathrm{d}t, \tag{7-28}$$

式中左、右两边有一积分收敛时，另一积分也一定收敛且等式成立.

▶▶▶方法运用注意点

(1) 式(7-22)、式(7-23)、式(7-24)表明，在求得了被积函数 $f(x)$ 在积分区间上的一个原函数 $F(x)$ 之后，广义积分可按与定积分的牛顿-莱布尼茨公式一样的方式进行计算，只是将积分限 $+\infty$，$-\infty$“代入” $F(x)$ 时，应理解为对 $F(x)$ 求极限.

(2) 式(7-21)右端的两个广义积分 $\int_{-\infty}^c f(x)\mathrm{d}x$，$\int_c^{+\infty} f(x)\mathrm{d}x$ 都收敛时，才称左边的广义积分 $\int_{-\infty}^{+\infty} f(x)\mathrm{d}x$ 收敛，否则称广义积分 $\int_{-\infty}^{+\infty} f(x)\mathrm{d}x$ 不收敛(或发散).

(3) 广义积分分部积分公式(7-25)、式(7-26)、式(7-27)成立是以公式右端的两项都有意义为前提的，当其中的某一项无意义(极限不存在或新的广义积分发散)时，广义积分的分部积分公式不成立.此时可按广义积分的定义式(7-19)、式(7-20)对定积分 $\int_a^b f(x)\mathrm{d}x$ 运用分部积分公式处理.

(4) 对照定积分的分部积分法式(6-17)和换元法式(6-16)，广义积分的分部积分法公式和换元法公式的形式与其完全相同，这就决定它们所处理的对象和所能解决的问题是基本相同的，即若计算定积分用的是换元法，当计算广义积分时也应首先考虑用换元法.

(5) 定积分的线性运算性质对广义积分一般不成立，只有当所涉及的广义积分都收敛时，例如 $\int_a^{+\infty} f(x)\mathrm{d}x$，$\int_a^{+\infty} g(x)\mathrm{d}x$ 都收敛时，才有以下公式成立

$$\int_a^{+\infty}[k_1 f(x)+k_2 g(x)]\mathrm{d}x=k_1\int_a^{+\infty}f(x)\mathrm{d}x+k_2\int_a^{+\infty}g(x)\mathrm{d}x \tag{7-29}$$

这是与定积分所不同的.

▶▶▶典型例题解析

例 7-41 计算$\int_{-\infty}^{+\infty}\frac{\mathrm{d}x}{x^2+2x+5}$.

分析：计算原函数，运用式(7-24)计算.

解：运用式(7-24)，有

$$原式=\int_{-\infty}^{+\infty}\frac{\mathrm{d}x}{4+(x+1)^2}=\frac{1}{2}\int_{-\infty}^{+\infty}\frac{\mathrm{d}\left(\frac{x+1}{2}\right)}{1+\left(\frac{x+1}{2}\right)^2}=\frac{1}{2}\arctan\left(\frac{x+1}{2}\right)\Bigg|_{-\infty}^{+\infty}$$

$$=\frac{1}{2}\left(\frac{\pi}{2}-\left(-\frac{\pi}{2}\right)\right)=\frac{\pi}{2}.$$

例 7-42 计算$\int_1^{+\infty}\frac{\mathrm{d}x}{x^2(1+x)}$.

分析：这是有理函数的广义积分问题，与不定积分和定积分计算类似，本例应采用有理函数积分法计算原函数后利用式(7-22)计算.

解：运用式(7-22)，有

$$原式=\int_1^{+\infty}\frac{1+x-x}{x^2(1+x)}\mathrm{d}x=\int_1^{+\infty}\left[\frac{1}{x^2}-\frac{1}{x(1+x)}\right]\mathrm{d}x=\int_1^{+\infty}\left(\frac{1}{x^2}-\frac{1}{x}+\frac{1}{1+x}\right)\mathrm{d}x$$

$$=\left[-\frac{1}{x}-\ln x+\ln(1+x)\right]\Bigg|_1^{+\infty}=\left[\ln\left(1+\frac{1}{x}\right)-\frac{1}{x}\right]\Bigg|_1^{+\infty}$$

$$=\lim_{x\to+\infty}\left(\ln\left(1+\frac{1}{x}\right)-\frac{1}{x}\right)-(\ln 2-1)=1-\ln 2.$$

典型错误：原式$=\int_1^{+\infty}\left(\frac{1}{x^2}-\frac{1}{x}+\frac{1}{1+x}\right)\mathrm{d}x=\int_1^{+\infty}\frac{\mathrm{d}x}{x^2}-\int_1^{+\infty}\frac{\mathrm{d}x}{x}+\int_1^{+\infty}\frac{\mathrm{d}x}{1+x}$.

错误在于运用了线性运算公式(7-29).由于上式右端中的两个积分$\int_1^{+\infty}\frac{\mathrm{d}x}{x}$，$\int_1^{+\infty}\frac{\mathrm{d}x}{1+x}$发散，公式(7-29)对本题不成立.

例 7-43 计算$\int_0^{+\infty}\frac{1}{x^2}(x\cos x-\sin x)\mathrm{d}x$.

分析：计算原函数有困难，考虑运用定义式(7-19)计算.

解：根据广义积分的定义式(7-19)，有

$$原式=\lim_{b\to+\infty}\int_0^b \frac{1}{x^2}(x\cos x-\sin x)\mathrm{d}x=\lim_{b\to+\infty}\int_0^b\left(\frac{\cos x}{x}-\frac{\sin x}{x^2}\right)\mathrm{d}x$$

$$=\lim_{b\to+\infty}\left(\int_0^b \frac{\cos x}{x}\mathrm{d}x-\int_0^b \frac{\sin x}{x^2}\mathrm{d}x\right).$$

又 $\displaystyle\int_0^b \frac{\sin x}{x^2}\mathrm{d}x=-\int_0^b \sin x\,\mathrm{d}\left(\frac{1}{x}\right)=-\left(\frac{\sin x}{x}\bigg|_0^b-\int_0^b \frac{\cos x}{x}\mathrm{d}x\right)=-\frac{\sin b}{b}+1+\int_0^b \frac{\cos x}{x}\mathrm{d}x$，

所以
$$\int_0^{+\infty} \frac{1}{x^2}(x\cos x-\sin x)\mathrm{d}x=\lim_{b\to+\infty}\left(\frac{\sin b}{b}-1\right)=-1.$$

典型错误： $\displaystyle原式=\int_0^{+\infty}\left(\frac{\cos x}{x}-\frac{\sin x}{x^2}\right)\mathrm{d}x=\int_0^{+\infty}\frac{\cos x}{x}\mathrm{d}x-\int_0^{+\infty}\frac{\sin x}{x^2}\mathrm{d}x$

$$=\int_0^{+\infty}\frac{\cos x}{x}\mathrm{d}x+\int_0^{+\infty}\sin x\,\mathrm{d}\left(\frac{1}{x}\right)=\int_0^{+\infty}\frac{\cos x}{x}\mathrm{d}x+\frac{\sin x}{x}\bigg|_0^{+\infty}-\int_0^{+\infty}\frac{\cos x}{x}\mathrm{d}x$$

$$=\frac{\sin x}{x}\bigg|_0^{+\infty}=-1.$$

错误在于，由于积分 $\displaystyle\int_0^{+\infty}\frac{\cos x}{x}\mathrm{d}x$，$\displaystyle\int_0^{+\infty}\frac{\sin x}{x^2}\mathrm{d}x$ 发散，故求解过程中所用的线性运算公式及分部积分公式都不能成立．为了避开这一问题，本题正解运用定义式(7 - 19)，对定积分 $\displaystyle\int_0^b \frac{1}{x^2}(x\cos x-\sin x)\mathrm{d}x$ 运用线性运算公式和分部积分公式计算．

例 7 - 44　计算 $\displaystyle\int_1^{+\infty}\frac{x\ln x}{(1+x^2)^2}\mathrm{d}x$．

分析： 本例首先需考虑如何去除分子中的 $\ln x$ 因子．若能对其求导即可消除，于是应采用分部积分法计算．

解： 运用分部积分公式(7 - 25)，有

$$原式=\frac{1}{2}\int_1^{+\infty}\frac{\ln x}{(1+x^2)^2}\mathrm{d}(1+x^2)=-\frac{1}{2}\int_1^{+\infty}\ln x\,\mathrm{d}\left(\frac{1}{1+x^2}\right)$$

$$=-\frac{1}{2}\left[\frac{\ln x}{1+x^2}\bigg|_1^{+\infty}-\int_1^{+\infty}\frac{\mathrm{d}x}{x(1+x^2)}\right]=\frac{1}{2}\int_1^{+\infty}\frac{\mathrm{d}x}{x(1+x^2)}$$

$$=\frac{1}{2}\int_1^{+\infty}\left(\frac{1}{x}-\frac{x}{1+x^2}\right)\mathrm{d}x=\frac{1}{2}\left(\ln x-\frac{1}{2}\ln(1+x^2)\right)\bigg|_1^{+\infty}$$

$$=\frac{1}{2}\ln\frac{x}{\sqrt{1+x^2}}\bigg|_1^{+\infty}=\frac{1}{2}\left(0-\ln\frac{1}{\sqrt{2}}\right)=\frac{1}{4}\ln 2.$$

例 7 - 45　计算 $\displaystyle\int_0^{+\infty}x^2\mathrm{e}^{-x}\mathrm{d}x$．

分析： 本例需考虑如何去除因子 x^2，可见若能对其求两次导数即可消除，所以本例也应采用分部积分法计算．

解: 运用分部积分公式(7-25),有

$$原式=-\int_0^{+\infty}x^2\mathrm{d}(\mathrm{e}^{-x})=-\left(x^2\mathrm{e}^{-x}\Big|_0^{+\infty}-\int_0^{+\infty}2x\,\mathrm{e}^{-x}\mathrm{d}x\right)=2\int_0^{+\infty}x\,\mathrm{e}^{-x}\mathrm{d}x$$

$$=-2\int_0^{+\infty}x\,\mathrm{d}(\mathrm{e}^{-x})=-2\left(x\,\mathrm{e}^{-x}\Big|_0^{+\infty}-\int_0^{+\infty}\mathrm{e}^{-x}\mathrm{d}x\right)$$

$$=2\int_0^{+\infty}\mathrm{e}^{-x}\mathrm{d}x=-2\,\mathrm{e}^{-x}\Big|_0^{+\infty}=2.$$

例 7-46 计算$\int_1^{+\infty}\frac{\arctan x}{x^2}\mathrm{d}x$.

分析: 本例首先要考虑消除反三角函数 $\arctan x$,设法对其求导是一种可以考虑的思路.

解: 运用分部积分公式(7-25),有

$$原式=-\int_1^{+\infty}\arctan x\,\mathrm{d}\left(\frac{1}{x}\right)=-\left[\frac{\arctan x}{x}\Big|_1^{+\infty}-\int_1^{+\infty}\frac{\mathrm{d}x}{x(1+x^2)}\right]$$

$$=\frac{\pi}{4}+\int_1^{+\infty}\frac{\mathrm{d}x}{x(1+x^2)}=\frac{\pi}{4}+\int_1^{+\infty}\left(\frac{1}{x}-\frac{x}{1+x^2}\right)\mathrm{d}x$$

$$=\frac{\pi}{4}+\left(\ln x-\frac{1}{2}\ln(1+x^2)\right)\Big|_1^{+\infty}=\frac{\pi}{4}+\ln\frac{x}{\sqrt{1+x^2}}\Big|_1^{+\infty}=\frac{\pi}{4}+\frac{1}{2}\ln 2.$$

例 7-47 计算$\int_1^{+\infty}\frac{1}{x\sqrt{x^2+2x-1}}\mathrm{d}x$.

分析: 本例的难点在于根号.去除这一根号最常用的方法是将根号中的二次式配方$\sqrt{x^2+2x-1}=\sqrt{(x+1)^2-2}$,做三角代换$x+1=\sqrt{2}\sec t$.然而,注意到被积函数中的因子$\frac{1}{x}$,本例作倒数代换$x=\frac{1}{t}$计算更方便.

解: 运用变量代换公式(7-28),有

$$原式\xlongequal{x=\frac{1}{t}}\int_1^0\frac{1}{\frac{1}{t}\sqrt{\frac{1}{t^2}+\frac{2}{t}-1}}\cdot\left(-\frac{1}{t^2}\right)\mathrm{d}t=\int_0^1\frac{1}{\sqrt{1+2t-t^2}}\mathrm{d}t$$

$$=\int_0^1\frac{1}{\sqrt{2-(t-1)^2}}\mathrm{d}t=\int_0^1\frac{1}{\sqrt{1-\left(\frac{t-1}{\sqrt{2}}\right)^2}}\mathrm{d}\left(\frac{t-1}{\sqrt{2}}\right)$$

$$=\arcsin\left(\frac{t-1}{\sqrt{2}}\right)\Big|_0^1=0-\arcsin\left(-\frac{1}{\sqrt{2}}\right)=\frac{\pi}{4}.$$

例 7-48 计算$\int_2^{+\infty}\frac{1}{\sqrt{(4x+1)(x-1)^3}}\mathrm{d}x$.

分析：所求积分可以变形为

$$\text{原式}=\int_2^{+\infty}\frac{1}{(x-1)^2}\sqrt{\frac{x-1}{4x+1}}\,\mathrm{d}x,$$

这是一个可化为有理函数的积分问题(式(6-8)),可作变换 $t=\sqrt{\dfrac{x-1}{4x+1}}$ 计算.

解：令 $t=\sqrt{\dfrac{x-1}{4x+1}}$，则 $x=\dfrac{t^2+1}{1-4t^2}$，$\mathrm{d}x=\dfrac{10t}{(1-4t^2)^2}\mathrm{d}t$. 运用式(7-28),有

$$\text{原式}=\int_2^{+\infty}\frac{1}{(x-1)^2}\sqrt{\frac{x-1}{4x+1}}\,\mathrm{d}x-\int_{\frac{1}{3}}^{\frac{1}{2}}\frac{(1-4t^2)^2}{(5t^2)^2}\cdot t\cdot\frac{10t}{(1-4t^2)^2}\mathrm{d}t$$

$$=\int_{\frac{1}{3}}^{\frac{1}{2}}\frac{2}{5t^2}\mathrm{d}t=-\frac{2}{5t}\bigg|_{\frac{1}{3}}^{\frac{1}{2}}=\frac{2}{5}.$$

例7-49　求常数 a，b，使广义积分 $\displaystyle\int_1^{+\infty}\frac{ax+b}{x^2-2x+2}\mathrm{d}x$ 收敛于 π.

分析：计算原函数,根据牛顿-莱布尼茨公式(7-22),选取 a，b 的值使广义积分的值等于 π.

解：因为被积函数可表示为

$$f(x)=\frac{ax+b}{x^2-2x+2}=\frac{a(x-1)+a+b}{1+(x-1)^2}=\frac{a(x-1)}{1+(x-1)^2}+\frac{a+b}{1+(x-1)^2},$$

可知 $f(x)$ 在 $[1,+\infty)$ 上的一个原函数为 $F(x)=\dfrac{a}{2}\ln(1+(x-1)^2)+(a+b)\arctan(x-1)$. 利用牛顿-莱布尼茨公式(7-22),按题意有

$$\int_1^{+\infty}\frac{ax+b}{x^2-2x+2}\mathrm{d}x=\left[\frac{a}{2}\ln(1+(x-1)^2)+(a+b)\arctan(x-1)\right]\bigg|_1^{+\infty}$$

$$=\lim_{x\to+\infty}\left[\frac{a}{2}\ln(1+(x-1)^2)+(a+b)\arctan(x-1)\right]-0=\pi.$$

由于 $\lim\limits_{x\to+\infty}(a+b)\arctan(x-1)=\dfrac{\pi}{2}(a+b)$，所以为使广义积分收敛,充要条件是 $\lim\limits_{x\to+\infty}\dfrac{a}{2}\ln(1+(x-1)^2)$ 存在,即 $a=0$. 此时由

$$\int_1^{+\infty}\frac{ax+b}{x^2-2x+2}\mathrm{d}x=\lim_{x\to+\infty}b\arctan(x-1)=\frac{\pi b}{2}=\pi,$$

得 $b=2$. 所以当 $a=0$，$b=2$ 时所给广义积分收敛于 π.

例7-50　若广义积分 $\displaystyle\int_{-\infty}^{+\infty}f(x)\mathrm{d}x$ 收敛,证明:

$$\int_{-\infty}^{+\infty}f(x)\mathrm{d}x=\int_{-\infty}^{+\infty}f\left(x-\frac{1}{x}\right)\mathrm{d}x.$$

分析：这是广义积分的等式证明问题,与定积分等式证明问题相似,本题应采用变量代换的方法.

对照等式的左、右两边，应考虑作变换 $t=x-\dfrac{1}{x}$. 此时，若 $x>0$，则 $x=\dfrac{t+\sqrt{4+t^2}}{2}$；若 $x<0$，则 $x=\dfrac{t-\sqrt{4+t^2}}{2}$，于是需将等式右边的积分分拆成

$$\int_{-\infty}^{+\infty} f\left(x-\frac{1}{x}\right)\mathrm{d}x=\int_{-\infty}^{0} f\left(x-\frac{1}{x}\right)\mathrm{d}x+\int_{0}^{+\infty} f\left(x-\frac{1}{x}\right)\mathrm{d}x,$$

分别处理.

解：因为 $$\int_{-\infty}^{+\infty} f\left(x-\frac{1}{x}\right)\mathrm{d}x=\int_{-\infty}^{0} f\left(x-\frac{1}{x}\right)\mathrm{d}x+\int_{0}^{+\infty} f\left(x-\frac{1}{x}\right)\mathrm{d}x.$$

令 $t=x-\dfrac{1}{x}$，则在 $(-\infty,0)$ 的区间上，$x=\dfrac{t-\sqrt{4+t^2}}{2}$，$\mathrm{d}x=\dfrac{1}{2}\left(1-\dfrac{t}{\sqrt{4+t^2}}\right)\mathrm{d}t$，运用变量代换公式(7-28)，有

$$\int_{-\infty}^{0} f\left(x-\frac{1}{x}\right)\mathrm{d}x=\int_{-\infty}^{+\infty} f(t)\cdot\frac{1}{2}\left(1-\frac{t}{\sqrt{4+t^2}}\right)\mathrm{d}t.$$

而在 $(0,+\infty)$ 的区间上，$x=\dfrac{t+\sqrt{4+t^2}}{2}$，$\mathrm{d}x=\dfrac{1}{2}\left(1+\dfrac{t}{\sqrt{4+t^2}}\right)\mathrm{d}t$，利用换元法得

$$\int_{0}^{+\infty} f\left(x-\frac{1}{x}\right)\mathrm{d}x=\int_{-\infty}^{+\infty} f(t)\cdot\frac{1}{2}\left(1+\frac{t}{\sqrt{4+t^2}}\right)\mathrm{d}t.$$

所以有

$$\begin{aligned}\int_{-\infty}^{+\infty} f\left(x-\frac{1}{x}\right)\mathrm{d}x&=\int_{-\infty}^{+\infty} f(t)\cdot\frac{1}{2}\left(1-\frac{t}{\sqrt{4+t^2}}\right)\mathrm{d}t+\int_{-\infty}^{+\infty} f(t)\cdot\frac{1}{2}\left(1+\frac{t}{\sqrt{4+t^2}}\right)\mathrm{d}t\\&=\int_{-\infty}^{+\infty} f(t)\mathrm{d}t=\int_{-\infty}^{+\infty} f(x)\mathrm{d}x.\end{aligned}$$

▶▶▶方法小结

(1) 无穷区间上的广义积分是有限区间上定积分的极限，所以对广义积分的概念和性质的理解一定要和极限的概念和性质联系起来.例如，广义积分的线性运算公式(7-29)是否成立，其本质是极限的线性运算公式的条件是否满足的问题，对于广义积分的分部积分公式也是如此.只有做到这一点，才能准确地把握广义积分与定积分的共同点和不同点，并理解造成这些不同点的原因所在以及共同点成立的条件.

(2) 由于广义积分的牛顿-莱布尼茨公式、分部积分公式、换元公式与定积分相应的公式形式相同，这就使得广义积分的计算方法与定积分相似，即同一被积函数做定积分用什么方法，改做广义积分时，首选也应用这一方法.从而使得在第 6 章中计算定积分、不定积分所用的分析问题的一些思路和方法在计算广义积分时继续适用.

7.2.7.2 无界函数的广义积分计算

▶▶▶基本方法

利用无界函数广义积分的定义、无界函数广义积分的牛顿-莱布尼茨公式、无界函数广义积分的分部积分法和换元法计算.

1) 无界函数广义积分的定义

① 如果 $x=b$ 是 $f(x)$ 的奇点,则

$$\int_a^b f(x)\mathrm{d}x=\lim_{\varepsilon\to 0^+}\int_a^{b-\varepsilon}f(x)\mathrm{d}x \tag{7-30}$$

② 如果 $x=a$ 是 $f(x)$ 的奇点,则

$$\int_a^b f(x)\mathrm{d}x=\lim_{\varepsilon\to 0^+}\int_{a+\varepsilon}^{b}f(x)\mathrm{d}x \tag{7-31}$$

③ 如果 $x=c\ (a<c<b)$ 是 $f(x)$ 的奇点,则

$$\int_a^b f(x)\mathrm{d}x=\int_a^c f(x)\mathrm{d}x+\int_c^b f(x)\mathrm{d}x \tag{7-32}$$

2) 无界函数广义积分的牛顿-莱布尼茨公式

① 如果 $x=b$ 是 $f(x)$ 的奇点, $F(x)$ 是 $f(x)$ 在 $[a,b)$ 上的一个原函数,则有

$$\int_a^b f(x)\mathrm{d}x=\lim_{\varepsilon\to 0^+}(F(b-\varepsilon)-F(a))=F(b-0)-F(a)=F(x)\Big|_a^{b^-} \tag{7-33}$$

这里将 b^- 代入 $F(x)$ 时理解为左极限 $F(b^-)=F(b-0)$.

② 如果 $x=a$ 是 $f(x)$ 的奇点, $F(x)$ 是 $f(x)$ 在 $(a,b]$ 上的一个原函数,则有

$$\int_a^b f(x)\mathrm{d}x=\lim_{\varepsilon\to 0^+}(F(b)-F(a+\varepsilon))=F(b)-F(a+0)=F(x)\Big|_{a^+}^{b} \tag{7-34}$$

这里将 a^+ 代入 $F(x)$ 时理解为右极限 $F(a^+)=F(a+0)$.

3) 无界函数广义积分的分部积分公式

① 如果 $x=b$ 是奇点,且所涉及的极限 $\lim\limits_{x\to b^-}f(x)g(x)$ 和广义积分收敛,则有

$$\int_a^b f(x)\mathrm{d}(g(x))=f(x)g(x)\Big|_a^{b^-}-\int_a^b g(x)\mathrm{d}(f(x)) \tag{7-35}$$

这里将 b^- 代入 $f(x)g(x)$ 时理解为对 $f(x)g(x)$ 求左极限.

② 如果 $x=a$ 是奇点,且所涉及的极限 $\lim\limits_{x\to a^+}f(x)g(x)$ 和广义积分收敛,则有

$$\int_a^b f(x)\mathrm{d}(g(x))=f(x)g(x)\Big|_{a^+}^{b}-\int_a^b g(x)\mathrm{d}(f(x)) \tag{7-36}$$

这里将 a^+ 代入 $f(x)g(x)$ 时理解为对 $f(x)g(x)$ 求右极限.

4）无界函数广义积分的变量代换公式

设 $x=b$ 是 $f(x)$ 在 $[a,b]$ 上的唯一奇点，$f(x)$ 在 $[a,b)$ 上连续，若 $x=\varphi(t)$ 满足：① $x=\varphi(t)$ 在 $[\alpha,\beta)$ 上严格单调；② $\varphi'(t)$ 在 $[\alpha,\beta)$ 上连续；③ $\varphi(\alpha)=a$，$\varphi(\beta-0)=\lim\limits_{t\to\beta^-}\varphi(t)=b$，则

$$\int_a^b f(x)\mathrm{d}x=\int_\alpha^\beta f(\varphi(t))\cdot\varphi'(t)\mathrm{d}t, \tag{7-37}$$

式中左、右两边当有一积分收敛时，另一积分也一定收敛且等式成立.

▶▶▶方法运用注意点

（1）式(7－33)、式(7－34)表明，对于奇点在区间端点的广义积分，在求得被积函数 $f(x)$ 在积分区间(奇点除外)上的一个原函数 $F(x)$ 之后，广义积分可按与定积分的牛顿-莱布尼茨公式一样的方式进行计算，只是将奇点 b^- 或 a^+ “代入” $F(x)$ 时，应理解为对 $F(x)$ 求左极限或右极限.

（2）当奇点 $x=c$ 在积分区间 $[a,b]$ 的内部时，只有当式(7－32)右端的两个广义积分 $\int_a^c f(x)\mathrm{d}x$，$\int_c^b f(x)\mathrm{d}x$ 都收敛时，才称左边的广义积分 $\int_a^b f(x)\mathrm{d}x$ 收敛，否则广义积分 $\int_a^b f(x)\mathrm{d}x$ 不收敛(或发散).

（3）当奇点 $x=c$ 在积分区间 $[a,b]$ 的内部时，即使求得被积函数 $f(x)$ 在积分区间(奇点 $x=c$ 除外)上的一个原函数 $F(x)$ 之后，一般也不成立牛顿-莱布尼茨公式，即不能将积分写成

$$\int_a^b f(x)\mathrm{d}x=F(x)\Big|_a^b$$

此时可依照定义式(7－32)以及式(7－33)和式(7－34)，积分可按下式计算

$$\int_a^b f(x)\mathrm{d}x=\int_a^c f(x)\mathrm{d}x+\int_c^b f(x)\mathrm{d}x=F(x)\Big|_a^{c^-}+F(x)\Big|_{c^+}^b \tag{7-38}$$

（4）分部积分公式(7－35)、式(7－36)成立是以公式右端的两项都有意义为前提的，当其中的某一项无意义(奇点代入时的极限不存在或新的广义积分发散)时，广义积分的分部积分公式不成立.此时，可按广义积分的定义式(7－30)、式(7－31)对定积分 $\int_a^{b-\varepsilon} f(x)\mathrm{d}x$ 或 $\int_{a+\varepsilon}^b f(x)\mathrm{d}x$ 运用分部积分法处理.

（5）对照定积分的分部积分法式(6－17)和换元法式(6－16)，广义积分的分部积分公式和换元法公式的形式与其完全相同，这就决定它们所处理的对象和所能解决的问题是基本相同的，即对此被积函数若计算定积分用什么方法，当计算广义积分时也应首先考虑用此方法.

（6）定积分的线性运算性质对广义积分一般不成立，只有当所涉及的广义积分都收敛时，才有以下公式成立（$x=b$ 或 $x=a$ 为奇点）：

$$\int_a^b (k_1 f(x)+k_2 g(x))\mathrm{d}x=k_1\int_a^b f(x)\mathrm{d}x+k_2\int_a^b g(x)\mathrm{d}x \tag{7-39}$$

这与定积分是不同的.

▶▶▶典型例题解析

例 7-51 计算$\int_1^e \frac{dx}{x\sqrt{1-\ln^2 x}}$.

分析: $x=e$是奇点,计算原函数利用牛顿-莱布尼茨公式(7-33)计算.

解: $x=e$是奇点,所以这是一广义积分.运用式(7-33)

$$原式=\int_1^e \frac{d(\ln x)}{\sqrt{1-\ln^2 x}}=\arcsin(\ln x)\Big|_1^{e^-}=\lim_{x\to e^-}\arcsin(\ln x)-0=\frac{\pi}{2}.$$

例 7-52 计算$\int_0^2 \frac{dx}{\sqrt{|x^2-1|}}$.

分析: 因为当$x\to 1$时,$f(x)=\frac{1}{\sqrt{|x^2-1|}}\to+\infty$,所以$x=1$是$f(x)$的奇点,积分是奇点在积分区间内部的广义积分,按照定义式(7-32)处理.由于本例的被积函数中含有绝对值,故还需考虑利用分域性质去绝对值号.

解: 由$x=1$是奇点,运用式(7-32),有

$$原式=\int_0^1 \frac{dx}{\sqrt{1-x^2}}+\int_1^2 \frac{dx}{\sqrt{x^2-1}}.$$

对于积分$\int_0^1 \frac{dx}{\sqrt{1-x^2}}$,其原函数为$\arcsin x$,运用式(7-33),有

$$\int_0^1 \frac{dx}{\sqrt{1-x^2}}=\arcsin x\Big|_0^{1^-}=\frac{\pi}{2}.$$

对于积分$\int_1^2 \frac{dx}{\sqrt{x^2-1}}$,令$x=\sec t$,运用换元公式(7-37),有

$$\int_1^2 \frac{dx}{\sqrt{x^2-1}}=\int_0^{\frac{\pi}{3}} \frac{\sec t\cdot\tan t}{|\tan t|}dt=\int_0^{\frac{\pi}{3}}\sec t\,dt=\ln|\sec t+\tan t|\Big|_0^{\frac{\pi}{3}}=\ln(2+\sqrt{3}).$$

所以
$$\int_0^2 \frac{dx}{\sqrt{|x^2-1|}}=\frac{\pi}{2}+\ln(2+\sqrt{3}).$$

例 7-53 计算$\int_{\frac{1}{2}}^1 \frac{dx}{x\sqrt{1-x^2}}$.

分析: $x=1$是奇点,应考虑作变换$x=\sin t$去根号.

解: 令$x=\sin t$,则运用换元公式(7-37)

$$原式=\int_{\frac{\pi}{6}}^{\frac{\pi}{2}} \frac{\cos t}{\sin t\,|\cos t|}dt=\int_{\frac{\pi}{6}}^{\frac{\pi}{2}} \frac{dt}{\sin t}=\ln|\csc t-\cot t|\Big|_{\frac{\pi}{6}}^{\frac{\pi}{2}}=\ln(2+\sqrt{3}).$$

例 7-54 计算 $\int_0^1 \frac{\mathrm{d}x}{(2-x)\sqrt{1-x}}$.

分析: $x=1$ 是奇点,应考虑作变换 $t=\sqrt{1-x}$ 去根号.

解: 令 $t=\sqrt{1-x}$,则 $x=1-t^2$, $\mathrm{d}x=-2t\,\mathrm{d}t$,运用换元法公式(7-37)

$$原式=\int_1^0 \frac{-2t}{(1+t^2)\cdot t}\mathrm{d}t=2\int_0^1 \frac{1}{1+t^2}\mathrm{d}t=2\arctan t\Big|_0^1=\frac{\pi}{2}.$$

例 7-55 计算 $\int_0^1 \frac{x^{\frac{n}{2}}}{\sqrt{x(1-x)}}\mathrm{d}x$ (n 为正奇数).

分析: 由于 n 为正奇数,所以本例中 $x=1$ 是奇点,而 $x=0$ 是可去间断点,不是奇点.本题计算的思路仍应考虑通过变换去根号.

解: 将分母中的因子 $\sqrt{x}$ 凑微分,并换元得

$$原式=2\int_0^1 \frac{x^{\frac{n}{2}}}{\sqrt{1-(\sqrt{x})^2}}\mathrm{d}(\sqrt{x}) \xlongequal{\sqrt{x}=\sin t} 2\int_0^{\frac{\pi}{2}} \frac{\sin^n t}{|\cos t|}\cdot\cos t\,\mathrm{d}t$$

$$=2\int_0^{\frac{\pi}{2}} \sin^n t\,\mathrm{d}t \xlongequal{华里士公式} \frac{2(n-1)!!}{n!!}.$$

例 7-56 计算 $\int_0^1 \frac{1-2\ln x}{\sqrt{x}}\mathrm{d}x$.

分析: $x=0$ 是奇点.本题的思路应考虑去除对数 $\ln x$,运用分部积分公式(7-36)对其求导是可以尝试的方法.

解: 运用分部积分公式(7-36)

$$原式=2\int_0^1 (1-2\ln x)\mathrm{d}(\sqrt{x})=2\left(\sqrt{x}(1-2\ln x)\Big|_0^1-\int_{0+}^1 \sqrt{x}\cdot\left(-\frac{2}{x}\right)\mathrm{d}x\right)$$

$$=2\left[1-0+2\int_0^1 \frac{\mathrm{d}x}{\sqrt{x}}\right]=2+8\sqrt{x}\Big|_{0+}^1=10.$$

例 7-57 已知广义积分 $\int_0^{\frac{\pi}{2}} \ln\cos x\,\mathrm{d}x$ 收敛,试求其值.

分析: 本例的难点在于原函数无法求出,并且分部积分法无法使用.此时应考虑运用变量代换方法建立所求积分满足的等式,从解方程获得所求积分的值.

解: 运用分域性质

$$I=\int_0^{\frac{\pi}{2}} \ln\cos x\,\mathrm{d}x=\int_0^{\frac{\pi}{4}} \ln\cos x\,\mathrm{d}x+\int_{\frac{\pi}{4}}^{\frac{\pi}{2}} \ln\cos x\,\mathrm{d}x\ \left(对第二个积分作变换\ x=\frac{\pi}{2}-t\right)$$

$$=\int_0^{\frac{\pi}{4}} \ln\cos x\,\mathrm{d}x+\int_{\frac{\pi}{4}}^0 \ln\sin t\cdot(-\mathrm{d}t)=\int_0^{\frac{\pi}{4}} \ln\cos x\,\mathrm{d}x+\int_0^{\frac{\pi}{4}} \ln\sin x\,\mathrm{d}x$$

$$=\int_0^{\frac{\pi}{4}}\ln(\sin x\cos x)\mathrm{d}x=\int_0^{\frac{\pi}{4}}\ln\frac{\sin 2x}{2}\mathrm{d}x=\int_0^{\frac{\pi}{4}}\ln\sin 2x\,\mathrm{d}x-\int_0^{\frac{\pi}{4}}\ln 2\mathrm{d}x$$

$$\xlongequal{u=2x}\frac{1}{2}\int_0^{\frac{\pi}{2}}\ln\sin u\,\mathrm{d}u-\frac{\pi}{4}\ln 2\xlongequal{u=\frac{\pi}{2}-x}\frac{1}{2}\int_{\frac{\pi}{2}}^{0}\ln\cos x\cdot(-\mathrm{d}x)-\frac{\pi}{4}\ln 2$$

$$=\frac{1}{2}\int_0^{\frac{\pi}{2}}\ln\cos x\,\mathrm{d}x-\frac{\pi}{4}\ln 2=\frac{1}{2}I-\frac{\pi}{4}\ln 2,$$

解得
$$I=\int_0^{\frac{\pi}{2}}\ln\cos x\,\mathrm{d}x=-\frac{\pi}{2}\ln 2.$$

例 7-58　证明：$\int_0^{+\infty}\frac{\ln x}{(1+x)^2}\mathrm{d}x=0.$

分析： 由于 $\lim\limits_{x\to0^+}\frac{\ln x}{(1+x)^2}=-\infty$，且积分区间是无穷区间，所以这是一个混合型广义积分，应将积分分解为 $(0,1]$ 和 $[1,+\infty)$ 区间上的积分来考虑.

解： 将积分分解，得

$$\int_0^{+\infty}\frac{\ln x}{(1+x)^2}\mathrm{d}x=\int_0^{1}\frac{\ln x}{(1+x)^2}\mathrm{d}x+\int_1^{+\infty}\frac{\ln x}{(1+x)^2}\mathrm{d}x.$$

运用分部积分法，有

$$\int_1^{+\infty}\frac{\ln x}{(1+x)^2}\mathrm{d}x=-\int_1^{+\infty}\ln x\,\mathrm{d}\left(\frac{1}{1+x}\right)=-\left[\frac{\ln x}{1+x}\bigg|_1^{+\infty}-\int_1^{+\infty}\frac{\mathrm{d}x}{x(1+x)}\right]$$
$$=\int_1^{+\infty}\frac{\mathrm{d}x}{x(1+x)}=\int_1^{+\infty}\left(\frac{1}{x}-\frac{1}{1+x}\right)\mathrm{d}x=[\ln x-\ln(1+x)]\Big|_1^{+\infty}$$
$$=\ln\frac{x}{x+1}\bigg|_1^{+\infty}=\ln 2.$$

根据广义积分定义式(7-31)，有

$$\int_0^{1}\frac{\ln x}{(1+x)^2}\mathrm{d}x=\lim_{\varepsilon\to0^+}\int_\varepsilon^{1}\frac{\ln x}{(1+x)^2}\mathrm{d}x=-\lim_{\varepsilon\to0^+}\int_\varepsilon^{1}\ln x\,\mathrm{d}\left(\frac{1}{1+x}\right)$$
$$=-\lim_{\varepsilon\to0^+}\left[\frac{\ln x}{1+x}\bigg|_\varepsilon^{1}-\int_\varepsilon^{1}\frac{1}{x(1+x)}\mathrm{d}x\right]=\lim_{\varepsilon\to0^+}\left[\frac{\ln\varepsilon}{1+\varepsilon}+\int_\varepsilon^{1}\left(\frac{1}{x}-\frac{1}{1+x}\right)\mathrm{d}x\right]$$
$$=\lim_{\varepsilon\to0^+}\left(\frac{\ln\varepsilon}{1+\varepsilon}+\ln\frac{1}{2}-\ln\frac{\varepsilon}{1+\varepsilon}\right)=\lim_{\varepsilon\to0^+}\left[-\frac{\varepsilon\ln\varepsilon}{1+\varepsilon}+\ln(1+\varepsilon)-\ln 2\right]=-\ln 2.$$

所以证得
$$\int_0^{+\infty}\frac{\ln x}{(1+x)^2}\mathrm{d}x=0.$$

例 7-59　设 $y=f(x)$ 是严格单调减少的非负可微函数，且广义积分 $\int_1^{+\infty}f(x)\mathrm{d}x$ 收敛于 A，试

证明：广义积分 $\int_0^{f(1)} f^{-1}(x)\mathrm{d}x$ 收敛于 $A+f(1)$，其中 $f^{-1}(x)$ 是 $f(x)$ 的反函数.

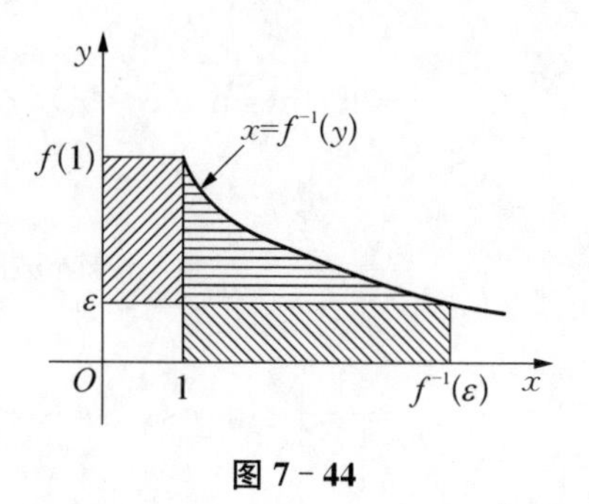

图 7-44

分析：本例应先证明广义积分 $\int_0^{f(1)} f^{-1}(x)\mathrm{d}x$ 收敛，再证明它收敛于 $A+f(1)$. 这里需考虑如何将反函数 $f^{-1}(x)$ 的积分转化为 $f(x)$ 的积分，变量代换是首选的方法.

解：对于 $0<\varepsilon<f(1)$，

$$\int_0^{f(1)} f^{-1}(y)\mathrm{d}y=\lim_{\varepsilon\to 0^+}\int_\varepsilon^{f(1)} f^{-1}(y)\mathrm{d}y.$$

由 $f(x)\geqslant 0$ 且单调减知 $x=f^{-1}(y)$ 在 $[\varepsilon, f(1)]$ 上 $f^{-1}(y)>1$，可知 $\int_\varepsilon^{f(1)} f^{-1}(y)\mathrm{d}y$ 是 ε 的单调减函数.又

$$\begin{aligned}\int_\varepsilon^{f(1)} f^{-1}(y)\mathrm{d}y &\xlongequal{y=f(x)}\int_{f^{-1}(\varepsilon)}^{1} x\,\mathrm{d}(f(x))\\ &=xf(x)\Big|_{f^{-1}(\varepsilon)}^{1}-\int_{f^{-1}(\varepsilon)}^{1} f(x)\mathrm{d}x=f(1)-\varepsilon f^{-1}(\varepsilon)+\int_1^{f^{-1}(\varepsilon)} f(x)\mathrm{d}x\\ &<f(1)+\int_1^{+\infty} f(x)\mathrm{d}x=f(1)+A,\end{aligned}$$

由此可知 $\int_\varepsilon^{f(1)} f^{-1}(y)\mathrm{d}y$ 是 ε 的单调有界函数，根据单调有界准则，极限 $\lim\limits_{\varepsilon\to 0^+}\int_\varepsilon^{f(1)} f^{-1}(y)\mathrm{d}y$ 存在，所以广义积分 $\int_0^{f(1)} f^{-1}(y)\mathrm{d}y$ 收敛.再从极限

$$\begin{aligned}\int_0^{f(1)} f^{-1}(y)\mathrm{d}y &=\lim_{\varepsilon\to 0^+}\left(f(1)-\varepsilon f^{-1}(\varepsilon)+\int_1^{f^{-1}(\varepsilon)} f(t)\mathrm{d}t\right)\\ &\xlongequal{\text{令 } x=f^{-1}(\varepsilon)}\lim_{x\to+\infty}\left(f(1)-xf(x)+\int_1^{x} f(t)\mathrm{d}t\right)\end{aligned}$$

存在及广义积分 $\int_1^{+\infty} f(x)\mathrm{d}x$ 收敛知极限 $\lim\limits_{x\to+\infty} xf(x)$ 存在，并且 $\lim\limits_{x\to+\infty} xf(x)=B\geqslant 0$. 下证 $\lim\limits_{x\to+\infty} xf(x)=0$，采用反证法：

假设 $B>0$，则根据极限性质，存在 $G>0$，当 $x>G$ 时，有 $xf(x)>\dfrac{B}{2}$，即 $f(x)>\dfrac{B}{2x}$，从而推得广义积分 $\int_1^{+\infty} f(x)\mathrm{d}x$ 发散，这与已知条件矛盾，所以必有 $\lim\limits_{x\to+\infty} xf(x)=0$. 于是有

$$\begin{aligned}\int_0^{f(1)} f^{-1}(x)\mathrm{d}x &=\lim_{x\to+\infty}\left(f(1)-xf(x)+\int_1^{x} f(t)\mathrm{d}t\right)\\ &=f(1)-\lim_{x\to+\infty} xf(x)+\lim_{x\to+\infty}\int_1^{x} f(t)\mathrm{d}t\\ &=f(1)+\int_1^{+\infty} f(t)\mathrm{d}t=f(1)+A.\end{aligned}$$

▶▶▶方法小结

(1) 无界函数的广义积分是有限区间上有界函数定积分的极限，所以对这一概念和性质的理解要和极限的概念和性质联系起来.例如，线性运算公式(7-39)是否成立，本质上是极限的线性运算公式的条件是否满足的问题，而对于分部积分公式(7-35)、式(7-36)也是如此.只有做到这一点，才能准确地掌握广义积分与定积分的共同点和不同点，并理解这些差异的原因所在以及共同点成立的条件.

(2) 由于无界函数广义积分的牛顿-莱布尼茨公式(7-33)、式(7-34)，分部积分公式(7-35)、式(7-36)，换元公式(7-37)与定积分的相应公式形式相同，这就使得计算这些广义积分时所采用的方法与计算定积分相似，所以在第6章中计算定积分、不定积分所用的分析问题的一些思路和方法在计算无界函数的广义积分时仍然适用.

7.3 习题七

7-1 求由下列各曲线所围成的图形面积：

(1) $y^2=2x$，$x=y+4$；　　(2) $y=\mathrm{e}$，$y=x$ 与 $xy=1$；

(3) $x=y^2$ 与 $x=4+2y-y^2$；　　(4) $x^2+y^2=2$ 与 $y=x^2$(含负 y 轴部分).

7-2 求由下列各曲线所围成的图形面积：

(1) $\rho=2a(2+\cos\theta)$；　　(2) 双纽线 $\rho^2=a^2\cos 2\theta$.

7-3 求极坐标系中区域 $D=\{(\rho,\theta)\mid \rho\leqslant 2(1+\cos\theta),\ \rho\leqslant 2\sin\theta\}$ 的面积.

7-4 求曲线 $y^2=4x$ 及其过点 $(1,2)$ 的法线所围成的图形的面积.

7-5 设 $y=x^2$ 定义在 $[0,1]$ 上，t 为 $[0,1]$ 上任一点，问当 t 为何值时，题7-5图中两阴影部分面积 S_1 和 S_2 之和具有最小值?

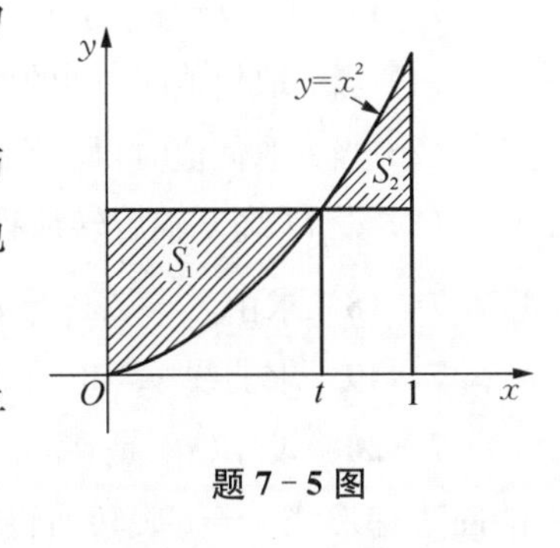

题7-5图

7-6 在曲线族 $y=a(1-x^2)$ $(a>0)$ 中选一条曲线，使该曲线与它在 $(-1,0)$ 及 $(1,0)$ 处的法线所围成的图形面积比这族曲线中其他曲线以同样方式围成的图形面积都小.

7-7 求曲线 $y=\lim\limits_{n\to\infty}\dfrac{x}{1+x^2-\mathrm{e}^{nx}}$，$y=\dfrac{1}{2}x$ 与 $x=1$ 所围成的平面图形的面积.

7-8 以点 $A(a,0)$ 为起点，点 $B(b,0)$ $(b>a>0)$ 为终点引一圈阿基米德螺线 $\rho=c\theta$ $(c>0$，$2k\pi\leqslant\theta\leqslant 2(k+1)\pi)$. 证明：介于 $\rho=a$，$\rho=b$ 之间的圆环被这螺线分割成两部分的面积之比为 $\dfrac{b+2a}{2b+a}$.

7-9 若曲线 $y=\cos x$ $\left(0\leqslant x\leqslant\dfrac{\pi}{2}\right)$ 与 x 轴、y 轴所围成的图形被曲线 $y=a\sin x$，$y=b\sin x$ $(a>b>0)$ 分成面积相等的三部分，试确定 a、b 的值.

7-10 求曲线 $(x^2+y^2)^{n+2}=ax^2y^{2n+1}$ $(a>0)$ 所围成图形的面积(n 为正整数).

7-11 求解下列各题：

(1) 求曲线 $y=\ln(1-x^2)$ 在区间 $\left[0,\dfrac{1}{2}\right]$ 上的一段弧长；

(2) 求曲线 $x=\dfrac{1}{2}\ln(t^2-1)$，$y=\sqrt{t^2-1}$ 在 $3\leqslant t\leqslant 7$ 之间的一段弧长；

(3) 求曲线 $x=2\arctan t$，$y=\ln(1+t^2)$ 在 $0\leqslant t\leqslant 1$ 之间的一段弧长；

(4) 求圆的渐伸线 $x=R(\cos\theta+\theta\sin\theta)$，$y=R(\sin\theta-\theta\cos\theta)$ 在 $0\leqslant\theta\leqslant 2\pi$ 之间的弧长；

(5) 求心形线 $\rho=a(1+\cos\theta)$ 的全长 $(a>0)$.

7-12 设 r 为抛物线 $y=x^2$ 上任一点 $M(x,y)$ 处的曲率半径，s 为该曲线上某一定点 M_0 到点 M 的弧长，证明：r，s 满足方程

$$3r\frac{\mathrm{d}^2r}{\mathrm{d}s^2}-\left(\frac{\mathrm{d}r}{\mathrm{d}s}\right)^2-9=0.$$

7-13 求下列已知曲线所围成的图形，按指定轴旋转所产生的旋转体的体积：

(1) $y=x^2$ 和 $y^2=8x$，绕 x 轴和 y 轴；(2) $xy=1$ 和 $y=4x$，$x=2$，$y=0$，绕 x 轴.

7-14 证明高为 H，底半径为 R 的圆锥体的体积为 $\dfrac{1}{3}\pi R^2H$.

7-15 求曲边梯形 $D=\{(x,y)\mid 0\leqslant x\leqslant\pi,\ 0\leqslant y\leqslant f(x)\}$ 绕 y 轴旋转所成立体的体积，其中 $f(x)=\dfrac{\sin x}{x}\ (x\neq 0)$，$f(0)=1$.

7-16 求椭圆 $\dfrac{x^2}{a^2}+\dfrac{y^2}{b^2}=1$ 分别绕 x 轴和 y 轴旋转所成旋转体的体积.

7-17 设 $D=\{(x,y)\mid 0<t\leqslant x\leqslant 2t,\ 0\leqslant y\leqslant x^2\mathrm{e}^{-x^2}\}$.

(1) 当 t 取何值时，D 的面积 $A(t)$ 有最大值?

(2) 当 t 取何值时，D 绕 x 轴旋转所得立体的体积 $V_x(t)$ 有最大值?

(3) 设 D 绕 y 轴旋转所得立体的体积为 $V_y(t)$，求 $V_y(t)$ 的最大值.

7-18 求由 $y=\sqrt{x}$ 与 x 轴及直线 $x=4$ 围成的图形绕轴 $x=4$ 旋转所成旋转体的体积.

7-19 求曲线 $y=3-|x^2-1|$ 与 x 轴围成的平面图形绕 $y=3$ 旋转一周所成的旋转体的体积.

7-20 设 $f(x)$ 是在 $[a,+\infty)$ 上取正值的连续函数，在曲线 $y=f(x)$ 之下，区间 $[a,t]$ 之上的曲边梯形绕 $x=t$ 旋转所得体积为 $V(t)$，求证 $V''(t)=2\pi f(t)$.

7-21 求心形线 $\rho=4(1+\cos\theta)$ 和射线 $\theta=0$ 及 $\theta=\dfrac{\pi}{2}$ 在第一象限内所围成的图形绕极轴旋转的旋转体体积.

7-22 周长为 $2l$ 的等腰三角形，绕其底边旋转一周得一旋转体，求使旋转体体积最大时的那个三角形的底边长.

7-23 求摆线 $x=a(t-\sin t)$，$y=a(1-\cos t)$ $(0\leqslant t\leqslant 2\pi)$ 和 x 轴所围成的图形 D

(1) 绕 y 轴旋转而成的旋转体体积；

(2) 绕直线 $y=2a$ 旋转而成的旋转体体积.

7-24 设曲线 $y=\mathrm{e}^{-x}\sqrt{|\sin x|}$, $0\leqslant x\leqslant n\pi$. 求此曲线与 x 轴所围成的图形绕 x 轴旋转所得旋转体体积 V_n，并求 $\lim\limits_{n\to\infty}V_n$.

7-25 已知 $D_1=\left\{(x,\ y)\mid 0\leqslant x\leqslant 1,\ 0\leqslant y\leqslant \dfrac{1}{\sqrt{x}}\right\}$ 和 $D_2=\left\{(x,\ y)\mid x\geqslant 1,\ 0\leqslant y\leqslant \dfrac{1}{x}\right\}$ 是两个无界区域，试证明：

(1) D_1 的广义面积存在，但 D_1 绕 x 轴旋转得到的无界立体之广义体积却不存在；

(2) D_2 的广义面积不存在，但 D_2 绕 x 轴旋转得到的无界立体之广义体积却存在.

7-26 计算底面是半径为 R 的圆，而垂直于底面上一条固定直径的所有截面都是等边三角形的立体体积.

7-27 半径可变的圆是这样移动的，其圆周上的一点保持在横坐标轴上，而中心沿圆周 $x^2+y^2=R^2$ 移动，这个动圆的所在平面垂直于横坐标轴，求这样所得的立体体积.

7-28 求下列曲线绕指定轴旋转所得旋转曲面的面积：

(1) $y=x^3$, $0\leqslant x\leqslant 2$, 绕 x 轴；(2) $y=1-x^2$, $0\leqslant x\leqslant 1$, 绕 y 轴.

7-29 一容器装满水，容器的形状为由抛物线 $x^2=4ay$, $y=a$ 所围图形绕 y 轴旋转所成旋转体，今把水从容器顶部全部抽出，问至少需做多少功？

7-30 在直径为 0.2 m，高为 0.8 m 的圆柱形汽缸内，充满了压强为 8×10^5 Pa 的气体.若要将气体的体积压缩到原来的一半，问需做多少功？

7-31 一个横放着的圆柱形水桶，长为 4 m，直径为 2 m，桶内盛有半桶水，求桶的一个端面上所受的侧压力.

7-32 两个质量均为 m 的质点 P_1, P_2 静态相距 h(m)，其中质点 P_2 开始在垂直于原线段 P_1P_2 的直线上运动到点 Q, $P_2Q=l$ (m)，求 P_2 克服引力所做的功.

7-33 为清除井底的污泥，用缆绳将抓斗放入井底，抓起污泥后提出井口(题 7-33 图).已知井深 30 m，抓斗自重 400 N，缆绳每米重 50 N，抓斗抓起的污泥重 2 000 N，提升速度为 3 m/s，在提升过程中，污泥以 20 N/s的速度从抓斗缝隙中漏掉，现将抓起污泥的抓斗提升至井口，问克服重力需做多少焦耳的功？（抓斗高度及位于井口上方的缆绳长度忽略不计.）

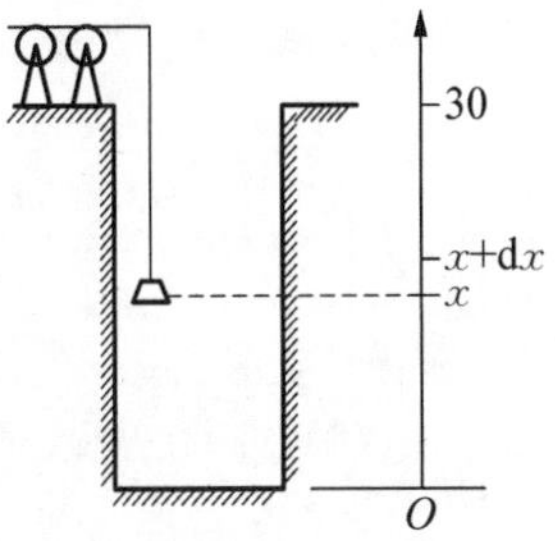

30
x+dx
x
O

题 7-33 图

7-34 判断下列广义积分的敛散性，若收敛，计算出它的值：

(1) $\displaystyle\int_1^{+\infty}\frac{\mathrm{d}x}{x(x+1)}$；　(2) $\displaystyle\int_{\mathrm{e}^{\mathrm{e}}}^{+\infty}\frac{\mathrm{d}x}{x\ln x\ln\ln x}$；　(3) $\displaystyle\int_{-\infty}^{+\infty}\frac{4x^3}{1+x^4}\mathrm{d}x$；

(4) $\displaystyle\int_0^{+\infty}\frac{1+x}{1+x^2}\mathrm{d}x$；　(5) $\displaystyle\int_0^{+\infty}\mathrm{e}^{-x}\cos x\,\mathrm{d}x$；　(6) $\displaystyle\int_1^{+\infty}\arctan\frac{1}{x}\mathrm{d}x$；

(7) $\displaystyle\int_0^{+\infty}\frac{1}{1+x^3}\mathrm{d}x$；　(8) $\displaystyle\int_3^{+\infty}\frac{\mathrm{d}x}{(x-1)^4\sqrt{x^2-2x}}$；　(9) $\displaystyle\int_{-\infty}^{0}\frac{x\mathrm{e}^{-x}}{(1+\mathrm{e}^{-x})^2}\mathrm{d}x$；

(10) $\displaystyle\int_1^{+\infty}\frac{\mathrm{d}x}{\mathrm{e}^{x+1}+\mathrm{e}^{3-x}}$.

7-35 下列广义积分是否收敛？若收敛，试求其值：

(1) $\int_1^e \frac{dx}{x\sqrt{\ln x}}$；　(2) $\int_0^1 \frac{dx}{(2x-1)^2}$；　(3) $\int_{-1}^1 \sqrt{\frac{1-x}{1+x}}\,dx$；

(4) $\int_0^{+\infty}\left(\frac{1}{2\sqrt{x}}+1-\sqrt{x}\right)e^{-x}\,dx$；　(5) $\int_1^5 \frac{dx}{\sqrt{(x-1)(5-x)}}$；

(6) $\int_0^1 x\ \ln^2 x\,dx$；　(7) $\int_a^b \frac{x}{\sqrt{(x-a)(b-x)}}\,dx\ (a<b)$；

(8) $\int_0^{+\infty} \frac{x^2+1}{x^4-x^2+1}\,dx$；　(9) $\int_{\sqrt{e}}^{e} \frac{dx}{x\sqrt{\ln x(1-\ln x)}}$；

(10) $\int_0^{+\infty} \frac{1}{(1+x^2)(1+x^\alpha)}\,dx$.

7-36 证明：$\int_0^{+\infty}\frac{1}{1+x^4}\,dx=\int_0^{+\infty}\frac{x^2}{1+x^4}\,dx=\frac{\pi}{2\sqrt{2}}$.

7-37 计算广义积分：$\int_0^{+\infty}\arctan\frac{1}{x^2}\,dx$.

第8章
无穷级数

级数理论是微积分的重要组成部分，有深刻的理论意义和广泛的应用价值.它主要由数项级数.幂级数和傅里叶级数组成.本章主要讲述与数项级数和幂级数的相关问题，与傅里叶级数相关的问题将在第 14 章中讲述.

8.1 本章解决的主要问题

(1) 数项级数的敛散性判别；

(2) 幂级数以及与幂级数有关的函数项级数收敛域的确定；

(3) 函数的幂级数展开；

(4) 幂级数与数项级数的求和.

8.2 典型问题解题方法与分析

8.2.1 数项级数的敛散性判别

▶▶▶基本方法

(1) 利用级数定义及基本性质判别级数的敛散性；

(2) 利用正项级数的判别法判别正项级数的敛散性；

(3) 利用绝对收敛，莱布尼茨判别法，级数性质判别任意项级数的敛散性；

(4) 利用泰勒公式及其级数性质判别任意项级数的敛散性.

8.2.1.1 利用级数定义及基本性质判别级数的敛散性

级数的收敛与发散 对于级数 $\sum\limits_{n=1}^{\infty}u_n$，其部分和数列 $S_n=u_1+u_2+u_3+\cdots+u_n$，如果

(1) $\lim\limits_{n\to\infty}S_n=\lim\limits_{n\to\infty}(u_1+u_2+u_3+\cdots+u_n)=S$，则称级数 $\sum\limits_{n=1}^{\infty}u_n$ 收敛，而极限值 S 称为此级数的和，即 $\sum\limits_{n=1}^{\infty}u_n=S$.

(2) 若 $\lim\limits_{n\to\infty}S_n$ 不存在,则称级数 $\sum\limits_{n=1}^{\infty}u_n$ 发散.

▶▶▶重要结论

(1) 若 $\sum\limits_{n=1}^{\infty}u_n$ 和 $\sum\limits_{n=1}^{\infty}v_n$ 都收敛, λ 为实数,则 $\sum\limits_{n=1}^{\infty}(u_n+v_n)$, $\sum\limits_{n=1}^{\infty}(u_n-v_n)$, $\sum\limits_{n=1}^{\infty}\lambda u_n$ 也收敛,且有

$$\sum_{n=1}^{\infty}(u_n+v_n)=\sum_{n=1}^{\infty}u_n+\sum_{n=1}^{\infty}v_n,\ \sum_{n=1}^{\infty}(u_n-v_n)=\sum_{n=1}^{\infty}u_n-\sum_{n=1}^{\infty}v_n,\ \sum_{n=1}^{\infty}\lambda u_n=\lambda\sum_{n=1}^{\infty}u_n.$$

(2) 改变级数的有限项不改变级数的敛散性,但其和一般是要改变的.

(3) 收敛级数任意加括号后所得新级数仍收敛,且收敛于同一个数.

(4) 级数收敛的必要条件:若级数 $\sum\limits_{n=1}^{\infty}u_n$ 收敛,则有 $\lim\limits_{n\to\infty}u_n=0$.

(5) 几何级数(等比级数) $\sum\limits_{n=1}^{\infty}aq^{n-1}(a\neq 0)$ 收敛的充要条件是 $|q|<1$,且当 $\sum\limits_{n=1}^{\infty}aq^{n-1}$ 收敛时, $\sum\limits_{n=1}^{\infty}aq^{n-1}=\dfrac{a}{1-q}$.

▶▶▶方法运用注意点

(1) 级数 $\sum\limits_{n=1}^{\infty}u_n$ 收敛和通项 u_n 收敛是不同的概念,后者表示数列 u_n 的极限存在,它不表示级数 $\sum\limits_{n=1}^{\infty}u_n$ 的敛散性.

(2) 如果级数 $\sum\limits_{n=1}^{\infty}u_n$ 和 $\sum\limits_{n=1}^{\infty}v_n$ 都发散,不能得出 $\sum\limits_{n=1}^{\infty}(u_n+v_n)$ 或 $\sum\limits_{n=1}^{\infty}(u_n-v_n)$ 发散;但是如果 $\sum\limits_{n=1}^{\infty}u_n$ 和 $\sum\limits_{n=1}^{\infty}v_n$ 中有一个收敛,另一个发散,则可以得到 $\sum\limits_{n=1}^{\infty}(u_n+v_n)$ 和 $\sum\limits_{n=1}^{\infty}(u_n-v_n)$ 都发散,这一点可以用反证法去证明.

(3) 设 $\lambda\neq 0$,若 $\sum\limits_{n=1}^{\infty}u_n$ 发散,则有 $\sum\limits_{n=1}^{\infty}\lambda u_n$ 也发散.

(4) 由 $\lim\limits_{n\to\infty}u_n=0$ 不能得出级数 $\sum\limits_{n=1}^{\infty}u_n$ 收敛,即 $\lim\limits_{n\to\infty}u_n=0$ 仅仅是级数 $\sum\limits_{n=1}^{\infty}u_n$ 收敛的必要条件而不是充分条件.但若 $\lim\limits_{n\to\infty}u_n\neq 0$ 或极限 $\lim\limits_{n\to\infty}u_n$ 不存在,则可确定 $\sum\limits_{n=1}^{\infty}u_n$ 发散.

▶▶▶典型例题解析

例 8-1 判别级数 $\sum\limits_{n=1}^{\infty}\left[\dfrac{1}{n^{\alpha}}-\dfrac{1}{(1+n)^{\alpha}}\right]$ 的敛散性,其中 α 为常数.

分析: 根据级数通项 $u_n=\dfrac{1}{n^{\alpha}}-\dfrac{1}{(1+n)^{\alpha}}$ 的特征,其部分和数列 $S_n=u_1+u_2+\cdots+u_n$ 可以通过前后项相消的方法求得,故可以用级数的定义来判别其敛散性.

解：因为 $S_n=\left(\frac{1}{1^\alpha}-\frac{1}{2^\alpha}\right)+\left(\frac{1}{2^\alpha}-\frac{1}{3^\alpha}\right)+\cdots+\left[\frac{1}{n^\alpha}-\frac{1}{(n+1)^\alpha}\right]=1-\frac{1}{(n+1)^\alpha}$.

所以，当 $\alpha>0$，$\lim\limits_{n\to\infty}S_n=1$；当 $\alpha=0$，$\lim\limits_{n\to\infty}S_n=0$；当 $\alpha<0$，$\lim\limits_{n\to\infty}S_n=\infty$. 因此，当 $\alpha\geqslant 0$ 时，级数收敛，当 $\alpha<0$ 时，级数发散.

例 8-2 已知 $\lim\limits_{n\to\infty}nu_n=0$，且级数 $\sum\limits_{n=1}^{\infty}(n+1)(u_{n+1}-u_n)$ 收敛，试证明级数 $\sum\limits_{n=1}^{\infty}u_n$ 收敛.

分析：根据两个级数的特征，可以考虑它们的部分和，找出两个部分和之间的内在关系.

解：设级数 $\sum\limits_{n=1}^{\infty}u_n$ 和级数 $\sum\limits_{n=1}^{\infty}(n+1)(u_{n+1}-u_n)$ 的部分和数列分别为 $\{S_n\}$，$\{\sigma_n\}$. 则从

$$\begin{aligned}\sigma_n&=(2u_2-2u_1)+(3u_3-3u_2)+(4u_4-4u_3)+\cdots+[(n+1)u_{n+1}-(n+1)u_n]\\&=-2u_1-u_2-u_3-\cdots-u_n+(n+1)u_{n+1}=(n+1)u_{n+1}-u_1-S_n\end{aligned}$$

得

$$S_n=(n+1)u_{n+1}-u_1-\sigma_n.$$

由于级数 $\sum\limits_{n=1}^{\infty}(n+1)(u_{n+1}-u_n)$ 收敛，故 $\lim\limits_{n\to\infty}\sigma_n$ 存在，又因为 $\lim\limits_{n\to\infty}nu_n=0$，所以 $\lim\limits_{n\to\infty}S_n$ 存在，即级数 $\sum\limits_{n=1}^{\infty}u_n$ 收敛.

例 8-3 判别级数 $\left(\frac{4}{5}+\frac{3}{4}\right)+\left(\frac{4^2}{5^2}+\frac{3^2}{4^2}\right)+\cdots+\left(\frac{4^n}{5^n}+\frac{3^n}{4^n}\right)$ 的敛散性.

分析：级数即为 $\sum\limits_{n=1}^{\infty}\left(\frac{4^n}{5^n}+\frac{3^n}{4^n}\right)$，由于级数 $\sum\limits_{n=1}^{\infty}\frac{4^n}{5^n}$ 和 $\sum\limits_{n=1}^{\infty}\frac{3^n}{4^n}$ 都收敛，本题可运用收敛级数的运算性质来判别.

解：因为几何级数 $\sum\limits_{n=1}^{\infty}\frac{4^n}{5^n}$ 和 $\sum\limits_{n=1}^{\infty}\frac{3^n}{4^n}$ 都收敛，所以根据收敛级数的运算性质，它们通项和的级数 $\sum\limits_{n=1}^{\infty}\left(\frac{4^n}{5^n}+\frac{3^n}{4^n}\right)$ 也收敛.

例 8-4 判别级数 $\sum\limits_{n=1}^{\infty}\left(\frac{n}{1+n}\right)^n$ 的敛散性.

分析：判别一个级数的敛散性时，首先应该考虑级数的通项是否趋于零，当通项不趋于零时，即可判定级数发散.

解：由于 $\lim\limits_{n\to\infty}\left(\frac{n}{1+n}\right)^n=\lim\limits_{n\to\infty}\frac{1}{\left(1+\frac{1}{n}\right)^n}=\frac{1}{\mathrm{e}}\neq 0$，所以级数 $\sum\limits_{n=1}^{\infty}\left(\frac{n}{1+n}\right)^n$ 发散.

▶▶▶方法小结

(1) 用级数的定义来判别级数的敛散性时，一般要求其部分和数列的通项 S_n 容易求得. 对于一般的级数，$S_n=u_1+u_2+\cdots+u_n$ 的计算通常是很困难的，所以这一方法通常适用于一些较特殊的级数.

(2) 在判别级数 $\sum_{n=1}^{\infty} u_n$ 的敛散性时,极限 $\lim_{n\to\infty} u_n$ 是否为零是常常需要考虑的.若 $\lim_{n\to\infty} u_n$ 不存在,或者 $\lim_{n\to\infty} u_n$ 存在但不为零,则可以断言级数 $\sum_{n=1}^{\infty} u_n$ 发散. 若 $\lim_{n\to\infty} u_n=0$, 再考虑用其他方法来判别.

8.2.1.2 利用正项级数的判别法判别正项级数的敛散性

▶▶▶基本方法

(1) 正项级数收敛的充要条件

正项级数 $\sum_{n=1}^{\infty} u_n$ 收敛的充要条件是它的部分和数列有界.

(2) 比较判别法

设正项级数 $\sum_{n=1}^{\infty} u_n$ 和 $\sum_{n=1}^{\infty} v_n$ 满足 $u_n \leqslant v_n (n=1, 2, 3, \cdots)$,

① 若 $\sum_{n=1}^{\infty} v_n$ 收敛,则 $\sum_{n=1}^{\infty} u_n$ 也收敛;

② 若 $\sum_{n=1}^{\infty} u_n$ 发散,则 $\sum_{n=1}^{\infty} v_n$ 也发散.

(3) 比较判别法的极限形式

设正项级数 $\sum_{n=1}^{\infty} u_n$ 和 $\sum_{n=1}^{\infty} v_n$, 且有 $\lim_{n\to\infty} \frac{u_n}{v_n}=\rho$, 则

① 如果 $\rho<+\infty$ 时,且级数 $\sum_{n=1}^{\infty} v_n$ 收敛,则级数 $\sum_{n=1}^{\infty} u_n$ 收敛;

② 如果 $\rho>0$ 时,且级数 $\sum_{n=1}^{\infty} v_n$ 发散,则级数 $\sum_{n=1}^{\infty} u_n$ 发散;

③ 如果 $0<\rho<+\infty$ 时,则级数 $\sum_{n=1}^{\infty} u_n$ 与级数 $\sum_{n=1}^{\infty} v_n$ 具有相同的敛散性.

(4) 比值判别法(达朗贝尔判别法)

设正项级数 $\sum_{n=1}^{\infty} u_n$, 如果 $\lim_{n\to\infty} \frac{u_{n+1}}{u_n}=\rho$, 则

① 当 $\rho<1$ 时,级数 $\sum_{n=1}^{\infty} u_n$ 收敛;

② 当 $\rho>1$ 时,级数 $\sum_{n=1}^{\infty} u_n$ 发散;

③ 当 $\rho=1$ 时,不能确定级数 $\sum_{n=1}^{\infty} u_n$ 的敛散性,须用其他方法判定.

(5) 根值判别法(柯西判别法)

设正项级数 $\sum_{n=1}^{\infty} u_n$, 如果 $\lim_{n\to\infty} \sqrt[n]{u_n}=\rho$, 则

① 当 $\rho<1$ 时,级数 $\sum_{n=1}^{\infty} u_n$ 收敛;

② 当 $\rho>1$ 时,级数 $\sum\limits_{n=1}^{\infty}u_n$ 发散;

③ 当 $\rho=1$ 时,不能确定级数 $\sum\limits_{n=1}^{\infty}u_n$ 的敛散性,须用其他方法判定.

(6) 积分判别法

对于正项级数 $\sum\limits_{n=1}^{\infty}u_n$,若存在定义在 $[1,+\infty)$ 上的单调减少的连续函数 $f(x)$ 使 $f(n)=u_n$,则级数 $\sum\limits_{n=1}^{\infty}u_n$ 与广义积分 $\int_1^{+\infty}f(x)\mathrm{d}x$ 具有相同的敛散性.

▶▶▶重要结论

$p-$级数的敛散性:对于 $p-$级数 $\sum\limits_{n=1}^{\infty}\frac{1}{n^p}$,当 $p>1$ 时级数收敛,当 $p\leqslant 1$ 时级数发散.

▶▶▶方法运用注意点

(1) 以上判别法应用的对象必须是正项级数.

(2) 利用比值(或根值)判别法时,特别注意当 $\lim\limits_{n\to\infty}\frac{u_{n+1}}{u_n}=\rho=1$(或 $\lim\limits_{n\to\infty}\sqrt[n]{u_n}=\rho=1$)时,比值(或根值)判别法失效,此时的级数可能收敛也可能发散.同样地,当 $\lim\limits_{n\to\infty}\frac{u_{n+1}}{u_n}$(或 $\lim\limits_{n\to\infty}\sqrt[n]{u_n}$)不存在时,都需要采用其他方法来判别.

(3) 正项级数 $\sum\limits_{n=1}^{\infty}u_n$ 收敛,得不出 $\lim\limits_{n\to\infty}\frac{u_{n+1}}{u_n}<1$(或 $\lim\limits_{n\to\infty}\sqrt[n]{u_n}<1$)的结论,对于收敛的正项级数,可能还有其他的情形,如 $\lim\limits_{n\to\infty}\frac{u_{n+1}}{u_n}$ 不存在,或者 $\lim\limits_{n\to\infty}\frac{u_{n+1}}{u_n}$ 存在但 $\lim\limits_{n\to\infty}\frac{u_{n+1}}{u_n}=1$ 等.因此,抽象级数(没有具体表达式的级数)的敛散性判别一般不用比值(或根值)判别法,而用比较判别法.

(4) 所有的 $p-$级数都成立 $\lim\limits_{n\to\infty}\frac{u_{n+1}}{u_n}=1$(或 $\lim\limits_{n\to\infty}\sqrt[n]{u_n}=1$),从这一点看比较判别法的应用范围较比值(或者根值)判别法更广.一般当比值(或根值)判别法失效时,通常用比较判别法,而且找的比较级数通常为 $p-$级数或几何级数.

(5) 对于比较判别法的极限形式,运用时常常将比较级数取为 $p-$级数,即取 $v_n=\frac{1}{n^p}$,而 p 值的确定通常是估计无穷小 u_n 关于 $\frac{1}{n}$ 的阶数.

▶▶▶典型例题解析

例 8-5 判别级数 $\sum\limits_{n=1}^{\infty}\frac{1}{\sqrt{n^3+1}}$ 的敛散性.

分析：由于 $\frac{1}{\sqrt{n^3+1}}<\frac{1}{n^{\frac{3}{2}}}$，用 $p-$级数作为比较级数，运用比较判别法.

解一：因为 $\frac{1}{\sqrt{n^3+1}}<\frac{1}{n^{\frac{3}{2}}}$，且级数 $\sum_{n=1}^{\infty}\frac{1}{n^{\frac{3}{2}}}$ 收敛，所以根据比较判别法可知，原级数 $\sum_{n=1}^{\infty}\frac{1}{\sqrt{n^3+1}}$ 也收敛.

解二：因为当 $n\to\infty$ 时，$u_n=\frac{1}{\sqrt{n^3+1}}=\frac{1}{n^{\frac{3}{2}}\sqrt{1+\frac{1}{n^3}}}\sim\frac{1}{n^{\frac{3}{2}}}$，从而有 $\lim\limits_{n\to\infty}\frac{u_n}{\frac{1}{n^{\frac{3}{2}}}}=1\neq 0$，所以原级数与级数与 $\sum_{n=1}^{\infty}\frac{1}{n^{\frac{3}{2}}}$ 具有相同的敛散性，现级数 $\sum_{n=1}^{\infty}\frac{1}{n^{\frac{3}{2}}}$ 收敛，所以原级数 $\sum_{n=1}^{\infty}\frac{1}{\sqrt{n^3+1}}$ 也收敛.

例 8-6 判别级数 $\sum_{n=1}^{\infty}\frac{10^n}{8^n+9^n}$ 的敛散性.

分析：由于 $u_n=\frac{10^n}{8^n+9^n}>\frac{1}{2}\left(\frac{10}{9}\right)^n=v_n$，可用几何级数作为比较级数来运用比较判别法.

解一：因为 $u_n=\frac{10^n}{8^n+9^n}>\frac{1}{2}\left(\frac{10}{9}\right)^n=v_n$，并且级数 $\sum_{n=1}^{\infty}\frac{1}{2}\left(\frac{10}{9}\right)^n$ 发散，所以根据比较判别法可知，原级数 $\sum_{n=1}^{\infty}\frac{10^n}{8^n+9^n}$ 发散.

解二：因为 $\lim\limits_{n\to\infty}u_n=\lim\limits_{n\to\infty}\frac{10^n}{8^n+9^n}=\lim\limits_{n\to\infty}\frac{1}{\left(\frac{4}{5}\right)^n+\left(\frac{9}{10}\right)^n}=\infty\neq 0$，所以根据级数收敛的必要条件可知，原级数 $\sum_{n=1}^{\infty}\frac{10^n}{8^n+9^n}$ 发散.

例 8-7 判别级数 $\sum_{n=1}^{\infty}\frac{1+2!+\cdots+n!}{(n+1)!}$ 的敛散性.

分析：由于 $u_n=\frac{1+2!+\cdots+n!}{(n+1)!}>\frac{n!}{(n+1)!}=\frac{1}{n+1}$，可用比较判别法判别.

解：因为 $u_n=\frac{1+2!+\cdots+n!}{(n+1)!}>\frac{n!}{(n+1)!}=\frac{1}{n+1}$，并且级数 $\sum_{n=1}^{\infty}\frac{1}{n+1}$ 发散，所以根据比较判别法可知，原级数发散.

说明：在运用比较判别法时，关键是比较级数的选取，这需要对所给级数 $\sum_{n=1}^{\infty}u_n$ 的敛散性有一个初步的判断.若判定它是收敛的，则要考虑将 u_n 放大成 v_n，并使 $\sum_{n=1}^{\infty}v_n$ 收敛；若判断级数发散，则要将 u_n 缩小为 v_n，并使 $\sum_{n=1}^{\infty}v_n$ 发散，否则没有结论.所以在运用比较判别法时将面临级数是收敛还是发散的判断以及如何对 u_n 进行恰当的放大和缩小的问题.

例 8-8 判别级数 $\sum_{n=1}^{\infty}\left(\frac{2n-1}{2n}-\frac{2n}{2n+1}\right)$ 的敛散性.

分析：级数的通项为 $u_n=\frac{4n+1}{2n(2n+1)}$，估计 u_n 关于 $\frac{1}{n}$ 的阶数较方便.

解：因为当 $n\to\infty$ 时，$u_n=\frac{4n+1}{2n(2n+1)}=\frac{1+\frac{1}{4n}}{n\left(1+\frac{1}{2n}\right)}\sim\frac{1}{n}$，于是原级数与级数 $\sum_{n=1}^{\infty}\frac{1}{n}$ 具有相同的敛散性，现级数 $\sum_{n=1}^{\infty}\frac{1}{n}$ 发散，所以原级数发散.

例 8-9 判别级数 $\sum_{n=1}^{\infty}\frac{1}{(\sqrt{n}+1)(\sqrt[3]{n+2}+10)(\sqrt[4]{n+5}-1)}$ 的敛散性.

分析：本题级数的复杂性体现在分母上，容易看出，当 $n\to\infty$ 时，$\frac{1}{\sqrt{n}+1}\sim\frac{1}{\sqrt{n}}$，$\frac{1}{\sqrt[3]{n+2}+10}\sim\frac{1}{\sqrt[3]{n}}$，$\frac{1}{\sqrt[4]{n+5}-1}\sim\frac{1}{\sqrt[4]{n}}$，所以可采用等价代换的方法估计 u_n 关于 $\frac{1}{n}$ 的阶数来判别级数的敛散性.

解：因为当 $n\to\infty$ 时，$u_n\sim\frac{1}{\sqrt{n}}\frac{1}{\sqrt[3]{n}}\frac{1}{\sqrt[4]{n}}=\frac{1}{n^{\frac{13}{12}}}$，于是原级数与级数 $\sum_{n=1}^{\infty}\frac{1}{n^{\frac{13}{12}}}$ 具有相同的敛散性，因为级数 $\sum_{n=1}^{\infty}\frac{1}{n^{\frac{13}{12}}}$ 收敛，所以原级数收敛.

例 8-10 判别级数 $\sum_{n=1}^{\infty}\pi^n\arctan\frac{\pi}{4^n}$ 的敛散性.

分析：本例的难题在于因子 $\arctan\frac{\pi}{4^n}$ 的处理，由于 $n\to\infty$ 时，$\arctan\frac{\pi}{4^n}\sim\frac{\pi}{4^n}$，所以可采用等价代换的方法去除反三角函数.

解：当 $n\to\infty$ 时，$u_n=\pi^n\arctan\frac{\pi}{4^n}\sim\pi\left(\frac{\pi}{4}\right)^n$，由于级数 $\sum_{n=1}^{\infty}\pi\left(\frac{\pi}{4}\right)^n$ 收敛，并且原级数 $\sum_{n=1}^{\infty}\pi^n\arctan\frac{\pi}{4^n}$ 与其具有相同的敛散性，故原级数收敛.

例 8-11 判别级数 $\sum_{n=1}^{\infty}\left(\cos\frac{1}{n}-n\sin\frac{1}{n}\right)$ 的敛散性.

分析：本例首先应考虑级数是否为正项级数，若是正项级数再考虑用什么方法判别其敛散性.利用泰勒公式

$$u_n=\cos\frac{1}{n}-n\sin\frac{1}{n}=1-\frac{1}{2n^2}+o\left(\frac{1}{n^2}\right)-n\left(\frac{1}{n}-\frac{1}{6n^3}+o\left(\frac{1}{n^3}\right)\right)=-\frac{1}{3n^2}+o\left(\frac{1}{n^2}\right),$$

可见当 n 充分大之后 $u_n<0$，即存在 $N>0$，当 $n>N$ 时，$-u_n>0$，并且级数 $\sum_{n=1}^{\infty}u_n$ 与 $\sum_{n=1}^{\infty}(-u_n)$ 具

有相同的敛散性，所以这里可考虑对正项级数 $\sum\limits_{n=N+1}^{\infty}(-u_n)$ 判别其敛散性.

解：利用泰勒公式 $v_n=-u_n=n\sin\dfrac{1}{n}-\cos\dfrac{1}{n}=\dfrac{1}{3n^2}+o\left(\dfrac{1}{n^2}\right)$，即有 $\lim\limits_{n\to\infty}\dfrac{v_n}{\dfrac{1}{n^2}}=\dfrac{1}{3}>0$，根据极限的局部保号性，存在 $N>0$，当 $n>N$ 时，$\dfrac{v_n}{\dfrac{1}{n^2}}>0$，从而有 $v_n=n\sin\dfrac{1}{n}-\cos\dfrac{1}{n}>0$.

对于正项级数 $\sum\limits_{n=N+1}^{\infty}\left(n\sin\dfrac{1}{n}-\cos\dfrac{1}{n}\right)$，根据以上泰勒展开式知，

$$n\sin\frac{1}{n}-\cos\frac{1}{n}\sim\frac{1}{3n^2}\ (n\to\infty)$$

从而级数 $\sum\limits_{n=N+1}^{\infty}\left(n\sin\dfrac{1}{n}-\cos\dfrac{1}{n}\right)$ 收敛，即级数 $\sum\limits_{n=1}^{\infty}\left(n\sin\dfrac{1}{n}-\cos\dfrac{1}{n}\right)$ 收敛，所以级数 $\sum\limits_{n=1}^{\infty}-\left(n\sin\dfrac{1}{n}-\cos\dfrac{1}{n}\right)=\sum\limits_{n=1}^{\infty}\left(\cos\dfrac{1}{n}-n\sin\dfrac{1}{n}\right)$ 收敛.

说明：上例表明，在正项级数的判别法中对 $u_n\geqslant 0$ 的条件可以放宽或从某项以后成立即可.同时，对于负项级数(或某项以后为负项级数)可以乘以负号等价的转化为正项级数来审敛.

例 8-12 判别级数 $\sum\limits_{n=2}^{\infty}\dfrac{\ln n}{n^{1.02}}$ 的敛散性.

分析：本例的 $u_n=\dfrac{\ln n}{n^{1.02}}$ 无法估计其关于 $\dfrac{1}{n}$ 的阶数，所以本例的关键是找到一个恰当的比较级数，因为对任意的 $\alpha>0$，$\lim\limits_{x\to+\infty}\dfrac{\ln x}{x^{\alpha}}=0$，所以 $\lim\limits_{n\to\infty}\dfrac{\ln n}{n^{0.01}}=0$，这里可选 $\sum\limits_{n=2}^{\infty}\dfrac{1}{n^{1.01}}$ 作为比较级数.

解：因为 $\lim\limits_{n\to\infty}\dfrac{\dfrac{\ln n}{n^{1.02}}}{\dfrac{1}{n^{1.01}}}=\lim\limits_{n\to\infty}\dfrac{\ln n}{n^{0.01}}=0$，并且级数 $\sum\limits_{n=2}^{\infty}\dfrac{1}{n^{1.01}}$ 收敛，所以根据比较判别法的极限形式可知，原级数 $\sum\limits_{n=2}^{\infty}\dfrac{\ln n}{n^{1.02}}$ 收敛.

例 8-13 判别级数 $\sum\limits_{n=1}^{\infty}(n^{\frac{1}{n^2}}-1)$ 的敛散性.

分析：利用等价无穷小代换，当 $n\to\infty$ 时，$n^{\frac{1}{n^2}}-1=\mathrm{e}^{\frac{\ln n}{n^2}}-1\sim\dfrac{\ln n}{n^2}$，可用例 8-12 同样的方法判别级数 $\sum\limits_{n=2}^{\infty}\dfrac{\ln n}{n^2}$ 的敛散性.

解：因为当 $n\to\infty$ 时，$n^{\frac{1}{n^2}}-1=\mathrm{e}^{\frac{\ln n}{n^2}}-1\sim\dfrac{\ln n}{n^2}$，故取比较级数 $\sum\limits_{n=1}^{\infty}\dfrac{1}{n^{1.5}}$. 由于

$$\lim_{n\to\infty}\frac{\frac{1}{n^{n^2}}-1}{\frac{1}{n^{1.5}}}=\lim_{n\to\infty}n^{1.5}\frac{\ln n}{n^2}=\lim_{n\to\infty}\frac{\ln n}{n^{0.5}}=0,$$

并且级数 $\sum_{n=1}^{\infty}\frac{1}{n^{1.5}}$ 收敛，因此根据比较判别法的极限形式可知，原级数 $\sum_{n=1}^{\infty}(n^{\frac{1}{n^2}}-1)$ 收敛.

说明：比较判别法的极限形式的优点在于选取比较级数时不需要对级数 $\sum_{n=1}^{\infty}u_n$ 事先进行收敛还是发散的判断以及富于技巧性的放大和缩小.它通常采用无穷小的等价代换、泰勒公式等工具来选取比较级数，比如估计 u_n 关于 $\frac{1}{n}$ 的阶数等.然而这一方法也有局限性，当无法估计 u_n 关于 $\frac{1}{n}$ 的阶数(例 8-12)或者无法找到满足条件的 v_n 时，还需要用其他的方法.比较判别法尽管有运用不便、技巧性强的缺点，但是它通过对 u_n 放大、缩小具有消除难点和简化表达式的优点，它在处理某些问题中是非常有效的，特别在对一些抽象级数的审敛问题中更是如此.

例 8-14 判别级数 $\sum_{n=1}^{\infty}\int_0^{\frac{1}{n}}\frac{\sqrt{x}}{1+e^x}dx$ 的敛散性.

分析：本例级数的通项由定积分给出，如何化解积分是处理此类问题的主要思路.一般而言，此类问题中的定积分计算是困难的，甚至是无法计算的.所以考虑对积分进行放大或缩小来简化积分，达到消除积分的目的就是一种常用的方法.

解：因为 $u_n=\int_0^{\frac{1}{n}}\frac{\sqrt{x}}{1+e^x}dx\leqslant\int_0^{\frac{1}{n}}\sqrt{x}\,dx=\frac{2}{3n^{\frac{3}{2}}}$，且级数 $\sum_{n=1}^{\infty}\frac{2}{3n^{\frac{3}{2}}}$ 收敛，所以根据比较判别法，原级数 $\sum_{n=1}^{\infty}\int_0^{\frac{1}{n}}\frac{\sqrt{x}}{1+e^x}dx$ 收敛.

例 8-15 判别级数 $\sum_{n=1}^{\infty}\int_n^{+\infty}\frac{dx}{x^3+\sin^2x}$ 的敛散性.

分析：本题级数的通项由广义积分给出，面临的问题与上例相同，在广义积分无法计算的情况下，通过对被积函数放大或缩小来化解广义积分就是一种常用的思路.

解：因为 $u_n=\int_n^{+\infty}\frac{dx}{x^3+\sin^2x}\leqslant\int_n^{+\infty}\frac{dx}{x^3}=\frac{1}{2n^2}$，且级数 $\sum_{n=1}^{\infty}\frac{1}{2n^2}$ 收敛，根据比较判别法，原级数 $\sum_{n=1}^{\infty}\int_n^{+\infty}\frac{dx}{x^3+\sin^2x}$ 收敛.

例 8-16 设正项级数 $\sum_{n=1}^{\infty}a_n$ 收敛，试证级数 $\sum_{n=1}^{\infty}a_n^2$ 也收敛.

分析：本题证明时首先要注意从级数 $\sum_{n=1}^{\infty}a_n$ 收敛，得不出 $\lim_{n\to\infty}\frac{a_{n+1}}{a_n}<1$，因为此时有可能极限 $\lim_{n\to\infty}\frac{a_{n+1}}{a_n}=1$ 或者 $\lim_{n\to\infty}\frac{a_{n+1}}{a_n}$ 不存在.所以比值(或根值)判别法一般不适用于此类抽象级数的审敛问

题.对于本例,需要考虑 a_n 与 a_n^2 之间的关系,当然希望成立 $a_n^2 \leqslant a_n$ 成立,即 $0 \leqslant a_n \leqslant 1$. 由于 $\sum_{n=1}^{\infty} a_n$ 收敛,根据收敛级数的必要条件 $\lim_{n\to\infty} a_n = 0$, 可见从某项以后 $0 \leqslant a_n \leqslant 1$ 是可以成立的.

解: 因为级数 $\sum_{n=1}^{\infty} a_n$ 收敛,则 $\lim_{n\to\infty} a_n = 0$. 根据极限的定义,对于 $\varepsilon = 1$, 存在 $N > 0$, 当 $n > N$ 时,有 $|a_n| < \varepsilon = 1$, 即 $a_n \leqslant 1$. 又级数为正项级数,所以当 $n > N$ 时,有 $0 \leqslant a_n \leqslant 1$, 从而有

$$0 \leqslant a_n^2 \leqslant a_n,$$

根据比较判别法,级数 $\sum_{n=N+1}^{\infty} a_n^2$ 收敛,所以原级数 $\sum_{n=1}^{\infty} a_n^2$ 也收敛.

例 8-17 若数列 $\{a_n\}$ 为单调增加的有界正项数列,试证明级数 $\sum_{n=1}^{\infty}\left(\frac{a_{n+1}}{a_n} - \frac{a_n}{a_{n+1}}\right)$ 收敛.

分析: 容易判断这是一个正项级数,根据级数通项的形式,应考虑将其放大成一个能前后相消的级数.

解: 由于数列 $\{a_n\}$ 为单调增加的有界正项数列,故存在 $M > 0$, 使 $0 < a_n < M$, 并且 $\lim_{n\to\infty} a_n = a > 0$. 又

$$0 \leqslant \frac{a_{n+1}}{a_n} - \frac{a_n}{a_{n+1}} = \frac{a_{n+1}^2 - a_n^2}{a_{n+1} a_n} \leqslant \frac{1}{a_1^2}(a_{n+1}^2 - a_n^2) = b_n,$$

并且级数 $\sum_{n=1}^{\infty} b_n$ 的部分和数列

$$S_n = b_1 + b_2 + \cdots + b_n = \frac{1}{a_1^2}(a_{n+1}^2 - a_1^2) \to \frac{1}{a_1^2}(a^2 - a_1^2),\ (n \to \infty),$$

即级数 $\sum_{n=1}^{\infty} b_n$ 收敛,根据比较判别法可知,原级数 $\sum_{n=1}^{\infty}\left(\frac{a_{n+1}}{a_n} - \frac{a_n}{a_{n+1}}\right)$ 收敛.

例 8-18 若 $\sum_{n=1}^{\infty} a_n$ 与 $\sum_{n=1}^{\infty} b_n$ 都是正项级数,对于任意的 n 都有 $\frac{a_{n+1}}{a_n} \leqslant \frac{b_{n+1}}{b_n}$, 试证明:

(1) 若级数 $\sum_{n=1}^{\infty} b_n$ 收敛,则级数 $\sum_{n=1}^{\infty} a_n$ 也一定收敛;

(2) 若级数 $\sum_{n=1}^{\infty} a_n$ 发散,则级数 $\sum_{n=1}^{\infty} b_n$ 也一定发散.

分析: 应以条件 $\frac{a_{n+1}}{a_n} \leqslant \frac{b_{n+1}}{b_n}$ 入手建立 a_n 与 b_n 间的不等式关系,运用比较判别法.

解: 由条件 $\frac{a_{n+1}}{a_n} \leqslant \frac{b_{n+1}}{b_n}$ 得 $\frac{a_{n+1}}{b_{n+1}} \leqslant \frac{a_n}{b_n}$, $n = 1, 2, \cdots$ 从而有

$$\frac{a_n}{b_n} \leqslant \frac{a_{n-1}}{b_{n-1}} \leqslant \frac{a_{n-2}}{b_{n-2}} \leqslant \cdots \leqslant \frac{a_1}{b_1},$$

也就是成立

$$a_n \leqslant \frac{a_1}{b_1} b_n,\ n = 1, 2, \cdots.$$

运用比较判别法知,所证结论(1),(2)成立.

例 8-19 设 $u_n>0$, $v_n>0(n=1,2,\cdots)$，且对任意的 n 成立 $v_n\dfrac{u_n}{u_{n+1}}-v_{n+1}\geqslant\alpha>0$，其中 α 为常数，证明级数 $\sum\limits_{n=1}^{\infty}u_n$ 收敛.

分析：应从分析条件 $v_n\dfrac{u_n}{u_{n+1}}-v_{n+1}\geqslant\alpha>0$ 入手.将条件变形后有，

$$v_nu_n-v_{n+1}u_{n+1}\geqslant\alpha u_{n+1}>0,\ n=1,2,\cdots,$$

再将不等式累加就可看到级数 $\sum\limits_{n=1}^{\infty}u_n$ 的部分和数列是有上界的，于是，可运用正项级数收敛的充要条件来完成证明.

解：从条件 $v_n\dfrac{u_n}{u_{n+1}}-v_{n+1}\geqslant\alpha>0$ 可得 $v_nu_n-v_{n+1}u_{n+1}\geqslant\alpha u_{n+1}>0$, $n=1,2,\cdots$,

将上式前 n 个不等式累加，得

$$\alpha(u_2+u_3+\cdots+u_{n+1})\leqslant v_1u_1-v_{n+1}u_{n+1}<v_1u_1.$$

从而可知 $\sum\limits_{n=1}^{\infty}u_n$ 的部分和数列 $\{S_n\}$ 有界，根据正项级数收敛的充要条件可知，所给级数 $\sum\limits_{n=1}^{\infty}u_n$ 收敛.

例 8-20 设级数 $\sum\limits_{n=1}^{\infty}a_n$ 与 $\sum\limits_{n=1}^{\infty}b_n$ 都收敛，且 $a_n\leqslant c_n\leqslant b_n(n=1,2,\cdots)$，试证：级数 $\sum\limits_{n=1}^{\infty}c_n$ 也收敛.

分析：从所给不等式 $a_n\leqslant c_n\leqslant b_n$ 自然想到运用比较判别法证明.然而注意到本例的级数 $\sum\limits_{n=1}^{\infty}a_n$ 与 $\sum\limits_{n=1}^{\infty}b_n$ 不一定是正项级数，所以比较判别法不得直接使用.于是如何构造出与 c_n 有关的正项级数，并且能运用比较判别法就成为本例证明的思考方向.

解：由所给条件 $a_n\leqslant c_n\leqslant b_n$ 得

$$0\leqslant c_n-a_n\leqslant b_n-a_n,\ n=1,2,\cdots.$$

因为级数 $\sum\limits_{n=1}^{\infty}a_n$, $\sum\limits_{n=1}^{\infty}b_n$ 收敛，所以根据收敛级数的运算性质可知，正项级数 $\sum\limits_{n=1}^{\infty}(b_n-a_n)$ 也收敛.再由比较判别法可得，正项级数 $\sum\limits_{n=1}^{\infty}(c_n-a_n)$ 收敛，又

$$\sum_{n=1}^{\infty}c_n=\sum_{n=1}^{\infty}[(c_n-a_n)+a_n],$$

且级数 $\sum\limits_{n=1}^{\infty}a_n$ 收敛，利用收敛级数的运算性质可知级数 $\sum\limits_{n=1}^{\infty}c_n$ 收敛.

例 8-21 将方程 $x=\tan x$ 的正根按递增次序排列得数列 $\{x_n\}$，试证明级数 $\sum\limits_{n=1}^{\infty}\dfrac{1}{x_n^2}$ 收敛，而级数 $\sum\limits_{n=1}^{\infty}\dfrac{1}{x_n}$ 却发散.

分析：本例难点在于无法写出正根 x_n 的表达式，然而可以确定 x_n 的范围，所以利用比较判别法证明是自然的选择.

解：首先确定正根 x_n 的范围，设 $F(x)=\tan x-x$，则 $F'(x)=\tan^2 x\geqslant 0$，于是 $F(x)$ 在 $\left(n\pi-\frac{\pi}{2},\, n\pi+\frac{\pi}{2}\right)$ 内严格单调增加，又因

$$\lim_{x\to\left(n\pi-\frac{\pi}{2}\right)^+}F(x)=-\infty,\qquad \lim_{x\to\left(n\pi+\frac{\pi}{2}\right)^-}F(x)=+\infty,$$

所以 $F(x)$ 在 $\left(n\pi-\frac{\pi}{2},\, n\pi+\frac{\pi}{2}\right)$ 内有且仅有一个实根.由于 $x=0$ 是 $\left(-\frac{\pi}{2},\, \frac{\pi}{2}\right)$ 内的一个根，因此最小正根在 $\left(\frac{\pi}{2},\, \frac{3\pi}{2}\right)$ 内，从而证得

$$n\pi-\frac{\pi}{2}<x_n<n\pi+\frac{\pi}{2},\quad n=1,\,2,\,\cdots.$$

从上面的不等式得 $\frac{1}{x_n^2}\leqslant\frac{1}{\left(n\pi-\frac{\pi}{2}\right)^2}$，且 $\frac{1}{\left(n\pi-\frac{\pi}{2}\right)^2}\sim\frac{1}{\pi^2 n^2}$，$n\to\infty$，

可知，级数 $\sum\limits_{n=1}^{\infty}\frac{1}{\left(n\pi-\frac{\pi}{2}\right)^2}$ 收敛，所以所证级数 $\sum\limits_{n=1}^{\infty}\frac{1}{x_n^2}$ 收敛.

同样从上关于 x_n 的不等式得

$$\frac{1}{x_n}>\frac{1}{n\pi+\frac{\pi}{2}},\ \frac{1}{n\pi+\frac{\pi}{2}}\sim\frac{1}{\pi n},\ n\to\infty,$$

可知级数 $\sum\limits_{n=1}^{\infty}\frac{1}{n\pi+\frac{\pi}{2}}$ 发散，所以所证级数 $\sum\limits_{n=1}^{\infty}\frac{1}{x_n}$ 发散.

▶▶▶方法小结一

(1) 利用比较判别法时，需要选取比较级数，这通常通过将级数的通项 u_n 进行放大、缩小来完成.放大通项 u_n 希望证明级数收敛，缩小通项 u_n 希望证明级数发散，并且放大和缩小要恰到好处，满足比较判别法的条件.

(2) 利用比较判别法的极限形式判别时，比较级数的选取常用恒等变形、等价无穷小代换的方法化简通项(例 8-8，例 8-10)，或者利用等价无穷小代换、泰勒公式展开等方法估计无穷小 u_n 关于 $\frac{1}{n}$ 的阶数 p，即确定 $u_n=o\left(\frac{1}{n^p}\right)$ (例 8-9，例 8-11).当 u_n 关于 $\frac{1}{n}$ 的阶数无法估计时，还需采用其他的方法，例如利用已知的极限式等(例 8-12，例 8-13).

(3) 对于所判别级数为抽象级数，也就是级数的通项无具体表达式的级数(例 8-16，例 8-17，例

8-18,例 8-19,例 8-20),或者通项 u_n 有表达式但无法计算的级数(例 8-14,例 8-15)常常采用比较判别法判别.

例 8-22 判别级数 $\sum_{n=1}^{\infty}\frac{n!}{n^n}$ 的敛散性.

分析: 级数的通项中有 n^n 和 $n!$,都是连乘的形式,此时极限 $\lim_{n\to\infty}\frac{u_{n+1}}{u_n}$ 的计算是方便的,所以首先考虑用比值判别法.

解: 因为
$$\lim_{n\to\infty}\frac{u_{n+1}}{u_n}=\lim_{n\to\infty}\frac{\frac{(n+1)!}{(n+1)^{n+1}}}{\frac{n!}{n^n}}=\lim_{n\to\infty}\frac{n^n}{(n+1)^n}=\lim_{n\to\infty}\frac{1}{\left(1+\frac{1}{n}\right)^n}=\frac{1}{\mathrm{e}}<1,$$

所以根据比值判别法,级数 $\sum_{n=1}^{\infty}\frac{n!}{n^n}$ 收敛.

例 8-23 判别级数 $\sum_{n=1}^{\infty}\frac{(n!)^2}{2^{n^2}}$ 的敛散性.

分析: 级数的通项中有 $n!$ 等因子连乘,首先考虑用比值判别法.

解: 因为
$$\lim_{n\to\infty}\frac{u_{n+1}}{u_n}=\lim_{n\to\infty}\frac{\frac{[(n+1)!]^2}{2^{(n+1)^2}}}{\frac{(n!)^2}{2^{n^2}}}=\lim_{n\to\infty}\frac{(n+1)^2}{2^{2n+1}}=0<1,$$

所以根据比值判别法,级数 $\sum_{n=1}^{\infty}\frac{(n!)^2}{2^{n^2}}$ 收敛.

例 8-24 判别级数 $\sum_{n=1}^{\infty}n!\sin\left(\frac{2}{n}\right)^n$ 的敛散性.

分析: 尽管通项中有因子的连乘 $n!$,但因子 $\sin\left(\frac{2}{n}\right)^n$ 在计算极限 $\lim_{n\to\infty}\frac{u_{n+1}}{u_n}$ 时是不方便的.此时应设法先去除正弦函数,这时可对通项放大 $u_n=n!\sin\left(\frac{2}{n}\right)^n\leqslant n!\left(\frac{2}{n}\right)^n$,或者等价无穷小替换 $u_n\sim n!\left(\frac{2}{n}\right)^n$ 这两种方法处理.

解: 利用不等式,当 $x>0$ 时,$\sin x<x$ 得,$u_n=n!\sin\left(\frac{2}{n}\right)^n<n!\left(\frac{2}{n}\right)^n=v_n$.

因为
$$\lim_{n\to\infty}\frac{v_{n+1}}{v_n}=\lim_{n\to\infty}\frac{\frac{2^{n+1}(n+1)!}{(n+1)^{n+1}}}{\frac{2^n n!}{n^n}}=\lim_{n\to\infty}\frac{2n^n}{(n+1)^n}=\lim_{n\to\infty}\frac{2}{\left(1+\frac{1}{n}\right)^n}=\frac{2}{\mathrm{e}}<1,$$

所以根据比值判别法知,级数 $\sum_{n=1}^{\infty}n!\cdot\left(\frac{2}{n}\right)^n$ 收敛.再根据比较判别法知,原级数 $\sum_{n=1}^{\infty}n!\sin\left(\frac{2}{n}\right)^n$ 收敛.

例 8-25 判别级数 $\sum_{n=1}^{\infty}\frac{1}{3^n}\left(\frac{n^2}{1+n^2}\right)^{-n^3}$ 的敛散性.

分析：根据通项 n 次幂的形式，可以考虑用根值判别法判别.

解：因为 $\lim_{n\to\infty}\sqrt[n]{u_n}=\lim_{n\to\infty}\frac{1}{3}\left(\frac{n^2}{1+n^2}\right)^{-n^2}=\lim_{n\to\infty}\frac{1}{3}\left(\frac{n^2+1}{n^2}\right)^{n^2}=\lim_{n\to\infty}\frac{1}{3}\left(1+\frac{1}{n^2}\right)^{n^2}=\frac{e}{3}<1$，所以根据根值判别法，级数 $\sum_{n=1}^{\infty}\frac{1}{3^n}\left(\frac{n^2}{1+n^2}\right)^{-n^3}$ 收敛.

例 8-26 判别级数 $\sum_{n=1}^{\infty}\frac{n^3[\sqrt{2}+(-1)^n]^n}{3^n}$ 的敛散性.

分析：若直接使用根值判别法，发现极限 $\lim_{n\to\infty}\sqrt[n]{u_n}=\lim_{n\to\infty}\frac{(\sqrt[n]{n})^3(\sqrt{2}+(-1)^n)}{3}$ 不存在，原因在于式中的 $(-1)^n$，为此考虑将式中的 $(-1)^n$ 放大成 1，结合比较判别法判别.

解：因为
$$0<\frac{n^3[\sqrt{2}+(-1)^n]^n}{3^n}\leqslant\frac{n^3(\sqrt{2}+1)^n}{3^n}=u_n,$$

并且有
$$\lim_{n\to\infty}\sqrt[n]{u_n}=\lim_{n\to\infty}\frac{(\sqrt[n]{n})^3(\sqrt{2}+1)}{3}=\frac{\sqrt{2}+1}{3}<1,$$

可知级数 $\sum_{n=1}^{\infty}\frac{n^3(\sqrt{2}+1)^n}{3^n}$ 收敛，再利用比较判别法，原级数 $\sum_{n=1}^{\infty}\frac{n^3[\sqrt{2}+(-1)^n]^n}{3^n}$ 收敛.

例 8-27 判别级数 $\sum_{n=1}^{\infty}\frac{n^n}{(an^2+n+1)^{\frac{n-1}{2}}}(a>0)$ 的敛散性.

分析：根据通项的 n 次幂形式，可考虑用根值判别法判别.

解：由 $\lim_{n\to\infty}\sqrt[n]{u_n}=\lim_{n\to\infty}\frac{n}{(an^2+n+1)^{\frac{1}{2}(1-\frac{1}{n})}}=\lim_{n\to\infty}\frac{n}{(an^2+n+1)^{\frac{1}{2}}}(an^2+n+1)^{\frac{1}{2n}}$，

及
$$\lim_{n\to\infty}\frac{n}{(an^2+n+1)^{\frac{1}{2}}}=\frac{1}{\sqrt{a}},\ \lim_{n\to\infty}(an^2+n+1)^{\frac{1}{2n}}=1,$$

得
$$\lim_{n\to\infty}\sqrt[n]{u_n}=\frac{1}{\sqrt{a}}$$

所以当 $\frac{1}{\sqrt{a}}<1$，即 $a>1$ 时级数收敛；当 $\frac{1}{\sqrt{a}}>1$，即 $a<1$ 时级数发散；当 $a=1$ 时，级数为 $\sum_{n=1}^{\infty}\frac{n^n}{(n^2+n+1)^{\frac{n-1}{2}}}$，由于其通项的极限

$$\lim_{n\to\infty}\frac{n^n}{(n^2+n+1)^{\frac{n-1}{2}}}=\lim_{n\to\infty}\frac{n}{\left(1+\frac{n+1}{n^2}\right)^{\frac{n-1}{2}}}=+\infty,$$

根据级数收敛的必要条件，级数 $\sum_{n=1}^{\infty}\frac{n^n}{(n^2+n+1)^{\frac{n-1}{2}}}$ 发散.所以当 $a>1$ 时，级数收敛；当 $a\leqslant 1$ 时级

数发散.

例 8－28　判别级数 $\sum\limits_{n=2}^{\infty}\dfrac{1}{\ln(n!)}$ 的敛散性.

分析：本例直接运用比值和根值判别法都无法判别，也无法估计通项关于 $\dfrac{1}{n}$ 的阶数，难点在于分母的 $\ln(n!)$，此时应考虑对 $\ln(n!)$ 放大或缩小，化简通项后运用比较判别法判别.

解：因为 $\ln(n!)=\ln 1+\ln 2+\cdots+\ln n<n\ln n$，于是有

$$u_n=\frac{1}{\ln(n!)}>\frac{1}{n\ln n}=v_n.$$

对于级数 $\sum\limits_{n=2}^{\infty}\dfrac{1}{n\ln n}$，取 $f(x)=\dfrac{1}{x\ln x}$，则 $f(n)=\dfrac{1}{n\ln n}$，且 $f(x)$ 在 $[2,+\infty)$ 上单调减，根据积分判别法，级数 $\sum\limits_{n=2}^{\infty}\dfrac{1}{n\ln n}$ 与广义积分 $\int_2^{+\infty}\dfrac{dx}{x\ln x}$ 有相同的敛散性，现积分 $\int_2^{+\infty}\dfrac{dx}{x\ln x}=\ln(\ln x)\Big|_2^{+\infty}=+\infty$ 发散，所以级数 $\sum\limits_{n=2}^{\infty}\dfrac{1}{n\ln n}$ 发散，再根据比较判别法原级数 $\sum\limits_{n=2}^{\infty}\dfrac{1}{\ln(n!)}$ 发散.

例 8－29　判别级数 $\sqrt{3}+\sqrt{3-\sqrt{6}}+\sqrt{3-\sqrt{6+\sqrt{6}}}+\sqrt{3-\sqrt{6+\sqrt{6+\sqrt{6}}}}+\cdots$ 的敛散性.

分析：本例首先面临的问题是级数的通项如何表达，从级数可见，若令

$$C_0=0,\ C_1=\sqrt{6},\ C_2=\sqrt{6+\sqrt{6}},\ \cdots,\ C_n=\sqrt{6+C_{n-1}},$$

则级数的通项

$$u_n=\sqrt{3-C_n},\ n=0,\ 1,\ \cdots$$

又由

$$\lim_{n\to\infty}\frac{u_{n+1}}{u_n}=\lim_{n\to\infty}\frac{\sqrt{3-C_{n+1}}}{\sqrt{3-C_n}}=\lim_{n\to\infty}\frac{\sqrt{3-\sqrt{6+C_n}}}{\sqrt{3-C_n}}=\lim_{n\to\infty}\frac{1}{\sqrt{3+\sqrt{6+C_n}}},$$

可知本例还需确定极限值 $\lim\limits_{n\to\infty}C_n$.

解：设 $C_0=0,\ C_1=\sqrt{6},\ C_2=\sqrt{6+\sqrt{6}},\ \cdots,\ C_n=\sqrt{6+C_{n-1}}$，则级数的通项为 $u_n=\sqrt{3-C_n},\ n=0,\ 1,\ \cdots$，从而有

$$\lim_{n\to\infty}\frac{u_{n+1}}{u_n}=\lim_{n\to\infty}\frac{1}{\sqrt{3+\sqrt{6+C_n}}}.$$

为计算上面的极限值，先考虑计算 C_n 的极限.从 C_n 的表达式可得 $C_n>0(n=1,\ 2,\ \cdots)$，并且

$$C_{n+1}-C_n=\sqrt{6+C_n}-C_n=\frac{6+C_n-C_n^2}{C_n+\sqrt{6+C_n}}=\frac{(3-C_n)(C_n+2)}{C_n+\sqrt{6+C_n}}.$$

由 $C_n-3=\sqrt{6+C_{n-1}}-3=\dfrac{C_{n-1}-3}{3+\sqrt{6+C_{n-1}}}$ 及 $C_1=\sqrt{6}<3$ 反复递推可知，$C_n-3<0$，即 $C_n<3$.所

以数列 $\{C_n\}$ 是单调增有上界的数列,根据单调有界收敛准则知,极限 $\lim\limits_{n\to\infty}C_n$ 存在.若设 $\lim\limits_{n\to\infty}C_n=C$,则在递推式 $C_n=\sqrt{6+C_{n-1}}$ 两边取极限得

$$C=\sqrt{6+C},$$

解得 $C=3$,由此算得 $\lim\limits_{n\to\infty}C_n=3$. 所以有

$$\lim_{n\to\infty}\frac{u_{n+1}}{u_n}=\frac{1}{\sqrt{6}}<1,$$

根据比值判别法知原级数收敛.

▶▶▶方法小结二

(1) 当级数的通项中含有 $n!$, a^n 等连乘形式的因子时,可先考虑用比值判别法判别.

(2) 当级数的通项中含有 n 次幂的因子或者极限 $\lim\limits_{n\to\infty}\sqrt[n]{u_n}$ 容易求出时,可先考虑用根值判别法判别.

(3) 在具体应用时,还要注意比值和根值判别法与其他判别法的结合使用(例 8-24,例 8-26).

(4) 由于 $n\to\infty$ 时,$\ln n$ 趋于无穷大的速度很慢($\lim\limits_{n\to\infty}\frac{\ln n}{n^\alpha}=0$, $\alpha>0$),所以当通项中含有对数时,常用的一些判别法,如比值法、根值法等常常无法判别(例 8-28),然而积分判别法对处理这类问题中的有些问题常常是有效的(例 8-28).

8.2.1.3 利用绝对收敛、莱布尼茨判别法、级数性质判别任意项级数的敛散性

1) 绝对收敛 对于任意项级数 $\sum\limits_{n=1}^{\infty}u_n$,若级数 $\sum\limits_{n=1}^{\infty}|u_n|$ 收敛,则称级数 $\sum\limits_{n=1}^{\infty}u_n$ 绝对收敛.

2) 条件收敛 对于任意项级数 $\sum\limits_{n=1}^{\infty}u_n$,若级数 $\sum\limits_{n=1}^{\infty}|u_n|$ 发散,而级数 $\sum\limits_{n=1}^{\infty}u_n$ 收敛,则称级数 $\sum\limits_{n=1}^{\infty}u_n$ 条件收敛.

▶▶▶重要结论

(1) 绝对收敛与收敛的关系

若任意项级数 $\sum\limits_{n=1}^{\infty}u_n$ 绝对收敛,则 $\sum\limits_{n=1}^{\infty}u_n$ 一定收敛.

(2) 任意项级数的比值(达朗贝尔)判别法

对于任意项级数 $\sum\limits_{n=1}^{\infty}u_n$,如果 $\lim\limits_{n\to\infty}\frac{|u_{n+1}|}{|u_n|}=\rho(0\leqslant\rho\leqslant+\infty)$

① 当 $\rho<1$ 时,级数 $\sum\limits_{n=1}^{\infty}u_n$ 绝对收敛;

② 当 $\rho>1$ 时,级数 $\sum\limits_{n=1}^{\infty}u_n$ 发散.

(3) 任意项级数的根值(柯西)判别法

对于任意项级数 $\sum_{n=1}^{\infty}u_n$，如果 $\lim_{n\to\infty}\sqrt[n]{|u_n|}=\rho(0\leqslant\rho\leqslant+\infty)$

① 当 $\rho<1$ 时,级数 $\sum_{n=1}^{\infty}u_n$ 绝对收敛;

② 当 $\rho>1$ 时,级数 $\sum_{n=1}^{\infty}u_n$ 发散.

(4) 莱布尼茨判别法

对于交错级数 $\sum_{n=1}^{\infty}(-1)^{n-1}a_n(a_n>0)$，如果 $\{a_n\}$ 单调减且 $\lim_{n\to\infty}a_n=0$，则交错级数 $\sum_{n=1}^{\infty}(-1)^{n-1}a_n$ 收敛,且其和 $|S|<a_1$.

(5) 绝对收敛与条件收敛级数的运算关系

① 若级数 $\sum_{n=1}^{\infty}u_n$ 和 $\sum_{n=1}^{\infty}v_n$ 都绝对收敛,则 $\sum_{n=1}^{\infty}(u_n\pm v_n)$ 也绝对收敛;

② 若级数 $\sum_{n=1}^{\infty}u_n$ 绝对收敛, λ 为常数,则 $\sum_{n=1}^{\infty}\lambda u_n$ 也绝对收敛;

③ 若级数 $\sum_{n=1}^{\infty}u_n$ 绝对收敛,而级数 $\sum_{n=1}^{\infty}v_n$ 条件收敛,则 $\sum_{n=1}^{\infty}(u_n\pm v_n)$ 条件收敛;

④ 若级数 $\sum_{n=1}^{\infty}u_n$ 条件收敛, λ 为常数,则 $\sum_{n=1}^{\infty}\lambda u_n$ 也条件收敛.

▶▶▶方法运用注意点

(1) 当级数 $\sum_{n=1}^{\infty}|u_n|$ 发散时,一般不能得出原级数 $\sum_{n=1}^{\infty}u_n$ 发散,因为它可能条件收敛.但是有一种情况仍可得出 $\sum_{n=1}^{\infty}u_n$ 发散的结论,就是如果 $\lim_{n\to\infty}\frac{|u_{n+1}|}{|u_n|}=\rho>1$ 或者 $\lim_{n\to\infty}\sqrt[n]{|u_n|}=\rho>1$，则由级数 $\sum_{n=1}^{\infty}|u_n|$ 发散,可推得原级数 $\sum_{n=1}^{\infty}u_n$ 也一定发散.

(2) 对任意项级数审敛时,如果级数 $\sum_{n=1}^{\infty}u_n$ 收敛,则必须指出它是绝对收敛还是条件收敛,所以对任意项级数的审敛,一般总是先考虑它的绝对收敛性.当 $\sum_{n=1}^{\infty}|u_n|$ 发散,并且不能得出 $\sum_{n=1}^{\infty}u_n$ 发散时,再考虑采用其他的方法,比如莱布尼茨判别法或者利用级数的其他性质等方法.

(3) 莱布尼茨判别法仅适用于判别交错级数的收敛性,它的条件缺一不可,但是"$\{a_n\}$ 单调减"的条件可以放宽成"从某项开始 $\{a_n\}$ 单调减".

(4) 若级数 $\sum_{n=1}^{\infty}u_n$ 和 $\sum_{n=1}^{\infty}v_n$ 都条件收敛,则 $\sum_{n=1}^{\infty}(u_n\pm v_n)$ 一定收敛,但可能绝对收敛也可能条件收敛,要视具体情况而定.

▶▶▶典型例题解析

例 8-30 判别级数 $\sum_{n=1}^{\infty}\frac{(-1)^{n+1}}{\ln(n+1)}$ 的敛散性.

分析：级数为任意项级数中的交错级数，先考虑其绝对收敛性，若不是绝对收敛，再考虑运用莱布尼茨判别法或其他的方法.

解：对于级数 $\sum_{n=1}^{\infty}|u_n|=\sum_{n=1}^{\infty}\frac{1}{\ln(n+1)}$，由于 $\ln(1+n)<1+n$，从而有 $\frac{1}{\ln(1+n)}>\frac{1}{1+n}$，由级数 $\sum_{n=1}^{\infty}\frac{1}{1+n}$ 发散及比较判别法可知级数 $\sum_{n=1}^{\infty}\frac{1}{\ln(n+1)}$ 发散，所以原级数不绝对收敛.

又原级数为交错级数，并且 $a_n=\frac{1}{\ln(1+n)}$ 单调下降趋于零，满足莱布尼茨判别法的条件，由莱布尼茨判别法知原级数 $\sum_{n=1}^{\infty}\frac{(-1)^{n+1}}{\ln(n+1)}$ 收敛，所以原级数条件收敛.

例 8-31 判别级数 $\sum_{n=1}^{\infty}(-1)^n\frac{\ln^8 n}{n}$ 的敛散性.

分析：级数为交错级数，先考虑其绝对收敛性.

解：对于级数 $\sum_{n=1}^{\infty}|u_n|=\sum_{n=1}^{\infty}\frac{\ln^8 n}{n}$，由于当 $n>3$ 时，$\frac{\ln^8 n}{n}\geqslant\frac{1}{n}$，且级数 $\sum_{n=1}^{\infty}\frac{1}{n}$ 发散，根据比较判别法，级数 $\sum_{n=1}^{\infty}\frac{\ln^8 n}{n}$ 发散.所以原级数不绝对收敛.

又原级数为交错级数，且 $a_n=\frac{\ln^8 n}{n}$，$\lim_{n\to\infty}\frac{\ln^8 n}{n}=0$，为证明 a_n 单调减，考虑函数 $f(x)=\frac{\ln^8 x}{x}$. 由 $f'(x)=\frac{\ln^7 x(8-\ln x)}{x^2}$ 可知，当 $x\geqslant e^8$ 时，$f'(x)\leqslant 0$，即当 $n>e^8$ 时，$a_n=\frac{\ln^8 n}{n}$ 为单调减，所以根据莱布尼茨判别法可知，级数 $\sum_{n=1}^{\infty}(-1)^n\frac{\ln^8 n}{n}$ 收敛，并且是条件收敛.

说明：对于交错级数 $\sum_{n=1}^{\infty}(-1)^n a_n$，当证明 $\{a_n\}$ 单调减，或证明极限 $\lim_{n\to\infty}a_n=0$ 不方便时，可借助微分学的方法，构造一个辅助函数 $f(x)$ 使得 $a_n=f(n)$，利用导数 $f'(x)$ 的符号来判别 a_n 的单调性，或者利用洛必达法则来计算极限 $\lim_{n\to\infty}a_n$.

例 8-32 判别级数 $\sum_{n=2}^{\infty}(-1)^n\ln\left(\frac{n-1}{n+1}\right)^{\frac{1}{n}}$ 的敛散性.

分析：级数为交错级数，先考虑其绝对收敛性.

解：对于级数 $\sum_{n=2}^{\infty}|u_n|=\sum_{n=2}^{\infty}\ln\left(\frac{n+1}{n-1}\right)^{\frac{1}{n}}$，由于当 $n\to\infty$ 时，

$$\ln\left(\frac{n+1}{n-1}\right)^{\frac{1}{n}}=\frac{1}{n}\ln\left(\frac{n+1}{n-1}\right)=\frac{1}{n}\ln\left(1+\frac{2}{n-1}\right)\sim\frac{1}{n}\,\frac{2}{n-1}\sim\frac{2}{n^2},$$

且级数 $\sum_{n=2}^{\infty}\frac{2}{n^2}$ 收敛.

根据比较判别法的极限形式,级数 $\sum_{n=2}^{\infty}\ln\left(\frac{n+1}{n-1}\right)^{\frac{1}{n}}$ 收敛,所以原级数 $\sum_{n=2}^{\infty}(-1)^n\ln\left(\frac{n-1}{n+1}\right)^{\frac{1}{n}}$ 绝对收敛.

例 8-33 判别级数 $\sum_{n=1}^{\infty}(-1)^{n+1}\frac{2^{n^2}}{n!}$ 的敛散性.

分析: 级数为交错级数,先考虑其绝对收敛性.

解: 通项取绝对值后的级数为 $\sum_{n=1}^{\infty}|u_n|=\sum_{n=1}^{\infty}\frac{2^{n^2}}{n!}$,由于

$$\lim_{n\to\infty}\frac{|u_{n+1}|}{|u_n|}=\lim_{n\to\infty}\frac{\frac{2^{(n+1)^2}}{(n+1)!}}{\frac{2^{n^2}}{n!}}=\lim_{n\to\infty}\frac{2^{2n+1}}{n+1}=+\infty,$$

根据任意项级数的比值判别法,原级数 $\sum_{n=1}^{\infty}(-1)^{n+1}\frac{2^{n^2}}{n!}$ 发散.

例 8-34 判别级数 $\sum_{n=1}^{\infty}(-1)^{n+1}\frac{n^2+1}{n^2\arctan n^2}$ 的敛散性.

分析: 级数为交错级数,注意到 $\lim_{n\to\infty}a_n=\lim_{n\to\infty}\frac{n^2+1}{n^2\arctan n^2}=\frac{2}{\pi}\neq 0$,可知级数的通项不满足级数收敛的必要条件.

解: 由于 $\lim_{n\to\infty}\frac{n^2+1}{n^2\arctan n^2}=\frac{2}{\pi}$,于是通项 u_n 的极限 $\lim_{n\to\infty}(-1)^{n+1}\frac{n^2+1}{n^2\arctan n^2}$ 不存在,根据级数收敛的必要条件,原级数 $\sum_{n=1}^{\infty}(-1)^{n+1}\frac{n^2+1}{n^2\arctan n^2}$ 发散.

例 8-35 判别级数 $\sum_{n=2}^{\infty}(-1)^n\frac{1}{\sqrt{n}+(-1)^n}$ 的敛散性.

分析: 级数为交错级数,且 $|u_n|=\frac{1}{\sqrt{n}+(-1)^n}\sim\frac{1}{\sqrt{n}}$,所以原级数不是绝对收敛的.本例的难点在于级数中的 $a_n=\frac{1}{\sqrt{n}+(-1)^n}$ 不随 n 单调减,所以不能直接运用莱布尼茨判别法进行判别,为了消除影响 a_n 单调减的因素 $(-1)^n$,将分母有理化是一种可以考虑的思路.

解一: 将通项中的分母有理化后,有

$$u_n=(-1)^n\frac{1}{\sqrt{n}+(-1)^n}=(-1)^n\frac{\sqrt{n}+(-1)^{n+1}}{n-1}=\frac{(-1)^n\sqrt{n}}{n-1}-\frac{1}{n-1},$$

因为级数 $\sum_{n=2}^{\infty}(-1)^n\frac{\sqrt{n}}{n-1}$ 满足莱布尼茨判别法的条件,所以它是收敛的,而级数 $\sum_{n=2}^{\infty}\frac{1}{n-1}$ 发散,根据级数的运算性质,这两个通项相减所成的级数

$$\sum_{n=2}^{\infty}\left[\frac{(-1)^n\sqrt{n}}{n-1}-\frac{1}{n-1}\right]=\sum_{n=2}^{\infty}(-1)^n\frac{1}{\sqrt{n}+(-1)^n}\text{ 发散},$$

即原级数发散.

解二: 利用泰勒公式将 u_n 展开为 $\frac{1}{n}$ 幂次的展开式.通项 u_n 可变形为 $u_n=\frac{(-1)^n}{\sqrt{n}}\cdot\frac{1}{1+\frac{(-1)^n}{\sqrt{n}}}$.在展开式 $\frac{1}{1+x}=1-x+x^2+o(x^2)$ 中令 $x=\frac{(-1)^n}{\sqrt{n}}$,有

$$\frac{1}{1+\frac{(-1)^n}{\sqrt{n}}}=1-\frac{(-1)^n}{\sqrt{n}}+\frac{1}{n}+o\left(\frac{1}{n}\right),$$

于是
$$u_n=\frac{(-1)^n}{\sqrt{n}}-\frac{1}{n}+\frac{(-1)^n}{n^{\frac{3}{2}}}+o\left(\frac{1}{n^{\frac{3}{2}}}\right).$$

由于级数 $\sum_{n=2}^{\infty}\frac{(-1)^n}{\sqrt{n}}$ 条件收敛,级数 $\sum_{n=2}^{\infty}\frac{(-1)^n}{n^{3/2}}$ 和 $\sum_{n=2}^{\infty}o\left(\frac{1}{n^{3/2}}\right)$ 绝对收敛,而级数 $\sum_{n=2}^{\infty}\frac{1}{n}$ 发散,根据级数的运算性质可知原级数发散.

说明: 上例中的解法二说明,对于任意项级数,如果它不是绝对收敛,也不满足莱布尼茨判别法的条件,此时若能利用泰勒公式将通项展开为 $\frac{1}{n}$ 幂的展开式,仍可借助绝对收敛,条件收敛,发散级数之间的运算关系获得结论.

例 8-36 讨论级数 $\sum_{n=2}^{\infty}\frac{(-1)^{n-1}}{[n+(-1)^n]^p}\ (p>0)$ 的敛散性.

分析: 本例遇到的问题与上例相同,可考虑将通项 u_n 关于 $\frac{1}{n}$ 泰勒展开,从其展开式来讨论 p 的取值对级数敛散性的变化.

解: 因为 $\frac{1}{(1+x)^p}=1-px+\frac{p(p+1)}{2}x^2+o(x^2)$,在式中令 $x=\frac{(-1)^n}{n}$ 得,

$$u_n=\frac{(-1)^{n-1}}{[n+(-1)^n]^p}=\frac{(-1)^{n-1}}{n^p}\cdot\frac{1}{\left[1+\frac{(-1)^n}{n}\right]^p}$$
$$=\frac{(-1)^{n-1}}{n^p}\left\{1-p\frac{(-1)^n}{n}+\frac{p(p+1)}{2}\left[\frac{(-1)^n}{n}\right]^2+o\left(\frac{1}{n^2}\right)\right\}$$
$$=\frac{(-1)^{n-1}}{n^p}+\frac{p}{n^{p+1}}+(-1)^{n-1}\frac{p(p+1)}{2n^{p+2}}+o\left(\frac{1}{n^{p+2}}\right)$$

如果 $0<p\leqslant1$,则级数 $\sum_{n=2}^{\infty}\frac{(-1)^{n-1}}{n^p}$ 是条件收敛,级数 $\sum_{n=2}^{\infty}\frac{p}{n^{p+1}}$, $\sum_{n=2}^{\infty}(-1)^{n-1}\frac{p(p+1)}{2n^{p+2}}$, $\sum_{n=2}^{\infty}o\left(\frac{1}{n^{p+2}}\right)$

是绝对收敛,所以四级数的和为条件收敛.

如果 $p>1$,则级数 $\sum_{n=2}^{\infty}\frac{(-1)^{n-1}}{n^p}$,$\sum_{n=2}^{\infty}\frac{p}{n^{p+1}}$,$\sum_{n=2}^{\infty}(-1)^{n-1}\frac{p(p+1)}{2n^{p+2}}$,$\sum_{n=2}^{\infty}o\left(\frac{1}{n^{p+2}}\right)$ 都是绝对收敛,所以它们的和也为绝对收敛.

综上所述,当 $0<p\leqslant 1$ 时,原级数条件收敛;当 $p>1$ 时,原级数绝对收敛.

例 8-37 设 $p>0$,讨论级数 $\sum_{n=2}^{\infty}\ln\left(1+\frac{(-1)^n}{n^p}\right)$ 的敛散性.

分析: 显然这是一个交错级数,但通项的绝对值是否单调减不易确定,由于将 $u_n=\ln\left(1+\frac{(-1)^n}{n^p}\right)$ 进行泰勒展开比较方便,因此可考虑用泰勒展开的方法判别.

解: 因为 $\ln(1+x)=x-\frac{x^2}{2}+o(x^2)$,在式中令 $x=\frac{(-1)^n}{n^p}$,则有

$$u_n=\ln\left(1+\frac{(-1)^n}{n^p}\right)=\frac{(-1)^n}{n^p}-\frac{1}{2n^{2p}}+o\left(\frac{1}{n^{2p}}\right)=\frac{(-1)^n}{n^p}-\left[\frac{1}{2n^{2p}}-o\left(\frac{1}{n^{2p}}\right)\right].$$

又因 $\frac{1}{2n^{2p}}-o\left(\frac{1}{n^{2p}}\right)\sim\frac{1}{2n^{2p}}$,所以根据极限的局部保号性可知,当 n 充分大,$\frac{1}{n^{2p}}-o\left(\frac{1}{n^{2p}}\right)>0$,因此 $\sum_{n=2}^{\infty}\left[\frac{1}{n^{2p}}-o\left(\frac{1}{n^{2p}}\right)\right]$ 可以看成正项级数,且与 $\sum_{n=2}^{\infty}\frac{1}{n^{2p}}$ 具有相同的敛散性.根据 u_n 的展开式,得

当 $0<p\leqslant\frac{1}{2}$ 时,由于 $\sum_{n=1}^{\infty}\frac{(-1)^n}{n^p}$ 条件收敛,$\sum_{n=1}^{\infty}\frac{1}{n^{2p}}$ 发散,从而原级数 $\sum_{n=2}^{\infty}\ln\left(1+\frac{(-1)^n}{n^p}\right)$ 发散.

当 $\frac{1}{2}<p\leqslant 1$ 时,由于 $\sum_{n=2}^{\infty}\frac{(-1)^n}{n^p}$ 条件收敛,$\sum_{n=2}^{\infty}\frac{1}{n^{2p}}$ 收敛,从而原级数 $\sum_{n=2}^{\infty}\ln\left(1+\frac{(1)^n}{n^p}\right)$ 条件收敛.

当 $p>1$ 时,由于 $\sum_{n=1}^{\infty}\frac{(-1)^n}{n^p}$ 绝对收敛,$\sum_{n=1}^{\infty}\frac{1}{n^{2p}}$ 收敛,从而原级数 $\sum_{n=2}^{\infty}\ln\left(1+\frac{(-1)^n}{n^p}\right)$ 绝对收敛.

例 8-38 设 $f(x)$ 在点 $x=0$ 的某一邻域内具有连续的二阶导数,且 $\lim_{x\to 0}\frac{f(x)}{x}=0$,证明级数 $\sum_{n=1}^{\infty}f\left(\frac{1}{n}\right)$ 绝对收敛.

分析: 本例的难点是通项 $f\left(\frac{1}{n}\right)$ 没有具体给出表达式,于是要考虑从条件 $\lim_{x\to 0}\frac{f(x)}{x}=0$ 获取 $f(x)$ 的信息.由于从条件及极限 $\lim_{x\to 0}\frac{f(x)}{x}=0$ 可得 $f(0)=f'(0)=0$,因此本例可利用 $f\left(\frac{1}{n}\right)$ 的泰勒展开式来判别.

解: 由 $\lim_{x\to 0}\frac{f(x)}{x}=0$,$f(x)$ 在点 $x=0$ 处连续可知,$f(0)=f'(0)=0$.将 $f(x)$ 在 $x=0$ 处泰勒

展开,有

$$f(x)=f(0)+f'(0)x+\frac{f''(0)}{2!}x^2+o(x^2)=\frac{f''(0)}{2}x^2+o(x^2),$$

于是也有
$$f\left(\frac{1}{n}\right)=\frac{f''(0)}{2}\left(\frac{1}{n}\right)^2+o\left(\left(\frac{1}{n}\right)^2\right),$$

从而有
$$\lim_{n\to\infty}\frac{\left|f\left(\frac{1}{n}\right)\right|}{\frac{1}{n^2}}=\lim_{n\to\infty}\left|\frac{\frac{f''(0)}{2}\frac{1}{n^2}+o\left(\frac{1}{n^2}\right)}{\frac{1}{n^2}}\right|=\frac{|f''(0)|}{2}.$$

由于级数 $\sum_{n=1}^{\infty}\frac{1}{n^2}$ 收敛,因此 $\sum_{n=1}^{\infty}\left|f\left(\frac{1}{n}\right)\right|$ 也收敛,即 $\sum_{n=1}^{\infty}f\left(\frac{1}{n}\right)$ 绝对收敛.

▶▶▶方法小结

判别任意项级数 $\sum_{n=1}^{\infty}u_n$ 敛散性的基本方法和思路:

(1) 检查级数是否满足收敛的必要条件 $\lim_{n\to\infty}u_n=0$(例 8-34),若满足则考虑级数的绝对收敛性.

(2) 如果 $\sum_{n=1}^{\infty}|u_n|$ 收敛,则原级数 $\sum_{n=1}^{\infty}u_n$ 绝对收敛(例 8-32).

(3) 如果 $\sum_{n=1}^{\infty}|u_n|$ 发散,此时需要根据情况利用其他方法判别:

① 如果 $\lim_{n\to\infty}\frac{|u_{n+1}|}{|u_n|}=\rho>1$ 或 $\lim_{n\to\infty}\sqrt[n]{|u_n|}=\rho>1$ (ρ 也可为 $+\infty$),则仍可确定级数 $\sum_{n=1}^{\infty}u_n$ 发散(例 8-33);

② 如果级数为交错级数 $\sum_{n=1}^{\infty}(-1)^n a_n$,则可考虑用莱布尼茨判别法判别(例 8-30,例 8-31);

③ 如果交错级数 $\sum_{n=1}^{\infty}(-1)^n a_n$ 不满足莱布尼茨判别法的判别条件,即 $\{a_n\}$ 不单调减,此时需要运用其他的方法,常用的方法是将通项泰勒展开、恒等变形后分解、结合级数的运算性质等(例 8-35,例 8-36,例 8-37);

④ 如果级数不是交错级数,则需运用级数的其他性质综合判别.

8.2.2 幂级数以及与幂级数有关的函数项级数收敛域的计算

▶▶▶基本方法

(1) 利用收敛半径的计算公式确定非缺项幂级数①的收敛域;

---

① 非缺项幂级数是指幂级数 $\sum_{n=0}^{\infty}a_n x^n$ 中的系数 a_n 都不为零或仅有有限项为零的级数,而把有无限项系数为零幂级数称为缺项幂级数.

(2) 利用变量代换或正项级数的比值(或根值)判别法确定缺项幂级数的收敛域；

(3) 利用变量代换等方法确定可化为幂级数的函数项级数的收敛域.

8.2.2.1 非缺项幂级数的收敛域的计算

1) 阿贝尔定理 若幂级数 $\sum_{n=0}^{\infty} a_n x^n$ 在 $x=x_1$ 处收敛，则它在 $(-|x_1|, |x_1|)$ 内任一点处都绝对收敛；若幂级数 $\sum_{n=0}^{\infty} a_n x^n$ 在 $x=x_2$ 处发散，则它在满足 $|x|>|x_2|$ 的任一点 x 处都发散.

2) 非缺项幂级数收敛半径的计算公式 对于非缺项的幂级数 $\sum_{n=0}^{\infty} a_n x^n$，若极限 $\lim_{n\to\infty} \frac{|a_{n+1}|}{|a_n|}=L$ 或 $\lim_{n\to\infty} \sqrt[n]{|a_n|}=L$ (L 为有限数或 $+\infty$)，则幂级数的收敛半径

$$R=\begin{cases} \frac{1}{L}, & L>0 \\ 0, & L=+\infty \\ +\infty, & L=0 \end{cases} \tag{8-1}$$

3) 非缺项幂级数收敛域的计算方法：

(1) 运用收敛半径公式(8-1)计算幂级数 $\sum_{n=0}^{\infty} a_n x^n$ 的收敛半径 R；

(2) 根据收敛半径 R 的情况确定收敛域：

① 如果 $0<R<+\infty$，则幂级数的收敛区间为 $(-R, R)$. 将收敛区间的两个端点 $x=\pm R$ 代入幂级数 $\sum_{n=0}^{\infty} a_n x^n$，分别判别相应级数的敛散性，并将收敛的点并入收敛区间得到幂级数 $\sum_{n=0}^{\infty} a_n x^n$ 的收敛域.

② 如果收敛半径 $R=+\infty$，则收敛域为 $(-\infty, +\infty)$；如果收敛半径为 $R=0$，则收敛域为 $\{0\}$.

(3) 对于以 $x_0(x_0\neq 0)$ 为基点的幂级数 $\sum_{n=0}^{\infty} a_n (x-x_0)^n$，可通过令 $t=x-x_0$ 将幂级数化为以 0 为基点的幂级数 $\sum_{n=0}^{\infty} a_n t^n$ 处理.因此幂级数 $\sum_{n=0}^{\infty} a_n (x-x_0)^n$ 的收敛半径仍以公式(8-1)计算，收敛区间为 (x_0-R, x_0+R)，将区间端点 $x=x_0\pm R$ 代入幂级数确定敛散性之后，再将收敛点并入收敛区间得到幂级数 $\sum_{n=0}^{\infty} a_n (x-x_0)^n$ 的收敛域.

▶▶▶方法运用注意点

(1) 运用收敛半径公式(8-1)时，要注意级数 $\sum_{n=0}^{\infty} a_n x^n$ 是否为非缺项级数；

(2) 收敛半径公式(8-1)以极限 $\lim_{n\to\infty} \frac{|a_{n+1}|}{|a_n|}$ 或 $\lim_{n\to\infty} \sqrt[n]{|a_n|}$ 存在(也可为 $+\infty$) 为前提，当极限

$\lim\limits_{n\to\infty}\dfrac{|a_{n+1}|}{|a_n|}$ 或 $\lim\limits_{n\to\infty}\sqrt[n]{|a_n|}$ 不存在且不为 $+\infty$ 时，不能用此公式计算收敛半径；

(3) 注意收敛区间和收敛域概念之间的区别.

▶▶▶典型例题解析

例 8-39 求幂级数 $\sum\limits_{n=1}^{\infty}\dfrac{x^n}{(2n-1)2n}$ 的收敛域.

分析： 级数为非缺项级数，先用公式(8-1)计算收敛半径，然后确定收敛域.

解： $a_n=\dfrac{1}{(2n-1)2n}$，则由

$$\lim_{n\to\infty}\frac{|a_{n+1}|}{|a_n|}=\lim_{n\to\infty}\frac{\dfrac{1}{(2n+1)(2n+2)}}{\dfrac{1}{(2n-1)2n}}=\lim_{n\to\infty}\frac{(2n-1)(2n)}{(2n+1)(2n+2)}=1,$$

根据式(8-1)幂级数的收敛半径 $R=1$，从而收敛区间为 $(-1,1)$.

当 $x=-1$ 时，幂级数为 $\sum\limits_{n=1}^{\infty}\dfrac{(-1)^n}{(2n-1)(2n)}$. 因为通项的绝对值 $|u_n|\sim\dfrac{1}{4n^2}(n\to\infty)$，所以级数绝对收敛，从而收敛.

当 $x=1$ 时，幂级数为 $\sum\limits_{n=1}^{\infty}\dfrac{1}{(2n-1)(2n)}$，因为 $u_n=\dfrac{1}{(2n-1)(2n)}\sim\dfrac{1}{4n^2}(n\to\infty)$，所以级数收敛，因此幂级数 $\sum\limits_{n=1}^{\infty}\dfrac{x^n}{(2n-1)2n}$ 的收敛域为 $[-1,1]$.

例 8-40 求幂级数 $\sum\limits_{n=0}^{\infty}\dfrac{\ln(n+1)}{(n+1)2^n}x^{n+1}$ 的收敛域.

分析： 级数为非缺项级数，可运用式(8-1)计算收敛半径，确定收敛域.

解： 由 $a_n=\dfrac{\ln(n+1)}{(n+1)2^n}$ 得

$$\lim_{n\to\infty}\frac{|a_{n+1}|}{|a_n|}=\lim_{n\to\infty}\frac{\dfrac{\ln(n+2)}{(n+2)2^{n+2}}}{\dfrac{\ln(n+1)}{(n+1)2^n}}=\lim_{n\to\infty}\frac{n+1}{n+2}\cdot\frac{\ln(n+2)}{\ln(n+1)}\cdot\frac{1}{2}=\frac{1}{2}.$$

根据式(8-1)幂级数的收敛半径 $R=2$，于是收敛区间为 $(-2,2)$.

当 $x=-2$ 时，幂级数为 $\sum\limits_{n=0}^{\infty}(-1)^{n+1}\dfrac{2\ln(n+1)}{n+1}$，利用莱布尼茨判别法可知该级数收敛.

当 $x=2$ 时，幂级数为 $\sum\limits_{n=0}^{\infty}\dfrac{2\ln(n+1)}{n+1}$，利用积分或比较判别法可知该级数发散.

因此，幂级数的收敛域为 $[-2,2)$.

例 8-41 求幂级数 $\sum_{n=1}^{\infty}\left(2+\frac{1}{n}\right)^n\left(x-\frac{1}{2}\right)^n$ 的收敛域.

分析: 级数为非缺项级数,但基点在 $x_0=\frac{1}{2}$ 处,仍可按式(8-1)计算收敛半径,确定收敛域.

解: $a_n=\left(2+\frac{1}{n}\right)^n$,则

$$\lim_{n\to\infty}\sqrt[n]{|a_n|}=\lim_{n\to\infty}\left(2+\frac{1}{n}\right)=2,$$

根据式(8-1),幂级数的收敛半径为 $\frac{1}{2}$,从而收敛区间为 $(0,1)$.

当 $x=0$ 时,幂级数为

$$\sum_{n=1}^{\infty}\left(2+\frac{1}{n}\right)^n\left(-\frac{1}{2}\right)^n=\sum_{n=1}^{\infty}(-1)^n\left(1+\frac{1}{2n}\right)^n.$$

由于该级数通项的绝对值 $|u_n|=\left(1+\frac{1}{2n}\right)^n\to e^{\frac{1}{2}}\neq 0(n\to\infty)$,所以该级数发散.

当 $x=1$ 时,幂级数为 $\sum_{n=1}^{\infty}\left(1+\frac{1}{2n}\right)^n$,与上同理,该级数发散,所以幂级数的收敛域为 $(0,1)$.

例 8-42 已知数项级数 $\sum_{n=0}^{\infty}a_n$ 条件收敛,证明幂级数 $\sum_{n=0}^{\infty}a_nx^n$ 的收敛半径 $R=1$.

分析: 从级数 $\sum_{n=0}^{\infty}a_n$ 收敛即知幂级数 $\sum_{n=0}^{\infty}a_nx^n$ 在 $x=1$ 处收敛,从而必有 $R\geqslant 1$,再考虑从 $\sum_{n=0}^{\infty}a_n$ 条件收敛去证明 $R\leqslant 1$ 即可.

解: 由级数 $\sum_{n=0}^{\infty}a_n$ 收敛,即幂级数 $\sum_{n=0}^{\infty}a_nx^n$ 在 $x=1$ 处收敛,根据阿贝尔定理知,幂级数 $\sum_{n=0}^{\infty}a_nx^n$ 的收敛半径 $R\geqslant 1$. 下证 $R\leqslant 1$,采用反证法.

假设 $R>1$,则 $x=1\in(-R,R)$,根据收敛半径的定义,幂级数 $\sum_{n=0}^{\infty}a_nx^n$ 在 $x=1$ 处绝对收敛,这与条件矛盾,于是得 $R\leqslant 1$,所以 $R\geqslant 1$ 和 $R\leqslant 1$ 得 $R=1$.

8.2.2.2 缺项幂级数的收敛域的计算

▶▶▶基本方法

(1) 通过变量代换的方法将缺项幂级数化为非缺项幂级数处理.

(2) 将缺项幂级数中的 x 当作常量,在通项取绝对值之后,运用正项级数的比值(或根值)判别法计算其前后两项之比的极限(或 n 次方根的极限),根据算得的极限值确定使得此极限值小于 1 的 x 的范围,从而获得该缺项幂级数的收敛区间,最后再判断幂级数在收敛区间的两个端点处的敛散性,确定缺项幂级数的收敛域.

▶▶▶方法运用注意点

(1) 有些缺项幂级数可以通过变量代换化为非缺项幂级数，但并非所有的缺项幂级数都可如此.所以通过变量代换将缺项幂级数化为非缺项幂级数处理的方法只能处理一些特殊的缺项幂级数.

(2) 运用正项级数的比值(或根值)判别法确定缺项幂级数收敛域的方法对一般的缺项幂级数都可使用.

▶▶▶典型例题解析

例 8-43 求幂级数 $\sum_{n=1}^{\infty}\frac{(x+3)^{2n}}{2^n(n+1)^2}$ 的收敛域.

分析：注意到幂级数的系数 $a_{2n-1}=0(n=1,2,3\cdots)$，由此可知这是一个缺项的幂级数，不能直接利用收敛半径公式(8-1)计算，而需运用缺项幂级数收敛域的处理方法计算.

解一：记幂级数的通项 $u_n(x)=\frac{(x+3)^{2n}}{2^n(n+1)^2}$，则由

$$\lim_{n\to\infty}\frac{|u_{n+1}(x)|}{|u_n(x)|}=\lim_{n\to\infty}\frac{\frac{(x+3)^{2n+2}}{2^{n+1}(n+2)^2}}{\frac{(x+3)^{2n}}{2^n(n+1)^2}}=\frac{(x+3)^2}{2},$$

当 $\frac{(x+3)^2}{2}<1$，即 $-3-\sqrt{2}<x<-3+\sqrt{2}$ 时，幂级数绝对收敛；当 $\frac{(x+3)^2}{2}>1$ 时，幂级数发散，从而获得幂级数的收敛区间 $(-3-\sqrt{2},-3+\sqrt{2})$.

又当 $x=-3\pm\sqrt{2}$ 时，幂级数为 $\sum_{n=1}^{\infty}\frac{1}{(n+1)^2}$，可知是收敛的，所以幂级数 $\sum_{n=1}^{\infty}\frac{(x+3)^{2n}}{2^n(n+1)^2}$ 的收敛域为 $[-3-\sqrt{2},-3+\sqrt{2}]$.

解法二：设 $t=(x+3)^2$，则原幂级数可写成 $\sum_{n=1}^{\infty}\frac{(x+3)^{2n}}{2^n(n+1)^2}=\sum_{n=1}^{\infty}\frac{t^n}{2^n(n+1)^2}$.对于非缺项幂级数 $\sum_{n=1}^{\infty}\frac{t^n}{2^n(n+1)^2}$，由 $a_n=\frac{1}{2^n(n+1)^2}$ 及

$$\lim_{n\to\infty}\frac{|a_{n+1}|}{|a_n|}=\lim_{n\to\infty}\frac{\frac{1}{2^{n+1}(n+2)^2}}{\frac{1}{2^n(n+1)^2}}=\lim_{n\to\infty}\frac{1}{2}\left(\frac{n+1}{n+2}\right)^2=\frac{1}{2}$$

可知其收敛半径 $R=2$，收敛区间为 $(-2,2)$，又当 $t=-2$ 时，幂级数化为 $\sum_{n=1}^{\infty}\frac{(-1)^n}{(n+1)^2}$，级数收敛；当 $t=2$ 时，幂级数化为 $\sum_{n=1}^{\infty}\frac{1}{(n+1)^2}$，也收敛，所以幂级数 $\sum_{n=1}^{\infty}\frac{t^n}{2^n(n+1)^2}$ 的收敛域为 $[-2,2]$.再

由 $t=(x+3)^2$，可知原幂级数 $\sum\limits_{n=1}^{\infty}\dfrac{(x+3)^{2n}}{2^n(n+1)^2}$ 的收敛域为

$$-2\leqslant(x+3)^2\leqslant 2,\text{即}[-3-\sqrt{2},-3+\sqrt{2}].$$

例 8-44 求幂级数 $\sum\limits_{n=0}^{\infty}\dfrac{(-1)^n}{2n+1}(x+1)^{2n+1}$ 的收敛域.

分析：幂级数的系数 $a_{2n}=0(n=0,1,2\cdots)$，所以这是一个缺项幂级数，可考虑将通项取绝对值之后运用比值判别法计算.

解：记幂级数通项 $u_n(x)=\dfrac{(-1)^n}{2n+1}(x+1)^{2n+1}$，则有

$$\lim_{n\to\infty}\frac{|u_{n+1}(x)|}{|u_n(x)|}=\lim_{n\to\infty}\frac{\dfrac{|x+1|^{2n+3}}{2n+3}}{\dfrac{|x+1|^{2n+1}}{2n+1}}=\lim_{n\to\infty}\left(\frac{2n+1}{2n+3}\right)(x+1)^2=(x+1)^2.$$

当 $(x+1)^2<1$ 时，即 $-2<x<0$ 时，幂级数绝对收敛；当 $(x+1)^2>1$ 时，幂级数发散，所以幂级数的收敛区间为 $(-2,0)$.

又当 $x=-2$ 时，幂级数为 $\sum\limits_{n=0}^{\infty}\dfrac{(-1)^{n+1}}{2n+1}$，级数收敛，又当 $x=0$ 时，幂级数为 $\sum\limits_{n=0}^{\infty}\dfrac{(-1)^n}{2n+1}$，级数也收敛.因此幂级数的收敛域为 $[-2,0]$.

例 8-45 求幂级数 $\sum\limits_{n=1}^{\infty}\left(\dfrac{2n}{n^3+1}\right)^n(x-1)^{2n-1}$ 的收敛域.

分析：级数为缺项幂级数，可考虑将通项取绝对值之后运用根值判别法计算.

解：记 $u_n(x)=\left(\dfrac{2n}{n^3+1}\right)^n(x-1)^{2n-1}$，则有

$$\lim_{n\to\infty}\sqrt[n]{|u_n(x)|}=\lim_{n\to\infty}\frac{2n}{n^3+1}\left|x-1\right|^{2-\frac{1}{n}}=0\,(x-1)^2=0,$$

即对任意取定的 $x\in(-\infty,+\infty)$，幂级数在点 x 处收敛，所以幂级数的收敛域为 $(-\infty,+\infty)$.

8.2.2.3 一些与幂级数有关的函数项级数收敛域的计算

▶▶▶方法运用注意点

对于一般的函数项级数 $\sum\limits_{n=0}^{\infty}u_n(x)$，同样存在着确定它的收敛域的问题.这里仍可对正项级数 $\sum\limits_{n=1}^{\infty}|u_n(x)|$ 采用比值(或根值)判别法，即计算

$$\lim_{n\to\infty}\frac{|u_{n+1}(x)|}{|u_n(x)|}=\rho(x)\text{ 或 }\lim_{n\to\infty}\sqrt[n]{|u_n(x)|}=\rho(x),$$

通过确定使得 $\rho(x)<1$ 的点 x 的范围以及级数在 $\rho(x)=1$ 的点 x 处的敛散性来获得收敛域.然而有些级数可通过变量代换转化为幂级数,对于这类问题,可运用幂级数收敛域的确定方法来处理.

▶▶▶典型例题解析

例 8-46 求函数项级数 $\sum\limits_{n=0}^{\infty}\dfrac{n-1}{n+1}\left(\dfrac{x-1}{x+1}\right)^n$ 的收敛域.

分析: 若令 $t=\dfrac{x-1}{x+1}$,则原级数就化为幂级数 $\sum\limits_{n=1}^{\infty}\dfrac{n-1}{n+1}t^n$,对关于 t 的幂级数确定收敛域后就可获得原级数的收敛域.

解: 令 $t=\dfrac{x-1}{x+1}$,则原级数化为 t 的幂级数 $\sum\limits_{n=0}^{\infty}\dfrac{n-1}{n+1}t^n$. 由于幂级数 $\sum\limits_{n=0}^{\infty}\dfrac{n-1}{n+1}t^n$ 的收敛域为 $(-1,1)$,因此原级数 $\sum\limits_{n=0}^{\infty}\dfrac{n-1}{n+1}\left(\dfrac{x-1}{x+1}\right)^n$ 的收敛域中的点 x 需满足 $-1<\dfrac{x-1}{x+1}<1$,即 $x>0$. 所以原级数的收敛域为 $(0,+\infty)$.

例 8-47 求函数项级数 $\sum\limits_{n=1}^{\infty}\dfrac{\sqrt{n}}{(x-2)^n}$ 的收敛域.

分析: 若令 $t=\dfrac{1}{x-2}$,则原级数就化为幂级数 $\sum\limits_{n=1}^{\infty}\sqrt{n}t^n$.

解: 令 $t=\dfrac{1}{x-2}$,则原级数化为 t 的幂级数 $\sum\limits_{n=1}^{\infty}\sqrt{n}t^n$. 由于幂级数 $\sum\limits_{n=1}^{\infty}\sqrt{n}t^n$ 的收敛域为 $(-1,1)$,因此原级数收敛域中点 x 需满足 $-1<\dfrac{1}{x-2}<1$,即 $x>3$ 或 $x<1$. 所以原级数的收敛域为 $(-\infty,1)\cup(3,+\infty)$.

例 8-48 求函数项级数 $\sum\limits_{n=0}^{\infty}\dfrac{(x-1)^n+(x+1)^n}{3^n}$ 的收敛域.

分析: 此级数不能通过变换转化为幂级数,此时应考虑将通项取绝对值后,运用比值或根值判别法来确定收敛域.

解: 对于级数 $\sum\limits_{n=0}^{\infty}\left|\dfrac{(x-1)^n+(x+1)^n}{3^n}\right|$,由于

$$\lim_{n\to\infty}\sqrt[n]{|u_n(x)|}=\lim_{n\to\infty}\sqrt[n]{\left|\frac{(x-1)^n+(x+1)^n}{3^n}\right|}=\frac{\max\{|x-1|,|x+1|\}}{3},$$

因此当 $\dfrac{\max\{|x-1|,|x+1|\}}{3}<1$,即 $-2<x<2$ 时,原级数绝对收敛;

当 $\dfrac{\max\{|x-1|,|x+1|\}}{3}>1$,即 $x>2$ 或 $x<-2$ 时,原级数发散.

又当 $x=-2$ 时，级数为 $\sum_{n=0}^{\infty}\frac{(-3)^n+(-1)^n}{3^n}=\sum_{n=0}^{\infty}(-1)^n\left(1+\frac{1}{3^n}\right)$，发散；当 $x=2$ 时，级数为 $\sum_{n=0}^{\infty}\frac{1+3^n}{3^n}=\sum_{n=0}^{\infty}\left(1+\frac{1}{3^n}\right)$，也发散.

因此，原级数的收敛域为 $(-2,\ 2)$.

说明：若将上例的级数写成 $\sum_{n=1}^{\infty}\frac{(x-1)^n+(x+1)^n}{3^n}=\sum_{n=1}^{\infty}\frac{(x-1)^n}{3^n}+\sum_{n=1}^{\infty}\frac{(x+1)^n}{3^n}$，则级数 $\sum_{n=1}^{\infty}\frac{(x-1)^n}{3^n}$ 与 $\sum_{n=1}^{\infty}\frac{(x+1)^n}{3^n}$ 的收敛域的交集恰好为 $(-2,\ 2)$，但此时题并没有解完，还需要说明在 $(-2,\ 2)$ 之外的点处级数 $\sum_{n=1}^{\infty}\frac{(x-1)^n+(x+1)^n}{3^n}$ 都发散.

▶▶▶方法小结

(1) 计算幂级数的收敛域，首先要确定幂级数是缺项还是非缺项的幂级数.

① 非缺项的幂级数：按照收敛半径的计算公式(8-1)计算幂级数的收敛半径；写出幂级数的收敛区间；将收敛区间的端点分别代入幂级数，确定敛散性；根据幂级数在收敛区间端点的敛散情况写出幂级数的收敛域.

② 缺项的幂级数：可采用通过变量代换将缺项幂级数化为非缺项幂级数(例8-43的解二)，或者将级数通项取绝对值后运用比值(或根值)判别法来确定幂级数收敛域(例8-43，例8-44，例8-45).

(2) 对于不是幂级数的函数项级数，通常采用变量代换的方法将它化为幂级数(例8-46，例8-47)，或者把它当作数项级数，将通项取绝对值后利用比值或根值判别法处理(例8-48).

8.2.3　函数的幂级数展开

函数幂级数展开的基本方法有：(1) 直接展开法；(2) 间接展开法.

8.2.3.1　直接展开法

▶▶▶基本方法

将函数 $f(x)$ 用直接展开法展开成基点为 $x=x_0$ 的幂级数，可分以下三步：

(1) 求出 $f^{(n)}(x_0)$，写出 $f(x)$ 的泰勒级数 $\sum_{n=0}^{\infty}\frac{f^{(n)}(x_0)}{n!}(x-x_0)^n$；

(2) 确定 $f(x)$ 的泰勒级数的收敛域；

(3) 在收敛域内证明余项 $r_n(x)$ 满足 $\lim\limits_{n\to\infty}r_n(x)=0$.

▶▶▶方法运用注意点

(1) 用直接展开法求函数的幂级数展开式，在求出任意阶导数 $f^{(n)}(x_0)$ 以及泰勒级数

$\sum_{n=0}^{\infty}\frac{f^{(n)}(x_0)}{n!}(x-x_0)^n$ 之后还需验证等式 $f(x)=\sum_{n=0}^{\infty}\frac{f^{(n)}(x_0)}{n!}(x-x_0)^n$ 是否成立,即验证

$$\lim_{n\to\infty}r_n(x)=\lim_{n\to\infty}\left[f(x)-\sum_{k=0}^{n}\frac{f^{(k)}(x_0)}{k!}(x-x_0)^k\right]=0$$

是否成立的问题.余项 $r_n(x)$ 可以用泰勒公式中的拉格朗日型余项

$$r_n(x)=\frac{f^{(n+1)}(\xi)}{(n+1)!}(x-x_0)^{n+1}$$

表示,也可用余和级数 $r_N(x)=\sum_{n=N+1}^{\infty}\frac{f^{(n)}(x_0)}{n!}(x-x_0)^n$ 表示.

(2) 在求出 $f(x)$ 的泰勒级数 $\sum_{n=0}^{\infty}\frac{f^{(n)}(x_0)}{n!}(x-x_0)^n$ 之后,也可通过对级数求和来验证展开式 $f(x)=\sum_{n=0}^{\infty}\frac{f^{(n)}(x_0)}{n!}(x-x_0)^n$ 是否成立.

▶▶▶典型例题解析

例 8-49 将函数 $f(x)=e^{\sqrt{3}x}\cos x$ 和 $g(x)=e^{\sqrt{3}x}\sin x$ 展开为麦克劳林级数.

分析: 本例若用间接展开法将面临 $e^{\sqrt{3}x}$ 展开式与 $\cos x$ 或 $\sin x$ 展开式的乘积,合并同次幂前的系数是烦琐的,本题可考虑利用直接展开法展开.

解: 因为 $$f'(x)=e^{\sqrt{3}x}(\sqrt{3}\cos x-\sin x)=2e^{\sqrt{3}x}\cos\left(x+\frac{\pi}{6}\right),$$

$$f''(x)=2e^{\sqrt{3}x}\left(\sqrt{3}\cos\left(x+\frac{\pi}{6}\right)-\sin\left(x+\frac{\pi}{6}\right)\right)=2^2e^{\sqrt{3}x}\cos\left(x+2\cdot\frac{\pi}{6}\right),$$

一般地,用数学归纳法可证: $f^{(n)}(x)=2^n e^{\sqrt{3}x}\cos\left(x+n\frac{\pi}{6}\right)$, $n=1, 2, \cdots$.

同理可得 $$g^{(n)}(x)=2^n e^{\sqrt{3}x}\sin\left(x+n\frac{\pi}{6}\right),\ n=1, 2, \cdots.$$

于是 $$f^{(n)}(0)=2^n\cos\frac{n\pi}{6},\ g^{(n)}(0)=2^n\sin\frac{n\pi}{6},\ n=1, 2, \cdots.$$

从而获得 $f(x)$, $g(x)$ 在 $x_0=0$ 处的麦克劳林级数

$$f(x)\sim\sum_{n=0}^{\infty}\frac{2^n\cos\frac{n\pi}{6}}{n!}x^n,\ g(x)\sim\sum_{n=0}^{\infty}\frac{2^n\sin\frac{n\pi}{6}}{n!}x^n.$$

又根据 $f(x)$, $g(x)$ 的带拉格朗日型余项的泰勒公式,余项

$$0 \leqslant |r_n(x)| = \left| f(x) - \sum_{k=0}^{n} \frac{2^k \cos\frac{k\pi}{6}}{k!} x^k \right|$$

$$= \left| \frac{2^{n+1} e^{\sqrt{3}\xi_1} \cos\left(\xi_1 + (n+1)\frac{\pi}{6}\right)}{(n+1)!} x^{n+1} \right| \leqslant \frac{e^{\sqrt{3}|x|} \, |2x|^{n+1}}{(n+1)!},$$

$$0 \leqslant |\overline{r_n}(x)| = \left| g(x) - \sum_{k=0}^{n} \frac{2^k \sin\frac{k\pi}{6}}{k!} x^k \right|$$

$$= \left| \frac{2^{n+1} e^{\sqrt{3}\xi_2} \sin\left(\xi_2 + (n+1)\frac{\pi}{6}\right)}{(n+1)!} x^{n+1} \right| \leqslant \frac{e^{\sqrt{3}|x|} \, |2x|^{n+1}}{(n+1)!}.$$

由于对任意的 $x \in (-\infty, +\infty)$，$\lim\limits_{n\to\infty} \frac{|2x|^{n+1}}{(n+1)!} = 0$，所以根据夹逼准则知

$$\lim_{n\to\infty} r_n(x) = 0, \quad \lim_{n\to\infty} \overline{r_n}(x) = 0.$$

因此 $f(x)$，$g(x)$ 的麦克劳林级数展开式为

$$f(x) = \sum_{n=0}^{\infty} \frac{2^n \cos\frac{n\pi}{6}}{n!} x^n,\ x \in (-\infty, +\infty);$$

$$g(x) = \sum_{n=0}^{\infty} \frac{2^n \sin\frac{n\pi}{6}}{n!} x^n,\ x \in (-\infty, +\infty).$$

▶▶▶方法小结

用直接展开法求函数的幂级数展开式首先将遇到的 n 阶导数 $f^{(n)}(x_0)$ 的计算，而完成这一步对许多问题常常是困难的，在写出了函数的泰勒级数之后，要获得 $f(x)$ 的泰勒级数展开式还需验证等式 $f(x) = \sum\limits_{n=0}^{\infty} \frac{f^{(n)}(x_0)}{n!}(x - x_0)^n$ 是否成立.这一步尽管可以通过拉格朗日型余项(例 8-49)，或者余和级数，或者对泰勒级数 $\sum\limits_{n=0}^{\infty} \frac{f^{(n)}(x_0)}{n!}(x - x_0)^n$ 直接求和等方法来进行，然而在实际计算时，它仍然反映出计算烦琐、技巧性强的弱点.因此直接展开法在函数的幂级数展开问题中不是作为一种首选的方法，它通常只在推导一些基本公式和下面介绍的间接展开法无法处理的问题中使用.

8.2.3.2 间接展开法

间接展开法就是根据一些已知的初等函数展开式，利用幂级数的性质(包括逐项求导、逐项积分)、变量代换等方法将所给函数展开成幂级数.

▶▶▶重要结论

(1) 基本的函数幂级数展开式

① $\dfrac{1}{1-x}=\sum\limits_{n=0}^{\infty}x^n$, $(-1<x<1)$ (8-2)

② $(1+x)^{\alpha}=1+\sum\limits_{n=1}^{\infty}\dfrac{\alpha(\alpha-1)\cdots(\alpha-n+1)}{n!}x^n$, $(-1<x<1)$ (8-3)

③ $e^x=\sum\limits_{n=0}^{\infty}\dfrac{x^n}{n!}$, $(-\infty<x<+\infty)$ (8-4)

④ $\sin x=\sum\limits_{n=0}^{\infty}\dfrac{(-1)^n}{(2n+1)!}x^{2n+1}$, $(-\infty<x<+\infty)$ (8-5)

⑤ $\cos x=\sum\limits_{n=0}^{\infty}\dfrac{(-1)^n}{(2n)!}x^{2n}$, $(-\infty<x<+\infty)$ (8-6)

⑥ $\ln(1+x)=\sum\limits_{n=1}^{\infty}\dfrac{(-1)^{n+1}}{n}x^n$, $(-1<x\leqslant 1)$ (8-7)

(2) 幂级数的运算性质

设幂级数 $\sum\limits_{n=0}^{\infty}a_nx^n$, $\sum\limits_{n=0}^{\infty}b_nx^n$ 的收敛半径为 R_1, R_2, 记 $R=\min\{R_1, R_2\}$, 则当 $-R<x<R$ 时,有

$$\sum_{n=0}^{\infty}a_nx^n+\sum_{n=0}^{\infty}b_nx^n=\sum_{n=0}^{\infty}(a_n+b_n)x^n,\ \sum_{n=0}^{\infty}a_nx^n-\sum_{n=0}^{\infty}b_nx^n=\sum_{n=0}^{\infty}(a_n-b_n)x^n.$$

(3) 幂级数的逐项求导、逐项积分、逐项求极限性质

设幂级数 $\sum\limits_{n=0}^{\infty}a_nx^n$ 的收敛半径为 $R>0$, 则其和函数 $S(x)$ 在收敛域内连续,在收敛区间 $(-R, R)$ 内可导、可积,且可逐项求极限,逐项求导,逐项积分,即有

$$\lim_{x\to x_0}S(x)=\lim_{x\to x_0}\sum_{n=0}^{\infty}a_nx^n=\sum_{n=0}^{\infty}\lim_{x\to x_0}(a_nx^n)=\sum_{n=0}^{\infty}a_nx_0^n(x_0\text{ 属于收敛域});$$

$$S'(x)=\Big(\sum_{n=0}^{\infty}a_nx^n\Big)'=\sum_{n=0}^{\infty}(a_nx^n)'=\sum_{n=1}^{\infty}na_nx^{n-1},\ |x|<R;$$

$$\int_0^x S(t)\,dt=\int_0^x\Big(\sum_{n=0}^{\infty}a_nt^n\Big)dt=\sum_{n=0}^{\infty}\int_0^x a_nt^n\,dt=\sum_{n=0}^{\infty}\frac{a_n}{n+1}x^{n+1},\ |x|<R.$$

▶▶▶方法运用注意点

(1) 这一方法处理问题的基本思路是:根据问题,通过函数分解、恒等变形、求导或积分等方法将问题化成有已知展开式的函数处理.

(2) 展开完成后要注明级数展开式成立的范围.

▶▶▶典型例题解析

例 8-50 将函数 $f(x)=\ln(3+x)$ 展开为 x 的幂级数.

分析：本例应考虑运用 $\ln(1+x)$ 的展开式(8－7)展开，为此先要将函数变形

$$\ln(3+x)=\ln 3\left(1+\frac{x}{3}\right)=\ln 3+\ln\left(1+\frac{x}{3}\right).$$

解：因为 $\ln(3+x)=\ln 3+\ln\left(1+\frac{x}{3}\right)$，将展开式(8－7)中 x 令成 $\frac{x}{3}$，得函数 $f(x)$ 关于 x 的幂级数展开式

$$\ln(3+x)=\ln 3+\ln\left(1+\frac{x}{3}\right)=\ln 3+\sum_{n=1}^{\infty}\frac{(-1)^{n+1}}{n}\left(\frac{n}{3}\right)^n\left(-1<\frac{x}{3}\leqslant 1\right)$$

$$=\ln 3+\sum_{n=1}^{\infty}\frac{(-1)^{n+1}}{n3^n}x^n(-3<x\leqslant 3).$$

例 8－51　将函数 $f(x)=\ln\sqrt[3]{8+2x-x^2}$ 展开为 $x-1$ 的幂级数.

分析：本题应考虑如何运用式(8－7)进行展开，为此应先将函数 $f(x)$ 变形和化简.

解：$f(x)$ 的定义域为 $(-2,\ 4)$，对于 $x\in(-2,\ 4)$，$f(x)$ 可写成

$$f(x)=\frac{1}{3}\ln(x+2)(4-x)=\frac{1}{3}\ln(x+2)+\frac{1}{3}\ln(4-x)$$

$$=\frac{1}{3}\ln[3+(x-1)]+\frac{1}{3}\ln[3-(x-1)]$$

$$=\frac{1}{3}\left[\ln 3+\ln\left(1+\frac{x-1}{3}\right)\right]+\frac{1}{3}\left[\ln 3+\ln\left(1-\frac{x-1}{3}\right)\right]$$

将式(8－7)中的 x 分别令成 $x=\frac{x-1}{3}$ 和 $x=-\frac{x-1}{3}$，有

$$\ln\left(1+\frac{x-1}{3}\right)=\sum_{n=1}^{\infty}\frac{(-1)^{n+1}}{n}\left(\frac{x-1}{3}\right)^n,\ -1<\frac{x-1}{3}\leqslant 1,\ \text{即}\ -2<x\leqslant 4,$$

$$\ln\left(1-\frac{x-1}{3}\right)=\sum_{n=1}^{\infty}\frac{(-1)^{n+1}}{n}\left(-\frac{x-1}{3}\right)^n,\ -1<-\frac{x-1}{3}\leqslant 1,\ \text{即}\ -2\leqslant x<4,$$

所以当 $-2<x<4$ 时，$f(x)$ 的关于 $x-1$ 的幂级数展开式

$$f(x)=\frac{1}{3}\left[\ln 3+\sum_{n=1}^{\infty}\frac{(-1)^{n+1}}{n3^n}(x-1)^n+\ln 3+\sum_{n=1}^{\infty}\frac{(-1)}{n3^n}(x-1)^n\right]$$

$$=\frac{1}{3}\left[2\ln 3+\sum_{n=1}^{\infty}\frac{(-1)^{n+1}-1}{n3^n}(x-1)^n\right]$$

$$=\frac{2}{3}\ln 3+\sum_{n=1}^{\infty}\frac{(-1)^{n+1}-1}{n3^{n+1}}(x-1)^n,\ -2<x<4.$$

例 8－52　将函数 $f(x)=\frac{1}{x^2-x-12}$ 展开为麦克劳林级数.

分析：由于 $f(x)=\frac{1}{(x-4)(x+3)}$，可见若能将 $f(x)$ 进行部分分式分解，就可运用展开式

(8-2)展开.

解: 因为 $f(x)=\dfrac{1}{(x-4)(x+3)}=\dfrac{1}{7}\left(\dfrac{1}{x-4}-\dfrac{1}{x+3}\right)=\dfrac{1}{7}\left[\dfrac{-1}{4\left(1-\dfrac{x}{4}\right)}-\dfrac{1}{3\left(1+\dfrac{x}{3}\right)}\right]$,

将式(8-2)中的 x 分别令成 $x=\dfrac{x}{4}$ 和 $x=-\dfrac{x}{3}$,得 $f(x)$ 的麦克劳林展开式

$$\begin{aligned}
f(x)&=\frac{1}{7}\left[-\frac{1}{4}\sum_{n=0}^{\infty}\left(\frac{x}{4}\right)^n-\frac{1}{3}\sum_{n=0}^{\infty}\left(-\frac{x}{3}\right)^n\right]\left(-1<\frac{x}{4}<1,-1<-\frac{x}{3}<1\right)\\
&=-\frac{1}{7}\left[\sum_{n=0}^{\infty}\frac{x^n}{4^{n+1}}+\sum_{n=0}^{\infty}\frac{(-1)^n}{3^{n+1}}x^n\right]\\
&=\sum_{n=0}^{\infty}\frac{1}{7}\left[\frac{(-1)^{n+1}}{3^{n+1}}-\frac{1}{4^{n+1}}\right]x^n,\ (-3<x<3).
\end{aligned}$$

例 8-53 将函数 $f(x)=\dfrac{x}{x^2+3x+2}$ 展开为 $x+4$ 的幂级数.

分析: 由于 $f(x)=\dfrac{x}{(x+1)(x+2)}$,故应考虑将 $f(x)$ 部分分式分解.

解: 运用部分分式分解的方法,$f(x)$ 可变形为

$$f(x)=\frac{2}{x+2}-\frac{1}{x+1}=\frac{2}{(x+4)-2}-\frac{1}{(x+4)-3}=\frac{1}{3\left(1-\dfrac{x+4}{3}\right)}-\frac{1}{1-\dfrac{x+4}{2}}.$$

将式(8-2)中的 x 分别令成 $x=\dfrac{x+4}{3}$ 和 $x=\dfrac{x+4}{2}$,得 $f(x)$ 关于 $x+4$ 的幂级数展开式.

$$\begin{aligned}
f(x)&=\frac{1}{3}\sum_{n=0}^{\infty}\left(\frac{x+4}{3}\right)^n-\sum_{n=0}^{\infty}\left(\frac{x+4}{2}\right)^n\left(-1<\frac{x+4}{3}<1,-1<\frac{x+4}{2}<1\right)\\
&=\sum_{n=0}^{\infty}\left(\frac{1}{3^{n+1}}-\frac{1}{2^n}\right)(x+4)^n(-6<x<-2).
\end{aligned}$$

说明: 一般地,要将函数 $f(x)$ 展开为 $x-x_0$ 的幂级数,可先通过变形等方法把 $f(x)$ 表达成一个或几个函数之和,且每一项都是以 $x-x_0$ 为变量的函数 $g[c(x-x_0)^k]$,其中 $g(t)$ 是有已知展开式的函数,k 为正整数,c 为常数.然后在 $g(t)$ 的展开式中令 $t=c(x-x_0)^k$ 就可获得 $f(x)$ 的关于 $x-x_0$ 的幂级数展开式.

例 8-54 将函数 $f(x)=\sin^2 x$ 展开为麦克劳林级数.

分析: $\sin x$ 的展开式是已知的.但若用 $\sin x$ 的展开式进行展开,将面临幂级数的乘法,计算是烦琐的.为运用现成展开式,这里应考虑设法去除平方幂,一种方法是利用半角公式 $\sin^2 x=\dfrac{1-\cos 2x}{2}$ 化简,另一种方法是对 $f(x)$ 求导 $f'(x)=\sin 2x$,展开导函数 $f'(x)$ 后再积分获得的 $f(x)$ 展开式.

解一: 利用半角公式和展开式(8-6)

$$\sin^2 x=\frac{1-\cos 2x}{2}=\frac{1}{2}\left[1-\sum_{n=0}^{\infty}\frac{(-1)^n}{(2n)!}(2x)^{2n}\right]$$

$$=\sum_{n=1}^{\infty}\frac{(-1)^{n+1}}{(2n)!}2^{2n-1}x^{2n},\ (-\infty<x<+\infty).$$

解二：因为 $f'(x)=\sin 2x$，运用展开式(8-5)，得

$$f'(x)=\sin 2x=\sum_{n=0}^{\infty}\frac{(-1)^n}{(2n+1)!}(2x)^{2n+1}=\sum_{n=0}^{\infty}\frac{(-1)^n 2^{2n+1}}{(2n+1)!}x^{2n+1}.$$

将上式从 0 到 x 两边积分，并注意 $f(0)=0$，得

$$f(x)=\int_0^x\left[\sum_{n=0}^{\infty}\frac{(-1)^n 2^{n+1}}{(2n+1)!}x^{2n+1}\right]dx=\sum_{n=0}^{\infty}\int_0^x\frac{(-1)^n 2^{n+1}}{(2n+1)!}x^{2n+1}dx=\sum_{n=0}^{\infty}\frac{(-1)^n 2^{2n+1}}{(2n+2)!}x^{2n+2}$$

$$=\sum_{n=1}^{\infty}\frac{(-1)^{n+1}2^{2n-1}}{(2n)!}x^{2n},\ (-\infty<x<+\infty).$$

说明：上例的解二说明，如果把幂级数的逐项求导和逐项积分等性质运用到函数的幂级数展开问题中，那么处理这类问题的思路就更宽了.一方面可以考虑将函数恒等变形转化为有已知展开式的函数形式(以上几例都是这类方法)，另一方面也可以考虑通过将函数求导或积分把它化为有已知展开式的函数.

例 8-55　将函数 $f(x)=\frac{1}{2}\arctan x+\frac{1}{4}\ln\frac{1+x}{1-x}$ 展开为麦克劳林级数.

分析：很明显，$f(x)$ 无法通过恒等变形转化为有已知展开式的函数，此时可分析其导函数 $f'(x)$ 能否展开.

解：因为 $f'(x)=\frac{1}{2(1+x^2)}+\frac{1}{4}\left(\frac{1}{1+x}+\frac{1}{1-x}\right)=\frac{1}{1-x^4}$，将式(8-2)中的 x 令成 $x=x^4$，有

$$f'(x)=\frac{1}{1-x^4}=\sum_{n=0}^{\infty}(x^4)^n=\sum_{n=0}^{\infty}x^{4n},\ |x|<1.$$

将上式两边从 0 到 $x(|x|<1)$ 积分，得

$$f(x)-f(0)=\int_0^x\left(\sum_{n=0}^{\infty}x^{4n}\right)dx=\sum_{n=0}^{\infty}\int_0^x x^{4n}dx=\sum_{n=0}^{\infty}\frac{1}{4n+1}x^{4n+1}(-1<x<1),$$

由于 $f(0)=0$，所以 $f(x)$ 的麦克劳林展开式为

$$f(x)=\sum_{n=0}^{\infty}\frac{1}{4n+1}x^{4n+1}(-1<x<1).$$

例 8-56　将函数 $f(x)=\int_0^x\frac{\arctan x}{x}dx$ 展开为 x 的幂级数.

分析：可以设想，本例若将被积函数 $\frac{\arctan x}{x}$ 展开为 x 的幂级数，则利用幂级数可逐项积分的

性质就可将 $f(x)$ 展开为 x 的幂级数.为了将 $\frac{\arctan x}{x}$ 展开,首先要考虑将 $\arctan x$ 展开为 $f(x)$ 幂级数.

解: 因为 $\arctan x=\int_0^x \frac{1}{1+x^2}\mathrm{d}x$,在式(8-2)中,将 x 换成 $-x^2(|x|<1)$,则有

$$\arctan x=\int_0^x \sum_{n=0}^{\infty}(-x^2)^n\mathrm{d}x=\sum_{n=0}^{\infty}\int_0^x(-1)^n x^{2n}\mathrm{d}x=\sum_{n=0}^{\infty}\frac{(-1)^n}{2n+1}x^{2n+1},\ (|x|<1),$$

由于上式右边幂级数 $S(x)=\sum_{n=0}^{\infty}\frac{(-1)^n}{2n+1}x^{2n+1}$ 的收敛域为 $[-1,1]$,从而 $S(x)$ 在 $x=\pm1$ 处连续,在等式两边取极限知以上展开式在 $x=\pm1$ 处也成立,所以

$$\arctan x=\sum_{n=0}^{\infty}\frac{(-1)^n}{2n+1}x^{2n+1},\ (-1\leqslant x\leqslant 1).$$

于是对于 $x\in[-1,1]$, $x\neq 0$,有展开式

$$\frac{\arctan x}{x}=\sum_{n=0}^{\infty}\frac{(-1)^n}{2n+1}x^{2n}.$$

又当 $x\to 0$ 时,$\frac{\arctan x}{x}\to 1$,$\sum_{n=0}^{\infty}\frac{(-1)^n}{2n+1}x^{2n}\to 1$,即以上展开式在 $x=0$ 处也成立,因此被积函数关于 x 的幂级数展开式为

$$\frac{\arctan x}{x}=\sum_{n=0}^{\infty}\frac{(-1)^n}{2n+1}x^{2n},\ x\in[-1,1].$$

将上式两边从 0 到 $x(|x|\leqslant 1)$ 积分,就得到 $f(x)$ 关于 x 的幂级数展开式

$$\begin{aligned}f(x)&=\int_0^x\frac{\arctan x}{x}\mathrm{d}x=\int_0^x\left(\sum_{n=0}^{\infty}\frac{(-1)^n}{2n+1}x^{2n}\right)\mathrm{d}x\\&=\sum_{n=0}^{\infty}\int_0^x\frac{(-1)^n}{2n+1}x^{2n}\mathrm{d}x=\sum_{n=0}^{\infty}\frac{(-1)^n}{(2n+1)^2}x^{2n+1},\ (-1\leqslant x\leqslant 1).\end{aligned}$$

例 8-57 利用幂级数的展开式,求函数 $f(x)=\frac{x}{\sqrt{1-x^2}}$ 的 n 阶导数 $f^{(n)}(0)$.

分析: 显然按照求 n 阶导数的基本方法找规律或莱布尼茨公式计算本例是不可行的.注意到本例是求 $f^{(n)}(0)$,而不是求一般的 $f^{(n)}(x)$,于是若能将 $f(x)$ 在 $x_0=0$ 处泰勒展开 $f(x)=\sum_{n=0}^{\infty}a_nx^n$,则从系数公式 $a_n=\frac{f^{(n)}(0)}{n!}$ 就可算得 $f(x)$ 在 $x_0=0$ 处的 n 阶导数 $f^{(n)}(0)=a_nn!$.

解: 先考虑函数 $\frac{1}{\sqrt{1-x^2}}$ 关于 x 的幂级数展开式.令式(8-3)中 $x=-x^2$, $\alpha=-\frac{1}{2}$,得

$$\frac{1}{\sqrt{1-x^2}}=1+\sum_{n=1}^{\infty}\frac{\left(-\frac{1}{2}\right)\left(-\frac{1}{2}-1\right)\cdots\left(-\frac{1}{2}-n+1\right)}{n!}(-x^2)^n(|x|<1)$$

$$=1+\sum_{n=1}^{\infty}\frac{(-1)^n(2n-1)!!}{2^n n!}(-x^2)^n$$

$$=1+\sum_{n=1}^{\infty}\frac{(2n-1)!!}{(2n)!!}x^{2n}(|x|<1),$$

所以
$$f(x)=x+\sum_{n=1}^{\infty}\frac{(2n-1)!!}{(2n)!!}x^{2n+1},(|x|<1).$$

从上式可知 $a_{2n}=0$，$a_{2n+1}=\frac{(2n-1)!!}{(2n)!!}(n>1)$，$a_1=1$，所以有

$$f^{(2n)}(0)=a_{2n}(2n)!=0,\ f'(0)=a_1 1=1,$$
$$f^{(2n+1)}(0)=a_{2n+1}(2n+1)!=(2n-1)!!(2n+1)!!,(n>1).$$

即
$$f^{(n)}(0)=\begin{cases}0, & n=2k\\ 1, & n=1\\ (2k-1)!!(2k+1)!!, & n=2k+1\end{cases}.$$

例 8-58 设 $f(x)=\begin{cases}\frac{1+x^2}{x}\arctan x, & x\neq 0\\ 1, & x=0\end{cases}$，试将 $f(x)$ 展开成 x 的幂级数，并求级数 $\sum_{n=1}^{\infty}\frac{(-1)^n}{1-4n^2}$ 的和.

分析：本题应考虑先将 $\arctan x$ 展开成 x 的幂级数，再乘以 $\frac{1+x^2}{x}$，合并同次幂系数后获得 $f(x)$ 的展开式.

解：利用例 8-56 的结果，有

$$\arctan x=\sum_{n=0}^{\infty}\frac{(-1)^n}{2n+1}x^{2n+1},\ -1\leqslant x\leqslant 1.$$

于是对于 $x\in[-1,1]$，$x\neq 0$，得

$$f(x)=\frac{1+x^2}{x}\sum_{n=0}^{\infty}\frac{(-1)^n}{2n+1}x^{2n+1}=(1+x^2)\sum_{n=0}^{\infty}\frac{(-1)^n}{2n+1}x^{2n}$$

$$=\sum_{n=0}^{\infty}\frac{(-1)^n}{2n+1}x^{2n}+\sum_{n=0}^{\infty}\frac{(-1)^n}{2n+1}x^{2n+2}$$

因为

$$\sum_{n=0}^{\infty}\frac{(-1)^n}{2n+1}x^{2n+2}\xlongequal{k=n+1}\sum_{k=1}^{\infty}\frac{(-1)^{k-1}}{2k-1}x^{2k}=\sum_{n=1}^{\infty}\frac{(-1)^{n-1}}{2n-1}x^{2n},$$

所以
$$f(x)=\sum_{n=0}^{\infty}\frac{(-1)^n}{2n+1}x^{2n}+\sum_{n=1}^{\infty}\frac{(-1)^{n-1}}{2n-1}x^{2n}$$
$$=1+\sum_{n=1}^{\infty}\left[\frac{(-1)^n}{2n+1}+\frac{(-1)^{n-1}}{2n-1}\right]x^{2n}=1+2\sum_{n=1}^{\infty}\frac{(-1)^n}{1-4n^2}x^{2n}=S(x)$$

又 $S(0)=1=f(0)$，于是可知上式在 $x=0$ 处也成立，因此 $f(x)$ 关于 x 的幂级数展开式为

$$f(x)=1+2\sum_{n=1}^{\infty}\frac{(-1)^n}{1-4n^2}x^{2n},\ x\in[-1,1].$$

在上式中令 $x=1$，得 $\frac{\pi}{2}=1+2\sum_{n=1}^{\infty}\frac{(-1)^n}{1-4n^2}$，即有 $\sum_{n=1}^{\infty}\frac{(-1)^n}{1-4n^2}=\frac{\pi}{4}-\frac{1}{2}$.

例 8-59 将函数 $f(x)=x\mathrm{e}^x$ 展开为形如 $\sum_{n=0}^{\infty}a_n[g(x)]^n$ 的泰勒级数，其中 $g(x)=\mathrm{e}^x-1$.

分析： 本例不属于函数的幂级数展开问题，但若做变换 $t=\mathrm{e}^x-1$，则 $f(x)$ 化为 $h(t)=f(\ln(1+t))=(t+1)\ln(1+t)$，从而可将其转化为幂级数展开问题处理.

解： 令 $t=\mathrm{e}^x-1$，则 $h(t)=f(\ln(1+t))=(t+1)\ln(1+t)$，运用展开式(8-7)，

$$h(t)=(t+1)\sum_{n=1}^{\infty}\frac{(-1)^{n+1}}{n}t^n$$
$$=\sum_{n=1}^{\infty}\frac{(-1)^{n+1}}{n}t^{n+1}+\sum_{n=1}^{\infty}\frac{(-1)^{n+1}}{n}t^n,\ (-1<t\leqslant 1)$$

又
$$\sum_{n=1}^{\infty}\frac{(-1)^{n+1}}{n}t^{n+1}\overset{k=n+1}{=\!=\!=}\sum_{k=2}^{\infty}\frac{(-1)^k}{k-1}t^k=\sum_{n=2}^{\infty}\frac{(-1)^n}{n-1}t^n.$$

代入上式得

$$h(t)=\sum_{n=2}^{\infty}\frac{(-1)^n}{n-1}t^n+\sum_{n=1}^{\infty}\frac{(-1)^{n+1}}{n}t^n=t+\sum_{n=2}^{\infty}\left[\frac{(-1)^n}{n-1}+\frac{(-1)^{n+1}}{n}\right]t^n$$
$$=t+\sum_{n=2}^{\infty}\frac{(-1)^n}{n(n-1)}t^n,\ (-1<t\leqslant 1)$$

将 $t=\mathrm{e}^x-1$ 回代上式，得所求展开式

$$f(x)=\mathrm{e}^x-1+\sum_{n=2}^{\infty}\frac{(-1)^n}{n(n-1)}(\mathrm{e}^x-1)^n,\ (x\leqslant\ln 2)$$

▶▶▶方法小结

函数展开为幂级数的基本方法是间接展开法(直接法很少被使用)，它处理问题的基本思路如下：

(1) 通过恒等变形将函数化为一个或几个有已知其展开式的函数的组合.

(2) 当恒等变形方法不能处理时，可考虑运用逐项求导、逐项积分的方法：

① 将函数 $f(x)$ 求导(可以多次求导)，对 $f(x)$ 的导函数 $f'(x)$ (或高阶导函数)进行展开，然后

对导函数的展开式逐项积分求得 $f(x)$ 的展开式.

② 对积分函数 $\int_{x_0}^{x} f(t)\mathrm{d}t$ 进行展开，然后对 $\int_{x_0}^{x} f(t)\mathrm{d}t$ 的展开式逐项求导，获得 $f(x)$ 的展开式（x_0 取为展开式的基点）.

8.2.4　幂级数、数项级数的求和

8.2.4.1　幂级数求和

▶▶▶基本方法

1）利用几个基本初等函数的展开式求幂级数的和函数

这一方法的基本思路：通过恒等变形以及幂级数的运算性质将所求和函数的幂级数化为或分解为已知和函数的幂级数的组合.已知和函数的幂级数常用的是前节所列的六个基本初等函数的展开式[式(8-2)～式(8-7)]，这里不再重复.

2）利用幂级数的逐项求导、逐项积分等性质求幂级数和函数

这一方法的基本思路：通过对幂级数逐项求导、逐项积分、拆项分解等方法将问题转化为已知和函数的幂级数求和问题.

▶▶▶方法运用注意点

1）利用几个基本初等函数的展开式求幂级数的和函数

(1) 求幂级数的和函数时，首先要确定该幂级数的收敛域.

(2) 求幂级数的和函数时，一般都应将求和幂级数与几个初等函数的展开式进行比较，看它与哪个形式相似，什么地方不同，再运用幂级数的性质将问题分解，确定利用哪个基本初等函数展开式求和.

(3) 幂级数的收敛域即为其和函数的定义域，它与所求得和函数的实际定义域未必相同.例如，展开式 $\ln(1+x)=\sum\limits_{n=1}^{\infty}\frac{(-1)^{n+1}}{n}x^n$，$(-1<x\leqslant 1)$ 中，$\ln(1+x)$ 是幂级数 $\sum\limits_{n=1}^{\infty}\frac{(-1)^{n+1}}{n}x^n$ 在区间 $-1<x\leqslant 1$ 上的和函数，而 $\ln(1+x)$ 的实际定义域为 $x>-1$，幂级数的和函数 $S(x)=\sum\limits_{n=1}^{\infty}\frac{(-1)^{n+1}}{n}x^n$ 的定义域为 $-1<x\leqslant 1$.这就是说，$\ln(1+x)$ 与 $S(x)=\sum\limits_{n=1}^{\infty}\frac{(-1)^{n+1}}{n}x^n$ 仅在区间 $-1<x\leqslant 1$ 上相等，而在其他地方是不等的.所以，在求出幂级数的和函数后一定要写出等式成立的范围.

(4) 要注意所求幂级数的起始项，即求和下标从哪一项开始求和，起始项变了，它的和也会变.

2）利用幂级数的逐项求导、逐项积分等性质求幂级数和函数

(1) 逐项求导的本质是“求导”与“求和”运算可以交换，即成立等式 $\frac{\mathrm{d}}{\mathrm{d}x}(\sum\limits_{n=0}^{\infty}a_nx^n)=\sum\limits_{n=1}^{\infty}\frac{\mathrm{d}}{\mathrm{d}x}(a_nx^n)$.但要注意级数右边的起始下标变了！原因是左边幂级数的第一项是常数 a_0，其导数为零.

(2) 逐项求导的级数 $\sum_{n=1}^{\infty} na_n x^{n-1}$ 与原级数 $\sum_{n=0}^{\infty} a_n x^n$ 之间具有相同的收敛半径,从而具有相同的收敛区间,但收敛域未必相同.同样地,对于逐项积分,收敛半径不变,但收敛域可能会改变.

▶▶▶典型例题解析

例 8-60 求幂级数 $\sum_{n=2}^{\infty} \frac{(-1)^{n+1} x^{2n}}{n}$ 的和函数.

分析: 幂级数系数为 $\frac{(-1)^{n+1}}{n}$,级数与 $\ln(1+x)$ 的展开式(8-7)相近.故应该考虑运用式(8-7)求和,但要注意这里幂级数的下标从 $n=2$ 开始.

解: 因为
$$\lim_{n\to\infty} \frac{|u_{n+1}(x)|}{|u_n(x)|} = \lim_{n\to\infty} \frac{n}{n+1} x^2 = x^2,$$
可得幂级数的收敛域为 $-1 \leqslant x \leqslant 1$,记和函数 $S(x) = \sum_{n=2}^{\infty} \frac{(-1)^{n+1} \cdot x^{2n}}{n}$. 又

$$S(x) = \sum_{n=2}^{\infty} \frac{(-1)^{n+1} x^{2n}}{n} = \sum_{n=2}^{\infty} \frac{(-1)^{n+1} (x^2)^n}{n} \xlongequal{t=x^2} \sum_{n=2}^{\infty} \frac{(-1)^{n+1} t^n}{n},$$

利用式(8-7),得

$$\begin{aligned} S(x) &= \sum_{n=1}^{\infty} \frac{(-1)^{n+1} t^n}{n} - t = \ln(1+t) - t \quad (-1 < t \leqslant 1) \\ &= \ln(1+x^2) - x^2,\ (-1 \leqslant x \leqslant 1). \end{aligned}$$

例 8-61 求幂级数 $\sum_{n=0}^{\infty} (-1)^n \frac{(2n+1)}{(2n)!} x^{2n}$ 的和函数.

分析: 级数的通项与 $\cos x$, $\sin x$ 的展开式[式(8-6),式(8-5)]相近,所以本例的求解思路应围绕运用式(8-6)、式(8-5)展开,为此首先应去除分子中的 $2n+1$.

解一: 因为 $\lim_{n\to\infty} \frac{|u_{n+1}(x)|}{|u_n(x)|} = \lim_{n\to\infty} \frac{2n+3}{(2n+2)(2n+1)^2} x^2 = 0$, $x \in (-\infty, +\infty)$,所以该幂级数的收敛域为 $(-\infty, +\infty)$. 记 $S(x) = \sum_{n=0}^{\infty} (-1)^n \frac{(2n+1)}{(2n)!} x^{2n}$,则对任意的 $x \in (-\infty, +\infty)$,运用式(8-6)、式(8-5)得,

$$\begin{aligned} S(x) &= \sum_{n=0}^{\infty} (-1)^n \frac{(2n)}{(2n)!} x^{2n} + \sum_{n=0}^{\infty} (-1)^n \frac{1}{(2n)!} x^{2n} = \sum_{n=1}^{\infty} (-1)^n \frac{x^{2n}}{(2n-1)!} + \cos x \\ &= x \sum_{n=1}^{\infty} (-1)^n \frac{x^{2n-1}}{(2n-1)!} + \cos x \xlongequal{k=n-1} x \sum_{k=0}^{\infty} (-1)^{k+1} \frac{x^{2k+1}}{(2k+1)!} + \cos x \\ &= -x\sin x + \cos x = \cos x - x\sin x,\ x \in (-\infty, +\infty). \end{aligned}$$

解二: 本题也可利用幂级数的逐项求导性质计算.

对于任意的 $x \in (-\infty, +\infty)$，利用幂级数的逐项求导性质及式(8-6)，得

$$S(x)=\sum_{n=0}^{\infty}(-1)^n\frac{(2n)}{(2n)!}x^{2n}=\sum_{n=0}^{\infty}(-1)^n\frac{(x^{2n+1})'}{(2n)!}=\left(\sum_{n=0}^{\infty}(-1)^n\frac{x^{2n+1}}{(2n)!}\right)'$$

$$=x\left(\sum_{n=0}^{\infty}(-1)^n\frac{x^{2n}}{(2n)!}\right)'=(x\cos x)'=\cos x-x\sin x,\ x\in(-\infty,+\infty).$$

说明：通过变形、变换、拆项的方法直接利用几个常用初等函数的展开式求和，从方法的角度看是比较简单的，它只需要将求和级数化成有已知展开式的级数，并将展开式代入即可.但是，如果找不到这样的展开式代入，则需要考虑其他方法.当然，有些幂级数的和函数可能根本就无法用初等函数来表示，自然也就求不出来.

例 8-62　求幂级数 $\sum_{n=1}^{\infty}\frac{(-1)^{n-1}}{n(n+1)}x^{n+1}$ 的和函数.

分析：本例无法直接利用基本的幂级数展开式求和，原因在于系数中有 $\frac{1}{n(n+1)}$. 注意到 $\left(\frac{(-1)^{n-1}x^{n+1}}{n(n+1)}\right)''=\left(\frac{(-1)^{n-1}x^n}{n}\right)'=(-1)^{n-1}x^{n-1}$ 就能消去 $\frac{1}{n(n+1)}$，故考虑用逐项求导的方法求解.

解一：容易算得幂级数的收敛域为 $[-1, 1]$. 记和函数

$$S(x)=\sum_{n=1}^{\infty}\frac{(-1)^{n-1}}{n(n+1)}x^{n+1},\ -1\leqslant x\leqslant 1.$$

先设 $x\in(-1, 1)$，则　$S'(x)=\sum_{n=1}^{\infty}\frac{(-1)^{n-1}}{n}x^n,\ S''(x)=\sum_{n=1}^{\infty}(-1)^{n-1}x^{n-1}$，

从而有　$S''(x)=\frac{1}{1+x}$.

将上式两边从 0 到 x 积分　$S'(x)-S'(0)=\ln(1+x)$.

由于 $S'(0)=0$，所以有　$S'(x)=\ln(1+x)$，

将上式两边再从 0 到 x 积分，得

$$S(x)-S(0)=\int_0^x\ln(1+x)\mathrm{d}x=(1+x)\ln(1+x)-x.$$

再从 $S(0)=0$，得　$S(x)=(1+x)\ln(1+x)-x$，

所以　$S(x)=\sum_{n=1}^{\infty}\frac{(-1)^{n-1}}{n(n+1)}x^{n+1}=(1+x)\ln(1+x)-x,\ x\in(-1, 1).$

由于 $S(x)$ 在 $x=1$ 处连续，故上式在 $x=1$ 处仍然成立.

又因　$S(-1)=\lim_{x\to-1^+}[(1+x)\ln(1+x)-x]=1$，

所以幂级数的和函数

$$S(x)=\begin{cases}(1+x)\ln(1+x)-x, & x\in(-1,1]\\ 1, & x=-1\end{cases}.$$

解二： 对于 $x\in(-1,1)$，运用逐项积分性质

$$\begin{aligned}S(x)&=\sum_{n=1}^{\infty}\frac{(-1)^{n-1}}{n(n+1)}x^{n+1}=\sum_{n=1}^{\infty}\int_0^x\frac{(-1)^{n-1}}{n}t^n\,dt=\int_0^x\sum_{n=1}^{\infty}\frac{(-1)^{n-1}}{n}t^n\,dt\\&=\int_0^x\left(\sum_{n=1}^{\infty}\int_0^t(-1)^{n-1}s^{n-1}ds\right)dt=\int_0^x\left(\int_0^t\left(\sum_{n=1}^{\infty}(-1)^{n-1}s^{n-1}\right)ds\right)dt\\&=\int_0^x\left(\int_0^t\frac{1}{1+s}ds\right)dt=\int_0^x\ln(1+t)dt\\&=(1+x)\ln(1+x)-x.\end{aligned}$$

与解一同样可得，上式在 $x=1$ 处仍然成立，且 $S(-1)=1$.

解三： 对于 $x\in(-1,1]$，幂级数可以写成

$$\begin{aligned}S(x)&=\sum_{n=1}^{\infty}\frac{(-1)^{n-1}}{n(n+1)}x^{n+1}=\sum_{n=1}^{\infty}(-1)^{n-1}\left(\frac{1}{n}-\frac{1}{n+1}\right)x^{n+1}\\&=\sum_{n=1}^{\infty}\frac{(-1)^{n-1}}{n}x^{n+1}-\sum_{n=1}^{\infty}\frac{(-1)^{n-1}}{n+1}x^{n+1}\text{（对第二个级数令 }k=n+1\text{）}\\&=x\sum_{n=1}^{\infty}\frac{(-1)^{n-1}}{n}x^n-\sum_{k=2}^{\infty}\frac{(-1)^{k-2}}{k}x^k\\&=x\ln(1+x)+\sum_{n=2}^{\infty}\frac{(-1)^{n+1}}{n}x^n\\&=x\ln(1+x)+\ln(1+x)-x,\ -1<x\leqslant 1.\end{aligned}$$

在 $x=-1$ 处与解一同样可得，$S(-1)=1$.

例 8-63 求幂级数 $\sum\limits_{n=1}^{\infty}\frac{n^2x^n}{n!}$ 的和函数.

分析： 注意到系数的分母有 $n!$，应该考虑能否借助 e^x 的展开式求和.

解： 因为 $\lim\limits_{n\to\infty}\frac{|u_{n+1}(x)|}{|u_n(x)|}=\lim\limits_{n\to\infty}\frac{\frac{(n+1)^2}{(n+1)!}|x^{n+1}|}{\frac{n^2}{n!}|x^n|}=\lim\limits_{n\to\infty}\frac{n+1}{n^2}|x|^2=0$,

所以幂级数的收敛域为 $(-\infty,+\infty)$. 记和函数 $S(x)=\sum\limits_{n=1}^{\infty}\frac{n^2x^n}{n!}$，则运用幂级数的逐项求导公式，对任意的 $x\in(-\infty,+\infty)$

$$\begin{aligned}S(x)&=\sum_{n=1}^{\infty}\frac{n^2x^n}{n!}=x\sum_{n=1}^{\infty}\frac{n}{n!}(x^n)'=x\left[\sum_{n=1}^{\infty}\frac{n}{n!}x^n\right]'\\&=x\left[x\sum_{n=1}^{\infty}\frac{1}{n!}(x^n)'\right]'=x\left[x\left(\sum_{n=1}^{\infty}\frac{1}{n!}x^n\right)'\right]'\\&=x[x(e^x-1)']'=x(xe^x)'=x(x+1)e^x,\ (-\infty<x<+\infty).\end{aligned}$$

例 8-64 求幂级数 $\sum_{n=0}^{\infty}\frac{1}{(n+2)n!}x^{2n}$ 的和函数.

分析：系数的分母有 $n!$，可考虑借助 e^x 的展开式求和，为此首先应设法消除分母中的因子 $n+2$.

解：容易确定幂级数的收敛域为 $(-\infty,+\infty)$，记和函数 $S(x)=\sum_{n=0}^{\infty}\frac{1}{(n+2)n!}x^{2n}$.

当 $x\neq 0$ 时，运用幂级数的逐项积分公式，

$$S(x)=\sum_{n=0}^{\infty}\frac{1}{(n+2)n!}x^{2n}\overset{t=x^2}{=\!=\!=}\sum_{n=0}^{\infty}\frac{1}{(n+2)n!}t^{n}=\frac{1}{t^2}\sum_{n=0}^{\infty}\frac{1}{(n+2)n!}t^{n+2}$$

$$=\frac{1}{t^2}\sum_{n=0}^{\infty}\int_0^t\frac{1}{n!}s^{n+1}\mathrm{d}s=\frac{1}{t^2}\int_0^t\left(\sum_{n=0}^{\infty}\frac{s^{n+1}}{n!}\right)\mathrm{d}s=\frac{1}{t^2}\int_0^t se^s\mathrm{d}s=\frac{1}{t^2}\left(se^s\big|_0^t-\int_0^t e^s\mathrm{d}s\right)$$

$$=\frac{1}{t^2}(te^t-e^t+1)=\frac{1}{x^4}(x^2e^{x^2}-e^{x^2}+1).$$

注意到，$S(0)=\frac{1}{2}$，所以幂级数和函数为 $\begin{cases}\frac{1}{x^4}(x^2e^{x^2}-e^{x^2}+1), & x\neq 0\\ \frac{1}{2}, & x=0\end{cases}$.

例 8-65 求幂级数 $\sum_{n=0}^{\infty}\frac{(-1)^n}{(2n+3)(2n+1)!}x^{2n+1}$ 的和函数.

分析：幂级数的每一项都为奇数次幂 x^{2n+1}，且分母含有 $(2n+1)!$，应考虑运用 $\sin x$ 或 $\cos x$ 的展开式求和，为此应先消除分母中的 $2n+3$.

解：因为

$$\lim_{n\to\infty}\frac{|u_{n+1}(x)|}{|u_n(x)|}=\lim_{n\to\infty}\frac{|x|^2}{(2n+5)(2n+2)}=0,$$

所以幂级数的收敛域为 $(-\infty,+\infty)$. 记和函数 $S(x)=\sum_{n=0}^{\infty}\frac{(-1)^n}{(2n+3)(2n+1)!}x^{2n+1}$，

则对 $x\neq 0$ 时，

$$(x^2S(x))'=\left(\sum_{n=0}^{\infty}\frac{(-1)^n}{(2n+3)(2n+1)!}x^{2n+3}\right)'=\sum_{n=0}^{\infty}\frac{(-1)^n}{(2n+1)!}x^{2n+2}$$

$$=x\sum_{n=0}^{\infty}\frac{(-1)^n}{(2n+1)!}x^{2n+1}=x\sin x.$$

将上式两边从 0 到 x 积分，得

$$x^2S(x)=\int_0^x x\sin x\,\mathrm{d}x=-x\cos x+\sin x,$$

解得

$$S(x)=\frac{\sin x-x\cos x}{x^2},\ x\neq 0.$$

又 $S(0)=0$，所以幂级数的和函数为 $S(x)=\begin{cases}\frac{\sin x-x\cos x}{x^2}, & x\neq 0\\ 0, & x=0\end{cases}$.

例 8-66 求幂级数 $\sum_{n=0}^{\infty}\frac{1}{(4n)!}x^{4n}$ 的收敛域及收敛域上的和函数.

分析: 幂级数的分母为 $(4n)!$，且幂次为 x^{4n}，可见无现成的展开式可用,然而注意到,

$$S(x)=\sum_{n=0}^{\infty}\frac{1}{(4n)!}x^{4n},\ S^{(4)}(x)=\sum_{n=1}^{\infty}\frac{1}{(4(n-1))!}x^{4(n-1)}=S(x),$$

即和函数 $S(x)$ 满足微分方程[1] $S^{(4)}(x)=S(x)$，求解方程即可获得 $S(x)$.

解: 因为 $\lim_{n\to\infty}\frac{|u_{n+1}(x)|}{|u_n(x)|}=\lim_{n\to\infty}\frac{|x|^4}{(4n+4)(4n+3)(4n+2)(4n+1)}=0$,

所以幂级数的收敛域为 $(-\infty,+\infty)$. 记和函数 $S(x)=\sum_{n=0}^{\infty}\frac{1}{(4n)!}x^{4n}$，则对任意的 $x\in(-\infty,+\infty)$，运用幂级数的逐项求导公式,有:

$$S'(x)=\sum_{n=1}^{\infty}\frac{1}{(4n-1)!}x^{4n-1},\ S''(x)=\sum_{n=1}^{\infty}\frac{1}{(4n-2)!}x^{4n-2},$$

$$S'''(x)=\sum_{n=1}^{\infty}\frac{1}{(4n-3)!}x^{4n-3},$$

$$S^{(4)}(x)=\sum_{n=1}^{\infty}\frac{1}{(4(n-1))!}x^{4(n-1)}=\sum_{n=0}^{\infty}\frac{1}{(4n)!}x^{4n}=S(x),$$

可知和函数 $S(x)$ 满足初值问题: $\begin{cases}S^{(4)}(x)-S(x)=0\\S(0)=1,\ S'(0)=0,\ S''(0)=0,\ S'''(0)=0\end{cases}$

方程的特征方程为 $\lambda^4-1=0$，解得特征根为 $\lambda_1=-1$, $\lambda_2=1$, $\lambda_3=-\mathrm{i}$, $\lambda_4=\mathrm{i}$,

从而方程的通解: $S(x)=C_1\mathrm{e}^{-x}+C_2\mathrm{e}^{x}+C_3\cos x+C_4\sin x$.

由初始条件可得 C_1, C_2, C_3, C_4 满足

$$\begin{cases}S(0)=C_1+C_2+C_3=1,\\S'(0)=-C_1+C_2+C_4=0,\\S''(0)=C_1+C_2-C_3=0,\\S'''(0)=-C_1+C_2-C_4=0,\end{cases}$$

解得 $C_1=C_2=\frac{1}{4}$, $C_3=\frac{1}{2}$, $C_4=0$，所以幂级数的和函数为

$$S(x)=\frac{1}{4}\mathrm{e}^{-x}+\frac{1}{4}\mathrm{e}^{x}+\frac{1}{2}\cos x=\frac{1}{2}(\mathrm{ch}\,x+\cos x)$$

说明: 上例的解法提供了求幂级数和函数的另外一条路径,就是建立和函数 $S(x)$ 满足的微分方程或其他的方程,通过解方程来获得和函数.

---

① 关于微分方程及其求解方法,请参阅第 9 章.

▶▶▶方法小结

幂级数求和的基本思路：

(1) 通过恒等变形、幂级数的运算性质，将求和幂级数转化为一个或分解为几个已知其和函数的幂级数的形式.这些已知和函数的幂级数通常是我们前面介绍的几个基本初等函数展开式中的幂级数(例 8-60，例 8-61).

(2) 当恒等变形方法不能处理时，可考虑运用逐项求导、逐项积分的方法，将问题化为已知和函数的幂级数来求和(例 8-62、例 8-63、例 8-64、例 8-65).

① 利用逐项求导方法求和

将幂级数 $S(x)=\sum\limits_{n=0}^{\infty}a_nx^n$ 逐项求导

$$S'(x)=\left(\sum_{n=0}^{\infty}a_nx^n\right)'=\sum_{n=0}^{\infty}(a_nx^n)'=\sum_{n=1}^{\infty}na_nx^{n-1}\text{ (可以多次求导)},$$

对求导后的幂级数求和 $S'(x)=\sum\limits_{n=1}^{\infty}na_nx^{n-1}=g(x)$，然后再积分获得和函数

$$S(x)=S(0)+\int_0^x g(x)\mathrm{d}x.$$

② 利用逐项积分方法求和

将幂级数 $S(x)=\sum\limits_{n=0}^{\infty}a_nx^n$ 逐项积分

$$\int_0^x S(x)\mathrm{d}x=\int_0^x\left(\sum_{n=0}^{\infty}a_nx^n\right)\mathrm{d}x=\sum_{n=0}^{\infty}\left(\int_0^x a_nx^n\mathrm{d}x\right)=\sum_{n=0}^{\infty}\frac{a_n}{n+1}x^n,$$

对积分后幂级数求和 $\int_0^x S(x)\mathrm{d}x=\sum\limits_{n=0}^{\infty}\frac{a_n}{n+1}x^n=h(x)$，然后再求导获得和函数

$$S(x)=\sum_{n=0}^{\infty}a_nx^n=h'(x).$$

(3) 当逐项求导、逐项积分方法不能处理时，可考虑建立和函数 $S(x)$ 满足的方程，通常是通过对 $S(x)$ 求导来建立 $S(x)$ 满足的微分方程，从而把求和问题转化为解微分方程问题(例 8-66).

8.2.4.2　数项级数求和①

▶▶▶基本方法

1) 利用级数的定义求数项级数和

利用级数的定义

---

① 利用函数的傅里叶级数展开式也可以求一些数项级数的和，有关的内容将在第 14 章介绍.

$$\sum_{n=0}^{\infty} a_n = \lim_{n\to\infty} S_n = S$$

求和是最基本的方法,这一方法由于要面临部分和数列 $S_n=\sum_{k=1}^{n}a_k$ 的计算,所以此方法所能处理的范围不广,但是对某些级数而言,此法依然是有效的.

2)利用幂级数的和函数求数项级数的和

数项级数的求和如果仅仅着眼于定义的方法,由于要计算部分和 S_n 的原因,能求出和的级数不多.由于幂级数求和有许多有效的方法,所以数项级数求和的另外一个重要方法是把数项级数的求和问题转化为与问题相适应的辅助幂级数的求和问题,在求出辅助幂级数的和函数之后,令 x 为某一具体数值获得该数项级数的和.

▶▶▶方法运用注意点

1)利用级数的定义求数项级数和

运用级数的定义求和的关键在于能够求出部分和数列的通项 $S_n=\sum_{k=1}^{n}a_k$. 这通常适合于几何级数或者通过拆项能够前后相消得级数.

2)利用幂级数的和函数求数项级数的和

对于给定的数项级数,构造一个与之相适应的辅助幂级数是求解该类问题的关键.辅助幂级数应符合以下两点要求:

(1) 数项级数应为辅助幂级数在某一点 $x=a$ 处的值,所以 $x=a$ 应该属于辅助幂级数的收敛域中的点.

(2) 辅助幂级数容易求和.

▶▶▶典型例题解析

例 8-67 设有两条抛物线 $y=nx^2+\frac{1}{n}$ 和 $y=(n+1)x^2+\frac{1}{n+1}$,记它们交点横坐标的绝对值为 a_n,(1) 求这两条抛物线所围成的平面图形的面积 S_n; (2) 求级数 $\sum_{n=1}^{\infty}\frac{S_n}{a_n}$ 的和.

分析: 本例应先求出 a_n,再求出面积 S_n,再考虑求级数的和.

解: (1) 令 $nx^2+\frac{1}{n}=(n+1)x^2+\frac{1}{n+1}$,解得两抛物线交点的横坐标 $x=\pm\frac{1}{\sqrt{n(n+1)}}$,于是 $a_n=\frac{1}{\sqrt{n(n+1)}}$,两抛物线所围成的平面图形面积

$$S_n=2\int_0^{a_n}\left[nx^2+\frac{1}{n}-(n+1)x^2-\frac{1}{n+1}\right]\mathrm{d}x$$

$$=2\int_0^{a_n}\left[\frac{1}{n(n+1)}-x^2\right]\mathrm{d}x=\frac{4}{3}\,\frac{1}{n(n+1)\sqrt{n(n+1)}}$$

(2) 由 S_n，a_n 的表达式，得

$$\sum_{n=1}^{\infty}\frac{S_n}{a_n}=\sum_{n=1}^{\infty}\frac{4}{3n(n+1)}=\frac{4}{3}\lim_{n\to\infty}\sum_{k=1}^{n}\left(\frac{1}{k}-\frac{1}{k+1}\right)=\frac{4}{3}\lim_{n\to\infty}\left(1-\frac{1}{n+1}\right)=\frac{4}{3}.$$

例 8－68 求级数 $\sum_{n=1}^{\infty}\sin\frac{\pi}{n^2+n}\cos\frac{2n+1}{n^2+n}\pi$ 的和.

分析： 本例应首先考虑将通项 $a_n=\sin\frac{\pi}{n^2+n}\cos\frac{2n+1}{n^2+n}\pi$ 中的乘积拆开，这可借助积化和差公式.

解： 利用积化和差公式有

$$\begin{aligned}a_n&=\sin\frac{\pi}{n^2+n}\cos\frac{2n+1}{n^2+n}\pi=\frac{1}{2}\left(\sin\frac{2n+2}{n^2+n}\pi-\sin\frac{2n}{n^2+n}\pi\right)\\&=\frac{1}{2}\left(\sin\frac{2}{n}\pi-\sin\frac{2}{n+1}\pi\right)\end{aligned}$$

于是 $$S_n=\sum_{k=1}^{n}\frac{1}{2}\left(\sin\frac{2}{k}\pi-\sin\frac{2}{k+1}\pi\right)=\frac{1}{2}\left(\sin 2\pi-\sin\frac{2}{n+1}\pi\right)=-\frac{1}{2}\sin\frac{2}{n+1}\pi,$$

所以级数的和

$$\sum_{n=1}^{\infty}\sin\frac{\pi}{n^2+n}\cos\frac{2n+1}{n^2+n}\pi=\lim_{n\to\infty}S_n=\lim_{n\to\infty}\left(-\frac{1}{2}\sin\frac{2}{n+1}\pi\right)=0.$$

例 8－69 设数列 $\{na_n\}$ 收敛于 a，级数 $\sum_{n=1}^{\infty}n(a_n-a_{n-1})$ 收敛于 b，求级数 $\sum_{n=1}^{\infty}a_n$ 的和.

分析： 本题是抽象级数的求和问题，一条自然的思路是建立两级数的部分和数列之间的关系，利用级数的定义求和.

解： 设级数 $\sum_{n=1}^{\infty}n(a_n-a_{n-1})$ 的前项和为 A_n，级数 $\sum_{n=1}^{\infty}a_n$ 的前项和为 S_n，则

$$\begin{aligned}A_n&=\sum_{k=1}^{n}k(a_k-a_{k-1})=(a_1-a_0)+2(a_2-a_1)+\cdots+n(a_n-a_{n-1})\\&=na_n-(a_0+a_1+\cdots+a_{n-1})=na_n-a_0+a_n-S_n\end{aligned}$$

从而得 $$S_n=na_n-a_0+a_n-A_n,$$

由题设 $\lim_{n\to\infty}na_n=a$ 知 $\lim_{n\to\infty}a_n=0$，再由 $\lim_{n\to\infty}A_n=b$，取极限得：

$$\sum_{n=1}^{\infty}a_n=\lim_{n\to\infty}S_n=\lim_{n\to\infty}(na_n-a_0+a_n-A_n)=a-b-a_0.$$

例 8－70 求级数 $\frac{1}{2}+\frac{3}{4}+\frac{5}{8}+\frac{7}{16}+\cdots+\frac{2n-1}{2^n}$ 的和.

分析： 级数可以写为 $\sum_{n=1}^{\infty}\frac{2n-1}{2^n}=\sum_{n=1}^{\infty}(2n-1)\left(\frac{1}{2}\right)^n$，其辅助幂级数可以是 $\sum_{n=1}^{\infty}(2n-1)x^n$，但

是考虑到对辅助幂级数的求和方便以及等式

$$(x^{2n-1})'=(2n-1)x^{2n-2},\quad \sum_{n=1}^{\infty}\frac{2n-1}{2^n}=\frac{1}{2}\sum_{n=1}^{\infty}(2n-1)\left(\frac{1}{\sqrt{2}}\right)^{2n-2},$$

把辅助幂级数选为 $\sum\limits_{n=1}^{\infty}(2n-1)x^{2n-2}$ 求和会更方便些.

解：构造辅助幂级数 $S(x)=\sum\limits_{n=1}^{\infty}(2n-1)x^{2n-2}$，其收敛域为 $(-1,1)$. 对于 $x\in(-1,1)$，运用幂级数的逐项求导性质，

$$S(x)=\sum_{n=1}^{\infty}(2n-1)x^{2n-2}=\sum_{n=1}^{\infty}(x^{2n-1})'=\left(\sum_{n=1}^{\infty}x^{2n-1}\right)'=\left(\frac{x}{1-x^2}\right)'=\frac{1+x^2}{(1-x^2)^2}.$$

令 $x=\frac{1}{\sqrt{2}}\in(-1,1)$，则有 $\sum\limits_{n=1}^{\infty}\frac{2n-1}{2^n}=\frac{1}{2}S\left(\frac{1}{\sqrt{2}}\right)=\frac{1}{2}\cdot 6=3.$

例 8-71 求级数 $\sum\limits_{n=1}^{\infty}\frac{(-1)^n n}{(2n+1)!}$ 的和.

分析：与求和级数形式相近的幂级数是 $\sin x$ 与 $\cos x$ 的展开式.为消除分子中的 n，似乎应取辅助幂级数为 $\sum\limits_{n=1}^{\infty}\frac{(-1)^n n x^{n-1}}{(2n+1)!}=\left(\sum\limits_{n=1}^{\infty}\frac{(-1)^n}{(2n+1)!}x^n\right)'$，然而 $\sum\limits_{n=1}^{\infty}\frac{(-1)^n}{(2n+1)!}x^n$ 求和无法套用现成的展开式,此时可考虑将级数分解消除 n.

解一：将级数分解

$$\sum_{n=1}^{\infty}\frac{(-1)^n n}{(2n+1)!}=\frac{1}{2}\sum_{n=1}^{\infty}\frac{(-1)^n[(2n+1)-1]}{(2n+1)!}=\frac{1}{2}\sum_{n=1}^{\infty}\frac{(-1)^n}{(2n)!}-\frac{1}{2}\sum_{n=1}^{\infty}\frac{(-1)^n}{(2n+1)!}.$$

对于级数 $\sum\limits_{n=1}^{\infty}\frac{(-1)^n}{(2n)!}$，构造辅助幂级数 $\sum\limits_{n=1}^{\infty}\frac{(-1)^n}{(2n)!}x^{2n}$，运用展开式(8-6)有

$$S_1(x)=\sum_{n=1}^{\infty}\frac{(-1)^n}{(2n)!}x^{2n}=\cos x-1.$$

从而得

$$\sum_{n=1}^{\infty}\frac{(-1)^n}{(2n)!}=\cos 1-1.$$

对于级数 $\sum\limits_{n=1}^{\infty}\frac{(-1)^n}{(2n+1)!}$，构造辅助幂级数 $\sum\limits_{n=1}^{\infty}\frac{(-1)^n}{(2n+1)!}x^{2n+1}$，运用展开式(8-5)有

$$S_2(x)=\sum_{n=1}^{\infty}\frac{(-1)^n}{(2n+1)!}x^{2n+1}=\sin x-x$$

于是得

$$\sum_{n=1}^{\infty}\frac{(-1)^n}{(2n+1)!}=\sin 1-1.$$

因此所求级数和为 $\sum\limits_{n=1}^{\infty}\dfrac{(-1)^n n}{(2n+1)!}=\dfrac{1}{2}[\cos 1-1-(\sin 1-1)]=\dfrac{1}{2}(\cos 1-\sin 1)$.

解二：由于 $\sum\limits_{n=1}^{\infty}\dfrac{(-1)^n n}{(2n+1)!}=\dfrac{1}{2}\sum\limits_{n=1}^{\infty}\dfrac{(-1)^n 2n}{(2n+1)!}$，构造辅助幂级数 $S(x)=\sum\limits_{n=1}^{\infty}\dfrac{(-1)^n 2n}{(2n+1)!}x^{2n-1}$，可知其收敛域为 $(-\infty,+\infty)$. 对于任意的 $x\neq 0$，运用逐项求导公式和式(8-5)

$$
\begin{aligned}
S(x)&=\sum_{n=1}^{\infty}\frac{(-1)^n}{(2n+1)!}(x^{2n})'=\left(\sum_{n=1}^{\infty}\frac{(-1)^n}{(2n+1)!}x^{2n}\right)'\\
&=\left(\frac{1}{x}\sum_{n=1}^{\infty}\frac{(-1)^n}{(2n+1)!}x^{2n+1}\right)'=\left(\frac{\sin x-x}{x}\right)'\\
&=\frac{x\cos x-\sin x}{x^2}
\end{aligned}
$$

所以所求级数的和为 $\sum\limits_{n=1}^{\infty}\dfrac{(-1)^n n}{(2n+1)!}=\dfrac{1}{2}S(1)=\dfrac{1}{2}(\cos 1-\sin 1)$.

例 8-72 设在 $(-\infty,+\infty)$ 上有 $f(x)=\sum\limits_{n=0}^{\infty}\dfrac{(-1)^{\left[\frac{n}{2}\right]}\pi^n}{(n!)^2}(x-1)^n$，求数项级数 $\sum\limits_{n=0}^{\infty}\dfrac{f^{(2n)}(1)}{2n+2}$ 的和.

分析：首先应考虑计算 $f^{(2n)}(1)$ 的值，这可根据泰勒级数的系数公式 $a_n=\dfrac{f^{(n)}(1)}{n!}$ 来求.

解：由 $f(x)=\sum\limits_{n=0}^{\infty}\dfrac{(-1)^{\left[\frac{n}{2}\right]}\pi^n}{(n!)^2}(x-1)^n$ 及泰勒级数的系数公式，得

$$
a_n=\frac{(-1)^{\left[\frac{n}{2}\right]}}{(n!)^2}\pi^n=\frac{f^{(n)}(1)}{n!},
$$

从而有 $f^{(n)}(1)=\dfrac{(-1)^{\left[\frac{n}{2}\right]}}{n!}\pi^n$，所以 $f^{(2n)}(1)=\dfrac{(-1)^n}{(2n)!}\pi^{2n}$，于是求和级数

$$
\sum_{n=0}^{\infty}\frac{f^{(2n)}(1)}{2n+2}=\sum_{n=0}^{\infty}\frac{(-1)^n}{(2n+2)(2n)!}\pi^{2n}=\sum_{n=0}^{\infty}\frac{(-1)^n(2n+1)}{(2n+2)!}\pi^{2n}.
$$

构造辅助幂级数 $S(x)=\sum\limits_{n=0}^{\infty}\dfrac{(-1)^n(2n+1)}{(2n+2)!}x^{2n}$，其收敛域为 $(-\infty,+\infty)$. 对于 $x\neq 0$，运用逐项求导性质

$$
\begin{aligned}
S(x)&=\sum_{n=0}^{\infty}\frac{(-1)^n}{(2n+2)!}(x^{2n+1})'=\left[\sum_{n=0}^{\infty}\frac{(-1)^n}{(2n+2)!}x^{2n+1}\right]'=\left[\frac{1}{x}\sum_{n=0}^{\infty}\frac{(-1)^n}{(2n+2)!}x^{2n+2}\right]'\\
&\xlongequal{k=n+1}\left[\frac{1}{x}\sum_{k=1}^{\infty}\frac{(-1)^{k-1}}{(2k)!}x^{2k}\right]'=\left[\frac{1}{x}(1-\cos x)\right]'=\frac{x\sin x+\cos x-1}{x^2}.
\end{aligned}
$$

所以所求级数的和为 $$\sum_{n=0}^{\infty}\frac{f^{(2n)}(1)}{2n+2}=S(\pi)=-\frac{2}{\pi^2}.$$

例 8-73 求级数 $1+\sum_{n=1}^{\infty}\frac{(2n-1)!!}{(2n)!!}\left(\frac{1}{2}\right)^n$ 的和.

分析：由级数的形式，辅助幂级数应取为 $S(x)=1+\sum_{n=1}^{\infty}\frac{(2n-1)!!}{(2n)!!}x^n$，显然对该幂级数不能运用逐项求导或逐项积分求和，这时可考虑运用已知展开式求和.这种双阶乘的形式，要能套公式的话，只能套 $(1+x)^{\frac{1}{2}}$ 或 $(1+x)^{-\frac{1}{2}}$ 的展开式.

解：容易得到幂级数 $S(x)=1+\sum_{n=1}^{\infty}\frac{(2n-1)!!}{(2n)!!}x^n$ 的收敛区间为 $(-1,1)$，所以 $x=\frac{1}{2}$ 属于该幂级数的收敛域.对于 $x\in(-1,1)$，

$$S(x)=1+\sum_{n=1}^{\infty}\frac{1\cdot3\cdot5\cdot\cdots\cdot(2n-1)}{2\cdot4\cdot6\cdot\cdots\cdot(2n)}x^n=1+\sum_{n=1}^{\infty}\frac{1\cdot3\cdot5\cdot\cdots\cdot(2n-1)}{2^n n!}x^n$$

$$=1+\sum_{n=1}^{\infty}\frac{\frac{1}{2}\cdot\frac{3}{2}\cdot\frac{5}{2}\cdot\cdots\cdot\frac{(2n-1)}{2}}{n!}x^n$$

$$=1+\sum_{n=1}^{\infty}\frac{\left(-\frac{1}{2}\right)\left(-\frac{3}{2}\right)\left(-\frac{5}{2}\right)\cdots\left(-\frac{2n-1}{2}\right)}{n!}(-x)^n$$

$$=1+\sum_{n=1}^{\infty}\frac{\left(-\frac{1}{2}\right)\left(-\frac{1}{2}-1\right)\cdots\left(-\frac{1}{2}-n+1\right)}{n!}(-x)^n=\frac{1}{\sqrt{1-x}}$$

所以级数的和 $$1+\sum_{n=1}^{\infty}\frac{(2n-1)!!}{(2n)!!}\left(\frac{1}{2}\right)^n=S\left(\frac{1}{2}\right)=\sqrt{2}.$$

说明：这种"凑"的方法的关键是从 $(2n)!!$ 中提出 2^n，即有 $(2n)!!=2^n n!$.

▶▶▶方法小结

数项级数 $\sum_{n=0}^{\infty}a_n$ 求和的基本思想：

(1) 通过恒等变形，如果数项级数 $\sum_{n=0}^{\infty}a_n$ 的部分和数列容易求出，则可以运用级数定义求和.

(2) 当数项级数 $\sum_{n=0}^{\infty}a_n$ 的部分和数列不能求出时，考虑构造辅助幂级数，通过计算辅助幂级数和函数的方法计算.构造辅助幂级数时，可以先取 $\sum_{n=0}^{\infty}a_nx^n$，然后再进行修改(例 8-70).考虑的因素包括：选取的辅助幂级数应尽量与几个已知和函数的基本展开式形式比较接近，求和比较方便，求和的数项级数应为辅助幂级数在其收敛域中某一点 $x=a$ 处的值等.

8.3　习题八

8-1　判别下列级数的敛散性：

(1) $\sum_{n=1}^{\infty}\sin\frac{n\pi}{3}$；

(2) $\sum_{n=1}^{\infty}\frac{x^n}{(1+x)(1+x^2)\cdots(1+x^n)}$，其中 $x>0$；

(3) $\sum_{n=1}^{\infty}\left(\frac{n^2+1}{n^3+1}\right)^2$；

(4) $\sum_{n=2}^{\infty}\frac{2^n}{n^2}$；

(5) $\sum_{n=1}^{\infty}n^2\mathrm{e}^{-n}$；

(6) $\sum_{n=1}^{\infty}\frac{(\sqrt[8]{n}+2)^2}{(n+1)\sqrt[3]{n}}$；

(7) $\sum_{n=1}^{\infty}\left(1-\cos\frac{\pi}{n}\right)$；

(8) $\sum_{n=1}^{\infty}\left(\frac{n+a}{n+b}\right)^{(n+a)(n+b)}$ $(a\neq b,\ b>0)$；

(9) $\sum_{n=0}^{\infty}\left[\frac{n^2+1}{(2n+1)(n+2)}\right]^n$；

(10) $\sum_{n=2}^{\infty}\frac{n}{(\ln n)^n}$；

(11) $\sum_{n=1}^{\infty}\frac{\ln^2 n}{n^{\alpha}}$ $(\alpha>1)$；

(12) $\sum_{n=2}^{\infty}\frac{1}{(\ln n)^{\ln n}}$；

(13) $\sum_{n=1}^{\infty}(\sqrt[n]{n}-1)^2$；

(14) $\sum_{n=1}^{\infty}\left(\sin\frac{n+1}{n^2}-\sin\frac{1}{n}\right)$；

(15) $\left(\frac{1}{2}\right)+\left(\frac{1}{2}\right)\left(\frac{3}{4}\right)^2+\left(\frac{1}{2}\right)\left(\frac{3}{4}\right)^2\left(\frac{5}{6}\right)^3+\cdots$；

(16) $\sum_{n=1}^{\infty}n^2\int_n^{n+1}\mathrm{e}^{-x^2}\mathrm{d}x$；

(17) $\sum_{n=1}^{\infty}\int_0^{\frac{1}{n}}\frac{\sin x}{1+x}\mathrm{d}x$；

(18) $\sum_{n=1}^{\infty}\frac{1}{\int_0^n\sqrt[4]{1+x^4}\,\mathrm{d}x}$

8-2　下列命题中正确的是(　　).

A. 若 $\sum_{n=1}^{\infty}a_n$ 收敛，则 $\sum_{n=1}^{\infty}a_n^2$ 收敛

B. 若 $\sum_{n=1}^{\infty}a_n$ 收敛，且当 $n\to\infty$ 时，a_n 与 b_n 为等价无穷小，则 $\sum_{n=1}^{\infty}b_n$ 收敛

C. 若 $\sum_{n=1}^{\infty}a_n$ 收敛，$\sum_{n=1}^{\infty}b_n$ 绝对收敛，则级数 $\sum_{n=1}^{\infty}a_nb_n$ 绝对收敛

D. 若 $\sum_{n=1}^{\infty}a_n$ 收敛，则 $a_n=o\left(\frac{1}{n}\right)(n\to\infty)$

8-3　若级数 $\sum_{n=1}^{\infty}a_n$ 条件收敛，则 $\lim_{n\to\infty}\frac{\sum_{k=1}^{n}(a_k-|a_k|)}{\sum_{k=1}^{n}(a_k+|a_k|)}$(　　).

A. 等于 1　　B. 等于 -1　　C. 等于 0　　D. 不存在

8-4　设 $u_n\neq 0(n=1,2,\cdots)$，且 $\lim_{n\to\infty}\frac{n}{u_n}=1$，则级数 $\sum_{n=1}^{\infty}(-1)^{n+1}\left(\frac{1}{u_n}+\frac{1}{u_{n+1}}\right)$(　　).

A. 发散　　B. 绝对收敛　　C. 条件收敛　　D. 敛散性不能确定

8-5 若 $\sum_{n=1}^{\infty} a_n$ 和 $\sum_{n=1}^{\infty} b_n$ 都是发散级数，则下列结论中正确的是（　　）.

A. $\sum_{n=1}^{\infty}(a_n+b_n)$ 必发散　　B. $\sum_{n=1}^{\infty}(a_n^2+b_n^2)$ 必发散

C. $\sum_{n=1}^{\infty}a_nb_n$ 必发散　　D. $\sum_{n=1}^{\infty}(|a_n|+|b_n|)$ 必发散

8-6 判别下列级数的敛散性：

(1) $\sum_{n=1}^{\infty}\dfrac{(-3)^n}{n!}$；　(2) $\sum_{n=1}^{\infty}\dfrac{(-1)^{n+1}}{(2n-1)^2}$；　(3) $\sum_{n=1}^{\infty}(-1)^n e^{-\frac{1}{n}}$；

(4) $\sum_{n=1}^{\infty}(-1)^n(\sqrt{n+1}-\sqrt{n})$；　(5) $\sum_{n=1}^{\infty}\dfrac{(-1)^{n-1}\sqrt{n+1}}{n+102}$；　(6) $\sum_{n=1}^{\infty}\dfrac{(-1)^{n-1}}{n-\ln n}$；

(7) $\sum_{n=2}^{\infty}\sin\left(n\pi+\dfrac{1}{\ln n}\right)$；　(8) $\sum_{n=1}^{\infty}\sin(\pi\sqrt{n^2+a^2})$，$(a>0)$；

(9) $\dfrac{a}{1}-\dfrac{b}{2}+\dfrac{a}{3}-\dfrac{b}{4}+\cdots(a>0,\ b>0)$；

(10) $\sum_{n=1}^{\infty}(-1)^{n+1}a_n$，其中 $a_{2k-1}=\dfrac{1}{k}$，$a_{2k}=\int_k^{k+1}\dfrac{1}{x}dx$；

(11) $\sum_{n=1}^{\infty}(-1)^{n-1}\ln\dfrac{\left(1+\dfrac{1}{n}\right)^n}{e}$；　(12) $\sum_{n=1}^{\infty}(-1)^n\left(\cos\dfrac{1}{n}\right)^{n^3}$.

8-7 若数列 $\{n^p a_n\}$ 收敛于 $l(0<l<+\infty)$，试讨论级数 $\sum_{n=1}^{\infty}a_n$ 的敛散性.

8-8 设 $\sum_{n=1}^{\infty}a_n$，$\sum_{n=1}^{\infty}b_n$ 都是收敛的正项级数：

(1) 试证明级数 $\sum_{n=1}^{\infty}\sqrt{a_nb_n}$ 必收敛；

(2) 试问级数 $\sum_{n=1}^{\infty}\max\{a_n,\ b_n\}$ 是否一定收敛？如果去掉正项级数的前提条件，结论是否成立？

8-9 若数列 $\{n^{n\sin\frac{\pi}{n}}a_n\}$ 收敛，试证明级数 $\sum_{n=1}^{\infty}a_n$ 绝对收敛.

8-10 设正项数列 $\{a_n\}$ 单调减少，且 $\sum_{n=1}^{\infty}(-1)^n a_n$ 发散，证明级数 $\sum_{n=1}^{\infty}\left(\dfrac{1}{1+a_n}\right)^n$ 收敛.

8-11 设 $a_n=\int_0^{\frac{\pi}{4}}\tan^n x\,dx$，

(1) 求 $\sum_{n=1}^{\infty}\dfrac{1}{n}(a_n+a_{n+2})$ 的值；　(2) 试证：对任意的常数 $\lambda>0$，级数 $\sum_{n=1}^{\infty}\dfrac{a_n}{n^{\lambda}}$ 收敛.

8-12 设 $f(x)$ 是在区间 $[0,+\infty)$ 上的单调减少且非负的连续函数，$a_n=\sum_{k=1}^{n}f(k)-\int_1^n f(x)dx$，$n=1,2,\cdots$，证明数列 $\{a_n\}$ 的极限存在.

8-13 设 $a_1=2$，$a_{n+1}=\dfrac{1}{2}\left(a_n+\dfrac{1}{a_n}\right)$ $(n=1,2,\cdots)$，证明：

(1) $\lim\limits_{n\to\infty}a_n$ 存在；　　(2) 级数 $\sum\limits_{n=1}^{\infty}\left(\dfrac{a_n}{a_{n+1}}-1\right)$ 收敛.

8-14　设 $x_n=1+\dfrac{1}{\sqrt{2}}+\cdots+\dfrac{1}{\sqrt{n}}-2\sqrt{n}$，试证数列 $\{x_n\}$ 收敛.

8-15　求下列幂级数的收敛域：

(1) $\sum\limits_{n=1}^{\infty}\dfrac{x^n}{(2n)!}$；　(2) $\sum\limits_{n=1}^{\infty}\dfrac{(x-1)^n}{n}$；　(3) $\sum\limits_{n=1}^{\infty}\dfrac{(-1)^n}{\sqrt{n}}(x-5)^n$；

(4) $\sum\limits_{n=1}^{\infty}n^nx^n$；　(5) $\sum\limits_{n=0}^{\infty}(-1)^n\dfrac{x^n}{2^n}$；　(6) $\sum\limits_{n=0}^{\infty}\dfrac{x^n}{3^n(n+1)}$；

(7) $\sum\limits_{n=1}^{\infty}\dfrac{3^n+(-1)^n}{n}x^n$；　(8) $\sum\limits_{n=0}^{\infty}(\sqrt{n+1}-\sqrt{n})2^nx^{2n}$；　(9) $\sum\limits_{n=0}^{\infty}\dfrac{(n!)^3}{(n+1)^2}(x+1)^{2n}$；

(10) $\sum\limits_{n=1}^{\infty}\dfrac{2^{\ln n}}{n}x^n$.

8-16　求下列函数项级数的收敛域：

(1) $\sum\limits_{n=1}^{\infty}\dfrac{(-1)^n}{n}(e^x-1)^n$；　(2) $\sum\limits_{n=1}^{\infty}\dfrac{n^2}{n!+1}(\ln x)^n$；　(3) $\sum\limits_{n=1}^{\infty}\sin\dfrac{1}{3n}\left(\dfrac{3+x}{3-2x}\right)^n$.

8-17　将下列函数展开为 $x-x_0$ 的幂级数：

(1) $f(x)=\ln x$，$x_0=e$；　(2) $f(x)=\dfrac{1}{x^3}$，$x_0=1$；

(3) $f(x)=\dfrac{x}{\sqrt{1+x^2}}$，$x_0=0$；　(4) $f(x)=e^{4x-x^2-3}$，$x_0=2$；

(5) $f(x)=\cos\dfrac{x}{2}$，$x_0=\pi$；　(6) $f(x)=\dfrac{4x-3}{x^2+x+6}$，$x_0=-2$；

(7) $f(x)=\dfrac{1}{2}\ln\dfrac{1+x}{1-x}$，$x_0=0$；　(8) $f(x)=\sin^4x$，$x_0=0$.

8-18　将函数 $f(x)=\arctan\left(\dfrac{1-2x}{1+2x}\right)$ 展开成 x 的幂级数,并求级数 $\sum\limits_{n=0}^{\infty}\dfrac{(-1)^n}{2n+1}$ 的和.

8-19　将函数 $f(x)=x\arctan x-\ln\sqrt{1+x^2}$ 展开成麦克劳林级数.

8-20　设 $g(x)=\begin{cases}\dfrac{e^x-1}{x}, & x\neq 0\\ 1, & x=0\end{cases}$，展开 $f(x)=g'(x)$ 为麦克劳林级数,并求数项级数 $\sum\limits_{n=1}^{\infty}\dfrac{n}{(n+1)!}$ 的和.

8-21　利用函数 $f(x)$ 的幂级数展开式求下列函数的高阶导数：

(1) $f(x)=\dfrac{x}{1+x^2}$，求 $f^{(7)}(0)$；　(2) $f(x)=e^{3x-3x^2+x^3}$，求 $f^{(n)}(1)$；

(3) $f(x)=\dfrac{e^x}{1-x}$，求 $f^{(n)}(0)$；

8-22 将函数 $f(x)=x^{-\ln x}$ 展开为形如 $\sum\limits_{n=0}^{\infty}a_n[g(x)]^n$ 的函数项级数,其中 $g(x)=\ln x$.

8-23 求下列幂级数的和函数:

(1) $\sum\limits_{n=1}^{\infty}\dfrac{1}{n(n+2)}x^n$;　(2) $\sum\limits_{n=1}^{\infty}\dfrac{n^2}{3^n}x^n$;　(3) $\sum\limits_{n=2}^{\infty}\dfrac{x^n}{n^2-1}$;　(4) $\sum\limits_{n=0}^{\infty}(-1)^n\dfrac{n+1}{(2n+1)!}x^{2n+1}$.

8-24 求幂级数 $1+\sum\limits_{n=1}^{\infty}(-1)^n\dfrac{x^{2n}}{2n}$ 的和函数 $f(x)$ 及其极值.

8-25 求幂级数 $\sum\limits_{n=0}^{\infty}\dfrac{1}{2n+1}x^n$ 的收敛域与收敛域上的和函数.

8-26 试求函数项级数 $\sum\limits_{n=1}^{\infty}\dfrac{1}{2^n}\tan\dfrac{x}{2^n}(x\neq 0)$ 的和函数 $S(x)$.

8-27 求下列数项级数的和:

(1) $\sum\limits_{n=1}^{\infty}\dfrac{n^2}{n!}$;　(2) $\sum\limits_{n=1}^{\infty}(-1)\dfrac{n(n+1)}{2^n}$;　(3) $\sum\limits_{n=1}^{\infty}\dfrac{2n+1}{n^2(n+1)^2}$;

(4) $\sum\limits_{n=2}^{\infty}\dfrac{(-1)^n}{n^2+n-2}$;　(5) $\sum\limits_{n=0}^{\infty}\dfrac{(-1)^n}{3n+1}$.

第9章 常微分方程

常微分方程(简称微分方程)是含有自变量、一元未知函数及其导数(或微分)的等式.本章的主要任务是研究一些基本的微分方程的求解方法以及它们在几何、物理等方面的应用.

9.1 本章解决的主要问题

(1) 一阶微分方程的求解;

(2) 二阶可降阶微分方程的求解;

(3) 高阶常系数线性微分方程的求解;

(4) 微分方程的应用.

9.2 典型问题解题方法与分析

9.2.1 一阶微分方程的求解

▶▶▶基本方法

(1) 利用分离变量法求解一阶可分离变量方程;

(2) 利用公式法求解一阶线性方程;

(3) 利用变量代换法求解齐次型方程、伯努利方程;

(4) 利用变量代换法求解一般一阶微分方程.

9.2.1.1 求解一阶可分离变量方程的分离变量法

一阶可分离变量方程 对于一阶微分方程 $\frac{\mathrm{d}y}{\mathrm{d}x}=f(x,y)$,若右端项二元连续函数 $f(x,y)$ 可以表示成两个一元连续函数 $g(x)$ 和 $h(y)$ 的乘积,即

$$\frac{\mathrm{d}y}{\mathrm{d}x}=g(x)h(y) \tag{9-1}$$

则方程式(9-1)称为一阶可分离变量方程.

一阶可分离变量方程的分离变量法 将方程式(9-1)变形为

$$\frac{dy}{h(y)}=g(x)dx,\ h(y)\neq 0$$

对上式两边积分,得方程式(9-1)的通解

$$\int\frac{dy}{h(y)}=\int g(x)dx+C \tag{9-2}$$

其中,$\int\frac{1}{h(y)}dy$ 和 $\int g(x)dx$ 分别是 $\frac{1}{h(y)}$ 和 $g(x)$ 的某一个原函数,C 为任意常数.若 $h(y_0)=0$,则 $y=y_0$ 也是方程的解.

▶▶▶方法运用注意点

在微分方程中约定,通解式(9-2)中的不定积分 $\int\frac{1}{h(y)}dy$、$\int g(x)dx$ 分别表示函数 $\frac{1}{h(y)}$ 和 $g(x)$ 的一个原函数,不再带有任意常数.

▶▶▶典型例题解析

例 9-1 求下列微分方程的通解:

(1) $xy'-y\ln y=0$; (2) $y'=\frac{x}{2y}e^{2x-y^2}$.

分析: 所给的两个方程可分别变形为 $\frac{dy}{dx}=\frac{y\ln y}{x}$,$\frac{dy}{dx}=xe^{2x}\cdot\frac{e^{-y^2}}{2y}$,都为一阶可分离变量方程,按分离变量法求解.

解: (1) 将方程分离变量,有 $$\frac{dy}{y\ln y}=\frac{dx}{x},$$

两边积分 $$\int\frac{dy}{y\ln y}=\int\frac{dx}{x}+\ln C,\quad 得\quad \ln(\ln y)=\ln x+\ln C,$$

所以方程的通解为 $$y=e^{Cx}.$$

(2) 将方程分离变量,有 $$2ye^{y^2}dy=xe^{2x}dx,$$

两边积分 $$\int 2ye^{y^2}dy=\int xe^{2x}dx+C,\quad 得\quad e^{y^2}=\frac{1}{2}xe^{2x}-\frac{1}{4}e^{2x}+C,$$

所以方程的通解为 $$e^{y^2}=\frac{1}{4}(2x-1)e^{2x}+C.$$

例 9-2　求下列微分方程满足所给初始条件的特解：

(1) $y'=\dfrac{1}{\cos^2 x\cos^2 y}$，$y\left(\dfrac{\pi}{4}\right)=0$；　　(2) $y'=\dfrac{y}{\sqrt{1-x^2}}$，$y\left(\dfrac{1}{2}\right)=-e^{\frac{\pi}{6}}$.

分析：所给的两个方程都是一阶可分离变量方程，对于初值问题，先求其通解，再由初始条件确定通解中的任意常数，求得特解.

解：(1) 将方程分离变量，有　$\cos^2 y\,\mathrm{d}y=\dfrac{\mathrm{d}x}{\cos^2 x}$，

两边积分　$\int\cos^2 y\,\mathrm{d}y=\int\sec^2 x\,\mathrm{d}x+C$，得　$\dfrac{1}{4}\sin 2y+\dfrac{1}{2}y=\tan x+C$，

所以方程的通解为　$\sin 2y+2y=4\tan x+4C$.

由初始条件，令 $x=\dfrac{\pi}{4}$，$y=0$ 得 $C=-1$，所以所求特解

$$\sin 2y+2y=4(\tan x-1).$$

(2) 将方程分离变量　$\dfrac{1}{y}\mathrm{d}y=\dfrac{1}{\sqrt{1-x^2}}\mathrm{d}x$，

两边积分，得　$\ln y=\arcsin x+\ln C$，　方程的通解　$y=Ce^{\arcsin x}$.

令 $x=\dfrac{1}{2}$，$y=-e^{\frac{\pi}{6}}$ 得 $C=-1$，所以所求特解　$y=-e^{\arcsin x}$.

▶▶▶方法小结

求解可分离变量方程的基本步骤：

(1) 将方程恒等变形，确认其为一阶可分离变量方程；

(2) 分离变量，两边积分求被积函数的原函数，求得方程的通解；

(3) 根据初始条件确定通解中的任意常数，求得初值问题的特解.

9.2.1.2　求解一阶线性方程的公式法

一阶线性方程　一阶方程

$$y'+P(x)y=Q(x) \tag{9-3}$$

称为(关于 y 变量的)一阶线性微分方程.

一阶线性方程的通解公式　一阶线性方程式(9-3)的通解为

$$y=e^{-\int P(x)\mathrm{d}x}\left[\int Q(x)e^{\int P(x)\mathrm{d}x}\mathrm{d}x+C\right] \tag{9-4}$$

▶▶▶方法运用注意点

(1) 通解公式(9-4)中的不定积分都表示被积函数的一个原函数；

(2) 运用公式(9－4)时需将方程写成式(9－3)的标准形式；

(3) 一阶方程
$$x'+P(y)x=Q(y)$$
称为(关于 x 变量的)一阶线性微分方程.同样有通解公式
$$x=e^{-\int P(y)dy}\left[\int Q(y)e^{\int P(y)dy}dy+C\right] \tag{9-5}$$

▶▶▶典型例题解析

例 9－3　求下列微分方程的通解：

(1) $y'+y\cot x=e^{\cos x}$；　　(2) $(x^2-1)y'+2xy-\cos x=0$.

分析：方程是关于 y 的一阶线性方程，运用公式(9－4)计算.

解：(1) $P(x)=\cot x$，$Q(x)=e^{\cos x}$，应用通解公式(9－4)，方程的通解
$$y=e^{-\int\cot x dx}\left(\int e^{\cos x}e^{\int\cot x dx}dx+C\right)=e^{-\ln\sin x}\left(\int e^{\cos x}e^{\ln\sin x}dx+C\right)=(C-e^{\cos x})\csc x.$$

(2) 将方程变形
$$y'+\frac{2x}{x^2-1}y=\frac{\cos x}{x^2-1},$$
此时 $P(x)=\dfrac{2x}{x^2-1}$，$Q(x)=\dfrac{\cos x}{x^2-1}$，应用公式(9－4)，方程的通解
$$y=e^{-\int\frac{2x}{x^2-1}dx}\left(\int\frac{\cos x}{x^2-1}e^{\int\frac{2x}{x^2-1}dx}dx+C\right)=e^{-\ln(x^2-1)}\left(\int\frac{\cos x}{x^2-1}e^{\ln(x^2-1)}dx+C\right)$$
$$=\frac{1}{x^2-1}\left(C+\int\cos x dx\right)=\frac{1}{x^2-1}(C+\sin x).$$

例 9－4　求下列微分方程满足所给初始条件的特解：

(1) $y'-y\tan x=\sec x$，$y(0)=0$；　　(2) $xy'+y=\sin x$，$y(\pi)=2$.

分析：方程是一阶线性方程，先求通解，再应用初始条件确定任意常数后求特解.

解：(1) $P(x)=-\tan x$，$Q(x)=\sec x$，应用通解公式(9－4)，方程的通解
$$y=e^{-\int-\tan dx}\left(\int\sec x e^{\int-\tan x dx}dx+C\right)=e^{-\ln\cos x}\left(\int\sec x e^{\ln\cos x}dx+C\right)$$
$$=\sec x\left(\int dx+C\right)=\sec x(x+C).$$
在通解中令 $x=0$，$y=0$，得 $C=0$，所以所给方程的特解
$$y=x\sec x.$$

(2) 将方程变形得
$$y'+\frac{y}{x}=\frac{\sin x}{x}.$$
$P(x)=\dfrac{1}{x}$，$Q(x)=\dfrac{\sin x}{x}$，应用公式(9－4)，方程的通解

$$y=e^{-\int\frac{1}{x}dx}\left(\int\frac{\sin x}{x}e^{\int\frac{1}{x}dx}dx+C\right)=e^{-\ln x}\left(\int\frac{\sin x}{x}e^{\ln x}dx+C\right)$$

$$=\frac{1}{x}\left(\int\sin x\,dx+C\right)=\frac{1}{x}(C-\cos x).$$

在通解中令 $x=\pi$，$y=2$，得 $C=2\pi-1$，所以方程的特解

$$y=\frac{1}{x}(2\pi-1-\cos x).$$

例 9-5 求微分方程 $y'=\dfrac{y^2+1}{\cos y-2xy}$ 的通解.

分析：方程不是可分离变量的方程，也不是关于 y 的线性方程，但注意到方程中关于 x 变量是一次的，可以考虑改变 x，y 自变量与因变量的地位.

解：原方程可改写成 $$\frac{dx}{dy}+\frac{2y}{1+y^2}x=\frac{\cos y}{1+y^2},$$

它是关于变量 x 的一阶线性方程，运用通解公式(9-5)，得通解

$$x=e^{-\int\frac{2y}{1+y^2}dy}\left(\int\frac{\cos y}{1+y^2}e^{\int\frac{2y}{1+y^2}dy}dy+C\right)=e^{-\ln(1+y^2)}\left[\int\frac{\cos y}{1+y^2}e^{\ln(1+y^2)}dy+C\right]$$

$$=\frac{1}{1+y^2}\left(\int\cos y\,dy+C\right)=\frac{1}{1+y^2}(\sin y+C)$$

▶▶▶方法小结

求解一阶线性方程的基本步骤：

(1) 将方程恒等变形，确认其为关于 y(或关于 x)的一阶线性方程，并化为标准形式；

(2) 运用通解公式(9-4)或(9-5)计算通解；

(3) 根据初始条件确定通解中的任意常数，求得初值问题的特解.

9.2.1.3 求解齐次型方程、伯努利方程的变量代换法

1. 齐次型方程的求解

齐次型方程 如果一阶微分方程 $\dfrac{dy}{dx}=f(x,y)$ 中的二元函数 $f(x,y)$ 满足

$$f(tx,ty)=f(x,y),\ t\neq 0,\ t\in R$$

则称方程 $\dfrac{dy}{dx}=f(x,y)$ 是齐次型方程.

求解齐次型方程的变量代换法 将齐次型方程变形为

$$\frac{dy}{dx}=f\left(1,\frac{y}{x}\right)=\varphi\left(\frac{y}{x}\right) \tag{9-6}$$

令 $u=\dfrac{y}{x}$，则 $y=ux$，$\dfrac{\mathrm{d}y}{\mathrm{d}x}=u+x\dfrac{\mathrm{d}u}{\mathrm{d}x}$，代入方程式(9-6)，得

$$u+x\frac{\mathrm{d}u}{\mathrm{d}x}=\varphi(u)$$

即
$$\frac{\mathrm{d}u}{\mathrm{d}x}=\frac{\varphi(u)-u}{x}\text{（关于 }u，x\text{ 的可分离变量方程）}$$

▶▶▶方法运用注意点

齐次型方程可变形为式(9-6)，也可变形为

$$\frac{\mathrm{d}x}{\mathrm{d}y}=g\left(\frac{x}{y}\right) \tag{9-7}$$

的形式.此时作变换 $u=\dfrac{x}{y}$，仍可将方程式(9-7)化为关于 u，y 的可分离变量方程.

▶▶▶典型例题解析

例 9-6 求微分方程 $\dfrac{\mathrm{d}y}{\mathrm{d}x}=\dfrac{x+y}{x-y}$ 满足初始条件 $y(1)=0$ 的特解.

分析：方程是齐次型方程，化为式(9-6)后计算.

解：原方程可变形为
$$\frac{\mathrm{d}y}{\mathrm{d}x}=\frac{1+\dfrac{y}{x}}{1-\dfrac{y}{x}}$$

令 $u=\dfrac{y}{x}$，则 $y=ux$，$\dfrac{\mathrm{d}y}{\mathrm{d}x}=u+x\dfrac{\mathrm{d}u}{\mathrm{d}x}$，代入方程

$$u+x\frac{\mathrm{d}u}{\mathrm{d}x}=\frac{1+u}{1-u},\quad \text{化简 } x\frac{\mathrm{d}u}{\mathrm{d}x}=\frac{1+u^2}{1-u},$$

分离变量得
$$\frac{1-u}{1+u^2}\mathrm{d}u=\frac{\mathrm{d}x}{x},$$

两边积分得通解
$$\arctan u-\frac{1}{2}\ln(1+u^2)=\ln x+C,$$

将 $u=\dfrac{y}{x}$ 回代，得原方程的通解
$$\arctan\frac{y}{x}-\frac{1}{2}\ln\left[1+\left(\frac{y}{x}\right)^2\right]=\ln x+C.$$

令 $x=1$，$y=0$，得 $C=0$，所以所求特解为

$$\arctan\frac{y}{x}-\frac{1}{2}\ln\left(1+\frac{y^2}{x^2}\right)=\ln x$$

例 9-7 求微分方程 $y'=\frac{y}{x}(1+\ln y-\ln x)$ 的通解.

分析： 原方程可变形为 $\frac{\mathrm{d}y}{\mathrm{d}x}=\frac{y}{x}\left(1+\ln\frac{y}{x}\right)$，是齐次型方程.

解： 令 $u=\frac{y}{x}$，则 $y=ux$，$\frac{\mathrm{d}y}{\mathrm{d}x}=u+x\frac{\mathrm{d}u}{\mathrm{d}x}$，代入方程有 $x\frac{\mathrm{d}u}{\mathrm{d}x}=u\ln u$，

分离变量得
$$\frac{\mathrm{d}u}{u\ln u}=\frac{\mathrm{d}x}{x},$$

两边积分求得方程的通解
$$\ln(\ln u)=\ln x+\ln C,$$

即
$$u=\mathrm{e}^{Cx},$$

将 $u=\frac{y}{x}$ 回代即得原方程的通解
$$y=x\mathrm{e}^{Cx}.$$

例 9-8 求微分方程 $(y^2-3x^2)\mathrm{d}y+2xy\mathrm{d}x=0$ 满足初始条件 $y(0)=1$ 的特解.

分析： 原方程可变形为 $\frac{\mathrm{d}x}{\mathrm{d}y}=-\frac{y^2-3x^2}{2xy}=\frac{3\left(\frac{x}{y}\right)^2-1}{2\left(\frac{x}{y}\right)}$，是形如式(9-7)的齐次型方程，可作变换 $u=\frac{x}{y}$ 处理.

解： 令 $u=\frac{x}{y}$，则 $x=uy$，$\frac{\mathrm{d}x}{\mathrm{d}y}=u+y\frac{\mathrm{d}u}{\mathrm{d}y}$，代入方程有

$$u+y\frac{\mathrm{d}u}{\mathrm{d}y}=\frac{3u^2-1}{2u},\quad 即\quad \frac{\mathrm{d}u}{\mathrm{d}y}=\frac{u^2-1}{2yu},$$

分离变量
$$\frac{2u}{u^2-1}\mathrm{d}u=\frac{1}{y}\mathrm{d}y,$$

两边积分得通解 $\ln(u^2-1)=\ln y+\ln C$，即 $u^2-1=Cy$.

将 $u=\frac{x}{y}$ 回代，得原方程的通解 $x^2-y^2=Cy^3$.

令 $x=0$，$y=1$ 得 $C=-1$，所以所求特解为 $y^3-y^2+x^2=0$.

例 9-9 求微分方程 $\frac{\mathrm{d}y}{\mathrm{d}x}=\frac{7x-3y-7}{7y-3x+3}$ 的通解.

分析： 方程本身不是齐次型方程，原因在于函数 $f(x,y)=\frac{7x-3y-7}{7y-3x+3}$ 中的二元一次式含有非零的常数项.为消除常数项，根据平面解析几何知识，可考虑进行坐标平移，把新坐标系的坐标原点放在两直线 $7x-3y-7=0$，$7y-3x+3=0$ 的交点处即可.

解： 解方程组 $\begin{cases}7x-3y-7=0\\7y-3x+3=0\end{cases}$ 得 $x=1$，$y=0$，做平移变换 $\begin{cases}t=x-1\\s=y\end{cases}$，则 $x=t+1$，$y=s$，

$\mathrm{d}y=\mathrm{d}s$, $\mathrm{d}x=\mathrm{d}t$，将它们代入微分方程，得

$$\frac{\mathrm{d}s}{\mathrm{d}t}=\frac{7(t+1)-3s-7}{7s-3(t+1)+3}=\frac{7t-3s}{7s-3t}.$$

再令 $u=\frac{s}{t}$，则 $s=tu$，$\frac{\mathrm{d}s}{\mathrm{d}t}=u+t\frac{\mathrm{d}u}{\mathrm{d}t}$，代入上方程，有

$$u+t\frac{\mathrm{d}u}{\mathrm{d}t}=\frac{7-3u}{7u-3},$$

整理并分离变量
$$\frac{7u-3}{1-u^2}\mathrm{d}u=\frac{7}{t}\mathrm{d}t,$$

两边积分得其通解为
$$t^7(1-u)^2(1+u)^5=C,$$

将 $u=\frac{s}{t}$ 代入，得
$$(t-s)^2(t+s)^5=C.$$

再把 $t=x-1$，$s=y$ 代入上式得原方程的通解为

$$(y-x+1)^2(x+y-1)^5=C.$$

说明：上例通过坐标平移变换，将非齐次型方程转化为齐次型方程的解法可进一步用来求解以下更一般的微分方程.

$$\frac{\mathrm{d}y}{\mathrm{d}x}=f\left(\frac{a_1x+b_1y+c_1}{a_2x+b_2y+c_2}\right),\ a_1b_2\neq a_2b_1 \tag{9-8}$$

例 9-10 求微分方程 $\frac{\mathrm{d}y}{\mathrm{d}x}=\left(\frac{x+y-2\sqrt{2}}{\sqrt{2}x+2}\right)^2$ 的通解.

分析：所给方程属于式(9-8)类型的方程，用坐标平移变换化为齐次型方程计算.

解：解方程组 $\begin{cases}x+y-2\sqrt{2}=0\\ \sqrt{2}x+2=0\end{cases}$ 得 $x=-\sqrt{2}$，$y=3\sqrt{2}$，令 $t=x+\sqrt{2}$，$s=y-3\sqrt{2}$，则

$x=t-\sqrt{2}$，$y=s+3\sqrt{2}$，$\mathrm{d}t=\mathrm{d}x$，$\mathrm{d}s=\mathrm{d}y$，代入方程，原方程化为

$$\frac{\mathrm{d}s}{\mathrm{d}t}=\frac{(t+s)^2}{2t^2}.$$

令 $u=\frac{s}{t}$，则 $s=tu$，$\frac{\mathrm{d}s}{\mathrm{d}t}=u+t\frac{\mathrm{d}u}{\mathrm{d}t}$，代入上式得

$$2t\frac{\mathrm{d}u}{\mathrm{d}t}=1+u^2,$$

分离变量，积分得
$$2\arctan u=\ln t+C,$$

将 $u=\frac{s}{t}$ 及 $t=x+\sqrt{2}$，$s=y-3\sqrt{2}$ 代回，得原方程的通解

$$2\arctan\frac{y-3\sqrt{2}}{x+\sqrt{2}}=\ln(x+\sqrt{2})+C.$$

2. 伯努利方程的求解方法

伯努利方程 方程

$$y'+P(x)y=Q(x)y^n(n\neq 0,1\text{ 任意实数}) \tag{9-9}$$

称为伯努利方程，其中 $P(x)$，$Q(x)$ 是 x 的连续函数.

求解伯努利方程的变量代换法 将伯努利方程式(9-9)变形为

$$\frac{1}{y^n}y'+P(x)\frac{1}{y^{n-1}}=Q(x)$$

凑微分

$$\frac{1}{1-n}(y^{1-n})'+P(x)y^{1-n}=Q(x)$$

令 $u=y^{1-n}$，把方程化为关于新未知函数 u 的一阶线性方程

$$u'+(1-n)P(x)u=(1-n)Q(x) \tag{9-10}$$

▶▶▶典型例题解析

例 9-11 求微分方程 $y'+y=(\cos x-\sin x)y^2$ 的通解.

分析： 所求方程是 $n=2$ 的伯努利方程，按伯努利方程求解方法计算.

解： 将方程两边同除以 y^2，并凑微分得

$$\frac{\mathrm{d}(y^{-1})}{\mathrm{d}x}-y^{-1}=\sin x-\cos x,$$

令 $u=y^{-1}$，方程化为

$$\frac{\mathrm{d}u}{\mathrm{d}x}-u=\sin x-\cos x,$$

运用通解公式(9-4)，方程的通解

$$u=\mathrm{e}^{\int\mathrm{d}x}\left[\int(\sin x-\cos x)\mathrm{e}^{-\int\mathrm{d}x}\mathrm{d}x+C\right]=\mathrm{e}^x\left[\int(\sin x-\cos x)\mathrm{e}^{-x}\mathrm{d}x+C\right]$$
$$=\mathrm{e}^x(C-\mathrm{e}^{-x}\sin x)=C\mathrm{e}^x-\sin x,$$

所以所求方程的通解

$$y=\frac{1}{C\mathrm{e}^x-\sin x}.$$

例 9-12 求微分方程 $x\mathrm{d}y-[y+xy^3(1+\ln x)]\mathrm{d}x=0$ 的通解.

分析: 所给方程可变形为 $\frac{dy}{dx}-\frac{y}{x}=(1+\ln x)y^3$，可知它是 $n=3$ 的伯努利方程.

解: 将方程 $\frac{dy}{dx}-\frac{y}{x}=(1+\ln x)y^3$ 两边同除以 y^3，得

$$y^{-3}\frac{dy}{dx}-\frac{1}{x}\cdot y^{-2}=1+\ln x,$$

凑微分,整理得
$$\frac{d(y^{-2})}{dx}+\frac{2}{x}(y^{-2})=-2(1+\ln x).$$

令 $u=y^{-2}$，方程化为
$$\frac{du}{dx}+\frac{2}{x}u=-2(1+\ln x).$$

运用通解公式(9-4),方程的通解

$$\begin{aligned}u&=e^{-\int\frac{2}{x}dx}\left[-2\int(1+\ln x)e^{\int\frac{2}{x}dx}dx+C\right]=e^{-2\ln x}\left[-2\int(1+\ln x)e^{2\ln x}dx+C\right]\\&=\frac{1}{x^2}\left[-2\int(1+\ln x)x^2dx+C\right]=-\frac{4}{9}x-\frac{2}{3}x\ln x+\frac{C}{x^2},\end{aligned}$$

将 $u=y^{-2}$ 回代得原方程的通解

$$\frac{x^2}{y^2}=C-\frac{2}{3}x^3\left(\frac{2}{3}+\ln x\right).$$

例 9-13 求微分方程 $xydx+(y^4-x^2)dy=0$ 的通解.

分析: 所给方程可变形为 $\frac{dx}{dy}-\frac{1}{y}x=-y^3x^{-1}$，这是以 x 为因变量，$n=-1$ 的伯努利方程.

解: 将方程 $\frac{dx}{dy}-\frac{1}{y}x=-y^3x^{-1}$ 两边同乘以 x，并凑微分,整理得

$$\frac{dx^2}{dy}-\frac{2}{y}x^2=-2y^3,$$

令 $u=x^2$，方程化为
$$\frac{du}{dy}-\frac{2}{y}u=-2y^3.$$

方程的通解

$$\begin{aligned}u&=e^{\int\frac{2}{y}dy}\left(-2\int y^3e^{-\int\frac{2}{y}dy}dy+C\right)=e^{2\ln y}\left(-2\int y^3e^{-2\ln y}dy+C\right)\\&=y^2\left(-2\int ydy+C\right)=y^2(C-y^2),\end{aligned}$$

将 $u=x^2$ 回代得原方程的通解

$$x^2=y^2(C-y^2).$$

说明: 上例说明,对于有些方程,尽管它关于变量 y 不是伯努利方程,然而它关于变量 x 是伯努

利方程，所以在解题时，改变两变量 x，y 间的地位，即把 x 作为因变量、y 作为自变量也是一条值得考虑的思路，上面的例 9-5、例 9-13 就说明了这一点.

▶▶▶方法小结

(1) 齐次型方程式(9-6)和式(9-7)分别采用固定的变量代换 $u=\dfrac{y}{x}$ 或 $u=\dfrac{x}{y}$ 化为可分离变量方程计算；

(2) 形如式(9-8)的方程可通过坐标平移变换化为齐次型计算(例 9-9、例 9-10)；

(3) 伯努利方程式(9-9)可通过固定的方法和变换 $u=y^{1-n}$ 化为一阶线性方程计算；

(4) 对于伯努利方程，改变两变量 x，y 自变量与因变量的位置也是一种问题求解的方法.

9.2.1.4　一阶微分方程的变量代换法及其应用举例

以上讨论了四种特殊的微分方程：可分离变量方程、一阶线性方程、齐次型方程、伯努利方程的求解方法.可以看到，对于这些方程的求解，已经形成了固定的解法.但是，对于一般的一阶微分方程是否存在一般的解法呢？答案是否定的，也就是一阶微分方程不存在一般的求解方法，所以求解一阶微分方程是困难的.为了求解一些其他的微分方程，人们设想，若以上面讨论的四种方程为平台，如果某一方程通过变量代换可以转化为以上四种特殊的方程，那么这一方程就可以得到求解，求解微分方程的变量代换法就是贯彻这一思想所形成的方法.可以看到，这一方法的核心在于能否找到将方程化为常规可解方程的变量代换，而变量的选取没有固定的方法，下面通过举例介绍这一方法的运用.

▶▶▶典型例题解析

例 9-14　求微分方程 $y'=\dfrac{x+y}{x-1}+\tan\dfrac{x+y}{x-1}-1$ 的通解.

分析：由于方程不属于常规的四种类型方程，应考虑做变量代换求解，本题首先应消除难点 $\dfrac{x+y}{x-1}$.

解：令 $u=\dfrac{x+y}{x-1}$，则 $y=ux-u-x$，$y'=u+xu'-u'-1$，代入方程有

$$(x-1)u'=\tan u,$$

分离变量，两边积分，得通解

$$\sin u=C(x-1).$$

将 $u=\dfrac{x+y}{x-1}$ 回代上式，得原方程的通解

$$\sin\frac{x+y}{x-1}=C(x-1).$$

例 9-15　求微分方程 $y'=y^2+2(\sin x-1)y+\sin^2 x-2\sin x-\cos x+1$ 的通解.

分析：方程不属于四种常规类型的方程，也应考虑做变量代换求解.本例求解的难点在于所做变

换的确定，由于方程较复杂，故应先从方程变形、化简方程入手.

解：原方程可改写为 $$y'=y^2+2(\sin x-1)y+(\sin x-1)^2-\cos x,$$

即 $$y'=(y+\sin x-1)^2-\cos x,$$

亦即 $$(y+\sin x-1)'=(y+\sin x-1)^2,$$

令 $u=y+\sin x-1$，则方程变换为 u，x 的方程 $$u'=u^2.$$

分离变量，两边积分，得方程的通解 $$-\frac{1}{u}=x+C.$$

将 $u=y+\sin x-1$ 回代上式，得原方程的通解

$$y=1-\sin x-\frac{1}{x+C}.$$

例 9-16 求微分方程 $e^{-x}\tan y+y'(1-e^{-x})\sec^2 y=x(1-e^{-x})$ 的通解.

分析：本例方程的形式较复杂，也应考虑用换元法求解.从方程可见，本例首先要消除 $\tan y$ 和 $\sec^2 y$，为此应考虑两者之间有无联系？从 $(\tan y)'=\sec^2 y\cdot y'$ 自然就可发现本例要做的变换.

解：原方程可改写为 $$e^{-x}\tan y+(1-e^{-x})(\tan y)'=x(1-e^{-x}),$$

令 $u=\tan y$，则方程变换为 $$e^{-x}u+(1-e^{-x})u'=x(1-e^{-x}),$$

即为关于 u 的一阶线性方程 $$u'+\frac{e^{-x}}{1-e^{-x}}u=x,$$

方程的通解

$$u=e^{-\int\frac{e^{-x}}{1-e^{-x}}dx}\left[\int x e^{\int\frac{e^{-x}}{1-e^{-x}}dx}dx+C\right]=\frac{1}{1-e^{-x}}\left[\int x(1-e^{-x})dx+C\right]$$
$$=\frac{1}{1-e^{-x}}\left[\frac{1}{2}x^2+(x+1)e^{-x}+C\right].$$

将 $u=\tan y$ 代回，得原方程的通解为

$$(1-e^{-x})\tan y=\frac{1}{2}x^2+(x+1)e^{-x}+C.$$

▶▶▶方法小结

求解一阶微分方程的方法可按图 9-1 所示思路思考.

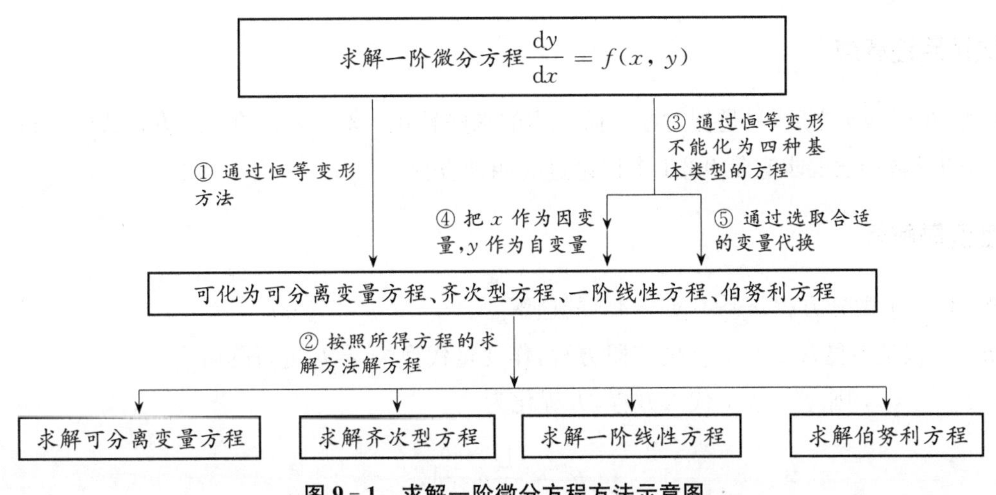

图9-1　求解一阶微分方程方法示意图

在求解一阶微分方程时,首选的方法是根据所给方程的形式或者通过恒等变形确定它是否为四种基本类型的方程:可分离变量方程、齐次型方程、一阶线性方程、伯努利方程(图9-1①).若是,则按照四种方程各自特定的解法求解方程(图9-1②),这是求解一阶微分方程最基本的方法(例9-1,例9-2,例9-3,例9-4,例9-6,例9-7,例9-11,例9-12).若通过恒等变形所给方程不能化为四种基本类型的方程(图9-1③),此时应分两种情况考虑:

(1) 交换变量x与y的地位,即把x作为因变量,y作为自变量,考察经过这一变形后,所得的方程是否为关于x的一阶线性方程或伯努利方程(图9-1④),若是,则按照一阶线性方程、伯努利方程的方法求解(例9-5,例9-13).对于齐次型方程,有时把x作为因变量求解可能更方便(例9-8).

(2) 若交换变量x与y的地位后,所给方程不能化为四种基本类型的方程,此时应考虑采用变量代换的方法求解(图9-1⑤).采用变量代换方法求解的关键在于变换的选取,而变换选取的核心思想应围绕方程中的难点,通过变换消除难点进行.变换选取的方法可多种多样,例如可直接将方程中希望消除的量作为新的变量(例9-14),也可将方程中的项重新组合(例9-15),也可以根据一些几何意义(例9-9)来确定变换.当方程中出现多个难点时,应考虑它们之间的关系,通常是将“难点”所表示的量用求导来考察关系(例9-16).

9.2.2　二阶可降阶微分方程的求解

▶▶▶基本方法

(1) 通过变量代换降阶的方法求解不显含因变量y的方程$y''=f(x, y')$;

(2) 通过变量代换降阶的方法求解不显含自变量x的方程$y''=f(y, y')$.

9.2.2.1　不显含因变量y的方程$y''=f(x, y')$的求解

方程的特点是不显含因变量y.令$y'=p$,则$y''=p'$,代入方程将问题转化为

$$p'=f(x, p)\ (\text{关于 } p, x \text{ 的一阶方程}) \tag{9-11}$$

▶▶▶方法运用注意点

在作变换 $y'=p$ 之后,只是把对原二阶方程的求解转化为对 p, x 的一阶方程式(9-11)求解.对式(9-11)的求解仍然要求它是 9.2.1 中讨论过的四种方程.

▶▶▶典型例题解析

例 9-17 求微分方程 $xy''+y'=4x$ 的通解.

分析: 方程是不显含因变量 y 的二阶方程,作变量代换 $y'=p$ 进行降阶.

解: 令 $y'=p$,则 $y''=p'$,代入方程,方程化为

$$p'+\frac{1}{x}p=4,$$

它是关于 p 的一阶线性方程,应用通解公式(9-4),得

$$p=e^{-\int\frac{1}{x}dx}\left(\int 4e^{\int\frac{1}{x}dx}dx+C_1\right)=e^{-\ln x}\left(4\int e^{\ln x}dx+C_1\right)$$

$$=\frac{1}{x}(2x^2+C_1)=2x+\frac{C_1}{x}$$

再由
$$\frac{dy}{dx}=2x+\frac{C_1}{x}$$

两边积分得原方程的通解
$$y=x^2+C_1\ln x+C_2.$$

例 9-18 求微分方程 $x^2y''+(y')^2e^{-x}=(x^2+2x)y'$ 满足初始条件 $y(1)=0$, $y'(1)=e$ 的特解.

分析: 方程是不显含因变量 y 的二阶方程,作变量代换 $y'=p$ 降阶,求出通解后再根据初始条件定常数获得特解.

解: 令 $y'=p$,则 $y''=p'$,代入方程,原方程化为

$$x^2p'+p^2e^{-x}=(x^2+2x)p,\quad 即\ p'-\left(1+\frac{2}{x}\right)p=-\frac{e^{-x}}{x^2}p^2.$$

它是关于 p, $n=2$ 的伯努利方程.将方程两边除以 p^2,凑微分得

$$\frac{d(p^{-1})}{dx}+\left(1+\frac{2}{x}\right)p^{-1}=\frac{e^{-x}}{x^2},$$

令 $u=\dfrac{1}{p}$,代入方程,得
$$\frac{du}{dx}+\left(1+\frac{2}{x}\right)u=\frac{e^{-x}}{x^2},$$

应用通解公式(9-4),得

$$u=e^{-\int\left(1+\frac{2}{x}\right)dx}\left[\int\frac{e^{-x}}{x^2}e^{\int\left(1+\frac{2}{x}\right)dx}dx+C_1\right]$$

$$=e^{-x-2\ln x}\left(\int\frac{e^{-x}}{x^2}e^{x+2\ln x}dx+C_1\right)=\frac{1}{x^2e^x}(x+C_1),$$

即
$$p=\frac{x^2e^x}{x+C_1},$$

令 $x=1$, $p=e$ 得 $C_1=0$，所以 $\frac{dy}{dx}=p=xe^x$. 两边再积分，得

$$y=\int xe^x dx+C_2=xe^x-e^x+C_2,$$

再令 $x=1$, $y=0$ 得 $C_2=0$，所以所求方程的特解为

$$y=(x-1)e^x.$$

▶▶▶方法小结

不显含因变量的二阶方程的求解步骤：

(1) 令 $y'=p$，则 $y''=p'$，代入方程，将方程降阶为关于 p, x 的一阶方程式(9-11)；

(2) 解一阶方程式(9-11)求出 p，再从 $y'=p$ 求出解 y.

9.2.2.2 不显含自变量 x 的方程 $y''=f(y, y')$ 的求解

方程的特点是不显含自变量 x. 令 $y'=p$，则 $y''=\frac{dp}{dx}=\frac{dp}{dy}\cdot\frac{dy}{dx}=p\frac{dp}{dy}$，代入方程将问题转化为解一阶方程

$$p\frac{dp}{dy}=f(y, p)\text{（关于 } p, y \text{ 的一阶方程）} \tag{9-12}$$

▶▶▶方法运用注意点

与前述求解不显含因变量 y 的方程 $y''=f(x, y')$ 的方法比较，在作变换 $y'=p$ 之后，对二阶导数 y'' 的表示这里有所变化 $y''=p\frac{dp}{dy}$，而不是 $y''=p'$.

▶▶▶典型例题解析

例 9-19 求微分方程 $y^3y''-1=0$ 的通解.

分析： 方程是不显含自变量 x 的二阶方程，作变量代换 $y'=p$, $y''=p\frac{dp}{dy}$ 进行降阶.

解： 令 $y'=p$，则 $y''=p\frac{dp}{dy}$，代入方程，原方程化为

$$y^3p\frac{dp}{dy}=1.$$

分离变量
$$p\,dp=y^{-3}dy,$$

两边积分，整理得 $$p^2=C_1-y^{-2},$$

即 $$\frac{\mathrm{d}y}{\mathrm{d}x}=\pm\sqrt{C_1-y^{-2}}=\pm\frac{\sqrt{C_1y^2-1}}{y},$$

再分离变量，两边积分，整理得 $$\pm\sqrt{C_1y^2-1}=C_1x+C_2,$$

所以原方程的通解为 $$C_1y^2-1=(C_1x+C_2)^2.$$

例 9-20 求微分方程 $yy''=y^2y'+(y')^2$ 满足初始条件 $y(0)=1$，$y'(0)=2$ 的特解.

分析：方程是不显含自变量 x 的二阶方程，作变量代换 $y'=p$ 进行降阶，求出通解后再根据初始条件定常数获得特解.

解：令 $y'=p$，则 $y''=p\dfrac{\mathrm{d}p}{\mathrm{d}y}$，代入方程，原方程降阶为一阶方程

$$yp\frac{\mathrm{d}p}{\mathrm{d}y}=y^2p+p^2.$$

若 $p=y'=0$，则 $y=C$，不满足初始条件 $y'(0)=2$，所以 $p\neq 0$. 于是方程可化为

$$\frac{\mathrm{d}p}{\mathrm{d}y}-\frac{1}{y}p=y,$$

运用一阶线性方程的通解公式(9-4)可得

$$p=\mathrm{e}^{\int\frac{1}{y}\mathrm{d}y}\left(\int y\mathrm{e}^{-\int\frac{1}{y}\mathrm{d}y}\mathrm{d}y+C_1\right)=y(y+C_1),$$

由初始条件，令 $x=0$，$y=1$，$p=2$ 得 $C_1=1$，所以

$$\frac{\mathrm{d}y}{\mathrm{d}x}=p=y(y+1).$$

分离变量，两边积分得 $$\ln y-\ln(y+1)=x+C_2,$$

再由初始条件，令 $x=0$，$y=1$ 得 $C_2=-\ln 2$，所以所求特解 $\ln y-\ln(y+1)=x-\ln 2$，

即 $$y=\frac{\mathrm{e}^x}{2-\mathrm{e}^x}.$$

例 9-21 求下列微分方程的通解：

(1) $y''=1+(y')^2$； (2) $y''=(y')^3+y'$.

分析：这两个方程既是不显含自变量 x，又是不显含因变量 y 的二阶方程，所以即可作变换 $y'=p$，$y''=p'$ 进行降阶，也可以作变换 $y'=p$，$y''=p\dfrac{\mathrm{d}p}{\mathrm{d}y}$ 进行降阶，具体选择应视方程及求解难易而定.

解：(1) 把方程看作不显含因变量 y 的二阶方程. 令 $y'=p$，$y''=p'$，代入方程，原方程降阶为一阶方程

$$p'=1+p^2,$$

分离变量,两边积分,得 $\arctan p=x+C_1$, 即 $p=\tan(x+C_1)$.

所以有
$$\frac{dy}{dx}=\tan(x+C_1),$$

再对上式两边进行积分,得原方程的通解

$$y=-\ln\cos(x+C_1)+C_2.$$

(2) 把方程看作不显含自变量 x 的二阶方程.令 $y'=p$, 则 $y''=p\frac{dp}{dy}$, 代入方程,原方程降阶为一阶方程

$$p\frac{dp}{dy}=p^3+p, \text{即 } p\left(\frac{dp}{dy}-p^2-1\right)=0.$$

若 $p=0$, 则 $\frac{dy}{dx}=0$, $y=C$. 由于 $y=C$ 不是方程的通解,所以 $p\neq 0$. 于是所求方程的通解满足方程

$$\frac{dp}{dy}=p^2+1.$$

分离变量并积分得
$$\arctan p=y+C_1,$$

即 $p=\tan(y+C_1)$, 亦即
$$\frac{dy}{dx}=\tan(y+C_1).$$

再分离变量并积分得原方程的通解

$$\ln\sin(y+C_1)=x+\ln C_2, \quad \text{即} \quad \sin(y+C_1)=C_2e^x.$$

说明: 对于既不显含自变量 x, 又不显含因变量 y 的二阶方程,把它选作哪一种方程求解对计算的复杂性是有影响的.例如,对上题中(1)所给的方程,若把它作为不显含自变量 x 的方程求解,则需解方程 $p\frac{dp}{dy}=p^2+1$. 而对于(2)所给的方程,若把它作为不显含因变量 y 的方程求解,则需解方程 $\frac{dp}{dy}=p^3+p$, 计算都要复杂一些.

▶▶▶方法小结

不显含自变量的二阶方程的求解步骤:

(1) 令 $y'=p$, 则 $y''=p\frac{dp}{dy}$, 代入方程,将方程降阶为关于 p, y 的一阶方程式(9-12);

(2) 解一阶方程式(9-12)求出 p, 再从 $y'=p$ 求出方程的解 y.

9.2.3 高阶线性微分方程的求解

▶▶▶基本方法

(1) 利用解的结构、特征方程法求解高阶常系数线性齐次微分方程；

(2) 利用解的结构、待定系数法求解高阶常系数线性非齐次微分方程；

(3) 利用变量代换方法求解高阶变系数线性微分方程

9.2.3.1 高阶常系数线性齐次微分方程的求解

1. 二阶常系数线性齐次微分方程的求解

二阶常系数线性齐次微分方程为

$$y''+py'+qy=0\ (\text{其中 } p,\ q \text{ 为常数}) \tag{9-13}$$

方程

$$\lambda^2+p\lambda+q=0 \tag{9-14}$$

为二阶常系数线性齐次方程式(9-13)的**特征方程**.

▶▶▶重要结论

(1) 二阶线性齐次微分方程解的结构

若函数 $y_1(x)$ 和 $y_2(x)$ 是二阶线性齐次方程

$$y''+p(x)y'+q(x)y=0 \tag{9-15}$$

的两个线性无关解，则 $y=C_1y_1(x)+C_2y_2(x)$ 为方程式(9-15)的通解，其中 C_1，C_2 为任意常数.

(2) 求解二阶常系数线性齐次微分方程的特征方程法

① 如果特征方程式(9-14)有相异的实根 λ_1，λ_2(即 $p^2-4q>0$)，则方程式(9-13)有两个线性无关的特解 $y_1=e^{\lambda_1 x}$，$y_2=e^{\lambda_2 x}$，方程式(9-13)的通解

$$y=C_1e^{\lambda_1 x}+C_2e^{\lambda_2 x},\ (C_1,\ C_2 \text{ 为任意常数}). \tag{9-16}$$

② 如果特征方程式(9-14)有相同的实根 $\lambda_1=\lambda_2$(即 $p^2-4q=0$)，则方程式(9-13)有两个线性无关解 $y_1=e^{\lambda_1 x}$，$y_2=xe^{\lambda_1 x}$，方程式(9-13)的通解

$$y=C_1e^{\lambda_1 x}+C_2xe^{\lambda_1 x},\ (C_1,\ C_2 \text{ 为任意常数}). \tag{9-17}$$

③ 如果特征方程式(9-14)有一对共轭复根 $\lambda_1=\alpha+i\beta$，$\lambda_2=\alpha-i\beta$ (即 $p^2-4q<0$)，则方程式(9-13)有两个线性无关解 $y_1=e^{\alpha x}\cos\beta x$，$y_2=e^{\alpha x}\sin\beta x$，方程式(9-13)的通解

$$y=e^{\alpha x}(C_1\cos\beta x+C_2\sin\beta x),\ (C_1,\ C_2 \text{ 为任意常数}). \tag{9-18}$$

▶▶▶方法运用注意点

(1) 由于齐次方程式(9-13)的通解完全被其所对应的特征方程式(9-14)的根所确定，所以根据齐次方程式(9-13)准确地写出其所对应的特征方程式(9-14)是这一方法的要点.

(2) 齐次方程式(9-13)与其特征方程式(9-14)是相互确定的，即已知特征方程式(9-14)也可以确定它所对应的齐次方程式(9-13).

▶▶▶典型例题解析

例 9-22 求下列微分方程的通解：

(1) $y''-4y=0$；　(2) $y''+6y'+9y=0$；　(3) $y''+6y'+13y=0$.

分析：所给方程都是二阶常系数线性齐次方程，可根据特征方程法求解.

解：(1) 方程 $y''-4y=0$ 的特征方程为　$\lambda^2-4=0$，

特征方程的根 $\lambda_1=-2$，$\lambda_2=2$，根据式(9-16)，所求方程的通解

$$y=C_1\mathrm{e}^{-2x}+C_2\mathrm{e}^{2x}.$$

(2) 方程 $y''+6y'+9y=0$ 的特征方程为

$$\lambda^2+6\lambda+9=0,$$

特征方程有两个相同的实根 $\lambda_1=\lambda_2=-3$，根据式(9-17)，所求方程的通解

$$y=C_1\mathrm{e}^{-3x}+C_2x\mathrm{e}^{-3x}.$$

(3) 方程 $y''+6y'+13y=0$ 的特征方程为

$$\lambda^2+6\lambda+13=0,$$

特征方程有一对共轭复根 $\lambda_1=-3+2\mathrm{i}$，$\lambda_2=-3-2\mathrm{i}$，根据式(9-18)，所求方程的通解

$$y=C_1\mathrm{e}^{-3x}\cos 2x+C_2\mathrm{e}^{-3x}\sin 2x.$$

例 9-23 求下列微分方程满足初始条件的特解：

(1) $y''+4y'+8y=0$，$y(0)=0$，$y'(0)=2$；　(2) $4y''+4y'+y=0$，$y(0)=2$，$y'(0)=0$.

分析：所给方程都为二阶常系数线性齐次方程，可先根据特征方程法求出通解，再利用初始条件定常数求得特解.

解：(1) 方程的特征方程为

$$\lambda^2+4\lambda+8=0,$$

特征根为一对共轭复根 $\lambda=-2\pm 2\mathrm{i}$，根据式(9-18)，方程的通解

$$y=C_1\mathrm{e}^{-2x}\cos 2x+C_2\mathrm{e}^{-2x}\sin 2x.$$

再由初始条件 $y(0)=0$，$y'(0)=2$，得 $C_1=0$，$C_2=1$，所以所求特解

$$y=\mathrm{e}^{-2x}\sin 2x.$$

(2) 方程的特征方程为　$4\lambda^2+4\lambda+1=0$，

特征根为 $\lambda_1=\lambda_2=-\frac{1}{2}$，根据式(9-17)，方程的通解

$$y=(C_1+C_2x)e^{-\frac{1}{2}x}.$$

再根据初始条件 $y(0)=2$，$y'(0)=0$ 得 $C_1=2$，$C_2=1$，所以所求特解

$$y=(2+x)e^{-\frac{1}{2}x}.$$

2. *n* 阶常系数线性齐次微分方程的求解

n 阶常系数线性齐次微分方程为

$$y^{(n)}+a_{n-1}y^{(n-1)}+\cdots+a_1y'+a_0y=0,\ (a_0,\ a_1,\ \cdots,\ a_{n-1}\ 为常数\ ) \tag{9-19}$$

方程

$$\lambda^n+a_{n-1}\lambda^{n-1}+\cdots+a_1\lambda+a_0=0 \tag{9-20}$$

为 n 阶常系数线性齐次方程式(9-19)的**特征方程**.

▶▶▶重要结论

(1) n 阶线性齐次微分方程解的结构

若函数 $y_1(x)$，$y_2(x)$，…，$y_n(x)$ 是 n 阶线性齐次方程

$$y^{(n)}+a_{n-1}(x)y^{(n-1)}+\cdots+a_1(x)y'+a_0(x)y=0 \tag{9-21}$$

的 n 个线性无关解，则方程式(9-21)的通解为

$$y=C_1y_1(x)+C_2y_2(x)+\cdots+C_ny_n(x) \tag{9-22}$$

其中 C_1，C_2，…，C_n 为任意常数.

(2) 求解 n 阶常系数线性齐次微分方程的特征方程法

与二阶方程的情形类似，可根据特征方程式(9-20)的每一个根的情况，按表 9-1 中的方法写出与重数相同个数的微分方程的线性无关解，把所有特征根所对应的线性无关解进行线性组合，式(9-22)即为方程式(9-19)的通解.

表 9-1

特征方程的根	微分方程对应的解
λ 是单实根	一个解：$e^{\lambda x}$
λ 是 k 重实根	k 个线性无关解：$e^{\lambda x}$，$xe^{\lambda x}$，$x^2e^{\lambda x}$，…，$x^{k-1}e^{\lambda x}$
$\alpha\pm i\beta$ 是一对单复根	两个线性无关解：$e^{\alpha x}\cos\beta x$，$e^{\alpha x}\sin\beta x$
$\alpha\pm i\beta$ 是一对 k 重复根	$2k$ 个线性无关解： $e^{\alpha x}\cos\beta x$，$xe^{\alpha x}\cos\beta x$，…，$x^{k-1}e^{\alpha x}\cos\beta x$ $e^{\alpha x}\sin\beta x$，$xe^{\alpha x}\sin\beta x$，…，$x^{k-1}e^{\alpha x}\sin\beta x$

▶▶▶方法运用注意点

(1) 从齐次方程式(9-19)写出与其所对应的特征方程式(9-20)的方法与二阶齐次方程的情形类似,即把方程式(9-19)中的 y 换成λ, 导数的阶数换成相应的幂次即可.

(2) 实根 λ 所对应的解 $e^{\lambda x}$, 复根 $\lambda=\alpha\pm i\beta$ 所对应的两个解 $e^{\alpha x}\cos\beta x$, $e^{\alpha x}\sin\beta x$ 是基本的.当实根 λ 或复根$\lambda=\alpha\pm i\beta$ 是k 重根时,只需在基本的解 $e^{\lambda x}$ 或 $e^{\alpha x}\cos\beta x$, $e^{\alpha x}\sin\beta x$ 上分别乘$k-1$次 x, 即得 k 重根所对应的 k 个线性无关解.

▶▶▶典型例题解析

例 9-24 求微分方程 $y^{(6)}+3y^{(4)}-4y''=0$ 的通解.

分析: 方程是 6 阶常系数线性齐次方程,按特征方程法求解.

解: 方程的特征方程为
$$\lambda^6+3\lambda^4-4\lambda^2=0,$$
即
$$\lambda^2(\lambda^2-1)(\lambda^2+4)=0.$$
特征根
$$\lambda_1=\lambda_2=0,\ \lambda_3=1,\ \lambda_4=-1,\ \lambda_5=2i,\ \lambda_6=-2i,$$
按表 9-1,各个根所对应的线性无关解是
$$y_1=1,\ y_2=x,\ y_3=e^x,\ y_4=e^{-x},\ y_5=\cos 2x,\ y_6=\sin 2x,$$
所以方程的通解为
$$y=C_1+C_2x+C_3e^x+C_4e^{-x}+C_5\cos 2x+C_6\sin 2x.$$

例 9-25 求微分方程 $y^{(5)}-2y^{(4)}+y'''=0$ 满足初始条件 $y(0)=y'(0)=y''(0)=y'''(0)=0$, $y^{(4)}(0)=-1$ 的特解.

分析: 方程是 5 阶常系数线性齐次方程,先按特征方程法求通解,再按初始条件定常数得特解.

解: 方程的特征方程为
$$\lambda^5-2\lambda^4+\lambda^3=0,$$
即
$$\lambda^3(\lambda-1)^2=0,$$
方程的特征根
$$\lambda_1=\lambda_2=\lambda_3=0,\ \lambda_4=\lambda_5=1,$$
按表 9-1,各个根所对应的线性无关解
$$y_1=1,\ y_2=x,\ y_3=x^2,\ y_4=e^x,\ y_5=xe^x,$$
所以方程的通解为
$$y=C_1+C_2x+C_3x^2+(C_4+C_5x)e^x.$$
再由初始条件 $y(0)=y'(0)=y''(0)=y'''(0)=0$, $y^{(4)}(0)=-1$, 得
$$C_1=-3,\ C_2=-2,\ C_3=-\frac{1}{2},\ C_4=3,\ C_5=-1,$$

所以所求方程的特解

$$y=-3-2x-\frac{1}{2}x^2+(3-x)e^x.$$

▶▶▶方法小结

求解常系数线性齐次方程的步骤：

(1) 根据常系数线性齐次方程写出对应的特征方程；

(2) 求解特征方程的根,即特征根；

(3) 根据特征根按表 9-1 写出方程的线性无关的特解；

(4) 将这些线性无关的特解进行线性组合求得方程的通解；

(5) 由初始条件确定通解中的任意常数,求得初值问题的特解.

9.2.3.2 高阶常系数线性非齐次微分方程的求解

1. 二阶常系数线性非齐次微分方程的求解

二阶常系数线性非齐次方程为

$$y''+py'+qy=f(x) \tag{9-23}$$

▶▶▶重要结论

(1) 二阶线性非齐次微分方程解的结构

若函数 $y_p(x)$ 是二阶线性非齐次方程

$$y''+p(x)y'+q(x)y=f(x) \tag{9-24}$$

的一个特解,而 $y_h(x)$ 是方程式(9-24)所对应的线性齐次方程式(9-15)的通解,则

$$y=y_h(x)+y_p(x) \tag{9-25}$$

是非齐次方程式(9-24)的通解.

(2) 二阶线性非齐次方程的叠加原理

设 $y_1^*(x)$ 与 $y_2^*(x)$ 分别是二阶线性非齐次方程

$$y''+p(x)y'+q(x)y=f_1(x)$$

和

$$y''+p(x)y'+q(x)y=f_2(x)$$

的解,则 $y=y_1^*(x)+y_2^*(x)$ 是非齐次方程

$$y''+p(x)y'+q(x)y=f_1(x)+f_2(x) \tag{9-26}$$

的解.

(3) 待定系数法求非齐次方程特解的特解形式

① 如果方程式(9-23)中的自由项

$$f(x)=e^{\alpha x}P_m(x) \tag{9-27}$$

其中 $P_m(x)$ 是 m 次多项式，则方程式(9-23)的特解形式为

$$y_p=x^k e^{\alpha x}Q_m(x) \tag{9-28}$$

其中 $Q_m(x)$ 是 m 次的待定多项式，k 由下式确定：

$$k=\begin{cases}0, & \alpha \text{ 不是方程所对应的齐次方程的特征根}\\ 1, & \alpha \text{ 是方程所对应的齐次方程的单特征根}\\ 2, & \alpha \text{ 是方程所对应的齐次方程的二重特征根}\end{cases}$$

② 如果方程式(9-23)中的自由项

$$f(x)=e^{\alpha x}[P_m(x)\cos\beta x+Q_n(x)\sin\beta x] \tag{9-29}$$

其中 $P_m(x)$，$Q_n(x)$ 分别是 m 和 n 次多项式，则方程式(9-23)的特解形式为

$$y_p=x^k e^{\alpha x}[R_l(x)\cos\beta x+S_l(x)\sin\beta x] \tag{9-30}$$

其中 $R_l(x)$，$S_l(x)$ 是 l 次的待定多项式，$l=\max\{m, n\}$，k 由下式确定：

$$k=\begin{cases}0, & \alpha\pm i\beta \text{ 不是方程所对应的齐次方程的特征根}\\ 1, & \alpha\pm i\beta \text{ 是方程所对应的齐次方程的特征根}\end{cases}$$

▶▶▶方法运用注意点

根据非齐次方程式(9-24)的解的结构式(9-25)，它的通解由非齐次方程的一个特解和它所对应的齐次方程的通解两部分组成.当方程为常系数方程式(9-23)时，齐次方程的通解可通过特征方程法求得，所以求解常系数非齐次方程式(9-23)的关键在于计算它的一个特解.待定系数法是计算常系数非齐次方程式(9-23)特解的常用方法，方法运用的要点在于能够根据自由项的形式，通过式(9-28)或式(9-30)准确地写出其特解形式.这里同样要指出，待定系数法是有局限性的，它只适用于方程式(9-23)的自由项 $f(x)$ 是由式(9-27)或式(9-29)给出的函数.当遇到 $f(x)$ 不是式(9-27)或式(9-29)形式的函数时，可采用常数变易法①计算特解.

▶▶▶典型例题解析

例 9-26 求下列微分方程的通解：

(1) $y''+2y'+y=e^{-x}$；　(2) $y''-y'-2y=2x+1$；　(3) $y''+3y'+2y=3xe^{-x}$.

分析： 方程都是二阶常系数线性非齐次方程.自由项都为式(9-27)形式的函数. 可先求对应的齐次方程通解，再用待定系数法求非齐次方程的特解.

解： (1) 方程所对应的齐次方程 $y''+2y'+y=0$，其特征方程

$$\lambda^2+2\lambda+1=0,$$

特征根 $\lambda_1=\lambda_2=-1$，所以齐次方程的通解　$y_h=C_1e^{-x}+C_2xe^{-x}$.

---

① 常数变易法也是计算非齐次方程式(9-23)特解的一种方法，由于它不属于高等数学课程的教学大纲，这里不再叙述，有兴趣读者可以参考教材.

由于 $f(x)=e^{-x}$，$\alpha=-1$ 是特征方程的二重根，所以设非齐次方程的特解为

$$y_p=x^2\cdot e^{-x}\cdot a=ax^2e^{-x},$$

代入非齐次方程得 $2a=1$，解得 $a=\frac{1}{2}$，从而求得非齐次方程的一个特解

$$y_p=\frac{1}{2}x^2e^{-x},$$

所以非齐次方程的通解 $y=\frac{1}{2}x^2e^{-x}+C_1e^{-x}+C_2xe^{-x}$.

(2) 方程所对应的齐次方程 $y''-y'-2y=0$，其特征方程

$$\lambda^2-\lambda-2=0,$$

特征根 $\lambda_1=-1$，$\lambda_2=2$，所以齐次方程的通解 $y_h=C_1e^{-x}+C_2e^{2x}$.

由于 $f(x)=2x+1=e^{0x}(2x+1)$，$\alpha=0$ 不是特征根，所以设非齐次方程的特解为

$$y_p=ax+b$$

代入非齐次方程得 $-2ax-a-2b=2x+1$,

比较系数解得 $a=-1$，$b=0$，从而求得非齐次方程的一个特解

$$y_p=-x$$

所以原方程的通解 $y=-x+C_1e^{-x}+C_2e^{2x}$.

(3) 方程所对应的齐次方程 $y''+3y'+2y=0$，其特征方程

$$\lambda^2+3\lambda+2=0,$$

特征根 $\lambda_1=-1$，$\lambda_2=-2$，所以齐次方程的通解 $y_h=C_1e^{-x}+C_2e^{-2x}$.

由于 $f(x)=3xe^{-x}$，$\alpha=-1$ 是特征方程的单根，所以设非齐次方程的特解为

$$y_p=x(ax+b)e^{-x}$$

代入非齐次方程得 $2ax+2a+b=3x$,

比较系数解得 $a=\frac{3}{2}$，$b=-3$，从而求得非齐次方程的一个特解

$$y_p=\left(\frac{3}{2}x^2-3x\right)e^{-x}$$

所以原方程的通解 $y=\left(\frac{3}{2}x^2-3x\right)e^{-x}+C_1e^{-x}+C_2e^{-2x}$.

例 9-27 求下列微分方程的通解：

(1) $y''+4y=x\cos x$；　　　　(2) $y''+\omega^2 y=3\cos\beta x$（$\omega$，$\beta$ 都是正的实数）.

分析：两方程都是二阶常系数线性非齐次方程，自由项都是式(9-29)形式的函数. 可先求对应齐次方程的通解，再用待定系数法求非齐次方程的特解.

解：(1) 方程所对应的齐次方程 $y''+4y=0$，其特征方程

$$\lambda^2+4=0,$$

特征根 $\lambda_1=2\mathrm{i}$，$\lambda_2=-2\mathrm{i}$，所以齐次方程的通解　$y_h=C_1\cos 2x+C_2\sin 2x$.

由 $f(x)=x\cos x$ 知，$P_m(x)=x$，$Q_n(x)=0$，且 $\alpha\pm\beta\mathrm{i}=\pm\mathrm{i}$ 不是特征根，所以设非齐次方程的特解为

$$y_p=(ax+b)\cos x+(cx+d)\sin x,$$

代入非齐次方程得

$$(3ax+3b+2c)\cos x+(3cx+3d-2a)\sin x=x\cos x.$$

比较系数可得　$a=\dfrac{1}{3}$，$b=0$，$c=0$，$d=\dfrac{2}{9}$，

从而求得非齐次方程的一个特解　$y_p=\dfrac{1}{3}x\cos x+\dfrac{2}{9}\sin x$，

所以原方程通解　$y=\dfrac{1}{3}x\cos x+\dfrac{2}{9}\sin x+C_1\cos 2x+C_2\sin 2x$.

典型错误：把非齐次方程的特解设为 $y_p=(ax+b)\cos x$，错误在于误认为自由项 $f(x)=x\cos x$ 中不含 $\sin x$ 项，所以特解形式中也不含 $\sin x$ 项.

(2) 方程所对应的齐次方程 $y''+\omega^2 y=0$，其特征方程

$$\lambda^2+\omega^2=0,$$

特征根 $\lambda_1=\omega\mathrm{i}$，$\lambda_2=-\omega\mathrm{i}$，所以齐次方程通解　$y_h=C_1\cos\omega x+C_2\sin\omega x$.

① 若 $\omega=\beta$，由于 $f(x)=3\cos\beta x=\mathrm{e}^{0x}(3\cos\beta x+0\sin\beta x)$，且 $\alpha\pm\beta\mathrm{i}=0\pm\omega\mathrm{i}$ 是特征方程的单根，所以设非齐次方程的特解为

$$y_p=x(a\cos\beta x+b\sin\beta x).$$

代入非齐次方程得　$2b\beta\cos\beta x-2a\beta\sin\beta x=3\cos\beta x$，

比较等式两边 $\cos\beta x$，$\sin\beta x$ 前的系数可得 $a=0$，$b=\dfrac{3}{2\beta}$，从而求得非齐次方程的一个特解

$$y_p=\frac{3}{2\beta}x\sin\beta x,$$

所以原方程通解　$y=\dfrac{3}{2\beta}x\sin\beta x+C_1\cos\beta x+C_2\sin\beta x$.

② 若 $\omega \neq \beta$，则 $\alpha \pm \beta i = 0 \pm \beta i = \pm \beta i$ 不是特征根，所以设非齐次方程的特解为

$$y_p = a\cos\beta x + b\sin\beta x,$$

代入非齐次方程得 $$a(\omega^2-\beta^2)\cos\beta x + b(\omega^2-\beta^2)\sin\beta x = 3\cos\beta x,$$

比较等式两边 $\cos\beta x$，$\sin\beta x$ 前的系数可得 $a=\dfrac{3}{\omega^2-\beta^2}$，$b=0$，从而求得非齐次方程的一个特解

$$y_p = \frac{3}{\omega^2-\beta^2}\cos\beta x,$$

所以原方程通解 $$y = \frac{3}{\omega^2-\beta^2}\cos\beta x + C_1\cos\omega x + C_2\sin\omega x.$$

例 9-28 求微分方程 $y''+y=e^x+\cos x$ 的通解.

分析：方程是二阶常系数线性非齐次方程，所需注意的是自由项 $f(x)=e^x+\cos x$ 不属于式(9-27)和式(9-29)形式的函数. 此时可考虑运用非齐次方程的叠加原理处理.

解：方程所对应的齐次方程 $y''+y=0$，其特征方程

$$\lambda^2+1=0,$$

特征根 $\lambda_1=i$，$\lambda_2=-i$，所以齐次方程的通解 $\quad y_h = C_1\cos x + C_2\sin x.$

由于原方程可分解为 $y''+y=e^x$ 和 $y''+y=\cos x$，而方程 $y''+y=e^x$ 的特解，由于 $\alpha=1$ 不是特征根，可设为 $y_{p_1}=ae^x$；对于方程 $y''+y=\cos x$，由于 $\alpha\pm\beta i=\pm i$ 是特征方程的单根，特解可设为 $y_{p2}=x(b\cos x+c\sin x)$，再根据非齐次方程的叠加原理，原方程的特解可设为

$$y_p = ae^x + x(b\cos x + c\sin x),$$

代入原方程得 $$2ae^x + 2c\cos x - 2b\sin x = e^x + \cos x,$$

比较等式两边 e^x，$\cos x$，$\sin x$ 前的系数可得 $a=\dfrac{1}{2}$，$b=0$，$c=\dfrac{1}{2}$，从而求得原方程的一个特解

$$y_p = \frac{1}{2}e^x + \frac{1}{2}x\sin x,$$

所以原方程通解 $$y = \frac{1}{2}e^x + \frac{1}{2}x\sin x + C_1\cos x + C_2\sin x.$$

例 9-29 求微分方程 $y''+2y'+y=1+4e^x$ 满足初始条件 $y(0)=3$，$y'(0)=2$ 的特解.

分析：方程是二阶常系数线性非齐次方程.先求出方程通解，再根据初始条件确定任意常数求特解.

解：方程所对应的齐次方程 $y''+2y'+y=0$，其特征方程

$$\lambda^2+2\lambda+1=0,$$

特征根为 $\lambda_1=\lambda_2=-1$，所以齐次方程的通解 $\quad y_h = C_1e^{-x} + C_2xe^{-x}.$

为求出原方程的一个特解，考虑方程 $y''+2y'+y=1$ 和 $y''+2y'+y=4e^x$ 的特解形式.对于方程 $y''+2y'+y=1$，由于 $f_1(x)=1=e^{0x}$，且 $\alpha=0$ 不是特征根，故特解可设为 $y_{p_1}=a$；对于方程 $y''+2y'+y=4e^x$，由于 $\alpha=1$ 也不是特征根，其特解可设为 $y_{p_2}=be^x$. 利用非齐次方程的叠加原理，原方程的特解可设为

$$y_p=a+be^x$$

代入原方程得
$$a+4be^x=1+4e^x$$

比较等式两边可得 $a=1$，$b=1$，从而求得原方程的一个特解

$$y_p=1+e^x$$

所以原方程的通解
$$y=1+e^x+C_1e^{-x}+C_2xe^{-x}$$

再由初始条件 $y(0)=3$，$y'(0)=2$，得 $C_1=1$，$C_2=2$，所以所求方程的特解

$$y=1+e^x+(1+2x)e^{-x}.$$

例 9-30　求以 $y_1=xe^x+e^{2x}$，$y_2=xe^x+e^{-x}$，$y_3=xe^x+e^{2x}-e^{-x}$ 为特解的二阶线性非齐次微分方程.

分析：从 y_1，y_2，y_3 的表达式以及线性齐次和线性非齐次方程解的性质，可知 $\overline{y_1}=y_1-y_3=e^{-x}$，$\overline{y_2}=y_1-y_2+\overline{y_1}=e^{2x}$ 是所求方程所对应的齐次方程的解，它的特征方程是 $(\lambda+1)(\lambda-2)=\lambda^2-\lambda-2=0$，故本题可从确定方程所对应的齐次方程入手.

解：利用线性齐次方程和线性非齐次方程解的性质，函数

$$\overline{y_1}=y_1-y_3=e^{-x},\quad \overline{y_2}=y_1-y_2+\overline{y_1}=e^{2x}$$

是所求方程所对应的齐次方程的解.而以 $\lambda_1=-1$，$\lambda_2=2$ 为特征根的特征方程为

$$(\lambda+1)(\lambda-2)=\lambda^2-\lambda-2=0,$$

所以以 $\overline{y_1}=e^{-x}$，$\overline{y_2}=e^{2x}$ 为解的二阶线性齐次方程是

$$y''-y'-2y=0.$$

于是可设所求的非齐次方程为
$$y''-y'-2y=f(x),$$

又 $y_2=xe^x+e^{-x}$ 是上面非齐次方程的解，将 y_2 代入上式得

$$f(x)=y_2''-y_2'-2y_2=(1-2x)e^x$$

所以所求的二阶线性非齐次方程为

$$y''-y'-2y=(1-2x)e^x.$$

例 9-31　以 $y_1=x$ 和 $y_2=\sin x$ 为特解，分别按下列要求构造微分方程：

(1) 阶数最低的线性方程；(2) 阶数最低的线性齐次方程；(3) 阶数最低的常系数线性齐次方程.

(1) **分析**：由于 $y_1=x$，$y_2=\sin x$ 线性方程的解，且一阶线性方程

$$\frac{\mathrm{d}y}{\mathrm{d}x}+P(x)y=Q(x)$$

有两个待定函数 $P(x)$，$Q(x)$，故可采用待定函数法，将 $y_1=x$，$y_2=\sin x$ 代入方程求 $P(x)$，$Q(x)$.

解：将 $y_1=x$，$y_2=\sin x$ 代入一阶线性方程 $\frac{\mathrm{d}y}{\mathrm{d}x}+P(x)y=Q(x)$，得

$$\begin{cases}1+P(x)x=Q(x)\\ \cos x+P(x)\sin x=Q(x)\end{cases}$$

解得
$$P(x)=\frac{\cos x-1}{x-\sin x},\ Q(x)=\frac{x\cos x-\sin x}{x-\sin x}.$$

所以以 $y_1=x$ 和 $y_2=\sin x$ 为特解的阶数最低的线性方程为

$$(x-\sin x)\frac{\mathrm{d}y}{\mathrm{d}x}+(\cos x-1)y=x\cos x-\sin x.$$

(2) **分析**：从 y_1，y_2 是线性齐次方程的解，且 y_1 与 y_2 线性无关可知，所求方程是二阶方程. 此时，函数 $y=C_1y_1+C_2y_2$ 是方程的通解. 为求出此二阶方程，应从分析 y，y'，y'' 之间的关系入手.

解一：由题意可知，所求方程是二阶线性齐次方程，方程的通解

$$y=C_1y_1+C_2y_2.$$

又由函数 y，y_1，y_2 线性相关，则存在不全为零的常数 k_1，k_2，k_3，使

$$k_1y+k_2y_1+k_3y_2=0,$$

两边求导得
$$k_1y'+k_2y_1'+k_3y_2'=0,\quad k_1y''+k_2y_1''+k_3y_2''=0.$$

可知不全为零的常数 k_1，k_2，k_3 满足线性齐次方程组

$$\begin{cases}k_1y+k_2y_1+k_3y_2=0\\ k_1y'+k_2y_1'+k_3y_2'=0\\ k_1y''+k_2y_1''+k_3y_2''=0\end{cases}$$

由于上齐次方程组有非零解的充要条件是其系数行列式为零，从而 y 满足等式

$$\begin{vmatrix}y & y_1 & y_2\\ y' & y'_1 & y'_2\\ y'' & y''_1 & y''_2\end{vmatrix}=\begin{vmatrix}y & x & \sin x\\ y' & 1 & \cos x\\ y'' & 0 & -\sin x\end{vmatrix}=0$$

打开行列式即得 y_1，y_2 满足的阶数最低的线性齐次方程

$$(x\cos x-\sin x)y''+x\sin x\cdot y'-\sin x\cdot y=0.$$

解二：从方程的通解 $y=C_1y_1+C_2y_2=C_1x+C_2\sin x$ 得

$$y' = C_1 + C_2\cos x, \quad y'' = -C_2\sin x.$$

解方程组 $\begin{cases} C_1 + C_2\cos x = y' \\ -C_2\sin x = y'' \end{cases}$ 得 $C_1 = y' + \dfrac{\cos x}{\sin x}y''$, $C_2 = -\dfrac{y''}{\sin x}$，代入通解得所求方程

$$y = \left(y' + \frac{\cos x}{\sin x}y''\right)x - y'',$$

即
$$(x\cos x - \sin x)y'' + x\sin x \cdot y' - \sin x \cdot y = 0.$$

(3) **分析**：从 $y_1 = x$，$y_2 = \sin x$ 是常系数线性齐次方程的解可知，$\lambda = 0$ 是方程的特征方程的二重根，$\lambda = \pm i$ 是单根，从而可以确定所求方程的特征方程.

解：由 $y_1 = x$，$y_2 = \sin x$ 是所求方程的解可知，所求方程的特征方程有特征根

$$\lambda_1 = \lambda_2 = 0, \lambda_3 = -i, \lambda_4 = i,$$

于是特征方程为
$$\lambda^2(\lambda^2 + 1) = \lambda^4 + \lambda^2 = 0.$$

所以所求的常系数线性齐次方程
$$y^{(4)} + y'' = 0.$$

2. *n* 阶常系数线性非齐次微分方程的求解

n 阶常系数线性非齐次方程

$$y^{(n)} + a_{n-1}y^{(n-1)} + \cdots + a_1y' + a_0y = f(x) \tag{9-31}$$

▶▶▶重要结论

(1) n 阶线性非齐次微分方程解的结构

若函数 $y_p(x)$ 是 n 阶线性非齐次方程

$$y^{(n)} + a_{n-1}(x)y^{(n-1)} + \cdots + a_1(x)y' + a_0(x)y = f(x) \tag{9-32}$$

的一个特解，而 $y_h(x)$ 是方程式(9-32)所对应的齐次方程式(9-21)的通解，则

$$y = y_h(x) + y_p(x)$$

是非齐次方程式(9-32)的通解.

(2) 对 n 阶线性非齐次方程式(9-32)，二阶线性方程的叠加原理继续成立.

(3) 待定系数法求非齐次方程特解的特解形式

① 如果方程式(9-31)中的自由项

$$f(x) = e^{\alpha x}P_m(x) \tag{9-33}$$

其中 $P_m(x)$ 是 m 次多项式，则方程式(9-31)的特解形式为

$$y_p = x^k e^{\alpha x}Q_m(x) \tag{9-34}$$

其中 $Q_m(x)$ 是 m 次的待定多项式，k 由下式确定：

$$k=\begin{cases}0, & \alpha\text{ 不是方程所对应的齐次方程的特征根}\\ l, & \alpha\text{ 是方程所对应的齐次方程的 }l\text{ 重特征根}\end{cases}.$$

② 如果方程式(9-31)中的自由项

$$f(x)=\mathrm{e}^{\alpha x}[P_m(x)\cos\beta x+Q_n(x)\sin\beta x] \tag{9-35}$$

式中，$P_m(x)$，$Q_n(x)$ 分别是 m 和 n 次多项式，则方程式(9-31)的特解形式为

$$y_p=x^k\mathrm{e}^{\alpha x}[R_l(x)\cos\beta x+S_l(x)\sin\beta x] \tag{9-36}$$

其中 $R_l(x)$，$S_l(x)$ 是 l 次的待定多项式，$l=\max\{m, n\}$，k 由下式确定：

$$k=\begin{cases}0, & \alpha\pm\mathrm{i}\beta\text{ 不是方程所对应的齐次方程的特征根}\\ l, & \alpha\pm\mathrm{i}\beta\text{ 是方程所对应的齐次方程的 }l\text{ 重特征根}\end{cases}.$$

▶▶▶典型例题解析

例 9-32 求微分方程 $y'''+y''+y'+y=x+\mathrm{e}^{-x}$ 的通解.

分析：方程是三阶常系数线性非齐次方程，右端自由项不是式(9-33)和式(9-34)类型的函数，可采用解的叠加原理求特解.

解：方程所对应的齐次方程为 $y'''+y''+y'+y=0$，其特征方程为

$$\lambda^3+\lambda^2+\lambda+1=0.$$

特征根为 $\lambda_1=-1$，$\lambda_2=\mathrm{i}$，$\lambda_3=-\mathrm{i}$，所以齐次方程的通解

$$y_h=C_1\mathrm{e}^{-x}+C_2\cos x+C_3\sin x.$$

对于方程 $y'''+y''+y'+y=x$，由于 $\alpha=0$ 不是特征方程的根，其特解可设为 $y_{p_1}=ax+b$. 而对于方程 $y'''+y''+y'+y=\mathrm{e}^{-x}$，由于 $\alpha=-1$ 是特征方程的单根，其特解可设为 $y_{p_2}=cx\mathrm{e}^{-x}$，利用叠加原理，原方程的特解可设为

$$y_p=ax+b+cx\mathrm{e}^{-x},$$

将 y_p 代入方程得

$$ax+a+b+2c\mathrm{e}^{-x}=x+\mathrm{e}^{-x}.$$

比较对应的系数可得 $a=1$，$b=-1$，$c=\frac{1}{2}$，从而求得原方程的一个特解

$$y_p=x-1+\frac{1}{2}x\mathrm{e}^{-x}.$$

所以原方程通解

$$y=y_p+y_h=x-1+\frac{1}{2}x\mathrm{e}^{-x}+C_1\mathrm{e}^{-x}+C_2\cos x+C_3\sin x.$$

▶▶▶方法小结

求解常系数线性非齐次方程的步骤：

(1) 写出非齐次方程所对应的齐次方程的特征方程,求解特征方程,求出特征根;

(2) 根据特征根的情况写出齐次方程的通解(表9-1);

(3) 如果自由项的函数形式为式(9-33)或式(9-35),则利用式(9-34)或式(9-36)写出非齐次方程的特解形式.当自由项不是式(9-33)或式(9-35)类型的函数时,此时应该将方程进行分解,使每一方程的自由项是式(9-33)和式(9-35)类型的函数,利用叠加原理写出方程的特解形式;

(4) 将方程的特解形式代入非齐次方程,确定其中的待定系数,求出特解;

(5) 根据非齐次方程解的结构,写出非齐次方程的通解;

(6) 若是初值问题,再利用初始条件确定通解中的任意常数,求出特解.

9.2.3.3 变量代换法求解欧拉方程以及其他高阶方程

1. 欧拉方程的求解方法

线性方程

$$x^n y^{(n)} + a_{n-1}x^{n-1}y^{(n-1)} + \cdots + a_1 xy' + a_0 y = f(x) \tag{9-37}$$

其中 $a_0, a_1, \cdots, a_{n-1}$ 是常数,被称为 ***n* 阶欧拉方程**.

变换欧拉方程为线性常系数方程的**算子法**如下:

作变换 $x = e^t$,则 $t = \ln x$. 若记 $\frac{dy}{dt} = Dy$,则

$$\frac{dy}{dx} = \frac{dy}{dt} \cdot \frac{dt}{dx} = \frac{1}{x}\frac{dy}{dt} = \frac{1}{x}Dy, \quad 即\ x\frac{dy}{dx} = Dy,$$

$$\frac{d^2y}{dx^2} = \frac{d}{dx}\left(\frac{1}{x}\frac{dy}{dt}\right) = \frac{1}{x^2}\frac{d^2y}{dt^2} - \frac{1}{x^2} \cdot \frac{dy}{dt} = \frac{1}{x^2}\left(\frac{d^2y}{dt^2} - \frac{dy}{dt}\right)$$

即

$$x^2\frac{d^2y}{dx^2} = \frac{d^2y}{dt^2} - \frac{dy}{dt} = D^2y - Dy = D(D-1)y$$

一般地有

$$x^k\frac{d^ky}{dx^k} = D(D-1)(D-2)\cdots(D-k+1)y, \ k=1, 2, \cdots \tag{9-38}$$

代入方程式(9-37),方程式(9-37)变换为 n 阶线性常系数方程

$$D(D-1)\cdots(D-n+1)y + a_{n-1}D(D-1)\cdots(D-n+2)y + \cdots + a_1 Dy + a_0 y = f(e^t) \tag{9-39}$$

方程式(9-39)所对应的齐次方程的特征方程为

$$\lambda(\lambda-1)\cdots(\lambda-n+1) + a_{n-1}\lambda(\lambda-1)\cdots(\lambda-n+2) + \cdots + a_1\lambda + a_0 = 0 \tag{9-40}$$

▶▶▶方法运用注意点

算子 D 表示求导算子,而求导是线性运算,所以式(9-38)中算子 $D(D-1)(D-2)\cdots$

$(D-k+1)$ 打开时,可以像数一样进行乘法运算.例如,

$$D(D-1)(D-2)y=(D^2-D)(D-2)y=(D^3-2D^2-D^2+2D)y=(D^3-3D^2+2D)y$$
$$=\frac{d^3y}{dx^3}-3\frac{d^2y}{dt^2}+2\frac{dy}{dt}.$$

▶▶▶**典型例题解析**

例 9-33 求微分方程 $x^3y'''+2x^2y''-xy'+y=0$ 的通解.

分析: 方程是三阶欧拉方程,作变量代换 $x=e^t$,按算子法计算.

解: 令 $x=e^t$,则 $t=\ln x$,运用式(9-38),并代入方程,原方程化为

$$D(D-1)(D-2)y+2D(D-1)y-Dy+y=0,$$

即
$$(D^3-3D^2+2D)y+(2D^2-2D)y-Dy+y=0,$$

化简得
$$D^3y-D^2y-Dy+y=0,$$

$$\frac{d^3y}{dx^3}-\frac{d^2y}{dt^2}-\frac{dy}{dt}+y=0.$$

特征方程
$$\lambda^3-\lambda^2-\lambda+1=(\lambda-1)^2(\lambda+1)=0,$$

特征根 $\lambda_1=\lambda_2=1$,$\lambda_3=-1$,所以齐次方程的通解

$$y(t)=C_1e^t+C_2te^t+C_3e^{-t}.$$

再将 $t=\ln x$ 代入上式,得原方程的通解为

$$y=C_1x+C_2x\ln x+\frac{C_3}{x}.$$

例 9-34 求微分方程 $x^2y''-xy'+2y=2x\ln x$ 的通解.

分析: 方程是二阶欧拉方程,作变量代换 $x=e^t$,按算子法计算.

解: 令 $x=e^t$,则 $t=\ln x$,运用式(9-38),并代入方程,原方程化为

$$2D(D-1)y-Dy+2y=te^t,$$

即
$$D^2y-2Dy+2y=te^t,\quad \frac{d^2y}{dt^2}-2\frac{dy}{dt}+2y=te^t.$$

方程所对应的齐次方程的特征方程

$$\lambda^2-2\lambda+2=0,$$

特征根 $\lambda_1=1+i$,$\lambda_2=1-i$,所以齐次方程的通解

$$y_h(t)=C_1e^t\cos t+C_2e^t\sin t.$$

从自由项 $f(t)=te^t$,可设非齐次方程的特解 $y_p(t)=(at+b)e^t$.代入方程得

$$at+b=t,$$

比较等式两边对应项的系数得 $a=1$，$b=0$，从而求得特解

$$y_p(t)=te^t.$$

所以非齐次方程的通解 $\qquad y(t)=te^t+C_1e^t\cos t+C_2e^t\sin t$，

再将 $t=\ln x$ 代入上式就得原方程的通解为

$$y=x\ln x+C_1x\cos(\ln x)+C_2x\sin(\ln x).$$

2. 变量代换法求解高阶微分方程

在 9.2.2 节，我们运用变量代换法讨论了高阶微分方程中的二阶可降阶方程的求解问题，其基本思路是通过变换 $y'=p$ 把二阶方程降为一阶方程求解.然而对于一般的高阶微分方程，对它的求解没有一般方法，所以这里主要是通过一些例子来介绍运用变量代换求解高阶微分方程的思路、方法以及一些典型的问题.

▶▶▶典型例题解析

例 9-35 已知 $y(x)=e^x$ 是二阶线性齐次方程

$$(2x-1)y''-(2x+1)y'+2y=0$$

的一个解，求此方程的通解.

分析：根据线性齐次方程解的结构，只需求出方程的另一个与 $y=e^x$ 线性无关的解即可，这一解的计算可采用作变换 $y=C(x)e^x$ 来进行.

解：设方程有形如 $y=C(x)e^x$ 形式的解，则

$$y'=C'(x)e^x+C(x)e^x,\ y''=C''(x)e^x+2C'(x)e^x+C(x)e^x,$$

代入方程得 $\qquad (2x-1)(C''+2C'+C)e^x-(2x+1)(C'+C)e^x+2Ce^x=0$，

即 $C(x)$ 满足 $\qquad (2x-1)C''+(2x-3)C'=0$，

变形得 $\qquad \dfrac{C''}{C'}=-\dfrac{2x-3}{2x-1}$，

两边积分得 $\qquad \ln C'=\ln(2x-1)-x$ （任意常数取为零），

解得 $\qquad C'=(2x-1)e^{-x}$，

再两边积分得 $\qquad C=-(2x+1)e^{-x}$（任意常数取为零）.

所以函数 $y=C(x)e^x=-(2x+1)$ 是方程的另一个非零解，且与 $y=e^x$ 线性无关，根据线性齐次方程解的结构，所给方程的通解 $\qquad y=C_1e^x+C_2(2x+1)$.

说明：上例的解法对于一般的二阶线性齐次方程式(9-15) 仍然适用，即若已知 $\varphi(x)$ 是式(9-15)的解，则可设另一个解为 $y=C(x)\varphi(x)$，代入方程，选取 $C(x)$（不为常数）使 $y=C(x)\varphi(x)$ 满足方程，从而求得式(9-15)的通解.

例 9-36 利用代换 $y=\dfrac{u}{\cos t}$ 将方程

$$y''\cos x-2y'\sin x+3y\cos x=\mathrm{e}^x$$

进行化简,并求原方程通解.

分析: 将 y'', y' 表达成 u'', u' 的表达式,把原方程转化为 u, x 的方程,求出 u, 获得原方程的通解.

解: 因为 $y=u\sec x$, $y'=u'\sec x+u\sec x\tan x$, $y''=u''\sec x+2u'\sec x\tan x+u\sec x(\tan^2x+\sec^2x)$. 代入方程化简,方程转化为二阶常系数线性非齐次方程

$$u''+4u=\mathrm{e}^x.$$

其所对应的齐次方程的特征方程为 $\lambda^2+4=0$, 特征根为 $\lambda_1=-2\mathrm{i}$, $\lambda_2=2\mathrm{i}$, 于是齐次方程的通解

$$u_h=C_1\cos 2x+C_2\sin 2x.$$

再设非齐次方程的特解 $u_p=a\mathrm{e}^x$, 代入非齐次方程可求得 $a=\dfrac{1}{5}$, 从而方程有特解 $u_p=\dfrac{1}{5}\mathrm{e}^x$, 所以非齐次方程的通解

$$u=\frac{1}{5}\mathrm{e}^x+C_1\cos 2x+C_2\sin 2x.$$

所以原方程的通解

$$y=\frac{1}{5}\mathrm{e}^x\sec x+C_1\cos 2x\sec x+C_2\sin 2x\sec x.$$

例 9-37 求微分方程 $(1+x)^2y''+(1+x)y'+y=4\cos(\ln(1+x))$ 的通解.

分析: 方程是变系数的二阶线性非齐次方程,没有现成的计算方法.所以本例的求解思路应考虑作一变换把方程转化到有已知求解方法的方程.

解: 从方程的形式,若作变换 $u=1+x$, 则有

$$\frac{\mathrm{d}y}{\mathrm{d}x}=\frac{\mathrm{d}y}{\mathrm{d}u}\cdot\frac{\mathrm{d}u}{\mathrm{d}x}=\frac{\mathrm{d}y}{\mathrm{d}u},\quad \frac{\mathrm{d}^2y}{\mathrm{d}x^2}=\frac{\mathrm{d}}{\mathrm{d}x}\left(\frac{\mathrm{d}y}{\mathrm{d}u}\right)=\frac{\mathrm{d}^2y}{\mathrm{d}u^2}\cdot\frac{\mathrm{d}u}{\mathrm{d}x}=\frac{\mathrm{d}^2y}{\mathrm{d}u^2},$$

代入方程,原方程化为关于 y, u 的欧拉方程

$$u^2\frac{\mathrm{d}^2y}{\mathrm{d}u^2}+u\frac{\mathrm{d}y}{\mathrm{d}u}+y=4\cos(\ln u).$$

按照欧拉方程的解法,令 $u=\mathrm{e}^t$, $t=\ln u$, 原方程化为 $D(D-1)y+Dy+y=4\cos t$,

即

$$D^2y+y=4\cos t,$$

$$\frac{\mathrm{d}^2y}{\mathrm{d}t^2}+y=4\cos t.$$

其齐次方程所对应的特征方程为 $\lambda^2+1=0$, 特征根为 $\lambda_1=-\mathrm{i}$, $\lambda_2=\mathrm{i}$, 所以齐次方程的通解

$$y_h(t)=C_1\cos t+C_2\sin t.$$

再设非齐次方程的一个特解为 $y_p(t)=t(a\cos t+b\sin t)$, 代入非齐次方程得

$$b\cos t - a\sin t = 2\cos t,$$

解得 $a=0$, $b=2$, 于是特解 $y_p(t)=2t\sin t$. 所以非齐次方程的通解

$$y(t)=2t\sin t + C_1\cos t + C_2\sin t$$

将 $t=\ln u$, $u=1+x$, 即 $t=\ln(1+x)$ 回代,原方程的通解为

$$y=2\ln(1+x)\sin[\ln(1+x)]+C_1\cos[\ln(1+x)]+C_2\sin[\ln(1+x)].$$

例 9-38 把 x 看作未知函数,y 看作自变量,变换微分方程

$$y''+3(y')^2-2x(y')^3=0,$$

并求其通解.

分析: 考虑将 $\frac{\mathrm{d}y}{\mathrm{d}x}$, $\frac{\mathrm{d}^2y}{\mathrm{d}x^2}$ 用 $\frac{\mathrm{d}x}{\mathrm{d}y}$, $\frac{\mathrm{d}^2x}{\mathrm{d}y^2}$ 表示,可采用反函数求导法则.

解: 设 $x=x(y)$, 根据反函数求导法则和复合函数求导法则,有

$$\frac{\mathrm{d}y}{\mathrm{d}x}=\frac{1}{x'(y)},\quad \frac{\mathrm{d}^2y}{\mathrm{d}x^2}=\frac{\mathrm{d}}{\mathrm{d}x}\left(\frac{1}{x'(y)}\right)=\frac{\mathrm{d}}{\mathrm{d}y}\left(\frac{1}{x'(y)}\right)\cdot\frac{\mathrm{d}y}{\mathrm{d}x}=-\frac{x''(y)}{(x'(y))^3}.$$

代入方程

$$-\frac{x''(y)}{(x'(y))^3}+\frac{3}{(x'(y))^2}-\frac{2x}{(x'(y))^3}=0,$$

整理得

$$x''-3x'+2x=0,$$

从而将原方程化为关于 x 的二阶常系数线性齐次方程,从特征方程

$$\lambda^2-3\lambda+2=0$$

得特征根 $\lambda_1=1$, $\lambda_2=2$, 所以原方程的通解

$$x=C_1\mathrm{e}^{y}+C_2\mathrm{e}^{2y}.$$

▶▶▶方法小结

对于高阶方程,我们主要讨论了两大类方程的求解问题,一类是二阶可降阶方程,一类是高阶线性方程中的常系数方程和变系数的欧拉方程.对于这两类方程的求解都已经形成了固定的解法.当遇到的方程不属于以上两类方程时,由于没有现成的解法,所以考虑的基本思路是设法把它化为有现成解法的方程,而变量代换就是实现这一目的最常用的方法.对于具体的问题,变换的选取是运用这一方法的关键.由于没有一般的选取方法,所以要具体问题具体分析.可按以下思路思考:

(1) 如果所求方程是二阶变系数线性齐次方程,此时可根据方程的形式,能否用观察法求得方程的一个非零解 $y=\varphi(x)$. 如果可以,则可按例 9-35 的方法做变换 $y=C(x)\varphi(x)$, 去求得另一个与 $y=\varphi(x)$ 线性无关的解,从而获得方程的通解.

(2) 针对方程中的难点,通过变形、项与项的重新组合、运用导数公式重新表示方程,从而发现所要作的变换(例 9-37);

(3) 把 x 作为因变量,y 作为自变量变换方程(例 9-38).

9.2.4 微分方程的应用以及一些有关的问题

微分方程有着极其广泛的应用,已经应用到了工程、生物学、经济学、社会科学等各个领域.微分方程应用的基本步骤是建立微分方程,解微分方程.有关解微分方程的内容我们已在前几节有所讨论,所以微分方程应用中面临的主要问题是如何根据具体问题建立微分方程.建立微分方程的方法是多种多样的,它可划分为两类方法:

(1) 根据问题所处的学科知识和原理,例如函数关系式、几何背景、物理背景等知识建立微分方程;

(2) 利用微元法建立微分方程.

本节主要讨论以下几类问题:

(1) 函数方程与积分方程问题;

(2) 几何应用问题;

(3) 变化率问题;

(4) 物理应用问题;

(5) 微元法在建立微分方程中的应用.

9.2.4.1 微分方程在函数方程和积分方程问题中的应用

▶▶▶基本方法

(1) 运用微分方程求解函数方程的方法:根据所给函数方程,运用导数定义等方法计算未知函数在点 x 处的导数,建立未知函数满足的微分方程,解微分方程.

(2) 运用微分方程求解积分方程的方法:根据所给的积分方程,运用变限积分函数求导公式,将积分方程通过求导去积分号,建立未知函数满足的微分方程,解微分方程.

▶▶▶方法运用注意点

对于函数方程问题,除非已知所求的未知函数可导,一般不可直接对函数方程求导.

▶▶▶典型例题解析

例 9-39 若函数 $f(x)$ 对一切实数 x, y,有 $f(x+y)=e^x f(y)+e^y f(x)$,且 $f'(0)=1$,求 $f(x)$.

分析: 这是函数方程问题.求解这类问题的方法有很多,比如通过变换,用初等数学的方法,等等.运用微分方程求解是求解这类问题的重要方法,为此先要建立 $f(x)$ 满足的微分方程,这可以从计算 $f'(x)$ 入手.

解: 令 $x=y=0$,代入 $f(x+y)=e^x f(y)+e^y f(x)$ 得 $f(0)=0$,对任意的 $x\in(-\infty,+\infty)$,$f(x)$ 在点 x 处的导数

$$f'(x)=\lim_{\Delta x\to 0}\frac{f(x+\Delta x)-f(x)}{\Delta x}=\lim_{\Delta x\to 0}\frac{e^{x}f(\Delta x)+e^{\Delta x}f(x)-f(x)}{\Delta x}$$
$$=\lim_{\Delta x\to 0}\left[e^{x}\frac{f(\Delta x)-f(0)}{\Delta x}+f(x)\frac{e^{\Delta x}-1}{\Delta x}\right]=e^{x}+f(x)$$

即 $y=f(x)$ 满足初值问题：$\quad y'-y=e^{x},\ y(0)=0.$

方程通解
$$y=e^{\int dx}\left[\int e^{x}e^{-\int dx}dx+C\right]=e^{x}(C+x).$$

由 $y(0)=0$，得 $C=0$，所以所求函数为 $\quad f(x)=xe^{x}.$

典型错误： 将方程 $f(x+y)=e^{x}f(y)+e^{y}f(x)$ 两边对 y 求导，

$$f'(x+y)=e^{x}f'(y)+e^{y}f(x).$$

再令 $y=0$，得 $f(x)$ 满足 $f'(x)-f(x)=e^{x}$，$f(0)=0$，解得 $f(x)=xe^{x}$. 错误在于，题目条件仅给出 $f(x)$ 在 $x=0$ 处可导，而在 $x\neq 0$ 处是否可导需要证明，因此不可直接对方程求导.

例 9-40 设 $f(x)$ 在 $[1,+\infty)$ 内有连续的导数，且满足

$$x-1+x\int_{1}^{x}f(t)dt=(x+1)\int_{1}^{x}tf(t)dt,$$

试求函数 $f(x)$.

分析： 这是求解积分方程问题.关于这类问题我们已在 5.2.5 的例 5-32 和例 5-33 中有所讨论.借助微分方程，我们可以求解更复杂的积分方程.问题处理的基本思想是通过求导去积分号将积分方程化为微分方程.

解： 由 $f(x)$ 在 $[1,+\infty)$ 内连续，则变限积分函数 $\int_{1}^{x}f(t)dt$，$\int_{1}^{x}tf(t)dt$ 在 $[1,+\infty)$ 内可导.两边对 x 求导，有

$$1+\int_{1}^{x}f(t)dt+xf(x)=\int_{1}^{x}tf(t)dt+(x+1)xf(x), \tag{9-41}$$

两边再对 x 求导，得 $\quad x^{2}f'(x)=(1-3x)f(x).$

分离变量，有
$$\frac{f'(x)}{f(x)}=\frac{1-3x}{x^{2}},$$

两边积分得
$$\ln f(x)=-\frac{1}{x}-3\ln x+C.$$

由式(9-41)，在式(9-41)中令 $x=1$，得 $f(1)=1$，所以 $C=1$. 因此所求函数

$$f(x)=\frac{1}{x^{3}}e^{1-\frac{1}{x}}.$$

例 9-41 求满足关系式 $f(x)=x\int_{0}^{x}f(t)dt+x$ 的连续函数 $f(x)$.

分析：若直接将方程对 x 求导，去积分号，有

$$f'(x)=\int_0^x f(t)\mathrm{d}t+xf(x)+1, \tag{9-42}$$

再求导知 $f(x)$ 满足变系数线性齐次方程

$$f''(x)-xf'(x)-2f(x)=0.$$

可见上方程无法求解，为此需考虑改变思路.

解：所给方程可变形为 $$\frac{f(x)}{x}=\int_0^x f(t)\mathrm{d}t+1.$$

将上式两边对 x 求导，得 $$\frac{xf'(x)-f(x)}{x^2}=f(x),$$

可知 $f(x)$ 满足方程 $$xf'(x)=(1+x^2)f(x).$$

分离变量并积分得 $$\ln f(x)=\ln x+\frac{1}{2}x^2+\ln C,$$

即 $$f(x)=Cx\mathrm{e}^{\frac{1}{2}x^2}.$$

从原方程及式(9-42)知 $f(x)$ 满足条件 $f(0)=0$，$f'(0)=1$，可知 $C=1$. 所以所求函数

$$f(x)=x\mathrm{e}^{\frac{1}{2}x^2}.$$

说明：求解积分方程的核心思想是通过求导去积分号. 上例表明在计算时，应尽可能地减少求导次数，简化微分方程.

例 9-42 求 $(0,+\infty)$ 上的连续函数 $f(x)$，使 $f(1)=\frac{5}{2}$，且对任意正数 u，v 总成立

$$\int_1^{uv} f(t)\mathrm{d}t=u\int_1^v f(t)\mathrm{d}t+v\int_1^u f(t)\mathrm{d}t.$$

分析：本题的难点在于方程中有两个变量 u，v，对哪个变量求导去积分号呢？换一个思路，如果引入函数 $\varphi(x)=\int_1^x f(t)\mathrm{d}t$，则问题就转化为求函数方程

$$\varphi(xy)=x\varphi(y)+y\varphi(x),$$

并可从 $\varphi'(x)=f(x)$ 求得 $f(x)$.

解：设 $\varphi(x)=\int_1^x f(t)\mathrm{d}t$，则问题所求的函数就是使 $\varphi(x)$ 满足函数方程

$$\varphi(xy)=x\varphi(y)+y\varphi(x).$$

对任意的 $x>0$，$\varphi(x)$ 在 x 点处的导数

$$\varphi'(x)=\lim_{\Delta x\to 0}\frac{\varphi(x+\Delta x)-\varphi(x)}{\Delta x}=\lim_{\Delta x\to 0}\frac{\varphi\left(x\left(1+\frac{\Delta x}{x}\right)\right)-\varphi(x)}{\Delta x}$$

$$=\lim_{\Delta x\to 0}\frac{x\varphi\left(1+\frac{\Delta x}{x}\right)+\left(1+\frac{\Delta x}{x}\right)\varphi(x)-\varphi(x)}{\Delta x}$$

$$=\lim_{\Delta x\to 0}\left[\frac{\varphi(x)}{x}+\frac{\varphi\left(1+\frac{\Delta x}{x}\right)-\varphi(1)}{\frac{\Delta x}{x}}\right]\quad(\varphi(1)=0)$$

$$=\frac{1}{x}\varphi(x)+\varphi'(1)=\frac{1}{x}\varphi(x)+f(1)=\frac{1}{x}\varphi(x)+\frac{5}{2}.$$

方程 $y'-\frac{1}{x}y=\frac{5}{2}$ 的通解

$$y=e^{\int\frac{dx}{x}}\left(\int\frac{5}{2}e^{-\int\frac{dx}{x}}dx+C\right)=x\left(C+\frac{5}{2}\ln x\right).$$

又由 $y(1)=0$ 得 $C=0$，所以函数 $\varphi(x)=x\,\frac{5}{2}\ln x.$

因此 $$f(x)=\varphi'(x)=\frac{5}{2}(1+\ln x).$$

▶▶▶方法小结

利用微分方程解函数方程和积分方程问题的基本方法是通过计算导数建立未知函数满足的微分方程，即把问题转化为微分方程问题求解.具体的计算又可区分为：

(1) 对于函数方程问题，一般根据所给的函数方程，运用导数的定义计算导数，建立所求函数满足的微分方程(例 9-39，例 9-42).

(2) 对于积分方程问题，一般运用变限积分函数的求导公式式(5—4)，通过对积分函数求导去积分号，建立所求函数满足的微分方程(例 9-40，例 9-41).这里要强调，求导的目的是去积分号，所以有时需要先将积分方程变形后再进行求导，以减少求导的次数，简化微分方程.

9.2.4.2 微分方程在几何问题上的应用

▶▶▶基本方法

根据问题中的几何量或几何性质，找这些量或性质之间始终成立的平衡关系式，即在任意点或任意时刻都成立的关系，利用平衡关系式建立微分方程，解微分方程.

▶▶▶典型例题解析

例 9-43 求曲线，使其上任一点 M 处的法线与 x 轴的交点 P 具有性质 $|PM|=a$.

分析： 本题的平衡关系是点 P 与点 M 之间的距离 $|PM|=a$，为此需计算点 P 的坐标，从

$|PM|=a$ 建立方程.

解: 设所求曲线方程 $y=f(x)$，则曲线在点 $M(x, y)$ 处的法线方程为

$$Y-y=-\frac{1}{y'}(X-x)$$

令 $Y=0$ 得 $X=x+yy'$，于是点 P 的坐标为 $(x+yy', 0)$. 由条件 $|PM|=a$ 得所求曲线满足方程

$$\sqrt{(yy')^2+y^2}=a, \quad 即 \quad \frac{dy}{dx}=\pm\frac{1}{y}\sqrt{a^2-y^2}$$

分离变量
$$\frac{y}{\sqrt{a^2-y^2}}dy=\pm dx,$$

两边积分得方程的通解
$$-\sqrt{a^2-y^2}=\pm x+C_0,$$

即
$$(x+C)^2+y^2=a^2.$$

例 9-44 函数 $f(x)$ 是恒取正值的连续函数，且 $f(0)=1$，对任意 $x>0$，曲线 $y=f(x)$ 在区间 $[0, x]$ 上的一段弧长等于曲边梯形面积 $\int_0^x f(x)dx$，求此曲线方程.

分析: 本例的平衡关系是区间 $[0, x]$ 上的弧长等于曲边梯形面积，为此需写出弧长的表达式.

解: 曲线 $y=f(x)$ 在 $[0, x]$ 上的弧长 $s=\int_0^x\sqrt{1+(y')^2}dx$，由题设条件，得

$$\int_0^x\sqrt{1+(y')^2}dx=\int_0^x f(x)dx.$$

将等式两边对 x 求导，有
$$\sqrt{1+(y')^2}=y,$$

即
$$y'=\pm\sqrt{y^2-1}. \tag{9-43}$$

若 $y\equiv 1$，则 $y=1$ 是方程的解，且满足初始条件 $y|_{x=0}=1$，所以它是问题的解.若 $y\neq 1$，则方程式 (9-43) 可分离变量为
$$\frac{dy}{\sqrt{y^2-1}}=\pm dx,$$

两边积分得方程的通解
$$\ln(y+\sqrt{y^2-1})=\pm x+C.$$

在上式中令 $x=0$, $y=1$ 得 $C=0$，所以方程的特解

$$\ln(y+\sqrt{y^2-1})=\pm x.$$

又因为 $\operatorname{arch} y=\ln(y+\sqrt{y^2-1})$，于是特解可写成 $y=\operatorname{ch}(\pm x)=\operatorname{ch} x$.

所以所求曲线为 $y=\operatorname{ch} x$ 或 $y=1$.

例 9-45 敌方导弹 A 沿 y 轴正向，以匀速度 v 飞行，经过点 $(0, 0)$ 时，我方设在点 $(16, 0)$ 处的导弹 B 起飞追击，飞行方向始终指向导弹 A，速度是 $2v$，求导弹 B 的追踪曲线和导弹 A 被击中的位置.

分析: 由于在飞行时，导弹 B 飞行方向始终指向导弹 A，所以当导弹 B 沿曲线 $y=f(x)$ 飞行到点 $M(x, y)$，导弹 A 沿 y 轴正向飞行到点 N 时，直线 NM 应是曲线 $y=f(x)$ 在点 M 处的切

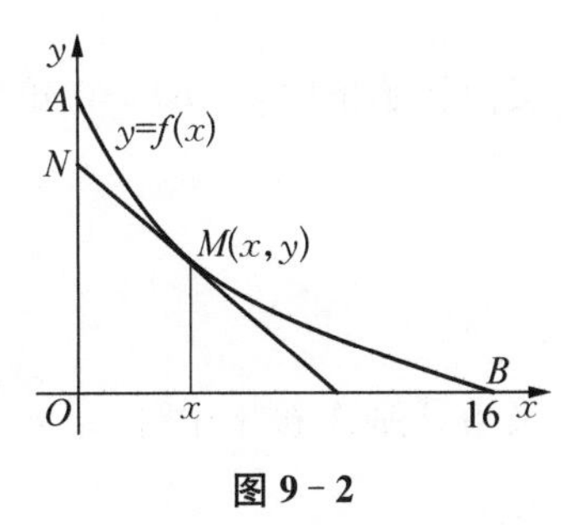

图 9-2

线(图 9-2),且这一规律在任何时刻都成立,因此可考虑把这一规律作为本题的平衡关系式来建立微分方程.

解:设导弹 B 的追踪曲线为 $y=f(x)$,由题意它满足初始条件

$$y(16)=y'(16)=0.$$

设在时刻 t,导弹 B 飞行到点 $M(x, y)$,导弹 A 飞行到点 N,则曲线 $y=f(x)$ 在点 M 处的切线方程为

$$Y-y=y'(X-x).$$

由于导弹 B 飞行方向始终指向导弹 A,所以曲线 $y=f(x)$ 在点 M 处的切线过点 N.于是令 $X=0$ 得 $Y=y-xy'$,所以点 N 的坐标为 $(0, y-xy')$. 又因导弹 B 的速度为 $2v$,导弹 A 的速度为 v,所以有

$$y-xy'=vt, \quad \int_x^{16}\sqrt{1+y'^2}\,\mathrm{d}x=2vt,$$

消去 vt 知追踪曲线 $y=f(x)$ 满足方程

$$\int_x^{16}\sqrt{1+y'^2}\,\mathrm{d}x=2(y-xy').$$

两边对 x 求导,$y=f(x)$ 满足初值问题:

$$2xy''=\sqrt{1+y'^2}, \ y(16)=y'(16)=0.$$

令 $y'=p$,则 $y''=p'$,代入方程,方程降阶为

$$2xp'=\sqrt{1+p^2}, \tag{9-44}$$

分离变量 $$\frac{1}{\sqrt{1+p^2}}\mathrm{d}p=\frac{1}{2x}\mathrm{d}x,$$

两边积分得方程式(9-44)的通解

$$\ln(p+\sqrt{1+p^2})=\frac{1}{2}\ln x+\ln C_1, \quad 即 \quad p+\sqrt{1+p^2}=C_1\sqrt{x}.$$

根据初始条件,令 $x=16$, $p=0$ 得 $C_1=\dfrac{1}{4}$,所以

$$p+\sqrt{1+p^2}=\frac{1}{4}\sqrt{x},$$

将左式有理化,整理得 $$p-\sqrt{1+p^2}=-\frac{4}{\sqrt{x}}.$$

两式相加求得 $$p=\frac{\mathrm{d}y}{\mathrm{d}x}=\frac{1}{8}\sqrt{x}-\frac{2}{\sqrt{x}},$$

再两边积分得 $$y=\frac{1}{12}x^{\frac{3}{2}}-4\sqrt{x}+C_2,$$

又由初始条件 $y(16)=0$ 知 $C_2=\dfrac{32}{3}$，所以导弹 B 的追踪曲线

$$y=\frac{1}{12}x^{\frac{3}{2}}-4\sqrt{x}+\frac{32}{3},$$

又当导弹 A 被击中时，$x=0$，此时 $y=\dfrac{32}{3}$，所以导弹 A 被击中的位置为 $\left(0,\dfrac{32}{3}\right)$.

▶▶▶方法小结

运用微分方程求解几何问题的方法和步骤：

(1) 首先要根据问题中的几何关系找出这一问题在任意点都成立的关系式，即平衡关系式；

(2) 根据平衡关系式，计算其中所涉及的量，建立微分方程，并确定初始条件；

(3) 求微分方程的通解，再根据初始条件求特解.

9.2.4.3 微分方程在变化率问题中的应用

▶▶▶基本方法

根据问题所给变量的变化率与其他变量之间的关系，或者运用物理等学科知识建立微分方程，解微分方程.

▶▶▶典型例题解析

例 9-46 一个半球体状的雪堆，其体积融化的速率与半球面表面积 S 成正比，比例系数 $k>0$. 假设在融化过程中雪堆始终保持半球体状，已知半径为 r_0 的雪堆在开始融化的 3 h 内，融化了其体积的 $\dfrac{7}{8}$，问雪堆全部融化需要多少时间？

分析： 从问题可知，本例的任务是要求出球体的半径 r 与时间 t 之间的关系式.由题目条件，这可从本例的平衡关系式——雪堆融化的速率正比于半球面面积入手分析.

解： 设时刻 t 雪堆半径为 $r=r(t)$，体积为 $V=V(t)$. 由雪堆融化的速率与半球面的面积 $S=2\pi r^2$ 成正比，则有

$$-\frac{\mathrm{d}V}{\mathrm{d}t}=k\cdot 2\pi r^2.$$

又 $V=\dfrac{2}{3}\pi r^3$，代入上式可得 $\quad 2\pi r^2\dfrac{\mathrm{d}r}{\mathrm{d}t}=-k\cdot 2\pi r^2$，即 r 满足

$$\frac{\mathrm{d}r}{\mathrm{d}t}=-k.$$

两边积分得 $\qquad r=-kt+C$

利用初始条件 $r(0)=r_0$，得 $C=r_0$，所以 $\quad r=r_0-kt$.

又根据已知条件，在 $t=3$ 时，雪堆融化了原有体积的 $\frac{7}{8}$，于是有

$$\frac{2}{3}\pi(r_0-3k)^3=\frac{1}{8}\cdot\frac{2}{3}\pi r_0^3.$$

解得 $k=\frac{1}{6}r_0$，所以求得
$$r=r_0-\frac{1}{6}r_0t.$$

当雪堆全部融化时，$r=r_0-\frac{1}{6}r_0t=0$，解得 $t=6$. 所以雪堆全部融化需要 6 h.

例 9－47　在反应器内的溶液中含有两种物质，若在反应开始时，各有 a mol 与 b mol. 假定这两种物质以同样的量(mol)进行反应，其反应速率与这些物质尚未进行反应的量的乘积成正比，试确定任意时刻已经进行反应的量.

分析：从平衡关系式"反应速率正比于尚未进行反应的量的乘积"入手分析，建立微分方程.

解：设在时刻 t 时已经进行反应的量为 $x=x(t)$，则由题意 x 满足

$$\frac{\mathrm{d}x}{\mathrm{d}t}=k(a-x)(b-x),\ x(0)=0\ (k>0). \tag{9-45}$$

(1) 若 $a=b$，则方程为
$$\frac{\mathrm{d}x}{\mathrm{d}t}=k(a-x)^2.$$

分离变量，积分得方程的通解

$$\frac{1}{a-x}=kt+C,\ 即\ x=a-\frac{1}{kt+C}.$$

由初始条件 $x(0)=0$ 得 $C=\frac{1}{a}$，所以时刻 t 时已经进行反应的量为

$$x=\frac{a^2kt}{akt+1}.$$

(2) 若 $a\neq b$，则将方程式(9－45)分离变量，积分得方程的通解

$$\frac{1}{b-a}\ln\frac{b-x}{a-x}=kt+C,$$

再令 $t=0$，$x=0$ 得 $C=\frac{1}{b-a}\ln\frac{b}{a}$. 将 C 的值代入上式，去对数得

$$\frac{b-x}{a-x}=\frac{b}{a}\mathrm{e}^{k(b-a)t}.$$

解出 x 即得时刻 t 时已经进行反应的量为

$$x=\frac{ab(1-\mathrm{e}^{k(b-a)t})}{a-b\mathrm{e}^{k(b-a)t}}.$$

例 9－48　将温度为 100℃ 的开水倒进热水瓶且塞紧塞子，放在温度为 20℃ 的室内，24 h 后瓶内

水温为 50℃，求 12 h 后瓶内的水温.

分析：本例是冷却问题，应满足牛顿冷却定律，即物体的温度变化速度与这一物体的温度和其所在介质温度的差值成正比，这就是本例建立微分方程的平衡关系式.

解：设在时刻 t 时，瓶内水温为 $T=T(t)$，则由牛顿冷却定律得

$$\frac{\mathrm{d}T}{\mathrm{d}t}=-k(T-20),\ (k>0\ 为比例系数).$$

即
$$\frac{\mathrm{d}T}{\mathrm{d}t}+kT=20k.$$

利用一阶线性方程通解公式(9-4)，方程的通解

$$T=\mathrm{e}^{-\int k\mathrm{d}t}\left(\int 20k\mathrm{e}^{\int k\mathrm{d}t}\mathrm{d}t+C\right)=\mathrm{e}^{-kt}(20\mathrm{e}^{kt}+C)=20+C\mathrm{e}^{-kt}.$$

已知 $T(0)=100$，$T(24)=50$，代入上式得 $C=80$，$\mathrm{e}^{-k}=\left(\frac{3}{8}\right)^{\frac{1}{24}}$.

于是得
$$T=80\left(\frac{3}{8}\right)^{\frac{t}{24}}+20$$

所以 12 h 后瓶内的水温
$$T(12)=80\left(\frac{3}{8}\right)^{\frac{12}{24}}+20\approx 69℃.$$

▶▶▶方法小结

运用微分方程求解变化率问题的方法和步骤：

(1) 首先从问题所给条件或者问题的实际学科知识中找出某一量的变化率与其他的一些量在任意点都成立的关系式，即平衡关系式；

(2) 根据平衡关系式，计算其中所涉及的量，建立微分方程，并确定初始条件；

(3) 求微分方程的通解，再根据初始条件求特解.

9.2.4.4 微分方程在一些物理问题中的应用

▶▶▶基本方法

根据问题所涉及的物理背景，运用相应的物理定律及关系式建立微分方程，解微分方程.

▶▶▶典型例题解析

例 9-49 质量为 1 g 的质点受外力作用做直线运动，此外力与时间成正比，与质点的运动速度成反比.在 10 s 时，质点的速度为 50 cm/s，外力为 4 g·cm/s^2.问从开始经过 1 min 后的速度是多少？

分析：这是一个运动学问题，遵循牛顿第二定律，所以本例的平衡关系式是 $F=ma$，为此需计算力 F 来建立方程.

解：设质点在时刻 t 的速度为 $v(t)$，则由题意知此时质点所受的外力为 $F=k\dfrac{t}{v}$（其中 $k>0$ 为比例系数）.

由已知条件 $v(10)=50$，$F(10)=4$ 得 $k=20$，所以外力 F 的表达式为

$$F=20\frac{t}{v}.$$

又质点的加速度 $a=\dfrac{\mathrm{d}v}{\mathrm{d}t}$，质量 $m=1$，所以根据牛顿第二定律有

$$\frac{\mathrm{d}v}{\mathrm{d}t}=20\frac{t}{v}.$$

分离变量，两边积分得方程的通解 $$\frac{1}{2}v^2=10t^2+C.$$

再由初始条件 $v(10)=50$ 可得 $C=250$，所以方程的特解

$$v^2=20t^2+500.$$

当 $t=60$ s 时，$v=\sqrt{20\times 60^2+500}\approx 269.3$ cm/s.

例 9-50 弹簧上端固定，下端挂两个质量相同的物体，此时弹簧伸长了 $2a$ cm.若突然取走挂着的物体中的一个，另一个物体开始振动，在不计阻力的情况下，求它的振动规律.

分析：这是运动学问题，运用牛顿第二定律 $F=ma$ 列微分方程，需注意在计算合力 F 时运用虎克定律.

解：如图 9-3 所示，取弹簧伸长 $2a$ cm 处的平衡位置为坐标原点，垂直向下为正向建立坐标系.设物体的质量为 m，在时刻 t 物体的位移为 $x(t)$. 此时物体受到的重力 $F_1=mg$，弹性恢复力为 F_2. 根据虎克定律 $F_2=k(2a+x)$，其中 k 为弹簧的弹性系数.由已知条件，当 $t=0$ 时，$2mg=k\cdot 2a$，从而 $k=\dfrac{mg}{a}$，所以

$$F_2=\frac{mg}{a}(2a+x).$$

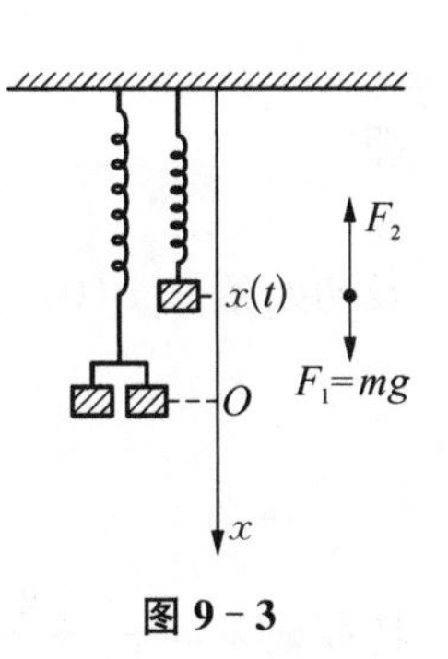

图 9-3

根据牛顿第二定律 $x=x(t)$ 满足微分方程

$$m\frac{\mathrm{d}^2x}{\mathrm{d}t^2}=mg-\frac{mg}{a}(2a+x),$$

即 $$\frac{\mathrm{d}^2x}{\mathrm{d}t^2}+\frac{g}{a}x=-g \tag{9-46}$$

及初始条件 $x(0)=0$，$x'(0)=0$.

方程式(9-46)所对应的齐次方程的特征方程为 $\lambda^2+\dfrac{g}{a}=0$，特征根为 $\lambda=\pm\sqrt{\dfrac{g}{a}}\mathrm{i}$，所以齐次方

程的通解为

$$x_h(t)=C_1\cos\sqrt{\frac{g}{a}}t+C_2\sin\sqrt{\frac{g}{a}}t.$$

再设非齐次方程式(9-46)的特解为 $x_p(t)=b$，代入方程可得 $b=-a$，从而特解 $x_p(t)=-a$，所以非齐次方程的通解

$$x(t)=C_1\cos\sqrt{\frac{g}{a}}t+C_2\sin\sqrt{\frac{g}{a}}t-a.$$

利用初始条件 $x(0)=x'(0)=0$ 可得 $C_1=a$，$C_2=0$，所以物体的振动规律为

$$x=a\left(\cos\sqrt{\frac{g}{a}}t-1\right).$$

例 9-51 某链条悬挂在一个钉子上，启动时一端离开钉子 8 m，另一端离开钉子 12 m，分别在以下两种情况下求链条滑过钉子所需要的时间：

(1) 不计钉子和链条之间的摩擦力；

(2) 钉子和链条之间的摩擦力等于 1 m 长链条所受到的重力.

分析： 这是运动问题，运用牛顿第二定律 $F=ma$ 列微分方程.

解： (1) 如图 9-4 所示，建立坐标系. 设时刻 t 时链条较长的一端下滑到 $x(t)$，链条的线密度为 ρ，则根据牛顿第二定律，$x=x(t)$ 满足微分方程

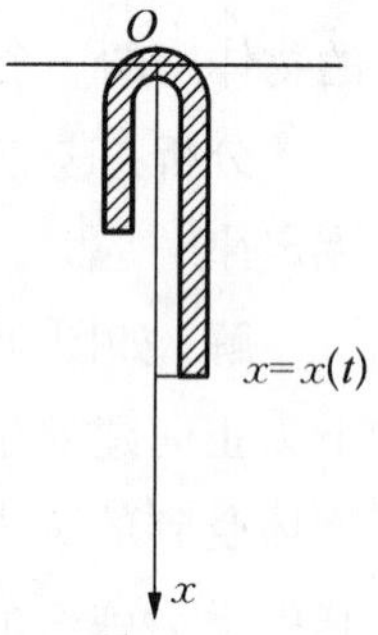

$$20\rho\frac{d^2x}{dt^2}=\rho x\cdot g-\rho(20-x)\cdot g,$$

即

$$\frac{d^2x}{dt^2}-\frac{g}{10}x=-g \tag{9-47}$$

O

x=x(t)

x

图 9-4

及初始条件 $x(0)=12$，$x'(0)=0$. 方程所对应的齐次方程的特征方程为

$$\lambda^2-\frac{g}{10}=0,$$

特征根 $\lambda=\pm\sqrt{\frac{g}{10}}$，所以齐次方程的通解

$$x_h(t)=C_1e^{-\sqrt{\frac{g}{10}}t}+C_2e^{\sqrt{\frac{g}{10}}t}.$$

设非齐次方程的特解为 $x_p(t)=a$，代入方程可得 $a=10$，从而特解 $x_p(t)=10$. 所以非齐次方程的通解

$$x(t)=10+C_1e^{-\sqrt{\frac{g}{10}}t}+C_2e^{\sqrt{\frac{g}{10}}t}.$$

再由初始条件 $x(0)=12$，$x'(0)=0$ 可得 $C_1=C_2=1$，所以一端位移

$$x(t)=10+e^{\sqrt{\frac{g}{10}}t}+e^{-\sqrt{\frac{g}{10}}t}.$$

当 $x=20$ 时,链条滑过钉子,此时从

$$20=10+\mathrm{e}^{\sqrt{\frac{g}{10}}t}+\mathrm{e}^{-\sqrt{\frac{g}{10}}t}=10+2\mathrm{ch}\sqrt{\frac{g}{10}}t$$

解得所需要的时间
$$t=\sqrt{\frac{10}{g}}\,\mathrm{arch}\,5=\sqrt{\frac{10}{g}}\ln(5+2\sqrt{6})\ \mathrm{s}.$$

(2) 若钉子与链条之间有摩擦力 ρg,则根据牛顿第二定律,$x=x(t)$ 满足微分方程

$$20\rho\frac{\mathrm{d}^2x}{\mathrm{d}t^2}=\rho x\cdot g-\rho(20-x)\cdot g-\rho g,$$

即
$$\frac{\mathrm{d}^2x}{\mathrm{d}t^2}-\frac{g}{10}x=-1.05g \tag{9-48}$$

及初始条件 $x(0)=12$, $x'(0)=0$. 方程所对应的齐次方程的通解

$$x_h(t)=C_1\mathrm{e}^{-\sqrt{\frac{g}{10}}t}+C_2\mathrm{e}^{\sqrt{\frac{g}{10}}t}.$$

设非齐次方程的特解为 $x_p(t)=a$,代入方程可得 $a=10.5$,从而特解 $x_p(t)=10.5$. 所以非齐次方程式(9-48)的通解

$$x(t)=10.5+C_1\mathrm{e}^{-\sqrt{\frac{g}{10}}t}+C_2\mathrm{e}^{\sqrt{\frac{g}{10}}t}.$$

根据初始条件 $x(0)=12$, $x'(0)=0$ 可得 $C_1=C_2=\dfrac{3}{4}$,所以一端位移

$$x(t)=10.5+\frac{3}{4}\left(\mathrm{e}^{-\sqrt{\frac{g}{10}}t}+\mathrm{e}^{\sqrt{\frac{g}{10}}t}\right).$$

当 $x=20$ 时,链条滑过钉子,此时从 $20=\mathrm{e}^{\sqrt{\frac{g}{10}}t}+\mathrm{e}^{-\sqrt{\frac{g}{10}}t}+10.5$ 解得所需要的时间

$$t=\sqrt{\frac{10}{g}}\,\mathrm{arch}\,\frac{19}{3}=\sqrt{\frac{10}{g}}\ln\left(\frac{19}{3}+\frac{4\sqrt{22}}{3}\right)\ \mathrm{s}.$$

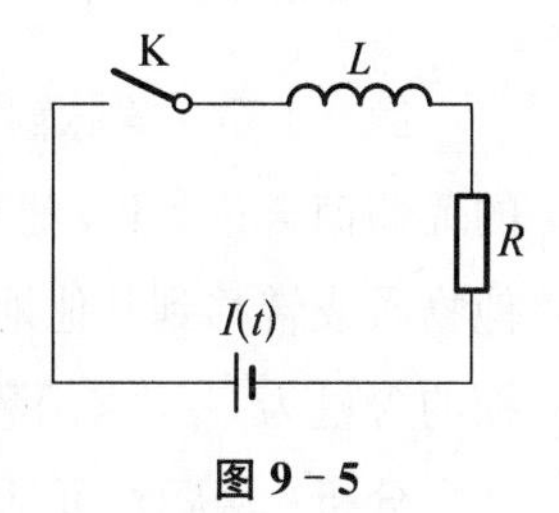

图 9-5

例 9-52　$R-L$ 串联电路是由电感 L,电阻 R 和电源所组成的串联电路. 如图 9-5 所示,其中电感 L,电阻 R 和电源的电动势 E 均为常数. 试求当开关 K 合上后,电路中电流强度 I 与时间 t 之间的关系.

分析: 闭合电路问题遵循基尔霍夫第二定律,即在闭合回路中,所有支路上的电压的代数和为零,据此列微分方程.

解: 设当开关 K 合上后,电路在时刻 t 时的电流强度为 $I=I(t)$,则电流经过电感 L,电阻 R 的电压降分别为 $L\dfrac{\mathrm{d}I}{\mathrm{d}t}$, RI. 由基尔霍夫第二定律得

$$L\frac{\mathrm{d}I}{\mathrm{d}t}+RI=E,\quad 即\quad \frac{\mathrm{d}I}{\mathrm{d}t}+\frac{R}{L}I=\frac{E}{L}. \tag{9-49}$$

由一阶线性方程通解公式(9-4),方程式(9-49)的通解

$$I=e^{-\int\frac{R}{L}dt}\left(\int\frac{E}{L}e^{\int\frac{R}{L}dt}dt+C\right)=e^{-\frac{R}{L}t}\left(\frac{E}{R}e^{\frac{R}{L}t}+C\right)=Ce^{-\frac{R}{L}t}+\frac{E}{R}.$$

又因开关闭合时,$t=0$, $I(0)=0$,代入上式得 $C=-\dfrac{E}{R}$. 所以当开关K合上后,电路中电流强度为

$$I=\frac{E}{R}(1-e^{-\frac{R}{L}t}).$$

方法小结

运用微分方程求解物理问题的方法和步骤:

(1) 首先要找出这一问题在任意时刻或任意点都成立的平衡关系式.对于物理问题,这一平衡关系式通常可根据物理定律确定,例如牛顿第二定律(例9-49,例9-50,例9-51)、牛顿冷却定律(例9-48)、虎克定律(例9-50)、基尔霍夫第二定律(例9-52)等.

(2) 根据平衡关系式,计算其中的量,建立微分方程,并确定初始条件;

(3) 求微分方程的通解,再根据初始条件求特解.

9.2.4.5 微元法在建立微分方程中的应用

基本方法

根据问题中所求量的几何、几何关系或物理等其他学科知识,找出这些量在任意区间 $[t, t+dt]$ 上始终成立的关系式,即问题的平衡关系式,利用平衡关系式建立微分方程.

典型例题解析

例9-53 静脉输入葡萄糖是一种重要的医疗技术.为了研究这一过程,设 $G(t)$ 为时刻 t 血液中的葡萄糖含量,且设葡萄糖以 k g/min 的固定速率输入血液.与此同时,血液中的葡萄糖还会转化为其他物质或转移到其他地方,其速率与血液中葡萄糖含量成正比,比例系数 $\lambda>0$. 假定最初血液中葡萄糖的含量为 G_0,求函数 $G(t)$,并确定血液中葡萄糖的平衡含量.

分析: 从题意可见,在时间段 $[t, t+dt]$ 内,始终成立以下关系式

葡萄糖的改变量 = 流进的葡萄糖量 − 转化的葡萄糖量 (9-50)

这就是本题的平衡关系式,计算其中的量,建立微分方程.

解: 因为在 $[t, t+dt]$ 内,葡萄糖的改变量 $=dG$,流进的葡萄糖量 $=k\,dt$,转移或转化的葡萄糖量 $=\lambda G\,dt$,代入平衡关系式(9-50),有

$$dG=k\,dt-\lambda G\,dt,$$

即 $G(t)$ 满足微分方程

$$\frac{\mathrm{d}G}{\mathrm{d}t}+\lambda G=k$$

及初始条件 $G(0)=G_0$. 方程的通解

$$G=\mathrm{e}^{-\int\lambda\mathrm{d}t}\left(\int k\mathrm{e}^{\int\lambda\mathrm{d}t}\mathrm{d}t+C\right)=\mathrm{e}^{-\lambda t}\left(k\int\mathrm{e}^{\lambda t}\mathrm{d}t+C\right)=\mathrm{e}^{-\lambda t}\left(\frac{k}{\lambda}\mathrm{e}^{\lambda t}+C\right)=\frac{k}{\lambda}+C\mathrm{e}^{-\lambda t}.$$

由初始条件 $G(0)=G_0$，得 $C=G_0-\dfrac{k}{\lambda}$. 所以血液中 t 时刻的葡萄糖含量

$$G=\frac{k}{\lambda}+\left(G_0-\frac{k}{\lambda}\right)\mathrm{e}^{-\lambda t}.$$

因为当 $t\to+\infty$ 时，血液中的葡萄糖含量趋于平衡，所以血液中葡萄糖的平衡含量

$$\overline{G}=\lim_{t\to+\infty}G=\lim_{t\to+\infty}\left(\frac{k}{\lambda}+\left(G_0-\frac{k}{\lambda}\right)\mathrm{e}^{-\lambda t}\right)=\frac{k}{\lambda}.$$

例 9-54 有一盛满了水的圆锥形漏斗，高为 10 cm，顶角为 $\dfrac{\pi}{3}$，漏斗下面有面积为 $0.5\ \mathrm{cm}^2$ 的孔. 根据托里拆利定律，液体从容器小孔中流出的速度为 $v=0.62\sqrt{2gh}$，其中 g 为重力加速度，h 为液面与底部孔口之间的距离. 求水面高度变化的规律 $h=h(t)$ 以及水流尽所花的时间.

分析： 从题意知，在任意时间段 $[t,\ t+\mathrm{d}t]$ 内，关系式

$$\text{容器内水量的改变量}=\text{从小孔口流出的水量} \tag{9-51}$$

始终成立，为此利用该平衡关系式建立 h 与 t 的微分方程.

解： 如图 9-6 所示，建立坐标系. 考虑在时间段 $[t,\ t+\mathrm{d}t]$ 容器中水量的变化. 设在时间段 $[t,\ t+\mathrm{d}t]$ 内，水的高度从 h 降至 $h+\mathrm{d}h$ $(\mathrm{d}h<0)$. 此时，容器内水量的改变量 $\mathrm{d}V=-\pi r^2\mathrm{d}h$.

由 $\tan\dfrac{\pi}{6}=\dfrac{r}{h}$ 知 $r=\dfrac{1}{\sqrt{3}}h$，所以 $\mathrm{d}V=-\dfrac{\pi}{3}h^2\mathrm{d}h$. 又根据托里拆利定律可知

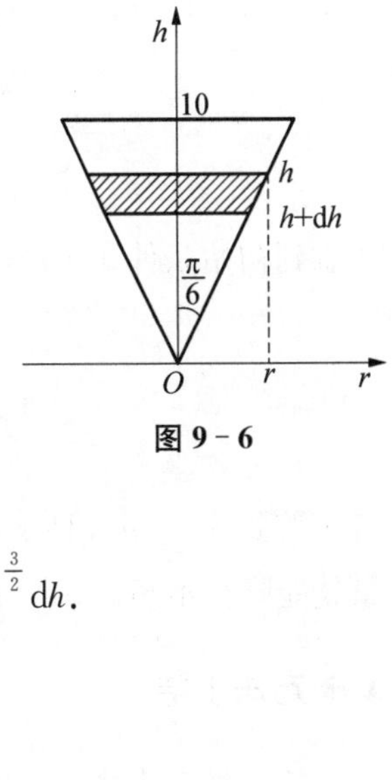

图 9-6

$$\text{从小孔口流出的水量}=0.5\times0.62\sqrt{2gh}\,\mathrm{d}t=0.31\sqrt{2gh}\,\mathrm{d}t$$

代入平衡关系式(9-51)得，液面高度 h 满足微分方程

$$-\frac{\pi}{3}h^2\mathrm{d}h=0.31\sqrt{2gh}\,\mathrm{d}t,\quad \text{即}\quad \mathrm{d}t=-\frac{\pi}{0.93\times\sqrt{2g}}h^{\frac{3}{2}}\mathrm{d}h.$$

两边积分得
$$t=-\frac{2\pi}{4.65\times\sqrt{2g}}h^{\frac{5}{2}}+C.$$

注意到初始条件 $h(0)=10$，代入上式可知 $C=\dfrac{2\pi}{4.65\times\sqrt{2g}}10^{\frac{5}{2}}$，所以

$$t=-\frac{2\pi}{4.65\times\sqrt{2\times980}}h^{\frac{5}{2}}+\frac{2\pi}{4.65\times\sqrt{2\times980}}\times10^{\frac{5}{2}}=0.030\,5h^{\frac{5}{2}}+9.64$$

因为当 $h=0$ 时，容器中的水全部流出，所以水流尽所花的时间 $t=9.64$ s.

例 9-55 某湖泊的水量为 V，每年排入湖泊内含污染物 A 的污水量为 $\dfrac{V}{6}$，流入湖泊内不含 A 的水量为 $\dfrac{V}{6}$，流出湖泊的水量为 $\dfrac{V}{3}$. 已知 2017 年底湖中 A 的含量为 $5m_0$，超过国家规定指标.为了治理污染从 2018 年初起，限定排入湖泊中含 A 污水的浓度不超过 $\dfrac{m_0}{V}$，问最多需要经过多少年，湖泊中污染物 A 的含量就降至不超过 m_0（设湖水中 A 的浓度是均匀的）？

分析：根据物理平衡关系式，在每一时段 $[t,\ t+\mathrm{d}t]$ 内，成立关系式

$$\text{湖中含 } A \text{ 物质的改变量}=\text{该时段的排入量}-\text{排出量} \tag{9-52}$$

所以可采用微元法建立微分方程.

解：以 2018 年初为时间起始，记为 $t=0$.设时刻 t 时湖泊中含 A 物质的量为 $x=x(t)$，则浓度为 $\dfrac{x}{V}$，由于在时间段 $[t,\ t+\mathrm{d}t]$ 内，湖中污染物 A 含量的改变量为 $\mathrm{d}x$，而按题意

$$\text{流入量}=\frac{V}{6}\cdot\frac{m_0}{V}\mathrm{d}t=\frac{m_0}{6}\mathrm{d}t,\quad \text{流出量}=\frac{V}{3}\cdot\frac{x}{V}\mathrm{d}t=\frac{x}{3}\mathrm{d}t.$$

代入平衡关系式(9-52)知，$x(t)$ 满足微分方程

$$\mathrm{d}x=\frac{m_0}{6}\mathrm{d}t-\frac{x}{3}\mathrm{d}t,\quad \text{即}\quad \frac{\mathrm{d}x}{\mathrm{d}t}+\frac{x}{3}=\frac{m_0}{6},$$

这是一阶线性方程，方程的通解

$$x=\mathrm{e}^{-\int\frac{1}{3}\mathrm{d}t}\left[\int\frac{m_0}{6}\mathrm{e}^{\int\frac{1}{3}\mathrm{d}t}\mathrm{d}t+C\right]=\mathrm{e}^{-\frac{1}{3}t}\left(\frac{m_0}{6}\int\mathrm{e}^{\frac{1}{3}t}\mathrm{d}t+C\right)=\frac{m_0}{2}+C\mathrm{e}^{-\frac{1}{3}t}.$$

注意到初始条件 $x(0)=5m_0$，求得 $C=\dfrac{9}{2}m_0$. 所以 t 时刻湖泊中含 A 物质的量为

$$x=\frac{m_0}{2}+\frac{9}{2}m_0\mathrm{e}^{-\frac{1}{3}t}.$$

解不等式 $x\leqslant m_0$，即 $1+9\mathrm{e}^{-\frac{1}{3}t}\leqslant 2$，得 $t\geqslant 6\ln 3$，即最多需经 $6\ln 3\approx 6.59$ 年，湖泊中污染物 A 的含量就能降至不超过 m_0.

▶▶▶方法小结

运用微元法建立微分方程求解应用问题的方法和步骤：

(1) 首先要找出这一问题所要计算的量在任意小区间 $[t,\ t+\mathrm{d}t]$ 上的微元与一些其他的有关量在该小区间上的微元之间的关系式，即找出微元与微元之间的平衡关系式.一般来讲，经常可通过考虑所要计算量在区间 $[t,\ t+\mathrm{d}t]$ 上的该变量与一些其他的部分量之间的关系来确定问题的平衡关系式(例 9-53，例 9-54，例 9-55).

(2) 根据平衡关系式,计算其中的量,建立微分方程,并确定初始条件;

(3) 求微分方程的通解,再根据初始条件求特解.

9.3 习题九

9-1 用求导消去任意常数的方法,求以下列曲线族为通解的微分方程,其中 C, C_1, C_2 是任意常数:

(1) $(x-C)^2+y^2=1$; (2) $y=C_1x+C_2x^2$.

9-2 求下列微分方程的通解:

(1) $\cos x\ \sin y\mathrm{d}x+\sin x\ \cos y\mathrm{d}y=0$; (2) $y\mathrm{d}x+(x^2-4x)\mathrm{d}y=0$.

9-3 求下列微分方程满足所给初始条件的特解:

(1) $y'=\mathrm{e}^{2x-y}$, $y(0)=0$; (2) $y'\sin x=y\ln y$, $y\left(\dfrac{\pi}{2}\right)=\mathrm{e}$.

9-4 求下列微分方程的通解:

(1) $y'+2xy=4x$; (2) $(x-2)y'=y+2(x-2)^3$;

(3) $\mathrm{d}x+(x\cos y-\sin 2y)\mathrm{d}y=0$; (4) $y'=\dfrac{y\ln y}{\ln y-x}$;

(5) $(1+y^2)\mathrm{d}x=(\mathrm{e}^y-2xy)\mathrm{d}y$.

9-5 求下列微分方程满足所给初始条件的特解:

(1) $x^3y'+(2-3x^2)y-x^3=0$, $y(1)=0$; (2) $y'+\dfrac{1}{x}y=\dfrac{\sin x}{x}$, $y(\pi)=2$.

9-6 求下列微分方程的通解:

(1) $(x^2+y^2)\mathrm{d}x-xy\mathrm{d}y=0$; (2) $(\ln x-\ln y)y\mathrm{d}x+x\mathrm{d}y=0$;

(3) $xy'=y+\sqrt{y^2-x^2}$; (4) $y'=\dfrac{2x-5y+3}{2x+4y-6}$;

(5) $(x+2y+1)\mathrm{d}x+(2x+3y)\mathrm{d}y=0$.

9-7 求下列微分方程满足所给初始条件的特解:

(1) $xy\mathrm{d}x-(2x^2+y^2)\mathrm{d}y=0$, $y(2)=1$; (2) $(x+2y)\mathrm{d}x+(2x-5y)\mathrm{d}y=0$, $y(1)=1$.

9-8 求下列微分方程的通解或满足初始条件的特解:

(1) $3xy'-y=3x^2y^{-4}$, $y(1)=1$; (2) $2yy'+2xy^2=x\mathrm{e}^{-x^2}$;

(3) $(x^3y^3+x^3y-xy)y'=1$; (4) $y'=\dfrac{3x^2}{x^3+y+1}$;

(5) $y'=\dfrac{x}{x^2-2y}$.

9-9 求微分方程 $y'-2y=\varphi(x)$ 满足 $y(0)=0$ 的特解,其中 $\varphi(x)=\begin{cases}2, & x\leqslant 1\\ 0, & x>1\end{cases}$.

9-10 用适当的变量代换变换下列微分方程,并求出它们的通解：

(1) $y'=\dfrac{1}{x-y}+1$；　　(2) $xy'+y=y(\ln x+\ln y)$；

(3) $y'\cos x-y\sin x+\cos x=x(y\cos x+\sin x)$；　　(4) $y'=\dfrac{y}{2x}+\dfrac{1}{2y}\tan\left(\dfrac{y^2}{x}\right)$；

(5) $y'=\dfrac{1}{x}+e^y$；　　(6) $y'=\dfrac{2x^3+3xy^2-7x}{3x^2y+2y^3-8y}$；

(7) $y'=\tan^2(x+y)$.

9-11 试证明方程 $\varphi'(y)\dfrac{dy}{dx}+P(x)\varphi(y)=Q(x)$ 在变量代换 $u=\varphi(y)$ 下可化为线性方程,并求下列方程的通解：

(1) $e^y(y'+1)=x$；　　(2) $y'+e^{-x}y=y\ln y$.

9-12 求下列微分方程的通解：

(1) $x^3y'''=1+x^4$；　　(2) $xy''+y'=0$；　　(3) $xy''=y'\ln\dfrac{y'}{x}$；

(4) $yy''+(y')^2=0$；　　(5) $y'-xy''=(y')^2$；　　(6) $2(y')^2=y''(y'-1)$；

(7) $xy''=y'+(y')^3$.

9-13 求下列微分方程满足初始条件的特解：

(1) $y''=\sin x-\cos x$, $y(0)=2$, $y'(0)=1$；　　(2) $y''-(y')^2=0$, $y(0)=0$, $y'(0)=-1$；

(3) $y''+(y')^2=1$, $y(0)=0$, $y'(0)=0$；　　(4) $y''=e^{2y}$, $y(0)=0$, $y'(0)=1$；

(5) $yy''=(y')^2-(y')^3$, $y(1)=1$, $y'(1)=-1$.

9-14 验证函数 $y_1=e^{x^2}$ 及 $y_2=xe^{x^2}$ 都是方程 $y''-4xy'+(4x^2-2)y=0$ 的解,并写出该方程的通解.

9-15 求下列微分方程的通解：

(1) $y''-4y'-5y=0$；　　(2) $y''-y'+2y=0$；

(3) $y^{(4)}-y=0$；　　(4) $y^{(4)}+2y''+y=0$.

9-16 求下列微分方程满足初始条件的特解：

(1) $y''+2y'-3y=0$, $y(0)=0$, $y'(0)=1$；　　(2) $y''+25y=0$, $y(0)=2$, $y'(0)=5$；

(3) $y^{(5)}-y^{(4)}+y'''-y''=0$, $y(0)=y'(0)=y''(0)=y'''(0)=0$, $y^{(4)}(0)=2$.

9-17 求下列微分方程的通解：

(1) $y''-4y'+4y=e^{-x}$；　　(2) $2y''+5y'=5x^2-2x-1$；

(3) $y''+4y=10\sin x\cos x$；　　(4) $y''-6y'+9y=\operatorname{ch}3x$；

(5) $y''-y=\sin^2 x$；　　(6) $y''-4y'+3y=\sin x\cos 2x$.

9-18 求下列微分方程满足初始条件的特解：

(1) $y''-y=4xe^x$, $y(0)=0$, $y'(0)=1$；　　(2) $y''+y=2\cos x$, $y(0)=1$, $y'(0)=0$；

(3) $y''+4y=\dfrac{1}{2}(1+\cos 2x)$, $y(0)=y'(0)=0$.

9-19 设 $y=e^x$ 是微分方程 $xy'+P(x)y=x$ 的一个特解,求此方程满足条件 $y(\ln 2)=0$ 的特解.

9-20 设 $y_1(x)$, $y_2(x)$, $y_3(x)$ 都是非齐次线性方程

$$y''+a(x)y'+b(x)y=f(x)$$

的解,且 $\dfrac{y_2(x)-y_1(x)}{y_3(x)-y_1(x)}\neq$ 常数.证明:$y=(1-C_1-C_2)y_1(x)+C_1y_2(x)+C_2y_3(x)$ 是上述方程的通解.

9-21 设常系数线性方程 $y''+\alpha y'+\beta y=\gamma e^x$ 的一个特解为 $y=e^{2x}+(1+x)e^x$,试确定常数 α, β, γ,并求该方程的通解.

9-22 已知 $y(x)=e^x$ 是方程 $(1+x)y''-y'-xy=0$ 的一个解,求此方程的通解.

9-23 以 $y_1=\cos x$ 和 $y_2=e^x$ 为特解,分别按下列要求构造微分方程:

(1) 阶数最低的线性方程;(2) 阶数最低的线性齐次方程;(3) 阶数最低的常系数线性齐次方程.

9-24 设有一个二阶线性非齐次微分方程,它的 3 个特解分别为 $y_1=x(2+x^2)$, $y_2=x^2(x-1)$, $y_3=x(x+1)^2$,试求出此二阶线性非齐次方程,并求其通解.

9-25 设 $y''+\dfrac{1}{x}y'-f(x)y=0$ 的两个特解互为倒数,且 $f(1)=4$,试求此线性齐次方程的通解,并确定 $f(x)$.

9-26 求二阶线性齐次方程 $x(x-1)y''-xy'+y=0$ 的通解.

9-27 求微分方程 $y''+4y=3|\sin x|$ 在 $[-\pi,\pi]$ 上满足 $y\left(\dfrac{\pi}{2}\right)=0$, $y'\left(\dfrac{\pi}{2}\right)=1$ 的特解.

9-28 以 $u=xy$ 为新的未知函数,变换方程 $y''+\dfrac{2}{x}y'+y=0$,并求其通解.

9-29 以 $t=e^x$ 为新的未知函数,变换方程 $y''-y'-2e^{2x}y=0$,并求其通解.

9-30 以 x 为新的未知函数,y 为自变量,变换方程 $y''+3(y')^2=(y')^3(2x+5\cos y)$,并求其通解.

9-31 求下列欧拉方程的通解:

(1) $x^2y''+xy'-y=0$;

(2) $x^3y'''+4x^2y''+2xy'-y=0$;

(3) $x^2y''+xy'-4y=x^3$.

9-32 求方程 $y^{(4)}-2y''+y=3\sin x+e^{-x}$ 的通解.

9-33 设函数 $f(x)$, $g(x)$ 可导,满足 $f'(x)=g(x)$, $g'(x)=f(x)$,且 $f(0)=0$, $g(0)\neq 0$,又设 $\varphi(x)=\dfrac{f(x)}{g(x)}$,试导出 $\varphi(x)$ 所满足的微分方程,并求 $\varphi(x)$.

9-34 设 $f(x)$ 具有二阶导数,且 $f(x)+f'(\pi-x)=\sin x$, $f\left(\dfrac{\pi}{2}\right)=0$,求 $f(x)$.

9-35 求满足 $f(0)=1$ 的连续函数 $f(x)$,使对一切实数 x, y 有

$$\int_0^{x+y}f(t)\mathrm{d}t=e^x\int_0^y f(t)\mathrm{d}t+e^y\int_0^x f(t)\mathrm{d}t.$$

9-36 求满足关系式 $f(x)=\int_0^{3x} f\left(\frac{t}{3}\right)\mathrm{d}t+\mathrm{e}^{2x}$ 的连续函数 $f(x)$.

9-37 求连续函数 $f(x)$ 使 $f(x)=\mathrm{e}^x+\int_0^x (t-x)f(t)\mathrm{d}t+2x\int_0^1 f(xt)\mathrm{d}t$.

9-38 设函数 $f(x)$ 在 $(0,+\infty)$ 上有定义,且对一切实数 x, y 有 $f(xy)=yf(x)+xf(y)$,若 $f'(1)=1$,求 $f(x)$.

9-39 求与抛物线族 $y=Cx^2$(C 是常数)中任一抛物线都正交的曲线(族)的方程.

9-40 求微分方程 $y''-3y'+2y=2\mathrm{e}^x$ 的一条积分曲线,使它与曲线 $y=x^2-x+1$ 相切于点 $(0,1)$.

9-41 在 xOy 坐标面的第一象限有一条曲线通过点 $(1,2)$,该曲线与两坐标轴及直线 $x=a$ 所围成的曲边梯形的形心横坐标为 $\frac{5}{6}a$,试求此曲线的方程.

9-42 在某池塘内养鱼,该池塘最多能养鱼 1 000 尾.鱼的条数 y 是时间 t 的函数,即 $y=y(t)$, y 随时间的变化率与 y 及 $1\,000-y$ 的乘积成正比.开始时池塘内放养鱼 100 尾,三个月后池塘内有鱼 250 尾,求函数 $y=y(t)$.

9-43 某林区现有木材 10^5 m^3,若在每一瞬时木材的变化率与当时木材数成正比,并假设 10 年后此林区能有木材 2×10^5 m^3,试求木材数 P 与时间 t 的函数关系 $P=P(t)$.

9-44 设有质量为 m 的物体,在空中由静止开始下落,若空气的阻力与速度平方成正比,比例系数 $k>0$,求物体下落的距离 s 与时间 t 的函数关系 $s=s(t)$.

9-45 设有一质量为 m 的质点做直线运动.假定运动过程中只受到两个力作用:一个是拉力,方向与运动方向一致,大小正比于时间 t,比例系数 $k_1>0$;另一个是阻力,方向与运动方向相反,大小与速度成正比,比例系数 $k_2>0$.设运动之初速度为 $v_0=0$,求质点运动速度 $v(t)$.

9-46 某质量为 m 的潜水艇在水面由静止状态开始下沉,所受阻力与下沉速度成正比,比例系数 $k>0$,所受浮力为常数 B.求潜水艇下沉深度 x 与时间 t 的函数关系 $x(t)$.

9-47 长 100 cm 的链条从桌面上由静止状态开始无摩擦地沿桌子边缘下滑.设运动开始时,链条已有 20 cm 垂于桌面下,试求链条全部从桌子边缘滑下需多少时间?

9-48 有一直径为 0.5 m 的圆柱形浮桶,垂直置于水中.今将其稍向下压后突然松开,若浮桶在水中上下振动的周期为 $2s$,试求浮桶的质量.

9-49 子弹以初速 $v_0=200$ m/s 垂直打入厚 10 cm 的木板后,以 $v_1=80$ m/s 的速度穿出.设木板的阻力与子弹的速度平方成正比,求子弹穿过木板所需的时间.

9-50 在一个空间为 30 m×30 m×12 m 的车间内,空气中含有0.12%的 CO_2.今输入含 CO_2 为 0.04%的新鲜空气,并假定新鲜空气一进入车间,立即与车间内的浑浊空气均匀混合,且有等量混合空气被排出.问每分钟输入多少这样的新鲜空气,才能在 10 min 后,使车间内 CO_2 含量不超过 0.06%?

第10章 向量与空间解析几何

人们用数学方法研究客观世界时，最早使用的一种数学工具就是几何学.空间解析几何是几何学的重要组成部分，空间中的一些基本图形，例如直线、平面、曲面是其研究的主要内容，而研究这些内容的重要工具是向量.本章主要利用向量来研究空间中的基本图形——直线、平面、曲线和曲面.

10.1 本章解决的主要问题

(1) 向量的几何与代数运算；

(2) 求平面方程问题；

(3) 求直线方程问题；

(4) 求点到平面、点到直线、异面直线的距离问题；

(5) 求平面与平面、直线与直线、直线与平面的夹角问题；

(6) 求旋转曲面、柱面、锥面方程问题；

(7) 空间曲线在坐标面上的投影问题.

10.2 典型问题解题方法与分析

10.2.1 向量的几何与代数运算

10.2.1.1 向量的几何运算

▶▶▶基本方法

(1) 向量的加法

① 三角形法则：对于向量 $\boldsymbol{a}$ 和 $\boldsymbol{b}$，把向量 $\boldsymbol{b}$ 的起点移到向量 $\boldsymbol{a}$ 的终点，则以向量 $\boldsymbol{a}$ 的起点为起点，向量 $\boldsymbol{b}$ 的终点为终点的向量称为向量 $\boldsymbol{a}$ 和 $\boldsymbol{b}$ 的和，记作 $\boldsymbol{a}+\boldsymbol{b}$ [图 10 - 1(a)].

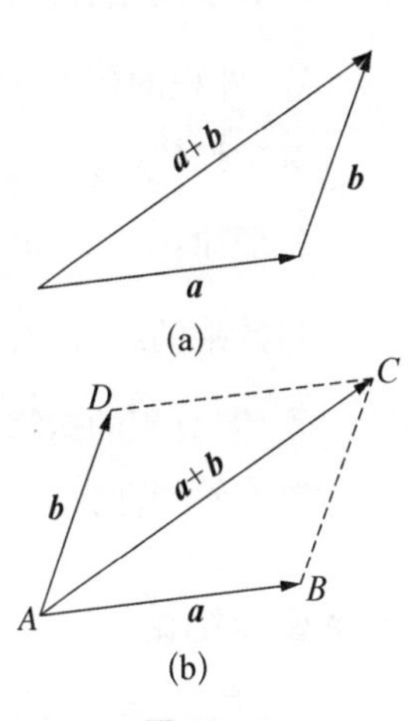

图 10 - 1

② 平行四边形法则：向量 $\boldsymbol{a}$ 和 $\boldsymbol{b}$ 不平行时，作 $\overrightarrow{AB}=\boldsymbol{a}$，$\overrightarrow{AD}=\boldsymbol{b}$，以 AB，

AD 为邻边作平行四边形 $ABCD$，则连接对角线 AC 所成的向量 $\overrightarrow{AC}$ 称为向量 $\boldsymbol{a}$ 和 $\boldsymbol{b}$ 的和，记作 $\boldsymbol{a}+\boldsymbol{b}$ [图 10-1(b)].

(2) 向量的数乘

给定向量 $\boldsymbol{a}$ 与实数 λ，数乘向量 $\lambda\boldsymbol{a}$ 是实数 λ 和向量 $\boldsymbol{a}$ 的乘积，它是一个向量，它的模为 $|\lambda\boldsymbol{a}|=|\lambda||\boldsymbol{a}|$，当 $\lambda>0$ 时，$\lambda\boldsymbol{a}$ 与 $\boldsymbol{a}$ 同向，当 $\lambda<0$ 时，$\lambda\boldsymbol{a}$ 与 $\boldsymbol{a}$ 反向.

(3) 向量的内积

对于向量 $\boldsymbol{a}$ 与 $\boldsymbol{b}$，向量 $\boldsymbol{a}$ 与 $\boldsymbol{b}$ 的内积为

$$\boldsymbol{a}\cdot\boldsymbol{b}=|\boldsymbol{a}||\boldsymbol{b}|\cos(\boldsymbol{a},\hat{\ }\boldsymbol{b}).$$

(4) 向量的外积

对于向量 $\boldsymbol{a}$ 与 $\boldsymbol{b}$，向量 $\boldsymbol{a}$ 与 $\boldsymbol{b}$ 的外积 $\boldsymbol{a}\times\boldsymbol{b}$ 是一个向量，它的大小是 $|\boldsymbol{a}\times\boldsymbol{b}|=|\boldsymbol{a}||\boldsymbol{b}|\sin(\boldsymbol{a},\hat{\ }\boldsymbol{b})$，它的方向同时垂直于 $\boldsymbol{a}$ 和 $\boldsymbol{b}$，且 $\boldsymbol{a}, \boldsymbol{b}, \boldsymbol{a}\times\boldsymbol{b}$ 形成右手系.

(5) 向量的混合积

对于向量 $\boldsymbol{a}, \boldsymbol{b}, \boldsymbol{c}$，它们的混合积

$$[\boldsymbol{a}, \boldsymbol{b}, \boldsymbol{c}]=(\boldsymbol{a}\times\boldsymbol{b})\cdot\boldsymbol{c}.$$

(6) 投影量

向量 $\boldsymbol{b}$ 在向量 $\boldsymbol{a}$ 上的投影量

$$(\boldsymbol{b})_{a}=\mathrm{Prj}_{\boldsymbol{a}}\boldsymbol{b}=|\boldsymbol{b}|\cos(\boldsymbol{a},\hat{\ }\boldsymbol{b}).$$

(7) 向量的运算性质

① 加法与数乘的运算性质

加法的交换律和结合律：$\boldsymbol{a}+\boldsymbol{b}=\boldsymbol{b}+\boldsymbol{a}$，$(\boldsymbol{a}+\boldsymbol{b})+\boldsymbol{c}=\boldsymbol{a}+(\boldsymbol{b}+\boldsymbol{c})$；

数乘的分配律和结合律：$\lambda(\boldsymbol{a}+\boldsymbol{b})=\lambda\boldsymbol{a}+\lambda\boldsymbol{b}$，$\lambda(\mu\boldsymbol{a})=(\lambda\mu)\boldsymbol{a}=\mu(\lambda\boldsymbol{a})$.

② 内积的运算性质

交换律：$\boldsymbol{a}\cdot\boldsymbol{b}=\boldsymbol{b}\cdot\boldsymbol{a}$；

分配律：$\boldsymbol{a}\cdot(\boldsymbol{b}+\boldsymbol{c})=\boldsymbol{a}\cdot\boldsymbol{b}+\boldsymbol{a}\cdot\boldsymbol{c}$；

与数乘的结合律：$\lambda(\boldsymbol{a}\cdot\boldsymbol{b})=(\lambda\boldsymbol{a})\cdot\boldsymbol{b}=\boldsymbol{a}\cdot(\lambda\boldsymbol{b})$.

③ 外积的运算性质

反交换律：$\boldsymbol{a}\times\boldsymbol{b}=-\boldsymbol{b}\times\boldsymbol{a}$；

分配律：$\boldsymbol{a}\times(\boldsymbol{b}+\boldsymbol{c})=\boldsymbol{a}\times\boldsymbol{b}+\boldsymbol{a}\times\boldsymbol{c}$，$(\boldsymbol{a}+\boldsymbol{b})\times\boldsymbol{c}=\boldsymbol{a}\times\boldsymbol{c}+\boldsymbol{b}\times\boldsymbol{c}$；

与数乘的结合律：$(\lambda\boldsymbol{a})\times\boldsymbol{b}=\boldsymbol{a}\times(\lambda\boldsymbol{b})=\lambda(\boldsymbol{a}\times\boldsymbol{b})$.

④ 混合积的运算性质

轮换不变性：$[\boldsymbol{a}, \boldsymbol{b}, \boldsymbol{c}]=[\boldsymbol{b}, \boldsymbol{c}, \boldsymbol{a}]=[\boldsymbol{c}, \boldsymbol{a}, \boldsymbol{b}]$.

▶▶▶重要结论

(1) 向量平行的条件：非零向量 $\boldsymbol{a}, \boldsymbol{b}$ 平行 $\Leftrightarrow$ 存在实数 λ 使得 $\boldsymbol{b}=\lambda\boldsymbol{a}\Leftrightarrow\boldsymbol{a}\times\boldsymbol{b}=\boldsymbol{0}$.

(2) 向量垂直的条件：非零向量 $\boldsymbol{a}$，$\boldsymbol{b}$ 垂直 $\Leftrightarrow \boldsymbol{a}\cdot\boldsymbol{b}=0$

(3) 三向量共面的条件：三个非零向量 $\boldsymbol{a}$，$\boldsymbol{b}$，$\boldsymbol{c}$ 共面$\Leftrightarrow$混合积 $[\boldsymbol{a},\boldsymbol{b},\boldsymbol{c}]=0$.

(4) $|\boldsymbol{a}\times\boldsymbol{b}|$ 的几何意义：$|\boldsymbol{a}\times\boldsymbol{b}|$ 的值表示以 $\boldsymbol{a}$，$\boldsymbol{b}$ 为邻边所作的平行四边形的面积.

(5) $|[\boldsymbol{a},\boldsymbol{b},\boldsymbol{c}]|$ 的几何意义：$|[\boldsymbol{a},\boldsymbol{b},\boldsymbol{c}]|$ 的值表示以 $\boldsymbol{a}$，$\boldsymbol{b}$，$\boldsymbol{c}$ 为相邻棱的平行六面体的体积.

(6) 向量模的内积计算公式：　　$|\boldsymbol{a}|=\sqrt{\boldsymbol{a}\cdot\boldsymbol{a}}$.

(7) 向量的单位化向量：对于非零向量 $\boldsymbol{a}$，$\boldsymbol{a}$ 的单位化向量

$$\boldsymbol{a}^{\circ}=\frac{1}{|\boldsymbol{a}|}\boldsymbol{a}.$$

(8) 内积与投影量的运算：

① $\boldsymbol{a}\cdot\boldsymbol{b}=|\boldsymbol{a}|(\boldsymbol{b})_{a}=|\boldsymbol{b}|(\boldsymbol{a})_{b}$；　② 当 $\boldsymbol{a}\neq\boldsymbol{0}$ 时，$(\boldsymbol{b})_{a}=\dfrac{\boldsymbol{a}\cdot\boldsymbol{b}}{|\boldsymbol{a}|}=\boldsymbol{b}\cdot\boldsymbol{a}^{\circ}$.

▶▶▶方法运用注意点

(1) 向量的减法由下式定义

$$\boldsymbol{a}-\boldsymbol{b}=\boldsymbol{a}+(-\boldsymbol{b}).$$

它可以由三角形法则或平行四边形法则进行运算.三角形法则见图 10-2(a)，平行四边形法则见图 10-2(b).

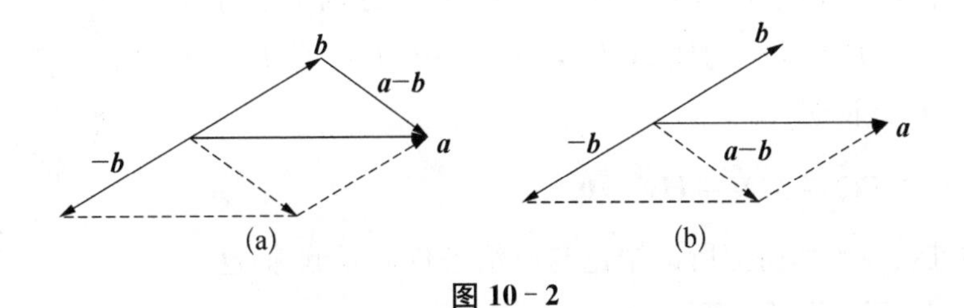

图 10-2

(2) 向量加法的三角形法则可以推广到有限个向量的加法.若 $\boldsymbol{a}_1=\overrightarrow{A_0A_1}$，$\boldsymbol{a}_2=\overrightarrow{A_1A_2}$，…，$\boldsymbol{a}_n=\overrightarrow{A_{n-1}A_n}$，则

$$\boldsymbol{a}_1+\boldsymbol{a}_2+\cdots+\boldsymbol{a}_n=\overrightarrow{A_0A_1}+\overrightarrow{A_1A_2}+\cdots+\overrightarrow{A_{n-1}A_n}=\overrightarrow{A_0A_n},$$

即 n 个向量之和所成的向量是以第一个向量的起点为起点，第 n 个向量的终点为终点的向量.

(3) 向量的内积所得结果是一个数值，而外积所得结果是一个向量.

(4) 向量的内积可以将向量进行交换而结果不变，但向量的外积不满足交换律，即

$$\boldsymbol{a}\times\boldsymbol{b}\neq\boldsymbol{b}\times\boldsymbol{a}.$$

▶▶▶典型例题解析

例 10-1　设 P_1，P_2，P_3 和 P_4 依次是线段 AB 的五等分点，O 为空间任意一点，试证明：

$$\overrightarrow{OP_1}+\overrightarrow{OP_4}=\overrightarrow{OP_2}+\overrightarrow{OP_3}=\overrightarrow{OA}+\overrightarrow{OB}.$$

分析：应考虑建立$\overrightarrow{OP_1}$，$\overrightarrow{OP_2}$，$\overrightarrow{OP_3}$，$\overrightarrow{OP_4}$与$\overrightarrow{OA}$，$\overrightarrow{OB}$之间的关系式，然后验证等式.

解：如图 10-3 所示，利用向量的加法和数乘运算性质，有

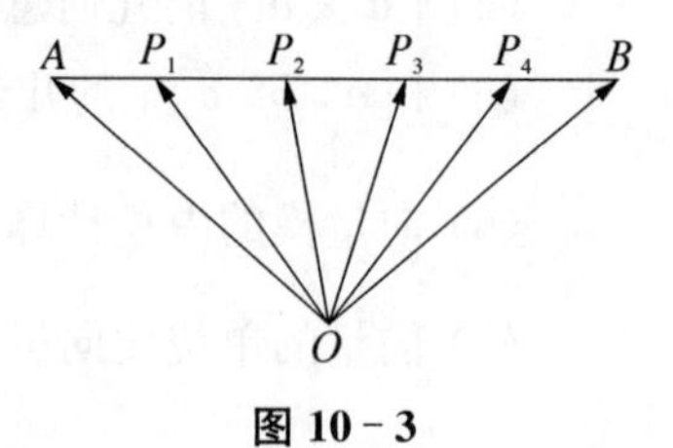

图 10-3

$$\overrightarrow{OP_1}=\overrightarrow{OA}+\overrightarrow{AP_1}=\overrightarrow{OA}+\frac{1}{5}\overrightarrow{AB}$$

$$=\frac{5\overrightarrow{OA}+(\overrightarrow{OB}-\overrightarrow{OA})}{5}=\frac{1}{5}(4\overrightarrow{OA}+\overrightarrow{OB}),$$

$$\overrightarrow{OP_2}=\overrightarrow{OA}+\overrightarrow{AP_2}=\overrightarrow{OA}+\frac{2}{5}\overrightarrow{AB}=\frac{1}{5}(3\overrightarrow{OA}+2\overrightarrow{OB}),$$

$$\overrightarrow{OP_3}=\overrightarrow{OA}+\overrightarrow{AP_3}=\overrightarrow{OA}+\frac{3}{5}\overrightarrow{AB}=\frac{1}{5}(2\overrightarrow{OA}+3\overrightarrow{OB}),$$

$$\overrightarrow{OP_4}=\overrightarrow{OA}+\overrightarrow{AP_4}=\overrightarrow{OA}+\frac{4}{5}\overrightarrow{AB}=\frac{1}{5}(\overrightarrow{OA}+4\overrightarrow{OB}),$$

所以
$$\overrightarrow{OP_1}+\overrightarrow{OP_4}=\frac{1}{5}(4\overrightarrow{OA}+\overrightarrow{OB})+\frac{1}{5}(\overrightarrow{OA}+4\overrightarrow{OB})=\overrightarrow{OA}+\overrightarrow{OB},$$

$$\overrightarrow{OP_2}+\overrightarrow{OP_3}=\frac{1}{5}(3\overrightarrow{OA}+2\overrightarrow{OB})+\frac{1}{5}(2\overrightarrow{OA}+3\overrightarrow{OB})=\overrightarrow{OA}+\overrightarrow{OB},$$

等式得证.

例 10-2 如图 10-4 所示，P，Q，M，N，U 和 V 分别是平行六面体 $A_1B_1C_1D_1-A_2B_2C_2D_2$ 的棱 A_1B_1，B_1B_2，B_2C_2，C_2D_2，D_2D_1，D_1A_1 的中点，试证明：

$$\overrightarrow{PQ}+\overrightarrow{MN}+\overrightarrow{UV}=\mathbf{0}.$$

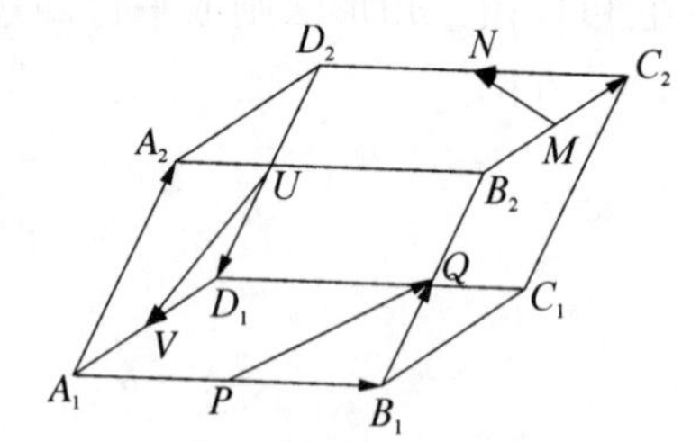

图 10-4

分析：本题的难点在于如何把所证结论与所给条件联系起来.这里的关键思路是要把$\overrightarrow{PQ}$，$\overrightarrow{MN}$，$\overrightarrow{UV}$用平行六面体的棱所成的向量表示，从而用上平行六面体的条件.

解：如图 10-4 所示，利用向量加法和数乘运算性质，有

$$\overrightarrow{PQ}=\overrightarrow{PB_1}+\overrightarrow{B_1Q}=\frac{1}{2}\overrightarrow{A_1B_1}+\frac{1}{2}\overrightarrow{B_1B_2}=\frac{1}{2}\overrightarrow{A_1B_1}+\frac{1}{2}\overrightarrow{A_1A_2}$$

$$\overrightarrow{MN}=\overrightarrow{MC_2}+\overrightarrow{C_2N}=\frac{1}{2}\overrightarrow{B_2C_2}+\frac{1}{2}\overrightarrow{C_2D_2}=\frac{1}{2}\overrightarrow{A_1D_1}-\frac{1}{2}\overrightarrow{A_1B_1}$$

$$\overrightarrow{UV}=\overrightarrow{UD_1}+\overrightarrow{D_1V}=\frac{1}{2}\overrightarrow{D_2D_1}+\frac{1}{2}\overrightarrow{D_1A_1}=-\frac{1}{2}\overrightarrow{A_1A_2}-\frac{1}{2}\overrightarrow{A_1D_1}$$

将三式相加得
$$\overrightarrow{PQ}+\overrightarrow{MN}+\overrightarrow{UV}=\mathbf{0}.$$

例 10-3 已知 $|\boldsymbol{a}|=2$，$|\boldsymbol{b}|=3$，$(\boldsymbol{a},\hat{\ }\boldsymbol{b})=\frac{2\pi}{3}$，求

(1) $(3\boldsymbol{a}-2\boldsymbol{b})\cdot(\boldsymbol{a}+2\boldsymbol{b})$；　　　　(2) $|3\boldsymbol{a}-2\boldsymbol{b}|$.

分析：利用向量内积的运算性质以及与模的关系式计算.

解：(1) 利用向量内积的运算性质及定义，有

$$(3\boldsymbol{a}-2\boldsymbol{b})\cdot(\boldsymbol{a}+2\boldsymbol{b})=3|\boldsymbol{a}|^2+4\boldsymbol{a}\cdot\boldsymbol{b}-4|\boldsymbol{b}|^2=-36.$$

(2) 利用向量模的内积表达式，有

$$|3\boldsymbol{a}-2\boldsymbol{b}|^2=(3\boldsymbol{a}-2\boldsymbol{b})\cdot(3\boldsymbol{a}-2\boldsymbol{b})=9|\boldsymbol{a}|^2-12\boldsymbol{a}\cdot\boldsymbol{b}+4|\boldsymbol{b}|^2=108,$$

所以
$$|3\boldsymbol{a}-2\boldsymbol{b}|=\sqrt{108}=6\sqrt{3}.$$

例 10-4　设 $|\boldsymbol{a}|=4$，$|\boldsymbol{b}|=5$，$(\widehat{\boldsymbol{a},\boldsymbol{b}})=\dfrac{\pi}{3}$，求 $(2\boldsymbol{a}+3\boldsymbol{b})_{(\boldsymbol{a}-\boldsymbol{b})}$.

分析：利用投影量的内积计算公式计算.

解：
$$(2\boldsymbol{a}+3\boldsymbol{b})_{(\boldsymbol{a}-\boldsymbol{b})}=\frac{(2\boldsymbol{a}+3\boldsymbol{b})\cdot(\boldsymbol{a}-\boldsymbol{b})}{|\boldsymbol{a}-\boldsymbol{b}|}=\frac{2|\boldsymbol{a}|^2+\boldsymbol{a}\cdot\boldsymbol{b}-3|\boldsymbol{b}|^2}{\sqrt{(\boldsymbol{a}-\boldsymbol{b})\cdot(\boldsymbol{a}-\boldsymbol{b})}}$$

$$=\frac{2\times 4^2+4\times 5\cos\dfrac{\pi}{3}-3\times 5^2}{\sqrt{21}}=-\frac{11}{7}\sqrt{21}.$$

例 10-5　设 $\triangle ABC$ 的三个顶点相对于某定点 O 的位置向量分别为 $\boldsymbol{r}_A$，$\boldsymbol{r}_B$，$\boldsymbol{r}_C$，试证明：$\triangle ABC$ 的面积为

$$S_{\triangle ABC}=\frac{1}{2}|\boldsymbol{r}_B\times\boldsymbol{r}_C+\boldsymbol{r}_C\times\boldsymbol{r}_A+\boldsymbol{r}_A\times\boldsymbol{r}_B|.$$

分析：根据向量外积模的几何意义，$\triangle ABC$ 的面积为 $\dfrac{1}{2}|\overrightarrow{AB}\times\overrightarrow{AC}|$. 可见只需建立 $\overrightarrow{AB}$，$\overrightarrow{AC}$ 与 $\boldsymbol{r}_A$，$\boldsymbol{r}_B$，$\boldsymbol{r}_C$ 间的关系，运用外积运算的性质即可.

解：$\triangle ABC$ 的面积 $S_{\triangle ABC}=\dfrac{1}{2}|\overrightarrow{AB}\times\overrightarrow{AC}|$，

因为
$$\overrightarrow{AB}=\overrightarrow{OB}-\overrightarrow{OA}=\boldsymbol{r}_B-\boldsymbol{r}_A,\quad \overrightarrow{AC}=\overrightarrow{OC}-\overrightarrow{OA}=\boldsymbol{r}_C-\boldsymbol{r}_A,$$

代入上式并运用外积的运算性质有

$$S_{\triangle ABC}=\frac{1}{2}|\overrightarrow{AB}\times\overrightarrow{AC}|=\frac{1}{2}|(\boldsymbol{r}_B-\boldsymbol{r}_A)\times(\boldsymbol{r}_C-\boldsymbol{r}_A)|=\frac{1}{2}|\boldsymbol{r}_B\times\boldsymbol{r}_C-\boldsymbol{r}_B\times\boldsymbol{r}_A-\boldsymbol{r}_A\times\boldsymbol{r}_C|$$

$$=\frac{1}{2}|\boldsymbol{r}_B\times\boldsymbol{r}_C+\boldsymbol{r}_C\times\boldsymbol{r}_A+\boldsymbol{r}_A\times\boldsymbol{r}_B|.$$

例 10-6　设 $\boldsymbol{a}$，$\boldsymbol{b}$，$\boldsymbol{c}$ 均为非零向量，其中任意两个向量不共线，但 $\boldsymbol{a}+\boldsymbol{b}$ 与 $\boldsymbol{c}$ 共线，$\boldsymbol{b}+\boldsymbol{c}$ 与 $\boldsymbol{a}$ 共线，试证：

$$\boldsymbol{a}+\boldsymbol{b}+\boldsymbol{c}=\boldsymbol{0}.$$

分析: 根据 $\boldsymbol{a}+\boldsymbol{b} \parallel \boldsymbol{c}$, $\boldsymbol{b}+\boldsymbol{c} \parallel \boldsymbol{a}$ 的条件设法建立关于 $\boldsymbol{a}$, $\boldsymbol{b}$, $\boldsymbol{c}$ 的等式,再去证明结论成立.

解: 由 $\boldsymbol{a}+\boldsymbol{b}$ 与 $\boldsymbol{c}$ 共线, $\boldsymbol{b}+\boldsymbol{c}$ 与 $\boldsymbol{a}$ 共线,根据向量共线的充要条件,存在常数 λ, μ, 使

$$\boldsymbol{a}+\boldsymbol{b}=\lambda\boldsymbol{c}, \quad \boldsymbol{b}+\boldsymbol{c}=\mu\boldsymbol{a}.$$

两式相减得

$$(1+\mu)\boldsymbol{a}-(1+\lambda)\boldsymbol{c}=0,$$

由于 $\boldsymbol{a}$, $\boldsymbol{c}$ 不共线,且为非零向量,故有

$$1+\mu=0 \text{ 和 } 1+\lambda=0, \text{ 即 } \mu=-1 \text{ 和 } \lambda=-1,$$

所以

$$\boldsymbol{a}+\boldsymbol{b}+\boldsymbol{c}=\boldsymbol{0}.$$

例 10-7 已知三向量 $\boldsymbol{a}$, $\boldsymbol{b}$, $\boldsymbol{c}$ 不共面,求 λ 使得

$$\boldsymbol{a}_1=\lambda\boldsymbol{a}+\boldsymbol{b}+\boldsymbol{c}, \ \boldsymbol{a}_2=\boldsymbol{a}+\lambda\boldsymbol{b}+\boldsymbol{c}, \ \boldsymbol{a}_3=\boldsymbol{a}+\boldsymbol{b}+\lambda\boldsymbol{c}$$

三向量共面.

分析: 根据三向量共面的充要条件,选取 λ 使 $(\boldsymbol{a}_1\times\boldsymbol{a}_2)\cdot\boldsymbol{a}_3=0$.

解: 利用外积的运算性质有

$$\begin{aligned}\boldsymbol{a}_1\times\boldsymbol{a}_2&=(\lambda\boldsymbol{a}+\boldsymbol{b}+\boldsymbol{c})\times(\boldsymbol{a}+\lambda\boldsymbol{b}+\boldsymbol{c})\\&=\lambda^2\boldsymbol{a}\times\boldsymbol{b}+\lambda\boldsymbol{a}\times\boldsymbol{c}+\boldsymbol{b}\times\boldsymbol{a}+\boldsymbol{b}\times\boldsymbol{c}+\boldsymbol{c}\times\boldsymbol{a}+\lambda\boldsymbol{c}\times\boldsymbol{b}\\&=(\lambda^2-1)\boldsymbol{a}\times\boldsymbol{b}+(\lambda-1)\boldsymbol{a}\times\boldsymbol{c}+(1-\lambda)\boldsymbol{b}\times\boldsymbol{c},\end{aligned}$$

再利用内积的运算性质及混合积的轮换不变性,有

$$\begin{aligned}(\boldsymbol{a}_1\times\boldsymbol{a}_2)\cdot\boldsymbol{a}_3&=[(\lambda^2-1)\boldsymbol{a}\times\boldsymbol{b}+(\lambda-1)\boldsymbol{a}\times\boldsymbol{c}+(1-\lambda)\boldsymbol{b}\times\boldsymbol{c}]\cdot(\boldsymbol{a}+\boldsymbol{b}+\lambda\boldsymbol{c})\\&=\lambda(\lambda^2-1)(\boldsymbol{a}\times\boldsymbol{b})\cdot\boldsymbol{c}+(\lambda-1)(\boldsymbol{a}\times\boldsymbol{c})\cdot\boldsymbol{b}+(1-\lambda)(\boldsymbol{b}\times\boldsymbol{c})\cdot\boldsymbol{a}\\&=[\lambda(\lambda^2-1)-(\lambda-1)+(1-\lambda)](\boldsymbol{a}\times\boldsymbol{b})\cdot\boldsymbol{c}\\&=(\lambda+2)(\lambda-1)^2(\boldsymbol{a}\times\boldsymbol{b})\cdot\boldsymbol{c}.\end{aligned}$$

令 $(\boldsymbol{a}_1\times\boldsymbol{a}_2)\cdot\boldsymbol{a}_3=0$, 则从 $\boldsymbol{a}$, $\boldsymbol{b}$, $\boldsymbol{c}$ 不共面知 $(\boldsymbol{a}\times\boldsymbol{b})\cdot\boldsymbol{c}\neq 0$, 得

$$(\lambda+2)(\lambda-1)^2=0,$$

所以当 $\lambda=1$ 或 $\lambda=-2$ 时, $\boldsymbol{a}_1$, $\boldsymbol{a}_2$, $\boldsymbol{a}_3$ 三向量共面.

▶▶▶方法小结

向量的几何运算关键是要掌握以下几点:

(1) 向量的加、减、数乘、内积(点乘)、外积(叉乘)运算的定义,以及它们的运算性质;

(2) 向量平行、垂直、共面的条件;

(3) 向量的模、投影量、向量之间夹角的计算公式;

(4) 对于向量的等式证明问题,画一草图和将向量进行分解重新表示是常用的处理方法(例 10-1,例 10-2).

10.2.1.2　向量的代数运算

▶▶▶基本方法

设 $\boldsymbol{a}=\{a_1, a_2, a_3\}$，$\boldsymbol{b}=\{b_1, b_2, b_3\}$，$\boldsymbol{c}=\{c_1, c_2, c_3\}$，则有

$$\boldsymbol{a}+\boldsymbol{b}=\{a_1+b_1, a_2+b_2, a_3+b_3\} \tag{10-1}$$

$$\boldsymbol{a}-\boldsymbol{b}=\{a_1-b_1, a_2-b_2, a_3-b_3\} \tag{10-2}$$

$$\lambda\boldsymbol{a}=\{\lambda a_1, \lambda a_2, \lambda a_3\} \tag{10-3}$$

$$\boldsymbol{a}\cdot\boldsymbol{b}=a_1b_1+a_2b_2+a_3b_3 \tag{10-4}$$

$$\boldsymbol{a}\times\boldsymbol{b}=\begin{vmatrix} \boldsymbol{i} & \boldsymbol{j} & \boldsymbol{k} \\ a_1 & a_2 & a_3 \\ b_1 & b_2 & b_3 \end{vmatrix} \tag{10-5}$$

$$[\boldsymbol{a}, \boldsymbol{b}, \boldsymbol{c}]=(\boldsymbol{a}\times\boldsymbol{b})\cdot\boldsymbol{c}=\begin{vmatrix} a_1 & a_2 & a_3 \\ b_1 & b_2 & b_3 \\ c_1 & c_2 & c_3 \end{vmatrix}. \tag{10-6}$$

▶▶▶重要结论

(1) 向量平行、垂直、共面的充要条件：设 $\boldsymbol{a}=\{a_1, a_2, a_3\}$，$\boldsymbol{b}=\{b_1, b_2, b_3\}$，$\boldsymbol{c}=\{c_1, c_2, c_3\}$，则有

① $\boldsymbol{a}\parallel\boldsymbol{b}\Leftrightarrow$ 存在 λ 使 $\boldsymbol{a}=\lambda\boldsymbol{b}\Leftrightarrow\dfrac{a_1}{b_1}=\dfrac{a_2}{b_2}=\dfrac{a_3}{b_3}$　(10-7)

② $\boldsymbol{a}\perp\boldsymbol{b}\Leftrightarrow\boldsymbol{a}\cdot\boldsymbol{b}=0\Leftrightarrow a_1b_1+a_2b_2+a_3b_3=0$　(10-8)

③ $\boldsymbol{a}, \boldsymbol{b}, \boldsymbol{c}$ 共面 $\Leftrightarrow(\boldsymbol{a}\times\boldsymbol{b})\cdot\boldsymbol{c}=0\Leftrightarrow\begin{vmatrix} a_1 & a_2 & a_3 \\ b_1 & b_2 & b_3 \\ c_1 & c_2 & c_3 \end{vmatrix}=0$　(10-9)

(2) 向量模的坐标计算公式：向量 $\boldsymbol{a}=\{a_1, a_2, a_3\}$，则

$$|\boldsymbol{a}|=\sqrt{a_1^2+a_2^2+a_3^2} \tag{10-10}$$

(3) 空间中两点之间距离的计算公式：设 $A=(a_1, a_2, a_3)$，$B=(b_1, b_2, b_3)$，则 A，B 两点之间的距离

$$d=|\overrightarrow{AB}|=\sqrt{(b_1-a_1)^2+(b_2-a_2)^2+(b_3-a_3)^2} \tag{10-11}$$

(4) 向量的方向余弦：对于非零向量 $\boldsymbol{a}=\{a_1, a_2, a_3\}$，其方向余弦为

$$\cos\alpha=\boldsymbol{a}^\circ\cdot\boldsymbol{i}=\frac{a_1}{|\boldsymbol{a}|},\ \cos\beta=\boldsymbol{a}^\circ\cdot\boldsymbol{j}=\frac{a_2}{|\boldsymbol{a}|},\ \cos\gamma=\boldsymbol{a}^\circ\cdot\boldsymbol{k}=\frac{a_3}{|\boldsymbol{a}|} \tag{10-12}$$

此时

$$\boldsymbol{a}^{\circ}=\frac{\boldsymbol{a}}{|\boldsymbol{a}|}=\{\cos\alpha,\ \cos\beta,\ \cos\gamma\} \tag{10-13}$$

$$\cos^2\alpha+\cos^2\beta+\cos^2\gamma=1. \tag{10-14}$$

(5) 向量的投影：$\boldsymbol{a}=\{a_1,\ a_2,\ a_3\}\neq\boldsymbol{0}$，$\boldsymbol{b}=\{b_1,\ b_2,\ b_3\}$，则

$$(\boldsymbol{b})_{\boldsymbol{a}}=\boldsymbol{b}\cdot\boldsymbol{a}^{\circ}=\frac{a_1b_1+a_2b_2+a_3b_3}{\sqrt{a_1^2+a_2^2+a_3^2}} \tag{10-15}$$

(6) 向量的特征表示式：

$$\boldsymbol{a}=|\boldsymbol{a}|\,\boldsymbol{a}^{\circ} \tag{10-16}$$

(7) 定比分点公式：设 $A=(a_1,\ a_2,\ a_3)$，$B=(b_1,\ b_2,\ b_3)$ 为空间中的两点，则线段 AB 上使 $AP=\lambda PB$ $(\lambda>0)$ 的点 P 的坐标

$$P=\left(\frac{a_1+\lambda b_1}{1+\lambda},\ \frac{a_2+\lambda b_2}{1+\lambda},\ \frac{a_3+\lambda b_3}{1+\lambda}\right) \tag{10-17}$$

▶▶▶方法运用注意点

(1) 注意两向量平行的条件式(10-7)，当 $\boldsymbol{b}=\{b_1,\ b_2,\ b_3\}$ 中有分量为零时，应按照 $a_1=\lambda b_1$，$a_2=\lambda b_2$，$a_3=\lambda b_3$ 理解.

(2) 外积的计算公式(10-5)的打开方式为

$$\boldsymbol{a}\times\boldsymbol{b}=\begin{vmatrix}\boldsymbol{i}&\boldsymbol{j}&\boldsymbol{k}\\a_1&a_2&a_3\\b_1&b_2&b_3\end{vmatrix}=\left\{\begin{vmatrix}a_2&a_3\\b_2&b_3\end{vmatrix},\ -\begin{vmatrix}a_1&a_3\\b_1&b_3\end{vmatrix},\ \begin{vmatrix}a_1&a_2\\b_1&b_2\end{vmatrix}\right\},$$

即打开方式与三阶行列式按第一行展开相似，且需注意这里 $\boldsymbol{a}$ 的分量在第二行，$\boldsymbol{b}$ 的分量在第三行，不可交换.

▶▶▶典型例题解析

例 10-8 设 $\boldsymbol{a}=\{1,\ -2,\ 2\}$，$\boldsymbol{b}=\{3,\ 0,\ -4\}$，求

(1) $(2\boldsymbol{a}+\boldsymbol{b})\cdot(\boldsymbol{a}-\boldsymbol{b})$；　　(2) $(\boldsymbol{a}+\boldsymbol{b})\times(3\boldsymbol{a}-\boldsymbol{b})$.

分析：利用向量的代数运算式(10-1)～式(10-5)计算.

解：(1) 运用式(10-1)～式(10-3)有

$$2\boldsymbol{a}+\boldsymbol{b}=2\{1,\ -2,\ 2\}+\{3,\ 0,\ -4\}=\{5,\ -4,\ 0\},$$
$$\boldsymbol{a}-\boldsymbol{b}=\{1,\ -2,\ 2\}-\{3,\ 0,\ -4\}=\{-2,\ -2,\ 6\},$$

由式(10-4)得

$$(2\boldsymbol{a}+\boldsymbol{b})\cdot(\boldsymbol{a}-\boldsymbol{b})=\{5,\ -4,\ 0\}\cdot\{-2,\ -2,\ 6\}$$
$$=5\times(-2)+(-4)\times(-2)+0\times6=-2.$$

(2) 又因　$a+b=\{1,-2,2\}+\{3,0,-4\}=\{4,-2,-2\}$,

$$3a-b=3\{1,-2,2\}-\{3,0,-4\}=\{0,-6,10\},$$

运用向量外积的计算公式(10－5),有

$$(a+b)\times(3a-b)=\{4,-2,-2\}\times\{0,-6,10\}$$

$$=\begin{vmatrix} i & j & k \\ 4 & -2 & -2 \\ 0 & -6 & 10 \end{vmatrix}=\{-32,-40,-24\}.$$

例 10－9　设向量 $a=\{0,1,-1\}$, $b-\{\sqrt{2},-1,1\}$, 求

(1) $(a)_b$, $(b)_a$;　　(2) a 与 b 的夹角.

分析: 利用公式(10－15)计算投影量.利用内积的定义通过计算内积求夹角.

解: (1) 因为 $a^\circ=\left\{0,\frac{1}{\sqrt{2}},-\frac{1}{\sqrt{2}}\right\}$, $b^\circ=\left\{\frac{\sqrt{2}}{2},-\frac{1}{2},\frac{1}{2}\right\}$, 运用投影量计算公式(10－15),有

$$(b)_a=b\cdot a^\circ=\sqrt{2}\times 0+(-1)\times\frac{1}{\sqrt{2}}+1\times\left(-\frac{1}{\sqrt{2}}\right)=-\sqrt{2},$$

$$(a)_b=a\cdot b^\circ=0\times\frac{\sqrt{2}}{2}+1\times\left(-\frac{1}{2}\right)+(-1)\times\frac{1}{2}=-1.$$

(2) 因为 $\cos(a\hat{,}b)=\frac{a\cdot b}{|a||b|}=\frac{0\times\sqrt{2}+1\times(-1)+(-1)\times 1}{\sqrt{2}\times 2}=-\frac{\sqrt{2}}{2}$,

所以 a 与 b 之间的夹角为　$(a\hat{,}b)=\frac{3\pi}{4}$.

例 10－10　求以向量 $a=\{1,2,-1\}$, $b=\{1,-1,0\}$ 为邻边的平行四边形的面积.

分析: 利用向量外积模的几何意义求解.

解: 根据向量外积模的几何意义,所求面积 $S=|a\times b|$.

现由　$a\times b=\begin{vmatrix} i & j & k \\ 1 & 2 & -1 \\ 1 & -1 & 0 \end{vmatrix}=\{-1,-1,-3\}$,

所以　$S=|a\times b|=\sqrt{(-1)^2+(-1)^2+(-3)^2}=\sqrt{11}$.

例 10－11　验证四点 $A(1,0,3)$, $B(-1,-2,1)$, $C(2,2,5)$ 及 $D(-2,-4,-1)$ 共面.

分析: 四点 A,B,C,D 共面$\Leftrightarrow$三向量 $\overrightarrow{AB}$, $\overrightarrow{AC}$, $\overrightarrow{AD}$ 共面,所以只需验证混合积 $(\overrightarrow{AB}\times\overrightarrow{AC})\cdot\overrightarrow{AD}=0$ 即可.

解: 因为　$\overrightarrow{AB}=\{-2,-2,-2\}$, $\overrightarrow{AC}=\{1,2,2\}$, $\overrightarrow{AD}=\{-3,-4,-4\}$,

由混合积的计算公式(10－6)得

$$(\overrightarrow{AB}\times\overrightarrow{AC})\cdot\overrightarrow{AD}=\begin{vmatrix}-2 & -2 & -2\\ 1 & 2 & 2\\ -3 & -4 & -4\end{vmatrix}=0,$$

所以三向量 $\overrightarrow{AB}$, $\overrightarrow{AC}$, $\overrightarrow{AD}$ 共面,即四点 A, B, C, D 共面.

例 10-12 设向量 $\boldsymbol{a}=\{2,-3,1\}$, $\boldsymbol{b}=\{1,-2,3\}$, $\boldsymbol{c}=\{1,3,-1\}$,向量 $\boldsymbol{d}$ 与 $\boldsymbol{a}$, $\boldsymbol{b}$ 共面,与 $\boldsymbol{c}$ 垂直,且 $|\boldsymbol{d}|=\sqrt{6}$,求 $\boldsymbol{d}$.

分析: 若设 $\boldsymbol{d}=\{x,y,z\}$,则 $\boldsymbol{d}$ 应满足 $(\boldsymbol{a}\times\boldsymbol{b})\cdot\boldsymbol{d}=0$, $\boldsymbol{c}\cdot\boldsymbol{d}=0$, $|\boldsymbol{d}|=\sqrt{6}$. 故解方程组即可求解.

解: 设 $\boldsymbol{d}=\{x,y,z\}$,则由 $\boldsymbol{d}$ 与 $\boldsymbol{a}$, $\boldsymbol{b}$ 共面且与 $\boldsymbol{c}$ 垂直得

$$(\boldsymbol{a}\times\boldsymbol{b})\cdot\boldsymbol{d}=\begin{vmatrix}2 & -3 & 1\\ 1 & -2 & 3\\ x & y & z\end{vmatrix}=-7x-5y-z=0,\quad \boldsymbol{c}\cdot\boldsymbol{d}=x+3y-z=0,$$

解方程组
$$\begin{cases}7x+5y+z=0\\ x+3y-z=0\\ x^2+y^2+z^2=6\end{cases}$$

得, $x=1$, $y=-1$, $z=-2$,或者 $x=-1$, $y=1$, $z=2$,所以

$$\boldsymbol{d}=\{1,-1,-2\}\text{ 或者 }\boldsymbol{d}=\{-1,1,2\}.$$

▶▶▶方法小结

向量的代数运算要解决的问题有:(1) 将向量用代数的方法表示;(2) 将有关向量的一些运算用代数方法进行.

在建立空间直角坐标系之后,运用向量的坐标分解方法可将向量用坐标表示.通过式(10-1)~式(10-6)将向量的加、减、数乘、内积、外积、混合积运算转化为坐标的代数运算,这为进一步用代数方法研究空间中的几何问题提供了基本工具.所以掌握式(10-1)~式(10-6)的运用是本节的要点,而式(10-7)~式(10-15)只是向量几何运算中的一些重要结论的代数表示.

10.2.2 平面方程的计算

▶▶▶基本方法

(1) 利用平面的点法式方程求平面方程;
(2) 利用平面的一般式方程求平面方程;
(3) 利用平面的截距式方程求平面方程;
(4) 利用三向量共面的充要条件求平面方程;
(5) 利用过直线的平面束方程求平面方程.

10.2.2.1 利用平面的点法式方程求平面方程

平面的点法式方程 经过一点 $M_0(x_0, y_0, z_0)$ 且以 $\boldsymbol{n}=\{A, B, C\}$ 为法向量的平面 Π 的方程为

$$A(x-x_0)+B(y-y_0)+C(z-z_0)=0 \tag{10-18}$$

式(10-18)称为平面 Π 的点法式方程.

▶▶▶重要结论

(1) 平面 Π 的点法式方程式(10-18)是一个三元一次方程,而任意一个三元一次方程都表示某一平面的方程.

(2) 三元一次方程 x, y, z 前的系数 A, B, C 所成的向量 $\boldsymbol{n}=\{A, B, C\}$ 即为平面 Π 的法向量.

▶▶▶方法运用注意点

(1) 平面 Π 的法向量不是唯一的.在知道了平面 Π 的一个法向量 $\boldsymbol{n}$ 之后,对任意 $\lambda \neq 0$, $\lambda\boldsymbol{n}$ 都是平面 Π 的法向量.

(2) 确定平面的两个要素——平面经过的点 M_0 和平面的法向量 $\boldsymbol{n}$, 可见平面的点法式方程式(10-18)包含了这两个要素,所以它是一种常用的形式.

(3) 由于平面上点 M_0 的选取可以不同,所以平面的点法式方程也不是唯一的.

▶▶▶典型例题解析

例 10-13 求经过点 $(1, 3, -2)$ 且同时垂直于平面 $x+y+z+1=0$ 和平面 $x+y-z+1=0$ 的平面方程.

分析: 已知所求平面 Π 经过的点 $(1, 3, -2)$,故只需计算平面 Π 的法向量 $\boldsymbol{n}$. 由于 Π 垂直于已知平面 $x+y+z+1=0$ 和 $x+y-z+1=0$, 从而 $\boldsymbol{n}$ 同时垂直于这两平面的法向量 $\boldsymbol{n}_1$ 和 $\boldsymbol{n}_2$, 所以取 $\boldsymbol{n}=\boldsymbol{n}_1\times\boldsymbol{n}_2$ 即可.

解: 已知平面 $x+y+z+1=0$ 和 $x+y-z+1=0$ 的法向量分别为

$$\boldsymbol{n}_1=\{1, 1, 1\}, \boldsymbol{n}_2=\{1, 1, -1\}.$$

由于所求平面 Π 垂直于这两个已知平面,所以其法向量为

$$\boldsymbol{n}=\boldsymbol{n}_1\times\boldsymbol{n}_2=\begin{vmatrix} \boldsymbol{i} & \boldsymbol{j} & \boldsymbol{k} \\ 1 & 1 & 1 \\ 1 & 1 & -1 \end{vmatrix}=\{-2, 2, 0\} /\!/ \{1, -1, 0\},$$

故取 $\boldsymbol{n}=\{1, -1, 0\}$, 由平面的点法式方程式(10-18)知所求平面 Π 的方程为

$$(x-1)-(y-3)+0(z+2)=0, \text{即 } x-y+2=0.$$

例 10－14 求一平面 Π，使点 $A(1, 1, 1)$，$B(-1, 1, 1)$ 与点 $C(1, -1, 1)$，$D(1, 1, -1)$ 分居于平面 Π 的两侧，且到 Π 的距离都相等.

分析： 由题意可知，向量 $\overrightarrow{AB} /\!/ \Pi$，$\overrightarrow{CD} /\!/ \Pi$，故所求平面 Π 的法向量 $\boldsymbol{n} \perp \overrightarrow{AB}$，$\boldsymbol{n} \perp \overrightarrow{CD}$，于是 $\boldsymbol{n} = \overrightarrow{AB} \times \overrightarrow{CD}$，且线段 AC 的中点在平面 Π 上，故可利用平面的点法式方程求解.

解： $\overrightarrow{AB} = \{-2, 0, 0\}$，$\overrightarrow{CD} - \{0, 2, -2\}$，平面 Π 的法向量为

$$\boldsymbol{n} = \overrightarrow{AB} \times \overrightarrow{CD} = \begin{vmatrix} \boldsymbol{i} & \boldsymbol{j} & \boldsymbol{k} \\ -2 & 0 & 0 \\ 0 & 2 & -2 \end{vmatrix} = \{0, -4, -4\} /\!/ \{0, 1, 1\},$$

即可取法向量 $\boldsymbol{n} = \{0, 1, 1\}$. 又线段 AC 的中点 $E(x_0, y_0, z_0)$ 在平面 Π 上，根据定比分点公式，x_0，y_0，z_0 满足

$$x_0 = \frac{1+1}{2} = 1,\ y_0 = \frac{1-1}{2} = 0,\ z_0 = \frac{1+1}{2} = 1,$$

所以中点 $E(1, 0, 1)$. 由平面的点法式方程式(10－18)，Π 的方程为

$$0 \times (x-1) + 1 \times y + 1 \times (z-1) = 0, \quad 即 \quad y + z = 1.$$

例 10－15 设平面过点 $(0, 1, 3)$ 且与直线 $\dfrac{x-1}{2} = \dfrac{y+\sqrt{2}}{-1} = \dfrac{z+1}{1}$ 平行，又与平面 $x + y - 2z + 1 = 0$ 垂直，求此平面方程.

分析： 依题意可知，所求平面的法向量 $\boldsymbol{n}$ 垂直于直线的方向向量 $\boldsymbol{l} = \{2, -1, 1\}$ 和平面 $x + y - 2z + 1 = 0$ 的法向量 $\boldsymbol{n}_1 = \{1, 1, -2\}$，故可取 $\boldsymbol{n} = \boldsymbol{l} \times \boldsymbol{n}_1$，用平面的点法式方程求解.

解： 由题意可知，所求平面的法向量 $\boldsymbol{n}$ 同时垂直于直线的方向向量 $\boldsymbol{l} = \{2, -1, 1\}$，以及所给平面的法向量 $\boldsymbol{n}_1 = \{1, 1, -2\}$，故

$$\boldsymbol{n} = \boldsymbol{l} \times \boldsymbol{n}_1 = \begin{vmatrix} \boldsymbol{i} & \boldsymbol{j} & \boldsymbol{k} \\ 2 & -1 & 1 \\ 1 & 1 & -2 \end{vmatrix} = \{1, 5, 3\},$$

运用平面的点法式方程，所求平面的方程为

$$1 \times x + 5(y-1) + 3(z-3) = 0, \quad 即 \quad x + 5y + 3z - 14 = 0.$$

▶▶▶方法小结

利用平面的点法式方程求平面方程的关键是求出平面的法向量. 法向量的计算需根据问题分析其中的条件以及向量与向量之间的关系，常见的有：

(1) 所求平面 Π 与另一已知平面 Π_1 平行，则 Π_1 的法向量 $\boldsymbol{n}_1$ 即为所求平面 Π 的法向量，即可取 $\boldsymbol{n} = \boldsymbol{n}_1$；

(2) 所求平面 Π 与某两已知向量 $\boldsymbol{n}_1$，$\boldsymbol{n}_2$ 平行，则其法向量同时与 $\boldsymbol{n}_1$，$\boldsymbol{n}_2$ 垂直，此时可取 $\boldsymbol{n} = \boldsymbol{n}_1 \times \boldsymbol{n}_2$ (例 10－13，例 10－14，例 10－15)；

(3) 所求平面 Π 与一已知向量(或直线)垂直,则该已知向量(或直线的方向向量)即可作为 Π 的法向量.

10.2.2.2　利用平面的一般式方程求平面方程

$$Ax + By + Cz + D = 0 \tag{10-19}$$

称为**平面的一般式方程**,其中 $\boldsymbol{n} = \{A, B, C\}$ 为平面的一个法向量.

▶▶▶重要结论

(1) 任意一个三元一次方程表示一个平面的方程,其 x, y, z 前的系数 A, B, C 是此平面法向量的三个分量.

(2) 系数 A, B, C, D 与平面的几何特征关系:

① 当 $D=0$ 时,式(10-19)表示一个通过坐标原点的平面;

② 当 $C=0$ 时,$Ax + By + D = 0$ 表示一个平行于 z 轴的平面;
当 $B=0$ 时,$Ax + Cz + D = 0$ 表示一个平行于 y 轴的平面;
当 $A=0$ 时,$By + Cz + D = 0$ 表示一个平行于 x 轴的平面.

③ 当 $A=B=0$ 时,$Cz + D = 0$ 表示一个平行于 xOy 坐标面的平面;
当 $A=C=0$ 时,$By + D = 0$ 表示一个平行于 zOx 坐标面的平面;
当 $B=C=0$ 时,$Ax + D = 0$ 表示一个平行于 yOz 坐标面的平面.

④ 当 A, B, C, D 都不为零时,方程式(10-19)可化为

$$\frac{x}{a} + \frac{y}{b} + \frac{z}{c} = 1, \tag{10-20}$$

其中 $a = -\dfrac{D}{A}$, $b = -\dfrac{D}{B}$, $c = -\dfrac{D}{C}$ 是平面 Π 在 x, y, z 轴上的截距,而方程式(10-20)称为平面的**截距式方程**.

▶▶▶方法运用注意点

(1) 平面的一般式方程式(10-19)把平面的法向量 $\boldsymbol{n} = \{A, B, C\}$ 反映在方程中,而平面所经过的点 $M_0(x_0, y_0, z_0)$ 在方程中没有直接反映,但可通过找一个满足方程式(10-19)的点来求得.

(2) 平面的一般式方程式(10-19)中的系数实际只有三个,这可以通过对方程两边同除其中的一个非零系数来消去一个.例如,若 $A \neq 0$, 则式(10-19)可化为

$$x + \frac{B}{A}y + \frac{C}{A}z + \frac{D}{A} = 0.$$

若记 $P = \dfrac{B}{A}$, $Q = \dfrac{C}{A}$, $R = \dfrac{D}{A}$, 则方程化为

$$x + Py + Qz + R = 0.$$

因此只需三个条件就能求出 A, B, C, D 之间的比值，从而确定平面方程.

▶▶▶典型例题解析

例 10-16 求过点 $M(1, 1, -1)$，$N(-2, -2, 2)$ 和 $S(1, -1, 2)$ 的平面方程.

分析：(1) 已知平面过三点，正好有三个条件，代入平面的一般式方程，求出 A, B, C, D 之间的比值即可.

(2) 因为向量 $\overrightarrow{MN}$，$\overrightarrow{MS}$ 在所求平面上，则 $\boldsymbol{n}=\overrightarrow{MN}\times\overrightarrow{MS}$ 即为平面的法向量，也可利用点法式方程求出平面方程.

解一：设所求平面的方程为 $Ax+By+Cz+D=0$，将点 M, N, S 代入得 A, B, C, D 满足方程组

$$\begin{cases}A+B-C+D=0\\-2A-2B+2C+D=0,\\A-B+2C+D=0\end{cases}$$

解得，$A=-\dfrac{1}{2}C$，$B=\dfrac{3}{2}C$，$D=0$，代入平面方程得

$$-\frac{1}{2}Cx+\frac{3}{2}Cy+Cz=0,$$

约去 C $(C\neq 0)$ 并化简，所求平面的方程为 $x-3y-2z=0$.

解二：因为 $\overrightarrow{MN}=\{-3, -3, 3\}$，$\overrightarrow{MS}=\{0, -2, 3\}$，所以所求平面的法向量

$$\boldsymbol{n}=\overrightarrow{MN}\times\overrightarrow{MS}=\begin{vmatrix}\boldsymbol{i} & \boldsymbol{j} & \boldsymbol{k}\\-3 & -3 & 3\\0 & -2 & 3\end{vmatrix}=\{-3, 9, 6\}\ /\!/\ \{1, -3, -2\},$$

即可取法向量 $\boldsymbol{n}=\{1, -3, -2\}$. 又因点 $M(1, 1, -1)$ 在所求平面上，由平面的点法式方程，所求平面方程为

$$(x-1)-3(y-1)-2(z+1)=0,\ \text{即}\quad x-3y-2z=0.$$

例 10-17 求过 z 轴且垂直于平面 $3x-2y-z+7=0$ 的平面方程.

分析：所求平面过 z 轴，则也过原点，所以其方程的形式为 $Ax+By=0$，利用与平面 $3x-2y-z+7=0$ 垂直，即两平面的法向量垂直的条件可再建立一方程.

解一：由所求平面 Π 过 z 轴，也过原点，可设所求平面 Π 的方程为

$$\Pi: Ax+By=0,$$

又平面 Π 与平面 $3x-2y-z+7=0$ 垂直，则有 $\boldsymbol{n}=\{A, B, 0\}\perp\boldsymbol{n}_1=\{3, -2, -1\}$，从而有 $\boldsymbol{n}\cdot\boldsymbol{n}_1=\{A, B, 0\}\cdot\{3, -2, -1\}=3A-2B=0$，即 $A=\dfrac{2}{3}B$，

代入平面 Π 的方程得 $$\frac{2}{3}Bx+By=0,$$

约去 B $(B\neq 0)$，得所求平面 Π 的方程为 $2x+3y=0$.

解二： 由所求平面 Π 过 z 轴，且与平面 $3x-2y-z+7=0$ 垂直得

$$\boldsymbol{e}_1=\{0,\ 0,\ 1\}\ /\!/\ \Pi,\quad \boldsymbol{n}_1=\{3,\ -2,\ -1\}\ /\!/\ \Pi,$$

所以平面 Π 的法向量为

$$\boldsymbol{n}=\boldsymbol{e}\times\boldsymbol{n}_1=\begin{vmatrix}\boldsymbol{i} & \boldsymbol{j} & \boldsymbol{k}\\ 0 & 0 & 1\\ 3 & -2 & -1\end{vmatrix}=\{2,\ 3,\ 0\}.$$

又平面 Π 过原点，根据点法式方程，平面 Π 的方程为

$$2x+3y=0.$$

例 10-18　求平行于直线 L_0：$\dfrac{x+2}{2}=\dfrac{y+1}{-2}=\dfrac{z-1}{-3}$，垂直于平面 Π_0：$2x+2y+z=7$，且与点 $M_0(1,\ 1,\ 1)$ 的距离为 1 的平面方程 Π.

分析： 由本例中条件可知所求平面的法向量 $\boldsymbol{n}=\{2,\ -2,\ -3\}\times\{2,\ 2,\ 1\}$，但本例中条件无法求出平面所经过的点，故本例不能运用点法式方程求解.本例若考虑运用一般式方程求解，则 $Ax+By+Cz+D=0$ 中的 A，B，C 即为 $\boldsymbol{n}$ 的分量，故只需利用点到平面的距离公式求出 D 即可.

解： 由所求平面 Π 平行于直线 L_0 且垂直于 Π_0，得 Π 的法向量

$$\boldsymbol{n}=\{2,\ -2,\ -3\}\times\{2,\ 2,\ 1\}=\begin{vmatrix}\boldsymbol{i} & \boldsymbol{j} & \boldsymbol{k}\\ 2 & -2 & -3\\ 2 & 2 & 1\end{vmatrix}=4\{1,\ -2,\ 2\}\ /\!/\ \{1,\ -2,\ 2\},$$

法向量 $\boldsymbol{n}$ 可取为 $\boldsymbol{n}=\{1,\ -2,\ 2\}$，根据平面的一般式方程，所求平面方程为

$$\Pi:\ x-2y+2z+D=0.$$

又点 $M_0(1,\ 1,\ 1)$ 到 Π 的距离为 1，利用点到平面的距离公式，有

$$\frac{|1+D|}{3}=1,$$

即 $1+D=3$ 或 $1+D=-3$，解得 $D=2$ 或 $D=-4$，所以所求平面为

$$x-2y+2z+2=0\quad \text{或}\quad x-2y+2z-4=0.$$

▶▶▶方法小结

(1) 利用平面的一般式方程求平面方程时，首先设出所求平面的方程 $Ax+By+Cz+D=0$，然后找出题目中的三个条件得到 A，B，C，D 满足的方程组.该方程组一般为三个方程四个变量，将一个变量作为参数解方程组求出其余三个变量关于参数的表达式，代入平面方程约去参数即可得到解.

(2) 利用平面的一般式方程求平面方程时，可以利用所求平面的特点简化一般式方程.例如，若所

求平面平行于 y 轴,则方程可设为 $Ax+Cz+D=0$;若平行于 xOy 面,则方程可设为 $Cz+D=0$;若平面通过坐标原点,则方程可设为 $Ax+By+Cz=0$;若法向量 $\boldsymbol{n}=\{A_0, B_0, C_0\}$ 已求出,则方程可设为 $A_0x+B_0y+C_0z+D=0$;等等.

10.2.2.3 利用平面的截距式方程求平面方程

平面的截距式方程

$$\frac{x}{a}+\frac{y}{b}+\frac{z}{c}=1, \tag{10-21}$$

其中 a, b, c 为平面在 x 轴, y 轴, z 轴上的截距.

▶▶▶方法运用注意点

(1) 平面的截距式方程为平面的作图提供了方便.只需根据截距 a, b, c 在坐标轴上找到相应的点,连接三点即可画出平面的草图.

(2) 并不是所有平面都可写成截距式方程.当平面平行于坐标轴或坐标面或通过坐标原点时,平面没有截距式方程.

(3) 如何确定截距式方程式(10-21)中的三个常数 a, b, c 是基本问题,这里要特别注意掌握将平面的一般式方程 $Ax+By+Cz+D=0$ 化为截距式方程式(10-21)的方法[见式(10-20)].

(4) 运用截距式方程求平面方程通常在问题中需给出有关平面截距的条件.

▶▶▶典型例题解析

例 10-19 求通过点 $(-1, 1, -1)$ 且在坐标轴 x, y, z 轴上的截距之比为 $1:2:3$ 的平面方程.

分析: 本例所给条件与截距有关,所以可考虑运用平面的截距式方程求解.

解: 设所求平面的方程为

$$\frac{x}{a}+\frac{y}{b}+\frac{z}{c}=1.$$

由条件 $a:b:c=1:2:3$ 知, $b=2a$, $c=3a$, 代入上式得

$$\frac{x}{a}+\frac{y}{2a}+\frac{z}{3a}=1.$$

又平面过点 $(-1, 1, -1)$, 代入上式,解得 $a=-\frac{5}{6}$, 所以 $b=-\frac{5}{3}$, $c=-\frac{5}{2}$,

因此所求平面方程为

$$\frac{x}{-\frac{5}{6}}+\frac{y}{-\frac{5}{3}}+\frac{z}{-\frac{5}{2}}=1, \text{即为 } 6x+3y+2z+5=0.$$

例 10-20 求平行于平面 $4x-2y+z=8$ 且与三坐标面围成的四面体的体积为定值 $l^3 (l>0)$ 的平面方程.

分析: 由所求平面与平面 $4x-2y+z=8$ 平行可知,所求平面可设为

$$\Pi: 4x-2y+z+D=0.$$

在求得 Π 在三个坐标轴上的截距 a, b, c 之后即可利用体积公式 $V=\frac{1}{6}|abc|$ 建立 D 所满足的方程,确定 D 的值.

解: 设所求平面 Π 的方程为　$\Pi: 4x-2y+z+D=0.$

则 Π 在 x, y, z 轴上的截距分别为　$a=-\frac{D}{4}$, $b=\frac{D}{2}$, $c=-D$.

Π 与三坐标面围成的四面体的体积为

$$V=\frac{1}{6}|abc|=\frac{|D|^3}{48}.$$

所以由条件 $V=l^3$ 解得, $|D|=2\sqrt[3]{6}\,l$, 于是 $D=\pm 2\sqrt[3]{6}\,l$, 所以所求平面的方程为

$$4x-2y+z\pm 2\sqrt[3]{6}\,l=0.$$

▶▶▶方法小结

利用平面的截距式方程求平面方程的方法通常运用在以下情形:

(1) 当问题的所给条件中有截距的条件时(例 10-19);

(2) 当问题的所给条件中有依赖于截距的条件时(例 10-20).

这一方法在计算平面方程时有较大的特殊性,对某一类问题非常方便和有效.

10.2.2.4　利用三向量共面的充要条件求平面方程

三向量共面的充要条件　向量 $\boldsymbol{a}$, $\boldsymbol{b}$, $\boldsymbol{c}$ 共面 $\Leftrightarrow[\boldsymbol{a}, \boldsymbol{b}, \boldsymbol{c}]=0$.

▶▶▶方法运用注意点

只要能够找到所求平面上的三个向量,就可运用共面的条件,从混合积为零获得平面方程.

▶▶▶典型例题解析

例 10-21　验证下面两条直线共面:

$$L_1: \frac{x+3}{5}=\frac{y+1}{2}=\frac{z-2}{4},\ L_2: \frac{x-8}{3}=\frac{y-1}{1}=\frac{z-6}{2},$$

并求出由这两直线确定的平面方程.

分析: 直线 L_1 过点 $M_1(-3, -1, 2)$, 方向 $\boldsymbol{l}_1=\{5, 2, 4\}$, 直线 L_2 过点 $M_2(8, 1, 6)$, 方向 $\boldsymbol{l}_2=\{3, 1, 2\}$. 可以看到 L_1 与 L_2 共面 $\Leftrightarrow[\overrightarrow{M_1M_2}, \boldsymbol{l}_1, \boldsymbol{l}_2]=0$. 并且点 $M(x, y, z)$ 在两直线决定的平面上 $\Leftrightarrow[\overrightarrow{M_1M}, \boldsymbol{l}_1, \boldsymbol{l}_2]=0$, 从而可用三向量共面的条件确定平面方程.

解一: 构造 L_1 经过的点 $M_1(-3, -1, 2)$ 与 L_2 经过的点 $M_2(8, 1, 6)$ 的向量 $\overrightarrow{M_1M_2}=$

$\{11, 2, 4\}$，则由 L_1 与 L_2 共面的等价条件，从

$$[\overrightarrow{M_1M_2}, \boldsymbol{l}_1, \boldsymbol{l}_2] = \begin{vmatrix} 11 & 2 & 4 \\ 5 & 2 & 4 \\ 3 & 1 & 2 \end{vmatrix} = 0$$

可知直线 L_1 与 L_2 共面.

设所求平面为 Π，则对于 Π 上的任意一点 $M(x, y, z)$，三向量 $\overrightarrow{M_1M}$，$\boldsymbol{l}_1$，$\boldsymbol{l}_2$ 共面.根据三向量共面的等价条件有

$$[\overrightarrow{M_1M}, \boldsymbol{l}_1, \boldsymbol{l}_2] = \begin{vmatrix} x+3 & y+1 & z-2 \\ 5 & 2 & 4 \\ 3 & 1 & 2 \end{vmatrix} = 0,$$

即点 $M(x, y, z)$ 满足方程 $\quad 0(x+3)+2(y+1)-(z-2)=0,$

所以所求平面的方程为 $\quad 2y-z+4=0.$

解二：利用点法式方程求平面方程.

根据已知条件，所求平面经过点 $M_1(-3, -1, 2)$，且其法向量 $\boldsymbol{n}$ 同时垂直于直线 L_1 和 L_2 的方向向量 $\boldsymbol{l}_1=\{5, 2, 4\}$，$\boldsymbol{l}_2=\{3, 1, 2\}$，所以

$$\boldsymbol{n}=\boldsymbol{l}_1\times\boldsymbol{l}_2=\begin{vmatrix} \boldsymbol{i} & \boldsymbol{j} & \boldsymbol{k} \\ 5 & 2 & 4 \\ 3 & 1 & 2 \end{vmatrix}=\{0, 2, -1\},$$

根据平面的点法式方程，所求平面方程为

$$0(x+3)+2(y+1)-(z-2)=0, \quad 即 \quad 2y-z+4=0.$$

例 10-22 已知一平面与向量 $\boldsymbol{a}=\{2, 1, -1\}$ 平行，且在 x 轴，y 轴上的截距依次为 3 和 -2，求这一平面的方程.

分析：本题给出了所求平面的截距信息，所以一种解法可以考虑用平面的截距式方程求解.本题也可从所给条件去构造平面上的三个向量，利用三向量共面的等价条件求解.

解一：设所求平面 Π 与 x 轴，y 轴的交点分别为 M_1，M_2，则 $M_1=(3, 0, 0)$，$M_2=(0, -2, 0)$，且 $\overrightarrow{M_1M_2}=\{-3, -2, 0\} /\!/ \Pi$. 再设 $M(x, y, z)$ 是平面 Π 上任取的一点，则 $\overrightarrow{M_1M}=\{x-3, y, z\} /\!/ \Pi$. 于是三向量 $\overrightarrow{M_1M}$，$\overrightarrow{M_1M_2}$，$\boldsymbol{a}$ 共面，根据三向量共面的等价条件，有

$$[\overrightarrow{M_1M}, \overrightarrow{M_1M_2}, \boldsymbol{a}] = \begin{vmatrix} x-3 & y & z \\ -3 & -2 & 0 \\ 2 & 1 & -1 \end{vmatrix} = 0, \quad 即 \quad 2(x-3)-3y+z=0,$$

所以所求平面的方程为 $\quad 2x-3y+z=6.$

解二: 用平面的截距式方程求解.根据所给条件,设所求平面Π的方程为

$$\Pi: \frac{x}{3}-\frac{y}{2}+\frac{z}{c}=1.$$

由平面Π的法向量$\boldsymbol{n}=\left\{\frac{1}{3}, -\frac{1}{2}, \frac{1}{c}\right\}$, $\boldsymbol{a} \parallel \Pi$可知, $\boldsymbol{n} \perp \boldsymbol{a}$, 所以有

$$\boldsymbol{n} \cdot \boldsymbol{a}=\frac{2}{3}-\frac{1}{2}-\frac{1}{c}=\frac{1}{6}-\frac{1}{c}=0,$$

解得$c=6$,所以所求平面的方程为

$$\frac{x}{3}-\frac{y}{2}+\frac{z}{6}=1, \quad 即 \quad 2x-3y+z=6.$$

▶▶▶方法小结

(1) 利用三向量共面的充要条件求平面方程时,关键是找到所求平面上的三个向量.

(2) 利用这一方法解题时,往往已知平面上的一个点A,在设出平面上的任一点M之后,向量$\overrightarrow{AM}$就是平面上的一个向量.依据条件,若能找到所求平面上的另外两个向量或与所求平面平行的向量就可以利用三向量共面的充要条件求解.

10.2.2.5 利用过直线的平面束方程求平面方程

过直线的平面束方程

设直线$L: \begin{cases} A_1x+B_1y+C_1z+D_1=0 \\ A_2x+B_2y+C_2z+D_2=0 \end{cases}$,则过直线$L$的平面束方程为

$$A_1x+B_1y+C_1z+D_1+\lambda(A_2x+B_2y+C_2z+D_2)=0 \tag{10-22}$$

或者

$$\lambda(A_1x+B_1y+C_1z+D_1)+(A_2x+B_2y+C_2z+D_2)=0. \tag{10-23}$$

▶▶▶方法运用注意点

(1) 式(10-22)表示一个平面族,这一平面族除了平面$A_2x+B_2y+C_2z+D_2=0$之外包含了通过直线L的所有平面.同样式(10-23)表示的平面族除了平面$A_1x+B_1y+C_1z+D_1=0$之外包含了通过直线L的所有平面.

(2) 注意过直线L的平面束方程的构造方法.式(10-22)就是将两平面交线中的第二个平面$A_2x+B_2y+C_2z+D_2=0$乘以任意常数λ加到第一个平面$A_1x+B_1y+C_1z+D_1=0$上,这里的常数D_2不可省略.式(10-23)的构造类似.

(3) 直线L的平面束方程通常运用于过直线L的平面计算问题.

▶▶▶典型例题解析

例 10-23 过直线$\begin{cases}2x-y+3z+3=0\\3x+y+z=0\end{cases}$的平面中,分别求出满足下列各条件的平面方程:

(1) 过点$(-1, 2, 0)$; (2) 平行于直线$\dfrac{x+1}{1}=\dfrac{y-1}{0}=\dfrac{z-3}{-2}$;

(3) 垂直于平面$x-3y+2z+1=0$; (4) 到坐标原点的距离为1.

分析:由于所求平面过直线,故首先应考虑运用直线的平面束方程求解.

解:过直线$\begin{cases}2x-y+3z+3=0\\3x+y+z=0\end{cases}$构造平面束方程

$$\Pi(\lambda): 2x-y+3z+3+\lambda(3x+y+z)=0,$$

即
$$(2+3\lambda)x+(\lambda-1)y+(3+\lambda)z+3=0, \tag{10-24}$$

(1) 由于所求平面过点$(-1, 2, 0)$,将点代入式(10-24)得$\lambda=-1$.

将$\lambda=-1$代入式(10-24)得所求平面的方程

$$x+2y-2z-3=0.$$

(2) 让平面$\Pi(\lambda)$的法向量$\boldsymbol{n}(\lambda)=\{2+3\lambda, \lambda-1, 3+\lambda\}$垂直于所给直线的方向向量$\boldsymbol{l}=\{1, 0, -2\}$,则有

$$\boldsymbol{n}(\lambda)\cdot\boldsymbol{l}=2+3\lambda-2(3+\lambda)=0,$$

解得$\lambda=4$.将$\lambda=4$代入式(10-24)得所求平面的方程

$$14x+3y+7z+3=0.$$

(3) 让平面$\Pi(\lambda)$的法向量$\boldsymbol{n}(\lambda)=\{2+3\lambda, \lambda-1, 3+\lambda\}$与平面$x-3y+2z+1=0$的法向量$\boldsymbol{n}=\{1, -3, 2\}$垂直,则有

$$\boldsymbol{n}(\lambda)\cdot\boldsymbol{n}=2+3\lambda-3(\lambda-1)+2(3+\lambda)=0,$$

解得$\lambda=-\dfrac{11}{2}$,将$\lambda=-\dfrac{11}{2}$代入式(10-24)得所求平面的方程

$$29x+13y+5z-6=0.$$

(4) 利用点到平面的距离公式,有

$$\frac{|(2+3\lambda)\cdot 0+(\lambda-1)\cdot 0+(3+\lambda)\cdot 0+3|}{\sqrt{(2+3\lambda)^2+(\lambda-1)^2+(3+\lambda)^2}}=1,$$

即
$$11\lambda^2+16\lambda+5=0,$$

解得$\lambda=-1$或者$\lambda=-\dfrac{5}{11}$.将上述λ分别代入式(10-24)得所求平面的方程为

$$x+2y-2z-3=0 \quad 或 \quad 7x-16y+28z+33=0.$$

例 10-24　求平面 $3x+2y-z+2=0$ 与 $x-3y+2z+4=0$ 所成二面角的角平分面方程.

分析： 因为角平分面通过两平面的交线 $L:\begin{cases}3x+2y-z+2=0\\ x-3y+2z+4=0\end{cases}$，所以考虑运用过直线 L 的平面束方程求解.

解一： 构造直线 L 的平面束方程，有

$$\Pi(\lambda):3x+2y-z+2+\lambda(x-3y+2z+4)=0,$$

即

$$(3+\lambda)x+(2-3\lambda)y+(2\lambda-1)z+4\lambda+2=0. \tag{10-25}$$

在式(10-25)中令 $x=0$，$y=0$，得平面 $\Pi(\lambda)$ 上的一点 $M_0\left(0,\ 0,\ \dfrac{4\lambda+2}{1-2\lambda}\right)$，则由 M_0 到已知两平面的距离相等，运用点到平面的距离公式，有

$$\frac{1}{\sqrt{14}}\left|-\frac{4\lambda+2}{1-2\lambda}+2\right|=\frac{1}{\sqrt{14}}\left|\frac{2(4\lambda+2)}{1-2\lambda}+4\right|,$$

化简得 $|\lambda|=1$，解得 $\lambda=\pm1$. 将 $\lambda=\pm1$ 代入方程式(10-25)得所求的角平分面方程为

$$4x-y+z+6=0 \quad 或 \quad 2x+5y-3z-2=0.$$

解二： 在角平分面上任取一点 $M(x,\ y,\ z)$. 由已知条件点 M 到两已知平面的距离相等，利用点到平面的距离公式，动点 M 满足方程

$$\frac{|3x+2y-z+2|}{\sqrt{14}}=\frac{|x-3y+2z+4|}{\sqrt{14}}.$$

消去绝对值号得

$$3x+2y-z+2=\pm(x-3y+2z+4).$$

化简得所求平面的方程为

$$2x+5y-3z-2=0 \quad 或 \quad 4x-y+z+6=0.$$

例 10-25　求垂直于平面 Π_0：$5x+y-3z+1=0$ 的平面 Π，使它与 Π_0 的交线落在 yOz 坐标面上.

分析： 所求平面 Π 与已知平面 Π_0 的交线 L 在 yOz 平面上，这意味着 L 也可表示为 L'：$\begin{cases}5x+y-3z+1=0\\ x=0\end{cases}$，这说明平面 Π 是通过 L' 的一个平面，所以本题可考虑用平面束方程来求解.

解： 构造交线 L' 的平面束方程，有

$$\Pi(\lambda):5x+y-3z+1+\lambda x=0,$$

即

$$(5+\lambda)x+y-3z+1=0. \tag{10-26}$$

由于 $\Pi\perp\Pi_0$，选取 λ 使 $\boldsymbol{n}(\lambda)=\{5+\lambda,\ 1,\ -3\}\perp\boldsymbol{n}=\{5,\ 1,\ -3\}$，有

$$\boldsymbol{n}(\lambda)\cdot\boldsymbol{n}=5(5+\lambda)+1+9=0,$$

解得 $\lambda=-7$. 将 $\lambda=-7$ 代入式(10-26)即得平面 Π 的方程为

$$2x-y+3z-1=0.$$

▶▶▶方法小结

利用过直线的平面束方程求平面方程的方法通常适用于以下情形：

(1) 题目的条件中明确给出了所求平面通过某已知直线(例 10-23)；

(2) 通过条件分析，确定所求平面通过某直线(例 10-24，例 10-25).

一般来讲，当得知所求平面通过某直线时，利用过该直线的平面束方程求解是首选的方法.

10.2.3 直线方程的计算

▶▶▶基本方法

(1) 利用直线的点向式方程求直线方程；

(2) 利用直线的一般式方程求直线方程.

10.2.3.1 利用直线的点向式方程求直线方程

直线的点向式方程 经过点 $M_0(x_0, y_0, z_0)$ 且平行于向量 $\boldsymbol{l}=\{l_1, l_2, l_3\}$ 的直线 L 的方程为

$$\frac{x-x_0}{l_1}=\frac{y-y_0}{l_2}=\frac{z-z_0}{l_3}, \tag{10-27}$$

式(10-27)称为直线 L 的**点向式方程**，$\boldsymbol{l}$ 称为直线的方向向量.

▶▶▶重要结论

(1) 直线 L 的点向式方程式(10-27)是两平面的交线

$$\begin{cases}\dfrac{x-x_0}{l_1}=\dfrac{y-y_0}{l_2}\\[2mm] \dfrac{y-y_0}{l_2}=\dfrac{z-z_0}{l_3}\end{cases} \quad 或 \quad \begin{cases}\dfrac{x-x_0}{l_1}=\dfrac{y-y_0}{l_2}\\[2mm] \dfrac{x-x_0}{l_1}=\dfrac{z-z_0}{l_3}\end{cases},$$

任意两个不平行平面的交线是一直线.

(2) 直线 L 的点向式方程式(10-27)也可以表示为

$$L:\begin{cases}x=x_0+l_1t,\\ y=y_0+l_2t, \quad t\in R,\\ z=z_0+l_3t,\end{cases} \tag{10-28}$$

式(10-28)称为直线 L 的**参数式方程**.

▶▶▶方法运用注意点

(1) 直线 L 的方向向量 $\boldsymbol{l}$ 不是唯一的.在知道了直线 L 的一个方向向量 $\boldsymbol{l}$ 之后,对于任意的 $\lambda \neq 0$,向量 $\lambda\boldsymbol{l}$ 都是直线 L 的方向向量.

(2) 确定直线的两要素:① 直线经过的点 M_0;② L 的方向向量 $\boldsymbol{l}$.

可见,直线的点向式方程式(10-27)把这两个要素都反映在方程里了,所以它是表示直线方程的一种常用形式.

(3) 当直线 L 的方向向量 $\boldsymbol{l}=\{l_1, l_2, l_3\}$ 中有分量为零时,形式上仍可采用式(10-27)表示,但具体运算时需按式(10-28)进行.

▶▶▶典型例题解析

例 10-26　求出过点 $(-1, -4, 3)$ 且与下列两直线

$$L_1:\begin{cases}2x-4y+z=1\\x+3y=-5\end{cases},\quad L_2:\begin{cases}x=2+4t\\y=-1-t\\z=-3+2t\end{cases}$$

均垂直的直线方程.

分析: 依题意,所求直线的方向向量 $\boldsymbol{l}$ 应同时垂直于直线 L_1 和 L_2 的方向向量 $\boldsymbol{l}_1$ 和 $\boldsymbol{l}_2$,这只需取 $\boldsymbol{l}=\boldsymbol{l}_1\times\boldsymbol{l}_2$ 即可.所以本题可运用直线的点向式方程求解.

解: 直线 L_1 的方向向量

$$\boldsymbol{l}_1=\{2, -4, 1\}\times\{1, 3, 0\}=\begin{vmatrix}\boldsymbol{i} & \boldsymbol{j} & \boldsymbol{k}\\2 & -4 & 1\\1 & 3 & 0\end{vmatrix}=\{-3, 1, 10\},$$

直线 L_2 可写成点向式方程　$\dfrac{x-2}{4}=\dfrac{y+1}{-1}=\dfrac{z+3}{2}$,

其方向向量 $\boldsymbol{l}_2=\{4, -1, 2\}$.

因为所求直线同时垂直于直线 L_1 和 L_2,所以其方向向量为

$$\boldsymbol{l}=\boldsymbol{l}_1\times\boldsymbol{l}_2=\begin{vmatrix}\boldsymbol{i} & \boldsymbol{j} & \boldsymbol{k}\\-3 & 1 & 10\\4 & -1 & 2\end{vmatrix}=\{12, 46, -1\},$$

又直线经过点 $(-1, -4, 3)$,根据直线的点向式方程得所求直线的方程

$$\frac{x+1}{12}=\frac{y+4}{46}=\frac{z-3}{-1}.$$

例 10-27　求通过点 $M_0(2, 1, -5)$ 且与直线 L_0: $\dfrac{x+1}{3}=\dfrac{y-1}{2}=\dfrac{z}{-1}$ 相交并垂直的直线

方程.

分析：所求直线 L 经过的点 M_0 已知，若设其方向向量为 $\boldsymbol{l}$，则 $\boldsymbol{l}$ 垂直于已知直线 L_0 的方向向量 $\boldsymbol{l}_1=\{3, 2, -1\}$，从而有 $\boldsymbol{l}\cdot\boldsymbol{l}_1=0$. 本例需要考虑的是如何运用与已知直线 L_0 相交的条件去建立关于 $\boldsymbol{l}$ 的另一个方程.这一问题一般可从下面的分析入手：由于 L_0 经过点 $M_1(-1, 1, 0)$，所以 L 与 L_0 相交的充要条件是三向量 $\overrightarrow{M_0M_1}$，$\boldsymbol{l}_1$，$\boldsymbol{l}$ 共面，也就是等价于

$$(\boldsymbol{l}\times\boldsymbol{l}_1)\cdot\overrightarrow{M_0M_1}=0.$$

解一：设所求直线 L 的方向向量为 $\boldsymbol{l}=\{l_1, l_2, l_3\}$. 由于 L 与 L_0 垂直，故有

$$\boldsymbol{l}\cdot\boldsymbol{l}_1=3l_1+2l_2-l_3=0.$$

又 L 与 L_0 相交，且 L_0 经过点 $M_1(-1, 1, 0)$，则三向量 $\overrightarrow{M_0M_1}$，$\boldsymbol{l}_1$，$\boldsymbol{l}$ 共面，从而也有

$$(\boldsymbol{l}\times\boldsymbol{l}_1)\cdot\overrightarrow{M_0M_1}=\begin{vmatrix} l_1 & l_2 & l_3 \\ 3 & 2 & -1 \\ -3 & 0 & 5 \end{vmatrix}=10l_1-12l_2+6l_3=0.$$

解方程组 $\begin{cases}3l_1+2l_2-l_3=0\\5l_1-6l_2+3l_3=0\end{cases}$ 得，$\dfrac{l_1}{l_3}=0$，$\dfrac{l_2}{l_3}=\dfrac{1}{2}$，所以

$$\boldsymbol{l}=l_3\left\{\frac{l_1}{l_3}, \frac{l_2}{l_3}, 1\right\}=l_3\left\{0, \frac{1}{2}, 1\right\} /\!/ \{0, 1, 2\},$$

即所求直线 L 的方向向量可取为 $\boldsymbol{l}=\{0, 1, 2\}$，所以所求直线 L 的方程为

$$\frac{x-2}{0}=\frac{y-1}{1}=\frac{z+5}{2}.$$

解二：本例也可通过计算 L 与 L_0 的交点来求解.

过点 $M_0(2, 1, -5)$ 以直线 L_0 的方向向量 $\boldsymbol{l}_1=\{3, 2, -1\}$ 为法向量作一平面 Π，则 Π 的方程为

$$3(x-2)+2(y-1)-(z+5)=0, \text{即 } 3x+2y-z-13=0.$$

再将直线 L_0：$\dfrac{x+1}{3}=\dfrac{y-1}{2}=\dfrac{z}{-1}$ 化为参数方程

$$L_0: x=-1+3t, y=1+2t, z=-t.$$

将 L_0 的参数方程代入平面 Π 的方程得，$14t-14=0$，解得 $t=1$. 再将 $t=1$ 代回 L_0 的参数方程即得 L 与 L_0 的交点为 $M(2, 3, -1)$. 于是所求直线 L 的方向向量

$$\boldsymbol{l}=\overrightarrow{M_0M}=\{0, 2, 4\} /\!/ \{0, 1, 2\},$$

即为 $\boldsymbol{l}=\{0, 1, 2\}$，所以所求直线 L 的方程为

$$\frac{x-2}{0}=\frac{y-1}{1}=\frac{z+5}{2}.$$

解三：L 与 L_0 的交点也可按下面的方法计算.

设 L 与 L_0 的交点为 M，由于 M 在直线 L_0 上，故利用直线 L_0 的参数方程可设其坐标为 $M=(-1+3t, 1+2t, -t)$. 根据题意 $\overrightarrow{M_0M}\perp \boldsymbol{l}_1$，即有

$$\{3t-3, 2t, -t+5\}\cdot\{3, 2, -1\}=14t-14=0,$$

解得 $t=1$. 可知交点 M 的坐标为 $M(2, 3, -1)$，直线 L 的方向向量为

$$\boldsymbol{l}=\overrightarrow{M_0M}=\{0, 2, 4\} /\!/ \{0, 1, 2\}.$$

根据直线的点向式方程，所求直线 L 的方程为

$$\frac{x-2}{0}=\frac{y-1}{1}=\frac{z+5}{2}.$$

例 10-28　验证两条直线

$$L_1: \frac{x-1}{1}=\frac{y+1}{2}=\frac{z+1}{1}, L_2: \frac{x-3}{2}=\frac{y-2}{1}=\frac{z-3}{2}$$

为异面直线，并求同时与它们垂直且相交的直线方程.

分析：(1) 从所给直线可知：L_1 经过点 $M_1(1, -1, -1)$，方向向量为 $\boldsymbol{l}_1=\{1, 2, 1\}$；$L_2$ 经过点 $M_2(3, 2, 3)$，方向向量为 $\boldsymbol{l}_2=\{2, 1, 2\}$. 验证 L_1 和 L_2 不共面，只需验证三向量 $\overrightarrow{M_1M_2}$，$\boldsymbol{l}_1$，$\boldsymbol{l}_2$ 不共面，即 $(\boldsymbol{l}_1\times\boldsymbol{l}_2)\cdot\overrightarrow{M_1M_2}\neq 0$ 即可.

(2) 对于求与两条直线垂直且相交的直线 L，由于直线 L 所经过的点不易直接计算，故可考虑采用以下思路分析：

① 求出 L 与 L_1，L_2 的两个交点，利用点向式方程求解.

② 求出通过 L 的两个平面，利用直线的一般式方程求解.

解：首先验证直线 L_1 与 L_2 是异面直线.

构造向量 $\overrightarrow{M_1M_2}=\{2, 3, 4\}$，由于直线 L_1 与 L_2 共面等价于三向量 $\overrightarrow{M_1M_2}$，$\boldsymbol{l}_1$，$\boldsymbol{l}_2$ 共面，从而 $(\boldsymbol{l}_1\times\boldsymbol{l}_2)\cdot\overrightarrow{M_1M_2}=0$. 现由

$$(\boldsymbol{l}_1\times\boldsymbol{l}_2)\cdot\overrightarrow{M_1M_2}=\begin{vmatrix}1 & 2 & 1\\ 2 & 1 & 2\\ 2 & 3 & 4\end{vmatrix}=-6\neq 0$$

知，直线 L_1 和 L_2 不共面.

下面求与两直线 L_1 和 L_2 垂直相交的直线方程.

解一：将 L_1 和 L_2 化为参数方程，得

$$L_1: x=1+t, y=-1+2t, z=-1+t, t\in R,$$

$$L_2: x=3+2s, y=2+s, z=3+2s, s\in R.$$

设所求直线 L 与 L_1 和 L_2 的交点分别为 P 和 Q，则

$$P=(1+t, -1+2t, -1+t), Q=(3+2s, 2+s, 3+2s).$$

由条件知 $\overrightarrow{PQ} \perp \boldsymbol{l}_1$，$\overrightarrow{PQ} \perp \boldsymbol{l}_2$，所以有

$$\overrightarrow{PQ} \cdot \boldsymbol{l}_1 = \{2s-t+2,\ s-2t+3,\ 2s-t+4\} \cdot \{1,\ 2,\ 1\} = 6s-6t+12=0,$$

$$\overrightarrow{PQ} \cdot \boldsymbol{l}_2 = \{2s-t+2,\ s-2t+3,\ 2s-t+4\} \cdot \{2,\ 1,\ 2\} = 9s-6t+15=0,$$

解上述方程组得 $s=-1$，$t=1$. 于是得交点 $P=(2,\ 1,\ 0)$，$Q=(1,\ 1,\ 1)$ 以及直线的方向向量 $\boldsymbol{l}=\overrightarrow{PQ}=\{-1,\ 0,\ 1\}$，根据直线的点向式方程，所求直线 L 的方程为

$$\frac{x-2}{-1}=\frac{y-1}{0}=\frac{z}{1} \quad 或 \quad \frac{x-1}{-1}=\frac{y-1}{0}=\frac{z-1}{1}.$$

解二： 因为所求直线 L 同时与 L_1 和 L_2 垂直，所以 L 的方向向量为

$$\boldsymbol{l}=\boldsymbol{l}_1 \times \boldsymbol{l}_2 = \begin{vmatrix} \boldsymbol{i} & \boldsymbol{j} & \boldsymbol{k} \\ 1 & 2 & 1 \\ 2 & 1 & 2 \end{vmatrix} = \{3,\ 0,\ -3\}.$$

记过直线 L 与 L_1 的平面方程为 Π_1，过直线 L 与 L_2 的平面方程为 Π_2，则平面 Π_1 和 Π_2 的法向量分别为

$$\boldsymbol{n}_1=\boldsymbol{l}\times\boldsymbol{l}_1=\{6,\ -6,\ 6\} \parallel \{1,\ -1,\ 1\},\ \boldsymbol{n}_2=\boldsymbol{l}\times\boldsymbol{l}_2=\{3,\ -12,\ 3\} \parallel \{1,\ -4,\ 1\},$$

由于 Π_1 过点 $M_1(1,\ -1,\ -1)$，Π_2 过点 $M_2(3,\ 2,\ 3)$，根据平面的点法式方程，Π_1 和 Π_2 平面的方程为

$$\Pi_1:\ x-y+z-1=0,\quad \Pi_2:\ x-4y+z+2=0.$$

又所求直线 L 同时在 Π_1 和 Π_2 平面上，所以直线 L 的方程为

$$L:\begin{cases} x-y+z-1=0 \\ x-4y+z+2=0 \end{cases}.$$

例 10-29 求过点 $M_0(-2,\ -2,\ 3)$ 与平面 $\Pi_0:\ 2x+y+z+1=0$ 平行，且与直线 $L_0:\ \dfrac{x-1}{-2}=\dfrac{y+7}{3}=\dfrac{z-4}{-1}$ 相交的直线 L 的方程.

分析： 所求直线 L 经过的点已知，所以本题求解最常规的思路是计算直线 L 的方向向量 $\boldsymbol{l}$. 从条件 $L \parallel \Pi_0$ 和 L 与 L_0 相交容易获得 $\boldsymbol{l}$ 满足的两个方程.

解一： 设直线 L 的方向向量为 $\boldsymbol{l}=\{l_1,\ l_2,\ l_3\}$. 从平面 Π_0 及直线 L_0 的方程可知，Π_0 的法向量 $\boldsymbol{n}=\{2,\ 1,\ 1\}$，$L_0$ 经过点 $M_1(1,\ -7,\ 4)$ 且方向向量 $\boldsymbol{l}_0=\{-2,\ 3,\ -1\}$. 由条件 $L \parallel \Pi_0$ 得

$$\boldsymbol{l}\cdot\boldsymbol{n}=2l_1+l_2+l_3=0.$$

由 L 与 L_0 相交，则有

$$(\boldsymbol{l}\times\boldsymbol{l}_0)\cdot\overrightarrow{M_0M_1} = \begin{vmatrix} l_1 & l_2 & l_3 \\ -2 & 3 & -1 \\ 3 & -5 & 1 \end{vmatrix} = -2l_1-l_2+l_3=0.$$

解方程组$\begin{cases} l_2+l_3=-2l_1 \\ l_2-l_3=-2l_1 \end{cases}$得 $l_2=-2l_1$，$l_3=0$，求得 $\boldsymbol{l}=\{l_1, -2l_1, 0\} // \{1, -2, 0\}$.

所以所求直线 L 的方程为 $\dfrac{x+2}{1}=\dfrac{y+2}{-2}=\dfrac{z-3}{0}$.

解二： 过点 $M_0(-2, -2, 3)$ 作平行于 Π_0 的平面 Π_1，其方程为

$$2(x+2)+(y+2)+z-3=0, \text{即 } 2x+y+z+3=0.$$

将直线 L_0 化为参数方程 $x=1-2t$，$y=-7+3t$，$z=4-t$，并代入平面 Π_1 的方程得

$$2(1-2t)+(-7+3t)+(4-t)+3=0,$$

解得 $t=1$，所以直线 L_0 与平面 Π_1 的交点 $P(-1, -4, 3)$. 由于平面 Π_1 过所求直线 L，所以点 P 也在直线 L 上，于是直线 L 的方向向量 $\boldsymbol{l}=\overrightarrow{M_0P}=\{1, -2, 0\}$. 根据直线的点向式方程，所求直线 L 的方程为

$$\frac{x+2}{1}=\frac{y+2}{-2}=\frac{z-3}{0}.$$

解三： 设直线 L 与 L_0 的交点为 P，则根据直线 L_0 的参数方程，P 点的坐标为 $P=(1-2t, -7+3t, 4-t)$. 由于 $L // \Pi$，故有

$$\overrightarrow{M_0P}\cdot\boldsymbol{n}=\{3-2t, -5+3t, 1-t\}\cdot\{2, 1, 1\}=2-2t=0,$$

解得 $t=1$. 所以 $P=(-1, -4, 3)$，L 的方向向量 $\boldsymbol{l}=\overrightarrow{M_0P}=\{1, -2, 0\}$，根据直线的点向式方程，$L$ 的方程为

$$\frac{x+2}{1}=\frac{y+2}{-2}=\frac{z-3}{0}.$$

解四： 如上过点 $M_0(-2, -2, 3)$ 且平行于 Π_0 的平面 Π_1 的方程为

$$\Pi_1: 2x+y+z+3=0.$$

若记过 M_0 和 L_0 的平面为 Π_2，则所求直线 L 为 Π_1 与 Π_2 的交线，现 Π_2 平面的法向量

$$\boldsymbol{n}_1=\overrightarrow{M_0M_1}\times\boldsymbol{l}_0=\begin{vmatrix} \boldsymbol{i} & \boldsymbol{j} & \boldsymbol{k} \\ 3 & -5 & 1 \\ -2 & 3 & -1 \end{vmatrix}=\{2, 1, -1\},$$

根据平面的点法式方程，平面 Π_2 的方程为 $2x+y-z+9=0$，所以所求直线 L 的方程为

$$\begin{cases} 2x+y+z+3=0 \\ 2x+y-z+9=0 \end{cases}.$$

例 10－30　求直线 L_0：$\dfrac{x}{5}=\dfrac{y+1}{-1}=\dfrac{z+3}{-1}$ 照射到镜面 Π：$x+y+z+1=0$ 上后所产生的反射光线的直线方程.

分析：可以看到，入射光线 L_0 与镜面 Π 的交点 M_0 是在所求直线 L 上的.同时根据物理学原理，入射光线与镜面的夹角等于反射光线与镜面的夹角.于是入射直线 L_0 上的点关于镜面 Π 的对称点在反射直线 L 上.按此思路可以求出直线 L 经过的另外一个点.

解：将直线 L_0 化为参数方程，得

$$L_0:\ x=5t,\quad y=-1-t,\quad z=-3-t.$$

代入镜面 Π 的方程，得

$$5t+(-1-t)+(-3-t)+1=0,$$

解得 $t=1$. 于是 L_0 与 Π 的交点 $M_0=(5,-2,-4)$.

又 L_0 经过点 $P_0=(0,-1,-3)$，为求 P_0 关于 Π 的对称点，过 P_0 作 Π 的垂线 L_1，其参数方程为

$$L_1:\ x=s,\quad y=-1+s,\quad z=-3+s.$$

将 L_1 的方程代入 Π 的方程，有 $s+(s-1)+(s-3)+1=0$，解得 $s=1$. 于是 L_1 与 Π 的交点 $M_1=(1,0,-2)$. 设点 P_0 关于镜面的对称点为 $Q=(x,y,z)$，则点 M_1 为 P_0 和 Q 的中点，于是有

$$1=\frac{x+0}{2},\quad 0=\frac{y-1}{2},\quad -2=\frac{z-3}{2},$$

解得 $x=2$, $y=1$, $z=-1$，所以对称点 $Q=(2,1,-1)$. 由于点 M_0, Q 都在反射直线 L 上，可知 L 的方向向量为

$$\boldsymbol{l}=\overrightarrow{M_0Q}=\{-3,3,3\}\,/\!/\,\{1,-1,-1\},$$

所以反射直线的方程为

$$\frac{x-2}{1}=\frac{y-1}{-1}=\frac{z+1}{-1}.$$

▶▶▶方法小结

利用直线的点向式方程求直线方程的关键是求出直线的方向向量.方向向量的计算需根据问题通过分析其中的条件以及向量与向量之间的关系来确定，常见的有：

(1) 所求直线与一已知向量 $\boldsymbol{l}$ 或者某直线平行，则直线 L 的方向向量即为 $\boldsymbol{l}=\boldsymbol{l}_1$，或为已知直线的方向向量.

(2) 所求直线与一已知平面垂直，则已知平面的法向量 $\boldsymbol{n}$ 即为所求直线的方向向量，即 $\boldsymbol{l}=\boldsymbol{n}$.

(3) 利用外积 $\boldsymbol{n}_1\times\boldsymbol{n}_2$ 同时垂直于 $\boldsymbol{n}_1$, $\boldsymbol{n}_2$ 的特点，只要找到与所求直线同时垂直的两个向量 $\boldsymbol{n}_1$, $\boldsymbol{n}_2$，则 $\boldsymbol{l}=\boldsymbol{n}_1\times\boldsymbol{n}_2$ 即为所求直线的方向向量.

(4) 直线的方向向量也可通过待定系数法来计算.由于 $\boldsymbol{l}=\{l_1,l_2,l_3\}$ 为非零向量，从而 l_1, l_2, l_3 中至少有一不为零(比如 $l_1\neq 0$)，从

$$\boldsymbol{l}=\{l_1,l_2,l_3\}=l_1\left\{1,\frac{l_2}{l_1},\frac{l_3}{l_1}\right\}$$

可知，只需找到与方向向量 $\boldsymbol{l}$ 有关的两个条件即可求出比值 $\frac{l_2}{l_1}$, $\frac{l_3}{l_1}$，从而求出 $\boldsymbol{l}$.

10.2.3.2　利用直线的一般式方程求直线方程

1）直线的一般式方程　两不平行平面 $\Pi_1: A_1x+B_1y+C_1z+D_1=0$，$\Pi_2: A_2x+B_2y+C_2z+D_2=0$ 的交线

$$L:\begin{cases}A_1x+B_1y+C_1z+D_1=0\\A_2x+B_2y+C_2z+D_2=0\end{cases}\tag{10-29}$$

是一直线，式(10－29)称为直线的一般式方程.

2）一般式方程的直线方向向量

由一般式方程式(10－29)表示的直线 L 的方向向量

$$\boldsymbol{l}=\boldsymbol{n}_1\times\boldsymbol{n}_2=\begin{vmatrix}\boldsymbol{i}&\boldsymbol{j}&\boldsymbol{k}\\A_1&B_1&C_1\\A_2&B_2&C_2\end{vmatrix}\tag{10-30}$$

▶▶▶方法运用注意点

直线的一般式方程式(10－29)没有直接把确定直线的两个要素(直线经过的点和方向向量)在方程中反映出来.当需要知道这些信息时，其方向向量可由式(10－30)计算.直线经过的点可由满足方程式(10－29)的任意一组解 (x_0, y_0, z_0) 求得，这也是将直线的一般式方程转化为点向式方程的方法.

▶▶▶典型例题解析

例 10－31　求位于平面 $\Pi_1: x-y+z-2=0$ 上，且与平面 $\Pi_2: 2x+2y-z=0$ 保持距离为 2 的直线方程 L.

分析：已知平面 $\Pi_1: x-y+z-2=0$ 经过直线 L，故本题若能求出经过 L 的另一个平面，则可用直线的一般式方程求解.这里要考虑直线 L 与平面 Π_2 距离为 2 这一条件如何运用.

解：由所求直线 L 与平面 Π_2 的距离为 2 知，所求直线 L 位于与平面 Π_2 平行且距离为 2 的平面 Π_3 上.于是可设平面 Π_3 为

$$\Pi_3: 2x+2y-z+D=0.$$

又 Π_2 平面经过原点 $O(0, 0, 0)$，则由题设，原点到 Π_3 平面的距离为 2，于是有

$$\frac{|D|}{\sqrt{2^2+2^2+(-1)^2}}=2,$$

解得 $D=\pm 6$，所以平面 Π_3 的方程为

$$2x+2y-z+6=0\quad 或\quad 2x+2y-z-6=0,$$

因此所求直线 L 即为 Π_2 与 Π_3 平面的交线，即

$$\begin{cases}x-y+z-2=0\\2x+2y-z+6=0\end{cases} \text{或} \begin{cases}x-y+z-2=0\\2x+2y-z-6=0\end{cases}.$$

例 10-32 求经过点 $A(-5,-3,-3)$，且与两条直线

$$L_1: \frac{x-1}{1}=\frac{y+1}{2}=\frac{z+1}{1},\quad L_2: \frac{x-3}{2}=\frac{y-2}{1}=\frac{z-3}{2}$$

都相交的直线方程.

分析：本题若能构造出过点 A 和直线 L_1、过点 A 和直线 L_2 的两个平面 Π_1 和 Π_2，则所求直线即为 Π_1 和 Π_2 平面的交线.

解一：由直线 L_1 和 L_2 的方程可知，直线 L_1 经过点 $M_1(1,-1,-1)$，方向向量 $\boldsymbol{l}_1=\{1,2,1\}$；直线 L_2 经过点 $M_2(3,2,3)$，方向向量 $\boldsymbol{l}_2=\{2,1,2\}$.

在过点 A 和直线 L_1 的平面 Π_1 上任取一点 $P(x,y,z)$，则三向量 $\overrightarrow{AP}$，$\overrightarrow{AM_1}$，$\boldsymbol{l}_1$ 共面，现由 $\overrightarrow{AP}=\{x+5,y+3,z+3\}$，$\overrightarrow{AM_1}=\{6,2,2\}$，故有

$$[\overrightarrow{AP},\overrightarrow{AM_1},\boldsymbol{l}_1]=\begin{vmatrix}x+5 & y+3 & z+3\\6 & 2 & 2\\1 & 2 & 1\end{vmatrix}=2(-x-2y+5z+4)=0,$$

于是得平面 Π_1 的方程 $\qquad \Pi_1: x+2y-5z-4=0.$

同理，在过点 A 和直线 L_2 的平面 Π_2 上任取一点 $Q(x,y,z)$，则三向量 $\overrightarrow{AQ}$，$\overrightarrow{AM_2}$，$\boldsymbol{l}_2$ 共面，现由 $\overrightarrow{AQ}=\{x+5,y+3,z+3\}$，$\overrightarrow{AM_2}=\{8,5,6\}$，故有

$$[\overrightarrow{AQ},\overrightarrow{AM_2},\boldsymbol{l}_2]=\begin{vmatrix}x+5 & y+3 & z+3\\8 & 5 & 6\\2 & 1 & 2\end{vmatrix}=4x-4y-2z+2=0,$$

于是得平面 Π_2 的方程 $\qquad \Pi_2: 2x-2y-z+1=0.$

由于所求直线 L 是 Π_1 和 Π_2 平面的交线，所以所求直线 L 为

$$L: \begin{cases}x+2y-5z-4=0\\2x-2y-z+1=0\end{cases}.$$

解二：运用待定系数法求 L 的方向向量 $\boldsymbol{l}$. 设所求直线 L 的方向向量为 $\boldsymbol{l}=\{l_1,l_2,l_3\}$. 由 L 与 L_1 相交，则三向量 $\overrightarrow{AM_1}$，$\boldsymbol{l}_1$，$\boldsymbol{l}$ 共面，现 $\overrightarrow{AM_1}=\{6,2,2\}$，故有

$$[\boldsymbol{l},\boldsymbol{l}_1,\overrightarrow{AM_1}]=\begin{vmatrix}l_1 & l_2 & l_3\\1 & 2 & 1\\6 & 2 & 2\end{vmatrix}=2l_1+4l_2-10l_3=0.$$

又由 L 与 L_2 相交，则三向量 $\overrightarrow{AM_2}$，$\boldsymbol{l}_2$，$\boldsymbol{l}$ 共面，现 $\overrightarrow{AM_2}=\{8,5,6\}$，故有

$$[\boldsymbol{l},\ \boldsymbol{l}_2,\ \overrightarrow{AM_2}]=\begin{vmatrix} l_1 & l_2 & l_3 \\ 2 & 1 & 2 \\ 8 & 5 & 6 \end{vmatrix}=-4l_1+4l_2+2l_3=0.$$

解方程组$\begin{cases} l_1+2l_2-5l_3=0 \\ 2l_1-2l_2-l_3=0 \end{cases}$，得 $l_1=2l_3$，$l_2=\dfrac{3}{2}l_3$，所以 $\boldsymbol{l}=\{2l_3,\ \dfrac{3}{2}l_3,\ l_3\}\ /\!/\ \{4,\ 3,\ 2\}$.

利用直线的点向式方程，所求直线 L 的方程为

$$\frac{x+5}{4}=\frac{y+3}{3}=\frac{z+3}{2}.$$

利用过直线的平面束方程式(10-22)或式(10-23)可以求平面方程(见 10.2.2 中的第 5 目).这一方法也可被用来计算直线的方程.

例 10-33　求直线 L：$\dfrac{x-1}{4}=\dfrac{y}{-1}=\dfrac{z+1}{3}$ 在平面 $4x-y+z=0$ 上的投影直线 L' 的方程.

分析：所求的投影直线 L' 是通过 L 且与平面 Π：$4x-y+z=0$ 垂直的平面 Π' (Π' 也称为直线 L 关于平面 Π 的投影平面)与 Π 的交线.由于 Π' 过直线 L，故可考虑利用过直线 L 的平面束方程求解.

解：将直线 L 化为一般式方程，有

$$L:\begin{cases} x+4y-1=0 \\ 3y+z+1=0 \end{cases}.$$

构造过直线 L 的平面束方程

$$\Pi(\lambda):\ x+4y-1+\lambda(3y+z+1)=0,$$

其法向量 $\boldsymbol{n}(\lambda)=\{1,\ 4+3\lambda,\ \lambda\}$.选取 λ 使 $\Pi(\lambda)\perp\Pi$，即选取 λ 使 $\boldsymbol{n}(\lambda)\perp\boldsymbol{n}=\{4,\ -1,\ 1\}$，故有

$$\boldsymbol{n}(\lambda)\cdot\boldsymbol{n}=4-(4+3\lambda)+\lambda=0,$$

解得 $\lambda=0$.从而求得 L 关于 Π 的投影平面

$$\Pi':\ x+4y-1=0.$$

所以所求投影直线 L' 的方程为

$$\begin{cases} x+4y-1=0 \\ 4x-y+z=0 \end{cases}.$$

▶▶▶方法小结

利用直线的一般式方程求直线方程的方法通常适用于一些确定直线的两个要素(直线经过的点、直线的方向向量)出现困难时的问题.运用这一方法的关键是设法求出经过所求直线的两个平面.而对这两个平面的计算通常需要根据问题分析其中的条件，借助一些关系式来进行，常用的方法有：

(1) 所求直线 L 在一已知平面 Π_0：$A_0x+B_0y+C_0z+D_0=0$ 上或与 Π_0 平面平行.此时过 L 的平面为 Π_0 或设为 $A_0x+B_0y+C_0z+D=0$，根据条件确定其中的参数 D 即可求出过 L 的一个平面

(例 10-31).

(2) 根据已知条件,在过所求直线 L 的某一平面上能够找到三个向量或与该平面平行的三个向量,利用三向量共面的充要条件来求出过 L 的平面(例 10-32).

(3) 利用过直线的平面束方程(例 10-33).

10.2.4 点到平面、点到直线、异面直线间距离的计算

▶▶▶基本方法

(1) 利用点到平面的距离公式计算点到平面的距离;

(2) 利用点到直线的距离公式计算点到直线的距离;

(3) 利用异面直线的距离公式计算异面直线间的距离.

10.2.4.1 点到平面距离的计算

1) 点到平面的距离公式 点 $M_0(x_0, y_0, z_0)$ 到平面 Π: $Ax+By+Cz+D=0$ 的距离

$$d=\frac{|Ax_0+By_0+Cz_0+D|}{\sqrt{A^2+B^2+C^2}} \tag{10-31}$$

2) 两平行平面间的距离公式 设两平行平面

$$\Pi_1: Ax+By+Cz+D_1=0, \quad \Pi_2: Ax+By+Cz+D_2=0,$$

则 Π_1 和 Π_2 之间的距离

$$d=\frac{|D_1-D_2|}{\sqrt{A^2+B^2+C^2}} \tag{10-32}$$

▶▶▶方法运用注意点

运用距离公式(10-31)时,分子为绝对值,且需将平面 Π 方程的右端移成零.

▶▶▶典型例题解析

例 10-34 在 y 轴上求一点 P,使它到两个平面 $x+2y-z-1=0$, $x-y+2z+2=0$ 的距离相等.

分析: 可设点 $P=(0, y, 0)$,利用距离公式(10-31)建立点 P 满足的方程.

解: 在 y 轴上任取一点 $P=(0, y, 0)$,根据题设条件,利用点到平面的距离公式(10-31),y 满足

$$\frac{|2y-1|}{\sqrt{6}}=\frac{|-y+2|}{\sqrt{6}},$$

即 $2y-1=-y+2$ 或 $2y-1=y-2$,解得 $y=1$ 或 $y=-1$,所以所求点为

$$P=(0,1,0)\text{ 或 }P=(0,-1,0).$$

例 10-35　求两平行平面Π_1：$x+y-2z-1=0$与Π_2：$x+y-2z+5=0$之间的距离，并求与此两平面等距离的平面Π的方程.

分析：Π_1和Π_2之间的距离可运用公式(10-32)计算.由于平面Π上的点$M(x,y,z)$到Π_1和Π_2的距离相等，故可用距离公式(10-31)来建立方程.

解：运用两平行平面间的距离公式(10-32)，得Π_1和Π_2之间的距离

$$d=\frac{|-1-5|}{\sqrt{1^2+1^2+(-2)^2}}=\frac{6}{\sqrt{6}}=\sqrt{6}.$$

设点$M(x,y,z)$是所求平面Π上的任意一点，则由题意点M到平面Π_1和Π_2的距离相等，运用公式(10-31)，有

$$\frac{|x+y-2z-1|}{\sqrt{6}}=\frac{|x+y-2z+5|}{\sqrt{6}},$$

即有
$$x+y-2z-1=\pm(x+y-2z+5).$$

由于$x+y-2z-1\neq x+y-2z+5$，故知点$M(x,y,z)$满足

$$x+y-2z-1=-(x+y-2z+5),$$

即满足$x+y-2z+2=0$，所以平面Π的方程为

$$\Pi：x+y-2z+2=0.$$

▶▶▶方法小结

(1) 要正确使用公式(10-31).使用时，首先要将平面方程的一端移项成零，即把方程中的所有项都移至同一端，然后再套用公式.

(2) 使用公式(10-32)求两平行平面的距离时，要先将两平面方程中的x，y，z前的系数化为相等，确定好D_1，D_2后再套用公式.

(3) 两平行平面的距离也可按照以下方法计算：先在平面Π_2(或Π_1)上任取一点M，然后利用公式(10-31)求点M到平面Π_1(或Π_2)的距离.

10.2.4.2　点到直线距离的计算

点到直线的距离公式　设直线L经过点M_0，其方向向量为$\boldsymbol{l}$，则点M到直线L的距离

$$d=\frac{|\overrightarrow{M_0M}\times\boldsymbol{l}|}{|\boldsymbol{l}|}.\tag{10-33}$$

▶▶▶方法运用注意点

运用公式(10-33)时，需要知道直线经过的点M_0以及其方向向量$\boldsymbol{l}$，当直线由一般式方程给出

时，需先将直线的一般式方程化为点向式方程.

▶▶▶典型例题解析

例 10-36 (1) 试证明点 M (其径向量为 $\boldsymbol{r}_1$) 到直线 $\boldsymbol{r}=\boldsymbol{r}_0+t\boldsymbol{l}$ 的距离为

$$d=\frac{|\boldsymbol{l}\times(\boldsymbol{r}_1-\boldsymbol{r}_0)|}{|\boldsymbol{l}|};$$

(2) 求点 $(5,-3,0)$ 到直线 $\frac{x-3}{2}=\frac{y+1}{-1}=\frac{z}{1}$ 的距离.

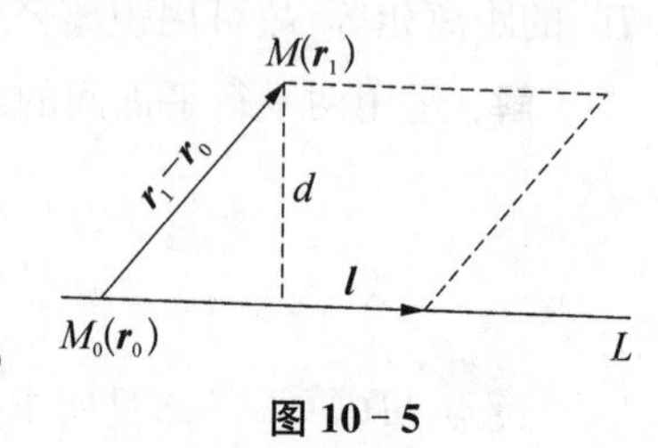

图 10-5

分析： 如图 10-5 所示，可以考虑运用外积模的几何意义证明(1)中的公式.

解： (1) 直线 $\boldsymbol{r}=\boldsymbol{r}_0+t\boldsymbol{l}$ 经过径向量 $\boldsymbol{r}_0$ 所确定的点 $M_0(\boldsymbol{r}_0)$，方向为 $\boldsymbol{l}$，以 $\overrightarrow{M_0M}$ 和 $\boldsymbol{l}$ 为邻边构造平行四边形(图 10-5)，则根据外积模的几何意义，该平行四边形的面积

$$S=|\boldsymbol{l}\times\overrightarrow{M_0M}|.$$

由于 $\overrightarrow{M_0M}=\boldsymbol{r}_1-\boldsymbol{r}_0$，点 M 到直线 L 的距离 d 即为此平行四边形的高，所以

$$d=\frac{S}{|\boldsymbol{l}|}=\frac{|\boldsymbol{l}\times\overrightarrow{M_0M}|}{|\boldsymbol{l}|}=\frac{|\boldsymbol{l}\times(\boldsymbol{r}_1-\boldsymbol{r}_0)|}{|\boldsymbol{l}|}.$$

(2) 所给直线经过点 $M_0=(3,-1,0)$，方向向量 $\boldsymbol{l}=\{2,-1,1\}$. 若记 $M=(5,-3,0)$，则 $\overrightarrow{M_0M}=\{2,-2,0\}$，$|\boldsymbol{l}|=\sqrt{6}$，

$$\boldsymbol{l}\times\overrightarrow{M_0M}=\begin{vmatrix}\boldsymbol{i} & \boldsymbol{j} & \boldsymbol{k}\\ 2 & -1 & 1\\ 2 & -2 & 0\end{vmatrix}=\{2,2,-2\},$$

运用点到直线的距离公式(10-33)，所求距离

$$d=\frac{|\boldsymbol{l}\times\overrightarrow{M_0M}|}{|\boldsymbol{l}|}=\frac{\sqrt{2^2+2^2+(-2)^2}}{\sqrt{6}}=\sqrt{2}.$$

例 10-37 求点 $M(0,-2,2)$ 到直线 $\frac{x-2}{4}=\frac{y+1}{2}=\frac{z}{-1}$ 之间的距离.

分析： 本例可直接利用距离公式(10-33)计算，也可利用几何知识，先求过点 M 且与已知直线垂直的平面，再求直线与平面的交点 N，利用两点间距离公式求点 M 与 N 的距离.

解： 过点 M 以直线的方向向量 $\boldsymbol{l}$ 为法向量作一平面 Π，则其方程

$$4(x-0)+2(y+2)-(z-2)=0,\quad 即\quad \Pi: 4x+2y-z+6=0.$$

将已知直线化为参数式方程：$x=4t+2$，$y=2t-1$，$z=-t$，并代入平面 Π 的方程解得 $t=-\frac{4}{7}$. 将 $t=-\frac{4}{7}$ 代入直线的参数式方程中求得直线与平面 Π 的交点为 $N\left(-\frac{2}{7},-\frac{15}{7},\frac{4}{7}\right)$，所以点 M 到

直线的距离

$$d=|MN|=\sqrt{\left(-\frac{2}{7}-0\right)^2+\left(-\frac{15}{7}+2\right)^2+\left(\frac{4}{7}-2\right)^2}=\frac{\sqrt{105}}{7}.$$

▶▶▶方法小结

(1) 利用公式(10-33)求点 M 到直线 L 的距离的步骤：先根据直线方程获得直线上的一点 M_0 和方向向量 $\boldsymbol{l}$，然后求外积 $\boldsymbol{l}\times\overrightarrow{M_0M}$ 及其模 $|\boldsymbol{l}\times\overrightarrow{M_0M}|$ 和 $|\boldsymbol{l}|$，代入式(10-33)即得点 M 到直线 L 的距离.

(2) 利用两点距离公式求点 M 到直线 L 的距离的步骤：先求过点 M 与直线 L 垂直的平面 Π，再将直线 L 的参数式方程代入平面 Π 的方程，求出 L 与 Π 的交点 N，再利用两点的距离公式求出两点 M 与 N 的距离.

10.2.4.3 异面直线间距离的计算

异面直线间的距离公式 设有直线 L_1 经过点 M_1，方向向量 $\boldsymbol{l}_1$，直线 L_2 经过点 M_2，方向向量 $\boldsymbol{l}_2$，且 $\boldsymbol{l}_1$ 与 $\boldsymbol{l}_2$ 不平行，则异面直线 L_1 与 L_2 之间的距离

$$d=\frac{|(\boldsymbol{l}_1\times\boldsymbol{l}_2)\cdot\overrightarrow{M_1M_2}|}{|\boldsymbol{l}_1\times\boldsymbol{l}_2|} \tag{10-34}$$

▶▶▶方法运用注意点

(1) 公式(10-34)中，分子是向量 $\boldsymbol{l}_1$，$\boldsymbol{l}_2$，$\overrightarrow{M_1M_2}$ 的混合积的绝对值，分母是外积 $\boldsymbol{l}_1\times\boldsymbol{l}_2$ 的模.

(2) 利用两点间的距离公式求两异面直线之间的距离：

先求出与两直线 L_1 和 L_2 同时垂直且相交的直线 L，再求 L 与 L_1 的交点 M_1，L 与 L_2 的交点 M_2，则点 M_1 与 M_2 的距离即为所求两异面直线之间的距离.

(3) 利用过直线的平面束求异面直线间的距离：

先利用平面束求出通过直线 L_2 且与 L_1 平行的平面 Π，再求出 L_1 上的一点 M，则点 M 到平面 Π 的距离即为两异面直线间的距离.

▶▶▶典型例题解析

例 10-38 求异面直线 L_1：$\dfrac{x-1}{1}=\dfrac{y+1}{2}=\dfrac{z}{-1}$ 与 L_2：$\dfrac{x+1}{2}=\dfrac{y-3}{-1}=\dfrac{z-4}{-2}$ 之间的距离.

分析： 由于本例中的直线 L_1，L_2 由点向式方程给出，距离公式(10-34)中的量容易求得，故本例直接套用公式(10-34)计算是方便的.当然本例也可采用上面提及的另外两种方法计算.

解一： 从直线 L_1 和 L_2 的方程可知，直线 L_1 经过点 $M_1(1,-1,0)$，方向向量 $\boldsymbol{l}_1=\{1,2,-1\}$，直线 L_2 经过点 $M_2(-1,3,4)$，方向向量 $\boldsymbol{l}_2=\{2,-1,-2\}$，故 $\overrightarrow{M_1M_2}=\{-2,4,4\}$，从而

$$\boldsymbol{l}_1\times\boldsymbol{l}_2=\begin{vmatrix}\boldsymbol{i}&\boldsymbol{j}&\boldsymbol{k}\\1&2&-1\\2&-1&-2\end{vmatrix}=\{-5,0,-5\},\ (\boldsymbol{l}_1\times\boldsymbol{l}_2)\cdot\overrightarrow{M_1M_2}=\begin{vmatrix}1&2&-1\\2&-1&-2\\-2&4&4\end{vmatrix}=-10,$$

$|\boldsymbol{l}_1\times\boldsymbol{l}_2|=\sqrt{(-5)^2+(-5)^2}=\sqrt{50}$，根据距离公式(10－34)得 L_1 与 L_2 之间的距离

$$d=\frac{|(\boldsymbol{l}_1\times\boldsymbol{l}_2)\cdot\overrightarrow{M_1M_2}|}{|\boldsymbol{l}_1\times\boldsymbol{l}_2|}=\frac{|-10|}{\sqrt{50}}=\sqrt{2}.$$

解二： 设 L 是与 L_1 和 L_2 同时垂直且相交的直线，L 与 L_1 的交点为 P，L 与 L_2 的交点为 Q. 在将 L_1，L_2 化为参数式方程之后，可知其坐标

$$P=(1+s,-1+2s,-s),\quad Q=(-1+2t,3-t,4-2t),$$

由于 $\overrightarrow{PQ}=\{2t-s-2,-t-2s+4,-2t+s+4\}$，$\overrightarrow{PQ}\perp\boldsymbol{l}_1$，$\overrightarrow{PQ}\perp\boldsymbol{l}_2$，故有

$$\overrightarrow{PQ}\cdot\boldsymbol{l}_1=2t-6s+2=0,\quad \overrightarrow{PQ}\cdot\boldsymbol{l}_2=9t-2s-16=0,$$

解方程组 $\begin{cases}t-3s+1=0\\9t-2s-16=0\end{cases}$，得 $s=1$，$t=2$，于是求得 $P=(2,1,-1)$，$Q=(3,1,0)$，所以 L_1 与 L_2 之间的距离

$$d=|\overrightarrow{PQ}|=\sqrt{1^2+0^2+1^2}=\sqrt{2}.$$

例 10－39 求直线 L_1：$\begin{cases}x+y-z-1=0\\2x+y-z-2=0\end{cases}$ 与直线 L_2：$\begin{cases}x+2y-z-2=0\\x+2y+2z+4=0\end{cases}$ 之间的距离.

分析： 本题直线 L_1 和 L_2 的方程由一般式方程给出，求解可以有两种考虑：(1) 将 L_1 和 L_2 化为点向式方程，然后运用距离公式(10－34)计算.(2) 构造过 L_1 且与 L_2 平行的平面 Π，然后计算 L_2 上的点到平面 Π 的距离.

解一： 在直线 L_1 和 L_2 上分别取点 $M_1(1,0,0)$ 和 $M_2(0,0,-2)$. 从 L_1 和 L_2 的方程可知，L_1 和 L_2 的方向向量分别为

$$\boldsymbol{l}_1=\{1,1,-1\}\times\{2,1,-1\}=\{0,-1,-1\},$$
$$\boldsymbol{l}_2=\{1,2,-1\}\times\{1,2,2\}=\{6,-3,0\},$$

又由

$$\overrightarrow{M_1M_2}=\{-1,0,-2\},\ \boldsymbol{l}_1\times\boldsymbol{l}_2=\{-3,-6,6\},$$
$$(\boldsymbol{l}_1\times\boldsymbol{l}_2)\cdot\overrightarrow{M_1M_2}=3-12=-9,\ |\boldsymbol{l}_1\times\boldsymbol{l}_2|=9,$$

利用距离公式(10－34)，得直线 L_1 与 L_2 的距离

$$d=\frac{|(\boldsymbol{l}_1\times\boldsymbol{l}_2)\cdot\overrightarrow{M_1M_2}|}{|\boldsymbol{l}_1\times\boldsymbol{l}_2|}=\frac{|-9|}{9}=1.$$

解二： 过直线 L_1 构造其平面束方程

$$\Pi(\lambda): x+y-z-1+\lambda(2x+y-z-2)=0,$$

其法向量为 $\boldsymbol{n}(\lambda)=\{1+2\lambda, 1+\lambda, -1-\lambda\}$. 由直线 L_2 的方向向量为 $\boldsymbol{l}_2=\{2, -1, 0\}$，选取 λ 使 $\boldsymbol{n}(\lambda)\perp\boldsymbol{l}_2$，即使

$$\boldsymbol{n}(\lambda)\cdot\boldsymbol{l}_2=2+4\lambda-1-\lambda=1+3\lambda=0,$$

解得 $\lambda=-\frac{1}{3}$. 所以过直线 L_1 与 L_2 平行的平面 Π 为

$$\Pi: x+2y-2z-1=0.$$

在 L_2 上任取一点 $M_2(0, 0, -2)$，则点 M_2 到平面 Π 的距离即为所求两直线 L_1 与 L_2 间的距离. 利用点到平面的距离公式(10-31)，有

$$d=\frac{|4-1|}{\sqrt{1^2+2^2+(-2)^2}}=1.$$

▶▶▶方法小结

求异面直线 L_1 与 L_2 之间的距离的主要方法是利用公式(10-34)计算. 这里需要确定直线 L_1，L_2 的方向向量 $\boldsymbol{l}_1$，$\boldsymbol{l}_2$ 以及直线经过的点 M_1 和 M_2. 当直线由一般式方程给出时，需要运用将直线的一般式方程转化为点向式方程的方法，计算直线经过的点及其方向向量.

例 10-38 中解二和例 10-39 中解二的方法也是有特点的方法. 当直线由点向式或参数式方程给出时，利用例 10-38 解二中的方法是比较方便的. 当直线由一般式方程给出时，例 10-39 中解二的方法也是较好的方法.

10.2.5　平面与平面、直线与直线、直线与平面间的夹角计算

▶▶▶基本方法

(1) 利用两平面间夹角的计算公式计算；

(2) 利用直线与平面、直线与直线间的夹角计算公式计算.

10.2.5.1　两平面间夹角的计算

两平面间的夹角公式　设已知两平面

$$\Pi_1: A_1x+B_1y+C_1z+D_1=0, \text{法向量 } \boldsymbol{n}_1=\{A_1, B_1, C_1\}$$

$$\Pi_2: A_2x+B_2y+C_2z+D_2=0, \text{法向量 } \boldsymbol{n}_2=\{A_2, B_2, C_2\}$$

则 Π_1 与 Π_2 之间的夹角为

$$\cos\theta=|\cos(\boldsymbol{n}_1\hat{,}\boldsymbol{n}_2)|=\frac{|\boldsymbol{n}_1\cdot\boldsymbol{n}_2|}{|\boldsymbol{n}_1||\boldsymbol{n}_2|}=\frac{|A_1A_2+B_1B_2+C_1C_2|}{\sqrt{A_1^2+B_1^2+C_1^2}\sqrt{A_2^2+B_2^2+C_2^2}} \tag{10-35}$$

▶▶▶方法运用注意点

式(10-35)是平面Π_1，Π_2的法向量$\boldsymbol{n}_1$，$\boldsymbol{n}_2$夹角余弦的绝对值，所以$\theta \in \left[0, \frac{\pi}{2}\right]$，即两平面间的夹角是锐角.

▶▶▶典型例题解析

例 10-40 求平面Π_1：$2x+y-z=0$与平面Π_2：$x-y-2z=1$之间的夹角.

分析：利用公式(10-35)求出夹角的余弦，再求出夹角.

解：从平面方程可知，Π_1的法向量为$\boldsymbol{n}_1=\{2, 1, -1\}$，$\Pi_2$的法向量$\boldsymbol{n}_2=\{1, -1, -2\}$，利用式(10-35)，有

$$\cos\theta = |\cos(\boldsymbol{n}_1 \hat{,} \boldsymbol{n}_2)| = \frac{|2\times 1+1(-1)+(-1)(-2)|}{\sqrt{2^2+1^2+(-1)^2}\sqrt{1^2+(-1)^2+(-2)^2}} = \frac{1}{2},$$

所以Π_1与Π_2之间的夹角$\theta=\frac{\pi}{3}$.

例 10-41 求过z轴且与平面$2x+y-\sqrt{5}z=0$的夹角为$\frac{\pi}{3}$的平面方程.

分析：过z轴的平面可设为$\Pi(\lambda)$：$x+\lambda y=0$，再利用平面与平面间的夹角公式(10-35)确定λ即可.

解：设过z轴的平面方程$\Pi(\lambda)$：$x+\lambda y=0$，其法向量$\boldsymbol{n}(\lambda)=\{1, \lambda, 0\}$. 由已知平面的法向量$\boldsymbol{n}_1=\{2, 1, -\sqrt{5}\}$，根据平面间的夹角公式(10-35)，得

$$\cos\frac{\pi}{3} = \frac{|\boldsymbol{n}(\lambda)\cdot\boldsymbol{n}_1|}{|\boldsymbol{n}(\lambda)||\boldsymbol{n}_1|} = \frac{|2+\lambda|}{\sqrt{1+\lambda^2}\times\sqrt{10}} = \frac{1}{2},$$

即$3\lambda^2-8\lambda-3=0$，解得$\lambda=3$或$\lambda=-\frac{1}{3}$，代入$\Pi(\lambda)$得所求平面为

$$x+3y=0 \quad 或 \quad 3x-y=0.$$

▶▶▶方法小结

计算两平面之间夹角的主要方法是利用公式(10-35).计算时在确定两平面的法向量$\boldsymbol{n}_1$，$\boldsymbol{n}_2$之后代入公式即可，只是要注意夹角$\theta \in \left[0, \frac{\pi}{2}\right]$.

10.2.5.2 直线与平面、直线与直线之间夹角的计算

直线与平面间的夹角 直线L与它在平面Π上的投影直线L'的夹角φ $\left(0 \leqslant \varphi \leqslant \frac{\pi}{2}\right)$称为$L$与平面$\Pi$的夹角.

▶▶▶重要结论

(1) 直线与直线间的夹角公式

设直线 L_1 的方向向量 $\boldsymbol{l}_1=\{a_1, b_1, c_1\}$，直线 L_2 的方向向量 $\boldsymbol{l}_2=\{a_2, b_2, c_2\}$，则 L_1 与 L_2 之间的夹角

$$\cos\theta=|\cos(\boldsymbol{l}_1\hat{,}\boldsymbol{l}_2)|=\frac{|\boldsymbol{l}_1\cdot\boldsymbol{l}_2|}{|\boldsymbol{l}_1||\boldsymbol{l}_2|}=\frac{|a_1a_2+b_1b_2+c_1c_2|}{\sqrt{a_1^2+b_1^2+c_1^2}\sqrt{a_2^2+b_2^2+c_2^2}} \tag{10-36}$$

(2) 直线与平面间的夹角公式

设直线 L 的方向向量 $\boldsymbol{l}=\{l_1, l_2, l_3\}$，平面 Π 的法向量 $\boldsymbol{n}=\{A, B, C\}$，则 L 与 Π 之间的夹角

$$\sin\varphi=|\cos(\boldsymbol{n}\hat{,}\boldsymbol{l})|=\frac{|\boldsymbol{n}\cdot\boldsymbol{l}|}{|\boldsymbol{n}||\boldsymbol{l}|}=\frac{|Al_1+Bl_2+Cl_3|}{\sqrt{A^2+B^2+C^2}\sqrt{l_1^2+l_2^2+l_3^2}} \tag{10-37}$$

▶▶▶方法运用注意点

(1) 直线与直线的夹角 θ、直线与平面的夹角 φ 的范围是 $\left[0, \frac{\pi}{2}\right]$.

(2) 直线与平面间的夹角 φ 与直线与直线的夹角 $\theta=(\boldsymbol{n}\hat{,}\boldsymbol{l})$ 呈关系

$$\varphi=\left|\frac{\pi}{2}-(\boldsymbol{n}\hat{,}\boldsymbol{l})\right|,$$

所以式(10-37)求出的是 φ 角的正弦值，而式(10-35)和式(10-36)求得的是夹角 θ 的余弦值.

▶▶▶典型例题解析

例 10-42 求直线 $\begin{cases}x+z=0\\y=1\end{cases}$ 和平面 $x+y=2$ 之间的夹角.

分析： 运用公式(10-37)计算，为此应先计算直线的方向向量.

解： 直线 $\begin{cases}x+z=0\\y=1\end{cases}$ 的方向向量 $\boldsymbol{l}=\{1, 0, 1\}\times\{0, 1, 0\}=\{-1, 0, 1\}$. 又平面的法向量 $\boldsymbol{n}=\{1, 1, 0\}$，根据公式(10-37)，有

$$\sin\varphi=|\cos(\boldsymbol{n}\hat{,}\boldsymbol{l})|=\frac{|\boldsymbol{n}\cdot\boldsymbol{l}|}{|\boldsymbol{n}||\boldsymbol{l}|}=\frac{|-1+0+0|}{\sqrt{2}\times\sqrt{2}}=\frac{1}{2},$$

所以所求夹角 $\varphi=\frac{\pi}{6}$.

例 10-43 求直线 L_1: $\frac{x-1}{1}=\frac{y+2}{2}=\frac{z}{-1}$ 与直线 L_2: $\frac{x+3}{2}=\frac{y}{1}=\frac{z-1}{1}$ 的夹角.

分析： 直接运用式(10-36)计算.

解： 由 L_1, L_2 的方程可知，直线 L_1 的方向向量 $\boldsymbol{l}_1=\{1, 2, -1\}$，直线 L_2 的方向向量 $\boldsymbol{l}_2=\{2, 1, 1\}$.

运用夹角计算公式(10-36),有

$$\cos\theta=|\cos(\boldsymbol{l}_1,\hat{}\boldsymbol{l}_2)|=\frac{|\boldsymbol{l}_1\cdot\boldsymbol{l}_2|}{|\boldsymbol{l}_1||\boldsymbol{l}_2|}=\frac{|1\times2+2\times1+(-1)\times1|}{\sqrt{6}\sqrt{6}}=\frac{1}{2},$$

所以所求夹角 $\theta=\frac{\pi}{3}$.

▶▶▶方法小结

计算直线与平面、直线与直线之间夹角的主要方法是利用公式(10-37)和公式(10-36),只要确定好直线的方向向量、平面的法向量代入公式计算即可.

10.2.6 旋转曲面、柱面以及其他二次曲面方程的计算

▶▶▶基本方法

(1) 利用旋转曲面的公式或定义求旋转曲面的方程;

(2) 利用柱面的特性或定义识别和计算柱面方程.

10.2.6.1 旋转曲面方程的计算

1) 旋转曲面 一条平面曲线 C 绕其平面上的一条定直线 L 旋转一周所形成的曲面叫作旋转曲面,其中的定直线 L 称为该旋转曲面的中心轴,曲线 C 称为旋转曲面的母线.

2) 旋转曲面的计算公式:

(1) yOz 坐标面上的平面曲线 C: $f(y,z)=0$ 绕 z 轴旋转一周得到的旋转曲面方程为

$$f(\pm\sqrt{x^2+y^2},z)=0; \tag{10-38}$$

绕 y 轴旋转一周得到的旋转曲面方程为

$$f(y,\pm\sqrt{x^2+z^2})=0. \tag{10-39}$$

(2) xOz 坐标面上的平面曲线 C: $g(x,z)=0$ 绕 z 轴旋转一周得到的旋转曲面方程为

$$g(\pm\sqrt{x^2+y^2},z)=0; \tag{10-40}$$

绕 x 轴旋转一周得到的旋转曲面方程为

$$g(x,\pm\sqrt{y^2+z^2})=0. \tag{10-41}$$

(3) xOy 坐标面上的平面曲线 C: $h(x,y)=0$ 绕 y 轴旋转一周得到的旋转曲面方程为

$$h(\pm\sqrt{x^2+z^2},y)=0; \tag{10-42}$$

绕 x 轴旋转一周得到的旋转曲面方程为

$$h(x,\pm\sqrt{y^2+z^2})=0. \tag{10-43}$$

▶▶▶方法运用注意点

以上旋转曲面的公式仅对坐标面上的平面曲线绕坐标轴旋转成立，对于空间曲线绕坐标轴旋转的旋转曲面方程需用其他方法计算.

▶▶▶典型例题解析

例 10-44　求下列旋转曲面的方程：

(1) xOy 坐标面上的曲线 $x+1=y^2$ 绕 x 轴旋转一周所成的旋转曲面；

(2) xOz 坐标面上的曲线 $x^2+z^2=2Rx$ 绕 z 轴旋转一周所成的旋转曲面.

分析：母线都为坐标面上的曲线，且绕坐标轴旋转，可分别利用式(10-43)和式(10-40)计算.

解：(1) 所给母线 $x+1=y^2$ 为 xOy 坐标面上的曲线，且绕 x 轴旋转，运用公式(10-43)得所求旋转曲面的方程为

$$x+1=(\pm\sqrt{y^2+z^2})^2=y^2+z^2,\quad 即\quad x+1=y^2+z^2.$$

(2) 所给母线 $x^2+z^2=2Rx$ 为 xOz 坐标面上的曲线，且绕 z 轴旋转，运用公式(10-40)得所求旋转曲面的方程为

$$(\pm\sqrt{x^2+y^2})^2+z^2=2R(\pm\sqrt{x^2+y^2}),\quad 即\quad (x^2+y^2+z^2)^2=4R^2(x^2+y^2).$$

例 10-45　试写出以 y 轴为中心轴，坐标原点为顶点，半顶角为 $\frac{\pi}{3}$ 的圆锥面方程.

分析：所求圆锥面为 yOz 平面上过原点的直线绕 y 轴旋转而成，故可先写出该直线的方程，运用求旋转曲面方程的方法求解.

解：在 yOz 平面上过原点，且与 y 轴呈夹角为 $\frac{\pi}{3}$ 的直线方程为

$$L:z=\sqrt{3}y.$$

根据式(10-39)，L 绕 y 轴旋转的曲面方程为

$$\pm\sqrt{x^2+z^2}=\sqrt{3}y,$$

所以所求圆锥面的方程是

$$x^2+z^2=3y^2.$$

例 10-46　求直线 $L:\frac{x-1}{1}=\frac{y-1}{1}=\frac{z-1}{1}$ 绕 z 轴旋转所成的旋转曲面方程.

分析：本例的母线 L 不是坐标面上的曲线，所以不能直接套用现成的公式计算.为求出曲面方程，首先需找到曲面上任一点 $M(x, y, z)$ 都必须遵循的"规则"，本例的规则在于

(1) 旋转曲面上的任一点 M 都是由直线 L 上的某对应点 M_0 旋转得到的；

(2) M 和 M_0 到 z 轴的距离相等，且 M 和 M_0 的竖坐标 z 相等.

解：在旋转曲面上任取一点 $M(x, y, z)$，则点 M 一定是由直线 L 上的某一点 M_0 绕 z 轴旋转得

到的.若将直线 L 化为参数方程,则存在参数 t_0 使 $M_0=(1+t_0,\ 1+t_0,\ 1+t_0)$. 由于直线 L 绕 z 轴旋转,故知 M 和 M_0 到 z 轴的距离相等,且竖坐标相等,于是有

$$x^2+y^2=(1+t_0)^2+(1+t_0)^2,\ z=1+t_0.$$

将 $t_0=z-1$ 代入前一方程消去 t_0 得点 M 的坐标 $(x,\ y,\ z)$ 满足

$$x^2+y^2=2z^2,$$

此即为所求旋转曲面的方程.

▶▶▶方法小结

求旋转曲面的方程问题主要有以下方法:

(1) 坐标面上的平面曲线绕坐标轴旋转,其旋转曲面的方程可直接通过式(10-38)~式(10-43)求得.

(2) 非平面曲线 C 绕坐标轴旋转,此时旋转曲面的计算需把握以下两点:

① 曲面上任意一点 $M(x,\ y,\ z)$ 都是由曲线 C 上的某一对应点 M_0 旋转得到的;

② 点 M 和 M_0 中与旋转轴对应的坐标变量保持不变.例如,绕 z 轴旋转,则 M 和 M_0 的竖坐标 z 相等.

一般地,如果空间曲线 C: $x=x(t),\ y=y(t),\ z=z(t)$ 绕 z 轴旋转,假设曲面上点 $M(x,\ y,\ z)$ 对应于 C 上的点 $M_0=(x(t),\ y(t),\ z(t))$, 则有

$$x^2+y^2=x^2(t)+y^2(t),\quad z=z(t).$$

若记 $z=z(t)$ 的反函数 $t=\varphi(z)$, 则旋转曲面的方程为

$$x^2+y^2=x^2(\varphi(z))+y^2(\varphi(z)),$$

绕其他坐标轴旋转的情形也类似处理.

10.2.6.2 柱面方程的识别和计算

1) 柱面 一直线被放置于一给定的曲线 C 上进行平行移动,直线移动所形成的曲面称为柱面,移动的直线称为柱面的母线,曲线 C 称为柱面的准线.

2) 常见的柱面方程

(1) 以曲线 $\begin{cases}F(x,\ y)=0\\ z=0\end{cases}$ 为准线,母线平行于 z 轴的柱面方程为

$$F(x,\ y)=0.$$

(2) 以曲线 $\begin{cases}G(y,\ z)=0\\ x=0\end{cases}$ 为准线,母线平行于 x 轴的柱面方程为

$$G(y,\ z)=0.$$

(3) 以曲线 $\begin{cases}H(x, z)=0\\ y=0\end{cases}$ 为准线，母线平行于 y 轴的柱面方程为

$$H(x, z)=0.$$

▶▶▶方法运用注意点

注意二元函数方程 $F(x, y)=0$ 在平面直角坐标系中表示 xOy 平面上的一条曲线，但在空间直角坐标系中 $F(x, y)=0$ 表示一母线平行于 z 轴的柱面.对于其他的二元函数方程 $G(y, z)=0$ 和 $H(x, z)=0$ 情形类似.

▶▶▶典型例题解析

例 10-47　写出以直线 $\begin{cases}x+y-z-2=0\\ x-y+z=0\end{cases}$ 为准线，母线平行于直线 $x=y=z$ 的柱面方程.

分析： 在柱面上任取一点 $M(x, y, z)$，这里要设法去建立 x, y, z 满足的关系式.可以看到，根据柱面的定义，若过点 M 作平行于已知直线 $x=y=z$ 的直线 L，则 L 即为柱面的母线，它与准线必有交点 $M_0(x_0, y_0, z_0)$，利用点 M_0 在准线上设法去建立关于 x, y, z 满足的关系式.

解： 在柱面上任取一点 $M(x, y, z)$，过点 M 以 $\boldsymbol{l}=\{1, 1, 1\}$ 为方向向量作直线

$$L: \frac{X-x}{1}=\frac{Y-y}{1}=\frac{Z-z}{1},$$

则 L 即为所求柱面的母线.根据柱面的定义 L 与准线必有交点.设交点为 $M_0(x_0, y_0, z_0)$，则 x_0, y_0, z_0 满足

$$x_0-x=y_0-y=z_0-z=t,$$

从而有
$$x_0=x+t,\ y_0=y+t,\ z_0=z+t.$$

将上述 x_0, y_0, z_0 的表达式代入准线方程，有

$$\begin{cases}x+y-z+t-2=0\\ x-y+z+t=0\end{cases}$$

消去 t 即得所求柱面方程
$$y-z=1.$$

例 10-48　试求通过两曲面 $x^2+y^2+4z^2=1$ 和 $2x^2+2y^2=z^2+2$ 的交线 C，且母线平行于直线 $\frac{x}{1}=\frac{y-2}{2}=\frac{z+1}{-1}$ 的柱面方程.

分析： 在柱面上任取一点 $M(x, y, z)$，与例 10-47 的解法类似，作平行于已知直线 $\frac{x}{1}=\frac{y-2}{2}=\frac{z+1}{-1}$ 的直线 L，通过 L 与 C 的交点在 C 上建立 x, y, z 满足的方程.

解： 在柱面上任取一点 $M(x, y, z)$，过点 M 作平行于已知直线 $\frac{x}{1}=\frac{y-2}{2}=\frac{z+1}{-1}$ 的直线 L

$$\frac{X-x}{1}=\frac{Y-y}{2}=\frac{Z-z}{-1}.$$

由于 L 与 C 的交点 $M_0(x_0, y_0, z_0)$ 在 C 上,故有

$$x_0=x+t,\ y_0=y+2t,\ z_0=z-t,$$

且满足
$$\begin{cases}(x+t)^2+(y+2t)^2+4(z-t)^2=1\\2(x+t)^2+2(y+2t)^2=(z-t)^2+2\end{cases}$$

解之得 $(z-t)^2=0$,即 $t=z$,代入上述方程组消去 t 即得所求的柱面方程为

$$(x+z)^2+(y+2z)^2=1.$$

▶▶▶方法小结

(1) 在空间解析几何中,二元方程若不含 z(或 y 或 x),则此二元方程分别表示母线平行于 z 轴(或 y 轴或 x 轴)的柱面.

(2) 对于以一般的空间曲线 C:$\begin{cases}f(x, y, z)=0\\g(x, y, z)=0\end{cases}$ 为准线,直线 L_0 为母线的柱面方程的计算,可按以下步骤进行:

在柱面上任取一点 $M(x, y, z)$,过点 M 作与直线 L_0 平行的直线 L.设直线 L 与准线 C 的交点为 $M_0(x_0, y_0, z_0)$,则 M_0 既在 C 上又在 L 上.于是 x_0, y_0, z_0 可用 x, y, z 及参数 t 表示.将 x_0, y_0, z_0 的表达式代入准线 C 的方程组,消去参数 t 即得 x, y, z 满足的方程,此即为所求的柱面方程.

10.2.6.3　二次曲面方程计算以及有关的其他问题

常见的二次曲面有如下几种:

(1) 球面:以点 (a, b, c) 为球心,R 为半径的球面方程为

$$(x-a)^2+(y-b)^2+(z-c)^2=R^2,$$

其图形如图 10-6 所示.

(2) 椭球面:以原点为中心,半轴长分别为 a, b, c 的椭球面方程为

$$\frac{x^2}{a^2}+\frac{y^2}{b^2}+\frac{z^2}{c^2}=1,$$

其图形如图 10-7 所示.

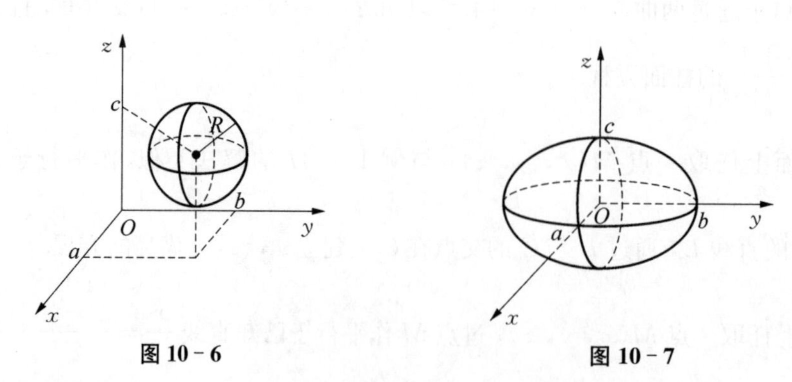

图 10-6　　　　图 10-7

(3) 单叶双曲面：

$$\frac{x^2}{a^2}+\frac{y^2}{b^2}-\frac{z^2}{c^2}=1,$$

其中心为原点，图形如图 10－8 所示.

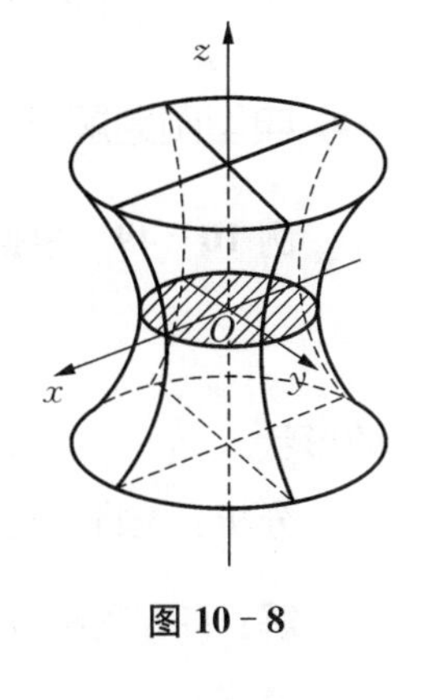

图 10－8

(4) 双叶双曲面：

$$\frac{x^2}{a^2}-\frac{y^2}{b^2}-\frac{z^2}{c^2}=1,$$

其中心为原点，图形如图 10－9 所示.

(5) 椭圆抛物面：

$$\frac{x^2}{a^2}+\frac{y^2}{b^2}=z,$$

其顶点为原点，对称轴为 z 轴，图形如图 10－10 所示.

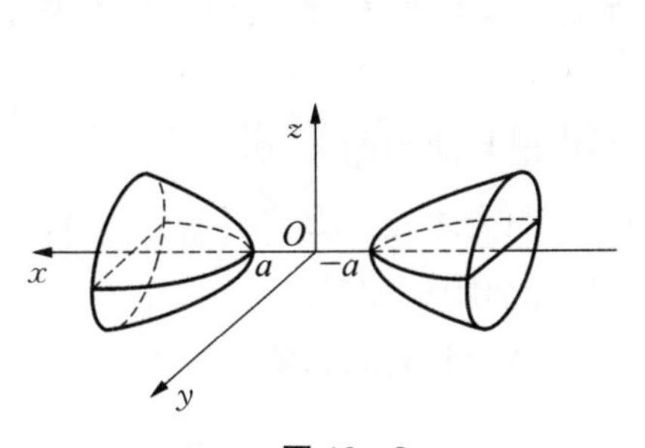

图 10－9

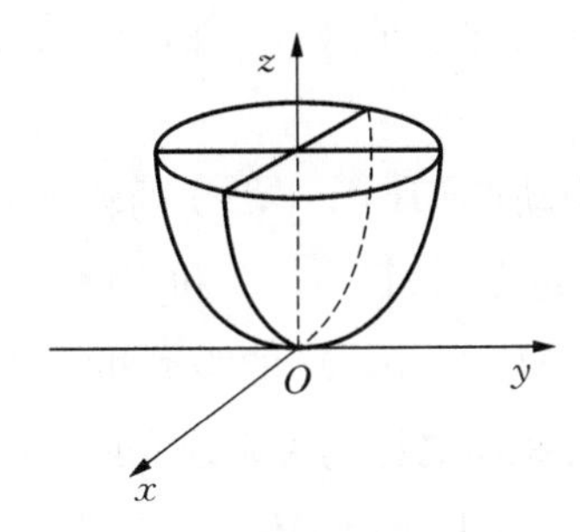

图 10－10

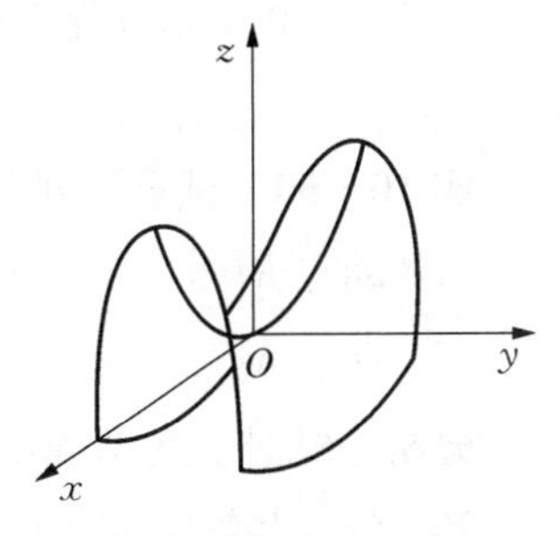

图 10－11

(6) 双曲抛物面(马鞍面)：

$$\frac{x^2}{a^2}-\frac{y^2}{b^2}=z,$$

其对称轴为 z 轴，图形如图 10－11 所示.

(7) 椭圆锥面：

$$\frac{x^2}{a^2}+\frac{y^2}{b^2}-\frac{z^2}{c^2}=0,$$

其顶点为原点，对称轴为 z 轴，图形如图 10－12 所示.

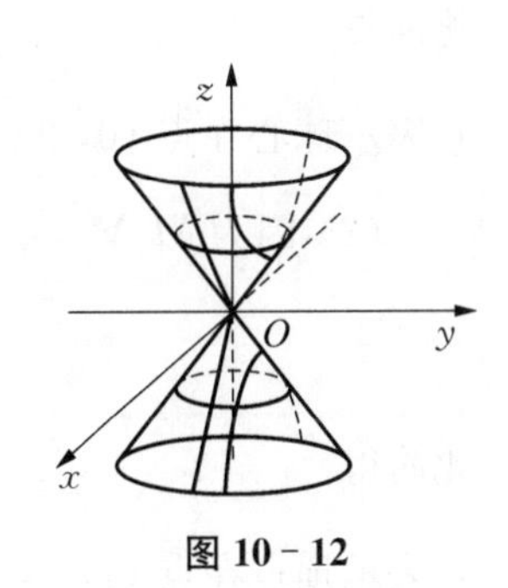

图 10－12

▶▶▶方法运用注意点

(1) 上面(1)～(7)所述的曲面方程都是这些常见曲面的标准方程.它们还有其他的表达形式.例如，方程 $\frac{y^2}{b^2}+\frac{z^2}{c^2}-\frac{x^2}{a^2}=1$ 也是单叶双曲面方程，它的对称轴是 x 轴，对称中心为原点，它的图形就是将图 10－8 向 x 轴正向旋转 90°所成的曲面.

(2) 二次曲面作图的"截痕法"是这里的要点.

▶▶▶典型例题解析

例 10-49 根据 λ 的取值范围,讨论曲面

$$x^2+y^2-z^2-12x+16y+\lambda=0$$

的形状.

分析: 先将方程配方化为标准形式,再确定方程表示的曲面.

解: 将方程配方得 $(x-6)^2+(y+8)^2-z^2=100-\lambda$,

若 $\lambda=100$,则方程为 $(x-6)^2+(y+8)^2-z^2=0$,

它表示顶点在点 $(6,-8,0)$,对称轴平行于 z 轴的圆锥面.

若 $\lambda<100$,则方程表示对称中心为点 $(6,-8,0)$,对称轴平行于 z 轴的单叶双曲面(可参考图 10-8).

若 $\lambda>100$,则方程表示对称中心为点 $(6,-8,0)$,对称轴平行于 z 轴的双叶双曲面(可参考图 10-9).

例 10-50 试求下列各题中动点 $M(x,y,z)$ 的轨迹方程,并指出其曲面的名称:

(1) 动点 $M(x,y,z)$ 到两定点 $A(1,0,0)$ 和 $B(4,-6,6)$ 的距离之比 $MB:MA=2:1$;

(2) 动点 $M(x,y,z)$ 到点 $M_0(2,0,0)$ 的距离和它到 yOz 坐标面距离相等.

分析: 根据动点 M 到两定点距离之比的关系建立曲面的方程,再确定曲面的名称.

解: (1) 由条件 $MB:MA=2:1$,即 $(MB)^2=4(MA)^2$ 知,

$$(x-4)^2+(y+6)^2+(z-6)^2=4[(x-1)^2+y^2+z^2],$$

化简得 $$x^2+(y-2)^2+(z+2)^2=36.$$

它表示球心在点 $(0,2,-2)$,半径为 6 的球面方程.

(2) 因为 $M_0M=\sqrt{(x-2)^2+y^2+z^2}$,点 M 到 yOz 坐标面的距离 $l=|x|$,所以由条件得

$$\sqrt{(x-2)^2+y^2+z^2}=|x|,$$

化简得 $$y^2+z^2=4(x-1).$$

它表示顶点在点 $(1,0,0)$,旋转轴为 x 轴的旋转抛物面方程.

例 10-51 试在平面 $x+2y+2z=2$ 与三个坐标面所构成的四面体内作一个内切球,求出球面的方程.

分析: 由所给平面及三个坐标面相切,所求球面在第一卦限内,且球心在点 (r,r,r),半径为 r,$r>0$.

解: 依题意,设所求球面的方程为

$$(x-r)^2+(y-r)^2+(z-r)^2=r^2.$$

因为球面与平面 $x+2y+2z=2$ 相切,所以球心点 (r, r, r) 至平面的距离也为 r,从而有

$$\frac{|r+2r+2r-2|}{3}=r,$$

化简有 $4r^2-5r+1=0$,解得 $r=\frac{1}{4}$ 或 $r=1$. 又因球面在四面体内,故 $r=1$ 不合题意舍去,所以 $r=\frac{1}{4}$,所求方程为

$$\left(x-\frac{1}{4}\right)^2+\left(y-\frac{1}{4}\right)^2+\left(z-\frac{1}{4}\right)^2=\left(\frac{1}{4}\right)^2.$$

例 10-52 将抛物线 $\begin{cases}cx^2=2a^2z\\y=0\end{cases}$ 上的点 $(2am, 0, 2cm^2)$ 与抛物线 $\begin{cases}cy^2=-2b^2z\\x=0\end{cases}$ 上的点 $(0, 2bm, -2cm^2)$ 连成直线,试问:当 m 连续变动时,这些直线生成什么样的曲面?

分析: 连接两点的连线随 m 的变化而变化,所求曲面上的点 $M(x, y, z)$ 既在某一连线上又与 m 无关,故本题的求解思路应考虑从连线方程中消去 m 来建立关于 x, y, z 的方程.

解: 连接点 $(2am, 0, 2cm^2)$ 与点 $(0, 2bm, -2cm^2)$ 的直线方程为

$$\frac{x-2am}{-2am}=\frac{y}{2bm}=\frac{z-2cm^2}{-4cm^2},$$

即

$$x-2am=-\frac{a}{b}y,\ z-2cm^2=-\frac{2cm}{b}y.$$

将 $m=\frac{1}{2a}\left(x+\frac{a}{b}y\right)$ 代入 $z=2cm^2-\frac{2cm}{b}y$ 消去 m 得

$$\begin{aligned}z&=\frac{2c}{4a^2}\left(x+\frac{a}{b}y\right)^2-\frac{2cy}{b}\cdot\frac{1}{2a}\left(x+\frac{a}{b}y\right)\\&=\frac{c}{2a^2}x^2-\frac{c}{2b^2}y^2,\end{aligned}$$

所以所求曲面是一个双曲抛物面,即马鞍面.

▶▶▶方法小结

有关二次曲面的问题主要有两个问题:

(1) 二次曲面方程所表示的曲面图形的识别和作图;

(2) 二次曲面方程的计算.

对于第一个问题,其要点是掌握一些二次标准方程所表示的二次曲面的图形,如图 10-6~图 10-12 中的曲面.同时还应掌握作图的“截痕法”,这是二次曲面作图的核心方法,必须掌握.

对于第二个问题,其要点是根据题目条件去发现曲面上任一点 $M(x, y, z)$ 都必须满足的平衡关系式,通过计算关系式中的量来建立关于 x, y, z 的方程,此即为所求曲面的方程.例如,例 10-50

中的平衡关系式是距离之间的关系式，例 10-52 是两点的连线方程等.虽然求二次曲面方程问题中的条件是千变万化的，但求解的思想方法是一致的.

10.2.7 空间曲线在平面或坐标面上投影曲线的计算

▶▶▶基本方法

1）空间曲线在平面上的投影曲线

求经过空间曲线 C、垂直于平面 Π 的投影柱面，投影柱面与平面 Π 的交线即为曲线 C 在平面 Π 上的投影曲线.

（1）空间曲线的表达形式

① 空间曲线的向量式方程

$$C: \boldsymbol{r}=\boldsymbol{r}(t)=\{x(t), y(t), z(t)\}, t \in [a, b], \tag{10-44}$$

$\boldsymbol{r}=\boldsymbol{r}(t)$ 称为一元向量函数.

② 空间曲线的参数式方程

$$C: x=x(t), \quad y=y(t), \quad z=z(t), t \in [a, b]. \tag{10-45}$$

③ 空间曲线的一般式方程

$$C: \begin{cases} F(x, y, z)=0 \\ G(x, y, z)=0 \end{cases} \tag{10-46}$$

（2）空间曲线在平面上的投影曲线

空间曲线 C 上的每一点在平面 Π 上的垂足所形成的曲线 C' 称为曲线 C 在平面 Π 上的投影曲线.

（3）空间曲线关于平面的投影柱面

以空间曲线 C 为准线，母线平行于平面 Π 的法向量的柱面称为曲线 C 关于平面 Π 的投影柱面.

2）空间曲线在坐标面上的投影曲线

对于空间曲线 $C: \begin{cases} F(x, y, z)=0 \\ G(x, y, z)=0 \end{cases}$，若从方程组中消去变量 z 得 $H(x, y)=0$，则 $H(x, y)=0$ 即为曲线 C 关于 xOy 坐标面的投影柱面，曲线 C 在 xOy 坐标面上的投影曲线为

$$\begin{cases} H(x, y)=0 \\ z=0 \end{cases} \tag{10-47}$$

同理，若从方程组中消去变量 y 得 $R(x, z)=0$，则曲线 C 在 xOz 坐标面上的投影曲线为

$$\begin{cases} R(x, z)=0 \\ y=0 \end{cases} \tag{10-48}$$

若从方程组中消去变量 x 得 $T(y, z)=0$，则曲线 C 在 yOz 坐标面上的投影曲线为

$$\begin{cases} T(y, z)=0 \\ x=0 \end{cases} \tag{10-49}$$

▶▶▶方法运用注意点

(1) 归纳来说,往坐标面上的投影柱面方程,即为从方程组中消去坐标面变量以外的那个变量所得到的方程.

(2) 当曲线 C 由参数方程式(10-45)给出时,投影柱面方程的计算思路与一般式方程给出时相同,即建立坐标平面的两个变量间的方程.所以曲线 C 在 xOy 坐标面上的投影柱面方程就是 $\begin{cases}x=x(t)\\y=y(t)\end{cases}$;在 yOz 坐标面上的投影柱面方程就是 $\begin{cases}y=y(t)\\z=z(t)\end{cases}$;在 xOz 坐标面上的投影柱面方程就是 $\begin{cases}x=x(t)\\z=z(t)\end{cases}$.

▶▶▶典型例题解析

例 10-53　求曲线 C:$\begin{cases}x^2+y^2+z^2=1\\(x-1)^2+(y-1)^2+z^2=1\end{cases}$ 在三个坐标面上的投影曲线.

分析: 分别从方程组中消去 x, y, z 求投影柱面,再和坐标面方程联立即可.

解: 由曲线是两球面的交线可知, $0\leqslant x\leqslant 1$. 将曲线 C 的两方程相减,消去 z 得曲线 C 在 xOy 平面上的投影曲线方程为

$$\begin{cases}x+y=1\\z=0\end{cases},\quad 0\leqslant x\leqslant 1.$$

由于曲线 C 也可表示为

$$C:\begin{cases}x^2+y^2+z^2=1\\x+y=1\end{cases},\tag{10-50}$$

从式(10-50)中消去 x,得 C 在 yOz 面上的投影柱面 $4\left(y-\dfrac{1}{2}\right)^2+2z^2=1$,所以 C 在 yOz 面上的投影曲线方程为

$$\begin{cases}4\left(y-\dfrac{1}{2}\right)^2+2z^2=1\\x=0\end{cases}.$$

再从式(10-50)中消去 y,得 C 在 xOz 面上的投影柱面 $4\left(x-\dfrac{1}{2}\right)^2+2z^2=1$,

所以 C 在 xOz 面上的投影曲线方程为

$$\begin{cases}4\left(x-\dfrac{1}{2}\right)^2+2z^2=1\\y=0\end{cases}.$$

例 10-54　试证明曲线 $\boldsymbol{r}=\{e^t\cos t, e^t\sin t, e^t\}$ 在 xOy 平面上的投影曲线的极坐标方程为 $\rho=e^{\theta}$.

分析：先写出曲线在 xOy 平面上的投影曲线，再将其化为极坐标方程.本例属于参数方程表示的空间曲线求坐标面上投影曲线的问题.

解：曲线的参数方程是 $x=e^t\cos t,\ y=e^t\sin t,\ z=e^t.$

其在 xOy 平面上的投影柱面方程为 $\begin{cases}x=e^t\cos t\\ y=e^t\sin t\end{cases}$，所以曲线在 xOy 平面上的投影曲线方程是

$$\begin{cases}x=e^t\cos t\\ y=e^t\sin t\\ z=0\end{cases} \tag{10-51}$$

从式(10-51)得 $$x^2+y^2=e^{2t},\quad \frac{y}{x}=\tan t,$$

消去 t 得投影曲线在 xOy 平面上的直角坐标方程为 $x^2+y^2=e^{2\arctan\frac{y}{x}}$，

化为极坐标方程，得投影曲线的极坐标方程为 $\rho=e^{\theta}.$

▶▶▶方法小结

求空间曲线 C 在坐标面上投影曲线的关键在于求出曲线 C 关于该坐标面的投影柱面.主要面临两种情形：

(1) C 由一般式方程给出，此时通过消元法求投影柱面.只是在消元时应注意，表达 C 的曲面有时可以用简单曲面替换来简化计算(例 10-53).

(2) C 由参数方程给出，此时 $x,\ y,\ z$ 关于 t 的表达式的任意两个方程联立即为 C 关于那两个变量的坐标平面的投影柱面.

10.3 习题十

10-1 设 D,E 和 F 为四面体 $OABC$ 底面三角形 ABC 三边上的中点，G 是 $\triangle ABC$ 三条中线的交点，试证明：$\overrightarrow{OA}+\overrightarrow{OB}+\overrightarrow{OC}=\overrightarrow{OD}+\overrightarrow{OE}+\overrightarrow{OF}=3\overrightarrow{OG}$.

10-2 已知 $\boldsymbol{a},\ \boldsymbol{b},\ \boldsymbol{c}$ 两两垂直，且 $|\boldsymbol{a}|=1,\ |\boldsymbol{b}|=2,\ |\boldsymbol{c}|=3$. 求 $\boldsymbol{s}=\boldsymbol{a}+\boldsymbol{b}+\boldsymbol{c}$ 的长度 $|\boldsymbol{s}|$ 和它与向量 $\boldsymbol{b}$ 的夹角.

10-3 设 $\boldsymbol{a},\ \boldsymbol{b}$ 是不共线的非零向量，试证明：$\boldsymbol{a}+\boldsymbol{b}$ 与 $\boldsymbol{a}-\boldsymbol{b}$ 也不共线.

10-4 设 $\boldsymbol{a},\ \boldsymbol{b},\ \boldsymbol{c}$ 都是单位向量，且 $\boldsymbol{a}+\boldsymbol{b}+\boldsymbol{c}=\boldsymbol{0}$，求 $\boldsymbol{a}\cdot\boldsymbol{b}+\boldsymbol{b}\cdot\boldsymbol{c}+\boldsymbol{c}\cdot\boldsymbol{a}$.

10-5 对于非零向量 $\boldsymbol{a},\ \boldsymbol{b},\ \boldsymbol{c}$，若有 $\boldsymbol{a}\times\boldsymbol{b}=\boldsymbol{c},\ \boldsymbol{b}\times\boldsymbol{c}=\boldsymbol{a},\ \boldsymbol{c}\times\boldsymbol{a}=\boldsymbol{b}$，证明：$|\boldsymbol{a}|=|\boldsymbol{b}|=|\boldsymbol{c}|=1$.

10-6 已知 $|\boldsymbol{a}|=|\boldsymbol{b}|=|\boldsymbol{c}|=1$，且 $\boldsymbol{a}+\boldsymbol{b}+\boldsymbol{c}=\boldsymbol{0}$，求 $\boldsymbol{a}\cdot\boldsymbol{b},\ \boldsymbol{b}\cdot\boldsymbol{c}$ 和 $\boldsymbol{c}\cdot\boldsymbol{a}$.

10-7 设 $\boldsymbol{a}+3\boldsymbol{b}$ 与 $7\boldsymbol{a}-5\boldsymbol{b}$ 垂直，$\boldsymbol{a}-4\boldsymbol{b}$ 与 $7\boldsymbol{a}-2\boldsymbol{b}$ 垂直，求 $\boldsymbol{a}$ 与 $\boldsymbol{b}$ 的夹角.

10-8 设 $(\boldsymbol{a}\times\boldsymbol{b})\cdot\boldsymbol{c}=2$，计算 $[(\boldsymbol{a}+\boldsymbol{b})\times(\boldsymbol{b}+\boldsymbol{c})]\cdot(\boldsymbol{c}+\boldsymbol{a})$.

10-9 以原点为圆心的单位圆的圆周上有相异两点 P 和 Q，向量 $\overrightarrow{OP}$ 和 $\overrightarrow{OQ}$ 的夹角为 $\theta(0\leqslant$

$\theta \leqslant \pi$), a, b 为正常数,计算极限

$$\lim_{\theta \to 0} \frac{1}{\theta^2}[| a\overrightarrow{OP} |+| b\overrightarrow{OQ} |-| a\overrightarrow{OP}+b\overrightarrow{OQ} |].$$

10-10 已知 $|\boldsymbol{a}|=4$, $|\boldsymbol{b}|=5$, $(\boldsymbol{b})_{\boldsymbol{a}}=1.5$, 求 $(\boldsymbol{a})_{\boldsymbol{b}}$.

10-11 试证明不等式 $\left|\sum_{i=1}^{3} a_i b_i\right| \leqslant \left(\sum_{i=1}^{n} a_i^2\right)^{\frac{1}{2}} \left(\sum_{i=1}^{n} b_i^2\right)^{\frac{1}{2}}$, 其中 a_i, $b_i (i=1, 2, 3)$ 为任意实数.

10-12 试求以向量 $\boldsymbol{a}=\{2, 1, -1\}$, $\boldsymbol{b}=\{1, -2, 1\}$ 为边的平行四边形的对角线间夹角的正弦.

10-13 设 $\boldsymbol{p}$, $\boldsymbol{q}$, $\boldsymbol{r}$ 是任意三个不共面的向量,求证: $2\boldsymbol{p}+3\boldsymbol{q}$, $3\boldsymbol{q}-5\boldsymbol{r}$, $2\boldsymbol{p}+5\boldsymbol{r}$ 必共面.

10-14 求定点 $P(1, 3, 2)$ 到由点 $A(0, 1, 2)$, $B(1, 1, 3)$ 和 $C(-1, 2, 2)$ 所决定的平面的最短距离 d.

10-15 在下列各题中,求出满足给定条件的平面方程:

(1) 过 y 轴和点 $(-2, 3, 1)$;

(2) 垂直于 yOz 坐标面,且过点 $(4, 0, -2)$ 和 $(5, 1, 7)$;

(3) 平行于 x 轴,垂直于平面 $x-y+2z=0$, 且过点 $(2, 2, -1)$;

(4) 通过直线 $\begin{cases} 9x+5z-2=0 \\ 3x+8y+5z+8=0 \end{cases}$, 且与球面 $x^2+y^2+z^2=1$ 相切;

(5) 过两条平行直线 L_1: $\frac{x}{3}=\frac{y-1}{1}=\frac{z+1}{-2}$, L_2: $\frac{x-2}{-3}=\frac{y+1}{-1}=\frac{z+1}{2}$;

(6) 平分由平面 $x-2y+3z+1=0$ 和 $2x+3y-z-2=0$ 所构成的二面角;

(7) 过点 $(1, 2, -1)$ 且与两平面 π_1: $x+y-z+1=0$, π_2: $x-y-z+5=0$ 的夹角都是 $\frac{\pi}{4}$;

(8) 过两平面 $x+5y+z=0$ 与 $x-z+4=0$ 的交线,且与平面 $x-4y-8z+12=0$ 的夹角为 $\frac{\pi}{4}$.

10-16 设四面体的顶点为 $A(1, 1, 1)$, $B(-1, 1, 1)$, $C(1, -1, 1)$, $D(1, 1, -1)$, 试求:

(1) 各侧面的方程;

(2) 平面 ABC 与平面 ABD 之间的夹角;

(3) 平面 ABC 与平面 DBC 之间的夹角;

(4) 点 A 到平面 BCD 的距离.

10-17 在下列各题中,求出满足给定条件的直线方程:

(1) 经过点 $(2, -1, 0)$ 且与直线 $x=y=z$ 和 $\frac{x+1}{0}=\frac{y-2}{1}=\frac{z}{-1}$ 同时垂直;

(2) 过点 $M_0=(2, -1, 2)$, 且与两条直线 L_1: $\frac{x-1}{1}=\frac{y-1}{0}=\frac{z-1}{1}$, L_2: $\frac{x-2}{1}=\frac{y-1}{1}=\frac{z+3}{-3}$ 同时相交;

(3) 同时与两条直线 L_1: $\frac{x+2}{1}=\frac{y}{0}=\frac{z-2}{-1}$, L_2: $\frac{x-1}{0}=\frac{y+1}{1}=\frac{z}{2}$ 垂直且相交;

(4) 经过点 $P(2,1,3)$ 且与直线 L：$\frac{x+1}{3}=\frac{y-1}{2}=\frac{z}{1}$ 垂直相交；

(5) 经过点 $P(-1,0,4)$ 平行于平面 π：$3x-4y+z=10$ 且与直线 L：$\frac{x+1}{3}=y-3=\frac{z}{2}$ 相交.

10-18 求点 $A(3,1,-2)$ 关于平面 π：$2x-y+z+3=0$ 的对称点坐标.

10-19 设有一束入射光线沿直线 $\frac{x-1}{4}=\frac{y-1}{3}=\frac{z-2}{1}$ 照射在平面 $x+2y+5z+6=0$ 所成的镜面上，求反射光线的直线方程.

10-20 求下列给定直线 L 与平面 π 的交点坐标和夹角：

(1) L：$\frac{x+1}{1}=\frac{y}{-2}=\frac{z-2}{2}$，$\pi$：$2x+2y-z+8=0$；

(2) L：$\begin{cases}x+z=1\\y=z\end{cases}$，$\pi$：$x+y-z-3=0$.

10-21 已知直线 L_1：$x=\frac{y+2}{-1}=\frac{z-1}{0}$ 和 L_2：$\frac{x-1}{0}=\frac{y-3}{2}=\frac{z+1}{-1}$，

(1) 证明 L_1 与 L_2 为异面直线；

(2) 试求 L_1 与 L_2 的最短距离 d；

(3) 试求其公垂线 L 的方程.

10-22 在平面 $2x+y-3z+2=0$ 和平面 $5x+5y-4z+3=0$ 所确定的平面束内，求两个相互垂直的平面，其中一个平面经过点 $(4,-3,1)$.

10-23 已知直线 L：$\begin{cases}2y+3z-5=0\\x-2y-z+7=0\end{cases}$，求：

(1) 直线在 yOz 平面上的投影直线方程；

(2) 直线在 xOy 平面上的投影直线方程；

(3) 直线在平面 π：$x-y+2z+8=0$ 上的投影直线方程.

10-24 证明：三平面 $x=cy+bz$，$y=az+cx$，$z=bx+ay$ 经过同一直线的充要条件是 $a^2+b^2+c^2+2abc=1$.

10-25 试求以点 $M_0(1,1,-1)$ 为中心，与平面 $2x-y+z+2\sqrt{6}=0$ 相切的球面方程.

10-26 求过点 $A(0,3,3)$ 和 $B(-1,3,4)$ 且中心在直线 $\begin{cases}2x+4y-z-7=0\\4x+5y+z-14=0\end{cases}$ 上的球面方程.

10-27 将曲线 $\begin{cases}x^2+y^2-4x+3=0\\z=0\end{cases}$ 绕 y 轴旋转一周所得曲面称为圆环面，求此圆环面的方程.

10-28 求直线 L：$\frac{x-1}{0}=\frac{y-1}{1}=\frac{z-1}{1}$ 绕 z 轴旋转所形成的旋转曲面方程，并指出其名称.

10-29　求直线 $L:\dfrac{x-1}{1}=\dfrac{y}{1}=\dfrac{z-1}{-1}$ 在平面 $\pi: x-y+2z-1=0$ 上的投影直线 L_0 的方程，并求 L_0 绕 y 轴旋转一周所构成的曲面方程.

10-30　求 z 轴绕直线 $L:\begin{cases}2x+z=0\\ y=0\end{cases}$ 旋转所形成的曲面方程.

10-31　求通过曲面 $x^2+y^2+4z^2=1$ 与曲面 $x^2=y^2+z^2$ 的交线，且母线平行于 z 轴的柱面方程.

10-32　设柱面的母线平行于直线 $L_0: x=y=z$，其准线是曲面 $C:\begin{cases}x^2+y^2+z^2=1\\ x+y+z=0\end{cases}$，试求此柱面的方程.

10-33　求以坐标原点为顶点，z 轴为对称轴的圆锥面方程，使圆锥面与球面 $x^2+y^2+z^2-4z+3=0$ 相切.

10-34　求曲线 $C:\begin{cases}z=2-x^2-y^2\\ z=(x-1)^2+(y-1)^2\end{cases}$ 在三个坐标面上的投影曲线方程.

10-35　求过两球面交线 $C:\begin{cases}x^2+y^2+z^2=5\\ (x-2)^2+(y-1)^2+z^2=1\end{cases}$ 的正圆柱面方程.

第11章 多元函数微分学

多元函数微分学与一元函数微分学组成了微积分的微分学部分.与一元函数微分学相同,多元函数微分学的主要任务是研究函数变量关于多个自变量的改变量的变化关系.对这一问题的研究,运用的主要工具是极限、偏导数和全微分.它的许多基本概念、基本理论和方法是一元函数微分学中的相应概念、理论和方法的推广和发展,有许多相似之处,也有许多本质上的不同.因此在学习时要善于将两者进行比较,找出共同点,同时又要注意两者之间的区别.

11.1 本章解决的主要问题

(1) 多元函数的复合及定义域的计算;
(2) 多元函数的极限计算及连续性的判定;
(3) 显函数形式表示的多元函数的偏导数计算;
(4) 隐函数的偏导数计算;
(5) 函数的可微性讨论和全微分的计算;
(6) 高阶偏导数的计算;
(7) 方向导数、梯度的计算与应用;
(8) 多元函数微分学在几何上的应用;
(9) 多元函数的极值与最值的计算.

11.2 典型问题解题方法与分析

11.2.1 多元函数的复合及定义域的计算

11.2.1.1 求多元函数定义域的方法

▶▶▶基本方法

根据函数的表达式,找出所有使该表达式有意义的点.如果是含有实际背景的函数,同时还要满足实际含义.

▶▶▶方法运用注意点

(1) 一般常见的定义域确定问题中出现的函数通常是多元初等函数,所以求定义域通常要结合基本初等函数的定义域考虑.

(2) 两函数相同不仅要对应法则一样,还要有相同的定义域.

▶▶▶典型例题解析

例 11-1　求下列函数的定义域,并画出定义域的图形.

(1) $z=\ln(y-x)+\arcsin\dfrac{y}{x}$;　(2) $z=\sqrt{x-\sqrt{y}}$

分析: 函数都为多元初等函数,为使表达式有意义,对于(1)需要满足 $y-x>0$, 且 $\left|\dfrac{y}{x}\right|\leqslant 1$, $x\neq 0$; 对于(2)需要满足 $x-\sqrt{y}\geqslant 0$, 且 $y\geqslant 0$.

解: (1) 函数的定义域中的点由满足条件

$$y-x>0,\ \left|\frac{y}{x}\right|\leqslant 1,\ x\neq 0$$

的点组成.解不等式得函数的定义域 D: $x<y\leqslant -x$, 其图形如图 11-1(a)的阴影部分所示.

(2) 函数的定义域中的点应同时满足以下条件: $x-\sqrt{y}\geqslant 0$, $y\geqslant 0$. 解不等式得函数的定义域 D: $x\geqslant\sqrt{y}$, $y\geqslant 0$. 其图形如图 11-1(b)的阴影部分所示.

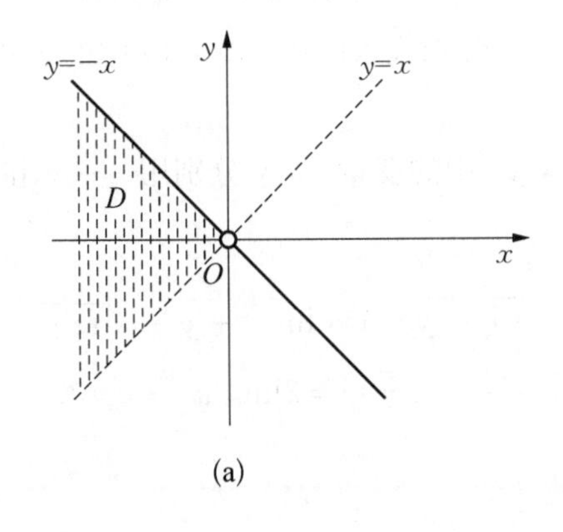

(a)

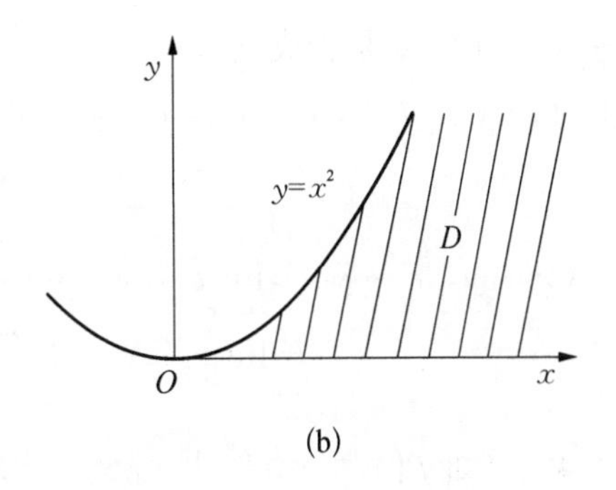

(b)

图 11-1

例 11-2　试判断 $z=\ln(x(x-y))$ 与 $z=\ln x+\ln(x-y)$ 是否为同一函数,并说明理由.

分析: 当 $x>0$, $x-y>0$ 时, $z=\ln(x(x-y))=\ln x+\ln(x-y)$, 为此要判别两个所给函数是否相同,需确定它们的定义域是否相同.

解: 函数 $z=\ln(x(x-y))$ 的定义域中的点需满足 $x(x-y)>0$, 即

$$x>0,\ x-y>0\ 或者\ x<0,\ x-y<0.$$

而函数 $z=\ln x+\ln(x-y)$ 的定义域中的点需满足为 $x>0$, $x-y>0$. 可见两函数的定义域不同,所以给出的函数是两个不同的函数.

▶▶▶方法小结

函数定义域的计算步骤:

(1) 根据函数的表达式确定使得其中的每一项都有意义的点的条件,这些条件通常是由不等式组构成的;

(2) 解不等式组确定函数的定义域;

(3) 如果函数具有实际含义,定义域还需满足实际问题的要求.

11.2.1.2 多元函数的复合及其应用

▶▶▶基本方法

设 $z=f(u,v)$, $u=u(x,y)$, $v=v(x,y)$, 将 $u=u(x,y)$, $v=v(x,y)$ 分别替换函数 $f(u,v)$ 中的变量 u, v, 得复合函数 $z=f(u(x,y),v(x,y))$.

▶▶▶方法运用注意点

将 $u=u(x,y)$, $v=v(x,y)$ 代入函数 $f(u,v)$ 时,需注意 $u=u(x,y)$, $v=v(x,y)$ 的值所成的点 (u,v) 是否属于函数 $f(u,v)$ 的定义域.

▶▶▶典型例题解析

例 11-3 设 $f(x,y)=\ln(x-\sqrt{x^2-y^2})$, 其中 $x>y>0$, 计算 $f(x+y,x-y)$.

分析: 这是函数的复合问题,这里是要将 $x+y$, $x-y$ 分别代入函数 $f(x,y)$ 中的 x 和 y, 为此需验证 $x+y>x-y$ 是否成立.

解: 由 $x>y>0$ 知, $x+y>x-y>0$. 将 $f(x,y)$ 中的变量 x, y 分别用 $x+y$ 和 $x-y$ 代入得

$$\begin{aligned}f(x+y,x-y)&=\ln(x+y-\sqrt{(x+y)^2-(x-y)^2})=\ln(x+y-\sqrt{4xy})\\&=\ln(x+y-2\sqrt{xy})=\ln(\sqrt{x}-\sqrt{y})^2=2\ln(\sqrt{x}-\sqrt{y}).\end{aligned}$$

例 11-4 已知 $f\left(x+y,\dfrac{y}{x}\right)=x^2-y^2$, 求 $f(x,y)$.

分析: 本例是已知复合函数 $f\left(x+y,\dfrac{y}{x}\right)$ 的表达式,求 $f(u,v)$. 因为函数与变量名称无关,所以这里只需令 $u=x+y$, $v=\dfrac{y}{x}$, 将 x, y 用 u, v 表示之后回代方程即可.

解: 令 $u=x+y$, $v=\dfrac{y}{x}$, 则 $x=\dfrac{u}{1+v}$, $y=\dfrac{uv}{1+v}$, 代入所给函数得

$$f(u,v)=\left(\frac{u}{1+v}\right)^2-\left(\frac{uv}{1+v}\right)^2=\frac{u^2(1-v)}{1+v},$$

由于函数与变量的名称无关，将上式中的 u，v 分别换成 x，y 得所求函数为

$$f(x, y)=\frac{x^2(1-y)}{1+y}\ (y\neq -1).$$

例 11-5　设 $f(x, y)=x\varphi(x+y)+y\psi(x-y)$，已知 $f(x, x)=2x^2$，$f(x, -x)=\sin 2x$，函数 φ，ψ 连续，求函数 $\varphi(x)$，$\psi(x)$，$f(x, y)$.

分析：本例的关键是要求出连续函数 $\varphi(x)$，$\psi(x)$，这可从条件 $f(x, x)=2x^2$，$f(x, -x)=\sin 2x$ 分析入手.

解：由题意可得

$$x\varphi(2x)+x\psi(0)=2x^2,\ x\varphi(0)-x\psi(2x)=\sin 2x,$$

当 $x\neq 0$ 时，有

$$\varphi(2x)+\psi(0)=2x,\ \varphi(0)-\psi(2x)=\frac{\sin 2x}{x}, \tag{11-1}$$

令 $x\to 0$，由 $\varphi(x)$，$\psi(x)$ 的连续性知

$$\varphi(0)+\psi(0)=0,\ \varphi(0)-\psi(0)=2,$$

解得 $\varphi(0)=1$，$\psi(0)=-1$. 代入式(11-1)得

$$\varphi(x)=x+1,\quad \psi(x)=\begin{cases}1-\dfrac{2\sin x}{x}, & x\neq 0\\ -1, & x=0\end{cases},$$

再将 $x+y$，$x-y$ 分别代入 $\varphi(x)$，$\psi(x)$ 中，并注意区分 $x-y\neq 0$ 与 $x-y=0$，得

$$f(x, y)=\begin{cases}x+y+x^2+xy-\dfrac{2y}{x-y}\sin(x-y), & x\neq y\\ x-y+x^2+xy, & x=y\end{cases}.$$

▶▶▶方法小结

(1) 多元函数复合的基本步骤是将要“复合进”的函数代入“被复合”函数中的相应变量. 在复合时，只是要注意“复合进”的函数值是否在“被复合”函数的定义域内即可(例 11-3).

(2) 利用复合函数求解函数方程是求解这类问题的重要方法(例 11-4，例 11-5)，也是复合函数方法的一个重要应用.

11.2.2　多元函数的极限计算及连续性的判定

与一元函数情形类似，多元函数的极限计算及连续性的讨论也是属于基本问题，所不同的是，多元函数的情况更复杂，讨论起来更困难. 这里介绍一些常用方法.

11.2.2.1 多元函数极限的计算

▶▶▶基本方法

(1) 利用极限的四则运算法则求极限;

(2) 利用变量代换将多元函数的极限化为一元函数的极限计算;

(3) 利用变量代换将二元函数的极限化为极坐标下的极限计算;

(4) 利用重要极限、等价无穷小代换求极限;

(5) 利用夹逼准则求极限;

(6) 利用函数的连续性求极限.

▶▶▶方法运用注意点

(1) 这里应指出,一元函数极限中的四则运算法则[式(2-1)、(2-2)、(2-3)]、重要极限[式(2-4)、(2-5)]、夹逼准则、等价无穷小代换[式(2-7)]、无穷小的运算性质对多元函数的情形继续成立.

(2) 将二元函数极限化为极坐标下的极限计算,即

$$\lim_{\substack{x \to x_0 \\ y \to y_0}} f(x, y) = \lim_{\rho \to 0} f(x_0 + \rho\cos\theta, y_0 + \rho\sin\theta) \tag{11-2}$$

应注意其中的 θ 不是常数.人们已经给出反例,在 θ 为任意常数时,式(11-2)右边的极限都存在,但二重极限 $\lim\limits_{\substack{x \to x_0 \\ y \to y_0}} f(x, y)$ 不存在.原因在于,当 θ 为常数时,式(11-2)右式中的点仅是沿过点 (x_0, y_0) 的直线趋向于 (x_0, y_0),而极限 $\lim\limits_{\substack{x \to x_0 \\ y \to y_0}} f(x, y)$ 要求点 (x, y) 以任意方式趋向于 (x_0, y_0),两者是有本质区别的.一般来讲,对任意一条经过点 (x_0, y_0) 的具体路径,θ 与 ρ 有关,即 $\theta=\theta(\rho)$,θ 随 ρ 的变化而变化.

(3) 如果当点 P 以两种不同的方式趋于 P_0 时,函数的极限值不同,或者在某一趋于 P_0 的路径上极限不存在,则可断定函数在 P_0 处的极限 $\lim\limits_{P \to P_0} f(P)$ 不存在.这是证明极限不存在的常用方法.

▶▶▶典型例题解析

例 11-6 计算 $\lim\limits_{\substack{x \to 2 \\ y \to 0}} \dfrac{x^2+xy+y^2}{x+y}$.

分析: 当 $x \to 2$, $y \to 0$ 时,分子 $x^2+xy+y^2 \to 4$,分母 $x+y \to 2 \neq 0$,故应考虑运用极限的四则运算法则计算.

解一: 运用极限的四则运算法则

$$原式=\frac{\lim\limits_{\substack{x\to 2\\ y\to 0}}(x^2+xy+y^2)}{\lim\limits_{\substack{x\to 2\\ y\to 0}}(x+y)}=\frac{4}{2}=2.$$

解二： 由于函数 $f(x,\ y)=\dfrac{x^2+xy+y^2}{x+y}$ 是二元初等函数，初等函数在其定义区域上连续，而点 $(2,\ 0)$ 是 $f(x,\ y)$ 定义区域中的点，故运用初等函数的连续性有

$$\lim_{\substack{x\to 2\\ y\to 0}}\frac{x^2+xy+y^2}{x+y}=f(2,\ 0)=2.$$

例 11－7　计算 $\lim\limits_{\substack{x\to 0\\ y\to 0}}\dfrac{1-\cos\sqrt{x^2+y^2}}{\ln(x^2+y^2+1)}$.

分析： 因为当 $x\to 0,\ y\to 0$ 时，$x^2+y^2\to 0$. 此时若令 $t=x^2+y^2$，则所求极限转化为一元函数极限 $\lim\limits_{t\to 0^+}\dfrac{1-\cos\sqrt{t}}{\ln(t+1)}$，因此可用一元函数的极限计算方法求解.

解一： 令 $t=x^2+y^2$，利用极限的变量代换法，所求极限转化为

$$原式=\lim_{t\to 0^+}\frac{1-\cos\sqrt{t}}{\ln(t+1)}\xlongequal{等价代换}\lim_{t\to 0^+}\frac{\frac{1}{2}(\sqrt{t})^2}{t}=\frac{1}{2}.$$

解二： 因为当 $x\to 0,\ y\to 0$ 时，$1-\cos\sqrt{x^2+y^2}\sim\dfrac{1}{2}(x^2+y^2)$，$\ln(1+x^2+y^2)\sim x^2+y^2$ 运用等价无穷小代换

$$原式=\lim_{\substack{x\to 0\\ y\to 0}}\frac{\frac{1}{2}(x^2+y^2)}{x^2+y^2}=\frac{1}{2}.$$

例 11－8　计算 $\lim\limits_{\substack{x\to 0\\ y\to 0}}\dfrac{xy(\sin x+\sin y)}{x^2+y^2}$.

分析： 极限为“$\dfrac{0}{0}$”的未定型.本例的难点在于如何消除分母趋于零的因素.结合分子中的因子 xy 以及不等式 $|xy|\leqslant\dfrac{1}{2}(x^2+y^2)$，可考虑运用夹逼准则来消除分母中的 x^2+y^2.

解一： 因为 $|xy|\leqslant\dfrac{1}{2}(x^2+y^2)$，所以有

$$0\leqslant\left|\frac{xy(\sin x+\sin y)}{x^2+y^2}\right|\leqslant\frac{1}{2}\ |\sin x+\sin y|,$$

又当 $x \to 0$，$y \to 0$ 时，$|\sin x + \sin y| \to 0$，利用夹逼准则，有

$$\lim_{\substack{x \to 0 \\ y \to 0}} \left| \frac{xy(\sin x + \sin y)}{x^2 + y^2} \right| = 0,$$

从而得
$$\lim_{\substack{x \to 0 \\ y \to 0}} \frac{xy(\sin x + \sin y)}{x^2 + y^2} = 0.$$

解二： 因为当 $x \to 0$，$y \to 0$ 时，$\sin x + \sin y \to 0$，即 $\sin x + \sin y$ 为无穷小量.而当 $x^2 + y^2 \neq 0$ 时，由 $\left| \frac{xy}{x^2 + y^2} \right| \leqslant \frac{1}{2}$ 知 $\frac{xy}{x^2 + y^2}$ 为有界量.根据有界量与无穷小量的乘积为无穷小量，所以有

$$\lim_{\substack{x \to 0 \\ y \to 0}} \frac{xy(\sin x + \sin y)}{x^2 + y^2} = 0.$$

解三： 将极限化为极坐标下的极限，得

$$\lim_{\substack{x \to 0 \\ y \to 0}} \frac{xy(\sin x + \sin y)}{x^2 + y^2} = \lim_{\rho \to 0} \cos\theta \sin\theta[\sin(\rho\cos\theta) + \sin(\rho\sin\theta)],$$

由于无论 θ 如何变化都有 $|\cos\theta \sin\theta| \leqslant 1$，且 $\lim\limits_{\rho \to 0}[\sin(\rho\cos\theta) + \sin(\rho\sin\theta)] = 0$，根据有界量与无穷小量的乘积为无穷小量，有

$$原式 = \lim_{\rho \to 0} \cos\theta \sin\theta[\sin(\rho\cos\theta) + \sin(\rho\sin\theta)] = 0.$$

例 11 - 9 计算极限 $\lim\limits_{\substack{x \to 0 \\ y \to 0}} (1 + x^2y^2)^{-\frac{1}{x^2+y^2}}$.

分析： 极限为"1^∞"的未定型，可考虑用重要极限 $\lim\limits_{x \to 0} (1 + x)^{\frac{1}{x}} = \mathrm{e}$ 计算.

解一：
$$原式 = \lim_{\substack{x \to 0 \\ y \to 0}} \left[(1 + x^2y^2)^{\frac{1}{x^2y^2}}\right]^{-\frac{x^2y^2}{x^2+y^2}}$$

因为 $\lim\limits_{\substack{x \to 0 \\ y \to 0}} \frac{x^2y^2}{x^2 + y^2} = \lim\limits_{\rho \to 0^+} \rho^2 \cos^2\theta \sin^2\theta = 0$，所以

$$\lim_{\substack{x \to 0 \\ y \to 0}} (1 + x^2y^2)^{-\frac{1}{x^2+y^2}} = \mathrm{e}^0 = 1.$$

解二： 本题也可用去幂指性的方法计算.

$$原式 = \lim_{\substack{x \to 0 \\ y \to 0}} \mathrm{e}^{-\frac{\ln(1+x^2y^2)}{x^2+y^2}} = \mathrm{e}^{-\lim\limits_{\substack{x \to 0 \\ y \to 0}} \frac{\ln(1+x^2y^2)}{x^2+y^2}}$$

又因

$$\lim_{\substack{x\to 0\\ y\to 0}}\frac{\ln(1+x^2y^2)}{x^2+y^2}\xlongequal{\text{等价代换}}\lim_{\substack{x\to 0\\ y\to 0}}\frac{x^2y^2}{x^2+y^2}=0,$$

所以

$$\lim_{\substack{x\to 0\\ y\to 0}}(1+x^2y^2)^{-\frac{1}{x^2+y^2}}=\mathrm{e}^0=1.$$

例 11-10　计算极限 $\lim\limits_{\substack{x\to+\infty\\ y\to+\infty}}\left(\frac{xy}{x^2+y^2}\right)^{x^2}$.

分析：本例的难点在于当 $x\to+\infty$，$y\to+\infty$ 时，底数函数 $\frac{xy}{x^2+y^2}$ 没有极限.但注意到当 $x^2+y^2\neq 0$ 时，$0\leqslant\frac{|xy|}{x^2+y^2}\leqslant\frac{1}{2}$，可考虑用夹逼准则计算.

解：当 $x>0$，$y>0$ 时，$x^2+y^2\geqslant 2xy>0$，所以

$$0<\frac{xy}{x^2+y^2}\leqslant\frac{1}{2},\ 0<\left(\frac{xy}{x^2+y^2}\right)^{x^2}\leqslant\left(\frac{1}{2}\right)^{x^2},$$

由 $\lim\limits_{x\to+\infty}\left(\frac{1}{2}\right)^{x^2}=0$ 及夹逼准则知

$$\lim_{\substack{x\to+\infty\\ y\to+\infty}}\left(\frac{xy}{x^2+y^2}\right)^{x^2}=0.$$

例 11-11　证明极限 $\lim\limits_{\substack{x\to 0\\ y\to 0}}\frac{x-y}{|x|+|y|}$ 不存在.

分析：这类问题可先考虑选取不同的路径趋于点 $(0,0)$，使极限值不同或不存在.

解：考虑点 (x,y) 沿射线 $y=kx(k>0,\ x>0)$ 趋向于原点 $(0,0)$，此时在射线上的极限

$$\lim_{\substack{x\to 0^+\\ y=kx\to 0^+}}\frac{x-y}{|x|+|y|}=\lim_{x\to 0^+}\frac{x-kx}{x+kx}=\frac{1-k}{1+k},$$

由于沿不同的射线 $y=kx$（k 不同）趋于点 $(0,0)$ 时，极限值不同，所以原极限不存在.

例 11-12　计算极限 $\lim\limits_{\substack{x\to 0\\ y\to 0}}\frac{\ln(1+xy)}{x+\tan y}$.

分析：极限为“$\frac{0}{0}$”的未定型.本例的难点在于对趋于零的分母函数的化解无法入手.此时应先考虑，如果所求极限存在，那么极限值是什么.这个值一般可通过选一特殊路径来计算.在知道了这一可能的极限值之后，下面就应考虑证明函数以该值为极限.如果无法证明，这时就应考虑证明所求极限不存在.这一思考过程是计算多元函数极限的常用思路.

对于本例，在 $y=0$ 的路径上，函数以零为极限，同时又无法证明函数确以零为极限，所以应考虑选取特殊路径来证明本例极限不存在.

解：考虑点 (x, y) 沿过原点的直线 $y=-x$ 趋向于点 $(0, 0)$，则有

$$\lim_{\substack{x\to 0\\ y=-x\to 0}}\frac{\ln(1+xy)}{x+\tan y}=\lim_{x\to 0}\frac{\ln(1-x^2)}{x-\tan x}=\lim_{x\to 0}\frac{-x^2}{x-\left(x+\frac{1}{3}x^3+o(x^3)\right)}$$

$$=\lim_{x\to 0}\frac{1}{\frac{1}{3}x+o(x)}=\infty,$$

由于沿 $y=-x$ 趋向于点 $(0, 0)$ 时，极限不存在，所以原极限不存在.

▶▶▶方法小结

多元函数极限 $\lim\limits_{\substack{x\to x_0\\ y\to y_0}} f(x, y)$ 的计算要比一元函数的极限复杂得多，有的问题非常困难，通常可以从以下几个方面思考问题：

(1) 是否可以运用极限的四则运算法则计算？(例 11-6)

(2) 函数 $f(x, y)$ 在点 (x_0, y_0) 处是否连续？

若连续，则运用连续性的计算公式 $\lim\limits_{\substack{x\to x_0\\ y\to y_0}} f(x, y)=f(x_0, y_0)$ 计算极限(例 11-6).

(3) 是否可以通过变量代换将二重极限化为一元函数极限？若可以，则可将问题转化(例 11-7).

(4) 是否可以将极限式中的因子等价代换，化简(例 11-7，例 11-9)，或者通过恒等变形将问题分解？

(5) 将极限化为极坐标下的极限，新的极限是否为一个"无穷小量与有界量的乘积"(例 11-8，例 11-9)？

(6) 若以上方法处理困难，能否对函数进行放大、缩小，利用夹逼准则计算(例 11-8，例 11-10)？

(7) 若以上方法都无法计算，是否可考虑选取一特殊的趋于点 (x_0, y_0) 的路径，计算函数在此路径上的极限值 A，然后再证明 A 就是所求极限的极限值？

(8) 若无法证明 $\lim\limits_{\substack{x\to x_0\\ y\to y_0}} f(x, y)=A$，此时是否应考虑此极限不存在？这通常可通过选取一条极限不存在的路径(例 11-12)，或者选取两条极限值不相同的路径(例 11-11)来证明.

11.2.2.2 多元函数连续性的判定

▶▶▶基本方法

(1) 利用函数 $f(x, y)$ 在点 (x_0, y_0) 处连续的定义：

$$\lim_{\substack{x\to x_0\\ y\to y_0}} f(x, y)=f(x_0, y_0) \tag{11-3}$$

(2) 利用多元初等函数的连续性性质：多元初等函数在其定义区域内连续.

▶▶▶方法运用注意点

(1) 多元初等函数的连续性问题通常可利用多元初等函数连续性的性质讨论;

(2) 如果点 (x_0, y_0) 是分域函数 $f(x, y)$ 的分域点,则对 $f(x, y)$ 在点 (x_0, y_0) 处的连续性判定通常需要利用连续的定义式(11-3)讨论.

▶▶▶典型例题解析

例 11-13 指出函数 $u=\sqrt{R^2-x^2-y^2-z^2}+\dfrac{1}{\sqrt{x^2+y^2+z^2-r^2}}(R>r>0)$ 的连续区域.

分析: 函数为多元初等函数,运用多元初等函数的连续性性质确定其连续区域.

解: 函数 u 是多元初等函数,根据多元初等函数的连续性性质,函数 u 在其定义区域内连续.函数 u 的定义域为

$$\begin{cases}R^2-x^2-y^2-z^2\geqslant 0\\ x^2+y^2+z^2-r^2>0\end{cases},\text{即 } r^2<x^2+y^2+z^2\leqslant R^2.$$

所以 u 在定义域的内部区域 $r^2<x^2+y^2+z^2<R^2$ 上是连续的.又在定义域的边界曲面 $x^2+y^2+z^2=R^2$ 上的点 (x_0, y_0, z_0) 处,由

$$\begin{aligned}\lim_{(x, y, z)\to(x_0, y_0, z_0)}\left(\sqrt{R^2-x^2-y^2-z^2}+\frac{1}{\sqrt{x^2+y^2+z^2-r^2}}\right)&=\frac{1}{\sqrt{x_0^2+y_0^2+z_0^2-r^2}}\\&=u(x_0, y_0, z_0)\end{aligned}$$

可知函数 u 也连续,所以函数 u 的连续区域为

$$r^2<x^2+y^2+z^2\leqslant R^2.$$

例 11-14 讨论函数

$$f(x, y)=\begin{cases}\dfrac{xy}{2-\sqrt{4+xy}}, & xy\neq 0\\ 4, & xy=0\end{cases}$$

在点 $(0, 0)$, $(1, 0)$ 及 $(1, 2)$ 处的连续性.

分析: 点 $(1, 2)$ 是非分域点,可利用多元初等函数的连续性性质讨论.点 $(0, 0)$ 和点 $(1, 0)$ 都为分域点,可利用连续的定义式(11-3)来讨论.

解: 点 $(1, 2)$ 是非分域点,且属于初等函数 $f(x, y)=\dfrac{xy}{2-\sqrt{4+xy}}$ 定义区域内的点,所以函数在点 $(1, 2)$ 处连续.点 $(0, 0)$ 和点 $(1, 0)$ 是分域点,从

$$\lim_{\substack{x\to 0\\ y\to 0}}f(x, y)=\lim_{\substack{x\to 0\\ y\to 0}}\frac{xy}{2-\sqrt{4+xy}}=\lim_{\substack{x\to 0\\ y\to 0}}[-(2+\sqrt{4+xy})]=-4\neq f(0, 0),$$

$$\lim_{\substack{x \to 1 \\ y \to 0}} f(x, y) = \lim_{\substack{x \to 1 \\ y \to 0}} \frac{xy}{2-\sqrt{4+xy}} = \lim_{\substack{x \to 1 \\ y \to 0}} [-(2+\sqrt{4+xy})] = -4 \neq f(1, 0)$$

知函数在点 $(0, 0)$，$(1, 0)$ 处不连续.

例 11-15 确定函数 $z=\dfrac{1}{y^2-2x}$ 在何处间断.

分析：函数为多元初等函数，其间断点不是函数定义区域内的点.

解：因为函数在曲线 $y^2-2x=0$ 上没有定义，所以曲线 $y^2=2x$ 上的点都为函数的间断点.又因为函数为多元初等函数，且满足 $y^2 \neq 2x$ 的点都是函数定义区域内的点，所以都是函数的连续点.因此，函数在 $y^2=2x$ 上的点处间断.

▶▶▶方法小结

多元函数连续性讨论的方法：

(1) 若函数 $z=f(x, y)$ 为多元初等函数，则按以下步骤讨论：

① 确定使得函数没有定义的点，这类点为函数的间断点；

② 确定函数的定义区域，在此区域内函数连续；

③ 在定义域的边界点处，可用定义讨论连续性(例 11-13).

(2) 若函数 $z=f(x, y)$ 为多元分域函数，则按以下步骤讨论：

① 在各个分域上，对各自分域上的定义函数讨论连续性；

② 在分域点处，利用定义讨论连续性(例 11-14).

11.2.3 显函数形式表示的多元函数的偏导数计算

▶▶▶基本方法

(1) 利用偏导数的定义及一元函数求导法则求偏导数；

(2) 利用多元复合函数求导法则(链式法则)求偏导数；

(3) 利用全微分求偏导数.

11.2.3.1 利用偏导数的定义及一元函数求导法则求偏导数

1) 偏导数的定义

(1) 函数 $z=f(x, y)$ 在点 (x_0, y_0) 处对变量 x 的偏导数

$$f_x(x_0, y_0)=\lim_{\Delta x \to 0} \frac{f(x_0+\Delta x, y_0)-f(x_0, y_0)}{\Delta x} \tag{11-4}$$

(2) 函数 $z=f(x, y)$ 在点 (x_0, y_0) 处对变量 y 的偏导数：

$$f_y(x_0, y_0)=\lim_{\Delta y \to 0} \frac{f(x_0, y_0+\Delta y)-f(x_0, y_0)}{\Delta y} \tag{11-5}$$

2）偏导数的几何意义

（1）偏导数 $f_x(x_0, y_0)$ 表示曲线 $\begin{cases} z=f(x, y) \\ y=y_0 \end{cases}$ 在点 $M_0(x_0, y_0, f(x_0, y_0))$ 处的切线关于 x 轴的斜率.

（2）偏导数 $f_y(x_0, y_0)$ 表示曲线 $\begin{cases} z=f(x, y) \\ x=x_0 \end{cases}$ 在点 $M_0(x_0, y_0, f(x_0, y_0))$ 处的切线关于 y 轴的斜率.

▶▶▶方法运用注意点

（1）从偏导数定义[式(11-4)、式(11-5)]可得下式：

$$f_x(x_0, y_0)=\frac{\mathrm{d}}{\mathrm{d}x}(f(x, y_0))\Big|_{x=x_0}, \quad f_y(x_0, y_0)=\frac{\mathrm{d}}{\mathrm{d}y}(f(x_0, y))\Big|_{y=y_0} \tag{11-6}$$

上式说明，求 $f_x(x_0, y_0)$ 时，可以先将 $y=y_0$ 代入函数 $f(x, y)$，然后对 x 的函数 $f(x, y_0)$ 关于 x 求 x_0 点处的导数；或者是将 y 看作常量，把 $f(x, y)$ 看作 x 的一元函数，对 x 求导后，再将点 (x_0, y_0) 代入.

同理求 $f_y(x_0, y_0)$ 时，也可以先将 $x=x_0$ 代入函数 $f(x, y)$，然后把 y 的函数 $f(x_0, y)$ 对变量 y 求 y_0 点处的导数；或者将 x 看作常量，把 $f(x, y)$ 看作 y 的一元函数，对 y 求导后，再将点 (x_0, y_0) 代入.

因此，求偏导数的问题本质上是一元函数的求导问题，有关一元函数的求导法则，一些基本求导公式在求偏导数时继续可用.

（2）计算分域函数 $z=f(x, y)$ 在分域点 (x_0, y_0) 处的偏导数应运用偏导数定义[式(11-4)或式(11-5)]计算.

▶▶▶典型例题解析

例 11-16　设 $f(x, y)=\begin{cases} x^2+y^2, & xy=0 \\ 1, & xy\neq 0 \end{cases}$，求 $f(x, y)$ 在点 $(0, 0)$ 处的偏导数，并讨论函数 $f(x, y)$ 在点 $(0, 0)$ 处的连续性.

分析： $f(x, y)$ 为分域函数，$(0, 0)$ 为分域点，运用偏导数定义计算 $f_x(0, 0)$，$f_y(0, 0)$.

解： 利用偏导数定义，得

$$f_x(0, 0)=\lim_{x\to 0}\frac{f(x, 0)-f(0, 0)}{x}=\lim_{x\to 0}\frac{x^2-0}{x}=0,$$

$$f_y(0, 0)=\lim_{y\to 0}\frac{f(0, y)-f(0, 0)}{y}=\lim_{y\to 0}\frac{y^2-0}{y}=0.$$

注意到满足 $xy=0$ 的点即为 x 轴或 y 轴上的点，让 x 轴上的点 $(x, 0)\to(0, 0)$，则有

$$\lim_{\substack{x\to 0\\ y=0}}f(x, y)=\lim_{\substack{x\to 0\\ y=0}}(x^2+y^2)=\lim_{x\to 0}x^2=0.$$

又对于 $xy\neq 0$ 的点 (x, y)，当 $(x, y)\to(0, 0)$ 时，有

$$\lim_{\substack{x\to 0\\ y\to 0}} f(x, y)=\lim_{\substack{x\to 0\\ y\to 0}} 1=1\neq 0,$$

所以函数在点$(0, 0)$的极限$\lim\limits_{\substack{x\to 0\\ y\to 0}} f(x, y)$不存在.因此,函数$f(x, y)$在点$(0, 0)$处不连续.

例 11-17 设$f(0, 0)=0$,当$(x, y)\neq(0, 0)$时,$f(x, y)$为如下四式之一,则$f(x, y)$在点$(0, 0)$处两个偏导数都存在的是哪几个?

(1) $\dfrac{xy}{x^2+y^2}$; (2) $\dfrac{x^2-y^2}{x^2+y^2}$; (3) $\sqrt{x^2-y^2}\sin\dfrac{1}{x^2+y^2}$; (4) $\dfrac{x^4+y^2}{x^2+y^2}$.

分析: $f(x, y)$为分域函数,求偏导数的点$(0, 0)$是分域点,采用偏导数定义计算.

解: (1) $f_x(0, 0)=\lim\limits_{x\to 0}\dfrac{f(x, 0)-f(0, 0)}{x}=\lim\limits_{x\to 0}\dfrac{0}{x}=0$,

$$f_y(0, 0)=\lim_{y\to 0}\frac{f(0, y)-f(0, 0)}{y}=\lim_{y\to 0}\frac{0}{y}=0,$$

可知$f(x, y)=\dfrac{xy}{x^2+y^2}$在点$(0, 0)$处的两个偏导数都存在.

(2) $f_x(0, 0)=\lim\limits_{x\to 0}\dfrac{f(x, 0)-f(0, 0)}{x}=\lim\limits_{x\to 0}\dfrac{1-0}{x}=\infty$,故$f_x(0, 0)$不存在.同理可得$f_y(0, 0)$也不存在.

(3) $f_x(0, 0)=\lim\limits_{x\to 0}\dfrac{f(x, 0)-f(0, 0)}{x}=\lim\limits_{x\to 0}\dfrac{|x|\sin\dfrac{1}{x^2}}{x}$不存在,故$f_x(0, 0)$不存在.又当$y\neq 0$时,函数在点$(0, y)$处没有定义,所以$f_y(0, 0)$也不存在.

(4) $f_x(0, 0)=\lim\limits_{x\to 0}\dfrac{f(x, 0)-f(0, 0)}{x}=\lim\limits_{x\to 0}\dfrac{x^2}{x}=0$,

$$f_y(0, 0)=\lim_{y\to 0}\frac{f(0, y)-f(0, 0)}{y}=\lim_{y\to 0}\frac{1-0}{y}=\infty,\text{故 } f_y(0, 0)\text{ 不存在.}$$

所以四个函数中只有一个函数$f(x, y)=\dfrac{xy}{x^2+y^2}$在点$(0, 0)$处的两个偏导数都存在.

典型错误: 先在$(x, y)\neq(0, 0)$的点处求偏导数$f_x(x, y)$和$f_y(x, y)$,然后通过把点$(0, 0)$代入来说明$f_x(0, 0)$, $f_y(0, 0)$存在或不存在.

例 11-18 讨论函数$f(x, y)=\sqrt[4]{x^2+|y|^5}$和$g(x, y)=\sqrt[4]{x^2|y|^5}$在点$(0, 0)$处的可(偏)导性.

分析: 由于$x^\mu(0<\mu<1)$和$|y|$在$x=0$和$y=0$处都不可导,所以本题不能采用直接对x和y求偏导数,再把$x=0$, $y=0$代入的方法计算.

解一: 对于$f(x, y)$,将$x=0$代入函数得$f(0, y)=|y|^{\frac{5}{4}}$,而$|y|^{\frac{5}{4}}$在$y=0$处可导,且$(|y|^{\frac{5}{4}})'|_{y=0}=0$,所以$f_y(0, 0)$存在,且

$$f_y(0,0)=0.$$

再将 $y=0$ 代入函数得 $f(x,0)=|x|^{\frac{1}{2}}$. 由于 $|x|^{\frac{1}{2}}$ 在 $x=0$ 处不可导,所以 $f_x(0,0)$ 不存在.

对于 $g(x,y)$,将 $x=0$ 或 $y=0$ 代入函数得

$$g(x,0)=0,\ g(0,y)=0,$$

所以 $g_x(0,0)=0$, $g_y(0,0)=0$, 即 $g(x,y)$ 在点 $(0,0)$ 处的两个偏导数都存在,且偏导数都为零.

解二: 利用偏导数定义

$$f_x(0,0)=\lim_{x\to 0}\frac{f(x,0)-f(0,0)}{x}=\lim_{x\to 0}\frac{|x|^{\frac{1}{2}}}{x}=\infty,$$

$$f_y(0,0)=\lim_{y\to 0}\frac{f(0,y)-f(0,0)}{y}=\lim_{y\to 0}\frac{|y|^{\frac{5}{4}}}{y}=\lim_{y\to 0}|y|^{\frac{1}{4}}\frac{|y|}{y}=0,$$

所以 $f(x,y)$ 在点 $(0,0)$ 处关于 y 的偏导数存在,且 $f_y(0,0)=0$, 关于 x 的偏导数不存在.

又因

$$g_x(0,0)=\lim_{x\to 0}\frac{g(x,0)-g(0,0)}{x}=\lim_{x\to 0}\frac{0}{x}=0,$$

$$g_y(0,0)=\lim_{y\to 0}\frac{g(0,y)-g(0,0)}{y}=\lim_{y\to 0}\frac{0}{y}=0,$$

所以 $g(x,y)$ 在点 $(0,0)$ 处关于 x, y 的两个偏导数都存在,且 $g_x(0,0)=0$, $g_y(0,0)=0$.

典型错误: 利用一元函数的复合函数求导法则,分别关于 x 和 y 求偏导数,计算 $f_x(x,y)$, $f_y(x,y)$, $g_x(x,y)$, $g_y(x,y)$, 再将 $x=0$, $y=0$ 代入,确定各个偏导数的存在性和值.

例 11-19 设 $u=\arctan(x-y)^z$, 求偏导数 u_x, u_y, u_z.

分析: 这是初等函数求偏导数的问题,可分别把 x, y, z 中的一个作为变量,其余变量作为常量,运用一元函数求导方法计算.

解: 把变量 y, z 看作常量, x 作为变量,将 u 对自变量 x 求导

$$\begin{aligned}u_x&=\frac{1}{1+(x-y)^{2z}}\cdot\frac{\partial}{\partial x}((x-y)^z)\\&=\frac{1}{1+(x-y)^{2z}}\cdot z(x-y)^{z-1}=\frac{z(x-y)^{z-1}}{1+(x-y)^{2z}},\end{aligned}$$

同理,将 x, z 看作常量, y 作为变量,将 u 对自变量 y 求导

$$\begin{aligned}u_y&=\frac{1}{1+(x-y)^{2z}}\cdot\frac{\partial}{\partial y}((x-y)^z)\\&=\frac{1}{1+(x-y)^{2z}}\cdot z(x-y)^{z-1}\cdot(-1)=-\frac{z(x-y)^{z-1}}{1+(x-y)^{2z}},\end{aligned}$$

将 x, y 看作常量, z 作为变量,将 u 对自变量 z 求导

$$u_z=\frac{1}{1+(x-y)^{2z}}\cdot\frac{\partial}{\partial z}((x-y)^z)$$
$$=\frac{1}{1+(x-y)^{2z}}\cdot(x-y)^z\cdot\ln(x-y)=\frac{(x-y)^z\ln(x-y)}{1+(x-y)^{2z}}.$$

例 11-20 计算曲线 $\begin{cases}z=\sqrt{1+x^2+y^2}\\x=1\end{cases}$ 在点 $(1,1,\sqrt{3})$ 处的切线与 y 轴正向所成的倾斜角.

分析: 根据偏导数的几何意义,所求倾斜角 θ 满足 $\tan\theta=f_y(1,1)$, 为此计算 $f_y(1,1)$.

解: 由 $$z_y(x,y)=f_y(x,y)=\frac{1}{2\sqrt{1+x^2+y^2}}\cdot 2y=\frac{y}{\sqrt{1+x^2+y^2}}$$

得曲线在点 $(1,1,\sqrt{3})$ 处的切线斜率 $k=\tan\theta=f_y(1,1)=\dfrac{1}{\sqrt{3}}$,

所以切线与 y 轴正向所成的倾斜角 $\theta=\arctan\dfrac{1}{\sqrt{3}}=\dfrac{\pi}{6}$.

例 11-21 设函数 $f(x,y)$ 对每个固定的 y 都是变量 x 的连续函数,且有有界的偏导数 $f_y(x,y)$, 试证: $f(x,y)$ 是变量 x, y 的二元连续函数.

分析: 本例的证明目标是证明 $\lim\limits_{\substack{x\to x_0\\y\to y_0}}f(x,y)=f(x_0,y_0)$ 成立.由于所给的条件都是关于分量变量的,所以要设法建立 $f(x,y)-f(x_0,y_0)$ 与 $f_y(x,y)$ 和 $f(x,y_0)-f(x_0,y_0)$ 之间的关系.

解: 因为 $f_y(x,y)$ 有界,则存在常数 $M>0$, 使 $|f_y(x,y)|\leqslant M$. 任取一定点 (x_0,y_0), 则对任意的 (x,y), 有

$$|f(x,y)-f(x_0,y_0)|=|f(x,y)-f(x,y_0)+f(x,y_0)-f(x_0,y_0)|$$
$$\leqslant|f(x,y)-f(x,y_0)|+|f(x,y_0)-f(x_0,y_0)|.$$

对 y 的函数 $f(x,y)$, 在区间 $[y_0,y]$ (或 $[y,y_0]$) 上利用拉格朗日中值定理,存在 $\xi\in(y_0,y)$ (或 (y,y_0)) 使得

$$f(x,y)-f(x,y_0)=f_y(x,\xi)(y-y_0),$$

从而 $$|f(x,y)-f(x,y_0)|\leqslant M|y-y_0|,$$

所以 $$0\leqslant|f(x,y)-f(x_0,y_0)|\leqslant M|y-y_0|+|f(x,y_0)-f(x_0,y_0)|.$$

又由题设,对定值 y_0, x 的函数 $f(x,y_0)$ 在 x_0 处连续,于是

$$\lim_{x\to x_0}(f(x,y_0)-f(x_0,y_0))=0,$$

在前式让 $x\to x_0$, $y\to y_0$ 取极限,并利用夹逼准则,得

$$\lim_{\substack{x\to x_0\\y\to y_0}}|f(x,y)-f(x_0,y_0)|=0, \text{即} \lim_{\substack{x\to x_0\\y\to y_0}}f(x,y)=f(x_0,y_0),$$

所以 $f(x, y)$ 在点 (x_0, y_0) 处连续.由于点 (x_0, y_0) 是任取的,因此 $f(x, y)$ 是二元连续函数.

▶▶▶方法小结

多元函数一阶偏导数的计算方法:

(1) 对于多元初等函数,把求导变量以外的变量当作不变的常量,将函数看作求导变量的一元函数,运用一元函数的求导方法计算(例 11-19,例 11-20).对于求具体点处的偏导数,有时将变量值代入更方便(例 11-18).

(2) 对于分域函数在分域点处的偏导数,需利用偏导数的定义计算(例 11-16,例 11-17).

(3) 当一元函数的求导法则无法运用时,应采用偏导数的定义计算(例 11-18).

11.2.3.2 利用多元复合函数的链式法则计算偏导数

多元复合函数求导的链式法则 设函数 $u=\varphi(x, y)$ 和 $v=\psi(x, y)$ 在点 (x, y) 处有偏导数,而函数 $z=f(u, v)$ 在对应点 (u, v) 处可微,则复合函数 $z=f[\varphi(x, y), \psi(x, y)]$ 在点 (x, y) 处的偏导数存在,且

$$\frac{\partial z}{\partial x}=\frac{\partial z}{\partial u}\cdot\frac{\partial u}{\partial x}+\frac{\partial z}{\partial v}\cdot\frac{\partial v}{\partial x}, \tag{11-7}$$

$$\frac{\partial z}{\partial y}=\frac{\partial z}{\partial u}\cdot\frac{\partial u}{\partial y}+\frac{\partial z}{\partial v}\cdot\frac{\partial v}{\partial y}. \tag{11-8}$$

▶▶▶方法运用注意点

(1) 利用链式法则求复合函数的偏导数,关键是要理清函数的复合关系,而画出函数复合的结构图(称为链式图)是一个很好的方法.从链式图可以清楚地看到哪些变量是中间变量,哪些是自变量,以及它们之间的关系,从而知道复合所得的函数是一元函数还是多元函数.对于上面所给的复合函数,其链式图为

$$z \begin{cases} u \begin{cases} x \\ y \end{cases} \\ v \begin{cases} x \\ y \end{cases} \end{cases} \tag{11-9}$$

(2) 链式法则[式(11-7)、式(11-8)]贯彻一个“链”字,按以下规则形成:

① 连线相乘,分线相加

对链式图中连线部分相乘,不同分线之间相加.

例如,计算 $\dfrac{\partial z}{\partial x}$,由于 z 到 x 由两条分线组成:

分线 1:

$$z \to u \to x$$
$$\downarrow \quad \downarrow$$
$$\frac{\partial z}{\partial u}\cdot\frac{\partial u}{\partial x}$$

分线 2:

$$z \to v \to x$$
$$\downarrow \quad \downarrow$$
$$\frac{\partial z}{\partial v}\cdot\frac{\partial v}{\partial x}$$

将连线上的偏导数相乘(分线上的值),再把两条分线上的值加起来即得计算 $\dfrac{\partial z}{\partial x}$ 的公式(11-7).

又如,计算 $\dfrac{\partial z}{\partial y}$,由于 z 到 y 由两条分线组成:

分线1: $z \to u \to y$, $\dfrac{\partial z}{\partial u}\cdot\dfrac{\partial u}{\partial y}$

分线2: $z \to v \to y$, $\dfrac{\partial z}{\partial v}\cdot\dfrac{\partial v}{\partial y}$

将连线上的偏导数相乘,再把各分线上的偏导数加起来,即得计算 $\dfrac{\partial z}{\partial y}$ 的公式(11-8).

② 公式的项数=通向该自变量的路径(或分线)数

例如,公式(11-7)和公式(11-8)中,z 通向 x 和 y 都有两条路径,所以它们都为两项之和.又如,函数 $z=f(u, v, w)$, $u=u(x, y)$, $v=v(x, y)$, $w=w(x)$,复合链式图为

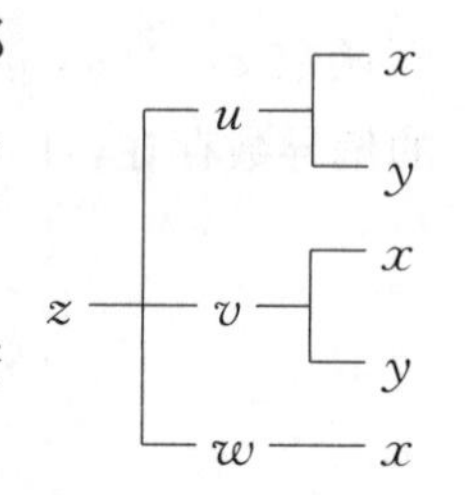

若计算 $\dfrac{\partial z}{\partial x}$,从链式图中可见,$z$ 到 x 有三条路径,所以公式由三项组成,再按照规则①,即可写出求导公式

$$\frac{\partial z}{\partial x}=\frac{\partial z}{\partial u}\cdot\frac{\partial u}{\partial x}+\frac{\partial z}{\partial v}\cdot\frac{\partial v}{\partial x}+\frac{\partial z}{\partial w}\cdot\frac{\mathrm{d}w}{\mathrm{d}x}$$

③ 单路全导,叉路偏导

例如,在上式中,因为函数 w 是 x 的一元函数(单路),所以 w 对 x 求导是 $\dfrac{\mathrm{d}w}{\mathrm{d}x}$ 而不是 $\dfrac{\partial w}{\partial x}$,其余的都是多元函数(叉路),所以求导都是偏导数.

(3) 注意链式法则[式(11-7)、式(11-8)]成立的条件,它要求 $z=f(u, v)$ 在对应点 (u, v) 处可微,如果只是在 (u, v) 处偏导数存在,公式未必成立.

(4) 链式法则[式(11-7)、式(11-8)]只是函数进行一次复合的求导公式,对于函数进行两次或更多次复合的情形,例如函数 $z=f(u, v)=f[\varphi(x, y), \psi(x, y)]$ 再与 $x=x(s, t)$, $y=y(s, t)$ 进行复合,此时 z 是函数 s, t 的函数,其偏导数从链式图可得

$$\begin{aligned}\frac{\partial z}{\partial s}&=\frac{\partial z}{\partial u}\cdot\frac{\partial u}{\partial x}\cdot\frac{\partial x}{\partial s}+\frac{\partial z}{\partial u}\cdot\frac{\partial u}{\partial y}\cdot\frac{\partial y}{\partial s}+\frac{\partial z}{\partial v}\cdot\frac{\partial v}{\partial x}\cdot\frac{\partial x}{\partial s}+\frac{\partial z}{\partial v}\cdot\frac{\partial v}{\partial y}\cdot\frac{\partial y}{\partial s}\\&=\frac{\partial z}{\partial u}\left(\frac{\partial u}{\partial x}\cdot\frac{\partial x}{\partial s}+\frac{\partial u}{\partial y}\cdot\frac{\partial y}{\partial s}\right)+\frac{\partial z}{\partial v}\left(\frac{\partial v}{\partial x}\cdot\frac{\partial x}{\partial s}+\frac{\partial v}{\partial y}\cdot\frac{\partial y}{\partial s}\right)\\&=\frac{\partial z}{\partial u}\cdot\frac{\partial u}{\partial s}+\frac{\partial z}{\partial v}\cdot\frac{\partial v}{\partial s}\end{aligned}$$

同理也有 $$\frac{\partial z}{\partial t}=\frac{\partial z}{\partial u}\cdot\frac{\partial u}{\partial t}+\frac{\partial z}{\partial v}\cdot\frac{\partial v}{\partial t}.$$

这说明，当函数有多次复合时，我们始终只需对最外一层的复合函数 $z=f(u,\ v)$，$u=\varphi(x(s,\ t),\ y(s,\ t))$，$v=\psi(x(s,\ t),\ y(s,\ t))$ 运用链式法则

$$\frac{\partial z}{\partial s}=\frac{\partial z}{\partial u}\cdot\frac{\partial u}{\partial s}+\frac{\partial z}{\partial v}\cdot\frac{\partial v}{\partial s},\quad \frac{\partial z}{\partial t}=\frac{\partial z}{\partial u}\cdot\frac{\partial u}{\partial t}+\frac{\partial z}{\partial v}\cdot\frac{\partial v}{\partial t},$$

而无须将 z 关于 s，t 的链式图都画出来，从而简化计算.由于 u，v 仍是 s，t 的复合函数，当计算 u，v 关于 s，t 的偏导数时，对它们再运用链式法则即可.所以掌握一次复合的链式法则公式的运用是这里的要点.

▶▶▶典型例题解析

例 11-22　设 $z=u^2v-uv^2$，$u=x\cos y$，$v=x\sin y$，求 $\dfrac{\partial z}{\partial x}$，$\dfrac{\partial z}{\partial y}$.

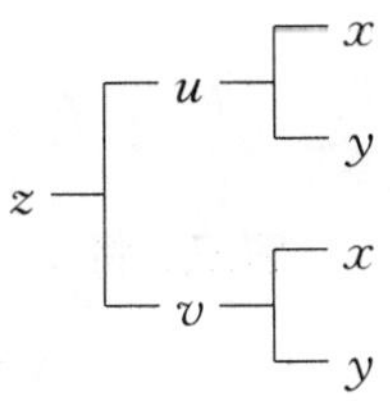

分析： 右图为函数的链式图，运用链式法则计算.

解： 运用链式法则式(11-7)、式(11-8)，有

$$\begin{aligned}\frac{\partial z}{\partial x}&=\frac{\partial z}{\partial u}\cdot\frac{\partial u}{\partial x}+\frac{\partial z}{\partial v}\cdot\frac{\partial v}{\partial x}=(2uv-v^2)\cdot\cos y+(u^2-2uv)\cdot\sin y\\&=(2x^2\sin y\cos y-x^2\sin^2 y)\cos y+(x^2\cos^2 y-2x^2\sin y\cos y)\sin y\\&=3x^2\sin y\cos y(\cos y-\sin y),\end{aligned}$$

$$\begin{aligned}\frac{\partial z}{\partial y}&=\frac{\partial z}{\partial u}\cdot\frac{\partial u}{\partial y}+\frac{\partial z}{\partial v}\cdot\frac{\partial v}{\partial y}=(2uv-v^2)\cdot(-x\sin y)+(u^2-2uv)\cdot x\cos y\\&=-(2x^2\sin y\cos y-x^2\sin^2 y)x\sin y+(x^2\cos^2 y-2x^2\sin y\cos y)x\cos y\\&=x^3(\sin^3 y-2\cos y\sin^2 y+\cos^3 y-2\sin y\cos^2 y).\end{aligned}$$

说明： 对于已知具体表达式的复合函数，也可以先复合再求导，有时可能会简单一些.例如，上题的复合函数

$$z=x\sin y\ (x\cos y)^2-x\cos x\ (x\sin y)^2$$

直接求偏导数即可.但是对于抽象的复合函数就必须使用链式法则计算.

例 11-23　设 $u=\tan(3t+2x^2-y)$，$x=\dfrac{1}{t}$，$y=\sqrt{t}$，求 $\dfrac{\mathrm{d}u}{\mathrm{d}t}$.

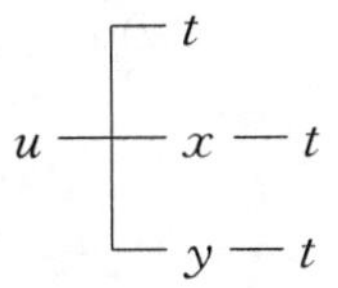

分析： 右图为函数的链式图，利用链式法则计算全导数.

解一： 根据链式法则

$$\begin{aligned}\frac{\mathrm{d}u}{\mathrm{d}t}&=\frac{\partial f}{\partial t}+\frac{\partial f}{\partial x}\cdot\frac{\mathrm{d}x}{\mathrm{d}t}+\frac{\partial f}{\partial y}\cdot\frac{\mathrm{d}y}{\mathrm{d}t}\\&=\sec^2(3t+2x^2-y)\cdot 3+\sec^2(3t+2x^2-y)\cdot 4x\cdot\left(-\frac{1}{t^2}\right)+\\&\quad\sec^2(3t+2x^2-y)\cdot(-1)\cdot\frac{1}{2\sqrt{t}}\\&=\left(3-\frac{4}{t^3}-\frac{1}{2\sqrt{t}}\right)\sec^2\left(3t+\frac{2}{t^2}-\sqrt{t}\right).\end{aligned}$$

说明：这里要注意链式法则运用时的符号.由于 $u=f(t,x,y)$ 经复合以后 u 是 t 的一元函数，而链式法则中的第一项 $\frac{\partial f}{\partial t}$ 表示 u 关于 f 函数中第一个变量 t 的偏导数，变量 f 与变量 x，y 无关.因此此时不能将 $\frac{\partial f}{\partial t}$ 写成 $\frac{\partial u}{\partial t}$，也不能写成 $\frac{\mathrm{d}u}{\mathrm{d}t}$.

解二：若令 $v=3t+2x^2-y$，运用链式法则

$$\frac{\mathrm{d}u}{\mathrm{d}t}=\frac{\mathrm{d}u}{\mathrm{d}v}\cdot\frac{\partial v}{\partial t}=\sec^2(3t+2x^2-y)\cdot\left(3+4x\frac{\mathrm{d}x}{\mathrm{d}t}-\frac{\mathrm{d}y}{\mathrm{d}t}\right)$$
$$=\left(3-\frac{4}{t^3}-\frac{1}{2\sqrt{t}}\right)\sec^2\left(3t+\frac{2}{t^2}-\sqrt{t}\right).$$

解三：将 $x=\frac{1}{t}$，$y=\sqrt{t}$ 代入 u 中得 $u=\tan(3t+\frac{2}{t^2}-\sqrt{t})$，求导有

$$\frac{\mathrm{d}u}{\mathrm{d}t}=\left(3-\frac{4}{t^3}-\frac{1}{2\sqrt{t}}\right)\sec^2\left(3t+\frac{2}{t^2}-\sqrt{t}\right).$$

说明：从上例可见，按照链式图来计算有时是烦琐的(解一).所以在熟练之后，不必画出链式图，可直接根据最外层的函数复合关系，逐次运用链式法则计算(解二).

例 11-24 设 $z=\ln(u^2+y\sin x)$，$u=\mathrm{e}^{x+y}$，求 $\frac{\partial z}{\partial x}$，$\frac{\partial z}{\partial y}$.

分析：最外层的复合函数 $z=\ln t$，$t=u^2+y\sin x$，直接利用链式法则计算.

解：
$$\frac{\partial z}{\partial x}=\frac{1}{u^2+y\sin x}\cdot\frac{\partial}{\partial x}(u^2+y\sin x)=\frac{1}{u^2+y\sin x}\left(2u\frac{\partial u}{\partial x}+y\cos x\right)$$
$$=\frac{1}{u^2+y\sin x}(2u\cdot\mathrm{e}^{x+y}+y\cos x)=\frac{2\mathrm{e}^{2(x+y)}+y\cos x}{\mathrm{e}^{2(x+y)}+y\sin x},$$

$$\frac{\partial z}{\partial y}=\frac{1}{u^2+y\sin x}\cdot\frac{\partial}{\partial y}(u^2+y\sin x)=\frac{1}{u^2+y\sin x}\left(2u\frac{\partial u}{\partial y}+\sin x\right)$$
$$=\frac{1}{u^2+y\sin x}(2u\cdot\mathrm{e}^{x+y}+\sin x)=\frac{2\mathrm{e}^{2(x+y)}+\sin x}{\mathrm{e}^{2(x+y)}+y\sin x}.$$

例 11-25 求函数 $z=f(x^2-y^2,\mathrm{e}^{xy},\ln x)$ 的偏导数 $\frac{\partial z}{\partial x}$，$\frac{\partial z}{\partial y}$.

分析：函数是 $z=f(u,v,w)$，$u=x^2-y^2$，$v=\mathrm{e}^{xy}$，$w=\ln x$ 的复合函数，运用链式法则计算.

解：运用链式法则，有

$$\frac{\partial z}{\partial x}=f_1\cdot\frac{\partial u}{\partial x}+f_2\cdot\frac{\partial v}{\partial x}+f_3\cdot\frac{\mathrm{d}w}{\mathrm{d}x}=2xf_1+y\mathrm{e}^{xy}f_2+\frac{1}{x}f_3,$$

$$\frac{\partial z}{\partial y}=f_1\cdot\frac{\partial u}{\partial y}+f_2\cdot\frac{\partial v}{\partial y}=-2yf_1+x\mathrm{e}^{xy}f_2.$$

例 11-26　设 $u=f(x, y, z)$，$y=\varphi(x, t)$，$t=\psi(x, z)$，试求 $\frac{\partial u}{\partial x}$，$\frac{\partial u}{\partial z}$.

分析： 函数由两层函数复合而成，可逐层运用链式法则计算.

解： 运用链式法则，有

$$\begin{aligned}\frac{\partial u}{\partial x}&=f_1+f_2\cdot\frac{\partial y}{\partial x}+f_3\cdot 0=f_1+f_2\cdot\left(\varphi_1+\varphi_2\frac{\partial t}{\partial x}\right)\\&=f_1+f_2\varphi_1+f_2\varphi_2\psi_1,\\\frac{\partial u}{\partial z}&=f_1\cdot 0+f_2\cdot\frac{\partial y}{\partial z}+f_3=f_3+f_2\cdot\left(\varphi_1\cdot 0+\varphi_2\frac{\partial t}{\partial z}\right)\\&=f_3+f_2\varphi_2\psi_2.\end{aligned}$$

例 11-27　设函数 $f(x, y, z)$ 满足 $f(tx, ty, tz)=t^n f(x, y, z)$，这时称 f 为 n 次齐次函数，试证可微的 n 次齐次函数满足

$$x\frac{\partial f}{\partial x}+y\frac{\partial f}{\partial y}+z\frac{\partial f}{\partial z}=nf(x, y, z).$$

分析： 本例要考虑如何从关于 f 的方程去获得关于 f 的偏导数的方程，可见对所给方程求导是必然的选择.为了获得 f 的三个偏导数以及所证方程右边的 n，这里应考虑将方程对 t 求导.

解： 将方程 $f(tx, ty, tz)=t^n f(x, y, z)$ 两边对 t 求导，有

$$f_1(tx, ty, tz)\cdot x+f_2(tx, ty, tz)\cdot y+f_3(tx, ty, tz)\cdot z=nt^{n-1}f(x, y, z)$$

在上式中令 $t=1$ 得

$$xf_1(x, y, z)+yf_2(x, y, z)+zf_3(x, y, z)=nf(x, y, z),$$

即所证等式成立.

▶▶▶方法小结

运用链式法则计算偏导数的步骤：

(1) 确定函数的复合关系，即看清楚函数由哪些函数复合而成，这一步是运用链式法则求导的关键.

(2) 运用链式法则[式(11-7)、式(11-8)]计算，其方法有二：

① 逐次运用法。从最外层的函数复合关系出发，运用链式法则求偏导，反复运用链式法则直至求出最里层函数的导数(例 11-24，例 11-26).

② 链式图法。画出复合函数的链式图，按照链式法则公式的构造口诀"连线相乘，分线相加""单路全导，叉路偏导"写出求导公式，计算公式中的各个偏导数(或导数).

11.2.3.3　利用全微分计算偏导数

1) 全微分　二元函数 $z=f(x, y)$ 在点 (x_0, y_0) 处的全微分

$$dz = f_x(x_0, y_0)dx + f_y(x_0, y_0)dy \tag{11-10}$$

2）全微分的形式不变性（复合函数的全微分）

设 $z=f(x, y)$，$x=\varphi(s, t)$，$y=\psi(s, t)$，则复合函数 $z=f(\varphi(s, t), \psi(s, t))$ 的全微分

$$dz = \frac{\partial z}{\partial x}dx + \frac{\partial z}{\partial y}dy \tag{11-11}$$

3）全微分的四则运算公式

$$d(u \pm v) = du \pm dv, \quad d(uv) = udv + vdu, \quad d\left(\frac{u}{v}\right) = \frac{vdu - udv}{v^2}(v \neq 0) \tag{11-12}$$

▶▶▶方法运用注意点

(1) 全微分公式(11-10)是关于二元函数的，对于更多元的函数，其同样可以有类似的计算公式. 例如，$z=f(x_1, x_2, \cdots, x_n)$，则有

$$dz = f_{x_1}dx_1 + f_{x_2}dx_2 + \cdots + f_{x_n}dx_n \tag{11-13}$$

(2) 当 x，y 为自变量时，式(11-11)是全微分的计算公式，全微分的形式不变性说明，当 x，y 为中间变量时，全微分式(11-11)仍然成立.全微分形式的不变性，给出了多元复合函数全微分的计算公式.对于 n 元函数的全微分这一性质仍然成立，即式(11-13)中的 x_1，x_2，$\cdots$，x_n，无论是自变量还是中间变量，全微分式(11-13)始终成立.

(3) 全微分式(11-10)或式(11-13)中 dx，dy 或 dx_1，dx_2，$\cdots$，dx_n 前面的系数是唯一的，它就是函数 z 关于 x，y 或 x_1，x_2，$\cdots$，x_n 在相应点处的偏导数.这一点为通过全微分求偏导数提供了理论依据，即若能求得函数的全微分

$$dz = \varphi(x, y)dx + \psi(x, y)dy$$

$$\text{或 } dz = \varphi_1 dx_1 + \varphi_2 dx_2 + \cdots + \varphi_n dx_n$$

则有

$$\frac{\partial z}{\partial x} = \varphi(x, y), \quad \frac{\partial z}{\partial y} = \psi(x, y)$$

$$\text{或} \frac{\partial z}{\partial x_1} = \varphi_1, \quad \frac{\partial z}{\partial x_2} = \varphi_2, \cdots, \frac{\partial z}{\partial x_n} = \varphi_n$$

▶▶▶典型例题解析

例 11-28 设 $z=xy-xF(u)$，$u=\dfrac{y}{x}$，其中函数 F 可微，证明：

$$x\frac{\partial z}{\partial x} + y\frac{\partial z}{\partial y} = z + xy.$$

分析：计算 $\frac{\partial z}{\partial x}$，$\frac{\partial z}{\partial y}$ 后验证等式成立.

解：通过计算全微分 dz 求偏导数 $\frac{\partial z}{\partial x}$，$\frac{\partial z}{\partial y}$. 利用全微分公式(11-12)和全微分的形式不变性，得

$$\begin{aligned} dz &= y dx + x dy - F(u) dx - xF'(u) du \\ &= y dx + x dy - F(u) dx - xF'(u) \cdot \frac{x dy - y dx}{x^2} \\ &= \left(y - F(u) + \frac{y}{x} F'(u)\right) \cdot dx + (x - F'(u)) dy \end{aligned}$$

所以
$$\frac{\partial z}{\partial x} = y - F(u) + \frac{y}{x} F'(u), \quad \frac{\partial z}{\partial y} = x - F'(u).$$

代入方程左边，得

$$x \frac{\partial z}{\partial x} + y \frac{\partial z}{\partial y} = x\left(y - F(u) + \frac{y}{x} F'(u)\right) + y(x - F'(u)) = 2xy - xF(u) = z + xy$$

所以等式成立.

例 11-29　设 $u = x^k F\left(\frac{z}{x}, \frac{y}{x}\right)$，其中函数 F 可微，证明：

$$x \frac{\partial u}{\partial x} + y \frac{\partial u}{\partial y} + z \frac{\partial u}{\partial z} = ku$$

分析：计算三个偏导数本题既可运用链式法则，也可运用全微分计算. 由于 u 关于 x，y，z 的三个偏导数都要计算，故本题运用全微分计算更方便一些.

解：运用式(11-12)和微分形式不变性，有

$$\begin{aligned} du &= kx^{k-1} F dx + x^k \left[F_1 d\left(\frac{z}{x}\right) + F_2 d\left(\frac{y}{x}\right)\right] \\ &= kx^{k-1} F dx + x^k \left(F_1 \cdot \frac{x dz - z dx}{x^2} + F_2 \cdot \frac{x dy - y dx}{x^2}\right) \\ &= x^{k-2}(kxF - zF_1 - yF_2) dx + x^{k-1} F_2 dy + x^{k-1} F_1 dz \end{aligned}$$

求得
$$\frac{\partial u}{\partial x} = x^{k-2}(kxF - zF_1 - yF_2), \quad \frac{\partial u}{\partial y} = x^{k-1} F_2, \quad \frac{\partial u}{\partial z} = x^{k-1} F_1$$

将三个偏导数代入方程左边，得

$$\begin{aligned} x \frac{\partial u}{\partial x} + y \frac{\partial u}{\partial y} + z \frac{\partial u}{\partial z} &= x^{k-1}(kxF - zF_1 - yF_2) + x^{k-1} yF_2 + x^{k-1} zF_1 \\ &= x^{k-1}(kxF - zF_1 - yF_2 + yF_2 + zF_1) = kx^k F = ku \end{aligned}$$

故等式成立.

▶▶▶方法小结

(1) 运用全微分计算偏导数这一方法的关键在于对全微分的计算.这里应指出,全微分的四则运算[式(11-12)]和全微分形式的不变性[式(11-11)]与一元函数的微分[式(3-2)~式(3-5)]类似,应用方法也相同.

(2) 运用全微分计算偏导数这一方法的优点在于,可同时算出因变量关于所有自变量的偏导数,所以这一方法常被运用于计算那些关于所有变量偏导数的问题(例 11-28,例 11-29).

11.2.4 隐函数的偏导数计算

▶▶▶基本方法

(1) 运用隐函数存在定理,确定变量中哪些变量是其他变量的函数,将方程(或方程组)两边求偏导数,从偏导数满足的方程(或方程组)中解得偏导数.

(2) 将方程(或方程组)两边求全微分,从全微分满足的方程(或方程组)中解得因变量的全微分,从而求得偏导数.

11.2.4.1 由一个方程确定的隐函数偏导数的计算

隐函数存在定理 设 $F(x, y, z)$ 可微,$F(x, y, z)=0$ 所确定的点集非空,且 $F_z(x, y, z)\neq 0$,则由方程 $F(x, y, z)=0$ 可以确定唯一的隐函数 $z=z(x, y)$,并且

$$\frac{\partial z}{\partial x}=-\frac{F_x(x, y, z)}{F_z(x, y, z)}, \quad \frac{\partial z}{\partial y}=-\frac{F_y(x, y, z)}{F_z(x, y, z)} \tag{11-14}$$

其中 F_x, F_y, F_z 表示 F 对独立变量 x, y, z 的偏导数.

▶▶▶方法运用注意点

(1) 隐函数求偏导数的核心是掌握隐函数求导法,即将方程 $F(x, y, z)=0$ 两边分别对 x, y 求偏导 $F_x+F_z\dfrac{\partial z}{\partial x}=0$, $F_y+F_z\dfrac{\partial z}{\partial y}=0$,从方程中解出 $\dfrac{\partial z}{\partial x}$, $\dfrac{\partial z}{\partial y}$,即得公式(11-14).

(2) 由一个方程所确定的隐函数都应遵守一个规则:其中只有一个变量(方程的个数为一)是因变量,剩余的变量是自变量.至于哪个是因变量,哪个是自变量是随问题而定的.例如,计算由方程 $F(x, y, z)=0$ 确定的隐函数的偏导数 y_x, y_z,此时 y 是因变量,x, z 是自变量,即 y 是 x, z 的函数.

(3) 运用隐函数求导法计算 z_x, z_y,在将 $F(x, y, z)=0$ 分别对 x, y 求偏导时,要始终注意 z 是 x, y 的函数.

(4) 运用偏导数公式(11-14)计算 z_x, z_y 时,要注意此时的 x, y, z 是独立变量,特别是在计算公式中的 F_x, F_y 时不能把 z 看成 x, y 的函数,这一点可从公式(11-14)的推导过程以及符号 F_x,

F_y 的含义中得到理解.

(5) 隐函数的偏导数也可对方程 $F(x, y, z)=0$ 求全微分,通过求出 dz 来计算 z_x, z_y.

▶▶▶典型例题解析

例 11-30　设 $\cos^2 x+\cos^2 y+\cos^2 z=1$,求 $\frac{\partial z}{\partial x}, \frac{\partial z}{\partial y}$.

分析: 从所求问题可知,z 是因变量,x, y 是自变量,可运用隐函数求导法、公式(11-14),或通过求全微分计算.

解一: 运用隐函数求导法.将方程两边对 x 求偏导数,注意 $z=z(x, y)$,

$$2\cos x\cdot(-\sin x)+2\cos z\cdot(-\sin z)\frac{\partial z}{\partial x}=0,$$

解得

$$\frac{\partial z}{\partial x}=-\frac{\sin 2x}{\sin 2z}.$$

再将方程两边对 y 求偏导数

$$2\cos y\cdot(-\sin y)+2\cos z\cdot(-\sin z)\frac{\partial z}{\partial y}=0,$$

解得

$$\frac{\partial z}{\partial y}=-\frac{\sin 2y}{\sin 2z}.$$

解二: 运用全微分计算.将方程两边求全微分,得

$$2\cos x\cdot(-\sin x)dx+2\cos y\cdot(-\sin y)dy+2\cos z\cdot(-\sin z)dz=0$$

解得

$$dz=-\frac{\sin 2x}{\sin 2z}dx-\frac{\sin 2y}{\sin 2z}dy,$$

所以

$$\frac{\partial z}{\partial x}=-\frac{\sin 2x}{\sin 2z},\quad \frac{\partial z}{\partial y}=-\frac{\sin 2y}{\sin 2z}.$$

解三: 运用公式(11-14)计算.设 $F(x, y, z)=\cos^2 x+\cos^2 y+\cos^2 z-1$,分别将 $F(x, y, z)$ 关于 x, y, z 求偏导数,得 $F_x=2\cos x\cdot(-\sin x)=-\sin 2x$,

$$F_y=2\cos y\cdot(-\sin y)=-\sin 2y,\ F_z=2\cos z\cdot(-\sin z)=-\sin 2z.$$

运用公式(11-14),所求偏导数

$$\frac{\partial z}{\partial x}=-\frac{F_x}{F_z}=-\frac{\sin 2x}{\sin 2z},\quad \frac{\partial z}{\partial y}=-\frac{F_y}{F_z}=-\frac{\sin 2y}{\sin 2z}.$$

例 11-31　设由方程 $F(x, y, z)=0$ 分别确定 $x=x(y, z)$, $y=y(x, z)$, $z=z(x, y)$,证明:

$$\frac{\partial x}{\partial y}\cdot\frac{\partial y}{\partial z}\cdot\frac{\partial z}{\partial x}=-1.$$

分析: 分别计算偏导数 $\dfrac{\partial x}{\partial y}$, $\dfrac{\partial y}{\partial z}$, $\dfrac{\partial z}{\partial x}$,验证等式.偏导数的计算可以采用隐函数求导法、公式法,本题计算全微分更方便一些.

解: 在方程 $F(x, y, z)=0$ 两边求全微分

$$F_x\mathrm{d}x+F_y\mathrm{d}y+F_z\mathrm{d}z=0,$$

分别以 x, y, z 为因变量,从上式解得

$$\mathrm{d}x=-\frac{F_y}{F_x}\mathrm{d}y-\frac{F_z}{F_x}\mathrm{d}z,\ \mathrm{d}y=-\frac{F_x}{F_y}\mathrm{d}x-\frac{F_z}{F_y}\mathrm{d}z,\ \mathrm{d}z=-\frac{F_x}{F_z}\mathrm{d}x-\frac{F_y}{F_z}\mathrm{d}y,$$

所以
$$\frac{\partial x}{\partial y}=-\frac{F_y}{F_x},\ \frac{\partial y}{\partial z}=-\frac{F_z}{F_y},\ \frac{\partial z}{\partial x}=-\frac{F_x}{F_z},$$

故
$$\frac{\partial x}{\partial y}\cdot\frac{\partial y}{\partial z}\cdot\frac{\partial z}{\partial x}=\left(-\frac{F_y}{F_x}\right)\left(-\frac{F_z}{F_y}\right)\left(-\frac{F_x}{F_z}\right)=-1,$$

等式得证.

例 11-32 设方程 $F(x+y+z, xy+yz+zx)=0$ 确定了函数 $z=z(x, y)$,求 $\dfrac{\partial z}{\partial x}$, $\dfrac{\partial z}{\partial y}$.

分析: 方程为复合函数形成的方程,运用链式法则和隐函数求导法计算.

解: 运用链式法则,将方程两边对 x 求偏导数

$$F_1\cdot\left(1+\frac{\partial z}{\partial x}\right)+F_2\cdot\left(y+y\frac{\partial z}{\partial x}+z+x\frac{\partial z}{\partial x}\right)=0$$

解得
$$\frac{\partial z}{\partial x}=-\frac{F_1+(y+z)F_2}{F_1+(x+y)F_2},$$

再将方程两边对 y 求偏导数

$$F_1\cdot\left(1+\frac{\partial z}{\partial y}\right)+F_2\cdot\left(x+z+y\frac{\partial z}{\partial y}+x\frac{\partial z}{\partial y}\right)=0,$$

解得
$$\frac{\partial z}{\partial y}=-\frac{F_1+(x+z)F_2}{F_1+(x+y)F_2}.$$

例 11-33 证明:由方程 $F\left(x+\dfrac{z}{y}, y+\dfrac{z}{x}\right)=0$ 确定的函数 $z=z(x, y)$ 满足

$$x\frac{\partial z}{\partial x}+y\frac{\partial z}{\partial y}=z-xy.$$

分析: 所给方程是由复合函数形成的方程.由于需要计算两个偏导数,可采用全微分计算.

解: 利用全微分形式不变性,对方程两边求全微分

$$F_1\cdot\mathrm{d}\left(x+\frac{z}{y}\right)+F_2\cdot\mathrm{d}\left(y+\frac{z}{x}\right)=0$$

即
$$F_1\cdot\left(\mathrm{d}x+\frac{y\mathrm{d}z-z\mathrm{d}y}{y^2}\right)+F_2\cdot\left(\mathrm{d}y+\frac{x\mathrm{d}z-z\mathrm{d}x}{x^2}\right)=0$$

解得
$$\mathrm{d}z=\frac{yzF_2-yx^2F_1}{x^2F_1+xyF_2}\mathrm{d}x+\frac{xzF_1-xy^2F_2}{xyF_1+y^2F_2}\mathrm{d}y$$

所以
$$\frac{\partial z}{\partial x}=\frac{-yx^2F_1+yzF_2}{x^2F_1+xyF_2},\quad \frac{\partial z}{\partial y}=\frac{xzF_1-xy^2F_2}{xyF_1+y^2F_2}.$$

将偏导数代入所证等式的左边,得

$$x\frac{\partial z}{\partial x}+y\frac{\partial z}{\partial y}=\frac{-yx^2F_1+yzF_2}{xF_1+yF_2}+\frac{xzF_1-xy^2F_2}{xF_1+yF_2}=z-xy,$$

即函数满足方程.

▶▶▶方法小结

计算由一个方程确定的隐函数的偏导数,应掌握以下要点:

(1) 根据问题所要计算的偏导数,确定哪个是因变量,哪些是自变量,即确定哪个量是其他量的函数;

(2) 将方程分别对自变量求偏导数,获得所求偏导数满足的方程.这里一般需运用链式法则,并且在求导时要特别注意因变量是自变量的函数,而不是独立变量(例 11-30,例 11-32).

(3) 也可将方程求全微分.通过获得全微分来求出偏导数(例 11-30,例 11-31,例 11-33).

(4) 这里的核心是掌握隐函数求导法,而不是死记公式(11-14).

11.2.4.2 由方程组确定的隐函数偏导数的计算

方程组的隐函数存在定理 设函数 $F(x,y,u,v)$ 与 $G(x,y,u,v)$ 都可微,并设方程组

$$\begin{cases}F(x,y,u,v)=0\\ G(x,y,u,v)=0\end{cases}\tag{11-15}$$

所确定的点集非空.又设 $J=\begin{vmatrix}F_u & F_v\\ G_u & G_v\end{vmatrix}\neq 0$,则由方程组式(11-15)确定唯一的一对隐函数 $u=u(x,y)$, $v=v(x,y)$,并且

$$\begin{aligned}&\frac{\partial u}{\partial x}=-\frac{1}{J}\begin{vmatrix}F_x & F_v\\ G_x & G_v\end{vmatrix};\quad \frac{\partial v}{\partial x}=-\frac{1}{J}\begin{vmatrix}F_u & F_x\\ G_u & G_x\end{vmatrix};\\ &\frac{\partial u}{\partial y}=-\frac{1}{J}\begin{vmatrix}F_y & F_v\\ G_y & G_v\end{vmatrix};\quad \frac{\partial v}{\partial y}=-\frac{1}{J}\begin{vmatrix}F_u & F_y\\ G_u & G_y\end{vmatrix}.\end{aligned}\tag{11-16}$$

▶▶▶方法运用注意点

(1) 求解方程组确定的隐函数偏导数问题,首先应从方程组看清哪些变量是因变量,哪些是自变

量,即确定哪些量是另外一些量的函数,这是处理这类问题的要点.**其规则是:方程组中方程的个数即为因变量的个数,剩余的变量都为自变量.**例如,对于方程组式(11-15),其方程为两个,所以方程组在某些条件下可以确定其中的两个变量(因变量)是剩余两个变量(自变量)的函数,至于哪两个是因变量这由所求问题而定.

(2) 偏导数公式(11-16)是很难记忆的,这里需掌握隐函数求偏导数方法的核心:隐函数求导法.其方法是:将方程组两边分别对 x,y 求偏导数.注意 $u=u(x, y)$, $v=v(x, y)$

$$\begin{cases}F_x+F_u\dfrac{\partial u}{\partial x}+F_v\dfrac{\partial v}{\partial x}=0\\ G_x+G_u\dfrac{\partial u}{\partial x}+G_v\dfrac{\partial v}{\partial x}=0\end{cases},\quad \begin{cases}F_y+F_u\dfrac{\partial u}{\partial y}+F_v\dfrac{\partial v}{\partial y}=0\\ G_y+G_u\dfrac{\partial u}{\partial y}+G_v\dfrac{\partial v}{\partial y}=0\end{cases} \tag{11-17}$$

从方程组式(11-17)中解出各偏导数即得式(11-16).所以在实际计算时,偏导数公式(11-16)一般是不用的,而直接采用隐函数求导法计算.

(3) 在将方程组式(11-15)两边对 x,y 求偏导数时,要始终注意方程中的变量 u,v 都是 x,y 的函数,即 $u=u(x, y)$, $v=v(x, y)$.

(4) 也可采用全微分计算,即对方程组式(11-15)两边求全微分

$$\begin{cases}F_x\mathrm{d}x+F_y\mathrm{d}y+F_u\mathrm{d}u+F_v\mathrm{d}v=0\\ G_x\mathrm{d}x+G_y\mathrm{d}y+G_u\mathrm{d}u+G_v\mathrm{d}v=0\end{cases} \tag{11-18}$$

从方程组式(11-18)中解出 $\mathrm{d}u$,$\mathrm{d}v$ 即可得 u,v 关于 x,y 的各个偏导数.

▶▶▶典型例题解析

例 11-34 求由方程组 $\begin{cases}z=x^2+y^2\\ x^2+2y^2+3z^2=20\end{cases}$ 确定的隐函数的导数 $\dfrac{\mathrm{d}y}{\mathrm{d}x}$,$\dfrac{\mathrm{d}z}{\mathrm{d}x}$.

分析: 方程组由两个方程三个变量组成,根据所求问题 y,z 是因变量,x 为自变量,即方程组确定隐函数 $y=y(x)$,$u=u(x)$.可运用隐函数求导法计算.

解一: 将方程组两边对 x 求导

$$\begin{cases}\dfrac{\mathrm{d}z}{\mathrm{d}x}=2x+2y\dfrac{\mathrm{d}y}{\mathrm{d}x}\\ 2x+4y\dfrac{\mathrm{d}y}{\mathrm{d}x}+6z\dfrac{\mathrm{d}z}{\mathrm{d}x}=0\end{cases}$$

解方程组得所求导数 $\dfrac{\mathrm{d}y}{\mathrm{d}x}=-\dfrac{x(6z+1)}{2y(3z+1)}$, $\dfrac{\mathrm{d}z}{\mathrm{d}x}=\dfrac{x}{3z+1}$.

解二: 对方程组两边求微分

$$\begin{cases}\mathrm{d}z=2x\mathrm{d}x+2y\mathrm{d}y\\ 2x\mathrm{d}x+4y\mathrm{d}y+6z\mathrm{d}z=0\end{cases}$$

解方程组得微分　$\mathrm{d}y=-\dfrac{x(6z+1)}{2y(3z+1)}\mathrm{d}x$，　$\mathrm{d}z=\dfrac{x}{3z+1}\mathrm{d}x$

所以　$\dfrac{\mathrm{d}y}{\mathrm{d}x}=-\dfrac{x(6z+1)}{2y(3z+1)}$，　$\dfrac{\mathrm{d}z}{\mathrm{d}x}=\dfrac{x}{3z+1}$.

例 11－35　设$\begin{cases}u=f(ux,v+y)\\v=g(u-x,v^2y)\end{cases}$，其中 f，g 具有一阶连续偏导数，求 $\dfrac{\partial u}{\partial x}$，$\dfrac{\partial v}{\partial x}$.

分析：方程组由两个方程、四个变量组成，根据所求问题，确定隐函数 $u=u(x,y)$，$v=v(x,y)$，可采用隐函数求导法计算.

解：将方程组两边对 x 求偏导数

$$\begin{cases}\dfrac{\partial u}{\partial x}=f_1\cdot\left(u+x\dfrac{\partial u}{\partial x}\right)+f_2\cdot\dfrac{\partial v}{\partial x}\\[2ex]\dfrac{\partial v}{\partial x}=g_1\cdot\left(\dfrac{\partial u}{\partial x}-1\right)+g_2\cdot 2yv\dfrac{\partial v}{\partial x}\end{cases}$$

解方程组得偏导数

$$\frac{\partial u}{\partial x}=\frac{u(1-2yvg_2)f_1-g_1f_2}{(xf_1-1)(2yvg_2-1)-g_1f_2},\ \frac{\partial v}{\partial x}=\frac{g_1(xf_1+uf_1-1)}{(xf_1-1)(2yvg_2-1)-g_1f_2}.$$

例 11－36　函数 $z=z(x,u)$ 由方程组 $x=f(u,v)$，$y=g(u,v)$，$z=h(u,v)$ 所确定，求 $\dfrac{\partial z}{\partial x}$，$\dfrac{\partial z}{\partial u}$，其中 f，g，h 有一阶连续偏导数，且 $f_v\neq 0$.

分析：方程组由三个方程、五个变量组成.从所求问题可知，x，u 为自变量，所以三个因变量为 y，z，v，即方程组确定隐函数 $y=y(x,u)$，$z=z(x,u)$，$v=v(x,u)$.本例也可按下面的方法分析变量间的关系：从方程组 $x=f(u,v)$，$y=g(u,v)$ 中确定 y，v 是 x，u 的函数 $y=y(x,u)$，$v=v(x,u)$，代入 $z=h(u,v)$ 知 $z=z(x,u)$.

解一：将方程组两边对 x 求偏导数

$$1=f_v\frac{\partial v}{\partial x},\quad \frac{\partial y}{\partial x}=g_v\frac{\partial v}{\partial x},\quad \frac{\partial z}{\partial x}=h_v\frac{\partial v}{\partial x}$$

由 $\dfrac{\partial v}{\partial x}=\dfrac{1}{f_v}$ 得　$\dfrac{\partial z}{\partial x}=\dfrac{h_v}{f_v}$.

再将方程组两边对 u 求偏导数

$$0=f_u+f_v\frac{\partial v}{\partial u},\quad \frac{\partial y}{\partial u}=g_u+g_v\frac{\partial v}{\partial u},\quad \frac{\partial z}{\partial u}=h_u+h_v\frac{\partial v}{\partial u},$$

由 $\dfrac{\partial v}{\partial u}=-\dfrac{f_u}{f_v}$ 得　$\dfrac{\partial z}{\partial u}=h_u-\dfrac{h_vf_u}{f_v}$.

解二：将方程组两边求全微分

$$dx = f_u du + f_v dv,\ dy = g_u du + g_v dv,\ dz = h_u du + h_v dv,$$

从 $dx = f_u du + f_v dv$ 得 $dv = \frac{1}{f_v}dx - \frac{f_u}{f_v}du$，代入 dz 的表达式

$$dz = \frac{h_v}{f_v}dx + \left(h_u - \frac{h_v f_u}{f_v}\right)du,$$

所以
$$\frac{\partial z}{\partial x} = \frac{h_v}{f_v},\quad \frac{\partial z}{\partial u} = h_u - \frac{h_v f_u}{f_v}.$$

▶▶▶方法小结

由方程组确定的隐函数偏导数的计算步骤：

(1) 根据问题所要计算的偏导数确定因变量(因变量的个数就是方程组中方程的个数)和自变量(因变量以外剩余的变量)，从而确定量与量之间的函数关系.

(2) 将方程组分别对自变量求偏导数，获得所求偏导数满足的方程组(为线性方程组).这里要强调，在求导时，一般需要运用链式法则，并且不要混淆量与量之间的函数关系.

(3) 从偏导数满足的方程组中解出所求的偏导数.

(4) 也可对方程组求全微分，通过求全微分来求得偏导数(例 11 - 34，例 11 - 36).

11.2.5 多元函数可微性的讨论和全微分的计算

▶▶▶基本方法

(1) 运用函数可微的定义及可微的充分条件讨论可微性.

① 函数可微的定义：设函数 $z = f(x, y)$，若函数在点 (x_0, y_0) 处的全增量可表示为

$$\Delta z = f(x_0 + \Delta x, y_0 + \Delta y) - f(x_0, y_0) = A\Delta x + B\Delta y + o\left(\sqrt{(\Delta x)^2 + (\Delta y)^2}\right) \tag{11-19}$$

则函数 $f(x, y)$ 在点 (x_0, y_0) 处可微，并记

$$dz = A\Delta x + B\Delta y,$$

称为函数 $z = f(x, y)$ 在点 (x_0, y_0) 处的全微分.

② 函数可微的充分条件：设函数 $z = f(x, y)$，若函数的偏导数 $f_x(x, y)$，$f_y(x, y)$ 在点 (x_0, y_0) 处存在且连续，则函数 $z = f(x, y)$ 在点 (x_0, y_0) 处可微.

(2) 对于可微的函数，通过计算偏导数，利用全微分公式(11 - 10)或式(11 - 13)计算其全微分.

(3) 运用全微分的四则运算公式(11 - 12)和全微分的形式不变性计算全微分.

▶▶▶方法运用注意点

(1) 当函数 $f(x, y)$ 在点 (x_0, y_0) 处可微时，函数 $f(x, y)$ 在点 (x_0, y_0) 处的各个偏导数都

存在，且式(11-19)中的 $A=f_x(x_0, y_0)$，$B=f_y(x_0, y_0)$，所以式(11-19)可等价表示为

$$\begin{aligned}\Delta z&=f(x_0+\Delta x, y_0+\Delta y)-f(x_0, y_0)\\&=f_x(x_0, y_0)\Delta x+f_y(x_0, y_0)\Delta y+o(\sqrt{(\Delta x)^2+(\Delta y)^2})\end{aligned}\tag{11-20}$$

因为 $\Delta x=\mathrm{d}x$，$\Delta y=\mathrm{d}y$，所以当 $f(x, y)$ 在点 (x_0, y_0) 处可微时，全微分可表示为

$$\mathrm{d}z=f_x(x_0, y_0)\mathrm{d}x+f_y(x_0, y_0)\mathrm{d}y\tag{11-21}$$

但是反之，若 $f(x, y)$ 在点 (x_0, y_0) 的各个偏导数存在，不能由式(11-21)得出 $f(x, y)$ 在点 (x_0, y_0) 处可微，即偏导数存在是 $f(x, y)$ 可微的必要条件不是充分条件.

(2) 偏导数 $f_x(x, y)$，$f_y(x, y)$ 在点 (x_0, y_0) 处存在且连续是判别函数 $f(x, y)$ 在点 (x_0, y_0) 处可微的充分条件，不是必要条件.当偏导数不连续时，不能断定函数在点 (x_0, y_0) 处不可微，此时需用可微的定义判断.

▶▶▶典型例题解析

例 11-37　试证 $f(x, y)=\sqrt{|xy|}$ 在点 $(0, 0)$ 处连续，偏导数存在，但不可微，而当 $\alpha>\dfrac{1}{2}$ 时，函数 $z=|xy|^{\alpha}$ 在点 $(0, 0)$ 处可微.

分析： 由于在点 $(0, 0)$ 的周围 xy 是变号的，所以函数实际是一个分域函数，点 $(0, 0)$ 是一分域点，应采用定义讨论偏导数的存在性和可微性.

解： 因为 $0\leqslant|xy|\leqslant\dfrac{1}{2}(x^2+y^2)$，所以 $0\leqslant\sqrt{|xy|}\leqslant\sqrt{\dfrac{1}{2}(x^2+y^2)}$，

利用初等函数的连续性知 $\lim\limits_{\substack{x\to 0\\y\to 0}}\sqrt{\dfrac{1}{2}(x^2+y^2)}=0$，根据夹逼准则，得

$$\lim_{\substack{x\to 0\\y\to 0}}\sqrt{|xy|}=0=f(0, 0),$$

所以函数 $f(x, y)=\sqrt{|xy|}$ 在点 $(0, 0)$ 处连续.利用偏导数定义有

$$f_x(0, 0)=\lim_{x\to 0}\frac{f(x, 0)-f(0, 0)}{x}=\lim_{x\to 0}\frac{0-0}{x}=0,$$

$$f_y(0, 0)=\lim_{y\to 0}\frac{f(0, y)-f(0, 0)}{y}=\lim_{y\to 0}\frac{0-0}{y}=0,$$

所以 $f(x, y)$ 在点 $(0, 0)$ 处的两个偏导数都存在.对于 $f(x, y)$ 在点 $(0, 0)$ 处的可微性，根据定义式(11-20)，有

$$\lim_{\substack{\Delta x\to 0\\\Delta y\to 0}}\frac{f(\Delta x, \Delta y)-f(0, 0)-f_x(0, 0)\cdot\Delta x-f_y(0, 0)\cdot\Delta y}{\sqrt{(\Delta x)^2+(\Delta y)^2}}=\lim_{\substack{\Delta x\to 0\\\Delta y\to 0}}\frac{\sqrt{|\Delta x\Delta y|}}{\sqrt{(\Delta x)^2+(\Delta y)^2}}\tag{11-22}$$

当 $\Delta y=k\Delta x$ 时，

$$\lim_{\substack{\Delta x\to 0\\ \Delta y=k\Delta x\to 0}}\frac{\sqrt{|\Delta x\Delta y|}}{\sqrt{(\Delta x)^2+(\Delta y)^2}}=\lim_{\Delta x\to 0}\frac{\sqrt{|\Delta x\cdot k\Delta x|}}{\sqrt{(\Delta x)^2+k^2\cdot(\Delta x)^2}}=\frac{\sqrt{|k|}}{\sqrt{1+k^2}},$$

因此式(11-22)的极限不存在,所以 $f(x,y)=\sqrt{|xy|}$ 在点 $(0,0)$ 处不可微.

对于函数 $z=|xy|^{\alpha}\left(\alpha>\frac{1}{2}\right)$，在点 $(0,0)$ 处有

$$z_x(0,0)=\lim_{\Delta x\to 0}\frac{z(\Delta x,0)-z(0,0)}{\Delta x}=\lim_{\Delta x\to 0}\frac{0-0}{\Delta x}=0,$$

$$z_y(0,0)=\lim_{\Delta y\to 0}\frac{z(0,\Delta y)-z(0,0)}{\Delta y}=\lim_{\Delta y\to 0}\frac{0-0}{\Delta y}=0,$$

$$\lim_{\substack{\Delta x\to 0\\ \Delta y\to 0}}\frac{z(\Delta x,\Delta y)-z(0,0)-z_x(0,0)\cdot\Delta x-z_y(0,0)\cdot\Delta y}{\sqrt{(\Delta x)^2+(\Delta y)^2}}=\lim_{\substack{\Delta x\to 0\\ \Delta y\to 0}}\frac{|\Delta x\Delta y|^{\alpha}}{\sqrt{(\Delta x)^2+(\Delta y)^2}},$$

由于
$$0\leqslant\frac{|\Delta x\Delta y|^{\alpha}}{\sqrt{(\Delta x)^2+(\Delta y)^2}}\leqslant\frac{|\Delta x\Delta y|^{\alpha}}{\sqrt{2|\Delta x\cdot\Delta y|}}=\frac{1}{\sqrt{2}}|\Delta x\Delta y|^{\alpha-\frac{1}{2}},$$

且 $\lim\limits_{\substack{\Delta x\to 0\\ \Delta y\to 0}}|\Delta x\Delta y|^{\alpha-\frac{1}{2}}=0$，根据夹逼准则知 $\lim\limits_{\substack{\Delta x\to 0\\ \Delta y\to 0}}\frac{|\Delta x\Delta y|^{\alpha}}{\sqrt{(\Delta x)^2+(\Delta y)^2}}=0$，所以

$$\frac{z(\Delta x,\Delta y)-z(0,0)-z_x(0,0)\cdot\Delta x-z_y(0,0)\cdot\Delta y}{\sqrt{(\Delta x)^2+(\Delta y)^2}}=o(1)$$

即有

$$z(\Delta x,\Delta y)-z(0,0)=z_x(0,0)\cdot\Delta x+z_y(0,0)\cdot\Delta y+o\left(\sqrt{(\Delta x)^2+(\Delta y)^2}\right),$$

因此函数 $z=|xy|^{\alpha}$ 在点 $(0,0)$ 处可微.

例 11-38 设 $f(x,y)=\begin{cases}xy\sin\dfrac{1}{x^2+y^2}, & x^2+y^2\neq 0\\ 0, & x^2+y^2=0\end{cases}$，证明：

(1) $f_x(0,0)$，$f_y(0,0)$ 存在； (2) $f_x(x,y)$，$f_y(x,y)$ 在点 $(0,0)$ 处不连续；

(3) $f(x,y)$ 在点 $(0,0)$ 处可微.

分析：本题是分域函数在分域点处的可导性、连续性、可微性问题，运用定义讨论.

解：(1) 利用偏导数定义，得

$$f_x(0,0)=\lim_{x\to 0}\frac{f(x,0)-f(0,0)}{x}=\lim_{x\to 0}\frac{0}{x}=0,$$

$$f_y(0,0)=\lim_{y\to 0}\frac{f(0,y)-f(0,0)}{y}=\lim_{y\to 0}\frac{0}{y}=0.$$

(2) 当 $(x, y)\neq(0, 0)$ 时,偏导数

$$f_x(x, y)=y\sin\frac{1}{x^2+y^2}-\frac{2x^2y}{(x^2+y^2)^2}\cos\frac{1}{x^2+y^2},$$

$$f_y(x, y)=x\sin\frac{1}{x^2+y^2}-\frac{2xy^2}{(x^2+y^2)^2}\cos\frac{1}{x^2+y^2},$$

由于当 $x\to 0$, $y\to 0$ 时, $y\sin\dfrac{1}{x^2+y^2}\to 0$, $x\sin\dfrac{1}{x^2+y^2}\to 0$, 而当点 (x, y) 沿直线 $y=kx$ $(k\neq 0)$ 趋于当 $(0, 0)$ 时,两极限

$$\lim_{\substack{x\to 0\\ y=kx\to 0}}\frac{2x^2y}{(x^2+y^2)^2}\cos\frac{1}{x^2+y^2}=\frac{2k}{(1+k^2)^2}\lim_{x\to 0}\frac{1}{x}\cos\frac{1}{(1+k^2)x^2},$$

$$\lim_{\substack{x\to 0\\ y=kx\to 0}}\frac{2xy^2}{(x^2+y^2)^2}\cos\frac{1}{x^2+y^2}=\frac{2k^2}{(1+k^2)^2}\lim_{x\to 0}\frac{1}{x}\cos\frac{1}{(1+k^2)x^2}$$

都不存在,于是极限 $\lim\limits_{\substack{x\to 0\\ y\to 0}}f_x(x, y)$, $\lim\limits_{\substack{x\to 0\\ y\to 0}}f_y(x, y)$ 不存在,所以 $f_x(x, y)$, $f_y(x, y)$ 在点 $(0, 0)$ 处不连续.

(3) 利用可微的定义,从

$$\lim_{\substack{\Delta x\to 0\\ \Delta y\to 0}}\frac{f(\Delta x, \Delta y)-f(0, 0)-f_x(0, 0)\cdot\Delta x-f_y(0, 0)\cdot\Delta y}{\sqrt{(\Delta x)^2+(\Delta y)^2}}=\lim_{\substack{\Delta x\to 0\\ \Delta y\to 0}}\frac{\Delta x\Delta y\sin\dfrac{1}{(\Delta x)^2+(\Delta y)^2}}{\sqrt{(\Delta x)^2+(\Delta y)^2}}$$

$$=\lim_{\rho\to 0}\rho\sin\theta\cos\theta\sin\frac{1}{\rho^2}=0$$

可知　$f(\Delta x, \Delta y)-f(0, 0)=f_x(0, 0)\Delta x+f_y(0, 0)\Delta y+o(\sqrt{(\Delta x)^2+(\Delta y)^2})$,

所以 $f(x, y)$ 在点 $(0, 0)$ 处可微.

例 11-39　求下列函数的全微分:

(1) $z=\arctan\dfrac{x+y}{x-y}$;　　(2) $u=x^y y^z z^x$.

分析:函数为初等函数,可运用全微分的四则运算公式(11-12)和全微分的形式不变性计算,也可计算各个偏导数后利用全微分公式(11-10)或式(11-13)计算.

解:(1) 利用全微分的形式不变性,有

$$dz=\frac{1}{1+\left(\dfrac{x+y}{x-y}\right)^2}d\left(\frac{x+y}{x-y}\right)=\frac{(x-y)^2}{2(x^2+y^2)}\cdot\frac{(x-y)d(x+y)-(x+y)d(x-y)}{(x-y)^2}$$

$$=\frac{(x-y)(dx+dy)-(x+y)(dx-dy)}{2(x^2+y^2)}=\frac{xdy-ydx}{x^2+y^2},$$

(2) 当 $x>0$，$y>0$，$z>0$ 时，偏导数

$$\frac{\partial u}{\partial x}=y^z(yx^{y-1}z^x+x^yz^x\ln z)=x^yy^zz^x\left(\frac{y}{x}+\ln z\right),$$

$$\frac{\partial u}{\partial y}=z^x(zy^{z-1}x^y+y^zx^y\ln x)=x^yy^zz^x\left(\frac{z}{y}+\ln x\right),$$

$$\frac{\partial u}{\partial z}=x^y(xz^{x-1}y^z+z^xy^z\ln y)=x^yy^zz^x\left(\frac{x}{z}+\ln y\right).$$

由于各个偏导数在 $x>0$，$y>0$，$z>0$ 上连续，所以函数 u 可微

$$\mathrm{d}u=\frac{\partial u}{\partial x}\mathrm{d}x+\frac{\partial u}{\partial y}\mathrm{d}y+\frac{\partial u}{\partial z}\mathrm{d}z$$

$$=x^yy^zz^x\left[\left(\frac{y}{x}+\ln z\right)\mathrm{d}x+\left(\frac{z}{y}+\ln x\right)\mathrm{d}y+\left(\frac{x}{z}+\ln y\right)\mathrm{d}z\right].$$

例 11-40 设方程 $\int_0^{x^2}\mathrm{e}^t\mathrm{d}t+\int_0^{y^3}t\mathrm{d}t+\int_0^z\cos t\mathrm{d}t=0$ 确定了函数 $z=z(x,y)$，求 $\mathrm{d}z$.

分析：本例是求隐函数的全微分，可运用全微分的运算性质计算，也可通过求偏导数来计算.由于方程中包含变限积分函数，计算时需结合变限积分函数的求导公式.

解：将方程两边求全微分，运用全微分形式不变性

$$\mathrm{e}^{x^2}\mathrm{d}(x^2)+y^3\mathrm{d}(y^3)+\cos z\mathrm{d}z=0,$$

即

$$2x\mathrm{e}^{x^2}\mathrm{d}x+3y^5\mathrm{d}y+\cos z\mathrm{d}z=0$$

解得

$$\mathrm{d}z=-\frac{2x}{\cos z}\mathrm{e}^{x^2}\mathrm{d}x-\frac{3y^5}{\cos z}\mathrm{d}y.$$

例 11-41 设 $z=f\left(xz,\frac{z}{y}\right)$ 确定 z 为 x，y 的函数，f 可微，求 $\mathrm{d}z$.

分析：函数 z 是隐函数，运用隐函数微分法和全微分的运算性质计算.

解：将方程两边求全微分，运用全微分形式的不变性

$$\mathrm{d}z=f_1\mathrm{d}(xz)+f_2\mathrm{d}\left(\frac{z}{y}\right)=f_1(z\mathrm{d}x+x\mathrm{d}z)+f_2\frac{y\mathrm{d}z-z\mathrm{d}y}{y^2}$$

$$=zf_1\mathrm{d}x+(xf_1+\frac{1}{y}f_2)\mathrm{d}z-\frac{z}{y^2}f_2\mathrm{d}y$$

解得

$$\mathrm{d}z=\frac{zy^2f_1}{y^2-xy^2f_1-yf_2}\mathrm{d}x-\frac{zf_2}{y^2-xy^2f_1-yf_2}\mathrm{d}y.$$

例 11-42 利用全微分计算 $1.002\times(2.003)^2\times(3.004)^3$ 的近似值.

分析：因为函数增量可用全微分近似，即对于函数 $u=f(x,y,z)$ 在点 (x_0,y_0,z_0) 处全增量

$$\Delta u=f(x,y,z)-f(x_0,y_0,z_0)\approx\mathrm{d}u\,|_{(x_0,y_0,z_0)},$$

所以有近似式

$$f(x, y, z) \approx f(x_0, y_0, z_0)+f_x(x_0, y_0, z_0)(x-x_0)$$
$$+f_y(x_0, y_0, z_0)(y-y_0)+f_z(x_0, y_0, z_0)(z-z_0), \tag{11-23}$$

式(11-23)称为函数 f 在点 (x_0, y_0, z_0) 处的线性近似公式.

解: 设 $f(x, y, z)=xy^2z^3$, $x_0=1$, $y_0=2$, $z_0=3$, 则

$$f_x(1, 2, 3)=y^2z^3\big|_{(1,2,3)}=108,\ f_y(1, 2, 3)=2xyz^3\big|_{(1,2,3)}=108,$$
$$f_z(1, 2, 3)=3xy^2z^2\big|_{(1,2,3)}=108,$$

代入式(11-23)得近似式

$$f(x, y, z)\approx 108+108(x-1)+108(y-2)+108(z-3)$$
$$=108(x+y+z-5)$$

在上式中令 $x=1.002$, $y=2.003$, $z=3.004$ 得近似值

$$1.002\times(2.003)^2\times(3.004)^3\approx 108\times(1.002+2.003+3.004-5)=108.972.$$

▶▶▶方法小结

全微分的主要问题是函数可微性的判别和全微分的计算.

(1) 函数可微性的判别方法:

① 计算偏导数.若偏导数中有一个不存在,则根据可微的必要条件即可断定该函数不可微.特别要注意,当函数为分域函数、讨论的点为分域点时,偏导数应采用定义计算.

② 若函数为非分域的显函数,此时应考察偏导数是否连续,若连续则可运用可微的充分条件判定函数可微;若不连续,则应运用可微的定义,通过考察式(11-20)是否成立来判断可微性(例11-37).

③ 若函数为分域函数、讨论的点为分域点,此时一般运用可微的定义,通过考察式(11-20)是否成立来判定函数的可微性(例11-38).

(2) 全微分的计算方法:

① 当函数为显函数时,其全微分的计算通常可按照以下两种方法进行:

a. 计算各个偏导数,运用全微分公式(11-10)或式(11-13)计算[例11-39(2)];

b. 运用全微分的四则运算公式(11-12)和全微分形式不变性公式(11-11)计算[例11-39(1)].

② 当函数为隐函数时,可运用以下两种方法计算全微分:

a. 运用隐函数求导法计算各个偏导数,根据全微分公式(11-10)或式(11-13)求全微分;

b. 运用隐函数微分法,将方程两边取全微分,解全微分满足的方程得到全微分的表达式(例11-40,例11-41).

11.2.6 高阶偏导数的计算

▶▶▶基本方法

(1) 根据高阶偏导数的定义,运用一阶偏导数的求导法则、链式法则计算;

n 阶偏导数的定义 多元函数 f 的 $n-1$ 阶偏导函数的偏导数称为多元函数 f 的 n 阶偏导数.

(2) 运用隐函数求导法计算隐函数的高阶偏导数.

▶▶▶方法运用注意点

(1) 对于显函数形式的多元函数,根据高阶偏导数的定义,对一阶偏导函数求偏导数就得到二阶偏导数,对二阶偏导函数求偏导数就得到三阶偏导数…….由于都是在前一阶偏导函数的基础上再求偏导数,所以求高阶偏导数的方法仍是求一阶偏导数的方法,例如求导的四则运算法则、链式法则等.

(2) 对于抽象函数形式的复合函数,例如 $z=f(xy, x+y)$,这里要注意偏导数

$$\frac{\partial z}{\partial x}=yf_1+f_2$$

中的 f_1, f_2 仍是复合函数,且复合进去的函数与 f 中的复合相同,即

$$f_1=f_1(xy, x+y), f_2=f_2(xy, x+y).$$

牢记这一点是计算抽象函数复合函数高阶偏导数的要点.

(3) 高阶偏导数一般与求导的次序有关,即一般的 $f_{xy}(x, y)\neq f_{yx}(x, y)$,所以求偏导数一般是不允许交换求导次序的.而当交换求导次序后的两个偏导数,例如 $f_{xy}(x, y)$, $f_{yx}(x, y)$ 都连续时,又可保证它们是相等的,即如果混合偏导数连续,则跟求偏导的顺序无关.

(4) 对于隐函数的高阶偏导数问题,按照高阶偏导数的定义,首先要运用隐函数求导法求出一阶偏导数.这里要说明的是,求二阶偏导数时,可以对求得的一阶偏导数的表达式再求偏导数,也可以将求得的一阶偏导数满足的方程两边再求偏导数,通过解方程来求得二阶偏导数.

▶▶▶典型例题解析

例 11-43 设 $z=\ln(e^x+e^y)$,证明函数 z 满足

$$\frac{\partial^2 z}{\partial x^2}\cdot\frac{\partial^2 z}{\partial y^2}=\left(\frac{\partial^2 z}{\partial x\partial y}\right)^2$$

分析: 求出方程中的各个二阶偏导数,验证等式成立.

解:
$$\frac{\partial z}{\partial x}=\frac{e^x}{e^x+e^y}, \frac{\partial z}{\partial y}=\frac{e^y}{e^x+e^y},$$

将 $\frac{\partial z}{\partial x}$ 再分别对 x, y 求偏导数,得

$$\frac{\partial^2 z}{\partial x^2}=\frac{\partial}{\partial x}\left(\frac{e^x}{e^x+e^y}\right)=\frac{e^x(e^x+e^y)-e^xe^x}{(e^x+e^y)^2}=\frac{e^{x+y}}{(e^x+e^y)^2},$$
$$\frac{\partial^2 z}{\partial x\partial y}=\frac{\partial}{\partial y}\left(\frac{e^x}{e^x+e^y}\right)=e^x\cdot\frac{-e^y}{(e^x+e^y)^2}=-\frac{e^{x+y}}{(e^x+e^y)^2},$$

再将 $\frac{\partial z}{\partial y}$ 对 y 求偏导数,得

$$\frac{\partial^2 z}{\partial y^2}=\frac{\partial}{\partial y}\left(\frac{e^y}{e^x+e^y}\right)=\frac{e^y(e^x+e^y)-e^y e^y}{(e^x+e^y)^2}=\frac{e^{x+y}}{(e^x+e^y)^2},$$

所以 $$\frac{\partial^2 z}{\partial x^2}\cdot\frac{\partial^2 z}{\partial y^2}=\frac{e^{x+y}}{(e^x+e^y)^2}\cdot\frac{e^{x+y}}{(e^x+e^y)^2}=\left[\frac{-e^{x+y}}{(e^x+e^y)^2}\right]^2=\left(\frac{\partial^2 z}{\partial x\partial y}\right)^2,$$

即函数 z 满足方程.

例 11-44　求函数 $z=f(xy, x^2-y^2)$ 的二阶偏导数 $\frac{\partial^2 z}{\partial x^2}$ 和 $\frac{\partial^2 z}{\partial x\partial y}$，其中 f 具有连续的二阶偏导数.

分析： 函数是抽象函数 $z=f(u, v)$ 与函数 $u=xy$，$v=x^2-y^2$ 的复合，运用链式法则计算.

解： 运用链式法则，

$$\frac{\partial z}{\partial x}=f_1\cdot\frac{\partial}{\partial x}(xy)+f_2\cdot\frac{\partial}{\partial x}(x^2-y^2)=yf_1+2xf_2,$$

注意到 $f_1=f_1(xy, x^2-y^2)$，$f_2=f_2(xy, x^2-y^2)$，有

$$\begin{aligned}\frac{\partial^2 z}{\partial x^2}&=y\cdot\frac{\partial}{\partial x}(f_1)+2\frac{\partial}{\partial x}(xf_2)=y(y\cdot f_{11}+2x\cdot f_{12})+2f_2+2x(y\cdot f_{21}+2x\cdot f_{22})\\&=2f_2+y^2f_{11}+4xyf_{12}+4x^2f_{22}\quad(f_{12}=f_{21}),\end{aligned}$$

$$\begin{aligned}\frac{\partial^2 z}{\partial x\partial y}&=\frac{\partial}{\partial y}(yf_1+2xf_2)=\frac{\partial}{\partial y}(yf_1)+2x\frac{\partial}{\partial y}(f_2)\\&=f_1+y(xf_{11}-2yf_{12})+2x(xf_{21}-2yf_{22})\\&=f_1+xyf_{11}+2(x^2-y^2)f_{12}-4xyf_{22}.\end{aligned}$$

例 11-45　设 $z=F(x+f(2x-y), y)$，函数 F，f 分别具有二阶连续偏导数和导数，求 $\frac{\partial^2 z}{\partial y^2}$.

分析： 函数 z 是抽象函数与抽象函数的复合，利用链式法则计算.求高阶偏导数时注意复合关系不变.

解： 运用链式法则，

$$\frac{\partial z}{\partial y}=F_1\cdot\frac{\partial}{\partial y}(x+f(2x-y))+F_2=F_1\cdot f'\cdot(-1)+F_2=-f'F_1+F_2,$$

$$\begin{aligned}\frac{\partial^2 z}{\partial y^2}&=-F_1\cdot\frac{\partial}{\partial y}(f')-f'\frac{\partial}{\partial y}(F_1)+\frac{\partial}{\partial y}(F_2)\\&=f''F_1-f'(F_{11}\cdot f'\cdot(-1)+F_{12})+F_{21}\cdot f'\cdot(-1)+F_{22}\\&=f''F_1+(f')^2F_{11}-2f'F_{12}+F_{22}\quad(F_{12}=F_{21}).\end{aligned}$$

例 11-46　设 $f(x, y)=\sqrt[3]{x^4+y^4}$，证明：$f_{xy}(0, 0)=f_{yx}(0, 0)$，但 $f_{xy}(x, y)$，$f_{yx}(x, y)$ 在点 $(0, 0)$ 处不连续.

分析： 计算 $f_{xy}(0, 0)$，$f_{yx}(0, 0)$，$f_{xy}(x, y)$，$f_{yx}(x, y)$，并考察 $f_{xy}(x, y)$，$f_{yx}(x, y)$ 在

点 $(0,0)$ 处的极限是否等于 $f_{xy}(0,0)$，$f_{yx}(0,0)$. 但要注意在点 $(0,0)$ 处偏导数的计算方法，不能直接用链式法则后将点 $(0,0)$ 代入.

解：当 $(x,y)=(0,0)$ 时，利用偏导数的定义，有

$$f_x(0,0)=\lim_{x\to 0}\frac{f(x,0)-f(0,0)}{x}=\lim_{x\to 0}x^{\frac{1}{3}}=0,$$

$$f_y(0,0)=\lim_{y\to 0}\frac{f(0,y)-f(0,0)}{y}=\lim_{y\to 0}y^{\frac{1}{3}}=0.$$

当 $(x,y)\neq(0,0)$ 时，利用链式法则，有

$$f_x(x,y)=\frac{4x^3}{3\sqrt[3]{(x^4+y^4)^2}},\quad f_y(x,y)=\frac{4y^3}{3\sqrt[3]{(x^4+y^4)^2}},$$

于是
$$f_{xy}(0,0)=\lim_{y\to 0}\frac{f_x(0,y)-f_x(0,0)}{y}=\lim_{y\to 0}\frac{0}{y}=0,$$

$$f_{yx}(0,0)=\lim_{x\to 0}\frac{f_y(x,0)-f_y(0,0)}{x}=\lim_{x\to 0}\frac{0}{x}=0,$$

由此证得
$$f_{xy}(0,0)=f_{yx}(0,0).$$

又当 $(x,y)\neq(0,0)$ 时，

$$f_{xy}(x,y)=\frac{4}{3}x^3\frac{\partial}{\partial y}\left((x^4+y^4)^{-\frac{2}{3}}\right)=-\frac{32x^3y^3}{9\sqrt[3]{(x^4+y^4)^5}},$$

$$f_{yx}(x,y)=-\frac{32x^3y^3}{9\sqrt[3]{(x^4+y^4)^5}},$$

且当点 (x,y) 沿直线 $y=kx\ (k\neq 0)$ 趋于点 $(0,0)$ 时，极限

$$\lim_{\substack{x\to 0\\ y=kx\to 0}}f_{xy}(x,y)=-\frac{32k^3}{9\sqrt[3]{(1+k^4)^5}}\lim_{x\to 0}\frac{1}{x^{\frac{2}{3}}}=\infty,$$

所以极限 $\lim\limits_{\substack{x\to 0\\ y\to 0}}f_{xy}(x,y)$，$\lim\limits_{\substack{x\to 0\\ y\to 0}}f_{yx}(x,y)$ 都不存在.这说明 $f_{xy}(x,y)$，$f_{yx}(x,y)$ 在点 $(0,0)$ 处不连续.

说明：上例表明：(1) $f_{xy}(x,y)$，$f_{yx}(x,y)$ 在点 (x_0,y_0) 处连续是 $f_{xy}(x_0,y_0)=f_{yx}(x_0,y_0)$ 成立的充分条件，而不是必要条件.

(2) 当在某些点处偏导数的公式和求导法则无法运用时，此时应利用偏导数的定义计算.

例 11-47 函数 $f(x,y)=\begin{cases}xy\dfrac{x^2-y^2}{x^2+y^2}, & (x,y)\neq(0,0)\\ 0, & (x,y)=(0,0)\end{cases}$，试证明函数 $f(x,y)$ 在点 $(0,0)$ 处的两个二阶混合偏导数都存在，但不相等，即 $f_{xy}(0,0)\neq f_{yx}(0,0)$.

分析：本例要计算分域函数在分域点处的偏导数，应利用定义计算.

解： 当 $(x, y)=(0, 0)$ 时，利用偏导数的定义得，

$$f_x(0, 0)=\lim_{x\to 0}\frac{f(x, 0)-f(0, 0)}{x}=\lim_{x\to 0}\frac{0}{x}=0,$$

$$f_y(0, 0)=\lim_{y\to 0}\frac{f(0, y)-f(0, 0)}{y}=\lim_{y\to 0}\frac{0}{y}=0,$$

当 $(x, y)\neq(0, 0)$ 时，利用求导法则得，

$$f_x(x, y)=\frac{y(x^4-y^4+4x^2y^2)}{(x^2+y^2)^2},\ f_y(x, y)=\frac{x(x^4-y^4-4x^2y^2)}{(x^2+y^2)^2},$$

于是有

$$f_{xy}(0, 0)=\lim_{y\to 0}\frac{f_x(0, y)-f_x(0, 0)}{y}=\lim_{y\to 0}\frac{-y}{y}=-1,$$

$$f_{yx}(0, 0)=\lim_{x\to 0}\frac{f_y(x, 0)-f_y(0, 0)}{x}=\lim_{x\to 0}\frac{x}{x}=1,$$

由此证得 $f_{xy}(0, 0)$，$f_{yx}(0, 0)$ 都存在但不相等.

说明： 上例说明：

(1) 混合偏导数 $f_{xy}(x, y)$ 与 $f_{yx}(x, y)$ 两者未必相等，即偏导数的求导秩序一般不可交换.

(2) 对于分域函数在分域点处的高阶偏导数，一般需采用定义计算.

例 11-48　设由方程 $z^3-3xyz=a^3$ 确定函数 $z=z(x, y)$，求 $\dfrac{\partial^2 z}{\partial x\partial y}$.

分析： 隐函数求高阶偏导数，应采用隐函数求导法，只是求导时应始终牢记函数 z 是 x, y 的函数.

解一： 将方程两边分别对 x, y 求偏导数

$$3z^2\frac{\partial z}{\partial x}-3y\left(z+x\frac{\partial z}{\partial x}\right)=0,\ 3z^2\frac{\partial z}{\partial y}-3x\left(z+y\frac{\partial z}{\partial y}\right)=0, \tag{11-24}$$

解得

$$\frac{\partial z}{\partial x}=\frac{yz}{z^2-xy},\ \frac{\partial z}{\partial y}=\frac{xz}{z^2-xy}, \tag{11-25}$$

再将 $\dfrac{\partial z}{\partial x}$ 对 y 求偏导数

$$\begin{aligned}\frac{\partial^2 z}{\partial x\partial y}&=\frac{(z^2-xy)\left(z+y\dfrac{\partial z}{\partial y}\right)-yz\left(2z\dfrac{\partial z}{\partial y}-x\right)}{(z^2-xy)^2}\\&=\frac{1}{(z^2-xy)^2}\left[(z^2-xy)\left(z+y\frac{xz}{z^2-xy}\right)-yz\left(2z\frac{xz}{z^2-xy}-x\right)\right]\\&=\frac{z(z^4-2xyz^2-x^2y^2)}{(z^2-xy)^3}.\end{aligned}$$

解二: 在求 $\frac{\partial^2 z}{\partial x \partial y}$ 时,将 $\frac{\partial z}{\partial x}$ 对 y 求偏导通常将面临两式相除的导数计算.为简化计算,也可将 $\frac{\partial z}{\partial x}$ 满足的方程式(11-24)两边对 y 求偏导数,得

$$6z\frac{\partial z}{\partial y}\cdot\frac{\partial z}{\partial x}+3z^2\frac{\partial^2 z}{\partial x\partial y}-3\left(z+x\frac{\partial z}{\partial x}\right)-3y\left(\frac{\partial z}{\partial y}+x\frac{\partial^2 z}{\partial x\partial y}\right)=0.$$

再将 $\frac{\partial z}{\partial x}$, $\frac{\partial z}{\partial y}$ 的表达式(11-25)代入上式,有

$$6z\frac{xyz^2}{(z^2-xy)^2}+3z^2\frac{\partial^2 z}{\partial x\partial y}-3\left(z+\frac{xyz}{z^2-xy}\right)-3y\left(\frac{xz}{z^2-xy}+x\frac{\partial^2 z}{\partial x\partial y}\right)=0,$$

解得

$$\frac{\partial^2 z}{\partial x\partial y}=\frac{z(z^4-2xyz^2-x^2y^2)}{(z^2-xy)^3}.$$

说明: 从上例的解题过程可以看到,隐函数求高阶偏导数,其方法仍然是求一阶偏导数的隐函数求导法,只是需注意在对一阶偏导数求导或对一阶偏导数满足的方程求导时,式中的 z 都是 x, y 的函数.

例 11-49 设函数 $u=f(x, y, z)$ 由方程 $u^2+z^2+y^2-x=0$ 确定,其中 $z=xy^2+y\ln y-y$,求 $\frac{\partial u}{\partial x}$ 和 $\frac{\partial^2 u}{\partial x^2}$.

分析: 本例是方程组确定的隐函数求高阶偏导数问题.若将 z 的表达式代入 $u^2+z^2+y^2-x=0$ 消去 z,本例也可化为一个方程的隐函数求高阶偏导数问题.

解: 根据问题,方程组 $\begin{cases}u^2+z^2+y^2-x=0\\ z=xy^2+y\ln y-y\end{cases}$ 确定隐函数 $u=u(x, y)$ 和 $z=z(x, y)$. 将方程组两边对 x 求偏导数,得

$$\begin{cases}2u\frac{\partial u}{\partial x}+2z\frac{\partial z}{\partial x}-1=0\\ \frac{\partial z}{\partial x}=y^2\end{cases}, \tag{11-26}$$

解得

$$\frac{\partial u}{\partial x}=\frac{1-2zy^2}{2u}.$$

将方程组式(11-26)两边再对 x 求偏导数,得

$$\begin{cases}2\frac{\partial u}{\partial x}\cdot\frac{\partial u}{\partial x}+2u\frac{\partial^2 u}{\partial x^2}+2\frac{\partial z}{\partial x}\cdot\frac{\partial z}{\partial x}+2z\frac{\partial^2 z}{\partial x^2}=0\\ \frac{\partial^2 z}{\partial x^2}=0\end{cases},$$

将 $\frac{\partial u}{\partial x}$，$\frac{\partial z}{\partial x}$ 的表达式代入上式，解得

$$\frac{\partial^2 u}{\partial x^2}=-\frac{4u^2y^4+(1-2zy^2)^2}{4u^3}.$$

说明：(1) 本例也可将 $z=xy^2+y\ln y-y$ 代入方程 $u^2+z^2+y^2-x=0$ 中消去 z，把问题转化为一个方程 $u^2+(xy^2+y\ln y-y)^2+y^2-x=0$ 所确定的隐函数 $u=u(x,y)$ 求二阶偏导数的问题.

(2) 上例的解法给出了由方程组所确定的隐函数高阶偏导数的计算方法，就是将一阶偏导数满足的方程组式(11-26)两边再求偏导数，解二阶偏导数满足的方程组即可.

例 11-50　取适当的常数 α，β 使方程

$$6\frac{\partial^2 u}{\partial x^2}-5\frac{\partial^2 u}{\partial x\partial y}+\frac{\partial^2 u}{\partial y^2}=0$$

在变换 $\xi=x+\alpha y$，$\eta=x+\beta y$ 下可化成新的方程 $\frac{\partial^2 u}{\partial\xi\partial\eta}=0$，其中函数 u 的二阶偏导数连续，并求出方程的解 $u=u(x,y)$.

分析：这是偏导数的变量代换问题.首先应搞清楚函数间的复合关系.这类题有两种思路构造复合关系，即

u — x — ξ, η；u — y — ξ, η　或　u — ξ — x, y；u — η — x, y

对于本例，由于题中给出的是 u 关于 x，y 的偏导数的方程，采用后一种复合关系，即把新变量 ξ，η 作为中间变量，求出 $\frac{\partial^2 u}{\partial x^2}$，$\frac{\partial^2 u}{\partial x\partial y}$，$\frac{\partial^2 u}{\partial y^2}$ 后代入所给方程化简较为方便.

解：利用链式法则，

$$\frac{\partial u}{\partial x}=\frac{\partial u}{\partial\xi}\cdot\frac{\partial\xi}{\partial x}+\frac{\partial u}{\partial\eta}\cdot\frac{\partial\eta}{\partial x}=\frac{\partial u}{\partial\xi}+\frac{\partial u}{\partial\eta},$$

$$\frac{\partial u}{\partial y}=\frac{\partial u}{\partial\xi}\cdot\frac{\partial\xi}{\partial y}+\frac{\partial u}{\partial\eta}\cdot\frac{\partial\eta}{\partial y}=\alpha\frac{\partial u}{\partial\xi}+\beta\frac{\partial u}{\partial\eta},$$

于是二阶偏导数

$$\begin{aligned}\frac{\partial^2 u}{\partial x^2}&=\frac{\partial^2 u}{\partial\xi^2}\cdot\frac{\partial\xi}{\partial x}+\frac{\partial^2 u}{\partial\xi\partial\eta}\cdot\frac{\partial\eta}{\partial x}+\frac{\partial^2 u}{\partial\eta\partial\xi}\cdot\frac{\partial\xi}{\partial x}+\frac{\partial^2 u}{\partial\eta^2}\cdot\frac{\partial\eta}{\partial x}\\&=\frac{\partial^2 u}{\partial\xi^2}+2\frac{\partial^2 u}{\partial\xi\partial\eta}+\frac{\partial^2 u}{\partial\eta^2},\end{aligned}$$

$$\frac{\partial^2 u}{\partial x\partial y}=\frac{\partial^2 u}{\partial \xi^2}\cdot\frac{\partial \xi}{\partial y}+\frac{\partial^2 u}{\partial \xi\partial \eta}\cdot\frac{\partial \eta}{\partial y}+\frac{\partial^2 u}{\partial \eta\partial \xi}\cdot\frac{\partial \xi}{\partial y}+\frac{\partial^2 u}{\partial \eta^2}\cdot\frac{\partial \eta}{\partial y}$$

$$=\alpha\frac{\partial^2 u}{\partial \xi^2}+(\alpha+\beta)\frac{\partial^2 u}{\partial \xi\partial \eta}+\beta\frac{\partial^2 u}{\partial \eta^2},$$

$$\frac{\partial^2 u}{\partial y^2}=\alpha\left(\frac{\partial^2 u}{\partial \xi^2}\cdot\frac{\partial \xi}{\partial y}+\frac{\partial^2 u}{\partial \xi\partial \eta}\cdot\frac{\partial \eta}{\partial y}\right)+\beta\left(\frac{\partial^2 u}{\partial \eta\partial \xi}\cdot\frac{\partial \xi}{\partial y}+\frac{\partial^2 u}{\partial \eta^2}\cdot\frac{\partial \eta}{\partial y}\right)$$

$$=\alpha^2\frac{\partial^2 u}{\partial \xi^2}+2\alpha\beta\frac{\partial^2 u}{\partial \xi\partial \eta}+\beta^2\frac{\partial^2 u}{\partial \eta^2},$$

将二阶偏导数代入方程,整理得

$$(\alpha^2-5\alpha+6)\frac{\partial^2 u}{\partial \xi^2}+(12-5\alpha-5\beta+2\alpha\beta)\frac{\partial^2 u}{\partial \xi\partial \eta}+(\beta^2-5\beta+6)\frac{\partial^2 u}{\partial \eta^2}=0,$$

按题意,令 $\alpha^2-5\alpha+6=0$, $\beta^2-5\beta+6=0$, 且 $12-5\alpha-5\beta+2\alpha\beta\neq 0$,

解得 $\alpha=2$, $\beta=3$ 或 $\alpha=3$, $\beta=2$. 所以当取 $\alpha=2$, $\beta=3$ 或 $\alpha=3$, $\beta=2$ 时,原方程化为

$$\frac{\partial^2 u}{\partial \xi\partial \eta}=0.$$

又
$$\frac{\partial^2 u}{\partial \xi\partial \eta}=\frac{\partial}{\partial \eta}\left(\frac{\partial u}{\partial \xi}\right)=0,$$

对其两边关于 η 积分得 $\frac{\partial u}{\partial \xi}=\varphi(\xi)$, 再两边关于 ξ 积分得

$$u=\int\varphi(\xi)\mathrm{d}\xi+g(\eta)=f(\xi)+g(\eta),$$

因此原方程的解为

$$u(x,y)=f(x+2y)+g(x+3y)\text{ 或 }u(x,y)=f(x+3y)+g(x+2y).$$

例 11-51 设 $u=f(x,y,z)$ 有二阶连续偏导数,而 $x=r\cos\theta$, $y=r\sin\theta$, $z=z$, 证明:

$$\frac{\partial^2 u}{\partial x^2}+\frac{\partial^2 u}{\partial y^2}+\frac{\partial^2 u}{\partial z^2}=\frac{1}{r}\frac{\partial}{\partial r}\left(r\frac{\partial u}{\partial r}\right)+\frac{1}{r^2}\frac{\partial^2 u}{\partial \theta^2}+\frac{\partial^2 u}{\partial z^2}.$$

分析:根据方程两边的偏导数以及变化的表达式,本例应选择 x, y, z 为中间变量,即

$$u\begin{cases}x\begin{cases}r\\\theta\end{cases}\\y\begin{cases}r\\\theta\end{cases}\\z\end{cases}$$

的复合关系,从等式右边入手.

解:利用链式法则,

$$\frac{\partial u}{\partial \theta}=\frac{\partial u}{\partial x}\cdot\frac{\partial x}{\partial \theta}+\frac{\partial u}{\partial y}\cdot\frac{\partial y}{\partial \theta}=-r\sin\theta\frac{\partial u}{\partial x}+r\cos\theta\frac{\partial u}{\partial y},$$

$$\frac{\partial u}{\partial r}=\frac{\partial u}{\partial x}\cdot\frac{\partial x}{\partial r}+\frac{\partial u}{\partial y}\cdot\frac{\partial y}{\partial r}=\cos\theta\frac{\partial u}{\partial x}+\sin\theta\frac{\partial u}{\partial y},$$

$$\begin{aligned}\frac{\partial^2 u}{\partial\theta^2}&=-r\cos\theta\frac{\partial u}{\partial x}-r\sin\theta\frac{\partial}{\partial\theta}\left(\frac{\partial u}{\partial x}\right)-r\sin\theta\frac{\partial u}{\partial y}+r\cos\theta\frac{\partial}{\partial\theta}\left(\frac{\partial u}{\partial y}\right)\\&=-r\cos\theta\frac{\partial u}{\partial x}-r\sin\theta\left[\frac{\partial^2 u}{\partial x^2}\cdot(-r\sin\theta)+\frac{\partial^2 u}{\partial x\partial y}\cdot(r\cos\theta)\right]-r\sin\theta\frac{\partial u}{\partial y}+\\&\quad r\cos\theta\left[\frac{\partial^2 u}{\partial y\partial x}\cdot(-r\sin\theta)+\frac{\partial^2 u}{\partial y^2}\cdot(r\cos\theta)\right]\\&=-r\cos\theta\frac{\partial u}{\partial x}+r^2\sin^2\theta\frac{\partial^2 u}{\partial x^2}-2r^2\sin\theta\cos\theta\frac{\partial^2 u}{\partial x\partial y}\quad r\sin\theta\frac{\partial u}{\partial y}+r^2\cos^2\theta\frac{\partial^2 u}{\partial y^2},\end{aligned}$$

$$\begin{aligned}\frac{\partial}{\partial r}\left(r\frac{\partial u}{\partial r}\right)&=\frac{\partial}{\partial r}\left(r\cos\theta\frac{\partial u}{\partial x}+r\sin\theta\frac{\partial u}{\partial y}\right)\\&=\cos\theta\left[\frac{\partial u}{\partial x}+r\left(\frac{\partial^2 u}{\partial x^2}\cos\theta+\frac{\partial^2 u}{\partial x\partial y}\sin\theta\right)\right]+\\&\quad\sin\theta\left[\frac{\partial u}{\partial y}+r\left(\frac{\partial^2 u}{\partial y\partial x}\cos\theta+\frac{\partial^2 u}{\partial y^2}\sin\theta\right)\right]\\&=\cos\theta\frac{\partial u}{\partial x}+r\cos^2\theta\frac{\partial^2 u}{\partial x^2}+2r\sin\theta\cos\theta\frac{\partial^2 u}{\partial x\partial y}+\sin\theta\frac{\partial u}{\partial y}+r\sin^2\theta\frac{\partial^2 u}{\partial y^2},\end{aligned}$$

将上面的偏导数代入方程右式

$$\begin{aligned}右式&=\frac{\cos\theta}{r}\frac{\partial u}{\partial x}+\cos^2\theta\frac{\partial^2 u}{\partial x^2}+2\sin\theta\cos\theta\frac{\partial^2 u}{\partial x\partial y}+\frac{\sin\theta}{r}\frac{\partial u}{\partial y}+\sin^2\theta\frac{\partial^2 u}{\partial y^2}-\\&\quad\frac{\cos\theta}{r}\frac{\partial u}{\partial x}+\sin^2\theta\frac{\partial^2 u}{\partial x^2}-2\sin\theta\cos\theta\frac{\partial^2 u}{\partial x\partial y}-\frac{\sin\theta}{r}\frac{\partial u}{\partial y}+\cos^2\theta\frac{\partial^2 u}{\partial y^2}+\frac{\partial^2 u}{\partial z^2}\\&=\frac{\partial^2 u}{\partial x^2}+\frac{\partial^2 u}{\partial y^2}+\frac{\partial^2 u}{\partial z^2}=左式,\end{aligned}$$

等式得证.

▶▶▶方法小结

高阶偏导数是偏导函数的导数，所以对它的计算仍然是采用计算一阶偏导数的方法.常见的问题和处理方法有：

(1) 初等显函数的高阶偏导数计算。这类问题通常采用求导的四则运算公式，链式法则逐阶计算(例 11 - 43).

(2) 抽象复合函数的高阶偏导数计算。这类问题通常采用链式法则、求导的四则运算公式计算.只是应牢记，在求偏导数之后，其中抽象函数偏导数中的函数复合关系始终不变(例 11 - 44，例 11 - 45).

(3) 不能使用求导法则的高阶偏导数计算。这类问题通常采用偏导数的定义计算(例 11 - 46).

(4) 分域函数在分域点处的高阶偏导数计算。这类问题也应采用偏导数的定义计算(例 11-47).

(5) 一个方程确定的隐函数的高阶偏导数计算。这类问题应采用隐函数求导法计算,只是在对偏导数或偏导数满足的方程求导时,应牢记因变量与自变量之间的函数关系始终保持不变(例 11-48).

(6) 方程组确定的隐函数的高阶偏导数计算。这类问题也应采用隐函数求导法计算,只是在对方程组求导时应严格区分哪些是因变量,哪些是自变量,即哪些量是另外一些量的函数,并且在求导时,注意函数关系始终不变.与一个方程情形不同的是,求导是对方程组逐次求导,求偏导数是解相应的方程组(例 11-49).

(7) 高阶偏导数的变量代换问题。这类问题通常应采用链式法则计算,即通过链式法则把原来的偏导数转换成关于新变量的偏导数.只是在计算时,首先应确定是把原来的自变量作为中间变量还是把新变量作为中间变量.一般来讲,把新变量作为中间变量可能更直接和方便一些(例 11-50,例 11-51).

11.2.7 方向导数、梯度的计算与应用

▶▶▶基本方法

1) 运用定义计算方向导数和梯度

(1) 方向导数的定义:函数 $z=f(x, y)$ 在点 $P_0(x_0, y_0)$ 处沿方向 $\boldsymbol{l}=\{\cos\alpha, \cos\beta\}$ 的方向导数

$$\left.\frac{\partial z}{\partial l}\right|_{P_0}=\lim_{\rho\to 0^+}\frac{f(x_0+\rho\cos\alpha, y_0+\rho\cos\beta)-f(x_0, y_0)}{\rho} \tag{11-27}$$

(2) 梯度的定义:设函数 $z=f(x, y)$ 在点 $P_0(x_0, y_0)$ 处可微,函数 $f(x, y)$ 在点 P_0 处的梯度

$$\operatorname{grad} f(x_0, y_0)=\{f_x(x_0, y_0), f_y(x_0, y_0)\} \tag{11-28}$$

若记 $\boldsymbol{\nabla}=\left\{\frac{\partial}{\partial x}, \frac{\partial}{\partial y}\right\}$,则梯度可写为

$$\operatorname{grad} f(x_0, y_0)=\boldsymbol{\nabla} f(x_0, y_0)=\{f_x, f_y\}\big|_{P_0} \tag{11-29}$$

2) 运用方向导数的计算公式计算方向导数

(1) 方向导数的计算公式:设函数 $z=f(x, y)$ 在点 $P_0(x_0, y_0)$ 处可微,则函数 $f(x, y)$ 在点 P_0 处沿任一方向 $\boldsymbol{l}=\{\cos\alpha, \cos\beta\}$ 的方向导数存在,且

$$\left.\frac{\partial z}{\partial l}\right|_{P_0}=f_x(x_0, y_0)\cos\alpha+f_y(x_0, y_0)\cos\beta=\boldsymbol{\nabla} f(x_0, y_0)\cdot\boldsymbol{l} \tag{11-30}$$

其中 $\cos\alpha$, $\cos\beta$ 是方向 $\boldsymbol{l}$ 的方向余弦.

(2) 梯度的几何意义:函数 $z=f(x, y)$ 的梯度 $\boldsymbol{\nabla} f(x_0, y_0)$ 是函数 $f(x, y)$ 在点 P_0 处函数值增加率最大的方向,即在点 P_0 处,当函数沿着各个方向变化时,函数沿梯度方向变化的函数值增长最快,并且梯度的模 $|\boldsymbol{\nabla} f(x_0, y_0)|$ 就是函数在该点处方向导数的最大值.

▶▶▶方法运用注意点

(1) 方向导数的计算公式(11-30)是常用的公式,但使用时需注意使用的条件,它要求函数 $z=f(x, y)$ 在点 P_0 处可微,即可微是公式(11-30)成立的充分条件.当可微条件不满足时,不可使用这一公式,此时可运用方向导数的定义式(11-27)计算.

(2) 函数 $z=f(x, y)$ 在点 P_0 处的梯度 $\nabla f(x_0, y_0)$ 是一向量,不是一个函数值,这一点对初学者是容易犯的错误.

(3) 梯度的定义式(11-28)和方向导数的计算公式(11-30)在相同的条件下可推广到 n 元函数,即若 $z=f(x_1, x_2, \cdots, x_n)$,则 $f(x_1, x_2, \cdots, x_n)$ 在点 P_0 处的梯度

$$\operatorname{grad} f(P_0)=\nabla f(P_0)=\{f_{x_1}, f_{x_2}, \cdots, f_{x_n}\}\big|_{P_0} \tag{11-31}$$

同样成立以下方向导数的计算公式

$$\left.\frac{\partial z}{\partial l}\right|_{P_0}=\nabla f(P_0)\cdot \boldsymbol{l}^0 \tag{11-32}$$

▶▶▶典型例题解析

例 11-52　求函数 $u=x^2-xy+z^2$ 在点 $(1, 0, 1)$ 处沿该点到点 $(3, -1, 3)$ 方向的方向导数.

分析: 由于函数 $u=x^2-xy+z^2$ 在 R^3 上可微,可运用公式(11-32)计算.

解: 由 $u_x=2x-y$, $u_y=-x$, $u_z=2z$ 均在 R^3 上连续可知,函数 u 在 R^3 上可微.又点 $(1, 0, 1)$ 到点 $(3, -1, 3)$ 的方向 $\boldsymbol{l}=\{2, -1, 2\}$,其单位向量为 $\boldsymbol{l}^0=\left\{\frac{2}{3}, -\frac{1}{3}, \frac{2}{3}\right\}$.运用方向导数的计算公式(11-32),得

$$\left.\frac{\partial u}{\partial l}\right|_{(1,0,1)}=\nabla f\big|_{(1,0,1)}\cdot \boldsymbol{l}^0=\{2, -1, 2\}\cdot\left\{\frac{2}{3}, -\frac{1}{3}, \frac{2}{3}\right\}=3.$$

例 11-53　求函数 $u=\ln(x+\sqrt{y^2+z^2})$ 在点 $(1, 0, 1)$ 处的最大方向导数.

分析: 根据梯度的几何意义,函数沿梯度方向的方向导数最大,且最大值为其模.

解: 由

$$u_x=\frac{1}{x+\sqrt{y^2+z^2}},\ u_y=\frac{y}{(x+\sqrt{y^2+z^2})\sqrt{y^2+z^2}},\ u_z=\frac{z}{(x+\sqrt{y^2+z^2})\sqrt{y^2+z^2}}$$

可知,函数 u 在点 $(1, 0, 1)$ 处可微.又在点 $(1, 0, 1)$ 处方向导数最大的方向为梯度方向

$$\boldsymbol{l}=\nabla u(1, 0, 1)=\{u_x, u_y, u_z\}\big|_{(1,0,1)}=\left\{\frac{1}{2}, 0, \frac{1}{2}\right\},$$

于是在点 $(1, 0, 1)$ 处方向导数的最大值

$$\max\left(\left.\frac{\partial u}{\partial l}\right|_{(1,0,1)}\right)=|\nabla u(1, 0, 1)|=\frac{\sqrt{2}}{2}.$$

例 11-54 设某座山的高度 $h=3\,000-2x^2-y^2$，这里 x 轴指向东，y 轴指向北，并且 m 作为测量单位.某登山运动员从点 $(30, -20, 800)$ 出发，

(1) 如果他向西南方向移动，问走的是上坡路还是下坡路？

(2) 在该点处沿什么方向走，上坡最快？

分析：(1) 由于方向导数的值表示函数在该点处沿方向 $\boldsymbol{l}$ 的增加率，所以是上坡路还是下坡路可从方向导数的正、负号来判别.

(2) 上坡最快的方向即为函数在点 $(30, -20)$ 处的梯度方向.

解：(1) 由 $h_x=-4x$，$h_y=-2y$ 可知，函数在点 $(30, -20)$ 处可微.按题意，西南方向的方向角 $\alpha=225^\circ$，$\beta=135^\circ$，其方向余弦

$$\boldsymbol{l}^0=\{\cos\alpha, \cos\beta\}=\left\{-\frac{\sqrt{2}}{2}, -\frac{\sqrt{2}}{2}\right\},$$

由 h 沿 $\boldsymbol{l}^0$ 方向的方向导数

$$\left.\frac{\partial h}{\partial l}\right|_{(30, -20)}=\nabla h(30, -20)\cdot\boldsymbol{l}^0=\{-120, 40\}\cdot\left\{-\frac{\sqrt{2}}{2}, -\frac{\sqrt{2}}{2}\right\}=40\sqrt{2}>0$$

可知，登山者走的是上坡路.

(2) 在点 $(30, -20, 800)$ 处上坡最快的方向就是函数 h 在点 $(30, -20)$ 处函数值增长最大的方向，此即为 h 在点 $(30, -20)$ 的梯度方向.所以在该点处上坡最快的方向为

$$\boldsymbol{l}=\nabla u(30, -20)=\{-120, 40\},$$

即西偏北 $\arctan\dfrac{1}{3}$ 的方向.

例 11-55 设 u 是方程 $e^{z+u}-xy-yz-zu=0$ 确定的 x, y, z 的隐函数，求 $u=u(x, y, z)$ 在点 $P(1, 1, 0)$ 处的方向导数的最大值.

分析：函数由隐函数形式给出，考虑求梯度 $\nabla u(1, 1, 0)$ 及 $|\nabla u(1, 1, 0)|$.

解：将方程两边求全微分，

$$e^{z+u}d(z+u)-(ydx+xdy)-(zdy+ydz)-(udz+zdu)=0,$$

解得
$$du=\frac{1}{e^{z+u}-z}[ydx+(x+z)dy+(y+u-e^{z+u})dz],$$

偏导数
$$u_x=\frac{y}{e^{z+u}-z}, u_y=\frac{x+z}{e^{z+u}-z}, u_z=\frac{y+u-e^{z+u}}{e^{z+u}-z}.$$

所以函数 u 在点 $(1, 1, 0)$ 处的梯度（注意 $u(1, 1, 0)=0$）

$$\nabla u(1, 1, 0)=\{u_x, u_y, u_z\}|_{(1, 1, 0)}=\{1, 1, 0\},$$

在点 $P(1, 1, 0)$ 处 u 的方向导数的最大值

$$\max\left(\left.\frac{\partial u}{\partial l}\right|_P\right)=|\nabla u(1, 1, 0)|=\sqrt{2}.$$

例 11-56 证明函数 $f(x, y)=\sqrt{x^2+y^2}$ 在点 $(0, 0)$ 处连续，偏导数不存在，但沿任一方向的

方向导数都存在.

分析：从所要证明的结论偏导数 $f_x(0,0)$，$f_y(0,0)$ 不存在可知，$f(x,y)$ 在点 $(0,0)$ 处不可微，所以方向导数存在性的证明不能运用公式(11-30)而需运用定义式(11-27)证明.

解：(1) 因为

$$\lim_{\substack{x\to 0\\ y\to 0}} f(x,y)=\lim_{\substack{x\to 0\\ y\to 0}}\sqrt{x^2+y^2}=0=f(0,0),$$

所以 $f(x,y)$ 在点 $(0,0)$ 处连续.

(2) 利用偏导数的定义知，

$$f_x(0,0)=\lim_{x\to 0}\frac{f(x,0)-f(0,0)}{x}=\lim_{x\to 0}\frac{|x|}{x}\text{ 不存在},$$

$$f_y(0,0)=\lim_{y\to 0}\frac{f(0,y)-f(0,0)}{y}=\lim_{y\to 0}\frac{|y|}{y}\text{ 不存在},$$

所以 $f(x,y)$ 在点 $(0,0)$ 处关于 x，y 的偏导数都不存在.

(3) 任取一方向 $\boldsymbol{l}=\{\cos\alpha,\cos\beta\}$，则由方向导数的定义式(11-27)知，

$$\left.\frac{\partial f}{\partial l}\right|_{(0,0)}=\lim_{\rho\to 0^+}\frac{f(0+\rho\cos\alpha,0+\rho\cos\beta)-f(0,0)}{\rho}$$

$$=\lim_{\rho\to 0^+}\frac{\sqrt{(\rho\cos\alpha)^2+(\rho\cos\beta)^2}}{\rho}=\lim_{\rho\to 0^+}\frac{\rho}{\rho}=1,$$

所以 $f(x,y)$ 在点 $(0,0)$ 处沿任一方向 $\boldsymbol{l}$ 的方向导数都存在且等于 1.

说明：

(1) 函数的方向导数存在不能保证偏导数存在，反之也可举出偏导数存在而方向导数不存在的例子.所以沿方向 $\boldsymbol{l}$ 的方向导数与偏导数概念之间没有必然的因果关系.

(2) 函数可微仅仅是函数沿任一方向的方向导数存在的充分条件，而不是必要条件，即函数不可微但函数沿任一方向的方向导数可以存在，例 11-56 和例 11-57 都是例子.

例 11-57　设 $f(x,y)=\begin{cases}\dfrac{\sqrt{|xy|}}{x^2+y^2}\sin(x^2+y^2), & x^2+y^2\neq 0\\ 0, & x^2+y^2=0\end{cases}$，问：

(1) $f(x,y)$ 在点 $(0,0)$ 处是否连续？为什么？(2) $f(x,y)$ 在点 $(0,0)$ 处是否可微？为什么？(3) $f(x,y)$ 在点 $(0,0)$ 处沿任一方向的方向导数是否存在？为什么？

分析：本例是分域函数在分域点处的连续性、可微性以及方向导数的存在性问题，应采用定义来进行讨论.

解：(1) $\displaystyle\lim_{\substack{x\to 0\\ y\to 0}} f(x,y)=\lim_{\substack{x\to 0\\ y\to 0}}\frac{\sqrt{|xy|}}{x^2+y^2}\sin(x^2+y^2)=\lim_{\substack{x\to 0\\ y\to 0}}\frac{\sqrt{|xy|}(x^2+y^2)}{x^2+y^2}$

$$=\lim_{\substack{x\to 0\\ y\to 0}}\sqrt{|xy|}=0=f(0,0),$$

由此可知 $f(x, y)$ 在点 $(0, 0)$ 处连续.

(2) 由 $$f_x(0, 0)=\lim_{x\to 0}\frac{f(x, 0)-f(0, 0)}{x}=\lim_{x\to 0}\frac{0}{x}=0,$$

$$f_y(0, 0)=\lim_{y\to 0}\frac{f(0, y)-f(0, 0)}{y}=\lim_{y\to 0}\frac{0}{y}=0,$$

$$\lim_{\substack{x\to 0\\ y\to 0}}\frac{f(x, y)-f(0, 0)-f_x(0, 0)x-f_y(0, 0)y}{\sqrt{x^2+y^2}}=\lim_{\substack{x\to 0\\ y\to 0}}\frac{\sqrt{|xy|}\sin(x^2+y^2)}{(x^2+y^2)\sqrt{x^2+y^2}}$$
$$=\lim_{\substack{x\to 0\\ y\to 0}}\frac{\sqrt{|xy|}}{\sqrt{x^2+y^2}}$$

不存在可知，$f(x, y)$ 在点 $(0, 0)$ 处不可微.

(3) 任取一方向 $\boldsymbol{l}=\{\cos\alpha, \cos\beta\}$，则由

$$\lim_{\rho\to 0^+}\frac{f(0+\rho\cos\alpha, 0+\rho\cos\beta)-f(0, 0)}{\rho}=\lim_{\rho\to 0^+}\frac{\sqrt{|\rho\cos\alpha\cdot\rho\cos\beta|}\sin\rho^2}{\rho^3}$$
$$=\lim_{\rho\to 0^+}\frac{\rho\sqrt{|\cos\alpha\cos\beta|}\cdot\rho^2}{\rho^3}=\sqrt{|\cos\alpha\cos\beta|}$$

可知，$f(x, y)$ 在点 $(0, 0)$ 处沿任一方向 $\boldsymbol{l}$ 的方向导数都存在.

▶▶▶方法小结

方向导数在几何上反映一个函数在某一点处沿某一方向的增加率，而梯度从函数值变化的角度反映了在某一点处函数值增长最大的方向，两者既有区别又通过公式(11-30)产生联系.有关方向导数、梯度常见的问题和计算方法有：

(1) 可微函数的方向导数、梯度的计算。这类问题通常采用偏导数的求导法则求出偏导数，运用梯度公式(11-31)和方向导数公式(11-32)计算(例 11-52，例 11-53)。

(2) 隐函数的方向导数、梯度的计算。这类问题通常采用隐函数求导法或隐函数微分法求出偏导数，运用梯度公式(11-31)和方向导数公式(11-32)计算(例 11-55).

(3) 不可微函数方向导数的计算。当函数在某点处不可微时，不能断言函数在该点处的方向导数不存在，例 11-56 和例 11-57 表明，在不可微点方向导数有可能存在.不过此时方向导数的计算不能运用公式(11-32)，而应采用定义式(11-27)计算(例 11-56).

(4) 分域函数在分域点处方向导数、梯度的计算。① 对于方向导数，此类问题通常采用方向导数的定义式(11-27)计算(例 11-57).② 对于梯度，若函数可微，则可先运用定义计算偏导数，再利用梯度的定义式(11-31)计算梯度.

(5) 有关方向导数，梯度的应用问题。这里应注意掌握以下三点：

① 若方向导数 $\left.\dfrac{\partial f}{\partial l}\right|_{P_0}>0$，则表示当点从 P_0 出发沿方向 $\boldsymbol{l}$ 变化时，函数值是增加的，反之若

$\frac{\partial f}{\partial l}\Big|_{P_0} < 0$，则函数值是减少的(例 11-54(1))．

② 梯度方向 $\nabla f(P_0)$ 是函数 f 在点 P_0 处函数值增加最大的方向(例 11-54(2))．

③ 在点 P_0 处方向导数的最大值为 $|\nabla f(P_0)|$ (例 11-53，例 11-55)．

11.2.8　多元函数微分学在几何上的应用

多元函数微分学在几何上的应用主要讨论以下两个问题：

(1) 空间曲线的切线与法平面方程的计算；

(2) 空间曲面的切平面和法线方程的计算．

11.2.8.1　空间曲线的切线与法平面方程的计算

▶▶▶基本方法

(1) 空间曲线由参数方程给出的情形

设空间曲线 Γ 由参数方程

$$\Gamma:\begin{cases}x=x(t)\\ y=y(t)\quad(\alpha\leqslant t\leqslant\beta)\\ z=z(t)\end{cases}$$

给出，参数 t_0 对应曲线 Γ 上的点 $M_0(x(t_0), y(t_0), z(t_0))$，则曲线在点 M_0 处的切线方向

$$\boldsymbol{\tau}=\{x'(t_0), y'(t_0), z'(t_0)\},\tag{11-33}$$

曲线在点 M_0 处的切线方程

$$\frac{x-x(t_0)}{x'(t_0)}=\frac{y-y(t_0)}{y'(t_0)}=\frac{z-z(t_0)}{z'(t_0)},\tag{11-34}$$

曲线在点 M_0 处的法平面方程

$$x'(t_0)(x-x(t_0))+y'(t_0)(y-y(t_0))+z'(t_0)(z-z(t_0))=0.\tag{11-35}$$

(2) 空间曲线由一般式方程给出的情形

设空间曲线 Γ 由一般式方程

$$\Gamma:\begin{cases}F(x, y, z)=0\\ G(x, y, z)=0\end{cases}$$

给出，点 $M_0(x_0, y_0, z_0)$ 为曲线 Γ 上的点，则曲线在点 M_0 处的切线方向

$$\boldsymbol{\tau}=\begin{vmatrix}\boldsymbol{i} & \boldsymbol{j} & \boldsymbol{k}\\ F_x & F_y & F_z\\ G_x & G_y & G_z\end{vmatrix}_{M_0}\tag{11-36}$$

根据直线的点向式方程、平面的点法式方程分别写出曲线在点 M_0 处的切线方程和法平面方程.

▶▶▶方法运用注意点

曲线的一般式方程情形的切线方向式(11-36)是两曲面 $F(x, y, z)=0$, $G(x, y, z)=0$ 在点 M_0 处的法向量(或梯度) $\boldsymbol{n}_1=\nabla F(M_0)$, $\boldsymbol{n}_2=\nabla G(M_0)$ 的外积,即

$$\boldsymbol{\tau}=\nabla F(M_0)\times\nabla G(M_0) \tag{11-36$'$}$$

▶▶▶典型例题解析

例 11-58 求曲线 $x=\dfrac{t}{1+t}$, $y=\dfrac{1+t}{t}$, $z=t^2$ 在 $t=1$ 的对应点处的切线方程和法平面方程.

分析: 曲线由参数方程给出,运用式(11-33)计算切线的方向.

解: 当 $t=1$ 时,所对应的曲线上的点 $M_0\left(\dfrac{1}{2}, 2, 1\right)$,曲线在点 M_0 处的切线方向

$$\boldsymbol{\tau}_1=\{x'(t), y'(t), z'(t)\}_{t=1}=\left\{\frac{1}{(1+t)^2}, -\frac{1}{t^2}, 2t\right\}_{t=1}$$

$$=\left\{\frac{1}{4}, -1, 2\right\} /\!/ \{1, -4, 8\}.$$

取曲线的切线方向 $\boldsymbol{\tau}=\{1, -4, 8\}$,则由直线的点向式方程得曲线在点 M_0 处的切线方程为

$$\frac{x-\dfrac{1}{2}}{1}=\frac{y-2}{-4}=\frac{z-1}{8},$$

由平面的点法式方程得曲线在点 M_0 处的法平面方程为

$$1\left(x-\frac{1}{2}\right)-4(y-2)+8(z-1)=0,\text{即}\quad 2x-8y+16z=1.$$

例 11-59 求曲线 $\begin{cases}x^2+y^2-10=0\\y^2+z^2-10=0\end{cases}$ 在点 $M_0(1, 3, 1)$ 处的切线方程与法平面方程.

分析: 曲线由一般式方程给出,运用公式(11-36′)计算切向量.

解: 记 $F=x^2+y^2-10$, $G=y^2+z^2-10$,则在点 M_0 处的梯度

$$\nabla F(1, 3, 1)=\{2x, 2y, 0\}_{(1, 3, 1)}=\{2, 6, 0\},$$
$$\nabla G(1, 3, 1)=\{0, 2y, 2z\}_{(1, 3, 1)}=\{0, 6, 2\}.$$

运用公式(11-36′),曲线在点 $(1, 3, 1)$ 处的切线方向

$$\boldsymbol{\tau}_1=\nabla F(1, 3, 1)\times\nabla G(1, 3, 1)=\begin{vmatrix}\boldsymbol{i}&\boldsymbol{j}&\boldsymbol{k}\\2&6&0\\0&6&2\end{vmatrix}=\{12, -4, 12\} /\!/ \{3, -1, 3\},$$

取切线方向 $\boldsymbol{\tau}=\{3, -1, 3\}$，此时曲线在点 M_0 处的切线方程为

$$\frac{x-1}{3}=\frac{y-3}{-1}=\frac{z-1}{3},$$

法平面方程为

$$3(x-1)-(y-3)+3(z-1)=0, \quad 即 \quad 3x-y+3z-3=0.$$

例 11-60 求过直线 $L:\begin{cases}x+2y+z-1=0\\x-y-2z+3=0\end{cases}$ 的平面方程，使之平行于曲线 $C:\begin{cases}x^2+y^2=\frac{1}{2}z^2\\x+y+2z=4\end{cases}$ 在点 $(1, -1, 2)$ 处的切线.

分析：由于所求平面过直线 L，故应考虑运用过直线的平面束方程来求解.这里所求平面的法向量应与曲线 C 在点 $(1, -1, 2)$ 处的切线方向垂直.

解：过直线 L 的平面束方程为

$$x+2y+z-1+\lambda(x-y-2z+3)=0,$$

即
$$(1+\lambda)x+(2-\lambda)y+(1-2\lambda)z+3\lambda-1=0,$$

其法向量
$$\boldsymbol{n}(\lambda)=\{1+\lambda, 2-\lambda, 1-2\lambda\}.$$

又函数 $F=x^2+y^2-\frac{1}{2}z^2$，$G=x+y+2z-4$ 在点 $(1, -1, 2)$ 处的梯度

$$\nabla F(1, -1, 2)=\{2x, 2y, -z\}_{(1,-1,2)}=\{2, -2, -2\}, \nabla G(1, -1, 2)=\{1, 1, 2\},$$

所以曲线 C 在点 $(1, -1, 2)$ 处的切线方向

$$\boldsymbol{\tau}_1=\nabla F(1, -1, 2)\times\nabla G(1, -1, 2)=\begin{vmatrix}\boldsymbol{i} & \boldsymbol{j} & \boldsymbol{k}\\2 & -2 & -2\\1 & 1 & 2\end{vmatrix}=\{-2, -6, 4\} /\!/ \{1, 3, -2\},$$

也就是切线方向 $\boldsymbol{\tau}=\{1, 3, -2\}$. 又根据题设，$\boldsymbol{n}(\lambda)\perp\boldsymbol{\tau}$，于是有

$$\boldsymbol{n}(\lambda)\cdot\boldsymbol{\tau}=1+\lambda+3(2-\lambda)-2(1-2\lambda)=2\lambda+5=0,$$

解得 $\lambda=-\frac{5}{2}$，故所求平面为

$$3x-9y-12z+17=0.$$

▶▶▶方法小结

计算空间曲线的切线和法平面方程其关键的知识点在于对曲线的切线方向的计算.而曲线切线方向可根据曲线的表达式是参数形式还是一般式，分别运用公式(11-33)，式(11-36)和式(11-36′)求得.

11.2.8.2 空间曲面的切平面与法线方程的计算

▶▶▶基本方法

(1) 空间曲面由隐函数方程给出的情形

设空间曲面 Σ 由隐函数方程 Σ：$F(x, y, z)=0$ 给出，点 $M_0(x_0, y_0, z_0)$ 为曲面 Σ 上的点，则曲面在点 M_0 处的法向量

$$\boldsymbol{n}=\nabla F(x_0, y_0, z_0)=\{F_x, F_y, F_z\}_{M_0} \tag{11-37}$$

曲面在点 M_0 处的切平面为

$$F_x(x_0, y_0, z_0)(x-x_0)+F_y(x_0, y_0, z_0)(y-y_0)+F_z(x_0, y_0, z_0)(z-z_0)=0 \tag{11-38}$$

法线方程为

$$\frac{x-x_0}{F_x(x_0, y_0, z_0)}=\frac{y-y_0}{F_y(x_0, y_0, z_0)}=\frac{z-z_0}{F_z(x_0, y_0, z_0)} \tag{11-39}$$

(2) 空间曲面由显函数形式给出的情形

设空间曲面 Σ 由显函数形式 Σ：$z=f(x, y)$ 给出，点 $M_0(x_0, y_0, z_0)$ 为曲面 Σ 上的点，则曲面在点 M_0 处的法向量

$$\boldsymbol{n}=\{f_x, f_y, -1\}_{M_0} \tag{11-40}$$

曲面在点 M_0 处的切平面方程为

$$z-z_0=f_x(x_0, y_0)(x-x_0)+f_y(x_0, y_0)(y-y_0) \tag{11-41}$$

法线方程为

$$\frac{x-x_0}{f_x(x_0, y_0)}=\frac{y-y_0}{f_y(x_0, y_0)}=\frac{z-z_0}{-1} \tag{11-42}$$

▶▶▶方法运用注意点

(1) 这里要注意对梯度的理解.函数 $u=F(x, y, z)$ 的梯度 $\nabla F(x, y, z)$ 在几何上有两层含义：

① 从函数值变化的角度理解，梯度 $\nabla F(x_0, y_0, z_0)$ 表示函数 $u=F(x, y, z)$ 在点 (x_0, y_0, z_0) 处函数值增长最快的方向.

② 从等值面的角度理解，梯度 $\nabla F(x_0, y_0, z_0)$ 表示在等值面 $F(x, y, z)=u_0(u_0=F(x_0, y_0, z_0))$ 上的点 (x_0, y_0, z_0) 处的法向量.

(2) 在曲面上的点 M_0 处如果存在非零的法向量，则在点 M_0 处都对应着两个法向量

$$\boldsymbol{n}=\pm\{F_x, F_y, F_z\}_{M_0} \text{ 或 } \boldsymbol{n}=\pm\{f_x, f_y, -1\}_{M_0},$$

它们是一正一反的关系，而式(11-37)和式(11-40)只是其中的一个法向量.

▶▶▶典型例题解析

例 11-61　求曲面 $z=\ln(1+x^2+2y^2)$ 在点 $M_0(1,1,\ln 4)$ 处的切平面和法线方程.

分析: 曲面由显函数形式给出,运用式(11-40)计算法向量,式(11-41)和式(11-42)计算切平面和法线方程.

解: 运用式(11-40),曲面在点 $M_0(1,1,\ln 4)$ 处的法向量

$$\boldsymbol{n}_1=\{f_x,f_y,-1\}_{M_0}=\left\{\frac{2x}{1+x^2+2y^2},\frac{4y}{1+x^2+2y^2},-1\right\}_{M_0}$$

$$=\left\{\frac{1}{2},1,-1\right\}\parallel\{1,2,-2\},$$

取切平面的法向量 $\boldsymbol{n}=\{1,2,-2\}$,则曲面在点 M_0 处的切平面方程为

$$(x-1)+2(y-1)-2(z-\ln 4)=0,\text{即}\quad x+2y-2z+4\ln 2-3=0,$$

法线方程为
$$\frac{x-1}{1}=\frac{y-1}{2}=\frac{z-\ln 4}{-2}.$$

例 11-62　求曲面 $3x^2+y^2-z^2=27$ 在点 $M_0(3,1,1)$ 处的切平面和法线方程.

分析: 曲面由隐函数方程给出,运用式(11-37)计算法向量,式(11-38)和式(11-39)计算切平面和法线方程.

解: 运用法向量公式(11-37)得,曲面在点 $M_0(3,1,1)$ 处的法向量

$$\boldsymbol{n}_1=\nabla(3x^2+y^2-z^2-27)\Big|_{M_0}=\{6x,2y,-2z\}_{M_0}=\{18,2,-2\}\parallel\{9,1,-1\}.$$

取切平面的法向量 $\boldsymbol{n}=\{9,1,-1\}$,于是得到曲面在点 $M_0(3,1,1)$ 处的切平面方程为

$$9(x-3)+(y-1)-(z-1)=0,\text{即}\ 9x+y-z-27=0,$$

法线方程为
$$\frac{x-3}{9}=\frac{y-1}{1}=\frac{z-1}{-1}.$$

例 11-63　求 $\lambda>0$,使曲面 $xyz=\lambda$ 与曲面 $\frac{x^2}{a^2}+\frac{y^2}{b^2}+\frac{z^2}{c^2}=1$(其中 a,b,c 均大于零)在某点相切.

分析: 本例求解的关键是要求出两曲面的切点.一旦切点求出,把它代入方程 $xyz=\lambda$ 即可求出 λ 的值,而切点的坐标应同时满足两曲面方程,并且在该点处两曲面的法向量平行.

解: 设点 $M(x,y,z)$ 是两曲面 $xyz=\lambda$ 与 $\frac{x^2}{a^2}+\frac{y^2}{b^2}+\frac{z^2}{c^2}=1$ 相切的切点,则在切点 M 处两曲面的法向量平行,有

$$\boldsymbol{n}_1=\nabla(xyz-\lambda)=\{yz,xz,xy\}\parallel\boldsymbol{n}_2=\nabla\left(\frac{x^2}{a^2}+\frac{y^2}{b^2}+\frac{z^2}{c^2}-1\right)=\left\{\frac{2x}{a^2},\frac{2y}{b^2},\frac{2z}{c^2}\right\}.$$

根据向量平行的等价条件,x,y,z 满足

$$\frac{yz}{\frac{2x}{a^2}}=\frac{xz}{\frac{2y}{b^2}}=\frac{xy}{\frac{2z}{c^2}}, \text{即} \frac{a^2}{x^2}=\frac{b^2}{y^2}=\frac{c^2}{z^2},$$

即
$$\frac{x^2}{a^2}=\frac{y^2}{b^2}=\frac{z^2}{c^2}.$$

将上关系式代入方程 $\frac{x^2}{a^2}+\frac{y^2}{b^2}+\frac{z^2}{c^2}=1$，消去 x，y 得 $\frac{3z^2}{c^2}=1$，解得 $z=\pm\frac{c}{\sqrt{3}}$，从而得到 $x=\pm\frac{a}{\sqrt{3}}$，$y=\pm\frac{b}{\sqrt{3}}$ 以及 8 个切点 $M\left(\pm\frac{a}{\sqrt{3}}, \pm\frac{b}{\sqrt{3}}, \pm\frac{c}{\sqrt{3}}\right)$.

将切点 M 的坐标代入方程 $xyz=\lambda$，得 $\lambda=\pm\frac{abc}{3\sqrt{3}}$，由题设知 $\lambda>0$，所以所求的 λ 的值为

$$\lambda=\frac{abc}{3\sqrt{3}}.$$

例 11-64 求曲面 $3x^2+y^2-z^2=27$ 的一个切平面，使此切平面经过直线

$$\begin{cases}10x+2y-2z=27\\ x+y-z=0\end{cases}.$$

分析： 所求切平面经过已知直线，本例首先可考虑运用平面束方程求解.本例求解的另一个关键点是找出平面束中的哪一个平面与曲面相切，这可从曲面在切点处的法向量与平面束的法向量平行入手分析.

解： 由所求切平面过已知直线，构造过该直线的平面束方程

$$10x+2y-2z-27+\lambda(x+y-z)=0,$$

即
$$(10+\lambda)x+(2+\lambda)y-(2+\lambda)z-27=0, \tag{11-43}$$

其法向量
$$\boldsymbol{n}(\lambda)=\{10+\lambda, 2+\lambda, -2-\lambda\},$$

设平面(11-43)与曲面 $3x^2+y^2-z^2=27$ 相切于点 $M(x, y, z)$，则在点 M 处曲面的法向量与平面(11-43)的法向量平行，即有

$$\boldsymbol{n}=\nabla(3x^2+y^2-z^2-27)=\{6x, 2y, -2z\} // \boldsymbol{n}(\lambda)=\{10+\lambda, 2+\lambda, -2-\lambda\}.$$

根据向量平行的等价条件，有

$$\frac{3x}{10+\lambda}=\frac{y}{2+\lambda}=\frac{-z}{-2-\lambda},$$

解得 $z=y=\frac{3(2+\lambda)}{10+\lambda}x$. 将 $z=y$ 代入曲面方程和式(11-43)，得

$$3x^2=27, \quad (10+\lambda)x=27,$$

解得 $x=\pm 3$，且当 $x=3$ 时，$\lambda=-1$；当 $x=-3$ 时，$\lambda=-19$. 将 $\lambda=-1$，$\lambda=-19$ 分别代入式(11-43)得所求的切平面分别为

$$9x+y-z-27=0 \quad 或 \quad 9x+17y-17z+27=0.$$

例 11-65 试证明曲面 Σ：$x+y+z=f(yz+zx+xy)$ 上任一点处的法线都与直线 $x=y=z$ 共面，其中 f 可微.

分析：可用两条直线 L_k：$\dfrac{x-x_k}{a_k}=\dfrac{y-y_k}{b_k}=\dfrac{z-z_k}{c_k}$ $(k=1, 2)$ 共面的充要条件

$$\begin{vmatrix} x_2-x_1 & y_2-y_1 & z_2-z_1 \\ a_1 & b_1 & c_1 \\ a_2 & b_2 & c_2 \end{vmatrix}=0 \tag{11-44}$$

来证明.

解：在曲面 Σ 上任取一点 $M_0(x_0, y_0, z_0)$，则曲面 Σ 在点 M_0 处的法向量为

$$\boldsymbol{n}=\nabla(x+y+z-f(yz+xz+xy))_{M_0}=\{1-(y_0+z_0)f', \\ 1-(x_0+z_0)f', 1-(x_0+y_0)f'\},$$

法线方程为

$$\frac{x-x_0}{1-(y_0+z_0)f'}=\frac{y-y_0}{1-(x_0+z_0)f'}=\frac{z-z_0}{1-(x_0+y_0)f'},$$

又直线 $x=y=z$ 过原点且方向向量为 $\{1, 1, 1\}$，并且行列式

$$\begin{vmatrix} x_0 & y_0 & z_0 \\ 1 & 1 & 1 \\ 1-(y_0+z_0)f' & 1-(x_0+z_0)f' & 1-(x_0+y_0)f' \end{vmatrix}$$
$$=-[(y_0-x_0)(z_0-x_0)f'-(z_0-x_0)(y_0-x_0)f']=0.$$

根据两直线共面的充要条件式(11-44)，曲面在点 M_0 处的法线与直线 $x=y=z$ 共面，由于点 M_0 是在曲面 Σ 上任取的，所以结论得证.

▶▶▶方法小结

计算空间曲面的切平面和法线方程，其关键的知识点在于对曲面的法向量的计算. 而法向量可根据曲面的表达形式是显函数形式还是隐函数形式，分别运用公式(11-40)和式(11-37)计算.

11.2.9 多元函数的极值与最值计算

多元函数微分学的另一个重要的应用是计算多元函数的极值与最值，主要围绕以下三个问题：

(1) 多元函数局部极值的计算；

(2) 多元函数条件极值的计算；

(3) 多元函数最值的计算及其应用.

11.2.9.1 多元函数局部极值的计算

▶▶▶基本方法

求出函数所有使得偏导数为零或偏导数不存在的点，即求出函数所有的临界点，利用判别局部极值点的充分条件或者局部极值的定义判别极值.

1) 局部极值点的必要条件 设函数 $z=f(x, y)$，点 (x_0, y_0) 为函数 $z=f(x, y)$ 的极值点，则点 (x_0, y_0) 必为驻点，即满足梯度

$$\nabla f(x_0, y_0)=\{f_x(x_0, y_0), f_y(x_0, y_0)\}=\{0, 0\}, \tag{11-45}$$

或者是偏导数不存在的点.

2) 局部极值点的充分条件 设点 (x_0, y_0) 是函数 $z=f(x, y)$ 的驻点，$f(x, y)$ 在点 (x_0, y_0) 的某邻域内有连续的一阶和二阶偏导数，

$$H(x, y)=\begin{vmatrix} f_{xx}(x, y) & f_{xy}(x, y) \\ f_{yx}(x, y) & f_{yy}(x, y) \end{vmatrix} \text{（黑塞行列式）},$$

则

① 当 $H(x_0, y_0)>0$ 时，点 (x_0, y_0) 为极值点，且当 $f_{xx}(x_0, y_0)<0$ 时，$f(x_0, y_0)$ 为极大值；当 $f_{xx}(x_0, y_0)>0$ 时，$f(x_0, y_0)$ 为极小值.

② 当 $H(x_0, y_0)<0$ 时，点 (x_0, y_0) 不是极值点，为鞍点.

③ 当 $H(x_0, y_0)=0$ 时，点 (x_0, y_0) 可能是极值点，也可能不是极值点，需另做讨论.

▶▶▶方法运用注意点

(1) 驻点和偏导数不存在的点统称为临界点，临界点仅仅是可能的极值点，未必一定是极值点.

(2) 局部极值点的充分条件仅适用于判别函数的驻点是否为极值点，对于偏导数不存在的点需采用另外的方法讨论.由于没有工具，所以对于这类问题的判别常常是困难的.

(3) 使得黑塞行列式 $H(x_0, y_0)=0$ 的驻点 (x_0, y_0) 是否为极值点也是充分条件判别的盲点，此种情形也需另做讨论.

▶▶▶典型例题解析

例 11-66 证明函数 $z=(1+e^y)\cos x-ye^y$ 有无穷多个极大值，但无极小值.

分析： 函数为可微函数，求函数的驻点，运用极值点的充分条件证明.

解： 函数为 R^2 上的可微函数，极值点必为函数的驻点.令

$$\begin{cases} f_x(x, y)=-(1+e^y)\sin x=0 \\ f_y(x, y)=e^y(\cos x-1-y)=0 \end{cases},$$

解方程组得函数的驻点 $P_k=(k\pi, (-1)^k-1)$， $k=0, \pm1, \pm2, \cdots$.

又 $f_{xx}(x, y)=-(1+e^y)\cos x$，$f_{xy}(x, y)=f_{yx}(x, y)=-e^y\sin x$，

$f_{yy}(x, y)=e^y(\cos x-2-y)$，且黑塞行列式在点 P_k 处的值

$$H(k\pi, (-1)^k-1)=\begin{vmatrix} f_{xx} & f_{xy} \\ f_{yx} & f_{yy} \end{vmatrix}_{P_k}=\begin{vmatrix} (-1)^{k+1}(1+e^{(-1)^k-1}) & 0 \\ 0 & -e^{(-1)^k-1} \end{vmatrix}$$
$$=(-1)^k e^{(-1)^k-1}(1+e^{(-1)^k-1}).$$

于是当 $k=\pm2m$，$m=0, 1, 2, \cdots$ 时，从

$$H(\pm2m\pi, 0)=2>0，且 f_{xx}(\pm2m\pi, 0)=-2<0$$

可知，点 $(\pm2m\pi, 0)$ 是函数的极大值点，从而函数有无穷多个极大值

$$f(\pm2m\pi, 0)=2, m=0, 1, 2, \cdots$$

而当 $k=\pm(2m+1)$，$m=0, 1, 2, \cdots$ 时，从

$$H(\pm(2m+1)\pi, -2)=-e^{-2}(1+e^{-2})<0$$

可知，点 $(\pm(2m+1)\pi, -2)$ 不是极值点.所以函数有无穷多个极大值，没有极小值.

例 11-67 求方程 $x^2+y^2+z^2-2x+2y-4z-10=0$ 所确定的函数 $z=f(x, y)$ 的极值.

分析: 函数 z 由隐函数形式给出，与显函数情形相同，计算偏导数 z_x，z_y 以及驻点.运用充分条件判别极值点.

解: 将方程两边分别对 x，y 求偏导数，得

$$\begin{cases} 2x+2z\cdot z_x-2-4z_x=0 \\ 2y+2z\cdot z_y+2-4z_y=0 \end{cases}，即 \begin{cases} x-1+(z-2)z_x=0 \\ y+1+(z-2)z_y=0 \end{cases}. \tag{11-46}$$

在上式中令 $z_x=0$，$z_y=0$，解得 $x=1$，$y=-1$，从而求得函数 $f(x, y)$ 的驻点 $P(1, -1)$. 此时驻点对应的函数值 $z=-2$ 或 $z=6$，这说明所给方程在点 $P(1, -1)$ 处确定了两个函数 $z_1=f_1(x, y)$ 和 $z_2=f_2(x, y)$，它们在点 P 处分别取值 $f_1(1, -1)=-2$ 和 $f_2(1, -1)=6$. 将方程组(11-46)两边分别对 x，y 求偏导数

$$\begin{cases} 1+z_x^2+(z-2)z_{xx}=0 \\ 1+z_y^2+(z-2)z_{yy}=0, \\ z_xz_y+(z-2)z_{xy}=0 \end{cases}$$

从中解得

$$z_{xx}=\frac{1+z_x^2}{2-z}, z_{yy}=\frac{1+z_y^2}{2-z}, z_{xy}=\frac{z_xz_y}{2-z}(z\neq2), \tag{11-47}$$

将 $x=1$，$y=-1$，$z_1=-2$ 代入上式，并注意此时 $z_x=z_y=0$，可得函数 $z_1=f_1(x, y)$ 在驻点 P 处的黑塞行列式的值

$$H(1,-1)=\begin{vmatrix} z_{xx} & z_{xy} \\ z_{yx} & z_{yy} \end{vmatrix}_{(1,-1,-2)}=\begin{vmatrix} \frac{1}{4} & 0 \\ 0 & \frac{1}{4} \end{vmatrix}=\frac{1}{16}>0,$$

再从 $z_{xx}\big|_{(1,-1,-2)}=\dfrac{1}{4}>0$ 知驻点 $P(1,-1)$ 是函数 $f_1(x,y)$ 的极小值点,极小值为

$$f_1(1,-1)=-2.$$

同理将 $x=1$, $y=-1$, $z_2=6$ 代入式(11-47),得函数 $z_2=f_2(x,y)$ 在驻点 P 处的黑塞行列式的值

$$H(1,-1)=\begin{vmatrix} z_{xx} & z_{xy} \\ z_{yx} & z_{yy} \end{vmatrix}_{(1,-1,6)}=\frac{1}{16}>0,$$

且 $z_{xx}\big|_{(1,-1,6)}=-\dfrac{1}{4}<0$,由此可知驻点 $P(1,-1)$ 是函数 $f_2(x,y)$ 的极大值点,极大值为

$$f_2(1,-1)=6.$$

说明: 函数的极值也可能在偏导数不存在的点处取得,本例理应讨论函数在这些点处的情况.然而在这些点处,特别是在使得 $F_z(x,y,z)=0$ 的点处,由于不满足隐函数存在定理条件,从而方程 $F(x,y,z)=0$ 能否确定隐函数无法保证,所以对这类点处的极值一般不予考虑.例如,例 11-67 中,在 $z=2$ 时,$F_z=0$, z_x 和 z_y 不存在,可不予考虑.

▶▶▶方法小结

多元函数的局部极值问题主要讨论二元函数的极值计算,其中又可分为显函数和隐函数极值计算两个问题.

(1) 显函数的极值计算方法:

① 计算函数的驻点和偏导数不存在的点,即求出函数所有的可能的极值点;

② 对于具有二阶连续偏导数的函数,计算它的各个二阶偏导数,构造黑塞行列式 $H(x,y)$,计算 $H(x,y)$ 在各个驻点处的值,运用极值点的充分条件判别其是否为极值点;

③ 对于偏导数不存在的点,极值点的充分条件无法运用,需另用其他方法处理,一般采用极值点的定义判别;

④ 计算极值.

(2) 隐函数的极值计算方法:与显函数情形相同,只是计算偏导数时需采用隐函数求导法(例 11-67).

11.2.9.2 多元函数条件极值的计算

▶▶▶基本方法

1) 变量消去法 通过消元将条件极值问题化为降维空间上的局部极值问题.

2) 拉格朗日乘数法 它是计算条件极值点必要条件的一种方法.

(1) 对于二元条件极值问题:

$$\begin{cases}\text{opt.} \quad f(x, y), \\ \text{s.t.} \quad \varphi(x, y)=c\end{cases} \tag{11-48}$$

其方法如下:

① 构造拉格朗日函数

$$L(x, y, \lambda)=f(x, y)+\lambda(\varphi(x, y)-c), \tag{11-49}$$

② 令 $\nabla L(x, y, \lambda)=0$,解方程组

$$\begin{cases}L_x=f_x(x, y)+\lambda\varphi_x(x, y)=0 \\ L_y=f_y(x, y)+\lambda\varphi_y(x, y)=0 \\ L_\lambda=\varphi(x, y)-c=0\end{cases}$$

得条件极值问题式(11-48)的可能的极值点(x_0, y_0).

(2) 对于多元条件极值问题:

$$\begin{cases}\text{opt.} \ f(x, y, z, u), \\ \text{s.t.} \quad \varphi(x, y, z, u)=0 \\ \psi(x, y, z, u)=0\end{cases} \tag{11-50}$$

其方法如下:

① 构造拉格朗日函数

$$L(x, y, z, u, \lambda_1, \lambda_2)=f(x, y, z, u)+\lambda_1\varphi(x, y, z, u)+\lambda_2\psi(x, y, z, u),$$

② 令 $\nabla L(x, y, z, u, \lambda_1, \lambda_2)=0$,解方程组

$$\begin{cases}L_x=f_x(x, y, z, u)+\lambda_1\varphi_x(x, y, z, u)+\lambda_2\psi_x(x, y, z, u)=0 \\ L_y=f_y(x, y, z, u)+\lambda_1\varphi_y(x, y, z, u)+\lambda_2\psi_y(x, y, z, u)=0 \\ L_z=f_z(x, y, z, u)+\lambda_1\varphi_z(x, y, z, u)+\lambda_2\psi_z(x, y, z, u)=0 \\ L_u=f_u(x, y, z, u)+\lambda_1\varphi_u(x, y, z, u)+\lambda_2\psi_u(x, y, z, u)=0 \\ L_{\lambda_1}=\varphi(x, y, z, u)=0 \\ L_{\lambda_2}=\psi(x, y, z, u)=0\end{cases}$$

得条件极值问题式(11-50)的可能的极值点(x_0, y_0, z_0, u_0).

▶▶▶方法运用注意点

(1) 变量消去法由于涉及从约束条件(等式)中解出变量,这将面临解一个非线性方程(或方程组)的问题,除了一些简单的问题之外,对于许多问题这一方法是不方便和不可行的.

(2) 满足拉格朗日函数梯度 $\nabla L=0$ 的点仅仅是可能的极值点,是否为极值点,还需进一步判别.

(3) 在条件极值问题式(11-48)的拉格朗日函数式(11-49)中,常数 c 不可漏掉,常见的错误是把它写成

$$L(x,y,\lambda)=f(x,y)+\lambda\varphi(x,y).$$

▶▶▶典型例题解析

例 11-68 求函数 $z=x^2+y^2+1$ 在条件 $x+y-3=0$ 下的极值.

分析: 从约束条件 $x+y-3=0$ 可解得 $y=3-x$,运用变量消去法计算.

解: 将 $y=3-x$ 代入函数 z,得 $z=x^2+(3-x)^2+1$,

令
$$\frac{dz}{dx}=2x-2(3-x)=2(2x-3)=0,$$

得驻点 $x=\frac{3}{2}$. 又因 $\left.\frac{d^2z}{dx^2}\right|_{x=\frac{3}{2}}=4>0$,可知点 $x=\frac{3}{2}$ 是极小值点.由于 $x=\frac{3}{2}$ 对应的直线 $x+y-3=0$ 上的点为 $\left(\frac{3}{2},\frac{3}{2}\right)$,所以函数 z 在点 $\left(\frac{3}{2},\frac{3}{2}\right)$ 处取得极小值

$$z\left(\frac{3}{2},\frac{3}{2}\right)=\frac{11}{2}.$$

例 11-69 求函数 $u=x-2y+2z$ 在条件 $x^2+y^2+z^2=1$ 下的极值.

分析: 这是条件极值问题,并且采用消元法计算是不方便的,应考虑运用拉格朗日乘数法求解.

解: 构造拉格朗日函数

$$L(x,y,z,\lambda)=x-2y+2z+\lambda(x^2+y^2+z^2-1)$$

令 $\nabla L(x,y,z,\lambda)=0$,得
$$\begin{cases}L_x=1+2\lambda x=0\\L_y=-2+2\lambda y=0\\L_z=2+2\lambda z=0\\L_\lambda=x^2+y^2+z^2-1=0\end{cases},$$

从前三个方程可得 $x=-\frac{1}{2\lambda}$, $y=\frac{1}{\lambda}$, $z=-\frac{1}{\lambda}$,从而有 $x=-\frac{1}{2}y=\frac{1}{2}z$,即 $z=2x$, $y=-2x$. 代入方程 $x^2+y^2+z^2=1$,有 $9x^2=1$,解得 $x=\pm\frac{1}{3}$,从而求得可能的极值点

$$P_1=\left(\frac{1}{3},-\frac{2}{3},\frac{2}{3}\right),\ P_2=\left(-\frac{1}{3},\frac{2}{3},-\frac{2}{3}\right).$$

由于 $u|_{P_1}=3$, $u|_{P_2}=-3$,并且求极值的点在球面 $x^2+y^2+z^2=1$ 上变化,所以函数 u 在点 P_1 处取得极大值 $u|_{P_1}=3$,在点 P_2 处取得极小值 $u|_{P_2}=-3$.

▶▶▶方法小结

计算多元函数极值的方法有拉格朗日乘数法和变量消去法,它们各有所长和特点,适用于不同的

问题.

(1) 变量消去法及其特点

① 变量消去法的计算步骤

a. 从约束条件方程或方程组中解出变量；

b. 将解得的变量代入目标函数，消去这一变量，将条件极值问题转化为局部极值问题；

c. 求解局部极值问题.

② 变量消去法的方法特点

运用变量消去法通常需要从约束方程或方程组中解出变量，而这一步常常是烦琐和困难的.所以这一方法仅适用于一些约束方程或方程组比较简单的问题(例 11-68).另一方面，变量消去法将条件极值问题降维到低维空间上的局部极值问题.局部极值的判别有充分条件，而这便于判别两个以上极值点的条件极值问题.

(2) 拉格朗日乘数法及其特点

① 拉格朗日乘数法的计算步骤

a. 根据问题构造拉格朗日函数；

b. 计算拉格朗日函数的驻点，即梯度 $\nabla L=0$ 的点，求得函数的可能的极值点；

c. 根据问题本身的性质判别这些驻点是否为极值点，求出极值.

② 拉格朗日乘数法的方法特点

拉格朗日乘数法将条件极值问题转化为求拉格朗日函数的驻点问题，从而有效回避了变量消去法所遇到的解方程或方程组的难点.但是，由于判别条件极值的充分条件不属于高等数学教学大纲的内容，所以当面临两个以上条件极值点的判别时将面临问题.

11.2.9.3 多元函数最值的计算及其应用问题

▶▶▶基本方法

函数在闭区域上的最值运用计算局部极值和条件极值的方法计算.

函数在闭区域 D 上的最值既可能在 D 的内部区域取到，也可能在 D 的边界上取到.当最值点落在 D 的内部区域时，它就是局部极值点；当最值点落在 D 的边界上时，它就是条件极值点.所以计算此类问题的方法是求出 D 的内部区域中的所有可能的局部极值点以及边界上的所有可能的条件极值点，计算这些可能的最值点处的函数值，比较大小即可.

▶▶▶典型例题解析

例 11-70 求函数 $z=x^2+y^2$ 在区域 D：$(x-\sqrt{2})^2+(y-\sqrt{2})^2\leqslant 9$ 上的最大值与最小值.

分析：求出 z 在区域 $(x-\sqrt{2})^2+(y-\sqrt{2})^2\leqslant 9$ 内的驻点以及在边界线 $(x-\sqrt{2})^2+(y-\sqrt{2})^2=9$ 上的所有可能的条件极值点.

解：因为函数 z 在有界闭区域 $(x-\sqrt{2})^2+(y-\sqrt{2})^2\leqslant 9$ 上连续，所以函数在此闭区域上的最大值和最小值存在.在 D 的内部，由于函数 z 可微，所以令 $\nabla z(x, y)=0$，即

$$\begin{cases} z_x(x, y) = 2x = 0 \\ z_y(x, y) = 2y = 0 \end{cases},$$

解得函数在区域 D 内部的一个驻点 $P_1=(0, 0)$. 在 D 的边界曲线 $(x-\sqrt{2})^2+(y-\sqrt{2})^2=9$ 上,构造拉格朗日函数

$$L(x, y, \lambda) = x^2+y^2+\lambda((x-\sqrt{2})^2+(y-\sqrt{2})^2-9).$$

令 $\nabla L(x, y, \lambda)=0$, 解方程组 $\begin{cases} L_x = 2x+2\lambda(x-\sqrt{2})=0 \\ L_y = 2y+2\lambda(y-\sqrt{2})=0 \\ L_\lambda = (x-\sqrt{2})^2+(y-\sqrt{2})^2-9=0 \end{cases}$

得 $x=y=\dfrac{5\sqrt{2}}{2}$ 和 $x=y=-\dfrac{\sqrt{2}}{2}$, 得函数在 D 的边界域上的两个可能的最值点

$$P_2\left(\frac{5\sqrt{2}}{2}, \frac{5\sqrt{2}}{2}\right) \text{ 和 } P_3\left(-\frac{\sqrt{2}}{2}, -\frac{\sqrt{2}}{2}\right).$$

计算函数 z 在三个可能的最值点 P_1, P_2, P_3 处的值,得

$$z\,|_{P_1}=0, \quad z\,|_{P_2}=25, \quad z\,|_{P_3}=1,$$

可知函数 z 在 D 上的最大值为 $z\left(\dfrac{5\sqrt{2}}{2}, \dfrac{5\sqrt{2}}{2}\right)=25$, 最小值为 $z(0, 0)=0$.

例 11-71 求原点到曲面 $z^2=xy+x-y+4$ 的最短距离.

分析: 曲面上的点 $P(x, y, z)$ 到原点的距离 $d=\sqrt{x^2+y^2+z^2}$, 所以问题为求 d 在条件 $z^2=xy+x-y+4$ 下的最小值,即解条件极值问题.

解: 取目标函数 $f(x, y, z)=x^2+y^2+z^2$, 则问题为求解以下条件极值问题

$$\begin{cases} \min \quad x^2+y^2+z^2, \\ \text{s.t.} \quad z^2=xy+x-y+4 \end{cases}$$

运用拉格朗日乘数法计算.构造拉格朗日函数

$$L(x, y, z, \lambda)=x^2+y^2+z^2+\lambda(xy+x-y+4-z^2),$$

令 $\nabla L(x, y, z, \lambda)=0$, 解方程组

$$\begin{cases} L_x = 2x+\lambda(y+1)=0 & (11-51) \\ L_y = 2y+\lambda(x-1)=0 & (11-52) \\ L_z = 2z-2\lambda z = 2(1-\lambda)z=0 & (11-53) \\ L_\lambda = xy+x-y+4-z^2=0 & (11-54) \end{cases}$$

将式(11-51)和式(11-52)相加,得 $(2+\lambda)(x+y)=0.$

如果 $\lambda=-2$, 则从式(11-53)得 $z=0$. 再从式(11-51)得 $y=x-1$, 代入式(11-54)得 $x^2-x+5=0$,

方程无解，所以 $\lambda \neq -2$. 于是 $x+y=0$，即

$$y=-x.$$

根据式(11-53)，设 $\lambda=1$，则由式(11-51)及 $y=-x$ 得 $x=-1$，$y=1$，代入式(11-54)得 $1-z^2=0$，解得 $z=\pm 1$，所以有一组可能的最值点，即

$$P_1=(-1,\ 1,\ -1),\ P_2=(-1,\ 1,\ 1).$$

如果 $\lambda \neq 1$，则从式(11-53)得 $z=0$，代入式(11-54)得 $x^2-2x-4=0$，解得 $x=1\pm\sqrt{5}$，所以又有一组可能的最值点，即

$$P_3=(1-\sqrt{5},\ -1+\sqrt{5},\ 0),\ P_4=(1+\sqrt{5},\ -1-\sqrt{5},\ 0).$$

计算函数值，从

$$f|_{P_1}=3,\ f|_{P_2}=3,\ f|_{P_3}=4(3-\sqrt{5})>3,\ f|_{P_4}=4(3+\sqrt{5})>3$$

知函数 f 在 P_1，P_2 处取得最小值 3.所以原点到曲面的最短距离为 $\sqrt{3}$.

说明： 本例的条件极值问题也可按照变量消去法转化为求函数

$$g(x,\ y)=f(x,\ y,\ z(x,\ y))=x^2+y^2+xy+x-y+4$$

在 R^2 上的最小值问题.

例 11-72　过点 $M(a,\ b,\ c)$ $(a,\ b,\ c>0)$ 做一平面，使得它与三个坐标平面围成的四面体的体积最小，并求此平面方程.

分析： 不失一般性地设平面的法向量 $\boldsymbol{n}=\{x,\ y,\ 1\}$，则过点 M 的平面方程为

$$x(X-a)+y(Y-b)+(Z-c)=0,$$

据此可求出平面在三个坐标轴上的截距，从而写出该四面体的体积，可见这是一个局部极值问题.

解： 设所求平面的法向量为 $\boldsymbol{n}=\{x,\ y,\ 1\}$，则过点 M 的平面方程为

$$xX+yY+Z=ax+by+c,\quad xy\neq 0,$$

平面在三个坐标轴上的截距为

$$\bar{a}=\frac{ax+by+c}{x},\ \bar{b}=\frac{ax+by+c}{y},\ \bar{c}=\frac{ax+by+c}{1},$$

于是平面与坐标面围成的四面体的体积为

$$V=\frac{1}{6}\bar{a}\bar{b}\bar{c}=\frac{(ax+by+c)^3}{6xy},$$

取目标函数 $f(x,y)=\dfrac{(ax+by+c)^3}{xy}$，令 $\nabla f(x,\ y)=\mathbf{0}$，得方程组

$$\begin{cases} f_x=\dfrac{y(2ax-by-c)(ax+by+c)^2}{(xy)^2}=0 \\ f_y=\dfrac{x(2by-ax-c)(ax+by+c)^2}{(xy)^2}=0 \end{cases}.$$

由题意可知 $x, y \neq 0, ax+by+c \neq 0$，可知使得 $\nabla f(x, y)=\mathbf{0}$ 的点满足

$$\begin{cases}2ax-by-c=0\\2by-ax-c=0\end{cases},$$

即 $ax=by=c$，解得 $x=\frac{c}{a}$，$y=\frac{c}{b}$.

点 $P=\left(\frac{c}{a}, \frac{c}{b}\right)$ 是函数 $f(x, y)$ 的一个驻点，于是它是函数 $f(x, y)$ 的一个可能的最值点.又因驻点 P 是函数 $f(x, y)$ 唯一可能的最值点，并且实际问题本身说明 $f(x, y)$ 的最小值存在，所以函数 $f(x, y)$ 在点 P 处取得最小值.因此当 $x=\frac{c}{a}$，$y=\frac{c}{b}$ 时，体积 V 取得最小值，

$$V_{\min}=\left.\frac{(ax+by+c)^3}{6xy}\right|_{\left(\frac{c}{a}, \frac{c}{b}\right)}=\frac{9}{2}abc,$$

此时所求平面的法向量 $\boldsymbol{n}=\{x, y, 1\}=\left\{\frac{c}{a}, \frac{c}{b}, 1\right\}=c\left\{\frac{1}{a}, \frac{1}{b}, \frac{1}{c}\right\} /\!/ \boldsymbol{n}_1=\left\{\frac{1}{a}, \frac{1}{b}, \frac{1}{c}\right\}$，故所求平面方程为

$$\frac{x}{3a}+\frac{y}{3b}+\frac{z}{3c}=1.$$

例 11-73 已知三角形周长为 $2p$，求出这样的三角形，当它绕着自己的一边旋转时所构成的旋转体体积最大.

分析： 设三角形的三边长分别为 x, y, z，假定三角形绕 x 长的边旋转，x 边对应的高为 h，如图 11-2 所示，则旋转体体积

$$V=\frac{1}{3}\pi h^2 x_1+\frac{1}{3}\pi h^2 x_2=\frac{1}{3}\pi h^2 x.$$

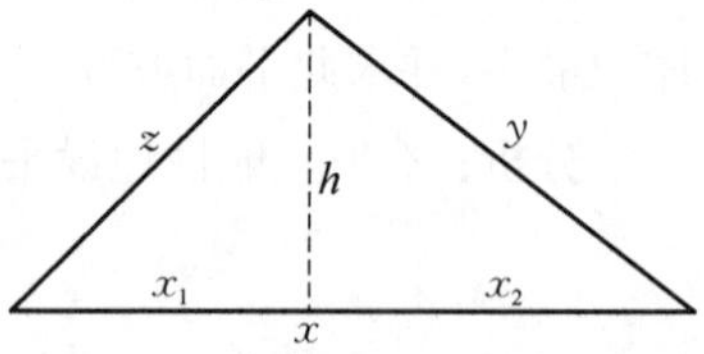

图 11-2

下面就应考虑建立 h 与三条边长 x, y, z 之间的关系.

解： 在如上所设的条件下，三角形的面积 S 可分别表示为

$$S=\frac{1}{2}xh \quad 和 \quad S=\sqrt{p(p-x)(p-y)(p-z)},$$

从而有 $h=\frac{2}{x}\sqrt{p(p-x)(p-y)(p-z)}$，旋转体的体积

$$V=\frac{4\pi}{3}\cdot\frac{p(p-x)(p-y)(p-z)}{x},$$

于是问题化为求条件极值问题 $\begin{cases}\max V=\frac{4\pi p}{3}\cdot\frac{(p-x)(p-y)(p-z)}{x},\\ \text{s.t.}\quad x+y+z=2p.\end{cases}$

取目标函数 $$u=\ln\frac{(p-x)(p-y)(p-z)}{x}, \ 0<x, y, z<p,$$

由于对数函数单调增，故 u 与 V 同时取得最大值.于是问题转化为求 u 在 $x+y+z=2p$ 条件下

的最大值.构造拉格朗日函数

$$L(x, y, z, \lambda)=\ln(p-x)+\ln(p-y)+\ln(p-z)-\ln x+\lambda(x+y+z-2p),$$

令 $\nabla L(x, y, z, \lambda)=0$，得方程组 $\begin{cases} L_x=-\dfrac{1}{p-x}-\dfrac{1}{x}+\lambda=0 \\ L_y=-\dfrac{1}{p-y}+\lambda=0 \\ L_z=-\dfrac{1}{p-z}+\lambda=0 \\ L_\lambda=x+y+z-2p=0 \end{cases}$，

解方程组得 $x=\dfrac{p}{2}$，$y=\dfrac{3p}{4}$，$z=\dfrac{3p}{4}$，从而求得函数 u 在定义域内的可能的最值点为

$$Q\left(\frac{p}{2}, \frac{3p}{4}, \frac{3p}{4}\right).$$

由于点 Q 是函数 u 的唯一可能的最值点，并且问题本身说明 u 在定义域内有最大值，所以函数 u 在点 Q 处取得最大值.因此当三角形的边长 $x=\dfrac{p}{2}$，$y=\dfrac{3p}{4}$，$z=\dfrac{3p}{4}$，且三角形绕 x 边旋转时，所成的旋转体体积最大，最大值为

$$V_{\max}=V\left(\frac{p}{2}, \frac{3p}{4}, \frac{3p}{4}\right)=\frac{\pi}{12}p^3.$$

例 11 - 74　证明：对任意的正数 a, b, c，有

$$abc^3\leqslant 27\left(\frac{a+b+c}{5}\right)^5.$$

分析： 若令 $\dfrac{a+b+c}{5}=l$（常数），则不等式问题就转化为证明函数 $f(a, b, c)=abc^3$ 在条件 $a+b+c=5l$ 下的最大值 $f_{\max}$ 满足 $f_{\max}\leqslant 27l^5$，从而转化为条件极值问题处理.

解： 对任意正数 a, b, c，令 $\dfrac{a+b+c}{5}=l$，考虑求函数 $f(a, b, c)=abc^3$ 在条件 $a+b+c=5l$（常数），$a, b, c>0$ 下的最大值.构造拉格朗日函数

$$L(a, b, c, \lambda)=abc^3+\lambda(a+b+c-5l),$$

令 $\nabla L(a, b, c, \lambda)=0$，得方程组 $\begin{cases} L_a=bc^3+\lambda=0 \\ L_b=ac^3+\lambda=0 \\ L_c=3abc^2+\lambda=0 \\ L_\lambda=a+b+c-5l=0 \end{cases}$，

解方程组得 $a=l$，$b=l$，$c=3l$，从而求得函数 f 在 $a, b, c>0$ 上可能的最值点为 $P(l, l, 3l)$.

由于点 P 是函数 f 的唯一可能的最值点，并且 f 在该区域内有最大值，所以点 P 是函数 f 在 $a, b, c>0$ 上的最大值点，最大值

$$f_{\max}=f(l, l, 3l)=l\cdot l\cdot(3l)^3=27l^5.$$

因此对任意的正数 a, b, c 有

$$f(a, b, c)=abc^3\leqslant f_{\max}(l, l, 3l)=27l^5\text{，即 } abc^3\leqslant 27\left(\frac{a+b+c}{5}\right)^5,$$

于是不等式得证.

▶▶▶方法小结

(1) 计算闭区域上连续函数最值的步骤：

① 求出函数在闭区域内部的所有可能的极值点（驻点和偏导数不存在的点），从而找出在区域内部函数的所有可能的最值点.

② 求出闭区域边界上函数的所有可能的条件极值点，这是一个条件极值问题，可采用拉格朗日乘数法或变量消去法计算，从而找出在边界上函数的所有可能的最值点.

③ 计算函数在区域内部以及边界上的这些可能的最值点处的函数值，比较大小，确定函数的最大值和最小值.

(2) 最值应用问题的计算步骤：

① 根据实际问题，建立目标函数（通常为求最值的量）与一些自变量（通常为问题所求的"当这些变量取何值时，目标函数最大、最小"的那些变量）之间的函数关系.对应用问题而言，这一步是关键步骤.

② 确定这些自变量之间是否存在等式约束的关系.如果不存在，那么这一最值问题是无约束极值，即局部极值问题，如果存在，那么它是条件极值问题.

③ 根据以上情况，写出实际问题的数学表达式，即数学模型.运用局部极值与条件极值的计算方法计算出所有可能的最值点，并计算最值.对于许多实际问题，常常求出的可能的最值点只有一个，此时只需说明问题所求最值点的存在性就可确认该点即为所求的最值点.

11.3 习题十一

11-1 求下列函数的定义域，并画出定义域的图形：

(1) $u=\arccos\dfrac{z}{\sqrt{x^2+y^2}}$；　　(2) $z=\sqrt{\log_a(x^2+y^2)}$，$a>0$.

11-2 求函数 $z=\dfrac{1}{4}\ln(x^2+y^2)$ 过点 $P(3, -4)$ 的等值线方程.

11-3 设 $f(x-y, \ln x)=\left(1-\dfrac{y}{x}\right)\dfrac{e^x}{e^y\ln(x^x)}$，求 $f(x, y)$.

11-4 求下列二重极限：

(1) $\lim\limits_{\substack{x\to 0\\ y\to 0}}\dfrac{x^3+y^3}{x^2+y^2}$；　(2) $\lim\limits_{\substack{x\to 0\\ y\to 0}}(x^2+y^2)\sin\dfrac{1}{xy}$；　(3) $\lim\limits_{\substack{x\to 0\\ y\to 0}}(x^2+y^2)^{(x^2+y^2)}$；

(4) $\lim\limits_{\substack{x\to +\infty\\ y\to +\infty}}(x^2+y^2)\mathrm{e}^{-(x+y)}$；　(5) $\lim\limits_{\substack{x\to 0\\ y\to 0}}\dfrac{xy}{\sqrt{1+x+y}-1}$；　(6) $\lim\limits_{\substack{x\to 0\\ y\to 0}}\dfrac{x^2y^2}{x^2y^2+(x-y)^2}$.

11-5 设函数 $f(x,y)=\begin{cases}\dfrac{x^2y}{x^4+y^2}, & x^2+y^2\neq 0\\ 0, & x^2+y^2=0\end{cases}$，证明当点 (x,y) 沿过原点的每一条射线 $x=\rho\cos\theta$，$y=\rho\sin\theta$ 趋于原点时，有 $\lim\limits_{\rho\to 0}f(\rho\cos\theta,\rho\sin\theta)=0$，但 $f(x,y)$ 在原点不连续.

11-6 讨论函数 $f(x,y)=\begin{cases}\dfrac{x\sin(x-2y)}{x-2y}, & x\neq 2y\\ 0, & x=2y\end{cases}$ 的连续性.

11-7 设 $f(x,y)=\begin{cases}\dfrac{x^2y}{x^2+y^2}, & x^2+y^2\neq 0\\ 0, & x^2+y^2=0\end{cases}$，计算 $f_x(0,0)$，$f_y(0,0)$.

11-8 求下列函数的各个偏导数：

(1) $z=x^2\ln(x^2+y^2)$；　(2) $z=\dfrac{\mathrm{e}^{xy}}{\mathrm{e}^x+\mathrm{e}^y}$；　(3) $u=\left(\dfrac{x}{y}\right)^z$；

(4) $z=\arcsin\dfrac{x}{\sqrt{x^2+y^2}}$；　(5) $z=\displaystyle\int_y^x \mathrm{e}^{-t^2}\mathrm{d}t$；　(6) $z=\arctan\dfrac{x}{y}+\ln\sqrt{x^2+y^2}$.

11-9 二元函数 $f(x,y)$ 在点 (x_0,y_0) 处两个偏导数 $f_x(x_0,y_0)$，$f_y(x_0,y_0)$ 存在，是 $f(x,y)$ 在该点连续的________.

A. 充分条件而非必要条件　　B. 必要条件而非充分条件

C. 充分必要条件　　D. 既非充分也非必要条件

11-10 设函数 $f(x,y)$ 在点 $P(x_0,y_0)$ 处的两个偏导数 $f_x(x_0,y_0)$，$f_y(x_0,y_0)$ 都存在，则(　　).

A. $f(x,y)$ 在点 P 必连续　　B. $f(x,y)$ 在点 P 处必不可微

C. $\lim\limits_{x\to x_0}f(x,y_0)$ 与 $\lim\limits_{y\to y_0}f(x_0,y)$ 必都存在　　D. $\lim\limits_{\substack{x\to x_0\\ y\to y_0}}f(x,y)$ 必存在

11-11 设 $z=\arctan\dfrac{x}{y}$，$x=u+v$，$y=u-v$，求 $\dfrac{\partial z}{\partial u}$，$\dfrac{\partial z}{\partial v}$，并验证 $\dfrac{\partial z}{\partial u}+\dfrac{\partial z}{\partial v}=\dfrac{u-v}{u^2+v^2}$.

11-12 设 $z=f(u,v)$，$u=\ln(x^2-y^2)$，$v=xy^2$，求 $\dfrac{\partial z}{\partial x}$，$\dfrac{\partial z}{\partial y}$.

11-13 求下列函数的各个偏导数：

(1) $u=f(x,xy,xyz)$；　(2) $z=f(x,f(x,y))$.

11-14 设 $z=\dfrac{y}{f(x^2-y^2)}$，试证：$\dfrac{1}{x}\dfrac{\partial z}{\partial x}+\dfrac{1}{y}\dfrac{\partial z}{\partial y}=\dfrac{z}{y^2}$.

11-15 设函数 $u=u(x,y)$ 可微,且 $u(x,x^2)=1$, $u_1(x,x^2)=x$,求 $u_2(x,x^2)$.

11-16 求下列函数的全微分:

(1) $z=(x^2+y^2)e^{\frac{x^2+y^2}{xy}}$; (2) $z=\arcsin\dfrac{x}{y}\ (y>0)$;

(3) $u=\ln(x^2+y^2+z^2)$; (4) $u=x^{yz}$.

11-17 求函数 $z=\dfrac{xy}{x^2-y^2}$ 当 $x=2$, $y=1$, $\Delta x=0.01$, $\Delta y=0.03$ 时的全微分和全增量,并求两者之差.

11-18 计算 $(1.97)^{1.05}$ 的近似值(取 $\ln 2\approx 0.693$).

11-19 设函数 $g(x,y)$ 在点 $(0,0)$ 的某邻域内连续, $f(x,y)=|x-y|g(x,y)$. 试问:

(1) $g(0,0)$ 为何值时,偏导数 $f_x(0,0)$, $f_y(0,0)$ 都存在?

(2) $g(0,0)$ 为何值时, $f(x,y)$ 在点 $(0,0)$ 处的全微分存在?

11-20 设 $f(x,y)=\begin{cases}(x^2+y^2)\sin\dfrac{1}{x^2+y^2}, & x^2+y^2\neq 0\\ 0, & x^2+y^2=0\end{cases}$,问 $f(x,y)$ 在点 $(0,0)$ 处

(1) 偏导数是否存在? (2) 偏导数是否连续? (3) 是否可微?

11-21 设 $z=xyf(x^2+y^2,x^2-y^2)$, f 可微,求 dz.

11-22 求函数 $u=x^2+2y^2+3z^2+xy+3x-2y-6z$ 在点 $(0,0,0)$ 处的梯度,并求它的大小和方向余弦,又问在哪些点处梯度为 0?

11-23 求函数 $z=1-\dfrac{x^2}{a^2}-\dfrac{y^2}{b^2}$ 在点 $P\left(\dfrac{a}{\sqrt{2}},\dfrac{b}{\sqrt{2}}\right)$ 处沿曲线 $\dfrac{x^2}{a^2}+\dfrac{y^2}{b^2}=1$ 在此点的内法线方向的方向导数.

11-24 设 $u=xy^2z$,在点 $M_0(1,-1,2)$ 处

(1) 求从 M_0 指向 $M_1(2,1,-1)$ 方向的方向导数;(2) 沿什么方向的方向导数最大?其最大值是多少?

11-25 求函数 $u=\dfrac{x}{\sqrt{x^2+y^2+z^2}}$ 在点 $M(1,2,-2)$ 沿曲线 $x=t$, $y=2t^2$, $z=-2t^4$ 在此点的切线方向上的方向导数.

11-26 一条鲨鱼在发现前面有血液时,它将向着血腥味最浓的方向连续地运动,在海面上的试验表明,海水中血液的浓度

$$c=e^{-\frac{x^2+2y^2}{10^4}},$$

求鲨鱼从某点 (x_0,y_0) 出发向血源前进的路线.

11-27 设方程 $2x^2+2y^2+3z^2-yz=0$ 确定了函数 $z=z(x,y)$,求 $\dfrac{\partial z}{\partial x}$, $\dfrac{\partial z}{\partial y}$.

11-28 设 $\ln\sqrt{x^2+y^2}=\arctan\dfrac{y}{x}$,求 $\dfrac{dy}{dx}$.

11-29　设方程 $\varphi(u^2-x^2, u^2-y^2, u^2-z^2)=0$ 确定函数 $u=u(x, y, z)$，试证：

$$\frac{1}{x}\frac{\partial u}{\partial x}+\frac{1}{y}\frac{\partial u}{\partial y}+\frac{1}{z}\frac{\partial u}{\partial z}=\frac{1}{u}.$$

11-30　求方程 $2xz-2xyz+\ln(xyz)=0$ 所确定的函数 $z=f(x, y)$ 的全微分 $\mathrm{d}z$.

11-31　设 $u=f(x, z)$，而 $z=z(x, y)$ 是由方程 $z=x+y\varphi(z)$ 确定的函数，求 $\mathrm{d}u$.

11-32　设 $x=u^2+v^2$，$y=u^3+v^3$，$z=uv$，试求 $\dfrac{\partial z}{\partial x}$，$\dfrac{\partial z}{\partial y}$.

11-33　试求方程组 $\begin{cases}2x\mathrm{e}^y-\pi\mathrm{e}=2t\ln t\\ y\sin x=t+\ln t\end{cases}$ 所确定的函数在 $x=\dfrac{\pi}{2}$，$y=1$，$t=1$ 时的导数 $\dfrac{\mathrm{d}y}{\mathrm{d}x}$.

11-34　设 $u=x^2y^3z^4$，其中 $y=y(x, z)$ 由方程 $x^2+y^2+z^2=3xyz$ 所确定，求 $\left.\dfrac{\partial u}{\partial z}\right|_{(1,1,1)}$.

11-35　设 $\alpha=\alpha(x, y)$ 有偏导数，$f(\alpha)$ 二阶可导，试证由方程组

$$\begin{cases}x\cos\alpha+y\sin\alpha+\ln z=f(\alpha)\\ -x\sin\alpha+y\cos\alpha=f'(\alpha)\end{cases}$$

所确定的函数 $z=z(x, y)$ 满足关系式 $\left(\dfrac{\partial z}{\partial x}\right)^2+\left(\dfrac{\partial z}{\partial y}\right)^2=z^2$.

11-36　设 u，v 是 x，y 的函数，且 $\begin{cases}u+v=x+y,\\ \dfrac{\sin u}{\sin v}=\dfrac{x}{y}\end{cases}$，求 $\mathrm{d}u$ 及 $\mathrm{d}v$.

11-37　求下列函数的各个二阶偏导数：

(1) $z=\ln(x^2+xy+y^2)$；　　(2) $z=\arctan\dfrac{y}{x}$.

11-38　求下列函数的二阶偏导数 $\dfrac{\partial^2 z}{\partial x^2}$ 和 $\dfrac{\partial^2 z}{\partial x\partial y}$：

(1) $z=f\left(xy, \dfrac{x}{y}\right)$；　(2) $z=\dfrac{1}{x}f(xy)+y\varphi(x+y)$.

11-39　设 $z^3+3xyz=a^3$，求 $\dfrac{\partial z}{\partial x}$，$\dfrac{\partial z}{\partial y}$，$\dfrac{\partial^2 z}{\partial x\partial y}$.

11-40　设 $z=xf\left(\dfrac{y}{x}\right)+g\left(\dfrac{y}{x}\right)$，其中函数 f，g 二阶可导，试证：$x^2z_{xx}+2xyz_{xy}+y^2z_{yy}=0$.

11-41　设 $F(x, y)$ 具有二阶连续偏导数，$F_y\neq 0$，试证由方程 $F(x, y)=0$ 所确定的函数 $y=f(x)$ 的二阶导数为

$$\frac{\mathrm{d}^2 y}{\mathrm{d}x^2}=-\frac{F_{xx}(F_y)^2-2F_{xy}F_xF_y+F_{yy}(F_x)^2}{(F_y)^3}.$$

11-42　设由方程 $z+\ln z=\int_y^x \mathrm{e}^{-t^2}\,\mathrm{d}t$ 确定函数 $z=z(x, y)$，求 $\dfrac{\partial^2 z}{\partial x\partial y}$.

11－43 以 $u=x+at$，$v=x-at$ 为新的自变量，变换方程 $\dfrac{\partial^2 z}{\partial t^2}=a^2\dfrac{\partial^2 z}{\partial x^2}$.

11－44 做变量代换 $x=e^{u+v}$，$y=e^{u-v}$，试变换方程

$$x^2\frac{\partial^2 z}{\partial x^2}+y^2\frac{\partial^2 z}{\partial y^2}+x\frac{\partial z}{\partial x}+y\frac{\partial z}{\partial y}=0.$$

11－45 设 $\dfrac{\partial^2 z}{\partial x^2}+2\dfrac{\partial^2 z}{\partial x\partial y}+\dfrac{\partial^2 z}{\partial y^2}=0$，做自变量变换 $u=x+y$，$v=x-y$，并令 $w=xy-z$，求 w 关于 u，v 的方程.

11－46 求曲线 $\begin{cases}z=\dfrac{x^2}{4}+y^2\\ x=1\end{cases}$ 在点 $\left(1,\dfrac{1}{2},\dfrac{1}{2}\right)$ 处与 z 轴夹锐角的切向量的方向余弦及它与 y 轴正向的夹角.

11－47 求下列曲线在指定点处的切线方程和法平面方程：

(1) $x=t-\sin t$，$y=1-\cos t$，$z=4\sin\dfrac{t}{2}$，在点 $\left(\dfrac{\pi}{2}-1,1,2\sqrt{2}\right)$ 处；

(2) $\begin{cases}x^2+y^2+z^2=a^2\\ x^2+y^2=ax\end{cases}$ 在点 $M_0(0,0,a)$ 处.

11－48 求过直线 $\begin{cases}x+2y+z-1=0\\ x-y-2z+3=0\end{cases}$ 的平面，使之平行于曲线 $\begin{cases}x^2+y^2=\dfrac{z^2}{2}\\ x+y+2z=4\end{cases}$ 在点 $(1,-1,2)$ 处的切线.

11－49 求曲面 $x^2+2y^2+3z^2=21$ 上平行于平面 $x+4y+6z=0$ 的切平面.

11－50 试证曲面 $f(x^2+y^2,z)=0$ 上任一点处的法线与 z 轴都共面.

11－51 求球面 $x^2+y^2+z^2=14$ 与椭球面 $3x^2+y^2+z^2=16$ 在点 $(-1,-2,3)$ 处的交角(即交点处两曲面的切平面之间的夹角).

11－52 试证曲面 $f\left(\dfrac{x-x_0}{z-z_0},\dfrac{y-y_0}{z-z_0}\right)=0$ 上任一点处的切平面都通过定点 $M_0=(x_0,y_0,z_0)$.

11－53 过直线 L：$\begin{cases}x-y+z=0\\ x+2y+z=1\end{cases}$ 做与曲面 Σ：$x^2+y^2-z^2=1$ 相切的平面，求此平面方程.

11－54 求以 u，v 为参数的曲面 Σ：$x=e^u\cos v$，$y=e^u\sin v$，$z=uv$ 上对应于点 $(u,v)=\left(0,\dfrac{\pi}{4}\right)$ 处的切平面方程.

11－55 求下列函数的极值：

(1) $z=\ln(1+x^2+y^2)+1-\dfrac{x^3}{15}-\dfrac{y^2}{4}$；　(2) $z=x^4+y^4-x^2-2xy-y^2$.

11－56 求由方程 $2x^2+2y^2+z^2+8yz-z+8=0$ 所确定的 $z=z(x,y)$ 的极值.

11-57　曲面 $z=\frac{1}{2}x^2-4xy+9y^2+3x-14y+\frac{1}{2}$ 在何处有最高点或最低点?

11-58　证明:函数 $f(x, y)=(x-y^2)(2x-y^2)$ 在经过原点的任何一条直线上都以原点为极小值点,但函数在原点不取得极值.

11-59　在旋转椭球面 $\frac{x^2}{96}+y^2+z^2=1$ 上求距平面 $3x+4y+12z=288$ 最近和最远的点.

11-60　求曲线 L: $\begin{cases} z=x^2+3y^2 \\ z=4-3x^2-y^2 \end{cases}$ 上点的坐标 z 的最大值与最小值.

11-61　在过点 $\left(2, 1, \frac{1}{3}\right)$ 的所有平面中,哪个平面与三个坐标面在第一卦限内围成的立体体积最小?

11-62　求函数 $z=x^2-y^2$ 在闭区域 D: $x^2+4y^2\leqslant 4$ 上的最大值与最小值.

11-63　在球面 $x^2+y^2+z^2=4$ 的第一卦限上求一点 M,使得过点 M 的球面的切平面被三个坐标面截得的三角形面积最小.

11-64　某工厂要建造一座长方体形状的厂房,其体积为 1 500 m^3,已知前壁和屋顶的每单位面积的造价分别是其他墙身造价的 3 倍和 1.5 倍,问厂房前壁长度和高度为多少时,厂房的造价最小.

11-65　在 xOy 平面上求一点,使它到 n 个定点 (x_1, y_1), (x_2, y_2), $\cdots$, (x_n, y_n) 的距离的平方和最小.

11-66　设三角形的三边之长分别为 a, b, c,其面积为 S,点 P 为该三角形内的一点,x, y, z 是该点到三条边的距离,证明: $xyz\leqslant\frac{8S^3}{27abc}$.

11-67　已知 x, y, z 为实数,且 $e^x+y^2+|z|=3$,试证明: $e^xy^2|z|\leqslant 1$.

11-68　在椭球面 $2x^2+2y^2+z^2=1$ 上求一点,使函数 $f(x, y, z)=x^2+y^2+z^2$ 在该点沿 $\boldsymbol{l}=\{1, -1, 0\}$ 方向的方向导数最大.

第12章 多元函数的积分及其应用

定积分讨论一元函数在区间上的累积问题，它是一元函数积分学的核心内容.本章的多元函数积分讨论多元函数在平面区域、空间区域、平面和空间曲线、空间曲面上的累积问题，这就是二重积分、三重积分、第一型曲线积分、第一型曲面积分问题.这四种类型的积分是多元函数积分学的重要组成部分，是进一步学习其他类型积分的基础，其中以掌握二重积分的计算方法尤为重要.

12.1 本章解决的主要问题

(1) 二重积分的计算；

(2) 三重积分的计算；

(3) 第一型曲线积分的计算；

(4) 第一型曲面积分的计算；

(5) 有关多元函数积分的等式与不等式问题；

(6) 多元函数积分的应用.

12.2 典型问题解题方法与分析

12.2.1 二重积分的计算

▶▶▶基本方法

(1) 在直角坐标系下计算二重积分；

(2) 在极坐标系下计算二重积分；

(3) 利用对称性性质计算二重积分.

12.2.1.1 在直角坐标系下计算二重积分

1) 积分区域 D 为 X -型区域时二重积分化为二次积分的方法

如果积分区域 D 为 X -型区域 D：$a\leqslant x\leqslant b$，$\varphi_1(x)\leqslant y\leqslant \varphi_2(x)$，如图 12 - 1 所示，则

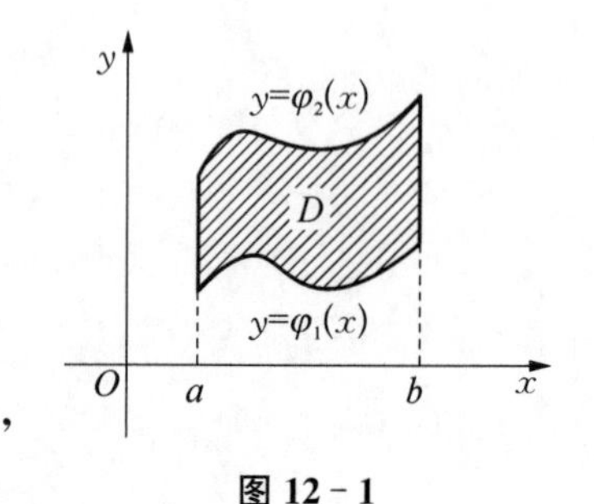

图 12 - 1

$$\iint_D f(x,y)\mathrm{d}\sigma=\int_a^b \mathrm{d}x\int_{\varphi_1(x)}^{\varphi_2(x)} f(x,y)\mathrm{d}y \tag{12-1}$$

2) 积分区域 D 为 Y-型区域时二重积分化为二次积分的方法

如果积分区域 D 为 Y-型区域 D：$c\leqslant y\leqslant d$，$\psi_1(y)\leqslant x\leqslant\psi_2(y)$，如图 12-2 所示，则

$$\iint_D f(x,y)\mathrm{d}\sigma=\int_c^d \mathrm{d}y\int_{\psi_1(1)}^{\psi_2(y)} f(x,y)\mathrm{d}x \tag{12-2}$$

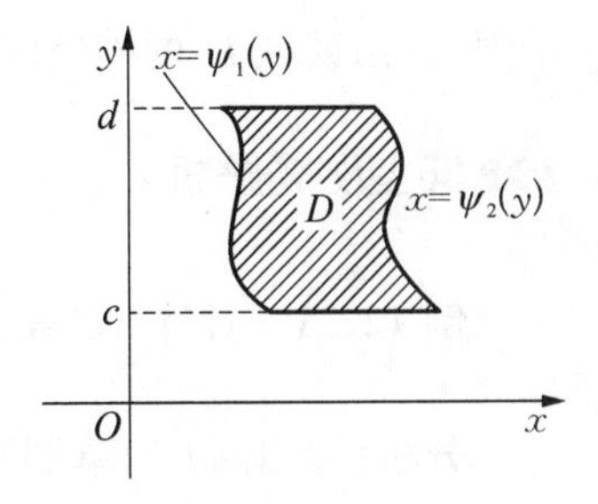

图 12-2

▶▶▶方法运用注意点

(1) 计算二重积分的要点在于掌握如何将二重积分化为二次积分.式(12-1)、式(12-2)是当积分区域 D 为 X-型区域和 Y-型区域时，分别化为二次积分的基本公式.当 D 既不是 X-型区域也不是 Y-型区域时，可以利用二重积分的分域性质，通过将 D 划分成若干个 X-型区域或 Y-型区域，在每个子区域上分别利用式(12-1)或式(12-2)计算.由此看到，准确而熟练地运用式(12-1)和式(12-2)是二重积分计算的要点.

(2) 式(12-1)、式(12-2)中将二重积分化为二次积分的方法都遵循“先积一条线，再扫一个面”的基本思想.

$$\iint_D f(x,y)\mathrm{d}\sigma=\underbrace{\int_a^b \mathrm{d}x}_{\text{再扫一个面}}\ \underbrace{\int_{\varphi_1(x)}^{\varphi_2(x)} f(x,y)\mathrm{d}y}_{\text{先积一条线(图12-3所示)}}\quad \iint_D f(x,y)\mathrm{d}\sigma=\underbrace{\int_c^d \mathrm{d}y}_{\text{再扫一个面}}\ \underbrace{\int_{\psi_1(y)}^{\psi_2(y)} f(x,y)\mathrm{d}x}_{\text{先积一条线(图12-4所示)}}$$

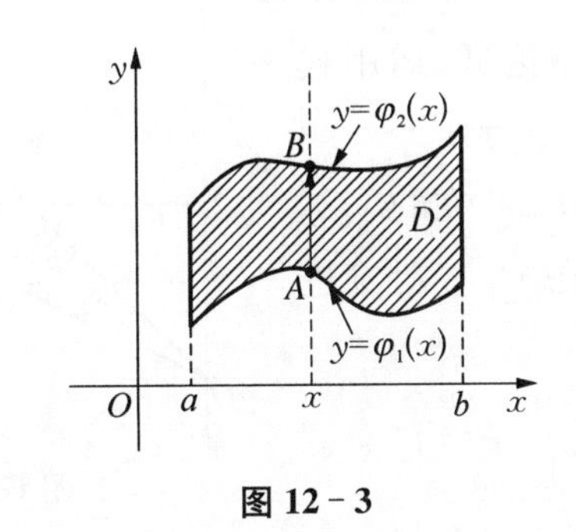

图 12-3

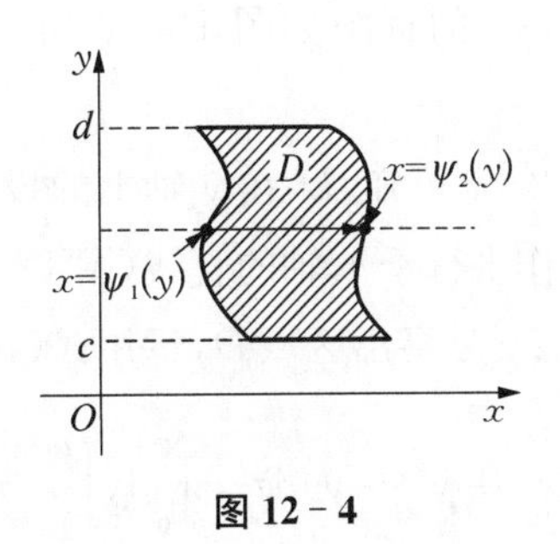

图 12-4

(3) 式(12-1)的内层积分 $\int_{\varphi_1(x)}^{\varphi_2(x)} f(x,y)\mathrm{d}y$ 表示在含于 D 内的 AB 直线段 $x=x\in[a,b]$ 上的积分(图12-3)，其积分下限为直线穿进区域 D 的纵坐标 $y=\varphi_1(x)$，积分上限为直线穿出区域 D 的纵坐标 $y=\varphi_2(x)$ (图 12-3).而式(12-1)外层积分的积分区间 $[a,b]$ 是积分区域 D 在 x 轴上的投影区间(图 12-3).

所以对 X-型区域 D，用式(12-1)配置积分上、下限的方法如下：

确定积分区域 D 在 x 轴上的投影区间 $[a,b]$，该区间就是外层积分的积分区间.在 $[a,b]$ 内任取一点 x，作平行于 y 轴的直线 $x=x$ (定值)，以直线穿进区域 D 的纵坐标 $y=\varphi_1(x)$ 作为积分下限，穿出区域 D 的纵坐标 $y=\varphi_2(x)$ 作为积分上限来确定内层积分的积分上、下限(图 12-3).

同样的讨论，对 Y-型区域 D，用式(12-2)配置积分上、下限的方法如下：

确定积分区域 D 在 y 轴上的投影区间 $[c, d]$，$[c, d]$ 区间就是外层积分的积分区间.在 $[c, d]$ 内任取一点 y，作平行于 x 轴的直线 $y=y$（定值），以直线穿进区域 D 的横坐标 $x=\psi_1(y)$ 作为积分下限，穿出区域 D 的横坐标 $x=\psi_2(y)$ 作为积分上限来确定内层积分的积分上、下限(图 12－4).

▶▶▶典型例题解析

例 12－1 计算 $\iint\limits_D e^x\sin(x+y)d\sigma$，其中 $D=\{(x, y) \mid 0\leqslant x\leqslant \ln 4, -x\leqslant y\leqslant \pi-x\}$.

分析：画出 D 的草图如图 12－5 所示，D 是 X－型区域，可运用式(12－1)计算.

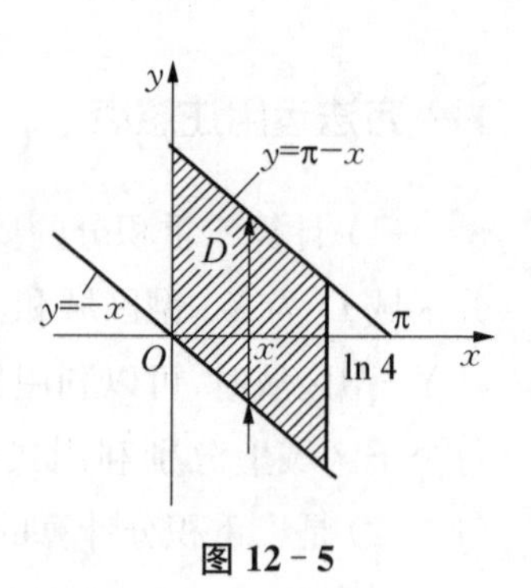

图 12－5

解：从图 12－5 可知，D 在 x 轴上的投影区间为 $[0, \ln 4]$. 在 $[0, \ln 4]$ 中任取一点 x，作平行于 y 轴的直线(图 12－5)，则直线在 $y=-x$ 处穿进区域 D，在 $y=\pi-x$ 处穿出区域 D，运用式(12－1)

$$
\begin{aligned}
\iint\limits_D e^x\sin(x+y)d\sigma &= \int_0^{\ln 4}dx\int_{-x}^{\pi-x}e^x\sin(x+y)dy \\
&= \int_0^{\ln 4}e^x\left[-\cos(x+y)\right]\Big|_{-x}^{\pi-x}dx \\
&= 2\int_0^{\ln 4}e^x dx = 6.
\end{aligned}
$$

例 12－2 计算 $\iint\limits_D (x^2+y^2-y)d\sigma$，其中 D 由直线 $y=x$，$y=\dfrac{x}{2}$ 和 $y=2$ 所围成的区域.

分析：画出 D 的草图如图 12－6 所示，D 是 Y－型区域，运用式(12－2)计算.

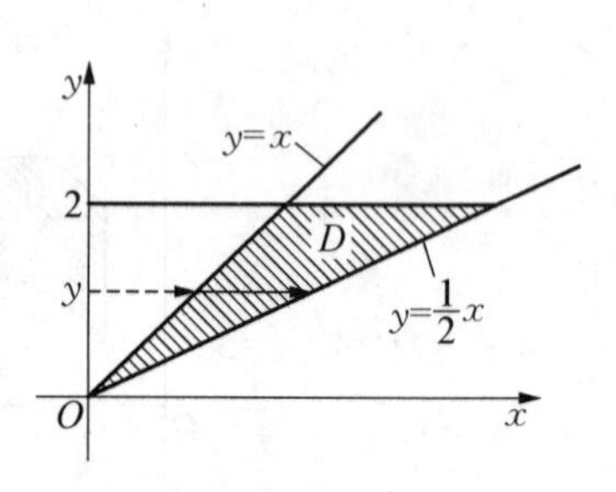

图 12－6

解：从图 12－6 可知，D 在 y 轴上的投影区间为 $[0, 2]$. 在 $[0, 2]$ 中任取一点 y，作平行于 x 轴的直线(图 12－6)，则直线在 $x=y$ 处穿进区域 D，在 $x=2y$ 处穿出区域 D，运用式(12－2)

$$
\begin{aligned}
\iint\limits_D (x^2+y^2-y)d\sigma &= \int_0^2 dy\int_y^{2y}(x^2+y^2-y)dx \\
&= \int_0^2\left[\frac{1}{3}x^3+(y^2-y)x\right]\Bigg|_y^{2y}dy \\
&= \int_0^2\left(\frac{10}{3}y^3-y^2\right)dy = \frac{32}{3}.
\end{aligned}
$$

例 12－3 计算 $\iint\limits_D \dfrac{1}{\sqrt{2-y}}d\sigma$，其中 $D=\{(x, y) \mid x^2+y^2\leqslant 2y\}$.

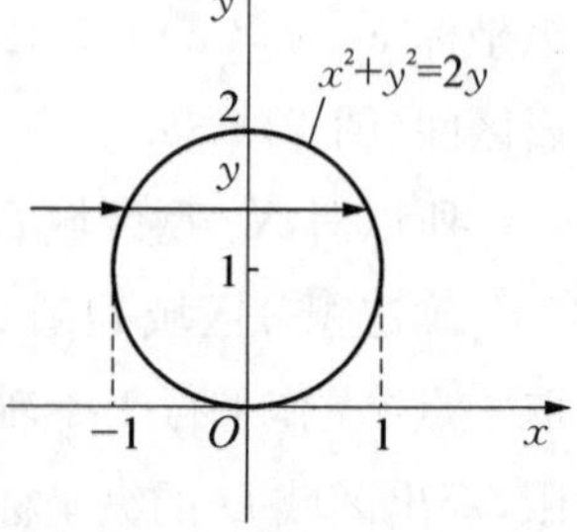

分析：积分区域 D 如图 12－7 所示，D 是 Y－型区域，运用式(12－2)计算.

图 12－7

解：从图 12－7 可知，D 在 y 轴上的投影区间为 $[0, 2]$，利用式(12－2)，有

$$原式=\int_0^2 \mathrm{d}y\int_{-\sqrt{2y-y^2}}^{\sqrt{2y-y^2}} \frac{1}{\sqrt{2-y}}\mathrm{d}x=2\int_0^2 \frac{\sqrt{2y-y^2}}{\sqrt{2-y}}\mathrm{d}y=2\int_0^2 \sqrt{y}\,\mathrm{d}y=\frac{8}{3}\sqrt{2}.$$

说明： D 也是 X -型区域，若运用式(12-1)计算，则有

$$原式=\int_{-1}^1 \mathrm{d}x\int_{1-\sqrt{1-x^2}}^{1+\sqrt{1-x^2}} \frac{\mathrm{d}y}{\sqrt{2-y}}=\int_{-1}^1 (-2\sqrt{2-y})\Big|_{1-\sqrt{1-x^2}}^{1+\sqrt{1-x^2}}\mathrm{d}x$$
$$=-2\int_{-1}^1 \left(\sqrt{1-\sqrt{1-x^2}}-\sqrt{1+\sqrt{1-x^2}}\right)\mathrm{d}x,$$

可见定积分无法计算.所以在考虑将二重积分化为二次积分时，不光要考虑运用式(12-1)或式(12-2)化为二次积分的方便性，还需要考虑化为二次积分后定积分计算的难易.

例 12-4　计算 $\iint\limits_D x\sin\frac{y}{x}\mathrm{d}\sigma$，其中 D 是由直线 $y=0$，$y=x$，$x=1$ 所围成的区域.

分析： 积分区域 D 如图 12-8 所示，它既是 X -型区域又是 Y -型区域，从而可运用式(12-1)或式(12-2)将二重积分化为二次积分.若运用式(12-2)，则有

$$\iint\limits_D x\sin\frac{y}{x}\mathrm{d}\sigma=\int_0^1 \mathrm{d}y\int_y^1 x\sin\frac{y}{x}\mathrm{d}x,$$

可见内层积分无法计算，故本例应把 D 看作 X -型区域，运用式(12-1)计算.

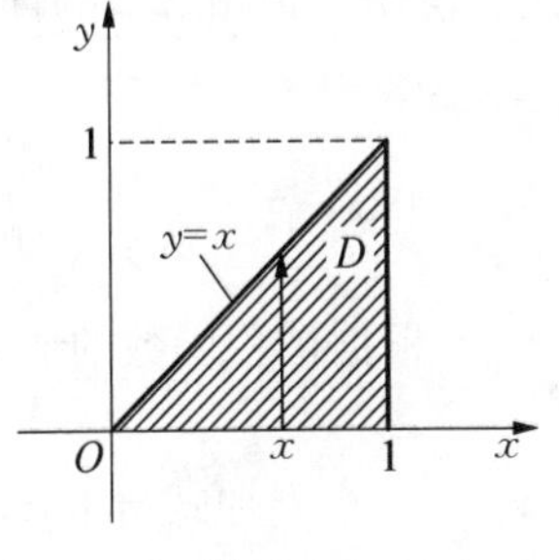

图 12-8

解： 如图 12-8 可知，D 在 x 轴上的投影区间为 $[0, 1]$，运用式(12-1)得

$$原式=\int_0^1 \mathrm{d}x\int_0^x x\sin\frac{y}{x}\mathrm{d}y=\int_0^1\left(-x^2\cos\frac{y}{x}\right)\Big|_0^x\mathrm{d}x=\int_0^1 x^2(1-\cos 1)\mathrm{d}x=\frac{1-\cos 1}{3}.$$

例 12-5　计算 $\iint\limits_D x\sin(x+y)\mathrm{d}\sigma$，其中 D 由直线 $x=\sqrt{\pi}$ 与抛物线 $y=x^2-x$ 及其在点(0, 0)处的切线 l 围成.

分析： 本例应首先确定 $y=x^2-x$ 在(0, 0)处的切线方程，再确定积分区域 D 的图形，选择积分次序化为二次积分计算.

解： 由 $y'(x)=2x-1$ 知 $y'(0)=-1$，抛物线在(0, 0)处的切线方程为 $y=-x$，所以积分区域 D 的图形如图 12-9 所示.根据 D 的情况，若选择先 x 后 y 的积分次序，则要化为三个二次积分，并且先对 x 积分比先对 y 积分复杂，所以运用式(12-1)，有

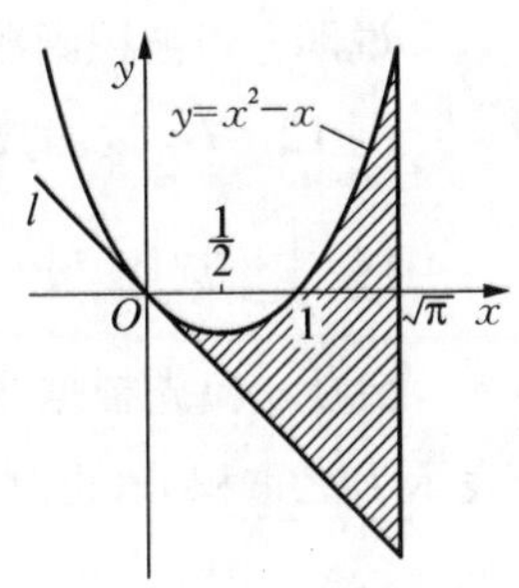

图 12-9

$$原式=\int_0^{\sqrt{\pi}} \mathrm{d}x\int_{-x}^{x^2-x} x\sin(x+y)\mathrm{d}y=\int_0^{\sqrt{\pi}} [-x\cos(x+y)]\Big|_{-x}^{x^2-x}\mathrm{d}x$$
$$=\int_0^{\sqrt{\pi}} (x-x\cos x^2)\mathrm{d}x=\int_0^{\sqrt{\pi}} x\,\mathrm{d}x-\int_0^{\sqrt{\pi}} x\cos x^2\mathrm{d}x=\frac{\pi}{2}.$$

说明： (1) 当遇到两种不同积分次序的公式(12-1)和式(12-2)都可以使用时，一般应选择能

使二次积分表达式更简单的公式.特别当遇到在一种积分次序下可用一个二次积分表达,而在另一积分次序下需用多个二次积分表达时,除了特殊情况,一般应选择用一个二次积分表达的积分次序计算.

(2) 在选择二次积分的积分次序时,还应考虑先对 x 积分方便还是先对 y 积分方便,一般应选择先易后难的积分次序,即先做简单的,后做复杂的.

例 12-6 计算 $\iint\limits_D y\sqrt{|x-y^2|}\,d\sigma$,其中 $D=\{(x,y)\mid 0\leqslant x\leqslant 4,\ 0\leqslant y\leqslant 1\}$.

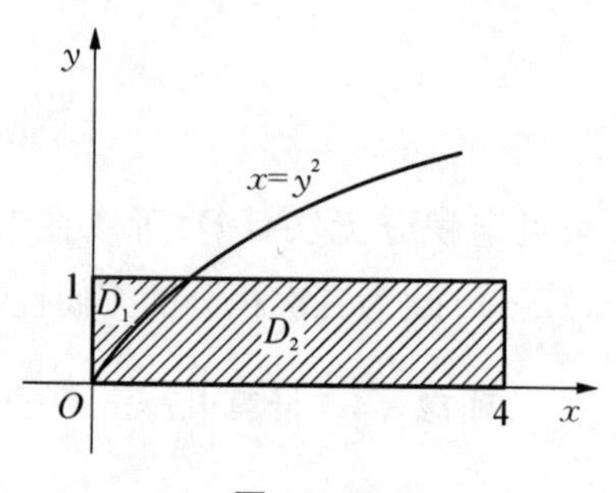

图 12-10

分析: 这是被积函数带绝对值的积分问题,应考虑运用分域性质先去除绝对值.

解: $x=y^2$ 是积分区域 D 中使 $x-y^2$ 改变正、负号的分界线,所以用曲线 $x=y^2$ 将区域分割成两个子区域 D_1, D_2,如图 12-10 所示.运用二重积分分域性质,有

$$\iint\limits_D y\sqrt{|x-y^2|}\,d\sigma=\iint\limits_{D_1} y\sqrt{y^2-x}\,d\sigma+\iint\limits_{D_2} y\sqrt{x-y^2}\,d\sigma.$$

根据被积函数的形式,选择先 x 后 y 的积分次序,有

$$\begin{aligned}
\text{原式}&=\int_0^1 dy\int_0^{y^2} y\sqrt{y^2-x}\,dx+\int_0^1 dy\int_{y^2}^4 y\sqrt{x-y^2}\,dx\\
&=\int_0^1\left[-\frac{2}{3}y(y^2-x)^{\frac{3}{2}}\right]\Big|_0^{y^2}dy+\int_0^1\left[\frac{2}{3}y(x-y^2)^{\frac{3}{2}}\right]\Big|_{y^2}^4 dy\\
&=\frac{2}{3}\int_0^1 y^4 dy+\frac{2}{3}\int_0^1 y(4-y^2)^{\frac{3}{2}}dy=\frac{2}{3}\cdot\frac{1}{5}y^5\Big|_0^1-\frac{1}{3}\cdot\frac{2}{5}(4-y^2)^{\frac{5}{2}}\Big|_0^1\\
&=\frac{2}{5}(11-3\sqrt{3}).
\end{aligned}$$

说明: 当被积函数中含有绝对值时,应首先运用二重积分的分域性质去除绝对值.

例 12-7 设函数 $f(x,y)$ 连续,试交换下列各二次积分的积分次序:

(1) $\int_{-1}^0 dy\int_{y^2}^1 f(x,y)dx+\int_0^1 dy\int_y^1 f(x,y)dx$;　(2) $\int_0^2 dx\int_{\sqrt{2x-x^2}}^{\sqrt{4-x^2}} f(x,y)dy$.

分析: 应先根据两个二次积分的积分上、下限确积分区域 D,将它们表示为二重积分,再改变它们的积分次序.

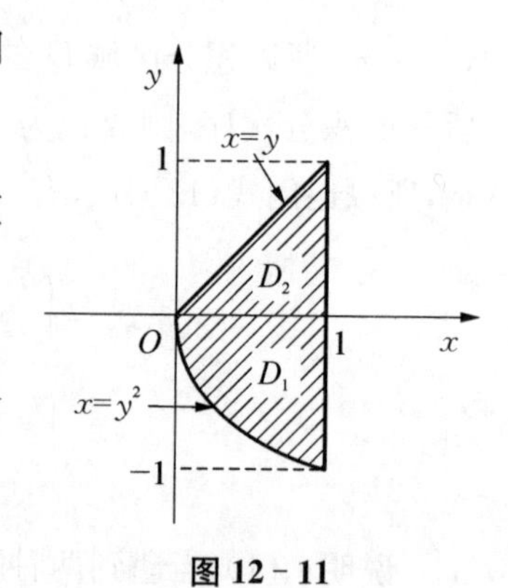

图 12-11

解: (1) 由二次积分 $\int_{-1}^0 dy\int_{y^2}^1 f(x,y)dx$ 的积分上、下限确定二重积分的积分区域 D_1: $-1\leqslant y\leqslant 0$, $y^2\leqslant x\leqslant 1$,如图 12-11 所示.

由二次积分 $\int_0^1 dy\int_y^1 f(x,y)dx$ 的积分上、下限确定二重积分的积分区域 D_2: $0\leqslant y\leqslant 1$, $y\leqslant x\leqslant 1$,如图 12-11 所示.若记 $D=D_1\cup D_2$,根据先 y 后 x 的公式(12-1)

$$\int_{-1}^{0}\mathrm{d}y\int_{y^2}^{1}f(x,y)\mathrm{d}x+\int_{0}^{1}\mathrm{d}y\int_{y}^{1}f(x,y)\mathrm{d}x=\iint_{D_1}f(x,y)\mathrm{d}\sigma+\iint_{D_2}f(x,y)\mathrm{d}\sigma$$
$$=\iint_{D}f(x,y)\mathrm{d}\sigma=\int_{0}^{1}\mathrm{d}x\int_{-\sqrt{x}}^{x}f(x,y)\mathrm{d}y.$$

(2) 由二次积分的积分上、下限确定积分区域

$$D:0\leqslant x\leqslant 2,\sqrt{2x-x^2}\leqslant y\leqslant\sqrt{4-x^2},$$

如图12-12所示.将区域D分割成D_1，D_2，D_3三部分，使每一部分都为Y-型区域，利用式(12-2)

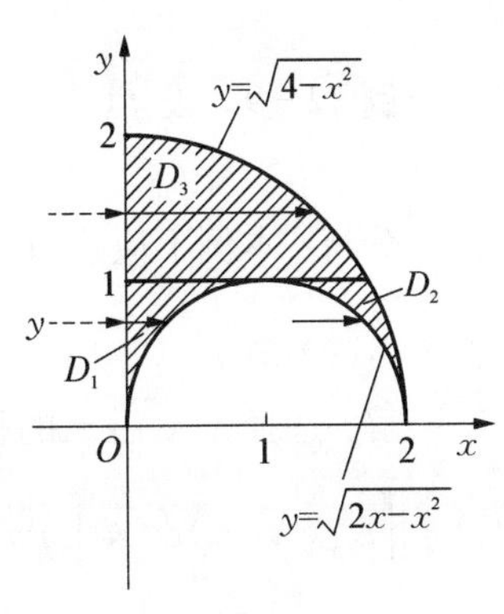

图 12-12

$$原式=\iint_{D}f(x,y)\mathrm{d}\sigma=\iint_{D_1}f(x,y)\mathrm{d}\sigma+\iint_{D_2}f(x,y)\mathrm{d}\sigma+\iint_{D_2}f(x,y)\mathrm{d}\sigma$$
$$=\int_{0}^{1}\mathrm{d}y\int_{0}^{1-\sqrt{1-y^2}}f(x,y)\mathrm{d}x+\int_{0}^{1}\mathrm{d}y\int_{1+\sqrt{1-y^2}}^{\sqrt{4-y^2}}f(x,y)\mathrm{d}x+$$
$$\int_{1}^{2}\mathrm{d}y\int_{0}^{\sqrt{4-y^2}}f(x,y)\mathrm{d}x.$$

例12-8　计算下列二次积分：

(1) $\int_{0}^{\ln 2}\mathrm{d}y\int_{e^y}^{2}e^{x+3y-\frac{1}{4}x^4}\mathrm{d}x$；　(2) $\int_{1}^{2}\mathrm{d}x\int_{\sqrt{x}}^{x}\sin\frac{\pi x}{2y}\mathrm{d}y+\int_{2}^{4}\mathrm{d}x\int_{\sqrt{x}}^{2}\sin\frac{\pi x}{2y}\mathrm{d}y$.

分析：内层积分无法计算，此时应考虑交换积分次序后计算.

解：(1) 根据式(12-2)以及二次积分的积分上、下限可知，二重积分的积分区域是

$$D:0\leqslant y\leqslant\ln 2,\ e^y\leqslant x\leqslant 1$$

如图12-13所示.运用公式(12-1)，有

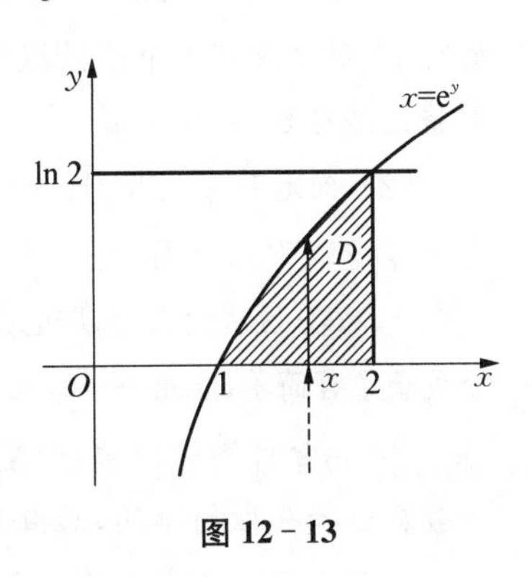

图 12-13

$$原式=\iint_{D}e^{x+3y-\frac{1}{4}x^4}\mathrm{d}\sigma=\int_{1}^{2}\mathrm{d}x\int_{0}^{\ln x}e^{x-\frac{1}{4}x^4}\cdot e^{3y}\mathrm{d}y=\frac{1}{3}\int_{1}^{2}(x^3-1)e^{x-\frac{1}{4}x^4}\mathrm{d}x$$
$$=-\frac{1}{3}\int_{1}^{2}e^{x-\frac{1}{4}x^4}\mathrm{d}\left(x-\frac{1}{4}x^4\right)=\frac{1}{3}(e^{\frac{3}{4}}-e^{-2})$$

(2) 根据式(12-1)，二次积分$\int_{1}^{2}\mathrm{d}x\int_{\sqrt{x}}^{x}\sin\frac{\pi x}{2y}\mathrm{d}y$所表示的二重积分的积分区域是

$$D_1:1\leqslant x\leqslant 2,\sqrt{x}\leqslant y\leqslant x,$$

而二次积分$\int_{2}^{4}\mathrm{d}x\int_{\sqrt{x}}^{2}\sin\frac{\pi x}{2y}\mathrm{d}y$所表示的二重积分的积分区域是

$$D_2:2\leqslant x\leqslant 4,\sqrt{x}\leqslant y\leqslant 2,$$

如图12-14所示.若记$D=D_1\cup D_2$，则选择先x后y的积分次序，运用公式(12-2)，有

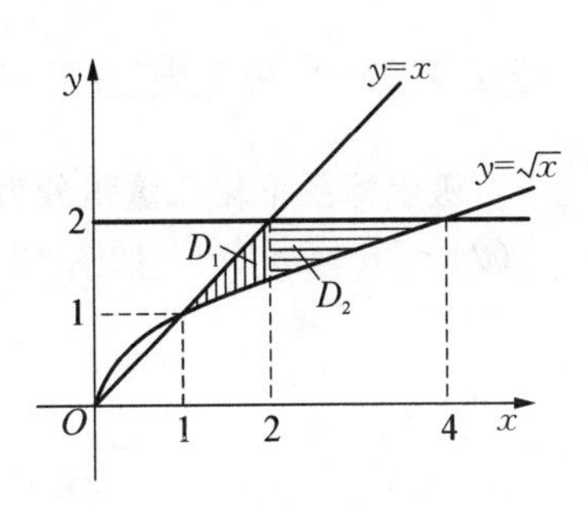

图 12-14

$$原式=\iint_D \sin\frac{\pi x}{2y}d\sigma=\int_1^2 dy\int_y^{y^2}\sin\frac{\pi x}{2y}dx=\int_1^2\left(-\frac{2y}{\pi}\cos\frac{\pi x}{2y}\right)\Big|_y^{y^2}dy$$

$$=-\frac{2}{\pi}\int_1^2 y\cos\frac{\pi}{2}y\,dy=-\frac{4}{\pi^2}\left(y\sin\frac{\pi}{2}y\Big|_1^2-\int_1^2\sin\frac{\pi}{2}y\,dy\right)=\frac{4}{\pi^3}(2+\pi).$$

例 12-9 设 $f(x, y)=\dfrac{(1+x)^y}{(1+y)^x}$，$D=\{(x, y)\mid 1\leqslant x\leqslant 2, 2\leqslant y\leqslant 3\}$，求 $\iint\limits_D f''_{xy}(x, y)d\sigma$.

分析：本例不应去计算二阶偏导数 $f''_{xy}(x, y)$，而应注意 $f''_{xy}(x, y)=\dfrac{\partial}{\partial y}[f'_x(x, y)]$，即 $f'_x(x, y)$ 是 $f''_{xy}(x, y)$ 关于变量 y 的一个原函数，所以可将二重积分化为二次积分后计算.

解：选择先 y 后 x 的积分次序，运用式(12-1)，有

$$\iint_D f''_{xy}(x, y)d\sigma=\int_1^2 dx\int_2^3 f''_{xy}(x, y)dy=\int_1^2 f'_x(x, y)\Big|_2^3 dx=\int_1^2[f'_x(x, 3)-f'_x(x, 2)]dx$$

$$=[f(x, 3)-f(x, 2)]\Big|_1^2=f(2, 3)-f(2, 2)-f(1, 3)+f(1, 2)=\frac{1}{48}.$$

▶▶▶方法小结

计算二重积分的核心步骤是如何将其化为二次积分.在直角坐标系下计算二重积分的基本方法为：

(1) 画出积分区域 D 的草图，确定 D 是 X-型区域还是 Y-型区域，若两者都不是，则运用分域性质将 D 划分成若干个子区域，使每个子区域为 X-型区域或 Y-型区域.若被积函数中含有绝对值也需将区域分域，去绝对值.

(2) 确定积分次序，即确定运用式(12-1)和式(12-2)中的哪一个公式计算.对于积分次序的确定应考虑以下两个因素：

① 积分区域的因素，即它是 X-型区域还是 Y-型区域.同时还需考虑在这一积分次序下化成的二次积分式子是否简单，能用一个二次积分表示的尽可能选择用一个二次积分表示，这可以简化积分的计算.

② 积分计算的因素，即需考虑内层积分计算是否方便.当两种积分次序下内层积分都可计算时，一般应选择先做简单的，后做复杂的积分次序.

当以上两因素考虑清楚之后，就可以确定计算二重积分所要运用的式(12-1)或式(12-2).

(3) 按照"先积一条线，再扫一个面"的基本思想，正确确定公式(12-1)和式(12-2)中内层积分和外层积分的积分上、下限，将二重积分化为二次积分.

(4) 计算二次积分.

12.2.1.2 在极坐标系下计算二重积分

极坐标系下化二重积分为二次积分 如果积分区域 D：$\alpha\leqslant\theta\leqslant\beta$，$\rho_1(\theta)\leqslant\rho\leqslant\rho_2(\theta)$，如图 12-15 所示，则

$$\iint_D f(x, y)d\sigma=\iint_D f(\rho\cos\theta, \rho\sin\theta)\rho\,d\rho\,d\theta$$

$$=\int_\alpha^\beta d\theta\int_{\rho_1(\theta)}^{\rho_2(\theta)}f(\rho\cos\theta, \rho\sin\theta)\rho\,d\rho \qquad (12-3)$$

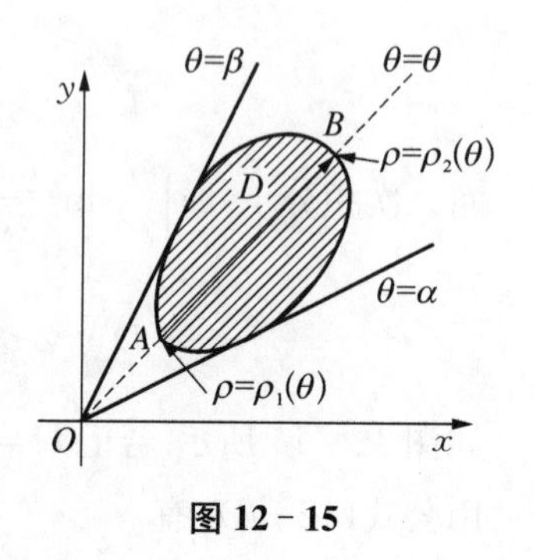

图 12-15

▶▶▶方法运用注意点

(1) 注意区域 D 与 X-型区域及 Y-型区域的区别.区域 D 是由两根射线 $\theta=\alpha$，$\theta=\beta$，中间“夹着”一块图形所成的区域,其中 D 的边界曲线由极坐标表示.

(2) 式(12-3)化极坐标下的二重积分为极坐标下的二次积分也遵循“先积一条线,再扫一个面”的基本思想.

$$\iint_D f(x,y)\mathrm{d}\sigma=\iint_D f(\rho\cos\theta,\rho\sin\theta)\rho\,\mathrm{d}\rho\,\mathrm{d}\theta=\underbrace{\int_\alpha^\beta \mathrm{d}\theta}_{\text{再扫一个面}}\underbrace{\int_{\rho_1(x)}^{\rho_2(x)} f(\rho\cos\theta,\rho\sin\theta)\rho\,\mathrm{d}\rho}_{\text{先积一条线(图12-15所示)}}$$

其中的内层积分 $\int_{\rho_1(\theta)}^{\rho_2(\theta)} f(\rho\cos\theta,\rho\sin\theta)\rho\,\mathrm{d}\rho$ 表示被积函数在射线 $\theta=\theta\in[\alpha,\beta]$ 的 AB 段上的积分(图 12-15),这就是“先积一条线”的含义.

(3) 式(12-3)中配置积分上、下限的方法：

首先确定“夹住”积分区域 D 的两根射线 $\theta=\alpha$，$\theta=\beta$，从而得到式(12-3)外层积分的积分区间 $[\alpha,\beta]$. 然后在 $[\alpha,\beta]$ 内任取一点,作射线 $\theta=\theta$ (定值),以射线穿进区域 D 的 $\rho=\rho_1(\theta)$ 作为积分下限,穿出区域 D 的 $\rho=\rho_2(\theta)$ 作为积分上限配置内层积分的积分上、下限.

(4) 式(12-3)中被积表达式的转换是将直角坐标与极坐标的转换关系 $\begin{cases}x=\rho\cos\theta\\y=\rho\sin\theta\end{cases}$ 代入被积函数,面积元素 $\mathrm{d}\sigma$ 用 $\mathrm{d}\sigma=\rho\,\mathrm{d}\rho\,\mathrm{d}\theta$ 代入而成.

▶▶▶典型例题解析

例 12-10　化二重积分 $\iint_D f(x^2+y^2)\mathrm{d}\sigma$ 为极坐标系下的二次积分,其中 $D=\{(x,y)\mid 0\leqslant x\leqslant 1,0\leqslant y\leqslant 1-x\}$.

分析：画出 D 的图形,如图 12-16 所示.D 由射线 $\alpha=0$，$\beta=\dfrac{\pi}{2}$ 所“夹”,将边界线 $x+y=1$ 化为极坐标下的方程,运用式(12-3)计算.

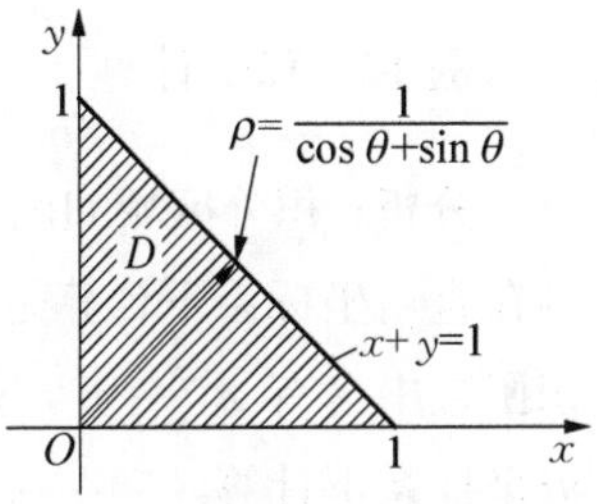

图 12-16

解：把直角坐标与极坐标的对应关系 $\begin{cases}x=\rho\cos\theta\\y=\rho\sin\theta\end{cases}$ 代入边界线方程 $x+y=1$，其极坐标下的表达式

$$\rho=\frac{1}{\cos\theta+\sin\theta},\ 0\leqslant\theta\leqslant\frac{\pi}{2}.$$

在 $\left[0,\dfrac{\pi}{2}\right]$ 中任取一点 θ，如图 12-16 所示,射线 $\theta=\theta$ (定值)在 $\rho=0$ 处穿进区域 D,在 $\rho=\dfrac{1}{\cos\theta+\sin\theta}$ 处穿出区域 D,运用式(12-3)得

$$\iint_D f(x^2+y^2)\mathrm{d}\sigma=\iint_D f(\rho^2)\rho\,\mathrm{d}\rho\,\mathrm{d}\theta=\int_0^{\frac{\pi}{2}}\mathrm{d}\theta\int_0^{\frac{1}{\cos\theta+\sin\theta}} f(\rho^2)\rho\,\mathrm{d}\rho.$$

例 12-11 试将二重积分$\iint\limits_D f(xy)\mathrm{d}\sigma$化为极坐标系下的二次积分，其中

$$D=\{(x,\ y)\mid 0\leqslant x\leqslant 1,\ x^2\leqslant y\leqslant 1\}.$$

分析： D 的图形如图 12-17 所示.图形由射线 $\theta=0$, $\theta=\dfrac{\pi}{2}$ 所“夹”，且 D 的边界曲线在极坐标下的表达形式为

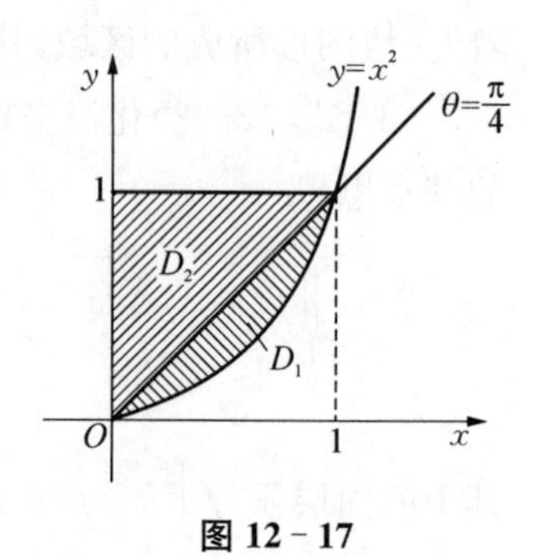

图 12-17

$$y=x^2\to\rho\sin\theta=\rho^2\cos^2\theta\to\rho=\frac{\sin\theta}{\cos^2\theta},$$

$$y=1\to\rho\sin\theta=1\to\rho=\frac{1}{\sin\theta},$$

从图 12-17 中可见，当$0\leqslant\theta\leqslant\dfrac{\pi}{4}$时，所作的射线$\theta=\theta$(定值)从$\rho=0$穿进，从抛物线$\rho=\dfrac{\sin\theta}{\cos^2\theta}$穿出区域，而当$\dfrac{\pi}{4}\leqslant\theta\leqslant\dfrac{\pi}{2}$时，射线$\theta=\theta$(定值)从$\rho=0$穿进，从直线$\rho=\dfrac{1}{\sin\theta}$穿出区域.由于射线从两个不同的边界线穿出区域 D，所以需要将 D 划分成 D_1, D_2(图 12-17)运用二重积分的分域性质分别计算.

解： 运用二重积分的分域性质及式(12-3)，有

$$\iint\limits_D f(xy)\mathrm{d}\sigma=\iint\limits_{D_1} f(xy)\mathrm{d}\sigma+\iint\limits_{D_2} f(xy)\mathrm{d}\sigma=\iint\limits_{D_1} f(\rho^2\cos\theta\sin\theta)\rho\,\mathrm{d}\rho\,\mathrm{d}\theta+\iint\limits_{D_2} f(\rho^2\cos\theta\sin\theta)\rho\,\mathrm{d}\rho\,\mathrm{d}\theta$$

$$=\int_0^{\frac{\pi}{4}}\mathrm{d}\theta\int_0^{\frac{\sin\theta}{\cos^2\theta}} f(\rho^2\cos\theta\sin\theta)\rho\,\mathrm{d}\rho+\int_{\frac{\pi}{4}}^{\frac{\pi}{2}}\mathrm{d}\theta\int_0^{\frac{1}{\sin\theta}} f(\rho^2\cos\theta\sin\theta)\rho\,\mathrm{d}\rho.$$

说明： 如果积分区域 D 的边界线由不同的曲线组成，并且出现射线 $\theta=\theta$ 从不同的曲线穿进区域或者穿出区域，此时需利用分域性质分解处理.

例 12-12 计算$\iint\limits_D \dfrac{1}{(1+x^2+y^2)^2}\mathrm{d}\sigma$，其中 D 为圆环域 $1\leqslant x^2+y^2\leqslant 4$.

分析： 积分区域如图 12-18 所示.从积分区域以及被积函数可见，本例在直角坐标系下计算是不方便的.由于 D 的边界线是两个同心圆，且被积函数中含有 x^2+y^2，这在极坐标下表示是简单的，所以本例应采用在极坐标系下计算.

解： 从图 12-18 可见，区域 D 由射线$\theta=0$, $\theta=2\pi$ 所“夹”，且 D 的边界线在极坐标下的表达式分别为

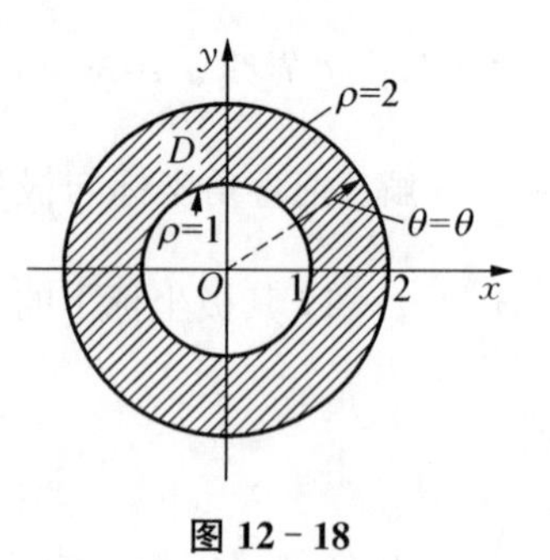

图 12-18

$$x^2+y^2=1\to\rho=1,\ x^2+y^2=4\to\rho=2,$$

运用式(12-3)，有

$$\text{原式}=\iint\limits_D\frac{1}{(1+\rho^2)^2}\rho\,\mathrm{d}\rho\,\mathrm{d}\theta=\int_0^{2\pi}\mathrm{d}\theta\int_1^2\frac{\rho}{(1+\rho^2)^2}\mathrm{d}\rho$$

$$=\int_0^{2\pi}\mathrm{d}\theta\cdot\int_1^2\frac{\rho}{(1+\rho^2)^2}\mathrm{d}\rho=\pi\int_1^2\frac{\mathrm{d}(1+\rho^2)}{(1+\rho^2)^2}=\frac{3}{10}\pi.$$

说明：上例说明，当所求二重积分因积分区域或者被积函数在直角坐标下计算烦琐或者困难时，若积分区域为圆域或者被积函数中含有 x^2+y^2，此时可尝试运用极坐标计算.

例 12-13　计算下列二重积分：

(1) $\iint\limits_D \sqrt{\sqrt{x^2+y^2}+x}\,\mathrm{d}\sigma$，其中 $D=\{(x,y)\mid x^2+y^2\leqslant R^2\}$；

(2) $\iint\limits_D \dfrac{\ln(1+x^2+y^2)}{1+x^2+y^2}\mathrm{d}\sigma$，其中 $D=\{(x,y)\mid y\geqslant 0,\ y\leqslant x\leqslant\sqrt{1-y^2}\}$.

分析：从被积函数可见，无论是先对 x 积分还是先对 y 积分，积分都无法计算.注意到被积函数中含有 x^2+y^2，且积分区域 D 中的边界线为圆，可尝试运用极坐标计算.

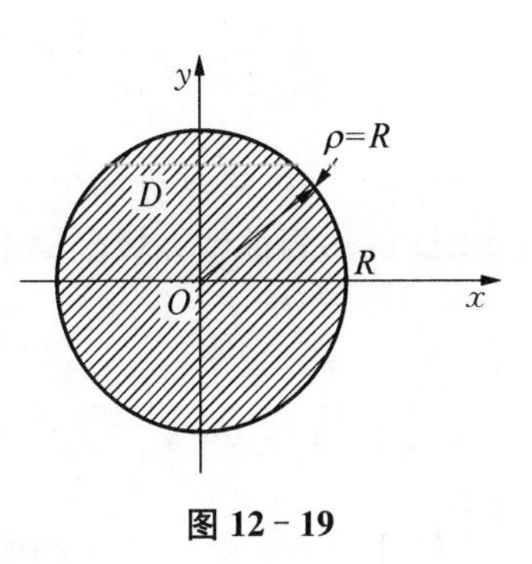

图 12-19

解：(1) D 的图形如图 12-19 所示.D 的边界线在极坐标下可表示为 $\rho=R$，$0\leqslant\theta\leqslant 2\pi$. 运用式(12-3)，有

$$\begin{aligned}\text{原式}&=\iint\limits_D\sqrt{\rho+\rho\cos\theta}\,\rho\,\mathrm{d}\rho\,\mathrm{d}\theta=\int_0^{2\pi}\mathrm{d}\theta\int_0^R\rho^{\frac{3}{2}}\sqrt{1+\cos\theta}\,\mathrm{d}\rho\\&=\int_0^{2\pi}\sqrt{1+\cos\theta}\,\mathrm{d}\theta\cdot\int_0^R\rho^{\frac{3}{2}}\mathrm{d}\rho=\frac{2}{5}R^{\frac{5}{2}}\cdot\sqrt{2}\int_0^{2\pi}\left|\cos\frac{\theta}{2}\right|\mathrm{d}\theta\\&\xlongequal{t=\frac{\theta}{2}}\frac{2\sqrt{2}}{5}R^{\frac{5}{2}}\int_0^{\pi}|\cos t|\cdot 2\mathrm{d}t=\frac{8\sqrt{2}}{5}R^{\frac{5}{2}}.\end{aligned}$$

(2) 积分区域如图 12-20 所示.D 由射线 $\theta=0$，$\theta=\dfrac{\pi}{4}$ 所“夹”，且边界曲线 $x=\sqrt{1-y^2}$ 在极坐标下的表达式为 $\rho=1$，$0\leqslant\theta\leqslant\dfrac{\pi}{4}$. 运用式(12-3)，有

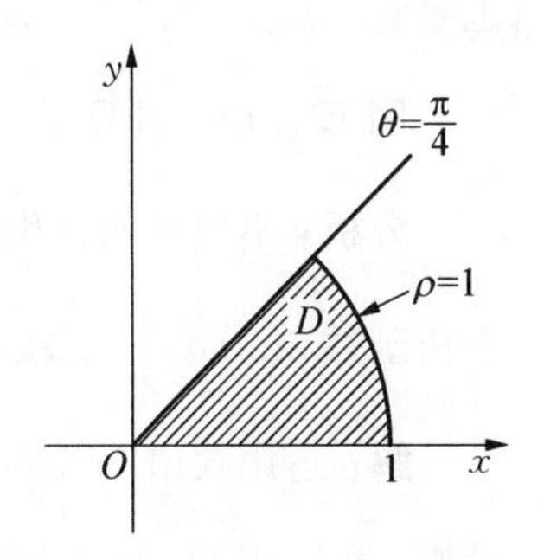

图 12-20

$$\begin{aligned}\text{原式}&=\int_0^{\frac{\pi}{4}}\mathrm{d}\theta\int_0^1\frac{\ln(1+\rho^2)}{1+\rho^2}\rho\,\mathrm{d}\rho=\frac{\pi}{8}\int_0^1\frac{\ln(1+\rho^2)}{1+\rho^2}\mathrm{d}(1+\rho^2)\\&=\frac{\pi}{16}\ln^2(1+\rho^2)\Big|_0^1=\frac{\pi}{16}\ln^2 2.\end{aligned}$$

例 12-14　计算下列二次积分：

(1) $\int_0^1\mathrm{d}x\int_{x^2}^{x}\dfrac{x}{y}\mathrm{e}^{\frac{y}{x}}\mathrm{d}y$；　(2) $\int_0^1\mathrm{d}y\int_{\sqrt{2y-y^2}}^{1+\sqrt{1-y^2}}\mathrm{e}^{\frac{xy}{x^2+y^2}}\mathrm{d}x$.

分析：可以看到，所给的二次积分内层积分无法计算，若按例 12-8 的方法改变积分次序，显然也无法计算，此时应尝试运用极坐标计算.

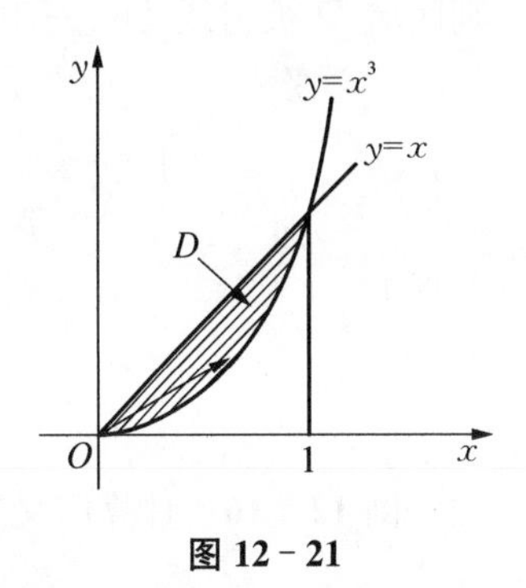

图 12-21

解：(1) 二次积分所表示的二重积分的积分区域 D 如图 12-21 所示. D 的边界曲线在极坐标下的表达形式分别为

$$y=x\rightarrow\rho\sin\theta=\rho\cos\theta\rightarrow\theta=\frac{\pi}{4},$$

$$y=x^3 \to \rho\sin\theta=\rho^3\cos^3\theta \to \rho=\sqrt{\frac{\sin\theta}{\cos^3\theta}}$$

且 D 由 $\theta=0$ 和 $\theta=\dfrac{\pi}{4}$ 两条射线所夹.运用式(12-3),有

$$\text{原式}=\iint_D \frac{\cos\theta}{\sin\theta}e^{\tan\theta}\rho\,d\rho\,d\theta=\int_0^{\frac{\pi}{4}}d\theta\int_0^{\sqrt{\frac{\sin\theta}{\cos^3\theta}}}\frac{\cos\theta}{\sin\theta}e^{\tan\theta}\rho\,d\rho=\int_0^{\frac{\pi}{4}}\frac{\cos\theta}{\sin\theta}e^{\tan\theta}\cdot\frac{1}{2}\rho^2\Big|_0^{\sqrt{\frac{\sin\theta}{\cos^3\theta}}}d\theta$$

$$=\frac{1}{2}\int_0^{\frac{\pi}{4}}\frac{1}{\cos^2\theta}e^{\tan\theta}d\theta=\frac{1}{2}e^{\tan\theta}\Big|_0^{\frac{\pi}{4}}=\frac{1}{2}(e-1).$$

(2) 二次积分所表示的二重积分的积分区域 D 如图 12-22 所示.D 的边界曲线在极坐标下的表达形式分别为

$$x=\sqrt{2y-y^2}\to x^2+y^2=2y\to\rho=2\sin\theta,$$

$$x=1+\sqrt{1-y^2}\to(x-1)^2+y^2=1\to\rho=2\cos\theta,$$

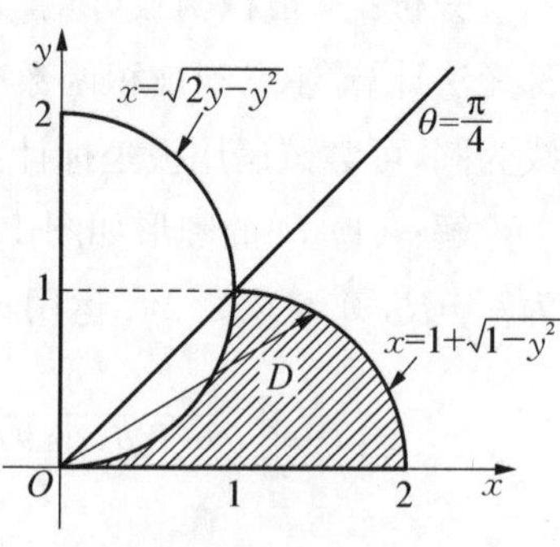

图 12-22

且 D 由 $\theta=0$ 和 $\theta=\dfrac{\pi}{4}$ 两条射线所夹.运用式(12-3),有

$$\text{原式}=\iint_D e^{\cos\theta\sin\theta}\rho\,d\rho\,d\theta=\int_0^{\frac{\pi}{4}}d\theta\int_{2\sin\theta}^{2\cos\theta}e^{\cos\theta\sin\theta}\rho\,d\rho=2\int_0^{\frac{\pi}{4}}e^{\cos\theta\sin\theta}(\cos^2\theta-\sin^2\theta)d\theta$$

$$=2\int_0^{\frac{\pi}{4}}e^{\cos\theta\sin\theta}\cos2\theta\,d\theta=\int_0^{\frac{\pi}{4}}e^{\frac{1}{2}\sin2\theta}d(\sin2\theta)=2(e^{\frac{1}{2}}-1).$$

说明: 对于二次积分计算问题,当遇到交换积分次序计算烦琐或者无法计算时,利用极坐标计算也是解决这类问题的一条途径.

例 12-15 计算 $\displaystyle\int_1^{\sqrt{3}}dx\int_{\sqrt{4-x^2}}^{\sqrt{3}x}e^{\arctan\frac{y}{x}}dy+\int_{\sqrt{3}}^{3}dx\int_{\frac{1}{\sqrt{3}}x}^{\sqrt{12-x^2}}e^{\arctan\frac{y}{x}}dy.$

分析: 本例在两种积分次序下都无法计算内层积分,问题在于反三角函数 $\arctan\dfrac{y}{x}$,考虑通过极坐标予以消除.

解: 运用式(12-1)可知,所给的两个二次积分分别表示被积函数 $e^{\arctan\frac{y}{x}}$ 在区域 D_1,D_2(图 12-23)上的二重积分.若记 $D=D_1\cup D_2$,则区域 D 被射线 $\theta=\dfrac{\pi}{6}$ 和 $\theta=\dfrac{\pi}{3}$ 所夹.运用式(12-3)得

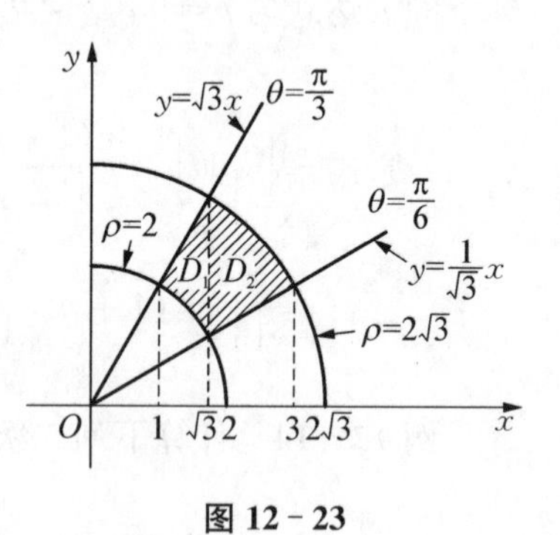

图 12-23

$$\text{原式}=\iint_{D_1}e^{\arctan\frac{y}{x}}dx\,dy+\iint_{D_2}e^{\arctan\frac{y}{x}}dx\,dy=\iint_D e^{\arctan\frac{y}{x}}dx\,dy=\iint_D e^{\theta}\rho\,d\rho\,d\theta$$

$$=\int_{\frac{\pi}{6}}^{\frac{\pi}{3}}d\theta\int_2^{2\sqrt{3}}e^{\theta}\rho\,d\rho=\int_{\frac{\pi}{6}}^{\frac{\pi}{3}}e^{\theta}d\theta\cdot\int_2^{2\sqrt{3}}\rho\,d\rho=4(e^{\frac{\pi}{3}}-e^{\frac{\pi}{6}}).$$

例 12-16 计算广义二次积分 $\displaystyle\int_1^2dx\int_{\sqrt{2x-x^2}}^{x}\frac{e^{\frac{y}{x}}}{(x^2+y^2)^2}dy+\int_2^{+\infty}dx\int_0^x\frac{e^{\frac{y}{x}}}{(x^2+y^2)^2}dy.$

分析：可以看到，所给广义二次积分的内层积分无法计算，同时若改变成先 x 后 y 的积分次序，积分也无法计算，与例 12－13 相同可考虑利用极坐标计算.

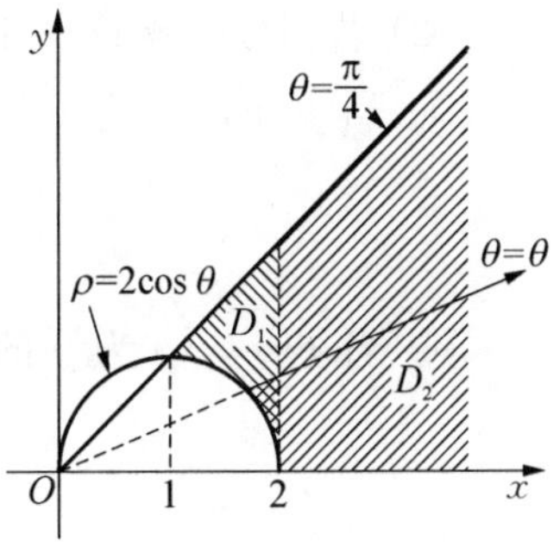

解：记 D_1，D_2 如图 12－24 所示，运用式(12－1)可知，二次积分 $\int_1^2 dx\int_{\sqrt{2x-x^2}}^{x}\frac{e^{\frac{y}{x}}}{(x^2+y^2)^2}dy$ 表示二重积分 $\iint\limits_{D_1}\frac{e^{\frac{y}{x}}}{(x^2+y^2)^2}d\sigma$，而广义二次积分 $\int_2^{+\infty}dx\int_0^x\frac{e^{\frac{y}{x}}}{(x^2+y^2)^2}dy$ 表示广义二重积分 $\iint\limits_{D_2}\frac{e^{\frac{y}{x}}}{(x^2+y^2)^2}d\sigma$. 若记 $D=D_1\cup D_2$，可见区域 D 被射线 $\theta=0$ 和 $\theta=\frac{\pi}{4}$ 所夹. 又对于所作的射线 $\theta=\theta\in\left[0,\frac{\pi}{4}\right]$，射线从圆 $\rho=2\cos\theta$ 穿进区域，并且一直变化到 $+\infty$，于是利用极坐标系下化二重积分为二次积分的方法

图 12－24

$$\text{原式}=\iint\limits_{D_1}\frac{e^{\frac{y}{x}}}{(x^2+y^2)^2}d\sigma+\iint\limits_{D_2}\frac{e^{\frac{y}{x}}}{(x^2+y^2)^2}d\sigma=\iint\limits_{D}\frac{e^{\frac{y}{x}}}{(x^2+y^2)^2}d\sigma=\iint\limits_{D}\frac{e^{\tan\theta}}{\rho^4}\rho\,d\rho\,d\theta$$

$$=\int_0^{\frac{\pi}{4}}d\theta\int_{2\cos\theta}^{+\infty}\frac{e^{\tan\theta}}{\rho^3}d\rho=\frac{1}{8}\int_0^{\frac{\pi}{4}}\frac{e^{\tan\theta}}{\cos^2\theta}d\theta=\frac{1}{8}e^{\tan\theta}\Big|_0^{\frac{\pi}{4}}=\frac{1}{8}(e-1).$$

▶▶▶方法小结

利用极坐标计算二重积分是二重积分计算的重要方法. 运用这一方法的主要目的是简化被积函数或者积分区域的表达，从而简化二重积分的计算. 它主要运用于以下情形：

(1) 被积函数比较复杂，在直角坐标系下化成的二次积分计算困难(例 12－12)甚至无法计算(例 12－13～例 12－16)，此时若运用极坐标能够简化被积函数的表达式，并且能够简化二次积分的计算，此类问题可以运用极坐标计算.

(2) 积分区域的边界线较复杂或者不是直接的 X－型区域或 Y－型区域. 此时若运用极坐标能够简化积分区域的表示(例 12－15)，此类问题也可以运用极坐标计算.

(3) 在直角坐标系下无法计算的问题，此时可以尝试运用极坐标计算.

12.2.1.3　利用对称性性质计算二重积分

1) 二重积分的对称性性质

(1) 若积分区域 D 关于 y 轴对称，且 y 轴将 D 划分成 D_1，D_2 两个子区域，则

① 当 $f(x,y)$ 为 x 的奇函数时，有

$$\iint\limits_{D}f(x,y)d\sigma=0 \tag{12-4}$$

② 当 $f(x,y)$ 为 x 的偶函数时，有

$$\iint\limits_{D}f(x,y)d\sigma=2\iint\limits_{D_1}f(x,y)d\sigma \tag{12-5}$$

(2) 若积分区域 D 关于 x 轴对称,且 x 轴将 D 划分成 D_1', D_2' 两个子区域,则

① 当 $f(x, y)$ 为 y 的奇函数时,有

$$\iint_D f(x, y)\mathrm{d}\sigma = 0 \tag{12-6}$$

② 当 $f(x, y)$ 为 y 的偶函数时,有

$$\iint_D f(x, y)\mathrm{d}\sigma = 2\iint_{D_1'} f(x, y)\mathrm{d}\sigma \tag{12-7}$$

(3) 若积分区域 D 关于坐标原点对称,即 D 可分割成与原点对称的两块子区域 D_1, D_2,则

① 当 $f(-x, -y) = -f(x, y)$ 时,有

$$\iint_D f(x, y)\mathrm{d}\sigma = 0 \tag{12-8}$$

② 当 $f(-x, -y) = f(x, y)$ 时,有

$$\iint_D f(x, y)\mathrm{d}\sigma = 2\iint_{D_1} f(x, y)\mathrm{d}\sigma \tag{12-9}$$

2) 二重积分与积分变量名称无关的性质

二重积分的值与二重积分的积分变量名称无关,即

$$\iint_D f(x, y)\mathrm{d}x\mathrm{d}y = \iint_D f(s, t)\mathrm{d}s\mathrm{d}t \tag{12-10}$$

▶▶▶方法运用注意点

(1) 注意二重积分对称性性质的条件,它由积分区域关于某一坐标轴的对称性以及被积函数关于某一变量(对称坐标轴变量以外的那一变量)的奇偶性两部分组成,两者缺一不可.

(2) 二重积分的对称性以及与变量名称的无关性常常被用来简化二重积分的计算.一般来讲,这种简化计算能够使用时应尽量使用.

▶▶▶典型例题解析

例 12-17 计算 $\iint_D \dfrac{1+x+y}{1+|x|+|y|}\mathrm{d}\sigma$,其中 $D=\{(x, y) \mid |x|+|y| \leqslant 1\}$.

分析: 积分区域如图 12-25 所示.当被积函数含有绝对值时,首先应运用分域性质去绝对值.对于本例,由于在四个象限上被积函数以及积分区域的边界线都不同,所以直接计算是烦琐的.然而注意到 D 关于两坐标轴对称,此时应考虑能否运用对称性来简化问题.

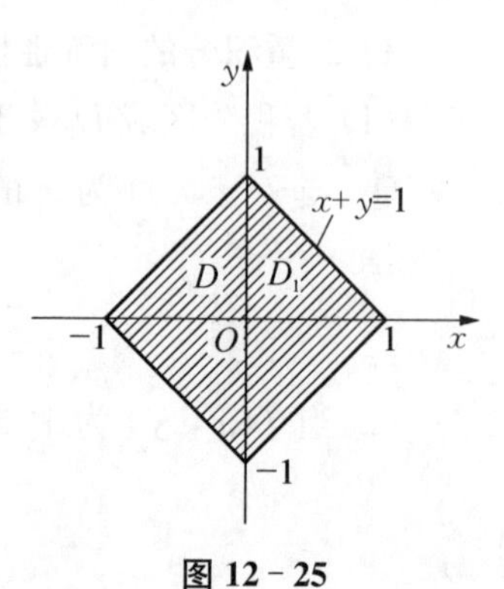

图 12-25

解: 运用二重积分的线性运算性质

$$\text{原式} = \iint_D \frac{1}{1+|x|+|y|}\mathrm{d}\sigma + \iint_D \frac{x}{1+|x|+|y|}\mathrm{d}\sigma + \iint_D \frac{y}{1+|x|+|y|}\mathrm{d}\sigma.$$

由于被积函数 $\frac{x}{1+|x|+|y|}$，$\frac{y}{1+|x|+|y|}$ 分别关于 x 和 y 是奇函数，根据式(12-4)和式(12-6)知

$$\iint\limits_D \frac{x}{1+|x|+|y|}\mathrm{d}\sigma=0,\iint\limits_D \frac{y}{1+|x|+|y|}\mathrm{d}\sigma=0.$$

又函数 $\frac{1}{1+|x|+|y|}$ 既是 x 的偶函数也是 y 的偶函数，且 D 关于 x 轴和 y 轴对称，若记 D 的第一象限部分为 D_1，根据式(12-5)和式(12-7)，有

$$\begin{aligned}\text{原式}&=\iint\limits_D \frac{1}{1+|x|+|y|}\mathrm{d}\sigma=4\iint\limits_{D_1}\frac{1}{1+x+y}\mathrm{d}\sigma=4\int_0^1\mathrm{d}x\int_0^{1-x}\frac{1}{1+x+y}\mathrm{d}y\\&=4\int_0^1[\ln 2-\ln(1+x)]\mathrm{d}x=4\ln 2-4\left[x\ln(1+x)\Big|_0^1-\int_0^1\frac{x}{1+x}\mathrm{d}x\right]=4(1-\ln 2).\end{aligned}$$

例 12-18　计算 $\iint\limits_D \frac{x^2(1+x^5\sqrt{1+y})}{1+x^6}\mathrm{d}\sigma$，其中 $D=\{(x,y)\mid |x|\leqslant 1,0\leqslant y\leqslant 2\}$.

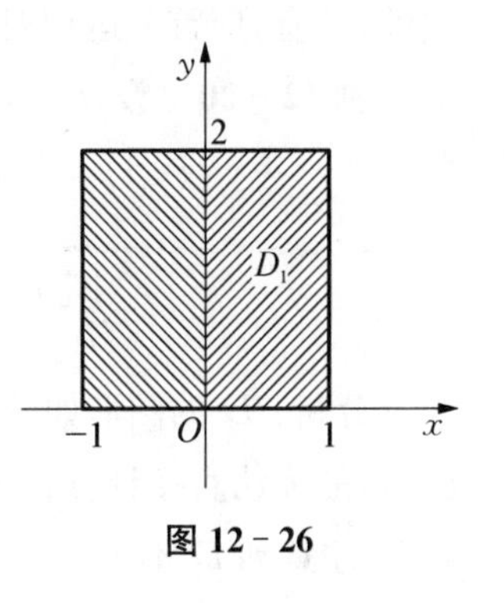

图 12-26

分析：积分区域如图 12-26 所示.可见被积函数复杂，积分烦琐.注意到 D 关于 y 轴对称，考虑运用对称性化简问题.

解：运用二重积分的运算性质，得

$$\text{原式}=\iint\limits_D \frac{x^2}{1+x^6}\mathrm{d}\sigma+\iint\limits_D \frac{x^7\sqrt{1+y}}{1+x^6}\mathrm{d}\sigma.$$

由于函数 $\frac{x^2}{1+x^6}$ 关于 x 是偶函数，函数 $\frac{x^7\sqrt{1+y}}{1+x^6}$ 关于 x 是奇函数，若记 D 在第一象限部分的区域为 D_1，利用二重积分的对称性性质，有

$$\begin{aligned}\text{原式}&=\iint\limits_D \frac{x^2}{1+x^6}\mathrm{d}\sigma=2\iint\limits_{D_1}\frac{x^2}{1+x^6}\mathrm{d}\sigma=2\int_0^1\mathrm{d}x\int_0^2\frac{x^2}{1+x^6}\mathrm{d}y\\&=4\int_0^1\frac{x^2}{1+x^6}\mathrm{d}x=\frac{4}{3}\arctan(x^3)\Big|_0^1=\frac{\pi}{3}.\end{aligned}$$

例 12-19　计算 $\iint\limits_D \frac{\ln[(1+\mathrm{e}^x)^y(1+\mathrm{e}^y)^x]}{1+\frac{x^2}{a^2}+\frac{y^2}{b^2}}\mathrm{d}\sigma$，其中 D 为椭圆域 $\frac{x^2}{a^2}+\frac{y^2}{b^2}\leqslant 1$.

分析：本例直接化为二次积分或者利用极坐标都无法计算.注意到本例的积分区域 D 关于 x，y 轴对称，这时应设法运用对称性计算，为此应首先化简被积函数.

解：原式 $=\iint\limits_D \frac{y\ln(1+\mathrm{e}^x)+x\ln(1+\mathrm{e}^y)}{1+\frac{x^2}{a^2}+\frac{y^2}{b^2}}\mathrm{d}\sigma=\iint\limits_D \frac{y\ln(1+\mathrm{e}^x)}{1+\frac{x^2}{a^2}+\frac{y^2}{b^2}}\mathrm{d}\sigma+\iint\limits_D \frac{x\ln(1+\mathrm{e}^y)}{1+\frac{x^2}{a^2}+\frac{y^2}{b^2}}\mathrm{d}\sigma$，

由于 $\dfrac{y\ln(1+\mathrm{e}^x)}{1+\dfrac{x^2}{a^2}+\dfrac{y^2}{b^2}}$ 和 $\dfrac{x\ln(1+\mathrm{e}^y)}{1+\dfrac{x^2}{a^2}+\dfrac{y^2}{b^2}}$ 分别是 y 和 x 的奇函数，且积分区域 D 关于 x 轴和 y 轴对称，根据二重积分的对称性性质，有

$$\iint_D \frac{y\ln(1+\mathrm{e}^x)}{1+\dfrac{x^2}{a^2}+\dfrac{y^2}{b^2}}\mathrm{d}\sigma=0,\ \iint_D \frac{x\ln(1+\mathrm{e}^y)}{1+\dfrac{x^2}{a^2}+\dfrac{y^2}{b^2}}\mathrm{d}\sigma=0,$$

所以

$$\iint_D \frac{\ln[(1+\mathrm{e}^x)^y(1+\mathrm{e}^y)^x]}{1+\dfrac{x^2}{a^2}+\dfrac{y^2}{b^2}}\mathrm{d}\sigma=0.$$

说明：以上几例说明，当被积函数或者积分区域复杂使得积分计算烦琐甚至无法计算时，如果积分区域 D 关于坐标轴有对称性，这时应考虑被积函数或者其中的某些项是否关于相应的变量具有奇偶性，若有，应首先运用对称性性质简化问题后再计算.

例 12-20 设 $f(u)$ 是连续函数，$D=\{(x,y)\mid |x|\leqslant 2,|y|\leqslant 2,x^2+(y-2)^2\geqslant 1,(x-2)^2+y^2\geqslant 1\}$，计算二重积分

$$\iint_D [x+y+xyf(x^2+y^2)]\mathrm{d}\sigma.$$

分析：D 的图形如图 12-27 所示.从题目可见，函数 $f(u)$ 是未知函数，故无法直接计算积分.为此考虑能否运用对称性性质消除对 f 的积分.注意到 D 不关于 x 轴，y 轴对称，所以如何将 D 分解出若干个关于坐标轴对称的子区域就成为本题需要考虑的问题.

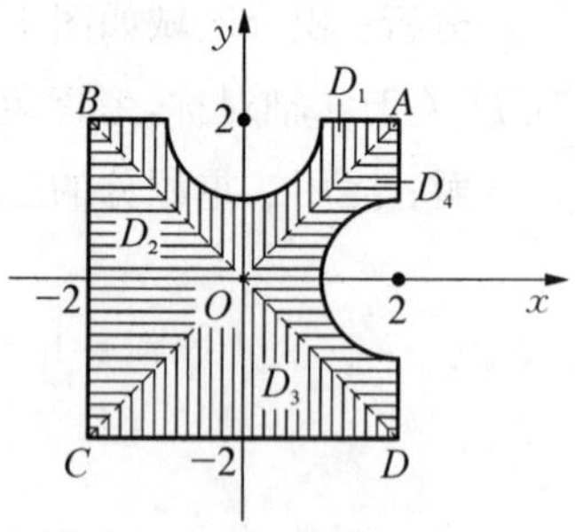

图 12-27

解：原积分可分解成以下两积分的和

$$\text{原式}=\iint_D (x+y)\mathrm{d}\sigma+\iint_D xyf(x^2+y^2)\mathrm{d}\sigma.$$

先来计算积分 $\iint_D xyf(x^2+y^2)\mathrm{d}\sigma$. 添置辅助线 AC 和 BD 将 D 划分成四个子区域 D_1，D_2，D_3，D_4（图 12-27），可见 D_1，D_3 关于 y 轴对称，D_2，D_4 关于 x 轴对称.又因 $xyf(x^2+y^2)$ 关于 x，y 分别是奇函数，于是有

$$\iint_{D_1} xyf(x^2+y^2)\mathrm{d}\sigma=0,\ \iint_{D_2} xyf(x^2+y^2)\mathrm{d}\sigma=0,$$
$$\iint_{D_3} xyf(x^2+y^2)\mathrm{d}\sigma=0,\ \iint_{D_4} xyf(x^2+y^2)\mathrm{d}\sigma=0,$$

所以

$$\iint_D xyf(x^2+y^2)\mathrm{d}\sigma=0.$$

对于积分 $\iint_D (x+y)\mathrm{d}\sigma$，若补上挖去的两个半圆域

$$D_1' = \{(x,\ y) \mid x^2 + (y-2)^2 \leqslant 1,\ 1 \leqslant y \leqslant 2\},$$
$$D_2' = \{(x,\ y) \mid (x-2)^2 + y^2 \leqslant 1,\ 1 \leqslant x \leqslant 2\},$$

则 $D + D_1' + D_2'$ 是关于原点对称的正方形区域，且有

$$\iint\limits_{D}(x+y)\mathrm{d}\sigma = \iint\limits_{D+D_1'+D_2'}(x+y)\mathrm{d}\sigma - \iint\limits_{D_1'}(x+y)\mathrm{d}\sigma - \iint\limits_{D_2'}(x+y)\mathrm{d}\sigma.$$

由被积函数 $g(x,\ y) = x + y$ 满足 $g(-x,\ -y) = -x - y = -(x+y) = -g(x,\ y)$，利用对称性性质(12-8)得

$$\iint\limits_{D+D_1'+D_2'}(x+y)\mathrm{d}\sigma = 0.$$

于是
$$\iint\limits_{D}(x+y)\mathrm{d}\sigma = -\iint\limits_{D_1'}(x+y)\mathrm{d}\sigma - \iint\limits_{D_2'}(x+y)\mathrm{d}\sigma.$$

又 D_1' 与 D_2' 关于分角线 $y = x$ 对称，并且二重积分的值与积分变量名称无关，将积分 $\iint\limits_{D_2'}(x+y)\mathrm{d}\sigma$ 中的 x，y 互换，此时积分区域 D_2' 变换成 D_1'，故有

$$\iint\limits_{D_2'}(x+y)\mathrm{d}\sigma = \iint\limits_{D_1'}(x+y)\mathrm{d}\sigma.$$

再注意到 D_1' 关于 y 轴对称，所以有

$$\begin{aligned}
\iint\limits_{D}(x+y)\mathrm{d}\sigma &= -2\iint\limits_{D_1'}(x+y)\mathrm{d}\sigma = -2\left(\iint\limits_{D_1'}x\,\mathrm{d}\sigma + \iint\limits_{D_1'}y\,\mathrm{d}\sigma\right) = -2\iint\limits_{D_1'}y\,\mathrm{d}\sigma \\
&= -2\int_{-1}^{1}\mathrm{d}x\int_{2-\sqrt{1-x^2}}^{2}y\,\mathrm{d}y = -\int_{-1}^{1}y^2\Big|_{2-\sqrt{1-x^2}}^{2}\mathrm{d}x = -\int_{-1}^{1}(x^2 - 1 + 4\sqrt{1-x^2})\mathrm{d}x \\
&= -\int_{-1}^{1}(x^2-1)\mathrm{d}x - 4\int_{-1}^{1}\sqrt{1-x^2}\,\mathrm{d}x = -\left(\frac{1}{3}x^3 - x\right)\Big|_{-1}^{1} - 4\cdot\frac{\pi}{2} = \frac{4}{3} - 2\pi.
\end{aligned}$$

说明：上例说明，如果二重积分化为二次积分或者利用极坐标都无法计算，并且积分区域 D 也不关于坐标轴或者原点对称，此时还可以考虑对 D 进行分割，使其中的某些子区域关于坐标轴或原点对称，并在这些区域上运用对称性性质计算.

例 12-21　计算 $I = \iint\limits_{D}\left(\frac{x^2}{a^2} + \frac{y^2}{b^2}\right)\mathrm{d}\sigma$，其中 $D = \{(x,\ y) \mid x^2 + y^2 \leqslant R^2\}$.

分析：积分区域如图 12-28 所示.本题若直接化为二次积分计算是烦琐的，由于 D 关于分角线 $y = x$ 对称，此时可考虑积分 $\iint\limits_{D}x^2\mathrm{d}\sigma$ 与积分 $\iint\limits_{D}y^2\mathrm{d}\sigma$ 间的关系.

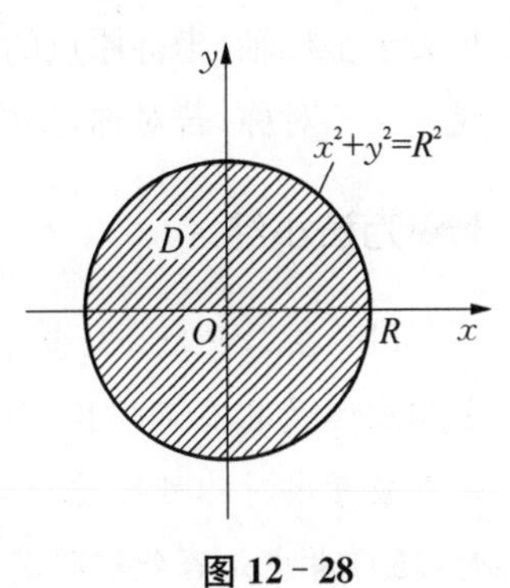

图 12-28

解：运用二重积分的运算性质，有

$$I = \frac{1}{a^2}\iint\limits_{x^2+y^2\leqslant R^2}x^2\mathrm{d}\sigma + \frac{1}{b^2}\iint\limits_{x^2+y^2\leqslant R^2}y^2\mathrm{d}\sigma,$$

利用二重积分与积分变量名称的无关性,有

$$\iint\limits_{x^2+y^2\leqslant R^2} x^2\mathrm{d}\sigma \xlongequal{\text{将}x\text{与}y\text{互换}} \iint\limits_{y^2+x^2\leqslant R^2} y^2\mathrm{d}\sigma = \iint\limits_{x^2+y^2\leqslant R^2} y^2\mathrm{d}\sigma,$$

于是

$$\begin{aligned} I &= \left(\frac{1}{a^2}+\frac{1}{b^2}\right)\iint\limits_{x^2+y^2\leqslant R^2} x^2\mathrm{d}\sigma = \left(\frac{1}{a^2}+\frac{1}{b^2}\right)\cdot\frac{1}{2}\iint\limits_{x^2+y^2\leqslant R^2}(x^2+y^2)\mathrm{d}\sigma \\ &= \frac{1}{2}\left(\frac{1}{a^2}+\frac{1}{b^2}\right)\iint\limits_{x^2+y^2\leqslant R^2}(x^2+y^2)\mathrm{d}\sigma = \frac{1}{2}\left(\frac{1}{a^2}+\frac{1}{b^2}\right)\int_0^{2\pi}\mathrm{d}\theta\int_0^R\rho^2\cdot\rho\,\mathrm{d}\rho \\ &= \pi\left(\frac{1}{a^2}+\frac{1}{b^2}\right)\int_0^R\rho^3\mathrm{d}\rho = \frac{\pi}{4}\left(\frac{1}{a^2}+\frac{1}{b^2}\right)R^4. \end{aligned}$$

例 12-22 计算 $I=\iint\limits_D \dfrac{2+3\cos^2x+\cos^2y}{1+\cos^2x+\cos^2y}\mathrm{d}x\,\mathrm{d}y$,其中 $D=\{(x,y)\mid |x|+|y|\leqslant 1\}$.

分析:本例直接化为二次积分或者利用极坐标都无法计算.本例的被积函数尽管是 x, y 的偶函数且 D 关于两个坐标轴对称,通过运用对称性的性质可简化为 D 在第一象限部分 D_1 上的积分,但是由于被积函数中的分母函数 $1+\cos^2x+\cos^2y$,积分 $\iint\limits_{D_1}\dfrac{2+3\cos^2x+\cos^2y}{1+\cos^2x+\cos^2y}\mathrm{d}x\,\mathrm{d}y$ 仍然无法计算.注意到分子函数 $2+3\cos^2x+\cos^2y$ 的形式以及 D 关于分角线 $y=x$ 对称,此时应考虑运用积分值与积分变量名称的无关性去消除被积函数中的分母.

解:利用二重积分值与积分变量名称的无关性,有

$$\iint\limits_D \frac{2+3\cos^2x+\cos^2y}{1+\cos^2x+\cos^2y}\mathrm{d}x\,\mathrm{d}y \xlongequal{\text{将}x\text{与}y\text{互换}} \iint\limits_D \frac{2+3\cos^2y+\cos^2x}{1+\cos^2y+\cos^2x}\mathrm{d}x\,\mathrm{d}y,$$

将两式相加并除以 2 得

$$\begin{aligned} \text{原式} &= \frac{1}{2}\left(\iint\limits_D \frac{2+3\cos^2x+\cos^2y}{1+\cos^2x+\cos^2y}\mathrm{d}x\,\mathrm{d}y + \iint\limits_D \frac{2+3\cos^2y+\cos^2x}{1+\cos^2y+\cos^2x}\mathrm{d}x\,\mathrm{d}y\right) \\ &= \frac{1}{2}\iint\limits_D \frac{4(1+\cos^2x+\cos^2y)}{1+\cos^2x+\cos^2y}\mathrm{d}x\,\mathrm{d}y = 2\iint\limits_D\mathrm{d}x\,\mathrm{d}y = 4. \end{aligned}$$

说明:上面两例说明,如果二重积分化为二次积分或者极坐标后计算烦琐甚至无法计算,并且此时关于坐标轴、坐标原点的对称性性质也无法使用或者无法求解,接下去就应考虑 D 是否关于分角线 $y=x$ 对称,若对称,则应尝试运用积分值与积分变量名称的无关性性质计算.

▶▶▶方法小结

(1) 在二重积分计算中,当积分区域 D 关于坐标轴、坐标原点对称时,就应考虑被积函数是否关于相应变量具有奇偶性(例 12-17).特别当被积函数复杂,化为二次积分或极坐标计算发生困难时,就更应考虑对称性性质的运用(例 12-19,例 12-20).如果被积函数本身关于相应变量不具有奇偶性时,还应考虑是否能够将其分解,使得其中的某一项关于相应变量具有奇偶性,从而运用运算性质和

对称性性质来简化计算(例 12-18,例 12-20),这一方法是二重积分计算中的常用方法.

(2) 如果将二重积分化为二次积分或极坐标计算出现困难(有时甚至无法计算),并且积分区域 D 关于坐标轴或坐标原点也没有对称性,此时应尝试根据被积函数的形式对 D 进行分割,使得在 D 的某些子区域上满足对称性性质的条件,运用对称性性质来简化计算(例 12-20).

(3) 当积分区域 D 关于分角线 $y=x$ 对称时,有时可以考虑运用二重积分值与变量名称无关的性质计算.一般来讲,这一性质的使用除了要求 D 关于分角线对称之外(即将 x 与 y 互换之后,D 的图形不变),对被积函数也有一定的对称性要求,也就是经过 x 与 y 互换之后,新的被积函数与原被积函数之间要有一定的联系(例 12-22).

12.2.2　三重积分的计算

▶▶▶基本方法

(1) 在直角坐标系下计算三重积分;

(2) 在柱面坐标系下计算三重积分;

(3) 在球面坐标系下计算三重积分;

(3) 利用对称性性质计算三重积分.

12.2.2.1　在直角坐标系下计算三重积分

1) 运用"先单后重"方法化三重积分为三次积分

如果积分区域 $\Omega=\{(x,y,z)\mid z_1(x,y)\leqslant z\leqslant z_2(x,y),(x,y)\in D_{xy}\}$, 如图 12-29 所示,则

$$\iiint_{\Omega} f(x,y,z)\mathrm{d}V=\iint_{D_{xy}}\left[\int_{z_1(x,y)}^{z_2(x,y)} f(x,y,z)\mathrm{d}z\right]\mathrm{d}x\,\mathrm{d}y \quad (\text{“先单后重”}) \qquad (12-11)$$

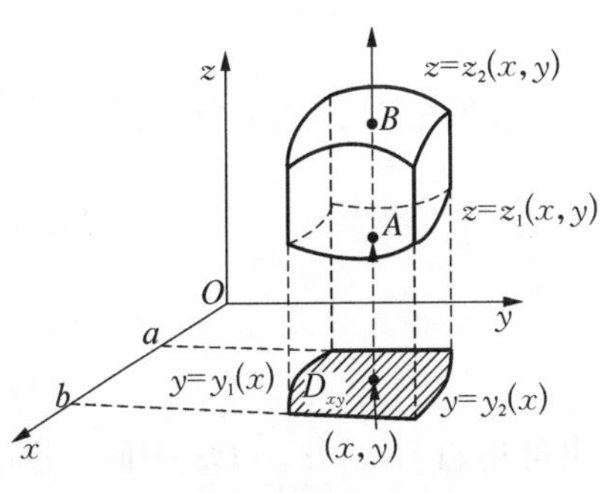

图 12-29

如果进一步可知 $D_{xy}: a\leqslant x\leqslant b,\ y_1(x)\leqslant y\leqslant y_2(x)$, 运用化二重积分为二次积分的方法就可将三重积分化为三次积分

$$\iiint_{\Omega} f(x,y,z)\mathrm{d}V=\iint_{D_{xy}}\left[\int_{z_1(x,y)}^{z_2(x,y)} f(x,y,z)\mathrm{d}z\right]\mathrm{d}x\,\mathrm{d}y=\int_a^b\mathrm{d}x\int_{y_1(x)}^{y_2(x)}\mathrm{d}y\int_{z_1(x,y)}^{z_2(x,y)} f(x,y,z)\mathrm{d}z \qquad (12-12)$$

2) 运用"先重后单"方法化三重积分为三次积分

如果积分区域 Ω 在 z 轴上的投影区间为如果积分区域 $[a_1,b_1]$, 如图 12-30 所示.平面 $z=z\in[a_1,b_1]$ 截 Ω 所得的截痕面为 D_z, 则

$$\iiint_{\Omega} f(x,y,z)\mathrm{d}V=\int_{a_1}^{b_1}\left[\iint_{D_z} f(x,y,z)\mathrm{d}x\,\mathrm{d}y\right]\mathrm{d}z$$

$$=\int_{a_1}^{b_1}\mathrm{d}z\iint_{D_z} f(x,y,z)\mathrm{d}x\,\mathrm{d}y \quad (\text{“先重后单”}) \qquad (12-13)$$

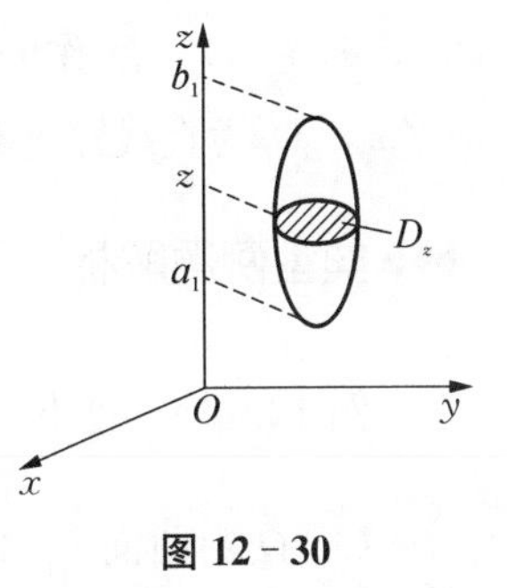

图 12-30

类似地，如果积分区域Ω在y轴上的投影区间为$[a_2, b_2]$，平面$y=y\in[a_2, b_2]$截立体Ω所得的截痕面为D_y，则

$$\iiint\limits_{\Omega} f(x, y, z)\mathrm{d}V=\int_{a_2}^{b_2}\left[\iint\limits_{D_y} f(x, y, z)\mathrm{d}x\mathrm{d}z\right]\mathrm{d}y=\int_{a_2}^{b_2}\mathrm{d}y\iint\limits_{D_y} f(x, y, z)\mathrm{d}x\mathrm{d}z \qquad (12-14)$$

如果Ω在x轴上的投影区间为$[a_3, b_3]$，平面$x=x\in[a_3, b_3]$截立体Ω所得的截痕面为D_x，则

$$\iiint\limits_{\Omega} f(x, y, z)\mathrm{d}V=\int_{a_3}^{b_3}\left[\iint\limits_{D_x} f(x, y, z)\mathrm{d}y\mathrm{d}z\right]\mathrm{d}x=\int_{a_3}^{b_3}\mathrm{d}x\iint\limits_{D_x} f(x, y, z)\mathrm{d}y\mathrm{d}z \qquad (12-15)$$

▶▶▶方法运用注意点

(1) 计算三重积分的要点在于掌握如何将三重积分化为三次积分.由于我们已经掌握了二重积分化为二次积分的方法，所以化三重积分为三次积分的基本方法如下：

① 利用“先单后重”方法公式(12－11)或“先重后单”方法公式(12－12)、式(12－14)、式(12－15)先将三重积分化为先积一个定积分再积一个二重积分，或先积一个二重积分再积一个定积分的问题.

② 利用化二重积分为二次积分的方法将式(12－11)、式(12－13)、式(12－14)、式(12－15)中的二重积分化为二次积分，从而将三重积分化为三次积分.

(2) “先单后重”方法遵循“先积一条线，再扫一个体”的基本思想，如图12－29所示：

$$\iiint\limits_{\Omega} f(x, y, z)\mathrm{d}V=\underbrace{\iint\limits_{D_{xy}}\mathrm{d}x\mathrm{d}y}_{\text{再扫一个体}}\underbrace{\int_{z_1(x, y)}^{z_2(x, y)} f(x, y, z)\mathrm{d}z}_{\text{先积一条线}}$$

而“先重后单”方法遵循“先积一个面，再扫一个体”的基本思想，如图12－30所示：

$$\iiint\limits_{\Omega} f(x, y, z)\mathrm{d}V=\underbrace{\int_{a_1}^{b_1}\mathrm{d}z}_{\text{再扫一个体}}\underbrace{\iint\limits_{D_z} f(x, y, z)\mathrm{d}x\mathrm{d}y}_{\text{先积一个面}}$$

(3) “先单后重”公式(12－11)中的积分区域D_{xy}是积分区域Ω在xOy平面上的投影区域，当然也可将Ω往xOz，yOz平面上投影，从而获得类似的“先单后重”公式.

(4) “先重后单”公式(12－13)中二重积分的积分区域D_z是在平面$z=z$（定值）上的区域，它随着z的变化而变化.因此运用“先重后单”公式时，一般要求截痕面D_z的图形形状是统一的，否则需要分区间进行计算.

(5) 对于式(12－11)中的内层积分$\int_{z_1(x, y)}^{z_2(x, y)} f(x, y, z)\mathrm{d}z$，它表示被积函数$f(x, y, z)$在过点$(x, y)\in D_{xy}$所作的平行于$z$轴的直线在$\Omega$内的线段$AB$上的积分（图12－29），其积分下限$z_1(x, y)$为直线穿进$\Omega$区域的竖坐标，积分上限$z_2(x, y)$为直线穿出$\Omega$区域的竖坐标.

▶▶▶典型例题解析

例12－23 把下列给定区域Ω上的三重积分$\iiint\limits_{\Omega} f(f, y, z)\mathrm{d}V$化为直角坐标下的三次积分：

(1) Ω由曲面$z=2x^2+y^2-1$和$z=1-y^2$围成；

(2) Ω 由曲面 $\dfrac{x^2}{a^2}+\dfrac{y^2}{b^2}-\dfrac{z^2}{c^2}=1$ 和平面 $z=0$ 及 $z=1$ 围成.

分析：题(1),(2)中 Ω 的图形如图 12-31(a)和图 12-31(b)所示.

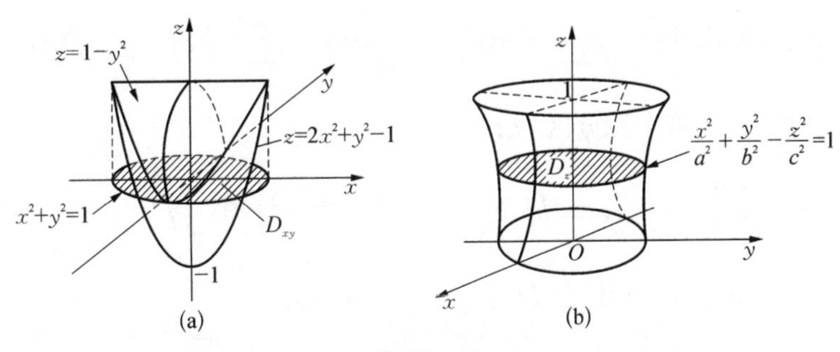

图 12-31

从图 12-31 中可见,对于题(1)应采用"先单后重"的方法,而对于题(2)应采用"先重后单"的方法方便.

解：(1) 先确定 Ω 在 xOy 平面上的投影区域 D_{xy}. 两曲面的交线 $\begin{cases} z=1-y^2 \\ z=2x^2+y^2-1 \end{cases}$ 在 xOy 平面上的投影曲线为 $x^2+y^2=1$,所以 Ω 在 xOy 平面上的投影区域 D_{xy}：$x^2+y^2\leqslant 1$. 运用"先单后重"公式(12-11),有

$$\iiint_{\Omega} f(x,y,z)\mathrm{d}V=\iint_{D_{xy}}\left[\int_{2x^2+y^2-1}^{1-y^2} f(x,y,z)\mathrm{d}z\right]\mathrm{d}x\mathrm{d}y$$
$$=\int_{-1}^{1}\mathrm{d}x\int_{-\sqrt{1-x^2}}^{\sqrt{1-x^2}}\mathrm{d}y\int_{2x^2+y^2-1}^{1-y^2} f(x,y,z)\mathrm{d}z.$$

(2) 积分区域 Ω 在 z 轴上的投影区间为 $[0,1]$,在 $[0,1]$ 中任取一 z,用平面 $z=z$(定值)截 Ω,截痕面 D_z：$\dfrac{x^2}{a^2}+\dfrac{y^2}{b^2}\leqslant 1+\dfrac{z^2}{c^2}$,运用"先重后单"公式(12-13),有

$$\iiint_{\Omega} f(x,y,z)\mathrm{d}V=\int_0^1\mathrm{d}z\iint_{D_z} f(x,y,z)\mathrm{d}x\mathrm{d}y=\int_0^1\mathrm{d}z\int_{-\frac{b}{c}\sqrt{c^2+z^2}}^{\frac{b}{c}\sqrt{c^2+z^2}}\mathrm{d}y\int_{-a\sqrt{1+\frac{z^2}{c^2}-\frac{y^2}{b^2}}}^{a\sqrt{1+\frac{z^2}{c^2}-\frac{y^2}{b^2}}} f(x,y,z)\mathrm{d}x.$$

例 12-24　化下列三次积分为先 x 后 y 再 z 积分次序的三次积分：

(1) $\int_0^1\mathrm{d}x\int_0^{1-x}\mathrm{d}y\int_{x+y}^1 f(x,y,z)\mathrm{d}z$；　(2) $\int_0^1\mathrm{d}y\int_{-\sqrt{y}}^{\sqrt{y}}\mathrm{d}x\int_{-\sqrt{y-x^2}}^{\sqrt{y-x^2}} f(x,y,z)\mathrm{d}z$.

分析：本例首先要将所给三次积分返回到三重积分,即需根据所给三次积分的积分上、下限确定该三次积分表示被积函数 $f(x,y,z)$ 在什么区域上的三重积分,采用的方法仍然是"先单后重"或"先重后单"方法.

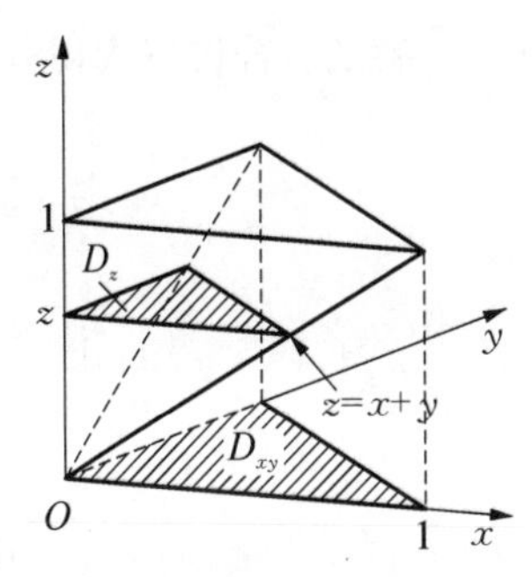

图 12-32

解一：(1) 先运用"先单后重"方法确定积分区域 Ω.

$$\text{原式}=\iint_{D_{xy}}\left[\int_{x+y}^1 f(x,y,z)\mathrm{d}z\right]\mathrm{d}x\mathrm{d}y=\iiint_{\Omega} f(x,y,z)\mathrm{d}V,$$

其中 $\Omega=\{(x,y,z)\mid x+y\leqslant z\leqslant 1,(x,y)\in D_{xy}：0\leqslant x\leqslant 1,0\leqslant y\leqslant 1-x\}$,如图 12-32 所示.

再运用“先重后单”方法将三重积分化为指定次序的三次积分.

将Ω往z轴上投影得投影区间$[0, 1]$. 任取一$z\in[0, 1]$，用平面$z=z$截Ω，截痕面D_z：$x\geqslant 0, y\geqslant 0, x+y\leqslant z$（图 12 - 32）.运用式(12 - 13)，有

$$\text{原式}=\int_0^1 dz\iint_{D_z} f(x, y, z)dxdy=\int_0^1 dz\int_0^z dy\int_0^{z-y} f(x, y, z)dx.$$

(2) 运用“先重后单”方法确定积分区域Ω.

$$\text{原式}=\int_0^1\left[\int_{-\sqrt{y}}^{\sqrt{y}} dx\int_{-\sqrt{y-x^2}}^{\sqrt{y-x^2}} f(x, y, z)dz\right]dy=\int_0^1 dy\iint_{D_y} f(x, y, z)dxdz$$

$$=\iiint_{\Omega} f(x, y, z)dV \quad (D_y: x^2+z^2\leqslant y).$$

其中$\Omega=\{(x, y, z)\mid x^2+z^2\leqslant y\leqslant 1\}$，如图 12 - 33(a)所示.

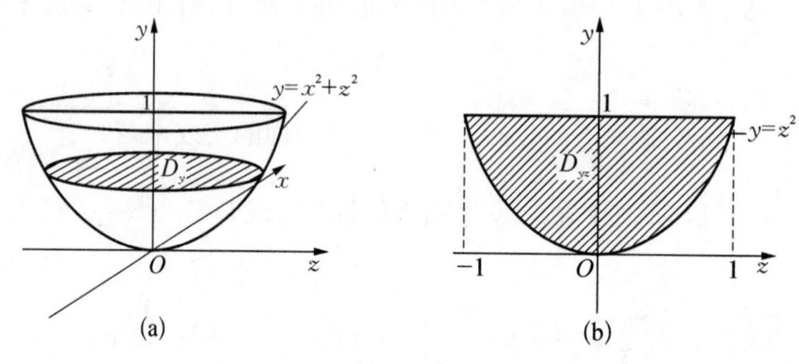

图 12 - 33

下面用“先单后重”方法化三重积分为指定次序的三次积分.

将Ω往yOz平面上投影，投影区域D_{yz}：$z^2\leqslant y\leqslant 1$，如图 12 - 33(b)所示.运用式(12 - 11)，有

$$\text{原式}=\iint_{D_{yz}}\left[\int_{-\sqrt{y-z^2}}^{\sqrt{y-z^2}} f(x, y, z)dx\right]dydz=\int_{-1}^1 dz\int_{z^2}^1 dy\int_{-\sqrt{y-z^2}}^{\sqrt{y-z^2}} f(x, y, z)dx.$$

说明：改变三次积分的积分次序是三重积分中的基本问题，上例的解法是处理这类问题的基本方法.方法首先需要根据所给三次积分的积分限确定三重积分的积分区域Ω，并作出图形，然而对有些问题，画出草图是困难的.为了避免对Ω作图，也可采用将三次积分中的相邻两个定积分所形成的二次积分进行积分次序的逐次交换，最后改变成指定积分次序的三次积分，例如上例(2)可按下面的方法求解.

解二：若将三次积分看作是“先重后单”化来，则

$$\text{原式}=\int_0^1 dy\iint_{D_y} f(x, y, z)dxdz \quad (D_y \text{ 如图 12 - 34(a)所示})$$

将$\iint_{D_y} f(x, y, z)dxdz$化为先$x$后$z$的二次积分

$$\iint_{D_y} f(x, y, z)dxdz=\int_{-\sqrt{y}}^{\sqrt{y}} dz\int_{-\sqrt{y-z^2}}^{\sqrt{y-z^2}} f(x, y, z)dx$$

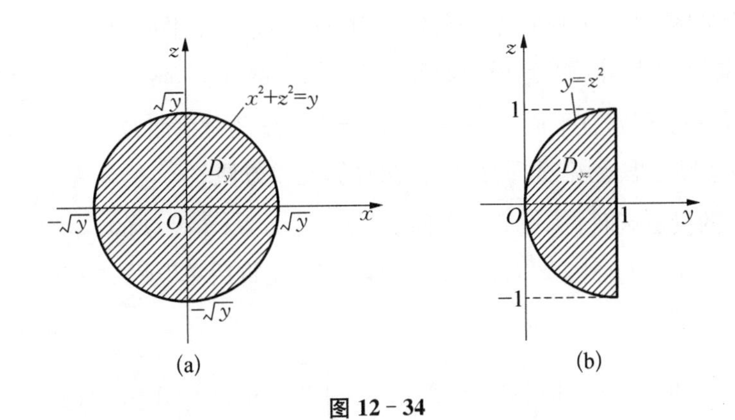

图 12 - 34

于是有

$$原式=\int_0^1 dy\int_{-\sqrt{y}}^{\sqrt{y}} dz\int_{-\sqrt{y-z^2}}^{\sqrt{y-z^2}} f(x, y, z)dx.$$

再把上式看作“先单后重”化来，并把二重积分化为先 y 后 z 的二次积分

$$原式=\iint_{D_{yz}}\left[\int_{-\sqrt{y-z^2}}^{\sqrt{y-z^2}} f(x, y, z)dx\right]dydz \quad (D_{yz}\text{ 如图 12 - 34(b) 所示})$$

$$\xlongequal{\text{先 } y \text{ 后 } z}\int_{-1}^{1} dz\int_{z^2}^{1} dy\int_{-\sqrt{y-z^2}}^{\sqrt{y-z^2}} f(x, y, z)dx.$$

例 12 - 25　计算 $\iiint\limits_{\Omega} x\sin(y+z)dV$，其中 $\Omega=\left\{(x, y, z)\mid 0\leqslant x\leqslant \sqrt{y}, 0\leqslant z\leqslant \frac{\pi}{2}-y\right\}$.

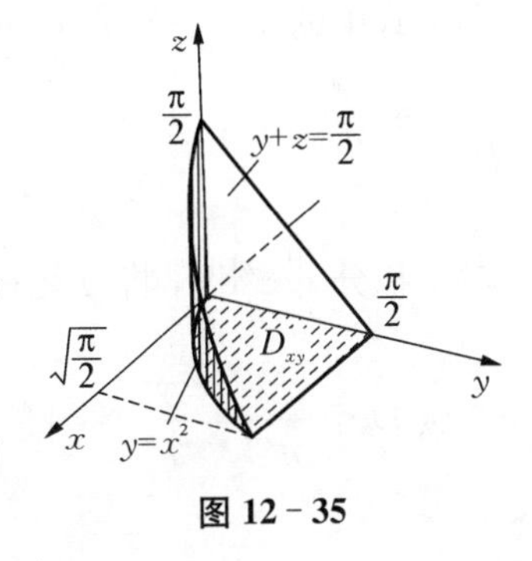

图 12 - 35

分析： Ω 的图形如图 12 - 35 所示，它由上、下两个曲面所围成，用“先单后重”方法计算.

解： Ω 在 xOy 平面上的投影区域 D_{xy}：$x\geqslant 0$，$x^2\leqslant y\leqslant \frac{\pi}{2}$（图 12 - 35）. 运用“先单后重”公式(12 - 11)，有

$$\begin{aligned}原式&=\iint_{D_{xy}}\left[\int_0^{\frac{\pi}{2}-y} x\sin(y+z)dz\right]dxdy=\int_0^{\sqrt{\frac{\pi}{2}}}dx\int_{x^2}^{\frac{\pi}{2}}dy\int_0^{\frac{\pi}{2}-y} x\sin(y+z)dz\\&=\int_0^{\sqrt{\frac{\pi}{2}}}dx\int_{x^2}^{\frac{\pi}{2}} x[-\cos(y+z)]\Big|_0^{\frac{\pi}{2}-y}dy=\int_0^{\sqrt{\frac{\pi}{2}}}dx\int_{x^2}^{\frac{\pi}{2}} x\cos y dy\\&=\int_0^{\sqrt{\frac{\pi}{2}}} x(1-\sin x^2)dx=\frac{1}{2}x^2\Big|_0^{\sqrt{\frac{\pi}{2}}}+\frac{1}{2}\cos x^2\Big|_0^{\sqrt{\frac{\pi}{2}}}=\frac{\pi}{4}-\frac{1}{2}.\end{aligned}$$

例 12 - 26　计算 $\iiint\limits_{\Omega}\sin(z^3)dV$，其中 Ω 由圆锥面 $z=\sqrt{x^2+y^2}$ 和平面 $z=\sqrt[3]{\pi}$ 围成.

分析: Ω 的图形如图 12-36 所示.本例若将 Ω 往 xOy 或 yOz 平面上投影,利用"先单后重"方法计算,积分计算烦琐.注意到被积函数 $f(x,y,z)=\sin(z^3)$ 是 z 的一元函数,且平面 $z=z\in[0,\sqrt[3]{\pi}]$ 截 Ω 的截痕面 D_z 均为圆域,对于这种情形考虑运用"先重后单"方法计算比较方便.

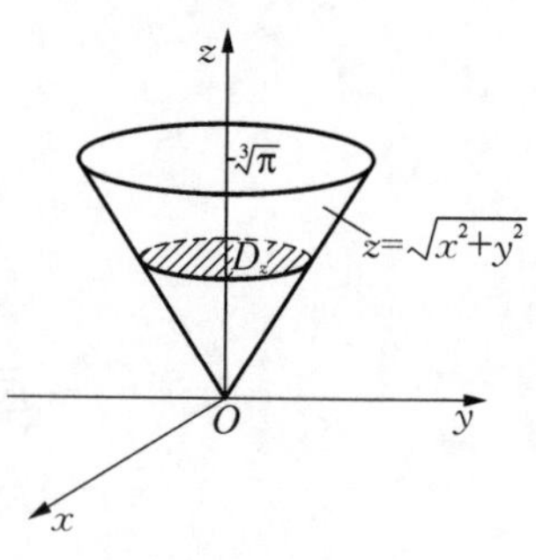

图 12-36

解: Ω 在 z 轴上的投影区间 $[0,\sqrt[3]{\pi}]$, 平面 $z=z\in[0,\sqrt[3]{\pi}]$ 截 Ω 的截痕面 D_z 为圆域 D_z: $x^2+y^2\leqslant z^2$(图 12-36),运用"先重后单"公式(12-13),有

$$\text{原式}=\int_0^{\sqrt[3]{\pi}}\mathrm{d}z\iint\limits_{D_z}\sin(z^3)\mathrm{d}x\,\mathrm{d}y=\int_0^{\sqrt[3]{\pi}}\left[\sin(z^3)\iint\limits_{D_z}\mathrm{d}x\,\mathrm{d}y\right]\mathrm{d}z$$
$$=\int_0^{\sqrt[3]{\pi}}\pi z^2\sin(z^3)\mathrm{d}z=-\frac{\pi}{3}\cos(z^3)\Big|_0^{\sqrt[3]{\pi}}=\frac{2}{3}\pi.$$

说明: 当被积函数是一元函数,且相应的平面截 Ω 所得的截痕面图形明确,面积计算方便时,应首先尝试运用"先重后单"方法计算.

例 12-27 计算 $\iiint\limits_{\Omega}\left(\frac{x^2}{a^2}+\frac{y^2}{b^2}+\frac{z^2}{c^2}\right)\mathrm{d}V$, 其中 Ω 是椭球体 $\frac{x^2}{a^2}+\frac{y^2}{b^2}+\frac{z^2}{c^2}\leqslant 1$.

分析: 本例若采用"先单后重"方法,积分不易计算.若将积分作以下分解

$$\text{原式}=\frac{1}{a^2}\iiint\limits_{\Omega}x^2\mathrm{d}V+\frac{1}{b^2}\iiint\limits_{\Omega}y^2\mathrm{d}V+\frac{1}{c^2}\iiint\limits_{\Omega}z^2\mathrm{d}V,$$

则上式中的每一三重积分的被积函数均为一元函数,故可考虑运用"先重后单"方法计算.

解:
$$\text{原式}=\frac{1}{a^2}\iiint\limits_{\Omega}x^2\mathrm{d}V+\frac{1}{b^2}\iiint\limits_{\Omega}y^2\mathrm{d}V+\frac{1}{c^2}\iiint\limits_{\Omega}z^2\mathrm{d}V.$$

对于积分 $\iiint\limits_{\Omega}z^2\mathrm{d}V$, 将 Ω 往 z 轴上投影得投影区间 $[-c,c]$, 平面 $z=z\in[-c,c]$ 截 Ω 的截痕面为椭圆域 D_z: $\frac{x^2}{a^2}+\frac{y^2}{b^2}\leqslant 1-\frac{z^2}{c^2}$, 运用式(12-13),有

$$\iiint\limits_{\Omega}z^2\mathrm{d}V=\int_{-c}^{c}\mathrm{d}z\iint\limits_{D_z}z^2\mathrm{d}x\,\mathrm{d}y=\int_{-c}^{c}\left(z^2\iint\limits_{D_z}\mathrm{d}x\,\mathrm{d}y\right)\mathrm{d}z=\int_{-c}^{c}z^2\cdot\pi ab\left(1-\frac{z^2}{c^2}\right)\mathrm{d}z$$
$$=2\pi ab\int_0^c\left(z^2-\frac{z^4}{c^2}\right)\mathrm{d}z=\frac{4\pi}{15}abc^3.$$

对于积分 $\iiint\limits_{\Omega}x^2\mathrm{d}V$, 将 Ω 往 x 轴上投影得投影区间 $[-a,a]$, 平面 $x=x\in[-a,a]$ 截 Ω 的截痕面为椭圆域 D_x: $\frac{y^2}{b^2}+\frac{z^2}{c^2}\leqslant 1-\frac{x^2}{a^2}$, 运用"先重后单"公式(12-15),有

$$\iiint\limits_{\Omega}x^2\mathrm{d}V=\int_{-a}^{a}\mathrm{d}x\iint\limits_{D_x}x^2\mathrm{d}y\mathrm{d}z=\int_{-a}^{a}\left(x^2\iint\limits_{D_x}\mathrm{d}y\mathrm{d}z\right)\mathrm{d}x=\int_{-c}^{c}x^2\cdot\pi bc\left(1-\frac{x^2}{a^2}\right)\mathrm{d}x=\frac{4\pi}{15}bca^3.$$

同理可得 $\iiint\limits_{\Omega} y^2 \mathrm{d}V = \dfrac{4\pi}{15}acb^3$. 所以

$$原式 = \frac{1}{a^2} \cdot \frac{4\pi}{15}bca^3 + \frac{1}{b^2} \cdot \frac{4\pi}{15}acb^3 + \frac{1}{c^2} \cdot \frac{4\pi}{15}abc^3 = \frac{4\pi}{5}abc.$$

例 12-28　计算下列三次积分:

(1) $\int_0^1 \mathrm{d}x \int_0^{\sqrt{x}} \mathrm{d}y \int_0^{1-x} \sqrt{1-z}\,\mathrm{e}^z \mathrm{d}z$;　(2) $\int_0^{\pi} \mathrm{d}x \int_0^{x} \mathrm{d}y \int_0^{y} \dfrac{\pi - x}{(\pi - z)^3} \sin z \mathrm{d}z$.

分析: 两个三次积分先对 z 都无法积分,此时应考虑改变积分次序.对于问题(1),由于被积函数是 z 的一元函数,故应利用先重后单的方法,并选择最后对 z 变量积分的积分次序.对于问题(2),可选择计算方便的先对 x 的积分次序.

解: (1) 三次积分所表示的三重积分的积分区域

$$\Omega: 0 \leqslant x \leqslant 1,\ 0 \leqslant y \leqslant \sqrt{x},\ 0 \leqslant z \leqslant 1-x$$

其图形如图 12-37(a)所示. Ω 在 z 轴上投影区间 $[0, 1]$,平面 $z=z \in [0, 1]$ 截 Ω 的截痕面 D_z: $0 \leqslant x \leqslant 1-z$, $0 \leqslant y \leqslant \sqrt{x}$, 如图 12-37(b)所示,运用"先重后单"公式(12-13),有

$$\begin{aligned}原式 &= \int_0^1 \mathrm{d}z \iint\limits_{D_z} \sqrt{1-z}\,\mathrm{e}^z \mathrm{d}x\mathrm{d}y = \int_0^1 \left(\sqrt{1-z}\,\mathrm{e}^z \iint\limits_{D_z} \mathrm{d}x\mathrm{d}y\right)\mathrm{d}z = \int_0^1 \left(\sqrt{1-z}\,\mathrm{e}^z \int_0^{1-z} \sqrt{x}\,\mathrm{d}x\right)\mathrm{d}z \\ &= \frac{2}{3}\int_0^1 (1-z)^2 \mathrm{e}^z \mathrm{d}z = \frac{2}{3}\left[(1-z)^2 \mathrm{e}^z \Big|_0^1 + 2\int_0^1 (1-z)\mathrm{e}^z \mathrm{d}z\right] \\ &= \frac{2}{3}\left\{-1 + 2\left[(1-z)\mathrm{e}^z \Big|_0^1 + \int_0^1 \mathrm{e}^z \mathrm{d}z\right]\right\} = \frac{2}{3}(2\mathrm{e}-5).\end{aligned}$$

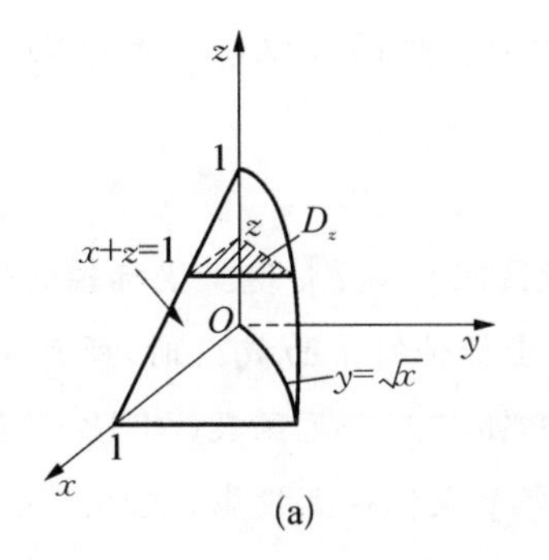

(a)

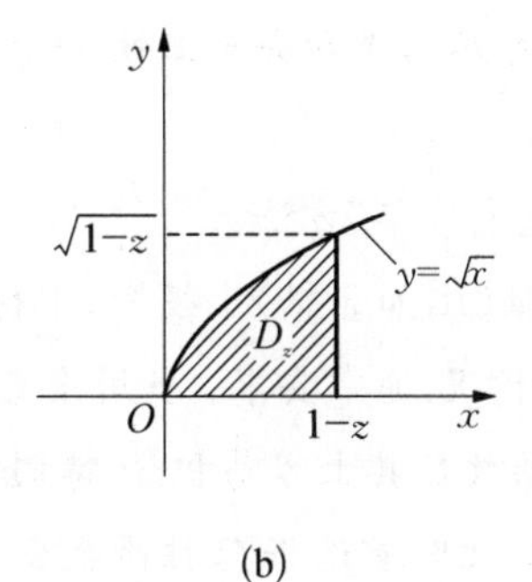

(b)

图 12-37

(2) 三次积分所表示的三重积分的积分区域

$$\Omega: 0 \leqslant x \leqslant \pi,\ 0 \leqslant y \leqslant x,\ 0 \leqslant z \leqslant y,$$

其图形如图 12-38 所示. Ω 在 y 轴上的投影区间 $[0, \pi]$,平面 $y = y \in [0, \pi]$ 截 Ω 的截痕面 D_y: $y \leqslant x \leqslant \pi$, $0 \leqslant z \leqslant y$ (图 12-38),运用"先重后单"公式(12-14)

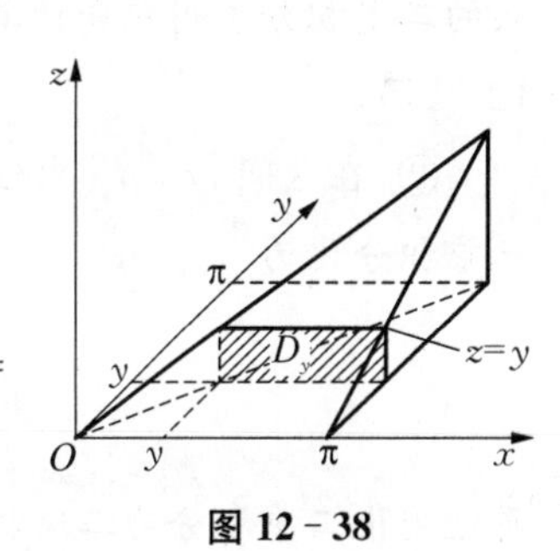

图 12-38

$$
\begin{aligned}
\text{原式} &= \int_0^\pi \mathrm{d}y \iint_{D_y} \frac{\pi - x}{(\pi - z)^3} \sin z \,\mathrm{d}x\,\mathrm{d}z = \int_0^\pi \mathrm{d}y \int_0^y \mathrm{d}z \int_y^\pi \frac{\pi - x}{(\pi - z)^3} \sin z \,\mathrm{d}x \\
&= \frac{1}{2}\int_0^\pi \mathrm{d}y \int_0^y \frac{\sin z}{(\pi - z)^3} (\pi - y)^2 \mathrm{d}z \xlongequal{\text{交换次序}} \frac{1}{2}\int_0^\pi \frac{\sin z}{(\pi - z)^3} \mathrm{d}z \int_z^\pi (\pi - y)^2 \mathrm{d}y \\
&= \frac{1}{6}\int_0^\pi \sin z \,\mathrm{d}z = \frac{1}{3}.
\end{aligned}
$$

▶▶▶方法小结

计算三重积分的核心步骤是如何将其化为三次积分.在直角坐标系下计算三重积分的思路是:

(1) 首先画出积分区域Ω的草图.根据Ω的图形以及被积函数的情况确定化为三次积分是采用“先单后重”方法还是采用“先重后单”方法.

(2) 如果采用“先单后重”方法:

① 将Ω往坐标面上投影,投影坐标面的选取通常依赖于Ω的图形以及积分次序的选择.通常应满足:投影区域D_{xy}(比如往xOy平面上投影)容易确定;Ω由上、下两个曲面或加柱面所界;内层定积分容易计算三个条件.

② 配置内层积分的积分上、下限,化三重积分为三次积分.方法是:在投影区域D_{xy}(比如往xOy平面上投影)中任取一点(x, y),过该点作平行于z轴的直线,以直线穿进Ω的竖坐标$z=z_1(x, y)$为积分下限,穿出Ω的竖坐标$z=z_2(x, y)$为积分上限配置内层积分的积分上、下限,将三重积分化为

$$\iiint_\Omega f(x, y, z)\mathrm{d}V = \iint_{D_{xy}} \left[\int_{z_1(x, y)}^{z_2(x, y)} f(x, y, z)\mathrm{d}z \right] \mathrm{d}x\,\mathrm{d}y.$$

再运用化二重积分为二次积分的方法,将上式中的外层二重积分化为二次积分,从而将三重积分化为三次积分.当然,在化外层二重积分为二次积分时,积分次序的选取也应考虑D_{xy}的图形以及积分的难易情况.

(3) 如果采用“先重后单”方法:

① 将Ω往坐标轴(比如z轴)上投影,求得投影区间$[c, d]$.这里坐标轴的选取通常依赖于Ω的图形以及被积函数的情况.通常要求:当用垂直于该坐标轴的平面截Ω时,所产生的截痕面图形简单,看得清楚,并且被积函数在其上容易积分.特别当被积函数为一元函数(例12-26)或为一元函数的线性组合(例12-27)时,此时首选将Ω往函数变量的那个坐标轴上投影,这样做至少有一个好处就是内层的二重积分不用积分计算,它就等于被积函数乘以截痕面的面积(如果截痕面面积已知更好(例12-27)).

② 在区间$[c, d]$中任取一点z,用平面$z=z$(定值)截Ω得截痕面D_z,运用“先重后单”方法将三重积分化为

$$\iiint_\Omega f(x, y, z)\mathrm{d}V = \int_c^d \left[\iint_{D_z} f(x, y, z)\mathrm{d}x\,\mathrm{d}y \right] \mathrm{d}z.$$

再运用化二重积分为二次积分的方法将上式中内层的二重积分化为二次积分,从而将三重积分化为

三次积分.当然,此时仍应根据 D_z 的图形以及积分的难易来选取化内层二重积分为二次积分的积分次序.

12.2.2.2　在柱面坐标系下计算三重积分

柱面坐标系下化三重积分为三次积分　如果积分区域 Ω 在柱面坐标系下可表示为

$$\Omega:g_1(\rho,\theta)\leqslant z\leqslant g_2(\rho,\theta),\ (\rho,\theta)\in D,$$

如图 12－39 所示,则

$$\iiint_{\Omega} f(x,y,z)\mathrm{d}V=\iiint_{\Omega} f(\rho\cos\theta,\rho\sin\theta,z)\rho\,\mathrm{d}\rho\,\mathrm{d}\theta\,\mathrm{d}z \quad (12-16)$$

$$=\iint_{D}\left[\int_{g_1(\rho,\theta)}^{g_2(\rho,\theta)} f(\rho\cos\theta,\rho\sin\theta,z)\rho\,\mathrm{d}z\right]\mathrm{d}\rho\,\mathrm{d}\theta \quad (12-17)$$

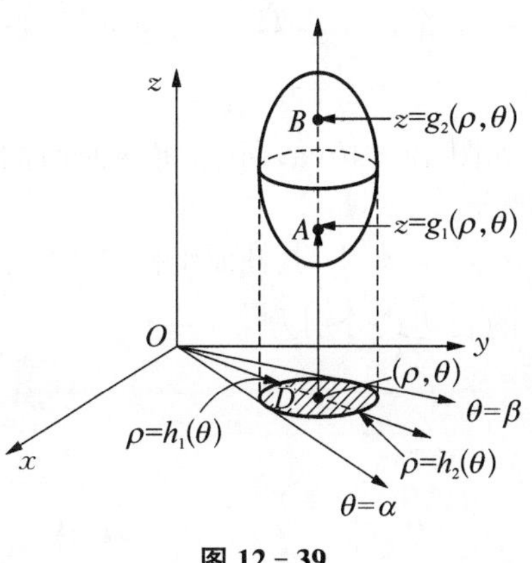

图 12－39

如果进一步区域 D 可表示为 $D:\alpha\leqslant\theta\leqslant\beta,\ h_1(\theta)\leqslant\rho\leqslant h_2(\theta)$,如图 12－39 所示,则通过将式(12－17)中外层二重积分化为二次积分,就可将三重积分化为柱面坐标下的三次积分

$$\iiint_{\Omega} f(x,y,z)\mathrm{d}V=\int_{\alpha}^{\beta}\mathrm{d}\theta\int_{h_1(\theta)}^{h_2(\theta)}\mathrm{d}\rho\int_{g_1(\rho,\theta)}^{g_2(\rho,\theta)} f(\rho\cos\theta,\rho\sin\theta,z)\rho\,\mathrm{d}z \quad (12-18)$$

▶▶▶方法运用注意点

(1) 直角坐标系下的三重积分化为柱面坐标系下的三重积分式(12－16)的转换方法:将直角坐标与柱面坐标的对应关系 $x=\rho\cos\theta,\ y=\rho\sin\theta,\ z=z$ 代入被积函数 $f(x,y,z)$ 中的积分变量 x, y, z,体积元素 $\mathrm{d}V$ 用柱面坐标系下的表达形式 $\mathrm{d}V=\rho\,\mathrm{d}\rho\,\mathrm{d}\theta\,\mathrm{d}z$ 代入即可.注意它仍然是一个三重积分,而且 Ω 的边界面用柱面坐标的形式表示.

(2) 将三重积分式(12－16)化为式(12－17)采用了“先积一条线,再扫一个体”的基本思想,即运用了“先单后重”的方法.内层积分 $\int_{g_1(\rho,\theta)}^{g_2(\rho,\theta)} f(\rho\cos\theta,\rho\sin\theta,z)\rho\,\mathrm{d}z$ 表示被积函数在过定点 $(\rho,\theta)\in D$ 所作的,平行于 z 轴的,在 Ω 内的直线段 AB 上的积分(图 12－39),其积分下限为直线穿进 Ω 区域的坐标 $z=g_1(\rho,\theta)$,积分上限为直线穿出 Ω 区域的坐标 $z=g_2(\rho,\theta)$.

(3) 式(12－17)中的积分区域 D 是 Ω 在平面 xOy 上的投影区域.式(12－17)中的外层二重积分表示将被积函数在 D 中所有 AB 直线段上的积分值再累积起来,从“再扫一个体”来得到被积函数在整个空间立体 Ω 上的三重积分.

▶▶▶典型例题解析

例 12－29　将下列三次积分化为柱面坐标的三次积分:

(1) $\int_{-1}^{1}\mathrm{d}x\int_{-\sqrt{1-x^2}}^{\sqrt{1-x^2}}\mathrm{d}y\int_{\sqrt{x^2+y^2}}^{1} f(x,y,z)\mathrm{d}z$;　(2) $\int_{0}^{1}\mathrm{d}x\int_{0}^{\sqrt{1-x^2}}\mathrm{d}y\int_{1-\sqrt{1-x^2-y^2}}^{1+\sqrt{1-x^2-y^2}} f(x,y,z)\mathrm{d}z$.

分析: 首先应确定三次积分表示的三重积分的积分区域 Ω，然后再运用化三重积分为柱面坐标系下三次积分的方法求解.

解: (1) 由三次积分的积分上、下限确定积分区域

$$\Omega: -1 \leqslant x \leqslant 1, -\sqrt{1-x^2} \leqslant y \leqslant \sqrt{1-x^2}, \sqrt{x^2+y^2} \leqslant z \leqslant 1,$$

如图 12-40(a)所示.将两曲面的交线 $\begin{cases} z=\sqrt{x^2+y^2} \\ z=1 \end{cases}$ 往 xOy 平面上投影(消去 z)得投影区域 D: $x^2+y^2 \leqslant 1$，其柱面坐标系下的表达形式 D: $0 \leqslant \theta \leqslant 2\pi$, $0 \leqslant \rho \leqslant 1$. 在柱面坐标系下，$\Omega$ 的边界曲面的表达式分别为

$$z=1 \to z=1,\ z=\sqrt{x^2+y^2} \to z=\rho.$$

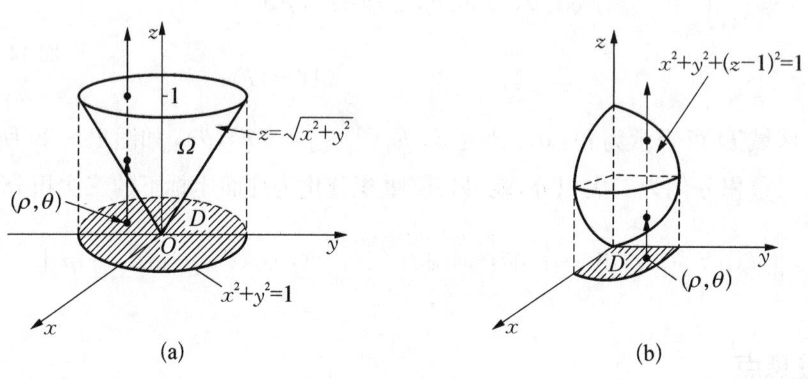

图 12-40

对于 D 中的点 (ρ, θ)，过该点作平行于 z 轴的直线(图 12-40(a))，直线在 $z=\rho$ 处穿进 Ω 区域，在 $z=1$ 处穿出 Ω 区域，运用式(12-17)，有

$$\begin{aligned} \text{原式} &= \iiint_{\Omega} f(x, y, z)\mathrm{d}V = \iiint_{\Omega} f(\rho\cos\theta, \rho\sin\theta, z)\rho\,\mathrm{d}\rho\,\mathrm{d}\theta\,\mathrm{d}z \\ &= \iint_{D}\left[\int_{\rho}^{1} f(\rho\cos\theta, \rho\sin\theta, z)\rho\,\mathrm{d}z\right]\mathrm{d}\rho\,\mathrm{d}\theta = \int_0^{2\pi}\mathrm{d}\theta\int_0^1\mathrm{d}\rho\int_0^1 f(\rho\cos\theta, \rho\sin\theta, z)\rho\,\mathrm{d}z. \end{aligned}$$

(2) 三次积分所表示的三重积分的积分区域为

$$\Omega: 0 \leqslant x \leqslant 1, 0 \leqslant y \leqslant \sqrt{1-x^2}, 1-\sqrt{1-x^2-y^2} \leqslant z \leqslant 1+\sqrt{1-x^2-y^2},$$

如图 12-40(b)所示. Ω 在平面 xOy 上的投影区域 D: $x \geqslant 0$, $y \geqslant 0$, $x^2+y^2 \leqslant 1$，其在柱面坐标下的表达式 D: $0 \leqslant \theta \leqslant \dfrac{\pi}{2}$, $0 \leqslant \rho \leqslant 1$. Ω 的边界面在柱面坐标系下的表达式分别为

$$z=1-\sqrt{1-x^2-y^2} \to z=1-\sqrt{1-\rho^2},\ z=1+\sqrt{1-x^2-y^2} \to z=1+\sqrt{1-\rho^2},$$

如图 12-40(b). 运用式(12-17)，有

$$\text{原式}=\iiint\limits_{\Omega} f(x, y, z)\mathrm{d}V=\iiint\limits_{\Omega} f(\rho\cos\theta, \rho\sin\theta, z)\rho\,\mathrm{d}\rho\,\mathrm{d}\theta\,\mathrm{d}z$$

$$=\iint\limits_{D}\left[\int_{1-\sqrt{1-\rho^2}}^{1+\sqrt{1-\rho^2}} f(\rho\cos\theta, \rho\sin\theta, z)\rho\,\mathrm{d}z\right]\mathrm{d}\rho\,\mathrm{d}\theta$$

$$=\int_0^{\frac{\pi}{2}}\mathrm{d}\theta\int_0^1\mathrm{d}\rho\int_{1-\sqrt{1-\rho^2}}^{1+\sqrt{1-\rho^2}} f(\rho\cos\theta, \rho\sin\theta, z)\rho\,\mathrm{d}z.$$

例 12-30　计算 $\iiint\limits_{\Omega}(x^2+y^2+z^2)\mathrm{d}V$，其中 $\Omega=\left\{(x, y, z)\,\middle|\,\dfrac{x^2+y^2}{3}\leqslant z\leqslant 3\right\}$.

分析：Ω 的图形如图 12-41 所示.由于 Ω 的边界面，投影区域在柱面坐标下表达较为简单，故本题可考虑在柱面坐标系下计算.

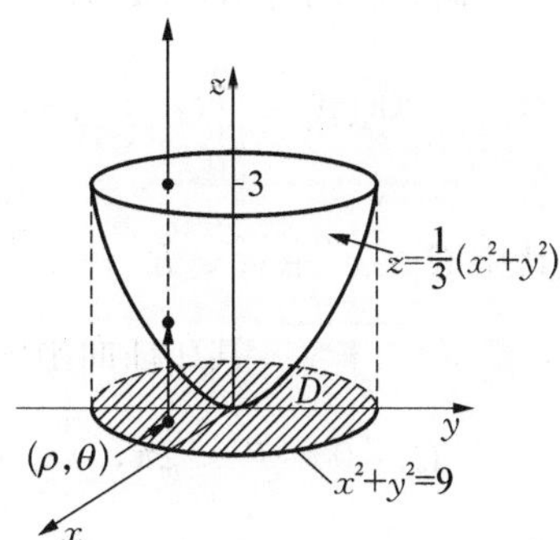

图 12-41

解：Ω 在平面 xOy 上的投影区域 D：$x^2+y^2\leqslant 9$，其在柱面坐标下的表达式为 D：$0\leqslant\theta\leqslant 2\pi$，$0\leqslant\rho\leqslant 3$. Ω 的边界面在柱面坐标下的表达式分别为

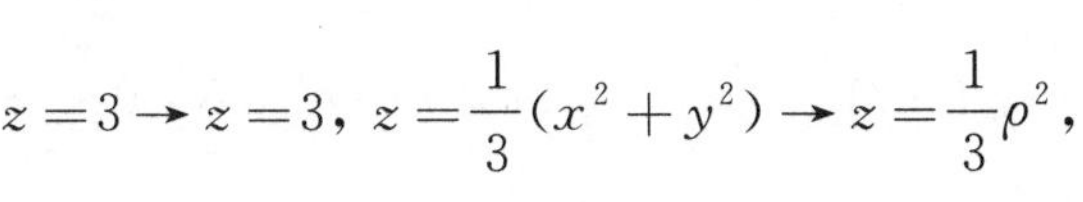

$$z=3\rightarrow z=3,\ z=\frac{1}{3}(x^2+y^2)\rightarrow z=\frac{1}{3}\rho^2,$$

如图 12-41 所示.运用式(12-17)，有

$$\text{原式}=\iiint\limits_{\Omega}(\rho^2+z^2)\rho\,\mathrm{d}\rho\,\mathrm{d}\theta\,\mathrm{d}z=\iint\limits_{D}\left[\int_{\frac{1}{3}\rho^2}^{3}(\rho^2+z^2)\rho\,\mathrm{d}z\right]\mathrm{d}\rho\,\mathrm{d}\theta=\int_0^{2\pi}\mathrm{d}\theta\int_0^3\mathrm{d}\rho\int_{\frac{1}{3}\rho^2}^{3}(\rho^2+z^2)\rho\,\mathrm{d}z$$

$$=2\pi\int_0^3\rho\left(\rho^2 z+\frac{1}{3}z^3\right)\Big|_{\frac{1}{3}\rho^2}^{3}\mathrm{d}\rho=2\pi\int_0^3\left(9\rho+3\rho^3-\frac{1}{3}\rho^5-\frac{1}{81}\rho^7\right)\mathrm{d}\rho=\frac{405}{4}\pi.$$

例 12-31　计算三重积分 $\iiint\limits_{\Omega}\dfrac{1}{1+x^2+y^2}\mathrm{d}V$，其中 Ω 是由曲面 $z=\sqrt{x^2+y^2}$ 和 $z=1$ 所围成的区域.

分析：Ω 的图形如图 12-42 所示.可以看到，本题的被积函数以及 Ω 的边界面用柱面坐标表示较为简单，故可以考虑用柱面坐标计算.

解：Ω 的边界面在柱面坐标下可分别表示成

$$z=1\rightarrow z=1,\ z=\sqrt{x^2+y^2}\rightarrow z=\rho,$$

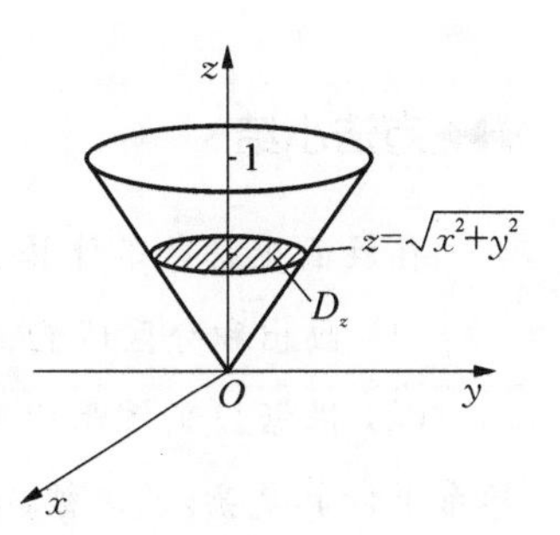

图 12-42

Ω 在 z 轴上的投影区间 $[0, 1]$. 用平面 $z=z\in[0, 1]$ 截 Ω 得截痕面 D_z：$x^2+y^2\leqslant z^2$，其在柱面坐标下可表示成 D_z：$0\leqslant\theta\leqslant 2\pi$，$0\leqslant\rho\leqslant z$. 运用“先重后单”方法，有

$$\text{原式}=\iiint\limits_{\Omega}\frac{\rho}{1+\rho^2}\mathrm{d}\rho\,\mathrm{d}\theta\,\mathrm{d}z=\int_0^1\mathrm{d}z\iint\limits_{D_z}\frac{\rho}{1+\rho^2}\mathrm{d}\rho\,\mathrm{d}\theta=\int_0^1\mathrm{d}z\int_0^{2\pi}\mathrm{d}\theta\int_0^z\frac{\rho}{1+\rho^2}\mathrm{d}\rho$$

$$=\int_0^1\mathrm{d}z\int_0^{2\pi}\frac{1}{2}\ln(1+\rho^2)\Big|_0^z\mathrm{d}\theta=\frac{1}{2}\int_0^1\mathrm{d}z\int_0^{2\pi}\ln(1+z^2)\mathrm{d}\theta=\frac{1}{2}\int_0^1\ln(1+z^2)\mathrm{d}z\cdot\int_0^{2\pi}\mathrm{d}\theta$$

$$=\pi\int_0^1\ln(1+z^2)\mathrm{d}z=\pi\left[z\ln(1+z^2)\Big|_0^1-\int_0^1\frac{2z^2}{1+z^2}\mathrm{d}z\right]$$

$$=\pi\ln 2-2\pi\int_0^1\left(1-\frac{1}{1+z^2}\right)\mathrm{d}z=(\ln 2-2)\pi+\frac{\pi^2}{2}.$$

例 12-32 计算三重积分 $\iiint\limits_{\Omega}|x^2+y^2-z^2|\,\mathrm{d}V$，其中 $\Omega=\{(x,y,z)\mid x^2+y^2\leqslant R^2,0\leqslant z\leqslant R\}$.

分析：被积函数带有绝对值，首先应运用分域性质去绝对值.分界面 $z=\sqrt{x^2+y^2}$ 将 Ω 划分成 Ω_1 与 Ω_2 两个区域(图 12-43).根据被积函数以及边界面的情况，本例可考虑运用柱面坐标计算.

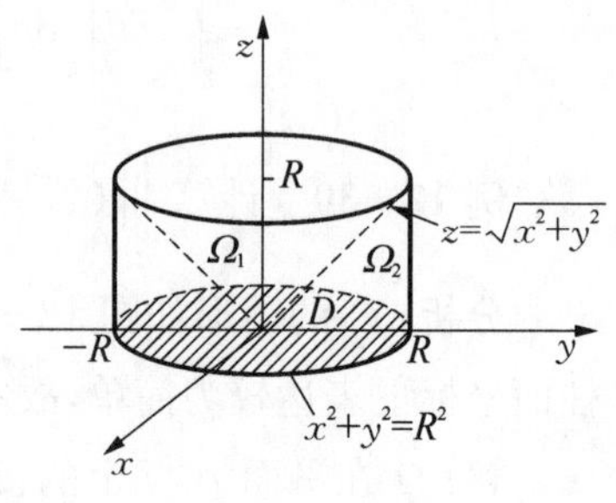

图 12-43

解：利用分域性质，有

$$原式=\iiint\limits_{\Omega_1}(z^2-x^2-y^2)\mathrm{d}V+\iiint\limits_{\Omega_2}(x^2+y^2-z^2)\mathrm{d}V$$

其中 Ω_1：$x^2+y^2\leqslant R^2$，$\sqrt{x^2+y^2}\leqslant z\leqslant R$；$\Omega_2$：$x^2+y^2\leqslant R^2$，$0\leqslant z\leqslant\sqrt{x^2+y^2}$.其在柱面坐标下的表达式分别为

$$\Omega_1:0\leqslant\theta\leqslant 2\pi,\ 0\leqslant\rho\leqslant R,\ \rho\leqslant z\leqslant R;\ \Omega_2:0\leqslant\theta\leqslant 2\pi,\ 0\leqslant\rho\leqslant R,\ 0\leqslant z\leqslant\rho.$$

若记 Ω_1，Ω_2 在平面 xOy 上的投影区域为 D，运用式(12-17)，有

$$\begin{aligned}
原式&=\iint\limits_D\left[\int_\rho^R(z^2-\rho^2)\rho\,\mathrm{d}z\right]\mathrm{d}\rho\,\mathrm{d}\theta+\iint\limits_D\left[\int_0^\rho(\rho^2-z^2)\rho\,\mathrm{d}z\right]\mathrm{d}\rho\,\mathrm{d}\theta\\
&=\int_0^{2\pi}\mathrm{d}\theta\int_0^R\mathrm{d}\rho\int_\rho^R(\rho z^2-\rho^3)\mathrm{d}z+\int_0^{2\pi}\mathrm{d}\theta\int_0^R\mathrm{d}\rho\int_0^\rho(\rho^3-\rho z^2)\mathrm{d}z\\
&=2\pi\int_0^R\left(\frac{1}{3}\rho z^3-\rho^3 z\right)\Big|_\rho^R\mathrm{d}\rho+2\pi\int_0^R\left(\rho^3 z-\frac{1}{3}\rho z^3\right)\Big|_0^\rho\mathrm{d}\rho\\
&=2\pi\int_0^R\left(\frac{R^3}{3}\rho-R\rho^3+\frac{2}{3}\rho^4\right)\mathrm{d}\rho+2\pi\int_0^R\frac{2}{3}\rho^4\mathrm{d}\rho=\frac{11}{30}\pi R^5.
\end{aligned}$$

▶▶▶方法小结

在柱面坐标系下计算三重积分的步骤：

(1) 画出积分区域 Ω 的草图.

(2) 根据 Ω 的图形以及被积函数的情况选取在哪个坐标系中计算积分.通常当遇到积分在直角坐标系下计算复杂，或者被积函数以及 Ω 的边界曲面用柱面坐标表示较简单时，可考虑选择运用柱面坐标计算积分.

(3) 若选择用"先单后重"方法化柱面坐标下的三重积分为三次积分(常用)，其方法如下：

① 将积分区域 Ω 往平面 xOy(也可其他坐标面)上投影，确定投影区域 D.其关键是确定投影区域 D 的边界曲线，它通常是 Ω 的边界曲面的交线在平面 xOy 上的投影曲线.

② 将投影区域 D 以及 Ω 的边界曲面用柱面坐标的形式表示.这可通过将直角坐标与柱面坐标的对应关系代入 Ω 的边界曲面以及 D 的边界曲线来获得.

③ 运用式(12-16)～式(12-18)将三重积分化为柱面坐标下的三次积分.通常采用先对 z，再对

ρ，最后对 θ 的积分次序.

(4) 若选择用“先重后单”方法化柱面坐标下的三重积分为三次积分，其方法如下：

① 将积分区域 Ω 往 z 轴上投影获得投影区间 $[c, d]$. 当然也可以把 Ω 往其他的坐标轴上投影，但此时为了方便通常需将直角坐标与柱面坐标的对应关系式改一下，例如将 Ω 往 y 轴上投影，则此时的柱面坐标关系式为

$$x=\rho\cos\theta,\ y=y,\ z=\rho\sin\theta,\ 0\leqslant\theta\leqslant 2\pi,\ \rho\geqslant 0,$$

其中 θ 是空间点 M 在平面 xOz 上的投影点 P 与原点所成矢径与 x 轴正向的夹角，ρ 仍为点 P 到原点 O 的距离，其他的情形与此类似.

② 将积分区域 Ω 的边界面用柱面坐标的形式表示.

③ 用平面 $z=z\in[c, d]$ 截 Ω 得截痕面 D_z，将三重积分化为

$$\iiint_{\Omega} f(x, y, z)\mathrm{d}V=\iiint_{\Omega} f(\rho\cos\theta, \rho\sin\theta, z)\rho\,\mathrm{d}\rho\,\mathrm{d}\theta\,\mathrm{d}z=\int_c^d \mathrm{d}z\iint_{D_z} f(\rho\cos\theta, \rho\sin\theta, z)\rho\,\mathrm{d}\rho\,\mathrm{d}\theta,$$

这里要注意截痕面区域 D_z 在平面 $z=z$ 上，它与变量 z 有关(例 12-31).

④ 将内层 D_z 上的二重积分化为二次积分就可将三重积分化为柱面坐标下的三次积分.

12.2.2.3 在球面坐标系下计算三重积分

1) 直角坐标与球面坐标的对应关系

$$\begin{cases} x=r\sin\varphi\cos\theta \\ y=r\sin\varphi\sin\theta \\ z=r\cos\varphi \end{cases} \tag{12-19}$$

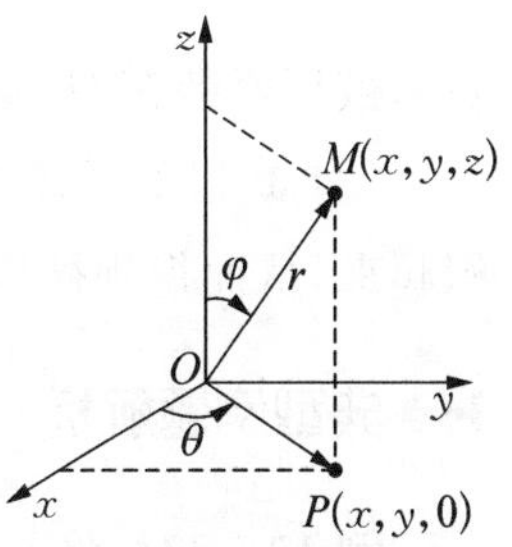

图 12-44

其中 r, θ, φ 的含义如图 12-44 所示.

2) 球面坐标系下化三重积分为三次积分

采用“先重后单”的方法.如果 Ω 上点的 θ 变量的变化范围是 $[\alpha, \beta]$，半平面 $\theta=\theta(\alpha\leqslant\theta\leqslant\beta)$ 截 Ω 所得的截痕面为 D_θ，如图 12-45(a)所示，则

$$\iiint_{\Omega} f(x, y, z)\mathrm{d}V=\iiint_{\Omega} f(r\sin\varphi\cos\theta, r\sin\varphi\sin\theta, r\cos\varphi)r^2\sin\varphi\,\mathrm{d}r\,\mathrm{d}\varphi\,\mathrm{d}\theta \tag{12-20}$$

$$=\int_\alpha^\beta \mathrm{d}\theta\iint_{D_\theta} f(r\sin\varphi\cos\theta, r\sin\varphi\sin\theta, r\cos\varphi)r^2\sin\varphi\,\mathrm{d}r\,\mathrm{d}\varphi \tag{12-21}$$

如果区域 D_θ 可表示为

$$D_\theta:\ \varphi_1(\theta)\leqslant\varphi\leqslant\varphi_2(\theta),\ r_1(\varphi, \theta)\leqslant r\leqslant r_2(\varphi, \theta),$$

如图 12-45(b)所示，则通过将式(12-21)中的二重积分化为二次积分就可将三重积分化为球面坐标下的三次积分，即

$$\iiint_{\Omega} f(x, y, z)\mathrm{d}V=\int_\alpha^\beta \mathrm{d}\theta\int_{\varphi_1(\theta)}^{\varphi_2(\theta)} \mathrm{d}\varphi\int_{r_1(\varphi, \theta)}^{r_2(\varphi, \theta)} f(r\sin\varphi\cos\theta, r\sin\varphi\sin\theta, r\cos\varphi)r^2\sin\varphi\,\mathrm{d}r$$

(12-22)

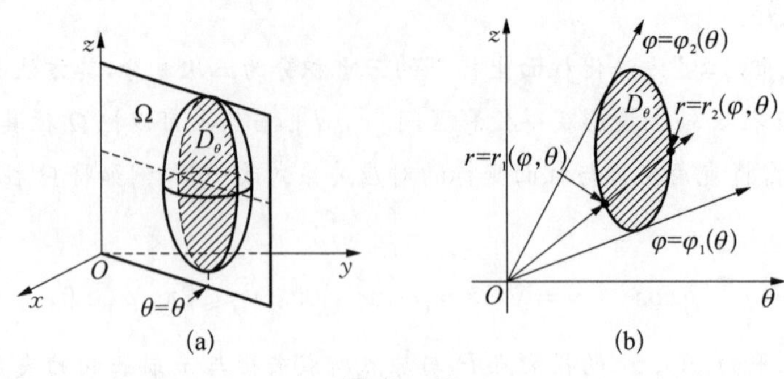

图 12 - 45

▶▶▶方法运用注意点

(1) 将直角坐标系下的三重积分化为球面坐标系下的三重积分[式(12 - 20)],就是把直角坐标与球面坐标的对应关系式(12 - 19)代入被积函数 $f(x, y, z)$ 中的变量 x, y, z,体积元素 dV 用球面坐标系下的表达式 $dV=r^2\sin\varphi\,dr d\varphi d\theta$ 代入即可,它仍然是一个三重积分,而且 Ω 的边界曲面用球面坐标的形式表示.

(2) 将三重积分式(12 - 20)化为式(12 - 21)运用了"先重后单"的思想,即"先积一个面,再扫一个体".式(12 - 21)中的内层二重积分

$$\iint_{D_\theta} f(r\sin\varphi\cos\theta,\ r\sin\varphi\sin\theta,\ r\cos\varphi)r^2\sin\varphi\,dr d\varphi$$

表示被积函数在 Ω 与半平面 $\theta=\theta$ 的截痕面上的积分.

(3) 式(12 - 21)中的外层定积分就是将被积函数在 $[\alpha, \beta]$ 中所有截痕面 D_θ 上的积分值再累计积起来,从而得到被积函数在整个立体 Ω 上的积分.

▶▶▶典型例题解析

例 12 - 33 将下列三次积分化为球面坐标的三次积分:

(1) $\int_0^1 dx\int_0^{\sqrt{1-x^2}} dy\int_{1-\sqrt{1-x^2-y^2}}^{1+\sqrt{1-x^2-y^2}} f(x, y, z)dz$; (2) $\int_0^2 dy\int_{-\sqrt{2y-y^2}}^{\sqrt{2y-y^2}} dx\int_0^{\sqrt{3(x^2+y^2)}} f(\sqrt{x^2+y^2+z^2})dz$.

分析:首先应确定三次积分表示的三重积分的积分区域 Ω,然后运用化三重积分为球面坐标下三次积分的方法求解.

解:(1) 所给三次积分表示的三重积分的积分区域 Ω 如图 12 - 46 所示.从图中可见,Ω 中点的 θ 变量的变化范围是 $\left[0, \frac{\pi}{2}\right]$. 在球面坐标系下 Ω 的边界曲面 $x^2+y^2+(z-1)^2=1$ 可表示为

$$x^2+y^2+(z-1)^2=1 \to r=2\cos\varphi,\ 0\leqslant\varphi\leqslant\frac{\pi}{2}.$$

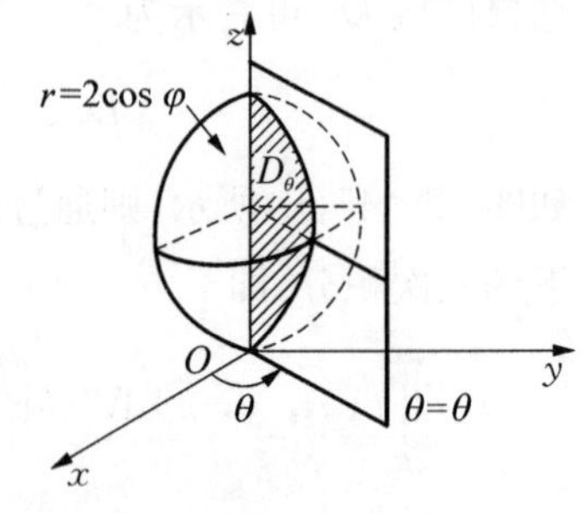

图 12 - 46

在 $\left[0, \frac{\pi}{2}\right]$ 中任取一点 θ,则半平面 $\theta=\theta$ 与 Ω 的截痕面 D_θ 为

$$D_\theta: 0 \leqslant \varphi \leqslant \frac{\pi}{2},\ 0 \leqslant r \leqslant 2\cos\varphi$$

运用式(12－20)、式(12－21)、式(12－22)得

$$\begin{aligned}\iiint\limits_{\Omega} f(x, y, z)\mathrm{d}V &= \iiint\limits_{\Omega} f(r\sin\varphi\cos\theta, r\sin\varphi\sin\theta, r\cos\varphi) r^2 \sin\varphi \,\mathrm{d}r\mathrm{d}\varphi\mathrm{d}\theta \\ &= \int_0^{\frac{\pi}{2}} \mathrm{d}\theta \iint\limits_{D_\theta} f(r\sin\varphi\cos\theta, r\sin\varphi\sin\theta, r\cos\varphi) r^2 \sin\varphi \,\mathrm{d}r\mathrm{d}\varphi \\ &= \int_0^{\frac{\pi}{2}} \mathrm{d}\theta \int_0^{\frac{\pi}{2}} \mathrm{d}\varphi \int_0^{2\cos\varphi} f(r\sin\varphi\cos\theta, r\sin\varphi\sin\theta, r\cos\varphi) r^2 \sin\varphi \,\mathrm{d}r.\end{aligned}$$

(2) 所给三次积分表示的三重积分的积分区域 Ω 如图 12－47 所示.从图中可见，Ω 中点的 θ 变量的变化范围是 $[0, \pi]$. 在球面坐标系下，Ω 的边界曲面为

$$z = \sqrt{3(x^2+y^2)} \to \varphi = \frac{\pi}{6},\ x^2+y^2-2y=0 \to r = \frac{2\sin\theta}{\sin\varphi}.$$

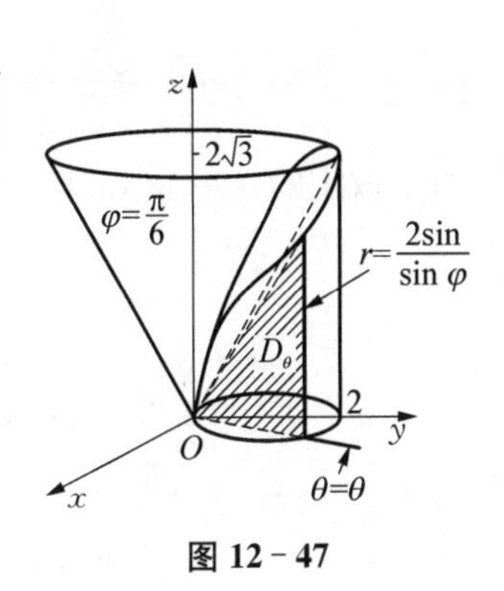

图 12－47

在 $[0, \pi]$ 中任取一点 θ，则半平面 $\theta=\theta$ 与 Ω 的截痕面 D_θ 为

$$D_\theta: \frac{\pi}{6} \leqslant \varphi \leqslant \frac{\pi}{2},\ 0 \leqslant r \leqslant \frac{2\sin\theta}{\sin\varphi}$$

运用式(12－21)得

$$原式 = \iiint\limits_{\Omega} f(r) r^2 \sin\varphi \,\mathrm{d}r\mathrm{d}\varphi\mathrm{d}\theta = \int_0^{\pi}\mathrm{d}\theta \iint\limits_{D_\theta} f(r) r^2 \sin\varphi\,\mathrm{d}r\mathrm{d}\varphi = \int_0^{\pi}\mathrm{d}\theta \int_{\frac{\pi}{6}}^{\frac{\pi}{2}}\mathrm{d}\varphi \int_0^{\frac{2\sin\theta}{\sin\varphi}} f(r) r^2\sin\varphi\,\mathrm{d}r.$$

例 12－34　计算三重积分 $\iiint\limits_{\Omega}(x^2+y^2)\mathrm{d}V$，其中 $\Omega = \{(x, y, z) \mid 1 \leqslant x^2+y^2+z^2 \leqslant 4, z \geqslant 0\}$.

分析：Ω 的图形如图 12－48 所示.可以看到，本题的积分区域 Ω 在直角坐标系中计算积分是烦琐的，由于 Ω 由两个半球面所界，采用球面坐标可以简化 Ω 的表示.

解：从图 12－48 可见，Ω 中点的 θ 变量的变化范围是 $[0, 2\pi]$. 在球面坐标系下，Ω 的边界面中两个球面可分别表示为

$$x^2+y^2+z^2=1 \to r=1,\ x^2+y^2+z^2=4 \to r=2,$$

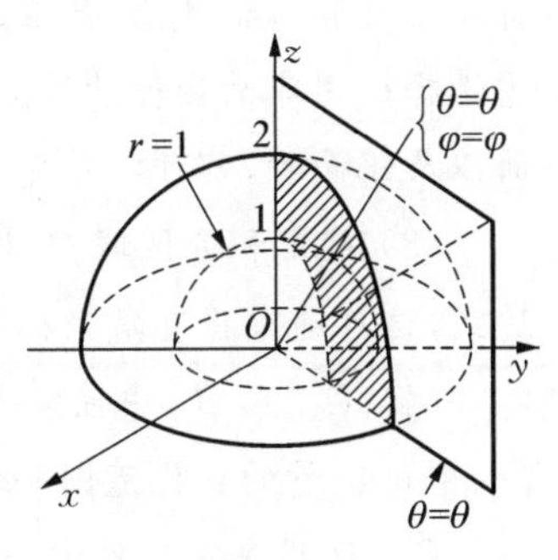

图 12－48

对于取定的 $\theta \in [0, 2\pi]$，半平面 $\theta=\theta$ 截立体 Ω 的截痕面是

$$D_\theta: 0 \leqslant \varphi \leqslant \frac{\pi}{2},\ 1 \leqslant r \leqslant 2.$$

$$\begin{aligned}原式 &= \iiint\limits_{\Omega} r^2\sin^2\varphi \cdot r^2\sin\varphi\,\mathrm{d}r\mathrm{d}\varphi\mathrm{d}\theta = \int_0^{2\pi}\mathrm{d}\theta \iint\limits_{D_\theta} r^4\sin^3\varphi\,\mathrm{d}r\mathrm{d}\varphi \\ &= \int_0^{2\pi}\mathrm{d}\theta\int_0^{\frac{\pi}{2}}\mathrm{d}\varphi\int_1^2 r^4\sin^3\varphi\,\mathrm{d}r = \int_0^{2\pi}\mathrm{d}\theta \cdot \int_0^{\frac{\pi}{2}}\sin^3\varphi\,\mathrm{d}\varphi \cdot \int_1^2 r^4\,\mathrm{d}r = \frac{124}{15}\pi.\end{aligned}$$

例 12-35 计算三重积分 $\iiint\limits_{\Omega} \mathrm{e}^{\sqrt{x^2+y^2+z^2}}\mathrm{d}V$，其中 Ω 是单位球体 $x^2+y^2+z^2\leqslant 1$ 内满足 $z\geqslant\sqrt{x^2+y^2}$ 的部分.

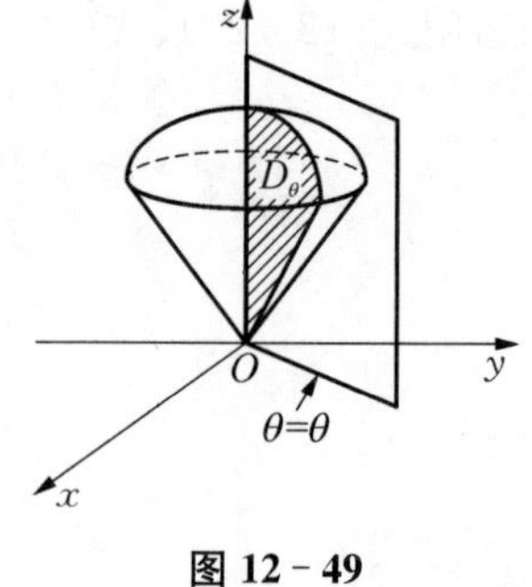

图 12-49

分析：Ω 的图形如图 12-49 所示.从被积函数可以看到，本题在直角坐标系中无法计算，问题在于指数上的函数 $\sqrt{x^2+y^2+z^2}$. 然而在球面坐标系下 $\sqrt{x^2+y^2+z^2}=r$，即被积函数可以简化，故本题应考虑应用球面坐标计算.

解：从图 12-49 可见，Ω 中点 θ 变量的变化范围是 $[0,\ 2\pi]$. 在球面坐标系下，Ω 的边界面可分别表示为

$$x^2+y^2+z^2=1\rightarrow r=1;\ z=\sqrt{x^2+y^2}\rightarrow\varphi=\frac{\pi}{4},$$

对于取定的 $\theta\in[0,\ 2\pi]$，半平面 $\theta=\theta$ 截立体 Ω 的截痕面是

$$D_\theta:\ 0\leqslant\varphi\leqslant\frac{\pi}{4},\ 0\leqslant r\leqslant 1.$$

$$\text{原式}=\iiint\limits_{\Omega}\mathrm{e}^r\cdot r^2\sin\varphi\,\mathrm{d}r\mathrm{d}\varphi\mathrm{d}\theta=\int_0^{2\pi}\mathrm{d}\theta\iint\limits_{D_\theta}r^2\mathrm{e}^r\sin\varphi\,\mathrm{d}r\mathrm{d}\varphi$$

$$=\int_0^{2\pi}\mathrm{d}\theta\cdot\int_0^{\frac{\pi}{4}}\mathrm{d}\varphi\cdot\int_0^1 r^2\mathrm{e}^r\sin\varphi\,\mathrm{d}r=2\pi\int_0^{\frac{\pi}{4}}\sin\varphi\,\mathrm{d}\varphi\cdot\int_0^1 r^2\mathrm{e}^r\mathrm{d}r=\pi(\mathrm{e}-2)(2-\sqrt{2}).$$

▶▶▶方法小结

运用球面坐标计算三重积分的步骤：

(1) 画出积分区域 Ω 的草图.

(2) 根据 Ω 的图形以及被积函数的情况选取积分的坐标系.通常当遇到积分在直角坐标、柱面坐标系下计算比较复杂，甚至无法计算；或者被积函数，Ω 的边界曲面用球面坐标表示比较简单时，可考虑选择运用球面坐标计算.特别当被积函数中含有 $x^2+y^2+z^2$ 的式子或者积分区域 Ω 的边界面是球面以及锥面时，都可以首先考虑运用球面坐标计算.

(3) 确定积分区域 Ω 中点的 θ 变量的变化区间 $[\alpha,\ \beta]$，并将 Ω 的边界曲面化为球面坐标下的表达式，这可通过将直角坐标与球面坐标的对应关系式(12-19)代入 Ω 的边界面方程来求得.

(4) 在 $[\alpha,\ \beta]$ 中任取一点 θ，确定半平面 $\theta=\theta$ (定值)截 Ω 所得的截痕面 D_θ 的图形，从而求出 D_θ 中 φ 变量的变化范围 $[\varphi_1(\theta),\ \varphi_2(\theta)]$ (图 12-45).

(5) 运用先重后单方法(常用)[式(12-20)、式(12-21)、式(12-22)]将三重积分化为球面坐标系下的三次积分.三次积分通常选择先对 r，再对 φ，最后对 θ 积分的次序.

(6) 计算三次积分的值.

12.2.2.4 利用对称性性质计算三重积分

1) 三重积分的对称性性质

(1) 若积分区域 Ω 关于平面 xOy 对称，且平面 xOy 将 Ω 划分成 Ω_1，Ω_2 两个子区域，则

① 当 $f(x, y, z)$ 为 z 的奇函数时，有

$$\iiint_{\Omega} f(x, y, z)\mathrm{d}V = 0 \tag{12-23}$$

② 当 $f(x, y, z)$ 为 z 的偶函数时，有

$$\iiint_{\Omega} f(x, y, z)\mathrm{d}V = 2\iiint_{\Omega_1} f(x, y, z)\mathrm{d}V \tag{12-24}$$

(2) 若积分区域 Ω 关于平面 yOz 对称，且平面 yOz 将 Ω 划分成 Ω_1，Ω_2 两个子区域，则

① 当 $f(x, y, z)$ 为 x 的奇函数时，有

$$\iiint_{\Omega} f(x, y, z)\mathrm{d}V = 0 \tag{12-25}$$

② 当 $f(x, y, z)$ 为 x 的偶函数时，有

$$\iiint_{\Omega} f(x, y, z)\mathrm{d}V = 2\iiint_{\Omega_1} f(x, y, z)\mathrm{d}V \tag{12-26}$$

(3) 若积分区域 Ω 关于平面 xOz 对称，且平面 xOz 将 Ω 划分成 Ω_1，Ω_2 两个子区域，则

① 当 $f(x, y, z)$ 为 y 的奇函数时，有

$$\iiint_{\Omega} f(x, y, z)\mathrm{d}V = 0 \tag{12-27}$$

② 当 $f(x, y, z)$ 为 y 的偶函数时，有

$$\iiint_{\Omega} f(x, y, z)\mathrm{d}V = 2\iiint_{\Omega_1} f(x, y, z)\mathrm{d}V \tag{12-28}$$

(4) 若积分区域 Ω 关于坐标原点对称，且 Ω 可划分成关于原点对称的两块子区域 Ω_1，Ω_2，

① 当 $f(-x, -y, -z) = -f(x, y, z)$ 时，则有

$$\iiint_{\Omega} f(x, y, z)\mathrm{d}V = 0 \tag{12-29}$$

② 当 $f(-x, -y, -z) = f(x, y, z)$ 时，则有

$$\iiint_{\Omega} f(x, y, z)\mathrm{d}V = 2\iiint_{\Omega_1} f(x, y, z)\mathrm{d}V \tag{12-30}$$

2) 三重积分与积分变量名称无关的性质

三重积分的值与三重积分的积分变量名称无关，即

$$\iiint_{\Omega} f(x, y, z)\mathrm{d}x\mathrm{d}y\mathrm{d}z = \iiint_{\Omega} f(s, t, \omega)\mathrm{d}s\mathrm{d}t\mathrm{d}\omega \tag{12-31}$$

▶▶▶方法运用注意点

(1) 注意三重积分对称性性质的条件，它由积分区域关于某一坐标面或原点的对称性以及被积函

数关于某一变量(坐标面变量以外的那一变量)或三变量的奇偶性两部分组成,两者缺一不可.

(2) 三重积分的对称性以及与变量名称无关的性质常常被用来简化三重积分的计算,一般来讲,能够使用应尽量使用.

▶▶▶典型例题解析

例 12-36 计算 $\iiint\limits_{\Omega}[x^3e^z\ln(1+x^2)+x^2+y^2]dV$,其中 Ω 是由圆柱面 $x^2+y^2=1$ 和平面 $z=-1$,$z=1$ 所界的立体.

分析: Ω 的图形如图 12-50 所示. Ω 关于平面 yOz 对称,但被积函数关于变量 x 不具有奇偶性,故不能直接使用对称性性质计算.但注意到

$$原式=\iiint\limits_{\Omega}x^3e^z\ln(1+x^2)dV+\iiint\limits_{\Omega}(x^2+y^2)dV$$

对上式中的两个积分可分别运用对称性性质计算.

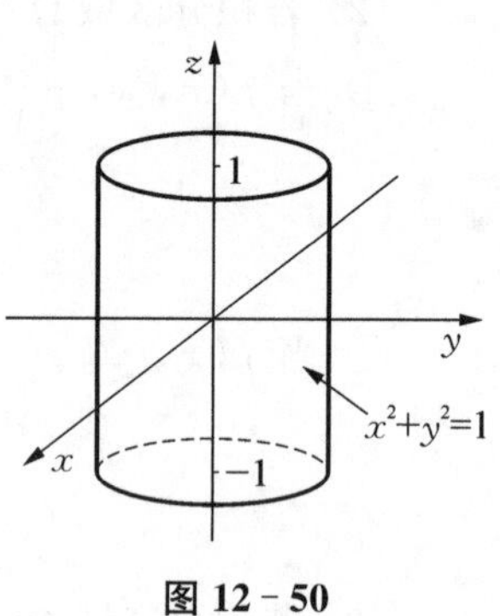

图 12-50

解: 运用三重积分的线性运算性质,有

$$原式=\iiint\limits_{\Omega}x^3e^z\ln(1+x^2)dV+\iiint\limits_{\Omega}(x^2+y^2)dV.$$

因为 Ω 关于三个坐标面对称,且 $f(x,y,z)=x^3e^z\ln(1+x^2)$ 关于变量 x 是奇函数,函数 $g(x,y,z)=x^2+y^2$ 关于变量 x,y,z 是偶函数,根据对称性性质

$$\iiint\limits_{\Omega}x^3e^z\ln(1+x^2)dV=0,$$

$$\iiint\limits_{\Omega}(x^2+y^2)dV=8\iiint\limits_{\Omega_1}(x^2+y^2)dV \quad (\Omega_1 \text{ 为 } \Omega \text{ 的第一卦限部分})$$

$$\xlongequal{\text{利用柱面坐标}}8\int_0^1dz\int_0^{\frac{\pi}{2}}d\theta\int_0^1\rho^2\cdot\rho\,d\rho=\pi,$$

所以

$$\iiint\limits_{\Omega}[x^3e^z\ln(1+x^2)+x^2+y^2]dV=\pi.$$

例 12-37 计算三重积分 $\iiint\limits_{\Omega}|xyz|\,dV$,其中 Ω 是椭球体 $\frac{x^2}{a^2}+\frac{y^2}{b^2}+\frac{z^2}{c^2}\leqslant 1$.

分析: 本例应先考虑去绝对值.由于椭球体关于三个坐标面对称,被积函数 $f(x,y,z)=|xyz|$ 分别是变量 x,y,z 的偶函数,故本题可先利用对称性性质把问题转化为第一卦限上的积分,此时正好去掉被积函数中的绝对值.

解: 若记 Ω 在第一卦限部分的区域为 Ω_1,根据三重积分的对称性性质

$$原式=8\iiint\limits_{\Omega_1}xyz\,dV=8\iint\limits_{D_{xy}}\left[\int_0^{c\sqrt{1-\frac{x^2}{a^2}-\frac{y^2}{b^2}}}xyz\,dz\right]dx\,dy \quad \left(D_{xy}: \frac{x^2}{a^2}+\frac{y^2}{b^2}\leqslant 1,\ x\geqslant 0,\ y\geqslant 0\right)$$

$$=4c^2\iint\limits_{D_{xy}}xy\left(1-\frac{x^2}{a^2}-\frac{y^2}{b^2}\right)dx\,dy=4c^2\int_0^a dx\int_0^{b\sqrt{1-\frac{x^2}{a^2}}}xy\left(1-\frac{x^2}{a^2}-\frac{y^2}{b^2}\right)dy$$

$$=4c^2\int_0^a x\left[\frac{1}{2}\left(1-\frac{x^2}{a^2}\right)y^2-\frac{1}{4b^2}y^4\right]\Bigg|_0^{b\sqrt{1-\frac{x^2}{a^2}}}\mathrm{d}x=b^2c^2\int_0^a x\left(1-\frac{x^2}{a^2}\right)\mathrm{d}x=\frac{1}{6}a^2b^2c^2.$$

例 12-38　计算三重积分 $\iiint\limits_{\Omega}[(b-c)x+(c-a)y+(a-b)z]\mathrm{d}V$，其中

$$\Omega=\left\{(x,y,z)\,\Big|\,x^{\frac{2}{3}}+y^{\frac{2}{3}}+z^{\frac{2}{3}}\leqslant 1,\ x\geqslant 0,\ y\geqslant 0,\ z\geqslant 0\right\}.$$

分析：本例由于积分区域的原因，在直角坐标、柱面坐标、球面坐标系下计算都是困难的.然而注意到 Ω 关于 x，y，z 之间的轮换具有不变性，于是可尝试考虑运用积分与变量名称的无关性计算.

解：记 $I=\iiint\limits_{\Omega}[(b-c)x+(c-a)y+(a-b)z]\mathrm{d}V$. 利用积分值与积分变量名称的无关性，将 x 换成 y，y 换成 z，z 换成 x，由于 Ω 在此变量轮换下保持不变，于是有

$$I=\iiint\limits_{\Omega}[(b-c)y+(c-a)z+(a-b)x]\mathrm{d}V.$$

再将上式中的 y 换成 z，z 换成 x，x 换成 y，得

$$I=\iiint\limits_{\Omega}[(b-c)z+(c-a)x+(a-b)y]\mathrm{d}V.$$

将关于 I 的三式相加，有

$$\begin{aligned}3I&=\iiint\limits_{\Omega}\{[(b-c)+(a-b)+(c-a)]x+[(c-a)+(b-c)+(a-b)]y\\&\quad+[(a-b)+(c-a)+(b-c)]z\}\mathrm{d}V\\&=\iiint\limits_{\Omega}(0x+0y+0z)\mathrm{d}V=0,\end{aligned}$$

所以

$$I=\iiint\limits_{\Omega}[(b-c)x+(c-a)y+(a-b)z]\mathrm{d}V=0.$$

例 12-39　计算 $\iiint\limits_{\Omega}(x^2+z^2)\mathrm{d}V$，其中 Ω 为单位球体 $x^2+y^2+z^2\leqslant 1$.

分析：本例若直接利用柱面坐标或球面坐标计算，计算较烦琐.注意到单位球体良好的对称性，可以考虑先运用积分值与变量名称的无关性简化问题.

解：

$$\text{原式}=\iiint\limits_{\Omega}x^2\mathrm{d}V+\iiint\limits_{\Omega}z^2\mathrm{d}V.$$

注意到当分别把 x 与 y 互换，y 与 z 互换之后，积分域 Ω 保持不变，利用积分值与积分变量名称的无关性，有

$$\iiint\limits_{\Omega}x^2\mathrm{d}V=\iiint\limits_{\Omega}y^2\mathrm{d}V=\iiint\limits_{\Omega}z^2\mathrm{d}V,$$

于是

$$\begin{aligned}\iiint\limits_{\Omega}(x^2+z^2)\mathrm{d}V&=2\iiint\limits_{\Omega}x^2\mathrm{d}V=\frac{2}{3}\iiint\limits_{\Omega}(x^2+y^2+z^2)\mathrm{d}V\\&=\frac{2}{3}\int_0^{2\pi}\mathrm{d}\theta\int_0^{\pi}\mathrm{d}\varphi\int_0^1 r^2\cdot r^2\sin\varphi\,\mathrm{d}r=\frac{8}{15}\pi.\end{aligned}$$

例 12-40 计算 $I=\iiint\limits_{\Omega}\dfrac{2+7\cos^2x-6\cos^2y+5\cos^2z}{1+\cos^2x+\cos^2y+\cos^2z}\mathrm{d}V$，其中

$$\Omega=\{(x,y,z)\mid x\geqslant 0,y\geqslant 0,z\geqslant 0,x+y+z\leqslant 2\}.$$

分析：由于被积函数的原因，本例在三个坐标系下都无法计算.同时，Ω 也不与坐标面对称，所以对称性性质也无法使用.注意到分子函数 $2+7\cos^2x-6\cos^2y+5\cos^2z$ 的形式以及 Ω 经变量之间互换后保持不变，此时应考虑运用积分值与积分变量名称的无关性消去被积函数中的分母.

解：利用积分值与积分变量名称无关性质，有

$$I\xlongequal{x\to y\to z\to x}\iiint\limits_{\Omega}\frac{2+7\cos^2y-6\cos^2z+5\cos^2x}{1+\cos^2x+\cos^2y+\cos^2z}\mathrm{d}V$$
$$\xlongequal{x\to y\to z\to x}\iiint\limits_{\Omega}\frac{2+7\cos^2z-6\cos^2x+5\cos^2y}{1+\cos^2x+\cos^2y+\cos^2z}\mathrm{d}V,$$

三式相加，得

$$3I=\iiint\limits_{\Omega}\frac{2+7\cos^2x-6\cos^2y+5\cos^2z}{1+\cos^2x+\cos^2y+\cos^2z}\mathrm{d}V+\iiint\limits_{\Omega}\frac{2+7\cos^2y-6\cos^2z+5\cos^2x}{1+\cos^2x+\cos^2y+\cos^2z}\mathrm{d}V+$$
$$\iiint\limits_{\Omega}\frac{2+7\cos^2z-6\cos^2x+5\cos^2y}{1+\cos^2x+\cos^2y+\cos^2z}\mathrm{d}V$$
$$=\iiint\limits_{\Omega}\frac{6(1+\cos^2x+\cos^2y+\cos^2z)}{1+\cos^2x+\cos^2y+\cos^2z}\mathrm{d}V$$
$$=6\iiint\limits_{\Omega}\mathrm{d}V=6\int_0^2\mathrm{d}x\int_0^{2-x}\mathrm{d}y\int_0^{2-x-y}\mathrm{d}z=8.$$

所以
$$I=\iiint\limits_{\Omega}\frac{2+7\cos^2x-6\cos^2y+5\cos^2z}{1+\cos^2x+\cos^2y+\cos^2z}\mathrm{d}V=\frac{8}{3}.$$

▶▶▶方法小结

(1) 在三重积分计算中，当积分区域 Ω 关于坐标面对称或原点对称时，就应考虑被积函数是否关于相应变量(坐标面变量以外的那个变量或三个变量)具有奇偶性.如果被积函数关于相应变量不具有奇偶性时，还应考虑其中的某些项是否关于相应变量具有奇偶性.若有，则可通过积分的运算性质将问题分解，简化计算(例 12-36).

(2) 如果积分区域 Ω 不关于坐标面或原点对称，但若 Ω 关于某些变量互换后保持不变，此时仍可结合被积函数的情况，利用积分值与积分变量名称的无关性来简化和计算问题(例 12-38，例12-40).

12.2.3 第一型曲线积分的计算

▶▶▶基本方法

(1) 将第一型曲线积分化为定积分计算；

（2）利用对称性性质计算.

12.2.3.1　将第一型曲线积分化为定积分计算

1）平面第一型曲线积分化为定积分计算的公式

（1）平面曲线 L 由参数方程给出的情形：

设平面曲线 L 的参数方程为 L：$\begin{cases} x=x(t), \\ y=y(t) \end{cases}$ $\alpha \leqslant t \leqslant \beta$，则有

$$\int_L f(x, y)\mathrm{d}s=\int_\alpha^\beta f(x(t), y(t))\sqrt{(x'(t))^2+(y'(t))^2}\,\mathrm{d}t \tag{12-32}$$

（2）平面曲线 L 由直角坐标方程给出的情形：

设平面曲线 L 的直角方程为 L：$y=y(x)$，$\alpha \leqslant t \leqslant \beta$，则有

$$\int_L f(x, y)\mathrm{d}s=\int_\alpha^\beta f(x, y(x))\sqrt{1+(y'(t))^2}\,\mathrm{d}x \tag{12-33}$$

（3）平面曲线 L 由极坐标方程给出的情形：

设平面曲线 L 的极坐标方程为 L：$\rho=\rho(\theta)$，$\alpha \leqslant t \leqslant \beta$，则有

$$\int_L f(x, y)\mathrm{d}s=\int_\alpha^\beta f(\rho(\theta)\cos\theta, \rho(\theta)\sin\theta)\sqrt{\rho^2(\theta)+(\rho'(\theta))^2}\,\mathrm{d}\theta \tag{12-34}$$

2）空间第一型曲线积分化为定积分计算的公式

设空间曲线 L 的参数方程为 L：$\begin{cases} x=x(t) \\ y=y(t) \\ z=z(t) \end{cases}$，$\alpha \leqslant t \leqslant \beta$，则有

$$\int_L f(x, y, z)\mathrm{d}s=\int_\alpha^\beta f(x(t), y(t), z(t))\sqrt{(x'(t))^2+(y'(t))^2+(z'(t))^2}\,\mathrm{d}t \tag{12-35}$$

▶▶▶方法运用注意点

（1）平面第一型曲线积分的计算公式中，式(12-33)和式(12-34)是式(12-32)的特殊情形.

（2）在曲线 L 为参数方程的情形，曲线积分 $\int_L f(x, y)\mathrm{d}s$，$\int_L f(x, y, z)\mathrm{d}s$ 中的弧长元素 $\mathrm{d}s$ 分别有以下表达式

$$\mathrm{d}s=\sqrt{(x'(t))^2+(y'(t))^2}\,\mathrm{d}t \quad (L\text{ 为平面曲线}) \tag{12-36}$$

$$\mathrm{d}s=\sqrt{(x'(t))^2+(y'(t))^2+(z'(t))^2}\,\mathrm{d}t \quad (L\text{ 为空间曲线}) \tag{12-37}$$

（3）从式(12-32)和式(12-35)可见，将第一型曲线积分化为定积分只需将曲线 L 的参数方程表达式代入被积函数中的变量 x，y(或 x，y，z)，弧长元素 $\mathrm{d}s$ 用式(12-36)或式(12-37)代入，并对参

数从 α 积分到 β 即可,这里需强调积分下限 α 小于积分上限 β,即 $\alpha<\beta$.

(4) 曲线积分中的被积函数 f 在曲线 L 上取值.

▶▶▶典型例题解析

例 12-41 计算曲线积分 $\int_L \sqrt{x^2+y^2}\,\mathrm{d}s$,其中 L 为曲线 $x=\mathrm{e}^t\cos t$, $y=\mathrm{e}^t\sin t$, $0\leqslant t\leqslant 2\pi$.

分析: 曲线 L 由参数方程给出,运用式(12-32)计算.

解: $x'(t)=(\cos t-\sin t)\mathrm{e}^t$, $y'(t)=(\sin t+\cos t)\mathrm{e}^t$,于是弧长元素

$$\mathrm{d}s=\sqrt{(x'(t))^2+(y'(t))^2}\,\mathrm{d}t=\sqrt{[(\cos t-\sin t)\mathrm{e}^t]^2+[(\sin t+\cos t)\mathrm{e}^t]^2}\,\mathrm{d}t=\sqrt{2}\,\mathrm{e}^t\,\mathrm{d}t$$

运用式(12-32)得

$$\int_L \sqrt{x^2+y^2}\,\mathrm{d}s=\int_0^{2\pi}\mathrm{e}^t\cdot\sqrt{2}\,\mathrm{e}^t\,\mathrm{d}t=\frac{1}{\sqrt{2}}\mathrm{e}^{2t}\Big|_0^{2\pi}=\frac{1}{\sqrt{2}}(\mathrm{e}^{4\pi}-1).$$

例 12-42 计算曲线积分 $\int_L x\,\mathrm{d}s$,其中 L 为区域 $D=\{(x,y)\mid x^2\leqslant y\leqslant x\}$ 的整个边界曲线.

分析: D 的边界如图 12-51 所示.可见边界曲线 ∂D 由 OmA 和 OnA 两弧段组成,故需利用分域性质处理.

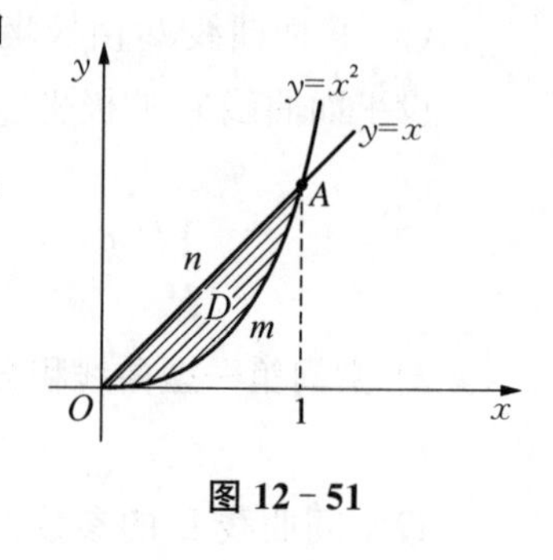

图 12-51

解: OmA 曲线弧的方程: $y=x^2$, $0\leqslant x\leqslant 1$; OnA 曲线弧的方程: $y=x$, $0\leqslant x\leqslant 1$. 利用积分的分域性质和式(12-33),有

$$\text{原式}=\int_{OmA}x\,\mathrm{d}s+\int_{OnA}x\,\mathrm{d}s=\int_0^1 x\sqrt{1+(2x)^2}\,\mathrm{d}x+\int_0^1 x\sqrt{2}\,\mathrm{d}x$$

$$=\frac{1}{12}(1+4x^2)^{\frac{3}{2}}\Big|_0^1+\frac{\sqrt{2}}{2}x^2\Big|_0^1=\frac{\sqrt{2}}{2}+\frac{1}{12}(5\sqrt{5}-1).$$

例 12-43 计算曲线积分 $\int_L x\sqrt{x^2-y^2}\,\mathrm{d}s$,其中 L 是双纽线 $\rho^2=a^2\cos 2\theta$ $(a>0)$ 的右半支 $\left(-\frac{\pi}{4}\leqslant\theta\leqslant\frac{\pi}{4}\right)$.

分析: 曲线 L 由极坐标方程给出,运用式(12-34)计算.

解: 曲线 L 的参数方程为 $L:\begin{cases}x=a\sqrt{\cos 2\theta}\cos\theta,\\ y=a\sqrt{\cos 2\theta}\sin\theta,\end{cases}$ $-\frac{\pi}{4}\leqslant\theta\leqslant\frac{\pi}{4}$,弧长元素

$$\mathrm{d}s=\sqrt{\rho^2(\theta)+(\rho'(\theta))^2}\,\mathrm{d}\theta=\sqrt{a^2\cos 2\theta+\left(-\frac{a\sin 2\theta}{\sqrt{\cos 2\theta}}\right)^2}\,\mathrm{d}\theta=\frac{a}{\sqrt{\cos 2\theta}}\mathrm{d}\theta,$$

运用式(12-34),有

$$\text{原式}=\int_{-\frac{\pi}{4}}^{\frac{\pi}{4}}a\sqrt{\cos 2\theta}\cos\theta\cdot a\cos 2\theta\cdot\frac{a}{\sqrt{\cos 2\theta}}\mathrm{d}\theta=a^3\int_{-\frac{\pi}{4}}^{\frac{\pi}{4}}\cos 2\theta\cos\theta\,\mathrm{d}\theta$$

$$=a^3\int_{-\frac{\pi}{4}}^{\frac{\pi}{4}}(1-2\sin^2\theta)\mathrm{d}(\sin\theta)=a^3\left(\sin\theta-\frac{2}{3}\sin^3\theta\right)\Big|_{-\frac{\pi}{4}}^{\frac{\pi}{4}}=\frac{2}{3}\sqrt{2}a^3.$$

例 12-44　计算曲线积分 $\int_L (x^{\frac{4}{3}}+y^{\frac{4}{3}})\mathrm{d}s$，其中 L 是星形线 $x^{\frac{2}{3}}+y^{\frac{2}{3}}=a^{\frac{2}{3}}$ 在第二象限的那段弧.

分析：曲线 L 由隐函数方程给出，对于这类问题应考虑将 L 化为参数方程或极坐标方程后计算.

解：将曲线 $x^{\frac{2}{3}}+y^{\frac{2}{3}}=a^{\frac{2}{3}}$ 化为参数方程 $L:\begin{cases}x=a\cos^3 t\\ y=a\sin^3 t\end{cases}$，$\frac{\pi}{2}\leqslant\theta\leqslant\pi$，弧长元素

$$\begin{aligned}\mathrm{d}s&=\sqrt{[x'(t)]^2+[y'(t)]^2}\,\mathrm{d}t=\sqrt{(-3a\sin t\cos^2 t)^2+(3a\cos t\sin^2 t)^2}\,\mathrm{d}t\\&=3a\sin t\,|\cos t|\,\mathrm{d}t,\end{aligned}$$

运用式(12-32)，得

$$\begin{aligned}\text{原式}&=\int_{\frac{\pi}{2}}^{\pi}[(a\cos^3 t)^{\frac{4}{3}}+(a\sin^3 t)^{\frac{4}{3}}]\cdot 3a\sin t\,|\cos t|\,\mathrm{d}t\\&=-3a^{\frac{7}{3}}\left(\int_{\frac{\pi}{2}}^{\pi}\cos^5 t\sin t\,\mathrm{d}t+\int_{\frac{\pi}{2}}^{\pi}\sin^5 t\cos t\,\mathrm{d}t\right)=a^{\frac{7}{3}}.\end{aligned}$$

例 12-45　计算曲线积分 $\int_L \frac{z^2}{x^2+y^2}\mathrm{d}s$，其中 L 为 $x=t+2$，$y=2t-1$，$z=2t$ $(0\leqslant t\leqslant 1)$.

分析：空间曲线 L 由参数方程给出，运用式(12-35)计算.

解：弧长元素

$$\mathrm{d}s=\sqrt{[x'(t)]^2+[y'(t)]^2+[z'(t)]^2}\,\mathrm{d}t=\sqrt{1+4+4}\,\mathrm{d}t=3\mathrm{d}t,$$

运用式(12-35)，得

$$\begin{aligned}\text{原式}&=\int_0^1\frac{(2t)^2}{(t+2)^2+(2t-1)^2}\cdot 3\mathrm{d}t=\int_0^1\frac{12t^2}{5t^2+5}\mathrm{d}t\\&=\frac{12}{5}\int_0^1\left(1-\frac{1}{1+t^2}\right)\mathrm{d}t=\frac{12}{5}\left(1-\frac{\pi}{4}\right).\end{aligned}$$

例 12-46　计算积分 $\int_L (x^2+y^2+z^2)\mathrm{d}s$，其中 L 是球面 $x^2+y^2+z^2=\frac{9}{2}$ 与平面 $x+z=1$ 的交线.

分析：曲线 L 由两曲面相交而成，对于这类问题应先考虑将 L 化为参数方程.注意到被积函数的形式以及在 L 上取值，计算时应注意化简问题.

解：从 $L:\begin{cases}x^2+y^2+z^2=\frac{9}{2}\\ x+z=1\end{cases}$ 中消去 z，得 L 在平面 xOy 上的投影曲线 $\left(x-\frac{1}{2}\right)^2+\frac{y^2}{2}=2.$

令 $x-\frac{1}{2}=\sqrt{2}\cos t$，$y=2\sin t$ $(0\leqslant t\leqslant 2\pi)$，代入曲线 L 中即将 L 化为参数方程

$$L: x=\frac{1}{2}+\sqrt{2}\cos t,\ y=2\sin t,\ z=\frac{1}{2}-\sqrt{2}\cos t,\ 0\leqslant t\leqslant 2\pi,$$

$$\mathrm{d}s=\sqrt{[x'(t)]^2+[y'(t)]^2+[z'(t)]^2}\,\mathrm{d}t=\sqrt{(-\sqrt{2}\sin t)^2+(2\cos t)^2+(\sqrt{2}\sin t)^2}\,\mathrm{d}t=2\mathrm{d}t.$$

注意到被积函数在 L 上取值,运用式(12－35),得

$$原式=\frac{9}{2}\int_L \mathrm{d}s=\frac{9}{2}\int_0^{2\pi}2\mathrm{d}t=18\pi.$$

例 12－47 计算曲线积分 $\int_L(xy+yz+zx)\mathrm{d}s$,其中 L 是平面 $x+y+z=1$ 与球面 $x^2+y^2+z^2=\frac{9}{2}$ 的交线.

分析: 本例将 L 化为参数方程是不方便的.注意到 L 的表达形式以及被积函数可以表示为 $f(x,y,z)=\frac{1}{2}[(x+y+z)^2-(x^2+y^2+z^2)]$,此时利用被积函数 f 在 L 上取值的性质可简化计算.

解:
$$\begin{aligned}\int_L(xy+yz+zx)\mathrm{d}s&=\int_L\frac{1}{2}[(x+y+z)^2-(x^2+y^2+z^2)]\mathrm{d}s\\&=\frac{1}{2}\left[\int_L(x+y+z)^2\mathrm{d}s-\int_L(x^2+y^2+z^2)\mathrm{d}s\right]\\&=\frac{1}{2}\left(\int_L\mathrm{d}s-\int_L\mathrm{d}s\right)=0.\end{aligned}$$

▶▶▶方法小结

(1) 计算第一型曲线积分最主要的方法是运用式(12－32)～式(12－35)把曲线积分化为定积分计算,其中尤以式(12－32)、式(12－35)为基本公式.式(12－32)、式(12－35)运用的基本前提是积分路径曲线 L 能够表示成参数方程.当曲线 L 是由隐函数方程给出或由两个曲面相交而成时,有时常常不能满足这一点,从而造成计算的困难.

(2) 在计算时,还要根据所给积分路径 L 的形式选择合适的计算公式.一般来讲,应从 L 的表达形式是否简单,被积函数以及积分的难易情况等几个方面考虑.

12.2.3.2 利用对称性性质计算第一型曲线积分

1) 平面第一型曲线积分的对称性性质

(1) 若积分路径 L 关于 y 轴(或 x 轴)对称,函数 $f(x,y)$ 关于 x(或 y)变量为偶函数,且 $f(x,y)$ 沿 L 对弧长可积,则

$$\int_L f(x,y)\mathrm{d}s=2\int_{L_1}f(x,y)\mathrm{d}s \tag{12-38}$$

其中 L_1 是 L 在 y 轴右侧(或 x 轴上方)的部分弧.

(2) 若积分路径 L 关于 y 轴(或 x 轴)对称,函数 $f(x,y)$ 关于 x(或 y)变量为奇函数,且 $f(x,y)$ 沿 L 对弧长可积,则

$$\int_L f(x, y)\mathrm{d}s = 0 \tag{12-39}$$

2）空间第一型曲线积分的对称性性质

设 $f(x, y, z)$ 沿 L 对弧长可积.

(1) 若积分路径 L 关于平面 yOz 对称,且平面 yOz 将 L 划分成 L_1, L_2 两个部分弧,则

① 当 $f(x, y, z)$ 为 x 的奇函数时,有

$$\int_L f(x, y, z)\mathrm{d}s = 0 \tag{12-40}$$

② 当 $f(x, y, z)$ 为 x 的偶函数时,有

$$\int_L f(x, y, z)\mathrm{d}s = 2\int_{L_1} f(x, y, z)\mathrm{d}s \tag{12-41}$$

(2) 若积分路径 L 关于平面 xOz(或平面 xOy)对称,且平面 xOz(或平面 xOy)将 L 划分成 L_1', L_2' 两个部分弧,则

① 当 $f(x, y, z)$ 为 y(或 z)的奇函数时,有

$$\int_L f(x, y, z)\mathrm{d}s = 0 \tag{12-42}$$

② 当 $f(x, y, z)$ 为 y(或 z)的偶函数时,有

$$\int_L f(x, y, z)\mathrm{d}s = 2\int_{L_1'} f(x, y, z)\mathrm{d}s \tag{12-43}$$

(3) 若积分路径 L 关于原点对称,且 L 可划分成关于原点对称的两个部分弧 L_1'', L_2'',则

① 当 $f(-x, -y, -z) = -f(x, y, z)$ 时,有

$$\int_L f(x, y, z)\mathrm{d}s = 0 \tag{12-44}$$

② 当 $f(-x, -y, -z) = f(x, y, z)$ 时,有

$$\int_L f(x, y, z)\mathrm{d}s = 2\int_{L_1''} f(x, y, z)\mathrm{d}s \tag{12-45}$$

3）第一型曲线积分与积分变量名称无关的性质

第一型曲线积分的值与积分变量的名称无关,即

$$\int_L f(x, y)\mathrm{d}s = \int_L f(s, t)\mathrm{d}s, \quad \int_L f(x, y, z)\mathrm{d}s = \int_L f(s, t, \mu)\mathrm{d}s$$

▶▶▶方法运用注意点

(1) 注意第一型曲线积分对称性性质的条件,它由积分路径关于某一坐标轴(平面情形)或坐标平面(空间情形)对称,以及被积函数关于对称轴变量以外的那一变量(平面情形)或对称坐标面变量以外的那一变量(空间情形)的奇偶性两部分组成,两者缺一不可.

(2) 对称性性质常被用来简化问题,计算时应尽量运用.

▶▶▶典型例题解析

例 12-48 计算曲线积分 $\int_L \sqrt{2y^2+z^2}\,\mathrm{d}s$,其中 L 为球面 $x^2+y^2+z^2=a^2$ 与平面 $x=y$ 与的交线.

分析:曲线 L:$\begin{cases} x^2+y^2+z^2=a^2 \\ x=y \end{cases}$ 由两曲面相交而成,应考虑将其化为参数方程.注意到 L 关于平面 xOy 对称,被积函数 $f(x, y, z)=\sqrt{2y^2+z^2}$ 是变量 z 的偶函数,故应先利用对称性性质简化问题后计算.

解:若记 L 的 $z \geqslant 0$ 部分为 L_1,则利用对称性性质式(12-43)

$$\int_L \sqrt{2y^2+z^2}\,\mathrm{d}s = 2\int_{L_1} \sqrt{2y^2+z^2}\,\mathrm{d}s$$

若将变量 x 作为参数,则积分路径 L 可表示为参数方程

$$L: x=x,\ y=x,\ z=\sqrt{a^2-2x^2},\ -\frac{a}{\sqrt{2}} \leqslant x \leqslant \frac{a}{\sqrt{2}}.$$

$$\mathrm{d}s=\sqrt{1+[y'(x)]^2+[z'(x)]^2}\,\mathrm{d}x=\sqrt{2+\left(-\frac{2x}{\sqrt{a^2-2x^2}}\right)^2}\,\mathrm{d}x=\frac{\sqrt{2}a}{\sqrt{a^2-2x^2}}\mathrm{d}x.$$

运用式(12-35),有

$$\text{原式}=2\int_{-\frac{a}{\sqrt{2}}}^{\frac{a}{\sqrt{2}}} a \cdot \frac{a\sqrt{2}}{\sqrt{a^2-2x^2}}\mathrm{d}x=4\sqrt{2}a^2\int_0^{\frac{a}{\sqrt{2}}} \frac{1}{\sqrt{a^2-2x^2}}\mathrm{d}x=4a^2\arcsin\frac{\sqrt{2}x}{a}\Big|_0^{\frac{a}{\sqrt{2}}}=2\pi a^2.$$

例 12-49 设 L 为椭圆 $\frac{x^2}{4}+\frac{y^2}{3}=1$,其周长为 a,计算曲线积分 $\int_L (2xy+3x^2+4y^2)\,\mathrm{d}s$.

分析:注意到积分路径 L 关于两坐标轴对称,故先运用对称性性质简化问题.

解:

$$\text{原式}=\int_L 2xy\,\mathrm{d}s+\int_L (3x^2+4y^2)\,\mathrm{d}s.$$

对于积分 $\int_L 2xy\,\mathrm{d}s$,由于被积函数 $f(x, y)=2xy$ 是 x 的奇函数,且 L 关于 y 轴对称,根据对称性性质式(12-39),有

$$\int_L 2xy\,\mathrm{d}s=0.$$

对于积分 $\int_L (3x^2+4y^2)\,\mathrm{d}s$,由于 L 可表示为 $3x^2+4y^2=12$,且被积函数 $g(x, y)=3x^2+4y^2$ 在 L 上取值,于是

$$\int_L (3x^2+4y^2)\mathrm{d}s=\int_L 12\mathrm{d}s=12\int_L \mathrm{d}s=12a,$$

所以

$$\int_L (2xy+3x^2+4y^2)\mathrm{d}s=12a.$$

例 12-50　计算曲线积分 $\int_L \frac{x^2}{x+y+z}\mathrm{d}s$，其中 L 为 $x^2+y^2+z^2=R^2$ 与平面 $x+y+z=\frac{\sqrt{3}}{2}R$ 与的交线 $(R>0)$.

分析：将积分路径 L 化为参数方程是不方便的，且 L 关于各坐标面无对称性.注意到将 L 中的变量交换之后 L 保持不变，再根据被积函数的形式，本题可考虑运用积分值与积分变量名称的无关性计算.

解：由于积分路径 L：$\begin{cases} x^2+y^2+z^2=R^2 \\ x+y+z=\frac{\sqrt{3}}{2}R \end{cases}$ 经变量交换之后保持不变，根据积分值与积分变量名称的无关性，有

$$\int_L \frac{x^2}{x+y+z}\mathrm{d}s \xlongequal{x\text{ 与 }y\text{ 互换}} \int_L \frac{y^2}{x+y+z}\mathrm{d}s \xlongequal{y\text{ 与 }z\text{ 互换}} \int_L \frac{z^2}{x+y+z}\mathrm{d}s.$$

于是

$$\text{原式}=\frac{1}{3}\int_L \frac{x^2+y^2+z^2}{x+y+z}\mathrm{d}s=\frac{1}{3}\int_L \frac{R^2}{\frac{\sqrt{3}}{2}R}\mathrm{d}s=\frac{2R}{3\sqrt{3}}\int_L \mathrm{d}s,$$

又 L 是平面 $x+y+z=\frac{\sqrt{3}}{2}R$ 与球面 $x^2+y^2+z^2=R^2$ 的交线，是平面 $x+y+z=\frac{\sqrt{3}}{2}R$ 上的一个圆，且原点到该平面的距离 $d=\frac{1}{2}R$，从而圆 L 的半径 $r=\sqrt{R^2-d^2}=\frac{\sqrt{3}}{2}R$，所以

$$\int_L \frac{x^2}{x+y+z}\mathrm{d}s=\frac{2R}{3\sqrt{3}}\cdot 2\pi\frac{\sqrt{3}}{2}R=\frac{2}{3}\pi R^2.$$

▶▶▶方法小结

(1) 利用积分的对称性性质可以达到简化计算的目的.在实际计算时，如果积分路径 L 关于某一坐标轴(平面情形)或某一坐标平面(空间曲线)对称，就应考虑被积函数或者其中的某一项是否关于对应的变量具有奇偶性(例 12-48，例 12-49).若有，应及时地运用性质简化问题和简化计算.

(2) 当积分路径 L 不关于坐标轴(或坐标平面)对称，但具有变量之间互换(或轮换)之后保持不变的性质，此时应结合被积函数的情况(例 12-50)考虑运用积分值与积分变量的名称无关性质计算.

12.2.4 第一型曲面积分的计算

▶▶▶基本方法

(1) 将第一型曲面积分化为二重积分计算；

(2) 利用对称性性质计算.

12.2.4.1 将第一型曲面积分化为二重积分计算

设函数 $f(x, y, z)$ 在光滑曲面 Σ 上连续，

(1) 如果 Σ: $z=z(x, y)$，Σ 在平面 xOy 上的投影区域为 D_{xy}，则

$$\iint_{\Sigma} f(x, y, z)\mathrm{d}S=\iint_{D_{xy}} f(x, y, z(x, y))\sqrt{1+(z_x')^2+(z_y')^2}\,\mathrm{d}x\,\mathrm{d}y \qquad (12-46)$$

(2) 如果 Σ: $y=y(x, z)$，Σ 在平面 xOz 上的投影区域为 D_{xz}，则

$$\iint_{\Sigma} f(x, y, z)\mathrm{d}S=\iint_{D_{xz}} f(x, y(x, z), z)\sqrt{1+(y_x')^2+(y_z')^2}\,\mathrm{d}x\,\mathrm{d}z \qquad (12-47)$$

(3) 如果 Σ: $x=x(y, z)$，Σ 在平面 yOz 上的投影区域为 D_{yz}，则

$$\iint_{\Sigma} f(x, y, z)\mathrm{d}S=\iint_{D_{yz}} f(x(y, z), y, z)\sqrt{1+(x_y')^2+(x_z')^2}\,\mathrm{d}y\mathrm{d}z \qquad (12-48)$$

▶▶▶方法运用注意点

(1) 第一型曲面积分公式(12-46)、式(12-47)、式(12-48)通过将 Σ 向坐标面 xOy，xOz，yOz 上投影，把曲面 Σ 上的积分转化为各自投影区域 D_{xy}，D_{xz}，D_{yz} 上的二重积分.具体计算时，对公式的选用需根据曲面 Σ 在各个坐标面上的投影区域以及曲面方程的情况而定.

(2) 曲面积分中的被积函数 $f(x, y, z)$ 在曲面 Σ 上取值，即被积函数中的点 (x, y, z) 满足曲面 Σ 的方程，所以计算时要将曲面 Σ 的方程代入被积函数.

(3) 曲面 Σ 向不同的坐标面上投影，面积元素 $\mathrm{d}S$ 具有不同的表达式：

① Σ 向平面 xOy 投影：Σ: $z=z(x, y)$ $\quad \mathrm{d}S=\sqrt{1+(z_x')^2+(z_y')^2}\,\mathrm{d}x\,\mathrm{d}y$ (12-49)

② Σ 向平面 yOz 投影：Σ: $x=x(y, z)$ $\quad \mathrm{d}S=\sqrt{1+(x_y')^2+(x_z')^2}\,\mathrm{d}y\mathrm{d}z$ (12-50)

③ Σ 向平面 xOz 投影：Σ: $y=y(x, z)$ $\quad \mathrm{d}S=\sqrt{1+(y_x')^2+(y_x')^2}\,\mathrm{d}x\,\mathrm{d}z$ (12-51)

计算时需将相应的 $\mathrm{d}S$ 的表达式代入积分式中.

▶▶▶典型例题解析

例 12-51 计算曲面积分 $\iint_{\Sigma} xyz\,\mathrm{d}S$，其中 Σ 为球面 $x^2+y^2+z^2=R^2$ 在第一卦限的部分.

分析：Σ 的图形如图 12－52 所示.如图 Σ 在平面 xOy 上的投影区域为四分之一圆域，可考虑运用式(12－46)计算.

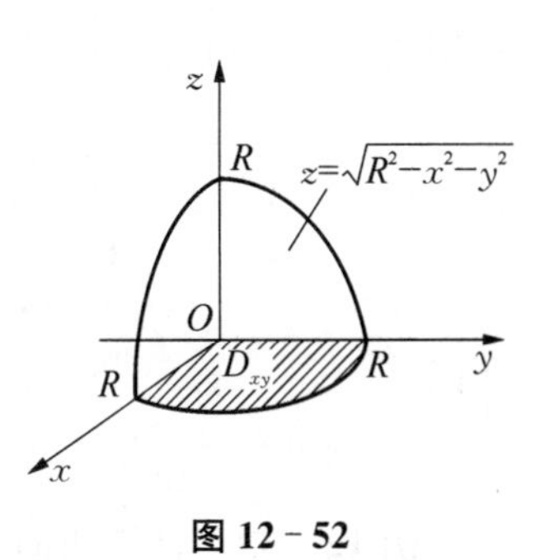

图 12－52

解：将 Σ 向平面 xOy 上的投影，得投影区域 D_{xy}：$x^2+y^2\leqslant R^2$，$x\geqslant 0$，$y\geqslant 0$. 曲面 Σ 的方程 $z=\sqrt{R^2-x^2-y^2}$，由式(12－49)计算面积元素，

$$\mathrm{d}S=\sqrt{1+\left(\frac{-x}{\sqrt{R^2-x^2-y^2}}\right)^2+\left(\frac{-y}{\sqrt{R^2-x^2-y^2}}\right)^2}\,\mathrm{d}x\,\mathrm{d}y$$

$$=\frac{R}{\sqrt{R^2-x^2-y^2}}\mathrm{d}x\,\mathrm{d}y,$$

运用式(12－46)，得

$$\text{原式}=\iint\limits_{D_{xy}}xy\sqrt{R^2-x^2-y^2}\cdot\frac{R}{\sqrt{R^2-x^2-y^2}}\mathrm{d}x\,\mathrm{d}y=R\iint\limits_{D_{xy}}xy\,\mathrm{d}x\,\mathrm{d}y$$

$$=R\int_0^{\frac{\pi}{2}}\mathrm{d}\theta\int_0^R\rho\cos\theta\cdot\rho\sin\theta\cdot\rho\,\mathrm{d}\rho\,\mathrm{d}\theta=R\int_0^{\frac{\pi}{2}}\cos\theta\sin\theta\,\mathrm{d}\theta\cdot\int_0^R\rho^3\,\mathrm{d}\rho=\frac{1}{8}R^5.$$

例 12－52　计算曲面积分 $\oiint\limits_{\Sigma}(x^2+y^2)\mathrm{d}S$，其中 Σ 为锥面 $z=\sqrt{x^2+y^2}$ 及 $z=1$ 所围立体的全表面.

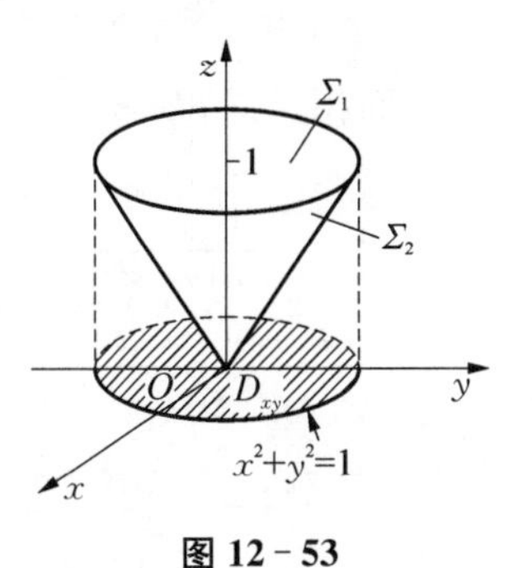

图 12－53

分析：Σ 的图形如图 12－53 所示. Σ 分别由 Σ_1，Σ_2 组成，且它们在平面 xOy 上的投影区域为圆域，可考虑运用式(12－46)计算.

解：根据曲面积分的分域性质

$$\oiint\limits_{\Sigma}(x^2+y^2)\mathrm{d}S=\iint\limits_{\Sigma_1}(x^2+y^2)\mathrm{d}S+\iint\limits_{\Sigma_2}(x^2+y^2)\mathrm{d}S,$$

从 Σ_1 与 Σ_2 的交线 $\begin{cases}z=1\\z=\sqrt{x^2+y^2}\end{cases}$ 中消去 z 得此交线在平面 xOy 上的投影曲线 $x^2+y^2=1$，从而确定 Σ_1，Σ_2 在平面 xOy 上的投影区域 D_{xy}：$x^2+y^2\leqslant 1$.

对于 Σ_1：$z=1$，其面积元素

$$\mathrm{d}S=\sqrt{1+(z_x')^2+(z_y')^2}\,\mathrm{d}x\,\mathrm{d}y=\sqrt{1+0+0}\,\mathrm{d}x\,\mathrm{d}y=\mathrm{d}x\,\mathrm{d}y,$$

运用式(12－46)，得

$$\iint\limits_{\Sigma_1}(x^2+y^2)\mathrm{d}S=\iint\limits_{D_{xy}}(x^2+y^2)\mathrm{d}x\,\mathrm{d}y=\int_0^{2\pi}\mathrm{d}\theta\int_0^1\rho^2\cdot\rho\,\mathrm{d}\rho=\frac{\pi}{2}.$$

对于 Σ_2：$z=\sqrt{x^2+y^2}$，其面积元素

$$\mathrm{d}S=\sqrt{1+(z_x')^2+(z_y')^2}\,\mathrm{d}x\,\mathrm{d}y=\sqrt{1+\left(\frac{x}{\sqrt{x^2+y^2}}\right)^2+\left(\frac{y}{\sqrt{x^2+y^2}}\right)^2}\,\mathrm{d}x\,\mathrm{d}y=\sqrt{2}\,\mathrm{d}x\,\mathrm{d}y,$$

运用式(12-46),得

$$\iint_{\Sigma_2}(x^2+y^2)\mathrm{d}S=\iint_{D_{xy}}(x^2+y^2)\sqrt{2}\,\mathrm{d}x\,\mathrm{d}y=\sqrt{2}\cdot\frac{\pi}{2}=\frac{\sqrt{2}}{2}\pi,$$

所以
$$\oiint_{\Sigma}(x^2+y^2)\mathrm{d}S=\frac{\pi}{2}+\frac{\sqrt{2}}{2}\pi=\frac{1+\sqrt{2}}{2}\pi.$$

例 12-53 计算曲面积分 $\oiint_{\Sigma}\dfrac{1-x^2-y^2}{\sqrt{5-4z}}\mathrm{d}S$,其中 Σ 为立体 $\Omega=\{(x,y,z)\mid x^2+y^2\leqslant 1,-1\leqslant z\leqslant 1-x^2\}$ 的边界面.

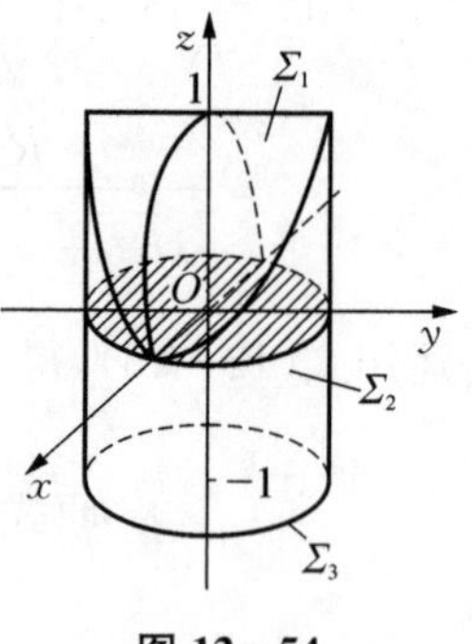

图 12-54

分析:Σ 的图形如图 12-54 所示.Ω 的三个边界面的方程不同,需利用分域性质分别计算.

解:如图 12-54 所示,利用分域性质,有

$$\iint_{\Sigma}=\iint_{\Sigma_1}+\iint_{\Sigma_2}+\iint_{\Sigma_3}.$$

对于积分 $\iint_{\Sigma_1}\dfrac{1-x^2-y^2}{\sqrt{5-4z}}\mathrm{d}S$,$\Sigma_1$:$z=1-x^2$ 在平面 xOy 上的投影区域 D_{xy}:$x^2+y^2\leqslant 1$.面积元素 $\mathrm{d}S=\sqrt{1+(z_x')^2+(z_y')^2}\,\mathrm{d}x\,\mathrm{d}y=\sqrt{1+4x^2}\,\mathrm{d}x\,\mathrm{d}y$,利用式(12-46),有

$$\iint_{\Sigma_1}\frac{1-x^2-y^2}{\sqrt{5-4z}}\mathrm{d}S=\iint_{D_{xy}}\frac{1-x^2-y^2}{\sqrt{1+4x^2}}\cdot\sqrt{1+4x^2}\,\mathrm{d}x\,\mathrm{d}y=\iint_{D_{xy}}(1-x^2-y^2)\mathrm{d}x\,\mathrm{d}y$$
$$=\int_0^{2\pi}\mathrm{d}\theta\int_0^1(1-\rho^2)\rho\,\mathrm{d}\rho=\frac{\pi}{2}.$$

对于积分 $\iint_{\Sigma_2}\dfrac{1-x^2-y^2}{\sqrt{5-4z}}\mathrm{d}S$,由于被积函数 $f(x,y,z)=\dfrac{1-x^2-y^2}{\sqrt{5-4z}}$ 在曲面 Σ_2:$x^2+y^2=1$ 上取值,所以

$$\iint_{\Sigma_2}\frac{1-x^2-y^2}{\sqrt{5-4z}}\mathrm{d}S=\iint_{\Sigma_2}\frac{0}{\sqrt{5-4z}}\mathrm{d}S=0.$$

对于积分 $\iint_{\Sigma_2}\dfrac{1-x^2-y^2}{\sqrt{5-4z}}\mathrm{d}S$,$\Sigma_3$:$z=-1$ 在平面 xOy 上的投影区域也为 D_{xy},面积元素 $\mathrm{d}S=\sqrt{1+(z_x')^2+(z_y')^2}\,\mathrm{d}x\,\mathrm{d}y=\mathrm{d}x\,\mathrm{d}y$,利用式(12-46),得

$$\iint_{\Sigma_2}\frac{1-x^2-y^2}{\sqrt{5-4z}}\mathrm{d}S=\iint_{D_{xy}}\frac{1-x^2-y^2}{3}\mathrm{d}x\,\mathrm{d}y=\frac{1}{3}\int_0^{2\pi}\mathrm{d}\theta\int_0^1(1-\rho^2)\rho\,\mathrm{d}\rho=\frac{\pi}{6},$$

所以
$$\iint_{\Sigma}\frac{1-x^2-y^2}{\sqrt{5-4z}}\mathrm{d}S=\frac{\pi}{2}+0+\frac{\pi}{6}=\frac{2}{3}\pi.$$

▶▶▶方法小结

计算第一型曲面积分的基本方法是运用化为二重积分的公式[式(12-46)～式(12-48)]计算，其计算步骤如下：

(1) 画出积分区域 Σ 的草图.

(2) 根据 Σ 的情况，将 Σ 向选定的坐标面上投影，确定投影区域 D，并将曲面 Σ 的方程表示为该坐标面变量的函数.一般来讲，将 Σ 向哪个坐标面上投影就意味着选用公式(12-46)、式(12-47)、式(12-48)中的哪一个公式计算.选用时应考虑投影区域 D 的确定是否方便，D 的图形、Σ 的方程用该坐标面变量表示的形式是否简单，化成的二重积分是否容易计算等因素.

(3) 根据 Σ 的投影，运用式(12-49)、式(12-50)、式(12-51)计算面积元素 $\mathrm{d}S$.

(4) 将曲面 Σ 的方程代入被积函数 $f(x, y, z)$，面积元素 $\mathrm{d}S$ 用其对应的表达式代入，运用式(12-46)、式(12-47)、式(12-48)将曲面积分化为二重积分.

(5) 计算二重积分.

12.2.4.2 利用对称性性质计算第一型曲面积分

1) 第一型曲面积分的对称性性质

设函数 $f(x, y, z)$ 沿光滑曲面 Σ 对面积可积.

(1) 若积分曲面 Σ 关于平面 yOz 对称，且平面 yOz 将 Σ 划分成 Σ_1，Σ_2 两个部分，则

① 当 $f(x, y, z)$ 为 x 的奇函数时，有

$$\iint_{\Sigma} f(x, y, z)\mathrm{d}S = 0 \tag{12-52}$$

② 当 $f(x, y, z)$ 为 x 的偶函数时，有

$$\iint_{\Sigma} f(x, y, z)\mathrm{d}S = 2\iint_{\Sigma_1} f(x, y, z)\mathrm{d}S \tag{12-53}$$

(2) 若积分曲面 Σ 关于平面 xOz（或平面 xOy）对称，且平面 xOz（或平面 xOy）将 Σ 划分成 Σ_1'，Σ_2' 两个部分，则

① 当 $f(x, y, z)$ 为 y（或 z）的奇函数时，有

$$\iint_{\Sigma} f(x, y, z)\mathrm{d}S = 0 \tag{12-54}$$

② 当 $f(x, y, z)$ 为 y（或 z）的偶函数时，有

$$\iint_{\Sigma} f(x, y, z)\mathrm{d}S = 2\iint_{\Sigma_1'} f(x, y, z)\mathrm{d}S \tag{12-55}$$

(3) 若积分曲面 Σ 关于坐标原点对称，且 Σ 可划分成关于原点对称的两个部分 Σ_1''，Σ_2''，则

① 当 $f(-x, -y, -z) = -f(x, y, z)$ 时，有

$$\iint_{\Sigma} f(x, y, z)\mathrm{d}S = 0 \tag{12-56}$$

② 当 $f(-x, -y, -z)=f(x, y, z)$ 时，有

$$\iint_{\Sigma} f(x, y, z)\mathrm{d}S=2\iint_{\Sigma_1''} f(x, y, z)\mathrm{d}S \qquad (12-57)$$

2）第一型曲面积分与积分变量名称无关的性质

第一型曲面积分的值与积分变量的名称无关，即

$$\iint_{\Sigma} f(x, y, z)\mathrm{d}S=\iint_{\Sigma} f(s, t, \mu)\mathrm{d}S$$

▶▶▶方法运用注意点

（1）注意第一型曲面积分对称性性质的条件由两部分组成：

① 积分曲面 Σ 关于某一坐标平面对称；

② 被积函数 $f(x, y, z)$ 关于该坐标平面变量以外的那一变量具有的奇偶性，两者缺一不可.

（2）对称性性质常被用来简化问题，计算时应尽量运用.

▶▶▶典型例题解析

例 12－54 计算曲面积分 $\iint_{\Sigma}(xy+yz+xz)\mathrm{d}S$，其中 Σ 是圆锥面 $z=\sqrt{x^2+y^2}$ 被圆柱面 $x^2+y^2=2ax$ 所截下的部分.

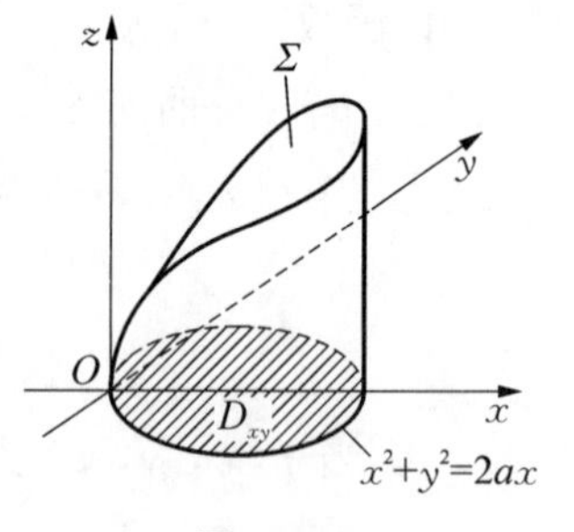

图 12－55

分析：Σ 的图形如图 12－55 所示，可见 Σ 关于平面 xOz 对称，应先考虑运用对称性性质化简问题.

解：运用第一型曲面积分的线性运算性质

$$\iint_{\Sigma}(xy+yz+xz)\mathrm{d}S=\iint_{\Sigma} xy\mathrm{d}S+\iint_{\Sigma} yz\mathrm{d}S+\iint_{\Sigma} xz\mathrm{d}S,$$

由于 Σ 关于平面 xOz 对称，函数 xy，yz 是 y 的奇函数，根据曲面积分的对称性性质式(12－54)知

$$\iint_{\Sigma} xy\mathrm{d}S=0,\ \iint_{\Sigma} yz\mathrm{d}S=0.$$

又 Σ 在平面 xOy 上的投影区域 D_{xy}：$x^2+y^2\leqslant 2ax$，且面积元素

$$\mathrm{d}S=\sqrt{1+(z_x')^2+(z_y')^2}\,\mathrm{d}x\,\mathrm{d}y=\sqrt{2}\,\mathrm{d}x\,\mathrm{d}y,$$

运用式(12－46)，得

$$\begin{aligned}\text{原式}&=\iint_{\Sigma} xz\mathrm{d}S=\iint_{D_{xy}} x\sqrt{x^2+y^2}\cdot\sqrt{2}\,\mathrm{d}x\,\mathrm{d}y=\sqrt{2}\int_{-\frac{\pi}{2}}^{\frac{\pi}{2}}\mathrm{d}\theta\int_0^{2a\cos\theta}\rho\cos\theta\cdot\rho\cdot\rho\,\mathrm{d}\rho\\&=4\sqrt{2}a^4\int_{-\frac{\pi}{2}}^{\frac{\pi}{2}}\cos^5\theta\mathrm{d}\theta=8\sqrt{2}a^4\int_0^{\frac{\pi}{2}}\cos^5\theta\mathrm{d}\theta=8\sqrt{2}a^4\cdot\frac{4}{5}\cdot\frac{2}{3}\cdot 1=\frac{64}{15}\sqrt{2}a^4.\end{aligned}$$

例 12－55　计算 $\oiint\limits_{\Sigma}(x^2+y^2+z^2)\mathrm{d}S$，其中 Σ 为立体 Ω：$R-\sqrt{R^2-x^2-y^2}\leqslant z\leqslant\sqrt{R^2-x^2-y^2}$ 的边界曲面.

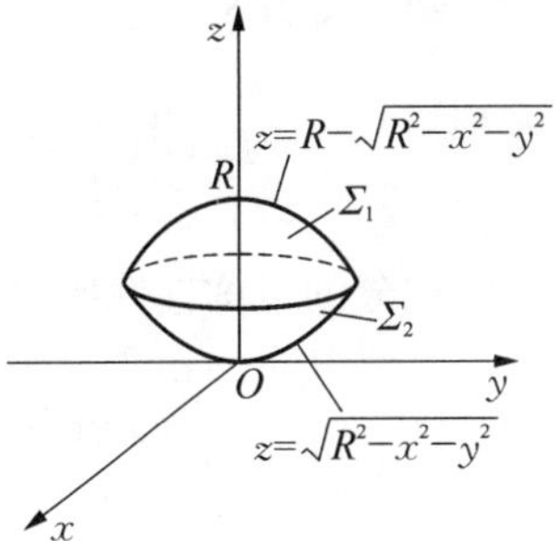

图 12－56

分析： Σ 的图形如图 12－56 所示.可以看到，Σ 关于平面 xOz，yOz 对称，且被积函数 $f(x,y,z)=x^2+y^2+z^2$ 是 x，y 的偶函数，应先运用对称性性质简化问题.

解： 将 Σ 在第一卦限部分的曲面记为 $\Sigma_1+\Sigma_2$，这里

$$\Sigma_1:z=R-\sqrt{R^2-x^2-y^2},\ \Sigma_2:z=\sqrt{R^2-x^2-y^2},$$

利用对称性性质

$$\iint\limits_{\Sigma}(x^2+y^2+z^2)\mathrm{d}S=4\iint\limits_{\Sigma_1}(x^2+y^2+z^2)\mathrm{d}S+4\iint\limits_{\Sigma_2}(x^2+y^2+z^2)\mathrm{d}S,$$

对于积分 $\iint\limits_{\Sigma_1}(x^2+y^2+z^2)\mathrm{d}S$，$\Sigma_1$ 在平面 xOy 上的投影区域 D_{xy}：$x^2+y^2\leqslant\frac{3}{4}R^2$，$x\geqslant0$，$y\geqslant0$，面积元素 $\mathrm{d}S=\sqrt{1+(z'_x)^2+(z'_y)^2}\,\mathrm{d}x\,\mathrm{d}y=\frac{R}{\sqrt{R^2-x^2-y^2}}\mathrm{d}x\,\mathrm{d}y$，运用式(12－46)，得

$$\begin{aligned}\iint\limits_{\Sigma_1}(x^2+y^2+z^2)\mathrm{d}S&=\iint\limits_{\Sigma_1}2Rz\,\mathrm{d}S=2R\iint\limits_{D_{xy}}(R-\sqrt{R^2-x^2-y^2})\cdot\frac{R}{\sqrt{R^2-x^2-y^2}}\mathrm{d}x\,\mathrm{d}y\\&=2R^2\int_0^{\frac{\pi}{2}}\mathrm{d}\theta\int_0^{\frac{\sqrt{3}}{2}R}\left(\frac{R}{\sqrt{R^2-\rho^2}}-1\right)\rho\,\mathrm{d}\rho=\pi R^2\int_0^{\frac{\sqrt{3}}{2}R}\left(\frac{R}{\sqrt{R^2-\rho^2}}-1\right)\rho\,\mathrm{d}\rho\\&=\pi R^2\left(-R\sqrt{R^2-\rho^2}-\frac{1}{2}\rho^2\right)\Big|_0^{\frac{\sqrt{3}}{2}R}=\frac{\pi}{8}R^4.\end{aligned}$$

对于积分 $\iint\limits_{\Sigma_2}(x^2+y^2+z^2)\mathrm{d}S$，$\Sigma_2$ 在平面 xOy 上的投影区域也为 D_{xy}，面积元素 $\mathrm{d}S=\frac{R}{\sqrt{R^2-x^2-y^2}}\mathrm{d}x\,\mathrm{d}y$. 注意到被积函数在曲面上取值，利用式(12－46)，得

$$\begin{aligned}\iint\limits_{\Sigma_2}(x^2+y^2+z^2)\mathrm{d}S&=R^2\iint\limits_{\Sigma_2}\mathrm{d}S=R^2\iint\limits_{D_{xy}}\frac{R}{\sqrt{R^2-x^2-y^2}}\mathrm{d}x\,\mathrm{d}y\\&=R^3\int_0^{\frac{\pi}{2}}\mathrm{d}\theta\int_0^{\frac{\sqrt{3}}{2}R}\frac{\rho}{\sqrt{R^2-\rho^2}}\mathrm{d}\rho=\frac{\pi}{4}R^4,\end{aligned}$$

所以

$$\iint\limits_{\Sigma}(x^2+y^2+z^2)\mathrm{d}S=4\times\frac{\pi}{8}R^4+4\times\frac{\pi}{4}R^4=\frac{3}{2}\pi R^4.$$

例 12－56　计算曲面积分 $I=\oiint\limits_{\Sigma}(x+2y+3z-4)^2\mathrm{d}S$，其中 Σ 为正八面体 $|x|+|y|+|z|\leqslant1$ 的全表面.

分析：Σ 由 8 个不同的平面组成，显然直接在每个面上化为二重积分计算是烦琐的.注意到 Σ 关于 3 个坐标面对称，于是应先运用对称性性质化简问题.

解：因为 Σ：$|x|+|y|+|z|=1$ 关于 3 个坐标面对称，且积分可表示为

$$I=\iint_{\Sigma}(x^2+4y^2+9z^2+4xy+6xz+12yz-8x-16y-24z+16)\mathrm{d}S,$$

利用积分的对称性性质，得

$$\iint_{\Sigma}4xy\mathrm{d}S=\iint_{\Sigma}6xz\mathrm{d}S=\iint_{\Sigma}12yz\mathrm{d}S=\iint_{\Sigma}8x\mathrm{d}S=\iint_{\Sigma}16y\mathrm{d}S=\iint_{\Sigma}24z\mathrm{d}S=0,$$

所以
$$I=\iint_{\Sigma}(x^2+4y^2+9z^2+16)\mathrm{d}S.$$

若记 Σ 在第一卦限部分的曲面为 Σ_1，则 Σ_1：$x+y+z=1$，$x\geqslant 0$，$y\geqslant 0$，$z\geqslant 0$.注意到被积函数 $f(x,y,z)=x^2+4y^2+9z^2+16$ 分别为变量 x，y，z 的偶函数，利用对称性性质得

$$I=8\iint_{\Sigma_1}(x^2+4y^2+9z^2+16)\mathrm{d}S.$$

又平面 $x+y+z=1$ 经变量互换后保持不变，于是利用积分值与积分变量名称的无关性

$$\iint_{\Sigma_1}x^2\mathrm{d}S\xlongequal{x\text{ 与 }y\text{ 互换}}\iint_{\Sigma_1}y^2\mathrm{d}S\xlongequal{y\text{ 与 }z\text{ 互换}}\iint_{\Sigma_1}z^2\mathrm{d}S,$$

所以
$$I=8\iint_{\Sigma_1}x^2\mathrm{d}S+32\iint_{\Sigma_1}y^2\mathrm{d}S+72\iint_{\Sigma_1}z^2\mathrm{d}S+128\iint_{\Sigma_1}\mathrm{d}S=112\iint_{\Sigma_1}z^2\mathrm{d}S+128\iint_{\Sigma_1}\mathrm{d}S.$$

此时，Σ_1 在平面 xOy 上的投影区域 D_{xy}：$x+y\leqslant 1$，$x\geqslant 0$，$y\geqslant 0$，面积元素 $\mathrm{d}S=\sqrt{3}\,\mathrm{d}x\,\mathrm{d}y$，运用式(12-46)，有

$$\begin{aligned}I&=112\iint_{D_{xy}}(1-x-y)^2\cdot\sqrt{3}\,\mathrm{d}x\,\mathrm{d}y+128\iint_{D_{xy}}\sqrt{3}\,\mathrm{d}x\,\mathrm{d}y\\&=112\sqrt{3}\int_0^1\mathrm{d}x\int_0^{1-x}(1-x-y)^2\mathrm{d}x\,\mathrm{d}y+128\sqrt{3}\iint_{D_{xy}}\mathrm{d}x\,\mathrm{d}y=\frac{220}{3}\sqrt{3}.\end{aligned}$$

▶▶▶方法小结

(1) 运用积分的对称性性质可以达到简化计算的目的.在具体计算时，当积分曲面 Σ 关于某一坐标平面对称时，就应及时地考虑被积函数或者其中的某些项是否关于相应的积分变量(坐标平面变量以外的那一变量)具有奇偶性.若有奇偶性就应及时地运用对称性性质.

(2) 当积分曲面 Σ 具有变量之间互换(或轮换)的不变性时，此时应结合被积函数的情况(例 12-56)考虑积分值与积分变量名称无关这一性质的运用.

12.2.5 有关多元函数积分的积分等式与积分不等式问题

当等式或不等式中出现多元函数的积分时，我们称此等式或不等式为多元函数的积分等式与积

分不等式.多元函数的积分有二重积分、三重积分、第一型曲线积分和第一型曲面积分,所以本节我们将讨论以上四种类型的积分等式与积分不等式问题.

12.2.5.1　有关多元函数积分的积分等式证明

▶▶▶基本方法

利用多元函数积分的性质、积分中值定理、多元函数积分计算等方法.

多元函数积分的积分中值定理　若函数 $f(P)$ 在有界闭的积分区域 Ω 上连续,则在 Ω 上至少存在一点 P_0,使得

$$\int_{\Omega} f(P)\mathrm{d}\Omega = f(P_0)\,|\,\Omega\,|, \tag{12-58}$$

这里的积分区域 Ω 可以是平面区域、空间立体、曲线弧段、空间曲面,与此对应式(12-58)中的积分就是二重积分、三重积分、第一型曲线积分和第一型曲面积分. $|\,\Omega\,|$ 表示几何形体 Ω 的度量,即面积、体积、弧长.

▶▶▶典型例题解析

例 12-57　设 $D=\{(x, y)\,|: x\geqslant 0,\ y\geqslant 0,\ x^2+y^2\leqslant 1\}$,求满足等式

$$f(x, y)=1-2xy+8(x^2+y^2)\iint_D f(x, y)\mathrm{d}x\,\mathrm{d}y$$

的连续函数 $f(x, y)$.

分析: 本例若能求出积分 $a=\iint_D f(x, y)\mathrm{d}x\,\mathrm{d}y$ 的值就可求得 $f(x, y)$ 的表达式.为求 a 的值,注意到 a 为常数,如果将 $f(x, y)=1-2xy+8a(x^2+y^2)$ 代入 $a=\iint_D f(x, y)\mathrm{d}x\,\mathrm{d}y$ 中的 $f(x, y)$,即可获得 a 满足方程.

解: 设 $a=\iint_D f(x, y)\mathrm{d}x\,\mathrm{d}y$,则 $f(x, y)=1-2xy+8a(x^2+y^2)$. 将 $f(x, y)$ 的表达式代入积分 $a=\iint_D f(x, y)\mathrm{d}x\,\mathrm{d}y$,得

$$\begin{aligned} a &=\iint_D [1-2xy+8a(x^2+y^2)]\mathrm{d}x\,\mathrm{d}y=\int_0^{\frac{\pi}{2}}\mathrm{d}\theta\int_0^1(1-2\rho^2\cos\theta\sin\theta+8a\rho^2)\rho\,\mathrm{d}\rho \\ &=\int_0^{\frac{\pi}{2}}\left(\frac{1}{2}-\frac{1}{2}\cos\theta\sin\theta+2a\right)\mathrm{d}\theta=\frac{\pi}{4}+a\pi-\frac{1}{4}, \end{aligned}$$

解得 $a=-\dfrac{1}{4}$,所以 $f(x, y)=1-2xy-2(x^2+y^2)$.

例 12-58　求 $[0, +\infty)$ 上的连续函数 $f(t)$,使它满足

$$f(t)=t^3+3\iiint_{x^2+y^2+z^2\leqslant t^2} f(\sqrt{x^2+y^2+z^2})\mathrm{d}V.$$

分析：求解本例的关键在于如何消除三重积分.若能将三重积分化为定积分，则本例就转化为求解一元函数的积分方程问题.从三重积分的被积函数及积分区域的形式可见，这里需运用球面坐标处理.

解：运用球面坐标，所给等式可化为

$$f(t)=t^3+3\int_0^{2\pi}\mathrm{d}\theta\int_0^{\pi}\mathrm{d}\varphi\int_0^t f(r)r^2\sin\varphi\,\mathrm{d}r=t^3+12\pi\int_0^t r^2 f(r)\mathrm{d}r$$

将等式两边对 t 求导，得

$$f'(t)=3t^2+12\pi t^2 f(t)=3t^2(1+4\pi f(t))\text{，且有 } f(0)=0.$$

分离变量
$$\frac{f'(t)}{1+4\pi f(t)}=3t^2,$$

两边积分解得 $\frac{1}{4\pi}\ln(1+4\pi f(t))=t^3+C$. 令 $t=0$，$f(0)=0$ 得 $C=0$，所以 $\ln(1+4\pi f(t))=4\pi t^3$，

即
$$f(t)=\frac{1}{4\pi}(\mathrm{e}^{4\pi t^3}-1).$$

例 12－59 设 $\Omega(t)=\left\{(x,\ y,\ z)\mid 0\leqslant z\leqslant t-\frac{1}{t}(x^2+y^2)\right\}$ $(t>0)$，函数 $f(x,\ y,\ z)$ 连续，试求极限

$$\lim_{t\to 0^+}\frac{1}{t^3}\iiint_{\Omega(t)} f(x,\ y,\ z)\mathrm{d}V.$$

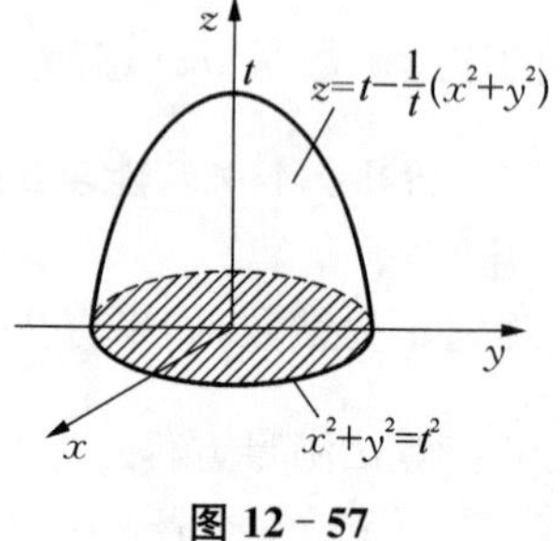

图 12－57

分析：$\Omega(t)$ 的图形如图 12－57 所示.本例的关键仍在于去除三重积分，这可以运用积分中值定理式(12－58)处理.

解：运用积分中值定理，存在 $(\xi,\ \eta,\ \gamma)\in\Omega(t)$ 使得

$$\iiint_{\Omega(t)} f(x,\ y,\ z)\mathrm{d}V=f(\xi,\ \eta,\ \lambda)\mid\Omega(t)\mid.$$

由于 $\Omega(t)$ 是平面 yOz 上的区域 D：$0\leqslant y\leqslant t$，$0\leqslant z\leqslant t-\frac{1}{t}y^2$ 绕 z 轴旋转而成，所以其体积

$$\mid\Omega(t)\mid=\int_0^t 2\pi y\left(t-\frac{1}{t}y^2\right)\mathrm{d}y=\frac{\pi}{2}t^3,$$

又当 $t\to 0^+$ 时，$(\xi,\ \eta,\ \lambda)\to(0,\ 0,\ 0)$，且 $f(x,\ y,\ z)$ 连续，所以

$$\lim_{t\to 0^+}\frac{1}{t^3}\iiint_{\Omega(t)} f(x,\ y,\ z)\mathrm{d}V=\lim_{t\to 0^+}\frac{f(\xi,\ \eta,\ \gamma)\mid\Omega(t)\mid}{t^3}\ \lim_{t\to 0^+}\frac{\pi}{2}f(\xi,\ \eta,\ \gamma)=\frac{\pi}{2}f(0,\ 0,\ 0).$$

例 12 - 60　求极限 $\lim\limits_{t\to0^+}\dfrac{1}{t^3}\int_0^t \mathrm{d}x\int_{x^2}^{tx}\sqrt{1+\cos(x^2+y^2)}\,\mathrm{d}y$.

分析：本例仍应考虑去除二重积分.将二次积分返回到二重积分

$$\int_0^t \mathrm{d}x\int_{x^2}^{tx}\sqrt{1+\cos(x^2+y^2)}\,\mathrm{d}y=\iint\limits_{D(t)}\sqrt{1+\cos(x^2+y^2)}\,\mathrm{d}x\,\mathrm{d}y,$$

其中 $D(t)$ 如图 12 - 58 所示.由于 $D(t)$ 的面积 $|D(t)|=\int_0^t (tx-x^2)\mathrm{d}x=\dfrac{1}{6}t^3$ 与分母同阶,故可运用积分中值定理处理.

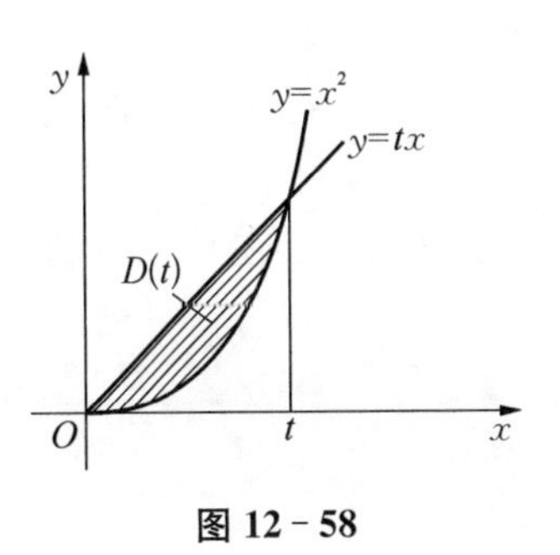

图 12 - 58

解：运用积分中值定理,存在 $(\xi,\eta)\in D(t)$ 使得

$$\begin{aligned}\int_0^t \mathrm{d}x\int_{x^2}^{tx}\sqrt{1+\cos(x^2+y^2)}\,\mathrm{d}y&=\iint\limits_{D(t)}\sqrt{1+\cos(x^2+y^2)}\,\mathrm{d}x\,\mathrm{d}y\\&=\sqrt{1+\cos(\xi^2+\eta^2)}\ |D(t)|\\&=\sqrt{1+\cos(\xi^2+\eta^2)}\times\frac{t^3}{6}.\end{aligned}$$

并且当 $t\to0^+$ 时, $(\xi,\eta)\to(0,0)$. 所以

$$原式=\lim_{t\to0^+}\frac{\sqrt{1+\cos(\xi^2+\eta^2)}\times\dfrac{t^3}{6}}{t^3}=\lim_{t\to0^+}\frac{\sqrt{1+\cos(\xi^2+\eta^2)}}{6}=\frac{\sqrt{2}}{6}.$$

例 12 - 61　设函数 $f(x,y)$ 连续, $f(0,0)=0$, $f(x,y)$ 在 $(0,0)$ 处可微,计算极限

$$\lim_{t\to0^+}\frac{\int_0^{t^2}\mathrm{d}x\int_{\sqrt{x}}^{t}f(x,y)\mathrm{d}y}{\mathrm{e}^{\frac{t^4}{4}}-1}.$$

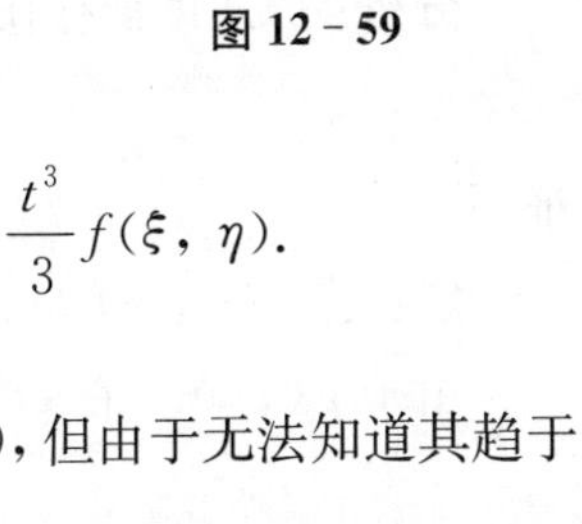

分析：二次积分 $\int_0^{t^2}\mathrm{d}x\int_{\sqrt{x}}^{t}f(x,y)\mathrm{d}y$ 所表示的二重积分的积分区域 $D(t)$ 如图 12 - 59 所示,其面积 $|D(t)|=\int_0^{t^2}(t-\sqrt{x})\mathrm{d}x=\dfrac{1}{3}t^3$. 若运用积分值值定理,则

图 12 - 59

$$\int_0^{t^2}\mathrm{d}x\int_{\sqrt{x}}^{t}f(x,y)\mathrm{d}y=\iint\limits_{D(t)}f(x,y)\mathrm{d}x\,\mathrm{d}y=f(\xi,\eta)\ |D(t)|=\frac{t^3}{3}f(\xi,\eta).$$

因 $\mathrm{e}^{\frac{t^4}{4}}-1\sim\dfrac{1}{4}t^4$, 即关于 t 是 4 阶的无穷小,尽管当 $t\to0^+$ 时, $f(\xi,\eta)\to0$, 但由于无法知道其趋于零的速度,从而无法算得极限值.为此需要考虑另外的方法,但思路仍应围绕化解二次积分进行.

解：将所给二次积分改变积分次序,得

$$\int_0^{t^2}\mathrm{d}x\int_{\sqrt{x}}^{t}f(x,y)\mathrm{d}y=\int_0^t \mathrm{d}y\int_0^{y^2}f(x,y)\mathrm{d}x,$$

$$\text{原式}\xlongequal{\text{等价代换}}\lim_{t\to0^+}\frac{\int_0^t dy\int_0^{y^2}f(x,y)dx}{\frac{1}{4}t^4}\xlongequal{\text{洛必达法则}}\lim_{t\to0^+}\frac{\int_0^{t^2}f(x,t)dx}{t^3},$$

利用定积分积分中值定理,存在 $\xi\in(0,t^2)$ 使得 $\int_0^{t^2}f(x,t)dx=f(\xi,t)t^2$,于是

$$\text{原式}=\lim_{t\to0^+}\frac{f(\xi,t)t^2}{t^3}=\lim_{t\to0^+}\frac{f(\xi,t)}{t},$$

又 $f(x,y)$ 在 $(0,0)$ 处可微,则有

$$\begin{aligned}f(\xi,t)&=f(0,0)+f'_x(0,0)\xi+f'_y(0,0)t+o(\sqrt{\xi^2+t^2})\\&=f'_x(0,0)\xi+f'_y(0,0)t+o(\sqrt{\xi^2+t^2}),\end{aligned}$$

$$\text{原式}=\lim_{t\to0^+}\frac{f(\xi,t)}{t}=\lim_{t\to0^+}\left[f'_x(0,0)\frac{\xi}{t}+f'_y(0,0)+\frac{o(\sqrt{\xi^2+t^2})}{t}\right].$$

由于 $0<\xi<t^2$,可知 $0<\frac{\xi}{t}<t$,从而 $\lim\limits_{t\to0^+}\frac{\xi}{t}=0$,所以

$$\begin{aligned}\text{原式}&=f'_y(0,0)+\lim_{t\to0^+}\frac{o(\sqrt{\xi^2+t^2})}{t}\\&=f'_y(0,0)+\lim_{t\to0^+}\frac{o(\sqrt{\xi^2+t^2})}{\sqrt{\xi^2+t^2}}\cdot\sqrt{\left(\frac{\xi}{t}\right)^2+1}=f'_y(0,0).\end{aligned}$$

例 12-62 设 $f(x,y)$ 和 $g(x,y)$ 在 D 上连续,且 $g(x,y)$ 在 D 上不变号,试证明:存在 $(\xi,\eta)\in D$,使得

$$\iint_D f(x,y)g(x,y)d\sigma=f(\xi,\eta)\iint_D g(x,y)d\sigma.$$

分析: 原式即证存在 $(\xi,\eta)\in D$,使得 $f(\xi,\eta)=\dfrac{\iint_D f(x,y)g(x,y)d\sigma}{\iint_D g(x,y)d\sigma}$,这可运用介值定理证明.

解: 若 $g(x,y)\equiv0$,$(x,y)\in D$,则对任取的 $(\xi,\eta)\in D$,所证等式成立,下设 $g(x,y)\not\equiv0$. 由于 $g(x,y)$ 在 D 上不变号,不妨设 $g(x,y)\geqslant0$,$(x,y)\in D$,则有

$$\iint_D g(x,y)d\sigma>0.$$

又因 $f(x,y)$ 在 D 上连续,根据最值定理,存在 (x_1,y_1),$(x_2,y_2)\in D$ 使

$$m=f(x_1,y_1)=\min_{(x,y)\in D}f(x,y),\ M=f(x_2,y_2)=\max_{(x,y)\in D}f(x,y),$$

于是
$$m \leqslant f(x, y) \leqslant M, (x, y) \in D.$$

在上式的不等式两边乘 $g(x, y)$ 得
$$mg(x, y) \leqslant f(x, y)g(x, y) \leqslant Mg(x, y),$$

两边积分得
$$m\iint\limits_D g(x, y)\mathrm{d}\sigma \leqslant \iint\limits_D f(x, y)g(x, y)\mathrm{d}\sigma \leqslant M\iint\limits_D g(x, y)\mathrm{d}\sigma,$$

即有
$$m \leqslant \frac{\iint\limits_D f(x, y)g(x, y)\mathrm{d}\sigma}{\iint\limits_D g(x, y)\mathrm{d}\sigma} \leqslant M.$$

利用介值定理，存在 $(\xi, \eta) \in D$，使得
$$f(\xi, \eta) = \frac{\iint\limits_D f(x, y)g(x, y)\mathrm{d}\sigma}{\iint\limits_D g(x, y)\mathrm{d}\sigma},$$

即有
$$\iint\limits_D f(x, y)g(x, y)\mathrm{d}\sigma = f(\xi, \eta)\iint\limits_D g(x, y)\mathrm{d}\sigma.$$

例 12-63　设 $f(x)$ 在 $[0, 1]$ 上连续，α 为大于 1 的常数，试证明：
$$\int_0^1 \mathrm{d}x\int_0^x (x-y)^{\alpha-1}f(y)\mathrm{d}y = \frac{1}{\alpha}\int_0^1 y^\alpha f(1-y)\mathrm{d}y.$$

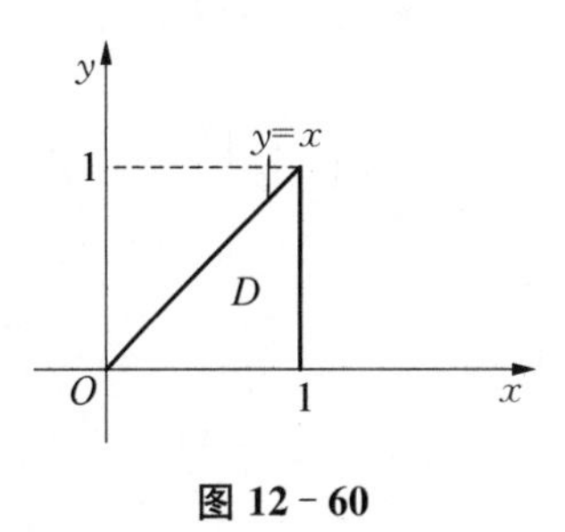

图 12-60

分析： 等式左边为二次积分，右边为定积分，要两式相等，自然地要将二次积分中的一个定积分算出.从等式左边的二次积分可见，本题先要改变二次积分的积分次序，先对 x 积分.

解： 左边的二次积分所表示的二重积分的积分区域 D 如图 12-60 所示.改变二次积分的积分次序，有
$$\begin{aligned}\int_0^1 \mathrm{d}x\int_0^x (x-y)^{\alpha-1}f(y)\mathrm{d}y &= \int_0^1 \mathrm{d}y\int_y^1 (x-y)^{\alpha-1}f(y)\mathrm{d}x = \int_0^1 f(y)\cdot\frac{1}{\alpha}(x-y)^\alpha\Big|_y^1\mathrm{d}y\\ &= \frac{1}{\alpha}\int_0^1 (1-y)^\alpha f(y)\mathrm{d}y \xlongequal{t=1-y} \frac{1}{\alpha}\int_1^0 t^\alpha f(1-t)(-\mathrm{d}t)\\ &= \frac{1}{\alpha}\int_0^1 y^\alpha f(1-y)\mathrm{d}y.\end{aligned}$$

例 12-64　设 $f(z)$ 是连续函数，证明：
$$\int_0^1 \mathrm{d}x\int_0^x \mathrm{d}y\int_0^{x-y} f(z)\mathrm{d}z = \frac{1}{2}\int_0^1 (1-z)^2 f(z)\mathrm{d}z.$$

分析： 等式左边是一三次积分，右边是一定积分，证明思路自然应围绕算出三次积分中的一个二次积分.注意到被积函数为一元函数 $f(z)$，故应考虑改变积分次序，最后对 z 积分.

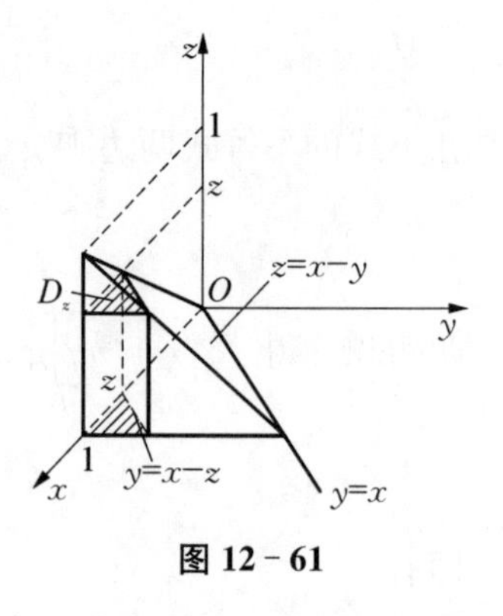

图 12 - 61

解：三次积分所表示的三重积分的积分区域 Ω 如图 12 - 61 所示. Ω 在 z 轴上的投影区间为 $[0,\ 1]$. 平面 $z=z\in[0,\ 1]$ 截 Ω 的截痕面 D_z：$z\leqslant x\leqslant 1,\ 0\leqslant y\leqslant x-z$ 为直角三角形，其面积 $|D_z|=\dfrac{1}{2}(1-z)^2$. 利用"先重后单"方法

$$\int_0^1 \mathrm{d}x\int_0^x \mathrm{d}y\int_0^{x-y} f(z)\mathrm{d}z=\iiint\limits_{\Omega} f(z)\mathrm{d}V=\int_0^1 \mathrm{d}z\iint\limits_{D_z} f(z)\mathrm{d}x\,\mathrm{d}y$$

$$=\int_0^1 f(z)\mathrm{d}z\iint\limits_{D_z}\mathrm{d}x\,\mathrm{d}y=\frac{1}{2}\int_0^1 (1-z)^2 f(z)\mathrm{d}z.$$

说明：本例也可以采用例 12 - 24(2)解二的方法，将三次积分中相邻的二次积分看作二重积分化来，通过改变积分次序来证明，其优点是不需要画出积分区域 Ω 的图形，缺点是计算步骤较多.

例 12 - 65 已知 $f(t)$ 在 $[0,\ 1]$ 上连续，证明：

$$\int_0^1 \mathrm{d}x\int_0^x \mathrm{d}y\int_0^y f(x)f(y)f(z)\mathrm{d}z=\frac{1}{3!}\left[\int_0^1 f(t)\mathrm{d}t\right]^3.$$

分析：由被积函数的形式以及 $f(t)$ 未知，本例无论怎样改变三次积分的积分次序都无法化去两个定积分.然而注意到 $f(t)$ 连续，且被积函数是分离变量的函数，可尝试构造 $f(t)$ 的原函数来计算等式左边的三次积分.

解：由 $f(t)$ 在 $[0,\ 1]$ 上连续知，$F(t)=\int_0^t f(u)\mathrm{d}u$ 是 $f(t)$ 在 $[0,\ 1]$ 上的一个原函数，于是

$$\int_0^1 \mathrm{d}x\int_0^x \mathrm{d}y\int_0^y f(x)f(y)f(z)\mathrm{d}z=\int_0^1 \mathrm{d}x\int_0^x f(x)f(y)F(z)\Big|_0^y \mathrm{d}y=\int_0^1 \mathrm{d}x\int_0^x f(x)f(y)F(y)\mathrm{d}y$$

$$=\int_0^1 \mathrm{d}x\int_0^x f(x)F(y)\mathrm{d}(F(y))=\int_0^1 f(x)\ \frac{1}{2}F^2(y)\Big|_0^x \mathrm{d}x$$

$$=\frac{1}{2}\int_0^1 f(x)F^2(x)\mathrm{d}x=\frac{1}{2}\int_0^1 F^2(x)\mathrm{d}(F(x))$$

$$=\frac{1}{3!}F^3(x)\Big|_0^1=\frac{1}{3!}F^3(1)=\frac{1}{3!}\left[\int_0^1 f(t)\mathrm{d}t\right]^3.$$

▶▶▶方法小结

有关多元函数积分等式的证明是一类题型丰富、方法众多的问题.这里主要介绍了运用多元函数积分性质、多元函数积分中值定理、多元函数积分计算等方法处理的问题.这些方法主要应用于以下几种类型的问题：

(1) 求解含有多元函数积分但不含有某一 ξ 处函数值的函数方程问题(例 12 - 57，例 12 - 58).这类问题可根据方程中所出现的积分情况分为两种方法处理：

① 若函数方程中出现的多元函数积分是定值(例 12 - 57)，则可直接令积分的值为 a 或 b，通过计算多元函数积分，解方程确定 a 或 b 的值，从而求出所求函数.

② 若函数方程中出现的多元函数积分是与某一变量 t 有关的积分函数(例 12 - 58)，此时应考虑

将多元函数积分化为定积分，这一定积分与 t 有关，当它是变限积分函数时，可对函数方程求导，去掉积分号后将问题转化为微分方程(例 12-58)或代数方程处理.

(2) 求解含有多元函数积分的极限问题(例 12-59，例 12-60，例 12-61).

这类问题求解的主要思路是去积分号，其主要方法如下：

① 利用多元函数积分中值定理(例 12-59，例 12-60).

② 化多元函数积分为变限定积分，利用洛必达法则(例 12-61).化多元函数积分为变限定积分通常采用交换积分次序，利用极坐标、柱面坐标、球面坐标等方法.

(3) 含有多元函数积分的积分等式证明问题(例 12-62，例 12-63，例 12-64，例 12-65).

这类问题求解的主要思路是化掉某些积分号，其主要方法如下：

① 利用微分学的方法，例如利用介值定理等(例 12-62).

② 利用积分学的方法，例如利用积分中值定理、改变积分次序(例 12-63，例 12-64)、直接计算积分等方法(例 12-65).

12.2.5.2　有关多元函数积分的积分不等式证明

▶▶▶基本方法

运用多元函数积分的不等式性质、积分中值定理、多元函数积分计算等方法.

多元函数积分的不等式性质如下：

(1) 多元函数积分对被积函数的保序性

设多元函数 $f(P)$，$g(P)$ 在积分区域 Ω 上可积，且成立 $f(P)\leqslant g(P)$，则有

$$\int_{\Omega} f(P)\mathrm{d}\Omega \leqslant \int_{\Omega} g(P)\mathrm{d}\Omega \tag{12-59}$$

(2) 多元函数积分的估值定理

设多元函数 $f(P)$ 在积分区域 Ω 上可积，且满足 $m\leqslant f(P)\leqslant M$，则有

$$m\,|\,\Omega\,|\leqslant \int_{\Omega} f(P)\mathrm{d}\Omega \leqslant M\,|\,\Omega\,| \tag{12-60}$$

(3) 多元函数积分的柯西—施瓦茨不等式

设多元函数 $f(P)$，$g(P)$ 在积分区域 Ω 上可积，则有

$$\left[\int_{\Omega} f(P)g(P)\mathrm{d}\Omega\right]^2 \leqslant \int_{\Omega} f^2(P)\mathrm{d}\Omega\cdot\int_{\Omega} g^2(P)\mathrm{d}\Omega \tag{12-61}$$

(4) 关于多元函数积分绝对值的不等式

设多元函数 $f(P)$ 在积分区域 Ω 上可积，则有

$$\left|\int_{\Omega} f(P)\mathrm{d}\Omega\right| \leqslant \int_{\Omega} |\,f(P)\,|\,\mathrm{d}\Omega \tag{12-62}$$

▶▶▶方法运用注意点

(1) 对于保序性式(12-59)，如果 $f(P)$，$g(P)$ 在积分区域 Ω 上连续，且至少存在一点 $P_0\in\Omega$

使 $f(P_0) < g(P_0)$，则不等式(12-59)成立严格不等号，即

$$\int_{\Omega} f(P)\mathrm{d}\Omega < \int_{\Omega} g(P)\mathrm{d}\Omega$$

(2) 当函数 $f(P)$ 在积分区域 Ω 上连续时，估值公式(12-60)中的 m，M 可取为 $f(P)$ 在 Ω 上的最小值和最大值.

▶▶▶典型例题解析

例 12-66 比较下列积分值的大小：

(1) $\iiint_{\Omega}\ln(1+x+y+z)\mathrm{d}V$ 与 $\iiint_{\Omega}\ln^2(1+x+y+z)\mathrm{d}V$，其中 Ω 是由三个坐标面与平面 $x+y+z=1$ 所围成的区域；

(2) $\iint_{D}\mathrm{e}^{x^2+y^2}\mathrm{d}\sigma$ 与 $\iint_{D}(1+x^2+y^2)\mathrm{d}\sigma$，其中 D 是任一有界闭区域.

分析： 对于(1)，可考虑被积函数的差 $\ln^2(1+x+y+z)-\ln(1+x+y+z)$ 在 Ω 上的符号来确定大小关系.对于(2)，根据被积函数的形式应考虑 e^t 与 $1+t$ 之间的大小关系.

解： (1) 在积分区域 Ω：$x\geqslant 0$，$y\geqslant 0$，$z\geqslant 0$，$x+y+z\leqslant 1$ 上，$1\leqslant 1+x+y+z\leqslant 2$，可知 $0\leqslant \ln(1+x+y+z)\leqslant \ln 2<1$，从而

$$\ln^2(1+x+y+z)-\ln(1+x+y+z)=\ln(1+x+y+z)[\ln(1+x+y+z)-1]\leqslant 0,$$

即
$$\ln^2(1+x+y+z)\leqslant \ln(1+x+y+z),\ (x,\ y,\ z)\in\Omega,$$

利用保序性式(12-59)，两积分的大小为

$$\iiint_{\Omega}\ln^2(1+x+y+z)\mathrm{d}V<\iiint_{\Omega}\ln(1+x+y+z)\mathrm{d}V.$$

(2) 因为 $\mathrm{e}^t\geqslant 1+t$，且等号仅在 $t=0$ 时成立，所以当 $(x,\ y)\neq(0,\ 0)$ 时，有

$$\mathrm{e}^{x^2+y^2}\geqslant 1+x^2+y^2,$$

利用保序性式(12-59)，两积分间的大小为

$$\iint_{D}\mathrm{e}^{x^2+y^2}\mathrm{d}\sigma>\iint_{D}(1+x^2+y^2)\mathrm{d}\sigma.$$

例 12-67 利用积分的性质，估计下列积分的值：

(1) $\iint_{\Sigma}\dfrac{1}{x^2+y^2+z^2}\mathrm{d}S$，其中 Σ 为柱面 $x^2+y^2=1$ 被平面 $z=0$，$z=1$ 所截下的部分；

(2) $\int_{L}(x+y)\mathrm{d}s$，其中 L 为圆周 $x^2+y^2=1$ 位于第一象限的部分.

分析： 计算被积函数在积分区域上的最小值 m 和最大值 M，利用估值定理求解.

解： (1) 由于被积函数 $f(x,\ y,\ z)=\dfrac{1}{x^2+y^2+z^2}$ 在积分曲面上取值，于是 $f(x,\ y,\ z)=\dfrac{1}{1+z^2}$，

从而在 Σ 上,有 $\frac{1}{2} \leqslant f(x, y, z) \leqslant 1$. 利用估值定理(12-60),有

$$\frac{1}{2}|\Sigma| \leqslant \iint_{\Sigma} \frac{1}{x^2+y^2+z^2} \mathrm{d}S \leqslant |\Sigma|,$$

又 $|\Sigma|=2\pi$, 所以
$$\pi \leqslant \iint_{\Sigma} \frac{1}{x^2+y^2+z^2} \mathrm{d}S \leqslant 2\pi.$$

(2) 先计算函数 $f(x, y)=x+y$ 在 $L: x^2+y^2=1, x \geqslant 0, y \geqslant 0$ 上的最值.若将 L 表示为参数方程,则 $L: x=\cos t, y=\sin t, 0 \leqslant t \leqslant \frac{\pi}{2}$. $f(x, y)$ 在 L 上的表达式为

$$g(t)=f(\cos t, \sin t)=\cos t+\sin t,$$

其在 $\left[0, \frac{\pi}{2}\right]$ 上的可能的最值点 $t_1=0, t_2=\frac{\pi}{4}, t_3=\frac{\pi}{2}$, 求得最小值 $m=g(0)=g(1)=1$, 最大值 $M=g\left(\frac{\pi}{4}\right)=\sqrt{2}$. 利用估值定理式(12-60),得

$$\frac{\pi}{2}=|L| \leqslant \int_L (x+y) \mathrm{d}s \leqslant \sqrt{2}|L|=\frac{\sqrt{2}}{2}\pi.$$

例 12-68　试利用不等式 $1-\frac{1}{2}t^2 \leqslant \cos t \leqslant 1, |t| \leqslant \frac{\pi}{2}$, 证明:

$$\frac{49}{50} \leqslant \iint_D \cos(xy)^2 \mathrm{d}\sigma \leqslant 1, \text{其中 } D: 0 \leqslant x \leqslant 1, 0 \leqslant y \leqslant 1.$$

分析: 应根据所给的不等式对被积函数建立一个不等式,运用保序性证明.

解: 由已知的不等式得

$$1-\frac{1}{2}(xy)^4 \leqslant \cos(xy)^2 \leqslant 1, (x, y) \in D.$$

利用保序性式(12-59),有

$$\iint_D \left(1-\frac{1}{2}x^4y^4\right) \mathrm{d}\sigma \leqslant \iint_D \cos(xy)^2 \mathrm{d}\sigma \leqslant \iint_D \mathrm{d}\sigma=1.$$

因为
$$\iint_D \left(1-\frac{1}{2}x^4y^4\right) \mathrm{d}\sigma=1-\frac{1}{2}\iint_D x^4y^4 \mathrm{d}\sigma=1-\frac{1}{2}\int_0^1 \mathrm{d}x \int_0^1 x^4y^4 \mathrm{d}y=\frac{49}{50},$$

所以有
$$\frac{49}{50} \leqslant \iint_D \cos(xy)^2 \mathrm{d}\sigma \leqslant 1.$$

说明: 上例说明,对积分进行估值或证明它大于或小于某数,直接采用被积函数的最值来进行估值有时往往显得粗糙,对有些问题有时需要通过对被积函数建立更细致的不等式来得到更精确的估

计值.

例 12 - 69 试用二重积分性质证明不等式

$$1\leqslant\iint\limits_{D}(\sin x^{2}+\cos y^{2})\mathrm{d}\sigma\leqslant\sqrt{2}，其中 D：0\leqslant x\leqslant 1，0\leqslant y\leqslant 1.$$

分析：可以计算被积函数 $f(x，y)=\sin x^{2}+\cos y^{2}$ 在点 $(0，1)$ 处取得最小值 $m=\cos 1<1$，在点 $(1，0)$ 处取得最大值 $M=\sin 1+1>\sqrt{2}$，所以直接利用估值定理式(12 - 60)无法证得结果.此时考虑对二重积分进行分项或分区域分解是一种处理方法.

解：运用积分的线性运算性质，得

$$\iint\limits_{D}(\sin x^{2}+\cos y^{2})\mathrm{d}\sigma=\iint\limits_{D}\sin x^{2}\mathrm{d}\sigma+\iint\limits_{D}\cos y^{2}\mathrm{d}\sigma，$$

注意到积分区域 D 关于分角线 $y=x$ 对称，利用积分值与积分变量名称的无关性，得

$$\iint\limits_{D}\cos y^{2}\mathrm{d}\sigma\xlongequal{x 与 y 互换}\iint\limits_{D}\cos x^{2}\mathrm{d}\sigma，$$

于是 $$\iint\limits_{D}(\sin x^{2}+\cos y^{2})\mathrm{d}\sigma=\iint\limits_{D}(\sin x^{2}+\cos x^{2})\mathrm{d}\sigma=\sqrt{2}\iint\limits_{D}\sin\left(x^{2}+\frac{\pi}{4}\right)\mathrm{d}\sigma.$$

由于当 $0\leqslant x\leqslant 1$ 时，$\dfrac{\sqrt{2}}{2}\leqslant\sin\left(x^{2}+\dfrac{\pi}{4}\right)\leqslant 1$，运用估值定理式(12 - 60)，得

$$\frac{\sqrt{2}}{2}\leqslant\iint\limits_{D}\sin\left(x^{2}+\frac{\pi}{4}\right)\mathrm{d}\sigma\leqslant 1$$

从而证得 $$1\leqslant\iint\limits_{D}(\sin x^{2}+\cos y^{2})\mathrm{d}\sigma\leqslant\sqrt{2}.$$

例 12 - 70 证明：$\oiint\limits_{\Sigma}(x+y+z+\sqrt{3}a)^{3}\mathrm{d}S\geqslant 108\pi a^{5}$，其中 Σ 为球面 $(x-a)^{2}+(y-a)^{2}+(z-a)^{2}=a^{2}$，$a>0$.

分析：曲面积分的被积函数在曲面上取值.从被积函数 $f(x，y，z)=(x+y+z+\sqrt{3}a)^{3}$ 以及 Σ 的方程可见，本例无法对积分进行化简.注意到不等式右边可写成 $108\pi a^{5}=27a^{3}\cdot 4\pi a^{2}=27a^{3}\,|\,\Sigma\,|$，为此可尝试计算 $f(x，y，z)$ 在 Σ 上的最小值，运用积分的保序性证明.

解：首先计算 $f(x，y，z)=(x+y+z+\sqrt{3}a)^{3}$ 在球面 $(x-a)^{2}+(y-a)^{2}+(z-a)^{2}=a^{2}$ 上的最小值.构造拉格朗日函数

$$L(x，y，z)=(x+y+z+\sqrt{3}a)^{3}-\lambda[(x-a)^{2}+(y-a)^{2}+(z-a)^{2}-a^{2}]，$$

解方程组 $$\begin{cases}L_{x}=3(x+y+z+\sqrt{3}a)^{2}-2\lambda(x-a)=0\\L_{y}=3(x+y+z+\sqrt{3}a)^{2}-2\lambda(y-a)=0\\L_{z}=3(x+y+z+\sqrt{3}a)^{2}-2\lambda(z-a)=0\\L_{\lambda}=(x-a)^{2}+(y-a)^{2}+(z-a)^{2}-a^{2}=0\end{cases}$$

得 $f(x, y, z)$ 在 Σ 上的可能的最小值点

$$P_1=\left(\left(1+\frac{1}{\sqrt{3}}\right)a,\ \left(1+\frac{1}{\sqrt{3}}\right)a,\ \left(1+\frac{1}{\sqrt{3}}\right)a\right),$$

$$P_2=\left(\left(1-\frac{1}{\sqrt{3}}\right)a,\ \left(1-\frac{1}{\sqrt{3}}\right)a,\ \left(1-\frac{1}{\sqrt{3}}\right)a\right),$$

由 $f(P_1)=(3+2\sqrt{3})^3a^3$，$f(P_2)=27a^3$，$f(P_1)>f(P_2)$ 知，$f(x, y, z)$ 在 P_2 处取得最小值 $m=f(P_2)=27a^3$，从而有

$$(x+y+z+\sqrt{3}a)^3\geqslant 27a^3,\quad (x, y, z)\in\Sigma$$

运用积分的保序性，两边积分得

$$\oiint_{\Sigma}(x+y+z+\sqrt{3}a)^3\mathrm{d}S\geqslant 27a^3\oiint_{\Sigma}\mathrm{d}S=27a^3\cdot 4\pi a^2=108\pi a^5.$$

例 12－71　试用二重积分证明下列不等式

(1) 设 $f(x)$ 是 $[a, b]$ 上恒取正值得连续函数，则

$$\int_a^b f(x)\mathrm{d}x\int_a^b\frac{1}{f(x)}\mathrm{d}x\geqslant(b-a)^2.$$

(2) 设 $f(x)$ 是 $[0, 1]$ 上单调减少且恒取正值的连续函数，则

$$\frac{\int_0^1 xf^2(x)\mathrm{d}x}{\int_0^1 xf(x)\mathrm{d}x}\leqslant\frac{\int_0^1 f^2(x)\mathrm{d}x}{\int_0^1 f(x)\mathrm{d}x}.$$

分析：本例所证的不等式为定积分的不等式，现用二重积分证明，故首先需要将所证的不等式转化为二重积分的不等式，这可从二次积分入手.

解：(1) 利用定积分值与积分变量的名称无关性质，有

$$I=\int_a^b f(x)\mathrm{d}x\int_a^b\frac{1}{f(x)}\mathrm{d}x=\int_a^b f(x)\mathrm{d}x\int_a^b\frac{1}{f(y)}\mathrm{d}y=\int_a^b\mathrm{d}x\int_a^b\frac{f(x)}{f(y)}\mathrm{d}y=\iint_D\frac{f(x)}{f(y)}\mathrm{d}\sigma,$$

其中 D：$a\leqslant x\leqslant b$，$a\leqslant y\leqslant b$. 于是所证不等式即证，

$$I=\iint_D\frac{f(x)}{f(y)}\mathrm{d}\sigma\geqslant(b-a)^2=\iint_D\mathrm{d}\sigma,$$

又 I 也可表示为

$$I=\int_a^b f(y)\mathrm{d}y\int_a^b\frac{1}{f(x)}\mathrm{d}x=\int_a^b\mathrm{d}y\int_a^b\frac{f(y)}{f(x)}\mathrm{d}x=\iint_D\frac{f(y)}{f(x)}\mathrm{d}\sigma,$$

于是有　$$2I=\iint_D\left(\frac{f(x)}{f(y)}+\frac{f(y)}{f(x)}\right)\mathrm{d}\sigma=\iint_D\frac{f^2(x)+f^2(y)}{f(y)f(x)}\mathrm{d}\sigma\geqslant\iint_D 2\mathrm{d}\sigma=2(b-a)^2,$$

所以成立 $$I=\int_a^b f(x)\mathrm{d}x\int_a^b \frac{1}{f(x)}\mathrm{d}x \geqslant (b-a)^2.$$

(2) 由 $f(x)$ 在 $[0,1]$ 上恒正知，$\int_0^1 f(x)\mathrm{d}x>0$，$\int_0^1 xf(x)\mathrm{d}x>0$，所以所证不等式等价于

$$\int_0^1 f(x)\mathrm{d}x\int_0^1 xf^2(x)\mathrm{d}x \leqslant \int_0^1 xf(x)\mathrm{d}x\int_0^1 f^2(x)\mathrm{d}x,$$

上式不等式的左边可写成

$$\begin{aligned}\int_0^1 f(x)\mathrm{d}x\int_0^1 xf^2(x)\mathrm{d}x &= \int_0^1 f(y)\mathrm{d}y\int_0^1 xf^2(x)\mathrm{d}x = \int_0^1 \mathrm{d}y\int_0^1 xf(y)f^2(x)\mathrm{d}x \\ &= \iint_D xf(y)f^2(x)\mathrm{d}\sigma,\end{aligned}$$

其中 D：$0\leqslant x\leqslant 1$，$0\leqslant y\leqslant 1$. 不等式的右边可写成

$$\int_0^1 xf(x)\mathrm{d}x\int_0^1 f^2(x)\mathrm{d}x = \int_0^1 yf(y)\mathrm{d}y\int_0^1 f^2(x)\mathrm{d}x = \iint_D yf(y)f^2(x)\mathrm{d}\sigma,$$

于是所证不等式即证

$$\iint_D xf(y)f^2(x)\mathrm{d}\sigma \leqslant \iint_D yf(y)f^2(x)\mathrm{d}\sigma,$$

也就是证明 $$\iint_D f^2(x)f(y)(y-x)\mathrm{d}\sigma \geqslant 0.$$

现由于无法证明 $f^2(x)f(y)(y-x)$ 在 D 上的非负性，故需重新表示上面不等式左边的积分. 注意到 D 关于分角线 $y=x$ 对称，利用二重积分值与积分变量名称的无关性，有

$$\iint_D f^2(x)f(y)(y-x)\mathrm{d}\sigma \xlongequal{x\text{ 与 }y\text{ 互换}} \iint_D f^2(y)f(x)(x-y)\mathrm{d}\sigma,$$

所以 $$\begin{aligned}\iint_D f^2(x)f(y)(y-x)\mathrm{d}\sigma &= \frac{1}{2}\left[\iint_D f^2(x)f(y)(y-x)\mathrm{d}\sigma + \iint_D f^2(y)f(x)(x-y)\mathrm{d}\sigma\right] \\ &= \frac{1}{2}\iint_D f(x)f(y)(f(x)-f(y))(y-x)\mathrm{d}\sigma\end{aligned}$$

又 $f(x)$ 在 $[0,1]$ 上单调减，则对任意的 x，$y\in[0,1]$，有

$$(f(x)-f(y))(y-x)\geqslant 0.$$

再根据 $f(x)$ 在 $[0,1]$ 上的恒正性，得

$$\iint_D f^2(x)f(y)(y-x)\mathrm{d}\sigma = \frac{1}{2}\iint_D f(x)f(y)(f(x)-f(y))(y-x)\mathrm{d}\sigma \geqslant 0,$$

所以所证不等式成立.

▶▶▶方法小结

(1) 多元函数积分的保序性式(12-59)是积分不等式证明问题中常用而且是最主要的方法. 方法

运用的关键步骤是在两个积分的被积函数之间或被积函数与某常数之间建立一个不等式关系，常用的方法有：

① 直接考虑两积分被积函数的差在积分区域上是否保持统一的符号[例12-66(1)]；

② 对被积函数直接放大或缩小，或者运用已知的不等式进行放大或缩小[例12-66(2)]；

③ 利用被积函数的性质及其所具有的不等式关系[例12-71(2)，例12-68]；

④ 利用被积函数在积分区域上的最值(例12-70).

(2) 多元函数积分值的估计也是积分不等式问题中的常见问题，其主要方法是对被积函数建立一个两头夹的界限，运用估值定理或保序性定理.常用的方法有：

① 计算被积函数在积分区域上的最小值 m 和最大值 M，从而确定被积函数的下界 m 和上界 M (例12-67).有些问题也可直接对被积函数进行放大或缩小来获得它在积分区域上的上、下界.

② 通过借助已知的不等式来建立被积函数在积分区域上的上、下界，此时的上、下界通常为常数(例12-68).这一方法常运用于估值比较精确，且估值定理无法使用的问题.

③ 通过对积分进行分项分解或者对积分区域进行分域分解，结合积分的性质，确定夹住被积函数的上、下界(例12-69).这一方法通常也运用于估值比较精确，且估值定理无法直接使用的问题.

12.2.6 多元函数积分的应用

多元函数积分的应用主要围绕以下两个问题：

(1) 多元函数积分在几何上的应用；

(2) 多元函数积分在物理中的应用.

12.2.6.1 平面图形面积、空间立体体积的计算

1) 平面图形的面积 设 D 为平面区域，则 D 的面积

$$S=\iint_D \mathrm{d}\sigma \tag{12-63}$$

2) 空间立体的体积 设 Ω 为空间区域，则其体积

$$V=\iiint_D \mathrm{d}V \tag{12-64}$$

特别的，若 Ω: $z_1(x, y)\leqslant z\leqslant z_2(x, y)$, $(x, y)\in D_{xy}$，则有

$$V=\iint_{D_{xy}}[z_2(x, y)-z_1(x, y)]\mathrm{d}\sigma \tag{12-65}$$

▶▶▶方法运用注意点

(1) 面积公式(12-63)中的二重积分可在直角坐标系中计算，也可在极坐标系中计算，需根据区域 D 的图形而定.

(2) 体积公式(12－64)与式(12－65)的选取也需要根据 Ω 的图形情况而定，式(12－65)是式(12－64)的特殊情形.当 Ω 用柱面坐标或球面坐标表达比较简单时，应该用式(12－64)计算.

▶▶▶典型例题解析

例 12－72 利用二重积分求下列立体 Ω 的体积：

(1) $\Omega=\{(x, y, z) \mid x^2+y^2\leqslant z\leqslant 1+\sqrt{1-x^2-y^2}\}$；

(2) Ω 由两半径为 R，中心轴相互正交的圆柱面围成.

分析： 运用式(12－65)计算，对于(2)应注意运用对称性简化计算.

解： (1) Ω 的图形如图 12－62(a)所示.运用式(12－65)，Ω 的体积

$$V=\iint_{D_{xy}}[1+\sqrt{1-x^2-y^2}-(x^2+y^2)]\mathrm{d}\sigma=\int_0^{2\pi}\mathrm{d}\theta\int_0^1(1+\sqrt{1-\rho^2}-\rho^2)\rho\,\mathrm{d}\rho$$

$$=2\pi\int_0^1(\rho+\rho\sqrt{1-\rho^2}-\rho^3)\mathrm{d}\rho=\frac{7}{6}\pi.$$

(2) 不妨设两中心轴相互正交的圆柱面分别为 $\Sigma_1: x^2+y^2=R^2$，$\Sigma_2: x^2+z^2=R^2$，可见 Σ_1，Σ_2 所界立体关于三个坐标平面对称，其第一卦限部分 Ω_1 的图形如图 12－62(b)所示. Ω_1 在平面 xOy 上的投影区域 $D_{xy}: x^2+y^2\leqslant R^2,\ x\geqslant 0,\ y\geqslant 0$，运用式(12－65)，$\Omega$ 的体积

$$V=8\iint_{D_{xy}}\sqrt{R^2-x^2}\,\mathrm{d}\sigma=8\int_0^R\mathrm{d}x\int_0^{\sqrt{R^2-x^2}}\sqrt{R^2-x^2}\,\mathrm{d}y=8\int_0^R(R^2-x^2)\mathrm{d}x=\frac{16}{3}R^3.$$

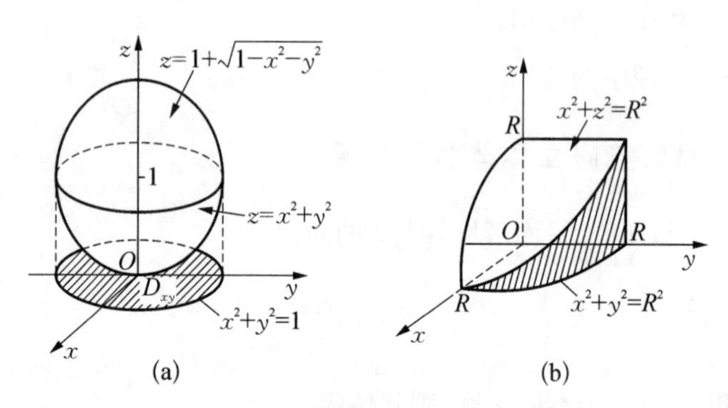

图 12－62

例 12－73 利用三重积分计算下列立体 Ω 的体积：

(1) $\Omega=\{(x, y, z) \mid 4\leqslant x^2+y^2+z^2\leqslant 9,\ z^2\leqslant x^2+y^2\}$；

(2) Ω 由曲面 $(x^2+y^2+z^2)^2=R^2(x^2+y^2)$ $(R>0)$ 围成.

分析： 题(1)的 Ω 在平面 yOz 上的剖面图如图 12－63 阴影部分所示，可见运用球面坐标计算三重积分方便.对于题(2)，由于 Ω 的边界面以隐函数方程给出，从方程形式可见把它化为球面坐标表示更简单，故也应在球面坐标下计算三重积分.

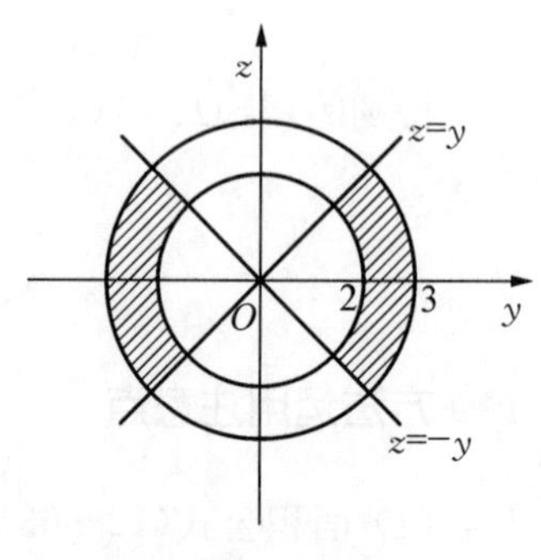

图 12－63

解： (1) 由于立体 Ω 关于三个坐标面对称，若记第一卦限部分为 Ω_1，则有

$$V=8\iiint\limits_{\Omega_1}\mathrm{d}V=8\int_0^{\frac{\pi}{2}}\mathrm{d}\theta\int_{\frac{\pi}{4}}^{\frac{\pi}{2}}\mathrm{d}\varphi\int_2^3 r^2\sin\varphi\,\mathrm{d}r=8\int_0^{\frac{\pi}{2}}\mathrm{d}\theta\cdot\int_{\frac{\pi}{4}}^{\frac{\pi}{2}}\sin\varphi\,\mathrm{d}\varphi\cdot\int_2^3 r^2\mathrm{d}r=\frac{38}{3}\sqrt{2}\pi.$$

(2) 由 Ω 的边界面 $(x^2+y^2+z^2)^2=R^2(x^2+y^2)$ 关于三个坐标面对称，若记 Ω 在第一卦限部分为 Ω_1，利用对称性性质，其体积

$$V=8\iiint\limits_{\Omega_1}\mathrm{d}V.$$

又曲面 $(x^2+y^2+z^2)^2=R^2(x^2+y^2)$ 在球面坐标下可表示为

$$r=R\sin\varphi,\ 0\leqslant\theta\leqslant 2\pi,\ 0\leqslant\varphi\leqslant\pi.$$

所以

$$V=8\int_0^{\frac{\pi}{2}}\mathrm{d}\theta\int_0^{\frac{\pi}{2}}\mathrm{d}\varphi\int_0^{R\sin\varphi}r^2\sin\varphi\,\mathrm{d}r=\frac{8}{3}R^3\int_0^{\frac{\pi}{2}}\mathrm{d}\theta\cdot\int_0^{\frac{\pi}{2}}\sin^4\varphi\,\mathrm{d}\varphi$$
$$=\frac{8}{3}R^3\cdot\frac{\pi}{2}\cdot\frac{3}{4}\cdot\frac{1}{2}\cdot\frac{\pi}{2}=\frac{1}{4}\pi^2R^3.$$

例 12-74　试求由曲面 $(x^2+y^2+z^2)^4=a^3z^5\ (a>0)$ 所围成立体 Ω 的体积.

分析： 从 Ω 的边界面方程的形式分析，应先利用球面坐标简化它，所以本例应利用球面坐标计算.

解： 由于曲面 $(x^2+y^2+z^2)^4=a^3z^5$ 分别关于平面 xOz，yOz 对称，若记 Ω 在第一卦限部分为 Ω_1，利用对称性性质，其体积

$$V=4\iiint\limits_{\Omega_1}\mathrm{d}V.$$

又曲面 $(x^2+y^2+z^2)^4=a^3z^5$ 在球面坐标下可表示为

$$r=a\cos^{\frac{5}{3}}\varphi,\ 0\leqslant\theta\leqslant 2\pi,\ 0\leqslant\varphi\leqslant\frac{\pi}{2},$$

所以

$$V=4\int_0^{\frac{\pi}{2}}\mathrm{d}\theta\int_0^{\frac{\pi}{2}}\mathrm{d}\varphi\int_0^{a\cos^{\frac{5}{3}}\varphi}r^2\sin\varphi\,\mathrm{d}r=\frac{4}{3}a^3\int_0^{\frac{\pi}{2}}\mathrm{d}\theta\int_0^{\frac{\pi}{2}}\cos^5\varphi\sin\varphi\,\mathrm{d}\varphi$$
$$=\frac{4}{3}a^3\cdot\frac{\pi}{2}\left(-\frac{1}{6}\cos^6\varphi\right)\Big|_0^{\frac{\pi}{2}}=\frac{1}{9}\pi a^3.$$

▶▶▶方法小结

平面图形面积和空间立体体积的计算完全归结为面积公式[式(12-63)]和体积公式[式(12-64)、式(12-65)]的运用，运用的关键在于二重积分与三重积分的计算.在计算这些重积分时，首先要根据图形的情况选择合适的坐标系，同时还要注意利用图形的对称性，因为对称性性质可以简化问题，帮助计算.

12.2.6.2　空间曲面面积的计算

(1) 设光滑曲面 Σ：$z=z(x,y)$，$(x,y)\in D_{xy}$，则曲面 Σ 的面积

$$S=\iint\limits_{D_{xy}}\sqrt{1+(z_x')^2+(z_y')^2}\,\mathrm{d}x\,\mathrm{d}y \tag{12-66}$$

(2) 设光滑曲面 Σ: $y=y(x, z)$, $(x, z)\in D_{xz}$，则曲面 Σ 的面积

$$S=\iint_{D_{xz}}\sqrt{1+(y_x')^2+(y_z')^2}\,\mathrm{d}x\,\mathrm{d}z \tag{12-67}$$

(3) 设光滑曲面 Σ: $x=x(y, z)$, $(y, z)\in D_{yz}$，则曲面 Σ 的面积

$$S=\iint_{D_{yz}}\sqrt{1+(x_y')^2+(x_z')^2}\,\mathrm{d}y\,\mathrm{d}z \tag{12-68}$$

(4) 设 Σ 为柱面 $\varphi(x, y)=0$ 上介于准线 L_1: $\begin{cases}z=f(x, y)\\ \varphi(x, y)=0\end{cases}$ 与准线 L_2: $\begin{cases}z=g(x, y)\\ \varphi(x, y)=0\end{cases}$ $(g(x, y)\leqslant f(x, y))$ 之间的曲面，如图 12-64 所示，则柱面 Σ 的面积

$$S=\int_L[f(x, y)-g(x, y)]\mathrm{d}s \tag{12-69}$$

其中积分路径 L: $\begin{cases}\varphi(x, y)=0\\ z=0\end{cases}$，如图 12-64 所示.

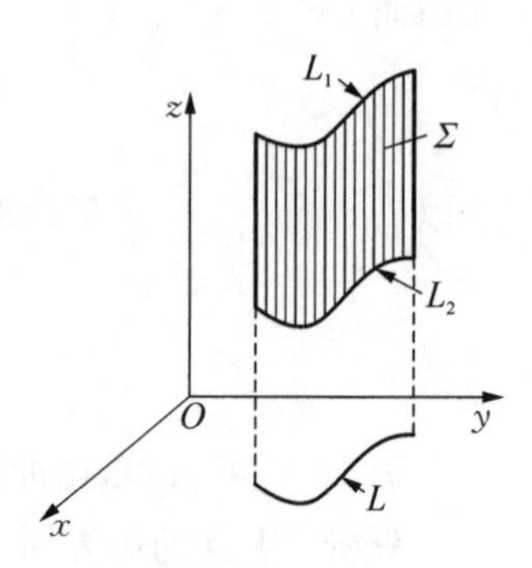

图 12-64

▶▶▶方法运用注意点

(1) 在具体计算时，面积公式[式(12-66)、式(12-67)、式(12-68)]的选取需根据曲面 Σ 在各个坐标面上的投影区域以及曲面 Σ 的方程情况而定.

(2) 面积公式(12-69)仅限于计算以坐标面上的曲线为准线，母线平行于坐标轴的柱面面积(图 12-64).

(3) 以上面积公式都是根据多元函数积分的微元法建立的，所以微元法是这里的基本方法，对有些问题还需要运用微元法来建立其他的计算公式.

(4) 面积公式[式(12-66)、式(12-67)、式(12-68)]都可以统一表达为第一型曲面积分 $S=\iint_{\Sigma}\mathrm{d}S$.

▶▶▶典型例题解析

例 12-75 设 $\Omega=\{(x, y, z)\mid x^2+z^2\leqslant R^2, y^2+z^2\leqslant R^2\}$，计算 Ω 的表面积.

分析：从 Ω 的边界面方程 $x^2+z^2=R^2$, $y^2+z^2=R^2$ 可见，Ω 关于三个坐标面对称，于是只需计算 Ω 在第一卦限部分的面积再乘以 8 即可，如图 12-65 所示.

解一：Ω 在第一卦限部分的边界曲面由 Σ_1: $y^2+z^2=R^2$ 和 Σ_2: $x^2+z^2=R^2$ 组成.若记 Σ_1, Σ_2 的面积为 S_1, S_2，利用对称性性质，Ω 的表面积

$$S=8(S_1+S_2)=8\left(\iint_{\Sigma_1}\mathrm{d}S+\iint_{\Sigma_2}\mathrm{d}S\right)$$

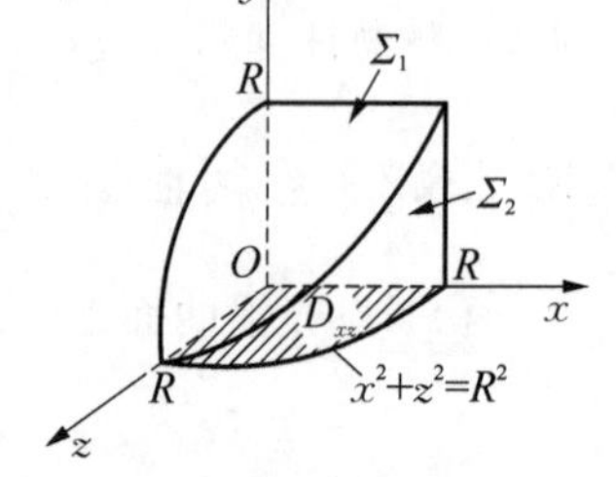

图 12-65

又根据积分值与积分变量名称无关

$$\iint_{\Sigma_1} \mathrm{d}S \xlongequal{x\text{ 与 }y\text{ 互换}} \iint_{\Sigma_2} \mathrm{d}S\text{，即 } S_1 = S_2.$$

所以利用式(12－67)，有

$$S = 16S_1 = 16\iint_{D_{xz}} \sqrt{1+(y_x')^2+(y_z')^2}\,\mathrm{d}x\,\mathrm{d}z = 16\iint_{D_{xz}} \frac{R}{\sqrt{R^2-z^2}}\mathrm{d}x\,\mathrm{d}z$$

$$= 16\int_0^R \mathrm{d}z \int_0^{\sqrt{R^2-z^2}} \frac{R}{\sqrt{R^2-z^2}}\mathrm{d}x = 16R^2.$$

解二： 利用对称性以及式(12－69)，Ω 的表面积

$$S = 16S_2 = 16\int_L \sqrt{R^2-z^2}\,\mathrm{d}s \quad (\text{其中 } L: x^2+z^2=R^2,\ x\geqslant 0,\ z\geqslant 0)$$

$$= 16\int_0^{\frac{\pi}{2}} \sqrt{R^2-(R\sin t)^2}\cdot\sqrt{(-R\sin t)^2+(R\cos t)^2}\,\mathrm{d}t = 16R^2\int_0^{\frac{\pi}{2}}\cos t\,\mathrm{d}t = 16R^2.$$

例 12－76　一个体积为 V，表面积为 S 的雪堆，其融化的速率是 $\frac{\mathrm{d}V}{\mathrm{d}t}=-kS$，其中 k 为正常数.假设在融雪期间雪堆的外形始终保持为 $z=h-\frac{x^2+y^2}{h}$，$z\geqslant 0$，其中 $h=h(t)$. 试问按此速度，一个高为 h_0 的雪堆经过多少时间方能融尽?

分析： 若设雪堆融尽所需的时间为 t_0，则 $h(t_0)=0$，为此需计算 $h=h(t)$ 的表达式.这可计算 V，S，通过方程 $\frac{\mathrm{d}V}{\mathrm{d}t}=-kS$ 建立关系.

解： 设时刻 t 雪堆形状为 Ω，则 Ω 在平面 xOy 上的投影区域 D_{xy}：$x^2+y^2\leqslant h^2$. 其体积

$$V = \iiint_\Omega \mathrm{d}V = \int_0^h \mathrm{d}z \iint_{D_z} \mathrm{d}x\,\mathrm{d}y = \int_0^h \pi h(h-z)\mathrm{d}z = \frac{\pi}{2}h^3$$

其中 D_z：$x^2+y^2\leqslant h(h-z)$. 表面积

$$S = \iint_{D_{xy}} \sqrt{1+(z_x')^2+(z_y')^2}\,\mathrm{d}x\,\mathrm{d}y = \iint_{D_{xy}} \sqrt{1+\left(-\frac{2x}{h}\right)^2+\left(-\frac{2y}{h}\right)^2}\,\mathrm{d}x\,\mathrm{d}y$$

$$= \iint_{D_{xy}} \sqrt{1+\frac{4}{h^2}(x^2+y^2)}\,\mathrm{d}x\,\mathrm{d}y = \int_0^{2\pi}\mathrm{d}\theta\int_0^h \sqrt{1+\frac{4}{h^2}\rho^2}\,\rho\,\mathrm{d}\rho$$

$$= \frac{\pi}{6}h^2\left(1+\frac{4}{h^2}\rho^2\right)^{\frac{3}{2}}\Big|_0^h = \frac{\pi}{6}h^2(5\sqrt{5}-1).$$

由 $\frac{\mathrm{d}V}{\mathrm{d}t}=-kS$ 得

$$\frac{3\pi}{2}h^2h'(t) = -\frac{k\pi}{6}(5\sqrt{5}-1)h^2\text{，即 } h'(t) = -\frac{k}{9}(5\sqrt{5}-1),$$

积分得 $h(t)=-\frac{k}{9}(5\sqrt{5}-1)t+C$. 又 $h(0)=h_0$，得 $C=h_0$，所以 $h(t)=-\frac{k}{9}(5\sqrt{5}-1)t+h_0$.

再从 $h(t_0)=0$，解得雪堆融化所需时间

$$t_0=\frac{9h_0}{k(5\sqrt{5}-1)}=\frac{9h_0}{124k}(5\sqrt{5}+1).$$

例 12-77 设B球的球心在A球的球面上，试证明B球夹在A球内的表面积不超过整个A球表面积的 $\frac{8}{27}$.

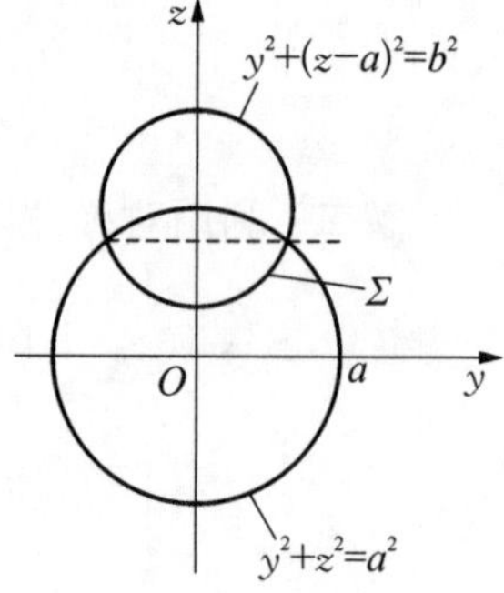

图 12-66

分析: 本例应先求出B球夹在A球内的表面积，再求最大值.

解: 设A球的方程为 $x^2+y^2+z^2=a^2$，B球的方程为 $x^2+y^2+(z-a)^2=b^2(0<b<2a)$，其在坐标平面 yOz 上的剖面图如图 12-66 所示.若记B球夹在A球内的部分为 Σ，则从 $\begin{cases}x^2+y^2+z^2=a^2\\x^2+y^2+(z-a)^2=b^2\end{cases}$ 中消去 x^2+y^2 后解得 $z=a-\frac{b^2}{2a}$，从而确定 Σ 在平面 xOy 上的投影区域为圆域 D_{xy}：$x^2+y^2\leqslant b^2-\frac{b^4}{4a^2}=l^2$. 又 Σ 的方程为 $z=a-\sqrt{b^2-x^2-y^2}$，于是利用式(12-66)，Σ 的面积

$$S=\iint_{D_{xy}}\sqrt{1+(z_x')^2+(z_y')^2}\,\mathrm{d}x\,\mathrm{d}y=\iint_{D_{xy}}\frac{b}{\sqrt{b^2-x^2-y^2}}\mathrm{d}x\,\mathrm{d}y$$

$$=b\int_0^{2\pi}\mathrm{d}\theta\int_0^l\frac{\rho}{\sqrt{b^2-\rho^2}}\mathrm{d}\rho=2\pi b(b-\sqrt{b^2-l^2})=\frac{\pi}{a}b(2ab-b^2).$$

令 $S_b'=\frac{\pi}{a}(4ab-3b^2)=0$，得驻点 $b=\frac{4}{3}a$. 由于 $S_b''=\frac{\pi}{a}(4a-6b)$，且 $S_b''\left(\frac{4}{3}a\right)=-4\pi<0$，故可知驻点 $b=\frac{4}{3}a$ 是 S 在 $(0,\ 2a)$ 上的极大值点，唯一的极值点为极大值点，知 $b=\frac{4}{3}a$ 是 S 的最大值点，最大值

$$S_{\max}=S\left(\frac{4}{3}a\right)=\frac{8}{27}\cdot 4\pi a^2.$$

由于A球的面积 $S_A=4\pi a^2$，所以证得B球夹在A球内的表面积满足 $S\leqslant\frac{8}{27}S_A$，即不超过A球面积的 $\frac{8}{27}$.

例 12-78 试用曲线积分求平面曲线 $y=\frac{1}{3}x^3+2x\ (0\leqslant x\leqslant 1)$ 绕直线 $y=\frac{4}{3}x$ 旋转所成旋转曲面的面积.

分析: 本例没有现成的计算公式，可考虑运用微元法建立公式.

解: 在曲线 L：$y=\frac{1}{3}x^3+2x$ 上任取一弧微元 $\mathrm{d}s$，其坐标为 $(x,\ y)$. 由于点 $(x,\ y)$ 到直线 $y=$

$\frac{4}{3}x$ 的距离 $l=\frac{|4x-3y|}{5}$，所以弧微元 ds 绕直线 $y=\frac{4}{3}x$ 旋转所成的面积微元

$$dA=2\pi l\cdot ds=\frac{2\pi}{5}|4x-3y|ds.$$

曲线 L 绕直线 $y=\frac{4}{3}x$ 旋转的旋转面面积

$$\begin{aligned}A&=\int_L dA=\int_L\frac{2\pi}{5}|4x-3y|ds=\frac{2\pi}{5}\int_0^1|4x-(x^3+6x)|\sqrt{1+(x^2+2)^2}dx\\&=\frac{2\pi}{5}\int_0^1(x^3+2x)\sqrt{1+(x^2+2)^2}dx=\frac{\pi}{5}\int_0^1(x^2+2)\sqrt{1+(x^2+2)^2}d(x^2+2)\\&=\frac{\pi}{10}\cdot\frac{2}{3}(1+(x^2+2)^2)^{\frac{3}{2}}\Big|_0^1=\frac{\pi}{3}\sqrt{5}(2\sqrt{2}-1).\end{aligned}$$

▶▶▶方法小结

空间曲面面积的计算完全归结为面积公式[式(12-66)、式(12-67)、式(12-68)]以及柱面面积公式[式(12-69)]的运用.运用的关键在于投影区域的确定以及所涉积分的计算.在计算时，同时还要注意利用图形的对称性，借助对称性可以简化问题，方便计算(例 12-75).这里还要强调对微元法的理解和运用(例 12-78).

12.2.6.3　物体质量、质心、转动惯量的计算

1）物体的质量

设物体所占的几何形体为 Ω，密度函数 $\mu=\mu(P)$ 在 Ω 上连续，则 Ω 的质量

$$M=\int_\Omega\mu(P)d\Omega \text{ ①} \tag{12-70}$$

2）物体的质心坐标

(1) 平面物体的质心

设平面物体 Ω（平面薄片、平面曲线），密度函数 $\mu=\mu(P)$ 在 Ω 上连续，则物体 Ω 的质心坐标 $(\bar{x},\bar{y})$ 为

$$\bar{x}=\frac{1}{M}\int_\Omega x\mu(P)d\Omega,\ \bar{y}=\frac{1}{M}\int_\Omega y\mu(P)d\Omega \tag{12-71}$$

式中，$M=\int_\Omega\mu(P)d\Omega$ 为 Ω 的质量.当密度 μ 为常数时，$(\bar{x},\bar{y})$ 为 Ω 形心坐标.

(2) 空间物体的质心

设空间物体 Ω（空间立体、空间曲线、空间曲面），密度函数 $\mu=\mu(P)$ 在 Ω 上连续，则物体 Ω 的质

---

① 当 Ω 的几何形体为平面区域、空间立体、曲线、曲面时，积分 $\int_\Omega f(P)d\Omega$ 就相应地表示二重积分、三重积分、第一型曲线积分、第一型曲面积分，即积分的含义随几何形体 Ω 而定.

心坐标 $(\bar{x},\bar{y},\bar{z})$ 为

$$\bar{x}=\frac{1}{M}\int_{\Omega}x\mu(P)\mathrm{d}\Omega,\ \bar{y}=\frac{1}{M}\int_{\Omega}y\mu(P)\mathrm{d}\Omega,\ \bar{z}=\frac{1}{M}\int_{\Omega}z\mu(P)\mathrm{d}\Omega \tag{12-72}$$

式中，$M=\int_{\Omega}\mu(P)\mathrm{d}\Omega$ 为 Ω 的质量.当密度 μ 为常数时，$(\bar{x},\bar{y},\bar{z})$ 为 Ω 形心坐标.

3）物体的转动惯量

(1) 平面物体的转动惯量

设平面物体 Ω（平面薄片、平面曲线），密度函数 $\mu=\mu(P)$ 在 Ω 上连续，则

① Ω 绕 x 轴的转动惯量：
$$I_x=\int_{\Omega}y^2\mu(P)\mathrm{d}\Omega \tag{12-73}$$

② Ω 绕 y 轴的转动惯量：
$$I_y=\int_{\Omega}x^2\mu(P)\mathrm{d}\Omega \tag{12-74}$$

③ Ω 绕原点 O 的转动惯量：
$$I_o=\int_{\Omega}(x^2+y^2)\mu(P)\mathrm{d}\Omega \tag{12-75}$$

(2) 空间物体的转动惯量

设空间物体 Ω（空间立体、空间曲线、空间曲面），密度函数 $\mu=\mu(P)$ 在 Ω 上连续，则

① Ω 绕 x 轴的转动惯量：
$$I_x=\int_{\Omega}(y^2+z^2)\mu(P)\mathrm{d}\Omega \tag{12-76}$$

② Ω 绕 y 轴的转动惯量：
$$I_y=\int_{\Omega}(x^2+z^2)\mu(P)\mathrm{d}\Omega \tag{12-77}$$

③ Ω 绕 z 轴的转动惯量：
$$I_z=\int_{\Omega}(x^2+y^2)\mu(P)\mathrm{d}\Omega \tag{12-78}$$

▶▶▶方法运用注意点

(1) 积分应用的基本方法是微元法，以上所列物理量的计算公式都可运用微元法建立.特别需要指出，转动惯量公式(12－73)～式(12－78)都是物体关于坐标轴的转动惯量，当需要计算物体对其他轴的转动惯量时，要用微元法来建立计算公式.

(2) 在计算这些物理量的积分时，应注意积分中对称性性质的运用.

▶▶▶典型例题解析

例 12－79 求下列平面物体的质心坐标：

(1) 平面薄片 $D=\{(x,y)\mid x^2+(y-1)^2\leqslant 1\}$，密度函数 $\mu(x,y)=|y-1|+y$；

(2) 平面质线 L：$\rho=a(1-\cos\theta)$ $(0\leqslant\theta\leqslant 2\pi)$，密度 $\mu=1$.

分析：运用公式(12－71)计算.只是要注意：对于(1)，式(12－71)中的积分为二重积分；对于(2)，式(12－71)中的积分为第一型曲线积分.

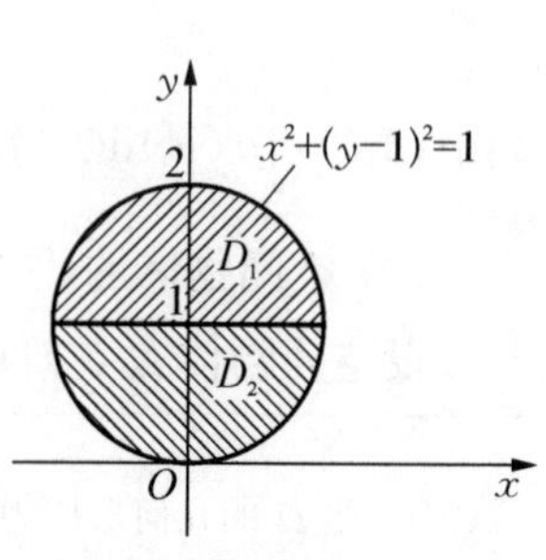

图 12－67

解：(1) D 的图形如图 12－67 所示.运用式(12－71)，D 的质心坐标

$$\bar{x}=\frac{1}{M}\iint\limits_{D}x(|y-1|+y)\mathrm{d}\sigma,\ \bar{y}=\frac{1}{M}\iint\limits_{D}y(|y-1|+y)\mathrm{d}\sigma,\ M=\iint\limits_{D}(|y-1|+y)\mathrm{d}\sigma,$$

由于 D 关于 y 轴对称，且 $x(|y-1|+y)$ 为 x 的奇函数，根据对称性性质，有

$$\iint\limits_{D}x(|y-1|+y)\mathrm{d}\sigma=0,\quad \text{从而}\ \bar{x}=0.$$

又 $$M=\iint\limits_{D}(|y-1|+y)\mathrm{d}\sigma=\iint\limits_{D_1}(2y-1)\mathrm{d}\sigma+\iint\limits_{D_2}\mathrm{d}\sigma=\int_1^2\mathrm{d}y\int_{-\sqrt{1-(y-1)^2}}^{\sqrt{1-(y-1)^2}}(2y-1)\mathrm{d}x+\frac{\pi}{2}$$

$$=2\int_1^2(2y-1)\sqrt{1-(y-1)^2}\,\mathrm{d}y+\frac{\pi}{2}\xlongequal{t=y-1}2\int_0^1(2t+1)\sqrt{1-t^2}\,\mathrm{d}t+\frac{\pi}{2}$$

$$=4\int_0^1 t\sqrt{1-t}\,\mathrm{d}t+2\int_0^1\sqrt{1-t^2}\,\mathrm{d}t+\frac{\pi}{2}=\frac{4}{3}+\frac{\pi}{2},$$

而 $$\iint\limits_{D}y(|y-1|+y)\mathrm{d}\sigma=\iint\limits_{D_1}y(2y-1)\mathrm{d}\sigma+\iint\limits_{D_2}y\mathrm{d}\sigma,$$

$$\iint\limits_{D_1}y(2y-1)\mathrm{d}\sigma=2\int_1^2\mathrm{d}y\int_0^{\sqrt{1-(y-1)^2}}(2y^2-y)\mathrm{d}x=2\int_1^2(2y^2-y)\sqrt{1-(y-1)^2}\,\mathrm{d}y$$

$$\xlongequal{y-1=\sin t}2\int_0^{\frac{\pi}{2}}[2(1+\sin t)^2-(1+\sin t)]\cos^2 t\,\mathrm{d}t$$

$$=2\int_0^{\frac{\pi}{2}}(2\sin^2 t+3\sin t+1)\cos^2 t\,\mathrm{d}t=\frac{3\pi}{4}+2,$$

$$\iint\limits_{D_2}y\mathrm{d}\sigma=2\int_0^1\mathrm{d}y\int_0^{\sqrt{1-(y-1)^2}}y\mathrm{d}x=2\int_0^1 y\sqrt{1-(y-1)^2}\,\mathrm{d}y$$

$$\xlongequal{t=y-1}2\int_{-1}^0(1+t)\sqrt{1-t^2}\,\mathrm{d}t=\frac{\pi}{2}-\frac{2}{3}.$$

于是得 $$\iint\limits_{D}y(|y-1|+y)\mathrm{d}\sigma=\frac{3\pi}{4}+2+\frac{\pi}{2}-\frac{2}{3}=\frac{5\pi}{4}+\frac{4}{3},\ \bar{y}=\frac{\frac{5\pi}{4}+\frac{4}{3}}{\frac{4}{3}+\pi}=\frac{15\pi+16}{12\pi+16}.$$

所以 D 的质心坐标为 $\left(0,\dfrac{15\pi+16}{12\pi+16}\right)$.

(2) 运用式(12-71)，L 的质心坐标

$$\bar{x}=\frac{1}{M}\int\limits_{L}x\,\mathrm{d}s,\ \bar{y}=\frac{1}{M}\int\limits_{L}y\,\mathrm{d}s,\ M=\int\limits_{L}\mathrm{d}s.$$

曲线 L 可表示为参数方程 $L:\begin{cases}x=a(1-\cos\theta)\cos\theta\\ x=a(1-\cos\theta)\sin\theta\end{cases}$，$0\leqslant\theta\leqslant 2\pi$.

$$\mathrm{d}s=\sqrt{\rho^2(\theta)+(\rho'(\theta))^2}\,\mathrm{d}\theta=2a\left|\sin\frac{\theta}{2}\right|\mathrm{d}\theta.$$

于是 $$M=\int_L \mathrm{d}s=\int_0^{2\pi}2a\left|\sin\frac{\theta}{2}\right|\mathrm{d}\theta=2a\int_0^{2\pi}\sin\frac{\theta}{2}\mathrm{d}\theta=8a,$$

$$\int_L x\,\mathrm{d}s=\int_0^{2\pi}a(1-\cos\theta)\cos\theta\cdot 2a\sin\frac{\theta}{2}\mathrm{d}\theta=-4a^2\int_0^{2\pi}2\left(1-\cos^2\frac{\theta}{2}\right)\left(2\cos^2\frac{\theta}{2}-1\right)\mathrm{d}\left(\cos\frac{\theta}{2}\right)$$

$$\xlongequal{t=\cos\frac{\theta}{2}}8a^2\int_{-1}^{1}(1-t^2)(2t^2-1)\mathrm{d}t=-\frac{32}{5}a^2$$

又 L 关于 x 轴对称,利用积分的对称性性质知 $\int_L y\,\mathrm{d}s=0$. 所以 L 的质心坐标

$$(\bar{x},\bar{y})=\left(\frac{-\frac{32}{5}a^2}{8a},0\right)=\left(-\frac{4}{5}a,0\right).$$

例 12-80 求立体 $\Omega=\left\{(x,y,z)\mid z\geqslant 0,\frac{x^2}{a^2}+\frac{y^2}{b^2}+\frac{z^2}{c^2}\leqslant 1\right\}$ 的形心坐标,其中 $a,b,c>0$.

分析: 运用式(12-72)计算,此时式(12-72)中的积分为三重积分,且 μ 为常数.

解: 运用式(12-72),Ω 的形心坐标

$$\bar{x}=\frac{1}{|\Omega|}\iiint_\Omega x\,\mathrm{d}V,\ \bar{y}=\frac{1}{|\Omega|}\iiint_\Omega y\,\mathrm{d}V,\ \bar{z}=\frac{1}{|\Omega|}\iiint_\Omega z\,\mathrm{d}V,\ |\Omega|=\iiint_\Omega \mathrm{d}V.$$

由于 Ω 分别关于平面 yOz, xOz 对称,利用积分的对称性性质知

$$\iiint_\Omega x\,\mathrm{d}V=0,\ \iiint_\Omega y\,\mathrm{d}V=0.$$

又由 $$|\Omega|=\iiint_\Omega \mathrm{d}V=\int_0^c\mathrm{d}z\iint_{D_z}\mathrm{d}x\,\mathrm{d}y\quad\left[D_z:\frac{x^2}{a^2}+\frac{y^2}{b^2}\leqslant 1-\frac{z^2}{c^2},z\in[0,c]\right]$$

$$=\int_0^c\pi ab\left[1-\frac{z^2}{c^2}\right]\mathrm{d}z=\frac{2\pi}{3}abc$$

$$\iiint_\Omega z\,\mathrm{d}V=\int_0^c\mathrm{d}z\iint_{D_z}z\,\mathrm{d}x\,\mathrm{d}y=\int_0^c z\cdot\pi ab\left[1-\frac{z^2}{c^2}\right]\mathrm{d}z=\frac{\pi}{4}abc^2.$$

所以 Ω 的形心坐标 $$(\bar{x},\bar{y},\bar{z})=\left[0,0,\frac{\frac{\pi}{4}abc^2}{\frac{2\pi}{3}abc}\right]=\left(0,0,\frac{3}{8}c\right).$$

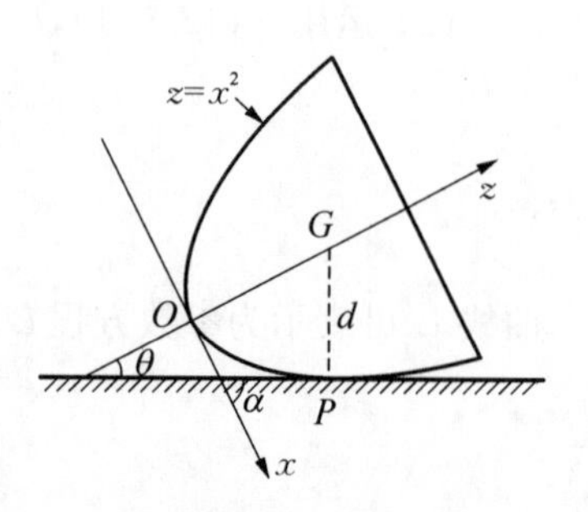

图 12-68

例 12-81 一个质量均匀的物体 $\Omega=\{(x,y,z)\mid x^2+y^2\leqslant z\leqslant 1\}$ 稳定地放置在水平桌面上,求 Ω 的中心轴 z 轴与水平桌面之间的夹角(图 12-68 为轴截面图).

分析: Ω 的边界面是由抛物线 $z=x^2$ 绕 z 轴旋转而成.可见本题计

算的关键是求得物体 Ω 与桌面的切点 P 的坐标.由于物体处于稳定状态,此时物体的质心 G 到切点 P 的距离应达到最小.

解:运用式(12－72),Ω 的质心坐标(密度 μ 为常数)

$$\bar{x}=\frac{1}{|\Omega|}\iiint_{\Omega}x\,\mathrm{d}V,\ \bar{y}=\frac{1}{|\Omega|}\iiint_{\Omega}y\,\mathrm{d}V,\ \bar{z}=\frac{1}{|\Omega|}\iiint_{\Omega}z\,\mathrm{d}V,\ |\Omega|=\iiint_{\Omega}\mathrm{d}V.$$

由于 Ω 分别关于平面 yOz,xOz 对称,利用积分的对称性性质知

$$\iiint_{\Omega}x\,\mathrm{d}V=0,\ \iiint_{\Omega}y\,\mathrm{d}V=0,\text{从而 }\bar{x}=\bar{y}=0.$$

又因 $$|\Omega|=\iiint_{\Omega}\mathrm{d}V=\int_0^1\mathrm{d}z\iint_{D_z}\mathrm{d}x\,\mathrm{d}y=\int_0^1\pi z\,\mathrm{d}z=\frac{\pi}{2}\quad(D_z:x^2+y^2\leqslant z,\ z\in[0,1])$$

$$\iiint_{\Omega}z\,\mathrm{d}V=\int_0^1\mathrm{d}z\iint_{D_z}z\,\mathrm{d}x\,\mathrm{d}y=\int_0^1 z\cdot\pi z\,\mathrm{d}z=\frac{\pi}{3},$$

所以 Ω 的质心坐标 $(\bar{x},\bar{y},\bar{z})=\left(0,0,\frac{2}{3}\right)$,从而在轴截面图 12－68 中点 G 的坐标为 $\left(0,\frac{2}{3}\right)$.在抛物线 $z=x^2$ 上任取一点 $M(x,z)$,由 $z'=2x$,则过点 M 的切线方程为

$$Z-z=2x(X-x),\quad\text{即}\quad Z-2xX+z=0.$$

质心 G 到切线的距离 $$d=\frac{\left|\frac{2}{3}+z\right|}{\sqrt{1+4x^2}}=\frac{2+3z}{3\sqrt{1+4z}}.$$

设 $f(z)=\dfrac{2+3z}{3\sqrt{1+4z}}$,则由 $f'(z)=\dfrac{6z-1}{(1+4z)^{\frac{3}{2}}}=0$,得驻点 $z=\dfrac{1}{6}$.又当 $0<z<\dfrac{1}{6}$ 时,$f'(z)<0$,当 $z>\dfrac{1}{6}$ 时,$f'(z)>0$,可知 $z=\dfrac{1}{6}$ 是 $f(z)$ 在 $(0,+\infty)$ 上的极小值点,唯一的极值点为极小值点,$z=\dfrac{1}{6}$ 是 $f(z)$ 的最小值点.所以物体稳定时,图 12－68 中物体与桌面切点 P 的坐标为 $\left(\dfrac{1}{\sqrt{6}},\dfrac{1}{6}\right)$.又由 $z'\Big|_{x=\frac{1}{\sqrt{6}}}=\dfrac{2}{\sqrt{6}}$,得

$$\tan\alpha=\frac{2}{\sqrt{6}},\ \tan\theta=\tan\left(\frac{\pi}{2}-\alpha\right)=\cot\alpha=\frac{1}{\tan\alpha}=\sqrt{\frac{3}{2}},$$

所以 z 轴与桌面之间的夹角 $\theta=\arctan\sqrt{\dfrac{3}{2}}$.

例 12－82　设锥面壳 $z=\sqrt{x^2+y^2}$ $(0\leqslant z\leqslant 1)$ 上点 (x,y,z) 处的密度为 $\mu=z$,求
(1) 锥面壳的质量;(2) 锥面壳的质心坐标;(3) 锥面壳关于 z 轴的转动惯量.

分析:分别运用式(12－70)、式(12－72)、式(12－78)计算,此时式中的积分为第一型曲面积分.

解：(1) 运用式(12-70)锥面Σ：$z=\sqrt{x^2+y^2}$，$0\leqslant z\leqslant 1$的质量

$$M=\iint_{\Sigma}\mu(x, y, z)\mathrm{d}S=\iint_{\Sigma}z\mathrm{d}S$$

由于Σ在平面xOy上的投影区域D_{xy}：$x^2+y^2\leqslant 1$，$\mathrm{d}S=\sqrt{1+(z'_x)^2+(z'_y)^2}\mathrm{d}x\mathrm{d}y=\sqrt{2}\mathrm{d}x\mathrm{d}y$，所以

$$M=\iint_{D_{xy}}\sqrt{x^2+y^2}\cdot\sqrt{2}\mathrm{d}x\mathrm{d}y=\sqrt{2}\int_0^{2\pi}\mathrm{d}\theta\int_0^1\rho\cdot\rho\,\mathrm{d}\rho=\frac{2\sqrt{2}}{3}\pi.$$

(2) 运用式(12-72)，Σ的质心坐标

$$\bar{x}=\frac{1}{M}\iint_{\Sigma}xz\mathrm{d}S,\ \bar{y}=\frac{1}{M}\iint_{\Sigma}yz\mathrm{d}S,\ \bar{z}=\frac{1}{M}\iint_{\Sigma}zz\mathrm{d}S$$

由于Σ分别关于平面yOz，xOz对称，利用积分的对称性性质知

$$\iint_{\Sigma}xz\mathrm{d}S=0,\ \iint_{\Sigma}yz\mathrm{d}S=0,\text{从而}\bar{x}=\bar{y}=0.$$

又
$$\iint_{\Sigma}z^2\mathrm{d}S=\iint_{D_{xy}}(x^2+y^2)\cdot\sqrt{2}\mathrm{d}x\mathrm{d}y=\sqrt{2}\int_0^{2\pi}\mathrm{d}\theta\int_0^1\rho^2\cdot\rho\,\mathrm{d}\rho=\frac{\sqrt{2}}{2}\pi,$$

所以Σ的质心坐标为$\left(0, 0, \dfrac{3}{4}\right)$.

(3) 运用式(12-78)，Σ关于z轴的转动惯量

$$I_z=\iint_{\Sigma}(x^2+y^2)z\mathrm{d}S=\iint_{D_{xy}}(x^2+y^2)\cdot\sqrt{x^2+y^2}\cdot\sqrt{2}\mathrm{d}x\mathrm{d}y$$
$$=\sqrt{2}\iint_{D_{xy}}(x^2+y^2)^{\frac{3}{2}}\mathrm{d}x\mathrm{d}y=\sqrt{2}\int_0^{2\pi}\mathrm{d}\theta\int_0^1\rho^3\cdot\rho\,\mathrm{d}\rho=\frac{2\sqrt{2}}{5}\pi.$$

例 12-83 设曲线L：$x=a\cos t$，$y=a\sin t$，$z=bt(0\leqslant t\leqslant 2\pi)$上任一点密度$\mu=1$，试求：(1) 曲线$L$的质心坐标；(2) 曲线$L$关于$z$轴的转动惯量.

分析：分别运用式(12-72)、式(12-78)计算，此时式中的积分为第一型曲线积分.

解：(1) 运用式(12-72)，曲线L的质心坐标

$$\bar{x}=\frac{1}{|L|}\int_L x\mathrm{d}s,\ \bar{y}=\frac{1}{|L|}\int_L y\mathrm{d}s,\ \bar{z}=\frac{1}{|L|}\int_L z\mathrm{d}s,\ |L|=\int_L\mathrm{d}s$$

由$\mathrm{d}s=\sqrt{[x'(t)]^2+[y'(t)]^2+[z'(t)]^2}\mathrm{d}t=\sqrt{(-a\sin t)^2+(a\cos t)^2+b^2}\mathrm{d}t=\sqrt{a^2+b^2}\mathrm{d}t$，得

$$|L|=\int_L\mathrm{d}s=\int_0^{2\pi}\sqrt{a^2+b^2}\mathrm{d}t=2\pi\sqrt{a^2+b^2};\quad \int_L x\mathrm{d}s=\int_0^{2\pi}a\cos t\cdot\sqrt{a^2+b^2}\mathrm{d}t=0;$$

$$\int_L y\mathrm{d}s=\int_0^{2\pi}a\sin t\cdot\sqrt{a^2+b^2}\mathrm{d}t=0;\quad \int_L z\mathrm{d}s=\int_0^{2\pi}bt\cdot\sqrt{a^2+b^2}\mathrm{d}t=2b\pi^2\sqrt{a^2+b^2}.$$

所以曲线L的质心坐标$(\bar{x}, \bar{y}, \bar{z})=(0, 0, b\pi)$.

(2) 运用式(12－78)，L 关于 z 轴的转动惯量

$$I_z=\int_L(x^2+y^2)\mu\,\mathrm{d}s=\int_L(x^2+y^2)\,\mathrm{d}s=\int_0^{2\pi}a^2\cdot\sqrt{a^2+b^2}\,\mathrm{d}t=2\pi a^2\sqrt{a^2+b^2}.$$

例 12－84　设 Ω 由闭曲面 $(x^2+y^2+z^2)^2=a^2(x^2+y^2)\ (a>0)$ 围成，具有均匀密度 μ，试求其关于 z 轴的转动惯量.

分析：运用式(12－78)计算，此时式中的积分为三重积分.

解：运用式(12－78)，Ω 关于 z 轴的转动惯量

$$I_z=\iiint_\Omega(x^2+y^2)\mu\,\mathrm{d}V=\mu\iiint_\Omega(x^2+y^2)\,\mathrm{d}V.$$

由于 Ω 关于三个坐标面对称，且被积函数 x^2+y^2 关于 $x,\ y,\ z$ 都为偶函数，若记 Ω 在第一卦限部分为 Ω_1，利用积分的对称性性质，有

$$I_z=8\mu\iiint_{\Omega_1}(x^2+y^2)\,\mathrm{d}V,$$

又闭曲面 $(x^2+y^2+z^2)^2=a^2(x^2+y^2)$ 在球面坐标下可表示为

$$r=a\sin\varphi,\ 0\leqslant\theta\leqslant2\pi,\ 0\leqslant\varphi\leqslant\pi.$$

所以

$$\begin{aligned}I_z&=8\mu\int_0^{\frac{\pi}{2}}\mathrm{d}\theta\int_0^{\frac{\pi}{2}}\mathrm{d}\varphi\int_0^{a\sin\varphi}r^2\sin^2\varphi\cdot r^2\sin\varphi\,\mathrm{d}r=4\pi\mu\int_0^{\frac{\pi}{2}}\sin^3\varphi\,\frac{1}{5}r^5\Big|_0^{a\sin\varphi}\mathrm{d}\varphi\\&=\frac{4\pi\mu}{5}a^5\int_0^{\frac{\pi}{2}}\sin^8\varphi\,\mathrm{d}\varphi=\frac{4\pi\mu}{5}a^5\cdot\frac{7}{8}\cdot\frac{5}{6}\cdot\frac{3}{4}\cdot\frac{1}{2}\cdot\frac{\pi}{2}=\frac{7}{64}\mu\pi^2a^5.\end{aligned}$$

例 12－85　在半径为 $2a$，质量为 M 的均匀球体内，挖去两个内切于大球又互相外切的半径为 a 的小球，求剩余部分关于它们的公共直径的转动惯量.

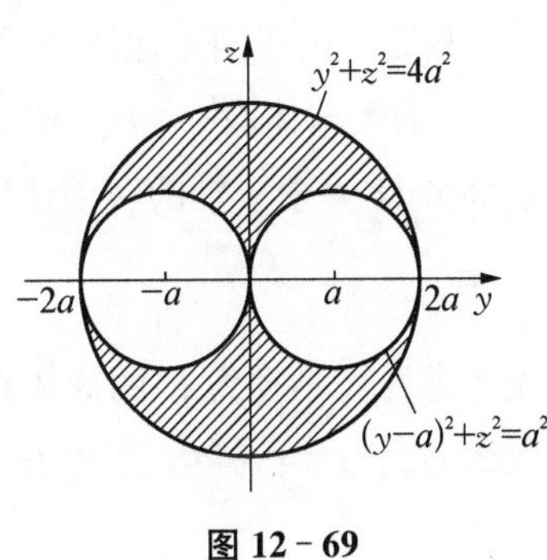

图 12－69

分析：若取 y 轴为三球的公共直径，其与坐标平面 yOz 的截面图如图 12－69 所示.于是问题是要计算剩余部分立体 Ω 关于 y 轴的转动惯量.利用式(12－77)计算，此时式中的积分为三重积分.

解一：若记 Ω 的密度为 μ，则 Ω 关于 y 轴的转动惯量

$$I_y=\iiint_\Omega(x^2+z^2)\mu\,\mathrm{d}V=\mu\iiint_\Omega(x^2+z^2)\,\mathrm{d}V.$$

从图 12－69 中可见，Ω 关于三个坐标面对称，并且被积函数 x^2+z^2 关于 $x,\ y,\ z$ 都为偶函数.若记 Ω 在第一卦限部分为 Ω_1，利用积分的对称性性质，有

$$I_y=8\mu\iiint_{\Omega_1}(x^2+z^2)\,\mathrm{d}V.$$

又 Ω_1：$x^2+y^2+z^2\leqslant4a^2,\ x^2+(y-a)^2+z^2\geqslant a^2,\ x\geqslant0,\ y\geqslant0,\ z\geqslant0$ 经 x 与 z 互换之后保持

不变，利用积分值与积分变量名称的无关性，有

$$\iiint\limits_{\Omega_1} x^2 \mathrm{d}V \xlongequal{x\text{ 与 }z\text{ 互换}} \iiint\limits_{\Omega_1} z^2 \mathrm{d}V,$$

所以
$$I_y = 16\mu \iiint\limits_{\Omega_1} z^2 \mathrm{d}V,$$

再将球面 $\Sigma_1: x^2+y^2+z^2=4a^2$，$\Sigma_2: x^2+(y-a)^2+z^2=a^2$ 用球面坐标表示

$$\Sigma_1: r=2a,\ 0\leqslant\theta\leqslant 2\pi,\ 0\leqslant\varphi\leqslant\pi;\ \Sigma_2: r=2a\sin\varphi\sin\theta,\ 0\leqslant\theta\leqslant\pi,\ 0\leqslant\varphi\leqslant\pi$$

于是
$$\begin{aligned}
I_y &= 16\mu\int_0^{\frac{\pi}{2}}\mathrm{d}\theta\int_0^{\frac{\pi}{2}}\mathrm{d}\varphi\int_{2a\sin\varphi\sin\theta}^{2a} r^2\cos^2\varphi\cdot r^2\sin\varphi\,\mathrm{d}r \\
&= 16\mu\int_0^{\frac{\pi}{2}}\mathrm{d}\theta\int_0^{\frac{\pi}{2}}\cos^2\varphi\,\sin\varphi\cdot\frac{1}{5}r^5\Big|_{2a\sin\varphi\sin\theta}^{2a}\mathrm{d}\varphi \\
&= \frac{16\mu}{5}\cdot 32a^5\int_0^{\frac{\pi}{2}}\mathrm{d}\theta\int_0^{\frac{\pi}{2}}\cos^2\varphi\sin\varphi(1-\sin^5\varphi\sin^5\theta)\mathrm{d}\varphi \\
&= \frac{16\mu}{5}\cdot 32a^5\int_0^{\frac{\pi}{2}}\left(\int_0^{\frac{\pi}{2}}\cos^2\varphi\sin\varphi\,\mathrm{d}\varphi - \sin^5\theta\int_0^{\frac{\pi}{2}}\sin^6\varphi\cos^2\varphi\,\mathrm{d}\varphi\right)\mathrm{d}\theta \\
&= \frac{16\mu}{5}\cdot 32a^5\int_0^{\frac{\pi}{2}}\left(\frac{1}{3}-\frac{5\pi}{256}\sin^5\theta\right)\mathrm{d}\theta = \frac{16\mu}{5}\cdot 32a^5\left(\frac{\pi}{6}-\frac{5\pi}{256}\cdot\frac{8}{15}\right) = 16\mu\pi a^5.
\end{aligned}$$

又 Ω 的密度均匀，质量为 M，所以密度 $\mu=\dfrac{3M}{32\pi a^2}$，因此转动惯量

$$I_y = 16\pi a^5\cdot\frac{3M}{32\pi a^3} = \frac{3}{2}Ma^2.$$

解二：由于两小球体的质量均匀，半径相同，所以两小球关于 y 轴的转动惯量是相同的.若记半径为 $2a$ 的大球体 Ω' 关于 y 轴的转动惯量为 I_y'，半径为 a 的小球体 Ω'' 关于 y 轴的转动惯量为 I_y''，则剩余部分 Ω 关于 y 轴的转动惯量

$$I_y = I_y' - 2I_y''$$

先考虑计算半径为 R 的球体 Ω_R 关于直径的转动惯量 I_R. 取直径所在轴为 y 轴，球心为坐标原点，则球体 $\Omega_R: x^2+y^2+z^2\leqslant R^2$. 其关于 y 轴的转动惯量

$$I_R = \iiint\limits_{\Omega_R}(x^2+z^2)\mu\,\mathrm{d}V.$$

由于 Ω_R 经 x, y, z 互换后保持不变，利用积分值与积分变量名称的无关性，有

$$\iiint\limits_{\Omega_R} x^2\mathrm{d}V \xlongequal{x\text{ 与 }y\text{ 互换}} \iiint\limits_{\Omega_R} x^2\mathrm{d}V \xlongequal{y\text{ 与 }z\text{ 互换}} \iiint\limits_{\Omega_R} z^2\mathrm{d}V,$$

所以
$$I_R = \frac{2}{3}\mu\iiint\limits_{\Omega_R}(x^2+y^2+z^2)\mathrm{d}V = \frac{2}{3}\mu\int_0^{2\pi}\mathrm{d}\theta\int_0^{\pi}\mathrm{d}\varphi\int_0^R r^2\cdot r^2\sin\varphi\,\mathrm{d}r$$

$$=\frac{2}{3}\mu\cdot 2\pi\int_0^{\pi}\sin\varphi\,d\varphi\cdot\int_0^R r^4\,dr=\frac{2}{3}\mu\cdot 2\pi\cdot 2\cdot\frac{R^5}{5}=\frac{8}{15}\mu\pi R^5$$

运用上面的计算结果，得

$$I'_y=\frac{8}{15}\mu\pi(2a)^5=\frac{8\times 32}{15}\mu\pi a^5,\ I''_y=\frac{8}{15}\mu\pi a^5,$$

所以
$$I_y=\frac{8\times 32}{15}\mu\pi a^5-\frac{16}{15}\mu\pi a^5=16\mu\pi a^5=\frac{3}{2}Ma^2.$$

例12-86　求平面薄板 $D=\{(x,y)\mid x^2+y^2\leqslant 1\}$ 关于直线 $x+y=1$ 的转动惯量，设薄板的密度函数 $\mu=x^2+y^2$.

分析： D 的图形如图12-70所示.由于 D 不是绕坐标轴旋转，无现成的公式可用，为此需运用微元法来建立计算公式.

解： 在 D 中任取一面积微元 $d\sigma$，其所对应的质量微元为 dm，坐标为 (x,y)（图12-70所示）.若记 dm 到直线的距离为 l，则

$$l=\frac{|x+y-1|}{\sqrt{2}}.$$

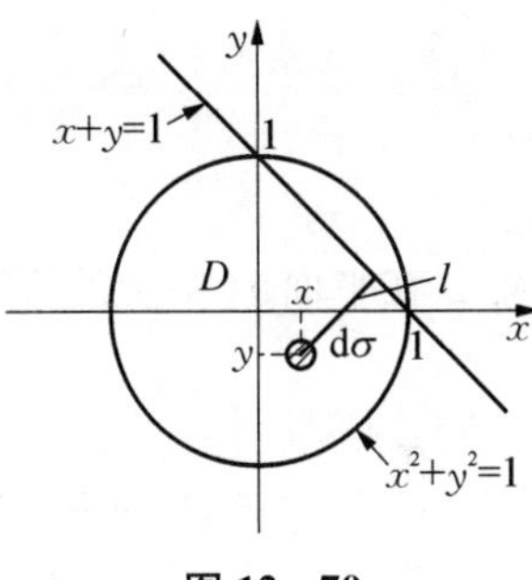

图12-70

质点 dm 绕直线的转动惯量微元

$$dI=l^2\cdot dm=l^2\cdot\mu d\sigma=\frac{1}{2}(x+y-1)^2(x^2+y^2)d\sigma,$$

所以 D 关于直线 $x+y=1$ 的转动惯量

$$I=\iint_D dI=\frac{1}{2}\iint_D(x+y-1)^2(x^2+y^2)d\sigma$$
$$=\frac{1}{2}\iint_D(x^2+y^2+2xy-2x-2y+1)(x^2+y^2)d\sigma$$

利用对称性性质，得
$$\iint_D xy\,d\sigma=\iint_D x\,d\sigma=\iint_D y\,d\sigma=0,$$

所以
$$I=\frac{1}{2}\iint_D(x^2+y^2+1)(x^2+y^2)d\sigma=\frac{1}{2}\int_0^{2\pi}d\theta\int_0^1(\rho^2+1)\cdot\rho^2\cdot\rho\,d\rho=\frac{5}{12}\pi.$$

例12-87　求面密度为 μ 的均匀锥面壳 $\frac{x^2}{a^2}+\frac{y^2}{a^2}=\frac{z^2}{b^2}$ $(0\leqslant z\leqslant b,\ a>0)$ 关于直线 $\frac{x}{1}=\frac{y}{0}=\frac{z-b}{0}$ 的转动惯量.

分析： 应先运用微元法建立所求转动惯量的计算公式，此时积分为第一型曲面积分.

解： 记锥面壳为 Σ，则 Σ：$z=\frac{b}{a}\sqrt{x^2+y^2}$. 在 Σ 上任取一面积微元 dS，其所对应的质量微元为

$\mathrm{d}m$，坐标为(x, y, z). 若记$\mathrm{d}m$到直线$\dfrac{x}{1}=\dfrac{y}{0}=\dfrac{z-b}{0}$的距离为$d$，则利用点到直线的距离公式，有

$$d=\frac{|\{1, 0, 0\}\times\{x, y, z-b\}|}{|\{1, 0, 0\}|}=\sqrt{y^2+(z-b)^2}.$$

质点$\mathrm{d}m$绕直线的转动惯量微元

$$\mathrm{d}I=d^2\cdot\mathrm{d}m=\mu(y^2+(z-b)^2)\mathrm{d}S,$$

所以Σ绕直线的转动惯量

$$I=\iint_{\Sigma}\mathrm{d}I=\iint_{\Sigma}\mu(y^2+(z-b)^2)\mathrm{d}S,$$

又Σ在平面xOy上的投影区域D_{xy}：$x^2+y^2\leqslant a^2$，面积元素$\mathrm{d}S=\dfrac{\sqrt{a^2+b^2}}{a}\mathrm{d}x\,\mathrm{d}y$，于是

$$\begin{aligned}I&=\mu\iint_{\Sigma}(y^2+z^2-2bz+b)\mathrm{d}S=\mu\iint_{D_{xy}}\left[y^2+\frac{b^2}{a^2}(x^2+y^2)-2b\cdot\frac{b}{a}\sqrt{x^2+y^2}+b^2\right]\frac{\sqrt{a^2+b^2}}{a}\mathrm{d}x\,\mathrm{d}y\\&=\frac{\mu}{a}\sqrt{a^2+b^2}\int_0^{2\pi}\mathrm{d}\theta\int_0^a\left(\rho^2\sin^2\theta+\frac{b^2}{a^2}\rho^2-\frac{2b^2}{a}\rho+b^2\right)\rho\,\mathrm{d}\rho\\&=\frac{\mu}{a}\sqrt{a^2+b^2}\int_0^{2\pi}\left(\frac{a^4}{4}\sin^2\theta+\frac{1}{12}a^2b^2\right)\mathrm{d}\theta=\frac{a\mu\pi}{12}(3a^2+2b^2)\sqrt{a^2+b^2}.\end{aligned}$$

▶▶▶方法小结

(1) 物体的质量、质心坐标、转动惯量的计算完全归结为公式(12-70)～式(12-78)的运用.运用的关键在于公式中所涉及的积分的计算，所以掌握重积分、第一型曲线积分、第一型曲面积分的计算方法是处理这些问题的要点.

(2) 这里的第二个要点是微元法的运用.只有掌握了微元法我们才能根据问题建立计算公式，才能处理更复杂的问题(例12-87)，所以微元法是多元函数积分应用的核心方法.

12.2.6.4 物体引力的计算

物体对质点的引力 设物体所占的几何形体为Ω，密度函数$\mu=\mu(P)$在Ω上连续，$P_0=(x_0, y_0, z_0)$为Ω以外(或在Ω边界上)的一点，则物体Ω对放置在点P_0处质量为m的质点的引力$\boldsymbol{F}=\{F_x, F_y, F_z\}$的三个分量

$$F_x=\int_{\Omega}\frac{Gm(x-x_0)\mu(P)}{r^3}\mathrm{d}\Omega,\ F_y=\int_{\Omega}\frac{Gm(y-y_0)\mu(P)}{r^3}\mathrm{d}\Omega,$$
$$F_z=\int_{\Omega}\frac{Gm(z-z_0)\mu(P)}{r^3}\mathrm{d}\Omega \tag{12-79}$$

其中 $r=\sqrt{(x-x_0)^2+(y-y_0)^2+(z-z_0)^2}$，$G$ 为引力常数.

▶▶▶方法运用注意点

(1) 引力 $\boldsymbol{F}$ 分量计算公式(12-79)中的积分类型随物体 Ω 的几何形体而定，若 Ω 为空间立体或空间曲面，则式(12-79)中的积分为三重积分或第一型曲面积分等.

(2) 计算公式(12-79)由微元法建立.

(3) 在计算引力 $\boldsymbol{F}$ 时，应注意积分对称性性质的运用.

▶▶▶典型例题解析

例 12-88　求质量为 M 的均匀薄板 $D=\{(x,y)\mid R^2\leqslant x^2+y^2\leqslant 4R^2,\ y\geqslant 0\}$ 对坐标原点处质量为 m 的质点的引力.

分析： D 是平面 xOy 上的区域且质点也在平面 xOy 上，所以式(12-79)中的积分为二重积分，引力 $\boldsymbol{F}$ 是平面 xOy 上的二维向量，即 $\boldsymbol{F}=\{F_x,F_y\}(F_z=0)$.

解： 由 D 密度均匀且质量为 M 知，密度 $\mu=\dfrac{2M}{3\pi R^2}$. 质点的坐标 $P_0=(0,0)$，运用式(12-79)得引力 $\boldsymbol{F}$ 的两个坐标分量为

$$F_x=\frac{2GmM}{3\pi R^2}\iint_D\frac{x}{(x^2+y^2)^{\frac{3}{2}}}\mathrm{d}x\,\mathrm{d}y,\ F_y=\frac{2GmM}{3\pi R^2}\iint_D\frac{y}{(x^2+y^2)^{\frac{3}{2}}}\mathrm{d}x\,\mathrm{d}y,$$

由于 D 关于 y 轴对称，利用二重积分的对称性性质知

$$\iint_D\frac{x}{(x^2+y^2)^{\frac{3}{2}}}\mathrm{d}x\,\mathrm{d}y=0,\ \text{从而}\ F_x=0.$$

又

$$\begin{aligned}F_y&=\frac{2GmM}{3\pi R^2}\int_0^{\pi}\mathrm{d}\theta\int_R^{2R}\frac{\rho\sin\theta}{\rho^3}\cdot\rho\,\mathrm{d}\rho=\frac{2GmM}{3\pi R^2}\int_0^{\pi}\sin\theta\,\mathrm{d}\theta\cdot\int_R^{2R}\frac{1}{\rho}\mathrm{d}\rho\\&=\frac{4GmM}{3\pi R^2}\ln 2=2Gm\mu\ln 2,\end{aligned}$$

所以薄板 D 对质点的引力 $\boldsymbol{F}=\{0,2Gm\mu\ln 2\}$.

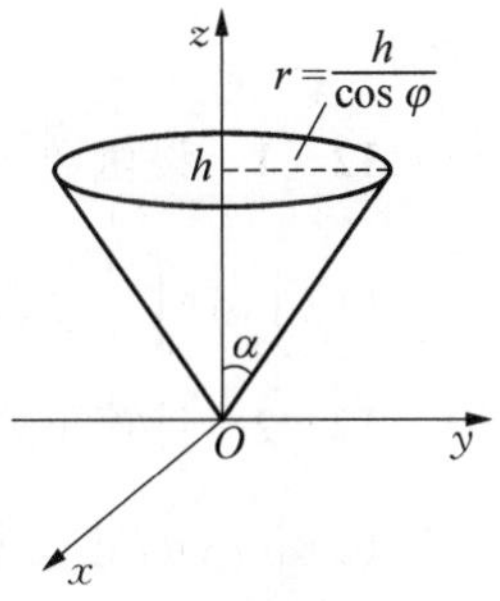

例 12-89　求质量为 M，半顶角为 α，高为 h 的均匀圆锥体对于位于其顶点处质量为 m 的质点的引力的大小.

分析： 将圆锥体 Ω 的顶点作为坐标原点建立坐标系如图 12-71 所示，运用式(12-79)计算，此时所涉及的积分为三重积分.

图 12-71

解： 设圆锥体 Ω 的密度为 μ，运用式(12-79)，所求引力 $\boldsymbol{F}$ 的三个坐标分量为

$$F_x=\iiint_\Omega\frac{Gm\mu x}{(x^2+y^2+z^2)^{\frac{3}{2}}}\mathrm{d}V,\ F_y=\iiint_\Omega\frac{Gm\mu y}{(x^2+y^2+z^2)^{\frac{3}{2}}}\mathrm{d}V,\ F_z=\iiint_\Omega\frac{Gm\mu z}{(x^2+y^2+z^2)^{\frac{3}{2}}}\mathrm{d}V$$

由于Ω关于平面xOz，yOz对称，利用三重积分的对称性性质知

$$\iiint\limits_{\Omega}\frac{x}{(x^2+y^2+z^2)^{\frac{3}{2}}}\mathrm{d}V=0,\ \iiint\limits_{\Omega}\frac{y}{(x^2+y^2+z^2)^{\frac{3}{2}}}\mathrm{d}V=0,$$

从而$F_x=F_y=0$. 又

$$F_z=Gm\mu\iiint\limits_{\Omega}\frac{z}{(x^2+y^2+z^2)^{\frac{3}{2}}}\mathrm{d}V\xlongequal{\text{球面坐标}}Gm\mu\int_0^{2\pi}\mathrm{d}\theta\int_0^{\alpha}\mathrm{d}\varphi\int_0^{\frac{h}{\cos\varphi}}\frac{r\cos\varphi}{r^3}\cdot r^2\sin\varphi\,\mathrm{d}r$$

$$=Gm\mu\int_0^{2\pi}\mathrm{d}\theta\int_0^{\alpha}h\sin\varphi\,\mathrm{d}\varphi=2\pi Gm\mu h(1-\cos\alpha),$$

再由Ω质量均匀且体积$V=\frac{\pi}{3}h^3\tan^2\alpha$知$\mu=\frac{3M}{\pi h^3\tan^2\alpha}$，于是

$$F_z=\frac{6GmM}{h^2\tan^2\alpha}(1-\cos\alpha)$$

所以圆锥体Ω对质点的引力

$$\boldsymbol{F}=\left\{0,\ 0,\ \frac{6GmM}{h^2\tan^2\alpha}(1-\cos\alpha)\right\},\text{其大小}\ |\boldsymbol{F}|=\frac{6GmM}{h^2\tan^2\alpha}(1-\cos\alpha).$$

▶▶▶方法小结

(1) 物体Ω对质点引力的计算完全归结为公式(12-79)的运用.这里的关键在于对公式中所涉积分的计算,所以掌握多元函数的计算方法是求解引力问题的要点.

(2) 处理引力问题的第二要点是微元法的运用.对于有些复杂的引力问题,常常需要运用微元法来建立计算公式.

12.3 习 题 十 二

12-1 设函数$f(x,y)$连续,交换下列二次积分的积分次序:

(1) $\int_0^{\pi}\mathrm{d}x\int_0^{\sin x}f(x,y)\mathrm{d}y$；　　(2) $\int_0^1\mathrm{d}y\int_{y^2}^{\sin\frac{\pi}{2}y}f(x,y)\mathrm{d}x$.

12-2 计算下列二重积分:

(1) $\iint\limits_D xy\,\mathrm{d}x\,\mathrm{d}y$，其中$D$由曲线$y=\sqrt{x}$，$x+y=2$和$y$轴围成；

(2) $\iint\limits_D\frac{y^2}{x^2+y^2}\mathrm{d}x\,\mathrm{d}y$，其中$D=\{(x,y)\mid 1\leqslant y\leqslant\sqrt{3},\ 0\leqslant x\leqslant y^2\}$；

(3) $\iint\limits_D\frac{y}{(1-x^2+y^2)^{\frac{3}{2}}}\mathrm{d}x\,\mathrm{d}y$，其中$D=\left\{(x,y)\mid 0\leqslant y\leqslant 1,\ x^2\leqslant\frac{1}{2}(1+y^2)\right\}$.

12-3　计算下列二次积分：

(1) $\int_0^{\sqrt{\pi}}\mathrm{d}x\int_x^{\sqrt{\pi}}\sin(y^2)\mathrm{d}y$；　(2) $\int_2^4\mathrm{d}y\int_{\frac{y}{2}}^2 \mathrm{e}^{x^2-2x}\mathrm{d}x$；

(3) $\int_{\frac{1}{4}}^{\frac{1}{2}}\mathrm{d}y\int_{\frac{1}{2}}^{\sqrt{y}}\mathrm{e}^{\frac{y}{x}}\mathrm{d}x+\int_{\frac{1}{2}}^{1}\mathrm{d}y\int_y^{\sqrt{y}}\mathrm{e}^{\frac{y}{x}}\mathrm{d}x$；　(4) $\int_0^{\pi}\mathrm{d}x\int_x^{\sqrt{\pi x}}\dfrac{\sin y}{y}\mathrm{d}y$；

(5) $\int_{-\frac{\pi}{2}}^{0}\mathrm{d}x\int_0^1\dfrac{1}{\dfrac{\pi}{2}+\arcsin y}\mathrm{d}y+\int_0^{\frac{\pi}{2}}\mathrm{d}x\int_{\sin x}^1\dfrac{1}{\dfrac{\pi}{2}+\arcsin y}\mathrm{d}y.$

12-4　化下列二重积分为极坐标下的二次积分：

(1) $\iint\limits_D f(x+y)\mathrm{d}x\mathrm{d}y$，其中 $D=\{(x,\ y)\mid \sqrt{y}\leqslant x\leqslant\sqrt{2-y^2},\ 0\leqslant y\leqslant 1\}$；

(2) $\iint\limits_D f(x,\ y)\mathrm{d}x\mathrm{d}y$，其中 $D=\{(x,\ y)\mid 4\leqslant x^2+y^2\leqslant 2(x+y)\}$.

12-5　计算下列二重积分：

(1) $\iint\limits_D xy\mathrm{d}\sigma$，其中 $D=\{(x,\ y)\mid y\geqslant 0,\ 1\leqslant x^2+y^2\leqslant 2x\}$；

(2) $\iint\limits_D \mathrm{e}^{xy}\mathrm{d}\sigma$，其中 $D=\{(x,\ y)\mid 1\leqslant xy\leqslant 2,\ x\leqslant y\leqslant 2x\}$；

(3) $\iint\limits_D xy\mathrm{e}^{1-x^2-y^2}\mathrm{d}\sigma$，其中 $D=\{(x,\ y)\mid x\geqslant 0,\ y\geqslant 0,\ x^2+y^2\leqslant 1\}$；

(4) $\iint\limits_D \dfrac{1}{x(x^2+y^2)}\mathrm{d}\sigma$，其中 $D=\{(x,\ y)\mid x\geqslant 1,\ (x-1)^2+y^2\leqslant 1\}$；

(5) $\iint\limits_D \sqrt{\dfrac{1-x^2-y^2}{1+x^2+y^2}}\mathrm{d}\sigma$，其中 $D=\{(x,\ y)\mid x^2+y^2\leqslant 1\}$；

(6) $\iint\limits_D |x^2-y^2|\mathrm{d}\sigma$，其中 D 由 $x=\sqrt{2-y^2}$ 与 $x=1-\sqrt{1-y^2}$ 围成.

12-6　计算下列二次积分：

(1) $\int_0^1\mathrm{d}x\int_{1-x}^{\sqrt{1-x^2}}(x^2+y^2)^{-\frac{3}{2}}\mathrm{d}y$；　(2) $\int_0^{\frac{\sqrt{2}}{2}}\mathrm{d}y\int_y^{\sqrt{1-y^2}}\arctan\dfrac{y}{x}\mathrm{d}x$；

(3) $\int_0^1\mathrm{d}y\int_y^{\sqrt{2-y^2}}\dfrac{\arctan\dfrac{y}{x}}{\sqrt{x^2+y^2}}\mathrm{d}x$；　(4) $\int_0^1\mathrm{d}x\int_0^{\sqrt{\sqrt{x^3}-x^2}}\dfrac{1}{\sqrt[3]{x^2+y^2}}\mathrm{d}y.$

12-7　计算下列积分：

(1) $\iint\limits_D \mathrm{e}^{\frac{x}{x+y}}\mathrm{d}\sigma$，其中 D 由直线 $y=0$，$x+y=1$，$y=x$ 围成；

(2) $\iint\limits_D (1+x+x^2)\arcsin\dfrac{y}{R}\mathrm{d}\sigma$，其中 $D=\{(x,\ y)\mid (x-R)^2+y^2\leqslant R^2\}$；

(3) $\iint\limits_D (x\sin y^2+y\sin x^2)\mathrm{d}\sigma$，其中 D 由双纽线 $(x^2+y^2)^2=2(x^2-y^2)$ 围成；

(4) $\iint\limits_D (xy^2+yx^2)\mathrm{d}\sigma$，其中 D 由双纽线 $(x^2+y^2)^2=2xy$ 围成；

(5) $\iint\limits_D xy\mathrm{d}\sigma$，其中 D 由双纽线 $(x^2+y^2)^2=2xy$ 围成；

(6) $\iint\limits_D \left(\sqrt[3]{x^2+y^2}-\dfrac{x\cos y}{\sqrt{1+3x^2+y^2}}\right)\mathrm{d}\sigma$，其中 $D=\{(x,y)\mid x^2+y^2\leqslant 1\}$；

(7) $\iint\limits_D xy\sin(1-y)^{\frac{1}{3}}\mathrm{d}\sigma$，其中 D 由 $\sqrt{x}+\sqrt{y}=1$，$y=0$，$x=0$ 围成；

(8) $\iint\limits_D \dfrac{|xy|}{x^2+y^2}\mathrm{d}\sigma$，其中 D 为椭圆域 $\dfrac{x^2}{a^2}+\dfrac{y^2}{b^2}\leqslant 1$.

12－8 把下列三重积分化为直角坐标系下的三次积分：

(1) $\iiint\limits_\Omega f(x,y,z)\mathrm{d}V$，其中 Ω 由 $z=x^2+y^2$，$x+y=1$ 与三个坐标面围成；

(2) $\iiint\limits_\Omega f(x,y,z)\mathrm{d}V$，其中 Ω 是由 $z=x^2+2y^2$ 及 $z=2-x^2$ 所围成的区域；

(3) $\iiint\limits_\Omega f(x,y,z)\mathrm{d}V$，其中 $\Omega=\{(x,y,z)\mid 0\leqslant x\leqslant 2,0\leqslant y\leqslant 2,0\leqslant z\leqslant 2,x+y+z\leqslant 3\}$.

12－9 计算下列三重积分：

(1) $\iiint\limits_\Omega \left(\dfrac{x}{a}+\dfrac{y}{b}+\dfrac{z}{c}\right)\mathrm{d}V$，其中 Ω 由三个坐标面和平面 $\dfrac{x}{a}+\dfrac{y}{b}+\dfrac{z}{c}=1\ (a,b,c>0)$ 围成；

(2) $\iiint\limits_\Omega y\mathrm{d}V$，其中 Ω 是由 $y\leqslant z\leqslant 4-x^2-y^2$ 及 $0\leqslant x\leqslant 1$，$0\leqslant y\leqslant 1$ 所确定的区域；

(3) $\iiint\limits_\Omega |z-x-1|\mathrm{d}V$，其中 Ω 是由 $|x|+|y|\leqslant 1$，$0\leqslant z\leqslant 2$，所确定的区域；

(4) $\iiint\limits_\Omega z\mathrm{d}V$，其中 Ω 是由圆柱面 $x^2+y^2=2y$ 和平面 $z=0$，$z=y$ 围成；

(5) $\iiint\limits_\Omega xy^2\mathrm{d}V$，其中 Ω 是由平面 $z=0$，$x=1$，$y=z-x$ 和 $y=x-z$ 围成；

(6) $\iiint\limits_\Omega (x^2+y^2)z^2\mathrm{d}V$，其中 $\Omega=\left\{(x,y,z)\,\middle|\,\sqrt{\dfrac{x^2+y^2}{3}}\leqslant z\leqslant\sqrt{3}\right\}$；

(7) $\iiint\limits_\Omega \dfrac{z\ln(1+x^2+y^2+z^2)}{1+x^2+y^2+z^2}\mathrm{d}V$，其中 Ω 是上半单位球体 $0\leqslant z\leqslant\sqrt{1-x^2-y^2}$；

(8) $\iiint\limits_\Omega \dfrac{1}{x^2+y^2+z^2}\mathrm{d}V$，其中 Ω 由 $z^2=3(x^2+y^2)$ 与 $x^2+y^2=y$ 围成；

(9) $\iiint\limits_\Omega \left[\dfrac{\sin\sqrt{x^2+y^2+z^2}}{x^2+y^2+z^2}+\sin^3(2x-2y+z)\right]\mathrm{d}V$，其中 Ω 是由 $\dfrac{\pi^2}{4}\leqslant x^2+y^2+z^2\leqslant\pi^2$ 所确定的区域；

(10) $\iiint\limits_\Omega \dfrac{3+4x^2+5y^2+6z^2}{3+x^2+y^2+z^2}\mathrm{d}V$，其中 $\Omega=\{(x,y,z)\mid 0\leqslant x\leqslant 2,0\leqslant y\leqslant 2,0\leqslant z\leqslant 2\}$.

12－10 以适当的方式通过改变积分次序计算下列三次积分：

(1) $\int_0^4 dz\int_0^1 dy\int_{2y}^2 \frac{2\cos x^2}{\sqrt{z}}dx$； (2) $\int_0^1 dx\int_0^x dz\int_0^z \frac{\sin y}{1-y}dy$.

12-11 计算下列曲线积分：

(1) $\int_L \sin 2x\, ds$，其中 L 为曲线 $y=\sin x\,(0\leqslant x\leqslant \pi)$；

(2) $\int_L \frac{1}{(1+x^2+y^2)^{\frac{3}{2}}}ds$，其中 L 是双曲螺线 $\rho=\frac{1}{\theta}$ 从 $\theta=\sqrt{3}$ 到 $\theta=2\sqrt{2}$ 的一段弧；

(3) $\int_L \sqrt{x^2+y^2+z^2}\,ds$，其中 L 为 $x=e^t\cos t,\ y=e^t\sin t,\ z=e^t\,(0\leqslant t\leqslant 2\pi)$；

(4) $\int_L |xy|\,ds$，其中 L 是椭圆 $\frac{x^2}{a^2}+\frac{y^2}{b^2}=1$；

(5) $\int_L \sqrt{x^2+y^2}\,ds$，其中 L 是 $(x^2+y^2)^3=4a^2x^2y^2$ 在第一象限的一支；

(6) $\int_L (2x+y^2-z^2)ds$，其中 L 是球面 $x^2+y^2+z^2=a^2$ 与平面 $x+y+z=a$ 的交线 $(a>0)$；

(7) $\int_L x^2 ds$，其中 L 是球面 $x^2+y^2+z^2=a^2$ 与平面 $x-y=0$ 的交线 $(a>0)$；

(8) $\int_L xy(x+y)ds$，其中 L 是双纽线 $(x^2+y^2)^2=2a^2xy$.

12-12 计算下列曲面积分：

(1) $\iint_\Sigma (x+y+z)dS$，其中 Σ 为平面 $x-2y+2z=6$ 上 $x^2+y^2\leqslant 1$ 的部分；

(2) $\iint_\Sigma (x+y+z)dS$，其中 Σ 为球面 $x^2+y^2+z^2=a^2$，$z\geqslant 0$ 的部分；

(3) $\iint_\Sigma (z^2-2x^2-2y^2)dS$，其中 Σ 为锥面 $z=\sqrt{3(x^2+y^2)}$ 被柱面 $x^2+y^2=2y$ 所截下的部分；

(4) $\iint_\Sigma \frac{1}{\sqrt{1-x^2-y^2}}dS$，其中 Σ 为锥面 $z=\sqrt{x^2+y^2}$ 上被柱面 $z^2=x$ 所截下的部分；

(5) $\iint_\Sigma \frac{z}{x^2+y^2+z^2}dS$，其中 Σ 为圆柱面 $x^2+y^2=R^2$ 在 $0\leqslant z\leqslant H$ 之间的部分；

(6) $\iint_\Sigma (ax+by+cz)^2 dS$，其中 Σ 为球面 $x^2+y^2+z^2=R^2$ 的部分.

12-13 计算下列立体 Ω 的表面积：

(1) Ω 由圆柱面 $x^2+y^2=9$，平面 $4y+3z=12$ 和 $4y-3z=12$ 围成；

(2) $\Omega=\left\{(x,y,z)\,\middle|\,\frac{|x|}{a}+\frac{|y|}{b}+\frac{|z|}{c}\leqslant 1\right\}$，$a$，$b$，$c$ 为正常数.

12-14 求圆柱面 $x^2+y^2=a^2$ 介于曲面 $z=a+\frac{x^2}{a}$ 与 $z=0$ 之间的面积 $(a>0)$.

12-15 试证明：球面 $x^2+y^2+z^2=R^2$ 夹在平面 $z=a$ 与 $z=a+h$ 之间的“球带”面积，只与 h 有关而与 a 无关 $(-R\leqslant a<a+h\leqslant R)$.

12-16 一个海岛的陆地表面的曲面方程为

$$z=10^2\left(1-\frac{x^2+y^2}{10^6}\right),$$

水平面 $z=0$ 对应于低潮的位置,而 $z=6$ 对应于高潮的位置,试求高潮和低潮时小岛上露出水面的面积之比.

12-17 计算下列立体的体积:

(1) $\Omega=\{(x,y,z)\mid x^2+y^2\leqslant 1,0\leqslant z\leqslant 6-2x-2y\}$;

(2) $\Omega=\{(x,y,z)\mid x^2+y^2\leqslant 1+z^2,|z|\leqslant 1\}$;

(3) Ω 由曲面 $z=6-(x^2+y^2)$ 和 $z=\sqrt{x^2+y^2}$ 围成;

(4) Ω 由曲面 $(x^2+y^2+z^2)^2=a(x^2+y^2)z\ (a>0)$ 围成.

12-18 求平面薄板 $D=\{(x,y)\mid x\geqslant 0,y\geqslant 0,1\leqslant x^2+y^2\leqslant 4\}$ 的质心坐标,其中密度 $\mu=\dfrac{1}{x^2+y^2}$.

12-19 若已知摆线 $x=a(y-\sin t)$, $y=a(1-\cos t)$ $(0\leqslant t\leqslant 2\pi)$ 上任一点处的密度等于该点的纵坐标,试求

(1) 该摆线弧的质量; (2) 该摆线弧的质心坐标; (3) 该摆线弧的关于 x 轴的转动惯量.

12-20 有一质量均匀分布的等腰三角形薄板,其密度为 a,高为 h,质量为 M,求它绕下列轴 L 的转动惯量 I:

(1) 以底上之高为轴; (2) 以底边为轴; (3) 以过顶点且平行于底边的直线为轴.

12-21 质量为 M 的均匀圆锥体 Ω,由锥面 $Rz=H\sqrt{x^2+y^2}$ 和平面 $z=H$ 围成,试求:

(1) 质心坐标; (2) 关于中心轴的转动惯量; (3) 关于底直径的转动惯量.

12-22 在半径为 R 的球体上以某条直径为中心轴,打穿一个半径为 $\dfrac{R}{2}$ 的圆孔,试求剩下部分物体绕中心轴的转动惯量,设其密度 μ 为常数.

12-23 有一密度均匀的半球,半径为 R,面密度为 μ,求它对球心处质量为 m 的质点的引力.

12-24 设 $f'(x)$ 在点 $x=0$ 处连续,且 $f(0)=0$, $f'(0)=5$,求极限

$$\lim_{t\to 0^+}\frac{1}{t^5}\iiint\limits_{x^2+y^2+z^2\leqslant t^2}f(x^2+y^2+z^2)\,\mathrm{d}x\,\mathrm{d}y\,\mathrm{d}z.$$

12-25 求极限 $\displaystyle\lim_{t\to 0^+}\frac{1}{t^3}\int_0^t\mathrm{d}x\int_{x^2}^{xt}\sqrt{1+\mathrm{e}^{-(x^2+y^2)}}\,\mathrm{d}y$.

12-26 若 $f(x,y)$ 在有界闭区域 D 上连续,且在 D 的任一子区域 D^* 上有 $\displaystyle\iint\limits_{D^*}f(x,y)\mathrm{d}\sigma=0$,试证明:在 D 内恒有 $f(x,y)=0$.

12-27 设 Ω 是有界闭几何形体,函数 $f(P)$ 和 $g(P)$ 在 Ω 上连续,$g(P)$ 在 Ω 上不变号,求证:存在 $P_0\in\Omega$ 使得

$$\int_{\Omega} f(P)g(P)\mathrm{d}\Omega = f(P_0)\int_{\Omega} g(P)\mathrm{d}\Omega,$$

上式为多元函数积分的广义积分中值定理.

12-28　设函数 $f(u)$ 在 $[0, 1]$ 上连续,证明:

$$\int_0^{\pi}\mathrm{d}y\int_0^{y} f(\sin x)\mathrm{d}x = \int_0^{\pi} x f(\sin x)\mathrm{d}x.$$

12-29　试证明:铅直置于水中的平面薄板,其一侧所受的水压力等于该板的面积与该板形心处水的压强的乘积.

12-30　设 Σ 是球面 $(x-a)^2+(y-a)^2+(z-a)^2=2a^2(a>0)$,证明:

$$\oint\!\!\!\oint_{\Sigma}(x+y+z-\sqrt{3}a)\mathrm{d}S \leqslant 12\pi a^3.$$

第13章 向量函数的积分

多元函数积分讨论了多元数量值函数在平面区域、空间立体、曲线、曲面4种几何形体上的积分问题.本章所讨论的向量值函数积分属于另外一种类型的积分,它是计算与向量值函数(即向量场)有关的量在曲线与曲面上的积分问题.这类问题在计算变力沿曲线做功,描述流体流动,解释穿过曲面的电通量等问题时会经常遇到,因此也具有广泛的应用背景,这类积分就是第二型曲线积分与第二型曲面积分.

13.1 本章解决的主要问题

(1) 第二型平面曲线积分的计算;

(2) 第二型空间曲线积分的计算;

(3) 第二型曲面积分的计算;

(4) 与第二型曲线、曲面积分有关的积分等式与不等式问题;

(5) 第二型曲线、曲面积分的应用.

13.2 典型问题解题方法与分析

13.2.1 第二型平面曲线积分的计算与格林公式

▶▶▶基本方法

(1) 将第二型平面曲线积分化为定积分计算;

(2) 运用格林公式计算;

(3) 运用第二型平面曲线积分与积分路径无关性质以及曲线积分基本定理计算.

13.2.1.1 将第二型平面曲线积分化为定积分计算

1) 第二型平面曲线积分化为定积分的公式

设向量值函数 $\boldsymbol{f}(x,y)=\{P(x,y),Q(x,y)\}$ 在积分路径 $L:\begin{cases}x=x(t)\\y=y(t)\end{cases}(\alpha\leqslant t\leqslant\beta)$ 上连续,

并且当参数 t 从 α 变动到 β 时，曲线上的点 $M(x, y)$ 从点 A 沿 L 变动到点 B(图 13-1)，则 $\boldsymbol{f}(x, y)$ 沿 L 从 A 点到 B 点的第二型平面曲线积分

$$\int_L \boldsymbol{f}(x, y)\cdot \mathrm{d}\boldsymbol{s} = \int_L P(x, y)\mathrm{d}x + Q(x, y)\mathrm{d}y$$

$$= \int_\alpha^\beta [P(x(t), y(t))x'(t) + Q(x(t), y(t))y'(t)]\mathrm{d}t \tag{13-1}$$

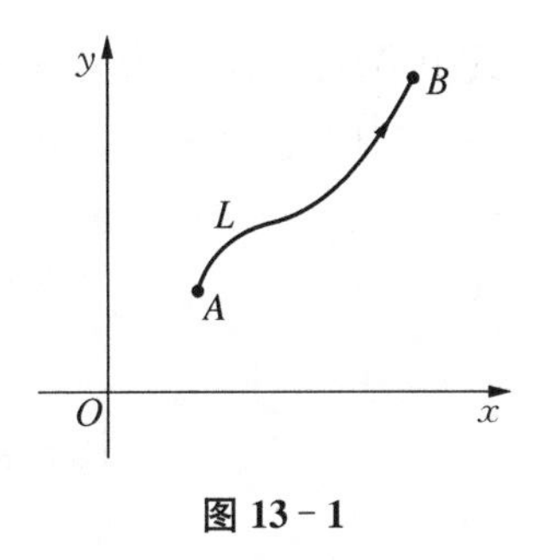

图 13-1

2) 两类曲线积分之间的关系

$$\int_L \boldsymbol{f}(x, y)\cdot \mathrm{d}\boldsymbol{s} - \int_L \boldsymbol{f}(x, y)\cdot \boldsymbol{t}^\circ \mathrm{d}s \tag{13-2}$$

其中 $\boldsymbol{t}^\circ = \{\cos(\boldsymbol{t}, x), \cos(\boldsymbol{t}, y)\}$ 为曲线正切向的单位化向量，式(13-2)也可表示为

$$\int_L P(x, y)\mathrm{d}x + Q(x, y)\mathrm{d}y = \int_L [P(x, y)\cos(\boldsymbol{t}, x) + Q(x, y)\cos(\boldsymbol{t}, y)]\mathrm{d}s \tag{13-3}$$

▶▶▶方法运用注意点

(1) 第二型平面曲线积分与积分路径的方向有关.式(13-1)将第二型平面曲线积分化为定积分，其方向性体现在定积分的上、下限上.它遵循以下规则：当积分变量 t 从积分下限 α 变化到积分上限 β 时，曲线上的点从 A 点移动到 B 点，即与有向曲线 L 的正方向一致，这一点与第一型曲线积分不同.

(2) 曲线积分中的函数 $P(x, y)$，$Q(x, y)$ 在积分路径 L 上取值，即点 (x, y) 在曲线 L 上，这一点与第一型曲线积分相同.

(3) 式(13-1)中曲线积分的被积表达式与定积分的被积表达式之间的转换方法是：将曲线 L 的参数方程 $L: \begin{cases} x = x(t) \\ y = y(t) \end{cases}$ 代入曲线积分被积函数中的 x，y，并且 $\mathrm{d}x$，$\mathrm{d}y$ 用 $\mathrm{d}x = x'(t)\mathrm{d}t$，$\mathrm{d}y = y'(t)\mathrm{d}t$ 代入即可.

(4) 第一型曲线积分中的对称性、奇偶性性质对第二型曲线积分一般不成立，需要条件，所以使用需慎重.

▶▶▶典型例题解析

例 13-1　计算 $\int_L y\cos xy\mathrm{d}x + x\sin xy\mathrm{d}y$，其中 L 为自点 $(\pi, 0)$ 沿直线到点 $(\pi, 1)$，再沿双曲线 $xy = \pi$ 到点 $(1, \pi)$，又沿直线到点 $(0, \pi)$.

分析：L 的图形如图 13-2 所示.L 由直角坐标方程分段给出，利用积分的分域性质及式(13-1)计算.

解：利用积分的分域性质

$$\int_L = \int_{AB} + \int_{BC} + \int_{CD},$$

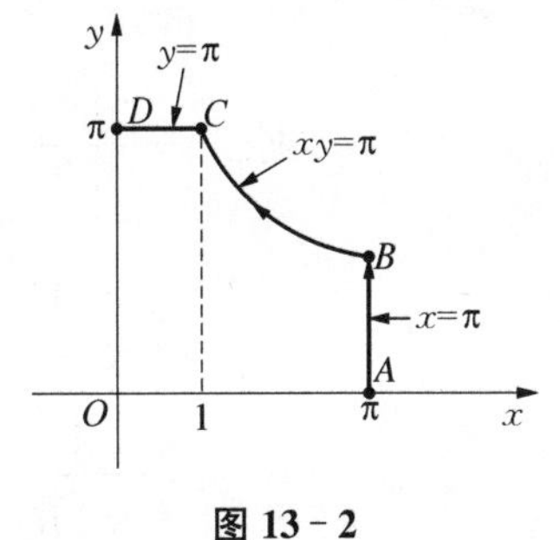

图 13-2

其中 AB：$x=\pi$，$0\leqslant y\leqslant 1$，BC：$xy=\pi$，$1\leqslant x\leqslant\pi$，CD：$y=\pi$，$0\leqslant x\leqslant 1$.

利用式(13-1)，并注意被积函数在积分路径上取值，有

$$\int_{AB} y\cos xy\mathrm{d}x+x\sin xy\mathrm{d}y=\int_{AB} x\sin xy\mathrm{d}y=\int_0^1\pi\sin\pi y\mathrm{d}y=2,$$

$$\int_{BC} y\cos xy\mathrm{d}x+x\sin xy\mathrm{d}y=\int_{BC} -y\mathrm{d}x=-\int_\pi^1\frac{\pi}{x}\mathrm{d}x=\pi\ln\pi,$$

$$\int_{CD} y\cos xy\mathrm{d}x+x\sin xy\mathrm{d}y=\int_{CD} y\cos xy\mathrm{d}x=\int_1^0\pi\cos\pi x\,\mathrm{d}x=0,$$

所以所求的积分 $$\int_L y\cos xy\mathrm{d}x+x\sin xy\mathrm{d}y=2+\pi\ln\pi.$$

例 13-2 计算 $\int_L\frac{x^3\mathrm{d}y-y^3\mathrm{d}x}{x^{\frac{8}{3}}+y^{\frac{8}{3}}}$，其中 L 是星形线 $x=R\cos^3t$，$y=R\sin^3t(0\leqslant t\leqslant 2\pi)$ 的正向.

分析：积分路径 L 由参数方程给出，可考虑利用式(13-1)化为定积分计算.

解：由于 t 从 0 变化到 2π 时，曲线上的点沿曲线 L 的正向变化，于是利用式(13-1)

$$\begin{aligned}原式&=\int_0^{2\pi}\frac{R^3\cos^9t\cdot 3R\sin^2t\cos t-R^3\sin^9t\cdot 3R\cos^2t(-\sin t)}{R^{\frac{8}{3}}(\cos^8t+\sin^8t)}\mathrm{d}t\\&=3R^{\frac{4}{3}}\int_0^{2\pi}\frac{\cos^{10}t\cdot\sin^2t+\sin^{10}t\cos^2t}{\cos^8t+\sin^8t}\mathrm{d}t=3R^{\frac{4}{3}}\int_0^{2\pi}\sin^2t\cos^2t\mathrm{d}t\\&=\frac{3}{4}R^{\frac{4}{3}}\int_0^{2\pi}\sin^22t\mathrm{d}t=\frac{3}{4}R^{\frac{4}{3}}\int_0^{2\pi}\frac{1}{2}(1-\cos 4t)\mathrm{d}t=\frac{3\pi}{4}R^{\frac{4}{3}}.\end{aligned}$$

例 13-3 计算 $\int_L\frac{x^2y^{\frac{3}{2}}\mathrm{d}y-xy^{\frac{5}{2}}\mathrm{d}x}{(x^2+y^2)^3}$，其中 L 是圆周 $x^2+y^2=R^2$ 在第一象限中自点 $(R,0)$ 到点 $(0,R)$ 的弧段 $(R>0)$.

分析：L 由隐函数方程给出，可先考虑将 L 化为参数方程.这里应注意，本例应先运用被积函数在 L 上取值的性质去掉分母函数，简化被积表达式.

解：L 可化为参数方程 $x=R\cos t$，$y=R\sin t$，$0\leqslant t\leqslant\frac{\pi}{2}$. 利用式(13-1)，并注意被积函数在 L 上取值，有

$$\begin{aligned}原式&=\int_L\frac{x^2y^{\frac{3}{2}}\mathrm{d}y-xy^{\frac{5}{2}}\mathrm{d}x}{R^6}=\frac{1}{R^6}\int_L x^2y^{\frac{3}{2}}\mathrm{d}y-xy^{\frac{5}{2}}\mathrm{d}x\\&=\frac{1}{R^6}\int_0^{\frac{\pi}{2}}[(R\cos t)^2\cdot(R\sin t)^{\frac{3}{2}}\cdot R\cos t-R\cos t\,(R\sin t)^{\frac{5}{2}}(-R\sin t)]\mathrm{d}t\\&=\frac{1}{R\sqrt{R}}\int_0^{\frac{\pi}{2}}\sin^{\frac{3}{2}}t\cos t\mathrm{d}t=\frac{2}{5R\sqrt{R}}.\end{aligned}$$

例 13-4　计算 $\int_L xy(y\mathrm{d}x - x\mathrm{d}y)$，其中 L 为双纽线 $(x^2+y^2)^2=a^2(x^2-y^2)(x\geqslant 0)$ 的正向.

分析：曲线 L 由隐函数方程给出，应先考虑将 L 化为参数方程.根据 L 的方程形式，可先把它化为极坐标方程.

解：L 的极坐标方程为 $\rho = a\sqrt{\cos 2\theta}$，$-\frac{\pi}{4}\leqslant\theta\leqslant\frac{\pi}{4}$. 于是 L 的参数方程

$$L:\begin{cases}x=a\sqrt{\cos 2\theta}\cos\theta\\ y=a\sqrt{\cos 2\theta}\sin\theta\end{cases},\ -\frac{\pi}{4}\leqslant\theta\leqslant\frac{\pi}{4},$$

由 $\mathrm{d}x=-\frac{a\sin 3\theta}{\sqrt{\cos 2\theta}}\mathrm{d}\theta$，$\mathrm{d}y=\frac{a\cos 3\theta}{\sqrt{\cos 2\theta}}\mathrm{d}\theta$，运用式(13-1)，得

$$\begin{aligned}原式&=\int_{-\frac{\pi}{4}}^{\frac{\pi}{4}} a^2\cos 2\theta\cos\theta\ \sin\theta(-a^2\sin\theta\ \sin 3\theta - a^2\cos\theta\ \cos 3\theta)\mathrm{d}\theta\\ &=-a^4\int_{-\frac{\pi}{4}}^{\frac{\pi}{4}}\cos^2 2\theta\cos\theta\ \sin\theta\ \mathrm{d}\theta=0.\end{aligned}$$

▶▶▶方法小结

将第二型平面曲线积分化为定积分计算是计算第二型平面曲线积分的最基本的方法，其计算步骤为：

(1) 将积分路径 L 化为参数方程 $x=x(t)$，$y=y(t)(\alpha\leqslant t\leqslant\beta)$. 这一步骤是运用公式(13-1)的基本前提.当 L 不为参数方程，例如为隐函数方程时，首先应设法将其表示为参数方程(例 13-3，例 13-4).

(2) 根据给定曲线 L 的正向情况，确定式(13-1)中定积分的积分上、下限，使得当 t 从积分下限 α 变化到积分上限 β 时，曲线上点的变化方向与所给曲线的正向一致.

(3) 将曲线 L 的表达式 $x=x(t)$，$y=y(t)$ 代入曲线积分的被积表达式，计算定积分.

13.2.1.2　运用格林公式计算第二型平面曲线积分

格林公式　设 D 是以逐段光滑曲线 L 为边界的平面区域，函数 $P(x, y)$，$Q(x, y)$ 在 D 上具有一阶连续偏导数，则有

$$\oint_L P(x, y)\mathrm{d}x + Q(x, y)\mathrm{d}y = \iint_D\left(\frac{\partial Q}{\partial x}-\frac{\partial P}{\partial y}\right)\mathrm{d}\sigma, \tag{13-4}$$

其中曲线积分沿闭曲线 L 的正向.

▶▶▶方法运用注意点

(1) 格林公式(13-4)将闭曲线 L 上的第二型平面曲线积分化为 L 所界区域 D 上的二重积分，这种转换的主要意义在于：对式(13-4)右边二重积分的计算比对左边第二型平面曲线积分化为定积分

计算方便.

(2) 格林公式要求积分路径 L 为闭曲线,且曲线积分沿着 L 的正向.

(3) 注意格林公式要求函数 $P(x, y)$, $Q(x, y)$ 在 D 及其边界曲线 L 上具有一阶连续偏导数$\left(\text{可以放宽成 } P(x, y), Q(x, y) \text{ 及 } \dfrac{\partial Q}{\partial x}, \dfrac{\partial P}{\partial y} \text{ 在 } D \text{ 及 } L \text{ 上连续}\right)$.当 $P(x, y)$, $Q(x, y)$ 在 D 中有偏导数不存在的点,或者 $\dfrac{\partial Q}{\partial x}$, $\dfrac{\partial P}{\partial y}$ 不连续的点(这类点统称为奇点)时,格林公式不能使用.

▶▶▶典型例题解析

例 13-5 计算 $\oint_L e^{-x}(1+\cos y)dx+e^{-x}(1+\sin y)dy$,其中 L 为区域 $0\leqslant y\leqslant 1-x^2$ 的边界线的正向.

分析: L 所界的区域图形如图 13-3 所示.若将曲线积分化为定积分,可见在抛物线段上化成的定积分计算是烦琐的,此时可考虑运用格林公式计算.

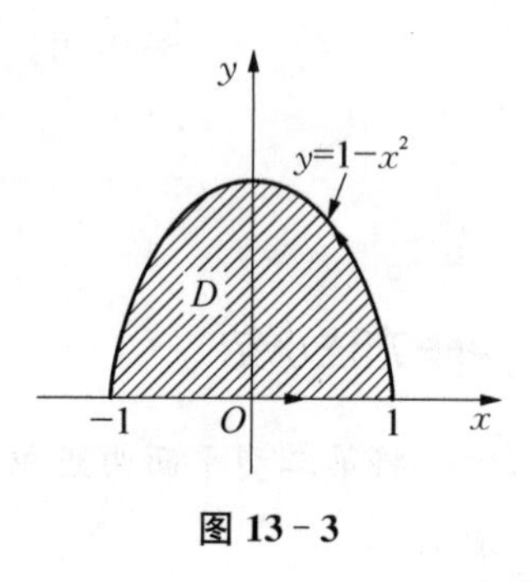

图 13-3

解: 由 $P(x, y)=e^{-x}(1+\cos y)$, $Q(x, y)=e^{-x}(1+\sin y)$ 在 R^2 上具有一阶连续的偏导数,积分沿闭曲线 L 的正向,且

$$\frac{\partial Q}{\partial x}=-e^{-x}(1+\sin y),\ \frac{\partial P}{\partial y}=-e^{-x}\sin y,$$

运用格林公式(13-4),有

$$\text{原式}=\iint_D\left(\frac{\partial Q}{\partial x}-\frac{\partial P}{\partial y}\right)d\sigma=-\iint_D e^{-x}d\sigma=-\int_{-1}^{1}dx\int_0^{1-x^2}e^{-x}dy$$
$$=-\int_{-1}^{1}(1-x^2)e^{-x}dx=-\frac{4}{e}.$$

例 13-6 计算 $\oint_L \sqrt{x^2+y^2}\,dx+y[xy+\ln(x+\sqrt{x^2+y^2})]dy$,其中 L 是区域 D: $0\leqslant y\leqslant \sqrt[3]{x}$, $a\leqslant x\leqslant 2a(a>0)$ 的反时针的边界线.

分析: L 的图形如图 13-4 所示.显然本例化为定积分无法计算,故应考虑采用格林公式求解.

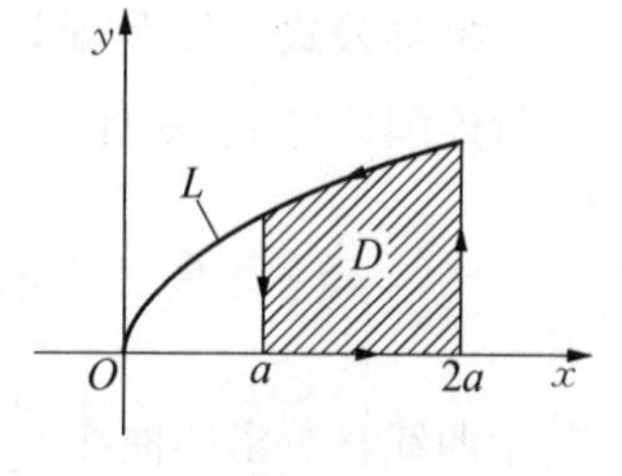

图 13-4

解: 记 L 所界的区域为 D,则 D 及其 L 不包含函数

$$P=\sqrt{x^2+y^2},\ Q=y[xy+\ln(x+\sqrt{x^2+y^2})]$$

的奇点 $(0, 0)$,并且 $P, Q\in C^1(D+\partial D)$ ①.利用格林公式(13-4),有

① $C^1(D)$ 表示在 D 上具有一阶连续偏导数的函数全体所成的集合.

$$原式=\iint_D\left(\frac{\partial Q}{\partial x}-\frac{\partial P}{\partial y}\right)d\sigma=\iint_D\left[\left(y^2+\frac{y}{\sqrt{x^2+y^2}}\right)-\frac{y}{\sqrt{x^2+y^2}}\right]d\sigma$$

$$=\iint_D y^2 d\sigma=\int_a^{2a}dx\int_0^{\sqrt[3]{x}}y^2dy=\frac{1}{3}\int_a^{2a}x\,dx=\frac{1}{2}a^2.$$

例 13-7　计算 $\int_L(xe^y+x^2)dy+(e^y-xy)dx$，其中 L 是圆周 $y=\sqrt{2x-x^2}$ 上自点 (0, 0) 到点 $A(1, 1)$ 的一段有向弧.

分析：L 的图形如图 13-5 所示.从被积函数和积分路径 L 的方程可见，本例化为定积分计算是烦琐的，但注意到 $\frac{\partial Q}{\partial x}-\frac{\partial P}{\partial y}=3x$，本例利用格林公式计算是可尝试的.由于 L 为非封闭曲线，为此为了利用格林公式，首先需要添置连接 OA 两点的有向曲线，使之与原路径 L 构成封闭曲线，并形成正向或负向.由于添加的有向曲线段上的积分要减去，所以该有向曲线段的选取应符合在其上的曲线积分化为定积分计算是方便的要求.

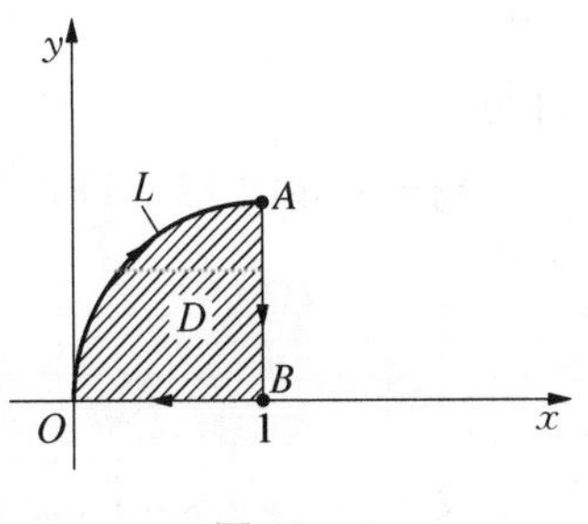

图 13-5

解：如图 13-5 所示，选取有向曲线

$$BO:\ y=0,\ 0\leqslant x\leqslant 1,\ AB:\ x=1,\ 0\leqslant y\leqslant 1，则有$$

$$原式=\int_L+\int_{AB}+\int_{BO}-\int_{AB}-\int_{BO}=\oint_{L+AB+BO}-\int_{AB}-\int_{BO}.$$

由 $P=e^y-xy,\ Q=xe^y+x^2\in C^1(R^2)$，且 $L+AB+BO$ 形成封闭曲线的负向，运用格林公式 (13-4)，有

$$\int_{L+AB+BO}(xe^y+x^2)dy+(e^y-xy)dx=-\iint_D\left(\frac{\partial Q}{\partial x}-\frac{\partial P}{\partial y}\right)d\sigma=-\iint_D 3x\,d\sigma=-3\int_0^1dx\int_0^{\sqrt{2x-x^2}}x\,dy$$

$$=-3\int_0^1x\sqrt{2x-x^2}\,dx=-3\int_0^1x\sqrt{1-(x-1)^2}\,dx$$

$$\xlongequal{x-1=\sin t}-3\int_{-\frac{\pi}{2}}^0(1+\sin t)\cos^2t\,dt$$

$$=-3\left(\int_{-\frac{\pi}{2}}^0\cos^2t\,dt+\int_{-\frac{\pi}{2}}^0\cos^2t\sin t\,dt\right)=1-\frac{3}{4}\pi,$$

而
$$\int_{AB}(xe^y+x^2)dy+(e^y-xy)dx=\int_{AB}(xe^y+x^2)dy=\int_1^0(e^y+1)dy=-e,$$

$$\int_{BO}(xe^y+x^2)dy+(e^y-xy)dx=\int_{BO}(e^y-xy)dx=\int_1^0dx=-1,$$

所以
$$原式=1-\frac{3}{4}\pi+e+1=2+e-\frac{3}{4}\pi.$$

说明：在计算中，常把添加的辅助有向曲线取成与坐标轴平行的直线，这样做的好处是 $\int_L P\,dx+Q\,dy$ 中的 dx 与 dy 至少有一个为零，从而可简化计算.

例 13-8 计算 $\int_L (xy-\sin x\sin y)\mathrm{d}x+(x^2+\cos x\cos y)\mathrm{d}y$，其中 L 自点 (0, 0) 出发，沿曲线 $y=x-x^2$ 至点 $A(1,0)$.

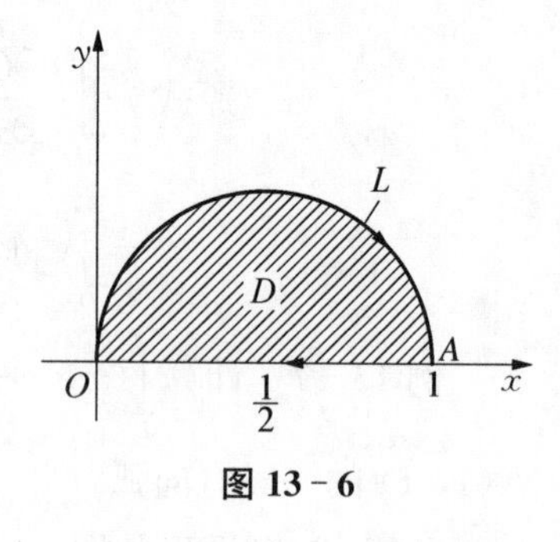

图 13-6

分析： L 的图形如图 13-6 所示.从 $\dfrac{\partial Q}{\partial x}=2x-\sin x\cos y$，$\dfrac{\partial P}{\partial y}=x-\sin x\cos y$ 知 $\dfrac{\partial Q}{\partial x}-\dfrac{\partial P}{\partial y}=x$ 简单，故本题应运用格林公式计算.

解一： 如图 13-6 所示，选取辅助有向曲线 AO：$y=0$，$0\leqslant x\leqslant 1$，则有

$$\text{原式}=\int_L+\int_{AO}-\int_{AO}=\oint_{L+AO}-\int_{AO}.$$

又 $P=xy-\sin x\cos y$，$Q=x^2+\cos x\cos y\in C^1(R^2)$，且 $L+AO$ 形成封闭曲线的负向，运用格林公式，有

$$\begin{aligned}\text{原式}&=\oint_{L+AO}-\int_{AO}=-\iint_D\left(\frac{\partial Q}{\partial x}-\frac{\partial P}{\partial y}\right)\mathrm{d}\sigma-\int_{AO}(xy-\sin x\sin y)\mathrm{d}x\\&=-\iint_D x\,\mathrm{d}\sigma-\int_1^0 0\mathrm{d}x=-\int_0^1\mathrm{d}x\int_0^{x-x^2}x\,\mathrm{d}y=-\int_0^1 x(x-x^2)\mathrm{d}x=-\frac{1}{12}.\end{aligned}$$

解二： 运用积分分解和曲线积分基本定理式(13-7)计算.

$$\begin{aligned}\text{原式}&=\int_L xy\mathrm{d}x+x^2\mathrm{d}y+\int_L\cos x\cos y\mathrm{d}y-\sin x\sin y\mathrm{d}x\\&=\int_0^1[x(x-x^2)+x^2(1-2x)]\mathrm{d}x+\int_L\mathrm{d}(\cos x\sin y)\\&=\int_0^1(2x^2-3x^3)\mathrm{d}x+(\cos x\sin y)\Big|_{(0,0)}^{(1,0)}=-\frac{1}{12}+0=-\frac{1}{12}.\end{aligned}$$

例 13-9 计算 $\int_L(\mathrm{e}^y+x\mathrm{e}^{x^2+y^2}-y^3-y\mathrm{e}^{-x})\mathrm{d}x+(\mathrm{e}^{-x}+y\mathrm{e}^{x^2+y^2}+x^3+x\mathrm{e}^y)\mathrm{d}y$，其中 L 是自点 $A(0,-1)$ 至点 $B(0,1)$ 的右半圆周 $x^2+y^2=1$.

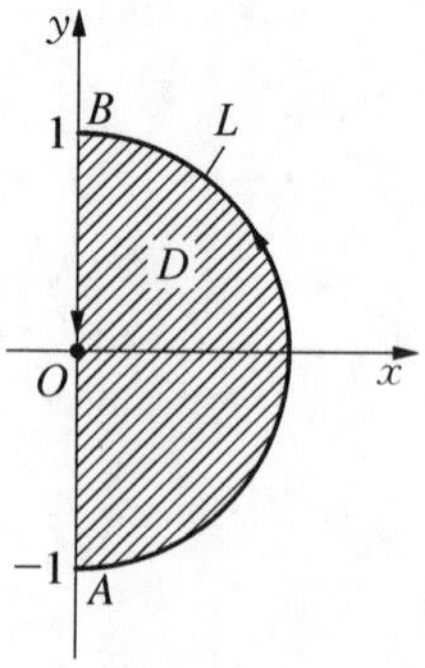

分析： L 的图形如图 13-7 所示.本例化为定积分计算也是不方便的，故仍应采用添辅助线利用格林公式的方法计算.

解： 由 L 的方程及被积函数的形式，注意到被积函数在曲线 L 上取值，所求积分可化简为

$$\text{原式}=\int_L(\mathrm{e}^y+\mathrm{e}x-y^3-y\mathrm{e}^{-x})\mathrm{d}x+(\mathrm{e}^{-x}+\mathrm{e}y+x^3+x\mathrm{e}^y)\mathrm{d}y.$$

图 13-7

可见 $P=\mathrm{e}^y+\mathrm{e}x-y^3-y\mathrm{e}^{-x}$，$Q=\mathrm{e}^{-x}+\mathrm{e}y+x^3+x\mathrm{e}^y\in C^1(R^2)$. 添置有向曲线 BA：$x=0$，$-1\leqslant y\leqslant 1$(图 13-7)，运用格林公式，有

$$\text{原式} = \oint_{L+BA} - \int_{BA} = \iint_D \left(\frac{\partial Q}{\partial x} - \frac{\partial P}{\partial y} \right) d\sigma - \int_L (e^{-x} + ey + x^3 + xe^y) dy$$
$$= \iint_D [(-e^{-x} + 3x^2 + e^y) - (e^y - 3y^2 - e^{-x})] d\sigma - \int_1^{-1} (1 + ey) dy$$
$$= 3\iint_D (x^2 + y^2) d\sigma + 2 = 3\int_{-\frac{\pi}{2}}^{\frac{\pi}{2}} d\theta \int_0^1 \rho^2 \cdot \rho\, d\rho + 2 = 2 + \frac{3}{4}\pi.$$

▶▶▶方法小结

计算第二型平面曲线积分最基本的方法是通过式(13－1)化为定积分计算.但是在计算中,经常会遇到以下情况:

(1) 运用式(13－1)化为定积分,定积分计算非常烦琐(例 13－5,例 13－7,例 13－8).

(2) 运用式(13－1)化为定积分,定积分无法计算(例 13－6).

(3) 格林公式(13－4)中的二重积分 $\iint_D \left(\frac{\partial Q}{\partial x} - \frac{\partial P}{\partial y} \right) d\sigma$ 计算方便(例 13－8,例 13－9).

此时,尝试采用格林公式计算就是一个很好的方法,以上所述的问题常常可以得到解决.格林公式按照以下两种方法使用:

(1) 对封闭的积分路径 L,在满足格林公式条件后可直接使用(例 13－5,例 13－6).

(2) 对非封闭的积分路径 L,可通过添置合适的有向曲线使之与 L 形成正向或负向的封闭曲线后使用.但要注意,添加的有向曲线应符合在其上的曲线积分化为定积分容易计算的要求(例 13－7,例 13－8,例 13－9).

13.2.1.3　运用曲线积分与路径无关、曲线积分基本定理计算第二型平面曲线积分

1) 第二型平面曲线积分与积分路径无关的等价条件

设 $P(x, y)$, $Q(x, y)$ 在平面单连通区域 D 内具有一阶连续的偏导数,则有以下等价结论:

曲线积分 $\int_L P(x, y)dx + Q(x, y)dy$ 在 D 内与路径无关

⇔ 对 D 内的任一封闭曲线 L,有 $\oint_L P(x, y)dx + Q(x, y)dy = 0$

⇔ 在 D 内处处成立 $\frac{\partial Q}{\partial x} = \frac{\partial P}{\partial y}$

⇔ 微分形式 $P(x, y)dx + Q(x, y)dy$ 在 D 内是一全微分式,即存在原函数 $\varphi(x, y)$ 使得在 D 内成立

$$d\varphi(x, y) = P(x, y)dx + Q(x, y)dy.$$

2) 微分形式 $P(x, y)dx + Q(x, y)dy$ 原函数的计算方法

(1) 运用曲线积分计算原函数 $\varphi(x, y)$

$$\varphi(x, y) = \int_{(x_0, y_0)}^{(x, y)} P(x, y)dx + Q(x, y)dy = \int_{x_0}^{x} P(x, y_0)dx + \int_{y_0}^{y} Q(x, y)dy \quad (13-5)$$

或 $$\varphi(x, y)=\int_{(x_0, y_0)}^{(x, y)} P(x, y)\mathrm{d}x+Q(x, y)\mathrm{d}y=\int_{y_0}^{y} Q(x_0, y)\mathrm{d}y+\int_{x_0}^{x} P(x, y)\mathrm{d}x \quad (13-6)$$

(2) 运用凑微分法计算原函数 $\varphi(x, y)$

将微分形式 $P(x, y)\mathrm{d}x+Q(x, y)\mathrm{d}y$ 通过凑微分的方法缩写成某一函数 $\varphi(x, y)$ 的全微分，即 $P(x, y)\mathrm{d}x+Q(x, y)\mathrm{d}y=\mathrm{d}\varphi(x, y)$，此时函数 $\varphi(x, y)$ 即为所求的原函数.

3）平面曲线积分的微积分基本定理

设 $P(x, y)$，$Q(x, y)$ 在平面单连通区域 D 上连续，$\varphi(x, y)$ 是微分形式 $P(x, y)\mathrm{d}x+Q(x, y)\mathrm{d}y$ 在 D 内的一个原函数，则对完全落在 D 内的以点 $A(x_1, y_1)$ 为起点，点 $B(x_2, y_2)$ 为终点的任意路径 L，有

$$\int_L P(x, y)\mathrm{d}x+Q(x, y)\mathrm{d}y=\int_L \mathrm{d}(\varphi(x, y))=\varphi(x, y)\Big|_{(x_1, y_1)}^{(x_2, y_2)}. \quad (13-7)$$

4）当有奇点时，封闭路径上曲线积分的性质

设 M_0 是 $P(x, y)$，$Q(x, y)$ 的奇点，且当 $M\neq M_0$ 时，$P(x, y)$，$Q(x, y)$ 具有一阶连续的偏导数，并 $\dfrac{\partial Q}{\partial x}=\dfrac{\partial P}{\partial y}$ 成立，则

(1) 当封闭的积分路径 L 不环绕且不经过奇点 M_0 时，总有

$$\oint_L P(x, y)\mathrm{d}x+Q(x, y)\mathrm{d}y=0 \quad (13-8)$$

(2) 当封闭的积分路径 L 环绕奇点 M_0 时，任意同方向路径上的积分值都相等，即

$$\oint_L P(x, y)\mathrm{d}x+Q(x, y)\mathrm{d}y\equiv C\ (\text{与路径 } L \text{ 无关的常数}) \quad (13-9)$$

▶▶▶方法运用注意点

(1) 曲线积分与路径无关的三个等价条件中的条件“$P(x, y)$，$Q(x, y)$ 在单连通区域 D 内具有一阶连续的偏导数”是重要的，当 D 内含有奇点时，这些结论不成立.

(2) 曲线积分与路径无关的性质是相对于区域 D 成立的.有时，曲线积分在一个大区域内不是与路径无关，但它可能在一个小区域内与路径无关，只要它在此小区域内满足与路径无关的条件即可.

(3) 当曲线积分在单连通区域 D 内与路径无关时，对此积分既可通过选取一简单路径计算，也可通过计算积分号下微分形式的原函数，利用曲线积分基本定理式(13-7)计算.

▶▶▶典型例题解析

例 13-10 计算 $\int_L \mathrm{e}^{-y}(\sin x\mathrm{d}x+\cos x\mathrm{d}y)$，其中 L 是自点 $A(0, 1)$ 至点 $B(2, 1)$ 的上半圆周 $(x-1)^2+(y-1)^2=1$.

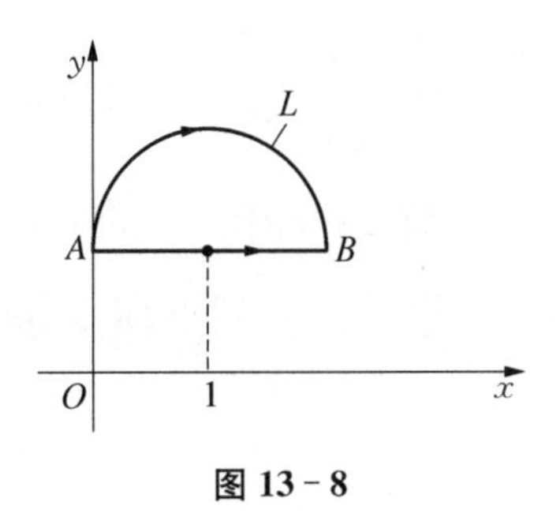

图 13-8

分析：L 的图形如图 13-8 所示，显然将曲线积分化为定积分计算是烦琐的.此时考虑计算 $\dfrac{\partial Q}{\partial x}$，$\dfrac{\partial P}{\partial y}$，根据 $\dfrac{\partial Q}{\partial x}$ 与 $\dfrac{\partial P}{\partial y}$ 是否相等来确定是应用格林公式还是应用与路径无关性质计算.

解一：由 $P=\mathrm{e}^{-y}\sin x$，$Q=\mathrm{e}^{-y}\cos x\in C^1(R^2)$，且

$$\frac{\partial Q}{\partial x}=-\mathrm{e}^{-y}\sin x=\frac{\partial P}{\partial y},\ (x,\ y)\in R^2$$

可知，积分在 R^2 上与路径无关，选取连接 A，B 两点的路径 AB：$y=1$，$0\leqslant x\leqslant 2$. 则有

$$\text{原式}=\int_{AB}\mathrm{e}^{-y}\sin x\,\mathrm{d}x+\mathrm{e}^{-y}\cos x\,\mathrm{d}y=\int_{AB}\mathrm{e}^{-y}\sin x\,\mathrm{d}x=\frac{1}{\mathrm{e}}\int_0^2\sin x\,\mathrm{d}x=\frac{1}{\mathrm{e}}(1-\cos 2).$$

解二：利用曲线积分基本定理式(13-7)计算.为此需求 $\mathrm{e}^{-y}\sin x\,\mathrm{d}x+\mathrm{e}^{-y}\cos x\,\mathrm{d}y$ 在 R^2 上的一个原函数，采用凑微分法.

$$\begin{aligned}P\,\mathrm{d}x+Q\,\mathrm{d}y&=\mathrm{e}^{-y}\sin x\,\mathrm{d}x+\mathrm{e}^{-y}\cos x\,\mathrm{d}y=-\mathrm{e}^{-y}\mathrm{d}(\cos x)-\cos x\,\mathrm{d}(\mathrm{e}^{-y})\\&=\mathrm{d}(-\mathrm{e}^{-y}\cos x),\quad (x,\ y)\in R^2,\end{aligned}$$

求得该微分形式在 R^2 上的一个原函数 $\varphi(x,\ y)=-\mathrm{e}^{-y}\cos x$，运用式(13-7)得

$$\text{原式}=(-\mathrm{e}^{-y}\cos x)\Big|_{(0,\ 1)}^{(2,\ 1)}=\frac{1}{\mathrm{e}}(1-\cos 2).$$

例 13-11　计算 $\displaystyle\int_L(2xy^3-y^2\cos x)\mathrm{d}x+(1-2y\sin x+3x^2y^2)\mathrm{d}y$，其中 L 为抛物线 $2x=\pi y^2$ 自点 $(0,\ 0)$ 到点 $\left(\dfrac{\pi}{2},\ 1\right)$ 的一段有向弧.

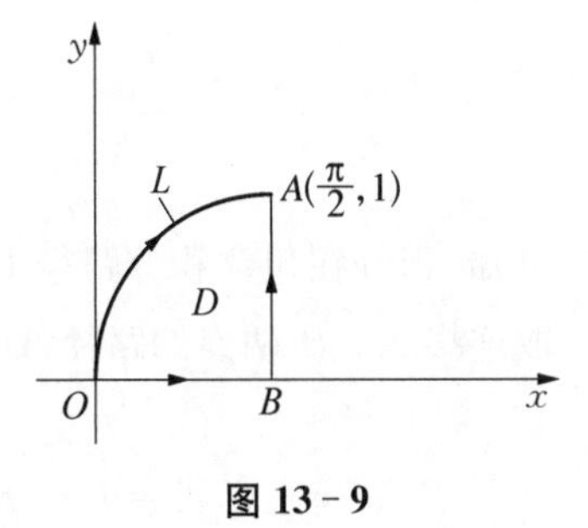

图 13-9

分析：L 的图形如图 13-9 所示.很明显，沿路径 L 化为定积分计算是不方便的，从 $\dfrac{\partial Q}{\partial x}=6xy^2-2y\cos x=\dfrac{\partial P}{\partial y}$，应采用与路径无关计算.

解一：由 $P=2xy^3-y^2\cos x$，$Q=1-2y\sin x+3x^2y^2\in C^1(R^2)$，且

$$\frac{\partial Q}{\partial x}=6xy^2-2y\cos x=\frac{\partial P}{\partial y},\ (x,\ y)\in R^2$$

知，积分在 R^2 上与路径无关.选取连接 $O(0,\ 0)$，$A\left(\dfrac{\pi}{2},\ 1\right)$ 两点的路径

$$OB:\ y=0,\ 0\leqslant x\leqslant\frac{\pi}{2},\ BA:\ x=\frac{\pi}{2},\ 0\leqslant y\leqslant 1,$$

则有

$$\text{原式}=\int_{OB}+\int_{BA}=\int_{OB}(2xy^3-y^2\cos x)\mathrm{d}x+\int_{BA}(1-2y\sin x+3x^2y^2)\mathrm{d}y$$

$$=\int_0^{\frac{\pi}{2}}0\mathrm{d}x+\int_0^1\left(1-2y+\frac{3}{4}\pi^2y^2\right)\mathrm{d}y=\frac{1}{4}\pi^2.$$

解二: 利用曲线积分基本定理式(13－7)计算.采用凑微分法求原函数 $\varphi(x,y)$.

$$\begin{aligned}P\mathrm{d}x+Q\mathrm{d}y&=(2xy^3-y^2\cos x)\mathrm{d}x+(1-2y\sin x+3x^2y^2)\mathrm{d}y\\&=2xy^3\mathrm{d}x-y^2\cos x\mathrm{d}x+\mathrm{d}y-2y\sin x\mathrm{d}y+3x^2y^2\mathrm{d}y\\&=[y^3\mathrm{d}(x^2)+x^2\mathrm{d}(y^3)]-[y^2\mathrm{d}(\sin x)+\sin x\mathrm{d}(y^2)]+\mathrm{d}y\\&=\mathrm{d}(x^2y^3-y^2\sin x+y)\end{aligned}$$

求得微分形式在 R^2 上的一个原函数 $\varphi(x,y)=x^2y^3-y^2\sin x+y$，运用式(13－7)得

$$原式=(x^2y^3-y^2\sin x+y)\Big|_{(0,0)}^{(\frac{\pi}{2},1)}=\frac{\pi^2}{4}-1+1=\frac{\pi^2}{4}.$$

例 13－12 计算 $\int_L\frac{(1-y)\mathrm{d}x+x\mathrm{d}y}{(x+y-1)^2}$，其中 L 是圆周 $x^2+y^2=4$ 在第一象限中自点 $A(2,0)$ 至点 $B(0,2)$ 的一段圆弧.

分析: L 的图形如图 13－10 所示，本题化为定积分计算是不妥当的.从 $\frac{\partial Q}{\partial x}=\frac{y-x-1}{(x+y-1)^3}=\frac{\partial P}{\partial y}$，$x+y\neq1$，且 L 落在 $x+y>1$ 的单连通区域内，可知本题仍可运用与路径无关性质计算.

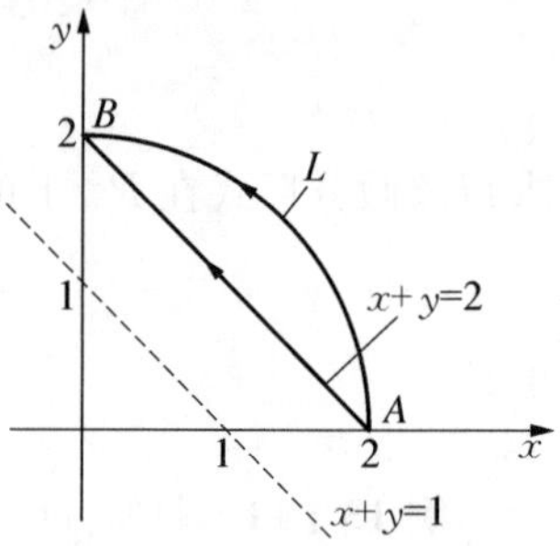

图 13－10

解一: 由 $P=\frac{1-y}{(x+y-1)^2}$，$Q=\frac{x}{(x+y-1)^2}\in C^1(x+y\neq1)$，且当 $x+y\neq1$ 时

$$\frac{\partial Q}{\partial x}=\frac{y-x-1}{(x+y-1)^3}=\frac{\partial P}{\partial y}$$

可知，积分在包含积分路径 L 的单连通区域 $x+y>1$ 上与路径无关.根据 P，Q 分母函数的形式，选取连接 A，B 两点的路径 AB：$x+y=2$，$0\leqslant x\leqslant2$，则有

$$原式=\int_{AB}\frac{(1-y)\mathrm{d}x+x\mathrm{d}y}{(x+y-1)^2}=\int_{AB}(1-y)\mathrm{d}x+x\mathrm{d}y=\int_2^0(-1)\mathrm{d}x=2.$$

解二: 利用曲线积分基本定理式(13－7)计算.为此计算微分形式 $P\mathrm{d}x+Q\mathrm{d}y$ 在 $x+y>1$ 区域上的一个原函数，采用凑微分法，有

$$P\mathrm{d}x+Q\mathrm{d}y=\frac{(1-y)\mathrm{d}x+x\mathrm{d}y}{(x+y-1)^2}=\frac{(1-y)\mathrm{d}x+x\mathrm{d}y}{(y-1)^2\left(1+\frac{x}{y-1}\right)^2}=-\frac{1}{\left(1+\frac{x}{y-1}\right)^2}\mathrm{d}\left(\frac{x}{y-1}\right)$$

$$=\mathrm{d}\left[\frac{1}{1+\frac{x}{y-1}}\right]=\mathrm{d}\left(\frac{y-1}{x+y-1}\right),$$

于是该微分形式在 $x+y>1$ 上的一个原函数 $\varphi(x,y)=\dfrac{y-1}{x+y-1}$，运用式(13－7)得

$$原式=\left(\frac{y-1}{x+y-1}\right)\Bigg|_{(2,0)}^{(0,2)}=1-(-1)=2.$$

说明： 由于 $x+y=1$ 上的点都是 P，Q 的奇点，所以积分在 R^2 上不满足与路径无关的条件.但在 $x+y>1$ 的单连通区域上，P，Q 无奇点，且满足与路径无关的条件，所以仍可确定积分在此区域上与路径无关.

例 13－13　计算 $\displaystyle\int_L \frac{x}{x^2+y^2}\mathrm{d}y-\frac{y}{x^2+y^2}\mathrm{d}x$，其中 L 是沿曲线 $x^2=2(y+2)$ 从点 $A(-2\sqrt{2},2)$ 到点 $B(2\sqrt{2},2)$ 的一段弧.

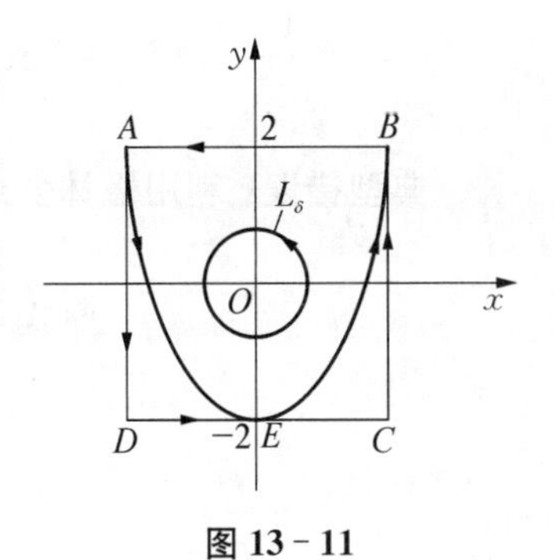

图 13－11

分析： L 的图形如图 13－11 所示.同样的本题化为定积分计算也是不方便的.注意到

$$\frac{\partial Q}{\partial x}=\frac{y^2-x^2}{(x^2+y^2)^2}=\frac{\partial P}{\partial y},\ (x,y)\neq(0,0),$$

可考虑运用与路径无关性质计算.

解一： $P=-\dfrac{y}{x^2+y^2}$，$Q=\dfrac{x}{x^2+y^2}$，则 $P,Q\in C^1((x,y)\neq(0,0))$，且有

$$\frac{\partial Q}{\partial x}=\frac{y^2-x^2}{(x^2+y^2)^2}=\frac{\partial P}{\partial y},\ (x,y)\neq(0,0).$$

由于原点 $O(0,0)$ 是奇点，积分在 R^2 上不满足与路径无关的条件.若记去掉 y 轴上 $y\geqslant 0$ 的点后所成的区域为 D，则 $L\subset D$，D 为单连通区域，且在 D 上成立 $\dfrac{\partial Q}{\partial x}=\dfrac{\partial P}{\partial y}$，于是积分在 D 上与路径无关.构造连接 A，B 点的路径(图 13－11)，AD：$x=-2\sqrt{2}$，$-2\leqslant y\leqslant 2$；DC：$y=-2$，$-2\sqrt{2}\leqslant x\leqslant 2\sqrt{2}$；$CB$：$x=2\sqrt{2}$，$-2\leqslant y\leqslant 2$，则有

$$\begin{aligned}
原式&=\int_{AD}+\int_{DC}+\int_{CB}=\int_{AD}\frac{x}{x^2+y^2}\mathrm{d}y+\int_{DC}\frac{-y}{x^2+y^2}\mathrm{d}x+\int_{CB}\frac{x}{x^2+y^2}\mathrm{d}y\\
&=\int_{2}^{-2}\frac{-2\sqrt{2}}{8+y^2}\mathrm{d}y+\int_{-2\sqrt{2}}^{2\sqrt{2}}\frac{2}{4+x^2}\mathrm{d}x+\int_{-2}^{2}\frac{2\sqrt{2}}{8+y^2}\mathrm{d}y\\
&=8\sqrt{2}\int_0^2\frac{1}{8+y^2}\mathrm{d}y+4\int_0^{2\sqrt{2}}\frac{1}{4+x^2}\mathrm{d}x\\
&=4\arctan\frac{1}{\sqrt{2}}+2\arctan\sqrt{2}=2\pi-2\arctan\sqrt{2}.
\end{aligned}$$

解二： 利用环绕奇点封闭路径上的积分性质式(13－9)计算.

添置有向曲线 BA：$y=2$，$-2\sqrt{2}\leqslant x\leqslant 2\sqrt{2}$ (图 13－11)，则有

$$原式=\int_L+\int_{BA}-\int_{BA}=\oint_{L+BA}-\int_{BA}.$$

根据 P, Q 分母函数的形式,构造有向曲线 L_δ: $x^2+y^2=\delta^2$,逆时针方向为正向.利用性质式(13-9),有 $\oint_{L+BA}=\int_{L_\delta}$,于是

$$原式=\oint_{L_\delta}-\int_{BA}=\frac{1}{\delta^2}\oint_{L_\delta}x\,\mathrm{d}y-y\,\mathrm{d}x-\int_{2\sqrt{2}}^{-2\sqrt{2}}\frac{-2}{4+x^2}\mathrm{d}x=\frac{1}{\delta^2}\iint_{x^2+y^2\leqslant\delta^2}2\,\mathrm{d}x\,\mathrm{d}y+2\int_{2\sqrt{2}}^{-2\sqrt{2}}\frac{1}{4+x^2}\mathrm{d}x$$

$$=\frac{1}{\delta^2}\cdot 2\pi\delta^2-2\arctan\sqrt{2}=2\pi-2\arctan\sqrt{2}.$$

典型错误: 利用格林公式

$$原式=\oint_{L+BA}-\int_{BA}=\iint_D\left(\frac{\partial Q}{\partial x}-\frac{\partial P}{\partial y}\right)\mathrm{d}\sigma-\int_{BA}\frac{-y}{x^2+y^2}\mathrm{d}x$$

$$=0+2\int_{2\sqrt{2}}^{-2\sqrt{2}}\frac{1}{4+x^2}\mathrm{d}x=-2\arctan\sqrt{2}.$$

错误在于对积分 $\oint_{L+BA}$ 利用格林公式.这里要注意,由于封闭路径 $L+BA$ 中包含奇点 $(0,0)$,所以格林公式的条件不满足.此例同时也说明,由于有奇点 $(0,0)$,本例的积分在 R^2 上不是与路径无关的,这里

$$\int_L=\oint_{L+BA}-\int_{BA}=2\pi+\int_{AB}\neq\int_{AB}.$$

然而解一的解法又说明,在任意不包含环绕奇点 $(0,0)$ 的封闭路径的区域上,本题积分与路径无关.这就解释了为什么在与路径无关的三个等价条件中要求区域 D 是单连通区域的原因.

解三: 利用曲线积分基本定理式(13-7)计算.为计算原函数,将积分路径 L 分成 L_{AE} 和 L_{EB} 两段,则有

$$原式=\int_{AE}+\int_{EB}.$$

在区域 D 的 $x\neq 0$ 部分

$$P\mathrm{d}x+Q\mathrm{d}y=-\frac{y}{x^2+y^2}\mathrm{d}x+\frac{x}{x^2+y^2}\mathrm{d}y=\frac{x\,\mathrm{d}y-y\,\mathrm{d}x}{x^2\left[1+\left(\frac{y}{x}\right)^2\right]}$$

$$=\frac{1}{1+\left(\frac{y}{x}\right)^2}\mathrm{d}\left(\frac{y}{x}\right)=\mathrm{d}\left(\arctan\frac{y}{x}\right),$$

所以原函数 $\varphi(x,y)=\arctan\dfrac{y}{x}$. 运用式(13-7),有

$$原式=\left(\arctan\frac{y}{x}\right)\Big|_{(-2\sqrt{2},\ 2)}^{(0,\ -2)}+\left(\arctan\frac{y}{x}\right)\Big|_{(0,\ -2)}^{(2\sqrt{2},\ 2)}$$

$$=\lim_{\substack{x\to 0^-\\ y\to -2}}\arctan\frac{y}{x}-\arctan\left(-\frac{1}{\sqrt{2}}\right)+\arctan\frac{1}{\sqrt{2}}-\lim_{\substack{x\to 0^+\\ y\to -2}}\arctan\frac{y}{x}$$

$$=\frac{\pi}{2}+\arctan\frac{1}{\sqrt{2}}+\arctan\frac{1}{\sqrt{2}}-\left(-\frac{\pi}{2}\right)$$

$$=\pi+2\arctan\frac{1}{\sqrt{2}}=2\pi-2\arctan\sqrt{2}.$$

例 13-14　验证微分形式 $\dfrac{(3y-1)\mathrm{d}x-(3x+1)\mathrm{d}y}{(x+y)^2}$ 是某区域上的全微分式,并求出它的一个原函数.

分析: 确定使得 $\dfrac{\partial Q}{\partial x}=\dfrac{\partial P}{\partial y}$ 成立的单连通区域,并用凑微分法或式(13-5)、式(13-6)计算原函数.

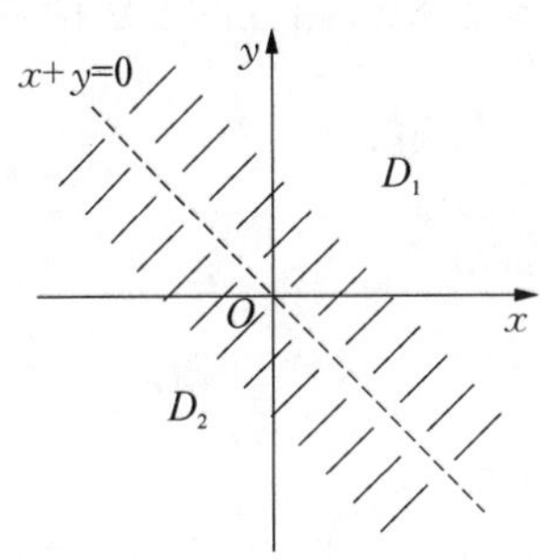

图 13-12

解一: $P=\dfrac{3y-1}{(x+y)^2}$, $Q=-\dfrac{3x+1}{(x+y)^2}$ 在 $x+y\neq 0$ 的区域 D_1, D_2(图 13-12)上具有一阶连续的偏导数,且

$$\frac{\partial Q}{\partial x}=\frac{3x-3y+2}{(x+y)^3}=\frac{\partial P}{\partial y},\ x+y\neq 0.$$

因为 D_1, D_2 是单连通区域,所以由微分形式是全微分式的等价条件,此微分形式分别在 D_1, D_2 区域上是全微分式.当 $x+y\neq 0$ 时,

$$P\mathrm{d}x+Q\mathrm{d}y=\frac{(3y-1)\mathrm{d}x-(3x+1)\mathrm{d}y}{(x+y)^2}=\frac{3y\mathrm{d}x-\mathrm{d}x-3x\mathrm{d}y-\mathrm{d}y}{(x+y)^2}$$

$$=3\frac{y\mathrm{d}x-x\mathrm{d}y}{(x+y)^2}-\frac{\mathrm{d}(x+y)}{(x+y)^2}=3\frac{y\mathrm{d}x+y\mathrm{d}y-y\mathrm{d}y-x\mathrm{d}y}{(x+y)^2}+\mathrm{d}\left(\frac{1}{x+y}\right)$$

$$=3\frac{y\mathrm{d}(x+y)-(x+y)\mathrm{d}y}{(x+y)^2}+\mathrm{d}\left(\frac{1}{x+y}\right)$$

$$=-3\mathrm{d}\left(\frac{y}{x+y}\right)+\mathrm{d}\left(\frac{1}{x+y}\right)=\mathrm{d}\left(\frac{1-3y}{x+y}\right),$$

所以在 D_1, D_2 区域上该微分形式有原函数

$$\varphi(x,\ y)=\frac{1-3y}{x+y},\ x+y\neq 0.$$

解二: 运用原函数计算公式(13-5)计算.由于 $x+y=0$ 上的点为奇点,所以应分别在 D_1 与 D_2 区域上计算.在 D_1 上取一定点 (1, 0),则对任意的 $(x,\ y)\in D_1$,由式(13-5),原函数

$$\varphi(x,\ y)=\int_1^x P(x,\ 0)\mathrm{d}x+\int_0^y Q(x,\ y)\mathrm{d}y=\int_1^x\left(-\frac{1}{x^2}\right)\mathrm{d}x-\int_0^y\frac{3x+1}{(x+y)^2}\mathrm{d}y$$

$$=\frac{1}{x}\Big|_1^x+\frac{3x+1}{x+y}\Big|_0^y=\frac{1}{x}-1+(3x+1)\left(\frac{1}{x+y}-\frac{1}{x}\right)=\frac{1-3y}{x+y}-1.$$

可以验证 $\varphi(x,y)=\dfrac{1-3y}{x+y}-1$ 也是微分形式在 D_2 上的原函数，所以所求得原函数为

$$\varphi(x,y)=\frac{1-3y}{x+y}-1,\ x+y\neq 0.$$

说明：微分形式的原函数之间可以相差一个常数.

例 13-15 计算 $\displaystyle\oint_L \frac{y^2x\,dy-y^3\,dx}{(x^2+y^2)^2}$，其中 L 是星形线 $x^{\frac{2}{3}}+y^{\frac{2}{3}}=\pi^{\frac{2}{3}}$ 的正向.

分析：由于 L 内包含奇点 $(0,0)$，所以本例不能利用格林公式计算，同时本例化为定积分计算也是烦琐的.此时应考察在 $(x,y)\neq(0,0)$ 处是否成立 $\dfrac{\partial Q}{\partial x}=\dfrac{\partial P}{\partial y}$，若成立，则可运用有奇点时封闭路径上的积分性质，通过替换积分路径的方法计算.

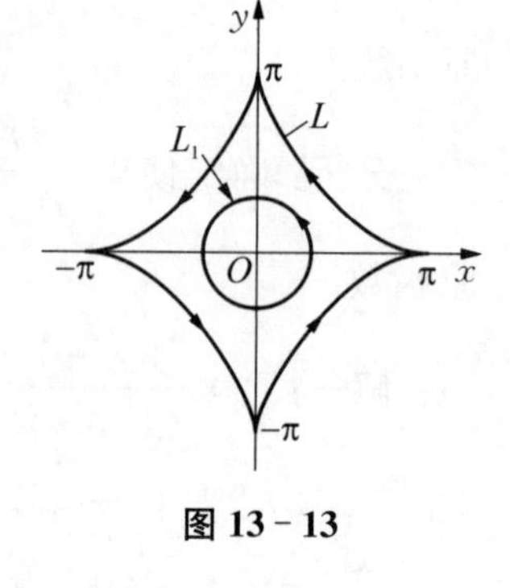

图 13-13

解：$P=-\dfrac{y^3}{(x^2+y^2)^2}$，$Q=\dfrac{y^2x}{(x^2+y^2)^2}\in C^1((x,y)\neq(0,0))$，且成立

$$\frac{\partial Q}{\partial x}=\frac{y^2(y^2-3x^2)}{(x^2+y^2)^3}=\frac{\partial P}{\partial y},\ (x,y)\neq(0,0).$$

设 L_1：$x^2+y^2=1$，反时针方向为正向.运用式(13-9)，有

$$\text{原式}=\oint_{L_1}\frac{y^2x\,dy-y^3\,dx}{(x^2+y^2)^2}=\oint_{L_1}y^2x\,dy-y^3\,dx$$

$$=\int_0^{2\pi}[\sin^2t\cos t\cdot\cos t-\sin^3t\cdot(-\sin t)]dt=\int_0^{2\pi}\sin^2t\,dt=\pi.$$

例 13-16 证明曲线积分

$$I=\oint_L\frac{x}{x^2+y^2-1}dx+\frac{y}{x^2+y^2-1}dy=0,$$

其中 L 为区域 D：$x^2+y^2>1$ 中任意光滑闭曲线.

分析：单位圆 $x^2+y^2=1$ 上的点都为奇点.与环绕奇点的封闭路径上的曲线积分相仿，考虑是否具有与式(13-9)同样的性质.

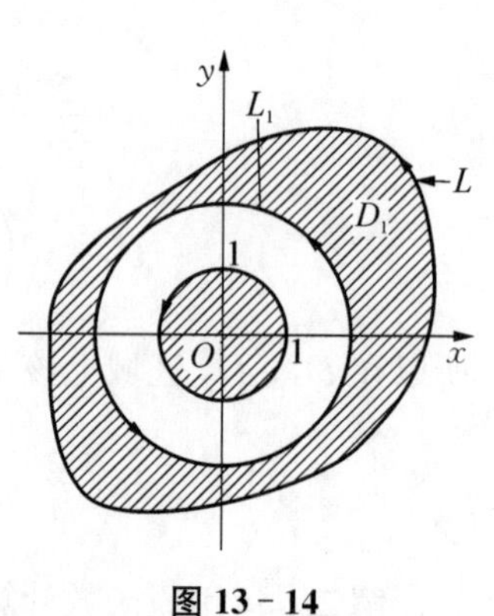

图 13-14

解：$P=\dfrac{x}{x^2+y^2-1}$，$Q=\dfrac{y}{x^2+y^2-1}\in C^1(D)$，且成立

$$\frac{\partial Q}{\partial x}=-\frac{2xy}{(x^2+y^2-1)^2}=\frac{\partial P}{\partial y},\ (x,y)\in D.$$

在 D 中任取一光滑闭曲线 L，如果 L 不环绕原点 $(0,0)$，则由 P,Q 在 L 及其所包含区域 D' 上具有

一阶连续偏导数，利用格林公式，有

$$I=\oint_L \frac{x}{x^2+y^2-1}\mathrm{d}x+\frac{y}{x^2+y^2-1}\mathrm{d}y=\iint_{D'}\left(\frac{\partial Q}{\partial x}-\frac{\partial P}{\partial y}\right)\mathrm{d}\sigma=0.$$

如果 L 环绕原点 $(0,\ 0)$，则在 L 与圆 $x^2+y^2=1$ 之间构造一圆 L_1：$x^2+y^2=a^2(a>1)$，反时针方向为正向(图 13-14).若记 L 与 L_1 所界的区域为 D_1，则利用格林公式

$$\oint_{\partial D_1}=\oint_{L+L_1^{-1}}=\iint_{D_1}\left(\frac{\partial Q}{\partial x}-\frac{\partial P}{\partial y}\right)\mathrm{d}\sigma=0，即\int_L=-\int_{L_1^{-1}}=\int_{L_1},$$

从而有

$$\begin{aligned}I&=\oint_{L_1}\frac{x}{x^2+y^2-1}\mathrm{d}x+\frac{y}{x^2+y^2-1}\mathrm{d}y=\frac{1}{a^2-1}\oint_{L_1}x\,\mathrm{d}x+y\,\mathrm{d}y\\&=\frac{1}{a^2-1}\iint_{x^2+y^2\leqslant a^2}\left[\frac{\partial}{\partial x}(y)-\frac{\partial}{\partial y}(x)\right]\mathrm{d}\sigma=\frac{1}{a^2-1}\iint_{x^2+y^2\leqslant a^2}0\mathrm{d}\sigma=0,\end{aligned}$$

所以对 D 中的任意光滑闭曲线，成立

$$\oint_L \frac{x}{x^2+y^2-1}\mathrm{d}x+\frac{y}{x^2+y^2-1}\mathrm{d}y=0.$$

说明：上例是单个奇点的封闭路径上的曲线积分性质式(13-8)，式(13-9)在奇点集合为多点集甚至无穷集情形的推广.一般的有，

奇点集合为多点集时，封闭路径上曲线积分的性质：

设奇点所成的集合为 A.当点 $(x,\ y)\notin A$ 时，$P(x,\ y)$，$Q(x,\ y)$ 具有一阶连续的偏导数，并成立 $\frac{\partial Q}{\partial x}=\frac{\partial P}{\partial y}$，则

(1) 当积分路径 L 不环绕且不经过 A 中的点时，总有

$$\oint_L P(x,\ y)\mathrm{d}x+Q(x,\ y)\mathrm{d}y=0.$$

(2) 当任意的积分路径 L(同方向的)环绕集合 A 时，积分值都相等，即

$$\oint_L P(x,\ y)\mathrm{d}x+Q(x,\ y)\mathrm{d}y=C\ (与路径\ L\ 无关的常数).$$

例 13-17　试确定 k 的值，使上半平面的曲线积分

$$I=\int_{AB}\frac{x}{y}(x^2+y^2)^k\mathrm{d}x-\frac{x^2}{y^2}(x^2+y^2)^k\mathrm{d}y$$

与路径无关，并取点 $A(0,\ 1)$，点 $B(1,\ 2)$ 计算此曲线积分的值.

分析：根据积分与路径无关的等价条件，在上半平面 $y>0$ 上选取 k 使 $\frac{\partial Q}{\partial x}=\frac{\partial P}{\partial y}$.

解: $P=\frac{x}{y}(x^2+y^2)^k$, $Q=-\frac{x^2}{y^2}(x^2+y^2)^k\in C^1(y>0)$, 且

$$\frac{\partial Q}{\partial x}=-\frac{2x}{y^2}(x^2+y^2)^{k-1}[(1+k)x^2+y^2],$$

$$\frac{\partial P}{\partial y}=\frac{x}{y^2}(x^2+y^2)^{k-1}[(2k-1)y^2-x^2].$$

为使积分在 $y>0$ 上与路径无关,让 k 使得 $\frac{\partial Q}{\partial x}=\frac{\partial P}{\partial y}$ 成立,即

$$-\frac{2x}{y^2}(x^2+y^2)^{k-1}[(1+k)x^2+y^2]=\frac{x}{y^2}(x^2+y^2)^{k-1}[(2k-1)y^2-x^2],$$

即 $$(2k+1)(x^2+y^2)=0,\text{ 即 } k=-\frac{1}{2}.$$

所以当取 $k=-\frac{1}{2}$ 时,积分在上半平面上与路径无关.为计算积分的值,先计算微分形式的原函数.由

$$P\mathrm{d}x+Q\mathrm{d}y=\frac{x}{y}(x^2+y^2)^{-\frac{1}{2}}\mathrm{d}x-\frac{x^2}{y^2}(x^2+y^2)^{-\frac{1}{2}}\mathrm{d}y=x(x^2+y^2)^{-\frac{1}{2}}\left(\frac{y\mathrm{d}x-x\mathrm{d}y}{y^2}\right)$$

$$=\frac{x}{\sqrt{x^2+y^2}}\mathrm{d}\left(\frac{x}{y}\right)=\frac{\frac{x}{y}}{\sqrt{1+\left(\frac{x}{y}\right)^2}}\mathrm{d}\left(\frac{x}{y}\right)=\mathrm{d}\left[\sqrt{1+\left(\frac{x}{y}\right)^2}\right]$$

可知微分形式在 $y>0$ 上的一个原函数为 $\varphi(x,y)=\sqrt{1+\left(\frac{x}{y}\right)^2}=\frac{1}{y}\sqrt{x^2+y^2}$,利用曲线积分基本定理式(13-7),所求积分的值

$$I=\frac{1}{y}\sqrt{x^2+y^2}\Big|_{(0,1)}^{(1,2)}=\frac{\sqrt{5}}{2}-1.$$

例 13-18 试确定 n 的值,使微分形式

$$\frac{x-y}{(x^2+y^2)^n}\mathrm{d}x+\frac{x+y}{(x^2+y^2)^n}\mathrm{d}y$$

为全微分式,并求该全微分式的原函数.

分析: 根据微分形式为全微分式的等价条件,在一单连通区域上,选取 n 使 $\frac{\partial Q}{\partial x}=\frac{\partial P}{\partial y}$.

解: $P=\frac{x-y}{(x^2+y^2)^n}$, $Q=\frac{x+y}{(x^2+y^2)^n}$, 且

$$\frac{\partial Q}{\partial x}=\frac{x^2+y^2-2nx(x+y)}{(x^2+y^2)^{n+1}},\ \frac{\partial P}{\partial y}=-\frac{x^2+y^2+2ny(x-y)}{(x^2+y^2)^{n+1}}.$$

为使微分形式为全微分式，让 n 使得 $\dfrac{\partial Q}{\partial x}=\dfrac{\partial P}{\partial y}$ 成立，即

$$\frac{x^2+y^2-2nx(x+y)}{(x^2+y^2)^{n+1}}=-\frac{x^2+y^2+2ny(x-y)}{(x^2+y^2)^{n+1}},$$

即
$$(1-n)(x^2+y^2)=0,\ 即\ n=1.$$

所以当取 $n=1$ 时，微分形式在不包含环绕奇点 $(0,0)$ 的路径的区域上是全微分式.在 $x\neq 0$ 的区域上，

$$\begin{aligned}
P\mathrm{d}x+Q\mathrm{d}y&=\frac{x-y}{x^2+y^2}\mathrm{d}x+\frac{x+y}{x^2+y^2}\mathrm{d}y=\frac{x\mathrm{d}x+y\mathrm{d}y}{x^2+y^2}+\frac{x\mathrm{d}y-y\mathrm{d}x}{x^2+y^2}\\
&=\frac{1}{2}\frac{\mathrm{d}(x^2+y^2)}{x^2+y^2}+\frac{x\mathrm{d}y-y\mathrm{d}x}{x^2}\cdot\frac{1}{1+\left(\dfrac{y}{x}\right)^2}\\
&=\mathrm{d}\left[\frac{1}{2}\ln(x^2+y^2)\right]+\frac{1}{1+\left(\dfrac{y}{x}\right)^2}\mathrm{d}\left(\frac{y}{x}\right)\\
&=\mathrm{d}\left[\frac{1}{2}\ln(x^2+y^2)+\arctan\frac{y}{x}\right],
\end{aligned}$$

所以微分形式在 $x\neq 0$ 的区域上的原函数为

$$\varphi(x,y)=\frac{1}{2}\ln(x^2+y^2)+\arctan\frac{y}{x}+C.$$

例 13-19　求满足 $\varphi(\pi)=1$ 的具有一阶连续导数的函数 $\varphi(x)$，使曲线积分

$$I=\int_{AB}(\varphi(x)-\cos x)\frac{y}{x}\mathrm{d}x-\varphi(x)\mathrm{d}y$$

在 $x>0$(或 $x<0$) 的半平面内与路径无关，并求当取点 $A(\pi,\pi)$，点 $B\left(\dfrac{\pi}{2},0\right)$ 时此曲线积分的值.

分析：根据积分与路径无关的等价条件，在 $x>0$(或 $x<0$) 区域内选取 $\varphi(x)$ 使得 $\dfrac{\partial Q}{\partial x}=\dfrac{\partial P}{\partial y}$.

解：$P=(\varphi(x)-\cos x)\dfrac{y}{x}$，$Q=-\varphi(x)$ 在 $x>0$(或 $x<0$) 上具有一阶连续的偏导数，且有

$$\frac{\partial Q}{\partial x}=-\varphi'(x),\ \frac{\partial P}{\partial y}=\frac{\varphi(x)-\cos x}{x}.$$

为使积分在 $x>0$(或 $x<0$) 上与路径无关，取 $\varphi(x)$ 使得成立 $\dfrac{\partial Q}{\partial x}=\dfrac{\partial P}{\partial y}$，即

$$-\varphi'(x)=\frac{\varphi(x)-\cos x}{x},$$

也就是 $\varphi(x)$ 满足初值问题：

$$\begin{cases}\dfrac{\mathrm{d}\varphi(x)}{\mathrm{d}x}+\dfrac{1}{x}\varphi(x)=\dfrac{\cos x}{x},\\ \varphi(\pi)=1\end{cases}$$

解得 $\varphi(x)=\dfrac{1}{x}(\pi+\sin x)$. 此时微分形式

$$\begin{aligned}P\mathrm{d}x+Q\mathrm{d}y&=\left(\frac{\pi+\sin x}{x}-\cos x\right)\frac{y}{x}\mathrm{d}x-\frac{\pi+\sin x}{x}\mathrm{d}y\\&=\frac{\pi+\sin x-x\cos x}{x^2}y\mathrm{d}x-\frac{\pi+\sin x}{x}\mathrm{d}y\\&=-y\mathrm{d}\left(\frac{\pi+\sin x}{x}\right)-\frac{\pi+\sin x}{x}\mathrm{d}y\\&=-\mathrm{d}\left(\frac{y(\pi+\sin x)}{x}\right)=\mathrm{d}\left(-\frac{y(\pi+\sin x)}{x}\right).\end{aligned}$$

所以在 $x>0$(或 $x<0$) 上的原函数

$$\varphi(x,y)=-\frac{y(\pi+\sin x)}{x}.$$

利用曲线积分基本定理,所求积分值

$$I=-\frac{y(\pi+\sin x)}{x}\bigg|_{(\pi,\pi)}^{(\frac{\pi}{2},0)}=\pi.$$

▶▶▶方法小结

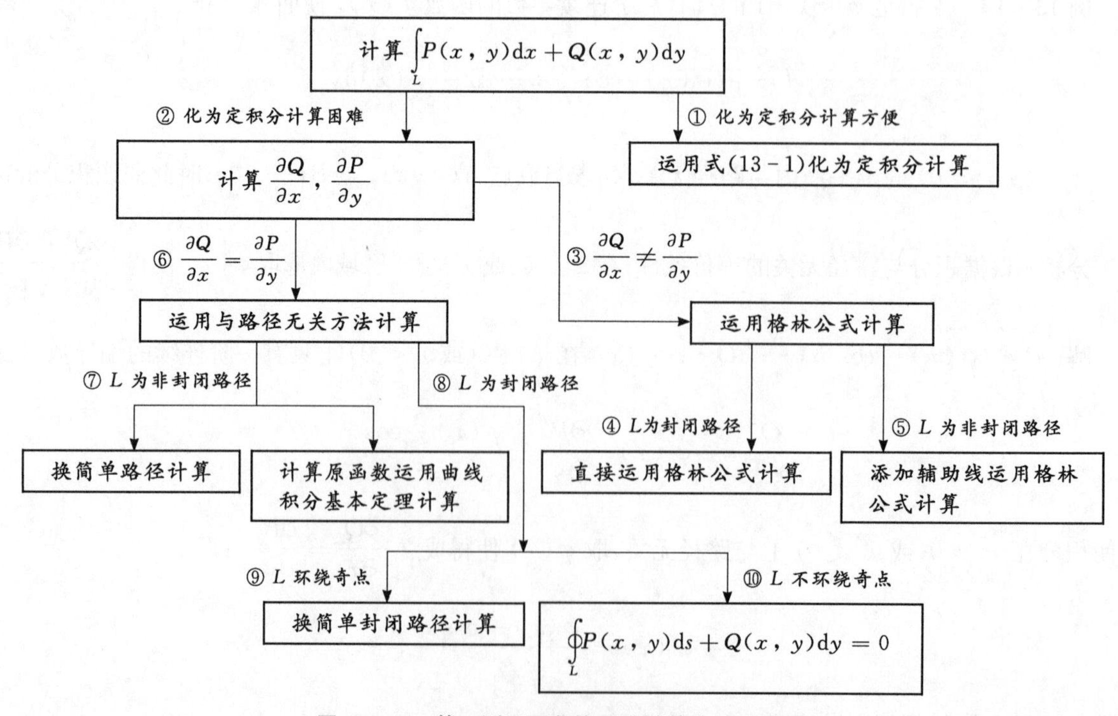

图 13-15 第二型平面曲线积分计算方法示意图

在计算第二型平面曲线积分时，首选的方法是将其化为定积分计算(图 13-15①)，这是计算第二型平面曲线积分最基本的方法.但当化成的定积分计算比较复杂甚至无法计算时(图 13-15②)，此时应考虑计算，$\frac{\partial Q}{\partial x}$，$\frac{\partial P}{\partial y}$，并检查 $P(x, y)$，$Q(x, y)$ 是否在包含积分路径 L 的某一单连通区域 D 上具有一阶连续的偏导数，以及 $\frac{\partial Q}{\partial x}$ 与 $\frac{\partial P}{\partial y}$ 在此区域上是否相等，将遇到以下两种情况：

(1) 如果在 D 上 $\frac{\partial Q}{\partial x} \neq \frac{\partial P}{\partial y}$ (图 13-15③)，则应考虑运用格林公式计算.此时又需根据 L 为封闭路径(图 13-15④)和非封闭路径(图 13-15⑤)采用直接运用格林公式和通过添加辅助线后运用格林公式两种方法计算(见上一目的格林公式小结).

(2) 如果在 D 上成立 $\frac{\partial Q}{\partial x} = \frac{\partial P}{\partial y}$ (图 13-15⑥)，则应考虑运用与路径无关的性质计算.此时也需根据 L 为非封闭路径(图 13-15⑦)和封闭路径(图 13-15⑧)两种情形分别处理：

a. 若 L 为非封闭路径，则可采用替换积分路径或计算原函数利用曲线积分基本定理式(13-7)计算(例 13-10，例 13-11，例 13-12，例 13-13).

b. 若 L 为封闭路径，则需根据 L 环绕奇点(图 13-15⑨)和不环绕奇点(图 13-15⑩)两种情形分别计算：若 L 环绕奇点，则可通过采用替换封闭路径的方法计算(例 13-15，例 13-16)；若 L 不环绕奇点，则可直接得知 $\oint_L P(x, y)\mathrm{d}x + Q(x, y)\mathrm{d}y = 0$.

13.2.2　第二型曲面积分的计算与高斯公式

▶▶▶基本方法

(1) 将第二型曲面积分化为二重积分或第一型曲面积分计算；

(2) 运用高斯公式计算；

(3) 运用无散度场的第二型曲面积分性质计算.

13.2.2.1　将第二型曲面积分化为二重积分或第一型曲面积分计算

1) 第二型曲面积分化为二重积分的方法

设 Σ 是光滑的有向曲面，向量值函数 $\boldsymbol{f}(x, y, z) = \{P(x, y, z), Q(x, y, z), R(x, y, z)\}$ 在 Σ 上连续，则 $\boldsymbol{f}(x, y, z)$ 沿有向曲面 Σ 的第二型曲面积分

$$\begin{aligned}\iint_\Sigma \boldsymbol{f}(x, y, z) \cdot \mathrm{d}\boldsymbol{S} &= \iint_\Sigma \boldsymbol{f}(x, y, z) \cdot \boldsymbol{n}^\circ \mathrm{d}S \\ &= \iint_\Sigma P(x, y, z)\mathrm{d}y\mathrm{d}z + Q(x, y, z)\mathrm{d}z\mathrm{d}x + R(x, y, z)\mathrm{d}x\mathrm{d}y \\ &= \iint_\Sigma P(x, y, z)\mathrm{d}y\mathrm{d}z + \iint_\Sigma Q(x, y, z)\mathrm{d}z\mathrm{d}x + \iint_\Sigma R(x, y, z)\mathrm{d}x\mathrm{d}y\end{aligned}$$

其中 $\boldsymbol{n} = \{\cos\alpha, \cos\beta, \cos\gamma\}$ 为 Σ 的单位正法向量，面积元素向量

$$d\boldsymbol{S}=\boldsymbol{n}^{\circ}dS=\{\cos\alpha dS,\ \cos\beta dS,\ \cos\gamma dS\}=\{dydz,\ dzdx,\ dxdy\} \tag{13-10}$$

(1) 对于积分 $\iint\limits_{\Sigma}R(x,\ y,\ z)dxdy$：

如果 Σ：$z=z(x,\ y)$，且 Σ 在平面 xOy 上的投影区域为 D_{xy}，则

$$\iint\limits_{\Sigma}R(x,\ y,\ z)dxdy=\pm\iint\limits_{D_{xy}}R(x,\ y,\ z(x,\ y))dxdy \tag{13-11}$$

其中“$\pm$”，当正法向量 $\boldsymbol{n}$ 与 z 轴正向夹锐角时取“$+$”号，夹钝角时取“$-$”.

(2) 对于积分 $\iint\limits_{\Sigma}Q(x,\ y,\ z)dzdx$：

如果 Σ：$y=y(x,\ z)$，且 Σ 在平面 xOz 上的投影区域为 D_{xz}，则

$$\iint\limits_{\Sigma}Q(x,\ y,\ z)dzdx=\pm\iint\limits_{D_{xz}}Q(x,\ y(x,\ z),\ z)dxdz \tag{13-12}$$

其中“$\pm$”，当正法向量 $\boldsymbol{n}$ 与 y 轴正向夹锐角时取“$+$”号，夹钝角时取“$-$”.

(3) 对于积分 $\iint\limits_{\Sigma}P(x,\ y,\ z)dydz$：

如果 Σ：$x=x(y,\ z)$，且 Σ 在平面 yOz 上的投影区域为 D_{yz}，则

$$\iint\limits_{\Sigma}P(x,\ y,\ z)dydz=\pm\iint\limits_{D_{yz}}P(x(y,\ z),\ y,\ z)dydz \tag{13-13}$$

其中“$\pm$”，当正法向量 $\boldsymbol{n}$ 与 x 轴正向夹锐角时取“$+$”号，夹钝角时取“$-$”.

2）两类曲面积分之间的关系

$$\begin{aligned}&\iint\limits_{\Sigma}P(x,\ y,\ z)dydz+Q(x,\ y,\ z)dzdx+R(x,\ y,\ z)dxdy\\&=\iint\limits_{\Sigma}\boldsymbol{f}(x,\ y,\ z)\cdot\boldsymbol{n}^{\circ}dS=\iint\limits_{\Sigma}(P(x,\ y,\ z)\cos\alpha+Q(x,\ y,\ z)\cos\beta+R(x,\ y,\ z)\cos\gamma)dS\end{aligned} \tag{13-14}$$

其中 $\boldsymbol{n}=\{\cos\alpha,\ \cos\beta,\ \cos\gamma\}$ 为有向曲面 Σ 的单位正法向量.

▶▶▶方法运用注意点

(1) 第二型曲面积分的有向性.若用 Σ^{-} 表示与有向曲面 Σ 的正侧相反一侧的有向曲面，则

$$\iint\limits_{\Sigma}\boldsymbol{f}(x,\ y,\ z)\cdot d\boldsymbol{S}=-\iint\limits_{\Sigma^{-}}\boldsymbol{f}(x,\ y,\ z)\cdot d\boldsymbol{S},$$

即改变曲面的正侧，积分值改变符号.

(2) 第二型曲面积分 $\iint\limits_{\Sigma}Pdydz+Qdzdx+Rdxdy$ 的计算被分解为对三个曲面积分 $\iint\limits_{\Sigma}Pdydz$，$\iint\limits_{\Sigma}Qdzdx$，$\iint\limits_{\Sigma}Rdxdy$ 分别计算.这里要注意，在将三个积分利用式(13－11)、式(13－12)、式

(13-13)化为二重积分时，是分别把Σ向指定的坐标面 yOz、坐标面 xOz、坐标面 xOy 上投影的.特别的有

① 如果Σ平行于 z 轴，则有

$$\iint_{\Sigma} R(x, y, z)\mathrm{d}x\mathrm{d}y = 0 \quad (\Sigma\text{向平面}xOy\text{上投影不形成区域})$$

② 如果Σ平行于 y 轴，则有

$$\iint_{\Sigma} Q(x, y, z)\mathrm{d}z\mathrm{d}x = 0 \quad (\Sigma\text{向平面}xOz\text{上投影不形成区域})$$

③ 如果Σ平行于 x 轴，则有

$$\iint_{\Sigma} P(x, y, z)\mathrm{d}y\mathrm{d}z = 0 \quad (\Sigma\text{向平面}yOz\text{上投影不形成区域})$$

(3) 第二型曲面积分中的函数 $P(x, y, z)$，$Q(x, y, z)$，$R(x, y, z)$ 在曲面Σ上取值，即点 (x, y, z) 在曲面Σ上.

▶▶▶典型例题解析

例 13-20 计算 $\iint_{\Sigma}(y+z-x)\mathrm{d}y\mathrm{d}z+(z+x-y)\mathrm{d}z\mathrm{d}x+(x+y-z)\mathrm{d}x\mathrm{d}y$，其中Σ为平面 $x+y+z=1$ 在第一卦限部分的上侧.

分析： Σ的图形如图13-16所示，可将积分化为二重积分计算.

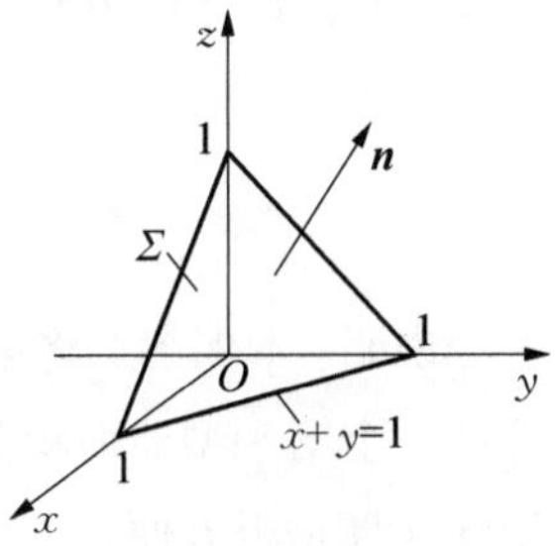

解一： 原式 $=\iint_{\Sigma}(y+z-x)\mathrm{d}y\mathrm{d}z+\iint_{\Sigma}(z+x-y)\mathrm{d}z\mathrm{d}x+\iint_{\Sigma}(x+y-z)\mathrm{d}x\mathrm{d}y$.

图 13-16

对于积分 $\iint_{\Sigma}(x+y-z)\mathrm{d}x\mathrm{d}y$，将Σ向平面 xOy 上投影，其投影区域

$$D_{xy}: x+y\leqslant 1, x\geqslant 0, y\geqslant 0.$$

由于Σ的正法向量 $\boldsymbol{n}$ 与 z 轴正向夹锐角，$z=1-x-y$，利用式(13-11)得

$$\iint_{\Sigma}(x+y-z)\mathrm{d}x\mathrm{d}y=\iint_{D_{xy}}(2x+2y-1)\mathrm{d}x\mathrm{d}y=\int_0^1\mathrm{d}x\int_0^{1-x}(2x+2y-1)\mathrm{d}y$$
$$=\int_0^1(-x^2+x)\mathrm{d}x=\frac{1}{6},$$

对于积分 $\iint_{\Sigma}(z+x-y)\mathrm{d}z\mathrm{d}x$，将Σ向平面 xOz 上投影，其投影区域 D_{xz}：$x+z\leqslant 1, x\geqslant 0, z\geqslant 0$.

由于Σ的正法向量 $\boldsymbol{n}$ 与 y 轴正向夹锐角，$y=1-x-z$，利用式(13-12)得

$$\iint_{\Sigma}(z+x-y)\mathrm{d}x\mathrm{d}z=\iint_{D_{xz}}(2x+2z-1)\mathrm{d}x\mathrm{d}z=\frac{1}{6},$$

对于积分$\iint\limits_{\Sigma}(y+z-x)\mathrm{d}y\mathrm{d}z$，将$\Sigma$向平面$yOz$上投影，其投影区域$D_{yz}$：$y+z\leqslant 1$，$y\geqslant 0$，$z\geqslant 0$.

由于Σ的正法向量$\boldsymbol{n}$与x轴正向夹锐角，$x=1-y-z$，利用式(13-13)得

$$\iint\limits_{\Sigma}(y+z-x)\mathrm{d}y\mathrm{d}z=\iint\limits_{D_{xz}}(2y+2z-1)\mathrm{d}y\mathrm{d}z=\frac{1}{6},$$

所以所求积分

$$原式=\frac{1}{2}.$$

解二： 考虑运用两类曲面积分之间的关系式(13-14)，将第二型曲面积分化为第一型曲面积分计算.

曲面Σ的正法向量$\boldsymbol{n}=\{1,1,1\}$，其单位法向量$\boldsymbol{n}^{\circ}=\left\{\frac{1}{\sqrt{3}},\frac{1}{\sqrt{3}},\frac{1}{\sqrt{3}}\right\}$，从积分的被积表达式得$\boldsymbol{f}(x,y,z)=\{y+z-x,z+x-y,x+y-z\}$，运用式(13-14)得

$$\begin{aligned}原式&=\iint\limits_{\Sigma}\boldsymbol{f}(x,y,z)\cdot\boldsymbol{n}^{\circ}\mathrm{d}S=\iint\limits_{\Sigma}\{y+z-x,z+x-y,x+y-z\}\cdot\left\{\frac{1}{\sqrt{3}},\frac{1}{\sqrt{3}},\frac{1}{\sqrt{3}}\right\}\mathrm{d}S\\&=\frac{1}{\sqrt{3}}\iint\limits_{\Sigma}(x+y+z)\mathrm{d}S=\frac{1}{\sqrt{3}}\iint\limits_{\Sigma}\mathrm{d}S,\end{aligned}$$

又$z=1-x-y$，$\mathrm{d}S=\sqrt{1+(z_x)^2+(z_y)^2}\,\mathrm{d}x\mathrm{d}y=\sqrt{3}\,\mathrm{d}x\mathrm{d}y$，所以

$$原式=\frac{1}{\sqrt{3}}\iint\limits_{D_{xy}}\sqrt{3}\,\mathrm{d}x\mathrm{d}y=\iint\limits_{D_{xy}}\mathrm{d}x\mathrm{d}y=\frac{1}{2}.$$

说明： 本例解二将第二型曲面积分转化为第一型曲面积分计算比解一方便很多，其优点在于只需计算一个第一型曲面积分.但这种转换是否合适，取决于$\boldsymbol{n}^{\circ}$的表达式是否简单以及化成的第一型曲面积分计算是否方便.

例 13-21 计算$\iint\limits_{\Sigma}z(x^2+y^2)(\mathrm{d}y\mathrm{d}z+\mathrm{d}z\mathrm{d}x)$，其中$\Sigma$为球面$x^2+y^2+z^2=R^2$在第一、四卦限$(x\geqslant 0,z\geqslant 0)$部分的上侧.

分析： Σ的图形如图 13-17 所示.可将积分化为二重积分计算.但要注意，Σ的左侧$(y\leqslant 0)$部分曲面Σ_1与右侧$(y\geqslant 0)$部分曲面Σ_2上的正法向量与y轴正向分别夹钝角和锐角，故本例需用积分的分域性质分别计算.

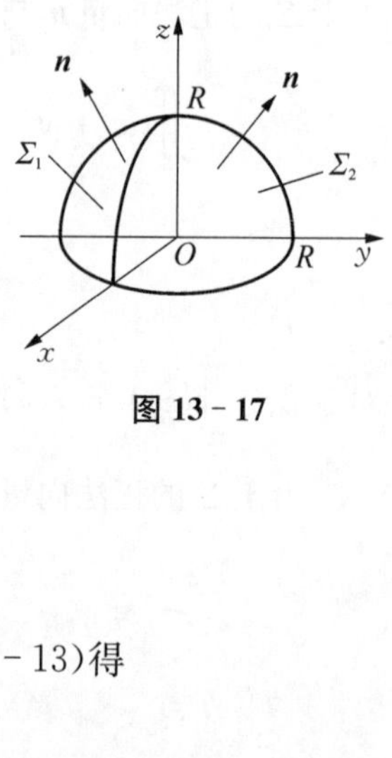

图 13-17

解一： $$原式=\iint\limits_{\Sigma}z(x^2+y^2)\mathrm{d}y\mathrm{d}z+\iint\limits_{\Sigma}z(x^2+y^2)\mathrm{d}z\mathrm{d}x.$$

对于积分$\iint\limits_{\Sigma}z(x^2+y^2)\mathrm{d}y\mathrm{d}z$，$\Sigma$在平面$yOz$上的投影区域

$$D_{yz}:y^2+z^2\leqslant R^2,\ z\geqslant 0.$$

由于Σ的正法向量$\boldsymbol{n}$与x轴正向夹锐角，且被积函数在Σ上取值，利用式(13-13)得

$$\iint_{\Sigma} z(x^2+y^2)\mathrm{d}y\mathrm{d}z=\iint_{\Sigma} z(R^2-z^2)\mathrm{d}y\mathrm{d}z=\iint_{D_{yz}} z(R^2-z^2)\mathrm{d}y\mathrm{d}z=\int_0^R \mathrm{d}z\int_{-\sqrt{R^2-z^2}}^{\sqrt{R^2-z^2}} z(R^2-z^2)\mathrm{d}y$$

$$=2\int_0^R z(R^2-z^2)^{\frac{3}{2}}\mathrm{d}z=-\frac{2}{5}(R^2-z^2)^{\frac{5}{2}}\Big|_0^R=\frac{2}{5}R^5.$$

对于积分$\iint_{\Sigma} z(x^2+y^2)\mathrm{d}z\mathrm{d}x$，利用积分的分域性质，有

$$\iint_{\Sigma} z(x^2+y^2)\mathrm{d}z\mathrm{d}x=\iint_{\Sigma_1} z(x^2+y^2)\mathrm{d}z\mathrm{d}x+\iint_{\Sigma_2} z(x^2+y^2)\mathrm{d}z\mathrm{d}x.$$

又Σ_1与Σ_2在平面xOz上的投影区域D_{xz}：$x^2+z^2\leqslant R^2$，$x\geqslant 0$，$z\geqslant 0$，利用式(13-12)得

$$\iint_{\Sigma_1} z(x^2+y^2)\mathrm{d}z\mathrm{d}x=-\iint_{D_{xz}} z(R^2-z^2)\mathrm{d}x\mathrm{d}z,\ \iint_{\Sigma_2} z(x^2+y^2)\mathrm{d}z\mathrm{d}x=\iint_{D_{xz}} z(R^2-z^2)\mathrm{d}x\mathrm{d}z,$$

可知

$$\iint_{\Sigma} z(x^2+y^2)\mathrm{d}z\mathrm{d}x=0.$$

所以所求积分

$$\text{原式}=\frac{2}{5}R^5.$$

解二： 运用式(13-14)转化为第一型曲面积分计算.

曲面$x^2+y^2+z^2=R^2$的法向量$\boldsymbol{n}=\pm\{x,y,z\}$. 由于上侧为正侧，于是$\Sigma$的正法向量$\boldsymbol{n}=\{x,y,z\}$，从而单位法向量$\boldsymbol{n}^\circ=\left\{\frac{x}{R},\frac{y}{R},\frac{z}{R}\right\}$. 又$\boldsymbol{f}(x,y,z)=\{z(x^2+y^2),z(x^2+y^2),0\}$，利用式(13-14)，所求积分化为

$$\text{原式}=\iint_{\Sigma}\boldsymbol{f}(x,y,z)\cdot\boldsymbol{n}^\circ\mathrm{d}S=\iint_{\Sigma}\left[\frac{xz(x^2+y^2)}{R}+\frac{yz(x^2+y^2)}{R}\right]\mathrm{d}S$$

$$=\frac{1}{R}\iint_{\Sigma} xz(x^2+y^2)\mathrm{d}S+\frac{1}{R}\iint_{\Sigma} yz(x^2+y^2)\mathrm{d}S.$$

注意到Σ关于平面xOz对称，于是$\iint_{\Sigma} yz(x^2+y^2)\mathrm{d}S=0$，且

$$\iint_{\Sigma} xz(x^2+y^2)\mathrm{d}S=2\iint_{\Sigma_2} xz(x^2+y^2)\mathrm{d}S.$$

又Σ_2在平面xOy上的投影区域D_{xy}：$x^2+y^2\leqslant R^2$，$x\geqslant 0$，$y\geqslant 0$，$z=\sqrt{R^2-x^2-y^2}$，且$\mathrm{d}S=\sqrt{1+(z_x)^2+(z_y)^2}\,\mathrm{d}x\mathrm{d}y=\frac{R}{\sqrt{R^2-x^2-y^2}}\mathrm{d}x\mathrm{d}y$，所以

$$\text{原式}=\frac{2}{R}\iint_{D_{xy}} x\sqrt{R^2-x^2-y^2}(x^2+y^2)\cdot\frac{R}{\sqrt{R^2-x^2-y^2}}\mathrm{d}x\mathrm{d}y=2\iint_{D_{xy}} x(x^2+y^2)\mathrm{d}x\mathrm{d}y$$

$$=2\int_0^{\frac{\pi}{2}}\mathrm{d}\theta\int_0^R \rho\cos\theta\cdot\rho^2\cdot\rho\,\mathrm{d}\rho=\frac{2}{5}R^5.$$

例 13-22 计算$\iint\limits_{\Sigma}-y\mathrm{d}z\mathrm{d}x+(z+1)\mathrm{d}x\mathrm{d}y$，其中$\Sigma$是圆柱面$x^2+y^2=4$被平面$x+z=2$和$z=0$所截下部分的外侧.

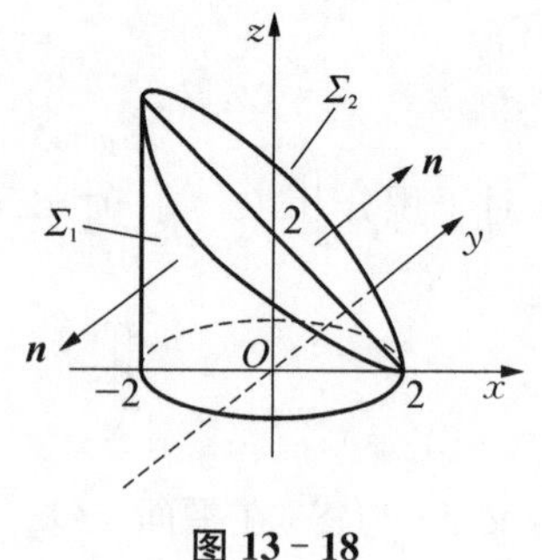

图 13-18

分析：Σ 的图形如图 13-18 所示.由于 Σ 平行于 z 轴，于是$\iint\limits_{\Sigma}(z+1)\mathrm{d}x\mathrm{d}y=0$.对于$\iint\limits_{\Sigma}-y\mathrm{d}z\mathrm{d}x$，由于$\boldsymbol{n}$与$y$轴正向在$\Sigma_1$上夹钝角，在$\Sigma_2$上夹锐角，故需分别计算.

解：因为Σ在平面xOy上的投影不形成区域，所以积分

$$\iint\limits_{\Sigma}(z+1)\mathrm{d}x\mathrm{d}y=0.$$

若记Σ在$y\leqslant 0$部分的曲面为Σ_1，在$y\geqslant 0$部分的曲面为Σ_2(图 13-18)，则Σ_1，Σ_2在平面xOz上的投影区域D_{xz}：$-2\leqslant x\leqslant 2$，$0\leqslant z\leqslant 2-x$，且可表示为

$$\Sigma_1: y=-\sqrt{4-x^2}, \Sigma_2: y=\sqrt{4-x^2}.$$

运用式(13-12)，得

$$\begin{aligned}
\text{原式}&=\iint\limits_{\Sigma}(z+1)\mathrm{d}x\mathrm{d}y+\iint\limits_{\Sigma}-y\mathrm{d}z\mathrm{d}x=\iint\limits_{\Sigma_1}-y\mathrm{d}z\mathrm{d}x+\iint\limits_{\Sigma_2}-y\mathrm{d}z\mathrm{d}x\\
&=-\iint\limits_{D_{xz}}\sqrt{4-x^2}\mathrm{d}x\mathrm{d}z-\iint\limits_{D_{xz}}\sqrt{4-x^2}\mathrm{d}x\mathrm{d}z=-2\iint\limits_{D_{xz}}\sqrt{4-x^2}\mathrm{d}x\mathrm{d}z\\
&=-2\int_{-2}^{2}\mathrm{d}x\int_{0}^{2-x}\sqrt{4-x^2}\mathrm{d}z=-2\int_{-2}^{2}(2-x)\sqrt{4-x^2}\mathrm{d}x\\
&=2\int_{-2}^{2}x\sqrt{4-x^2}\mathrm{d}x-4\int_{-2}^{2}\sqrt{4-x^2}\mathrm{d}x=0-4\cdot 2\pi=-8\pi.
\end{aligned}$$

说明：在上例中，尽管积分$\iint\limits_{\Sigma}-y\mathrm{d}z\mathrm{d}x$的被积函数关于变量$y$是奇函数，且$\Sigma$关于平面$xOz$对称，但积分$\iint\limits_{\Sigma}-y\mathrm{d}z\mathrm{d}x=-8\pi\neq 0$.同样的，在例 13-21 中的积分$\iint\limits_{\Sigma}z(x^2+y^2)\mathrm{d}z\mathrm{d}x$，被积函数是$y$的偶函数且非负，$\Sigma$关于平面$xOz$对称，但积分为零.这说明，在第一型曲面积分中成立的对称性性质对第二型曲面积分不成立，这是由于第二型曲面积分不仅与被积函数有关，还依赖于曲面正侧的选取.

例 13-23 计算$\iint\limits_{\Sigma}x^3\mathrm{d}y\mathrm{d}z+y^3\mathrm{d}z\mathrm{d}x$，其中$\Sigma$为单叶双曲面$x^2+y^2-z^2=1$上$|z|\leqslant 1$部分的外侧.

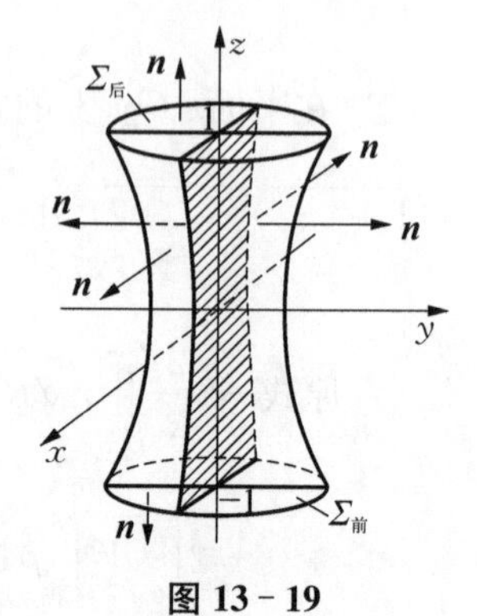

图 13-19

分析：Σ的图形如图 13-19 所示.由于Σ的正法向量$\boldsymbol{n}$与x轴、y轴既有夹锐角的部分，又有夹钝角的部分，故也需要对Σ分域计算.

解一：

$$\text{原式}=\iint\limits_{\Sigma}x^3\mathrm{d}y\mathrm{d}z+\iint\limits_{\Sigma}y^3\mathrm{d}z\mathrm{d}x,$$

若记Σ在$x\geqslant 0$部分的曲面为$\Sigma_前$，$x\leqslant 0$部分的曲面为$\Sigma_后$，则$\Sigma_前$，$\Sigma_后$在平面yOz上的投影区域D_{yz}：$y^2-z^2\leqslant 1$，$|z|\leqslant 1$，且可表示为

$$\Sigma_{前}: x=\sqrt{1+z^2-y^2}, \Sigma_{后}: x=-\sqrt{1+z^2-y^2}.$$

运用式(13 - 13),得

$$\begin{aligned}\iint_{\Sigma} x^3 \mathrm{d}y\mathrm{d}z &= \iint_{\Sigma_{前}} x^3\mathrm{d}y\mathrm{d}z+\iint_{\Sigma_{后}} x^3\mathrm{d}y\mathrm{d}z=\iint_{D_{yz}}(1+z^2-y^2)^{\frac{3}{2}}\mathrm{d}y\mathrm{d}z-\iint_{D_{yz}}[-(1+z^2-y^2)^{\frac{3}{2}}]\mathrm{d}y\mathrm{d}z\\ &=2\iint_{D_{yz}}(1+z^2-y^2)^{\frac{3}{2}}\mathrm{d}y\mathrm{d}z=2\int_{-1}^{1}\mathrm{d}z\int_{-\sqrt{1+z^2}}^{\sqrt{1+z^2}}(1+z^2-y^2)^{\frac{3}{2}}\mathrm{d}y\\ &\xlongequal{y=\sqrt{1+z^2}\sin t} 2\int_{-1}^{1}\mathrm{d}z\int_{-\frac{\pi}{2}}^{\frac{\pi}{2}}(1+z^2)^{\frac{3}{2}}\cos^3 t\cdot\sqrt{1+z^2}\cos t\,\mathrm{d}t\\ &=2\int_{-1}^{1}(1+z^2)^2\mathrm{d}z\cdot\int_{-\frac{\pi}{2}}^{\frac{\pi}{2}}\cos^4 t\,\mathrm{d}t=8\int_0^1(1+2z^2+z^4)\mathrm{d}z\cdot\int_0^{\frac{\pi}{2}}\cos^4 t\,\mathrm{d}t=\frac{14}{5}\pi.\end{aligned}$$

同理,若记 Σ 在 $y\geqslant 0$ 部分的曲面为 $\Sigma_{右}$,在 $y\leqslant 0$ 部分的曲面为 $\Sigma_{左}$,则 $\Sigma_{右}$,$\Sigma_{左}$在平面 xOz 上的投影区域 $D_{xz}: x^2-z^2\leqslant 1, |z|\leqslant 1$,且可表示为

$$\Sigma_{右}: y=\sqrt{1+z^2-x^2}, \Sigma_{左}: y=-\sqrt{1+z^2-x^2}.$$

运用式(13 - 12),得

$$\begin{aligned}\iint_{\Sigma} y^3\mathrm{d}z\mathrm{d}x &= \iint_{\Sigma_{右}} y^3\mathrm{d}z\mathrm{d}x+\iint_{\Sigma_{左}} y^3\mathrm{d}z\mathrm{d}x=\iint_{D_{xz}}(1+z^2-x^2)^{\frac{3}{2}}\mathrm{d}x\mathrm{d}z-\iint_{D_{xz}}[-(1+z^2-x^2)^{\frac{3}{2}}]\mathrm{d}x\mathrm{d}z\\ &=2\iint_{D_{xz}}(1+z^2-x^2)^{\frac{3}{2}}\mathrm{d}x\mathrm{d}z=\frac{14}{5}\pi,\end{aligned}$$

所以所求积分　　$原式=\frac{14}{5}\pi+\frac{14}{5}\pi=\frac{28}{5}\pi.$

解二: 运用高斯公式计算

若记有向曲面 $\Sigma_1: z=1, x^2+y^2\leqslant 2$,上侧为正侧,$\Sigma_2: z=-1, x^2+y^2\leqslant 2$,下侧为正侧(图 13 - 19),则有

$$原式=\iint_{\Sigma}+\iint_{\Sigma_1}+\iint_{\Sigma_2}-\iint_{\Sigma_1}-\iint_{\Sigma_2}=\oiint_{\Sigma+\Sigma_1+\Sigma_2}-\iint_{\Sigma_1}-\iint_{\Sigma_2}.$$

利用高斯公式

$$\begin{aligned}\oiint_{\Sigma+\Sigma_1+\Sigma_2} x^3\mathrm{d}y\mathrm{d}z+y^3\mathrm{d}z\mathrm{d}x &= \iiint_{\Omega}(3x^2+3y^3)\mathrm{d}V=3\iiint_{\Omega}(x^2+y^2)\mathrm{d}V\\ &\xlongequal{先重后单} 3\int_{-1}^{1}\mathrm{d}z\iint_{x^2+y^2\leqslant 1+z^2}(x^2+y^2)\mathrm{d}x\mathrm{d}y=3\int_{-1}^{1}\mathrm{d}z\int_0^{2\pi}\mathrm{d}\theta\int_0^{\sqrt{1+z^2}}\rho^2\cdot\rho\,\mathrm{d}\rho\\ &=\frac{3}{4}\int_{-1}^{1}(1+z^2)^2\mathrm{d}z\int_0^{2\pi}\mathrm{d}\theta=3\pi\int_0^1(1+2z^2+z^4)\mathrm{d}z=\frac{28}{5}\pi.\end{aligned}$$

又 Σ_1,Σ_2 垂直于平面 yOz 和 xOz,则有

$$\iint_{\Sigma_1} x^3\mathrm{d}y\mathrm{d}z + y^3\mathrm{d}z\mathrm{d}x = 0,\ \iint_{\Sigma_2} x^3\mathrm{d}y\mathrm{d}z + y^3\mathrm{d}z\mathrm{d}x = 0.$$

所以所求积分

$$\text{原式} = \frac{28}{5}\pi - 0 = \frac{28}{5}\pi.$$

例 13-24 设 $f(x, y, z)$ 为连续函数，Σ 为曲面 $z=\frac{1}{2}(x^2+y^2)$ 介于 $z=2$ 与 $z=8$ 之间的部分，上侧为正侧，计算

$$I=\iint_{\Sigma}[yf(x, y, z)+x]\mathrm{d}y\mathrm{d}z+[xf(x, y, z)+y]\mathrm{d}z\mathrm{d}x+[2xyf(x, y, z)+z]\mathrm{d}x\mathrm{d}y.$$

分析： Σ 的图形如图 13-20 所示. 本题的关键在于消除未知函数 $f(x, y, z)$. 显然把它化为二重积分无法消除，为此考虑把它化为第一型曲面积分处理.

解： 对于任意的 $(x, y, z)\in\Sigma$，曲面 Σ 在点 (x, y, z) 处的正法向

$$\boldsymbol{n}=\{-z_x, -z_y, 1\}=\{-x, -y, 1\},$$

$$\boldsymbol{n}^{\circ}=\frac{1}{\sqrt{1+x^2+y^2}}\{-x, -y, 1\}.$$

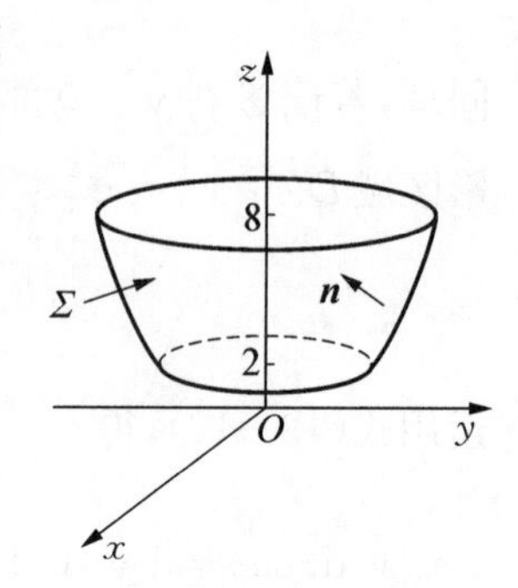

图 13-20

于是

$$I=\iint_{\Sigma}\{yf+x, xf+y, 2xyf+z\}\cdot\boldsymbol{n}^{\circ}\mathrm{d}S=\iint_{\Sigma}\frac{z-x^2-y^2}{\sqrt{1+x^2+y^2}}\mathrm{d}S$$

$$=\iint_{4\leqslant x^2+y^2\leqslant 16}\left[\frac{1}{2}(x^2+y^2)-x^2-y^2\right]\frac{1}{\sqrt{1+x^2+y^2}}\cdot\sqrt{1+x^2+y^2}\,\mathrm{d}x\mathrm{d}y$$

$$=-\frac{1}{2}\iint_{4\leqslant x^2+y^2\leqslant 16}(x^2+y^2)\mathrm{d}x\mathrm{d}y=-\frac{1}{2}\int_0^{2\pi}\mathrm{d}\theta\int_2^4\rho^2\cdot\rho\,\mathrm{d}\rho=-60\pi.$$

▶▶▶方法小结

(1) 第二型曲面积分化为二重积分的计算过程可以按照“一投，二代，三定号”三个步骤进行.

“一投”——对于曲面积分 $\iint_{\Sigma}P\mathrm{d}y\mathrm{d}z$，$\iint_{\Sigma}Q\mathrm{d}z\mathrm{d}x$，$\iint_{\Sigma}R\mathrm{d}x\mathrm{d}y$ 应分别将 Σ 向指定的坐标平面 yOz，xOz，xOy 上投影，获得 Σ 在这些坐标平面上的投影区域 D_{yz}，D_{xz}，D_{xy}.

“二代”——将曲面 Σ 的方程按指定形式表示，并代入被积函数：

① 对于积分 $\iint_{\Sigma}P(x, y, z)\mathrm{d}y\mathrm{d}z$，将 Σ 表示为 $x=x(y, z)$ 并代入被积函数化为二重积分

$$\iint_{\Sigma}P(x, y, z)\mathrm{d}y\mathrm{d}z=\pm\iint_{D_{yz}}P(x(y, z), y, z)\mathrm{d}y\mathrm{d}z.$$

② 对于积分 $\iint\limits_{\Sigma} Q(x, y, z)\mathrm{d}z\mathrm{d}x$，将 Σ 表示为 $y=y(x, z)$ 并代入被积函数化为二重积分

$$\iint\limits_{\Sigma} Q(x, y, z)\mathrm{d}z\mathrm{d}x = \pm \iint\limits_{D_{xz}} Q(x, y(x, z), z)\mathrm{d}x\mathrm{d}z.$$

③ 对于积分 $\iint\limits_{\Sigma} R(x, y, z)\mathrm{d}x\mathrm{d}y$，将 Σ 表示为 $z=z(x, y)$ 并代入被积函数化为二重积分

$$\iint\limits_{\Sigma} R(x, y, z)\mathrm{d}x\mathrm{d}y = \pm \iint\limits_{D_{xy}} R(x, y, z(x, y))\mathrm{d}x\mathrm{d}y.$$

"三定号"——分别按照式(13-13)、式(13-12)、式(13-11)前"±"号的确定方法确定①②③中的正、负号.

(2) 将第二型曲面积分化为二重积分计算是第二型曲面积分计算的基本方法.由于三个积分需将 Σ 向三个不同的坐标面上投影,有时还需根据正法向量与坐标轴正向夹锐角与夹钝角的不同,进行分区域处理,这些过程对某些问题有时显得非常烦琐.当 Σ 的正法向量 $\boldsymbol{n}^{\circ}$ 表示比较简便,且由式(13-14)化成的第一型曲面积分容易计算时,可考虑将第二型曲面积分化为第一型曲面积分计算(例13-20,例13-21,例13-24).

13.2.2.2 运用高斯公式计算第二型曲面积分

1) 向量场的散度

设向量场 $\boldsymbol{f}(x, y, z)=\{P(x, y, z), Q(x, y, z), R(x, y, z)\}$，其中函数 $P(x, y, z)$，$Q(x, y, z)$，$R(x, y, z)$ 在区域 Ω 内具有一阶连续偏导数,则向量场 $\boldsymbol{f}(x, y, z)$ 在点 $M(x, y, z)$ 处的散度

$$\operatorname{div}\boldsymbol{f}(x, y, z)=\frac{\partial P}{\partial x}+\frac{\partial Q}{\partial y}+\frac{\partial R}{\partial z} \tag{13-15}$$

2) 高斯公式

设空间区域 Ω 由光滑或分片光滑的闭曲面 Σ 所围成,向量场 $\boldsymbol{f}(x, y, z)=\{P(x, y, z), Q(x, y, z), R(x, y, z)\}$，且函数 $P(x, y, z)$，$Q(x, y, z)$，$R(x, y, z)$ 在区域 Ω 上具有一阶连续偏导数,则

$$\oint\!\!\!\!\oint_{\Sigma} P\mathrm{d}y\mathrm{d}z+Q\mathrm{d}z\mathrm{d}x+R\mathrm{d}x\mathrm{d}y=\iiint\limits_{\Omega}\left(\frac{\partial P}{\partial x}+\frac{\partial Q}{\partial y}+\frac{\partial R}{\partial z}\right)\mathrm{d}V, \tag{13-16}$$

其中曲面积分沿 Ω 的整个边界曲面 Σ 的外侧.

用向量和散度的形式,高斯公式(13-16)也可表示为

$$\oint\!\!\!\!\oint_{\Sigma} \boldsymbol{f}(x, y, z)\cdot\mathrm{d}\boldsymbol{S}=\iiint\limits_{\Omega}\operatorname{div}\boldsymbol{f}(x, y, z)\mathrm{d}V \tag{13-17}$$

或
$$\oiint_{\Sigma} \boldsymbol{f}(x, y, z) \cdot \boldsymbol{n}^{\circ} \mathrm{d}S = \iiint_{\Omega} \operatorname{div} \boldsymbol{f}(x, y, z) \mathrm{d}V \tag{13-18}$$

▶▶▶方法运用注意点

(1) 高斯公式(13-16)将闭曲面 Σ 上的第二型曲面积分转化为 Σ 所界区域 Ω 上的三重积分.这种转换在计算中的意义在于,希望式(13-16)右边的三重积分比左边的第二型曲面积分计算方便.

(2) 高斯公式要求积分曲面 Σ 是封闭曲面,且曲面积分沿有向曲面 Σ 的外侧.

(3) 高斯公式对函数 $P(x, y, z)$, $Q(x, y, z)$, $R(x, y, z)$ 的光滑性条件可以放宽为 $P(x, y, z)$, $Q(x, y, z)$, $R(x, y, z)$, $\dfrac{\partial P}{\partial x}$, $\dfrac{\partial Q}{\partial y}$, $\dfrac{\partial R}{\partial z}$ 在闭区域 Ω 上连续.

(4) 当封闭曲面 Σ 中含有奇点,即含有使得 P, Q, R 不连续或偏导数不存在的点时,高斯公式不能使用.

▶▶▶典型例题解析

例 13-25 计算 $\oiint_{\Sigma} x(y^2+z^2)\mathrm{d}y\mathrm{d}z + y(z^2+x^2)\mathrm{d}z\mathrm{d}x$,其中 Σ 为圆柱面 $x^2+y^2=1$ 及平面 $z=\pm 1$ 所界立体 Ω 的边界面的外侧.

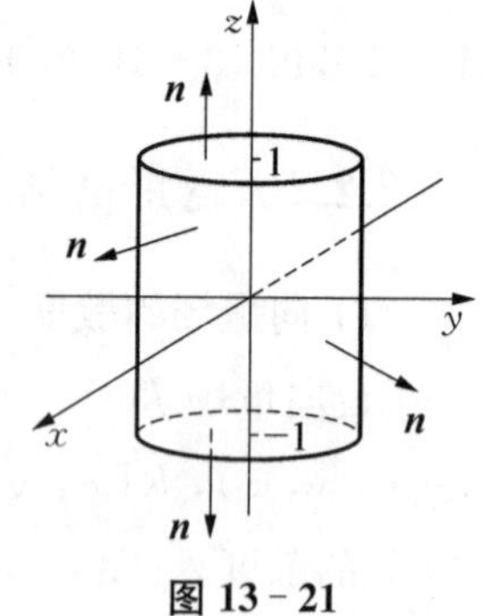

图 13-21

分析: Σ 的图形如图 13-21 所示,由于边界面 Σ 由三个不同的曲面组成,且 Σ 为封闭曲面,可考虑运用高斯公式(13-16)计算.

解: $P=x(y^2+z^2)$, $Q=y(z^2+x^2)$, $R=0 \in C^1(R^3)$,且积分沿 Ω 的边界曲面的外侧,运用高斯公式(13-16)

$$\begin{aligned}
\text{原式} &= \iiint_{\Omega} \left(\frac{\partial P}{\partial x} + \frac{\partial Q}{\partial y} + \frac{\partial R}{\partial z}\right) \mathrm{d}V = \iiint_{\Omega} (x^2+y^2+2z^2)\mathrm{d}V \\
&= \iint_{x^2+y^2 \leqslant 1} \left[\int_{-1}^{1} (x^2+y^2+2z^2)\mathrm{d}z\right] \mathrm{d}x\mathrm{d}y = \iint_{x^2+y^2 \leqslant 1} \left[2(x^2+y^2)+\frac{4}{3}\right] \mathrm{d}x\mathrm{d}y \\
&= \int_0^{2\pi} \mathrm{d}\theta \int_0^1 \left(2\rho^2+\frac{4}{3}\right)\rho\,\mathrm{d}\rho = \frac{7}{3}\pi.
\end{aligned}$$

例 13-26 设 $\boldsymbol{f}(x, y, z)=\{2x+3z, -xz-y, y^2+2z\}$,求 $\boldsymbol{f}(x, y, z)$ 穿过球面

$$\Sigma: (x-3)^2+(y+1)^2+(z-2)^2=9$$

外侧的通量.

分析: 本例要计算积分 $\oiint_{\Sigma} \boldsymbol{f}(x, y, z) \cdot \mathrm{d}\boldsymbol{S} = \oiint_{\Sigma} (2x+3z)\mathrm{d}y\mathrm{d}z - (xz+y)\mathrm{d}z\mathrm{d}x + (y^2+2z)\mathrm{d}x\mathrm{d}y$.很明显,该积分化为二重积分和第一型曲面积分计算都是不方便的,此时应考虑运用高斯公式计算.

解: $P=2x+3z$, $Q=-xz-y$, $R=y^2+2z \in C^1(R^3)$,且积分沿封闭曲面的边的外侧,运用高

斯公式(13－17)，所求通量

$$\Phi=\oint\!\!\!\oint_{\Sigma} \boldsymbol{f}(x, y, z)\cdot \mathrm{d}\boldsymbol{S}=\iiint_{\Omega} \operatorname{div} \boldsymbol{f}(x, y, z) \mathrm{d}V=\iiint_{\Omega}\left(\frac{\partial P}{\partial x}+\frac{\partial Q}{\partial y}+\frac{\partial R}{\partial z}\right) \mathrm{d}V$$
$$=\iiint_{\Omega} 3 \mathrm{d}V=3 \cdot \frac{4}{3} \pi (3)^{3}=108 \pi .$$

例 13－27 计算 $\oint\!\!\!\oint_{\Sigma}[(\boldsymbol{f}(x, y, z)\cdot \boldsymbol{r})\boldsymbol{r}]\cdot \mathrm{d}\boldsymbol{S}$，其中 $\boldsymbol{f}(x, y, z)=\{a, b, c\}$ 为常向量，$\boldsymbol{r}=\{x, y, z\}$，$\Sigma$ 为立体 $x^{2}+y^{2} \leqslant 1$，$0 \leqslant z \leqslant 1$ 的边界曲面的外侧曲面.

分析：本例首先应计算向量场 $(\boldsymbol{f}(x, y, z)\cdot \boldsymbol{r})\boldsymbol{r}$ 的具体表达式.由于 Σ 由三个曲面组成，应首选利用高斯公式计算.

解：$(\boldsymbol{f}(x, y, z)\cdot \boldsymbol{r})\boldsymbol{r}=(ax+by+cz)\boldsymbol{r}=(ax+by+cz)\{x, y, z\}$. 由于 $P=x(ax+by+cz)$，$Q=y(ax+by+cz)$，$R=z(ax+by+cz) \in C^{1}(R^{3})$，且积分沿封闭曲面的外侧，利用高斯公式

$$\text{原式}=\oint\!\!\!\oint_{\Sigma}(ax+by+cz)\{x, y, z\}\cdot \mathrm{d}\boldsymbol{S}=\iiint_{\Omega} \operatorname{div}[(ax+by+cz)\{x, y, z\}] \mathrm{d}V$$
$$=\iiint_{\Omega}\left\{\frac{\partial}{\partial x}[x(ax+by+cz)]+\frac{\partial}{\partial y}[y(ax+by+cz)]+\frac{\partial}{\partial z}[z(ax+by+cz)]\right\} \mathrm{d}V$$
$$=4\iiint_{\Omega}(ax+by+cz) \mathrm{d}V=4a\iiint_{\Omega} x \mathrm{d}V+4b\iiint_{\Omega} y \mathrm{d}V+4c\iiint_{\Omega} z \mathrm{d}V,$$

由于 Ω 关于平面 xOz，yOz 对称，于是 $\iiint_{\Omega} x \mathrm{d}V=0$，$\iiint_{\Omega} y \mathrm{d}V=0$，所以

$$\text{原式}=4c\iiint_{\Omega} z \mathrm{d}V=4c\int_{0}^{1} \mathrm{d}z \iint_{x^{2}+y^{2} \leqslant 1} z \mathrm{d}x \mathrm{d}y=4c\int_{0}^{1} z \cdot \pi \mathrm{d}z=2\pi c.$$

例 13－28 计算 $\iint_{\Sigma}(x^{3}+\mathrm{e}^{y}) \mathrm{d}y \mathrm{d}z-z(x^{2}y+\sin z) \mathrm{d}z \mathrm{d}x-x^{2}(y^{2}+z^{2}) \mathrm{d}x \mathrm{d}y$，其中 Σ 为曲面 $z=1-x^{2}-y^{2}$ 在 $z \geqslant 0$ 的部分，积分沿 Σ 的上侧.

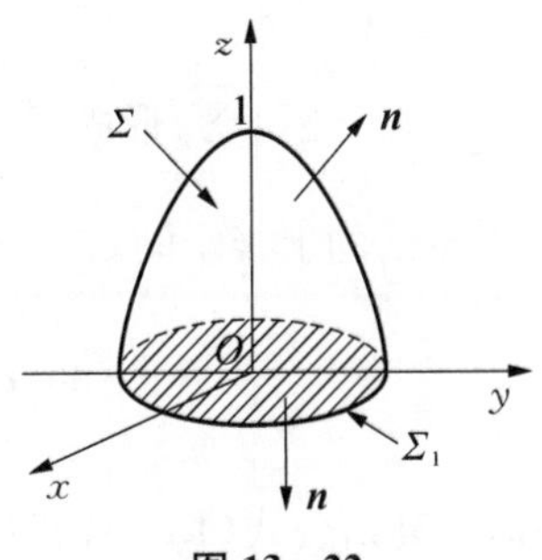

图 13－22

分析：Σ 的图形如图 13－22 所示，Σ 为非封闭曲面.很明显将积分化为二重积分计算是烦琐的，可考虑通过添加辅助有向曲面的方法，运用高斯公式计算.

解：添置有向曲面 Σ_{1}：$z=0$，$(x, y) \in D_{xy}=\{(x, y) \mid x^{2}+y^{2} \leqslant 1\}$，下侧为正侧(图 13－22)，则有

$$\text{原式}=\oint\!\!\!\oint_{\Sigma+\Sigma_{1}}-\iint_{\Sigma_{1}}.$$

由于 $\Sigma+\Sigma_{1}$ 形成一封闭曲面，外侧为正侧，且 $P=x^{3}+\mathrm{e}^{y}$，$Q=-z(x^{2}y+\sin z)$，$R=-x^{2}(y^{2}+z^{2})$ 在 R^{3} 上具有一阶连续的偏导数，运用高斯公式

$$\oiint_{\Sigma+\Sigma_1}(x^3+e^y)dydz-z(x^2y+\sin z)dzdx-x^2(y^2+z^2)dxdy$$
$$=\iiint_\Omega 3x^2(1-z)dV \xlongequal{\text{利用柱面坐标}} 3\int_0^{2\pi}d\theta\int_0^1 d\rho\int_0^{1-\rho^2}(\rho\cos\theta)^2(1-z)\rho\,dz$$
$$=\frac{3}{2}\int_0^{2\pi}d\theta\int_0^1\rho^3(1-\rho^4)\cos^2\theta d\rho=\frac{3}{2}\int_0^{2\pi}\cos^2\theta d\theta\cdot\int_0^1(\rho^3-\rho^7)d\rho$$
$$=\frac{3}{2}\cdot\pi\cdot\frac{1}{8}=\frac{3}{16}\pi,$$

而积分
$$\iint_{\Sigma_1}(x^3+e^y)dydz-z(x^2y+\sin z)dzdx-x^2(y^2+z^2)dxdy$$
$$=-\iint_{\Sigma_1}x^2(y^2+z^2)dxdy=\iint_{D_{xy}}x^2y^2dxdy=\int_0^{2\pi}d\theta\int_0^1\rho^5\cos^2\theta\sin^2\theta d\rho$$
$$=\int_0^{2\pi}\cos^2\theta\sin^2\theta d\theta\cdot\int_0^1\rho^5d\rho=\frac{1}{4}\int_0^{2\pi}\sin^2 2\theta d\theta\cdot\frac{1}{6}=\frac{\pi}{24}.$$

所以
$$原式=\frac{3}{16}\pi-\frac{\pi}{24}=\frac{7}{48}\pi.$$

例 13-29 计算 $\oiint_{\Sigma}\boldsymbol{r}^\circ\cdot d\boldsymbol{S}$，其中 $\boldsymbol{r}^\circ=\left\{\frac{x}{r},\frac{y}{r},\frac{z}{r}\right\}$，$r=\sqrt{x^2+y^2+z^2}$，$\Sigma$ 为半球面 $z=1+\sqrt{1-x^2-y^2}$，积分沿 Σ 的上侧.

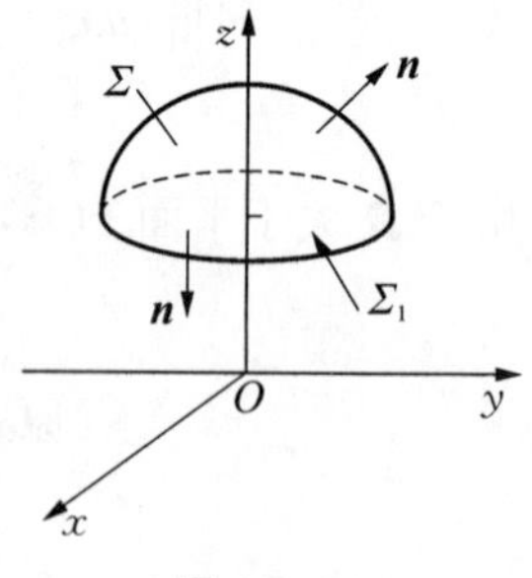

图 13-23

分析：Σ 的图形如图 13-23 所示.与上例类似，本例也应考虑通过添置辅助有向曲面的方法运用高斯公式计算.

解：添置有向曲面 Σ_1：$z=1$，$(x,y)\in D_{xy}=\{(x,y)\mid x^2+y^2\leqslant 1\}$，下侧为正侧(图 13-23)，则有

$$原式=\oiint_{\Sigma+\Sigma_1}-\iint_{\Sigma_1}.$$

由于 $\Sigma+\Sigma_1$ 形成一封闭曲面，外侧为正侧，且 $P=\frac{x}{r}$，$Q=\frac{y}{r}$，$R=\frac{z}{r}$，在包含 Σ，Σ_1 及其所界区域 Ω 的上半空间 $z>0$ 上具有一阶连续的偏导数，

$$\operatorname{div}(\boldsymbol{r}^\circ)=\left(\frac{1}{r}-\frac{x^2}{r^3}\right)+\left(\frac{1}{r}-\frac{y^2}{r^3}\right)+\left(\frac{1}{r}-\frac{z^2}{r^3}\right)=\frac{2}{r},$$

运用高斯公式(13-17)得

$$\oiint_{\Sigma+\Sigma_1}\boldsymbol{r}^\circ\cdot d\boldsymbol{S}=\iiint_\Omega\operatorname{div}\boldsymbol{r}^\circ dV=\iiint_\Omega\frac{2}{r}dV=2\iiint_\Omega\frac{1}{\sqrt{x^2+y^2+z^2}}dV.$$

又球面 Σ：$z=1+\sqrt{1-x^2-y^2}$，平面 Σ_1：$z=1$ 在球面坐标系下的表达式分别为

$$\Sigma:\ r=2\cos\varphi,\ \Sigma_1:\ r=\frac{1}{\cos\varphi},\ 0\leqslant\varphi\leqslant\frac{\pi}{4}.$$

于是
$$\oiint_{\Sigma+\Sigma_1} \boldsymbol{r}^\circ \cdot \mathrm{d}\boldsymbol{S}=2\int_0^{2\pi}\mathrm{d}\theta\int_0^{\frac{\pi}{4}}\mathrm{d}\varphi\int_{\frac{1}{\cos\varphi}}^{2\cos\varphi}\frac{1}{r}\cdot r^2\sin\varphi\,\mathrm{d}r=4\pi\int_0^{\frac{\pi}{4}}\mathrm{d}\varphi\int_{\frac{1}{\cos\varphi}}^{2\cos\varphi}r\sin\varphi\,\mathrm{d}r$$
$$=2\pi\int_0^{\frac{\pi}{4}}\left(4\cos^2\varphi-\frac{1}{\cos^2\varphi}\right)\sin\varphi\,\mathrm{d}\varphi=2\pi\left(\frac{7}{3}-\frac{4}{3}\sqrt{2}\right).$$

而在 Σ_1 上

$$\oiint_{\Sigma_1}\boldsymbol{r}^\circ\cdot\mathrm{d}\boldsymbol{S}=\iint_{\Sigma_1}\frac{x}{r}\mathrm{d}z\mathrm{d}z+\frac{y}{r}\mathrm{d}z\mathrm{d}x+\frac{z}{r}\mathrm{d}x\,\mathrm{d}y=\iint_{\Sigma_1}\frac{z}{r}\mathrm{d}x\,\mathrm{d}y=-\iint_{x^2+y^2\leqslant 1}\frac{1}{\sqrt{1+x^2+y^2}}\mathrm{d}x\,\mathrm{d}y$$
$$=-\int_0^{2\pi}\mathrm{d}\theta\int_0^1\frac{\rho}{\sqrt{1+\rho^2}}\mathrm{d}\rho=-2\pi(\sqrt{2}-1),$$

所以所求积分

$$\text{原式}=2\pi\left(\frac{7}{3}-\frac{4}{3}\sqrt{2}\right)+2\pi(\sqrt{2}-1)=\frac{8-2\sqrt{2}}{3}\pi.$$

例 13－30 计算 $\iint_{\Sigma}a^2b^2z^2x\,\mathrm{d}z\mathrm{d}y+b^2c^2x^2y\mathrm{d}z\mathrm{d}x+c^2a^2y^2z\mathrm{d}x\,\mathrm{d}y$，其中 Σ 为上半椭球面 $\frac{x^2}{a^2}+\frac{y^2}{b^2}+\frac{z^2}{c^2}=1(z\geqslant 0)$ 的下侧 $(a>0,\ b>0,\ c>0)$.

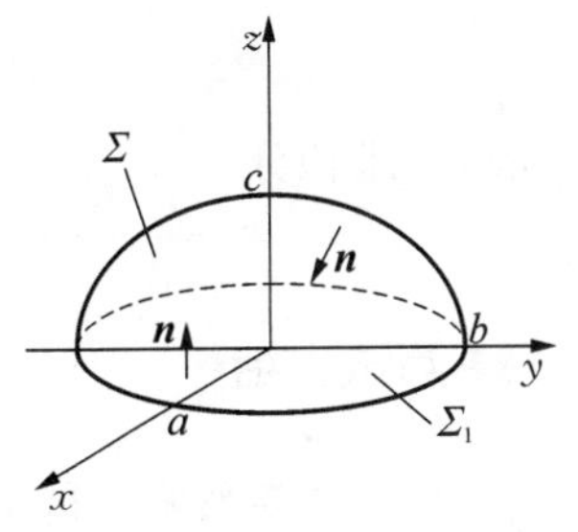

图 13－24

分析： Σ 的图形如图 13－24 所示.可见本题化为二重积分计算也是非常烦琐的，故也应考虑运用高斯公式计算.

解： 添置有向曲面 Σ_1：$z=0,(x,y)\in D_{xy}=\left\{(x,y)\,\middle|\,\frac{x^2}{a^2}+\frac{y^2}{b^2}\leqslant 1\right\}$，上侧为正侧(图 13－24)，则有

$$\text{原式}=\oiint_{\Sigma+\Sigma_1}-\iint_{\Sigma_1}.$$

由于 $\Sigma+\Sigma_1$ 形成一封闭曲面，内侧为正侧，且 $P=a^2b^2z^2x$，$Q=b^2c^2x^2y$，$R=c^2a^2y^2z$ 在 R^3 上具有一阶连续的偏导数，运用高斯公式

$$\oiint_{\Sigma+\Sigma_1}a^2b^2z^2x\,\mathrm{d}z\mathrm{d}y+b^2c^2x^2y\mathrm{d}z\mathrm{d}x+c^2a^2y^2z\mathrm{d}x\,\mathrm{d}y$$
$$=-\iiint_{\Omega}(a^2b^2z^2+b^2c^2x^2+c^2a^2y^2)\mathrm{d}V$$
$$=-a^2b^2\iiint_{\Omega}z^2\mathrm{d}V-b^2c^2\iiint_{\Omega}x^2\mathrm{d}V-c^2a^2\iiint_{\Omega}y^2\mathrm{d}V.$$

利用“先重后单”方法

$$\iiint_{\Omega}z^2\mathrm{d}V=\int_0^c\mathrm{d}z\iint_{D_z}z^2\mathrm{d}x\,\mathrm{d}y\quad\left(D_z:\ \frac{x^2}{a^2}+\frac{y^2}{b^2}\leqslant 1-\frac{z^2}{c^2}\right)$$
$$=\int_0^c z^2\cdot\pi ab\left(1-\frac{z^2}{c^2}\right)\mathrm{d}z=\frac{2\pi}{15}abc^3,$$

$$\iiint_{\Omega} x^2 \mathrm{d}V = \int_{-a}^{a} \mathrm{d}x \iint_{D_x} x^2 \mathrm{d}y \mathrm{d}z \quad \left(D_x: \frac{y^2}{b^2} + \frac{z^2}{c^2} \leqslant 1 - \frac{x^2}{a^2},\ z \geqslant 0 \right)$$

$$= \int_{-a}^{a} x^2 \cdot \frac{1}{2} \pi bc \left(1 - \frac{x^2}{a^2}\right) \mathrm{d}x = \int_{0}^{a} x^2 \cdot \pi bc \left(1 - \frac{x^2}{a^2}\right) \mathrm{d}x = \frac{2\pi}{15} bca^3,$$

$$\iiint_{\Omega} y^2 \mathrm{d}V = \int_{-b}^{b} \mathrm{d}y \iint_{D_y} y^2 \mathrm{d}x \mathrm{d}z \quad \left(D_y: \frac{x^2}{a^2} + \frac{z^2}{c^2} \leqslant 1 - \frac{y^2}{b^2},\ z \geqslant 0 \right)$$

$$= \int_{-b}^{b} y^2 \cdot \frac{1}{2} \pi ac \left(1 - \frac{y^2}{b^2}\right) \mathrm{d}y = \int_{0}^{b} y^2 \cdot \pi ac \left(1 - \frac{y^2}{b^2}\right) \mathrm{d}y = \frac{2\pi}{15} acb^3,$$

所以
$$\oiint_{\Sigma+\Sigma_1} = -\frac{2\pi}{15} a^3 b^3 c^3 - \frac{2\pi}{15} b^3 c^3 a^3 - \frac{2\pi}{15} a^3 c^3 b^3 = -\frac{2\pi}{5} a^3 b^3 c^3.$$

而在 Σ_1 上

$$\iint_{\Sigma_1} a^2 b^2 z^2 x \mathrm{d}z \mathrm{d}y + b^2 c^2 x^2 y \mathrm{d}z \mathrm{d}x + c^2 a^2 y^2 z \mathrm{d}x \mathrm{d}y$$

$$= \iint_{\Sigma_1} c^2 a^2 y^2 z \mathrm{d}x \mathrm{d}y = \iint_{\frac{x^2}{a^2} + \frac{y^2}{b^2} \leqslant 1} c^2 a^2 y^2 \cdot 0 \mathrm{d}x \mathrm{d}y = 0,$$

所以所求积分
$$\text{原式} = -\frac{2\pi}{5} a^3 b^3 c^3.$$

▶▶▶方法小结

计算第二型曲面积分最基本的方法是将其化为二重积分计算.但对于许多问题,特别当被积函数 P, Q, R 都不为零时,运用这一方法处理显得过于烦琐,有时甚至无法计算,此时就应选择运用高斯公式计算.公式按照以下两种方法使用:

(1) 如果积分曲面 Σ 本身是一封闭曲面,且外侧为正侧,函数 P, Q, R 满足高斯公式的条件,此时可对积分直接运用高斯公式计算.如果积分的正侧为内侧,则可根据等式

$$\oiint_{\Sigma} P \mathrm{d}y \mathrm{d}z + Q \mathrm{d}z \mathrm{d}x + R \mathrm{d}x \mathrm{d}y = -\oiint_{\Sigma^-} P \mathrm{d}y \mathrm{d}z + Q \mathrm{d}z \mathrm{d}x + R \mathrm{d}x \mathrm{d}y$$

对等式右边的积分 (Σ^- 为外侧)运用高斯公式.

(2) 如果积分曲面 Σ 不是封闭曲面,则可通过选取一辅助的有向曲面 Σ_1 使 $\Sigma + \Sigma_1$ 形成以外侧(或内侧)为正侧的封闭曲面,将积分表示为

$$\iint_{\Sigma} = \oiint_{\Sigma+\Sigma_1} - \iint_{\Sigma_1},$$

然后对积分 $\oiint_{\Sigma+\Sigma_1}$ 运用高斯公式.由于减去的积分 $\iint_{\Sigma_1}$ 要化为二重积分计算,所以对有向曲面 Σ_1 的选取还应考虑在其上的曲面积分化为二重积分计算是否方便的问题,通常首选平行于坐标面的平面.

13.2.2.3　运用无散度场的曲面积分性质计算第二型曲面积分

1）无散度向量场在封闭曲面上的曲面积分性质

设向量场

$$\boldsymbol{f}(x, y, z)=\{P(x, y, z), Q(x, y, z), R(x, y, z)\}$$

的分量函数 $P(x, y, z)$, $Q(x, y, z)$, $R(x, y, z)$ 在区域 Ω 内除奇点外具有一阶连续偏导数.如果 $\boldsymbol{f}(x, y, z)$ 在 Ω 内是无散度场,即除了奇点外点 $\boldsymbol{f}(x, y, z)$ 在 Ω 内处处成立

$$\operatorname{div} \boldsymbol{f}(x, y, z)=0,$$

则对于 Ω 中的任一封闭曲面 Σ，有以下结论成立：

(1) 如果 Σ 内不包含 $\boldsymbol{f}(x, y, z)$ 的奇点,则

$$\oiint_{\Sigma} \boldsymbol{f}(x, y, z) \cdot \mathrm{d}\boldsymbol{S}=\oiint_{\Sigma} P \mathrm{d}y \mathrm{d}z+Q \mathrm{d}z \mathrm{d}x+R \mathrm{d}x \mathrm{d}y=0. \tag{13-19}$$

(2) 如果 Σ 内包含 $\boldsymbol{f}(x, y, z)$ 的一个奇点 $M_0(x_0, y_0, z_0)$，则积分

$$\oiint_{\Sigma} \boldsymbol{f}(x, y, z) \cdot \mathrm{d}\boldsymbol{S}=\oiint_{\Sigma} P \mathrm{d}y \mathrm{d}z+Q \mathrm{d}z \mathrm{d}x+R \mathrm{d}x \mathrm{d}y \equiv C\ (\text{常数}), \tag{13-20}$$

即沿着同侧的只包含同一个奇点 M_0 的任意闭曲面上的积分值都相等.

2）无散度向量场在非封闭曲面上的曲面积分性质

设 Ω 是二维单连通区域,向量场

$$\boldsymbol{f}(x, y, z)=\{P(x, y, z), Q(x, y, z), R(x, y, z)\}$$

的分量函数 $P(x, y, z)$, $Q(x, y, z)$, $R(x, y, z)$ 在区域 Ω 上具有一阶连续的偏导数,则有以下等价结论：

在 Ω 内积分 $\iint_{\Sigma} P \mathrm{d}y \mathrm{d}z+Q \mathrm{d}z \mathrm{d}x+R \mathrm{d}x \mathrm{d}y$ 仅与 Σ 的边界曲线有关而与 Σ 的形状无关

$\Leftrightarrow$对于 Ω 内的任何光滑闭曲面 Σ 有

$$\oiint_{\Sigma} P \mathrm{d}y \mathrm{d}z+Q \mathrm{d}z \mathrm{d}x+R \mathrm{d}x \mathrm{d}y=0 \tag{13-21}$$

$\Leftrightarrow$对于 Ω 内处处成立

$$\operatorname{div} \boldsymbol{f}(x, y, z)=0. \tag{13-22}$$

▶▶▶方法运用注意点

(1) 无散度场的曲面积分性质式(13-20)和积分仅与 Σ 的边界线有关的性质是反映无散度场积分的重要结论,其在实际问题计算中的意义在于可以用简单曲面去替换原有曲面.当 Σ 是环绕奇点 M_0 的闭曲面时,可以用同样环绕 M_0 且与 Σ 同侧的简单闭曲面 Σ' 替换.而当 Σ 是以曲线 L 为边界线的非封闭曲面时,也可以用同样以 L 为边界线且与 Σ 同侧的简单非封闭曲面 Σ' 替换,从而达到简化

计算的目的.

(2) 在积分仅与 Σ 的边界线有关的性质中,对区域 Ω 是二维单连通区域的要求一般不可减弱.这一条件的含义就是要求,在同样以 L 为边界线的曲面 Σ,Σ' 以及它们所界的区域上,$\boldsymbol{f}(x, y, z)$ 的分量函数 P, Q, R 具有一阶连续的偏导数,而不能包含奇点.

▶▶▶典型例题解析

例 13 - 31 计算 $\iint\limits_{\Sigma} x(x-y-z)\mathrm{d}z\mathrm{d}y+y(y-z-x)\mathrm{d}z\mathrm{d}x+z(z-x-y)\mathrm{d}x\mathrm{d}y$,其中 Σ 为球面 $x^2+y^2+z^2=4$ 在 $z\geqslant 1$ 的部分,积分沿 Σ 的上侧.

分析: Σ 的图形如图 13 - 25 所示,显然把积分化为二重积分计算是烦琐的.此时应计算 $\operatorname{div}\boldsymbol{f}(x, y, z)$,从 $\operatorname{div}\boldsymbol{f}(x, y, z)$ 是否为零来确定是应用高斯公式还是应用无散度场的曲面积分性质计算.

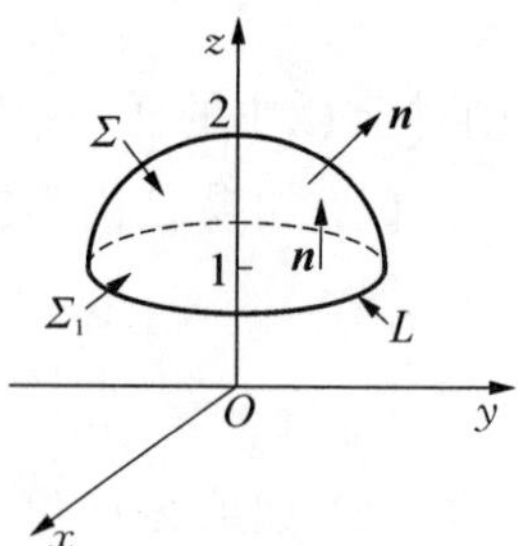

图 13 - 25

解: 由 $P=x(x-y-z)$, $Q=y(y-z-x)$, $R=z(z-x-y)\in C^1(R^3)$,且

$$\operatorname{div}\boldsymbol{f}(x, y, z)=\frac{\partial P}{\partial x}+\frac{\partial Q}{\partial y}+\frac{\partial R}{\partial z}=(2x-y-z)+(2y-z-x)+(2z-x-y)=0,\ (x, y, z)\in R^3$$

可知,向量场 $\boldsymbol{f}(x, y, z)$ 在 R^3 上是一无散度场.由于 Σ 是以曲线 L 为边界线的非封闭曲面(图 13 - 25),选取有向曲面 Σ_1: $z=1$, $x^2+y^2\leqslant 3$,上侧为正侧(图 13 - 25),则 Σ_1 也是以曲线 L 为边界线,并与 Σ 同侧的曲面.应用无散度场在非封闭曲面上的曲面积分性质,有

$$\text{原式}=\iint\limits_{\Sigma_1} x(x-y-z)\mathrm{d}z\mathrm{d}y+y(y-z-x)\mathrm{d}z\mathrm{d}x+z(z-x-y)\mathrm{d}x\mathrm{d}y$$
$$=\iint\limits_{\Sigma_1} z(x-x-y)\mathrm{d}x\mathrm{d}y=\iint\limits_{x^2+y^2\leqslant 3}(1-x-y)\mathrm{d}x\mathrm{d}y=\iint\limits_{x^2+y^2\leqslant 3}\mathrm{d}x\mathrm{d}y=3\pi.$$

例 13 - 32 计算 $\iint\limits_{\Sigma}\frac{x\mathrm{d}z\mathrm{d}y+y\mathrm{d}z\mathrm{d}x+z\mathrm{d}x\mathrm{d}y}{\sqrt{(x^2+y^2+z^2)^3}}$,其中 Σ 为曲面 $1-\frac{z}{5}=\frac{(x-2)^2}{3}+\frac{(y-1)^2}{2}(z\geqslant 0)$ 的上侧.

分析: Σ 的图形如图 13 - 26 所示,从积分的被积表达式及积分曲面可见,本题化为二重积分无法计算,此时应考虑运用高斯公式等方法,具体的方法可由 $\operatorname{div}\boldsymbol{f}(x, y, z)=0$ 或 $\operatorname{div}\boldsymbol{f}(x, y, z)\neq 0$ 来确定.

解: 从 $P=\frac{x}{(x^2+y^2+z^2)^{\frac{3}{2}}}$, $Q=\frac{y}{(x^2+y^2+z^2)^{\frac{3}{2}}}$, $R=\frac{z}{(x^2+y^2+z^2)^{\frac{3}{2}}}$ 可见,原点 $O(0, 0, 0)$ 是奇点,且在 $(x, y, z)\neq(0, 0, 0)$ 的区域上,P, Q, R 具有一阶连续的偏导数,若记 $r=\sqrt{x^2+y^2+z^2}$,并由

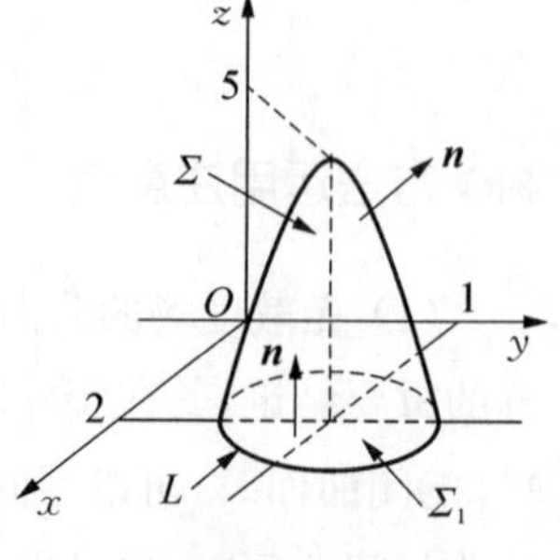

图 13 - 26

$$\frac{\partial P}{\partial x}=\frac{1}{r^3}-\frac{3x^2}{r^5},\ \frac{\partial Q}{\partial y}=\frac{1}{r^3}-\frac{3y^2}{r^5},$$

$$\frac{\partial R}{\partial z}=\frac{1}{r^3}-\frac{3z^2}{r^5},\ (x,\ y,\ z)\neq(0,\ 0,\ 0).$$

于是当 $(x,\ y,\ z)\neq(0,\ 0,\ 0)$ 时有

$$\operatorname{div}\boldsymbol{f}(x,\ y,\ z)=\frac{\partial P}{\partial x}+\frac{\partial Q}{\partial y}+\frac{\partial R}{\partial z}=\frac{3}{r^3}-\frac{3(x^2+y^2+z^2)}{r^5}=0.$$

所以 $\boldsymbol{f}(x,\ y,\ z)$ 在包含 Σ，但不包含原点 O 的二维单连通区域 $\Omega=\{(x,\ y,\ z)\mid y>0\}$ 上是无散度场.选取有向曲面 Σ_1：$z=0$，$\dfrac{(x-2)^2}{3}+\dfrac{(y-1)^2}{2}\leqslant 1$，上侧为正侧(图 13 - 26)，则 Σ_1 是与 Σ 具有相同边界曲线 L，且与 Σ 同侧的有向曲面，运用无散度场在非封闭曲面上的曲面积分性质

$$\text{原式}=\iint\limits_{\Sigma_1}\frac{x\,\mathrm{d}z\,\mathrm{d}y+y\,\mathrm{d}z\,\mathrm{d}x+z\,\mathrm{d}x\,\mathrm{d}y}{\sqrt{(x^2+y^2+z^2)^3}}=\iint\limits_{\Sigma_1}\frac{z\,\mathrm{d}x\,\mathrm{d}y}{\sqrt{(x^2+y^2+z^2)^3}}$$

$$=\iint\limits_{D_{xy}}\frac{0}{\sqrt{(x^2+y^2)^3}}\mathrm{d}x\,\mathrm{d}y=0\quad\left(D_{xy}:\ \frac{(x-2)^2}{3}+\frac{(y-1)^2}{2}\leqslant 1\right).$$

例 13 - 33　计算 $\displaystyle\iint\limits_{\Sigma}\frac{x\,\mathrm{d}z\,\mathrm{d}y+y\,\mathrm{d}z\,\mathrm{d}x+z\,\mathrm{d}x\,\mathrm{d}y}{\left(\dfrac{x^2}{a^2}+\dfrac{y^2}{b^2}+\dfrac{z^2}{c^2}\right)^{\frac{3}{2}}}$，其中 Σ 为球面 $x^2+y^2+z^2=R^2$ 的外侧.

分析：很明显，本例无论是化为二重积分还是化为第一型曲面积分计算都是非常困难的，难点在于被积函数 P，Q，R 中的分母函数 $\left(\dfrac{x^2}{a^2}+\dfrac{y^2}{b^2}+\dfrac{z^2}{c^2}\right)^{\frac{3}{2}}$. 可以设想，若能确定积分所涉的向量场是一无散度场，则运用无散度场的曲面积分性质式(13 - 20)，通过将环绕奇点 $O(0,\ 0,\ 0)$ 的球面 Σ 替换成椭球面 $\dfrac{x^2}{a^2}+\dfrac{y^2}{b^2}+\dfrac{z^2}{c^2}=1$，难点即可消除.

解：记 $l=\sqrt{\dfrac{x^2}{a^2}+\dfrac{y^2}{b^2}+\dfrac{z^2}{c^2}}$，则从函数 $P=\dfrac{x}{l^3}$，$Q=\dfrac{y}{l^3}$，$R=\dfrac{z}{l^3}$ 可见，原点 $O(0,\ 0,\ 0)$ 是函数的奇点，且在 $(x,\ y,\ z)\neq(0,\ 0,\ 0)$ 的区域上，P，Q，R 具有一阶连续的偏导数，并有

$$\frac{\partial P}{\partial x}=\frac{1}{l^3}-\frac{3}{l^5}\left(\frac{x}{a}\right)^2,\ \frac{\partial Q}{\partial y}=\frac{1}{l^3}-\frac{3}{l^5}\left(\frac{y}{b}\right)^2,$$

$$\frac{\partial R}{\partial z}=\frac{1}{l^3}-\frac{3}{l^5}\left(\frac{z}{c}\right)^2,\ (x,\ y,\ z)\neq(0,\ 0,\ 0).$$

于是有

$$\operatorname{div} \boldsymbol{f}(x, y, z)=\frac{\partial P}{\partial x}+\frac{\partial Q}{\partial y}+\frac{\partial R}{\partial z}=\frac{3}{l^3}-\frac{3}{l^5}\left(\frac{x^2}{a^2}+\frac{y^2}{b^2}+\frac{z^2}{c^2}\right)$$
$$=0,\ (x, y, z) \neq (0, 0, 0),$$

所以向量场 $\boldsymbol{f}(x, y, z)=\{P, Q, R\}$ 在奇点 O 以外的区域上是无散度场.由于 Σ 环绕奇点 O，且外侧为正侧，根据无散度场的曲面积分性质式(13-20)，选取同样环绕奇点 O 的有向曲面 Σ_1：$\frac{x^2}{a^2}+\frac{y^2}{b^2}+\frac{z^2}{c^2}=1$，外侧为正侧，则有

$$原式=\iint_{\Sigma_1}\frac{x\mathrm{d}z\mathrm{d}y+y\mathrm{d}z\mathrm{d}x+z\mathrm{d}x\mathrm{d}y}{\left(\frac{x^2}{a^2}+\frac{y^2}{b^2}+\frac{z^2}{c^2}\right)^{\frac{3}{2}}}=\iint_{\Sigma_1}x\mathrm{d}z\mathrm{d}y+y\mathrm{d}z\mathrm{d}x+z\mathrm{d}x\mathrm{d}y \xlongequal{高斯公式} \iiint_{\Omega}3\mathrm{d}V=4\pi abc.$$

例 13-34 计算曲面积分 $\oiint_{\Sigma}\frac{1}{r^2}\cos(\boldsymbol{r},\hat{}\boldsymbol{n})\mathrm{d}S$，其中 Σ 为球面 $x^2+y^2+(z-R)^2=1$ $(R>0, R\neq 1)$，$\boldsymbol{r}=\{x, y, z\}$，$r=\sqrt{x^2+y^2+z^2}$，$\boldsymbol{n}$ 为 Σ 的外法向.

分析：本例首先应确定所求积分中被积函数的具体表达式，确定所求积分是第一型还是第二型的曲面积分，若是第二型的曲面积分，需要根据向量场 $\boldsymbol{f}(x, y, z)$ 的表达式选择计算方法.

解：利用两向量间夹角余弦的计算公式，得

$$\cos(\boldsymbol{r},\hat{}\boldsymbol{n})=\boldsymbol{r}^\circ\cdot\boldsymbol{n}^\circ=\frac{1}{r}\boldsymbol{r}\cdot\boldsymbol{n}^\circ,$$

于是所求积分

$$原式=\oiint_{\Sigma}\frac{1}{r^3}\boldsymbol{r}\cdot\boldsymbol{n}^\circ\mathrm{d}S=\oiint_{\Sigma}\frac{1}{r^3}\boldsymbol{r}\cdot\mathrm{d}\boldsymbol{S}=\oiint_{\Sigma}\frac{x}{r^3}\mathrm{d}y\mathrm{d}z+\frac{y}{r^3}\mathrm{d}z\mathrm{d}x+\frac{z}{r^3}\mathrm{d}x\mathrm{d}y,$$

可知所求积分是第二型的曲面积分.从函数 $P=\frac{x}{r^3}$，$Q=\frac{y}{r^3}$，$R=\frac{z}{r^3}$ 可见，原点 $O(0, 0, 0)$ 是函数的奇点，且在 $(x, y, z)\neq(0, 0, 0)$ 的区域上，P，Q，R 具有一阶连续的偏导数，并有

$$\frac{\partial P}{\partial x}=\frac{1}{r^3}-\frac{3x^2}{r^5},\quad \frac{\partial Q}{\partial y}=\frac{1}{r^3}-\frac{3y^2}{r^5},$$
$$\frac{\partial R}{\partial z}=\frac{1}{r^3}-\frac{3z^2}{r^5},\ (x, y, z)\neq(0, 0, 0),$$

于是

$$\operatorname{div} \boldsymbol{f}(x, y, z)=\frac{\partial P}{\partial x}+\frac{\partial Q}{\partial y}+\frac{\partial R}{\partial z}=\frac{3}{r^3}-\frac{3(x^2+y^2+z^2)}{r^5}$$
$$=0,\ (x, y, z)\neq(0, 0, 0).$$

所以向量场 $\boldsymbol{f}(x, y, z)=\{P, Q, R\}$ 在奇点 O 以外的区域上是无散度场.由于当 $R>1$ 时，Σ 是不

环绕奇点 O 的封闭曲面，根据式(13－19)知

$$\text{原式}=0.$$

而当 $R<1$ 时，Σ 是环绕奇点 O 的封闭曲面.根据式(13－20)，任意环绕奇点 O 的同侧封闭曲面上的积分值都相等，于是从被积函数 P，Q，R 的形式.选取环绕奇点 O 的有向曲面 Σ_1：$x^2+y^2+z^2=1$，外侧为正侧.则有

$$\begin{aligned}\text{原式}&=\oint\!\!\!\!\oint_{\Sigma_1}\frac{x}{r^3}\mathrm{d}y\mathrm{d}z+\frac{y}{r^3}\mathrm{d}z\mathrm{d}x+\frac{z}{r^3}\mathrm{d}x\mathrm{d}y\\&=\oint\!\!\!\!\oint_{\Sigma_1}x\mathrm{d}y\mathrm{d}z+y\mathrm{d}z\mathrm{d}x+z\mathrm{d}x\mathrm{d}y\xlongequal{\text{高斯公式}}\iiint_{\Omega}3\mathrm{d}V=4\pi,\end{aligned}$$

所以所求积分

$$\oint\!\!\!\!\oint_{\Sigma}\frac{1}{r^2}\cos(\boldsymbol{r},\hat{\ }\boldsymbol{n})\mathrm{d}S=\begin{cases}0, & R>1\\4\pi, & R<1\end{cases}.$$

例 13－35　设向量场 $\boldsymbol{f}(x,y,z)=\{(1+x^2)\varphi(x),2xy\varphi(x),3z\}$，其中 $\varphi(x)$ 有一阶连续导数，且 $\varphi(0)=0$. 试确定 $\varphi(x)$，使通量 $\Phi=\iint_{\Sigma}\boldsymbol{f}(x,y,z)\cdot\mathrm{d}\boldsymbol{S}$ 只依赖于闭曲线 L，其中 Σ 为张在空间闭曲线 L 上的任一光滑曲面.

分析：本例是要求一函数 $\varphi(x)$ 使积分 $\iint_{\Sigma}\boldsymbol{f}(x,y,z)\cdot\mathrm{d}\boldsymbol{S}$ 仅与 Σ 的边界线有关，这只需选取 $\varphi(x)$ 使 $\boldsymbol{f}(x,y,z)$ 为无散度场，即 $\operatorname{div}\boldsymbol{f}(x,y,z)=0$.

解：$P=(1+x^2)\varphi(x)$，$Q=2xy\varphi(x)$，$R=3z\in C^1(R^3)$，且

$$\frac{\partial P}{\partial x}=2x\varphi(x)+(1+x^2)\varphi'(x),\frac{\partial Q}{\partial y}=2x\varphi(x),\frac{\partial R}{\partial z}=3.$$

让 $\varphi(x)$ 满足

$$\operatorname{div}\boldsymbol{f}(x,y,z)=\frac{\partial P}{\partial x}+\frac{\partial Q}{\partial y}+\frac{\partial R}{\partial z}=(1+x^2)\varphi'(x)+4x\varphi(x)+3=0,$$

即 $y=\varphi(x)$ 是以下初值问题的解

$$\begin{cases}\dfrac{\mathrm{d}y}{\mathrm{d}x}+\dfrac{4x}{1+x^2}y=-\dfrac{3}{1+x^2}.\\y(0)=0\end{cases}$$

方程的通解

$$y=\mathrm{e}^{-\int\frac{4x}{1+x^2}\mathrm{d}x}\left[C+\int\left(-\frac{3}{1+x^2}\right)\mathrm{e}^{\int\frac{4x}{1+x^2}\mathrm{d}x}\mathrm{d}x\right]=\frac{1}{(1+x^2)^2}[C-(3x+x^3)].$$

令 $x=0$，$y=0$，得 $C=0$，所以所求的函数

$$\varphi(x)=-\frac{x(3+x^2)}{(1+x^2)^2}.$$

▶▶▶方法小结

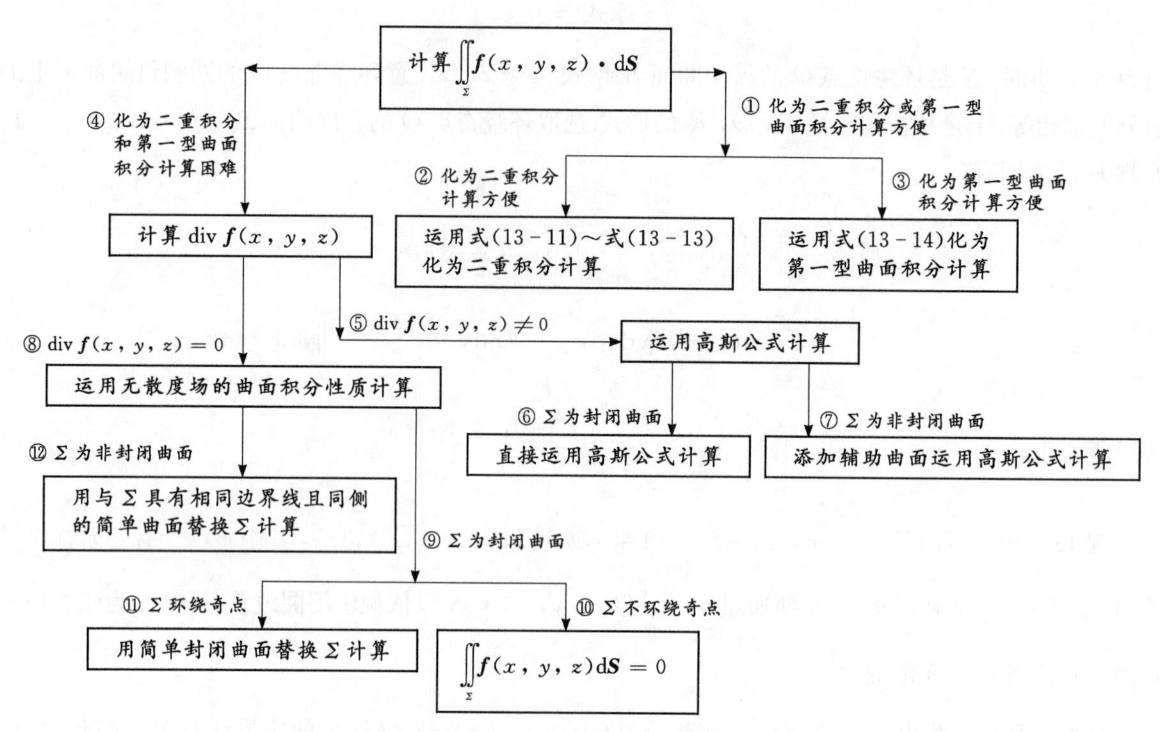

图 13-27　第二型曲面积分计算方法示意图

在计算第二型曲面积分时，最基本的方法是将其化为对应投影区域上的二重积分计算(图 13-27②).这一方法通常适用于积分曲面Σ由单个方程给出(例 13-20,例 13-21,例 13-22,例 13-23)或者向量场 $\boldsymbol{f}=\{P, Q, R\}$ 中的有些分量函数为零(例 13-21,例 13-22,例 13-23),并且所化成的二重积分计算方便的情形.然而实际的计算表明，当 $\boldsymbol{f}$ 的三个分量 P, Q, R 都不为零时，由于三个积分 $\iint\limits_{\Sigma} P\mathrm{d}y\mathrm{d}z$，$\iint\limits_{\Sigma} Q\mathrm{d}z\mathrm{d}x$，$\iint\limits_{\Sigma} R\mathrm{d}x\mathrm{d}y$ 需分别向不同的坐标面上投影，同时还有考虑曲面正侧与相应坐标轴正向的夹角情况，计算常常是烦琐的(例 13-20,例 13-22),特别对Σ由多个曲面组成的情形更是如此.此时有两种方法可供选择：

(1) 如果Σ由单个方程给出，其正侧的法向量 $\boldsymbol{n}^{\circ}$ 计算简单，并且所化成的第一型曲面积分计算方便，此时可考虑运用式(13-14)把积分化为第一型曲面积分计算(图 13-27③)(例 13-20 解二,例 13-21 解二,例 13-24).

(2) 如果法向量 $\boldsymbol{n}^{\circ}$ 的表达式复杂，或者所化成的第一型曲面积分计算困难，或者Σ由多个不同的曲面组成，此时就应计算散度 div $\boldsymbol{f}(x, y, z)$ (图 13-27④),根据 div $\boldsymbol{f}(x, y, z) \neq 0$ 或 div $\boldsymbol{f}(x, y, z)=0$ 来确定积分的计算方法.

① 如果 div $\boldsymbol{f}(x, y, z) \neq 0$(图 13-27⑤)则运用高斯公式计算，可分为两种情形：

a. 如果Σ为封闭曲面(图 13-27⑥),则对积分直接运用高斯公式计算(例 13-25,例 13-26,例 13-27).

b. 如果Σ为非封闭曲面(图 13-27⑦),则添加辅助有向曲面后运用高斯公式计算(例 13-28,例

13 - 29,例 13 - 30),但要注意添加的在辅助有向曲面上的积分要化为二重积分计算后减去.

② 如果 $\operatorname{div}\boldsymbol{f}(x, y, z)=0$(图 13 - 27⑧),则运用无散度场的曲面积分性质计算.根据 Σ 为封闭或非封闭曲面可分为两种情形处理:

a. 如果 Σ 为封闭曲面(图 13 - 27⑨),则又需根据 Σ 环绕奇点和不环绕奇点两种情况考虑:

如果 Σ 不环绕奇点(图 13 - 27⑩),即 Σ 的所界区域中没有奇点,则可直接得知积分

$$\iint_{\Sigma}\boldsymbol{f}(x, y, z)\cdot \mathrm{d}\boldsymbol{S}=0 \text{ (例 13 - 34)}.$$

如果 Σ 环绕奇点(图 13 - 27⑪),则可用同样环绕该奇点,且与 Σ 同侧的简单封闭曲面 Σ' 替换 Σ,把积分转化为 Σ' 上的积分,即

$$\iint_{\Sigma}\boldsymbol{f}(x, y, z)\cdot \mathrm{d}\boldsymbol{S}=\iint_{\Sigma'}\boldsymbol{f}(x, y, z)\cdot \mathrm{d}\boldsymbol{S} \text{ (例 13 - 33,例 13 - 34)}.$$

b. 如果 Σ 为非封闭曲面(图 13 - 27⑫),则也可用与 Σ 具有相同边界线,且同侧的非封闭简单曲面 Σ'' 替换 Σ,把所求积分转化为 Σ'' 上的积分,即

$$\iint_{\Sigma}\boldsymbol{f}(x, y, z)\cdot \mathrm{d}\boldsymbol{S}=\iint_{\Sigma''}\boldsymbol{f}(x, y, z)\cdot \mathrm{d}\boldsymbol{S} \text{ (例 13 - 31,例 13 - 32,例 13 - 35)}.$$

13.2.3 第二型空间曲线积分的计算与斯托克斯公式

▶▶▶基本方法

(1) 将第二型空间曲线积分化为定积分计算;

(2) 运用斯托克斯公式计算;

(3) 运用第二型空间曲线积分与积分路径无关的性质以及曲线积分基本定理计算.

13.2.3.1 将第二型空间曲线积分化为定积分计算

1) 第二型空间曲线积分化为定积分计算的方法

设向量值函数 $\boldsymbol{f}(x, y, z)=\{P(x, y, z), Q(x, y, z), R(x, y, z)\}$ 在积分路径 L: $x=x(t), y=y(t), z=z(t)(\alpha\leqslant t\leqslant\beta)$ 上连续,并且当参数 t 从 α 变动到 β 时,曲线上的点 $M(x, y, z)$ 从点 A 沿着 L 变动到点 B(图 13 - 28),则 $\boldsymbol{f}(x, y, z)$ 沿 L 从点 A 到点 B 的第二型空间曲线积分

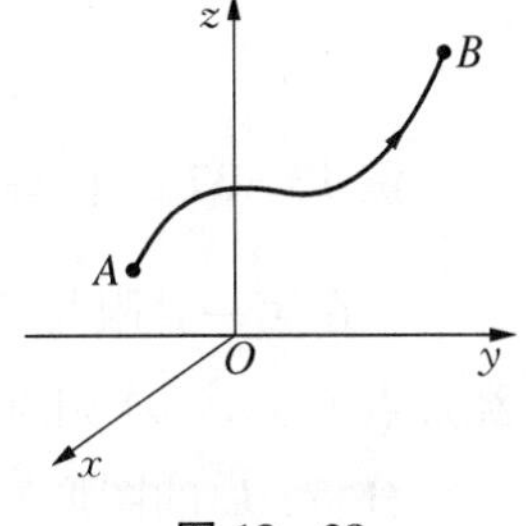

图 13 - 28

$$\begin{aligned}\int_{L}\boldsymbol{f}(x, y, z)\cdot \mathrm{d}\boldsymbol{s}&=\int_{L}P(x, y, z)\mathrm{d}x+Q(x, y, z)\mathrm{d}y+R(x, y, z)\mathrm{d}z\\&=\int_{\alpha}^{\beta}[P(x(t),y(t),z(t))x'(t)+Q(x(t),y(t),z(t))y'(t)\\&\quad+R(x(t),y(t),z(t))z'(t)]\mathrm{d}t\end{aligned} \tag{13-23}$$

2) 两类空间曲线积分之间的关系

$$\int_{L}\boldsymbol{f}(x, y, z)\cdot \mathrm{d}\boldsymbol{s}=\int_{L}\boldsymbol{f}(x, y, z)\cdot \boldsymbol{t}^{\circ}\mathrm{d}s \tag{13-24}$$

其中 $\boldsymbol{t}^{\circ}=\{\cos(\boldsymbol{t},\hat{}x),\cos(\boldsymbol{t},\hat{}y),\cos(\boldsymbol{t},\hat{}z)\}$ 为曲线的正切向的单位化向量，式(13－24)也可表示为

$$\int_L P\mathrm{d}x+Q\mathrm{d}y+R\mathrm{d}z=\int_L[P\cos(\boldsymbol{t},\hat{}x)+QP\cos(\boldsymbol{t},\hat{}y)+RP\cos(\boldsymbol{t},\hat{}z)]\mathrm{d}s \qquad (13-25)$$

▶▶▶方法运用注意点

(1) 第二型空间曲线积分与积分路径的方向有关.式(13－23)将第二型空间曲线积分化为定积分,其方向性体现在定积分的积分上、下限上,它要求当积分变量 t 从积分下限 α 变化到积分上限 β 时,曲线上的点从点 A 移动到点 B,即与有向曲线 L 的正向一致,这一点与第一型空间曲线积分不同.

(2) 曲线积分中的函数 $P(x, y, z)$, $Q(x, y, z)$, $R(x, y, z)$ 在积分路径 L 上取值,即点 (x, y, z) 在曲线 L 上,这一点与第一型空间曲线积分相同.

(3) 式(13－23)中曲线积分的被积表达式与定积分的被积表达式之间的转换方法是：将曲线 L 的参数方程 $x=x(t)$, $y=y(t)$, $z=z(t)$ 代入曲线积分被积函数中的变量 x, y, z,而 $\mathrm{d}x$, $\mathrm{d}y$, $\mathrm{d}z$ 用微分 $\mathrm{d}x=x'(t)\mathrm{d}t$, $\mathrm{d}y=y'(t)\mathrm{d}t$, $\mathrm{d}z=z'(t)\mathrm{d}t$ 代入即可.

▶▶▶典型例题解析

例 13－36 计算曲线积分 $\int_L y\mathrm{d}x+x\mathrm{d}y+xy\mathrm{d}z$,其中 L 为曲线 $x=\mathrm{e}^t$, $y=\mathrm{e}^{-t}$, $z=\alpha t$ 上自点 $A(1, 1, 0)$ 到点 $B(\mathrm{e}^{-1}, \mathrm{e}, -\alpha)$ 的一段.

分析：曲线 L 由参数方程给出,运用式(13－23)计算.

解：从曲线 L 的参数方程可见,点 $A(1, 1, 0)$ 对应的参数 $t=0$,点 $B(\mathrm{e}^{-1}, \mathrm{e}, -\alpha)$ 对应的参数 $t=1$,且 $\mathrm{d}x=\mathrm{e}^t\mathrm{d}t$, $\mathrm{d}y=-\mathrm{e}^{-t}\mathrm{d}t$, $\mathrm{d}z=\alpha\mathrm{d}t$,运用式(13－23),得

$$\text{原式}=\int_0^{-1}[\mathrm{e}^{-t}\cdot\mathrm{e}^t+\mathrm{e}^t(-\mathrm{e}^{-t})+\alpha]\mathrm{d}t=-\alpha.$$

例 13－37 计算曲线积分 $\int_L(y^2-z^2)\mathrm{d}x+(z^2-x^2)\mathrm{d}y+(x^2-y^2)\mathrm{d}z$,其中 L 是球面 $x^2+y^2+z^2=1$ 在第一卦限与三个坐标平面的交线,其正向是从点 $(1, 0, 0)$ 出发,经过点 $(0, 1, 0)$ 到点 $(0, 0, 1)$ 再回到点 $(1, 0, 0)$.

分析：L 的图形如图 13－29 所示.由于积分路径 L 由三个不同的路径组成,故需运用分域性质分解积分,分别计算.

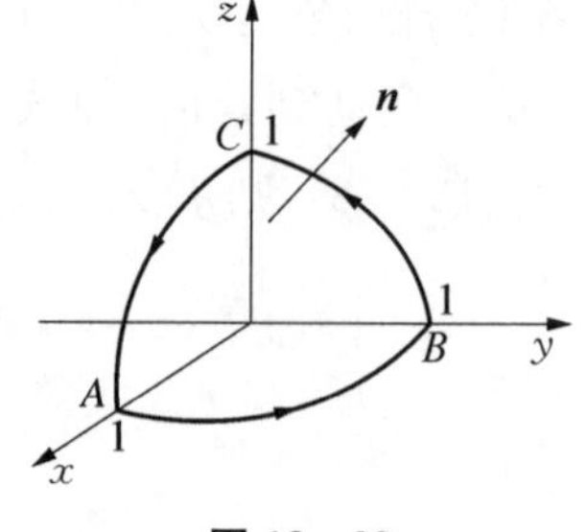

图 13－29

解：利用积分的分域性质

$$\text{原式}=\int_{AB}+\int_{BC}+\int_{CA}.$$

对于积分 $\int_{AB}$,由于 AB：$x=\cos t$, $y=\sin t$, $z=0$, $0\leqslant t\leqslant\frac{\pi}{2}$,运用式(13－23)得

$$\int_{AB}(y^2-z^2)\mathrm{d}x+(z^2-x^2)\mathrm{d}y+(x^2-y^2)\mathrm{d}z=\int_0^{\frac{\pi}{2}}(-\sin^3 t-\cos^3 t)\mathrm{d}t=-2\int_0^{\frac{\pi}{2}}\sin^3 t\mathrm{d}t=-\frac{4}{3},$$

对于积分 $\int_{BC}$，由于 BC：$x=0$，$y=\cos t$，$z=\sin t$，$0\leqslant t\leqslant\frac{\pi}{2}$，运用式(13-23)得

$$\int_{BC}(y^2-z^2)\mathrm{d}x+(z^2-x^2)\mathrm{d}y+(x^2-y^2)\mathrm{d}z=\int_0^{\frac{\pi}{2}}(-\sin^3 t-\cos^3 t)\mathrm{d}t=-\frac{4}{3},$$

对于积分 $\int_{CA}$，由于 CA：$x=\sin t$，$y=0$，$z=\cos t$，$0\leqslant t\leqslant\frac{\pi}{2}$，运用式(13-23)得

$$\int_{CA}(y^2-z^2)\mathrm{d}x+(z^2-x^2)\mathrm{d}y+(x^2-y^2)\mathrm{d}z=\int_0^{\frac{\pi}{2}}(-\cos^3 t-\sin^3 t)\mathrm{d}t=-\frac{4}{3},$$

所以所求积分

$$\text{原式}=-\frac{4}{3}-\frac{4}{3}-\frac{4}{3}=-4.$$

例 13-38　计算曲线积分 $\int_L z^3\mathrm{d}x+x^3\mathrm{d}y+y^3\mathrm{d}z$，其中 L 是曲面 $z=2(x^2+y^2)$ 与曲面 $z=3-x^2-y^2$ 的交线，沿 z 轴的正向看 L 是逆时针方向的.

分析：L 的图形如图 13-30 所示.L 是两曲面 $z=2(x^2+y^2)$，$z=3-x^2-y^2$ 的交线，若要把积分化为定积分计算，则首先要将曲线 L 化为参数方程.

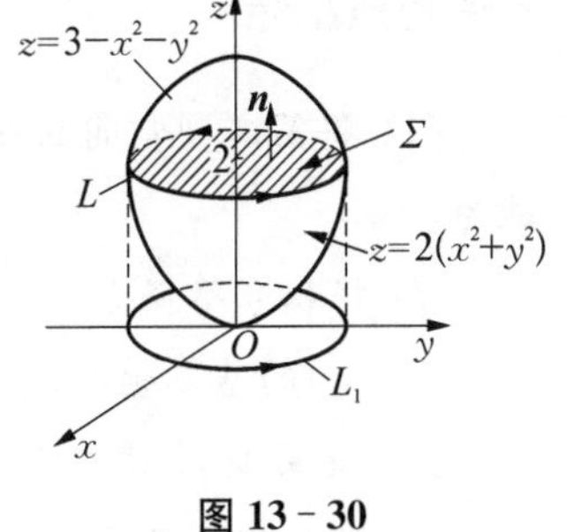

图 13-30

解一：将 L：$\begin{cases}z=2(x^2+y^2)\\ z=3-x^2-y^2\end{cases}$ 投影到平面 xOy 得投影曲线 L_1：$x^2+y^2=1$. 令 $x=\cos t$，$y=\sin t$，则 $z=2$，于是得参数方程 L：$x=\cos t$，$y=\sin t$，$z=2$，$0\leqslant t\leqslant 2\pi$. 运用式(13-23)，得

$$\begin{aligned}\text{原式}&=\int_0^{2\pi}[(2)^3(-\sin t)+\cos^3 t\cdot\cos t+0]\mathrm{d}t=\int_0^{2\pi}(-8\sin t+\cos^4 t)\mathrm{d}t\\&=-8\int_0^{2\pi}\sin t\,\mathrm{d}t+\int_0^{2\pi}\cos^4 t\,\mathrm{d}t\xlongequal{\cos^4 t\text{ 周期函数}}8\cos t\Big|_0^{2\pi}+2\int_{-\frac{\pi}{2}}^{\frac{\pi}{2}}\cos^4 t\,\mathrm{d}t\\&\xlongequal{\cos^4 t\text{ 为偶函数}}4\int_0^{\frac{\pi}{2}}\cos^4 t\,\mathrm{d}t=4\cdot\frac{3}{4}\cdot\frac{1}{2}\cdot\frac{\pi}{2}=\frac{3}{4}\pi.\end{aligned}$$

解二：采用降维法计算.

由于 L 在曲面 $z=2(x^2+y^2)$ 上，所以曲线 L 上的点满足方程 $z=2(x^2+y^2)$. 于是 $\mathrm{d}z=4x\,\mathrm{d}x+4y\mathrm{d}y$. 代入所求积分的被积表达式

$$\begin{aligned}\text{原式}&=\int_{L_1}8(x^2+y^2)^3\mathrm{d}x+x^3\mathrm{d}y+y^3(4x\,\mathrm{d}x+4y\mathrm{d}y)\ (L_1\text{：}x^2+y^2=1\text{，逆时针方向})\\&=\int_{L_1}[8(x^2+y^2)^3+4xy^3]\mathrm{d}x+(x^3+4y^4)\mathrm{d}y\\&\xlongequal{\text{格林公式}}\iint_{x^2+y^2\leqslant 1}[3x^2-48y(x^2+y^2)^2-12xy^2]\mathrm{d}x\,\mathrm{d}y\end{aligned}$$

$$\xlongequal{\text{对称性性质}}\iint\limits_{x^2+y^2\leqslant 1}3x^2\mathrm{d}x\mathrm{d}y=3\int_0^{2\pi}\mathrm{d}\theta\int_0^1\rho^2\cos^2\theta\cdot\rho\,\mathrm{d}\rho=3\int_0^{2\pi}\cos^2\theta\,\mathrm{d}\theta\int_0^1\rho^3\mathrm{d}\rho=\frac{3}{4}\pi.$$

解三: 利用斯托克斯公式计算.

取绷在 L 上的平面 Σ: $z=2$, $x^2+y^2\leqslant 1$, 上侧为正侧(图 13-30),利用斯托克斯公式

$$\text{原式}=\iint\limits_{\Sigma}\mathrm{rot}\{z^3,\ x^3,\ y^3\}\cdot\mathrm{d}\boldsymbol{S}=\iint\limits_{\Sigma}\begin{vmatrix}\boldsymbol{i} & \boldsymbol{j} & \boldsymbol{k}\\ \dfrac{\partial}{\partial x} & \dfrac{\partial}{\partial y} & \dfrac{\partial}{\partial z}\\ z^3 & x^3 & y^3\end{vmatrix}\cdot\mathrm{d}\boldsymbol{S}$$

$$=\iint\limits_{\Sigma}\{3y^2,\ 3z^3,\ 3x^2\}\cdot\{\mathrm{d}z\mathrm{d}y,\ \mathrm{d}z\mathrm{d}x,\ \mathrm{d}x\mathrm{d}y\}$$

$$=\iint\limits_{\Sigma}3y^2\mathrm{d}z\mathrm{d}y+3z^3\mathrm{d}z\mathrm{d}x+3x^2\mathrm{d}x\mathrm{d}y$$

$$\xlongequal{\Sigma\text{平行于平面}xOy}\iint\limits_{\Sigma}3x^2\mathrm{d}x\mathrm{d}y=3\iint\limits_{x^2+y^2\leqslant 1}x^2\mathrm{d}x\mathrm{d}y=\frac{3}{4}\pi.$$

▶▶▶方法小结

(1) 将第二型空间曲线积分化为定积分计算是计算第二型空间曲线积分最基本的方法,其计算步骤为:

① 将积分路径 L 化为参数方程 L: $x=x(t)$, $y=y(t)$, $z=z(t)(\alpha\leqslant t\leqslant\beta)$, 这一步骤是运用公式(13-23)的基本前提.当 L 不是参数方程时,例如通过两个曲面相交形式表示的空间曲线,首先应设法将其表示为参数方程(例 13-37,例 13-38).

② 根据积分路径 L 的正向情况,确定式(13-23)中定积分的积分上、下限,使得当 t 从积分下限 α 变动到积分上限 β 时,曲线上点的变动方向与所给曲线的正向一致.

③ 将曲线方程代入曲线积分的被积表达式中,计算定积分.

(2) 当积分路径 L 由两空间曲面相交的形式给出时,也可通过从曲面方程中解出某一变量,例如 $z=z(x, y)$, 根据微分形式不变性,曲线 L 上点 (x, y, z) 处的正切向量 $\{\mathrm{d}x, \mathrm{d}y, \mathrm{d}z\}$ 满足 $\mathrm{d}z=z_x\mathrm{d}x+z_y\mathrm{d}y$, 将 $z=z(x, y)$, $\mathrm{d}z$ 的表达式代入曲线积分,消去 z, $\mathrm{d}z$ 后把积分降维,化为 L 在平面 xOy 的投影曲线 L' 上的第二型平面曲线积分计算(例 13-38).

13.2.3.2 运用斯托克斯公式计算第二型空间曲线积分

1) 向量场的旋度

设向量场 $\boldsymbol{f}(x, y, z)=\{P(x, y, z), Q(x, y, z), R(x, y, z)\}$, 其中函数 P, Q, R 在区域 Ω 内具有一阶连续的偏导数,则向量场 $\boldsymbol{f}(x, y, z)$ 在点 $(x, y, z)\in\Omega$ 处的旋度

$$\mathrm{rot}\,\boldsymbol{f}(x, y, z)=\boldsymbol{\nabla}\times\boldsymbol{f}(x, y, z)=\begin{vmatrix}\boldsymbol{i} & \boldsymbol{j} & \boldsymbol{k}\\ \dfrac{\partial}{\partial x} & \dfrac{\partial}{\partial y} & \dfrac{\partial}{\partial z}\\ P & Q & R\end{vmatrix}\tag{13-26}$$

$$=\left\{\frac{\partial R}{\partial y}-\frac{\partial Q}{\partial z},\ \frac{\partial P}{\partial z}-\frac{\partial R}{\partial x},\ \frac{\partial Q}{\partial x}-\frac{\partial P}{\partial y}\right\},\tag{13-27}$$

这里哈密顿微分算子 $\nabla=\left\{\frac{\partial}{\partial x},\ \frac{\partial}{\partial y},\ \frac{\partial}{\partial z}\right\}$.

2) 斯托克斯公式

设 L 是空间中的分段光滑的有向曲线，Σ 是以 L 为边界线的分片光滑的有向曲面，向量场 $\boldsymbol{f}(x, y, z)$ 的三个分量函数 $P(x, y, z)$，$Q(x, y, z)$，$R(x, y, z)$ 在包含曲面 Σ 的空间区域 Ω 内具有一阶连续的偏导数，则

$$\oint_L \boldsymbol{f}(x, y, z)\cdot \mathrm{d}\boldsymbol{s}=\iint_\Sigma \operatorname{rot}\boldsymbol{f}(x, y, z)\cdot \mathrm{d}\boldsymbol{S}\tag{13-28}$$

$$=\iint_\Sigma \nabla\times \boldsymbol{f}(x, y, z)\cdot \mathrm{d}\boldsymbol{S}\tag{13-29}$$

$$=\iint_\Sigma \nabla\times \boldsymbol{f}(x, y, z)\cdot \boldsymbol{n}^\circ \mathrm{d}S\tag{13-30}$$

或者写成

$$\oint_L P\mathrm{d}x+Q\mathrm{d}y+R\mathrm{d}z=\iint_\Sigma\begin{vmatrix}\mathrm{d}y\mathrm{d}z & \mathrm{d}z\mathrm{d}x & \mathrm{d}x\mathrm{d}y\\ \frac{\partial}{\partial x} & \frac{\partial}{\partial y} & \frac{\partial}{\partial z}\\ P & Q & R\end{vmatrix}\tag{13-31}$$

$$=\iint_\Sigma\begin{vmatrix}\cos\alpha & \cos\beta & \cos\gamma\\ \frac{\partial}{\partial x} & \frac{\partial}{\partial y} & \frac{\partial}{\partial z}\\ P & Q & R\end{vmatrix}\mathrm{d}S\tag{13-32}$$

其中 L 的正向与 Σ 的正侧符合右手规则，$\boldsymbol{n}^\circ=\{\cos\alpha,\ \cos\beta,\ \cos\gamma\}$，$\mathrm{d}\boldsymbol{S}=\{\mathrm{d}y\mathrm{d}z,\ \mathrm{d}z\mathrm{d}x,\ \mathrm{d}x\mathrm{d}y\}=\boldsymbol{n}^\circ\mathrm{d}S$.

▶▶▶方法运用注意点

(1) 斯托克斯公式(13-28)将空间闭曲线 L 上的第二型曲线积分转化为以 L 为边界线的有向曲面 Σ 上的第二型曲面积分，其意义在于希望式(13-28)中的第二型曲面积分比所求的第二型曲线积分计算方便.

(2) 斯托克斯公式中的 Σ 可以是任意以 L 为边界线，正侧与 L 正向形成右手系的分片光滑有向曲面，由于第二型曲面积分计算也是烦琐的，所以对曲面 Σ 的选取还应考虑计算是否方便的因素.

▶▶▶典型例题解析

例13-39 计算曲线积分 $\int_L y\mathrm{d}x+z\mathrm{d}y+x\mathrm{d}z$，其中 L 为圆周 $x^2+y^2+z^2=a^2$，$x+y+z=0$，

方向为从 x 轴正向看去,该圆周取逆时针方向.

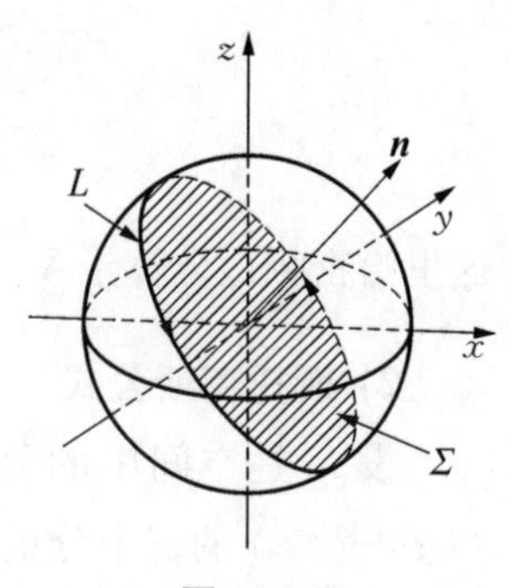

图 13-31

分析: L 的图形如图 13-31 所示.L 由两曲面相交而成,若将积分化为定积分计算,则首先需将 L 化为参数方程,这显然是不方便的.本例可考虑运用斯托克斯公式计算.

解: $P=y$, $Q=z$, $R=x\in C^1(R^3)$. 取绷在 L 上的那块平面区域 $x+y+z=0$ 为有向曲面 Σ(图 13-31),上侧为正侧.由于 $\boldsymbol{f}(x, y, z)=\{y, z, x\}$ 的旋度

$$\operatorname{rot}\boldsymbol{f}(x, y, z)=\begin{vmatrix}\boldsymbol{i} & \boldsymbol{j} & \boldsymbol{k}\\ \dfrac{\partial}{\partial x} & \dfrac{\partial}{\partial y} & \dfrac{\partial}{\partial z}\\ y & z & x\end{vmatrix}=\{-1, -1, -1\},$$

运用斯托克斯公式(13-28),得

$$\begin{aligned}\text{原式}&=\iint_\Sigma \operatorname{rot}\boldsymbol{f}(x, y, z)\cdot \mathrm{d}\boldsymbol{S}=\iint_\Sigma\{-1, -1, -1\}\cdot \boldsymbol{n}^\circ \mathrm{d}S\\&=\iint_\Sigma\{-1, -1, -1\}\cdot\left\{\frac{1}{\sqrt{3}}, \frac{1}{\sqrt{3}}, \frac{1}{\sqrt{3}}\right\}\mathrm{d}S\\&=-\sqrt{3}\iint_\Sigma \mathrm{d}S=-\sqrt{3}\cdot\pi a^2=-\sqrt{3}\pi a^2.\end{aligned}$$

例 13-40 计算曲线积分 $\int_L x^2z\mathrm{d}x+xy^2\mathrm{d}y+z^2\mathrm{d}z$,其中 L 是抛物面 $z=1-x^2-y^2$ 在第一卦限部分的边界,方向从 z 轴正向向原点看去是逆时针的.

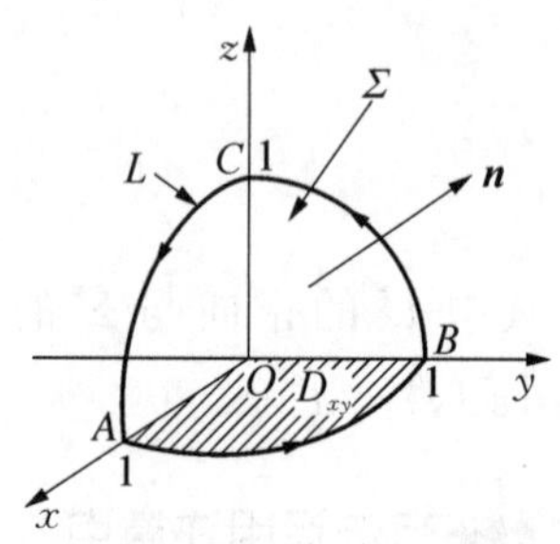

图 13-32

分析: L 的图形如图 13-32 所示.本例的积分路径 L 由三段曲线组成,可与例 13-37 那样分三段化为定积分计算.由于 L 是曲面 $z=1-x^2-y^2$ 在第一卦限部分的边界线,本例也可考虑运用斯托克斯公式计算.

解: 运用斯托克斯公式计算. $P=x^2z$, $Q=xy^2$, $R=z^2\in C^1(R^3)$. 取曲面 $z=1-x^2-y^2$ 在第一卦限部分的曲面为 Σ,上侧为正侧(图 13-32),则 Σ 是以 L 为边界线且与 L 正向形成右手系的有向曲面.从 $\boldsymbol{f}(x, y, z)=\{x^2z, xy^2, z^2\}$ 计算旋度,得

$$\operatorname{rot}\boldsymbol{f}(x, y, z)=\begin{vmatrix}\boldsymbol{i} & \boldsymbol{j} & \boldsymbol{k}\\ \dfrac{\partial}{\partial x} & \dfrac{\partial}{\partial y} & \dfrac{\partial}{\partial z}\\ x^2z & xy^2 & z^2\end{vmatrix}=\{0, x^2, y^2\}.$$

又 Σ 的正法向 $\boldsymbol{n}=\{-z_x, -z_y, 1\}=\{2x, 2y, 1\}$, $\boldsymbol{n}^\circ=\dfrac{1}{\sqrt{1+4(x^2+y^2)}}\{2x, 2y, 1\}$,运用斯托克斯公式(13-28),得

$$原式=\iint_{\Sigma}\text{rot}\,\boldsymbol{f}(x,y,z)\cdot d\boldsymbol{S}=\iint_{\Sigma}\text{rot}\,\boldsymbol{f}(x,y,z)\cdot\boldsymbol{n}^{\circ}dS$$

$$=\iint_{\Sigma}\frac{2x^2y+y^2}{\sqrt{1+4(x^2+y^2)}}dS\quad(dS=\sqrt{1+4(x^2+y^2)}\,dx\,dy,\ D_{xy}:x^2+y^2\leqslant1,\ x\geqslant0,\ y\geqslant0)$$

$$=\iint_{D_{xy}}(2x^2y+y^2)dx\,dy=\int_0^{\frac{\pi}{2}}d\theta\int_0^1(2\rho^3\cos^2\theta\sin\theta+\rho^2\sin^2\theta)\rho\,d\rho$$

$$=\int_0^{\frac{\pi}{2}}\left(\frac{2}{5}\cos^2\theta\sin\theta+\frac{1}{4}\sin^2\theta\right)d\theta=\frac{2}{15}+\frac{\pi}{16}.$$

例 13-41　计算曲线积分$\oint_L(z-2y)dx+(x-2z)dy+(y-2x)dz$，其中$L$是曲面$4x^2+4y^2+z^2=32+8xy$与平面$2x+2y+z=0$的交线，方向从正$z$轴向原点看去是逆时针的.

分析：显然将L化为参数方程不方便.由于L在平面$2x+2y+z=0$上，此时应考虑运用斯托克斯公式或降维法计算.

解一：$P=z-2y$，$Q=x-2z$，$R=y-2x\in C^1(R^3)$.取平面$2x+2y+z=0$上绷在L上的那块平面为Σ，上侧为正侧，则Σ以L为边界线，其正侧与L正向形成右手系.因为$\boldsymbol{f}(x,y,z)=\{z-2y,x-2z,y-2x\}$，所以

$$\text{rot}\,\boldsymbol{f}(x,y,z)=\begin{vmatrix}\boldsymbol{i}&\boldsymbol{j}&\boldsymbol{k}\\\frac{\partial}{\partial x}&\frac{\partial}{\partial y}&\frac{\partial}{\partial z}\\z-2y&x-2z&y-2x\end{vmatrix}=\{3,3,3\}.$$

又Σ的正法向量$\boldsymbol{n}=\{2,2,1\}$，$\boldsymbol{n}^{\circ}=\left\{\frac{2}{3},\frac{2}{3},\frac{1}{3}\right\}$，运用斯托克斯公式

$$原式=\iint_{\Sigma}\text{rot}\,\boldsymbol{f}(x,y,z)\cdot\boldsymbol{n}^{\circ}dS=\iint_{\Sigma}\{3,3,3\}\cdot\left\{\frac{2}{3},\frac{2}{3},\frac{1}{3}\right\}dS=5\iint_{\Sigma}dS.$$

从方程组$\begin{cases}4x^2+4y^2+z^2=32+8xy\\2x+2y+z=0\end{cases}$中消去$z$，得$L$在平面$xOy$上的投影曲线为$x^2+y^2=4$，可知$\Sigma$在平面$xOy$上的投影区域$D_{xy}:x^2+y^2\leqslant4$.所以

$$原式=5\iint_{D_{xy}}\sqrt{1+(z_x)^2+(z_y)^2}\,dx\,dy=5\iint_{D_{xy}}\sqrt{1+(-2)^2+(-2)^2}\,dx\,dy$$

$$=15\iint_{D_{xy}}dx\,dy=15\cdot4\pi=60\pi.$$

解二：利用降维法计算.

记L在平面xOy上的投影曲线为L'：$x^2+y^2=4$.由L在平面$z=-2x-2y$上可知，$dz=-2dx-2dy$.代入被积表达式消去z，dz，有

$$\text{原式}=\int_{L'}(-2x-4y)\mathrm{d}x+(5x+4y)\mathrm{d}y-2(y-2x)(\mathrm{d}x+\mathrm{d}y)$$
$$=\int_{L'}(2x-6y)\mathrm{d}x+(9x+2y)\mathrm{d}y$$
$$\xlongequal{\text{格林公式}}\iint_{x^2+y^2\leqslant 4}[9-(-6)]\mathrm{d}x\,\mathrm{d}y=15\iint_{x^2+y^2\leqslant 4}\mathrm{d}x\,\mathrm{d}y=60\pi.$$

▶▶▶方法小结

计算第二型空间曲线积分最基本的方法是通过式(12-23)化为定积分计算,这一公式运用的基本前提是积分路径 L 由参数方程给出.然而,对于空间曲线,除了运用参数方程的形式表示之外也可以用曲面相交的形式表示(即用曲线的一般式方程表示).对于这种情形,公式的使用将面临把曲线的一般式方程化为参数方程的问题,而这一问题通常是困难的.斯托克斯公式把曲线 L 上的积分转化为以 L 为边界线的曲面 Σ 上的积分,这一形式的转换恰恰与 L 的一般式方程形式相配合,常常可以把确定 L 的两个相交曲面中的一个作为以 L 为边界线的曲面 Σ 来运用斯托克斯公式,从而化解这类问题的计算难点(例 13-39,例 13-41),因此斯托克斯公式是处理积分路径 L 由一般式方程给出的第二型空间曲线积分问题的主要工具.

在运用斯托克斯公式计算时,对曲面 Σ 的选取是一个关键因素.除了表示 L 的两个曲面之外,也可以选取其他的以 L 为边界线的曲面作为 Σ (例 13-38 解三).无论怎样选取,它们都应符合所得的第二型曲面积分容易计算的要求.由于将第二型曲面积分采用分别投影的方法化为二重积分计算常常比较烦琐,所以通常选取正法向量表达式简单的曲面作为 Σ,把第二型曲面积分化为第一型曲面积分计算(例 13-39,例 13-40,例 13-41).

13.2.3.3 运用无旋场曲线积分性质、曲线积分基本定理计算第二型空间曲线积分

对于向量场 $\boldsymbol{f}(x,y,z)=\{P(x,y,z),Q(x,y,z),R(x,y,z)\}$,

① 如果积分 $\int_L \boldsymbol{f}(x,y,z)\cdot \mathrm{d}\boldsymbol{s}$ 在区域 Ω 内与路径无关,则称向量场 $\boldsymbol{f}(x,y,z)$ 在 Ω 内是**保守场**.

② 如果在区域 Ω 内恒有 $\mathrm{rot}\,\boldsymbol{f}(x,y,z)=0$,则称向量场 $\boldsymbol{f}(x,y,z)$ 在 Ω 内是**无旋场**.

③ 如果存在函数 $\varphi(x,y,z)$,使得在 Ω 内成立 $\boldsymbol{f}(x,y,z)=\nabla\varphi(x,y,z)$,则称向量场 $\boldsymbol{f}(x,y,z)$ 在 Ω 内是**有势场**,并称 $-\varphi(x,y,z)$ 为向量场 $\boldsymbol{f}(x,y,z)$ 的势函数.

1) 第二型空间曲线积分与路径无关的等价条件

设空间区域 Ω 是一维单连通区域,向量场 $\boldsymbol{f}(x,y,z)$ 的三个分量函数 $P(x,y,z)$, $Q(x,y,z)$, $R(x,y,z)\in C^1(\Omega)$,则有以下等价结论:

曲线积分 $\int_L P\mathrm{d}x+Q\mathrm{d}y+R\mathrm{d}z$ 在 Ω 内与路径无关,即 $\boldsymbol{f}(x,y,z)$ 是保守场

$\Leftrightarrow$ 对于 Ω 内任一分段光滑的闭曲线 L,有

$$\oint_L \boldsymbol{f}(x, y, z) \cdot \mathrm{d}\boldsymbol{s} = \oint_L P\mathrm{d}x + Q\mathrm{d}y + R\mathrm{d}z = 0.$$

$\Leftrightarrow$ 在 Ω 内处处成立 $\mathrm{rot}\,\boldsymbol{f}(x, y, z) = 0$，即 $\boldsymbol{f}(x, y, z)$ 是无旋场.

$\Leftrightarrow$ 微分形式 $P\mathrm{d}x + Q\mathrm{d}y + R\mathrm{d}z$ 在 Ω 内是一全微分式，即存在原函数 $\varphi(x, y, z)$，使得在 Ω 内成立

$$\mathrm{d}\varphi(x, y, z) = P(x, y, z)\mathrm{d}x + Q(x, y, z)\mathrm{d}y + R(x, y, z)\mathrm{d}z.$$

$\Leftrightarrow$ 存在函数 $\varphi(x, y, z)$，使得在 Ω 内成立 $\boldsymbol{f}(x, y, z) = \nabla\varphi(x, y, z)$，即 $\boldsymbol{f}(x, y, z)$ 是有势场.

2）微分形式 $P\mathrm{d}x + Q\mathrm{d}y + R\mathrm{d}z$ 的原函数的计算方法

（1）运用曲线积分计算原函数 $\varphi(x, y, z)$

$$\begin{aligned}\varphi(x, y, z) &= \int_{(x_0, y_0, z_0)}^{(x, y, z)} P\mathrm{d}x + Q\mathrm{d}y + R\mathrm{d}z \\ &= \int_{x_0}^{x} P(x, y_0, z_0)\mathrm{d}x + \int_{y_0}^{y} Q(x, y, z_0)\mathrm{d}y + \int_{z_0}^{z} R(x, y, z)\mathrm{d}z \end{aligned} \tag{13-33}$$

（2）运用凑微分法计算原函数 $\varphi(x, y, z)$

将微分形式 $P\mathrm{d}x + Q\mathrm{d}y + R\mathrm{d}z$ 通过凑微分的方法缩写成某一函数 $\varphi(x, y, z)$ 的全微分，即 $P\mathrm{d}x + Q\mathrm{d}y + R\mathrm{d}z = \mathrm{d}\varphi(x, y, z)$，此时函数 $\varphi(x, y, z)$ 即为所求得原函数.

3）空间曲线积分的微积分基本定理

设 $P(x, y, z)$，$Q(x, y, z)$，$R(x, y, z)$ 在空间一维单连通区域 Ω 上连续，$\varphi(x, y, z)$ 是微分形式 $P\mathrm{d}x + Q\mathrm{d}y + R\mathrm{d}z$ 在 Ω 内的一个原函数，则对完全落在 Ω 内的以点 $A(x_1, y_1, z_1)$ 为起点，点 $B(x_2, y_2, z_2)$ 为终点的任意路径 L，有

$$\int_L P\mathrm{d}x + Q\mathrm{d}y + R\mathrm{d}z = \int_L \mathrm{d}(\varphi(x, y, z)) = \varphi(x, y, z)\Big|_{(x_1, y_1, z_1)}^{(x_2, y_2, z_2)} \tag{13-34}$$

▶▶▶方法运用注意点

（1）当向量场为平面向量场 $\boldsymbol{f}(x, y) = \{P(x, y), Q(x, y), 0\}$ 时，其散度

$$\mathrm{rot}\,\boldsymbol{f}(x, y) = \left\{0, 0, \frac{\partial Q}{\partial x} - \frac{\partial P}{\partial y}\right\},$$

由此可见，在 13.2.1.3 中关于第二型平面曲线积分与路径无关的等价条件 $\dfrac{\partial Q}{\partial x} = \dfrac{\partial P}{\partial y}$ 即为

$$\mathrm{rot}\,\boldsymbol{f}(x, y) = \boldsymbol{0}.$$

从而可知，这里的关于第二型空间曲线积分与路径无关的等价条件是第二型平面曲线积分情形的推广，即把 13.2.1 节中的格林公式推广到斯托克斯公式，把等价条件 $\dfrac{\partial Q}{\partial x} = \dfrac{\partial P}{\partial y}$ 推广到 $\mathrm{rot}\,\boldsymbol{f}(x, y, z) = \boldsymbol{0}$.

(2) 在第二型空间曲线积分与路径无关的5个等价结论中,条件"P, Q, R 在空间一维单连通区域Ω内具有一阶连续的偏导数"是重要的,当Ω内含有奇点时,这些结论不成立.

(3) 曲线积分与路径无关的性质是相对于区域Ω成立的,即在一个大区域内积分不是与路径无关,但它可能在一个小区域内与路径无关,只要它在小区域内满足与路径无关的条件即可.

(4) 当曲线积分在一维单连通区域Ω内与路径无关时,对此积分既可通过选取一简单路径计算,也可通过计算积分号下微分形式的原函数,利用曲线积分基本定理式(13-34)计算.

▶▶▶典型例题解析

例 13-42 验证曲线积分$\int_{(1,0,0)}^{(e,\ln 2,\frac{\pi}{2})}\left(e^y+\frac{z}{x}\right)dx+(xe^y+\cos z)dy+(\ln x-y\sin z)dz$满足与路径无关的条件,并计算积分的值.

分析: $x\leqslant 0$上的点是奇点,本例应该验证在$x>0$的区域上满足积分与路径无关的条件,这可从验证$\mathrm{rot}\,\boldsymbol{f}(x,y,z)=\boldsymbol{0}$入手.

解: $P=e^y+\frac{z}{x}$, $Q=xe^y+\cos z$, $R=\ln x-y\sin z$在一维单连通区域$x>0$上具有一阶连续的偏导数,且$\boldsymbol{f}(x,y,z)=\{e^y+\frac{z}{x},\ xe^y+\cos z,\ \ln x-y\sin z\}$的旋度

$$\mathrm{rot}\,\boldsymbol{f}(x,y,z)=\begin{vmatrix}\boldsymbol{i} & \boldsymbol{j} & \boldsymbol{k}\\ \frac{\partial}{\partial x} & \frac{\partial}{\partial y} & \frac{\partial}{\partial z}\\ e^y+\frac{z}{x} & xe^y+\cos z & \ln x-y\sin z\end{vmatrix}=\{0,0,0\},$$

即为无旋场,根据曲线积分与路径无关的等价条件,所给积分在$x>0$的区域上与路径无关.

为了计算积分值,先利用凑微分法计算微分形式$P\,dx+Q\,dy+R\,dz$的一个原函数,

$$\begin{aligned}P\,dx+Q\,dy+R\,dz&=e^y dx+\frac{z}{x}dx+xe^y dy+\cos z\,dy+\ln x\,dz-y\sin z\,dz\\&=(e^y dx+xe^y dy)+\left(\frac{z}{x}dx+\ln x\,dz\right)+(\cos z\,dy-y\sin z\,dz)\\&=d(xe^y)+d(z\ln x)+d(y\cos z)=d(xe^y+z\ln x+y\cos z),\end{aligned}$$

所以在$x>0$的区域上,微分形式的一个原函数为$\varphi(x,y,z)=xe^y+z\ln x+y\cos z$,利用曲线积分基本定理,所求积分

$$原式=(xe^y+z\ln x+y\cos z)\Big|_{(1,0,0)}^{(e,\ln 2,\frac{\pi}{2})}=\frac{1}{2}(4e+\pi-2).$$

例 13-43 向量场$\boldsymbol{f}(x,y,z)=\{yz(2x+y+z),zx(x+2y+z),xy(x+y+2z)\}$是否为保守场? 如果是,试求其势函数,并计算积分$I=\int_L\boldsymbol{f}(x,y,z)\cdot d\boldsymbol{s}$,其中路径的起点$A(4,0,1)$,终点

$B(2, 1, -1)$.

分析: 根据 $\boldsymbol{f}(x, y, z)$ 为保守场的等价条件,只需验证 $\mathrm{rot}\,\boldsymbol{f}(x, y, z)$ 是否为零.如是,再计算微分形式 $P\mathrm{d}x + Q\mathrm{d}y + R\mathrm{d}z$ 的原函数,从而确定势函数.

解: 对任意的 $(x, y, z) \in R^3$, $\boldsymbol{f}(x, y, z)$ 的旋度

$$\mathrm{rot}\,\boldsymbol{f}(x, y, z) = \begin{vmatrix} \boldsymbol{i} & \boldsymbol{j} & \boldsymbol{k} \\ \dfrac{\partial}{\partial x} & \dfrac{\partial}{\partial y} & \dfrac{\partial}{\partial z} \\ yz(2x+y+z) & zx(x+2y+z) & xy(x+y+2z) \end{vmatrix} = \{0, 0, 0\},$$

即 $\boldsymbol{f}(x, y, z)$ 在 R^3 上是一无旋场,根据无旋场的等价条件, $\boldsymbol{f}(x, y, z)$ 也是 R^3 上的保守场.为求 $\boldsymbol{f}(x, y, z)$ 的势函数,先求微分形式 $P\mathrm{d}x + Q\mathrm{d}y + R\mathrm{d}z$ 的原函数.取原函数公式(13-33)中的定点 $(x_0, y_0, z_0) = (0, 0, 0)$, 运用式(13-33),原函数

$$\begin{aligned} \varphi(x, y, z) &= \int_{(0,0,0)}^{(x,y,z)} yz(2x+y+z)\mathrm{d}x + zx(x+2y+z)\mathrm{d}y + xy(x+y+2z)\mathrm{d}z \\ &= \int_0^x 0\mathrm{d}x + \int_0^y 0\mathrm{d}y + \int_0^z xy(x+y+2z)\mathrm{d}z = xyz(x+y+z). \end{aligned}$$

所以 $\boldsymbol{f}(x, y, z)$ 的势函数 $u(x, y, z) = -xyz(x+y+z)$. 此时积分

$$I = \int_{(4,0,1)}^{(2,1,-1)} \boldsymbol{f}(x, y, z) \cdot \mathrm{d}\boldsymbol{s} = xyz(x+y+z)\Big|_{(4,0,1)}^{(2,1,-1)} = -2 \cdot 2 = -4.$$

例 13-44　计算曲线积分 $\int_L (yz - x\mathrm{e}^{-x^3})\mathrm{d}x + \left(xz + \dfrac{2\sqrt{2}}{1+2y^2}\right)\mathrm{d}y + (xy+1)\mathrm{d}z$, 其中 L 是从点 $A\left(\sqrt{2}, -\dfrac{\sqrt{2}}{2}, -\pi\right)$ 沿曲线 $x = 2\cos t$, $y = \sin t$, $z = 4t$ 到点 $B\left(\sqrt{2}, \dfrac{\sqrt{2}}{2}, \pi\right)$ 的有向曲线.

分析: 显然所求积分直接化为定积分是无法计算的,需考虑其他途径计算.此时应先计算旋度 $\mathrm{rot}\,\boldsymbol{f}(x, y, z)$, 从 $\mathrm{rot}\,\boldsymbol{f}(x, y, z)$ 是否为零来决定是采用斯托克斯公式还是采用与路径无关性质计算.

解一: $P = yz - x\mathrm{e}^{-x^3}$, $Q = xz + \dfrac{2\sqrt{2}}{1+2y^2}$, $R = xy + 1 \in C^1(R^3)$, 且 $\boldsymbol{f}(x, y, z) = \{P, Q, R\}$ 的旋度

$$\mathrm{rot}\,\boldsymbol{f}(x, y, z) = \begin{vmatrix} \boldsymbol{i} & \boldsymbol{j} & \boldsymbol{k} \\ \dfrac{\partial}{\partial x} & \dfrac{\partial}{\partial y} & \dfrac{\partial}{\partial z} \\ yz - x\mathrm{e}^{-x^3} & xz + \dfrac{2\sqrt{2}}{1+2y^2} & xy+1 \end{vmatrix} = \{x - x, y - y, z - z\} = \{0, 0, 0\},$$

由此可知 $\boldsymbol{f}(x, y, z)$ 在 R^3 上是一无旋场.根据无旋场的等价条件,所求积分在 R^3 上与路径无关.选取连接 A, B 点的积分路径:

$$AC: x=\sqrt{2},\ y=y,\ z=-\pi\left(-\frac{\sqrt{2}}{2}\leqslant y\leqslant\frac{\sqrt{2}}{2}\right),$$

$$CB: x=\sqrt{2},\ y=\frac{\sqrt{2}}{2},\ z=z(-\pi\leqslant z\leqslant\pi),$$

则有

$$\text{原式}=\int_{AC}+\int_{CB}=\int_{-\frac{\sqrt{2}}{2}}^{\frac{\sqrt{2}}{2}}\left(-\sqrt{2}\pi+\frac{2\sqrt{2}}{1+2y^2}\right)\mathrm{d}y+\int_{-\pi}^{\pi}(1+1)\mathrm{d}z=3\pi.$$

解二：积分也可通过计算原函数后利用曲线积分基本定理式(13-34)计算.

$$\begin{aligned}P\mathrm{d}x+Q\mathrm{d}y+R\mathrm{d}z&=(yz-x\mathrm{e}^{-x^3})\mathrm{d}x+\left(xz+\frac{2\sqrt{2}}{1+2y^2}\right)\mathrm{d}y+(xy+1)\mathrm{d}z\\&=yz\mathrm{d}x-x\mathrm{e}^{-x^3}\mathrm{d}x+xz\mathrm{d}y+\frac{2\sqrt{2}}{1+2y^2}\mathrm{d}y+xy\mathrm{d}z+\mathrm{d}z\\&=\mathrm{d}(xyz)+\mathrm{d}[2\arctan(\sqrt{2}y)]+\mathrm{d}z+\mathrm{d}\left(\int_0^x t\mathrm{e}^{-t^3}\mathrm{d}t\right)\\&=\mathrm{d}\left(xyz+2\arctan(\sqrt{2}y)+z+\int_0^x t\mathrm{e}^{-t^3}\mathrm{d}t\right).\end{aligned}$$

所以被积表达式的一个原函数为 $\varphi(x,y,z)=xyz+2\arctan(\sqrt{2}y)+z+\int_0^x t\mathrm{e}^{-t^3}\mathrm{d}t$，利用曲线积分基本定理式(13-34)，得

$$\text{原式}=\left(xyz+z+2\arctan(\sqrt{2}y)+\int_0^x t\mathrm{e}^{-t^3}\mathrm{d}t\right)\Bigg|_{\left(\sqrt{2},-\frac{\sqrt{2}}{2},-\pi\right)}^{\left(\sqrt{2},\frac{\sqrt{2}}{2},\pi\right)}=3\pi.$$

例 13-45 验证微分形式 $\frac{1}{(x+z)^2+y^2}[y\mathrm{d}x-(z+x)\mathrm{d}y+y\mathrm{d}z]$ 是一全微分式，并求出原函数 $u(x,y,z)$.

分析：根据全微分式的等价条件，只需验证旋度 $\mathrm{rot}\,\boldsymbol{f}(x,y,z)=\mathbf{0}$.

解：$P=\frac{y}{(x+z)^2+y^2}$，$Q=-\frac{z+x}{(x+z)^2+y^2}$，

$$R=\frac{y}{(x+z)^2+y^2}\in C^1((x+y)^2+y^2\neq 0).$$

当 $(x+y)^2+y^2\neq 0$ 时，$\boldsymbol{f}(x,y,z)=\{P,Q,R\}$ 的旋度

$$\mathrm{rot}\,\boldsymbol{f}(x,y,z)=\begin{vmatrix}\boldsymbol{i}&\boldsymbol{j}&\boldsymbol{k}\\\frac{\partial}{\partial x}&\frac{\partial}{\partial y}&\frac{\partial}{\partial z}\\\frac{y}{(x+z)^2+y^2}&-\frac{z+x}{(x+z)^2+y^2}&\frac{y}{(x+z)^2+y^2}\end{vmatrix}=\{0,0,0\}.$$

根据全微分式的等价条件，所给微分形式在不环绕，也不经过集合 $D:(x+y)^2+y^2=0$ 中点

($(x+y)^2+y^2=0$ 是一空间直线)的一维单连通区域上是一全微分式.又

$$
\begin{aligned}
P\mathrm{d}x+Q\mathrm{d}y+R\mathrm{d}z&=\frac{1}{(x+z)^2+y^2}[y\mathrm{d}(x+z)-(z+x)\mathrm{d}y]\\
&=\frac{1}{1+\left(\dfrac{x+z}{y}\right)^2}\cdot\frac{y\mathrm{d}(x+z)-(z+x)\mathrm{d}y}{y^2}\\
&=\frac{1}{1+\left(\dfrac{x+z}{y}\right)^2}\mathrm{d}\left(\frac{x+z}{y}\right)=\mathrm{d}\left[\arctan\left(\frac{x+z}{y}\right)\right]
\end{aligned}
$$

所以所给微分形式的原函数为 $\varphi(x,y,z)=\arctan\left(\dfrac{x+z}{y}\right)+C$.

例 13-46 确定常数 a, b,使向量场 $\boldsymbol{f}(x,y,z)=\{x^2-ayz,y^2-2xz,z^2-bxy\}$ 为有势场,并求其势函数.

分析: 根据有势场的等价条件,选取 a, b 使旋度 $\mathrm{rot}\,\boldsymbol{f}(x,y,z)=\mathbf{0}$.

解: $P=x^2-ayz$, $Q=y^2-2xz$, $R=z^2-bxy\in C^1(R^3)$. $\boldsymbol{f}(x,y,z)$ 的旋度

$$
\mathrm{rot}\,\boldsymbol{f}(x,y,z)=\begin{vmatrix}\boldsymbol{i}&\boldsymbol{j}&\boldsymbol{k}\\ \dfrac{\partial}{\partial x}&\dfrac{\partial}{\partial y}&\dfrac{\partial}{\partial z}\\ x^2-ayz&y^2-2xz&z^2-bxy\end{vmatrix}=\{(2-b)x,(b-a)y,(a-2)z\}.
$$

令 $2-b=0$, $a-b=0$, $a-2=0$,解得 $a=2$, $b=2$,此时 $\mathrm{rot}\,\boldsymbol{f}(x,y,z)=\mathbf{0}$,根据有势场的等价条件,当 $a=2$, $b=2$ 时,$\boldsymbol{f}(x,y,z)$ 是有势场.为求 $\boldsymbol{f}(x,y,z)$ 的势函数,先求微分形式 $P\mathrm{d}x+Q\mathrm{d}y+R\mathrm{d}z$ 的原函数.

$$
\begin{aligned}
P\mathrm{d}x+Q\mathrm{d}y+R\mathrm{d}z&=(x^2-2yz)\mathrm{d}x+(y^2-2xz)\mathrm{d}y+(z^2-2xy)\mathrm{d}z\\
&=x^2\mathrm{d}x+y^2\mathrm{d}y+z^2\mathrm{d}z-2(yz\mathrm{d}x+xz\mathrm{d}y+xy\mathrm{d}z)\\
&=\mathrm{d}\left[\frac{1}{3}(x^3+y^3+z^3)\right]-2\mathrm{d}(xyz)\\
&=\mathrm{d}\left[\frac{1}{3}(x^3+y^3+z^3)-2xyz\right],
\end{aligned}
$$

所求原函数 $\varphi(x,y,z)=\dfrac{1}{3}(x^3+y^3+z^3)-2xyz$. 所以 $\boldsymbol{f}(x,y,z)$ 的势函数

$$
u(x,y,z)=-\varphi(x,y,z)=2xyz-\frac{1}{3}(x^3+y^3+z^3).
$$

例 13-47 求函数 $f(x)$,使曲线积分

$$
\int_L f(y+z)\mathrm{d}x+f(z+x)\mathrm{d}y+f(x+y)\mathrm{d}z
$$

与路径无关,其中 $f(x)$ 具有一阶连续导数,$f(0)=1$, $f'(0)=2$.

分析: 选取 $f(x)$ 使向量场 $\boldsymbol{g}(x, y, z)=\{f(y+z), f(z+x), f(x+y)\}$ 的旋度处处为零.

解: $P=f(y+z)$, $Q=f(z+x)$, $R=f(x+y)\in C^1(R^3)$. 让 $\boldsymbol{g}(x, y, z)$ 的旋度

$$\operatorname{rot}\boldsymbol{g}(x, y, z)=\begin{vmatrix} \boldsymbol{i} & \boldsymbol{j} & \boldsymbol{k} \\ \dfrac{\partial}{\partial x} & \dfrac{\partial}{\partial y} & \dfrac{\partial}{\partial z} \\ f(y+z) & f(x+z) & f(x+y) \end{vmatrix}$$

$$=\{f'(x+y)-f'(z+x), f'(y+z)-f'(x+y), f'(z+x)-f'(y+z)\}$$

$$=\{0, 0, 0\}$$

得

$$f'(x+y)=f'(z+x)=f'(y+z).$$

再令 $y=z=0$, 得 $f'(x)=f'(0)=2$, 积分得 $f(x)=2x+C$. 再由 $f(0)=1$ 知 $C=1$, 所以当 $f(x)=2x+1$ 时,所给积分与路径无关,且满足所给条件.

▶▶▶方法小结

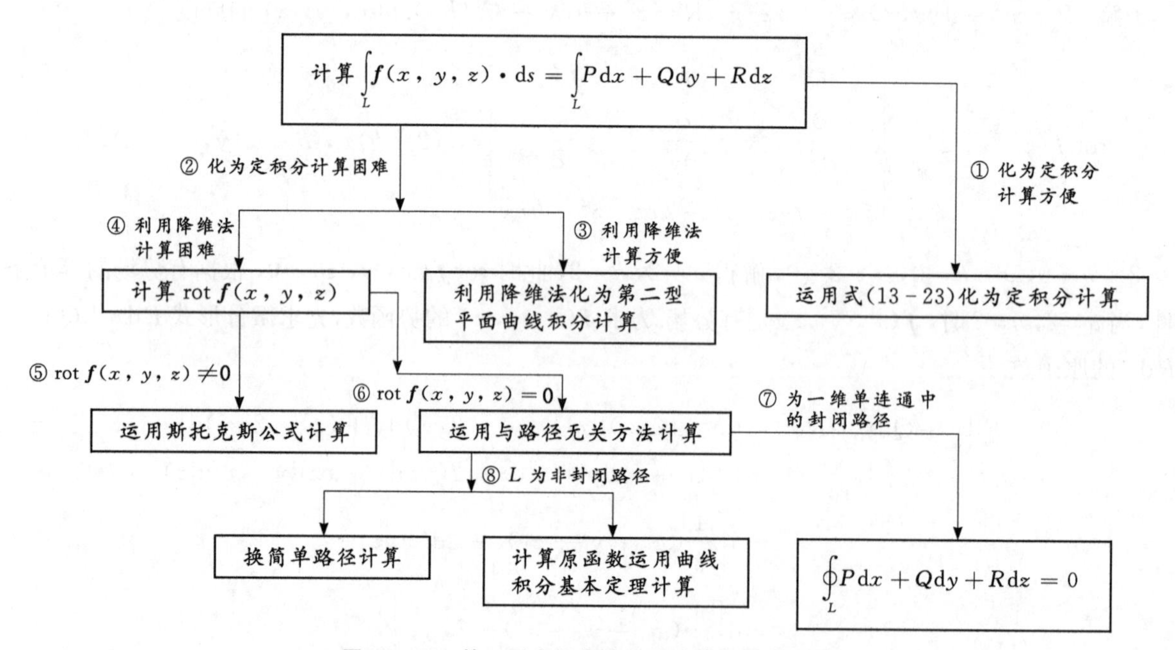

图 13-33 第二型空间曲线积分计算方法示意图

在计算第二型空间曲线积分时,首选的方法是将其化为定积分计算(图 13-33①),这是计算第二型空间曲线积分最基本的方法(例 13-36,例 13-37,例 13-38).但是当化成的定积分计算复杂甚至无法化成定积分时(图 13-33②),如典型的积分路径 L 由两个相交的曲面形式给出时,应考虑采用降维的方法把问题转化为沿 L 在坐标面的投影曲线 L' 上的第二型平面曲线积分计算(图 13-33③),前述的有关第二型平面曲线积分的一整套计算方法都可以在这里使用(例 13-38 解二,例 13-41 解二).当然降维法也仅适用于处理一部分 L 由曲线的一般方程给出的问题,当降维法计算困难时(图 13-33④),此时应计算旋度 rot $\boldsymbol{f}(x, y, z)$,从 rot $\boldsymbol{f}(x, y, z)$ 是否为零,又可分为两种情况处理:

(1) 如果 rot $\boldsymbol{f}(x, y, z) \neq \mathbf{0}$(图 13-33⑤),且 L 为封闭曲线,此时可选取一以 L 为边界线的有向曲面 Σ,运用斯托克斯公式计算(例 13-39,例 13-40,例 13-41).

(2) rot $\boldsymbol{f}(x, y, z) = \mathbf{0}$(图 13-33⑥),此时运用积分与路径无关的性质计算:

① L 为某一维单连通区域中的封闭路径(图 13-33⑦),则直接可得

$$\oint_L P\mathrm{d}x + Q\mathrm{d}y + R\mathrm{d}z = 0.$$

② L 为某一维单连通区域中的非封闭路径(图 13-33⑧),则可运用替换路径的方法(例 13-44)或者计算微分形式 $P\mathrm{d}x + Q\mathrm{d}y + R\mathrm{d}z$ 的原函数,运用曲线积分基本定理式(13-34)计算(例 13-42,例 13-43,例 13-44 解二).

13.2.4 与第二型曲线、曲面积分有关的积分等式与不等式问题

当所证的等式或不等式中出现第二型曲线、曲面积分时,这类问题我们称为与第二型曲线、曲面积分有关的积分等式与不等式问题.

▶▶▶基本方法

(1) 运用格林公式、高斯公式、斯托克斯公式证积分等式;

(2) 运用第二型曲线、曲面积分与第一型曲线、曲面积分之间的转换关系,格林公式,高斯公式证明积分不等式.

▶▶▶方法运用注意点

与第一型曲线、曲面积分不同,第二型曲线、曲面积分没有关于被积函数的保序性性质,也没有估值定理等数量函数的不等式性质,因此证明第二型曲线、曲面积分的不等式时,通常把它化为第一型曲线、曲面积分,或者利用格林公式和高斯公式把它化为数量函数的积分,利用数量函数的积分不等式性质证明.

▶▶▶典型例题解析

例 13-48 设函数 u, v 在平面区域 D 上具有二阶连续偏导数,L 为 D 的正向边界闭曲线,$\boldsymbol{n}$ 为 L 的外法线单位向量,证明:

(1) 第一格林公式

$$\oint_L v\frac{\partial u}{\partial n}\mathrm{d}s = \iint_D v\Delta u\,\mathrm{d}x\,\mathrm{d}y + \iint_D \nabla u \cdot \nabla v\,\mathrm{d}x\,\mathrm{d}y;$$

(2) 第二格林公式

$$\oint_L \left(u\frac{\partial v}{\partial n} - v\frac{\partial u}{\partial n}\right)\mathrm{d}s = \iint_D (u\Delta v - v\Delta u)\,\mathrm{d}x\,\mathrm{d}y.$$

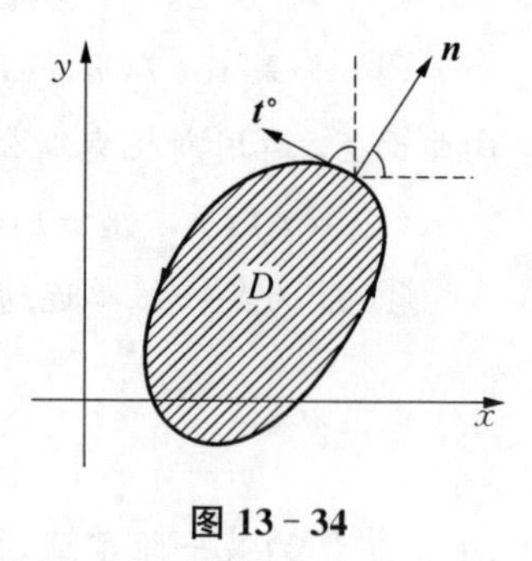

图 13 - 34

分析：本例两式左边的曲线积分若是第二型曲线积分，则应考虑运用格林公式证明，为此应先利用两类曲线积分之间的关系式(13 - 3)转化左边的积分.

解：(1) 记 L 的正切向量的单位向量为 $\boldsymbol{t}^\circ=\{\cos(\boldsymbol{t},\hat{}x),\cos(\boldsymbol{t},\hat{}y)\}$，如图 13 - 34 所示.又 $\boldsymbol{n}=\{\cos(\boldsymbol{n},\hat{}x),\cos(\boldsymbol{n},\hat{}y)\}$，则有

$$\cos(\boldsymbol{n},\hat{}x)=\cos(\boldsymbol{t},\hat{}y),\ \cos(\boldsymbol{n},\hat{}y)=-\cos(\boldsymbol{t},\hat{}x).$$

由于

$$\frac{\partial u}{\partial n}=\boldsymbol{\nabla} u\cdot\boldsymbol{n}=u_x\cos(\boldsymbol{n},\hat{}x)+u_y\cos(\boldsymbol{n},\hat{}y)=u_x\cos(\boldsymbol{t},\hat{}y)-u_y\cos(\boldsymbol{t},\hat{}x),$$

且 $\mathrm{d}x=\cos(\boldsymbol{t},\hat{}x)\mathrm{d}s$，$\mathrm{d}y=\cos(\boldsymbol{t},\hat{}y)\mathrm{d}s$，于是有

$$\oint_L v\frac{\partial u}{\partial n}\mathrm{d}s=\oint_L v[u_x\cos(\boldsymbol{t},\hat{}y)-u_y\cos(\boldsymbol{t},\hat{}x)]\mathrm{d}s=\oint_L vu_x\mathrm{d}y-vu_y\mathrm{d}x.$$

利用格林公式，得

$$\begin{aligned}\oint_L v\frac{\partial u}{\partial n}\mathrm{d}s&=\iint_D\left(\frac{\partial}{\partial x}(vu_x)-\frac{\partial}{\partial y}(-vu_y)\right)\mathrm{d}x\mathrm{d}y\\&=\iint_D(v_xu_x+vu_{xx}+v_yu_y+vu_{yy})\mathrm{d}x\mathrm{d}y=\iint_D v\Delta u\mathrm{d}x\mathrm{d}y+\iint_D\boldsymbol{\nabla} u\cdot\boldsymbol{\nabla} v\mathrm{d}x\mathrm{d}y.\end{aligned}$$

$$\begin{aligned}(2)\oint_L\left(u\frac{\partial v}{\partial n}-v\frac{\partial u}{\partial n}\right)\mathrm{d}s&=\oint_L[u(v_x\cos(\boldsymbol{n},\hat{}x)+v_y\cos(\boldsymbol{n},\hat{}y))-v(u_x\cos(\boldsymbol{n},\hat{}x)+u_y\cos(\boldsymbol{n},\hat{}y))]\mathrm{d}s\\&=\oint_L[u(v_x\cos(\boldsymbol{t},\hat{}y)-v_y\cos(\boldsymbol{t},\hat{}x))-v(u_x\cos(\boldsymbol{t},\hat{}y)-u_y\cos(\boldsymbol{t},\hat{}x))]\mathrm{d}s\\&=\oint_L[u(v_x\mathrm{d}y-v_y\mathrm{d}x)-v(u_x\mathrm{d}y-u_y\mathrm{d}x)]\\&=\oint_L(vu_y-uv_y)\mathrm{d}x+(uv_x-vu_x)\mathrm{d}y\\&\xlongequal{\text{格林公式}}\iint_D[(uv_{xx}-vu_{xx})-(vu_{yy}-uv_{yy})]\mathrm{d}x\mathrm{d}y\\&=\iint_D[u(v_{xx}+v_{yy})-v(u_{xx}+u_{yy})]\mathrm{d}x\mathrm{d}y\\&=\iint_D(u\Delta v-v\Delta u)\mathrm{d}x\mathrm{d}y.\end{aligned}$$

例 13 - 49 设 Σ 为由平面 $x=\pm a$，$y=\pm b$，$z=\pm c$ 围成的长方体的外表面，$\boldsymbol{f}(x,y,z)=\boldsymbol{a}_0+x\boldsymbol{a}_1+y\boldsymbol{a}_2+z\boldsymbol{a}_3$，其中 $\boldsymbol{a}_0,\boldsymbol{a}_1,\boldsymbol{a}_2,\boldsymbol{a}_3$ 为常向量，试证明：

$$\operatorname{div}\boldsymbol{f}(x,y,z)=\frac{1}{8abc}\iint_\Sigma\boldsymbol{f}(x,y,z)\cdot\mathrm{d}\boldsymbol{S}.$$

分析：对照等式两边的表达式可见，应采用高斯公式证明.

解：先来计算散度 div $\boldsymbol{f}(x,y,z)$. 记 $\boldsymbol{a}_k=\{a_{k1},a_{k2},a_{k3}\}$，$k=0,1,2,3$，则

$$\boldsymbol{f}(x,y,z)=\{a_{01}+xa_{11}+ya_{21}+za_{31},\ a_{02}+xa_{12}+ya_{22}+za_{32},\ a_{03}+xa_{13}+ya_{23}+za_{33}\}.$$

$$\operatorname{div}\boldsymbol{f}(x,y,z)=\frac{\partial P}{\partial x}+\frac{\partial Q}{\partial y}+\frac{\partial R}{\partial z}=a_{11}+a_{22}+a_{33}.$$

利用高斯公式，得

$$\iint_{\Sigma}\boldsymbol{f}(x,y,z)\cdot d\boldsymbol{S}=\iiint_{\Omega}\operatorname{div}\boldsymbol{f}(x,y,z)dV=(a_{11}+a_{22}+a_{33})\iiint_{\Omega}dV$$
$$=(a_{11}+a_{22}+a_{33})\cdot 2a\cdot 2b\cdot 2c,$$

即有

$$\operatorname{div}\boldsymbol{f}(x,y,z)=\frac{1}{8abc}\iint_{\Sigma}\boldsymbol{f}(x,y,z)\cdot d\boldsymbol{S}.$$

例 13-50　设函数 u 在空间区域 Ω 上具有二阶连续偏导数，Σ 为 Ω 的边界闭曲面，$\boldsymbol{n}$ 为 Σ 的外法向单位向量，试证明：

(1) $\oiint_{\Sigma}\frac{\partial u}{\partial n}dS=\iiint_{\Omega}\Delta u\,dV$；　(2) $\oiint_{\Sigma}u\frac{\partial u}{\partial n}dS=\iiint_{\Omega}\left[\left(\frac{\partial u}{\partial x}\right)^2+\left(\frac{\partial u}{\partial y}\right)^2+\left(\frac{\partial u}{\partial z}\right)^2\right]dV+\iiint_{\Omega}u\Delta u\,dV$.

其中 $\Delta=\frac{\partial^2}{\partial x^2}+\frac{\partial^2}{\partial y^2}+\frac{\partial^2}{\partial z^2}$.

分析：曲面积分与三重积分相等，只有利用高斯公式证明.

解：(1) 利用方向导数 $\frac{\partial u}{\partial n}=\nabla u\cdot\boldsymbol{n}$ 及高斯公式，得

$$\oiint_{\Sigma}\frac{\partial u}{\partial n}dS=\oiint_{\Sigma}\nabla u\cdot\boldsymbol{n}dS=\oiint_{\Sigma}u_x\,dydz+u_y\,dzdx+u_z\,dxdy$$
$$=\iiint_{\Omega}\left[\frac{\partial}{\partial x}(u_x)+\frac{\partial}{\partial y}(u_y)+\frac{\partial}{\partial z}(u_z)\right]dV=\iiint_{\Omega}\Delta u\,dV.$$

(2) 利用高斯公式

$$\oiint_{\Sigma}u\frac{\partial u}{\partial n}dS=\oiint_{\Sigma}u\nabla u\cdot\boldsymbol{n}dS=\oiint_{\Sigma}uu_x\,dydz+uu_y\,dzdx+uu_z\,dxdy$$
$$=\iiint_{\Omega}\left[\frac{\partial}{\partial x}(uu_x)+\frac{\partial}{\partial y}(uu_y)+\frac{\partial}{\partial z}(uu_z)\right]dV$$
$$=\iiint_{\Omega}\left[\left(\frac{\partial u}{\partial x}\right)^2+u\frac{\partial^2 u}{\partial x^2}+\left(\frac{\partial u}{\partial y}\right)^2+u\frac{\partial^2 u}{\partial y^2}+\left(\frac{\partial u}{\partial z}\right)^2+u\frac{\partial^2 u}{\partial z^2}\right]dV$$
$$=\iiint_{\Omega}\left[\left(\frac{\partial u}{\partial x}\right)^2+\left(\frac{\partial u}{\partial y}\right)^2+\left(\frac{\partial u}{\partial z}\right)^2\right]dV+\iiint_{\Omega}u\Delta u\,dV.$$

例 13-51　设函数 $u=u(x,y,z)$，向量场 $\boldsymbol{f}(x,y,z)$ 的三个分量函数 P，Q，R 在空间区域 Ω 上具有一阶连续的偏导数，证明：

(1) $\operatorname{div}[u\boldsymbol{f}(x, y, z)]=u\operatorname{div}\boldsymbol{f}(x, y, z)+\boldsymbol{f}(x, y, z)\cdot\operatorname{grad}u$;

(2) $\operatorname{rot}[u\boldsymbol{f}(x, y, z)]=u\operatorname{rot}\boldsymbol{f}(x, y, z)+\operatorname{grad}u\times\boldsymbol{f}(x, y, z)$.

分析: 利用散度和旋度的计算公式计算等式左边的散度和旋度.

解: (1) 由 $\boldsymbol{f}(x, y, z)=\{P, Q, R\}$, 得 $u\boldsymbol{f}(x, y, z)=\{uP, uQ, uR\}$. 利用散度的计算公式

$$\begin{aligned}\operatorname{div}[u\boldsymbol{f}(x, y, z)]&=\frac{\partial}{\partial x}(uP)+\frac{\partial}{\partial y}(uQ)+\frac{\partial}{\partial z}(uR)=u_xP+uP_x+u_yQ+uQ_y+u_zR+uR_z\\&=u(P_x+Q_y+R_z)+u_xP+u_yQ+u_zR\\&=u\operatorname{div}\boldsymbol{f}(x, y, z)+\boldsymbol{f}(x, y, z)\cdot\operatorname{grad}u.\end{aligned}$$

(2) 利用旋度的计算公式

$$\begin{aligned}\operatorname{rot}[u\boldsymbol{f}(x, y, z)]&=\begin{vmatrix}\boldsymbol{i}&\boldsymbol{j}&\boldsymbol{k}\\\dfrac{\partial}{\partial x}&\dfrac{\partial}{\partial y}&\dfrac{\partial}{\partial z}\\uP&uQ&uR\end{vmatrix}\\&=\left\{\frac{\partial}{\partial y}(uR)-\frac{\partial}{\partial z}(uQ),\frac{\partial}{\partial z}(uP)-\frac{\partial}{\partial x}(uR),\frac{\partial}{\partial x}(uQ)-\frac{\partial}{\partial y}(uP)\right\}\\&=\{u_yR+uR_y-u_zQ-uQ_z,\ u_zP+uP_z-u_xR-uR_x,\ u_xQ+uQ_x-u_yP-uP_y\}\\&=\{uR_y-uQ_z,\ uP_z-uR_x,\ uQ_x-uP_y\}+\{u_yR-u_zQ,\ u_zP-u_xR,\ u_xQ-u_yP\}\\&=u\operatorname{rot}\boldsymbol{f}(x, y, z)+\operatorname{grad}u\times\boldsymbol{f}(x, y, z).\end{aligned}$$

例 13-52 设 $|L|$ 为有向曲线 L 的弧长, M 为函数 $\sqrt{[P(x, y)]^2+[Q(x, y)]^2}$ 在 L 上的一个上界,试证明:

$$\left|\int_L P(x, y)\mathrm{d}x+Q(x, y)\mathrm{d}y\right|\leqslant M|L|. \tag{13-35}$$

分析: 由于第二型曲线积分没有直接的不等式性质可用,为此先将不等式左边的第二型曲线积分化为第一型曲线积分,利用第一型曲线积分的不等式性质证明.

解: 记曲线 L 的正切向的单位向量为 $\boldsymbol{t}^\circ$, 利用第二型与第一型曲线积分的转换关系式(13-2)及第一型曲线积分的不等式性质式(12-62)

$$\begin{aligned}\left|\int_L P(x, y)\mathrm{d}x+Q(x, y)\mathrm{d}y\right|&=\left|\int_L \boldsymbol{f}(x, y)\cdot\mathrm{d}\boldsymbol{s}\right|=\left|\int_L \boldsymbol{f}(x, y)\cdot\boldsymbol{t}^\circ\mathrm{d}s\right|\\&\leqslant\int_L|\boldsymbol{f}(x, y)\cdot\boldsymbol{t}^\circ|\mathrm{d}s=\int_L|\boldsymbol{f}(x, y)||\boldsymbol{t}^\circ||\cos(\boldsymbol{f}(x, y),\hat{\ }\boldsymbol{t}^\circ)|\mathrm{d}s\\&\leqslant\int_L|\boldsymbol{f}(x, y)|\mathrm{d}s=\int_L\sqrt{(P(x, y))^2+(Q(x, y))^2}\mathrm{d}s\leqslant M\int_L\mathrm{d}s=M|L|.\end{aligned}$$

例 13-53 估计曲线积分 $I_R=\oint_{x^2+y^2=R^2}\dfrac{y\mathrm{d}x-x\mathrm{d}y}{(x^2+xy+y^2)^2}$ 值的范围,并证明 $\lim\limits_{R\to+\infty}I_R=0$.

分析: 可利用例 13-52 中所证的不等式(13-35)估计积分值.

解：$P=\dfrac{y}{(x^2+xy+y^2)^2}$，$Q=\dfrac{-x}{(x^2+xy+y^2)^2}$，于是在曲线 $x^2+y^2=R^2$ 上

$$\sqrt{P^2+Q^2}=\frac{\sqrt{x^2+y^2}}{(x^2+xy+y^2)^2}\leqslant\frac{\sqrt{x^2+y^2}}{(x^2+y^2-|xy|)^2}$$

$$\leqslant\frac{\sqrt{x^2+y^2}}{\left(x^2+y^2-\dfrac{x^2+y^2}{2}\right)^2}\leqslant\frac{4}{(x^2+y^2)^{\frac{3}{2}}}=\frac{4}{R^3},$$

利用式(13-35)，得

$$|I_R|=\left|\oint_{x^2+y^2=R^2}\frac{y\mathrm{d}x-x\mathrm{d}y}{(x^2+xy+y^2)^2}\right|\leqslant\frac{4}{R^3}\cdot 2\pi R=\frac{8\pi}{R^2},$$

再利用极限的夹逼准则，有

$$\lim_{R\to+\infty}|I_R|=0,\quad 即\quad \lim_{R\to+\infty}I_R=0.$$

例 13-54　设 $f(t)$ 是恒为正值的连续函数，L 是正向的圆周 $(x-a)^2+(y-a)^2=1$，证明不等式

$$\oint_L xf(y)\mathrm{d}y-\frac{y}{f(x)}\mathrm{d}x\geqslant 2\pi.$$

分析：本例不等式左边的第二型曲线积分是无法计算的，故需对积分进行缩小.由于第二型曲线积分无保序性性质，于是本例应考虑运用格林公式将积分转化为二重积分，运用二重积分的保序性来证明.

解：记 L 所界的圆域为 D，利用格林公式，有

$$\oint_L xf(y)\mathrm{d}y-\frac{y}{f(x)}\mathrm{d}x=\iint_D\left[f(y)-\left(-\frac{1}{f(x)}\right)\right]\mathrm{d}\sigma=\iint_D\left[f(y)+\frac{1}{f(x)}\right]\mathrm{d}\sigma.$$

又圆域 D 关于分角线 $y=x$ 对称，利用二重积分与积分变量名称无关的性质

$$\iint_D f(y)\mathrm{d}\sigma \xlongequal{x 与 y 互换}\iint_D f(x)\mathrm{d}\sigma.$$

于是　$$\oint_L xf(y)\mathrm{d}y-\frac{y}{f(x)}\mathrm{d}x=\iint_D\left(f(x)+\frac{1}{f(x)}\right)\mathrm{d}\sigma$$

$$=\iint_D\left[\left[\sqrt{f(x)}-\frac{1}{\sqrt{f(x)}}\right]^2+2\right]\mathrm{d}\sigma\geqslant\iint_D 2\mathrm{d}\sigma=2\pi.$$

▶▶▶方法小结

(1) 有关第二型曲线、曲面积分的等式证明是一类典型的问题.证明这类问题的主要方法是采用计算的方法，即通过利用格林公式(例 13-48)、高斯公式(例 13-49，例 13-50)、斯托克斯公式，或者化为定积分和二重积分等方法，以计算等式左、右两边相等的方式加以证明.

(2) 有关第二型曲线、曲面积分的不等式证明也属于一类典型问题.因为第二型曲线、曲面积分不

具有保序性等常见的积分不等式性质，所以对这类问题证明时，通常是把它化为数量值函数的积分，通过利用数量值函数积分的不等式性质来证明.把第二型曲线、曲面积分转化为数量值函数的积分，一般可采用两类曲线、曲面积分间的转换关系(例 13－52)，格林公式(例 13－53)，高斯公式，斯托克斯公式，或者化为定积分、二重积分等方法转换.

13.2.5 第二型曲线、曲面积分的应用

第二型曲线、曲面积分的应用主要围绕以下四个问题：

(1) 运用第二型平面曲线积分计算平面区域的面积；

(2) 变力沿曲线的做功计算；

(3) 向量场的通量计算；

(4) 全微分方程求解.

13.2.5.1 运用第二型平面曲线积分计算平面区域面积

▶▶▶基本方法

运用第二型平面曲线积分计算平面区域 D 面积的公式：

$$|D|=\frac{1}{2}\int_{\partial D}x\,\mathrm{d}y-y\,\mathrm{d}x \tag{13-36}$$

其中积分沿 D 的边界曲线 ∂D 的正向.

▶▶▶方法运用注意点

面积公式(13－36)可以通过运用格林公式证明.从证明可见，表达区域 D 面积的第二型平面曲线积分不是唯一的，D 的面积也可表达为 $|D|=\frac{1}{2}\int_{\partial D}x\,\mathrm{d}y$，$|D|=-\int_{\partial D}y\,\mathrm{d}x$ 等，式(13－36)只是常用的之一.

▶▶▶典型例题解析

例 13－55 计算星形线 $x=a\cos^3 t$，$y=a\sin^3 t$ 所围图形的面积.

分析： 区域 D 的边界曲线由参数方程形式给出，可运用式(13－36)计算.

解： 从曲线 $x=a\cos^3 t$，$y=a\sin^3 t$ 可知，参数 t 的变化范围是 $[0,2\pi]$. 运用式(13－36)，所求面积

$$\begin{aligned}|D|&=\frac{1}{2}\int_{\partial D}x\,\mathrm{d}y-y\,\mathrm{d}x=\frac{1}{2}\int_0^{2\pi}[a\cos^3 t\cdot 3a\sin^2 t\cos t-a\sin^3 t\cdot 3a\cos^2 t(-\sin t)]\mathrm{d}t\\&=\frac{3}{2}a^2\int_0^{2\pi}\cos^2 t\sin^2 t\,\mathrm{d}t=3a^2\int_{-\frac{\pi}{2}}^{\frac{\pi}{2}}\cos^2 t\sin^2 t\,\mathrm{d}t=6a^2\int_0^{\frac{\pi}{2}}\cos^2 t\sin^2 t\,\mathrm{d}t\\&=6a^2\left(\int_0^{\frac{\pi}{2}}\cos^2 t\,\mathrm{d}t-\int_0^{\frac{\pi}{2}}\cos^4 t\,\mathrm{d}t\right)=\frac{3}{8}\pi a^2\end{aligned}$$

例 13-56 计算曲线 $x^{\frac{2}{2n+1}}+y^{\frac{2}{2n+1}}=a^{\frac{2}{2n+1}}$ 所围图形 D 的面积，其中 n 为自然数，$a>0$.

分析：本例在直角坐标和极坐标系下计算都是不方便的.此时可考虑运用曲线积分的面积公式(13-36)计算，为此首先应将 D 的边界曲线化为参数方程.

解：令 $x=r\cos^{2n+1}t$，$y=r\sin^{2n+1}t\,(0\leqslant t\leqslant 2\pi)$，代入方程 $x^{\frac{2}{2n+1}}+y^{\frac{2}{2n+1}}=a^{\frac{2}{2n+1}}$，得 $r=a$，所以 D 的边界曲线的参数方程

$$\partial D:\ x=a\cos^{2n+1}t,\ y=a\sin^{2n+1}t,\ 0\leqslant t\leqslant 2\pi.$$

利用面积公式(13-36)，所求面积

$$\begin{aligned}|D|&=\frac{1}{2}\oint_{\partial D}x\,\mathrm{d}y-y\,\mathrm{d}x=\frac{1}{2}\int_0^{2\pi}[a\cos^{2n+1}t\cdot(2n+1)a\sin^{2n}t\cos t\\&\quad-a\sin^{2n+1}t\cdot(2n+1)a\cos^{2n}t(-\sin t)]\mathrm{d}t\\&=\frac{2n+1}{2}a^2\int_0^{2\pi}\cos^{2n}t\sin^{2n}t\,\mathrm{d}t=\frac{2n+1}{2^{2n+1}}a^2\int_0^{2\pi}\sin^{2n}2t\,\mathrm{d}t\\&\xlongequal{u=2t}\frac{2n+1}{2^{2n+1}}a^2\int_0^{4\pi}\sin^{2n}u\cdot\frac{1}{2}\mathrm{d}u\\&=\frac{2n+1}{2^{2n+2}}a^2\cdot 4\int_{-\frac{\pi}{2}}^{\frac{\pi}{2}}\sin^{2n}u\,\mathrm{d}u=\frac{2n+1}{2^{2n-1}}a^2\int_0^{\frac{\pi}{2}}\sin^{2n}u\,\mathrm{d}u\\&=\frac{2n+1}{2^{2n-1}}a^2\cdot\frac{2n-1}{2n}\cdot\frac{2n-3}{2n-2}\cdot\cdots\cdot\frac{1}{2}\cdot\frac{\pi}{2}\\&=\frac{\pi a^2(2n+1)!!}{2^{2n}(2n)!!}.\end{aligned}$$

▶▶▶方法小结

计算平面区域面积最常用的方法是利用定积分、二重积分计算.但是当区域 D 的边界曲线由参数方程或者隐函数形式给出时，这些方法往往使用困难甚至根本无法使用(例 13-55，例 13-56).此时，如果式(13-36)中的第二型平面曲线积分化为定积分计算更方便，那么运用公式(13-36)计算就是处理这类问题的一个有效方法(例 13-55，例 13-56).

13.2.5.2 变力沿曲线做功的计算

▶▶▶基本方法

1) 平面力场沿平面曲线做功的计算方法

设有力场 $\boldsymbol{f}(x,y)=\{P(x,y),Q(x,y)\}$，则将质点沿平面曲线 L 从 A 点移动到 B 点，变力 $\boldsymbol{f}(x,y)$ 所做的功

$$W=\int_L\boldsymbol{f}(x,y)\cdot\mathrm{d}\boldsymbol{s}=\int_L P(x,y)\mathrm{d}x+Q(x,y)\mathrm{d}y.\tag{13-37}$$

2) 空间力场沿空间曲线做功的计算方法

设有力场 $\boldsymbol{f}(x,y,z)=\{P(x,y,z),Q(x,y,z),R(x,y,z)\}$，则将质点沿平面曲线 L 从

点 A 移动到点 B，变力 $\boldsymbol{f}(x, y, z)$ 所做的功

$$W=\int_L \boldsymbol{f}(x, y, z) \cdot \mathrm{d}\boldsymbol{s}=\int_L P(x, y, z)\mathrm{d}x+Q(x, y, z)\mathrm{d}y+R(x, y, z)\mathrm{d}z \tag{13-38}$$

▶▶▶方法运用注意点

(1) 式(13－37)、式(13－38)中的 $\mathrm{d}\boldsymbol{s}$ 向量是大小为 $\mathrm{d}s$，方向与 L 的正方向一致的 L 的切向量，其表达式分别为

$$平面情形: \mathrm{d}\boldsymbol{s}=\{\mathrm{d}x, \mathrm{d}y\}，空间情形: \mathrm{d}\boldsymbol{s}=\{\mathrm{d}x, \mathrm{d}y, \mathrm{d}z\}.$$

(2) 质点移动的方向就是式(13－37)、式(13－38)中积分路径 L 的正方向.

▶▶▶典型例题解析

例 13－57 设 $\boldsymbol{f}(x, y, z)=\{xy, yz, zx\}$，求力 $\boldsymbol{f}$ 使物体沿曲线 L：$x=t$，$y=t^2$，$z=t^4$ 从原点 O 移动到点 $A(1, 1, 1)$ 所做的功.

分析：运用式(13－38)计算第二型空间曲线积分 $\int_L \boldsymbol{f}(x, y, z) \cdot \mathrm{d}\boldsymbol{s}$.

解：当 $t=0$ 时，对应的曲线上的点为原点，当 $t=1$ 时，对应的曲线上的点为点 A，运用式(13－38)，力场 $\boldsymbol{f}(x, y, z)$ 所做的功

$$W=\int_L \boldsymbol{f}(x, y, z) \cdot \mathrm{d}\boldsymbol{s}=\int_L xy\mathrm{d}x+yz\mathrm{d}y+zx\mathrm{d}z=\int_0^1 (t^3+t^6 \cdot 2t+t^5 \cdot 4t^3)\mathrm{d}t$$
$$=\int_0^1 (t^3+2t^7+4t^8)\mathrm{d}t=\frac{17}{18}.$$

例 13－58 质点在力场 $\boldsymbol{f}$ 的作用下，从点 $A(a, 0)$ 沿椭圆 $\frac{x^2}{a^2}+\frac{y^2}{b^2}=1(a, b>0)$ 在第一象限内运动到点 $B(0, b)$，试求力 $\boldsymbol{f}$ 所做的功，假定在任一点 (x, y) 处 $\boldsymbol{f}$ 的大小等于 $\frac{1}{\sqrt{x^2+y^2}}$，而方向指向原点 O.

分析：从问题可见，首先要写出力场 $\boldsymbol{f}(x, y)$ 的表达式，然后运用式(13－37)计算功 W.

解：设 $M(x, y)$ 是平面上的任意一点，则在点 M 处

$$\boldsymbol{f}(x, y)=\frac{1}{\sqrt{x^2+y^2}}\boldsymbol{MO}^{\circ}=-\frac{1}{\sqrt{x^2+y^2}}\boldsymbol{OM}^{\circ}=-\frac{1}{\sqrt{x^2+y^2}} \cdot \frac{1}{\sqrt{x^2+y^2}}\{x, y\}$$
$$=\left\{\frac{-x}{x^2+y^2}, \frac{-y}{x^2+y^2}\right\},$$

于是将质点沿椭圆从点 A 移动到点 B，$\boldsymbol{f}(x, y)$ 所做的功

$$W=\int_L \boldsymbol{f}(x, y) \cdot \mathrm{d}\boldsymbol{s}=\int_L -\frac{x}{x^2+y^2}\mathrm{d}x-\frac{y}{x^2+y^2}\mathrm{d}y$$
$$=-\frac{1}{2}\int_L \frac{\mathrm{d}(x^2+y^2)}{x^2+y^2}=-\frac{1}{2}\ln(x^2+y^2)\Big|_{(a, 0)}^{(0, b)}=\ln\frac{a}{b}.$$

例 13-59　质点在力场 $\boldsymbol{f}(x, y, z)=\{yz, zx, xy\}$ 的作用下，从坐标原点沿直线运动到椭球面 $\frac{x^2}{a^2}+\frac{y^2}{b^2}+\frac{z^2}{c^2}=1$ 上在第一卦限的点 $M(x, y, z)$ 处，求力场所做的功 W，当点 M 在何处时，W 最大？

分析： 本例先要计算所求功 W 的表达式 $W=\int_L \boldsymbol{f}(x, y, z)\cdot \mathrm{d}\boldsymbol{s}$. 由于点 M 在椭球面上，故还需计算一个条件极值问题.

解： 由 $P=yz,\ Q=zx,\ R=xy\in C^1(R^3)$，且 $\boldsymbol{f}(x, y, z)$ 的旋度

$$\operatorname{rot}\boldsymbol{f}(x, y, z)=\begin{vmatrix}\boldsymbol{i} & \boldsymbol{j} & \boldsymbol{k}\\ \frac{\partial}{\partial x} & \frac{\partial}{\partial y} & \frac{\partial}{\partial z}\\ yz & zx & xy\end{vmatrix}=\{0, 0, 0\}$$

可知，$\boldsymbol{f}(x, y, z)$ 在 R^3 上是一无旋场，于是积分 $\int_L \boldsymbol{f}(x, y, z)\cdot \mathrm{d}\boldsymbol{s}$ 在 R^3 上与路径无关.所以力场 $\boldsymbol{f}$ 将质点从原点移动到椭球面上点 $M(x, y, z)$ 处所做的功

$$\begin{aligned}W&=\int_L \boldsymbol{f}(x, y, z)\cdot \mathrm{d}\boldsymbol{s}=\int_{(0,0,0)}^{(x,y,z)} yz\mathrm{d}x+zx\mathrm{d}y+xy\mathrm{d}z\\ &=\int_{(0,0,0)}^{(x,y,z)}\mathrm{d}(xyz)=xyz\Big|_{(0,0,0)}^{(x,y,z)}=xyz.\end{aligned}$$

为求 W 的最大值，构造拉格朗日函数

$$L(x, y, z, \lambda)=xyz+\lambda\left(\frac{x^2}{a^2}+\frac{y^2}{b^2}+\frac{z^2}{c^2}-1\right),$$

令

$$\begin{cases}L_x=yz+\frac{2\lambda x}{a^2}=0\\ L_y=xz+\frac{2\lambda y}{b^2}=0\\ L_z=xy+\frac{2\lambda z}{c^2}=0\\ L_\lambda=\frac{x^2}{a^2}+\frac{y^2}{b^2}+\frac{z^2}{c^2}-1=0\end{cases},$$

解得 W 在第一卦限中的可能的最值点 $P=\left(\frac{a}{\sqrt{3}}, \frac{b}{\sqrt{3}}, \frac{c}{\sqrt{3}}\right)$. 由于点 P 是函数 W 在第一卦限中的唯一可能的最值点，且问题本身说明 W 在第一卦限中的最大值存在，所以质点从原点运动到点 $P=\left(\frac{a}{\sqrt{3}}, \frac{b}{\sqrt{3}}, \frac{c}{\sqrt{3}}\right)$ 时，力 $\boldsymbol{f}(x, y, z)$ 所做的功最大.

▶▶▶方法小结

(1) 变力沿曲线的做功问题完全归结为公式(13-37)和式(13-38)的运用,而公式运用的关键在于式中第二型曲线积分的计算,所以掌握第二型曲线积分的计算方法是处理变力沿曲线做功问题的要点.

(2) 对第二型曲线积分的计算可以采用前述的化为定积分、运用格林公式、运用于路径无关、运用斯托克斯公式等方法.

13.2.5.3 向量场通过曲面通量的计算

▶▶▶基本方法

设有向量场 $\boldsymbol{f}(x,y,z)=\{P(x,y,z),Q(x,y,z),R(x,y,z)\}$,则 $\boldsymbol{f}(x,y,z)$ 通过曲面 Σ 指定侧的通量

$$\Phi=\iint_{\Sigma}\boldsymbol{f}(x,y,z)\cdot d\boldsymbol{S}=\iint_{\Sigma}P\,dydz+Q\,dzdx+R\,dxdy \tag{13-39}$$

▶▶▶方法运用注意点

(1) 式(13-39)中的 $d\boldsymbol{S}$ 是有向曲面 Σ 的面积元素向量,其大小为面积元素 dS,方向为 Σ 的正法向,它有以下表达形式

$$d\boldsymbol{S}=\boldsymbol{n}^{\circ}dS=\{dydz,\ dzdx,\ dxdy\}.$$

(2) 向量场 $\boldsymbol{f}(x,y,z)$ 通过曲面 Σ 的方向就是有向曲面 Σ 的正向(正侧).

▶▶▶典型例题解析

例 13-60 已知稳定流体的流速为 $\boldsymbol{v}=\{xy,yz,zx\}$,求在单位时间内,流体通过球面 $x^2+y^2+z^2=1$ 在第一卦限部分 Σ 的流量,积分沿 Σ 的外侧.

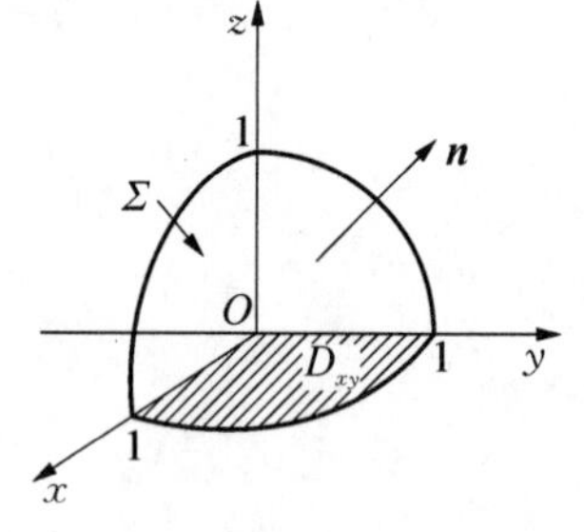

图 13-35

分析:球面 Σ 的图形如图 13-35 所示.流体通过 Σ 的流量即计算积分 $\iint_{\Sigma}\boldsymbol{v}(x,y,z)\cdot d\boldsymbol{S}$.

解:设流体通过 Σ 的流量为 Φ,则

$$\Phi=\iint_{\Sigma}\boldsymbol{v}(x,y,z)\cdot d\boldsymbol{S}=\iint_{\Sigma}\boldsymbol{v}(x,y,z)\cdot\boldsymbol{n}^{\circ}dS$$
$$=\iint_{\Sigma}\{xy,yz,zx\}\cdot\{x,y,z\}dS=\iint_{\Sigma}(x^2y+y^2z+z^2x)dS.$$

利用积分与积分变量名称无关性质,有

$$\iint_{\Sigma}x^2y\,dS\xlongequal{x\to y\to z}\iint_{\Sigma}y^2z\,dS\xlongequal{y\to z\to x}\iint_{\Sigma}z^2x\,dS,$$

所以
$$\Phi=3\iint\limits_{\Sigma}xz^2\,\mathrm{d}S=3\iint\limits_{D_{xy}}x(1-x^2-y^2)\cdot\frac{1}{\sqrt{1-x^2-y^2}}\mathrm{d}x\,\mathrm{d}y\ (D_{xy}:x^2+y^2\leqslant 1)$$
$$=3\iint\limits_{D_{xy}}x\sqrt{1-x^2-y^2}\,\mathrm{d}x\,\mathrm{d}y=3\int_0^{\frac{\pi}{2}}\mathrm{d}\theta\int_0^1\rho\cos\theta\cdot\sqrt{1-\rho^2}\rho\,\mathrm{d}\rho$$
$$=3\int_0^{\frac{\pi}{2}}\cos\theta\,\mathrm{d}\theta\int_0^1\rho^2\sqrt{1-\rho^2}\,\mathrm{d}\rho=\frac{3}{16}\pi.$$

例 13-61　流速为 $\boldsymbol{v}=\{x^3,y^2,z^4\}$ 的流体流过曲面 $z=4-(x^2+y^2)$ 和 $z=-\frac{1}{4}(x^2+y^2)$ 所围成的立体,今有平行于坐标面 xOz 的平面截此立体,问沿 y 轴正方向通过哪个截面的流量最大?

分析: 从立体的边界曲面可知,当 $y\in\left[-\frac{4}{\sqrt{3}},\frac{4}{\sqrt{3}}\right]$ 时,平面 $y=y\in\left[-\frac{4}{\sqrt{3}},\frac{4}{\sqrt{3}}\right]$ 与立体相交.若记相交所成的截痕面为 Σ_y,右侧为正侧,则问题是要求流量 $\Phi(y)=\iint\limits_{\Sigma_y}\boldsymbol{v}(x,y,z)\cdot\mathrm{d}\boldsymbol{S}$ 在区间 $\left[-\frac{4}{\sqrt{3}},\frac{4}{\sqrt{3}}\right]$ 上的最大值.

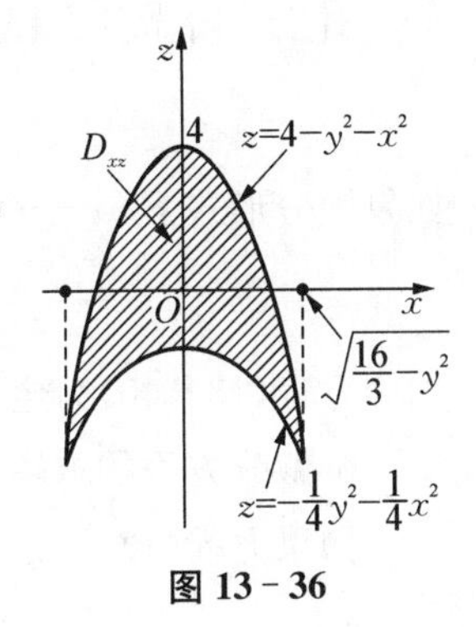

图 13-36

解: 对于 $y\in\left(-\frac{4}{\sqrt{3}},\frac{4}{\sqrt{3}}\right)$,平面 $y=y\in\left(-\frac{4}{\sqrt{3}},\frac{4}{\sqrt{3}}\right)$ 与两曲面 $z=4-(x^2+y^2)$,$z=-\frac{1}{4}(x^2+y^2)$ 的交线在平面 xOz 上的投影曲线分别为
$$z=4-(x^2+y^2),\ z=-\frac{1}{4}(x^2+y^2)\left(y\in\left(-\frac{4}{\sqrt{3}},\frac{4}{\sqrt{3}}\right)\text{为常量}\right),$$
Σ_y 在平面 xOz 上的投影区域 D_{xz} 如图 13-36 所示.于是流体流过 Σ_y 的流量
$$\Phi(y)=\iint\limits_{\Sigma_y}\boldsymbol{v}(x,y,z)\cdot\mathrm{d}\boldsymbol{S}=\iint\limits_{\Sigma_y}\boldsymbol{v}(x,y,z)\cdot\boldsymbol{n}^\circ\mathrm{d}S$$
$$=\iint\limits_{\Sigma_y}\{x^3,y^2,z^4\}\cdot\{0,1,0\}\mathrm{d}S=\iint\limits_{\Sigma_y}y^2\,\mathrm{d}S=\iint\limits_{D_{xz}}y^2\,\mathrm{d}x\,\mathrm{d}z$$
$$=y^2\iint\limits_{D_{xz}}\mathrm{d}x\,\mathrm{d}z=y^2\cdot 2\int_0^{\sqrt{\frac{16}{3}-y^2}}\left[4-x^2-y^2-\left(-\frac{1}{4}x^2-\frac{1}{4}y^2\right)\right]\mathrm{d}x$$
$$=2y^2\int_0^{\sqrt{\frac{16}{3}-y^2}}\left(4-\frac{3}{4}x^2-\frac{3}{4}y^2\right)\mathrm{d}x=y^2\left(\frac{16}{3}-y^2\right)^{\frac{3}{2}}.$$

又 $\Phi'(y)=y\left(\frac{16}{3}-y^2\right)^{\frac{1}{2}}\left(\frac{32}{3}-5y^2\right)$,令 $\Phi'(y)=0$,得 $\left(-\frac{4}{\sqrt{3}},\frac{4}{\sqrt{3}}\right)$ 中的驻点 $y=0$,$y=\pm\sqrt{\frac{32}{15}}$.从 $\Phi\left(\pm\frac{4}{\sqrt{3}}\right)=0$,$\Phi(0)=0$,$\Phi\left(\pm\sqrt{\frac{32}{15}}\right)=\frac{2\,048}{375}\sqrt{5}$ 知,流量 $\Phi(y)$ 在 $y=\pm\sqrt{\frac{32}{15}}$ 处取得最大值.所以流体在立体的截面

$$\Sigma: y=\pm\sqrt{\frac{32}{15}}, -\frac{8}{15}-\frac{1}{4}x^2\leqslant z\leqslant\frac{28}{15}-x^2$$

上流量最大.

▶▶▶方法小结

(1) 向量场通过曲面指定侧的通量或流量就是按照公式(13-39)计算第二型曲面积分,所以掌握第二型曲面积分的计算方法是求解这类问题的要点.

(2) 对第二型曲面积分的计算可以采用前述的通过投影法化为二重积分,或者化为第一型曲面积分,或者利用高斯公式,无散度场的第二型曲面积分性质等方法.

13.2.5.4 全微分方程的求解

▶▶▶基本方法

对于一阶微分方程

$$P(x, y)\mathrm{d}x+Q(x, y)\mathrm{d}y=0, \tag{13-40}$$

如果微分形式 $P(x, y)\mathrm{d}x+Q(x, y)\mathrm{d}y$ 是一全微分式,即存在二元函数 $\varphi(x, y)$ 使得

$$\mathrm{d}(\varphi(x, y))=P(x, y)\mathrm{d}x+Q(x, y)\mathrm{d}y,$$

则称方程(13-40)为**全微分方程**.

全微分方程的求解方法如下:

如果方程(13-40)是一全微分方程,则存在原函数 $\varphi(x, y)$ 使得

$$\mathrm{d}(\varphi(x, y))=P(x, y)\mathrm{d}x+Q(x, y)\mathrm{d}y=0,$$

从而微分方程(13-40)的通解为

$$\varphi(x, y)=c, \tag{13-41}$$

即全微分方程(13-40)的求解完全归结为对方程(13-40)左边微分形式的一个原函数 $\varphi(x, y)$ 的计算.

▶▶▶方法运用注意点

(1) 对于微分方程 $P(x, y)\mathrm{d}x+Q(x, y)\mathrm{d}y=0$ 是否为全微分方程的确定,可利用13.2.1节的第3目中关于曲线积分与路径无关的几个等价条件来判别.

(2) 方程中微分形式 $P(x, y)\mathrm{d}x+Q(x, y)\mathrm{d}y$ 的原函数 $\varphi(x, y)$ 可运用公式(13-5)和式(13-6),或者凑微分法计算.

▶▶▶典型例题解析

例 13-62 求微分方程 $(e^y-ye^{-x}-1)\mathrm{d}x+(e^{-x}+xe^y+1)\mathrm{d}y=0$ 的通解.

分析: 显然所给方程不是第9章中所讨论过的四种一阶方程,此时应考虑它是否为全微分方程.

解：$P=e^y-ye^{-x}-1$，$Q=e^{-x}+xe^y+1\in C^1(R^2)$，且在 R^2 上成立

$$\frac{\partial Q}{\partial x}=e^y-e^{-x}=\frac{\partial P}{\partial y},$$

根据微分形式为全微分的等价条件，所给方程是一全微分方程.又因

$$\begin{aligned}(e^y-ye^{-x}-1)dx+(e^{-x}+xe^y+1)dy&=e^y dx-ye^{-x}dx-dx+e^{-x}dy+xe^y dy+dy\\&=d(xe^y)+d(ye^{-x})-dx+dy=d(xe^y+ye^{-x}-x+y),\end{aligned}$$

故原函数 $\varphi(x,y)=xe^y+ye^{-x}-x+y$，所以方程的通解为

$$xe^y+ye^{-x}-x+y=c.$$

例 13－63 求满足 $\varphi(0)=1$ 的具有一阶连续导数的函数 $\varphi(x)$，使方程

$$\frac{xy\varphi(x)}{1+x^2}dx+(e^y-\varphi(x))dy=0$$

为全微分方程，并求此全微分方程的通解.

分析：根据微分形式为全微分式的等价条件，选取 $\varphi(x)$ 使得 $\dfrac{\partial Q}{\partial x}=\dfrac{\partial P}{\partial y}$ 成立.

解：$P=\dfrac{xy\varphi(x)}{1+x^2}$，$Q=e^y-\varphi(x)\in C^1(R^2)$，且

$$\frac{\partial Q}{\partial x}=-\varphi'(x),\ \frac{\partial P}{\partial y}=\frac{x\varphi(x)}{1+x^2}.$$

让 $\varphi(x)$ 使得 $\dfrac{\partial Q}{\partial x}=\dfrac{\partial P}{\partial y}$ 成立，则 $\varphi(x)$ 满足初值问题

$$\varphi'(x)=-\frac{x\varphi(x)}{1+x^2},\ \varphi(0)=1.$$

分离变量
$$\frac{\varphi'(x)}{\varphi(x)}=-\frac{x}{1+x^2},$$

两边积分得 $\ln\varphi(x)=-\dfrac{1}{2}\ln(1+x^2)+\ln c$，即 $\varphi(x)=\dfrac{c}{\sqrt{1+x^2}}$. 令 $x=0$，$\varphi(0)=1$ 得 $c=1$，所以

当 $\varphi(x)=\dfrac{1}{\sqrt{1+x^2}}$ 时，方程为全微分方程.此时方程左边的微分形式

$$\begin{aligned}\frac{xy}{(1+x^2)^{\frac{3}{2}}}dx+\left(e^y-\frac{1}{\sqrt{1+x^2}}\right)dy&=\frac{xy}{(1+x^2)^{\frac{3}{2}}}dx+e^y dy-\frac{1}{\sqrt{1+x^2}}dy\\&=\frac{\dfrac{x}{\sqrt{1+x^2}}y\,dx-\sqrt{1+x^2}\,dy}{1+x^2}+d(e^y)=d\left(e^y-\frac{y}{\sqrt{1+x^2}}\right),\end{aligned}$$

故原函数 $\varphi(x)=\mathrm{e}^y-\dfrac{y}{\sqrt{1+x^2}}$，所以方程的通解为

$$\mathrm{e}^y-\frac{y}{\sqrt{1+x^2}}=c.$$

▶▶▶方法小结

在第 9 章微分方程中，对于一阶微分方程给出了四种类型的方程，即可分离变量方程、一阶线性方程、齐次型方程、贝努里方程的求解方法.这里介绍的全微分方程是第五种具有固定解法的一阶方程.当构成方程的微分形式 $P(x,\ y)\mathrm{d}x+Q(x,\ y)\mathrm{d}y$ 是一个全微分方程时，则方程的求解就转化为对微分形式的原函数的计算，而原函数的计算方法就是 13.2.1 节第 3 目中介绍的方法.

13.3 习题十三

13-1 计算曲线积分 $\oint_L (x+y)\mathrm{d}x+(x-y)\mathrm{d}y$，其中 L 为逆时针方向的椭圆曲线 $\dfrac{x^2}{a^2}+\dfrac{y^2}{b^2}=1$.

13-2 计算曲线积分 $\oint_L \dfrac{x}{1+x}\mathrm{d}x+2xy\mathrm{d}y$，其中 L 是由 $y=\sqrt{x}$ 与 $y=x^2$ 构成的闭曲线，方向为逆时针方向.

13-3 计算曲线积分 $\oint_L \dfrac{\mathrm{d}x+\mathrm{d}y}{|x|+|y|}$，其中 L 为从点 $A(1,\ 0)$ 出发，经过点 $B(0,\ 1)$，$C(-1,\ 0)$，$D(0,\ -1)$ 回到点 A 的正方形路径.

13-4 计算曲线积分 $\oint_L \dfrac{(x+y)\mathrm{d}x-(x-y)\mathrm{d}y}{x^2+y^2}$，其中

(1) L 为圆周 $x^2+y^2=a^2$ 的逆时针方向； (2) L 为星形线 $x^{\frac{2}{3}}+y^{\frac{2}{3}}=1$ 的逆时针方向.

13-5 计算 $\int_L y\mathrm{d}x+x\mathrm{d}y+(xz-y)\mathrm{d}z$，其中 L 是从点 $O(0,\ 0,\ 0)$ 到点 $A(1,\ 2,\ 4)$ 的直线段.

13-6 计算 $\int_L xyz\mathrm{d}x+(x^3+z^3)\mathrm{d}y$，其中 L 是从点 $A(0,\ -1,\ 2)$ 沿曲线 $\begin{cases}x=\sqrt{1-y^2}\\ z=2\end{cases}$ 到点 $B(0,\ 1,\ 2)$ 的有向弧段.

13-7 计算 $\int_L y(\cos x-1)\mathrm{d}x+(x+\sin x)\mathrm{d}y$，其中 L 是由直线 $x=2$，$y=2$，$x+y=0$ 围成的三角形区域的正向边界曲线.

13-8 计算 $\oint_L (x+x^2y+y\mathrm{e}^{xy})\mathrm{d}x+(y+xy^2+x\mathrm{e}^{xy})\mathrm{d}y$，其中 L 是圆周 $x^2+y^2=a^2$ 的正向.

13-9　计算$\int_L (3x^2+5y+7)\mathrm{d}x+(5x+6y^5+7)\mathrm{d}y$，其中 L 是正弦曲线 $y=\sin x$ 上自点 $O(0,0)$ 到点 $A(\pi,0)$ 的一段有向曲线.

13-10　计算$\int_L (y+2x)^2\mathrm{d}x+(3x^2-y^3\sin\sqrt{y})\mathrm{d}y$，其中 L 是抛物线 $y=x^2$ 上自点 $A(-1,1)$ 到点 $B(1,1)$ 的一段有向弧.

13-11　计算$\oint_L (\sqrt{x^2+y^2}+x\ln(y+\sqrt{x^2+y^2}))\mathrm{d}x+(\sqrt{x^2+y^2}+y\ln(x+\sqrt{x^2+y^2}))\mathrm{d}y$，其中 L 为椭圆 $\dfrac{(x-a)^2}{a^2}+\dfrac{(y-b)^2}{b^2}=1$ 的正向.

13-12　计算$\int_L (xy^3-\mathrm{e}^x)\mathrm{d}x+x^2y^2\mathrm{d}y$，其中 L 是从点 $A(-1,0)$ 沿曲线 $x^{\frac{2}{3}}+y^{\frac{2}{3}}=1(y\geqslant 0)$ 到点 $B(1,0)$.

13-13　计算$\int_L (y^2+2x\sin y)\mathrm{d}x+x^2(\cos y+x)\mathrm{d}y$，$L$ 是从 $A(0,1)$ 沿半圆周 $x=\sqrt{1-y^2}$ 到点 $B(0,-1)$.

13-14　计算$\int_L (x^2-y)\mathrm{d}x-(x+\sin^2 y)\mathrm{d}y$，$L$ 是圆周 $y=\sqrt{2x-x^2}$ 上自点 $O(0,0)$ 到点 $A(1,1)$ 的一段有向弧.

13-15　计算$\int_L \dfrac{x+y}{x^2}\mathrm{d}x-\dfrac{x+y}{xy}\mathrm{d}y$，其中 L 是曲线 $y=\sin\dfrac{x}{6}$ 上自点 $\left(\pi,\dfrac{1}{2}\right)$ 到点 $(3\pi,1)$ 的一段弧.

13-16　计算$\int_L \left(x^2+\dfrac{y^2}{\sqrt{a^2+x^2}}\right)\mathrm{d}x+2y\ln(x+\sqrt{a^2+x^2})\mathrm{d}y$，其中 L 是由点 $A(-a,0)$ 沿 $y=-\dfrac{b}{a}\sqrt{a^2-x^2}$ 到点 $B(a,0)(a>0,b>0)$ 的一段有向弧.

13-17　计算$\int_L \dfrac{(3y-x)\mathrm{d}x-(3x-y)\mathrm{d}y}{(x+y)^3}$，其中 L 是自点 $A(1,0)$ 到点 $B(0,1)$ 的有向曲线 $\sqrt[4]{x}+\sqrt[4]{y}=1$.

13-18　计算$\oint_L (x^2-y^2)\mathrm{d}x+(y^2-2xy)\mathrm{d}y$，其中 L 是心脏线 $x^2+y^2=\sqrt{x^2+y^2}+x$ 的正向.

13-19　计算$\oint_L xy(y\mathrm{d}x-x\mathrm{d}y)$，$L$ 是双纽线 $(x^2+y^2)^2=a^2(x^2-y^2)$，$x\geqslant 0$ 的正向.

13-20　计算$\int_L \dfrac{x\mathrm{d}y-y\mathrm{d}x}{x^2+y^2}$，其中

(1) L 是从点 $A(-1,0)$ 沿下半星形线 $x^{\frac{2}{3}}+y^{\frac{2}{3}}=1$，$y\leqslant 0$ 到点 $B(1,0)$；

(2) L 是星形线 $x^{\frac{2}{3}}+y^{\frac{2}{3}}=1$ 的正向.

13-21　计算$\oint_L \dfrac{(x+y)\mathrm{d}x+(y-x)\mathrm{d}y}{x^2+y^2}$，其中 L 是 $x^4+y^4=x^2+y^2(x^2+y^2\neq 0)$ 的正向.

13-22 设 L 为不经过原点的光滑与分段光滑的封闭曲线，讨论积分 $\int_L \frac{xy(x\mathrm{d}y - y\mathrm{d}x)}{x^4 + y^4}$ 的值.

13-23 设 $A(0, -1)$，$B(\alpha, \alpha)$，$C(1, 0)$，L 是由点 A 到点 B 再到点 C 的有向折线，试证明曲线积分 $\int_L (\mathrm{e}^{-x}(\cos y - \sin y) + y)\mathrm{d}x + (\mathrm{e}^{-x}(\sin y + \cos y) + x)\mathrm{d}y$ 的值与 α 无关.

13-24 设 $f(u)$ 具有一阶连续导数，试证明对平面 xOy 上的任一简单闭曲线 L，成立

$$\oint_L f(xy)(x\mathrm{d}y + y\mathrm{d}x) = 0.$$

13-25 求满足 $\varphi(0) = 2$ 且具有一阶连续导数的函数 $\varphi(x)$，使对任一简单闭曲线 L，恒有

$$\oint_L (x^2 + y\varphi(x))\mathrm{d}x + (x^2 + \varphi(x))\mathrm{d}y = 0.$$

13-26 验证下列微分形式是全微分式，并求出它的一个原函数 $\varphi(x, y)$：

(1) $[(x - y + 2)\mathrm{e}^{x+y} + y\mathrm{e}^x]\mathrm{d}x + [(x - y)\mathrm{e}^{x+y} + \mathrm{e}^x]\mathrm{d}y$；

(2) $\left(1 - \frac{y^2}{x^2}\cos\frac{y}{x}\right)\mathrm{d}x + \left(\sin\frac{y}{x} + \frac{y}{x}\cos\frac{y}{x}\right)\mathrm{d}y$；

(3) $\frac{y\mathrm{d}x - x\mathrm{d}y}{x^2 - 2xy + y^2}$.

13-27 设函数 $P(x, y)$，$Q(x, y)$，$u(x, y)$ 在闭区域 D 上有一阶连续偏导数，L 为 D 的正向边界闭曲线，试证明：

$$\oint_L uP\mathrm{d}y - uQ\mathrm{d}x = \iint_D \left(P\frac{\partial u}{\partial x} + Q\frac{\partial u}{\partial y}\right)\mathrm{d}x\mathrm{d}y + \iint_D u\left(\frac{\partial P}{\partial x} + \frac{\partial Q}{\partial x}\right)\mathrm{d}x\mathrm{d}y.$$

13-28 计算 $\oint_L y^2\mathrm{d}x + z^2\mathrm{d}y + x^2\mathrm{d}z$，其中 L 是以 $A(a, 0, 0)$，$B(0, b, 0)$，$C(0, 0, c)$ 为顶点的三角形的边界线，方向为从 A 经过 B 和 C 再回到 A $(a > 0, b > 0, c > 0)$.

13-29 计算 $\oint_L (\mathrm{e}^x + x^2y^2z^2)\mathrm{d}x + (\mathrm{e}^y - y^2z)\mathrm{d}y + (\mathrm{e}^z + yz^2)\mathrm{d}z$，其中 L 是旋转抛物面 $x = 1 - y^2 - z^2$ 与平面 $x = 0$ 的交线，其方向能使抛物面的正法向量与 x 轴成锐角.

13-30 计算 $\oint_L (y - z)\mathrm{d}x + (z - x)\mathrm{d}y + (x - y)\mathrm{d}z$，其中 L 为柱面 $x^2 + y^2 = a^2$ 和平面 $\frac{x}{a} + \frac{y}{b} = 1$ 的交线 $(a > 0, b > 0)$，若从原点 O 向 x 轴正向看去，L 为逆时针方向.

13-31 计算 $\oint_L (yz - \mathrm{e}^{x^2})\mathrm{d}x + (xy + \sin z)\mathrm{d}z + xz\mathrm{d}y$，其中 L 是从点 $A(2, 0, 0)$ 沿螺旋线 $x = 2\cos t$，$y = \sin t$，$z = t$ 到点 $B(2, 0, 2\pi)$.

13-32 验证 $\int_{(0, 1, 2)}^{(1, 2, 0)} (y + z - 2x)\mathrm{d}x + (z + x - 2y)\mathrm{d}y + (x + y - 2z)\mathrm{d}z$ 与路径无关，并计算其积分值.

13 - 33　计算 $\oint_L y^2\mathrm{d}x+z^2\mathrm{d}y+x^2\mathrm{d}z$，其中 L 是曲面 $y^2+z^2=x$ 与 $y^2+z^2=2z$ 的交线，从 x 轴正向朝负向看，L 的方向是逆时针的.

13 - 34　验证微分形式 $\dfrac{1}{x^2}(yz\mathrm{d}x-zx\mathrm{d}y-xy\mathrm{d}z)$ 是全微分式，并求出原函数 $u(x, y, z)$.

13 - 35　向量场 $\boldsymbol{f}(x, y, z)=\{6xy+z^3, 3x^2-z, 3xz^2-y\}$ 是否为保守场？如果是，试求其势函数，并计算积分 $I=\int_L \boldsymbol{f}(x, y, z)\cdot\mathrm{d}\boldsymbol{s}$，其中 L 的起点为 $A(4, 0, 1)$，终点为 $B(2, 1, -1)$.

13 - 36　证明：$\mathrm{div}\,(\boldsymbol{f}\times\boldsymbol{g})=\boldsymbol{g}\cdot\mathrm{rot}\,\boldsymbol{f}-\boldsymbol{f}\cdot\mathrm{rot}\,\boldsymbol{g}$.

13 - 37　计算 $\oiint_\Sigma (x^2+y^2)\mathrm{d}y\mathrm{d}z$，其中 Σ 为锥面 $x=\sqrt{z^2-y^2}$，平面 $z=1$，$x=0$ 所围成的闭曲面的外侧.

13 - 38　计算 $\oiint_\Sigma \dfrac{\mathrm{e}^z}{\sqrt{x^2+y^2}}\mathrm{d}x\mathrm{d}y$，其中 Σ 为锥面 $z=\sqrt{x^2+y^2}$ 及平面 $z=1$，$z=2$ 所围成立体边界曲面的外侧.

13 - 39　计算 $\oiint_\Sigma \boldsymbol{f}(x, y, z)\cdot\mathrm{d}\boldsymbol{S}$，其中 Σ 为球面 $x^2+y^2+z^2=R^2$ 的外侧，$\boldsymbol{f}(x, y, z)=\{x^3, y^3, z^3\}$.

13 - 40　计算 $\oiint_\Sigma \boldsymbol{f}(x, y, z)\cdot\mathrm{d}\boldsymbol{S}$，其中 $\boldsymbol{f}(x, y, z)=\{x^3, y^3, z^3\}$，$\Sigma$ 为椭球面 $\dfrac{x^2}{a^2}+\dfrac{y^2}{b^2}+\dfrac{z^2}{c^2}=1$ 的外侧.

13 - 41　计算 $\iint_\Sigma x^2\mathrm{d}y\mathrm{d}z+y^2\mathrm{d}z\mathrm{d}x+z^2\mathrm{d}x\mathrm{d}y$，其中 Σ 为圆柱面 $x^2+y^2=1$ 在 $0\leqslant z\leqslant 1$ 的那部分，积分沿 Σ 的外侧.

13 - 42　计算 $\oiint_\Sigma \boldsymbol{f}(x, y, z)\cdot\mathrm{d}\boldsymbol{S}$，其中 $\boldsymbol{f}(x, y, z)=\{x^2, xy, y^2\}$，$\Sigma$ 为立体 $x^2+y^2\leqslant z\leqslant 1$ 的边界曲面的外侧.

13 - 43　计算 $\iint_\Sigma yz\mathrm{d}z\mathrm{d}x$，其中 Σ 为椭球面 $\dfrac{x^2}{a^2}+\dfrac{y^2}{b^2}+\dfrac{z^2}{c^2}=1$ 上 $z\geqslant 0$ 的部分，积分沿 Σ 的上侧.

13 - 44　计算 $\iint_\Sigma (x^2\cos\alpha+y^2\cos\beta+z^2\cos\gamma)\mathrm{d}S$，其中 Σ 为锥面 $x^2+y^2=z^2(0\leqslant z\leqslant h)$，$\cos\alpha$，$\cos\beta$，$\cos\gamma$ 为 Σ 的下侧法向量的方向余弦.

13 - 45　计算 $\iint_\Sigma x^2yz^2\mathrm{d}z\mathrm{d}x+y^5\mathrm{d}x\mathrm{d}y+z^5\mathrm{d}y\mathrm{d}z$，其中 Σ 为半球面 $y=\sqrt{R^2-x^2-z^2}$ 的右侧.

13 - 46　计算曲面积分 $I=\iint_\Sigma (8y+1)x\mathrm{d}y\mathrm{d}z+2(1-y^2)\mathrm{d}z\mathrm{d}x-4yz\mathrm{d}x\mathrm{d}y$，其中 Σ 为由曲线 $\begin{cases} z=\sqrt{y-1} \\ x=0 \end{cases}(1\leqslant y\leqslant 3)$ 绕 y 轴旋转一周所成的曲面，它的法向量与 y 轴正向夹钝角.

13-47 计算$\iint\limits_{\Sigma}\boldsymbol{f}(x, y, z)\cdot \mathrm{d}\boldsymbol{S}$，其中$\boldsymbol{f}(x, y, z)=\{y^2+z^2, z^2+x^2, x^2+y^2\}$，$\Sigma$为旋转抛物面$y=4-x^2-z^2$在$y\geqslant 3$的部分，积分沿$\Sigma$的右侧.

13-48 计算$\iint\limits_{\Sigma}4xz\,\mathrm{d}z\mathrm{d}x+(x^2-2yz)\mathrm{d}z\mathrm{d}x-z^2\mathrm{d}x\mathrm{d}y$，其中$\Sigma$是旋转面$z=\sin\sqrt{x^2+y^2}$，$x^2+y^2\leqslant\dfrac{\pi^2}{4}$的下侧.

13-49 计算$\oiint\limits_{\Sigma}x^3\mathrm{d}y\mathrm{d}z+(z^3-2x^2y)\mathrm{d}z\mathrm{d}x+(y^3-x^2z)\mathrm{d}x\mathrm{d}y$，其中$\Sigma$为闭曲面$x^{\frac{2}{3}}+y^{\frac{2}{3}}+z^{\frac{2}{3}}=a^{\frac{2}{3}}$的内侧$(a>0)$.

13-50 证明封闭曲面Σ所围的体积

$$V=\frac{1}{3}\oiint\limits_{\Sigma}(x\cos\alpha+y\cos\beta+z\cos\gamma)\mathrm{d}S,$$

其中$\cos\alpha$，$\cos\beta$，$\cos\gamma$为曲面Σ外法向量的方向余弦.

13-51 设Σ为闭曲面，$\boldsymbol{a}$为常向量，$\boldsymbol{n}$为Σ的单位外法向量，证明：

$$\oiint\limits_{\Sigma}\cos(\boldsymbol{a},\hat{\ }\boldsymbol{n})\mathrm{d}S=0.$$

13-52 在力场$\boldsymbol{f}(x, y)=\{y^2+1, x+y\}$中，一个质点沿曲线$y=\alpha x(1-x)$从点$(0, 0)$移动到点$(1, 0)$，试求使力场所做的功达到最小的$\alpha$值.

13-53 设力$\boldsymbol{f}(x, y)=\left\{-\dfrac{kx}{r^3}, -\dfrac{ky}{r^3}\right\}$，其中$k$为常数，$r=\sqrt{x^2+y^2}$. 证明：质点在力$\boldsymbol{f}$的作用下在半平面$x>0$内运动时，力$\boldsymbol{f}$所做的功与运动路径无关.

13-54 质点在力场$\boldsymbol{f}(x, y, z)=\{x, y, z\}$中沿曲线$L$：$x=t^2\cos t$，$y=t^2\sin t$，$x=t^2$自点$(0, 0, 0)$运动到点$(-\pi^2, 0, \pi^2)$，求力场所做的功.

13-55 求流速为$\boldsymbol{v}(x, y, z)=\{x^2, y^2, z^2\}$的不可压缩流体(流体密度$\mu=c$)在单位时间内，流经上半单位球面$z=\sqrt{1-x^2-y^2}$上侧的流量.

13-56 验证向量场$\boldsymbol{f}(x, y, z)=\{z\mathrm{e}^{x-z}+(1-x)\mathrm{e}^{y-x}, x\mathrm{e}^{y-x}+(1-y)\mathrm{e}^{z-y}, y\mathrm{e}^{z-y}+(1-z)\mathrm{e}^{x-z}\}$是无旋场，并求它的一个势函数$\varphi(x, y, z)$.

13-57 试求二重积分$I=\iint\limits_{D}y^4\mathrm{d}\sigma$的值，其中$D$是由摆线$\begin{cases}x=a(t-\sin t)\\y=a(1-\cos t)\end{cases}(a>0)$的第一拱$(0\leqslant t\leqslant 2\pi)$与$x$轴围成的区域.

13-58 计算曲线积分$\oint_L(y^2+z^2)\mathrm{d}x+(z^2+x^2)\mathrm{d}y+(x^2+y^2)\mathrm{d}z$，其中$L$是上半球面$x^2+y^2+z^2=R^2(z\geqslant 0)$与圆柱面$x^2+y^2=Rx(R>0)$的交线，方向为从原点$O$向$z$轴正向看去，$L$是顺时针方向.

第14章 傅里叶级数

傅里叶级数是一类特殊的函数项级数,它无论在理论上还是在应用上都有极其重要的价值.本章主要考虑函数的傅里叶级数展开以及相关的一些问题.

14.1 本章解决的主要问题

(1) 周期函数的傅里叶级数展开;

(2) 有限区间上的非周期函数的傅里叶级数展开.

14.2 典型问题解题方法与分析

14.2.1 周期函数的傅里叶级数展开

基本方法

1) 利用周期函数的欧拉-傅里叶系数公式计算傅里叶级数

(1) 以 2π 为周期的周期函数 $f(x)$ 的傅里叶级数

$$f(x)\sim\frac{a_0}{2}+\sum_{n=1}^{\infty}(a_n\cos nx+b_n\sin nx),$$

其中 a_n, b_n 由下面的**欧拉-傅里叶系数**公式计算

$$\begin{cases}a_n=\dfrac{1}{\pi}\displaystyle\int_{-\pi}^{\pi}f(x)\cos nx\,\mathrm{d}x=\dfrac{1}{\pi}\displaystyle\int_{a}^{a+2\pi}f(x)\cos nx\,\mathrm{d}x,\ n=0,1,2,\cdots\\ b_n=\dfrac{1}{\pi}\displaystyle\int_{-\pi}^{\pi}f(x)\sin nx\,\mathrm{d}x=\dfrac{1}{\pi}\displaystyle\int_{a}^{a+2\pi}f(x)\sin nx\,\mathrm{d}x,\ n=1,2,3,\cdots\end{cases}\tag{14-1}$$

(2) 以 $2l$ 为周期的周期函数 $f(x)$ 的傅里叶级数

$$f(x)\sim\frac{a_0}{2}+\sum_{n=1}^{\infty}\left(a_n\cos\frac{n\pi x}{l}+b_n\sin\frac{n\pi x}{l}\right),$$

其中 a_n, b_n 由下面的**欧拉-傅里叶系数**公式计算

$$\begin{cases} a_n = \dfrac{1}{l}\displaystyle\int_{-l}^{l} f(x)\cos\dfrac{n\pi x}{l}\mathrm{d}x = \dfrac{1}{l}\displaystyle\int_{a}^{a+2l} f(x)\cos\dfrac{n\pi x}{l}\mathrm{d}x,\ n=0,1,2,\cdots \\ b_n = \dfrac{1}{l}\displaystyle\int_{-l}^{l} f(x)\sin\dfrac{n\pi x}{l}\mathrm{d}x = \dfrac{1}{l}\displaystyle\int_{a}^{a+2l} f(x)\sin\dfrac{n\pi x}{l}\mathrm{d}x,\ n=1,2,3,\cdots \end{cases} \tag{14-2}$$

2）利用狄利克雷收敛定理确定函数的傅里叶级数展开式

狄利克雷收敛性定理 设函数 $f(x)$ 是以 2π 为周期的有界函数，且在 $[-\pi, \pi]$ 上除了有限个第一类间断点外分段单调且连续，则 $f(x)$ 的傅里叶级数

$$\frac{a_0}{2} + \sum_{n=1}^{\infty}(a_n\cos nx + b_n\sin nx)$$

在 $(-\infty, +\infty)$ 上收敛，且其和函数 $S(x)$ 满足：

(1) 当 x 为 $f(x)$ 的连续点时，$S(x) = f(x)$；

(2) 当 x 为 $f(x)$ 的间断点时，$S(x) = \dfrac{f(x+0)+f(x-0)}{2}$；

(3) 当 $x = \pm\pi$ 时，$S(\pm\pi) = \dfrac{f(-\pi+0)+f(\pi-0)}{2}$.

▶▶▶方法运用注意点

(1) 欧拉-傅里叶系数公式[式(14-1)、式(14-2)]中的积分区间应根据函数 $f(x)$ 的表达式的所给区间确定，它可以是任意一个区间长为 2π 或 $2l$ 的周期区间.

(2) 收敛性定理中的三个结论可以归纳为一个结论：$S(x) = \dfrac{f(x+0)+f(x-0)}{2}$.

(3) 收敛定理对以 $2l$ 为周期的周期函数同样成立.

(4) 当周期函数 $f(x)$ 为奇函数时，从式(14-1)和式(14-2)知

$$\begin{cases} a_n = 0 \\ b_n = \dfrac{2}{\pi}\displaystyle\int_0^{\pi} f(x)\sin nx\,\mathrm{d}x \end{cases} \quad 和 \quad \begin{cases} a_n = 0 \\ b_n = \dfrac{1}{l}\displaystyle\int_0^{l} f(x)\sin\dfrac{n\pi x}{l}\mathrm{d}x \end{cases} \tag{14-3}$$

从而其傅里叶级数展开式为正弦级数

$$\sum_{n=1}^{\infty} b_n\sin nx \text{ 或 } \sum_{n=1}^{\infty} b_n\sin\frac{n\pi x}{l}.$$

当周期函数 $f(x)$ 为偶函数时，同样可得

$$\begin{cases} a_n = \dfrac{2}{\pi}\displaystyle\int_0^{\pi} f(x)\cos nx\,\mathrm{d}x \\ b_n = 0 \end{cases} \quad 和 \quad \begin{cases} a_n = \dfrac{2}{l}\displaystyle\int_0^{l} f(x)\cos\dfrac{n\pi x}{l}\mathrm{d}x \\ b_n = 0 \end{cases} \tag{14-4}$$

其傅里叶级数展开式为余弦级数

$$\frac{a_0}{2}+\sum_{n=1}^{\infty}a_n\cos nx \text{ 或 } \frac{a_0}{2}+\sum_{n=1}^{\infty}a_n\cos\frac{n\pi x}{l}.$$

▶▶▶典型例题解析

例 14-1 将 2π 为周期的函数 $f(x)=\begin{cases}x, & -\pi\leqslant x<0\\ 0, & 0\leqslant x<\pi\end{cases}$ 展开成傅里叶级数,并画出傅里叶级数和函数 $S(x)$ 的图形.

分析: $f(x)$ 以 2π 为周期,先运用欧拉-傅里叶系数公式(14-1)计算系数 a_n 和 b_n,写出 $f(x)$ 的傅里叶级数,再运用收敛性定理判别等式成立的范围,写出展开式,画出 $f(x)$ 和 $S(x)$ 的图形.

解: 运用欧拉-傅里叶系数公式(14-1),得

$$a_0=\frac{1}{\pi}\int_{-\pi}^{\pi}f(x)\,\mathrm{d}x=\frac{1}{\pi}\left(\int_{-\pi}^{0}x\,\mathrm{d}x+\int_{0}^{\pi}0\,\mathrm{d}x\right)=-\frac{\pi}{2},$$

$$a_n=\frac{1}{\pi}\int_{-\pi}^{\pi}f(x)\cos nx\,\mathrm{d}x=\frac{1}{\pi}\left(\int_{-\pi}^{0}x\cos nx\,\mathrm{d}x+\int_{0}^{\pi}0\cos nx\,\mathrm{d}x\right)$$

$$=\frac{1}{n^2\pi}[1-(-1)^n],\ n=1,\ 2,\ \cdots,$$

$$b_n=\frac{1}{\pi}\int_{-\pi}^{\pi}f(x)\sin nx\,\mathrm{d}x=\frac{1}{\pi}\left(\int_{-\pi}^{0}x\sin nx\,\mathrm{d}x+\int_{0}^{\pi}0\sin nx\,\mathrm{d}x\right)=\frac{(-1)^{n+1}}{n},\ n=1,\ 2,\ \cdots.$$

所以 $f(x)$ 所对应的傅里叶级数为

$$f(x)\sim-\frac{\pi}{4}+\sum_{n=1}^{\infty}\left[\frac{1}{n^2\pi}(1-(-1)^n)\cos nx+\frac{(-1)^{n+1}}{n}\sin nx\right]=S(x).$$

从 $f(x)$ 的周期性以及在区间 $(-\pi,\ \pi)$ 上的连续性可知, $f(x)$ 在整个实轴上除了点 $x=\pm\pi,\pm3\pi,\pm5\pi,\cdots$ 外都连续且分段单调(图 14-1),所以由狄利克雷收敛定理,

$$f(x)=-\frac{\pi}{4}+\sum_{n=1}^{\infty}\left[\frac{1}{n^2\pi}(1-(-1)^n)\cos nx+\frac{(-1)^{n+1}}{n}\sin nx\right],$$

$$x\in(-\infty,+\infty),\ x\neq(2k+1)\pi,\ k=0,\pm1,\pm2,\cdots$$

从 $f(x)$ 的图形图 14-1 以及狄利克雷收敛定理可知和函数 $S(x)$ 的图形(图 14-2).

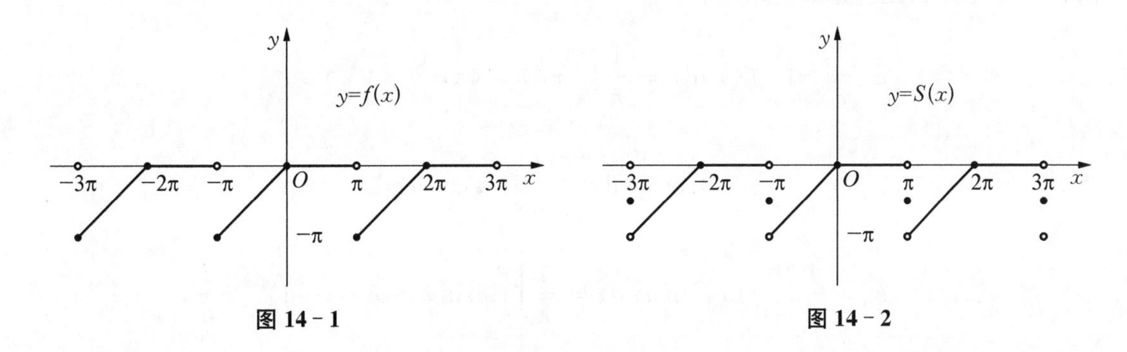

图 14-1　　图 14-2

例 14-2 将周期为 2π 的函数 $f(x)=\begin{cases} x, & 0\leqslant x<\dfrac{\pi}{2} \\ \dfrac{\pi}{2}, & \dfrac{\pi}{2}\leqslant x<\dfrac{3\pi}{2} \\ 2\pi-x, & \dfrac{3\pi}{2}\leqslant x<2\pi \end{cases}$ 展开成傅里叶级数.

分析: $f(x)$ 以 2π 为周期,因为 $f(x)$ 在 $[0, 2\pi)$ 上给出表达式,所以欧拉-傅里叶系数公式(14-1)中的积分区间应取为 $[0, 2\pi]$. 在求出 $f(x)$ 的傅里叶级数之后,再运用狄利克雷收敛定理确定等式成立的范围.

解: $a_0=\dfrac{1}{\pi}\displaystyle\int_0^{2\pi} f(x)\mathrm{d}x=\dfrac{1}{\pi}\left[\int_0^{\frac{\pi}{2}} x\,\mathrm{d}x+\int_{\frac{\pi}{2}}^{\frac{3\pi}{2}} \dfrac{\pi}{2}\mathrm{d}x+\int_{\frac{3\pi}{2}}^{2\pi}(2\pi-x)\mathrm{d}x\right]=\dfrac{3\pi}{4}$,

$$a_n=\frac{1}{\pi}\int_0^{2\pi} f(x)\cos nx\,\mathrm{d}x=\frac{1}{\pi}\left[\int_0^{\frac{\pi}{2}} x\cos nx\,\mathrm{d}x+\int_{\frac{\pi}{2}}^{\frac{3\pi}{2}} \frac{\pi}{2}\cos nx\,\mathrm{d}x+\int_{\frac{3\pi}{2}}^{2\pi}(2\pi-x)\cos nx\,\mathrm{d}x\right]$$

$$=\frac{1}{n^2\pi}\left(\cos\frac{n\pi}{2}+\cos\frac{3n\pi}{2}-2\right),$$

$$b_n=\frac{1}{\pi}\int_0^{2\pi} f(x)\sin nx\,\mathrm{d}x=\frac{1}{\pi}\left[\int_0^{\frac{\pi}{2}} x\sin nx\,\mathrm{d}x+\int_{\frac{\pi}{2}}^{\frac{3\pi}{2}} \frac{\pi}{2}\sin nx\,\mathrm{d}x+\int_{\frac{3\pi}{2}}^{2\pi}(2\pi-x)\sin nx\,\mathrm{d}x\right]=0,$$

因此 $f(x)$ 的傅里叶级数为

$$f(x)\sim\frac{3\pi}{8}+\sum_{n=1}^{\infty}\frac{1}{n^2\pi}\left(\cos\frac{n\pi}{2}+\cos\frac{3n\pi}{2}-2\right)\cos nx.$$

由于 $f(x)$ 在 $(-\infty, +\infty)$ 上连续且分段单调,所以由收敛性定理得 $f(x)$ 的傅里叶级数展开式

$$f(x)=\frac{3\pi}{8}+\sum_{n=1}^{\infty}\frac{1}{n^2\pi}\left(\cos\frac{n\pi}{2}+\cos\frac{3n\pi}{2}-2\right)\cos nx,\ x\in(-\infty, +\infty).$$

例 14-3 设 $f(x)$ 是以 2π 为周期的周期函数,并在 $[\pi, 3\pi)$ 上的表达式为 $f(x)=x$,试将函数 $f(x)$ 展开成傅里叶级数.

分析: $f(x)$ 以 2π 为周期,运用欧拉-傅里叶系数公式(14-1)计算系数 a_n 和 b_n,应当要注意此时的积分区间应取为 $[\pi, 3\pi)$.

解: 运用欧拉-傅里叶系数公式,

$$a_0=\frac{1}{\pi}\int_\pi^{3\pi} f(x)\mathrm{d}x=\frac{1}{\pi}\int_\pi^{3\pi} x\,\mathrm{d}x=4\pi,$$

$$a_n=\frac{1}{\pi}\int_\pi^{3\pi} f(x)\cos nx\,\mathrm{d}x=\frac{1}{\pi}\int_\pi^{3\pi} x\cos nx\,\mathrm{d}x=0,$$

$$b_n=\frac{1}{\pi}\int_\pi^{3\pi} f(x)\sin nx\,\mathrm{d}x=\frac{1}{\pi}\int_\pi^{3\pi} x\sin nx\,\mathrm{d}x=(-1)^{n+1}\frac{2}{n},$$

因此 $f(x)$ 的傅里叶级数为 $\quad f(x) \sim 2\pi + \sum_{n=1}^{\infty} (-1)^{n+1} \dfrac{2}{n} \sin nx.$

从 $f(x)$ 的周期性以及在区间 $[\pi, 3\pi)$ 上的连续性可知，$f(x)$ 在整个实数轴上除了点 $x=(2k+1)\pi$，$k=0, \pm 1, \pm 2, \cdots$ 之外都连续且分段单调，所以由狄利克雷收敛定理，$f(x)$ 的傅里叶级数展开式

$$f(x) = 2\pi + \sum_{n=1}^{\infty} (-1)^{n+1} \frac{2}{n} \sin nx,\ x \neq (2k+1)\pi,\ k=0, \pm 1, \pm 2, \cdots.$$

例 14-4　设 $f(x)$ 是以 2 为周期的周期函数，它在 $[-1, 1)$ 上的表达式为 $f(x)=1-|x|$，试将函数 $f(x)$ 展开成傅里叶级数.

分析: $f(x)$ 以 2 为周期，$l=1$，运用欧拉-傅里叶系数公式(14-2)计算系数 a_n 和 b_n.

解: 对于 $l=1$，运用系数公式(14-2)，得

$$a_0 = \frac{1}{1}\int_{-1}^{1} f(x)\mathrm{d}x = \int_{-1}^{1} (1-|x|)\mathrm{d}x = \int_{-1}^{0} (1+x)\mathrm{d}x + \int_{0}^{1} (1-x)\mathrm{d}x = 1,$$

$$\begin{aligned} a_n &= \frac{1}{1}\int_{-1}^{1} f(x)\cos\frac{n\pi x}{1}\mathrm{d}x = \int_{-1}^{1} (1-|x|)\cos n\pi x\,\mathrm{d}x \\ &= \int_{-1}^{0} (1+x)\cos n\pi x\,\mathrm{d}x + \int_{0}^{1} (1-x)\cos n\pi x\,\mathrm{d}x = \frac{2[1-(-1)^n]}{(n\pi)^2}, \end{aligned}$$

$$\begin{aligned} b_n &= \frac{1}{1}\int_{-1}^{1} f(x)\sin\frac{n\pi x}{1}\mathrm{d}x = \int_{-1}^{1} (1-|x|)\sin n\pi x\,\mathrm{d}x \\ &= \int_{-1}^{0} (1+x)\sin n\pi x\,\mathrm{d}x + \int_{0}^{1} (1-x)\sin n\pi x\,\mathrm{d}x = 0. \end{aligned}$$

因此 $f(x)$ 的傅里叶级数

$$f(x) \sim \frac{1}{2} + \frac{2}{\pi^2}\sum_{n=1}^{\infty} \frac{1-(-1)^n}{n^2}\cos n\pi x.$$

由 $f(x)$ 在 $(-\infty, +\infty)$ 上连续且分段单调，根据收敛性定理，$f(x)$ 的傅里叶级数展开为

$$f(x) = \frac{1}{2} + \frac{2}{\pi^2}\sum_{n=1}^{\infty} \frac{1-(-1)^n}{n^2}\cos n\pi x,\ x \in (-\infty, +\infty).$$

例 14-5　设 $f(x)$ 是以 4 为周期的周期函数，并在 $[0, 4)$ 上的表达式为 $f(x)=\min(x, 1, 4-x)$，试将函数 $f(x)$ 展开成傅里叶级数.

分析: $f(x)$ 是以 4 为周期，$l=2$. 由于 $f(x)$ 是偶函数，所展成的傅里叶级数为余弦级数，系数公式(14-4)中的积分区间可取为 $[0, 2]$.

解: $f(x)$ 在 $[0, 2]$ 区间上的表达式

$$f(x) = \begin{cases} x, & 0 \leqslant x \leqslant 1, \\ 1, & 1 < x < 2. \end{cases}$$

由 $f(x)$ 为周期为 4 的偶函数，对于 $l=2$，运用欧拉-傅里叶系数公式(14-4)

$$a_0=\frac{2}{2}\int_0^2 f(x)\mathrm{d}x=\int_0^1 x\mathrm{d}x+\int_1^2 1\mathrm{d}x=\frac{3}{2},$$

$$a_n=\frac{2}{2}\int_0^2 f(x)\cos\frac{n\pi x}{2}\mathrm{d}x=\int_0^1 x\cos\frac{n\pi x}{2}\mathrm{d}x+\int_1^2\cos\frac{n\pi x}{2}\mathrm{d}x=\frac{4\left(\cos\frac{n\pi}{2}-1\right)}{(n\pi)^2},$$

$$b_n=0,$$

所以 $f(x)$ 的傅里叶级数

$$f(x)\sim\frac{3}{4}+\sum_{n=1}^{\infty}\frac{4}{(n\pi)^2}\left(\cos\frac{n\pi}{2}-1\right)\cos\frac{n\pi x}{2},$$

又因 $f(x)$ 在 $(-\infty,+\infty)$ 上连续且分段单调，根据收敛性定理，$f(x)$ 的傅里叶级数展开式为

$$f(x)=\frac{3}{4}+\sum_{n=1}^{\infty}\frac{4}{(n\pi)^2}\left(\cos\frac{n\pi}{2}-1\right)\cos\frac{n\pi x}{2},\ x\in(-\infty,+\infty).$$

说明：上例原本可直接利用周期为 $4(l=2)$ 的系数公式(14-2)计算系数 a_n，b_n，但由于函数 $f(x)$ 为偶函数，故可考虑对周期区间 $(-2,2)$ 上 $f(x)$ 的表达式利用式(14-4)求 a_n，b_n，从而利用奇偶性简化计算.

▶▶▶方法小结

将周期函数展开为傅里叶级数的步骤：

(1) 根据 $f(x)$ 的周期是 2π 或者 $2l$，分别利用欧拉-傅里叶系数公式(14-1)或式(14-2)计算傅里叶级数的系数 a_n 和 b_n；

(2) 写出 $f(x)$ 的傅里叶级数；

(3) 根据 $f(x)$ 在周期区间及其区间端点处的连续性，运用狄利克雷收敛性定理确定 $f(x)$ 于傅里叶级数相等的范围，从而求得 $f(x)$ 的傅里叶级数展开式；

(4) 当周期函数 $f(x)$ 是奇、偶函数时，可利用式(14-3)或式(14-4)来计算系数 a_n 和 b_n，简化计算(例 14-5).

14.2.2 有限区间上定义的函数的傅里叶级数展开

▶▶▶基本方法

有限区间上定义的函数的傅里叶级数展开有以下两种基本方法：

(1) 利用周期延拓法将函数 $f(x)$ 延拓为周期函数 $f^*(x)$，通过求周期函数 $f^*(x)$ 的傅里叶级数展开式来获得 $f(x)$ 的傅里叶级数展开式.

(2) 利用周期延拓法将函数 $f(x)$ 周期延拓为奇函数(奇延拓)或偶函数(偶延拓) $f^*(x)$，通过求周期函数 $f^*(x)$ 的傅里叶级数展开式(此时的傅里叶级数为正弦级数或余弦级数)来获得 $f(x)$

的正弦级数展开式或余弦级数展开式.

周期延拓的基本概念如下：

(1) 对于定义在 $[-\pi, \pi]$ 或者 $[-\pi, \pi)$ 上的函数 $f(x)$，构造

$$f^*(x)=\begin{cases} f(x), & x\in[-\pi, \pi) \\ f(x-2k\pi), & x\in[2k\pi-\pi, 2k\pi+\pi), k=\pm1, \pm2, \cdots \end{cases}$$

$f^*(x)$ 是以 2π 为周期的函数，称为函数 $f(x)$ 的周期延拓.

(2) 对于定义在 $[-l, l]$ 或者 $[-l, l)$ 上的函数 $f(x)$，构造

$$f^*(x)=\begin{cases} f(x), & x\in[-l, l) \\ f(x-2kl), & x\in[2kl-l, 2kl+l), k=\pm1, \pm2, \cdots \end{cases}$$

$f^*(x)$ 是以 $2l$ 为周期的函数，也称为函数 $f(x)$ 的周期延拓.

根据上述内容，有限区间上定义的函数的傅里叶级数展开方法具体又分为如下几种：

(1) 定义区间长为 2π 的函数展开为傅里叶级数的方法

设 $f(x)$ 的定义区间为 $[-\pi, \pi)$（或 $[a, a+2\pi)$），将函数 $f(x)$ 进行 2π 为周期的周期延拓得 $f^*(x)$，利用 14.2.1 节中的方法求出 $f^*(x)$ 以 2π 为周期的傅里叶级数展开式，由于在 $f(x)$ 的定义区间 $[-\pi, \pi)$（或 $[a, a+2\pi)$）上 $f^*(x)=f(x)$，从而从 $f^*(x)$ 的展开式获得 $f(x)$ 的傅里叶级数的展开式

$$f(x)=\frac{a_0}{2}+\sum_{n=1}^{\infty}(a_n\cos nx+b_n\sin nx),$$

其中 a_n，b_n 由下面的欧拉-傅里叶系数公式计算

$$\begin{cases} a_n=\dfrac{1}{\pi}\displaystyle\int_{-\pi}^{\pi}f(x)\cos nx\,\mathrm{d}x\left(\text{或}\dfrac{1}{\pi}\displaystyle\int_{a}^{a+2\pi}f(x)\cos nx\,\mathrm{d}x\right), n=0, 1, 2, \cdots \\ b_n=\dfrac{1}{\pi}\displaystyle\int_{-\pi}^{\pi}f(x)\sin nx\,\mathrm{d}x\left(\text{或}\dfrac{1}{\pi}\displaystyle\int_{a}^{a+2\pi}f(x)\sin nx\,\mathrm{d}x\right), n=1, 2, 3, \cdots \end{cases} \tag{14-5}$$

(2) 定义区间长为 π 的函数展开为傅里叶级数的方法

设 $f(x)$ 的定义区间为 $[0, \pi)$（或 $[a, a+\pi)$），首先将函数 $f(x)$ 延拓到 2π 长的区间 $[-\pi, \pi)$（或 $[a, a+2\pi)$）上得 $\bar{f}(x)$，再将 $\bar{f}(x)$ 进行以 2π 为周期的周期延拓得 $f^*(x)$，利用 14.2.1 的方法求出 $f^*(x)$ 的傅里叶级数展开式，由于在 $f(x)$ 的定义区间 $[0, \pi)$（或 $[a, a+\pi)$）上 $f^*(x)=f(x)$，从而从 $f^*(x)$ 的展开式获得 $f(x)$ 的傅里叶级数的展开式，常见的问题有：

① 将 $f(x)$ 展开为正弦级数

将区间 $[0, \pi)$ 上定义的函数 $f(x)$ 奇延拓到 $[-\pi, \pi)$，则可将 $f(x)$ 展开为正弦级数

$$f(x)=\sum_{n=1}^{\infty}b_n\sin nx,$$

其中

$$b_n=\frac{2}{\pi}\int_0^{\pi}f(x)\sin nx\,\mathrm{d}x, n=1, 2, 3, \cdots. \tag{14-6}$$

② 将 $f(x)$ 展开为余弦级数

将区间 $[0, \pi)$ 上定义的函数 $f(x)$ 偶延拓到 $[-\pi, \pi)$，则可将 $f(x)$ 展开为余弦级数

$$f(x)=\frac{a_0}{2}+\sum_{n=1}^{\infty} a_n \cos nx,$$

其中
$$a_n=\frac{2}{\pi}\int_0^{\pi} f(x)\cos nx\,\mathrm{d}x,\ n=0, 1, 2, 3, \cdots. \tag{14-7}$$

(3) 定义区间长为 $2l$ 的函数展开为傅里叶级数的方法

设 $f(x)$ 的定义区间为 $[-l, l)$（或 $[a, a+2l)$），将函数 $f(x)$ 进行以 $2l$ 为周期的周期延拓得 $f^*(x)$，利用 14.2.1 的方法求出 $f^*(x)$ 以 $2l$ 为周期的傅里叶级数展开式.由于在 $f(x)$ 的定义区间 $[-l, l)$（或 $[a, a+2l)$）上 $f^*(x)=f(x)$，从而从 $f^*(x)$ 的展开式获得 $f(x)$ 的傅里叶级数的展开式

$$f(x)=\frac{a_0}{2}+\sum_{n=1}^{\infty}\left(a_n\cos\frac{n\pi x}{l}+b_n\sin\frac{n\pi x}{l}\right),$$

其中 a_n，b_n 由下面的欧拉-傅里叶系数公式计算

$$\begin{cases} a_n=\dfrac{1}{l}\displaystyle\int_{-l}^{l} f(x)\cos\frac{n\pi x}{l}\mathrm{d}x\left(\text{或}\dfrac{1}{l}\displaystyle\int_a^{a+2l} f(x)\cos\frac{n\pi x}{l}\mathrm{d}x\right), & n=0, 1, 2, \cdots \\ b_n=\dfrac{1}{l}\displaystyle\int_{-l}^{l} f(x)\sin\frac{n\pi x}{l}\mathrm{d}x\left(\text{或}\dfrac{1}{l}\displaystyle\int_a^{a+2l} f(x)\sin\frac{n\pi x}{l}\mathrm{d}x\right), & n=1, 2, 3, \cdots \end{cases} \tag{14-8}$$

(4) 定义区间长为 l 的函数展开为傅里叶级数的方法

设 $f(x)$ 的定义区间为 $[0, l)$（或 $[a, a+l)$），首先将函数 $f(x)$ 延拓到 $2l$ 长的区间 $[-l, l)$（或 $[a, a+2l)$）上得 $\bar{f}(x)$，再将 $\bar{f}(x)$ 进行以 $2l$ 为周期的周期延拓得 $f^*(x)$，利用 14.2.1 节的方法求出 $f^*(x)$ 的傅里叶级数展开式，由于在 $f(x)$ 的定义区间 $[0, l)$（或 $[a, a+l)$）上 $f^*(x)=f(x)$，从而从 $f^*(x)$ 的展开式获得 $f(x)$ 的傅里叶级数的展开式.常见的问题有：

① 将 $f(x)$ 展开为正弦级数

将区间 $[0, l)$ 上定义的函数 $f(x)$ 奇延拓到 $[-l, l)$，则可将 $f(x)$ 展开为正弦级数

$$f(x)=\sum_{n=1}^{\infty} b_n\sin\frac{n\pi x}{l},$$

其中
$$b_n=\frac{2}{l}\int_0^{l} f(x)\sin\frac{n\pi x}{l}\mathrm{d}x,\ n=1, 2, 3, \cdots. \tag{14-9}$$

② 将 $f(x)$ 展开为余弦级数

将区间 $[0, l)$ 上定义的函数 $f(x)$ 偶延拓到 $[-l, l)$，则可将 $f(x)$ 展开为余弦级数

$$f(x)=\frac{a_0}{2}+\sum_{n=1}^{\infty} a_n\cos\frac{n\pi x}{l},$$

其中
$$a_n=\frac{2}{l}\int_0^{l} f(x)\cos\frac{n\pi x}{l}\mathrm{d}x,\ n=0, 1, 2, 3, \cdots. \tag{14-10}$$

▶▶▶方法运用注意点

(1) 欧拉-傅里叶系数公式(14-5)～式(14-9)中的积分区间就是 $f(x)$ 的表达式给出的区间.

(2) 展开式成立的范围需要根据 $f(x)$ 的情况运用狄利克雷收敛性定理确定：

① 在 $f(x)$ 定义区间的内部点 x 处,傅里叶级数的和

$$S(x)=\frac{f(x+0)+f(x-0)}{2}.$$

② 在 $f(x)$ 的定义区间的端点处,傅里叶级数的和需根据 $f(x)$ 延拓后得到的函数 $f^*(x)$ 的情况确定,即

$$S(x)=\frac{f^*(x+0)+f^*(x-0)}{2}.$$

▶▶▶典型例题解析

例 14-6　将函数 $f(x)=\begin{cases}e^x, & -\pi\leqslant x<0\\ 1, & 0\leqslant x\leqslant\pi\end{cases}$ 展开成傅里叶级数,并画出和函数 $S(x)$ 的图形.

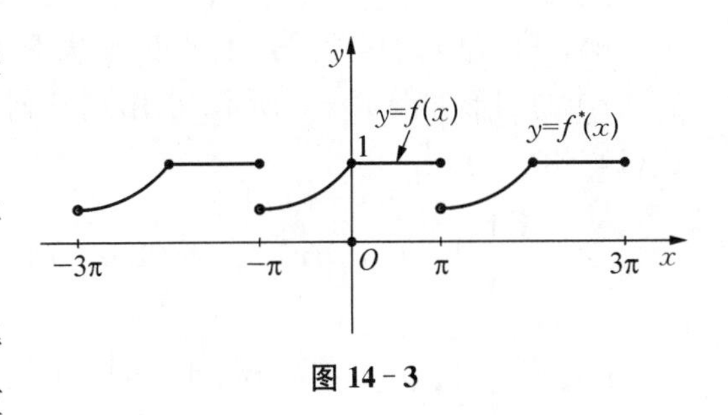

图 14-3

分析：$f(x)$ 为区间 $[-\pi,\pi]$ 上定义的函数,将 $f(x)$ 以 2π 为周期进行周期延拓后对 $f^*(x)$ 展开.

解：将 $f(x)$ 以 2π 为周期进行周期延拓,所得 $f^*(x)$ 的图形如图 14-3 所示,运用欧拉-傅里叶系数公式(14-5),得

$$a_0=\frac{1}{\pi}\int_{-\pi}^{\pi}f(x)\mathrm{d}x=\frac{1}{\pi}\left[\int_{-\pi}^{0}e^x\mathrm{d}x+\int_{0}^{\pi}\mathrm{d}x\right]=\frac{1}{\pi}(1+\pi e^{-\pi}),$$

$$a_n=\frac{1}{\pi}\int_{-\pi}^{\pi}f(x)\cos nx\,\mathrm{d}x=\frac{1}{\pi}\left[\int_{-\pi}^{0}e^x\cos nx\,\mathrm{d}x+\int_{0}^{\pi}\cos nx\,\mathrm{d}x\right]=\frac{1-(-1)^n e^{-\pi}}{\pi(n^2+1)},$$

$$b_n=\frac{1}{\pi}\int_{-\pi}^{\pi}f(x)\sin nx\,\mathrm{d}x=\frac{1}{\pi}\left[\int_{-\pi}^{0}e^x\sin nx\,\mathrm{d}x+\int_{0}^{\pi}\sin nx\,\mathrm{d}x\right]$$

$$=\frac{1}{\pi}\left(\frac{-n+(-1)^n n e^{-\pi}}{1+n^2}+\frac{1-(-1)^n}{n}\right).$$

所以 $f^*(x)$ 的傅里叶级数为

$$f^*(x)\sim\frac{1+\pi e^{-\pi}}{2\pi}+\frac{1}{\pi}\sum_{n=1}^{\infty}\left[\frac{1-(-1)^n e^{-\pi}}{(n^2+1)}\cos nx+\left(\frac{-n+(-1)^n n e^{-\pi}}{1+n^2}+\frac{1-(-1)^n}{n}\right)\sin nx\right].$$

由 $f(x)$ 在 $(-\pi,\pi)$ 上连续且分段单调以及 $f^*(x)$ 的情况(图 14-3),根据收敛定理,$f(x)$ 的傅里叶级数展开式为

$$f(x)=\frac{1+\pi e^{-\pi}}{2\pi}+\frac{1}{\pi}\sum_{n=1}^{\infty}\left[\frac{1-(-1)^n e^{-\pi}}{(n^2+1)}\cos nx\right.$$

$$\left.+\left(\frac{-n+(-1)^n n e^{-\pi}}{1+n^2}+\frac{1-(-1)^n}{n}\right)\sin nx\right],\ x\in(-\pi,\ \pi).$$

而在区间两个端点处的和函数值

$$S(-\pi)=S(\pi)=\frac{1}{2}[f(-\pi+0)+f(\pi-0)]$$

$$=\frac{1+e^{-\pi}}{2},$$

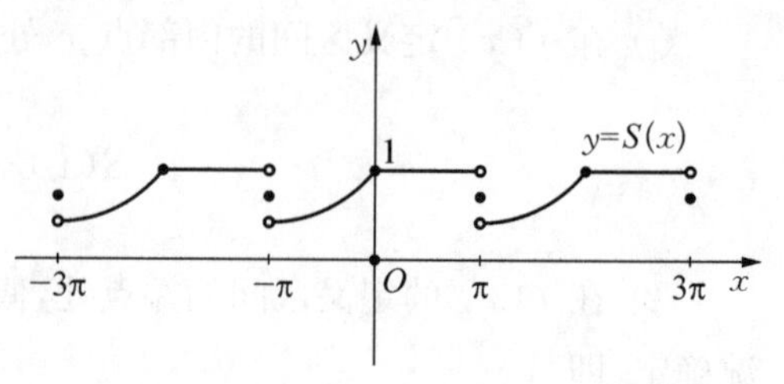

图 14 - 4

所以和函数 $S(x)$ 的图形如图 14 - 4 所示.

例 14 - 7 将函数 $f(x)=x(1-x)$, $-1\leqslant x\leqslant 1$ 展开成傅里叶级数,并画出和函数 $S(x)$ 的图形.

分析: $f(x)$ 为区间 $[-1,\ 1]$ 上定义的函数, $l=1$, 将 $f(x)$ 以 2 为周期进行周期延拓后对 $f^*(x)$ 展开.

解: 将 $f(x)$ 以 2 为周期进行周期延拓,所得 $f^*(x)$ 的图形如图 14 - 5 所示.运用欧拉-傅里叶系数公式(14 - 8)

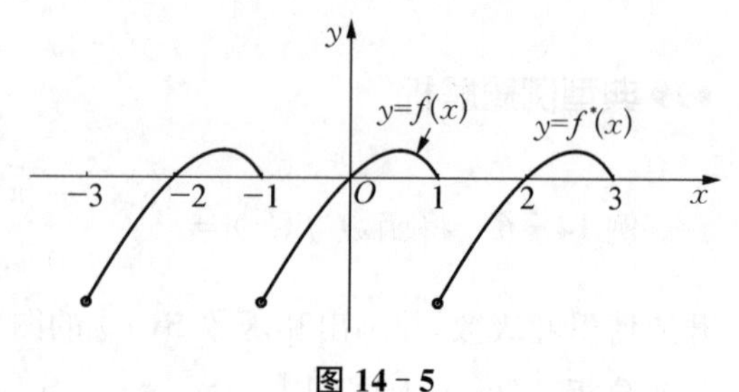

图 14 - 5

$$a_0=\frac{1}{1}\int_{-1}^{1}f(x)\mathrm{d}x=\int_{-1}^{1}x(1-x)\mathrm{d}x=-\frac{2}{3},$$

$$a_n=\frac{1}{1}\int_{-1}^{1}f(x)\cos n\pi x\,\mathrm{d}x=\int_{-1}^{1}x(1-x)\cos n\pi x\,\mathrm{d}x=-2\int_{0}^{1}x^2\cos n\pi x\,\mathrm{d}x=\frac{(-1)^{n+1}4}{n^2\pi^2},$$

$$b_n=\frac{1}{1}\int_{-1}^{1}f(x)\sin n\pi x\,\mathrm{d}x=\int_{-1}^{1}x(1-x)\sin n\pi x\,\mathrm{d}x=2\int_{0}^{1}x\sin n\pi x\,\mathrm{d}x=\frac{(-1)^{n+1}2}{n\pi}.$$

所以 $f^*(x)$ 的傅里叶级数为

$$f^*(x)\sim-\frac{1}{3}+\sum_{n=1}^{\infty}(-1)^{n+1}\left(\frac{4}{n^2\pi^2}\cos n\pi x+\frac{2}{n\pi}\sin n\pi x\right).$$

由 $f(x)$ 在 $(-1,\ 1)$ 上连续且分段单调以及 $f^*(x)$ 的情况(图 14 - 5),根据收敛性定理, $f(x)$ 的傅里叶级数展开式为:

$$f(x)=-\frac{1}{3}+\sum_{n=1}^{\infty}(-1)^{n+1}\left(\frac{4}{n^2\pi^2}\cos n\pi x+\frac{2}{n\pi}\sin n\pi x\right),\ x\in(-1,\ 1).\qquad(14-11)$$

而在区间两个端点处的和函数值

$$S(-1)=S(1)=\frac{1}{2}(f(-1+0)+f(1-0))$$

$$=\frac{-2}{2}=-1,$$

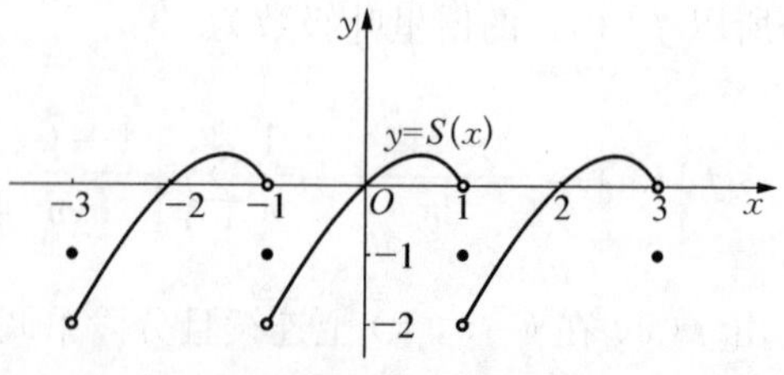

图 14 - 6

所以和函数 $S(x)$ 的图形如图 14 - 6 所示.

例 14-8 设 $f(x)=\dfrac{\pi}{2a\sin a\pi}\cos ax$，其中 a 不是整数，

(1) 试求 $f(x)$ 在区间 $(-\pi,\pi]$ 上的傅里叶级数；

(2) 试证此级数在点 $x=\pi$ 处收敛于 $\dfrac{\pi}{2a}\cot\pi a$；

(3) 试利用以上结果求级数 $\dfrac{1}{1^2-a^2}+\dfrac{1}{2^2-a^2}+\dfrac{1}{3^2-a^2}+\cdots$ 的和.

分析： 把 $f(x)$ 视为区间 $(-\pi,\pi]$ 上定义的函数，将 $f(x)$ 以 2π 为周期进行周期延拓后求出 $f^*(x)$ 的傅里叶级数.

解： (1) 因为 $f(x)$ 为偶函数，故 $b_n=0$，$n=1,2,\cdots$. 利用欧拉-傅里叶系数展开式(14-5)，有

$$a_0=\frac{1}{\pi}\int_{-\pi}^{\pi}f(x)\mathrm{d}x=\frac{1}{\pi}\int_{-\pi}^{\pi}\frac{\pi}{2a\sin a\pi}\cos ax\,\mathrm{d}x=\frac{1}{a^2},$$

$$\begin{aligned}a_n&=\frac{1}{\pi}\int_{-\pi}^{\pi}f(x)\cos nx\,\mathrm{d}x=\frac{1}{\pi}\int_{-\pi}^{\pi}\frac{\pi}{2a\sin a\pi}\cos ax\cos nx\,\mathrm{d}x\\&=\frac{1}{2a\sin a\pi}\int_{-\pi}^{\pi}\cos ax\cos nx\,\mathrm{d}x=\frac{1}{2a\sin a\pi}\int_{-\pi}^{\pi}\frac{\cos(n+a)x+\cos(n-a)x}{2}\mathrm{d}x\\&=\frac{1}{2a\sin a\pi}\left(\frac{\sin(n+a)\pi}{n+a}+\frac{\sin(n-a)\pi}{n-a}\right)=\frac{(-1)^{n+1}}{n^2-a^2}.\end{aligned}$$

所以 $f(x)$ 在 $(-\pi,\pi)$ 上的傅里叶级数

$$f(x)\sim\frac{1}{2a^2}+\sum_{n=1}^{\infty}\frac{(-1)^{n+1}}{n^2-a^2}\cos nx=S(x).$$

(2) 因为 $f(x)$ 为分段单调连续的偶函数，根据狄利克雷收敛定理，级数在 $x=\pi$ 处收敛，且

$$S(\pi)=f(\pi)=\frac{\pi}{2a\sin a\pi}\cos a\pi=\frac{\pi}{2a}\cot a\pi.$$

(3) 由(2)得 $$S(\pi)=\frac{1}{2a^2}+\sum_{n=1}^{\infty}\frac{(-1)^{n+1}}{n^2-a^2}\cos n\pi=\frac{\pi}{2a}\cot\pi a,$$

即 $$\frac{1}{2a^2}-\sum_{n=1}^{\infty}\frac{1}{n^2-a^2}=\frac{\pi}{2a}\cot\pi a,$$

所以 $$\sum_{n=1}^{\infty}\frac{1}{n^2-a^2}=\frac{1}{2a^2}-\frac{\pi}{2a}\cot\pi a.$$

例 14-9 设 $a\neq0$，将 $f(x)=\mathrm{e}^{ax}\,(0\leqslant x<2\pi)$ 展开为傅里叶级数，并求数项级数 $\sum\limits_{n=1}^{\infty}\dfrac{1}{1+n^2}$ 的和.

分析： 函数 $f(x)$ 的定义区间为 $[0,2\pi)$，将 $f(x)$ 以 2π 为周期进行周期延拓，对 $f^*(x)$ 展开，在获得 $f(x)$ 的展开式后利用展开式求数项级数和.

解：利用欧拉-傅里叶系数公式(14-5)

$$a_0=\frac{1}{\pi}\int_0^{2\pi} f(x)\mathrm{d}x=\frac{1}{\pi}\int_0^{2\pi} \mathrm{e}^{ax}\mathrm{d}x=\frac{1}{a\pi}(\mathrm{e}^{2a\pi}-1),$$

$$a_n=\frac{1}{\pi}\int_0^{2\pi} f(x)\cos nx\,\mathrm{d}x=\frac{1}{\pi}\int_0^{2\pi} \mathrm{e}^{ax}\cos nx\,\mathrm{d}x=\frac{a(\mathrm{e}^{2a\pi}-1)}{\pi(a^2+n^2)},$$

$$b_n=\frac{1}{\pi}\int_0^{2\pi} f(x)\sin nx\,\mathrm{d}x=\frac{1}{\pi}\int_0^{2\pi} \mathrm{e}^{ax}\sin nx\,\mathrm{d}x=-\frac{n(\mathrm{e}^{2a\pi}-1)}{\pi(a^2+n^2)}.$$

于是周期延拓函数 $f^*(x)$ 的傅里叶级数

$$f^*(x)\sim\frac{\mathrm{e}^{2a\pi}-1}{2a\pi}+\sum_{n=1}^{\infty}\left[\frac{a(\mathrm{e}^{2a\pi}-1)}{\pi(a^2+n^2)}\cos nx-\frac{n(\mathrm{e}^{2a\pi}-1)}{\pi(a^2+n^2)}\sin nx\right]$$
$$=\frac{\mathrm{e}^{2a\pi}-1}{\pi}\left[\frac{1}{2a}+\sum_{n=1}^{\infty}\frac{a\cos nx-n\sin nx}{a^2+n^2}\right]=S(x).$$

再由 $f(x)$ 在 $(0,2\pi)$ 上连续且单调以及 $f^*(x)$ 的图像，根据狄利克雷收敛定理，$f(x)$ 的傅里叶级数展开式为

$$f(x)=\frac{\mathrm{e}^{2a\pi}-1}{\pi}\left[\frac{1}{2a}+\sum_{n=1}^{\infty}\frac{a\cos nx-n\sin nx}{a^2+n^2}\right],\ x\in(0,2\pi).$$

又因 $S(0)=\frac{\mathrm{e}^{2a\pi}-1}{\pi}\left[\frac{1}{2a}+\sum\limits_{n=1}^{\infty}\frac{a}{a^2+n^2}\right]$，且 $S(0)=\frac{f(0+0)+f(2\pi-0)}{2}=\frac{1+\mathrm{e}^{2a\pi}}{2}$，所以

$$\sum_{n=1}^{\infty}\frac{a}{a^2+n^2}=\frac{\pi(\mathrm{e}^{2a\pi}+1)}{2(\mathrm{e}^{2a\pi}-1)}-\frac{1}{2a},$$

在上式中令 $a=1$，得所求数项级数的和

$$\sum_{n=1}^{\infty}\frac{1}{1+n^2}=\frac{\pi(\mathrm{e}^{2\pi}+1)}{2(\mathrm{e}^{2\pi}-1)}-\frac{1}{2}.$$

例 14-10 将 $f(x)=\frac{1}{2}(\pi-x)$，$0\leqslant x\leqslant\pi$ 展开成正弦级数，并画出该正弦级数和函数的图形.

分析：$f(x)$ 为区间 $[0,\pi]$ 上定义的函数，且展开成正弦级数，故应先将 $f(x)$ 奇延拓到 $[-\pi,0]$，再周期延拓，利用式(14-6)计算系数 b_n.

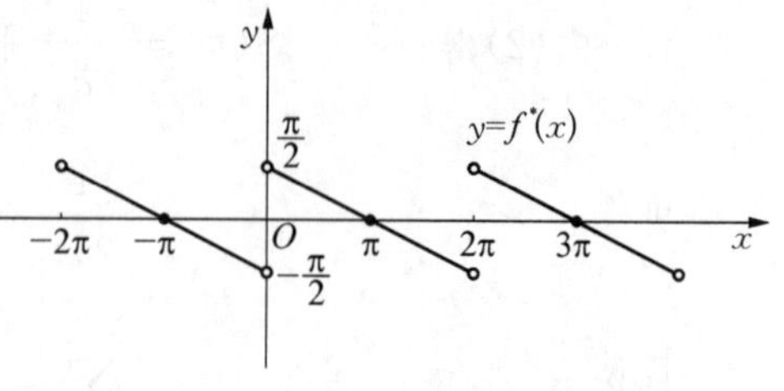

图 14-7

解：把 $f(x)$ 奇延拓到 $[-\pi,0]$，再周期延拓得 $f^*(x)$，如图 14-7 所示.利用欧拉-傅里叶系数公式(14-6)，有

$$a_n=0,\ n=0,1,\cdots;$$

$$b_n=\frac{2}{\pi}\int_0^{\pi} f(x)\sin nx\,\mathrm{d}x=\frac{2}{\pi}\int_0^{\pi}\frac{\pi-x}{2}\sin nx\,\mathrm{d}x=\frac{1}{n},\ n=1,2,\cdots.$$

所以 $f^*(x)$ 的傅里叶级数

$$f^*(x) \sim \sum_{n=1}^{\infty} \frac{1}{n} \sin nx = S(x).$$

注意到 $f(x)$ 在 $[0, \pi]$ 上连续单调以及周期延拓 $f^*(x)$ 的图像,利用狄利克雷收敛定理,$f(x)$ 的正弦级数展开式为

$$f(x) = \sum_{n=1}^{\infty} \frac{1}{n} \sin nx,\ x \in (0, \pi],$$

其和函数 $S(x)$ 的图像如图 14-8 所示.

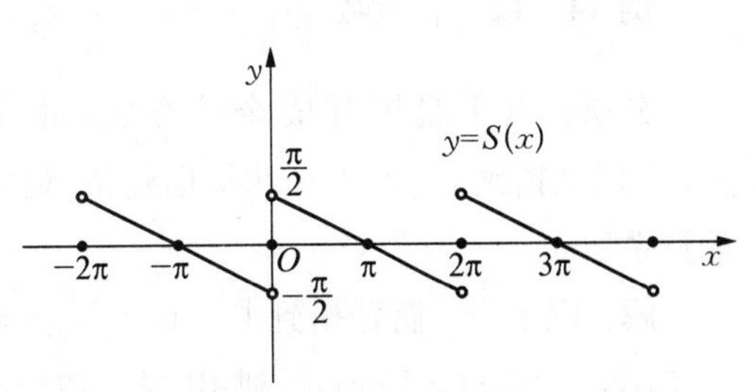

图 14-8

例 14-11 将 $f(x) = x - 1,\ 0 \leqslant x \leqslant 2$ 展开成余弦级数,并求级数 $\sum_{n=1}^{\infty} \frac{1}{n^2}$ 的和.

分析: $f(x)$ 是区间 $[0, 2]$ 上定义的函数,且展开成余弦级数,故应先将 $f(x)$ 偶延拓到 $[-2, 0]$,再周期延拓,利用式(14-10)计算系数 a_n.

解: 把 $f(x)$ 偶延拓到 $[-2, 0]$,再周期延拓得 $f^*(x)$,如图 14-9 所示.利用欧拉-傅里叶系数公式(14-10),有

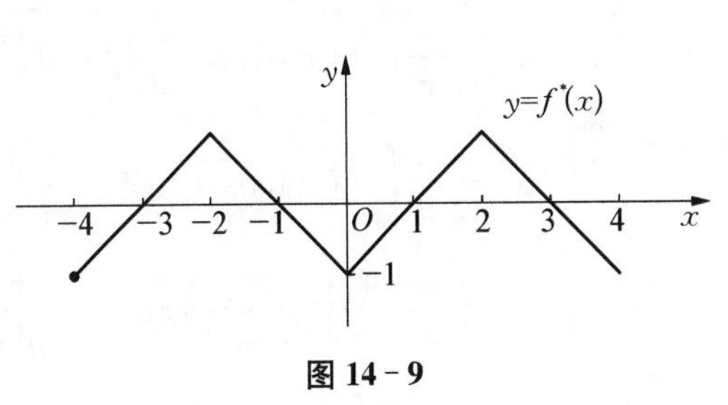

图 14-9

$$b_n = 0,\ n = 1, 2, \cdots,\quad a_0 = \frac{2}{2}\int_0^2 f(x)\mathrm{d}x = \int_0^2 (x-1)\mathrm{d}x = 0,$$

$$a_n = \frac{2}{2}\int_0^2 f(x)\cos\frac{n\pi x}{2}\mathrm{d}x = \int_0^2 (x-1)\cos\frac{n\pi x}{2}\mathrm{d}x = \frac{4}{n^2\pi^2}((-1)^n - 1),\ n = 1, 2, \cdots.$$

所以 $f^*(x)$ 的傅里叶级数

$$f^*(x) \sim \sum_{n=1}^{\infty} \frac{4((-1)^n - 1)}{n^2\pi^2}\cos\frac{n\pi x}{2}.$$

又由 $f(x)$ 在 $[0, 2]$ 上单调,连续以及周期延拓 $f^*(x)$ 的图像,利用狄利克雷收敛定理,$f(x)$ 的余弦级数展开式为

$$f(x) = \sum_{n=1}^{\infty} \frac{4((-1)^n - 1)}{n^2\pi^2}\cos\frac{n\pi x}{2},\ 0 \leqslant x \leqslant 2.$$

在上式中令 $x = 0$,则有

$$-1 = \frac{4}{\pi^2}\sum_{n=1}^{\infty}\frac{(-1)^n - 1}{n^2} = -\frac{8}{\pi^2}\sum_{k=1}^{\infty}\frac{1}{(2k-1)^2},\ \text{即有}\ \sum_{k=1}^{\infty}\frac{1}{(2k-1)^2} = \frac{\pi^2}{8}.$$

又
$$\sum_{n=1}^{\infty}\frac{1}{n^2} = \sum_{k=1}^{\infty}\frac{1}{(2k-1)^2} + \sum_{k=1}^{\infty}\frac{1}{(2k)^2} = \frac{\pi^2}{8} + \frac{1}{4}\sum_{n=1}^{\infty}\frac{1}{n^2},$$

解得所求数项级数的和 $$\sum_{n=1}^{\infty}\frac{1}{n^2}=\frac{\pi^2}{6}.$$

例 14-12 将函数 $f(x)=x^3,\ 0\leqslant x\leqslant\pi$ 展开成余弦级数,并求级数 $\sum\limits_{n=1}^{\infty}\frac{1}{n^4}$ 的和.

分析: 由于是展开成余弦级数,故应先将函数 $f(x)$ 偶延拓到 $[-\pi,0]$,再周期延拓,利用式(14-7)计算系数 a_n.

解: 把 $f(x)$ 偶延拓到 $[-\pi,0]$,再周期延拓得 $f^*(x)$,如图 14-10 所示.利用欧拉-傅里叶系数公式(14-7),有

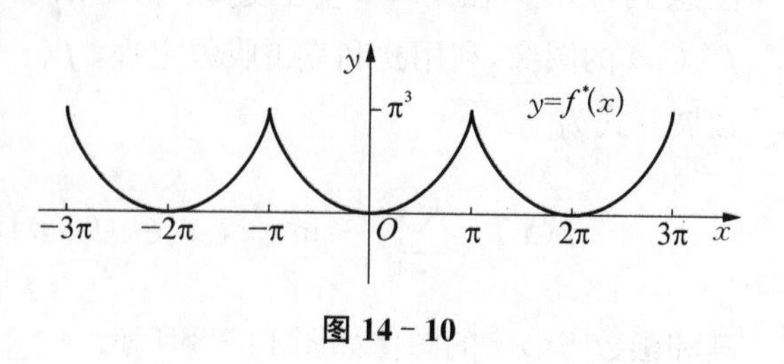

图 14-10

$$b_n=0,\ n=1,2,\cdots;$$

$$a_0=\frac{2}{\pi}\int_0^{\pi}f(x)\mathrm{d}x=\frac{2}{\pi}\int_0^{\pi}x^3\mathrm{d}x=\frac{\pi^3}{2};$$

$$a_n=\frac{2}{\pi}\int_0^{\pi}f(x)\cos nx\,\mathrm{d}x=\frac{2}{\pi}\int_0^{\pi}x^3\cos nx\,\mathrm{d}x=\frac{2}{n\pi}\left(x^3\sin nx\Big|_0^{\pi}-\int_0^{\pi}3x^2\sin nx\,\mathrm{d}x\right)$$
$$=-\frac{6}{n\pi}\int_0^{\pi}x^2\sin nx\,\mathrm{d}x=\frac{6}{n^2\pi}\left(x^2\cos nx\Big|_0^{\pi}-\int_0^{\pi}2x\cos nx\,\mathrm{d}x\right)$$
$$=\frac{6}{n^2\pi}\left[(-1)^n\pi^2-\frac{2}{n}\left(x\sin nx\Big|_0^{\pi}-\int_0^{\pi}\sin nx\,\mathrm{d}x\right)\right]$$
$$=\frac{(-1)^n6\pi}{n^2}-\frac{12}{n^4\pi}((-1)^n-1),n=1,2,\cdots.$$

所以 $f^*(x)$ 的傅里叶级数

$$f^*(x)\sim\frac{\pi^3}{4}+\sum_{n=1}^{\infty}\left[\frac{(-1)^n6\pi}{n^2}-\frac{12}{n^4\pi}((-1)^n-1)\right]\cos nx.$$

又由 $f(x)$ 在 $[0,\pi]$ 上单调,连续以及周期延拓 $f^*(x)$ 的图像,利用狄利克雷收敛定理,$f(x)$ 的余弦级数展开式为

$$f(x)=\frac{\pi^3}{4}+\sum_{n=1}^{\infty}\left[\frac{(-1)^n6\pi}{n^2}-\frac{12}{n^4\pi}((-1)^n-1)\right]\cos nx,\ 0\leqslant x\leqslant\pi.$$

为求数项级数 $\sum\limits_{n=1}^{\infty}\frac{1}{n^4}$ 的和,在上式中令 $x=0$,则有

$$0=\frac{\pi^3}{4}+6\pi\sum_{n=1}^{\infty}\frac{(-1)^n}{n^2}-\frac{12}{\pi}\sum_{n=1}^{\infty}\frac{(-1)^n-1}{n^4}.$$

为求 $\sum\limits_{n=1}^{\infty}\frac{(-1)^n}{n^2}$,在式(14-11)中令 $x=0$,得

$$0=-\frac{1}{3}+\frac{4}{\pi^2}\sum_{n=1}^{\infty}\frac{(-1)^{n+1}}{n^2},$$

解得
$$\sum_{n=1}^{\infty}\frac{(-1)^n}{n^2}=-\frac{\pi^2}{12}.$$

所以
$$\sum_{n=1}^{\infty}\frac{(-1)^n-1}{n^4}=\sum_{k=1}^{\infty}\frac{-2}{(2k-1)^4}=-\frac{\pi^4}{48},\ \sum_{k=1}^{\infty}\frac{1}{(2k-1)^4}=\frac{\pi^4}{96}.$$

又因
$$\sum_{n=1}^{\infty}\frac{1}{n^4}=\sum_{k=1}^{\infty}\frac{1}{(2k-1)^4}+\sum_{k=1}^{\infty}\frac{1}{(2k)^4}=\frac{\pi^4}{96}+\frac{1}{16}\sum_{n=1}^{\infty}\frac{1}{n^4},$$

解得
$$\sum_{n=1}^{\infty}\frac{1}{n^4}=\frac{\pi^4}{90}.$$

例 14-13　若 $f(x)$ 在 $[-\pi,\pi]$ 上连续，$T_n(x)=\frac{A_0}{2}+\sum_{k=1}^{n}(A_k\cos kx+B_k\sin kx)$，试证使

$$I=\int_{-\pi}^{\pi}[f(x)-T_n(x)]^2\mathrm{d}x$$

取最小值的必要条件是 A_0，A_k，B_k 分别是 $f(x)$ 的欧拉-傅里叶系数 a_0，a_k，$b_k(k=1,2,\cdots,n)$.

分析：由于 I 是变量 $A_0,A_1,\cdots,A_n,B_1,\cdots,B_n$ 的函数且是二次函数，故 I 在最小值点处关于各个变量的偏导数为零.因此本题证明可以从计算 $\frac{\partial I}{\partial A_k}$，$\frac{\partial I}{\partial B_k}$ 入手.

解：将 $T_n(x)$ 代入 I 的被积函数，利用基本三角函数系在 $[-\pi,\pi]$ 上的正交性，有

$$I=\int_{-\pi}^{\pi}[f(x)-T_n(x)]\mathrm{d}x=\int_{-\pi}^{\pi}\left\{f(x)-\left[\frac{A_0}{2}+\sum_{k=1}^{n}(A_k\cos kx+B_k\sin kx)\right]\right\}^2\mathrm{d}x$$
$$=\int_{-\pi}^{\pi}\left\{f^2(x)-2f(x)\left[\frac{A_0}{2}+\sum_{k=1}^{n}(A_k\cos kx+B_k\sin kx)\right]+\left[\frac{A_0}{2}+\sum_{k=1}^{n}(A_k\cos kx+B_k\sin kx)\right]^2\right\}\mathrm{d}x$$
$$=\int_{-\pi}^{\pi}f^2(x)\mathrm{d}x-A_0\int_{-\pi}^{\pi}f(x)\mathrm{d}x-2\sum_{k=1}^{n}\left(A_k\int_{-\pi}^{\pi}f(x)\cos kx\,\mathrm{d}x+B_k\int_{-\pi}^{\pi}f(x)\sin kx\,\mathrm{d}x\right)+\int_{-\pi}^{\pi}\frac{A_0^2}{4}\mathrm{d}x+\sum_{k=1}^{n}\left(A_k^2\int_{-\pi}^{\pi}\cos^2 kx\,\mathrm{d}x+B_k^2\int_{-\pi}^{\pi}\sin^2 kx\,\mathrm{d}x\right)$$
$$=\int_{-\pi}^{\pi}f^2(x)\mathrm{d}x-A_0\int_{-\pi}^{\pi}f(x)\mathrm{d}x-2\sum_{k=1}^{n}A_k\int_{-\pi}^{\pi}f(x)\cos kx\,\mathrm{d}x-2\sum_{k=1}^{n}B_k\int_{-\pi}^{\pi}f(x)\sin kx\,\mathrm{d}x+\frac{\pi}{2}A_0^2+\pi\sum_{k=1}^{n}(A_k^2+B_k^2).$$

若 I 在点 $M=(A_0,A_1,\cdots,A_n,B_1,\cdots,B_n)$ 处取得最小值，则根据可微函数最值点的必要条件，在点 M 处有

$$\left.\frac{\partial I}{\partial A_0}\right|_M=0,\ \left.\frac{\partial I}{\partial A_k}\right|_M=0,\ k=1,\ 2,\ \cdots,\ n;$$

$$\left.\frac{\partial I}{\partial B_k}\right|_M=0,\ k=1,\ 2,\ \cdots,\ n.$$

从而有

$$\frac{\partial I}{\partial A_0}=-\int_{-\pi}^{\pi}f(x)\mathrm{d}x+\pi A_0=0;$$

$$\frac{\partial I}{\partial A_k}=-2\int_{-\pi}^{\pi}f(x)\cos kx\,\mathrm{d}x+2\pi A_k=0,\ k=1,\ 2,\ \cdots,\ n;$$

$$\frac{\partial I}{\partial B_k}=-2\int_{-\pi}^{\pi}f(x)\sin kx\,\mathrm{d}x+2\pi B_k=0,\ k=1,\ 2,\ \cdots,\ n.$$

即有

$$A_0=\frac{1}{\pi}\int_{-\pi}^{\pi}f(x)\mathrm{d}x=a_0;$$

$$A_k=\frac{1}{\pi}\int_{-\pi}^{\pi}f(x)\cos kx\,\mathrm{d}x=a_k,\ k=1,\ 2,\ \cdots,\ n;$$

$$B_k=\frac{1}{\pi}\int_{-\pi}^{\pi}f(x)\sin kx\,\mathrm{d}x=b_k,\ k=1,\ 2,\ \cdots,\ n.$$

结论得证.

▶▶▶方法小结

将有限区间上定义的函数展开为傅里叶级数的步骤：

(1) 对于定义区间长是 2π 或 $2l$ 的函数 $f(x)$：

① 分别将 $f(x)$ 进行周期延拓得 $f^*(x)$，利用欧拉-傅里叶系数公式(14-5)或式(14-8)计算傅里叶级数的系数 a_n，b_n；

② 写出 $f(x)$ 的周期延拓函数 $f^*(x)$ 的傅里叶级数；

③ 根据 $f(x)$ 在定义区间上的连续性、单调性以及周期延拓函数 $f^*(x)$ 的情况，运用狄利克雷收敛性定理确定 $f(x)$ 与傅里叶级数相等的范围，从而求得 $f(x)$ 的傅里叶级数展开式.

(2) 对于定义区间长为 π 或 l 的函数 $f(x)$：

① 展开为正弦级数.先将 $f(x)$ 奇延拓，然后再周期延拓，运用欧拉-傅里叶系数公式(14-6)或式(14-9)计算傅里叶级数的系数 b_n，写出周期延拓函数 $f^*(x)$ 的正弦级数，再运用狄利克雷收敛定理确定 $f(x)$ 与正弦级数相等的范围，从而求得 $f(x)$ 的正弦级数展开式.

② 展开为余弦级数.先将 $f(x)$ 偶延拓，然后再周期延拓，运用欧拉-傅里叶系数公式(14-7)或式(14-10)计算傅里叶级数的系数 a_n，写出周期延拓函数 $f^*(x)$ 的余弦级数，再运用狄利克雷收敛定理确定 $f(x)$ 与余弦级数相等的范围，从而求得 $f(x)$ 的余弦级数展开式.

14.3 习题十四

14-1 设 $f(x)$ 是以 2π 为周期的周期函数，其在 $[-\pi, \pi)$ 上的表达式为 $f(x)=x$，试将其展开成傅里叶级数.

14-2 设 $f(x)$ 是以 2π 为周期的周期函数，其在 $[0, 2\pi)$ 上的表达式为 $f(x)=x^2$，试将其展开成傅里叶级数.

14-3 设 $f(x)$ 是以 2 为周期的周期函数，其在 $[-1, 1)$ 上的表达式 $f(x)=\begin{cases}0, & -1\leqslant x<0\\ 1, & 0\leqslant x<1\end{cases}$，试将其展开成傅里叶级数.

14-4 设 $f(x)$ 是以 1 为周期的周期函数，其在 $[1, 2)$ 上的表达式为 $f(x)=x$，试将其展开成傅里叶级数，并画出傅里叶级数和函数的图形.

14-5 设 $f(x)$ 是以 8 为周期的周期函数，其在 $[0, 8)$ 上的表达式为 $f(x)=\begin{cases}2-x, & 0\leqslant x<4\\ x-6, & 4\leqslant x<8\end{cases}$，试将其展开成傅里叶级数，并画出傅里叶级数和函数的图形.

14-6 设周期函数 $f(x)$ 在一个周期上的表达式为 $f(x)=\mathrm{e}^{2x}$，$-\pi\leqslant x<\pi$，试将 $f(x)$ 展开式傅里叶级数，并画出其傅里叶级数和函数的图形.

14-7 试将函数 $f(x)=\begin{cases}\pi x+x^2, & -\pi\leqslant x<0\\ \pi x-x^2, & 0\leqslant x<\pi\end{cases}$ 展开为傅里叶级数.

14-8 试将函数 $f(x)=\begin{cases}x+2\pi, & -\pi<x<0\\ \pi, & x=0\\ x, & 0<x\leqslant\pi\end{cases}$ 展开为傅里叶级数.

14-9 试将函数 $f(x)=x^2$ 在 $-1\leqslant x\leqslant 1$ 上展开成傅里叶级数，并求 $\sum\limits_{n=1}^{\infty}\dfrac{1}{n^2}$，$\sum\limits_{n=1}^{\infty}\dfrac{(-1)^{n+1}}{n^2}$，$\sum\limits_{n=1}^{\infty}\dfrac{1}{(2n-1)^2}$ 的和.

14-10 试将函数 $f(x)=\begin{cases}\dfrac{3}{2}x, & 0\leqslant x<\dfrac{\pi}{3}\\ \dfrac{\pi}{2}, & \dfrac{\pi}{3}\leqslant x<\dfrac{2\pi}{3}\\ \dfrac{3(\pi-x)}{2}, & \dfrac{2\pi}{3}\leqslant x\leqslant\pi\end{cases}$ 展开为正弦级数.

14-11 设 $f(x)=\begin{cases}x, & 0\leqslant x\leqslant 1\\ 1, & 1<x\leqslant 2\end{cases}$，

(1) 将 $f(x)$ 在 $[0, 2]$ 上展开成傅里叶级数，使其和函数 $S(x)$ 的周期为 2，并求 $S\left(\dfrac{31}{2}\right)$ 和 $S(30)$.

(2) 将 $f(x)$ 在 $[0, 2]$ 上展开成余弦级数,并求其和函数的值 $S\left(\frac{31}{2}\right)$ 和 $S(30)$.

(3) 将 $f(x)$ 在 $[0, 2]$ 上展开成正弦级数,并求其和函数的值 $S\left(\frac{31}{2}\right)$ 和 $S(30)$.

14-12 把 $f(x)=\sin\frac{x}{2}$ 在 $0\leqslant x\leqslant \pi$ 上展开成余弦级数,并求 $\sum_{n=1}^{\infty}\frac{(-1)^{n+1}}{4n^2-1}$ 的和.

14-13 设 $f(x)$ 是以 2π 为周期的连续奇函数,试证:

(1) 若在 $[0, \pi]$ 上恒有 $f(\pi-x)+f(x)=0$,则其正弦级数系数为

$$b_{2n-1}=0,\ b_{2n}=\frac{4}{\pi}\int_0^{\frac{\pi}{2}} f(x)\sin 2nx\,\mathrm{d}x,\ n=1, 2, 3, \cdots.$$

(2) 若在 $[0, \pi]$ 上恒有 $f(\pi-x)-f(x)=0$,则其正弦级数系数为

$$b_{2n}=0,\ b_{2n-1}=\frac{4}{\pi}\int_0^{\frac{\pi}{2}} f(x)\sin(2n-1)x\,\mathrm{d}x,\ n=1, 2, 3, \cdots.$$